普通高等教育"十四五"规划教材

冶金工业出版社

无 机 化 学

（第 3 版）

张　霞　韩义德　主编

U0316014

扫码获取
数字资源

北　京

冶 金 工 业 出 版 社

2024

内 容 提 要

全书共 18 章，第 1~10 章主要介绍化学热力学、化学动力学和化学平衡理论的基础知识，包括酸碱平衡、多相离子平衡、氧化还原反应和配合反应，原子、分子和晶体结构等内容；第 11~16 章介绍了元素化学的知识；第 17~18 章介绍生物无机化学、化学信息等内容。

本书可供高等学校化学专业学生和化学、化工行业从业人员阅读。

图书在版编目（CIP）数据

无机化学/张霞，韩义德主编. —3 版. —北京：冶金工业出版社，2022.8（2024.8 重印）

普通高等教育"十四五"规划教材

ISBN 978-7-5024-9151-2

Ⅰ. ①无…　Ⅱ. ①张…　②韩…　Ⅲ. ①无机化学—高等学校—教材　Ⅳ. ①O61

中国版本图书馆 CIP 数据核字（2022）第 077383 号

无机化学（第 3 版）

出版发行	冶金工业出版社	**电　话**	(010)64027926
地　址	北京市东城区嵩祝院北巷 39 号	**邮　编**	100009
网　址	www.mip1953.com	**电子信箱**	service@ mip1953.com

责任编辑　曾　媛　美术编辑　彭子赫　版式设计　郑小利
责任校对　李　娜　责任印制　窦　唯
三河市双峰印刷装订有限公司印刷
2011 年 8 月第 1 版，2015 年 8 月第 2 版，2022 年 8 月第 3 版，2024 年 8 月第 3 次印刷
787mm×1092mm　1/16；34.5 印张；838 千字；531 页
定价 69.00 元

投稿电话　(010)64027932　投稿信箱　tougao@cnmip.com.cn
营销中心电话　(010)64044283
冶金工业出版社天猫旗舰店　yjgycbs.tmall.com
（本书如有印装质量问题，本社营销中心负责退换）

第3版前言

东北大学"无机化学"课程是国家首批一流本科课程,是东北大学一门重要的公共基础课程。近五年来,课程团队对于"无机化学"课程进行了系列的教学改革与探索,包括:课程教学内容的重组、对分课堂与PBL(Problem-Based Learning)教学模式建设、课程思政元素融合、课程考核方式多元化等,形成了特色的"无机化学"课程体系,思政教育与专业学习紧密结合,学生的教学参与度大幅提高,学生的化学综合素质提升,践行"三全育人"的教育理念。《无机化学》(第2版)教材被评为辽宁省首批优秀教材。

《无机化学》(第3版)在第2版(冶金工业出版社,2015)基础上修订完成。第2版教材自出版后,曾被多个高等院校选作本科教材,该书在五年间先后四次印刷。与第2版教材相比较,第3版结合了近五年的课程改革实践,对于各章节的内容进行了较大幅度的调整,主要包括:在专业知识的介绍中,着重突出中国专家学者对于化学理论知识的贡献以及中国近现代在化学化工相关领域取得的重大成就,提升学生的文化自信和专业认同感;延续第2版的"知识博览"模块,强化介绍无机化学及交叉学科的前沿知识和科研成果,拓宽学生的科研视野;增减、调换了各章的例题和习题,基于东北大学学生的专业方向,结合实际应用背景设置问题,在真实情境中解答问题,理论联系实际;教材涉及的专业用语和外国人名给出英文原文,方便学生迅速掌握专业英语词汇,阅读英文原版教材;以新版《兰氏化学手册》统一附录数据;出版配套的学习指导,概述每章的知识要点,详解例题和习题。教材以新形态教材方式出版,建立网络教材资源,学生通过扫描二维码可以获得教材的扩展知识内容、主讲教师的讲课视频、章节自测题、英文讲解等内容。

《无机化学》(第3版)在内容的选编上依然保持了第2版教材特色,突出东北大学学科专业特色,在例题、习题的选择上尽可能结合材料、冶金、化工等学科特点。同时,在教材指导精神上继续贯彻了第1版和第2版的指导思想——绿色化学、绿色冶金、资源与能源的合理利用,力求在学习中培养学生的科学思维方式、良好环境生态意识和利用化学理论知识解决实际问题的能力。

　　《无机化学》（第 3 版）共分为 18 章，由张霞教授、韩义德教授担任主编。其中，张霞教授负责第 1~3 章的编写，韩义德教授负责第 4~6 章的编写，王军博士负责第 7~8 章的编写，王卓鹏教授负责第 9 章的编写，王赟博士负责第 10 章的编写，徐燕教授负责第 11~13 章的编写，王毅博士负责第 14 章的编写，王锦霞博士负责第 15 章的编写，桑晓光博士负责第 16~18 章的编写。此外，孟皓博士负责第 1~3 章习题的编写，桑晓光博士负责第 4~6 章习题的编写，王赟博士负责第 7~10 章习题的编写，吴俊标博士负责第 11~16 章习题的编写。肖琰博士（沈阳药科大学）承担了第 1~3 章的校对工作，张霞教授负责全书的校订工作。本书在编写过程中，得到了东北大学化学系无机化学教研组老师们和研究生的帮助，本书的出版还得到了东北大学百种优秀教材出版基金的支持，在此一并表示感谢。

　　由于编者水平所限，加之时间仓促，书中错误在所难免，敬请师生们批评指正。

　　本书可与《无机化学实验》（冶金工业出版社，2021 年）和《无机化学学习指导》（冶金工业出版社，2022 年）配套使用。

编　者

2022 年 3 月于东北大学

第 2 版前言

"无机化学"是高等院校化学化工类专业本科生的一门专业基础课，也是生命科学、冶金工程、环境科学、材料科学、土木工程学、药学等专业的一门专业必修课。同时，作为大学阶段的第一门化学课程，无机化学既要衔接中学化学知识架构，同时也要为后续化学课程学习奠定知识基础，发挥着承前启后的重要作用。"无机化学"也是东北大学理工科专业必修课。

《无机化学》（第 2 版）在第 1 版（冶金工业出版社，2011）的基础上修订完成。第 1 版教材自出版后，曾被多个高等院校选作本科教材，该书在四年间先后两次印刷。在该书的使用过程中，教师和学生对部分内容提出了很好的修改建议。同时，随着无机化学学科发展，无机化学理论知识与一些相关科学的交叉渗透更加深入。我们感觉有必要对第 1 版教材进行相应改动以及增补新的内容。

与第 1 版教材相比较，第 2 版首先修订了第 1 版教材中一些不完善的知识点，增加了各章的例题，同时增加了一些交叉学科的内容。其中包括：增加了富兰克林的酸碱溶剂理论；增加了工业上常用的 pH 电势图以及化学电解；补充介绍了原子结构的发展历史；增加了 Slater 规则对于原子轨道能量的计算；补充介绍了 Lewis 电子对成键理论；强化了晶体结构知识，补充介绍 X 射线对于晶体的衍射效应以及 X 射线衍射分析的基本原理；元素部分重点增加了多酸化学以及金属有机配合物介绍等相关内容。

《无机化学》（第 2 版）在内容的选编上依然保持着东北大学学科专业特色，在例题、习题的选择上尽可能结合材料、冶金、化工等学科特点。同时，在教材指导精神上继续贯彻了第 1 版的指导思想——绿色化学、绿色冶金、资源与能源的合理利用，力求在学习中培养学生的科学思维方式、良好环境生态意识和利用化学理论和知识解决实际问题的能力。教材吸取了国外教材联系生活常识和深入浅出的特点，利用生动有趣的实例激发学生的学习兴趣，同时注重理论与知识的系统性和内在联系。

　　《无机化学》（第 2 版）共分为 18 章，由张霞教授和孙挺教授担任主编，韩义德博士、徐燕博士和孟皓博士担任副主编。其中，张霞教授负责第 1~6 章的编写，孙挺教授负责第 10 章的编写，徐燕博士负责第 7~9 章的编写，韩义德博士负责第 11~16 章的编写，桑晓光博士负责第 17 章和第 18 章的编写，孟皓博士负责各章习题的编写。此外，张霞教授负责全书的校订工作。本书在编写过程中，得到了东北大学无机化学教研组老师们和研究生的帮助，他们是王林山教授、王毅博士、徐欣欣博士以及刘根、李伟伟和李小雷硕士。本书的出版还得到了东北大学教材出版基金的支持，在此一并表示感谢。

　　我们希望《无机化学》（第 2 版）能够同样受到第 1 版用户的欢迎。由于编者水平所限，加之时间仓促，书中错误在所难免，敬请师生们批评指正。

　　本书可与《无机化学实验》（冶金工业出版社，2009 年）配套使用。

编　者

2015 年 5 月于东北大学

编写说明（第一版）

  无机化学是最古老和基础的化学分支科学，是研究元素、单质和无机化合物的来源、制备、结构、性质、变化和应用的科学。无机化学的研究范围极其广阔。化学中最重要的一些概念和规律，如元素、分子、化合、分解、定比定律和元素周期律等，都是无机化学早期发展过程中形成和发现的。当前无机化学正处在蓬勃发展的新时期，研究范围不断扩大。例如，无机化学与有机化学的结合产生了有机金属化合物化学；生物化学与无机化学（特别是配位化学）的结合产生了生物无机化学；固体物理与无机化学的结合产生了无机固体化学；此外还有物理无机化学、无机高分子化学、地球化学等。

  现代社会中的三大支柱产业，能源、信息和材料都与无机化学的基础研究密切相关。如太阳能的高效开发需要高效率的以晶为主要材料的太阳能集光和转换装置作基础；高能蓄电池、燃料电池的应用也需特殊的电解质和电极材料；信息的产生、转化、存储、调制、传输、传感、处理和显示都要有相应的信息材料作为材料和器件，这些都是固体无机化学中的新材料的研究内容。而生物无机化学的基础研究方向直接与生命过程相关，它探讨人体中的微量金属离子与蛋白质的配位作用以及金属酶的活性中心对生物功能的影响和在生命过程中的作用。无机化学的各个前沿领域内容十分丰富，它们的新概念、新理论、新方法、新反应、新结构和新的功能，在化学学科的基础研究中具有重要地位，促进了化学及相关科学的发展。

  作为化学学科的基础，近代无机化学的建立就是近代化学的创建。它完整和充分体现了化学学科的基本科学方法，即搜集事实、建立定律和创立学说，同时在搜集事实的过程中体现了高超的实验方法和技巧。其思维方式的培养和实验技能的训练对于从事化学、化工、材料、冶金、地质和环境等相关专业的科技人员尤为重要。无机化学课程是东北大学应用化学、冶金工程、环境工程、采矿工程、生物工程、矿物加工和环境科学等专业的必修课程。针对材料、冶金等理工科专业特色，东北大学无机化学课程教学经过几代教师几十年的探索和建设，形成了具有一定特色的教学内容和教学体系。本书的编者均为长期工作在无机化学教学与科研第一线的骨干教师。在本书的编写中也充分汲取了东北大学的教学经验。在内容设计上，除了化学理论和知识的阐述，还从认识论的角度加强了化学发展史的相关内容以及化学思维方式的培养，并根据社会进步和可持续发展观念加入了绿色化学、绿色冶金、资源与能源的合理使用等相关内容，力求在教学中培养学生科学的思维方式、良好的环境生态意识和利用化学理论及知识解决实际问题的能力。教材吸取了国外教材联系生活常识和深入浅出的特点，利用生动鲜活有趣的实例激发学生的学习兴趣，同时注重理论与知识的系统性和内在联系。

本书共分为 18 章，由孙挺教授和张霞教授担任主编并统稿。编者的分工如下：孙挺教授（第 10 章），王林山教授（第 6 章），张霞教授（第 7、9 章），牛盾副教授（第 2、3 章），王毅副教授（第 12、15、16 章），李光禄讲师（第 1、4、5 章），桑晓光博士（第 11、13、14、17、18 章），徐欣欣博士（第 8 章以及第 10 章的部分工作）。此外，张霞教授和徐欣欣博士负责了全书的校订工作。本书编写过程中，得到了东北大学无机化教研组老师们的关心和帮助，在此一并表示感谢！本书的出版还要感谢东北大学教材出版基金的支持。

本书可作为高等院校一些理工科专业，如应用化学、化学、冶金、材料、生物等专业的教学用书；也可作为从事化学、化工及相关专业的科技人员的参考用书。

本书可以选用《无机化学实验》（冶金工业出版社，2009 年）与之配套使用。

由于编者水平有限，书中难免有不妥之处，敬请使用本教材的老师和同学们批评指正。

编　者

2011 年 2 月于沈阳南湖

目　　录

1 物质的聚集状态

本章数字资源

物质是由原子、分子或离子等微观粒子组成的，粒子之间存在着相互作用力，这些作用力随着温度和压强的不同而改变，从而导致了物质存在状态的不同。在常温常压条件下，物质通常是以气态、液态或者固态三种物理聚集状态存在，物质聚集状态之间在一定条件下可以相互转化。在高温、放电或强电磁场等作用下，气体分子分解为原子并发生电离，形成由离子、电子和中性粒子组成的气体，这种状态称为等离子体。等离子体被称为物质的第四种聚集状态。等离子态广泛存在于宇宙中，也是宇宙中丰度最高的物质形态，因此也被称为超气态或电浆体。此外，当压强超过百万个大气压时，固体的原子结构被破坏，原子的电子壳层被挤压到原子核的范围，这种状态称为超固态；有些原子气体被冷却到纳开（nK）温度时，气体原子将集聚到能量最低的同一量子态。此时，所有的原子就像一个原子一样，具有完全相同的物理性质，称为玻色-爱因斯坦凝聚态。

在对物质世界认知的过程中，科学家对气体的研究最早，也最透彻。气体无处不在，人类生活在地球的大气层中。许多化学变化都有气体参加。本章首先介绍气体的性质、理想状态方程式和混合气体分压定律；其次介绍液体和溶液的性质；固体的性质将在后面的有关章节中介绍。

1.1 气体的性质

1.1.1 理想气体定律

理想气体必须符合两个条件：第一，气体分子之间的作用力很微弱，可以忽略不计；第二，气体分子本身的体积很小，可以忽略。即分子之间没有相互作用，分子本身体积为零的气体称为理想气体。这种气体实际上并不存在，只是人们研究气体性质时提出的物理模型。但是，对于低压强及较高温度下的气体，由于气体分子之间的距离较大，分子间相互作用力很小，这种状态下的气体接近理想气体，可以按照理想气体近似处理。

英文注解

理想气体状态方程（Ideal Gas Law）为：

$$pV = nRT \tag{1-1}$$

式（1-1）描述了气体的压强（p），体积（V），物质的量（n）和热力学温度（T）的关系。R 称为摩尔气体常数。已知在 273.15K、101.3kPa 条件下（理想气体标准状况），1mol 任何气体的体积为 22.4L。将上述数值代入式（1-1）可以计算得到 R 的数值为 8.314J/（mol·K）。注意：在国际单位制中，p、V、T 的单位分别为 Pa、m^3 和 K，R 的数值和单位随着各物理量单位的不同而改变。

英文注解

根据理想气体状态方程式，已知 p、V、T、n 四个物理量中的任意三个，即可计算余下的那个物理量。

【例 1-1】 一体积为 200L 的氧气钢瓶，装有气态压缩氧气 0.600kg，普通肺炎患者使用 3 天后刚好用去一半质量的氧气，试计算 25℃时该钢瓶中剩余氧气的压强。

解：已知 $V = 200L = 0.200m^3$，$T = 273.15 + 25 = 298.15K$，

$$n(O_2) = \frac{(0.600 \div 2)kg}{0.0320kg/mol} = 9.375mol$$

由 $pV = nRT$，可得：

$$p = \frac{nRT}{V} = \frac{9.375mol \times 8.314J/(mol \cdot K) \times 298.15K}{0.200m^3} = 1.16 \times 10^5 Pa$$

由例 1-1 可知，若将 $n = m/M$ 代入式（1-1）可得：

$$M = \frac{mRT}{pV} \tag{1-2}$$

根据式（1-2）可以计算气体分子的摩尔质量 M，这也是质谱仪测定气体分子摩尔质量的理论公式。

将式（1-2）进行数学变换，可得到式（1-3），可以用来计算气体的密度 ρ：

$$\rho = \frac{m}{V} = \frac{pM}{RT} \tag{1-3}$$

【例 1-2】 实验测定 310℃、101kPa 下气态单质磷的密度是 2.64g/dm³，求磷的分子式。（P 的相对原子质量为 31）

解：根据式（1-3）先求出单质磷分子的摩尔质量：

$$M = \frac{\rho RT}{p} = \frac{2.64kg/m^3 \times 8.314J/(mol \cdot K) \times 583.15K}{101kPa} = 127g/mol$$

则在 1 分子磷中 P 原子个数为 127/31 ≈ 4，所以磷的分子式为 P_4。

1.1.2 道尔顿气体分压定律

人们在生产实际中经常接触的气体往往是几种气体的混合物，例如空气是混合物，合成氨的原料气是氢气和氮气的混合物。

气体的特性是能够均匀充满它所占有的全部空间。将不同气体混合在一起，如果不发生化学反应，并且分子间的引力又可忽略，每种组分气体都能分布在整个容器中，对容器的器壁施加的压强与单独占有整个容器所施加的压强相同。因此，可以设想混合气体的总压强等于各个组分气体所施加的压强的总和，各组分气体所产生的压强称为该气体的分压（p_i）。

分压强（p_i）：在相同温度下，组分气体单独占有与混合气体相同体积时所产生的压强。

分体积（V_i）：组分气体与混合气体具有相同的温度、压强时所占有的体积。

设在温度 T K 时，将 n_A mol 的 A 气体，放在体积为 V 的容器中，压强为 p_A；将容器中 A 气体全部抽出，充入 n_B mol 的 B 气体，保持温度不变，测得 B 气体的压强

英文注解

为 p_B。再将两种气体在此温度下同时充入该容器，测得混合气体的总压强为 p。上述实验现象可以用图 1-1 表示。

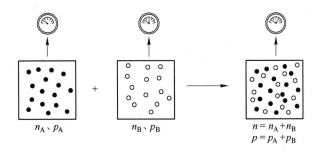

n_A、p_A ＋ n_B、p_B → $n = n_A + n_B$
$p = p_A + p_B$

图 1-1　道尔顿分压定律示意图

英文注解

1801 年，英国化学家道尔顿（Dalton）在总结大量实验数据的基础上，提出了混合气体的分压定律：混合气体的总压等于各组分气体的分压之和，即 $P_总 = P_a + P_b$。道尔顿气体分压定律（Dalton's Law of Partial Pressure）是讨论混合气体规律的基本定律。

根据理想气体状态方程式，可以推导出道尔顿分压定律：设混合气体中第 i 种组分气体的物质的量为 n_i，分压为 p_i，混合气体中各组分气体的总的物质的量为 n，混合气体的总压为 p，V 为混合气体体积，则：

$$p_i V = n_i RT \tag{1-4}$$

$$p V = n RT \tag{1-5}$$

$$n = n_1 + n_2 + \cdots + n_i$$

$$= \frac{p_1 V}{RT} + \frac{p_2 V}{RT} + \cdots + \frac{p_i V}{RT}$$

$$= \frac{p V}{RT}$$

即

$$p = p_1 + p_2 + \cdots + p_i = \sum p_i \tag{1-6}$$

根据式（1-4）和式（1-5）可得：

$$\frac{p_i}{p} = \frac{n_i}{n}$$

即

$$p_i = \frac{n_i}{n} p \tag{1-7}$$

根据分体积的概念，道尔顿分压定律还可以表示为：

$$V_i = \frac{n_i}{n} V \tag{1-8}$$

道尔顿分压定律仅适用于理想气体混合物，对低压下的实际气体也可近似适用。

【例 1-3】　64.0g 氧气和 14.0g 氮气盛于 1L 的容器中，若温度保持 300K 不变，试求：（1）两种气体各自的分压；（2）混合气体的总压；（3）各气体的物质的量分数。

解：（1）由理想气体状态方程式 $p_i V = n_i RT$ 得：

$$p(O_2) = \left(\frac{\frac{64.0}{32.0} \times 8.314 \times 300}{1 \times 10^{-3}} \right) Pa = 4.99 \times 10^3 kPa$$

$$p(N_2) = \left(\frac{\frac{14.0}{28.0} \times 8.314 \times 300}{1 \times 10^{-3}} \right) Pa = 1.25 \times 10^3 kPa$$

（2）总压：$p = p(O_2) + p(N_2) = (4.99 + 1.25) \times 10^3 = 6.24 \times 10^3 kPa$

（3）根据 $\dfrac{p_i}{p} = \dfrac{n_i}{n}$ 得：

$$\frac{n(O_2)}{n} = \frac{p(O_2)}{p} = \frac{4.99 \times 10^3}{6.24 \times 10^3} = 0.80$$

$$\frac{n(N_2)}{n} = \frac{p(N_2)}{p} = \frac{1.25 \times 10^3}{6.24 \times 10^3} = 0.20$$

【例 1-4】 298K、101.3kPa 时将 1.0dm³ 干燥空气缓慢通过纯 H_2O，每个气流都为 H_2O 蒸气饱和，测得 H_2O 的失重为 0.024g。求：（1）298K 时 H_2O 的饱和蒸气压；（2）空气和 H_2O 蒸气混合气体的体积。

解：（1）已知 H_2O 的摩尔质量为 18.0g/mol，0.024g H_2O 的物质的量为：

$$n_{H_2O} = \frac{0.024}{18.0} = 0.00133mol$$

干燥空气的物质的量为：

$$n_{空气} = \frac{pV}{RT} = \frac{101.3kPa \times 1.0dm^3}{8.314J/(mol \cdot K) \times 298K} = 0.041mol$$

由于实验在恒压条件下完成，体系总压强维持在 101.3kPa，根据气体分压定律，H_2O 的饱和蒸气压等于混合气体中 H_2O 的分压，即：

$$p_{H_2O} = p_{总} x_{H_2O} = 101.3 \times \frac{0.00133}{0.00133 + 0.041} = 3.18kPa$$

（2）根据 $\dfrac{V_i}{V_{总}} = \dfrac{n_i}{n_{总}}$，对于干燥气体：

$$V_{总} = \frac{n_{总} V_{空气}}{n_{空气}} = 1.0 \times \frac{0.041 + 0.00133}{0.041} = 1.03dm^3$$

1.1.3　真实气体

英文注解

英文注解

　　虽然理想气体状态方程式可以用来近似处理低压和高温下的真实气体（Real Gas），但是实际上所有真实气体都会在一定程度上偏离理想气体状态方程式。图 1-2 所示为 1mol 几种真实气体的 $pV/RT \sim p$ 曲线图。可以看出，真实气体在高压下与理想气体行为偏离较大；在低压时，偏离较小，不同气体偏离程度各不相同。

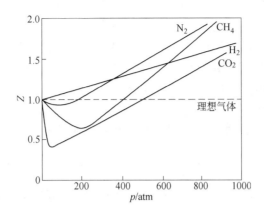

图1-2 几种1mol真实气体在300K时 $pV/RT \sim p$ 曲线（1atm＝101325Pa）

为了表示真实气体实验值与理想值的偏差，引入压缩因子：

$$Z = \frac{pV}{nRT} \tag{1-9}$$

对于理想气体，在任何压强下，压缩因子 $Z = 1$。对于真实气体，Z 既可以大于1，也可以小于1；Z 与气体的种类、压强和温度有关：一般说来，温度越高、压强越低，Z 越小；小的非极性分子，如 H_2，Z 比较小；大的极性分子 Z 比较大。

产生这种偏离的原因可以从分子水平上探究，主要有以下两个因素：

（1）分子间作用力的影响。分子间的作用力是由于分子内电子分布的不均匀而引起的，它比共价键要弱得多，而且其作用范围只有几十至几百皮米。常压时，由于分子间的距离远大于气体分子本身的体积，此时，分子间的作用力可以被完全忽略，气体的行为也比较接近于理想气体行为。当压强增加时，气体体积减小（因温度不变），分子间的距离缩短，此时，气体分子间的作用力将增加。当压强增加到一定程度时，分子间的作用力将不能被忽略。那么，分子间的作用力将如何影响气体的宏观行为呢？按照气体分子运动论，压强是由大量分子碰撞容器壁造成的宏观效应。而压强增加时分子间的作用力增加，此时，每个与容器壁发生碰撞的分子将受到容器中其他分子的吸引力（可看作气体的内聚力），这种吸引力将削弱分子对容器壁的碰撞力，从而导致气体的压强偏低（相对于理想气体）。降低气体的温度时，将会发生同样的效应。因此，当温度降低到一定程度时，分子间的吸引力将起主要作用，这时气体将发生液化。

（2）气体分子体积的影响。在常压时，分子本身的体积（分子体积）远远小于分子间的体积（自由体积）。因此，自由体积实际上等于容器的体积，即气体分子的自由运动空间等于容器体积。然而，随着压强的增加，分子体积占整个容器体积的比例也增大，自由体积降低。当压强很高时，自由体积将明显小于容器体积。而我们在使用理想气体状态方程时，却仍然用容器的体积作为气体的体积代入 pV/nRT 进行计算，显然，pV/nRT 的计算值比实际值高。因此，分子体积的影响随着压强的增加而增大，最终，其影响将超过分子间力的影响，导致 Z 升高到理想值以上。特别是对于组成较复杂的摩尔质量较大的分子，它们本身的体积要比简单分子大，由此产生的偏差也会较大。

英文注解

由于上述偏离，要将理想气体状态方程式应用于真实气体，必须对其进行两个方面的修正：（1）将气体的测量压强调高以消除分子间作用力的影响；（2）将气体的测量体积调低以消除分子本身体积的影响。

1873 年，荷兰科学家范德华（van der Waals）针对真实气体与理想气体产生偏差的两个主要原因，对理想气体状态方程式进行了修订，其形式如下：

$$\left(p + \frac{n^2 a}{V^2}\right)(V - nb) = nRT \tag{1-10}$$

式中，a 和 b 称为范德华常数。a 为修正压强常数，压强降低正比于 n^2/V^2；b 为每摩尔气体分子自身占有的体积；$V - nb$ 表示扣除气体分子自身体积的空间体积。表 1-1 列出了几种常见气体的范德华常数。

表 1-1　一些气体的范德华常数

气体	$a/\mathrm{Pa \cdot m^6 \cdot mol^{-2}}$	$b/\mathrm{m^3 \cdot mol^{-1}}$	气体	$a/\mathrm{Pa \cdot m^6 \cdot mol^{-2}}$	$b/\mathrm{m^3 \cdot mol^{-1}}$
Ar	0.1353	0.320×10^{-4}	H_2O	0.5532	0.305×10^{-4}
Cl_2	0.6343	0.542×10^{-4}	H_2S	0.4514	0.4379×10^{-4}
H_2	0.02453	0.2651×10^{-4}	NO	0.1460	0.289×10^{-4}
N_2	0.1370	0.387×10^{-4}	NH_3	0.4246	0.372×10^{-4}
O_2	0.1382	0.3186×10^{-4}	CO	0.1472	0.3948×10^{-4}

应用范德华方程计算实际气体的体积和压强比用理想气体状态方程式计算结果好得多，表 1-2 列出了 CO_2 气体的计算结果对比。

表 1-2　范德华方程和理想气体方程计算结果比较

温度/K	1mol CO_2 气体/mL	实测压强 /kPa	理想气体状态方程计算值		范德华方程计算值	
			p_i/kPa	误差/%	p_{vdw}/kPa	误差/%
273	1320	1520	1722	13	1560	2.6
	880	2150	2583	20	2239	4.1
	660	2702	3444	27	2836	5.0
373	1320	2227	2340	5	2218	0.4
	880	3243	3515	8	3231	0.3
	660	4229	4690	11	4181	1.1

1.2　溶液的性质

英文注解

由两种或两种以上不同物质混合所形成的均匀、稳定的体系称为溶液（Solution）。在形成溶液时，把其中数量较多的一种组分称作溶剂（Solvent），其他组分称作溶质（Solute）。本书中涉及的溶液多是以水为溶剂的溶液体系。

溶液的浓度有以下几种常见的表示方法:

$$物质的量浓度(Molarity,M) = \frac{溶质的物质的量}{溶液的体积}$$

$$摩尔分数(Mole\ Fraction,x_i) = \frac{组分\ i\ 的物质的量}{所有组分总的物质的量}$$

$$质量分数(Mass\ Percent) = \frac{溶质质量}{溶液总质量} \times 100\%$$

$$质量摩尔浓度(Molality,m) = \frac{溶质的物质的量}{溶剂的质量}$$

1.2.1 液体的饱和蒸气压

如果把一部分液体如水置于密闭的容器中,液面上那些能量较大的分子就会克服液体分子间的引力从表面逸出,成为蒸气分子,这就是蒸发过程(Evaporation)。与此同时,某些蒸发出来的蒸气分子在液面上的空间不断运动时可能撞到液面,为液体分子所俘获而重新进入液体中,这是凝聚过程(Condesation)。在一定的温度下,蒸发刚开始时,蒸气分子不多,蒸发的速率远大于凝聚的速

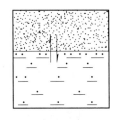

英文注解

率。随着蒸发的进行,蒸气分子逐渐增多,凝聚的速率也就随之增大。当凝聚的速率和蒸发的速率达到相等时,液体和它的蒸气就处于平衡状态。此时,蒸气所具有的压强称作该温度下液体的饱和蒸气压(Saturated Vapor Pressure of Liquid),简称蒸气压(Vapor Pressure)。

饱和蒸气压属于液体的性质,任何纯液体在一定温度下都有确定的饱和蒸气压,其值大小与温度有关。对于同一液体,其饱和蒸气压随着温度的升高而增大。

1.2.2 稀溶液依数性

每种溶液都有自己的特性,但有几种性质是一般稀溶液所共有,如蒸气压下降、沸点升高、凝固点降低,在不同浓度的溶液之间以及溶液与溶剂之间产生渗透压等性质。这些性质主要决定于溶质的粒子的数目,而与溶液的化学组成无关,因此被称为稀溶液的依数性(Colligative Properties of Dilute Solution)。

英文注解

1.2.2.1 溶液的蒸气压下降

对于难挥发溶质的稀溶液来说,由于溶质是难挥发的,其蒸气压可忽略不计,所以溶液的蒸气压实际是指溶液中溶剂的蒸气压。当溶剂溶解了难挥发的溶质后,溶剂的一部分表面或多或少的被溶质微粒所占据,从而使得单位时间内从溶液中蒸发出的溶剂分子数比从纯溶剂中蒸发出的分子数减少,也就是使得溶剂的蒸发速率变小。纯溶剂气相与液相之间原来势均力敌的蒸发与凝聚两个过程,在加入难挥发溶质后,由于溶剂蒸发速率的减小,使凝聚占了优势,结果使系统在较低的蒸气压条件下,溶剂的蒸气(气相)与溶剂(液相)重建平衡。因此,当达到平衡时,难挥发溶质的稀溶液中溶剂的蒸气压低于纯溶剂的蒸气压。显然,溶液浓度越大,其

英文注解

蒸气压下降越多。同一温度下，纯溶剂蒸气压与溶液蒸气压之差称作溶液的蒸气压下降（Vapor Pressure Lowering）。

1880 年，法国化学家拉乌尔（Raoult）总结大量实验结果指出：在一定温度下，难挥发非电解质稀溶液的蒸气压下降值（Δp）与溶质的物质的量分数成正比，其数学表达式为：

$$\Delta p = \frac{n(B)}{n} \times p(A) \tag{1-11}$$

式中，$n(B)$ 为溶质 B 的物质的量；$n(B)/n$ 为溶质 B 的物质的量分数；n 为溶液的物质的量；$p(A)$ 为纯溶剂 A 的蒸气压。

对于只有一种难挥发非电解质的稀溶液，存在 $x(A) + x(B) = 1$，代入 Raoult 公式，则：

$$\Delta p = p(A) - p = x(B) \times p(A)$$
$$p = x(A) \times p(A) \tag{1-12}$$

式（1-12）表明，在一定温度下，难挥发非电解质稀溶液的蒸气压（p）等于纯溶剂的蒸气压乘以溶剂的物质的量分数。

【例 1-5】　25℃时，4.27g 葡萄糖（$C_6H_{12}O_6$）溶于 50.0g 水中，计算此溶液的蒸气压。（葡萄糖的相对分子质量为 180，水的蒸气压为 3.18kPa）

解：葡萄糖的物质的量：$n_1 = \dfrac{4.27}{180} = 0.0237\text{mol}$

水的物质的量：　　　$n_2 = \dfrac{50.0}{18} = 2.78\text{mol}$

溶液的总物质的量：　$n = n_1 + n_2 = 0.0237 + 2.78 = 2.80\text{mol}$

$$\Delta p = \frac{n_1}{n} \times p_水 = \frac{0.0237}{2.80} \times 3.18 = 0.027\text{kPa}$$

因此，葡萄糖溶液的蒸气压为：

$$p_{溶液} = p_水 - \Delta p = 3.18 - 0.027 = 3.15\text{kPa}$$

1.2.2.2　溶液的沸点上升和凝固点下降

日常生活中我们经常看到：在严寒的冬季里，晾洗的衣服上的冰可以逐渐消失，大地上的冰雪不经融化也可以逐渐减小乃至消失，樟脑丸在常温下逐渐挥发变小等现象，这些现象都说明固体表面的分子也能蒸发。如果把固体放在密封的容器内，固体和它的蒸气之间也能达成平衡，也存在一定的蒸气压。

英文注解

若某一液体的蒸气压等于外界压强时，液体就会沸腾，此时的温度称为该液体的沸点（Boiling Point）。

某物质的凝固点（Freezing Point）是该物质的液相和固相平衡时的温度。此时两相的蒸气压必然相等，否则蒸气压较大的一相就会消失，两者不能保持相平衡。溶液的凝固实质上是溶液中溶剂的凝固，除非对溶质来说已达到饱和，否则溶质不会结晶析出。因此，溶液的凝固点是溶液中溶剂的蒸气压和固态纯溶剂的蒸气压相等时的温度，这时固态纯溶剂可以和溶液共存。

溶液蒸气压下降会导致溶液沸点上升（Boiling Point Elevation）和凝固点下降（Freezing Point Depression），现在以水溶液为例来说明这个问题。以蒸气压为纵坐标，温度为横坐标，纯水和冰的蒸气压曲线如图1-3所示。水在正常沸点（100℃即373.15K）时其蒸气压强恰好等于外界压强（101.325kPa）。如果水中溶解了难挥发的溶质，其蒸气压强就要下降。因此，溶液中溶剂的蒸气压曲线就低于纯水的蒸气压曲线，在373.15K时溶液的蒸气压强就低于101.325kPa。要使溶液的压强与外界压强相等，以达到其沸点，就必须把溶液的温度升到373.15K以上。从图1-3可见，溶液的沸点比水的沸点高 ΔT_b（沸点上升度数）。

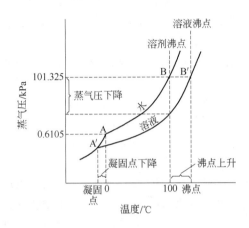

图 1-3 水溶液的沸点上升和凝固点下降示意图

从图1-3还可以看到，在273.15K（0℃）时，冰的蒸气压曲线和水的蒸气压曲线相交于一点，即此时冰的蒸气压和水的蒸气压相等，均为610.5Pa。由于溶质的加入使所形成的溶液的蒸气压下降，溶质是溶于水中而不溶于冰中，因此只影响水的蒸气压，对冰的蒸气压则没有影响。在273.15K时，溶液的蒸气压必定低于冰的蒸气压，冰与溶液不能共存，冰要转化为水，所以溶液在273.15K时不能结冰。如果此时溶液中放入冰，冰就会融化，在融化过程中要从系统中吸收热量，因此系统的温度就会降低。在273.15K以下某一温度时，冰的蒸气压曲线与溶液的溶剂蒸气压曲线可以相交于一点，这个温度就是溶液的凝固点，它比纯水的凝固点要低 ΔT_f（凝固点下降度数）。

对于难挥发的非电解质稀溶液，其沸点上升 ΔT_b 和凝固点下降 ΔT_f 与溶液的质量摩尔浓度 m（即在1kg溶剂中所含溶质的物质的量）成正比，可用下列数学式表示：

$$\Delta T_b = k_b \cdot m \tag{1-13}$$

$$\Delta T_f = k_f \cdot m \tag{1-14}$$

式中，k_b 和 k_f 分别为溶剂的摩尔沸点上升常数和溶剂的摩尔凝固点下降常数，单位为 K·kg/mol。水的 k_b 和 k_f 分别为 0.515K·kg/mol 和 1.853K·kg/mol。一些常见溶剂的 k_b 和 k_f 值见表1-3。

表 1-3　一些溶剂的摩尔沸点上升常数和摩尔凝固点下降常数

溶剂	沸点/℃	k_b/ K·kg·mol^{-1}	凝固点/℃	k_f/ K·kg·mol^{-1}
醋酸	117.9	2.53	16.66	3.90
苯	80.10	2.53	5.533	5.12
氯仿	61.15	3.62	—	—
萘	217.96	5.80	80.29	6.94
水	100.0	0.515	0.00	1.853

【例 1-6】　已知烟草中的有害成分尼古丁的实验式是 C_5H_7N，将 534mg 尼古丁溶于 10.0g 水中，所得溶液在 101.325kPa 下沸点 100.17℃，求尼古丁的分子式。

解：$\Delta T_b = 100.17 - 100.0 = 0.17℃$

$$k_b = 0.515K \cdot kg/mol, \quad \Delta T_b = k_b \times m, \quad m = 0.33mol/kg$$

若尼古丁摩尔质量为 M，则：

$$m = \frac{0.534}{M} \times \frac{1000}{10.0} = \frac{53.4}{M}$$

$$M \approx 162g/mol$$

尼古丁的分子式为 $C_{10}H_{14}N_2$。

【例 1-7】　谷氨酸分子式为 $[COOHCH \cdot NH_2 \cdot (CH_2)_2COOH]$，取 0.749g 谷氨酸溶于 50.0g 水中，测得凝固点为 -0.188℃，试求水的凝固点下降常数 k_f。

解：$\Delta T_f = 0 - (-0.188) = 0.188℃$，$\Delta T_f = k_f \cdot m = k_f \times \dfrac{0.749}{M} \times \dfrac{1000}{50}$

$$M = 147g/mol$$

$$0.188 = k_f \times \frac{0.749}{M} \times \frac{1000}{50}$$

所以　　　　　　　　　　$k_f = 1.84K \cdot kg/mol$

溶液的凝固点下降和沸点上升都可以用来测定溶质的相对分子质量。但凝固点下降法测定相对分子质量比沸点上升法测定的更准确，这是因为 k_f 数值大于 k_b，实验误差相对小一些。测定凝固点时，可以减少溶剂的挥发。在有机化学实验中经常用测定沸点或熔点的方法检验已知化合物的纯度。在生产和科学实验中，溶液的凝固点下降这一性质得到广泛的应用。例如，在寒冷的季节，汽车的水箱中通常加入乙二醇（沸点为 197℃），使液的凝固点下降而防止结冰。

对于电解质稀溶液，利用上述规律计算沸点上升和凝固点下降时，m 为溶液中所有溶质含有的粒子的质量摩尔浓度。例如，1mol/kg NaCl 溶液中溶质的粒子浓度为 2mol/kg。

【例 1-8】　3.24g $Hg(NO_3)_2$ 和 10.14g $HgCl_2$ 分别溶解在 1000g 水中，溶液的凝固点分别为 -0.0558℃ 和 -0.0744℃，问哪种盐在水中以离子状态存在？（$k_f = 1.853$）

解：$Hg(NO_3)_2$：$m = \dfrac{\Delta T_f}{k_f} = \dfrac{0.0558}{1.853} = 0.030mol/kg$

而 $\dfrac{(3.24/324)mol}{1kg} = 0.01mol/kg$，　所以 $Hg(NO_3)_2$ 在水中以离子状态存在。

英文注解

$$HgCl_2: m = \frac{\Delta T_f}{k_f} = \frac{0.0744}{1.853} = 0.040 mol/kg$$

而 $\frac{(10.84/271) mol}{1kg} = 0.04 mol/kg$，所以 $HgCl_2$ 在水中基本以分子形式存在。

1.2.2.3 渗透压

渗透过程是利用半透膜来进行的。这种膜具有只允许溶剂分子通过，而溶质分子不能通过的特点，所以称作半透膜。有天然的半透膜，如动物的膀胱、肠衣和细胞膜，也有人工的半透膜。

在图 1-4 所示的装置中，用半透膜把溶液和纯溶剂隔开，这时溶剂分子在单位时间内进入溶液的数目，要比溶液内的溶剂分子在同一时间内进入纯溶剂的数目多，结果使得溶液的体积逐渐增大，垂直的细玻璃管中的液面逐渐上升，产生渗透现象。若被半透膜隔开的两边溶液的浓度不等，都能发生渗透现象。

若要使膜内溶液与膜外纯溶剂的液面相平，即要使溶液的液面不上升，必须在溶液液面上增加一定压强。此时单位时间内，溶剂分子从两个相反的方向通过半透膜的数目彼此相等，即达到渗透平衡。这样，溶液液面上所增加的压强就是这种溶液的渗透压（Osmotic Pressure）。因此，渗透压是指维持被半透膜隔开的溶液与纯溶剂之间的渗透平衡所需要的额外压强。

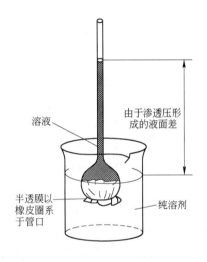

溶液

由于渗透压形成的液面差

半透膜以橡皮圈系于管口

纯溶剂

图 1-4 渗透压现象简单装置

如果外加在溶液上的压强超过了渗透压，则反而使溶液中的溶剂向纯溶剂方向流动，使纯溶剂的体积增加，这个过程称作反渗透。反渗透的原理广泛应用于海水淡化、工业废水或污水处理和溶液的浓缩等领域。

1887 年，荷兰物理学家范特霍夫（van't Hoff）提出了稀溶液的渗透压定律与理想气体定律相似，可用公式表示为：

$$\pi V = nRT \quad 或 \quad \pi = cRT \tag{1-15}$$

式中，π 为渗透压，Pa；n 为溶质的物质的量，mol；c 为溶质的物质的量浓度，mol/L；T 为热力学温度，K；V 为溶液体积，L。

值得注意的是：（1）式（1-15）只适用于非电解质稀溶液。在极稀的溶液中，1L 溶液近似看作 1kg 溶剂，所以 $c = \frac{n}{V} \approx m$，$\pi \approx mRT$。（2）只有在半透膜存在下，才能表现出渗透压。（3）虽然稀溶液的 $\pi = cRT$ 与气体的 $pV = nRT$ 完全符合，R 的数值也完全一样，但气体的压强和溶液的渗透压产生的原因是不同的。

【例 1-9】 已知人体血液的渗透压为 730kPa，人体正常体温为 310K，则人体静脉输液的葡萄糖溶液的浓度应为多少？若已知葡萄糖等渗液浓度为 5.1%，试求葡萄糖的相对分子质量。

解：输液用葡萄糖溶液应与血液渗透压一致，才不会引起人体不适。

根据 $\pi = cRT = \dfrac{n}{V}RT$ 得：

$$c = \frac{\pi}{RT} = \frac{730000\mathrm{Pa}}{8.314\left(\dfrac{\mathrm{Pa \cdot m^3}}{\mathrm{K \cdot mol}}\right) \times 310\mathrm{K}} = 283\mathrm{mol/m^3} = 0.283\mathrm{mol/L}$$

又根据 $c = \dfrac{n}{V} = \dfrac{m}{V M_{葡萄糖}}$，得到葡萄糖的相对分子质量为：

$$M_{葡萄糖} = \frac{m}{Vc} = \frac{5.1}{0.283 \times 0.1} = 180.2\mathrm{g/mol}$$

渗透压在生物学中具有重要意义。有机体的细胞膜大多具有半透膜的性质，渗透压是引起水在生物体中运动的重要推动力。渗透压的数值相当可观，298.15K 时 0.100mol/L 非电解质溶液的渗透压为 248kPa；一般植物细胞汁的渗透压可达 2000kPa，所以水分子可以从植物的根部运送到数十米高的顶端。

如果把血红细胞放入渗透压较大（与正常血液相比）的溶液中，血红细胞中的水就会通过细胞膜渗透出来，甚至引起血红细胞收缩并从悬浮状态中沉降下来，医学上将这种现象称为皱缩（Crenation）；如果把这种血红细胞放入渗透压较小的溶液中，血液中的水就会通过血红细胞膜流入细胞中，而使细胞膨胀，甚至能把细胞膜胀破，医学上叫做溶血（Hematolysis）。因此，对人体注射或静脉输液时，应使用渗透压与人体血液的渗透压基本相等的溶液，在生物学和医学上称这种溶液为等渗溶液（Isotonic Solution）。例如，临床常用的是质量分数为 5.1%（0.28mol/L）的葡萄糖溶液，否则由于渗透作用，很可能产生严重后果。

由上面的内容可知，难挥发的非电解质稀溶液的性质，如溶液的蒸气压下降、沸点上升、凝固点下降和溶液渗透压，与一定量溶剂中所溶解溶质的数量成正比，满足稀溶液依数性定律。该定律不适用于浓溶液。这是因为在浓溶液中，溶质的微粒比较多，溶质微粒之间的相互影响以及溶质微粒与溶剂分子之间的相互影响大大加强，这些复杂的因素使稀溶液依数性定律的定量关系产生了偏差。

利用蒸气压下降这一性质，工业上或实验室中常采用某些易潮解的固态物质，如 $CaCl_2$、P_2O_5 等作为干燥剂。这是因为这些物质能使其表面形成的溶液的蒸气压显著下降，当它低于空气中水蒸气的分压时，空气中的水蒸气可不断凝聚而进入溶液，即这些物质不断地吸收水分。利用凝固点下降这一性质，盐和冰的混合物可作为冷冻剂。冰的表面有少量的水，当盐与冰混合时，盐溶解在这些水里成为溶液。此时，由于所生成的溶液中水的蒸气压低于冰的蒸气压，冰就融化。冰融化时要吸收熔化热，使周围物质的温度降低。例如，采用 NaCl 和冰的混合物，凝固温度可降低到 261K；用 $CaCl_2$ 和冰的混合物，凝固温度可以降低到 218K。在金属表面处理中，利用溶液沸点上升的原理，使工件在高于 373K 的水溶液中进行处理。例如，使用含有 NaOH 和 $NaNO_2$ 的水溶液能将工件加热到 413K 以上。

1.2.3 电解质溶液

浓溶液、电解质溶液也存在蒸汽压下降、凝固点降低、沸点上升及渗透压，但是与稀溶液依数性定律所表达的与溶质浓度的定量关系出现了偏差。例如，0.001mol/kg 蔗糖和相同浓度的 KCl、K_2SO_4 溶液的凝固点降低值分别是 0.00186、0.00366、0.00528。这是因为浓溶液中微粒之间的作用力不可忽略。100 多年前，瑞典化学家阿仑尼乌斯（Arrhenius）针对电解质溶液对依数性定律的偏差提出了电离理论。其主要内容如下：

英文注解

（1）电解质在溶液中会自发解离成带电粒子，即离子。

（2）正、负离子不停运动着，又会结合成分子。电解质只发生部分电离，电离的百分率称为电离度。

（3）溶液导电是由于离子迁移引起的。溶液中的离子越多，导电性越强。

阿仑尼乌斯认为，电解质溶于水，其质点数因电离而增加，所以 ΔT_f 等依数性的数值也会增大。例如，0.01mol/kg 的 NaCl 溶液若不发生电离，其 ΔT_f 应为 0.0186K，而实测为 0.0361K。设其电离度为 α，则 1000g 溶剂中含 0.01(1-α) mol NaCl 以及 0.01α mol 的 Cl^- 与 Na^+，共有 0.01(1+α)mol 的质点，又因凝固点下降与溶质的物质的量成正比，有以下关系：

$$NaCl \Longrightarrow Na^+ + Cl^-$$
$$0.01(1-\alpha) \quad 0.01\alpha \quad 0.01\alpha$$
$$\frac{0.01}{0.01(1+\alpha)} = \frac{0.0186}{0.0361}$$

则
$$\alpha = 0.94$$

也就是说，溶液中有 94% 的 NaCl 电离成 Na^+ 与 Cl^-。

根据近代物质结构理论，强电解质在溶液中是全部电离的，其电离度应为 100%，但是，根据溶液导电性实验测得的强电解质在溶液中的电离度都小于 100%，被称为表观电离度（表 1-4）。

表 1-4　强电解质的表观电离度（298.15K，0.1mol/L）

电解质	KCl	ZnSO$_4$	HCl	HNO$_3$	H$_2$SO$_4$	NaOH	Ba(OH)$_2$
表观电离度/%	86	40	92	92	61	91	81

1923 年，德拜（P. J. M. Debye）和休克尔（E. Hückel）等认为，强电解质在溶液里是完全电离的，但电离产生的离子由于带电而相互作用，每个离子都被异性离子包围，形成了"离子氛"。阳离子周围有较多的阴离子，阴离子周围有较多的阳离子，使得离子在溶液中不能完全自由移动。溶液在通过电流时，阳离子向阴极移动，但它的离子氛向阳极移动，加之强电解质溶液中的离子较多、离子间平均距离小、离子间吸引力和排斥力比较显著等因素，离子的运动速度显然比毫无牵制来得慢一些，因此溶液的导电性就比完全电离的理论模型要低一些，产生不完全电离的假象。

为定量描述强电解质溶液中离子间的牵制作用，引入了活度（Activities）概念。

活度是单位体积溶液在表观上所含的离子浓度，即有效浓度（Effective Concentration）。活度 a 与实际浓度 c 的关系为：

$$a = fc \tag{1-16}$$

式中，f 称为活度系数（Activity Coefficient），它反映了电解质溶液中离子相互牵制作用的大小。溶液越浓，离子电荷数目越高，离子间的牵制作用越大，f 越小，活度和浓度的差距越大，反之亦然。当溶液稀释时，离子间相互作用极弱，$f \rightarrow 1$，这时，活度与浓度基本趋于一致。由于单个离子的活度系数无法从实验中测得，一般取电解质的两种离子的活度系数的平均值，称为平均活度系数 $f_{\pm}(= \sqrt{f_{+} \cdot f_{-}})$，通常可以从化学手册上查到。

某离子的活度系数不仅受它本身的浓度和电荷的影响，也受溶液中其他离子的浓度及电荷的影响，为了表征这些影响，引入了离子强度（Ionic Strength）的概念。离子强度 I 的定义为：

$$I = \frac{1}{2} \sum (c_B z_B^2) \tag{1-17}$$

式中，c_B 为离子 B 的浓度；z_B 为离子 B 的电荷。

由表 1-5 可知，离子强度 I 越大，f 值越小，当离子强度小于 1×10^{-4} 时，f 值接近于 1，即活度差不多等于实际浓度了。高价离子的 f 值小于低价离子，特别是在较大离子强度的情况下两者的差距很大。

电解质溶液的浓度和活度之间一般是有差别的，严格说，都应该用活度来进行计算，但对于稀溶液、弱电解质溶液和难溶强电解质溶液作近似计算时，通常用浓度进行计算。这是因为在这些情况下溶液中的离子浓度很低，离子强度很小，f 值接近 1。

表 1-5　活度系数 f 与离子强度 I 的关系

离子强度 I /mol · L^{-1}	活度系数 f			
	离子电荷 $Z = 1$	离子电荷 $Z = 2$	离子电荷 $Z = 3$	离子电荷 $Z = 4$
1×10^{-4}	0.99	0.95	0.90	0.83
2×10^{-4}	0.98	0.94	0.87	0.77
5×10^{-4}	0.97	0.90	0.80	0.67
1×10^{-3}	0.96	0.86	0.73	0.56
2×10^{-3}	0.95	0.81	0.64	0.45
5×10^{-3}	0.92	0.72	0.51	0.30
1×10^{-2}	0.89	0.63	0.39	0.19
2×10^{-2}	0.87	0.57	0.28	0.12
5×10^{-2}	0.81	0.44	0.15	0.01
0.1	0.78	0.33	0.08	0.01
0.2	0.70	0.24	0.04	0.003
0.3	0.66	—	—	—
0.5	0.62	—	—	—

知识博览 超临界流体

　　纯净物质根据温度和压强的不同，呈现出液体、气体、固体等状态变化。在温度高于某一数值时，任何大的压强均不能使该纯物质由气相转化为液相，此时的温度称为临界温度（T_c）。而在临界温度下，气体能被液化的最低压强称为临界压强（p_c）。当物质所处的温度高于临界温度，压强大于临界压强时，该物质处于超临界状态。温度及压强均处于临界点以上的液体称为超临界流体（Supercritical Fluid，SCF）。例如，当水的温度和压强升高到临界点（$T_c = 374.3℃$，$p_c = 22.05MPa$）以上时，就处于一种既不同于气态、也不同于液态和固态的新的流体态——超临界态，该状态的水即称为超临界水（Supercritical Water）。

　　■ 超临界流体的特点

　　超临界流体是处于临界温度和临界压强以上，介于气体和液体之间的流体，兼有气体和液体的双重性质和优点：

　　（1）溶解性强。超临界流体的密度接近液体，比气体大数百倍，由于物质的溶解度与溶剂的密度成正比，因此超临界流体具有与液体溶剂相近的溶解能力。

　　（2）扩散性能好。超临界流体的扩散系数介于气体和液体之间，为液体的10~100倍，具有气体易于扩散和运动的特性，传质速率远远高于液体。

　　（3）易于调控。在临界点附近，压强和温度的微小变化，都可以引起流体密度很大的变化，从而使溶解度发生较大的改变。

　　■ 超临界 CO_2 萃取技术

　　超临界流体萃取（Supercritical Fluid Extraction，SFE）是一项新型提取技术，由于 CO_2 的临界温度比较低（364.2K），临界压强也不高（7.28MPa），且无毒、无臭、无公害，在实际实验操作中常使用 CO_2 超临界流体。

　　超临界 CO_2 流体萃取（SFE）分离过程的原理是利用超临界流体的溶解能力与其密度的关系，即利用压强和温度对超临界流体溶解能力的影响而进行。在超临界状态下，将超临界流体与待分离的物质接触，使其有选择性地把极性大小、沸点高低和相对分子质量大小的成分依次萃取出来。当然，对应各压强范围所得到的萃取物不可能是单一的，但可以控制条件得到最佳比例的混合成分，然后借助减压、降温的方法使超临界流体变成普通气体，被萃取物质则完全或基本析出，从而达到分离提纯的目的，所以超临界 CO_2 流体萃取过程是由萃取和分离过程组合而成的。

　　超临界 CO_2 萃取应用范围十分广阔。例如，在医药工业中，可用于中草药有效成分的提取，热敏性生物制品药物的精制，以及脂质类混合物的分离；在食品工业中，可用于啤酒花、色素的提取等；在香料工业中，可用于天然及合成香料的精制；化学工业中用于混合物的分离等。

■ 超临界 CO_2 钻井技术

超临界 CO_2 具有接近液体的密度、接近气体的黏度以及良好的溶解和扩散能力，与常规气体钻井流体相比，超临界 CO_2 能够有效驱动螺杆钻具，同时其环空压力调控范围较大，展现了更大的灵活性和更高的效率；与常规水基钻井液相比，超临界 CO_2 不会伤害储层，且 CO_2 吸附岩石的效率数倍于甲烷气，有利于保护油气层和提高采收率；超临界 CO_2 射流破岩门限压力远低于水射流，可有效辅助破岩，获得更高的钻井速度。另外，为适应保护环境的迫切需要，充分利用 CO_2 减少排放更具重要的现实意义。因此超临界 CO_2 钻井技术，在实现 CO_2 资源化利用、提高非常规油气钻探效益等方面具有巨大的发展潜力。中国石油大学（华东）于 2006 年开始涉足超临界 CO_2 钻井理论与技术研究领域，针对超临界 CO_2 在井筒中的多相流动和超临界 CO_2 与岩石的相互作用，并在超临界 CO_2 井筒流动规律与相态变化、携岩规律、射流破岩及井壁稳定性等方面进行了较为系统的研究，为超临界 CO_2 钻井技术发展提供了理论和技术支撑。

■ 神奇的超临界水

水的临界点为 374.3℃，22.1MPa。超临界水的物理性质与常态水明显不同。在超临界状态下，水的密度低于常态水密度（约为 1/3）；黏度降低，比常态水小 1~2 个数量级；热导率略有下降，介电常数变小，离子积大幅度增加，是常态水的 10~100 倍；水分子之间的氢键明显减弱；扩散系数与常温水相比增加了约 2 个数量级。常态水能够溶解大部分的无机物，但对大部分有机物和气体的溶解度极低；超临界水则表现出几乎完全相反的性质，对大部分的无机物几乎不溶，却对大部分有机物和气体非常易溶。由于超临界水对大部分有机物和气体具有不同寻常的溶解能力，使得它成为非常有用的反应介质。

超临界水热合成就是以超临界水作为主要的反应介质，改变相行为、扩散速率和溶剂化效应，将传统溶剂条件下的多相反应变为均相反应，进而有效增大扩散系数，降低传质与材料之间的传热阻力，从而有效控制相分离过程，缩短反应时间，合成金属氧化物纳米材料或催化材料。

超临界水氧化反应是以超临界水作为反应介质来氧化分解有机物。由于有机物和气体都能够与超临界水发生互溶，因此有机物的氧化是在富氧的均一相中进行的，不受其他条件如物理、环境等因素的限制。在超临界水氧化的反应过程中，有机物中的 C、H 元素被完全氧化分解成 CO_2 和 H_2O；有机氮和无机氮通常被转化为 N_2 或硝酸盐；另外，Cl、S、P 及金属元素转化成 HCl、H_2SO_4、H_3PO_4 及盐析出。超临界水氧化法具有处理效率高、反应彻底快速、处理对象的使用范围广、过程封闭性好、反应器结构简单、体积小、生成的产物不需要后续处理、不会对环境形成二次污染以及无机盐可以回收利用等诸多优点，在处理有害废物方面受到了越来越多的重视。

习 题

1-1 简述水中加入乙二醇可以防冻的原理。

1-2 什么是渗透，什么是渗透压？简述反渗透现象。

1-3 试以渗透现象解释盐碱土地上栽种植物难以生长的原因。

1-4 为什么食盐和冰的混合物可以作为制冷剂？

1-5 $CaCl_2$、P_2O_5 作为干燥剂使用的原理。

1-6 选择题：

（1）下列各物质的溶液浓度均为 0.01mol/kg，它们的渗透压递减的顺序是（　　）。

A. $HAc>C_6H_{12}O_6>NaCl>CaCl_2$　　　　B. $C_6H_{12}O_6>NaCl>CaCl_2>HAc$

C. $CaCl_2>NaCl>HAc>C_6H_{12}O_6$　　　　D. $CaCl_2>HAc>C_6H_{12}O_6>NaCl$

（2）0.58% NaCl 溶液产生的渗透压与下列溶液渗透压较接近的是（　　）。

A. 0.1mol/L 蔗糖溶液　　　　　　B. 0.2mol/L 葡萄糖溶液

C. 0.1mol/L 葡萄糖溶液　　　　　D. 0.1mol/L $BaCl_2$ 溶液

（3）在一定温度下，某容器中含有相同质量的 $H_2(g)$、$O_2(g)$、$N_2(g)$ 及 $He(g)$ 的混合气体，混合气体中分压最小的是（　　）。

A. $H_2(g)$　　　　B. $O_2(g)$　　　　C. $N_2(g)$　　　　D. $He(g)$

（4）27℃、101kPa 的 O_2 恰好和 4.0L、27℃、50.5kPa 的 NO 反应生成 NO_2，则 O_2 的体积为（　　）。

A. 1.0 L　　　　B. 3.0 L　　　　C. 0.75 L　　　　D. 0.20 L

（5）1000℃、98.7kPa 时硫蒸气密度为 0.5977g/L，则硫的分子式为（　　）。

A. S　　　　B. S_8　　　　C. S_4　　　　D. S_2

（6）某容器含有 2.016g 的 H_2 和 16.00g 的 O_2，则 H_2 的分压是总压的（　　）。

A. $\frac{1}{8}$　　　　B. $\frac{1}{16}$　　　　C. $\frac{1}{4}$　　　　D. $\frac{2}{3}$

（7）在 298K 和 101kPa 时，已知丁烷气中含有 1%（质量）的硫化氢，则 H_2S 的分压为（　　）。

A. 99.3kPa　　　　B. 1.71kPa　　　　C. 0.293kPa　　　　D. 17.0kPa

1-7 将下列水溶液按其凝固点的高低顺序排列：

（1）0.1mol/kg $C_6H_{12}O_6$；　　（2）1mol/kg $C_6H_{12}O_6$；

（3）1mol/kg H_2SO_4；　　　　（4）0.1mol/kg CH_3COOH；

（5）0.1mol/kg $CaCl_2$；　　　　（6）1mol/kg NaCl；

（7）0.1mol/kg NaCl。

1-8 已知 20℃时水的蒸气压为 2333Pa，将 17.1g 某易溶难挥发非电解质溶于 100g 水中，溶液的蒸气压为 2312Pa，试计算该物质的摩尔质量。

1-9 取 2.50g 葡萄糖（相对分子质量 180）溶解在 100g 乙醇中，乙醇的沸点升高了 0.143℃，而某有机物 2.00g 溶于 100g 乙醇中，沸点升高了 0.125℃，已知乙醇的 $k_f=1.86K \cdot kg/mol$，密度 $\rho=0.789g/cm^3$（20℃），求：

（1）该有机物的乙醇溶液 ΔT_f 是多少？

（2）在 20℃时，该有机物乙醇溶液的渗透压是多少？

1-10 海水中盐的总浓度约为 0.60mol/L（质量分数约为 3.5%）。若以 NaCl 计算，试估算海水开始结冰的温度和沸腾的温度，以及在25℃时用反渗透法提取纯水所需要的最低压强（设海水中盐的总浓度若以质量摩尔浓度 m 表示时可近似为 0.60mol/kg）。

1-11 Dalton 分压定律的内容是什么？对理想气体来说，某一组分气体的分压定义是什么？

1-12 在实验室中用排水取气法收集氢气，在 20℃、100.5kPa 下，收集了 370mL 的气体。试求：

   （1）该温度时气体中氢气的分压及氢气的物质的量；

   （2）若在收集氢气之前，集气瓶中已有氮气 20mL，收集气体的总体积为 390mL，问此时收集的氢气的分压是多少？氢气的物质的量又是多少？（已知 20℃时水的饱和蒸气压为2338Pa）

1-13 在 273.15K、101kPa 下，某混合气体中含有 80.0%的 CO_2 和 20.0%的 CO（按质量计）。问100mL 该混合气体的质量是多少？二者的分压各是多少？它们的分体积各是多少？

1-14 在体积为 50L 的容器中，含有 140g CO 和 20g H_2，温度为 300K，试求：

   （1）CO 和 H_2 的分压；

   （2）混合气体的总压。

1-15 下图为一带隔板的容器，两侧氧气和氮气的 T、p 相同，试分析：

   （1）隔板两边的气体的物质的量是否相等？

   （2）如将隔板抽掉（忽略隔板体积），保持温度不变，p 是否会改变，各物质的量是否会改变？

O_2 2L	N_2 2L
（T、p）	（T、p）

1-16 两个容积均为 V 的玻璃球泡之间用细管连接，泡内密封着标准状态下的空气。若将其中一个球加热到 100℃，另一个球维持 0℃，忽略连接管中空气的体积，试求容器内空气的压强。

1-17 已知 CO 与 H_2 的混合气体总压为 3.56×10^4 kPa，其中 CO 的物质的量分数为 0.25，试求 CO与 H_2 的分压各为多少 kPa？

1-18 氯乙烯、氯化氢及乙烯构成的混合气体中，各组分的摩尔分数分别为 0.89、0.09 和 0.02。于恒定压力 101.325kPa 下，用水吸收其中氯化氢，所得混合气体中增加了分压强为2.670kPa 的水蒸气，试求此时混合气体中氯乙烯及乙烯的分压。

1-19 氧气钢瓶的容积为 40.0L，压强为 1.01MPa，室温 27℃，求钢瓶内尚有氧气的质量是多少克？

1-20 某气体化合物是氮的氧化物，其中含氮的质量分数为 30.5%。今有一容器中装有该氮氧化物4.107g，其体积为 0.500L，压强为 202.7kPa，温度为 0℃。试求：

   （1）在压强为 101.325kPa 状态下，该气体的密度是多少？

   （2）它的相对分子质量是多少？

   （3）它的化学式。

2　化学热力学基础

热力学是热和温度的科学，是研究宏观系统在能量相互转换过程中所遵循规律的科学。热力学的发展史已逾百年，形成了一套完整的理论和方法。用热力学的基本原理来研究化学及有关物理现象，称为化学热力学（Chemical Thermodynamics）。

人们在研究化学反应时，经常会遇到的问题：化学反应能否进行（即化学反应进行的方向）？化学反应进行过程中，有无热量放出，放出或吸收的热量是多少（即化学反应的热效应）？化学反应进行的限度如何（即化学平衡）？化学反应的时间是多少（即化学反应速率）？这些问题中，前三个问题属于化学热力学范畴，第四个问题属于化学动力学范畴。化学热力学研究的主要内容是利用热力学第一定律计算变化过程中的热效应，利用热力学第二定律研究变化的方向和限度，应用热力学第三定律阐明规定熵的数值。自 20 世纪 60 年代以来，热力学已从主要研究平衡态或可逆过程的经典热力学，发展成为非平衡态或不可逆过程的热力学，在自然科学和社会科学的很多领域得到了应用。热力学研究的是大量质点集体表现出来的宏观性质，如温度 T、压强 p、体积 V 等，对于个别原子、分子，即微观粒子的性质，是无能为力的。所以化学热力学对于被研究对象无需知道其内部结构，也不研究被研究对象变化的微观过程，这正是热力学处理问题的特点，也是其局限性。也就是说，热力学不能深入到微观领域，也不能从微观角度说明变化发生的原因以及化学反应机理。本章从化学热力学的基本概念出发，主要解决化学反应中的热效应、化学反应方向和化学反应限度的问题。

2.1　热力学第一定律

2.1.1　基本术语

热力学所涉及的基本术语（Terminology）介绍如下。

2.1.1.1　系统与环境

在用热力学的方法研究问题时，首先要确定研究对象的范围和界限。热力学把被研究的对象称为系统（System），系统以外与系统密切联系的部分称为环境（Surrounding）。系统的确定是根据研究的需要人为划分的。例如，研究硝酸银与氯化钠在水溶液中的反应，把这两种溶液放在小烧杯中，那么溶液就是一个系统，而溶液之外的与之有关的其他部分（烧杯、溶液上方的空气等）都是环境。按照系统和环境之间物质和能量的交换关系，将系统分为以下三种：

（1）敞开系统（Open System）：系统与环境之间既有物质交换又有能量交换；

（2）封闭系统（Closed System）：系统与环境之间只有能量交换而没有物质交换；

（3）孤立系统（Isolated System）：系统与环境之间既没有物质交换也没有能量交换。

自然界中没有真正的孤立系统，它是热力学思考问题的一种方法，如果把系统和环境加起来，就构成了一个孤立系统。系统的选择有一定的任意性。但一旦选定系统，系统的性质就确定了。

2.1.1.2　状态和状态函数

英文注解

热力学用系统的性质来确定系统的状态（State），也就是说系统的性质（如温度、压强、体积、质量等）总和决定了系统的状态。系统的性质一定时，系统的状态也就确定了，与系统到达该状态前的经历无关。若系统中某一性质改变了，系统的状态也就必然改变。通常把这些用来描述系统状态性质的函数称为状态函数（State Function）。描述系统状态的状态函数有两种性质：

（1）强度性质（Intensive Property）：这种性质的数值与系统内物质的数量无关，不具有加和性。例如，温度、密度都属于强度性质。

（2）广度性质（Extensive Property）：这种性质的数值与系统内物质的数量成正比，具有加和性。例如，质量、体积都属于广度性质。

值得注意的是，有时两个广度性质比值会成为系统的强度性质，如密度是质量与体积之比。

状态函数有如下特点：状态函数决定于状态本身，而与变化过程的具体途径无关。系统的状态确定了，状态函数就有一定的数值。例如，一种气体使其温度由300K变到380K，可以先将气体升温到400K，然后降到380K；或先降到280K再升温到380K，系统的温度变化都是80K。ΔT只决定于起始状态和最终状态，与变化所经历的途径无关。状态函数的集合（和、差、积、商）也是状态函数。

由于系统的多种性质之间有一定的联系，例如：$pV=nRT$就描述了理想气体的p、V、n、T四个量之间的关系。所以描述系统的状态并不需要罗列出它所有的性质，可根据具体情况选择必要的能确定系统状态的几种性质就可以了。

2.1.1.3　过程和途径

英文注解

处于热力学平衡态的系统，当状态函数改变时，系统的状态就会发生改变。我们常常定义系统的起始状态为始态（Initial State），发生变化了的状态为终态（Terminal State），系统从始态到终态的变化，称为过程（Process）。实现过程所经历的具体步骤为途径（Path）。

常见的热力学过程有以下几种：

（1）等压过程（Isobaric Process）：系统在整个变化过程中压强始终保持恒定；

（2）等容过程（Isochoric Process）：系统在整个变化过程中体积始终保持恒定；

（3）等温过程（Isothermal Process）：系统的终态温度等于始态温度。

与等压、等容过程不同，等温过程中温度可能发生变化，但只要终态温度回到始态温度，则认为是等温过程。与等温过程相区别，对于系统变化过程中温度始终保持恒定的过程，称之为恒温过程（Thermostatic Process）。

这三种变化过程是指系统的化学组成、物相不变，只是温度、压强和体积发生改变。如果这个过程中系统与环境之间不发生热交换，称为绝热过程（Adiabatic Process）。若系统从某一状态出发，经过一系列变化，最后又回到原来的状态，称为循环过程（Cyclic Process）。除此之外，还有相变过程（Phase Process）和化学变化过程（Chemical Change Process）。相变过程是指系统化学组成不变而物相发生变化的过程，如熔化、冷凝等。化学变化过程是系统的化学组成发生改变，即系统内发生了化学反应或系统内分子种类发生改变。

系统实际的变化过程往是比较复杂的。但是，只要系统的始态、终态一定，状态函数的变化值只与始态和终态系统的数值有关，与具体的变化途径无关。状态函数的这一性质，使得热力学过程的研究方法大大简化，可以设计一些比较简单的途径来计算，只要始态、终态相同，计算结果与实际过程一致。

2.1.1.4　热力学能

热力学能（Thermodynamics Energy）又称为内能（Internal Energy），是系统内部能量的总和，用符号 U 表示，单位为 kJ/mol。热力学能包括了系统内分子的平动能、转动能、振动能、电子运动能量、原子核内能量以及分子与分子之间相互作用能等。它仅取决于系统的状态，系统的状态一定，它就有确定的值，也就是说内能是系统的状态函数。

英文注解

系统内部各质点的运动和相互作用是很复杂的，所以内能的绝对值目前还无法测定。但系统的状态变化时，内能的变化量是可以测定的。内能的变化量可由变化过程中系统和环境所交换的热和功的数值来确定。

2.1.1.5　热和功

热（Heat）和功（Work）是系统的状态变化时与环境交换能量的两种不同形式。热是由于温度的不同，在系统与环境之间交换的能量，用符号 Q 表示，单位为 J（或 kJ）。通常规定：系统从环境吸收热量 Q 为正值，系统放出热量 Q 为负值。系统与环境之间除了热以外，以其他形式交换的能量统称为功，用符号 W 表示。通常规定，系统对环境做功 W 为负值，环境对系统做功 W 为正值。

英文注解

功有多种形式，可分为体积功（Pressure-Volume Work）和非体积功。体积功是指系统与环境之间因体积变化所做的功；非体积功是指除体积功之外，系统与环境之间以其他形式所做的功。本章只讨论体积功。

英文注解

系统反抗恒外压 $p_{外}$ 对环境所做的功，可以用式（2-1）进行计算：

$$W = -p_{外} \times \Delta V \quad 或 \quad \delta W = -p_{外} \times dV \qquad (2\text{-}1)$$

式中，ΔV 为气体体积的变化值。

由于化学反应过程一般不做非体积功，对于有气体参与的化学反应，体积功显得尤为重要。

【例 2-1】　一定量理想气体由状态 I（$p_1 = 6.0 \text{kPa}$，$V_1 = 2.0 \text{L}$，$T_1 = 25℃$）等温膨胀做功变为状态 II（$p_2 = 1.0 \text{kPa}$，$V_2 = 12.0 \text{L}$，$T_2 = 25℃$）。如图所示，此过程有三种变化途径：一次减压（A）、两次减压（B）和三次减压（C），已知 $p_B = 3.0 \text{kPa}$，$p_C = 4.0 \text{kPa}$，$p_{C'} = 2.0 \text{kPa}$，分别计算三种过程系统所做的功（活塞的质量可以忽略不计）。

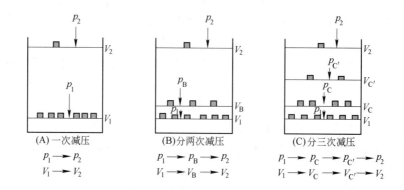

(A)一次减压　　　　　　(B)分两次减压　　　　　　(C)分三次减压

$p_1 \longrightarrow p_2$　　　　　$p_1 \longrightarrow p_B \longrightarrow p_2$　　　　$p_1 \longrightarrow p_C \longrightarrow p_{C'} \longrightarrow p_2$

$V_1 \longrightarrow V_2$　　　　　$V_1 \longrightarrow V_B \longrightarrow V_2$　　　　$V_1 \longrightarrow V_C \longrightarrow V_{C'} \longrightarrow V_2$

解： 过程 A：$W_A = -p_2(V_2 - V_1) = -1.0 \times (12.0 - 2.0) = -10\text{J}$

过程 B：$V_B = p_1 V_1 / p_B = 6.0 \times 2.0 / 3.0 = 4.0\text{L}$

$$W_B = -[p_B(V_B - V_1) + p_2(V_2 - V_B)]$$
$$= -[3.0 \times (4.0 - 2.0) + 1.0 \times (12.0 - 4.0)] = -14\text{J}$$

过程 C：$V_C = p_1 V_1 / p_C = 6.0 \times 2.0 / 4.0 = 3.0\text{L}$

$$V_{C'} = p_C V_C / p_{C'} = 4.0 \times 3.0 / 2.0 = 6.0\text{L}$$
$$W_C = -[p_C(V_C - V_1) + p_{C'}(V_{C'} - V_C) + p_2(V_2 - V_{C'})]$$
$$= -[4.0 \times (3.0 - 2.0) + 2.0 \times (6.0 - 3.0) + 1.0 \times (12.0 - 6.0)]$$
$$= -16\text{J}$$

上述计算结果说明，从同一始态到同一终态，分步膨胀的次数越多，系统对外做功越大。如果系统经过的是无穷多步的膨胀到达终态，即每步膨胀，外压仅比内压减小一个无穷小量 dp，系统在每步膨胀过程中都无限接近平衡态，这种过程称为准静态过程（Quasistatic Process）。此时，系统对外所做的总体积功最大，可用积分进行计算：

$$W = -\int_{V_1}^{V_2} p\mathrm{d}V = -\int \frac{nRT}{V}\mathrm{d}V = -nRT\ln\frac{V_2}{V_1} = -21.5\text{J}$$

上述计算结果也证明功不是状态函数。从同一始态到同一终态，途径不同，功 W 就不同，而体系与环境之间所交换的总能量相同，所以 Q 也会不同。因此，热也不是状态函数。

准静态过程在热力学中称作可逆过程（Reversible Process），它是一种理想过程，客观世界中不存在，实际过程只能无限趋近于它，例如相变过程。但是可逆过程是重要热力学过程，在系统接近平衡状态下发生，一些重要的热力学函数的增量，只有通过可逆过程才能求得。

2.1.1.6　化学计量学

化学计量学（Chemical Stoichiometry）是研究化学反应系统中反应物和产物各组分变化量相互关系的学科，化学反应计量式表示参加反应各组分间的数量关系，其与化学反应方程式形式相同，但是化学反应计量式不仅说明了参加反应的物质的种类和生成物质的种类，同时还说明了任一物质 i 的物质的量的变化关系。例如，化

英文注解

英文注解

学反应计量式：

$$aA + bB \Longrightarrow dD + eE$$

上式表示发生 1mol 该反应时，就有 a mol 物质 A 和 b mol 物质 B 被消耗，生成 d mol 物质 D 和 e mol 物质 E。

上述计量式也可写成：

$$0 = dD + eE - aA - bB$$

或简化成：

$$0 = \sum \nu_B \cdot B \tag{2-2}$$

式中，B 为参与反应的物种；ν_B 为物种 B 的化学计量数（Stoichiometric Factor），它可以是整数或分数，也可以是正数或负数。对于反应物，ν_B 为负；对于生成物，ν_B 为正。

反应进度表示反应进行的程度，常用符号 ξ 表示，其定义为：

$$\xi = \frac{n_B(\xi) - n_B(0)}{\nu_B} = \frac{\Delta n_B}{\nu_B} \tag{2-3}$$

式中，$n_B(0)$ 为反应起始时刻 t_0，即反应进度 $\xi = 0$ 时，B 的物质的量；$n_B(\xi)$ 为反应进行到 t 时刻，即反应进度 $\xi = \xi$ 时，B 的物质的量。反应进度 ξ 的单位为 mol。

例如反应：

$$N_2(g) + 3H_2(g) \longrightarrow 2NH_3(g)$$

t_0 时 n_B（mol）　　3.0　　　10.0　　　0

t 时 n_B（mol）　　2.0　　　7.0　　　2.0

$$\xi = \frac{\Delta n(N_2)}{\nu(N_2)} = \frac{\Delta n(H_2)}{\nu(H_2)} = \frac{\Delta n(NH_3)}{\nu(NH_3)}$$

$$= \frac{2.0 - 3.0}{-1} = \frac{7.0 - 10.0}{-3} = \frac{2.0 - 0}{2}$$

$$= 1.0mol$$

$\xi = 1.0mol$，表明该反应按照化学计量式进行了摩尔级的反应，即 1.0mol N_2 和 3.0mol H_2 反应并生成了 2.0mol NH_3。

若选择的始态 ξ 不为零，则以反应进度 ξ 的变化 $\Delta \xi$ 和 $d\xi$ 表示，即：

$$\Delta \xi = \xi(t) - \xi(0) = \frac{\Delta n_B}{\nu_B} \tag{2-4}$$

或

$$d\xi = \frac{dn_B}{\nu_B} \tag{2-5}$$

2.1.2 热力学第一定律

热力学第一定律（First Law of Thermodynamics）的内容就是能量守恒定律（The Law of Conservation of Energy），其文字叙述如下：自然界一切物质都具有能量，能量有不同的表现形式，可以从一种形式转化为另一种形式，也可以从一个物体传递给另一个物体，在转化和传递过程中能量的总和不变。

设有一封闭系统，它的内能为 U_1，该系统从环境吸收热量 Q，同时环境对系统做功 W，结果使这个系统从内能为 U_1 的始态变为内能为 U_2 的终态。根据能量守恒

英文注解

定律：

$$\Delta U = U_2 - U_1 = Q + W \qquad (2\text{-}6)$$

式（2-6）即为热力学第一定律的数学表达式，即系统内能的变化等于系统从环境吸收的热量（Q）加上环境对系统做的功（W）。

热力学第一定律是在 1842 年由德国的迈尔（Mayer）、英国的焦耳（Joule）和格罗夫（Grove）三位科学家几乎同时总结出来的。从热力学第一定律推导出来的结论没有一个与实践发生矛盾，证明了该定律的正确性。热力学第一定律的另一种说法是：第一类永动机（Perpetual Motion Machine）是不可能的。第一类永动机是指不从外界接受任何能量补给，自身永远可以做功的装置。

我们可以通过热力学第一定律证明第一类永动机是无法制造出来的。某机械装置不从外界接受能量，则 $Q = 0$。作为一种机械完成一个动作循环，必须回到起始位置才能永远做功。当机械回到起始位置时，始态和终态相同，则 $\Delta U = 0$。根据热力学第一定律的数学表达式 $\Delta U = Q + W$，可得 $W = 0$。若要做功，又不从外界获得能量，只有使系统的内能 U 降低，那么机械就回不到原来的位置，因此不能成为循环过程，也就不能永远做功。

【例 2-2】 在 101.3kPa、373K 时，水的汽化热为 40.6kJ/mol，计算该条件下 1mol 水完全汽化时系统内能的变化值。

解：系统吸热 $Q = 40.6\text{kJ/mol}$，系统所做的功等于水汽化时由于体积膨胀所做的体积功，即 $W = -p\Delta V = -nRT$（忽略液态水的体积）。

由热力学第一定律可知：

$$\begin{aligned}
\Delta U &= Q + W = Q - nRT \\
&= 40.6\text{kJ/mol} - 1\text{mol} \times 8.314\text{J/(mol·K)} \times 373\text{K} \times 10^{-3} \\
&= 37.5\text{kJ/mol}
\end{aligned}$$

由热力学第一定律表达式 $\Delta U = Q + W$ 可知，只与系统始态和终态有关，与途径无关；而 Q、W 与途径有关。系统的始态、终态确定后，ΔU 就确定了，也就是说 $Q + W$ 为定值。当系统变化的始态、终态确定后，不同的途径会有不同 Q、W 值，但 $\Delta U = Q + W$ 始终成立，也就是说，不是状态函数的功和热之和为一个状态函数，这也是热力学第一定律的特征。

2.2　化学反应的热效应

化学反应中，不仅参加反应的物质发生了变化，而且常常伴随有能量的改变。化学反应释放的能量是日常生活和工业生产所需能量的主要来源。化学反应伴随的能量变化形式有多种，但通常以热量形式表现出来。化学反应的热效应，简称反应热（Heat of Reaction），是指当系统发生化学变化后，使反应系统的温度回到始态温度，系统放出或吸收的热量。

英文注解

2.2.1　恒容反应热

英文注解

根据反应过程恒容还是恒压，热效应又分为恒容热效应（Heat of Isochoric Reaction，Q_V）和恒压热效应（Heat of Isobaric Reaction，Q_p）。

若反应系统在化学变化过程中，体积始终保持不变，则系统不做体积功，即 $W = 0$。根据热力学第一定律可知：

$$Q_V = \Delta U \qquad (2\text{-}7)$$

即在恒容条件下，热效应等于系统内能的变化。

2.2.2　恒压反应热和焓

如果反应在恒压条件下进行，系统对环境做体积功：$W = -p\Delta V$。根据热力学第一定律，可得：

$$Q_p = \Delta U - W = \Delta U + p\Delta V = (U_2 + pV_2) - (U_1 + pV_1) \qquad (2\text{-}8)$$

英文注解

其中，U、p、V 都是状态函数，它们的组合 $U + pV$ 也是状态函数。热力学定义这个新的复合函数称作焓（Enthalpy），用符号 H 表示，即：

$$H = U + pV \qquad (2\text{-}9)$$

ΔH 为焓变，$\Delta H = H_2 - H_1$。这样式（2-8）变为：

$$Q_p = H_2 - H_1 = \Delta H \qquad (2\text{-}10)$$

式（2-10）说明，等压反应热等于体系的焓变。根据式（2-9）可知，在等压变化中，系统的焓变（ΔH）和热力学能变（ΔU）之间的关系式为：

$$\Delta H = \Delta U + p\Delta V \qquad (2\text{-}11)$$

当反应物和生成物都处于固态和液态时，反应的 ΔV 值很小，$p\Delta V$ 可以忽略，即 $\Delta H \approx \Delta U$。

对于有气体参加的反应，ΔV 值往往较大，应用理想气体状态方程式，可得：

$$\Delta H = \Delta U + p\Delta V = \Delta U + \Delta nRT \qquad (2\text{-}12)$$

式中，Δn 为反应前、后气体的物质的量的变化值。

【例 2-3】　已知化学反应：$NH_3(g) + HCl(g) \rightarrow NH_4Cl(s)$，在 298.15K、100kPa 下，$\Delta H = -175.3$kJ/mol，求该反应的内能变化。

解： $\Delta U = \Delta H - \Delta nRT$
$$= -175.3\text{kJ/mol} - (-2) \times 8.314\text{J/(mol·K)} \times 298.15\text{K} = -170.3\text{kJ/mol}$$

2.2.3　热化学方程式

表示化学反应与其热效应之间关系的化学反应方程式，称作热化学方程式。例如：

英文注解

$$2H_2(g) + O_2(g) \longrightarrow 2H_2O(g) \qquad \Delta H = -483.6\text{kJ/mol}$$

$$H_2(g) + \frac{1}{2}O_2(g) \longrightarrow H_2O(g) \qquad \Delta H = -241.8\text{kJ/mol}$$

$$2H_2(g) + O_2(g) \longrightarrow 2H_2O(l) \qquad \Delta H = -571.66\text{kJ/mol}$$

上述三个反应方程式都表示 H_2 与 O_2 反应生成 H_2O，但是热效应各不相同。由于化学反应的热效应除与反应进行的条件（如温度、压强等）有关外，还与反应物和生成物的数量、聚集状态等有关，因而在书写热化学反应方程式时应注意如下四点：

（1）标明物质的聚集状态。因为物质聚集状态不同，相应的能量也不同。一般用 g、l、s 表示气、液、固三种状态，用 aq 表示水溶液，标注在该物质化学式的后面。此外，如果一种固体物质有几种晶形，则应注明是哪种晶形。

（2）注明反应的温度和压强。如果反应是在 298.15K 和 101.325kPa 下进行的，则按习惯可不注明。

（3）注明各物质前的系数。对于热化学方程式，系数代表了参加反应的各物质的量。同一反应，反应式系数不同，相应的热效应值也不同。

（4）正、逆反应的热效应绝对值相等，符号相反。例如：

$$HgO(s) \longrightarrow Hg(l) + \frac{1}{2}O_2(g) \qquad \Delta H = 90.79kJ/mol$$

$$Hg(l) + \frac{1}{2}O_2(g) \longrightarrow HgO(s) \qquad \Delta H = -90.79kJ/mol$$

2.2.4　盖斯定律

英文注解

反应热一般可以通过实验测定。但有些反应由于反应本身难以控制，使得其反应热不能直接测得。1840 年，瑞士的俄裔化学家盖斯（G. H. Hess）在总结大量实验事实的基础上提出：任何一个化学反应，不管是一步完成的，还是多步完成的，其热效应总是相同的，这就是盖斯定律（Hess's Law）。利用这一定律可以从已知精确测定的反应热效应来计算难以测量或不能测量的未知反应的热效应。

【例 2-4】 已知：

$$C(s) + O_2(g) \longrightarrow CO_2(g) \qquad \Delta H_1 = -393.5kJ/mol$$

$$CO(g) + \frac{1}{2}O_2(g) \longrightarrow CO_2(g) \qquad \Delta H_2 = -283.0kJ/mol$$

求反应 $C(s) + \frac{1}{2}O_2(g) \rightarrow CO(g)$ 的 ΔH 是多少？

解：反应途径为：

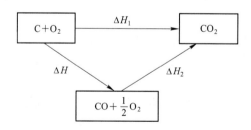

根据盖斯定律：

$$\Delta H_1 = \Delta H_2 + \Delta H$$

所以

$$\Delta H = \Delta H_1 - \Delta H_2$$
$$= -393.5 - (-283.0)$$
$$= -110.5kJ/mol$$

【例 2-5】 已知：

$$CH_4(g) + 2O_2(g) \longrightarrow CO_2(g) + 2H_2O(l) \qquad \Delta H_1 = -890.3kJ/mol$$

$$C(s) + O_2(g) \longrightarrow CO_2(g) \qquad \Delta H_2 = -393.5kJ/mol$$

$$H_2(g) + \frac{1}{2}O_2(g) \longrightarrow H_2O(l) \qquad \Delta H_3 = -285.8\text{kJ/mol}$$

求反应：$C(s) + 2H_2(g) \rightarrow CH_4(g)$ 的 ΔH。

解：反应途径为：

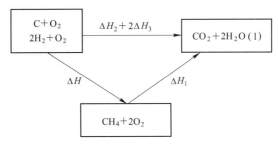

根据盖斯定律：
$$\Delta H_1 + \Delta H = \Delta H_2 + 2\Delta H_3$$
$$\Delta H = \Delta H_2 + 2\Delta H_3 - \Delta H_1$$
$$= -393.5 + 2\times(-285.8) - (-890.3)$$
$$= -74.8\text{kJ/mol}$$

2.2.5 标准摩尔生成焓

由于热效应或焓变的数值随反应的具体条件的变化会有所改变，所以在化学热力学中规定了一个状态作为比较的标准，即标准态（Standard State），在热力学函数的右上角标"$\ominus$"表示标准态。标准态的规定如下：

英文注解

（1）对于理想气体，其标准态是指标准压强下纯气体的状态，规定 $p^{\ominus} = 100\text{kPa}$；

（2）纯固体或纯液体的标准态是指标准压强 $p^{\ominus}$ 下的纯固体或纯液体；

（3）对于溶液中的溶质，其标准态是指标准压强 $p^{\ominus}$ 下各溶质的浓度为标准浓度 $c^{\ominus}$ 的理想溶液，规定 $c^{\ominus} = 1.0\text{mol/L}$。溶剂的标准态即为标准压强 $p^{\ominus}$ 下的纯溶剂。

需要注意的是，热力学标准态的规定没有定义温度，通常从手册上查到的热力学值大都是 298.15K 的数据。

标准态下化学反应的焓变即为标准摩尔反应焓变（Standard Enthalpy of Reaction），用符号 $\Delta_r H_m^{\ominus}$ 表示，单位为 kJ/mol，代表按照热化学方程式发生 1mol 反应的焓变。

一定温度、标准态下，由元素纯态单质生成 1mol 物质时，反应的标准摩尔焓变称为该物质的标准摩尔生成焓（Standard Enthalpy of Formation），用符号 $\Delta_f H_m^{\ominus}$ 表示，单位为 kJ/mol。一般情况下，纯态单质是指在标准态下最稳定的单质形式。例如，碳的纯态单质是石墨，溴的纯态单质是液溴。但是，有些纯态单质并不是最稳定的单质形式，如磷的最稳定单质是红磷，但由于红磷不易提纯，从而指定白磷作为磷元素的纯态单质。

英文注解

纯态单质的标准摩尔生成焓为零。一些化合物在 298.15K 的 $\Delta_f H_m^{\ominus}$ 数值可从书后的附表 I 中查到。

根据盖斯定律，对任意化学反应：$aA + bB \rightarrow dD + eE$，各物质标准摩尔生成焓 $\Delta_f H_m^{\ominus}$ 与反应标准摩尔焓变 $\Delta_r H_m^{\ominus}$ 的关系如下：

$$\Delta_r H_m^{\ominus} = \left[d\Delta_f H_m^{\ominus}(D) + e\Delta_f H_m^{\ominus}(E) \right] - \left[a\Delta_f H_m^{\ominus}(A) + b\Delta_f H_m^{\ominus}(B) \right]$$
$$= \sum \nu_i \Delta_f H_m^{\ominus}(i) \tag{2-13a}$$

式中，ν_i 为反应式中物质 i 的计量系数。

【例 2-6】 计算恒压反应 $2Al(s) + Fe_2O_3(s) \rightarrow Al_2O_3(s) + 2Fe(s)$ 的标准摩尔反应焓变，并判断反应是吸热反应还是放热反应。

解：查表：　　　$2Al(s) + Fe_2O_3(s) \longrightarrow Al_2O_3(s) + 2Fe(s)$

$\Delta_f H_m^{\ominus}$（kJ/mol）：　　0　　　　 -824.2　　　　 -1675.7　　　 0

$\Delta_r H_m^{\ominus} = \left[\Delta_f H_m^{\ominus}(Al_2O_3) + 2\Delta_f H_m^{\ominus}(Fe) \right] - \left[2\Delta_f H_m^{\ominus}(Al) + \Delta_f H_m^{\ominus}(Fe_2O_3) \right]$
　　　　　$= -851.5 kJ/mol$

$\Delta_r H_m^{\ominus} < 0$，此反应为放热反应。

化学反应的标准摩尔焓变 $\Delta_r H_m^{\ominus}$ 随温度的变化不大，在本书中，近似计算时可认为 $\Delta_r H_m^{\ominus}$ 与温度无关。

2.2.6　标准摩尔燃烧焓

大多数有机物很难从单质直接合成，但是它们的燃烧焓数据比较容易得到。根据物质的燃烧焓数据也可以计算化学反应的标准摩尔反应焓变。

一定温度、标准态下，1mol 物质完全燃烧（或完全氧化）时反应的焓变，称作该物质的标准摩尔燃烧焓（Standard Enthalpy of Combustion），以符号 $\Delta_c H_m^{\ominus}$ 表示，单位为 kJ/mol。这里的"完全燃烧"是指将物质中的 C、H、S、P、N、Cl 等元素分别氧化为 $CO_2(g)$、$H_2O(l)$、$SO_2(g)$、$P_2O_5(s)$、$N_2(g)$ 及 $HCl(aq)$，金属则变成金属的游离态。由于这些终产物不能再燃烧，规定这些终产物的燃烧焓值为零。298.15K 下一些物质的标准摩尔燃烧焓的数据见附表 Ⅱ。

对于任意的化学反应：$aA + bB \rightarrow dD + eE$，各物质标准摩尔燃烧焓 $\Delta_c H_m^{\ominus}$ 与反应标准摩尔焓变 $\Delta_r H_m^{\ominus}$ 的关系如下：

$$\Delta_r H_m^{\ominus} = \left[a\Delta_c H_m^{\ominus}(A) + b\Delta_c H_m^{\ominus}(B) \right] - \left[d\Delta_c H_m^{\ominus}(D) + e\Delta_c H_m^{\ominus}(E) \right]$$
$$= \sum - \nu_i \Delta_c H_m^{\ominus}(i) \tag{2-13b}$$

式中，ν_i 为反应式中物质 i 的计量系数。

【例 2-7】 由标准摩尔燃烧焓的数据计算反应 $2C(石墨,s) + 2H_2(g) + O_2(g) \rightarrow CH_3COOH(l)$ 在 298.15K 及标准态下的反应热。

解：查表：　　　$2C(石墨,s) + 2H_2(g) + O_2(g) \longrightarrow CH_3COOH(l)$

$\Delta_c H_m^{\ominus}$（kJ/mol）：　　-394　　　　 -286　　　 0　　　　 -874

$\Delta_r H_m^{\ominus} = \sum - \nu_i \Delta_c H_m^{\ominus}(i) = \left[2\Delta_c H_m^{\ominus}(C) + 2\Delta_c H_m^{\ominus}(H_2) \right] - \Delta_c H_m^{\ominus}(CH_3COOH)$

　　　　　$= -486 kJ/mol$

2.3　化学反应的方向

2.3.1　化学反应的自发性

自然界中发生的一切变化都是有方向性的。例如，水可以自动地由高处往低处

英文注解

流，铁在潮湿空气中生锈，冰在常温下融化，食盐在水中溶解，烟雾在空气中扩散等。这种不需要任何外力作用就能自动进行的过程，称为自发过程（Spontaneous Process）。化学反应存在自发过程，化学反应的方向即是反应自发进行的方向。自发反应是在一定温度、压强条件下，不需外界做功，一经引发即自动进行的反应。非自发反应不是不可能进行的反应，但进行的程度小或需要外界做功才能进行。例如，在高温时（发生闪电或内燃机中）空气中的氮气和氧气生成氮氧化物，电解时水分解为氢气和氧气。

化学反应自发进行的方向与条件有关，特别是温度。如石灰石的分解在室温下是非自发反应，在高温下是自发反应。自发反应与速率无关。在室温下中和反应和合成氨反应均为自发反应，但中和反应速率快，而合成氨反应速率慢。

若能判断化学反应能否自发进行是很有实际意义的。NO 和 CO 是汽车尾气中的两种主要污染物，如果能应用以下反应，就可同时去除这两种气体污染物。

$$CO(g) + NO(g) \longrightarrow \frac{1}{2}N_2(g) + CO_2(g)$$

自然界中许多自发的过程，如物体受到地心引力而下落、水从高处流向低处等，这些过程系统都有能量的降低，表明一个系统的能量有自然变小的倾向。早在 100 多年前，就有人提出以化学反应的热效应来预言反应的自发性。认为自发进行的反应都是放热的，即 $\Delta H < 0$，并且放热越多，反应越可能自发进行。实际上，在 25℃、$p^{\ominus}$ 下，确实有很多放热反应都是自发进行的，如：

$$Zn(s) + CuSO_4(aq) \longrightarrow ZnSO_4(aq) + Cu(s) \qquad \Delta_r H_m^{\ominus} = -211.44kJ/mol$$

$$H^+(aq) + OH^-(aq) \longrightarrow H_2O(l) \qquad \Delta_r H_m^{\ominus} = -55.82kJ/mol$$

但是，也有些反应或过程是向吸热方向自发进行的，例如：

$$CoCl_2 \cdot 6H_2O(s) + 6SOCl_2(l) \longrightarrow CoCl_2(s) + 6SO_2(g) + 12HCl(g)$$

上面的反应为吸热反应，但可以自发进行。因此，用反应的热效应作为反应自发性的判据是有局限性的，这说明除了焓变这一重要因素外，还有其他因素影响化学反应自发进行的方向。另一个影响反应自发性的重要因素是系统的混乱程度的变化。

2.3.2 熵和熵变

系统的变化总是从有序到无序。例如，往一杯水中滴入几滴蓝墨水，蓝墨水就会自发地逐渐扩散到整杯水中，这个过程不能自发地逆向进行；在一密闭容器中，一半装氮气，一半装氢气，中间用隔板隔开，两边气体的压强和温度相同。去掉隔板后，两种气体自动扩散，形成均匀的混合气体，这种混合均匀的气体放置多久也恢复不了原状。氮气和氢气相互混合的过程是自发进行的，混合后气体分子处于一种更加混乱无序的状态。这两个例子说明系统能自发地向混乱度增大的方向进行，也就是说系统倾向于取得最大的混乱度。热力学上用一个新的函数——熵（Entropy）来表示系统的混乱度，或者说系统的熵是系统内物质微观粒子的混乱度或无序度的量度，用符号 S 表示。系统的混乱度越大，熵值就越大。熵与焓一样，也是状态函数。熵值的增加表示系统混乱度增加。

英文注解

奥地利物理学家玻耳兹曼（Boltzmann）首先把熵和混乱度定量地联系起来，提出了著名的玻耳兹曼公式：$S = k\ln\Omega$。式中，k 为玻耳兹曼常数，其值为 1.38×10^{-23} J/K；Ω 为热力学概率（混乱度），是一个微观物理量，即某一宏观状态对应的微观状态数。这一关系式揭示了熵这一宏观物理量的微观本质。

每种物质在给定条件下都有一定的熵值。影响物质熵值大小的因素有物质的聚集状态、温度、分子的大小、硬度等。对于同一物质，$S(g) > S(l) > S(s)$；对于聚集状态相同的同一物质来说，温度越高，熵值越大；对不同物质来说，熵值的大小与分子的组成和结构有关。一般来说，分子越大，结构越复杂，混乱度就越大，熵值也越大。所以简单分子组成的物质的熵值比复杂分子组成的物质的熵值小；对于同分异构体，对称性越高的物质，熵值越小；对于固体单质，硬度越大，熵值越小。

英文注解

20 世纪初，能斯特（Nernst）、普朗克（M. Planck）和路易斯（Lewis）等人根据一系列实验现象提出热力学第三定律，在绝对零度（0K）时，任何纯净的完美晶态物质都处于完全有序的排列状态，规定此时的熵值为零，即 $S_0 = 0$，这就是热力学第三定律（Third Law of Thermodynamics）。在绝对零度时，所有分子的运动都停止。完美晶体是指晶体内部无缺陷，并且只有一种微观结构。在绝对零度时，原子在其平衡位置附近的振动停止。热力学第三定律的实质是规定了绝对零度时整个晶体只有一种微观状态，即 $\Omega = 1$，$S = k\ln\Omega = 0$。将纯净晶态物质从 0K 升高到任一温度 T，此过程的熵变（Entropy Change）为：

$$\Delta S = S_T - S_0 = S_T - 0 = S_T$$

S_T 即为物质在 T K 时的规定熵值。在指定温度和标准压强 $p^{\ominus}$ 下，1mol 纯物质的规定熵值称为该物质的标准摩尔熵（Standard Entropy），符号为 $S_m^{\ominus}(T)$，单位为 J/(mol·K)。附表 I 列出了一些物质在 298.15K 时的标准摩尔熵。

有了各种物质的标准摩尔熵 $S_m^{\ominus}$ 数值后，就可以求得化学反应的标准摩尔熵的变化，即标准摩尔熵变（Standard Entropy Change），用符号 $\Delta_r S_m^{\ominus}$ 表示。对任意化学反应 $aA + bB \rightarrow dD + eE$，反应的标准熵变与物质的标准摩尔熵的关系为：

英文注解

$$\Delta_r S_m^{\ominus} = [dS_m^{\ominus}(D) + eS_m^{\ominus}(E)] - [aS_m^{\ominus}(A) + bS_m^{\ominus}(B)] = \sum \nu_i S_m^{\ominus}(i) \quad (2-14)$$

式中，ν_i 为反应式中物质 i 的计量系数。

【例 2-8】 求反应 $CaCO_3(s) \rightarrow CaO(s) + CO_2(g)$ 的标准摩尔熵变 $\Delta_r S_m^{\ominus}$。

解：查表：

$$CaCO_3(s) \longrightarrow CaO(s) + CO_2(g)$$

$S_m^{\ominus}(J/(mol·K))$　　91.7　　　　38.1　　　213.8

$$\Delta_r S_m^{\ominus} = [S_m^{\ominus}(CaO) + S_m^{\ominus}(CO_2)] - S_m^{\ominus}(CaCO_3)$$
$$= 160.2 J/(mol·K)$$

可见，此反应为熵增加的反应。这一点从反应方程式也可以看出，反应后气体分子数增加，混乱度增加，所以熵值增加。

虽然物质的熵值随温度的升高而增大，但只要温度的升高没有引起物质聚集状态的改变，则生成物的标准熵的总和随温度升高而引起的增加与反应物标准熵的总和的增加通常相差不大，大致可以相互抵消。所以化学反应的熵变随温度变化不大，做近似计算时，可以不考虑温度对化学反应熵变的影响。

2.3.3 熵增加原理

自发的化学反应有两个推动力：一是能量降低的趋势；二是混乱度增大，即熵值增加的趋势。对于孤立系统来说，推动化学反应自发进行的推动力只有一个，即熵值增加。热力学第二定律（Second Law of Thermodynamics）的一种表述为：孤立系统的任何自发过程，系统的熵值总是增加，这也是熵增加原理（Entropy Increasing Criteria），即：

英文注解

$$\Delta S_{孤立系统} > 0 \tag{2-15}$$

热力学第二定律还有其他表达形式：一种经典的说法是，不可能从单一热源取出热使之完全变为功，而不发生其他变化，即开尔文（Kelvin）说法，也就是第二类永动机是不可能制造出来的；另一种经典说法是，不可能把热从低温物体传到高温物体而不引起其他变化，即克劳修斯（Clausius）说法。

真正的孤立系统并不存在。如果将系统与环境加在一起，就构成了一个大的孤立系统，其熵变用 $\Delta S_{总}$ 表示，则式（2-15）又可表示为：

$$\Delta S_{总} = \Delta S_{系统} + \Delta S_{环境} > 0 \tag{2-16}$$

式（2-16）可作为化学反应自发性的熵判据。但式（2-16）应用起来不方便，既要算系统的熵变，又要计算环境的熵变，而且环境的熵变往往很难计算。

2.3.4 吉布斯自由能和化学反应自发过程的判断

为了找到一个更为方便的判据，解决大多数化学反应自发性的判断问题，1878年，美国科学家吉布斯（J. W. Gibbs）提出了一个新的热力学函数，作为一般条件下，过程或反应自发方向的判断依据。

2.3.4.1 最小自由能原理

19 世纪，人们提出"热温商"的定义，即体系的熵变（ΔS）等于该可逆过程所吸收的热量（Q_{rev}）除以温度（T），数学表达式为：

英文注解

$$\Delta S = \frac{Q_{rev}}{T} \tag{2-17}$$

式（2-17）说明，在等温过程中，系统的熵变必须由沿着可逆途径转移给系统的热量除以绝对温度所得。但由于熵是状态函数，它只决定于始态和终态，而与是否可逆或者不可逆途径来实现始态到终态的转变无关。

大多数化学反应在恒温恒压条件下发生，即 $Q_{环境} = -\Delta H_{体系}$，对于一个自发进行的反应，有：

$$\Delta S_{总} = \Delta S_{系统} + \Delta S_{环境}$$

$$= \Delta S_{系统} + \frac{Q_{环境}}{T}$$

$$= \Delta S_{系统} - \frac{\Delta H_{系统}}{T} > 0$$

即 $\qquad\qquad T\Delta S_{系统} - \Delta H_{系统} > 0$

$$\Delta H - T\Delta S < 0$$
$$(H_2 - H_1) - T(S_2 - S_1) < 0$$
$$(H_2 - TS_2) - (H_1 - TS_1) < 0 \tag{2-18}$$

定义：
$$G \equiv H - TS \tag{2-19}$$

G 称为吉布斯自由能（Gibbs Free Energy）。G 与 H、T 和 S 一样，也为状态函数。G 的绝对值无法确定，只能确定变化值。将式（2-18）代入式（2-19），可得：

$$\Delta G < 0 \tag{2-20}$$

式（2-20）说明，在恒温恒压条件下，可以用系统的吉布斯自由能变 ΔG 来判断反应或过程的自发性，即：

$$\Delta G < 0 \quad 正反应是自发的$$
$$\Delta G = 0 \quad 化学反应达到平衡$$
$$\Delta G > 0 \quad 逆反应是自发的$$

上式说明，在恒温恒压、系统不做非体积功的前提下，任何自发过程总是向着吉布斯自由能减小的方向进行，直至 G 降低到最小值，这就是反应自发进行方向的自由能判据（Gibbs Energy Criteria），也即最小自由能原理（Free Energy Criteria）。

根据式（2-19），恒温恒压条件下，系统的吉布斯自由能变与焓变和熵变的关系为：

$$\Delta G = \Delta H - T\Delta S \tag{2-21}$$

式（2-21）表明，恒温恒压下进行的化学反应，其吉布斯自由能变由化学反应的焓变、熵变和温度决定。ΔG 的符号与 ΔH、ΔS 符号的关系见表 2-1。

表 2-1　等压下，化学反应的 ΔH、ΔS 和 T 对 ΔG 及反应方向的影响

序号	ΔH 的符号	ΔS 的符号	ΔG 的符号	反应方向
1	–	+	–	任何温度下为自发反应
2	+	–	+	任何温度下为非自发反应
3	+	+	常温+ 高温–	常温下为非自发反应， 高温（$T>\Delta H/\Delta S$）下为自发反应
4	–	–	常温– 高温+	常温（$T<\Delta H/\Delta S$）下为自发反应， 高温下为非自发反应

2.3.4.2　化学反应标准摩尔吉布斯自由能变计算

一定温度、标准态下，由稳定单质生成 1mol 某物质时的吉布斯自由能变，称为该物质的标准摩尔生成吉布斯自由能（Standard Gibbs Energy of Formation），用符号 $\Delta_f G_m^{\ominus}$ 表示，单位为 kJ/mol。稳定单质的标准摩尔生成吉布斯自由能为零。一些物质在 298.15K 时的标准摩尔生成吉布斯自由能数据见附表 I。

英文注解

可以利用标准摩尔生成吉布斯函数 $\Delta_f G_m^{\ominus}$ 来计算 298.15K 时化学反应的标准摩尔吉布斯自由能变 $\Delta_r G_m^{\ominus}$。对任意化学反应：

$$a\text{A}+b\text{B} \longrightarrow d\text{D}+e\text{E}$$

$$\Delta_r G_m^{\ominus} = [\, d\Delta_f G_m^{\ominus}(\text{D}) + e\Delta_f G_m^{\ominus}(\text{E}) \,] - [\, a\Delta_f G_m^{\ominus}(\text{A}) + b\Delta_f G_m^{\ominus}(\text{B}) \,]$$
$$= \sum \nu_i \Delta_f G_m^{\ominus}(i) \tag{2-22}$$

式中，ν_i 为反应式中物质 i 的计量系数。

【例 2-9】 求下列反应在 298.15K 时的 $\Delta_r G_m^{\ominus}$，并判断该反应在标准态、298K 时能否自发进行。

(1) $CO(g) + NO(g) \longrightarrow \dfrac{1}{2}N_2(g) + CO_2(g)$

(2) $CaCO_3(s) \longrightarrow CaO(s) + CO_2(g)$

解：(1) 查表 $\qquad CO(g) + NO(g) \longrightarrow \dfrac{1}{2}N_2(g) + CO_2(g)$

$\Delta_f G_m^{\ominus}$（kJ/mol）： $\qquad$ −137.2 $\quad$ 87.60 $\qquad\qquad$ 0 $\qquad$ −394.4

$$\Delta_r G_m^{\ominus} = \left[\Delta_f G_m^{\ominus}(CO_2) + \dfrac{1}{2}\Delta_f G_m^{\ominus}(N_2)\right] - \left[\Delta_f G_m^{\ominus}(CO) + \Delta_f G_m^{\ominus}(NO)\right]$$

$$= (-394.4) - (-137.2 + 87.60)$$

$$= -344.8 \text{kJ/mol} < 0$$

该反应在标准态、298.15K 时能自发进行。

(2) 查表 $\qquad CaCO_3(s) \longrightarrow CaO(s) + CO_2(g)$

$\Delta_f G_m^{\ominus}$（kJ/mol）： $\qquad$ −1129.1 $\qquad$ −603.3 $\quad$ −394.4

$$\Delta_r G_m^{\ominus} = \left[\Delta_f G_m^{\ominus}(CO_2) + \Delta_f G_m^{\ominus}(CaO)\right] - \Delta_f G_m^{\ominus}(CaCO_3)$$

$$= (-394.4 - 603.3) - (-1129.1)$$

$$= 131.4 \text{kJ/mol} > 0$$

该反应在标准态、298.15K 时不能自发进行。

吉布斯自由能变 ΔG 受温度影响较大，而温度对焓变和熵变的影响较小。故在温度 T 时，某反应的标准吉布斯函数变 $\Delta_r G_m^{\ominus}$ 可以近似用下式表示：

$$\Delta_r G_m^{\ominus}(T) \approx \Delta_r H_m^{\ominus}(298.15K) - T\Delta_r S_m^{\ominus}(298.15K) \qquad (2\text{-}23)$$

由式（2-23）可以计算任意温度下的 $\Delta_r G_m^{\ominus}$（T），进而判断相应温度下的反应自发进行的方向。

【例 2-10】 查表计算反应：$CaCO_3(s) \rightarrow CaO(s) + CO_2(g)$ 在 1200K 下的 $\Delta_r G_m^{\ominus}$，并判断反应进行的方向。

解：查表 $\qquad CaCO_3(s) \longrightarrow CaO(s) + CO_2(g)$

$\Delta_f H_m^{\ominus}$（kJ/mol）： $\qquad$ −1207.8 $\qquad$ −634.9 $\quad$ −393.5

$$\Delta_r H_m^{\ominus} = \left[\Delta_f H_m^{\ominus}(CO_2) + \Delta_f H_m^{\ominus}(CaO)\right] - \Delta_f H_m^{\ominus}(CaCO_3)$$

$$= (-634.9 - 393.5) - (-1207.8)$$

$$= 179.4 \text{kJ/mol}$$

由例 2-8 计算结果可知该反应：$\Delta_r S_m^{\ominus} = 160.2 \text{J/(mol·K)}$

$$\Delta_r G_m^{\ominus}(1200K) \approx \Delta_r H_m^{\ominus}(298.15K) - T\Delta_r S_m^{\ominus}(298.15K)$$

$$= 179.4 - 1200 \times 160.2 \times 10^{-3}$$

$$= -12.84 \text{kJ/mol} < 0$$

在 1200K 条件下，$CaCO_3$ 分解反应可以自发进行。

结合例 2-9 计算结果，在 298.15K，$CaCO_3$ 分解反应不能自发进行，在 1200K 时，$CaCO_3$ 分解反应可以自发进行。两道例题的计算结果说明了温度对于化学反应自发进行方向的影响。

　　根据最小自由能原理，当系统在温度 T 时达到平衡，则有 $\Delta_r G_m^\ominus (T) = 0$，此时 $\Delta_r H_m^\ominus (298.15K) = T\Delta_r S_m^\ominus (298.15K)$。当温度发生变化时，平衡将发生移动，反应方向有可能发生逆转，这时的温度 T 称为转变温度，用 T_R 表示：

$$T_R = \frac{\Delta_r H}{\Delta_r S} \qquad (2\text{-}24)$$

　　若反应处于标准态，式（2-24）可以表示为：

$$T_R = \frac{\Delta_r H_m^\ominus}{\Delta_r S_m^\ominus} \qquad (2\text{-}25)$$

　　根据式（2-25），可以计算反应：$CaCO_3(s) \rightarrow CaO(s) + CO_2(g)$ 在标准态下的分解温度：

$$T_R = \frac{\Delta_r H_m^\ominus}{\Delta_r S_m^\ominus} = \frac{179.4}{160.2 \times 10^{-3}} = 1120K$$

　　即 $CaCO_3(s)$ 的分解反应在 298.15K 时为非自发进行；当 $T>1120K$ 时，反应可以自发进行。

　　对于相变过程，转变温度也是相转变温度。如冰在 273.15K、100kPa 条件下融化时，焓变为-6kJ/mol，则此时相变反应的熵变为 $\Delta_r S_m^\ominus = \dfrac{\Delta_r H_m^\ominus}{T_R} = -22.0J/(mol \cdot K)$。

2.4　化学反应平衡

　　对于一个化学反应，在一定条件下如果能够自发正向进行，则反应进行到什么程度为止？最大的平衡产率如何？这些都属于化学平衡的问题，从理论上研究化学反应能达到的最大限度及有关平衡的基本规律具有重要意义。

2.4.1　化学平衡状态

英文注解

　　一定条件下，有些化学反应既可以由反应物变为生成物，也能由生成物变为反应物，这样的反应称为可逆反应（Reversible Reaction）。由反应物到生成物的反应称为正反应（Forward Reaction），反之，为逆反应（Reverse Reaction）。例如，在密闭容器内，装入氢气和碘气的混合气体，在一定温度下生成碘化氢；在相同条件下，碘化氢又分解产生氢气和碘蒸气：

$$H_2(g) + I_2(g) \Longrightarrow 2HI(g)$$

　　一般来说，所有的化学反应都具有可逆性，只是可逆的程度有很大差别，各反应进行的限度也大不相同。由于正逆反应处于同一系统内，在密闭容器内，可逆反应不能进行到底，即反应物不能全部转化为生成物。也有极少数的反应在一定条件下逆反应进行的程度极其微小，可以忽略不计，这样的反应称为不可逆反应。例如：

$$HCl + NaOH \longrightarrow NaCl + H_2O$$

$$2KClO_3(s) \xrightarrow{MnO_2} 2KCl(s) + 3O_2(g)$$

对于任意可逆反应，若在一定条件下在密闭容器内进行，随着反应物不断消耗、生成物不断增加，正反应速率将不断减小、逆反应速率将不断增大，如图 2-1 所示。直至反应进行到某一时刻，正反应速率和逆反应速率相等，各反应物、生成物的浓度不再变化，即反应达到了极限状态，这时反应体系所处的状态称为化学平衡状态（Chemical Equilibrium State）。

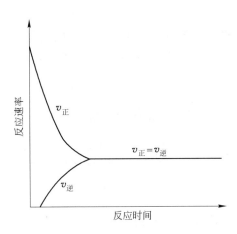

图 2-1 可逆反应的反应速率变化示意图

化学平衡状态是一种动态平衡，宏观上看反应已经停止，体系内各物质的浓度和分压不随时间而变化，但微观上反应仍在进行，只是正逆反应速率相等。化学平衡是相对的，同时又是有条件的。一旦维持平衡的条件发生了变化（如浓度、温度或气体压强的改变），系统的宏观性质和物质的组成都将发生变化，原有的平衡被破坏，平衡发生移动，直至建立新的平衡。化学平衡是化学反应的最大限度，这一反应限度可以用化学反应的平衡常数表示。

2.4.2 经验平衡常数

在一定条件下，任何一个可逆反应都会达到化学平衡状态。此时，反应系统中各物质的浓度（或分压强）保持恒定，它们的浓度（或分压强）以系数为幂指数的比值为一定值，这就是化学平衡定律，此定值称作经验平衡常数（Experimental Equilibrium Constant）。

英文注解

对于任意一个可逆反应：$aA + bB \rightleftharpoons dD + eE$

如果为溶液中的反应，在一定温度下达到化学平衡状态就有：

$$K_c = \frac{c^d(D) \cdot c^e(E)}{c^a(A) \cdot c^b(B)} \tag{2-26}$$

式中，K_c 为浓度平衡常数。

如果是气相反应，在平衡常数表达式中常用气体的平衡分压代替平衡浓度，此时平衡常数表达式为：

$$K_p = \frac{p^d(\mathrm{D}) \cdot p^e(\mathrm{E})}{p^a(\mathrm{A}) \cdot p^b(\mathrm{B})} \tag{2-27}$$

式中，K_p 为压强平衡常数。K_c、K_p 通常都是有量纲的（除非表达式中幂指数 $e+d=a+b$）；而且，对于同一个化学反应平衡状态，分别用 K_c、K_p 表示平衡常数数值时，二者数值多不相同。例如，$T = 773\mathrm{K}$ 条件下的化学平衡：$\mathrm{N_2(g)} + 3\mathrm{H_2(g)} \rightleftharpoons 2\mathrm{NH_3(g)}$，$K_c = 6.43 \times 10^{-2}\,\mathrm{mol/L}$，$K_p = 1.56 \times 10^{-15}(\mathrm{Pa})^{-2}$。

2.4.3　标准平衡常数

英文注解

化学热力学用标准平衡常数表示可逆反应进行的最大限度。一定温度下可逆反应：$a\mathrm{A(g)} + b\mathrm{B(g)} \rightleftharpoons d\mathrm{D(g)}$，当反应达到平衡状态时，有如下关系式存在：

$$K^{\ominus} = \frac{\left[\dfrac{p(\mathrm{D})}{p^{\ominus}}\right]^d}{\left[\dfrac{p(\mathrm{A})}{p^{\ominus}}\right]^a \left[\dfrac{p(\mathrm{B})}{p^{\ominus}}\right]^b} \tag{2-28}$$

式中，$K^{\ominus}$ 为标准平衡常数（Standard Equilibrium Constant）。关于标准平衡常数 $K^{\ominus}$ 说明如下几点：

（1）$K^{\ominus}$ 是无量纲的物理量。

（2）标准平衡常数表达式与化学反应计量式相对应。同一化学反应以不同的计量式表示时，其 $K^{\ominus}$ 的数值不同。例如：以下三个反应均表示 $\mathrm{H_2(g)}$ 和 $\mathrm{I_2(g)}$ 化合生成 $\mathrm{HI(g)}$ 的反应，但由于化学计量式不同，其 $K^{\ominus}$ 也不同：

$$\mathrm{H_2(g)} + \mathrm{I_2(g)} \Longrightarrow 2\mathrm{HI(g)} \qquad K_1^{\ominus} = \frac{[p(\mathrm{HI})/p^{\ominus}]^2}{[p(\mathrm{H_2})/p^{\ominus}] \cdot [p(\mathrm{I_2})/p^{\ominus}]}$$

$$\frac{1}{2}\mathrm{H_2(g)} + \frac{1}{2}\mathrm{I_2(g)} \Longrightarrow \mathrm{HI(g)} \quad K_2^{\ominus} = \frac{[p(\mathrm{HI})/p^{\ominus}]}{[p(\mathrm{H_2})/p^{\ominus}]^{1/2} \cdot [p(\mathrm{I_2})/p^{\ominus}]^{1/2}}$$

$$\mathrm{HI(g)} \Longrightarrow \frac{1}{2}\mathrm{H_2(g)} + \frac{1}{2}\mathrm{I_2(g)} \quad K_3^{\ominus} = \frac{[p(\mathrm{H_2})/p^{\ominus}]^{1/2} \cdot [p(\mathrm{I_2})/p^{\ominus}]^{1/2}}{[p(\mathrm{HI})/p^{\ominus}]}$$

（3）代入标准平衡常数表达式中的数值为平衡状态下各物质的相对浓度或相对分压。若某物质是气体，则以相对分压来表示；若是溶液中的溶质，则以相对浓度来表示。稀溶液的溶剂、纯固体或纯液体的浓度不出现在 $K^{\ominus}$ 表达式中。例如：

$$\mathrm{Zn(s)} + 2\mathrm{H^+(aq)} \Longrightarrow \mathrm{Zn^{2+}(aq)} + \mathrm{H_2(g)}$$

$$K^{\ominus} = \frac{[c(\mathrm{Zn^{2+}})/c^{\ominus}][p(\mathrm{H_2})/p^{\ominus}]}{[c(\mathrm{H^+})/c^{\ominus}]^2}$$

（4）标准平衡常数 $K^{\ominus}$ 的数值与系统的浓度和压强无关，仅是温度的函数。一定温度下，标准平衡常数 $K^{\ominus}$ 数值越大，说明反应正向进行的程度越大。

（5）多重平衡规则。当几个反应式相加或相减得到另一反应式时，其平衡常数等于几个反应式的平衡常数的乘积或商。应用多重平衡规则，可以由已知反应的平衡常数计算某个未知反应的平衡常数。

【例 2-11】　已知反应：（1）$\mathrm{NO(g)} + \frac{1}{2}\mathrm{Br_2(l)} \rightleftharpoons \mathrm{NOBr(g)}$，25℃时，$K_1^{\ominus} = 3.6$

$\times 10^{-15}$，$Br_2(l)$ 的饱和蒸气压为 0.0284MPa。求：25℃时，$NO(g) + \dfrac{1}{2}Br_2(g) \rightleftharpoons$ $NOBr(g)$ 的 $K^{\ominus}$。

解： 根据 $Br_2(l)$ 的饱和蒸气压可计算下面平衡的平衡常数：

（2）$Br_2(l) \rightleftharpoons Br_2(g)$ $K_2^{\ominus} = p(Br_2)/p^{\ominus} = 0.0284MPa/100kPa = 0.284$

（3）$\dfrac{1}{2}Br_2(l) \rightleftharpoons \dfrac{1}{2}Br_2(g)$ $K_3^{\ominus} = (K_2^{\ominus})^{\frac{1}{2}} = 0.533$

（1）-（3）：$NO(g) + \dfrac{1}{2}Br_2(g) \rightleftharpoons NOBr(g)$ $K^{\ominus} = K_1^{\ominus}/K_3^{\ominus} = 6.8 \times 10^{-15}$

2.4.4 化学反应等温方程式

通常情况下，反应系统不一定处于标准态，而是任意状态的。对于任意化学反应：$aA + bB \rightarrow dD + eE$，根据化学热力学推导可得恒温恒压条件下，反应在任意状态下的 $\Delta_r G_m$ 与标准态下的 $\Delta_r G_m^{\ominus}$ 的关系方程式：

英文注解

$$\Delta_r G_m = \Delta_r G_m^{\ominus} + RT\ln Q \tag{2-29}$$

式（2-29）称为范特霍夫（van't Hoff）等温方程式，式中的 Q 为反应商（Reaction Quotient）。反应商 Q 的表达式要求与标准平衡常数 $K^{\ominus}$ 相同。若为气相反应，则：

$$Q = \frac{\left[\dfrac{p(D)}{p^{\ominus}}\right]^d \left[\dfrac{p(E)}{p^{\ominus}}\right]^e}{\left[\dfrac{p(A)}{p^{\ominus}}\right]^a \left[\dfrac{p(B)}{p^{\ominus}}\right]^b}$$

若为溶液中的反应，则：

$$Q = \frac{\left[\dfrac{c(D)}{c^{\ominus}}\right]^d \left[\dfrac{c(E)}{c^{\ominus}}\right]^e}{\left[\dfrac{c(A)}{c^{\ominus}}\right]^a \left[\dfrac{c(B)}{c^{\ominus}}\right]^b}$$

上两式中，p 为气体的分压；$p^{\ominus}$ 为标准压强（100kPa）；c 为溶液中溶质的浓度；$c^{\ominus}$ 为标准浓度（1mol/L）。如果一个反应中既有溶液中的溶质又有气体，则气体使用分压、溶质使用浓度进行计算。

根据最小自由能原理，当反应达到平衡状态时，有：$\Delta G = 0$，$Q = K^{\ominus}$。代入式（2-29）可得：

$$0 = \Delta_r G_m^{\ominus} + RT\ln K^{\ominus}$$

$$\Delta_r G_m^{\ominus} = -RT\ln K^{\ominus} = -2.303RT\lg K^{\ominus} \tag{2-30}$$

$$\lg K^{\ominus} = -\frac{\Delta_r G_m^{\ominus}}{2.303RT} \tag{2-31}$$

式（2-30）和式（2-31）表明了标准平衡常数 $K^{\ominus}$ 与反应的标准吉布斯函数 $\Delta_r G_m^{\ominus}$ 之间的关系。

【例 2-12】 计算反应 $N_2(g) + 3H_2(g) \rightleftharpoons 2NH_3(g)$ 在 298K 时的标准平衡常数 $K^{\ominus}$。

解： 查表 $\Delta_f G_m^{\ominus}(NH_3) = -16.4kJ/mol$，则反应的 $\Delta_r G_m^{\ominus} = 2\Delta_f G_m^{\ominus}(NH_3) = -32.8kJ/mol$。

根据式（2-31）得：

$$\lg K^{\ominus} = -\frac{\Delta_r G_m^{\ominus}}{2.303RT} = \frac{32.8 \times 1000}{2.303 \times 8.314 \times 298} = 5.75$$

$$K^{\ominus} = 5.62 \times 10^5$$

2.4.5　有关平衡常数的计算

2.4.5.1　判断反应进行的程度

英文注解

标准平衡常数 $K^{\ominus}$ 的数值大小表明了反应进行的程度。$K^{\ominus}$ 值越大，正反应进行得越完全；$K^{\ominus}$ 值越小，正反应进行得越不完全。

对于一个已达平衡的反应，也可以通过平衡转化率的数值反映反应进行的程度。某反应物的平衡转化率是指该反应物已转化了的物质的量与反应前该物质总的物质的量之比。其定义式如下：

$$转化率\ \alpha = \frac{反应物已转化的物质的量}{反应起始该反应物总的物质的量} \times 100\% \tag{2-32}$$

【例 2-13】 1000K 时向容积为 5.0L 的密闭容器中充入 1.0mol O_2 和 1.0mol SO_2 气体，平衡时生成了 0.85mol SO_3 气体。计算反应 $2SO_2(g)+O_2(g) \rightleftharpoons 2SO_3(g)$ 的平衡常数。

解：

	$2SO_2(g)$	$+$ $O_2(g)$	$\rightleftharpoons$ $2SO_3(g)$
开始时（mol）：	1.0	1.0	0
平衡时（mol）：	0.15	0.575	0.85

平衡时各物质的分压：

$p(SO_2) = n(SO_2)RT/V = 0.15 \times 8.314 \times 1000/(5 \times 10^{-3}) = 249kPa$

$p(O_2) = n(O_2)RT/V = 0.575 \times 8.314 \times 1000/(5 \times 10^{-3}) = 956kPa$

$p(SO_3) = n(SO_3)RT/V = 0.85 \times 8.314 \times 1000/(5 \times 10^{-3}) = 1413kPa$

$$K^{\ominus} = \frac{\left[\dfrac{p(SO_3)}{p^{\ominus}}\right]^2}{\dfrac{p(O_2)}{p^{\ominus}}\left[\dfrac{p(SO_2)}{p^{\ominus}}\right]^2} = \frac{\left(\dfrac{1413}{100}\right)^2}{\dfrac{956}{100} \times \left(\dfrac{249}{100}\right)^2} = 3.37$$

从平衡常数的数值来看，此反应进行得不是很完全。

根据式（2-32）可以计算，例 2-13 反应中 SO_2 的平衡转化率为 85.0%。

2.4.5.2　计算平衡组成

如果已知平衡常数，也可根据平衡常数与平衡浓度或分压之间的关系，计算系统中各组分的平衡浓度或平衡分压。

【例 2-14】 25℃时，反应 $Fe^{2+}(aq) + Ag^+(aq) \rightleftharpoons Fe^{3+}(aq) + Ag(s)$ 的 $K^{\ominus} = 2.98$。当溶液中含有 0.1mol/L $AgNO_3$，0.1mol/L $Fe(NO_3)_2$ 和 0.01mol/L

$Fe(NO_3)_3$ 时，按上述反应进行，求平衡时各组分的浓度为多少？Ag^+ 的转化率为多少？

解：
$$Fe^{2+}(aq) + Ag^+(aq) \rightleftharpoons Fe^{3+}(aq) + Ag(s)$$

开始浓度（mol/L）：　　 0.1　　　 0.1　　　 0.01

变化浓度（mol/L）：　　 $-x$　　　 $-x$　　　 x

平衡浓度（mol/L）：　 0.1$-x$　　 0.1$-x$　　 0.01$+x$

$$K^\ominus = \frac{\dfrac{c(Fe^{3+})}{c^\ominus}}{\dfrac{c(Fe^{2+})}{c^\ominus} \cdot \dfrac{c(Ag^+)}{c^\ominus}} = \frac{0.01 + x}{(0.1 - x)^2} = 2.98$$

解得：
$$x = 0.013 \text{mol/L}$$

平衡时：
$$c(Ag^+) = 0.1 - x = 0.1 - 0.013 = 0.087 \text{mol/L}$$
$$c(Fe^{2+}) = 0.1 - x = 0.087 \text{mol/L}$$
$$c(Fe^{3+}) = 0.01 + x = 0.01 + 0.013 = 0.023 \text{mol/L}$$

Ag^+ 的转化率：
$$\alpha(Ag^+) = \frac{0.013}{0.10} \times 100\% = 13\%$$

【例 2-15】 半导体工业为了获得氧气含量不大于 1×10^{-6} 的高纯氢气，在 298.15K、100kPa 下，将电解水制得的氢气（摩尔分数为 99.5% H_2 和 0.5% O_2）通过催化剂发生下列反应：$2H_2(g) + O_2(g) \rightleftharpoons 2H_2O(l)$，试问反应后氢气的纯度是否达到要求？

解： 根据反应 $2H_2(g) + O_2(g) \rightleftharpoons 2H_2O(l)$ 的标准摩尔吉布斯自由能变计算反应的标准平衡常数：
$$\Delta_r G_m^\ominus = 2\Delta_f G_m^\ominus(H_2O, l) = -571.6 \text{kJ/mol}$$
$$\lg K^\ominus = -\frac{\Delta_r G_m^\ominus}{2.303RT} = 100.12$$

假设每 100mol 原料气中含有 99.5mol H_2 和 0.5mol O_2，由于反应 $K^\ominus \gg 1$，反应正向进行程度很高，则反应达到平衡后剩余 O_2 物质的量为 n mol：

$$2H_2(g) + O_2(g) \rightleftharpoons 2H_2O(l)$$

起始物质的量（mol）：　 99.5　　　 0.5　　　 0

平衡物质的量（mol）：98.5$+2n \approx$98.5　 n　　 1$-2n \approx$1.0

气体 $n_总$ =98.5$+3n \approx$98.5

根据 $K^\ominus = \dfrac{1}{\left(\dfrac{p_{H_2}}{p^\ominus}\right)^2 \times \dfrac{p_{O_2}}{p^\ominus}} = \dfrac{1}{1 \times \dfrac{n}{98.5}} = 1.32 \times 10^{100}$

求得 $n = 7.46 \times 10^{-99} \ll 1.0 \times 10^{-6}$。

所以，氢气的纯度可以满足要求。

2.4.5.3　预测反应进行的方向

按照范特霍夫等温方程式（2-29）：$\Delta_r G_m = \Delta_r G_m^\ominus + RT\ln Q$，将 $\Delta_r G_m^\ominus = -RT\ln K^\ominus$

代入式 (2-29) 可得：

$$\Delta_r G_m = -RT \ln K^\ominus + RT \ln Q = RT \ln \frac{Q}{K^\ominus} \tag{2-33}$$

英文注解

根据判断化学反应自发进行方向的吉布斯自由能判据，可知：

(1) $Q < K^\ominus$，$\Delta_r G_m < 0$，反应向正向进行；

(2) $Q = K^\ominus$，$\Delta_r G_m = 0$，反应处于平衡状态；

(3) $Q > K^\ominus$，$\Delta_r G_m > 0$，反应向逆向进行。

这就是化学反应自发进行方向的反应商判据 (Quotient Criteria)。

【例 2-16】 计算 320K 时反应：$HI(g, 0.0405MPa) \rightleftharpoons \frac{1}{2}H_2(g, 1.01 \times 10^{-3}MPa)$

$+ \frac{1}{2}I_2(g, 1.01 \times 10^{-3}MPa)$ 的平衡常数，并判断反应进行的方向。

解：

$$\begin{array}{cccc}
 & HI(g) & \rightleftharpoons \frac{1}{2}H_2(g) & + \frac{1}{2}I_2(g) \\
\Delta_f H_m^\ominus (\text{kJ/mol})(298.15K): & 26.5 & 0 & 62.4 \\
S_m^\ominus (\text{J/(mol·K)})(298.15K): & 206.6 & 130.7 & 260.7
\end{array}$$

$$\Delta_r H_m^\ominus(298.15K) = \frac{1}{2}\Delta_f H_m^\ominus(I_2, g) - \Delta_f H_m^\ominus(HI, g) = 4.7\text{kJ/mol}$$

$$\Delta_r S_m^\ominus(298.15K) = \frac{1}{2}S_m^\ominus(I_2, g) + \frac{1}{2}S_m^\ominus(H_2, g) - S_m^\ominus(HI, g) = -10.9\text{J/(mol·K)}$$

$$\Delta_r G_m^\ominus(320K) = \Delta_r H_m^\ominus(298.15K) - T\Delta_r S_m^\ominus(298.15K) = 8.20\text{kJ/mol}$$

$$\lg K^\ominus(320K) = -\frac{\Delta_r G_m^\ominus(320K)}{2.303RT} = -1.34$$

$$K^\ominus(320K) = 0.046$$

$$Q = \frac{[p(H_2, g)/p^\ominus]^{1/2} \cdot [p(I_2, g)/p^\ominus]^{1/2}}{p(HI, g)/p^\ominus} = 0.025$$

$Q < K^\ominus$，反应正向进行。

或者，$\Delta_r G_m(320K) = \Delta_r G_m^\ominus + RT \ln Q = 8.20\text{kJ/mol} + 8.314\text{J/(mol·K)} \times 320\text{K} \times \ln 0.025 = -1.61\text{kJ/mol} < 0$，反应正向进行。

2.4.5.4　化学平衡的移动

一切平衡都是相对的、暂时的，化学平衡也是相对的、暂时的、有条件的。当外界条件改变时，平衡被破坏。在新的条件下，反应将向某一方向移动直到建立起新的平衡。这种因外界条件改变而使化学反应由原来的平衡状态改变为新的平衡状态的过程称作化学平衡的移动 (Shifts of Chemical Equilibrium)。这里所说的外界条件主要是指浓度、压强和温度。

A　浓度对化学平衡移动的影响

英文注解

一定温度下，改变反应物或生成物的浓度，虽然不能改变 $K^\ominus$ 的数值，但可以改变反应商 Q 的大小。根据化学反应的反应商判据，可以判断平衡移动的方向。例

英文注解

如，温度一定时，对于已达平衡的体系，此时 $Q=K^{\ominus}$。当增加反应物的浓度或减少产物的浓度，Q 数值变小，使得 $Q<K^{\ominus}$，平衡将向正反应方向移动，直到建立新的平衡，即直到 $Q=K^{\ominus}$ 为止；若减少反应物浓度或增加生成物浓度，此时 Q 的数值增加，$Q>K^{\ominus}$，平衡将向逆反应方向移动，直到 $Q=K^{\ominus}$ 为止。

在实验室或化工生产中，经常利用这一原理，使反应的 $Q<K^{\ominus}$，使平衡正向移动来提高反应物的转化率。

【例 2-17】 25℃时，反应 $Fe^{2+}(aq) + Ag^+(aq) \rightleftharpoons Fe^{3+}(aq) + Ag(s)$ 的 $K^{\ominus} = 2.98$，溶液中含有 0.1mol/L $AgNO_3$、0.1mol/L $Fe(NO_3)_2$ 和 0.01mol/L $Fe(NO_3)_3$。

（1）判断反应进行的方向，求平衡时 Ag^+ 的转化率；

（2）向上述平衡体系中增加 Fe^{2+} 浓度，使其为 0.4mol/L，求达到新的平衡时 Ag^+ 的总转化率。

解：（1）

$$Q = \frac{\dfrac{c(Fe^{3+})}{c^{\ominus}}}{\dfrac{c(Fe^{2+})}{c^{\ominus}} \dfrac{c(Ag^+)}{c^{\ominus}}} = \frac{0.01}{0.1 \times 0.1} = 1.0$$

$Q<K^{\ominus}$，反应正向进行。

根据例 2-14 的结果，Ag^+ 的转化率为 13%。

（2）根据例 2-14 的结果，新的平衡如下：

$$Fe^{2+}(aq) + Ag^+(aq) \rightleftharpoons Fe^{3+}(aq) + Ag(s)$$

开始浓度（mol/L）：   0.4   0.087   0.023

平衡浓度（mol/L）：   0.4−x 0.087−x 0.023+x

$$K^{\ominus} = \frac{\dfrac{c(Fe^{3+})}{c^{\ominus}}}{\dfrac{c(Fe^{2+})}{c^{\ominus}} \dfrac{c(Ag^+)}{c^{\ominus}}} = \frac{0.023 + x}{(0.4 - x)(0.087 - x)} = 2.98$$

解得 $x=0.034$mol/L。

平衡时 Ag^+ 的总转化率：

$$\alpha(Ag^+) = \frac{0.013 + 0.034}{0.1} \times 100\% = 47.0\%$$

从以上计算结果可以看出，当增加某一反应物（Fe^{2+}）的浓度时，使得另一反应物（Ag^+）的平衡转化率增加，说明平衡发生正向移动。

B　压强对化学平衡移动的影响

压强变化对化学平衡的影响视反应的具体情况而定。对于只有液体或固体参加的反应，压强的变化对平衡的影响很小；对于有气体物质参加的反应，改变压强可能使平衡发生移动。

（1）对于反应方程式两边气体分子总数不等的反应，压强变化对平衡移动的影响见表 2-2。

英文注解

表 2-2　压强变化对平衡移动的影响

压强变化	$\Delta n > 0$ （气体分子总数增加的反应）	$\Delta n < 0$ （气体分子总数减少的反应）
压缩体积以增加体系总压强	$Q > K^{\ominus}$ 平衡向逆反应方向移动	$Q < K^{\ominus}$ 平衡向正反应方向移动
	均向气体分子总数减少的方向移动	
增大体积以降低体系总压强	$Q < K^{\ominus}$ 平衡向正反应方向移动	$Q > K^{\ominus}$ 平衡向逆反应方向移动
	均向气体分子总数增多的方向移动	

（2）对于反应方程式两边气体分子总数相等的反应，由于体系总压的变化，同等程度地改变反应物和生成物的分压，Q 值不变，仍等于 $K^{\ominus}$，故对平衡不产生影响。

（3）与反应体系无关气体的引入，对化学反应是否产生影响，需要视具体条件而定：恒温、恒容条件下，对化学平衡无影响；恒温、恒压条件下，无关气体的引入，反应体系体积增大，造成各组分气体分压的减小，化学平衡向着气体分子总数增加的方向移动。

【例 2-18】　将 $1.0 \text{mol } N_2O_4(g)$ 置于一密闭容器内，$N_2O_4(g)$ 按下式分解：$N_2O_4(g) \rightleftharpoons 2NO_2(g)$，在 25℃、100kPa 下达平衡，测得 $N_2O_4(g)$ 的转化率为 50%，计算：

（1）反应的 $K^{\ominus}$；

（2）25℃、1000kPa 下达平衡时，$N_2O_4(g)$ 的转化率及 $N_2O_4(g)$ 和 $NO_2(g)$ 的平衡分压；

（3）由计算结果说明压力对化学平衡移动的影响。

解：（1）　　　　　　　$N_2O_4(g) \rightleftharpoons 2NO_2(g)$

始态物质的量（mol）：　　　1.0　　　　　　0

平衡物质的量（mol）：$1.0 - 1.0\alpha$　　　2.0α

各气体的平衡分压分别为：

$$p(N_2O_4) = \frac{1.0 - \alpha}{1.0 + \alpha} \cdot p_{总}$$

$$p(NO_2) = \frac{2.0\alpha}{1.0 + \alpha} \cdot p_{总}$$

$$K^{\ominus} = \frac{[p(NO_2)/p^{\ominus}]^2}{p(N_2O_4)/p^{\ominus}} = \frac{\left(\dfrac{2.0\alpha}{1.0 + \alpha} \cdot \dfrac{p_{总}}{p^{\ominus}}\right)^2}{\dfrac{1.0 - \alpha}{1.0 + \alpha} \cdot \dfrac{p_{总}}{p^{\ominus}}} = \frac{4.0\alpha^2}{1.0 - \alpha^2} \cdot \frac{p_{总}}{p^{\ominus}} = 1.3$$

（2）温度不变，$K^{\ominus}$ 不变，因此有：

$$K^{\ominus} = \frac{4.0\alpha'^2}{1.0 - \alpha'^2} \cdot \frac{p_{总}}{p^{\ominus}} = 1.3$$

代入 $p_{总} = 1000kPa$，求得 $\alpha' = 0.18 = 18\%$

$$p(N_2O_4) = \frac{1.0 - \alpha'}{1.0 + \alpha'} \cdot p_{总} = 694.9kPa$$

$$p(NO_2) = \frac{2.0\alpha'}{1.0 + \alpha'} \cdot p_{总} = 305.1kPa$$

（3）由以上结果可以看出，当体系的总压从 100kPa 增加到 1000kPa 时，平衡逆向移动，即向着分子数目减少的方向移动。

【例 2-19】 合成氨的原料气中，氮气和氢气的摩尔比为 1:3。在 400℃ 和 10^6Pa 下达到平衡时，可产生 3.85% 的 NH_3（体积分数）。试计算：

（1）反应 $N_2(g) + 3H_2(g) \rightleftharpoons 2NH_3(g)$ 的 $K^{\ominus}$；

（2）如果要得到 5% 的 $NH_3(g)$，总压需要多大？

（3）如果将系统的总压增加到 $5×10^6$Pa，平衡时 $NH_3(g)$ 的体积分数是多少？

解：（1）由于反应是在恒温恒压条件下进行，所以 H_2 和 N_2 的体积之比与摩尔数之比相同，平衡时 $n(H_2):n(N_2) = 3:1$。除氨气外，剩余体积分数为 $1-3.85\% = 96.15\%$，其中 H_2 占比 3/4，N_2 占比 1/4：

$$p_{NH_3} = 10^6 × 3.85\% = 0.385 × 10^5 Pa$$

$$p_{N_2} = \frac{1}{4} × 10^6 × 96.15\% = 2.404 × 10^5 Pa$$

$$p_{H_2} = \frac{3}{4} × 10^6 × 96.15\% = 7.211 × 10^5 Pa$$

$$K^{\ominus} = \frac{(p_{NH_3}/p^{\ominus})^2}{(p_{N_2}/p^{\ominus}) \cdot (p_{H_2}/p^{\ominus})^3} = \frac{0.385^2}{2.404 × 7.211^3} = 1.64 × 10^{-4}$$

（2）若要得到 5% NH_3，设需要的总压为 p，则有：

$$p_{NH_3} = 0.05p，p_{N_2} = \frac{1}{4} × 0.95p，p_{H_2} = \frac{3}{4} × 0.95p$$

$$K^{\ominus} = \frac{(0.05p/p^{\ominus})^2}{\left(\frac{1}{4} × 0.95p/p^{\ominus}\right) \cdot \left(\frac{3}{4} × 0.95p/p^{\ominus}\right)^3} = 1.64 × 10^{-4}$$

$$p = 1.332 × 10^6 Pa$$

（3）若 $p_{总} = 5 × 10^6$Pa，则平衡时 $p_{NH_3} + p_{H_2} + p_{N_2} = 5 × 10^6$Pa，$p_{H_2} = 3p_{N_2}$，则有：

$$p_{NH_3} = 50 - 4p_{N_2}$$

$$K^{\ominus} = \frac{(50 - 4p_{N_2}/p^{\ominus})^2}{(p_{N_2}/p^{\ominus}) \cdot (3p_{N_2}/p^{\ominus})^3} = 1.64 × 10^{-4}$$

$$p_{N_2} = 1.062 × 10^6 Pa$$

$$NH_3 \text{ 的体积分数} = \frac{5 × 10^6 - 4 × 1.062 × 10^6}{5 × 10^6} = 15.04\%$$

上述计算说明，在温度不变时，增大压强，平衡向着气体摩尔数减少的方向移动。对于反应后气体分子数减少的反应而言，在增大压强、提高转化率的同时，也要考虑设备承受压力和安全防护等问题。

C　温度对化学平衡移动的影响

温度对化学平衡的影响与浓度或压强的影响不同，温度改变将导致 $K^{\ominus}$ 值发生变化，从而使平衡发生移动。

根据式（2-30）和式（2-23），可得：

$$\ln K^{\ominus} = -\frac{\Delta_r H_m^{\ominus}}{RT} + \frac{\Delta_r S_m^{\ominus}}{R} \qquad (2\text{-}34)$$

设某一可逆反应在温度 T_1 时的平衡常数为 $K_1^{\ominus}$，温度 T_2 时的平衡常数为 $K_2^{\ominus}$，$\Delta_r H_m^{\ominus}$ 和 $\Delta_r S_m^{\ominus}$ 在温度变化不大时可视为常数，则：

$$\ln K_1^{\ominus} = -\frac{\Delta_r H_m^{\ominus}}{RT_1} + \frac{\Delta_r S_m^{\ominus}}{R}$$

$$\ln K_2^{\ominus} = -\frac{\Delta_r H_m^{\ominus}}{RT_2} + \frac{\Delta_r S_m^{\ominus}}{R}$$

两式相减，得：

$$\ln \frac{K_2^{\ominus}}{K_1^{\ominus}} = \frac{\Delta_r H_m^{\ominus}}{R} \frac{T_2 - T_1}{T_1 T_2} \qquad (2\text{-}35)$$

式（2-35）表明了温度对平衡常数的影响：对于放热反应，$\Delta_r H_m^{\ominus} < 0$，温度升高（$T_2 > T_1$），则 $K_2^{\ominus} < K_1^{\ominus}$，平衡逆向移动，降低温度则相反；对于吸热反应，$\Delta_r H_m^{\ominus} > 0$，温度升高，平衡向正方向移动，降低温度将相反。总之，系统温度升高，平衡向吸热反应方向移动；系统温度降低，平衡向放热反应方向移动。

【例 2-20】　计算下列反应：$2SO_2(g) + O_2(g) \rightleftharpoons 2SO_3(g)$ 在 298.15K 和 723.15K 时的平衡常数 $K^{\ominus}$，并说明此反应是放热反应还是吸热反应？

解：根据式（2-35）：$\ln K^{\ominus} = -\dfrac{\Delta_r H_m^{\ominus}}{RT} + \dfrac{\Delta_r S_m^{\ominus}}{R}$

查表：　　　　　$2SO_2(g) + O_2(g) \rightleftharpoons 2SO_3(g)$

$\Delta_f H_m^{\ominus}(kJ/mol)$：　　-296.8　　　　0　　　　-395.7

$S_m^{\ominus}(J/(mol \cdot K))$：　　248.2　　205.2　　　256.8

$\Delta_r H_m^{\ominus} = 2\Delta_f H_m^{\ominus}(SO_3, g) - [2\Delta_f H_m^{\ominus}(SO_2, g) + \Delta_f H_m^{\ominus}(O_2, g)] = -197.8 kJ/mol$

$\Delta_r S_m^{\ominus} = 2S_m^{\ominus}(SO_3, g) - [2S_m^{\ominus}(SO_2, g) + S_m^{\ominus}(O_2, g)] = -188.0 J/(mol \cdot K)$

$\lg K^{\ominus}(298.15K) = -\dfrac{\Delta_r H_m^{\ominus}}{2.303RT_1} + \dfrac{\Delta_r S_m^{\ominus}}{R} = 12.0$，$K^{\ominus}(298.15K) = 10^{12}$

$\lg K^{\ominus}(723.15K) = -\dfrac{\Delta_r H_m^{\ominus}}{2.303RT_2} + \dfrac{\Delta_r S_m^{\ominus}}{R} = -8.31$，$K^{\ominus}(723.15K) = 4.9 \times 10^{-9}$

$K^{\ominus}(723.15K) < K^{\ominus}(298.15K)$，此反应为放热反应。

D　催化剂与化学平衡

催化剂虽能改变反应速率，但对于任一确定的可逆反应来说，由于反应前后催

英文注解

英文注解

化剂的组成、质量不变，因此无论是否使用催化剂，反应的始态、终态是相同的，反应的吉布斯自由能变相等，$K^{\ominus}$不变。这说明，催化剂不会影响化学平衡状态。但催化剂加入到尚未达到平衡的可逆反应体系中，可以在不升高温度的条件下，缩短达到平衡所需的时间。

综合上述影响化学平衡移动的因素，1907年，法国人勒夏特列（Le Chatelier）归纳总结得出影响化学平衡移动的普遍规律（Le Chatelier's Principle）：当体系达到平衡后，若改变平衡状态的任一条件（如浓度、温度、压强），平衡就向着能减弱其改变的方向移动，这条规律称为 Le Chatelier 原理。此原理既适用于化学平衡体系，也适用于物理平衡体系。但是值得注意的是，平衡移动原理只适用于已达到平衡体系，而不适用于非平衡体系。

英文注解

知识博览　2060年中国"碳中和"与CO₂资源化利用

2020年9月20日，习近平主席在第75届联合国大会一般性辩论作出庄严承诺，二氧化碳排放力争于2030年前达到峰值，努力争取2060年前实现碳中和。该目标的提出在充分展现大国担当的同时，也为中国经济社会带来巨大挑战。我国作为第一大碳排放国，碳排放总量庞大的根本原因在于以煤、石油为主的化石能源的大量消耗，从源头减少化石能源的使用是碳中和的必然要求。在此背景下，推动化石能源转向资源化利用、改变能源结构是成功的关键，碳中和目标的实现必将迎来化石能源向化石资源时代的转变。

■ 化石资源化利用

化石资源化利用是指将煤炭、石油、天然气等作为原料投入非能源产品的生产。现阶段我国煤炭资源化利用主要通过煤化工实现，根据不同工艺可分为煤气化、煤焦化、低温干馏、煤加氢直接液化等。煤制化学品主要包含煤制油、煤制烯烃、煤制芳烃、煤制乙二醇和甲醇等。未来煤炭资源化利用的推动应依靠分质利用。将煤充分裂解得到半焦与碳氢化合物，随后，少部分用于蒸汽-燃气联合循环发电以供电网调峰，大部分进入后续生产链。其中，半焦作为优质还原剂，参与二氧化碳（CO₂）的资源化利用，将CO₂还原为CO进入后续乙醇等化学品的生产；碳氢化合物进一步裂解产生大量氢气（H₂）。

■ 氢能

与长期广泛使用的、技术上较为成熟的常规能源，如煤、石油、天然气、水能等对比，新能源是一种已经开发但尚未大规模使用的，或正在研究试验、尚需进一步开发的能源。新能源主要包括潮汐能、波浪能、海流能、风能、地热能、生物能、氢能、核聚变能等，目前一些新能源技术在世界上得到了不同程度的应用。例如：太阳能的光热转换、光电转换，地热直接应用，生物发酵及热分解以制取沼气和气体燃料，潮汐发电技术等。新能源技术的发展，可以使人类面临能源枯竭的问题得到解决。

氢在石油化学工业中有着广泛的用途。然而，氢对于人类还有着更为重要的作用，这就是作为能源使用。氢能所具有的清洁、无污染、效率高、质量轻和储存及输送性能好、应用形式多等诸多优点，赢得了人们的青睐。利用氢能的途径和方法很多，例如航天器燃料、氢能飞机、氢能汽车、氢能发电、氢介质储能与输送，以及氢能空调、氢能冰箱等，有的已经实现，有的正在开发，有的尚在探索中。随着科学技术的进步和氢能系统技术的全面进展，氢能应用范围必将不断扩大，氢能将深入人类活动的各个方面，直至走进千家万户。

在氢能利用方面，燃料电池发电系统仍是实现氢能应用的重要途径。在我国质子交换膜燃料电池（PEMFC）已有技术基础上，除继续加强大功率 PEMFC 的关键技术研究外，还应注意 PEMFC 系统工程关键技术开发和系统技术集成，这是 PEMFC 发电系统走向实用化过程的关键。此外，天然气重整制氢技术开发与实用化对在我国推广 PEMFC 发电系统有着重要的现实意义。PEMFC 电动汽车具有零排放的突出优点，在各类电动汽车发展中占有明显的优势。

▣ CO_2 资源化利用

CO_2 与化石资源化利用一体，共筑工业良性碳循环。CO_2 资源化利用方式主要包括光合、矿化、化学品生产等。光合作用是人类向自然学习的一种资源化利用方式，科学家们利用光合效率最高的生物藻类，固定并转化 CO_2 为生物燃料。通过设计和优化反应器结构，使得藻液内 CO_2 分布更加合理，保障藻类生长所需的良好光照环境和充足的 CO_2 供给，可使单位面积上固定的 CO_2 量提高至自然界的数十倍。人工构建更高效的光合作用系统，即实现人工光合作用。杨培东教授团队利用细菌表面的人工光能捕获系统，将光能传递给细菌，转化 CO_2 为醋酸，该系统的太阳能-化学能转化率可达 3% 以上。CO_2 还能作为温室气肥，起到保温、增产的作用，被广泛应用于农业生产。

▣ 光电催化还原 CO_2

光电催化还原 CO_2 为解决目前的能源危机和环境危机提供新的技术。通过光催化及电催化过程，有效利用太阳能，实现 CO_2 的能源化利用，制备可再生碳氢燃料。CO_2 分子具有 $C=O$ 键的直线型分子结构。碳原子结构为 sp 型杂化结构，与氧原子形成两个 σ 键，碳原子中未杂化的 p 轨道和氧原子中的 p 轨道形成两个 π_3^4 键。$C=O$ 键非常稳定，解离能高达 750kJ/mol，要实现 CO_2 的活化和 $C=O$ 键的裂解必须克服高活化势垒且具有非常高的解离能。CO_2 中碳原子为 +4 价，还原产物为 CO、HCHO、CH_3OH 和甲烷等。相较于水分解的过程，当目标产物为碳氢燃料甲烷、甲醇等时，常温下 CO_2 还原过程从热力学角度进行比较困难。光电化学电池催化还原 CO_2 是光催化与电催化结合的一种反应途径，包括有两个电极分别发生合成碳基化合物反应和产氧反应。通常光电化学体系由阳极、阴极、外电路及电解液组成。在阳极表面发生氧化反应，当以水溶液作为电解液时，电极表面的水被氧化成氧气；在阴极表面发生还原反应，电极表面的质子和 CO_2 反应实现 CO_2 的能源化。

习　题

2-1 已知：$2Mg(s) + O_2(g) \longrightarrow 2MgO(s)$　$\Delta_r H_m = -1204kJ/mol$

计算：（1）生成每克 MgO 反应的 $\Delta_r H$；

（2）要释放 1kJ 热量，必须燃烧多少克 Mg？

2-2 已知：

$$Cu_2O(s) + \frac{1}{2}O_2(g) \longrightarrow 2CuO(s) \qquad \Delta_r H_m^{\ominus} = -143.7kJ/mol$$

$$CuO(s) + Cu(s) \longrightarrow Cu_2O(s) \qquad \Delta_r H_m^{\ominus} = -11.5kJ/mol$$

计算 CuO（s）的标准摩尔生成焓。

2-3 当 2.50g 硝化甘油［$C_3H_5(NO_3)_3$］分解生成 $N_2(g)$、$O_2(g)$、$CO(g)$ 与 $H_2O(1)$ 时，放出 19.9kJ 的热量（$M[C_3H_5(NO_3)_3] = 227$）：

（1）写出该反应的化学方程式；

（2）计算 1mol 硝化甘油分解的 $\Delta_r H$。

（3）在分解过程中每生成 1mol O_2 放出多少热量？

2-4 由热力学数据表中查得下列数据：

$$\Delta_f H_m^{\ominus}(NH_3,\ g) = -45.9kJ/mol$$

$$\Delta_f H_m^{\ominus}(NO,\ g) = 91.3kJ/mol$$

$$\Delta_f H_m^{\ominus}(H_2O,\ g) = -241.8kJ/mol$$

计算氨的氧化反应：$4NH_3(g) + 5O_2(g) \rightarrow 4NO(g) + 6H_2O(g)$ 的热效应 $\Delta_r H_m^{\ominus}$。

2-5 在一敞口试管内加热氯酸钾晶体，发生下列反应：$2KClO_3(s) = 2KCl(s) + 3O_2(g)$ 并放出 89.5kJ 热量（298.15K）。试求 298.15K 下该反应的 ΔH 和 ΔU。

2-6 在高炉中炼铁，主要反应有：

$$C(s) + O_2(g) \longrightarrow CO_2(g)$$

$$\frac{1}{2}CO_2(g) + \frac{1}{2}C(s) \longrightarrow CO(g)$$

$$CO(g) + \frac{1}{3}Fe_2O_3(s) \longrightarrow \frac{2}{3}Fe(s) + CO_2(g)$$

（1）分别计算 298.15K 时各反应 $\Delta_r H_m^{\ominus}$ 和各反应 $\Delta_r H_m^{\ominus}$ 值之和；

（2）将上面三个反应式合并成一个总反应方程式，应用各物质的 $\Delta_f H_m^{\ominus}$（298.15K）数据计算总反应的 $\Delta_r H_m^{\ominus}$，并与（1）计算结果比较，作出结论。

2-7 计算 298.15K 时 Fe_3O_4 被氢气还原反应的标准摩尔反应熵 $\Delta_r S_m^{\ominus}$。反应方程式为：

$$Fe_3O_4(s) + 4H_2(g) \longrightarrow 3Fe(s) + 4H_2O(g)$$

2-8 应用公式 $\Delta_r G_m^{\ominus}(T) \approx \Delta_r H_m^{\ominus}(298.15K) - T\Delta_r S_m^{\ominus}(298.15K)$ 计算下列反应的 $\Delta_r G_m^{\ominus}(T)$（298.15K）值，并判断反应在 298.15K 及标准态下能否自发进行？

$$8Al(s) + 3Fe_3O_4(s) \longrightarrow 4Al_2O_3(s) + 9Fe(s)$$

2-9 通过查表计算说明下列反应：

$$2CuO(s) \longrightarrow Cu_2O(s) + \frac{1}{2}O_2(g)$$

（1）在常温（298.15K）、标准态下能否自发进行？

（2）在 700K、标准态下能否自发进行？

（3）标准态下 CuO（s）分解的最低温度。

2-10 阿波罗登月火箭用 $N_2H_4(l)$ 作燃料、用 $N_2O_4(g)$ 作氧化剂，燃烧后产生 $N_2(g)$ 和 $H_2O(l)$。写出配平的化学方程式，利用下列 $\Delta_f H_m^{\ominus}$ 数据计算 $N_2H_4(l)$ 的摩尔燃烧热。

298K 时：　　　　$N_2(g) + H_2O(l) \longrightarrow N_2H_4(l) + N_2O_4(g)$

$\Delta_f H_m^{\ominus}$（kJ/mol）：　　0　　　−285.81　　　50.63　　　11.1

2-11 求下列反应的 $\Delta_r H_m^{\ominus}$、$\Delta_r S_m^{\ominus}$ 和 $\Delta_r G_m^{\ominus}$，并用这些数据分析利用该反应净化汽车尾气中 NO 和 CO 的可能性：

$$CO(g) + NO(g) \longrightarrow CO_2(g) + \frac{1}{2}N_2(g)$$

2-12 已知 298K 时下列物质的热力学数据：

	C(s)	CO(g)	Fe(s)	$Fe_2O_3(s)$
$\Delta_f H_m^{\ominus}$（kJ/mol）：	0	−110.5	0	−824.2
$S_m^{\ominus}$（J/(mol·K)）：	5.7	197.5	27.3	87.4

假定上述热力学数据不随温度而变化，试估算 Fe_2O_3 能用 C 还原的温度。

2-13 甲醚的燃烧热为 $\Delta_c H_m^{\ominus}$（甲醚）= −1461kJ/mol，$CO_2(g)$ 的标准摩尔生成焓为−393.5kJ/mol，$H_2O(l)$ 的标准摩尔生成焓为−285.8kJ/mol，计算甲醚的标准摩尔生成焓。

2-14 已知反应 $2CuO(s) \rightarrow Cu_2O(s) + \frac{1}{2}O_2(g)$ 在 300K 时的 $\Delta_r G_m^{\ominus} = 112.7$kJ/mol，在 400K 时的 $\Delta_r G_m^{\ominus} = 101.6$kJ/mol，试计算：

（1）$\Delta_r H_m^{\ominus}$ 和 $\Delta_r S_m^{\ominus}$。

（2）当 $p(O_2) = 100$kPa 时，该反应能自发进行的最低温度是多少？

2-15 已知 298K 时下列过程的热力学数据：

	$C_2H_5OH(l)$	$\rightleftharpoons$	$C_2H_5OH(g)$
$\Delta_f H_m^{\ominus}$（kJ/mol）：	−277.6		−235.3
$S_m^{\ominus}$（J/(mol·K)）：	161		282

试估算乙醇的正常沸点。

2-16 已知下列各反应的热效应：

（1）$Fe_2O_3(s) + 3CO(g) \longrightarrow 2Fe(s) + 3CO_2(g)$　　　　$\Delta_r H_{m1}^{\ominus} = -27.61$kJ/mol

（2）$3Fe_2O_3(s) + CO(g) \longrightarrow 2Fe_3O_4(s) + CO_2(g)$　　　$\Delta_r H_{m2}^{\ominus} = -58.58$kJ/mol

（3）$Fe_3O_4(s) + CO(g) \longrightarrow 3FeO(s) + CO_2(g)$　　　$\Delta_r H_{m3}^{\ominus} = 38.07$kJ/mol

　　求下面反应的反应热 $\Delta_r H_m^{\ominus}$：

$$FeO(s) + CO(g) \longrightarrow Fe(s) + CO_2(g)$$

2-17 已知 25℃时，$NH_3(g)$ 的 $\Delta_f H_m^{\ominus} = -45.9$kJ/mol 及下列反应的 $\Delta_r S_m^{\ominus} = -192.8$J/(mol·K)，欲使此反应在标准态下能自发进行，所需什么温度条件？

$$N_2(g) + 3H_2(g) \longrightarrow 2NH_3(g)$$

2-18 写出下列反应的标准平衡常数 $K^{\ominus}$ 的表达式：

（1）$N_2(g) + O_2(g) \rightleftharpoons 2NO(g)$

（2）$CaCO_3(s) \rightleftharpoons CaO(s) + CO_2(g)$

（3）$H_2(g) + Br_2(g) \rightleftharpoons 2HBr(g)$

（4）$MnO_2(s) + 4H^+(aq) + 2Cl^-(aq) \rightleftharpoons Mn^{2+}(aq) + 2H_2O(l) + Cl_2(g)$

（5）$CO_3^{2-}(aq) + 2H^+(aq) \rightleftharpoons CO_2(g) + H_2O(l)$

2-19 实验测得 SO_2 氧化为 SO_3 的反应，在 1000K 时，各物质的平衡分压为：$p(SO_2) = 27.3$kPa，

$p(O_2)=$ 4.02kPa，$p(SO_3)=$ 32.5kPa。计算在该温度下反应 $2SO_2(g)+O_2(g) \rightleftharpoons 2SO_3(g)$ 的标准平衡常数 $K^{\ominus}$。

2-20 将 1.5mol 的 NO，1.0mol 的 Cl_2 和 2.5mol 的 NOCl 在容积为 15L 的容器中混合，230℃时发生反应：$2NO(g)+Cl_2(g) \rightleftharpoons 2NOCl(g)$。达到平衡时，测得有 3.06mol 的 NOCl 存在，计算平衡时 NO 的摩尔数和此反应标准平衡常数 $K^{\ominus}$。

2-21 298.15K 时，有下列反应：$2H_2O_2(l) \rightleftharpoons 2H_2O(l)+O_2(g)$ 的 $\Delta_r H_m^{\ominus}=-196.10kJ/mol$，$\Delta_r S_m^{\ominus}=125.76J/(mol \cdot K)$。试分别计算该反应在 298.15K 和 373.15K 的 $K^{\ominus}$ 值。

2-22 查表，判断下列反应：$N_2(g)+3H_2(g) \rightleftharpoons 2NH_3(g)$

(1) 在 298.15K、标准态下能否自发进行？

(2) 计算 298.15K 时该反应的 $K^{\ominus}$ 值。

2-23 298.15K 下，将空气中的 $N_2(g)$ 变成各种含氮的化合物的反应称作固氮反应。查表，根据 $\Delta_r G_m^{\ominus}$ 数据计算下列三种固氮反应的 $\Delta_r G_m^{\ominus}$ 及 $K^{\ominus}$，并从热力学角度分析选择哪个反应固氮最好？已知：$\Delta_r H_m^{\ominus}(N_2O, g)=81.6kJ/mol$；$S_m^{\ominus}(N_2O, g)=220.0J/(mol \cdot K)$

$$N_2(g)+O_2(g) \longrightarrow 2NO(g)$$
$$2N_2(g)+O_2(g) \longrightarrow 2N_2O(g)$$
$$N_2(g)+3H_2(g) \longrightarrow 2NH_3(g)$$

2-24 汽车内燃机内温度因燃料燃烧达到 1300℃，试计算此温度时下列反应：

$$\frac{1}{2}N_2(g)+\frac{1}{2}O_2(g) \longrightarrow NO(g)$$

的 $\Delta_r G_m^{\ominus}$ 及 $K^{\ominus}$。

2-25 在 699K 时，反应 $H_2(g)+I_2(g) \rightleftharpoons 2HI(g)$，$K^{\ominus}=55.3$。如果将 2.0mol H_2 和 2.0mol I_2 置于 4.0L 的容器内，问在该温度下达到平衡时合成了多少 mol HI？

2-26 反应：$CO(g)+H_2O(g) \rightleftharpoons CO_2(g)+H_2$ 在某温度下 $K^{\ominus}=1$，在此温度下于 6.0L 容器中加入：2.0L、3.04×10^5Pa 的 $CO(g)$，3.0L、2.02×10^5Pa 的 $CO_2(g)$，6.0L、2.02×10^5Pa 的 $H_2O(g)$ 和 1.0L、2.02×10^5Pa 的 $H_2(g)$，问反应向哪个方向进行？

2-27 在 298.15K 时反应：$NH_4HS(s) \rightleftharpoons NH_3(g)+H_2S(g)$ 的 $K^{\ominus}=0.070$，求：

(1) 平衡时该气体混合物的总压。

(2) 在同样的实验中，NH_3 的最初分压为 25.3kPa 时，H_2S 的平衡分压为多少？

2-28 反应：$PCl_5(g) \rightleftharpoons PCl_3(g)+Cl_2(g)$

(1) 523K 时，将 0.70mol 的 PCl_5 注入容积为 2.0L 的密闭容器中，平衡时有 0.50mol PCl_5 被分解了。试计算该温度下的平衡常数 $K^{\ominus}$ 和 PCl_5 的平衡转化率。

(2) 若在上述容器中已达平衡后，再加入 0.10mol Cl_2，则 PCl_5 的分解百分数与未加 Cl_2 时相比有何不同？

(3) 如开始在注入 0.70mol PCl_5 的同时，注入了 0.10mol Cl_2，则平衡时 PCl_5 的平衡转化率又是多少？比较 (2)、(3) 所得结果，可得出什么结论？

2-29 在 376K 下，1.0L 容器内 N_2、H_2、NH_3 三种气体的平衡浓度分别为：$c(N_2)=1.0mol/L$，$c(H_2)=0.50mol/L$，$c(NH_3)=0.50mol/L$。若使 N_2 的平衡浓度增加到 1.2mol/L，需从容器中取出多少摩尔的氢气才能使系统重新达到平衡？

2-30 将 NO 和 O_2 注入一个温度为 673K 的密闭容器中。在反应发生以前，它们的分压分别为 $p(NO)=101kPa$、$p(O_2)=286kPa$。当反应 $2NO(g)+O_2(g) \rightleftharpoons 2NO_2(g)$ 达到平衡时，$p(NO_2)=79.2kPa$。计算该反应的 $\Delta_r G_m^{\ominus}$ 及 $K^{\ominus}$ 值。

2-31 已知反应：$\frac{1}{2}H_2(g)+\frac{1}{2}Cl_2(g) \rightarrow HCl(g)$ 在 298.15K 时的 $K^{\ominus}=4.9 \times 10^{16}$，$\Delta_r H_m^{\ominus}$

（298.15K）= −92.307kJ/mol，求在 500K 时的 $K^{\ominus}$ 值。（不需要查 $\Delta_f H_m^{\ominus}$（298.15K）和 $S_m^{\ominus}$（298.15K）数据）

2-32 在 298.15K 及标准态下，下面两个化学反应：

(1) $H_2O(l) + \dfrac{1}{2}O_2(g) \longrightarrow H_2O_2(aq)$，$\Delta_r G_m^{\ominus} = 105.3kJ/mol > 0$

(2) $Zn(s) + \dfrac{1}{2}O_2(g) \longrightarrow ZnO(s)$，$\Delta_r G_m^{\ominus} = -318.3kJ/mol < 0$

可知前者不能自发进行，若把两个反应耦合起来：

$$Zn(s) + H_2O(l) + O_2(g) \longrightarrow ZnO(s) + H_2O_2(aq)$$

不查热力学数据，请问此耦合反应在 298.15K 下能否自发进行，为什么？

2-33 利用下面热力学数据计算反应：$Ag_2O(s) \rightarrow 2Ag(s) + \dfrac{1}{2}O_2(g)$，$Ag_2O(s)$ 的最低分解温度和在该温度下 $O_2(g)$ 的分压（假定反应的 $\Delta_r H_m^{\ominus}$ 和 $\Delta_r S_m^{\ominus}$ 不随温度的变化而改变）：

	$Ag_2O(s)$	$Ag(s)$	$O_2(g)$
$\Delta_f H_m^{\ominus}$（kJ/mol）：	−31.1	0	0
$S_m^{\ominus}$（J/(mol·K)）：	121.3	42.6	205.2

3 化学反应速率

本章数字
资源

将化学反应用于生产实践，需要解决两方面的问题：一是反应能否发生，即反应进行的方向和最大限度，即化学平衡问题，属于化学热力学研究范畴；二是反应进行的速率和反应历程（机理）问题，属于化学动力学研究范畴。化学热力学成功预测了化学反应自发进行的方向，在热力学上能自发进行的反应很多都是在瞬间完成的。例如：炸药的爆炸，溶液中酸与碱的中和反应等。与此相反，有些反应从热力学上看是自发的，但由于反应速率太慢，几乎观测不到反应的进行。例如：氢气和氧气化合生成水的反应，在 298.15K 时，$\Delta_r G_m^\ominus$ 为负值，表明此反应可自发进行，但氢气和氧气的混合物于常温常压下放置若干年也观测不出任何变化。又如一些有机化合物的酯化和硝化反应、钢铁的生锈以及岩石的风化等，均为反应速率较慢的反应，这一类反应是化学动力学控制的反应。

研究化学反应速率有着重要的实际意义，不论对生产还是对人类生活都是十分重要的。通过对反应速率的研究，人们可以得到提高主反应速率、减慢副反应速率的条件，可以控制反应速率以加速生产过程或延长产品的使用寿命，为工业生产选择最适宜的操作条件。本章主要介绍化学反应速率问题。

3.1 化学反应速率的表示方法

化学反应速率（Rate of Chemical Reaction）是指一定条件下反应物转变为生成物的速率。化学反应速率经常用单位时间内反应物浓度的减少或生成物浓度的增加来表示，反应速率的单位一般为 mol/（L·s）、mol/（L·min）或 mol/（L·h）。

英文注解

3.1.1 平均速率

对于均匀体系的恒容反应，习惯用单位时间内反应物浓度的减少或生成物浓度的增加来表示反应速率，取正值。平均速率（Average Rate）反映的是某一段时间内的平均反应快慢情况。

对于任意的化学反应：$a\mathrm{A} + b\mathrm{B} \longrightarrow d\mathrm{D} + e\mathrm{E}$

英文注解

$$\bar{v}(\mathrm{A}) = -\frac{\Delta c(\mathrm{A})}{\Delta t} \qquad \bar{v}(\mathrm{B}) = -\frac{\Delta c(\mathrm{B})}{\Delta t}$$

$$\bar{v}(\mathrm{D}) = \frac{\Delta c(\mathrm{D})}{\Delta t} \qquad \bar{v}(\mathrm{E}) = \frac{\Delta c(\mathrm{E})}{\Delta t}$$

由于化学计量数 a、b、d、e 不一定相等，因而用不同物质表示同一反应的速率也不一定相等。但一个反应的速率只有一个，为此，可以用比速率 v 表示一个反应的速率：

$$v = \frac{v(A)}{a} = \frac{v(B)}{b} = \frac{v(D)}{d} = \frac{v(E)}{e} \tag{3-1}$$

3.1.2　瞬时速率

英文注解

对于某一时刻的反应情况，用平均反应速率是反映不出来的，需要用瞬时速率（Instantaneous Rate），它是当 $\Delta t \to 0$ 时的极限值：

$$v = \lim_{\Delta t \to 0} \frac{\Delta c}{\Delta t} = \frac{dc}{dt} \tag{3-2}$$

同样，对于同一反应的瞬时速率，当用不同物质的浓度变化表示时，计算出来的数值也有可能不同。

【例3-1】　在一定条件下，密闭容器中混有 1mol/L N_2 和 3mol/L H_2，反应进行 2s 后，NH_3 的浓度为 0.4mol/L，求参加反应的各物质的平均速率及比速率。

解：
$$N_2(g) + 3H_2(g) \longrightarrow 2NH_3(g)$$

起始浓度（mol/L）：	1	3	0
2s 时浓度（mol/L）：	0.8	2.4	0.4
变化浓度（mol/L）：	−0.2	−0.6	0.4

$$\bar{v}(N_2) = -\frac{\Delta c(N_2)}{\Delta t} = \frac{0.2}{2} = 0.1 \, \text{mol}/(L \cdot s)$$

同理
$$\bar{v}(H_2) = 0.3 \, \text{mol}/(L \cdot s)$$

$$\bar{v}(NH_3) = 0.2 \, \text{mol}/(L \cdot s)$$

比速率 $v = 0.1 \, \text{mol}/(L \cdot s)$

按国际纯粹与应用化学联合会（IUPAC）推荐，反应速率也可以用反应进度随时间的变化率，即单位时间内的反应进度表示。对于任意化学反应：$aA + bB \to dD + eE$，有：

$$v = \frac{1}{V} \cdot \frac{d\xi}{dt} \tag{3-3}$$

式中，V 为系统体积。将式（2-5）代入式（3-3），可得：

$$v = \frac{1}{V} \cdot \frac{dn}{\nu dt} = \frac{1}{\nu} \cdot \frac{dn}{Vdt} \tag{3-4}$$

对于恒容反应，V 恒定，则 $dn/V = dc$，可得：

$$v = \frac{1}{\nu} \cdot \frac{dc}{dt} \tag{3-5}$$

显然，用反应进度定义的反应速率的量值与选择的物质无关，也就是说一个反应只有一个反应速率值。但反应速率具体数值与化学计量数有关，所以在表示反应速率时，必须写明相应的化学计量方程式。

3.2 影响化学反应速率的因素

英文注解

物质的本性对其化学反应活泼性有决定性的作用。一般地说，溶液中的离子反应速率很快，通常可在毫秒（10^{-3}s）或微秒（10^{-6}s）内完成；共价分子间的反应就要慢得多，而且不同物质间的速率相差很大，这与分子内化学键的强弱、分子的结构等都有密切的关系。化学反应速率的大小，不仅决定于物质的本性，还与外界条件如浓度、温度、催化剂等有关。

3.2.1 浓度对化学反应速率的影响

3.2.1.1 基元反应与非基元反应

能一步完成的化学反应称为基元反应（Elementary Reaction）。所谓一步完成是指反应物的分子、原子、离子或自由基等通过一次碰撞直接转变为产物。例如：$NO_2 + CO \rightarrow NO + CO_2$。

英文注解

非基元反应是指包含两个或两个以上基元反应步骤的反应，又称为复杂反应。对于复杂反应来说，所包含的基元反应代表了反应经过的途径，动力学上称为反应机理或反应历程。例如：非基元反应 $2NO + 2H_2 \rightarrow N_2 + 2H_2O$，实验测定其反应机理为：

（1）$2NO \longrightarrow N_2O_2$（快）

（2）$N_2O_2 + H_2 \longrightarrow N_2O + H_2O$（慢）

（3）$N_2O + H_2 \longrightarrow N_2 + H_2O$（快）

对于一个非基元反应，其反应速率是由反应历程中最慢的一步决定的，这一步常称为反应速率的控制步骤。对于上述反应，总反应速率是由第二步反应所决定的。

3.2.1.2 质量作用定律

对于任意化学反应：$aA + bB \rightarrow dD + eE$，反应速率与反应物浓度成如下函数关系：

英文注解

$$v = kc^{\alpha}(A)c^{\beta}(B) \tag{3-6}$$

式（3-6）称为反应速率方程。式中，α 为 A 物质的反应级数（order）；β 为 B 物质的反应级数；（$\alpha+\beta$）为反应的（总）级数。反应级数 α、β 的取值可以为整数 0、1、2、3，也可以为分数，但 4 级及 4 级以上的反应一般不存在。反应级数越大，反应物浓度对反应速率影响越大。k 为反应速率常数（Rate Constant），即反应物浓度为单位浓度时的反应速率。k 的数值与温度、催化剂有关；k 的单位与反应总级数（$\alpha+\beta$）有关。例如，零级反应的速率常数单位为 mol/（L·s），一级反应的速率常数单位为 s^{-1}，二级反应的速率常数单位为 L/（mol·s）。

对于基元反应来说，$\alpha = a$，$\beta = b$，此时反应速率方程可表示为：

$$v = kc^{a}(A)c^{b}(B) \tag{3-7}$$

式（3-7）称为质量作用定律（Mass Action Law）。质量作用定律只适用于基元反应。例如，反应 $C_2H_4Br_2 + 3KI \rightarrow C_2H_4 + 2KBr + KI_3$ 的实际反应步骤如下：

$$C_2H_4Br_2 + KI \longrightarrow C_2H_4 + KBr + I + Br （慢）$$
$$KI + I + Br \longrightarrow 2I + KBr （快）$$
$$KI + 2I \longrightarrow KI_3（快）$$

上述三步反应都是基元反应，第一步是反应的决速步，所以反应速率方程表示为：$v = k \cdot c(C_2H_4Br_2) \cdot c(KI)$。因此，对于非基元反应即多步完成的复杂反应，反应级数 α 与 β 的数值需要通过实验测定。

【例3-2】 对于反应 $2NO + Cl_2 \rightarrow 2NOCl$ 的浓度变化和速率测定数据见下表（50℃）：

序　号	$c(NO)/mol \cdot L^{-1}$	$c(Cl_2)/mol \cdot L^{-1}$	$v(NOCl)/mol \cdot (L \cdot s)^{-1}$
1	0.250	0.250	1.43×10^{-6}
2	0.250	0.500	2.86×10^{-6}
3	0.500	0.500	1.14×10^{-5}

（1）写出该反应的速率方程式。

（2）计算 50℃ 时该反应的速率常数 k。

（3）计算当 $c(NO) = c(Cl_2) = 0.200mol/L$ 时的反应速率 v。

解：（1）从 1、2 组数据看，$c(NO)$ 保持不变，$c(Cl_2)$ 增加 1 倍，反应速率也增大 1 倍，即 $v \propto c(Cl_2)$。从 2、3 组数据看，$c(Cl_2)$ 保持不变，$c(NO)$ 增加 1 倍，反应速率增大为原来的 4 倍，即 $v \propto c^2(NO)$。

将两式合并得：$v \propto c^2(NO) \cdot c(Cl_2)$，则该反应速率方程为 $v = k \cdot c^2(NO) \cdot c(Cl_2)$。

（2）由三组数据中的任一组，代入速率方程式中都可求得 k。现在代入第 3 组数据，

$$k = \frac{v}{c^2(NO) \cdot c(Cl_2)} = \frac{1.14 \times 10^{-5}}{(0.500)^2 \times 0.500} = 9.12 \times 10^{-5}L^2/(mol^2 \cdot s)$$

（3）当 $c(NO) = c(Cl_2) = 0.200mol/L$ 时：

$$v = k \cdot c^2(NO) \cdot c(Cl_2) = 9.12 \times 10^{-5} \times 0.200^2 \times 0.200 = 0.73 \times 10^{-6}mol/(L \cdot s)$$

3.2.1.3　简单级数的反应

A　零级反应

零级反应（Zero-order Reaction）是指反应速率与反应物浓度的零次幂成正比，即与反应物的浓度无关。某些固体表面上的反应属于零级反应，例如氨在钨、铁等催化剂表面的分解反应是零级反应。

对于任一零级反应：$A \rightarrow$ 产物，则速率方程为：

$$v = -\frac{dc(A)}{dt} = k_0$$

$$dc(A) = -k_0 dt \tag{3-8}$$

当 $t = 0$ 时，$c(A) = c_0(A)$；当时间为 t 时，$c(A) = c_t(A)$，对式（3-8）两侧进行积分，可得：

英文注解

$$\int_{c_0(A)}^{c_t(A)} dc(A) = \int_0^t (-k_0) dt$$

$$c_t(A) - c_0(A) = -k_0(t - 0)$$

$$c_t(A) = c_0(A) - k_0 t \qquad (3\text{-}9)$$

式（3-9）是零级反应的速率方程式。

零级反应的反应物浓度 $c_t(A)$ 对 t 作图，呈直线关系，其斜率为 $-k_0$。当剩余反应物的浓度为起始浓度的一半时，$c_t(A) = 1/2c_0(A)$，反应时间 $t_{1/2}$ 称为半衰期（Harf-life）。

$$t_{1/2} = \frac{1}{k_0}\left[c_0(A) - \frac{1}{2}c_0(A) \right] = \frac{c_0(A)}{2k_0} \qquad (3\text{-}10)$$

零级反应的半衰期 $t_{1/2}$ 与反应物的初始浓度成正比。

B 一级反应

一级反应（First-order Reaction）就是反应速率与反应物浓度的一次方成正比。典型例子是放射性元素的衰变反应，样品因放射性元素衰变释放的放射强度与样品中放射性元素的含量（浓度）有关。

英文注解

对于任何一个一级反应：B →产物，速率方程为：

$$v = -\frac{dc(B)}{dt} = k_1 c(B)$$

$$-\frac{dc(B)}{c(B)} = k_1 dt \qquad (3\text{-}11)$$

当 $t=0$ 时，$c(B) = c_0(B)$；当时间为 t 时，$c(B) = c_t(B)$，对式（3-11）两侧进行积分，可得：

$$\int_{c_0(B)}^{c_t(B)} -\frac{dc(B)}{c(B)} = \int_0^t k_1 dt$$

$$\ln \frac{c_0(B)}{c_t(B)} = k_1 t$$

或
$$\lg \frac{c_0(B)}{c_t(B)} = \frac{k_1 t}{2.303}$$

或
$$\ln c_t(B) = \ln c_0(B) - k_1 t \qquad (3\text{-}12)$$

这是一级反应的速率方程式。

在一级反应中，以反应物浓度的对数（自然对数）对时间作图，可得一条直线，其斜率为 $-k_1$。一级反应的半衰期为：

$$\ln c_0(B) - \ln \frac{c_0(B)}{2} = k_1 t_{1/2}$$

$$t_{1/2} = \frac{\ln 2}{k_1} \qquad (3\text{-}13)$$

C 二级反应

对于任一个二级反应（Second-order Reaction）：2B →产物，速率方程为：

英文注解

$$v = -\frac{dc(B)}{dt} = k_2 \cdot c^2(B)$$

$$\frac{dc(B)}{c^2(B)} = -k_2 dt \tag{3-14}$$

当 $t = 0$ 时，$c(B) = c_0(B)$；当时间为 t 时，$c(B) = c_t(B)$，对式（3-14）两侧进行积分，可得：

$$\int_{c_0(B)}^{c_t(B)} \frac{dc(B)}{c^2(B)} = \int_0^t -k_2 dt$$

$$\frac{1}{c_t(B)} = \frac{1}{c_0(B)} + k_2 t \tag{3-15}$$

式（3-15）为二级反应的速率方程式。如果以反应物浓度的倒数对时间 t 作图，可得一条直线，斜率为 k_2。二级反应的半衰期为：

$$t_{1/2} = \frac{1}{k_2 \cdot c_0(B)} \tag{3-16}$$

由式（3-16）可见，二级反应的半衰期与起始浓度的一次方成反比，即反应物的起始浓度越大，$t_{1/2}$ 越小。

【例3-3】 氯乙烷在300K下的分解反应是一级反应，速率常数为 $2.50 \times 10^{-3} min^{-1}$，实验开始时氯乙烷的浓度为 0.40mol/L，试求：

（1）反应进行 8.0h，氯乙烷的浓度多大？

（2）氯乙烷的浓度降至 0.1mol/L 需要多长时间？

（3）氯乙烷分解一半需要多长时间？

解：（1）$k = 2.50 \times 10^{-3} min^{-1}$，$c_0 = 0.40mol/L$，$t = 8.0h = 480min$，代入式（3-12），可得：

$$\ln \frac{c_t}{0.40mol/L} = -2.50 \times 10^{-3} min^{-1} \times 480min$$

$$c_t = 0.12mol/L$$

（2）$k = 2.50 \times 10^{-3} min^{-1}$，$c_0 = 0.40mol/L$，$c_t = 0.10mol/L$，代入式（3-12），可得：

$$\ln \frac{0.10mol/L}{0.40mol/L} = -2.50 \times 10^{-3} \times t\, min^{-1}$$

$$t = 554.5min = 9.2h$$

（3）将 $c_t = 1/2\, c_0$，$k = 2.50 \times 10^{-3} min^{-1}$，代入式（3-13），可得：

$$t_{1/2} = \frac{\ln 2}{k} = 277min = 4.6h$$

3.2.2　温度对化学反应速率的影响

温度对化学反应速率有着显著影响，大多数化学反应速率随温度升高而加快。1884 年，范特霍夫（van't Hoff）根据实验结果总结出一条经验规则：对一般反应来说，在反应物浓度（或分压）相同的情况下，温度每升高 10K，反应速率（或反应速率常数）一般增加 2~4 倍，即：

$$\frac{v(T + 10K)}{v(T)} = \frac{k(T + 10K)}{k(T)} = 2 \sim 4 \tag{3-17}$$

1889 年，瑞典的科学家阿仑尼乌斯（Arrhenius）总结了大量的实验数据提出了反应速率常数 k 随温度的变化的定量关系式：

$$k = Ae^{-\frac{E_a}{RT}} \tag{3-18}$$

$$\ln k = -\frac{E_a}{RT} + \ln A \tag{3-19}$$

英文注解

式中，k 为反应速率常数；E_a 为反应的活化能（Activation Energy）；A 为指前因子（Preexponential Factor），也称为频率因子（Frequence Factor）。

在温度变化范围不太大时，A 与 E_a 可以近似看作常数，若已知两个不同温度下的速率常数，代入式（3-19），就可求出反应的活化能。

当温度为 T_1 时，$\ln k_1 = -\dfrac{E_a}{RT_1} + \ln A$

当温度为 T_2 时，$\ln k_2 = -\dfrac{E_a}{RT_2} + \ln A$

两式相减可得：

$$\ln \frac{k_2}{k_1} = \frac{E_a}{R} \frac{T_2 - T_1}{T_1 T_2} \tag{3-20}$$

换成常用对数得：

$$\lg \frac{k_2}{k_1} = \frac{E_a}{2.303R} \frac{T_2 - T_1}{T_1 T_2} \tag{3-21}$$

【例 3-4】 已知某酸在水溶液中发生分解反应。当温度为 10℃时反应速率常数为 $1.08 \times 10^{-4} s^{-1}$，60℃时，反应速率常数为 $5.48 \times 10^{-2} s^{-1}$，试计算这个反应的活化能和 20℃时的反应速率常数。

解：（1）将已知数据代入式（3-21）得：

$$\lg \frac{5.48 \times 10^{-2}}{1.08 \times 10^{-4}} = \frac{E_a}{2.303 \times 8.314} \times \frac{333.15 - 283.15}{333.15 \times 283.15}$$

解得：

$$E_a = 97.7 kJ/mol$$

（2）将 E_a 和上述任一已知温度时的速率常数代入式（3-21）

$$\lg \frac{k}{1.08 \times 10^{-4}} = \frac{97.7 \times 10^3}{2.303 \times 8.314} \times \frac{293.15 - 283.15}{293.15 \times 283.15}$$

解得 20℃ 时

$$k = 4.45 \times 10^{-4} s^{-1}$$

若测得某一反应在一系列不同温度下的速率常数 k，以 $\ln k$ 对 $1/T$ 作图，应得一条直线，如图 3-1 所示。此直线的斜率为 $-E_a/R$，截距为 $\ln A$。由阿仑尼乌斯公式可以看出，反应速率常数 k 与温度 T 之间呈指数变化关系，微小的温度改变都会导致速率常数的较大变化。升高温度 T，k 增大；降低温度 T，k 减小。对于同一反应，升高一定温度，在高温区 k 值增加较少，在低温区 k 值增加较多。因此，对于原本反应温度不高的反应，可采用升温的方法提高反应速率。对于不同的反应，升高相同的温度，E_a 大的反应速率常数 k 增大的倍数多。因此，升高温度对于速率慢的反应有明显的加速作用。

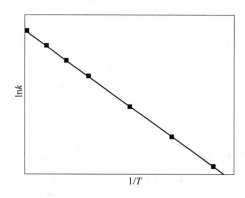

图 3-1　$\ln k$ 与 $1/T$ 的关系曲线

【例 3-5】　N_2O_5 晶体在气相或者惰性溶剂中可以完全分解，分解反应为一级反应：$N_2O_5(s) \rightarrow \frac{1}{2}O_2(g) + N_2O_4(g)$，分解产物 N_2O_4 溶于 CCl_4，放出 O_2。所以用量气管测定释放出 O_2 的体积，可以计算 N_2O_5 分解反应速率。下表是 0.7372g $N_2O_5(s)$ 在 30℃和 $p^\ominus$ 下释放 O_2 体积的测定数据：

t/s	0	2400	9600	16800
V_{O_2} /mL	0	16.65	45.85	63.00

（1）计算此反应的速率常数 k 及半衰期 $t_{1/2}$；

（2）30℃时，分解 90.0% N_2O_5 (s) 所需时间为多少秒?

（3）已知该反应的活化能为 1.03×10^5 J/mol，如果要在 2400s 内收集 60.00mL O_2（30℃时的体积），需要在什么条件下进行实验?

解：（1）N_2O_5 (s) 的分解反应为一级反应，所以：$\ln c_0 - \ln c = kt$。如果以 O_2 的体积表示，则有：$\ln V_{max} - \ln (V_{max} - V_t) = kt$，其中 V_{max} 为 N_2O_5 (s) 完全分解产生 O_2 的体积，$(V_{max} - V_t)$ 相当于 t 时刻 CCl_4 中剩余的 $N_2O_5(s)$ 浓度。

$$V_{max} = \frac{1}{2} \times \frac{0.7372}{108} \times \frac{RT}{p} = \frac{1}{2} \times \frac{0.7372 \times 8.314 \times 303}{108 \times 101325} = 8.49 \times 10^{-5} \text{ m}^3$$

$$k_1 = \frac{1}{2400} \times \ln \frac{84.9}{84.9 - 16.65} = 9.09 \times 10^{-5} \text{s}^{-1}$$

$$k_2 = \frac{1}{9600} \times \ln \frac{84.9}{84.9 - 45.85} = 8.09 \times 10^{-5} \text{s}^{-1}$$

$$k_3 = \frac{1}{16800} \times \ln \frac{84.9}{84.9 - 63.00} = 8.07 \times 10^{-5} \text{s}^{-1}$$

$$\bar{k} = \frac{k_1 + k_2 + k_3}{3} = 8.22 \times 10^{-5} \text{s}^{-1}$$

$$t_{1/2} = \frac{\ln 2}{k} = \frac{0.693}{8.22 \times 10^{-5}} = 8.43 \times 10^3 \text{s}$$

（2）设 30℃时分解 90.0% $N_2O_5(s)$ 所需时间为 t，则有：

$$t = \frac{1}{k} \times \ln \frac{c_0}{c_0 - 0.9\,c_0} = \frac{1}{8.22 \times 10^{-5}} \times \ln 10 = 2.80 \times 10^4 \text{s}$$

（3）当 30℃时，2400s 只收集了 16.65mL O_2，因此如果在此时间内要收集 60.00mL O_2，需要升高温度至 T_2，在 T_2 时的速率常数 k_2 为：

$$k_2 = \frac{1}{2400} \times \ln \frac{84.9}{84.9 - 60.00} = 5.11 \times 10^{-5} \text{s}^{-1}$$

根据 Arrhenius 公式：

$$\ln \frac{k_2}{k_1} = \frac{E_a}{R} \times \frac{T_2 - T_1}{T_1 T_2}$$

代入数据：

$$\ln \frac{5.11 \times 10^{-5}}{8.22 \times 10^{-5}} = \frac{1.03 \times 10^5}{8.314} \times \frac{T_2 - 303}{303\ T_2}$$

求得：$T_2 = 317\text{K}$。

3.2.3 催化剂对化学反应速率的影响

英文注解

催化剂对化学反应速率的影响很大。催化剂是一种能改变反应速率，而其本身的组成、质量和化学性质在反应前后保持不变的物质。其中，能加快反应速率的称为正催化剂，能减慢反应速率的称为负催化剂。例如：

$$H_2(g) + \frac{1}{2} O_2(g) \longrightarrow H_2O(l) \qquad \Delta_r G_m^\ominus(298.15\text{K}) = -237.19\text{kJ/mol}$$

从热力学上看，在常温常压下可以自发进行。但是，由于反应速率过慢，而难以应用于工业实践。如果采用 Pd 催化剂，可以使 $H_2(g)$ 和 $O_2(g)$ 以燃料电池的方式进行反应而较温和地释放出电能。催化剂为什么可以加速反应速率呢？这是因为当一种特定的催化剂加入某反应时，催化剂能改变反应历程，降低反应的活化能，因而使反应速率加快。

假设某化学反应：A+B→AB，反应历程如图 3-2 所示，活化能为 E_a。加入催化剂（用 cat 表示）后，反应历程为：

（1）A + B + cat $\longrightarrow$ Acat + B   活化能为 E_{a1}

（2）Acat + B $\longrightarrow$ AB + cat   活化能为 E_{a2}

如图 3-2 所示，E_{a1} 和 E_{a2} 均小于 E_a，所以步骤（1）和（2）的速率都很快，使得反应速率加快。例如，工业合成氨反应，计算结果表明，没有催化剂时的活化能为 326.4kJ/mol，加入 Fe 催化剂，活化能降低至 175.5kJ/mol。

常温下氢气和氧气合成水的反应是非常慢的，但在有钯粉作催化剂时，常温常压下氢和氧可迅速化合成水，工业上常利用这种方法来除去氢气中微量的氧以获得纯净的氢气。

按照催化剂与反应系统物质的相态，可将催化反应分为三类：

（1）均相催化反应。催化剂与反应物系处于同一相，如气相催化反应，液相酸、碱催化，配位催化等。

（2）多相催化反应。催化剂与反应物系统不是同一相，反应是在相与相的界面上进行。例如，气-固相催化或液-固相催化，反应物系统为气相或液相，催化剂为固相。

（3）酶催化反应。因为酶是大分子化合物，它的催化介于多相与均相之间。

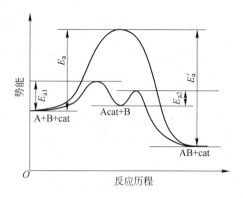

图 3-2　催化剂改变反应历程示意图

使用催化剂时，需要注意以下几点：

（1）催化剂只能通过改变反应途径来改变反应速率，但不能改变反应的焓变（$\Delta_r H_m$）、方向和限度。

（2）催化剂对化学反应速率的影响主要体现在改变速率常数 k 上。对于确定的反应，反应温度一定时，采用不同的催化剂一般有不同的 k 值。

（3）对于同一可逆反应来说，催化剂等值地降低了正、逆反应的活化能。

（4）催化剂具有选择性。具体表现在对于不同的反应要用不同的催化剂；对于同样反应物系统，当存在许多平行反应时，如果选用某种催化剂，则可专一地提高目标反应的速率。酶催化反应具有极高的选择性，一种酶只能催化一种反应，对于其他反应不具活性，而且酶催化的效率高也是一般的无机或有机催化剂所不能比拟的。例如，一个过氧化氢分解酶分子，在较温和的条件下 1s 可以催化分解 10^5 个过氧化氢分子；而硅酸铝催化剂在 773K 条件下，每 4s 才裂解 1 个烃分子。

3.3　化学反应速率理论

前面介绍了浓度、温度、催化剂等外界条件对反应速率的影响，为什么这些条件的改变能影响反应速率呢？为了从理论上阐明反应速率的快慢及其影响因素，并对反应速率进行定量计算，先后提出了两种不同的化学反应速率理论（Theoretical Models for Chemical Kinetics）：碰撞理论和过渡状态理论。

3.3.1　碰撞理论

英文注解

1918 年，路易斯（G. N. Lewis）在气体分子运动论的基础上，提出了反应速率的碰撞理论（Collision Theory）。碰撞理论认为，任何化学反应的发生其必要条件是反应物分子相互碰撞，反应速率与反应物分子间的碰撞频率有关。根据气体分子运动论的计算表明，单位时间内分子间的碰撞次数是很大的。在标准状态下，每秒每升体积分子间的碰撞可达 10^{32} 次或更多。碰撞频率如此之大，显然不可能每次碰撞都发生反应，否则所有的反应将会在瞬间完成。

实际上，在无数次的碰撞中，大多数碰撞并不导致反应的发生，只有少数分子间的碰撞才能发生化学反应。把能发生化学反应的碰撞称为有效碰撞，能发生有效碰撞的分子称为活化分子（Activated Molecules）。活化分子与普通分子的主要差别在于它们具有不同的能量。图 3-3 所示的是在一定温度下分子能量的分布情况，图中横坐标为能量，纵坐标为单位能量范围内的分子分数，E_e 表示在该温度下分子的平均能量。由图 3-3 可见，具有很低能量或很高能量的分子都很少，大部分分子的能量接近于平均值。只有当两个

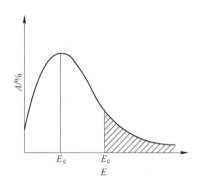

图 3-3 分子能量分布示意图

相碰撞的反应物分子的能量等于或大于某一特定的能量值 E_c 时，才有可能发生有效碰撞，这种具有等于或大于 E_c 能量的分子称为活化分子。E_c 即为活化分子具有的最低能量。图 3-3 中阴影部分的面积表示活化分子的分子总数。活化分子具有的最低能量与分子的平均能量之差（$E_c - E_e$）称为反应的活化能（Activation Energy），用 E_a 表示。

每个反应都有其特有的活化能。反应的活化能越大，E_c 在图 3-3 中横坐标的位置就越靠右，对应曲线下的面积就越小，活化分子分数就越小，单位时间内有效碰撞的次数越少，反应速率也就越慢；反之，活化能越小，反应速率就越快。一般化学反应的活化能在 $40\sim400\text{kJ/mol}$。活化能小于 40kJ/mol 的反应，反应速率很快，可瞬间进行，如中和反应等。

在讨论化学反应的快慢时，除了考虑分子的碰撞频率和活化能，还要考虑分子的碰撞方位。即由于反应物分子碰撞而起反应，它们彼此间的取向必须适当。

碰撞理论比较直观地提出了分子间的有效碰撞及活化分子的概念，可以很好地解释一些实验事实。但由于碰撞理论把反应分子看作没有内部结构的刚性球体，忽略了分子的内部结构，对于一些结构复杂分子的反应常常不能给出合理解释。

3.3.2 过渡状态理论

随着量子力学和统计力学的发展，人们对于原子、分子内部结构的研究不断深入。1935 年，埃林（Eyring）和鲍兰尼（Polanyi）提出化学反应的过渡状态理论（Transition State Theory），又称为活化络合物理论。该理论认为，反应物分子要发生碰撞而相互靠近到一定程度时，分子所具有的动能转变为分子间相互作用的势能，分子中原子间的距离发生了变化，旧键被削弱，同时新键开始形成，这时形成了一种过渡状态（Transition State），即活化络合体（Activated Complex）。活化络合体势能较高，极不稳定，易分解为产物。反应过程可以表示如下：

$$A + BC \longrightarrow [A \cdots B \cdots C] \longrightarrow AB + C$$

英文注解

图 3-4 给出了过渡状态理论中反应过程的能量变化。其中，E_1 表示反应物分子的平均能量，E_2 表示活化络合体的平均能量，E_3 表示产物分子的平均能量。活化络合体的平均能量与反应物分子（或产物分子）的平均能量之差称作活化能。E_a 是正反应的活化能，E_a' 是逆反应的活化能。即 $E_a = E_2 - E_1$，$E_a' = E_2 - E_3$。

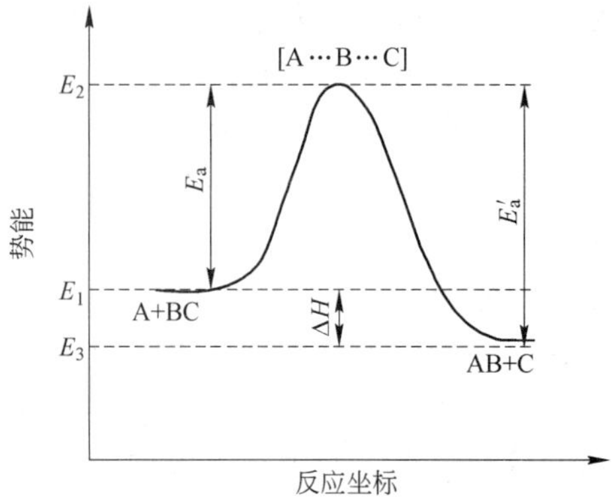

反应的热效应是反应物的平均能量与产物的平均能量的差值，即：

图 3-4　反应过程中势能变化示意图

$$\Delta H = E_3 - E_1 = E_a - E_a'$$

$$E_a < E_a',\ \Delta H < 0$$

活化络合体是反应物转化为生成物的过程中，分子构型发生连续变化时的一种表现。活化络合体分子具有较高的能量，它不稳定，会很快分解为产物分子，也可能分解为反应物分子，使体系的能量降低。由此可见，只有反应物分子具有足够的能量克服形成活化络合体的能垒，才有可能使旧键破裂、新键形成，得到生成物分子。

过渡状态理论很好地解释了化学反应的可逆性及反应中的能量变化，在化学反应速率及反应机理的研究中广泛应用。

知识博览　化学动力学治疗在癌症治疗中的应用

■ 化学动力学治疗

活性氧物种（Reactive Oxygen Species，ROS）是一类具有活泼氧化性的含氧物种的统称，主要包括过氧化氢（H_2O_2）、羟基自由基（·OH）、超氧阴离子自由基（$·O_2^-$）和单线态氧（Singlet Oxygen，$^1O_2$）等。ROS 广泛存在于哺乳动物的细胞中，当其含量超出细胞耐受值时，会诱导细胞坏死和凋亡。化学动力学治疗（Chemodynamic Therapy，CDT）作为一种新型治疗癌症的方法，在肿瘤治疗领域受到越来越多的关注，它是借助肿瘤微环境（Tumor Microenvironment，TME）的弱酸性、H_2O_2 过量的特性，利用纳米催化体系，引发肿瘤原位发生 Fenton 或类-Fenton 反应，将弱氧化性的 H_2O_2 催化转化成·OH 等强氧化性活性物种的过程，·OH 不仅可以损坏 DNA 链，还可以激活促进细胞凋亡的半胱天冬酶-3（Caspase-3），导致癌细胞的程序性死亡。正常组织呈中性，并且 H_2O_2 含量低，所以 CDT 对正常组织的毒副作用小，可以实现肿瘤的特异性治疗。相比于光动力学治疗和声动力学治疗，CDT 不依赖肿瘤内部的氧气（O_2），也不需要输入外界能量（光能、超声），独立性强，并且适用于组织深处肿瘤的治疗，在肿瘤治疗方面具有良好的应用前景。

■ 提高 CDT 治疗效率的关键因素

（1）提高癌细胞内 H_2O_2 的含量。正常细胞中 H_2O_2 的含量约为 $20\mu mol/L$，而癌细胞中 H_2O_2 的含量高达 $100\mu mol/L$，但远未达到实现理想的 CDT 治疗效率所需含量。研究表明，癌细胞中 H_2O_2 浓度高达 $400\mu mol/L$ 时，才能产生足够的·OH，诱导细胞大范围的凋亡，提高癌细胞中 H_2O_2 的含量可有效提高 CDT 的治疗效率。

（2）酸性调节。肿瘤微环境（Tumor Microenvironment，TME）的 pH 值在 6.5 ~7.0 之间，内含体内的 pH≈5.0，溶酶体中 pH≈4.5。Fenton 反应的最佳 pH 值范围为 2~4，高的 pH 值不仅会使 Fe^{3+} 沉淀，还会抑制纳米材料分解及具有催化活性金属离子的释放，所以降低 TME 的 pH 值，可有效提高 Fenton 反应的催化效率，增强 CDT 的治疗效率。葡萄糖在厌氧的 TME 中通过糖酵解过程产生大量乳酸，为了维持细胞内的酸碱平衡，肿瘤细胞利用细胞膜上高表达的单羧酸转运蛋白（Monocarboxylate Transporters，MCTs）将细胞内过量的乳酸/H^+ 排出，导致细胞外的 TME 成弱酸性。基于此，一种非晶氧化铁（AIO NPs（siMCT4））被癌细胞内吞后，在酸性的内含体内分解释放出铁离子，与 H_2O_2 发生 Fenton 反应产生·OH，不仅可以放大细胞内的氧化应激水平，还可实现溶酶体逃逸。MCT4 沉默阻断细胞内乳酸的流出，可进一步刺激细胞产生更多的 H_2O_2，促进类-Fenton 反应和氧化性损害，加剧癌细胞凋亡。

（3）降低 TME 中 GSH 的含量。谷胱甘肽（Glutathione，GSH）作为细胞中的抗氧化剂，在保护细胞对抗各种氧化损害方面具有重要作用。GSH 作为癌细胞中 ROS 的清除剂，浓度高达 $10mmol/L$，可增强癌细胞对氧化应激的防御能力，对化学治疗、PDT、CDT 和放射治疗都具有很强的抑制作用，是限制 CDT 治疗效率的主要因素，所以，降低癌细胞内 GSH 的含量，可以有效提高 CDT 的治疗效率。一种基于二氧化锰（MnO_2）的纳米诊疗体系，其不仅可以释放能够触发类-Fenton 反应的 Mn^{2+}，还可与 GSH 发生氧化还原反应，降低 GSH 的含量，从而增强 CDT 的治疗效率。

目前，CDT 的研究还处于初级阶段，CDT 治疗效率不理想，有效提高 CDT 的治疗效率是该研究的发展方向。与其他治疗方式，如光热治疗（Photothermal Therapy，PTT）、光动力学治疗（Photodynamic Therapy，PDT）、声动力学治疗（Sonodynamic Therapy，SDT）、放射治疗（Radiation Therapy，RT）联合，CDT 治疗可实现更好的治疗效果。

习 题

3-1 区别下列概念：

（1）化学反应速率和化学反应速率常数；

(2) 活化分子和活化能。

3-2 在 2.4L 溶液中发生了某化学反应，35s 内生成了 0.0013mol 的 A 物质，求该反应的平均速率。

3-3 某化学反应：A →产物，反应时间 $t = 71.5s$，A 物质的浓度为 0.485mol/L；$t = 82.4s$，A 物质的浓度为 0.474mol/L，试计算在此时间间隔内，该反应的平均反应速率。

3-4 某化学反应：A+2B →2C，当 A 物质的浓度为 0.3580mol/L 时，该反应的反应速率为 $1.76×10^{-5}$ mol/(L·s)，试求：

(1) 在该时刻，用 C 物质的浓度变化计算的反应速率是多少？

(2) 假设反应速率不变，1min 后 A 物质的浓度是多少？

3-5 形成烟雾的化学反应之一是臭氧和一氧化氮之间的反应，反应式如下：

$$O_3(g) + NO(g) \longrightarrow O_2(g) + NO_2(g)$$

速率方程为：$v = k·c(O_3)·c(NO)$，已知此反应的速率常数为 $1.2×10^7$L/(mol·s)。当污染的空气中，O_3 与 NO 的浓度都等于 $5×10^{-8}$mol/L 时，计算每秒钟生成 NO_2 的浓度；由计算结果判断 NO 转化为 NO_2 的速率是快还是慢。

3-6 低温下反应 $CO(g) + NO_2(g) \rightarrow CO_2(g) + NO(g)$ 的速率方程是：$v = k·c^2(NO_2)$。问下面哪个反应机理与此速率方程一致：

(1) $CO + NO_2 \longrightarrow CO_2 + NO$

(2) $2NO_2 \Longrightarrow N_2O_4$(快)

　　$N_2O_4 + 2CO \longrightarrow 2CO_2 + 2NO$(慢)

(3) $2NO_2 \longrightarrow NO_3 + NO$(慢)

　　$NO_3 + CO \longrightarrow NO_2 + CO_2$(快)

(4) $2NO_2 \longrightarrow 2NO + O_2$(慢)

　　$2CO + O_2 \longrightarrow 2CO_2$(快)

3-7 对于反应：$2NO(g) + Cl_2(g) \rightarrow 2NOCl(g)$，通过实验测定的反应速率见下表：

序号	$c(NO)/mol·L^{-1}$	$c(Cl_2)/mol·L^{-1}$	反应速率/mol·(L·s)$^{-1}$
1	0.0125	0.0255	$2.27×10^{-5}$
2	0.0125	0.0510	$4.55×10^{-5}$
3	0.0250	0.0255	$9.08×10^{-5}$

请给出上述反应的速率方程。

3-8 某反应 A →产物为一级反应：

(1) A 物质的起始质量为 1.60g，经过反应时间 $t = 38min$ 后，A 物质剩余 0.40g，计算该反应的半衰期 $t_{1/2}$。

(2) 如果反应进行了 1h，A 物质的剩余质量是多少克？

3-9 25℃下，某反应 A →产物为一级反应，已知该反应在 25℃下的半衰期 $t_{1/2} = 46.2min$，102℃下的半衰期 $t_{1/2} = 2.6min$。

(1) 计算反应的活化能。

(2) 在什么温度下，该反应的半衰期 $t_{1/2}$ 为 10.0min。

3-10 某化学反应在 30.0min 完成 50%。如果反应进行 75%，需要多长时间？

(1) 如果反应为一级反应。

(2) 如果反应为零级反应。

3-11 氨分解反应：$2NH_3(g) \rightarrow N_2(g) + 3H_2(g)$ 在 Pt 催化下是零级反应。如果增加 $NH_3(g)$ 的浓

度为原来的 2 倍,则该反应速率如何变化?

3-12　如何应用碰撞理论和过渡状态理论解释浓度、温度和催化剂对化学反应速率的影响。

3-13　某一反应的活化能为 180kJ/mol,另一反应的活化能为 48.12kJ/mol。在相似条件下,这两个反应哪一个进行得快些,为什么?

3-14　反应 $2NO_2(g) \rightarrow 2NO(g) + O_2(g)$ 的活化能为 114kJ/mol。在 600K 时,$k = 0.75L/(mol \cdot s)$。计算 700K 时的 k 值。

3-15　在某一容器中,发生反应 A+B →C,实验测得数据如下:

$c(A)/mol \cdot L^{-1}$	$c(B)/mol \cdot L^{-1}$	$v/mol \cdot (L \cdot s)^{-1}$	$c(A)/mol \cdot L^{-1}$	$c(B)/mol \cdot L^{-1}$	$v/mol \cdot (L \cdot s)^{-1}$
1.0	1.0	1.2×10^{-2}	1.0	1.0	1.2×10^{-2}
2.0	1.0	2.3×10^{-2}	1.0	2.0	4.8×10^{-2}
4.0	1.0	4.9×10^{-2}	1.0	4.0	1.92×10^{-1}
8.0	1.0	9.6×10^{-2}	1.0	8.0	7.68×10^{-1}

(1) 确定反应速率方程;

(2) 计算反应速率常数 k。

3-16　在埃及金字塔发现的一块布匹样品中,放射性碳的活性是 480 次衰变/$(g \cdot h)$。在活的有机物中 $_{6}^{14}C$ 的含量几乎保持恒定,约为 230Bq/kg。试求该布匹的年代。(已知 $_{6}^{14}C$ 的 $t_{\frac{1}{2}} = 5568$ 年)。

(用 Bq 代表放射源每秒钟核衰变数的单位,如果每秒衰变为 1,则称为 1Bq=1/s)

$\boxed{4}$ 酸 碱 平 衡

酸（Acid）和碱（Base）是两类重要的物质，在日常生活、科学研究及工农业生产中发挥重要作用。酸碱反应是一类重要且常见的反应，在自然界中、生产生活实际以及生物体内处处存在。在化学科学中，大量反应属于酸碱反应，酸碱平衡是水溶液中各类化学平衡的基础。熟悉酸碱理论，掌握酸碱反应的本质和规律是无机化学溶液中化学平衡的重要内容。

4.1 酸 碱 理 论

随着生产和科学的进步与发展，人们对酸碱的认识经历了一个由浅入深、由低级到高级的认识过程。人们最初对酸碱的认识按物质展现出来的性质进行区分，认为"酸是具有酸味、能使石蕊变为红色的物质；碱是具有涩味、滑腻感，使红色石蕊变蓝，并能与酸反应生成盐和水的物质"。后来，物质结构理论的形成，人们试图从组成上来定义酸。1777 年，法国化学家拉瓦锡（A. L. Lavoisier）提出了氧是酸的组成部分；1810 年，英国化学家戴维（S. H. Davy）又提出氢是酸的组成成分；后来，人们又提出了多种酸碱理论（Acid-base Theory）。其中，比较重要的有阿仑尼乌斯（S. A. Arrhenius）酸碱电离理论，布朗斯台德（J. N. Brönsted）和劳莱（T. M. Lowry）的酸碱质子理论，富兰克林（E. C. Franklin）溶剂理论，路易斯（G. N. Lewis）的电子理论以及 20 世纪发展起来的软硬酸碱理论等。

4.1.1 酸碱电离理论

1884 年，瑞典化学家阿仑尼乌斯（S. A. Arrhenius）提出了第一个酸碱理论，认为：酸是在水溶液中解离产生的阳离子全部是 H^+（Hydrogen Ion）的化合物，碱是在水溶液中解离产生的阴离子全部是 OH^-（Hydroxyl Ion）的化合物，酸碱中和反应的实质是 H^+ 与 OH^- 结合生成 H_2O；酸碱的相对强弱可以根据它们在水溶液中解离出 H^+ 或 OH^- 的程度来衡量。

酸碱电离理论（Arrhenius Theory）从物质的组成上阐明了酸、碱的特征反应，并且应用化学平衡原理确定了酸碱相对强弱的定量标度，是人类对酸碱的认识从现象到本质的一次飞跃，至今这一理论仍在化学各领域被广泛地应用。然而，电离理论也有局限性，它把酸和碱只限于水溶液体系中，对非水体系和无溶剂体系都不适用；另外，该理论把碱看成氢氧化物，不能解释一些不含 OH^- 基团的分子或离子，如 NH_3 在水溶液中表现出来的碱性问题，促使人们对酸碱重新认识。

4.1.2 酸碱质子理论

4.1.2.1 质子酸碱的定义

在酸碱电离理论的基础之上，1923 年，丹麦化学家布朗斯台德（J. N. Brönsted）和劳莱（T. M. Lowry）分别单独提出了酸碱质子理论（The Brönsted-Lowry Theory of Acids and Bases）。酸碱质子理论认为：凡是能释放出质子（H^+）的物质（分子或离子）都是酸；任何能与质子结合的物质（分子或离子）都是碱。简言之，酸是质子的给予体（Donor），碱是质子的接受体（Acceptor）。

英文注解

例如，HCl、$H_2PO_4^-$、NH_4^+在水溶液中，发生如下解离：

$$HCl \rightleftharpoons H^+ + Cl^-$$

$$H_2PO_4^- \rightleftharpoons H^+ + HPO_4^{2-}$$

$$NH_4^+ \rightleftharpoons H^+ + NH_3$$

HCl、$H_2PO_4^-$、NH_4^+都能给出质子，它们都是酸，都含有氢原子。由此可见，酸可以是分子、阴离子或阳离子。酸给出质子的反应是可逆的，上述酸失去质子后，余下的部分 Cl^-、$H_2PO_4^-$、NH_3就是碱。所以碱也可以是分子或离子。

酸碱质子理论强调酸与碱之间的相互依赖关系。酸给出质子后生成其相应的碱，而碱结合质子后又生成其相应的酸，酸与其相应碱之间、碱与其相应酸之间的这种互为依赖的关系称为共轭关系。这一关系可以用通式表示：

英文注解

共轭酸（Conjugate Acids）$\rightleftharpoons$质子（Protons）+共轭碱（Conjugate Bases）

酸给出一个质子后生成的碱称为这种酸的共轭碱，例如 NH_3是 NH_4^+的共轭碱；碱接受一个质子后所生成的酸称为这种碱的共轭酸，例如 NH_4^+是 NH_3共轭酸。酸与它的共轭碱（或碱与它的共轭酸）一起被称为共轭酸碱对，表 4-1 列出了一些常见的共轭酸碱对。

表 4-1　一些常见的共轭酸碱对

共轭酸	共轭碱	共轭酸	共轭碱
HCl	Cl^-	CH_3COOH	CH_3COO^-
H_2SO_4	HSO_4^-	H_2S	HS^-
H_3O^+	H_2O	NH_4^+	NH_3
HSO_4^-	SO_4^{2-}	H_2O	OH^-
$[Fe(H_2O)_6]^{3+}$	$[Fe(OH)(H_2O)_5]^{2+}$	$[CH_3NH_3]^+$	CH_3NH_2

4.1.2.2 质子酸碱的相对强度

质子酸碱的强度是指酸给出质子的能力和碱接受质子的能力。给出质子能力强的物质是强酸，接受质子能力强的物质是强碱；反之，便是弱酸和弱碱。

英文注解

共轭的酸和碱的强弱有一定的依赖关系。酸越强，对应的共轭碱的碱性越弱；酸越弱，对应的共轭碱的碱性越强；对于碱也是如此。由此可根据酸的相对强弱确定其共轭碱的相对强弱，或者根据碱的相对强弱确定其共轭酸的相对强弱。例如，从酸性上看，HCl 的酸性强于 HOAc；从碱性上看，OAc⁻ 的碱性强于 Cl⁻。

　　值得注意的是，讨论酸碱的相对强度必须以同一溶剂为比较标准。例如，在水溶液中，我们可以区分 HOAc 和 HCN 给出质子能力的差别，这就是溶剂水的"区分效应"（Differentiating Effect）。但是以 H_2O 为溶剂，很难区分强酸，如 HCl、$HClO_4$、HNO_3 的相对强弱，换言之，水对这些强酸起不到区分作用，水把它们之间的强弱差别拉平了，这种作用被称为溶剂的"拉平效应"（Leveling Effect）。如果要区分这些强酸的强弱差别，需要选择比水碱性更弱的碱作为溶剂。例如，以纯乙酸为溶剂，这些强酸就不再是完全解离，根据酸的解离程度，可以区分它们的强弱差别。溶剂的碱性越强时溶质表现出来的酸性越强。所以，区分强酸要选用较弱的碱，弱碱对强酸具有区分效应。同样，对碱来说，也存在溶剂的"区分效应"和"拉平效应"。

4.1.2.3　质子酸碱的反应

英文注解

　　利用酸、碱的强弱可以判断酸碱反应的方向。酸碱反应的实质是争夺质子的过程，争夺质子的结果是强碱夺取了强酸给出的质子而转化为它的共轭酸（弱酸）；强酸则给出质子转化为它的共轭碱（弱碱）。总之，酸碱反应的方向是较强酸与较强碱结合，向生成相应的较弱碱和较弱酸的方向进行。例如：

$$HCl \quad + \quad CN^- \rightleftharpoons Cl^- \quad + \quad HCN$$
较强的酸　　　较强的碱　　　较弱的碱　　　较弱的酸

　　酸碱质子理论认为，酸、碱的解离反应是质子转移的反应，在水溶液中酸碱的解离也是质子转移反应。例如，HF 在水溶液中的解离，HF 给出 H^+ 后，生成其共轭碱 F^-；而 H_2O 接受 H^+ 生成其共轭酸 H_3O^+，即：

$$HF(aq) + H_2O(l) \rightleftharpoons H_3O^+(aq) + F^-(aq)$$
酸（1）　　　碱（2）　　　　酸（2）　　　碱（1）

　　同样，NH_3 在水溶液中的解离反应也是质子转移反应，可表示为：

$$H_2O(l) + NH_3(aq) \rightleftharpoons NH_4^+(aq) + OH^-(aq)$$
酸（1）　　　碱（2）　　　　酸（2）　　　碱（1）

　　因此，在酸的解离反应中，H_2O 是质子的接受体，H_2O 是碱；在碱的解离反应中，H_2O 是质子的给予体，H_2O 又是酸。这种既能给出质子又能接受质子的物质被称为两性物质（Amphiprotic Substance）。水是两性物质之一，这一点在水的自身解离反应平衡也可以看出：

$$H_2O(l) + H_2O(l) \rightleftharpoons H_3O^+(aq) + OH^-(aq)$$
酸（1）　　　碱（2）　　　　酸（2）　　　碱（1）

其他常见的两性物质还有 HSO_4^-、$H_2PO_4^-$、HPO_4^{2-}、HCO_3^- 等。

　　电离理论中的盐类水解反应实际上也是质子酸碱的质子转移反应。例如，NaOAc 的水解反应：

$$H_2O(l) + OAc^-(aq) \rightleftharpoons HOAc(aq) + OH^-(aq)$$
酸（1）　　　碱（2）　　　　酸（2）　　　碱（1）

OAc⁻与 H₂O 之间发生了质子转移，生成了 HOAc 和 OH⁻。

质子理论不仅适用于水溶液中的酸碱反应，同样适用于气相和非水溶液中的酸碱反应。如 HCl 与 NH₃ 的反应，无论在溶液中，还是在气相或苯溶液中，其实质都是质子转移反应，最终生成 NH₄Cl。因此均可表示为：

$$HCl + NH_3 \rightleftharpoons NH_4^+ + Cl^-$$
$$酸(1) \quad 碱(2) \quad 酸(2) \quad 碱(1)$$

酸碱质子理论扩大了酸和碱的范畴，加深了人们对酸碱的认识。它不仅适用于水溶液体系，也适用于非水体系和气相体系，它把许多离子平衡都归结为酸碱平衡。但是，质子理论也有局限性，它只限于质子的给予和接受，对于无质子参与的酸碱反应无能为力。例如，SO_3、BF_3、$SnCl_4$、$AlCl_3$ 等物质虽然不含有质子，但在非水溶剂中也可以像质子酸一样与碱发生中和反应。

4.1.3 酸碱溶剂理论

富兰克林（Franklin）于 20 世纪初提出了酸碱溶剂理论（Solvent System Theory）。当一种溶质溶解于某一溶剂中，若解离出来的阳离子与该溶剂本身解离（自解离）出来的阳离子相同，这种溶质称为酸；若解离出来的阴离子与该溶剂本身解离出来的阴离子相同，这种溶质称为碱。也就是，将酸定义为在溶剂中能够解离出溶剂的特征阳离子的物质，将碱定义为在溶剂中能够解离出溶剂的特征阴离子的物质。溶剂的特征离子是指溶剂分子自解离时产生的阴离子和阳离子。常见溶剂分子的自解离反应如下：

英文注解

$$H_2O(l) + H_2O(l) \rightleftharpoons H_3O^+ + OH^-$$
$$NH_3(l) + NH_3(l) \rightleftharpoons NH_4^+ + NH_2^-$$
$$SO_2(l) + SO_2(l) \rightleftharpoons SO^{2+} + SO_3^{2-}$$
$$H_2SO_4(l) + H_2SO_4(l) \rightleftharpoons H_3SO_4^+ + HSO_4^-$$
$$HF(l) + HF(l) \rightleftharpoons H_2F^+ + F^-$$
$$BrF_3(l) + BrF_3(l) \rightleftharpoons BrF_2^+ + BrF_4^-$$
$$COCl_2(l) + COCl_2(l) \rightleftharpoons 2COCl^+ + 2Cl^-$$
$$POCl_3(l) + POCl_3(l) \rightleftharpoons POCl_2^+ + POCl_4^-$$
$$IF_5(l) + IF_5(l) \rightleftharpoons IF_4^+ + IF_6^-$$
$$溶剂分子 \qquad 特征阳离子 \quad 特征阴离子$$

H_2O 分子的特征阳离子是 H_3O^+、特征阴离子是 OH^-，所以在水溶液中能解离产生 H_3O^+ 的溶质即为酸，如 HOAc 等；能解离产生 OH^- 的溶质即为碱，如 NaOH 等。液氨分子的特征阳离子是 NH_4^+，特征阴离子是 NH_2^-，所以在液氨溶液中能产生 NH_4^+ 的溶质即为酸，如 NH_4Cl 等；能产生 NH_2^- 的溶质即为碱，如 $NaNH_2$ 等。又如，KF 在液态 BrF_3 中是碱，因为它与溶剂分子发生如下反应：

$$KF(l) + BrF_3(l) \rightleftharpoons K^+ + BrF_4^-$$

生成了溶剂分子 $BrF_3(l)$ 的特征阴离子 BrF_4^-。SbF_5 在液态 $BrF_3(l)$ 中却表现为酸，因为它与溶剂分子反应生成了 $BrF_3(l)$ 的特征阳离子 BrF_2^+，即：

$$SbF_5 + BrF_3(l) \Longrightarrow BrF_2^+ + SbF_6^-$$

再如，Fe^{3+} 在水中表现为酸，而 CO_3^{2-} 在水中表现为碱，原因是它们与水分子反应分别生成了 H_2O 的特征阳离子 H_3O^+ 及特征阴离子 OH^-，即：

$$Fe^{3+} + 2H_2O \Longrightarrow H_3O^+ + Fe(OH)^{2+}$$

$$CO_3^{2-} + 2H_2O \Longrightarrow OH^- + HCO_3^-$$

酸碱溶剂理论中的酸碱反应定义为：溶剂的特征阳离子与特征阴离子之间结合生成溶剂分子的过程。例如，在液氨体系中，NH_4Cl 与 $NaNH_2$ 的中和反应：

$$NH_4Cl + NaNH_2 \Longrightarrow NaCl + 2NH_3$$

在水溶液中

$$H_3O^+ + OH^- \Longrightarrow 2H_2O(l)$$

可见，酸碱溶剂理论包含了酸碱电离理论及酸碱质子理论，但又不局限于质子的传递，即酸碱不一定含有质子（或 H^+），酸碱中和反应不一定是质子的传递过程。这一理论大大扩展了酸碱的范畴，其局限性在于不能适用于不自耦解离的溶剂（如苯、四氯化碳等）体系，更不适用于无溶剂的体系。

4.1.4　酸碱电子理论

　　在酸碱质子理论（Lewis Theory）提出的同时，1923 年，美国化学家路易斯（G. N. Lewis）在研究化学反应时，从电子对的给予和接受提出了新的酸碱理论，继而发展为 G. N. Lewis 酸碱电子理论。

　　酸碱电子理论的基本要点是：酸是任何可以接受电子对的分子或离子，即酸是电子对的接受体，具有可以接受电子对的空轨道。碱则是可以给出电子对的分子或离子，即碱是电子对的给予体，具有未共享的孤对电子。酸碱之间以共价键相结合。根据酸碱电子理论，H^+ 是酸，OH^- 是碱，二者结合时，OH^- 给出电子对，H^+ 接受电子对，形成配位键 $HO \rightarrow H$，H_2O 是酸碱加合物。又如，HCl 与 NH_3 在气相中生成 NH_4Cl 反应。在这个反应中，HCl 接受电子对是酸，NH_3 给出电子对是碱，二者结合生成酸碱加合物 NH_4^+（$[H_3N \rightarrow H]^+$）和 Cl^-。

　　碱性氧化物 Na_2O 与酸性氧化物 SO_3 反应生成盐 Na_2SO_4，该反应为酸碱反应。但是，该反应很难用质子理论解释。根据酸碱电子理论，Na_2O 中的 O^{2-} 具有孤对电子，是碱；SO_3 中 S 能提供空轨道接受孤对电子，是酸；Na_2O 与 SO_3 反应生成含配位键的酸碱加合物 Na_2SO_4。$B(OH)_3$ 与水反应并不是给出它自身的质子，而是 B 的空轨道接受 OH^- 提供的孤对电子，形成 $[B(OH)_4]^-$，因此硼酸 H_3BO_3 不是质子酸，而是 Lewis 酸。

　　在酸碱电子理论中，一种物质究竟属于酸还是碱，需要结合具体的反应才能确定。在反应中接受电子对的是酸，给出电子对的是碱。按照这一理论，几乎所有的正离子都能起酸的作用，负离子都能起碱的作用，绝大多数的物质都可为酸、碱或者酸碱的配合物。可见，Lewis 酸碱电子理论的适用范围极广。但是，正是这一优点，决定了酸碱特征不明显，这也是酸碱电子理论的不足之处。

4.1.5 软硬酸碱理论

20 世纪 60 年代，美国化学家 R. G. Pearson 把 Lewis 酸碱分为硬酸（Hard Acids）、软酸（Soft Acids）、交界酸和硬碱（Hard Bases）、软碱（Soft Bases）、交界碱各三类。硬酸是电荷较多、半径较小、外层电子被原子核束缚得比较紧，因而不易变形的正离子，如 B^{3+}、Al^{3+}、Fe^{3+}、H^+ 等；软酸是电荷较少、半径较大、外层电子被原子核束缚得比较松而易变形的正离子，如 Cu^+、Ag^+、Cd^{2+}、Hg^{2+} 等；交界酸是介于硬酸和软酸之间的酸，如 Cu^{2+}、Fe^{2+} 等。N、O、F 都是吸引电子能力强、半径小、难被氧化、不易变形的原子，以这类原子为配位原子的碱，称作硬碱，如 F^-、OH^- 和 H_2O 等；P、S、I 这些配位原子则是一些吸引电子能力弱、半径较大、易被氧化、容易变形的原子，以这类原子为配位原子的碱，称作软碱，如 I^-、S^{2-}、SCN^- 等；介于硬碱和软碱之间的碱称作交界碱，如 NO_2^-、Br^- 等。软硬酸碱的分类见表 4-2。

英文注解

表 4-2　硬软酸碱的分类

类别	硬	交界	软
酸	H^+，Li^+，Na^+，K^+，Be^{2+}，Mg^{2+}，Ca^{2+}，Sr^{2+}，Mn^{2+}，Al^{3+}，Sc^{3+}，Ga^{3+}，In^{3+}，La^{3+}，Fe^{3+}，As^{3+}，Si^{4+}，Ti^{4+}，Zr^{2+}，Sn^{4+}，BF_3	Fe^{2+}，Co^{2+}，Ni^{2+}，Cu^{2+}，Zn^{2+}，Pb^{2+}，Sn^{2+}，Sb^{3+}，Bi^{3+}，$B(CH_3)_3$，SO_2，$C_6H_5^+$，GaH_3	Cu^+，Ag^+，Au^+，Ti^+，Hg^{2+}，Cd^{2+}，Pd^{2+}，Pt^{2+}，Hg^{2+}，CH_3Hg^+，I_2，Br_2，金属原子
碱	H_2O，OH^-，PO_4^{3-}，F^-，CH_3COO^-，SO_4^{2-}，Cl^-，CO_3^{2-}，ClO_4^-，NO_3^-，ROH，R_2ONH_3，RNH_2，N_2H_4	$C_6H_5NH_2$，N_3^-，Br^-，NO_2^-，SO_3^{2-}	S^{2-}，R_2S，I^-，SCN^-，$S_2O_3^{2-}$，CN^-，CO，C_2H_4，C_6H_6，H^-，R^-

对同一元素来说，氧化值高的离子比氧化值低的离子往往具有较硬的酸度，例如，Fe^{3+} 是硬酸，Fe^{2+} 是交界酸，Fe 则为软酸。其他 d 区元素也大致如此。

Pearson 把 Lewis 酸碱分类以后，根据实验事实总结出一条规律：硬酸与硬碱结合，软酸与软碱结合，常常形成稳定的"配合物"，或简称为"硬亲硬，软亲软"，这一规律称作硬软酸碱原则，简称为 HSAB（Hard and Soft Acids and Bases）原则。

应用硬软酸碱规则可对化合物的稳定性、自然界中矿物的存在形式、含金属离子化合物的结合形式及金属催化剂中毒现象给出较为合理的解释。例如，NCS^- 中 S 和 N 都有可能作为配位原子。按照 Pearson 的分类，S 原子体积大、易失去电子、容易变形，并且它吸引电子的能力比 N 弱，所以 S 为软碱配位原子；N 的电负性较大、半径小、难失去电子、不易变形，所以 N 为硬碱配位原子。NCS^- 作为硬碱还是作为软碱参与配位反应，要看它是与硬酸结合还是与软酸结合。当 NCS^- 与 Fe^{3+}（硬酸）结合时，NCS^- 中 N 是配位原子（硬亲硬），这种结合按 $Fe^{3+} \leftarrow NCS^-$ 方式成键，化

学式为 $[Fe(NCS)_6]^{3-}$，命名为六异硫氰酸根合铁（Ⅲ）配离子。当 NCS^- 与软酸 Hg^{2+} 结合时，NCS^- 中的 S 作为配位原子（软亲软），即按 $Hg^{2+} \leftarrow SCN^-$ 方式成键，故写作 $[Hg(SCN)_4]^{2-}$，命名为四硫氰酸根合汞（Ⅱ）配离子。

从键型上来看，硬酸与硬碱主要是以离子键结合形成配合物，软酸与软碱是以共价键结合形成配合物，这就是"硬亲硬，软亲软"的成键本质。

上述每种酸碱理论都有各自的优点，也有各自的局限性。因此，处理不同问题时可以选用不同的酸碱理论。例如，处理水溶液中物质的酸碱行为，可以用酸碱电离理论和质子理论；处理配位化学的问题时，可以用酸碱电子理论和软硬酸碱理论。

4.2　弱电解质的解离

除少数强酸、强碱外，大多酸和碱在水溶液中的解离是不完全的，且解离过程是可逆的，酸或碱与它解离出来的离子之间会建立动态平衡，该平衡称为酸或碱的解离平衡，这样的酸或碱称为弱酸或弱碱。

弱酸、弱碱的解离平衡是水溶液中的化学平衡，其平衡常数 $K^{\ominus}$ 称为解离常数，用 $K_a^{\ominus}$ 和 $K_b^{\ominus}$ 分别表示弱酸和弱碱的解离常数。和平衡常数一样，其大小可用热力学数据计算，也可通过实验进行测定。

解离常数的大小表示了弱电解质的相对强弱，其值越大，表明弱酸（弱碱）的酸性（碱性）越强。弱电解质的解离常数只与温度有关，与浓度和压力无关。但温度对电离常数的影响不大，所以在研究常温下的解离平衡时，不考虑温度对解离常数的影响。

4.2.1　水的解离平衡

英文注解

纯水是一种弱的电解质，存在下列解离平衡：

$$H_2O(l) + H_2O(l) \rightleftharpoons H_3O^+(aq) + OH^-(aq)$$

或简写成：

$$H_2O(l) \rightleftharpoons H^+(aq) + OH^-(aq)$$

平衡常数 $K^{\ominus} = \dfrac{c(H^+)}{c^{\ominus}} \cdot \dfrac{c(OH^-)}{c^{\ominus}}$，称为水的离子积（Ion-Product Constant），常用符号 $K_w^{\ominus}$ 表示。室温下，$K_w^{\ominus} = 1.0 \times 10^{-14}$。

$K_w^{\ominus}$ 与其他平衡常数一样，是温度的函数。由于水的解离过程是吸热的，所以随着温度的升高，$K_w^{\ominus}$ 的数值是增大的。100℃下，$K_w^{\ominus} = 55.1 \times 10^{-14}$。

$K_w^{\ominus}$ 表达式可简写为：

$$K_w^{\ominus} = c(H^+) \cdot c(OH^-) \tag{4-1}$$

室温下，纯水中：$c(H^+) = c(OH^-) = 1.0 \times 10^{-7} mol/L$；酸性溶液中：$c(H^+) > 1.0 \times 10^{-7} mol/L > c(OH^-)$；碱性溶液中：$c(H^+) < 1.0 \times 10^{-7} mol/L < c(OH^-)$。

生产和科学实验中常用 pH 值或 pOH 值表示溶液的酸碱性：

$$pH = -\lg \frac{c(H^+)}{c^{\ominus}} = -\lg c(H^+) \tag{4-2}$$

$$pOH = -\lg\frac{c(OH^-)}{c^{\ominus}} = -\lg c(OH^-) \tag{4-3}$$

室温下水溶液中，根据水的离子积计算式（4-1）可得：pH + pOH = 14。当 pH = pOH = 7 时，溶液为中性；当 pH>7>pOH 时，溶液呈碱性；当 pH<7<pOH 时，溶液呈酸性。日常生活中一些常见液体都具有一定的 pH 值，见表 4-3。

表 4-3 日常生活中常见液体的 pH 值

液体	柠檬汁	酒	醋	番茄汁	人尿	牛奶	人唾液	饮用水	人血液	海水
pH 值	2.2~2.4	2.8~3.8	3.0	约 3.5	4.8~8.4	6.3~6.6	6.5~7.5	6.5~8.5	7.3~7.5	约 8.3

溶液的 pH 值常可用酸碱指示剂或 pH 试纸来确定。酸碱指示剂是一些有机弱酸或弱碱，其颜色只能在一定 pH 值范围内保持。指示剂发生颜色变化的 pH 值范围称为酸碱指示剂的变色范围。几种常见酸碱指示剂的变色范围见表 4-4。

表 4-4 常见几种酸碱指示剂

指示剂	变色 pH 值范围	酸色	碱色
甲基橙（Methyl Orange）	3.1~4.4	红	黄
溴酚蓝（Brromophenol Blue）	3.0~4.6	黄	蓝
溴百里酚蓝（Bromthymol Blue）	6.0~7.6	黄	蓝
中性红（Toluylene Red）	6.8~8.0	红	亮黄
酚酞（Phenolphthalein）	8.2~10.0	无色	紫红
达旦黄（Thiazol Yellow）	12.0~13.0	黄	红

pH 试纸是将滤纸经多种指示剂的混合浸透、晾干而制成的。这种试纸在不同的 pH 值溶液中，会显示出不同的颜色。如果需要精确指示溶液的 pH 值，需要使用酸度计（pH 计）。酸度计是一种通过测量电势差的方法来测定溶液 pH 值的仪器。

4.2.2 弱酸、弱碱的解离平衡

一元弱酸，例如 HOAc，在水中存在下列解离平衡：

$$HOAc(aq) + H_2O(l) \rightleftharpoons OAc^-(aq) + H_3O^+(aq)$$

经常简写为：

$$HOAc(aq) \rightleftharpoons H^+(aq) + OAc^-(aq)$$

其解离常数用 $K_a^{\ominus}$（Acid-Dissociation Constant）表示：

$$K_a^{\ominus} = \frac{\frac{c(H^+)}{c^{\ominus}} \cdot \frac{c(OAc^-)}{c^{\ominus}}}{\frac{c(HOAc)}{c^{\ominus}}} = \frac{c(H^+) \cdot c(OAc^-)}{c(HOAc)}$$

HOAc 的起始浓度用 c_0 表示，设定平衡时溶液中 $c(H^+) = x$ mol/L。对于大多数弱酸来说，$K_a^{\ominus} \gg K_w^{\ominus}$，所以溶液中 H^+ 主要来源于弱酸的电离，可以忽略水的电离。

$$HOAc(aq) \rightleftharpoons H^+(aq) + OAc^-(aq)$$

平衡浓度（mol/L）：　　　c_0-x　　　　　　x　　　　　　x

如果 $c_0/K_a^\ominus \geqslant 500$，$x \ll c_0$，$c_0 - x \approx c_0$，则：

$$K_a^\ominus = \frac{x \cdot x}{c_0 - x} = \frac{x^2}{c_0}$$

$$c(H^+) = x = \sqrt{K_a^\ominus \cdot c_0} \tag{4-4}$$

$$pH = -\lg c(H^+) = \frac{1}{2}(-\lg K_a^\ominus - \lg c_0) = \frac{1}{2}(pK_a^\ominus + pc_0) \tag{4-5}$$

式（4-4）和式（4-5）是计算 HA 型弱酸溶液中 $c(H^+)$ 和 pH 值常用的近似公式。

弱碱 $NH_3 \cdot H_2O$ 在水中存在如下解离平衡：

$$NH_3 \cdot H_2O(aq) \rightleftharpoons NH_4^+(aq) + OH^-(aq)$$

解离常数用 $K_b^\ominus$（Base-dissociation Constant）表示：

$$K_b^\ominus = \frac{c(OH^-) \cdot c(NH_4^+)}{c(NH_3 \cdot H_2O)}$$

英文注解

同理可推得，在 BOH 型弱碱溶液中，当弱碱的起始浓度 c_0 满足 $c_0/K_b^\ominus \geqslant 500$，有：

$$c(OH^-) = \sqrt{K_b^\ominus \cdot c_0} \tag{4-6}$$

$$pOH = -\lg c(OH^-) = \frac{1}{2}(pK_b^\ominus + pc_0) \tag{4-7}$$

$$pH = 14 - pOH = 14 - \frac{1}{2}(pK_b^\ominus + pc_0) \tag{4-8}$$

弱电解质在溶液中达到解离平衡后，已解离的弱电解质的浓度与其起始浓度之比，称作解离度（Percent Ionization）

$$解离度\ \alpha = \frac{已解离的弱电解质浓度}{弱电解质的起始浓度} \times 100\% \tag{4-9}$$

解离度 α 是表征弱电解质解离程度大小的特征常数，与温度和浓度有关。α 越大，弱电解质的解离程度越大。解离度 α 的大小与解离常数有关。已知弱电解质 AB 的解离常数为 $K^\ominus$，解离度为 α，起始浓度为 c_0，则有：

$$AB(aq) \rightleftharpoons A^+(aq) + B^-(aq)$$

起始浓度（mol/L）：　　　c_0　　　　　　0　　　　　　0

平衡浓度（mol/L）：　　$c_0(1-\alpha)$　　　$c_0\alpha$　　　　$c_0\alpha$

$$K^\ominus = \frac{c_0\alpha \cdot c_0\alpha}{c_0(1-\alpha)} = \frac{c_0\alpha^2}{1-\alpha}$$

当 $c_0/K^\ominus \geqslant 500$ 时，α 很小，可以认为 $1-\alpha \approx 1$，于是：

$$K^\ominus = c_0\alpha^2$$

$$\alpha = \sqrt{\frac{K^\ominus}{c_0}} \tag{4-10}$$

式（4-10）表明，一定温度下，弱电解质溶液的解离度随着浓度的减小而增大，这个关系称作稀释定律。

经过计算表明，当弱电解质的浓度与其解离常数的比值 $c_0/K^{\ominus} \geqslant 500$，此时弱电解质的解离度 $\alpha < 5\%$，计算得到的 H^+ 或 OH^- 浓度的计算误差不大于 2.2%，可以满足一般的运算要求。

【例 4-1】 计算 0.10mol/L HOAc 溶液的 pH 值及解离度。（已知 HOAc 的 $K_a^{\ominus} = 1.75 \times 10^{-5}$）

解： 因为 $c_0/K_a^{\ominus} \geqslant 500$，所以：

$$c(H^+) = \sqrt{K_a^{\ominus} \cdot c_0} = \sqrt{1.75 \times 10^{-5} \times 0.1} = 1.32 \times 10^{-3} \text{mol/L}$$

$$pH = -\lg(1.32 \times 10^{-3}) = 2.88$$

$$\alpha = \sqrt{\frac{K^{\ominus}}{c_0}} = \sqrt{1.75 \times 10^{-5}/0.1} = 0.0132 = 1.32\%$$

【例 4-2】 计算 0.10mol/L $NH_3 \cdot H_2O$ 溶液的 H^+、OH^- 浓度和 pH 值。（已知 $K_b^{\ominus} = 1.78 \times 10^{-5}$）

解： 因为 $c_0/K_b^{\ominus} \geqslant 500$，所以：

$$c(OH^-) = \sqrt{K_b^{\ominus} \cdot c_0} = \sqrt{1.78 \times 10^{-5} \times 0.1} = 1.33 \times 10^{-3} \text{mol/L}$$

$$c(H^+) = K_w^{\ominus}/c(OH^-) = 7.52 \times 10^{-12} \text{mol/L}$$

$$pH = 11.12$$

值得注意的是，对于极稀的水溶液，水的电离将不可忽略，在具体计算时，溶液中 H^+（OH^-）来源于弱电解质和水两个电离平衡。

4.2.3 多元弱酸的解离平衡

多元弱酸（Weak Polyacids）的解离是分步进行的，每一步都对应一个解离平衡，都有一个解离平衡常数。以 H_2S 为例，其解离过程按以下两步进行：

$$H_2S(aq) \Longleftrightarrow H^+(aq) + HS^-(aq) \qquad K_{a1}^{\ominus}$$

$$HS^-(aq) \Longleftrightarrow H^+(aq) + S^{2-}(aq) \qquad K_{a2}^{\ominus}$$

$K_{a1}^{\ominus}$ 和 $K_{a2}^{\ominus}$ 分别表示 H_2S 的第一步解离平衡常数和第二步解离平衡常数。

对于大多数多元弱酸，各级解离平衡常数都相差很大。若 $K_{a1}^{\ominus} \gg K_w^{\ominus}$，且 $K_{a1}^{\ominus}/K_{a2}^{\ominus} > 10^3$，则溶液中 H^+ 主要来自多元弱酸的第一步解离平衡。所以计算溶液中 $c(H^+)$ 只考虑第一步解离平衡，按照一元弱酸溶液进行处理。

【例 4-3】 已知 H_2S 的 $K_{a1}^{\ominus} = 8.91 \times 10^{-8}$，$K_{a2}^{\ominus} = 1.2 \times 10^{-13}$，计算 0.10mol/L H_2S 溶液中的 H^+、S^{2-} 浓度及 pH 值。

解： 由于 $K_{a1}^{\ominus} \gg K_{a2}^{\ominus}$，且 $K_{a1}^{\ominus}/K_{a2}^{\ominus} > 10^3$，按一级解离计算溶液的 H^+ 浓度。

$$c(H^+) = \sqrt{K_a^{\ominus} \cdot c_0} = \sqrt{8.91 \times 10^{-8} \times 0.1} = 9.4 \times 10^{-5} \text{mol/L}$$

$$pH = 4.03$$

英文注解

$$HS^-(aq) \rightleftharpoons H^+(aq) + S^{2-}(aq)$$

平衡浓度（mol/L）： $9.4 \times 10^{-5} - y$ $9.4 \times 10^{-5} + y$ y

$\approx 1.0 \times 10^{-4}$ $\approx 1.0 \times 10^{-4}$

于是： $$c(S^{2-}) = y = K_{a2}^{\ominus} = 1.2 \times 10^{-13} \text{mol/L}$$

从以上计算可知，对于二元弱酸溶液，其负二价酸根离子的浓度在数值上等于二级解离常数。但应注意，该结论仅适用于二元弱酸自由解离的溶液。

三元弱酸解离平衡的计算与二元弱酸类似。例如，H_3PO_4 是分三步解离的，由于其 $K_{a1}^{\ominus}$、$K_{a2}^{\ominus}$、$K_{a3}^{\ominus}$ 相差很大，故 H_3PO_4 的 H^+ 也可看成是由第一步解离决定的。求出 $c(H^+)$ 后，根据各级解离平衡常数的表达式计算酸根离子的浓度。

4.2.4 解离平衡的移动——同离子效应

英文注解

弱酸弱碱的解离平衡，与所有的化学平衡一样，当维持平衡的外界条件（浓度、温度等）发生改变时，弱酸、弱碱的解离平衡也会发生移动，符合 Le Chatelier 原理。向弱酸或弱碱溶液中加入与其含有相同离子的易溶强电解质时，引起解离平衡逆向移动，即向着生成弱电解质的方向移动，解离度降低，这种作用称为同离子效应（Common-ion Effect）。例如，向 HOAc（Acetic Acid）溶液中加入 NaOAc（Sodium Acetate），由于 OAc^- 浓度增大，使平衡向生成 HOAc 的方向移动，结果降低了 HOAc 的解离度。又如，向 NH_3 水溶液中加入 NH_4Cl，NH_4^+ 浓度增大，使平衡向生成 NH_3 的方向移动，结果也降低了 NH_3 的解离度。OAc^- 是 HOAc 的共轭碱，NH_4^+ 是 NH_3 的共轭酸。由此可见，在弱酸溶液中加入该酸的共轭碱，或在弱碱的溶液中加入该碱的共轭酸时，可使这些弱酸或弱碱的解离程度降低。

【例 4-4】 在 0.1mol/L HOAc 溶液中，加入固体 NaOAc，使其浓度为 0.1mol/L，求此溶液中 $c(H^+)$ 和 HOAc 的解离度。（已知 HOAc 的 $K_a^{\ominus} = 1.75 \times 10^{-5}$）

解：设 $c(H^+) = x$ mol/L，根据 HOAc 的离解平衡：

$$HOAc \rightleftharpoons OAc^-(aq) + H^+(aq)$$

平衡浓度（mol/L）： $0.1 - x$ $0.1 + x$ x

$c/K_a^{\ominus} \geqslant 500$，且由于同离子效应，使得 HOAc 的电离度更小，有：$0.1 - x \approx 0.1$，$0.1 + x \approx 0.1$。

$$K_a^{\ominus} = \frac{c(OAc^-) \, c(H^+)}{C(HOAc)} = x = 1.75 \times 10^{-5}$$

$$\alpha = \frac{x}{0.1} \times 100\% = 1.75 \times 10^{-2}\%$$

未加 NaOAc 固体时，根据例 4-1 计算结果，0.1mol/L HOAc 溶液的解离度 $\alpha = 1.32\%$。说明：由于同离子效应，使得溶液中 $c(H^+)$ 和 $\alpha(HOAc)$ 大大降低。

【例 4-5】 已知 $K_2^{\ominus}(HSO_4^-) = 1.02 \times 10^{-2}$，试求 0.1mol/L H_2SO_4 溶液的 pH 值。

解： $$HSO_4^- \rightleftharpoons H^+ + SO_4^{2-}$$

平衡浓度（mol/L）： $0.1 - x$ $0.1 + x$ x

$$K_2^{\ominus} = \frac{x \cdot (0.1+x)}{0.1-x} = 1.02 \times 10^{-2}$$

通过解一元二次方程，解得 $x = 8.59 \times 10^{-3} \mathrm{mol/L}$。

所以，$c(\mathrm{H}^+) = 0.11 \mathrm{mol/L}$，$\mathrm{pH} = 0.959$。

4.2.5 盐溶液的水解平衡

盐溶解在水中得到的溶液可能是中性、酸性或碱性。由强酸强碱生成的盐，如 NaCl 在水中完全解离产生的阳离子和阴离子，不与水发生质子转移反应，其水溶液显中性。由弱酸和强碱作用所生成的盐，如 Na_2CO_3、NaOAc 等，或强酸与弱碱作用所产生的盐，如 NH_4Cl、$FeCl_3$ 等，或弱酸弱碱作用所产生的盐，如 NH_4OAc、NH_4CN 等，在水中完全解离产生阴离子、阳离子与水发生质子转移反应，从而使溶液显碱性、酸性或中性。这些能与水发生质子转移反应的离子被称为离子酸或离子碱，盐溶液的酸碱性取决于这些离子酸或离子碱的强弱。

英文注解

4.2.5.1 盐溶液的 pH 值计算

A 强酸弱碱盐

强酸弱碱盐在水中完全解离产生的阳离子可与水发生质子转移反应，使得水溶液显酸性。例如，NH_4Cl 溶于水后完全解离产生 NH_4^+，NH_4^+ 与 H_2O 发生质子转移反应：

$$\mathrm{NH_4^+(aq) + H_2O(l) \rightleftharpoons NH_3(aq) + H_3O^+(aq)}$$

该质子转移反应中，NH_4^+ 是酸，共轭碱为 NH_3。反应的标准平衡常数为离子酸 NH_4^+ 的解离常数，表达式为：

$$K_a^{\ominus}(\mathrm{NH_4^+}) = \frac{c(\mathrm{H_3O^+})c(\mathrm{NH_3})}{c(\mathrm{NH_4^+})}$$

$K_a^{\ominus}(\mathrm{NH_4^+})$ 又称为 NH_4^+ 的水解常数，也可表示为 $K_h^{\ominus}(\mathrm{NH_4^+})$。将 $c(\mathrm{H_3O^+}) = K_w^{\ominus}/c(\mathrm{OH^-})$ 代入上式，可得：

$$K_a^{\ominus}(\mathrm{NH_4^+}) = \frac{K_w^{\ominus} \cdot c(\mathrm{NH_3})}{c(\mathrm{NH_4^+})c(\mathrm{OH^-})} = \frac{K_w^{\ominus}}{K_b^{\ominus}(\mathrm{NH_3})}$$

即：

$$K_a^{\ominus}(\mathrm{NH_4^+}) K_b^{\ominus}(\mathrm{NH_3}) = K_w^{\ominus} \tag{4-11}$$

式（4-11）表明了共轭酸碱对的解离常数之间的关系，任何一对共轭酸碱对的解离常数乘积都等于 $K_w^{\ominus}$。

由以上分析可知，强酸弱碱盐的平衡问题，完全转化成了弱酸溶液的平衡问题，可以按照一元弱酸的规律进行计算，即：

$$c(\mathrm{H}^+) = \sqrt{K_a^{\ominus} \cdot c_{\text{盐}}}$$

$$水解度(h) = \frac{盐水解部分的浓度}{盐的起始浓度} \times 100\% \tag{4-12}$$

离子酸 NH_4^+ 的解离度就是通常所说的盐类的水解度，用符号 h 表示。在强酸弱碱盐溶液中，水解度 $h = \sqrt{\dfrac{K_a^{\ominus}}{c_{\text{盐}}}}$，与稀释定律的表达形式是一样的。

【例 4-6】 计算 0.1mol/L NH₄Cl 溶液的 pH 值和水解度 h。（已知 $NH_3 \cdot H_2O$ 的 $K_b^{\ominus} = 1.78 \times 10^{-5}$）

解： $K_a^{\ominus}(NH_4^+) = \dfrac{K_w^{\ominus}}{K_b^{\ominus}(NH_3)} = \dfrac{1.0 \times 10^{-14}}{1.78 \times 10^{-5}} = 5.62 \times 10^{-10}$

由于 $c(NH_4^+)/K_a^{\ominus}(NH_4^+) \geqslant 500$

因此 $c(H^+) = \sqrt{K_a^{\ominus} \cdot c(NH_4^+)} = 7.50 \times 10^{-6} mol/L$

$$h = \sqrt{\frac{K_a^{\ominus}}{c_{\text{盐}}}} = \sqrt{\frac{5.62 \times 10^{-10}}{0.1}} = 0.75 \times 10^{-3}\%$$

B 强碱弱酸盐

强碱弱酸盐在水中完全解离生成的弱酸根离子与水发生质子转移反应，使得水溶液呈碱性。例如，NaOAc 在水中完全解离产生的 OAc^- 与 H_2O 发生如下质子转移反应：

$$OAc^-(aq) + H_2O(l) \rightleftharpoons HOAc(aq) + OH^-(aq)$$

该质子转移反应中，OAc^- 是碱，其共轭酸是 HOAc。反应的标准平衡常数表达式为：

$$K_b^{\ominus}(OAc^-) = \frac{c(OH^-)c(HOAc)}{c(OAc^-)} = \frac{K_w^{\ominus}}{K_a^{\ominus}(HOAc)}$$

强碱弱酸盐的平衡问题，完全转化成了弱碱溶液的平衡问题，可以按照一元弱碱的规律进行计算，即：

$$c(OH^-) = \sqrt{K_b^{\ominus} \cdot c_{\text{盐}}}$$

同理，盐的水解度 $h = \sqrt{\dfrac{K_b^{\ominus}}{c_{\text{盐}}}}$。

多元弱酸强碱盐，如 Na_2CO_3、Na_3PO_4 等也呈碱性，弱酸根离子与水之间的质子转移反应也是分步进行的，每一步都有相应的解离常数，相应共轭酸碱的解离常数乘积等于 $K_w^{\ominus}$。例如，Na_3PO_4 在水溶液中的解离平衡及平衡常数如下：

$$PO_4^{3-}(aq) + H_2O(l) \rightleftharpoons HPO_4^{2-}(aq) + OH^-(aq)$$

$$K_{b1}^{\ominus}(PO_4^{3-}) = \frac{K_w^{\ominus}}{K_{a3}^{\ominus}(H_3PO_4)} = 2.09 \times 10^{-2}$$

$$HPO_4^{2-}(aq) + H_2O(l) \rightleftharpoons H_2PO_4^-(aq) + OH^-(aq)$$

$$K_{b2}^{\ominus}(PO_4^{3-}) = \frac{K_w^{\ominus}}{K_{a2}^{\ominus}(H_3PO_4)} = 1.61 \times 10^{-7}$$

$$H_2PO_4^-(aq) + H_2O(l) \rightleftharpoons H_3PO_4(aq) + OH^-(aq)$$

$$K_{b3}^{\ominus}(PO_4^{3-}) = \frac{K_w^{\ominus}}{K_{a1}^{\ominus}(H_3PO_4)} = 1.45 \times 10^{-12}$$

对于 Na_3PO_4 来说，由于 $K_{b1}^{\ominus} \gg K_{b2}^{\ominus} \gg K_{b3}^{\ominus}$，且 $K_{b1}^{\ominus} \gg K_w^{\ominus}$，可以认为溶液中 OH^- 主要由第一步解离所产生的。可见，对于多元弱酸强碱盐的酸碱平衡问题简化为一元弱碱问题，可以按照一元弱碱规律计算溶液中 OH^- 的浓度。

【例 4-7】 计算 25℃时，1mol/L Na_2CO_3 溶液的 pH 值及水解度。

解： 已知 $K_{a1}^{\ominus}(H_2CO_3) = 4.47 \times 10^{-7}$，$K_{a2}^{\ominus}(H_2CO_3) = 4.68 \times 10^{-11}$。$CO_3^{2-}$ 的解离分两步进行：

$$CO_3^{2-} + H_2O \rightleftharpoons HCO_3^- + OH^-$$

$$K_{b1}^{\ominus} = \frac{K_w^{\ominus}}{K_{a2}^{\ominus}(H_2CO_3)} = 2.14 \times 10^{-4}$$

$$HCO_3^- + H_2O \rightleftharpoons H_2CO_3 + OH^-$$

$$K_{b2}^{\ominus} = \frac{K_w^{\ominus}}{K_{a1}^{\ominus}(H_2CO_3)} = 2.24 \times 10^{-8}$$

$K_{b1}^{\ominus} \gg K_{b2}^{\ominus}$，$K_{b1}^{\ominus} \gg K_w^{\ominus}$，只考虑第一步解离平衡。由于 $c/K_{b1}^{\ominus} \geqslant 500$，有：

$$c(OH^-) = \sqrt{K_{b1}^{\ominus} \cdot c_0} = 1.46 \times 10^{-2} mol/L$$

$$pOH = 1.84$$

$$pH = 12.16$$

$$h = \sqrt{\frac{K_{b1}^{\ominus}}{c(CO_3^{2-})}} \times 100\% = 1.46\%$$

C 弱酸弱碱盐

弱酸弱碱盐溶于水后完全解离产生的阴离子、阳离子都会与水发生质子转移反应。以 NH_4OAc 为例，NH_4^+ 和 OAc^- 均与 H_2O 发生质子转移反应：

$$OAc^-(aq) + H_2O(l) \rightleftharpoons HOAc(aq) + OH^-(aq)$$

$$NH_4^+(aq) + H_2O(l) \rightleftharpoons NH_3(aq) + H_3O^+(aq)$$

总反应为：$NH_4^+(aq) + OAc^-(aq) \rightleftharpoons NH_3(aq) + HOAc(aq)$

反应的平衡常数为：

$$K^{\ominus} = \frac{c(HOAc) \cdot c(NH_3)}{c(NH_4^+) \cdot c(OAc^-)}$$

代入各平衡常数表达式后：

$$K^{\ominus} = \frac{K_w^{\ominus}}{K_a^{\ominus} K_b^{\ominus}}$$

溶液中 H^+ 浓度的近似计算公式为：

$$c(H^+) = \sqrt{\frac{K_w^{\ominus} K_a^{\ominus}(HOAc)}{K_b^{\ominus}(NH_3)}} \tag{4-13}$$

弱酸弱碱盐溶液的酸碱性主要与 $K_a^{\ominus}$ 和 $K_b^{\ominus}$ 的相对大小有关，分为下列三种情况：

当 $K_a^{\ominus} > K_b^{\ominus}$ 时，溶液呈酸性，如 NH_4F；

当 $K_a^{\ominus} = K_b^{\ominus}$ 时，溶液呈中性，如 NH_4OAc；

当 $K_a^{\ominus} < K_b^{\ominus}$ 时，溶液呈碱性，如 NH_4CN。

4.2.5.2 影响盐类水解的因素

影响化学平衡移动的原理同样适用于盐类水解平衡。盐类的水解多为吸热反应，因此，升高温度将促进盐类水解。稀释定律也同样适用于盐类的水解过程。一定温度下，盐的浓度越稀，水解度越大。换言之，升高温度和稀释都会促进盐类的水解。此外，如果盐类的水解反应有固体析出或气体放出，则水解程度大大增加，甚至可以完全水解。例如，Al_2S_3 的水解可以进行得很完全：

$$Al_2S_3(s) + 6H_2O(l) \rightleftharpoons 2Al(OH)_3(s) + 3H_2S(g)$$

在化工生产和科学实验中，利用或抑制盐类水解的例子很多。在实验室中，配制一些易水解盐，如 $SnCl_2$、$SbCl_3$、$Bi(NO_3)_3$ 等溶液，为抑制其水解，必须先将它们溶解在相应的酸（HCl 或 HNO_3）中，然后再加以稀释。在一些金属离子的定性鉴定过程中，经常利用到盐类的水解反应。例如，利用锡盐或锑盐易水解生成白色沉淀的性质来鉴定 Sn^{2+} 和 Sb^{3+}。

4.3　缓　冲　溶　液

许多化学反应和生产过程需要在一定 pH 值范围内进行。实践证明，由弱酸及其共轭碱或弱碱及其共轭酸组成的溶液的 pH 值在一定范围内，不因外加的少量酸、碱或稀释而发生显著变化。也就是说，它具有一定保持溶液 pH 值不变的能力。这种具有保持 pH 值相对稳定作用的溶液称为缓冲溶液（Buffer Solutions or Buffers）。

4.3.1　缓冲溶液的作用原理

以 HOAc-NaOAc 组成的缓冲溶液为例，分析缓冲溶液的作用原理。在 HOAc 和 NaOAc 的混合溶液中，HOAc 是弱电解质，解离度较小；NaOAc 是强电解质，完全解离；因而溶液中 HOAc 和 OAc^- 的浓度都较大。由于同离子效应，抑制了 HOAc 的解离，而使 H^+ 浓度较小，维持下面的解离平衡：

外加适量碱(OH^-)，平衡向右移动
$$HOAc \rightleftharpoons H^+ + OAc^-$$
大量　　　极小量　　大量
外加适量酸(H^+)，平衡向左移动

当向该溶液中加入少量强酸时，溶液中 OAc^- 瞬间与外加 H^+ 结合形成 HOAc 分子，则平衡向左移动，使溶液中 OAc^- 浓度略有减少，HOAc 浓度略有增加，但溶液中 H^+ 浓度不会有显著变化，即对外来的酸具有缓冲作用；如果加入少量强碱，溶液中 HOAc 分子继续解离以补充 H^+ 的消耗，则平衡向右移动，使 HOAc 浓度略有减少，OAc^- 浓度略有增加，但 H^+ 浓度仍不会有显著变化，即对外来的碱具有缓冲作用。

除弱酸和弱酸盐、弱碱和弱碱盐可组成缓冲溶液外，由多元弱酸解离所组成的两种不同解离程度的盐，如 $NaHCO_3$-Na_2CO_3 混合溶液、NaH_2PO_4-Na_2HPO_4 混合溶液等也有缓冲作用，其中 $NaHCO_3$ 和 NaH_2PO_4 起到弱酸作用。

4.3.2　缓冲溶液 pH 值计算

缓冲溶液 pH 值可以根据共轭酸碱对之间的平衡进行计算：

$$共轭酸 \rightleftharpoons H^+(aq) + 共轭碱$$

根据共轭酸碱对之间的平衡，可得：

$$c(\mathrm{H}^+) = K_{\mathrm{a}}^{\ominus} \cdot \frac{c(共轭酸)}{c(共轭碱)} \qquad (4\text{-}14)$$

$$\mathrm{pH} = \mathrm{p}K_{\mathrm{a}}^{\ominus} - \lg \frac{c(共轭酸)}{c(共轭碱)} \qquad (4\text{-}15)$$

对共轭酸碱对来说，25℃时，$\mathrm{p}K_{\mathrm{a}}^{\ominus} + \mathrm{p}K_{\mathrm{b}}^{\ominus} = 14$，所以有：

$$c(\mathrm{OH}^-) = K_{\mathrm{b}}^{\ominus} \cdot \frac{c(共轭碱)}{c(共轭酸)} \qquad (4\text{-}16)$$

$$\mathrm{pOH} = \mathrm{p}K_{\mathrm{b}}^{\ominus} - \lg \frac{c(共轭碱)}{c(共轭酸)} \qquad (4\text{-}17)$$

$$\mathrm{pH} = 14 - \mathrm{pOH} = 14 - \mathrm{p}K_{\mathrm{b}}^{\ominus} + \lg \frac{c(共轭碱)}{c(共轭酸)} \qquad (4\text{-}18)$$

式（4-15）和式（4-18）分别用来计算弱酸-共轭碱及弱碱-共轭酸组成的缓冲溶液的 pH 值。值得注意的是，式（4-15）和式（4-18）中的浓度应为平衡浓度，但是由于同离子效应的普遍存在，可近似地认为共轭酸碱的平衡浓度等于其起始浓度，不会产生太大误差。

【例 4-8】 计算 0.10mol/L HOAc 和 0.10mol/L NaOAc 组成的缓冲溶液的 pH 值。（已知 HOAc 的 $K_{\mathrm{a}}^{\ominus} = 1.75 \times 10^{-5}$）

解：根据公式：

$$c(\mathrm{H}^+) = K_{\mathrm{a}}^{\ominus} \cdot \frac{c(共轭酸)}{c(共轭碱)} = 1.75 \times 10^{-5} \times \frac{0.10}{0.10} = 1.75 \times 10^{-5}\mathrm{mol/L}$$

$$\mathrm{pH} = 4.76$$

显然，当加入大量的酸或碱，溶液中的弱酸及其共轭碱或弱碱及其共轭酸中的一种消耗将尽时，就失去缓冲能力了。对于由 HOAc 和 OAc^- 构成的缓冲溶液来说，当 OAc^- 消耗将尽时，再加入少量强酸，强酸电离出来的 H^+ 就基本上以 $\mathrm{H_3O^+}$ 的形式留在溶液中了，从而引起 pH 值的较大变化。所以，缓冲溶液的缓冲能力是有一定限度的。

缓冲溶液的缓冲能力与组成缓冲溶液的共轭酸、碱的浓度及其比值有关。当共轭酸、碱的浓度都较大时，缓冲能力也较大。共轭酸与共轭碱的浓度比值接近于 1 时，缓冲能力较强。通常缓冲溶液共轭酸与共轭碱的浓度比在 0.1～10 范围之内。几种常见的缓冲溶液列于表 4-5。

表 4-5　几种常见的缓冲溶液

配制缓冲溶液的试剂	缓冲组分	pKa	缓冲范围
HCOOH-NaOH	$\mathrm{HCOOH\text{-}HCOO^-}$	3.74	2.74～4.74
HOAc-NaOAc	$\mathrm{CH_3COOH\text{-}CH_3COO^-}$	4.74	3.74～5.74
$\mathrm{NaH_2PO_4\text{-}Na_2HPO_4}$	$\mathrm{H_2PO_4^-\text{-}HPO_4^{2-}}$	7.21	6.21～8.21
$\mathrm{Na_2B_4O_7\text{-}HCl}$	$\mathrm{H_3BO_3\text{-}B(OH)_4^-}$	9.24	8.24～10.24
$\mathrm{NH_3 \cdot H_2O\text{-}NH_4Cl}$	$\mathrm{NH_4^+\text{-}NH_3}$	9.26	8.26～10.26
$\mathrm{NaHCO_3\text{-}Na_2CO_3}$	$\mathrm{HCO_3\text{-}CO_3^{2-}}$	10.33	9.33～11.33
$\mathrm{Na_2HPO_4\text{-}NaOH}$	$\mathrm{HPO_4^{2-}\text{-}PO_4^{3-}}$	12.35	11.35～13.35

【例 4-9】 欲配制 pH = 9.20 的 NH_3-NH_4Cl 缓冲溶液 500mL，并要求溶液中 $NH_3 \cdot H_2O$ 的浓度为 1.0mol/L，需要浓度为 15mol/L 的浓氨水和 NH_4Cl 固体各为多少，如何配制？（已知 $NH_3 \cdot H_2O$ 的 $K_b^{\ominus} = 1.78 \times 10^{-5}$）

解： 对于弱碱-共轭酸组成的缓冲体系：

$$pH = 14 - pK_b^{\ominus} + \lg \frac{c(共轭碱)}{c(共轭酸)}$$

代入 pH = 9.20，$K_b^{\ominus} = 1.78 \times 10^{-5}$，$c(NH_3 \cdot H_2O) = 1.0$mol/L，可得：

$$c(NH_4^+) = 1.122 \text{mol/L}$$

$$m(NH_4Cl) = 1.122 \text{mol/L} \times 0.5\text{L} \times 53.5\text{g/mol} = 30.01\text{g}$$

$$V(NH_3) = \frac{1.0\text{mol/L} \times 0.5\text{L}}{15\text{mol/L}} = 33.3\text{mL}$$

配制过程：称取 30.01g NH_4Cl 固体溶于少量蒸馏水中，加入 33.3mL 浓氨水，最后加蒸馏水稀释至 500mL。

4.3.3　缓冲溶液的应用

缓冲溶液的重要作用是控制溶液的 pH 值，缓冲溶液在工业、农业和生物学等方面应用很广。例如，在硅半导体器件的生产过程中，需要用氢氟酸腐蚀以除去硅片表面没有用胶膜保护的那部分 SiO_2 氧化膜，反应为：

$$SiO_2 + 6HF \longrightarrow H_2[SiF_6] + 2H_2O$$

如果单独使用 HF 溶液作为腐蚀液，水合 H^+ 浓度太大，而且随着反应的进行水合 H^+ 浓度会发生变化，即 pH 值不稳定，造成腐蚀不均匀。因此需应用 HF 和 NH_4F 的混合液进行腐蚀，才能达到工艺的要求。在电镀、制革、染料等工业以及化学分析中也常用缓冲溶液来控制一定的 pH 值。

在土壤中，由于含有 H_2CO_3-$NaHCO_3$、NaH_2PO_4-Na_2HPO_4 以及其他有机弱酸及其共轭碱所组成的复杂的缓冲系统，能使土壤维持一定的 pH 值，从而保证了植物的正常生长。

人体的血液也依赖 H_2CO_3-$NaHCO_3$ 等所形成的缓冲系统以维持 pH 值在 7.4 附近。如果酸碱度突然发生改变，就会引起"酸中毒"或"碱中毒"，当 pH 值的改变超过 0.5 时，就可能会导致生命危险。在肾液、唾液中也存在 H_2CO_3-$NaHCO_3$ 缓冲系统，在细胞内和尿中还有重要的 $H_2PO_4^-$-HPO_4^{2-} 缓冲系统。

知识博览　　饮用水pH值与人体健康

　　pH 是拉丁语 "Pondus Hydrogenii" 一词的缩写，又称氢离子浓度指数，是溶液中氢离子活度的一种标度，也就是通常意义上溶液酸碱程度的衡量标准。通常 pH 值是一个介于 0 和 14 之间的数，当 pH < 7 的时候，溶液呈酸性；当 pH > 7 的时候，溶液呈碱性；当 pH = 7 的时候，溶液呈中性。然而这个本该出现在化学领域的词汇，近期却频繁地与饮用水品质及人体健康关联在一起。一些企业出于某种商业目的，过分宣传饮用水的 pH 值。业内人士分析，一般这些宣传都遵循这样的内在逻辑：假定健康的人体是弱碱性环境，为了健康就应该饮用弱碱性水。这种宣传就是将喝弱碱性水等同于为人体创造弱碱性环境，用类似于"吃什么，补什么"的方式进行说教，并无科学依据，利用的只是消费者对自身健康关切的心理。世界卫生组织的研究报告表明，还没有发现饮用水 pH 值的大小与人体健康有直接关系。在人类 300 多万年进化过程中，从饮用天然水、井水到近 100 年前后的自来水，pH 值均为 6.5~8.5。同时，医学专家指出，将人体分出酸碱度，是缺乏科学根据的。人体的各个组织器官的 pH 值各不同，比如血液 pH 值为 7.35~7.45、胃液为 2~3、皮肤为 5.5~6.0、大肠为 8.4、汗液为 6.0、尿液为 6.9 等。

　　人体自身有强大的酸碱调节功能，外界对其影响是很小的，即使人体摄入酸性或碱性物质，也会被这种调节功能很快中和。人自身有两个调整系统，一个是呼吸系统的调整，另一个是肾脏系统的调整。强大的肾脏通过尿液，排掉身体内多余有机酸；而呼吸也能帮助人体快速排掉多余酸性成分。此外，人的体液本身是一个巨大的缓冲系统，它在酸性食物发挥"作用"前，就会被机体本身中和。人体确实会出现偏酸或偏碱的情况，但并不说明人是什么"酸性体质""碱性体质"。造成人体酸中毒有多种原因，比如呼吸系统出现问题，慢性支气管炎、肺心病、呼吸衰竭等。这时，体内有过多的碳酸，就会形成呼吸酸中毒。另外，当肾脏出现问题，比如尿毒症时，调节酸碱平衡的功能受到损害，酸性物质排不出去，也会引起酸中毒。

　　2007 年 7 月 1 日起，我国新的《生活饮用水卫生标准》的国家标准已正式实施，其中规定的水质检测指标为 106 项，而 pH 值只是一般化学指标中的一项，规定中要求居民生活饮用水 pH 值为 6.5~8.5。有关专家表示，将饮用水 pH 值定为 6.5~8.5，主要是为了防止输水管路的腐蚀，而不会引起任何健康问题。业内人士认为，现代都市人的体液 pH 值经常偏低，被称为亚健康，其实这和饮用水的 pH 值没有多大关系。举两个例子，据调查美国人平均每天每人喝 2 瓶可乐，而可乐等碳酸饮料的 pH 值为 4 左右，但不能就此判断美国人都是"酸性体质"，不健康。日本秋田县长寿村八森潭饮用水水质调查显示 pH 值为 6.39（弱酸性），这也并没有影响该长寿村的长寿纪录。而现代都市人的亚健康现象，主要来自不良的生活习惯、膳食结构不合理、工作和生活中带来的紧张和压力、缺少适量的体育锻炼。为此，世界卫生组织主张在日常生活中坚持合理膳食、适量运动、戒烟限酒、心理平衡来指导自己的生活。我们不必每天去检测和计算自己饮用水的 pH 值是 6.5 还是 8.5，饮用安全卫生的水，每天饮用足够量的水才是关键。

习　题

4-1 根据酸碱质子理论，判断下列物质哪些是酸，哪些是碱，哪些是两性物质，哪些是共轭酸碱对？

　　HCN，H_3AsO_4，NH_3，HS^-，$HCOO^-$，$[Fe(H_2O)_6]^{3+}$，CO_3^{2-}，NH_4^+，CN^-，H_2O，$H_2PO_4^-$，ClO_4^-，HCO_3^-，PH_3，H_2S，$C_2O_4^{2-}$，HF，H_2SO_3

4-2 往氨水中加入少量下列物质：$NaOH$、NH_4NO_3、HCl、H_2O，氨水解离度和溶液的 pH 值将发生怎样的变化？

4-3 下列几组等体积混合物中哪些是较好的缓冲溶液，哪些是较差的缓冲溶液，还有哪些根本不是缓冲溶液？

（1）$0.1mol/L\ NH_3 \cdot H_2O + 0.1mol/L\ NH_4NO_3$

（2）$1.0mol/L\ HCl + 1.0mol/L\ KCl$

（3）$0.5mol/L\ HOAc + 0.7mol/L\ NaOAc$

（4）$10^{-5}mol/L\ HOAc + 10^{-5}mol/L\ NaOAc$

（5）$0.1mol/L\ HOAc + 10^{-4}mol/L\ NaOAc$

4-4 是非题：

（1）中和等体积、等 pH 值的 HCl 溶液和 HOAc 溶液，需要等物质的量的 NaOH。（　　）

（2）将 NaOH 和氨水溶液各稀释 1 倍，则两者的 OH^- 浓度均减少到原来的 1/2。（　　）

（3）$HOAc$-OAc^- 组成的缓冲溶液，若溶液中 $c(HOAc) > c(OAc^-)$，则该缓冲溶液抵抗外来酸的能力大于抵抗外来碱的能力。（　　）

4-5 选择题：

（1）往 1mol/L HOAc 溶液中加入一些 NaOAc 晶体溶解后，则发生（　　）。

　　A. HOAc 的 $K_a^{\ominus}$ 值增大　　　　　　　　B. HOAc 的 $K_a^{\ominus}$ 值减小

　　C. 溶液的 pH 值增大　　　　　　　　D. 溶液的 pH 值减小

（2）设氨水的浓度为 c，若将其稀释一倍，则溶液中 $c(OH^-)$ 为（　　）。

　　A. $\dfrac{c}{2}$　　　　　　　　　　　　B. $\dfrac{1}{2}\sqrt{K_b^{\ominus} \cdot c}$

　　C. $\sqrt{K_b^{\ominus} \cdot c/2}$　　　　　　　　D. $2c$

（3）$0.10mol/L\ MOH$ 溶液 pH = 10.0，则该碱的 $K_b^{\ominus}$ 为（　　）。

　　A. 1.0×10^{-3}　　　　　　　　　B. 1.0×10^{-19}

　　C. 1.0×10^{-13}　　　　　　　　D. 1.0×0^{-7}

（4）在 H_2S 水溶液中，$c(H^+)$ 与 $c(S^{2-})$、$c(H_2S)$ 的关系是（　　）。

　　A. $c(H^+) = [K_{a1}^{\ominus} \cdot c(H_2S)/c^{\ominus}]^{1/2}mol \cdot L$，$c(S^{2-}) = K_{a2}^{\ominus} \cdot c^{\ominus}$

　　B. $c(H^+) = [K_{a1}^{\ominus} \cdot K_{a2}^{\ominus} \cdot c(H_2S)/c^{\ominus}]^{1/2}mol/L$，$c(S^{2-}) = K_{a2}^{\ominus} \cdot c^{\ominus}$

　　C. $c(H^+) = [K_{a1}^{\ominus} \cdot c(H_2S)/c^{\ominus}]^{1/2}mol/L$，$c(S^{2-}) = 0.5c\ (H^+)$

　　D. $c(H^+) = [K_{a1}^{\ominus} \cdot K_{a2}^{\ominus} \cdot c(H_2S)/c^{\ominus}]^{1/2}mol/L$，$c(S^{2-}) = 0.5c(H^+)$

（5）在相同温度时，下列水溶液中 pH 值最小的是（　　）。

　　A. $0.02mol/L\ HOAc$ 溶液

　　B. $2.0mol/L\ HOAc$ 溶液

　　C. $0.02mol/L\ HOAc$ 溶液与等体积的 $0.02mol/L\ NaOAc$ 溶液的混合溶液

　　D. $0.02mol/L\ HOAc$ 溶液与等体积的 $0.02mol/L\ NaOH$ 溶液的混合溶液

（6）在 $0.1mol/L\ NH_3 \cdot H_2O$ 溶液中加入某种电解质固体时，pH 值有所减小，则此种电解质在溶液中主要产生了（　　）。

　　A. 同离子效应　　　　　　　　　　B. 盐效应

　　C. 缓冲作用　　　　　　　　　　　D. 同等程度的同离子效应和盐效应

（7）25℃时，有 H_3PO_4、NaH_2PO_4、Na_2HPO_4、Na_3PO_4 溶液，浓度均为 $0.10mol/L$，欲配制 pH = 7.0 的缓冲溶液 1.0L，应取（　　）。

　　（已知：$H_3PO_4\ K_{a1}^{\ominus} = 6.92 \times 10^{-3}$，$K_{a2}^{\ominus} = 6.17 \times 10^{-8}$，$K_{a3}^{\ominus} = 4.79 \times 10^{-13}$）

　　A. NaH_2PO_4-Na_2HPO_4 系统　　　　B. H_3PO_4-Na_3PO_4 系统

　　C. H_3PO_4-NaH_2PO_4 系统　　　　D. Na_2HPO_4-Na_3PO_4 系统

（8）下列溶液是缓冲溶液的是（　　）。

　　A. NH_4Cl-$NH_3 \cdot H_2O$　　　　　　B. HCl-HOAc

　　C. $NaOH$-$NH_3 \cdot H_2O$　　　　　　D. HCl-Na_2SO_4

（9）SO_4^{2-} 的共轭酸是（　　）。

　　A. HSO_4^-　　　　B. H_2SO_4　　　　C. H^+　　　　D. H_3O^+

（10）在 20.0mL、0.10mol/L 氨水中，加入下列溶液后，pH 值最大的是（　　）。

　　A. 加入 20.0mL 0.10mol/L HCl

　　B. 加入 20.0mL 0.10mol/L HOAc（$K_a^{\ominus} = 1.75×10^{-5}$）

　　C. 加入 20.0mL 0.10mol/L HF（$K_a^{\ominus} = 6.31×10^{-4}$）

　　D. 加入 10.0mL 0.10mol/L H_2SO_4

（11）25mL 0.2mol/L 氨水与 25mL 0.1mol/L 盐酸溶液混合，则混合液中氢氧根离子浓度为（　　）。（已知 $K_b^{\ominus}(NH_3 \cdot H_2O) = 1.78×10^{-5}$）

　　A. 0.1mol/L　　　　　　　　　B. $1.78×10^{-5}$mol/L

　　C. $1.34×10^{-3}$mol/L　　　　D. $1.34×10^{-5}$mol/L

（12）H_3BO_3 的共轭碱是（　　）。

　　A. HBO_3^{2-}　　　　B. $H_2BO_3^-$　　　　C. OH^-　　　　D. $B(OH)_4^-$

（13）将 50mL 0.30mol/L NaOH 与 100mL 0.45mol/L NH_4Cl 混合，所得溶液的 pH 值为（　　）。（已知 $K_b^{\ominus}(NH_3 \cdot H_2O) = 1.78×10^{-5}$）

　　A. >7　　　　B. <7　　　　C. =7　　　　D. 不确定

（14）醋酸在液氨和液态 HF 中分别是（　　）。

　　A. 弱酸和强碱　　　　　　　　B. 强酸和强碱

　　C. 强酸和弱碱　　　　　　　　D. 弱酸和强酸

4-6 计算下列溶液的 $c(H^+)$ 和 pH 值：

（1）0.050mol/L $Ba(OH)_2$ 溶液；

（2）0.050mol/L HOAc 溶液；

（3）0.50mol/L $NH_3 \cdot H_2O$ 溶液；

（4）0.10mol/L NaOAc 溶液；

（5）0.010mol/L Na_2S 溶液。

4-7（1）写出下列各种物质的共轭酸：

（a）HCO_3^-；（b）HS^-；（c）H_2O；（d）HPO_4^{2-}；（e）NH_3；（f）S^{2-}。

（2）写出下列各种物质的共轭碱：

（a）$H_2PO_4^-$；（b）HOAc；（c）HS^-；（d）HNO_2；（e）HClO；（f）HCO_3^-。

4-8 已知 25℃时某一元弱酸溶液的浓度为 0.010mol/L，pH 值为 4.00，试求：

（1）解离度；

（2）解离常数；

（3）与等体积的 0.010mol/L NaOH 溶液混合后的 pH 值。

4-9 计算 0.050mol/L 次氯酸（HClO）溶液中 H^+ 的浓度和次氯酸的解离度。（已知：$Ka^{\ominus}(HClO) = 3.98×10^{-8}$）

4-10 已知氨水的浓度为 0.20mol/L，$K_b^{\ominus}(NH_3 \cdot H_2O) = 1.78×10^{-5}$：

（1）求该溶液中的 OH^- 的浓度、pH 值和解离度。

（2）在上述溶液中加入 NH_4Cl 晶体，使其溶解后 NH_4Cl 的浓度为 0.20mol/L，求所得溶液的 OH^- 的浓度、pH 值和氨的解离度。

（3）比较上述（1）、（2）两小题的计算结果，说明了什么？

4-11　试计算 25℃时 0.10mol/L H_3PO_4 溶液中的 H^+ 浓度和溶液的 pH 值。

4-12　若在 50.00mL 的 0.150mol/L NH_3-0.200mol/L NH_4Cl 缓冲溶液中，加入 0.100mL 的 1.00mol/L的 HCl 溶液。计算加入 HCl 溶液前后溶液的 pH 值各为多少？（已知 $K_b^{\ominus}(NH_3 \cdot H_2O)$ = 1.78×10^{-5}）

4-13　取 50.0mL 0.100mol/L 某一元弱酸，与 20.0mL 0.100mol/L KOH 溶液混合，将混合溶液稀释至 100mL，测得此溶液的 pH 值为 5.25。求此一元弱酸的解离常数。

4-14　已知 $K_a^{\ominus}(HOAc)$ = 1.75×10^{-5}，现有 125mL 1.0mol/L NaOAc 溶液，欲配置 250mL pH 值为 5.0 的缓冲溶液，需加入 6.0mol/L HOAc 溶液多少 mL？

4-15　已知 $K_a^{\ominus}(HOAc)$ = 1.75×10^{-5}，将 50mL 0.40mol/L NaOH 与 100mL 0.80mol/L HOAc 混合后，为使该溶液的 pH 值增加 1.0，问应再加入 0.40mol/L NaOH 溶液多少 mL？

4-16　浓度相同的下列溶液，其 pH 值由小到大的顺序如何？

（1）HOAc；　（2）NaOAc；　（3）NaCl；　（4）NH_4Cl；　（5）Na_2CO_3；　（6）NH_4OAc；　（7）Na_3PO_4。

4-17　欲配制 pH = 9.20，含 NH_3 0.20mol/L 的缓冲溶液 500mL，通过计算回答如何用浓氨水（15.0mol/L，$K_b^{\ominus}(NH_3 \cdot H_2O)$ = 1.78×10^{-5}）和固体 NH_4Cl（摩尔质量为 53.5g/mol）进行配制？

4-18　把浓度为 0.100mol/L HOAc 加入 50.0mL 0.100mol/L NaOH 中，当加入下列体积的酸后，分别计算溶液的 pH 值：（1）25.0mL；（2）50.0mL；（3）75.0mL。（已知：$K_a^{\ominus}(HOAc)$ = 1.75×10^{-5}）

4-19　已知 $K_b^{\ominus}(NH_3 \cdot H_2O)$ = 1.78×10^{-5}，$K_a^{\ominus}(HOAc)$ = 1.75×10^{-5}，现有下列四种溶液：

① 0.20mol/L HCl；　　　② 0.20mol/L $NH_3 \cdot H_2O$

③ 0.20mol/L HOAc；　　④ 0.20mol/L NH_4OAc

（1）分别计算 ① 、② 、③ 、④ 溶液的 pH 值；

（2）计算把 ① 和 ② 等体积混合后的 pH 值；

（3）计算把 ② 和 ③ 等体积混合后的 pH 值。

4-20　某溶液中含有甲酸（HCOOH）0.050mol/L 和 HCN 0.10mol/L，计算此溶液中的 H^+、$HCOO^-$ 和 CN^- 的浓度。（$K_a^{\ominus}(HCOOH)$ = 1.77×10^{-4}，$K_a^{\ominus}(HCND)$ = 6.17×10^{-10}）

5 沉淀-溶解平衡

在化学分析和化工生产中，常常利用沉淀的生成和溶解进行产品的制备和提纯，离子的分离、分析、检验等，涉及一些难溶物质的沉淀和溶解问题。严格地说，绝对不溶的物质是不存在的。当以水为溶剂，习惯上把溶解度小于 $0.01g/100g\ H_2O$ 的物质称为难溶物质；溶解度为 $(0.01\sim0.1g)/100g\ H_2O$ 的物质称为微溶物质；溶解度大于 $0.1g/100gH_2O$ 的物质称为易溶物质。在含有固体难溶电解质的饱和溶液中存在难溶电解质和溶液中相应各离子间的多相平衡，称为沉淀-溶解平衡（The Equilibrium of Precipitation and Dissolution）。与酸碱平衡体系不同，沉淀-溶解平衡是一种多相离子平衡体系。本章以化学平衡为理论基础，具体讨论难溶电解质的沉淀和溶解之间的平衡知识及其应用，即多相体系的离子平衡及其移动问题。

5.1 难溶电解质的溶度积和溶解度

5.1.1 溶度积常数

难溶电解质在水中总是或多或少地溶解，绝对不溶的物质是不存在的。将难溶电解质放入水中，就开始发生溶解和沉淀的过程。例如，$BaSO_4$ 是由 Ba^{2+} 和 SO_4^{2-} 构成的晶体，在一定温度下将其放入水中，Ba^{2+} 和 SO_4^{2-} 在水分子的作用下不断离开晶体表面而进入溶液中，成为自由运动的离子，称为溶解过程（Dissolution）。同时已溶解的部分 Ba^{2+} 和 SO_4^{2-} 又有可能回到 $BaSO_4$ 晶体表面以固体形式析出，称为沉淀过程（Precipitation）。这两种过程是可逆的，在一定条件下，当溶解与沉淀的速率相等时，$BaSO_4$ 晶体和溶液中相应的离子之间达到动态的多相平衡，称为沉淀-溶解平衡。

$$BaSO_4(s) \rightleftharpoons Ba^{2+}(aq) + SO_4^{2-}(aq)$$

其平衡常数表达式为：

$$K_{sp}^{\ominus}(BaSO_4) = \frac{c(Ba^{2+}) \cdot c(SO_4^{2-})}{(c^{\ominus})^2}$$

对于一般难溶电解质（A_mB_n），其沉淀-溶解平衡通式可表示为：

$$A_mB_n(s) \rightleftharpoons mA^{n+}(aq) + nB^{m-}(aq)$$

沉淀-溶解平衡常数表达式为：

$$K_{sp}^{\ominus}(A_mB_n) = \frac{c^m(A^{n+}) \cdot c^n(B^{m-})}{(c^{\ominus})^{m+n}} \tag{5-1}$$

式（5-1）表明，在难溶电解质的饱和溶液中，当温度一定时，各组分离子浓度以系数为幂指数的乘积为一常数，称为溶度积常数（The Solubility Product Constant），简称溶度积，用符号 $K_{sp}^{\ominus}$ 表示。$K_{sp}^{\ominus}$ 表示了难溶电解质在溶液中溶解能力的大小。$K_{sp}^{\ominus}$ 越大，表示难溶电解质在水中溶解能力越强。$K_{sp}^{\ominus}$ 与其他平衡常数一样，在一定温度下具有特定的数值，温度发生改变，其数值也随之改变。$K_{sp}^{\ominus}$ 数值既可由实验测得，也可由热力学数据来计算。25℃ 下，一些常见的难溶电解质的溶度积常数见附表 IV。

值得注意的是，溶度积常数的表达式（5-1）虽是根据难溶强电解质的多相离子平衡推导得出，但其结论同样适用于难溶弱电解质的多相离子平衡。现以难溶弱电解质 AB 为例，其沉淀-溶解平衡为：

$$AB(s) \rightleftharpoons AB(aq)$$

$$K_1^{\ominus} = c(AB)/c^{\ominus}$$

$$AB(aq) \rightleftharpoons A^+(aq) + B^-(aq)$$

$$K_2^{\ominus} = \frac{c(A^+) \cdot c(B^-)}{c(AB) \cdot c^{\ominus}}$$

根据多重平衡规律：$AB(s) \rightleftharpoons A^+(aq) + B^-(aq)$

$$K_{sp}^{\ominus} = K_1^{\ominus} \cdot K_2^{\ominus} = \frac{c(A^+) \cdot c(B^-)}{(c^{\ominus})^2}$$

与溶度积常数表达式（5-1）相同。

5.1.2 溶度积常数和溶解度的换算关系

溶度积常数和溶解度（Solubility）数值都可以用来表示难溶电解质的溶解能力大小。那么它们之间有怎样的关系呢？是否溶度积常数大的物质，其溶解度也大呢？

【例 5-1】 已知 25℃ 时，AgCl 的 $K_{sp}^{\ominus}$ 为 $1.77×10^{-10}$，$AgCrO_4$ 的 $K_{sp}^{\ominus}$ 为 $1.12×10^{-12}$，试求 AgCl 和 Ag_2CrO_4 的溶解度 $s(mol/L)$。

解：（1） $AgCl(s) \rightleftharpoons Ag^+(aq) + Cl^-(aq)$

平衡浓度（mol/L）： s s

$$K_{sp}^{\ominus}(AgCl) = c(Ag^+) \cdot c(Cl^-) = s^2$$

$$s(AgCl) = \sqrt{K_{sp}^{\ominus}} = \sqrt{1.77 × 10^{-10}} = 1.33 × 10^{-5} mol/L$$

（2） $Ag_2CrO_4(s) \rightleftharpoons 2Ag^+(aq) + CrO_4^{2-}(aq)$

平衡浓度（mol/L）： $2s$ s

$$K_{sp}^{\ominus}(Ag_2CrO_4) = c^2(Ag^+) \cdot c(CrO_4^{2-}) = 4s^3$$

$$s(Ag_2CrO_4) = \sqrt[3]{\frac{K_{sp}^{\ominus}}{4}} = \sqrt[3]{\frac{1.12 × 10^{-12}}{4}} = 6.54 × 10^{-5} mol/L$$

计算结果表明，AgCl 的溶度积 $K_{sp}^{\ominus}$ 虽比 Ag_2CrO_4 的 $K_{sp}^{\ominus}$ 大，但 AgCl 的溶解度（$1.33×10^{-5} mol/L$）反而比 Ag_2CrO_4 的溶解度（$6.54×10^{-5} mol/L$）要小。这是因为 AgCl 是 AB 型（正、负离子之比为 1:1）难溶电解质，Ag_2CrO_4 是 A_2B 型（正、负离子之比为 2:1）难溶电解质。对于同一类型的难溶电解质，可以通过溶度积大小

来比较它们溶解度的大小。例如，AB 型的难溶电解质 AgCl、BaSO₄ 和 CaCO₃ 等，在相同温度下，溶度积越大，溶解度也越大；反之亦然。但对于不同类型的难溶电解质，则不能用溶度积直接比较溶解度的大小。

上述计算结果也说明溶度积与溶解度之间是可以相互换算的，但这种计算是近似的，它忽略了难溶电解质的离子与水的作用情况等，计算结果往往与实测值存在一定的偏差。同时，在换算时要注意浓度的单位必须采用 mol/L。

对于一般难溶电解质（A_mB_n），设其溶解度为 s mol/L，其沉淀-溶解平衡通式可表示为：

$$A_mB_n(s) \rightleftharpoons mA^{n+}(aq) + nB^{m-}(aq)$$

平衡浓度（mol/L）： ms ns

$$K_{sp}^{\ominus}(A_mB_n) = c^m(A^{n+}) \cdot c^n(B^{m-}) = (ms)^m \cdot (ns)^n = m^m \cdot n^n \cdot s^{m+n}$$

即
$$s = \sqrt[m+n]{\frac{K_{sp}^{\ominus}}{m^m \cdot n^n}} \tag{5-2}$$

英文注解

式（5-2）是溶度积和溶解度相互计算的通式，它适用于难溶强电解质，不适用于易水解的难溶电解质和难溶弱电解质及以离子对形式存在的难溶电解质。

5.2 沉淀的生成及溶度积规则

5.2.1 溶度积规则

任一难溶电解质的多相离子平衡：$A_mB_n(s) \rightleftharpoons mA^{n+}(aq) + nB^{m-}(aq)$，其反应商 Q（Quotient）的表达式与 $K_{sp}^{\ominus}$ 相同，即 $Q(A_mB_n) = c^m(A^{n+}) \cdot c^n(B^{m-})$。根据化学反应的反应商判据将 Q 与 $K_{sp}^{\ominus}$ 比较，可以判断沉淀的生成或溶解方向。

$Q > K_{sp}^{\ominus}$，反应逆向进行，即向着沉淀生成方向进行；

$Q = K_{sp}^{\ominus}$，处于沉淀-溶解平衡状态；

$Q < K_{sp}^{\ominus}$，反应正向进行，即向着沉淀溶解方向进行。

以上规律即为溶度积规则（The Solubility Product Rule）。应用此规则，可以判断一定条件下某溶液中是否有沉淀生成。

【例 5-2】 在 50mL、0.0020mol/L Na₂SO₄ 溶液中加入 25mL，0.020mol/L Ba(NO₃)₂溶液，有无 BaSO₄ 沉淀生成？（已知：$K_{sp}^{\ominus}(BaSO_4) = 1.08 \times 10^{-10}$）

解：两种溶液混合后总体积为 75mL，因此：

$$c(Ba^{2+}) = 0.020 \times 25/75 = 0.0067 mol/L$$

$$c(SO_4^{2-}) = 0.0020 \times 50/75 = 0.0013 mol/L$$

$Q = c(Ba^{2+}) \cdot c(SO_4^{2-}) = 0.0067 \times 0.0013 = 8.7 \times 10^{-6}$，$Q > K_{sp}^{\ominus}$，所以有 BaSO₄ 沉淀生成。

【例 5-3】 在 0.1mol/L FeCl₃ 溶液中，加入等体积的含有 0.2mol/L NH₃·H₂O 和 2.0mol/L NH₄Cl 的混合溶液，问能否产生 Fe(OH)₃ 沉淀？

解：混合后：$c(NH_3 \cdot H_2O) = 0.1mo/L$，$c(NH_4Cl) = 1.0mol/L$，$c(Fe^{3+}) =$

0.05mol/L,

$$c(OH^-) = K_b^{\ominus} \cdot \frac{c(NH_3 \cdot H_2O)}{c(NH_4Cl)} = 1.78 \times 10^{-6} mol/L$$

$$Q = c(Fe^{3+}) \cdot [c(OH^-)]^3 = 2.92 \times 10^{-19}$$

$$K_{sp}^{\ominus}[Fe(OH)_3] = 2.79 \times 10^{-39}$$

$Q > K_{sp}^{\ominus}$，会有 $Fe(OH)_3$ 沉淀产生。

5.2.2　分步沉淀

英文注解

　　如果在溶液中含有两种或两种以上的离子都能与沉淀剂发生沉淀反应，这种情况下，沉淀反应会按何顺序进行？哪一种离子先沉淀？我们可以根据溶度积规则来加以判断。例如，在含有 Cl^- 和 I^- 的混合溶液中，Cl^- 和 I^- 的浓度均为 0.010mol/L，逐滴加入 $AgNO_3$ 溶液，有可能产生黄色的 AgI 沉淀及白色的 AgCl 沉淀，哪一种沉淀首先析出？

　　根据溶度积规则，当逐滴加入 $AgNO_3$ 溶液时，由于 AgCl、AgI 的溶度积不同，$K_{sp}^{\ominus}(AgCl) = 1.77 \times 10^{-10}$，$K_{sp}^{\ominus}(AgI) = 8.52 \times 10^{-17}$，沉淀开始时所需的 Ag^+ 浓度也就不同，各自需要 Ag^+ 的浓度分别为：

$$c(Ag^+)_{AgCl} = \frac{K_{sp}^{\ominus}(AgCl)}{c(Cl^-)} = \frac{1.77 \times 10^{-10}}{0.010} = 1.77 \times 10^{-8} mol/L$$

$$c(Ag^+)_{AgI} = \frac{K_{sp}^{\ominus}(AgI)}{c(I^-)} = \frac{8.52 \times 10^{-17}}{0.010} = 8.52 \times 10^{-15} mol/L$$

$$c(Ag^+)_{AgI} < c(Ag^+)_{AgCl}$$

　　因此，逐滴加入 $AgNO_3$ 时，AgI 首先满足沉淀生成条件而析出沉淀。随着 I^- 不断被沉淀为 AgI，溶液中 $c(I^-)$ 不断减小，若要继续沉淀，必须不断增加 $c(Ag^+)$，当达到 AgCl 开始沉淀所需 $c(Ag^+)$ 时，AgI 和 AgCl 将同时析出。在 AgCl 开始沉淀前一瞬间，溶液中 $c(I^-)$ 为：

$$c(I^-) = \frac{K_{sp}^{\ominus}(AgI)}{K_{sp}^{\ominus}(AgCl)} \times c(Cl^-) = \frac{8.52 \times 10^{-17}}{1.77 \times 10^{-10}} \times 0.010 = 4.81 \times 10^{-7} mol/L$$

　　此值已小于 10^{-5} mol/L。在分析化学上，当溶液中某种离子的浓度小于 10^{-5} mol/L 时，可以近似认为该种离子已经沉淀完全了。上面计算结果说明，AgCl 开始沉淀时，I^- 已沉淀完全。

　　总之，当溶液中同时存在几种离子时，沉淀生成的顺序取决于相应的离子积达到或超过溶度积的先后顺序。溶液中离子浓度乘积先达到溶度积的先沉淀，后达到的后沉淀。换言之，哪种离子沉淀所需沉淀剂的浓度小，哪种离子先沉淀。

　　【例 5-4】 某溶液中含有 Pb^{2+} 和 Zn^{2+}，它们的浓度都是 0.10mol/L。通过计算说明，逐滴加入 Na_2S 溶液，哪一种沉淀首先析出？当第二种沉淀析出时，第一种离子是否被沉淀完全？（忽略由于 Na_2S 所引起的体积变化）

　　解： 查表：$K_{sp}^{\ominus}(PbS) = 8.0 \times 10^{-28}$，$K_{sp}^{\ominus}(ZnS(\beta)) = 2.5 \times 10^{-22}$。生成 PbS 沉淀所需 S^{2-} 最低浓度为：

$$c_1(S^{2-}) = \frac{K_{sp}^{\ominus}(PbS)}{c(Pb^{2+})} = 8.0 \times 10^{-28}/0.1 = 8.0 \times 10^{-27} mol/L$$

生成 ZnS 沉淀所需 S^{2-} 最低浓度为：

$$c_2(S^{2-}) = \frac{K_{sp}^{\ominus}(ZnS)}{c(Zn^{2+})} = 2.5 \times 10^{-22}/0.1 = 2.5 \times 10^{-21} mol/L$$

$c_1(S^{2-}) < c_2(S^{2-})$，PbS 沉淀先析出，ZnS 沉淀后析出。

当 ZnS 沉淀开始析出时，溶液中 S^{2-} 浓度为 $2.5 \times 10^{-21} mol/L$，这时 Pb^{2+} 浓度为：

$$c(Pb^{2+}) = \frac{K_{sp}^{\ominus}(PbS)}{c_2(S^{2-})} = 8.0 \times \frac{10^{-28}}{2.5} \times 10^{21} = 3.2 \times 10^{-7} mol/L < 1.0 \times 10^{-5} mol/L$$

说明当 ZnS 开始析出沉淀时，Pb^{2+} 浓度低于 $1.0 \times 10^{-5} mol/L$，已被沉淀完全，二者可以通过沉淀分离开。

分步沉淀（Fractional Precipitation）的顺序既与溶度积大小有关，又与难溶电解质类型、沉淀的离子浓度有关。对于相同类型的两种难溶电解质，通常溶度积小的先沉淀，并且二者的溶度积相差越大，分离的效果越好。对于不同类型的两种难溶电解质，必须通过计算判断沉淀的先后顺序，不能直接根据溶度积判断。

5.2.3 影响沉淀反应的因素

5.2.3.1 同离子效应

在难溶电解质的饱和溶液中，加入含有相同离子的易溶强电解质时，难溶电解质的多相离子平衡就会发生移动。例如，在 $BaSO_4$ 饱和溶液中，加入含有相同离子的 SO_4^{2-}，由于 SO_4^{2-} 离子浓度增大，使 $Q > K_{sp}^{\ominus}$，平衡向生成 $BaSO_4$ 沉淀的方向移动，直到溶液中离子浓度乘积再次等于溶度积为止。当达到新平衡时，溶液中的 Ba^{2+} 浓度减小了。这种因加入含有相同离子的易溶强电解质，而使难溶电解质溶解度降低的现象也称作同离子效应（Common-ion Effect in Solubility Equilibria）。

英文注解

【例 5-5】 已知：$Mg(OH)_2$ 的 $K_{sp}^{\ominus} = 5.61 \times 10^{-12}$。求 25℃ 时，$Mg(OH)_2$ 在 $0.010 mol/L$ $MgCl_2$ 溶液中的溶解度。

解： 设 $Mg(OH)_2$ 在 $0.010 mol/L$ $MgCl_2$ 溶液中的溶解度为 x mol/L，则平衡时有：

$$Mg(OH)_2(s) \longrightarrow Mg^{2+}(aq) + 2OH^-(aq)$$

平衡浓度（mol/L）：　　　　$0.010 + x$　　　$2x$

所以　　　　　　$(0.010 + x)(2x)^2 = K_{sp}^{\ominus} = 5.61 \times 10^{-12}$

溶液中的 Mg^{2+} 主要来自 $MgCl_2$ 的解离，x 比 $0.01 mol/L$ 小得多，因此：$0.010 + x \approx 0.010$。

$$0.040 x^2 = K_{sp}^{\ominus} = 5.61 \times 10^{-12}$$

$$x = 1.18 \times 10^{-5} mol/L$$

上例中计算所得 $Mg(OH)_2$ 的溶解度与 $Mg(OH)_2$ 在纯水中的溶解度（$1.12 \times 10^{-4} mol/L$）相比要小。这说明由于同离子效应，使得难溶电解质的溶解度降低了。

在沉淀反应中，为了使某种离子沉淀完全，可以加入适当过量的沉淀剂。通常情况下，如果沉淀剂容易挥发除去，一般过量 20%~50%；如果沉淀剂不易挥发除去，则过量 20%~30%。

5.2.3.2 盐效应

英文注解

如果在难溶电解质饱和溶液中加入不含有相同离子的某种强电解质，通常难溶电解质的溶解度比其在纯水中的溶解度有所增大。例如 $BaSO_4$ 和 AgCl 在 KNO_3 溶液中的溶解度大于它们在纯水中的溶解度，并且随 KNO_3 浓度的增大，溶解度也增大。这种因加入强电解质而使难溶电解质的溶解度增大的现象称作盐效应（Salt Effect）。

对这种现象的解释如下：溶解的电解质以离子形式存在，离子带有电荷，强电解质离子的浓度大，增强了离子间的相互作用，难溶电解质离子活动性因受到牵制有所降低，因而在一定程度上与沉淀表面碰撞的机会减少，形成沉淀迟缓，于是难溶电解质的溶解过程暂时强于沉淀过程，平衡向溶解方向移动；达到新的平衡时，难溶电解质的溶解度就相对增大了。换言之，强电解质的浓度越大，所带电荷数越多，溶液中离子强度越大，相应离子的活度系数越小，沉淀的溶解度越大。图 5-1 中纵坐标为 AgCl 和 $BaSO_4$ 的溶解度 s 与纯水中的溶解度 s^* 的比值。从图 5-1 可以看出，AgCl 和 $BaSO_4$ 的溶解度随着溶液中 KNO_3 浓

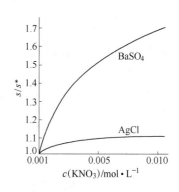

图 5-1   AgCl 和 $BaSO_4$ 在不同浓度 KNO_3 溶液中的溶解度

度的增加而增大。由于高价离子活度系数受离子强度影响较大，盐效应对 $BaSO_4$ 影响大于 AgCl。

产生盐效应不仅仅局限于盐类，也可以是其他强电解质如强酸、强碱等，即溶液的 pH 值对溶解度或沉淀反应也有影响；某些沉淀剂若为强电解质也同样存在盐效应。因此，在加入沉淀剂时应适当过量。

盐效应是通过改变离子的活度系数影响溶解度，一般来说，离子的活度系数变化不大，所以盐效应影响较小，常常可以忽略。但是，若某难溶电解质的溶度积较大，溶液中各种离子的总浓度较大时，应考虑盐效应的影响。

5.2.3.3 溶液 pH 值对沉淀反应的影响

英文注解

对于难溶的金属氢氧化物或难溶的弱酸化合物来说，改变溶液的 pH 值，由于形成难以解离的水或弱酸，可以促使某些沉淀的生成或溶解。

A   金属氢氧化物沉淀的生成

除 ⅠA 族、ⅡA 族金属外，大多数金属氢氧化物的溶解度都较小。在沉淀分离或提纯中，常根据各种金属氢氧化物溶解度的差别，控制溶液 OH^- 浓度（即 pH 值），使得某些金属氢氧化物沉淀或溶解出来，从而达到金属离子的分离目的。

对于任意难溶金属氢氧化物沉淀 $M(OH)_n$，其沉淀-溶解平衡为：

$$M(OH)_n \rightleftharpoons M^{n+} + nOH^-$$

根据溶度积规则，M^{n+} 开始沉淀，必须满足 $Q = c(M^{n+}) \cdot c(OH^-) > K_{sp}^{\ominus}$，有：

$$c(OH^-) > \sqrt[n]{\frac{K_{sp}^{\ominus}}{c(M^{n+})}} \tag{5-3}$$

若 M^{n+} 沉淀完全，即：$c(M^{n+}) \leqslant 10^{-5}$ mol/L，OH^- 最低浓度为：

$$c(OH^-) > \sqrt[n]{\frac{K_{sp}^{\ominus}}{10^{-5}}} \tag{5-4}$$

根据式（5-3）和式（5-4）可以分别计算 M^{n+} 开始沉淀、沉淀完全及不产生沉淀，所需的 OH^- 浓度，从而得到两种金属离子分离所需的 pH 值条件。

例如，生产实际中，常需要提纯 Ni^{2+}，其中的 Fe^{3+} 杂质需要除去，人们通过控制溶液的 pH 值使 Fe^{3+} 生成 $Fe(OH)_3$ 沉淀，Ni^{2+} 保留在溶液中得以提纯。已知 $Fe(OH)_3$ 的 $K_{sp}^{\ominus} = 2.79 \times 10^{-39}$，$Ni(OH)_2$ 的 $K_{sp}^{\ominus} = 5.48 \times 10^{-16}$，$K_{sp}^{\ominus}$ 都比较小，但相差很大。控制溶液的 pH 值就可以实现除去 Fe^{3+} 的目的。下面通过计算说明如何控制 pH 值以除去 Fe^{3+}。

假设溶液中 Fe^{3+} 的浓度为 0.10mol/L，Ni^{2+} 的浓度为 1.0mol/L，则开始生成 $Fe(OH)_3$ 沉淀所需 OH^- 浓度为：

$$c(OH^-) > \sqrt[3]{\frac{K_{sp}^{\ominus}(Fe(OH)_3)}{c(OH^-)}} = \sqrt[3]{\frac{2.79 \times 10^{-39}}{0.10}} = 3.03 \times 10^{-13} \text{ mol/L}$$

溶液的 pH 值条件为：

$$pH = -\lg\frac{K_w^{\ominus}}{c(OH^-)} \approx 1.48$$

计算结果说明，如果溶液中的 Fe^{3+} 的浓度为 0.10mol/L，要生成 $Fe(OH)_3$ 沉淀所需的溶液 pH 值不能低于 1.48；否则，$Fe(OH)_3$ 沉淀难以析出。Fe^{3+} 的浓度越小，溶液的 pH 值越大。欲使 Fe^{3+} 沉淀完全，则 OH^- 浓度的最低值为：

$$c(OH^-) > \sqrt[3]{\frac{K_{sp}^{\ominus}(Fe(OH)_3)}{c(OH^-)}} = \sqrt[3]{\frac{2.79 \times 10^{-39}}{1.0 \times 10^{-5}}} = 0.65 \times 10^{-11} \text{ mol/L}$$

相应的 pH 值为：

$$pH = -\lg\frac{K_w^{\ominus}}{c(OH^-)} \approx 2.81$$

如果使溶液 pH>2.81，则 Fe^{3+} 将被沉淀完全，此时 $c(Fe^{3+}) < 1.0 \times 10^{-5}$ mol/L。

溶液中 Ni^{2+} 开始沉淀的 pH 值为：

$$c(OH^-) > \sqrt{\frac{K_{sp}^{\ominus}(Ni(OH)_2)}{c(Ni^{2+})}} = \sqrt{\frac{5.48 \times 10^{-16}}{1.0}} = 2.34 \times 10^{-8} \text{ mol/L}$$

$$pH = 7.63$$

因此，只要控制溶液 pH 值满足：2.81<pH<7.63，把 Fe^{3+} 以 $Fe(OH)$ 沉淀的形式除掉，而 Ni^{2+} 不沉淀，就可以达到离子分离的效果。

【例 5-6】　计算 0.010mol/L Cu^{2+} 开始生成 $Cu(OH)_2$ 沉淀和沉淀完全时溶液的

pH 值。

解：查表 $K_{sp}^{\ominus}(Cu(OH)_2) = 2.2 \times 10^{-20}$，开始沉淀所需 $c(OH^-)$ 为：

$$c(OH^-) > \sqrt{\frac{K_{sp}^{\ominus}(Cu(OH)_2)}{c(Cu^{2+})}} = \sqrt{\frac{2.2 \times 10^{-20}}{0.010}} = 1.48 \times 10^{-9} mol/L$$

$$pH = -\lg \frac{K_w^{\ominus}}{c(OH^-)} \approx 5.17$$

沉淀完全时，设 $c(Cu^{2+}) = 10^{-5} mol/L$，则所需 $c(OH^-)$ 为：

$$c(OH^-) > \sqrt{\frac{K_{sp}^{\ominus}(Cu(OH)_2)}{c(Cu^{2+})}} = \sqrt{\frac{2.2 \times 10^{-20}}{1.0 \times 10^{-5}}} = 4.69 \times 10^{-8} mol/L$$

$$pH = -\lg \frac{K_w^{\ominus}}{c(OH^-)} \approx 6.67$$

所以，0.010mol/L Cu^{2+} 开始沉淀时的 pH = 5.17，沉淀完全时的 pH = 6.67。

表 5-1 列出了一些常见金属氢氧化物开始沉淀和沉淀完全时的 pH 值，利用不同离子形成氢氧化物沉淀和沉淀完全时溶液 pH 值的差异，可将不同离子进行分离。

表 5-1　金属离子沉淀的 pH 值条件

金属离子	$K_{sp}^{\ominus}$	金属离子浓度/mol·L^{-1}				
		10^{-1}	10^{-2}	10^{-3}	10^{-4}	10^{-5}（沉淀完全）
		离子沉淀的 pH 值				
Fe^{3+}	2.79×10^{-39}	1.5	1.8	2.1	2.5	2.8
Al^{3+}	1.3×10^{-33}	3.4	3.7	4.0	4.4	4.7
Cr^{3+}	6.3×10^{-31}	4.3	4.6	4.9	5.3	5.6
Cu^{2+}	2.2×10^{-20}	4.7	5.2	5.7	6.2	6.7
Fe^{2+}	4.87×10^{-17}	6.3	6.8	7.3	7.8	8.3
Ni^{2+}	5.48×10^{-16}	6.9	7.4	7.9	8.4	8.9
Mn^{2+}	1.9×10^{-13}	8.1	8.6	9.1	9.6	10.1
Mg^{2+}	5.61×10^{-12}	8.9	9.4	9.9	10.4	10.9

如果以表 5-1 中 pH 值为横坐标，金属离子浓度为纵坐标，可以得到金属离子形式氢氧化物沉淀的 pH 值关系图，如图 5-2 所示。

图 5-2 中的斜线是不同金属离子形成氢氧化物的平衡线，线上的任一点对应的都是达到沉淀溶解平衡状态时金属离子的浓度和溶液 pH 值。对于图中右边的金属离子，当它开始沉淀的 pH 值大于左边金属离子沉淀完全的 pH 值时，可以通过控制溶液 pH 值逐渐增大，使得左边金属离子完全沉淀，而右边的金属离子尚未开始沉淀，达到用沉淀法分离金属离子目的。通常，一种金属离子开始沉淀的 pH 值与另一种金属离子完全沉淀的 pH 值相差越大，沉淀法分离得越彻底。

值得注意的是，在上述数据计算过程中，假设溶解的金属氢氧化物沉淀完全离解产生金属离子和氢氧根离子。实际上，很多金属氢氧化物是弱碱，在溶液中还存在一系列羟基配离子，如 $Pb(OH)_2$ 饱和溶液中存在 $[Pb(OH)]^+$、$[Pb(OH)_3]^-$ 等

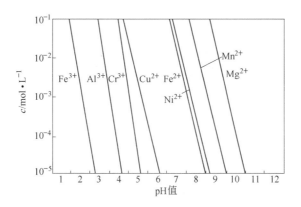

图 5-2　不同浓度金属离子开始和完全
形成氢氧化物沉淀的 pH 值关系图

离子。因此，实际情况可能与上述理论计算结果有一定出入；而且，当一种金属离子沉淀时，常会夹杂另外一些金属离子（作为杂质）被沉淀下来，形成共沉淀。在沉淀法分离金属离子实际操作中，通常需要两种金属氢氧化物沉淀 pH 值条件相差足够大，而且需要多次反复操作。

B　难溶金属硫化物沉淀的生成

大多数金属硫化物的溶解度都很小，在沉淀分离中，同样可以利用控制溶液的 pH 值来促使金属硫化物沉淀的生成或溶解。

金属硫化物是弱酸 H_2S 的盐，溶液中能否生成金属硫化物沉淀，与 S^{2-} 的浓度有关。在硫化物（MS）沉淀的生成和溶解过程中同时存在如下两个平衡：

$$MS(s) \Longleftrightarrow M^{2+}(aq) + S^{2-}(aq)$$
$$H_2S \Longleftrightarrow 2H^+(aq) + S^{2-}(aq)$$

两式相减并整理，得：

$$MS(s) + 2H^+(aq) \Longleftrightarrow M^{2+}(aq) + H_2S(aq)$$

上式的平衡常数是：

$$K^{\ominus} = \frac{c(H_2S) \cdot c(M^{2+})}{c^2(H^+)} = \frac{K_{sp}^{\ominus}}{K_{a1}^{\ominus} \cdot K_{a2}^{\ominus}}$$

一般认为，H_2S 饱和溶液的浓度为 0.10mol/L，如果已知溶液中某金属离子的浓度 $c(M^{2+})$，则 M^{2+} 生成硫化物沉淀所需 H^+ 的浓度条件为：

$$c(H^+) < \sqrt{\frac{c(H_2S) \cdot c(M^{2+}) \cdot K_{a1}^{\ominus}(H_2S) \cdot K_{a2}^{\ominus}(H_2S)}{K_{sp}^{\ominus}(MS)}}$$

显然，M^{2+} 的初始浓度不同，$K_{sp}^{\ominus}$ 不同，开始沉淀对应 H^+ 浓度不同。表 5-2 列出了一些难溶金属硫化物开始沉淀及沉淀完全时的 $c(H^+)$，通过控制溶液的 pH 值可以使一些金属离子以硫化物沉淀形式析出，另一些金属离子保留在溶液中，从而达到分离的目的。

96

表 5-2　某些难溶金属硫化物开始沉淀和沉淀完全时最高 $c(H^+)$

硫化物	$K_{sp}^{\ominus}$	最高 $c(H_3O^+)/mol \cdot L^{-1}$	
		开始沉淀时	沉淀完全时
MnS（Amorphous）	2.5×10^{-10}	6.5×10^{-7}	6.5×10^{-9}
FeS	6.3×10^{-18}	4.1×10^{-3}	4.1×10^{-5}
NiS(α)	3.2×10^{-19}	0.018	1.8×10^{-4}
ZnS(β)	2.5×10^{-22}	0.65	6.5×10^{-3}
CdS	8.0×10^{-27}	1.2×10^{2}	1.2
PbS	8.0×10^{-28}	3.7×10^{2}	3.7
CuS	6.3×10^{-36}	4.1×10^{6}	4.1×10^{4}

注：$c(M^{2+}) = 0.1mol/L_{\circ}$

【例 5-7】　在 0.10mol/L Co^{2+} 盐溶液中含有少量 Cu^{2+} 杂质，应用硫化物沉淀法除去 Cu^{2+} 的条件是什么？（已知：$K_{sp}^{\ominus}(CoS(\alpha)) = 4.0 \times 10^{-21}$，$K_{sp}^{\ominus}(CuS) = 6.3 \times 10^{-36}$）

解：Cu^{2+} 沉淀完全，溶液中 H^+ 浓度满足：

$$c(H^+) < \sqrt{\frac{c(H_2S) \times 10^{-5} \cdot K_{a1}^{\ominus}(H_2S) \cdot K_{a2}^{\ominus}(H_2S)}{K_{sp}^{\ominus}(MS)}}$$

$$= \sqrt{\frac{0.10 \times 10^{-5} \times 8.91 \times 10^{-8} \times 1.20 \times 10^{-13}}{6.3 \times 10^{-36}}} = 4.12 \times 10^4 mol/L$$

Co^{2+} 不沉淀，溶液中 H^+ 浓度满足：

$$c(H^+) > \sqrt{\frac{c(H_2S) \cdot c(Co^{2+}) \cdot K_{a1}^{\ominus}(H_2S) \cdot K_{a2}^{\ominus}(H_2S)}{K_{sp}^{\ominus}(CoS)}} = 0.1635 mol/L$$

溶液中 H^+ 浓度满足：$0.1635mol/L < c(H^+) < 4.12 \times 10^4 mol/L$

5.2.3.4　沉淀的转化

英文注解

借助于某一试剂的作用，把一种难溶电解质转化为另一种难溶电解质的过程，称为沉淀的转化。例如，锅炉中锅垢的主要成分为 $CaSO_4$，它既不溶于水，又不易溶于酸，因而难以被消除，可借助于 Na_2CO_3，将 $CaSO_4$ 转化为疏松的、可溶于酸的 $CaCO_3$，清除锅垢就容易了。其反应式为：

$$CaSO_4(s) + CO_3^{2-}(aq) \rightleftharpoons CaCO_3(s) + SO_4^{2-}(aq)$$

反应的平衡常数 $K^{\ominus} = \dfrac{K_{sp}^{\ominus}(CaSO_4)}{K_{sp}^{\ominus}(CaCO_3)} = 8.22 \times 10^3$，此平衡常数较大，预期沉淀可以转化完全。

一般来说，溶度积较大的难溶电解质容易转化为溶度积较小的难溶电解质，而且两者的溶度积相差越大，沉淀转化越完全。

反之，将溶度积较小的沉淀转化为溶度积较大的沉淀是否可以实现呢？实践证明，在一定条件下也是可行的。例如，$BaSO_4$ 难溶于水，也难溶于各种酸，如盐酸、硝酸、醋酸等。工业上，经常以 $BaSO_4$ 为原料制取其他钡盐的方法之一是将 $BaSO_4$

转化为 $BaCO_3$，反应方程式如下：

$$BaSO_4(s) + CO_3^{2-} \Longrightarrow BaCO_3(s) + SO_4^{2-}$$

转化反应的平衡常数：

$$K^{\ominus} = \frac{K_{sp}^{\ominus}(BaSO_4)}{K_{sp}^{\ominus}(BaCO_3)} = \frac{1.08 \times 10^{-10}}{2.58 \times 10^{-9}} = \frac{1}{24} = \frac{c(SO_4^{2-})}{c(CO_3^{2-})}$$

只要保持溶液中 SO_4^{2-} 的浓度小于 CO_3^{2-} 浓度的 1/24，就可将 $BaSO_4$ 转化为 $BaCO_3$。实践中，用饱和 Na_2CO_3 溶液处理 $BaSO_4$，充分搅拌静置后，取出上层清液。再向沉淀中加入饱和 Na_2CO_3 溶液，搅拌静置，如此重复多次，可将 $BaSO_4$ 转化为 $BaCO_3$。

5.3 沉淀的溶解反应

在实际工作中，经常会遇到要使难溶电解质溶解的问题。根据溶度积规则，沉淀溶解的必要条件是溶液中的相应离子浓度的乘积小于该物质的溶度积，即 $Q < K_{sp}^{\ominus}$。因此，只要降低溶液中有关离子的浓度，沉淀就会溶解。

(1) 酸溶法。对于难溶弱酸盐或难溶氢氧化物，如 $CaCO_3$、FeS、CaF_2 或 $Mg(OH)_2$、$Fe(OH)_3$、$Cu(OH)_2$ 等，常常可以用强酸来溶解。难溶于水的氢氧化物都能溶于酸中，如：

$$Mg(OH)_2(s) \Longrightarrow Mg^{2+}(aq) + 2OH^-(aq)$$
$$+$$
$$2HCl(aq) \Longrightarrow 2Cl^-(aq) + 2H^+(aq)$$
$$\Downarrow$$
$$2H_2O$$

因为 $Mg(OH)_2$ 固体电离出来的 OH^- 与酸提供的 H^+ 结合生成弱电解质水，降低了溶液中的 OH^- 浓度，使 $Q < K_{sp}^{\ominus}$，于是平衡向沉淀溶解的方向移动。

某些难溶氢氧化物还能溶于铵盐：

$$Mg(OH)_2(s) + 2NH_4^+(aq) \Longrightarrow Mg^{2+}(aq) + 2NH_3 \cdot H_2O(aq)$$

同理，难溶弱酸盐可溶于较强的酸：

$$CaCO_3(s) + 2H^+(aq) \Longrightarrow Ca^{2+}(aq) + H_2O(l) + CO_2(g)$$

(2) 氧化还原法。一些溶度积很小的硫化物，如 Ag_2S、CuS、PbS 等既难溶于水，又难溶于盐酸，但可溶于具有氧化性的硝酸中。这是因为 HNO_3 将 S^{2-} 氧化成 S，而使 S^{2-} 浓度降低，从而使 $Q < K_{sp}^{\ominus}$，导致硫化物溶解。

(3) 生成配位化合物。当难溶电解质中的金属离子能和某些试剂（配合剂）形成配离子时，会使沉淀或多或少地溶解，例如，照相底片上未曝光的 $AgBr$，可用 $Na_2S_2O_3$ 溶液溶解，反应式为：

$$AgBr(s) + 2S_2O_3^{2-}(aq) \Longrightarrow [Ag(S_2O_3)_2]^{3-}(aq) + Br^-(aq)$$

但 $AgBr$ 难溶于氨水溶液中，而 $AgCl$ 能溶于氨水中，其反应式为：

$$AgCl(s) + 2NH_3(aq) \Longrightarrow [Ag(NH_3)_2]^+(aq) + Cl^-(aq)$$

这是由于 AgBr 的溶度积比 AgCl 小得多，AgBr 虽不溶于氨水但可溶于 $Na_2S_2O_3$，因为 $[Ag(S_2O_3)_2]^{3-}$ 配离子比 $[Ag(NH_3)_2]^+$ 稳定，使平衡向溶解方向移动。

对于溶度积很小的难溶化合物来说，有时需要采用两种（或多种）方法才能使其溶解。如 HgS 溶在王水中，是氧化-配位溶解共同作用的结果，其溶解反应为：

$$3HgS(s) + 2NO_3^-(aq) + 12Cl^-(aq) + 8H^+(aq) \Longrightarrow$$
$$3[HgCl_4]^{2-}(aq) + 3S(s) + 2NO(g) + 4H_2O(l)$$

HgS 的溶度积仅为 4.0×10^{-53}，比 CuS 更难溶。王水的氧化作用使 S^{2-} 转化为单质硫，王水中大量的 Cl^- 与 Hg^{2+} 生成 $[HgCl_4]^{2-}$ 配离子，使得 S^{2-} 浓度和 Hg^{2+} 浓度同时降低，才使 $Q < K_{sp}^\ominus$，HgS 溶解。

再如，从矿石中提取金的过程也是如此，加入配合剂使矿石中的金通过氧化-配位共同作用溶解：

$$4Au(s) + 8CN^-(aq) + 2H_2O(l) + O_2(g) \Longrightarrow 4[Au(CN)_2]^-(aq) + 4OH^-(aq)$$

再将含有 $[Au(CN)_2]^-$ 的溶液用 Zn 还原而得到单质金：

$$Zn(s) + 2[Au(CN)_2]^-(aq) \Longrightarrow [Zn(CN)_4]^{2-}(aq) + 2Au(s)$$

5.4　沉淀反应的应用

在化工生产、化学实验中，经常需要利用沉淀反应。

5.4.1　制备难溶化合物

在制作电影胶片、照相底片的相纸时，要制备 AgBr 乳胶。在制造电视机、显示器等时，要生产高纯的 ZnS、CdS 等荧光粉。在搪瓷、冶金、石油等工业上，常需制备 $BaCO_3$ 作为原料。在染料行业，$BaCrO_4$ 和 $PbCrO_4$ 是黄色染料。这些难溶化合物，都是利用沉淀反应制取的，主要反应方程式如下：

$$AgNO_3 + KBr \longrightarrow AgBr\downarrow（乳黄色） + KNO_3$$
$$CdSO_4 + H_2S \longrightarrow CdS\downarrow（鲜黄色） + H_2SO_4$$
$$BaS + CO_2 + H_2O \longrightarrow BaCO_3\downarrow（白色） + H_2S$$
$$Pb(NO_3)_2 + K_2CrO_4 \longrightarrow PbCrO_4\downarrow（黄色） + 2KNO_3$$

5.4.2　溶液中杂质去除

在实际生产中，无论生产何种产品，总是有一定的纯度要求。绝大多数情况下，先将粗品或原料用适当方法溶解，利用沉淀方法，加入合适的沉淀剂使杂质沉淀，再经过滤除去。这种方法操作简便、成本低，便于在生产中应用。

例如，在氯碱工业，粗食盐水中含有 Ca^{2+}、Mg^{2+}、SO_4^{2-} 等杂质，使用 Na_2CO_3、NaOH、$BaCl_2$ 使它们生成沉淀加以除去，主要反应如下：

$$CaCl_2 + Na_2CO_3 \longrightarrow CaCO_3\downarrow + 2NaCl$$
$$MgCl_2 + 2NaOH \longrightarrow Mg(OH)_2\downarrow + 2NaCl$$

$$Na_2SO_4 + BaCl_2 \longrightarrow BaSO_4 \downarrow + 2NaCl$$

5.4.3　离子鉴定

在化工生产中，经常要检验母液、滤液或成品中的某种指标（离子浓度）是否符合标准，也常用到沉淀反应。例如，化工试剂厂生产化学试剂如 Na_2CO_3，其二级品中要求 Cl^- 的含量不得大于 0.002%。产品是否合格，要取适量成品溶于水中，酸化后，用 $AgNO_3$ 检验 Cl^-，若溶液混浊，生成 AgCl 沉淀，通过与标准对照其混浊程度以确定 Cl^- 的含量。

知识博览　　废水处理

废水处理（Waster Treatment Methods）就是利用物理、化学和生物的方法对废水进行处理，使废水净化，减少污染，以达到废水的回收利用，充分利用水资源。

▣ 生活污水

生活污水是指人们在日常生活活动中所排出的废水，这种废水主要被生活废料和人的排泄物所污染，污染物的数量、成分和浓度与人们的生活习惯、用水量有关。生活污水一般并不含有毒物质，但是它具有适于微生物繁殖的条件，含有大量细菌和病原体。从卫生角度来看，具有一定的危害性。由于城市人口的不断增多，城市生活废水处理问题日益凸显。又因为技术落后、资金短缺、治理难度较大，一直影响着城市环境及其建设。如果不尽快解决这些问题，那么随着城市化的推进，用水量的不断增加，污染将会更加严重，影响也会更加恶劣。

城市生活污水不同于工业废水，可以进行制止或者工业企业搬迁，从而解决源头。城市生活污水主要来源于家庭、学校、商业等一系列城市公共场所、公用设施，其来源的广泛性和必然性也使得在污水处理上面临着区域性倾向。但综合其主要含量，多是以有机物为主，其中淀粉、蛋白质、糖类、矿物油等生活垃圾居多。其中，BOD（生物需氧量）、COD（化学需氧量）、TKN（凯氏氮）、TP（总磷）、TN（总氮）等也较高，排入水体后很容易造成水体的富营养化，使得藻类大量生长繁殖，我们平时看到的赤潮就与此有关。而由于季节温度原因，藻类代谢死亡后，就会使得水域水体腐败发臭水质恶化，城市生活污水演变为臭水沟。针对城市污水的表现特征和具体成分含量，也使得我们在处理城市生活污水时，对各个环节有了更加清醒的认知。

▣ 工业废水

工业生产中会产生很多种类的污染物，不同行业产生的污染物的种类与浓度均有明显的差异。

▣ 电镀废水

电镀和金属加工业废水中锌的主要来源是电镀或酸洗的拖带液，污染物经金属漂洗过程又转移到漂洗水中。酸洗工序包括将金属（锌或铜）先浸在强酸中以去除表面的氧化物，随后再浸入含强铬酸的光亮剂中进行增光处理。该废水中含有大量的盐酸和锌、铜等重金属离子及有机光亮剂等，毒性较大，有些还含致癌、致畸、致突变的剧毒物质，对人类危害极大。因此，对电镀废水必须认真进行回收处理，做到消除或减少其对环境的污染。电镀混合废水处理设备由调节池、加药箱、还原池、中和反应池、pH 值调节池、絮凝池、斜管沉淀池、厢式压滤机、清水池、气浮反应、活性炭过滤器等组成。电镀废水处理采用铁屑内电解处理工艺，该技术主要是利用经过活化的工业废铁屑净化废水，当废水与填料接触时，发生电化学反应、化学反应和物理作用，包括催化、氧化、还原、置换、共沉、絮凝、吸附等综合作用，将废水中的各种金属离子去除，使废水得到净化。

▣ 重金属废水

重金属废水主要来自矿山、冶炼、电解、电镀、农药、医药、油漆、颜料等企业排出的废水。如果不对重金属废水处理，就会严重污染环境。废水处理中重金属的种类、含量及存在形态随不同生产企业而异，去除重金属在废水处理中显得尤为重要。由于重金属不能分解破坏，因而只能转移它们的存在位置和转变它们的物理和化学形态，达到除重金属的目的。因此，废水处理除重金属原则是：

（1）最根本的是改革生产工艺，不用或少用毒性大的重金属。

（2）采用合理的工艺流程、科学的管理和操作，减少重金属用量和随废水流失量，尽量减少外排废水量。重金属废水处理应当在产生地点就地处理，不同其他废水混合，以免使处理复杂化。更不应当不经除重金属处理直接排入城市下水道，以免扩大重金属污染。

废水处理除重金属的方法，通常可分为两类：

（1）使废水中呈溶解状态的重金属转变成不溶的金属化合物或元素，经沉淀和上浮从废水中去除，可应用方法如中和沉淀法、硫化物沉淀法、上浮分离法、电解沉淀（或上浮）法、隔膜电解法等废水处理法；

（2）将废水中的重金属在不改变其化学形态的条件下进行浓缩和分离，可应用方法有反渗透法、电渗析法、蒸发法和离子交换法等，这些废水处理方法应根据废水水质、水量等情况单独或组合使用。

习 题

5-1 已知：$K_{sp}^{\ominus}(AgIO_3) = 3.17 \times 10^{-8}$，$K_{sp}^{\ominus}(Ag_2CrO_4) = 1.12 \times 10^{-12}$，通过计算说明 $AgIO_3$ 和 Ag_2CrO_4 两种难溶电解质：

（1）在纯水中，哪一种沉淀的溶解度大？

（2）在 0.010mol/L $AgNO_3$ 溶液中，哪一种沉淀的溶解度大？

5-2 填空题：

在含有大量固体 $BaSO_4$ 的溶液中，经一段时间达到平衡后，该溶液叫作＿＿＿＿溶液。该溶液中 Ba^{2+} 和 SO_4^{2-} 的离子积 Q ＿＿＿＿ $K_{sp}^{\ominus}$。加入少量 Na_2SO_4 后，$BaSO_4$ 的溶解度＿＿＿＿，这种现象称为＿＿＿＿。

5-3 如何用化学平衡观点来理解溶度积规则？试用溶度积规则解释下列事实：

（1）$CaCO_3$ 既溶于稀盐酸，也溶于醋酸。

（2）Ag_2S 既不溶于醋酸，也不溶于盐酸。

（3）ZnS 能溶于盐酸和稀硫酸中；CuS 不溶于盐酸和稀硫酸中，却能溶于硝酸中。

5-4　已知 $K_{sp}^{\ominus}(PbCl_2) = 1.70 \times 10^{-5}$，将 $Pb(NO_3)_2$ 溶液与 $NaCl$ 溶液混合，设混合液中 $Pb(NO_3)_2$ 的浓度为 0.020mol/L。问：

（1）当混合溶液中 Cl^- 的浓度等于 5.0×10^{-4} mol/L 时，是否有沉淀生成？

（2）当混合溶液中 Cl^- 的浓度为多大时，开始生成沉淀？

（3）当混合溶液中 Cl^- 的浓度为 6.0×10^{-2} mol/L 时，残留于溶液中 Pb^{2+} 的浓度为多少？

5-5　某溶液中含有 0.10mol/L Li^+ 和 0.10mol/L Mg^{2+}，滴加 NaF 溶液（忽略体积的变化），哪种离子首先被沉淀出来？当第二种沉淀析出时，第一种被沉淀的离子是否沉淀完全？两种离子有无可能分离开？

5-6　已知 CaF_2 的溶度积为 5.3×10^{-9}，求 CaF_2 在下列情况时的溶解度：

（1）在纯水中；

（2）在 1.0×10^{-2} mol/L NaF 溶液中；

（3）在 1.0×10^{-2} mol/L $CaCl_2$ 溶液中。

5-7　选择题：

（1）Ag_2CrO_4 在纯水中的溶解度为 6.5×10^{-5} mol/L，则其在 0.0010mol/L $AgNO_3$ 溶液中的溶解为（　　）。

　　A. 6.5×10^{-5} mol/L　　　　　　　　　B. 1.1×10^{-6} mol/L

　　C. 1.1×10^{-9} mol/L　　　　　　　　　D. 无法确定

（2）下列几种情况中，$BaSO_4$ 的溶解度最大的是（　　）。

　　A. 1mol/L KCl　　　　　　　　　　　B. 2mol/L $BaCl_2$

　　C. 纯水　　　　　　　　　　　　　　D. 0.1mol/L H_2SO_4

（3）已知 $K_{sp}^{\ominus}(Ag_2CrO_4) = 1.12 \times 10^{-12}$，欲从原来含有 0.1mol/L Ag^+ 的溶液中，加入 K_2CrO_4 以除去 90% 的 Ag^+，当达到要求时，溶液中的 $c(CrO_4^{2-})$ 应该是（　　）。

　　A. 1.12×10^{-12} mol/L　　　　　　　　B. 1.12×10^{-11} mol/L

　　C. 1.12×10^{-10} mol/L　　　　　　　　D. 1.12×10^{-8} mol/L

（4）25℃，PbI_2 溶解度为 1.35×10^{-3} mol/L，其溶度积为（　　）。

　　A. 2.8×10^{-8}　　　　　　　　　　　B. 9.8×10^{-9}

　　C. 2.3×10^{-6}　　　　　　　　　　　D. 4.7×10^{-6}

（5）难溶物 AB_2C_3，测得平衡时 C 的浓度为 3.0×10^{-3} mol/L，则 $K_{sp}^{\ominus}(AB_2C_3)$ 是（　　）

　　A. 2.9×10^{-15}　　　　　　　　　　B. 1.16×10^{-14}

　　C. 1.08×10^{-16}　　　　　　　　　　D. 6×10^{-3}

（6）25℃时，已知反应 $AgCl(s) \rightleftharpoons Ag^+(aq) + Cl^-(aq)$ 的 $\Delta_r G_m^{\ominus} = 55.7$kJ/mol，则 $AgCl$ 的 $K_{sp}^{\ominus}$ 为（　　）。

　　A. 1.74×10^{-10}　　　　　　　　　　B. 3.4×10^{-10}

　　C. 5.0×10^{-11}　　　　　　　　　　D. 8.9×10^{-9}

（7）对于分步沉淀，下列叙述正确的是（　　）。

　　A. 被沉淀离子浓度小的先沉淀　　　B. 沉淀时所需沉淀剂小的先沉淀

　　C. 溶解度小的物质先沉淀　　　　　D. 被沉淀离子浓度大的先沉淀

（8）25℃时，已知 $K_{sp}^{\ominus}(Ca(OH)_2) = 5.5 \times 10^{-6}$，$Ca(OH)_2$ 饱和溶液中 $c(OH^-)$ 为（　　）。

　　A. 0.011mol/L　　　　　　　　　　　B. 0.022mol/L

　　C. 0.016mol/L　　　　　　　　　　　D. 0.013mol/L

(9) 25℃时，已知 CaF_2 的溶度积常数为 $K_{sp}^{\ominus}$（CaF_2）= 5.3×10^{-9}，则 CaF_2 饱和溶液中钙离子浓度和氟离子浓度分别为（　　）。

A. 1.1×10^{-3}mol/L、1.1×10^{-3}mol/L

B. 1.1×10^{-3}mol/L、2.2×10^{-3}mol/L

C. 5.5×10^{-4}mol/L、1.1×10^{-3}mol/L

D. 2.2×10^{-3}mol/L、1.1×10^{-3}mol/L

(10) 有 $Fe(OH)_3$、$BaSO_4$、$CaCO_3$、ZnS 四种难溶电解质，其中溶解度不随溶液 pH 值变化的是（　　）。

A. $CaCO_3$　　　　B. $BaSO_4$　　　　C. ZnS　　　　D. $Fe(OH)_3$

(11) 已知 $K_{sp}^{\ominus}$（$SrSO_4$）= 3.44×10^{-7}，$K_{sp}^{\ominus}$（$PbSO_4$）= 2.53×10^{-8}，$K_{sp}^{\ominus}$（Ag_2SO_4）= 1.20×10^{-5}，在 1.0L 含有 Sr^{2+}、Pb^{2+}、Ag^+ 等离子的溶液中，其浓度均为 0.0010mol/L，加入 0.010mol Na_2SO_4 固体，生成沉淀的是（　　）。

A. $SrSO_4$，$PbSO_4$，Ag_2SO_4　　　　B. $SrSO_4$，$PbSO_4$

C. $SrSO_4$，Ag_2SO_4　　　　D. $PbSO_4$，Ag_2SO_4

(12) 下列沉淀中，可溶于 1mol/L NH_4Cl 溶液中的是（　　）。

A. $Fe(OH)_3$（$K_{sp}^{\ominus}$= 2.79×10^{-39}）　　　　B. $Mg(OH)_2$（$K_{sp}^{\ominus}$= 5.61×10^{-12}）

C. $Al(OH)_3$（$K_{sp}^{\ominus}$= 1.3×10^{-33}）　　　　D. $Cr(OH)_3$（$K_{sp}^{\ominus}$= 6.3×10^{-31}）

5-8　将 1.0L 的 0.10mol/L $BaCl_2$ 溶液和 0.20mol/L Na_2SO_4 溶液等体积混合，生成 $BaSO_4$ 沉淀。已知 $K_{sp}^{\ominus}$（$BaSO_4$）= 1.08×10^{-10}，则沉淀后溶液中 Ba^{2+} 和 SO_4^{2-} 的浓度各是多少？

5-9　已知 $K_{sp}^{\ominus}$（$AgBr$）= 5.35×10^{-13}，将 40.0mL 0.10mol/L $AgNO_3$ 溶液与 10.0mL 0.15mol/L $NaBr$ 溶液混合后生成 $AgBr$，求生成 $AgBr$ 的物质的量。

5-10　已知：反应 $Cr(OH)_3 + OH^- \rightleftharpoons [Cr(OH)_4]^-$ 的标准平衡常数 $K^{\ominus}$ = 0.40。若将 0.10mol $Cr(OH)_3$ 刚好溶解在 1.0L NaOH 溶液中，问 NaOH 溶液的初始浓度至少应为多少？

5-11　已知 $BaSO_4$ 在 0.010mol/L $BaCl_2$ 溶液中的溶解度为 1.1×10^{-8}mol/L，求 $BaSO_4$ 在纯水中的溶解度。

5-12　已知 $K_{sp}^{\ominus}$（$AgBr$）= 5.35×10^{-13}，$K_{sp}^{\ominus}$（$AgCl$）= 1.77×10^{-10}，向含相同浓度的 Br^- 和 Cl^- 的混合溶液中逐滴加入 $AgNO_3$ 溶液，求当 $AgCl$ 开始沉淀时，溶液中 $c(Br^-)$ 与 $c(Cl^-)$ 的比值。

5-13　已知 $K_{sp}^{\ominus}$（$BaSO_4$）= 1.08×10^{-10}，$K_{sp}^{\ominus}$（MgF_2）= 5.16×10^{-11}，求 $BaSO_4$、MgF_2 在水中的溶解度各为多少？

5-14　某难溶电解质 AB_2（摩尔质量是 80g/mol），常温下其溶解度为每 100mL 溶液中含 2.4×10^{-4}g AB_2，求 AB_2 的溶度积为多少？

5-15　已知 AgI 的溶度积为 8.52×10^{-17}，求 AgI 在纯水中和在 0.010mol/L KI 溶液中的溶解度。

5-16　已知 $K_{sp}^{\ominus}$（$Mn(OH)_2$）= 1.9×10^{-13}，在 100mL、0.20mol/L $MnCl_2$ 溶液中加入 100mL 含有 NH_4Cl 的 0.010mol/L $NH_3(aq)$，问此氨水溶液中需含有多少克 NH_4Cl 才不致生成 $Mn(OH)_2$ 沉淀。

6 氧化还原平衡

本章数字资源

氧化还原反应（Oxidation-Reduction Reaction）是化学反应中最重要的一类反应，在原电池中自发进行的氧化还原反应将化学能转变为电能；相反，在电解池中，电能促使非自发氧化还原反应进行，将电能转变为化学能。氧化还原反应的发生总是伴随着电子的转移和元素氧化态的变化。本章主要介绍氧化还原反应的基本概念，原电池、电极电势等电化学基础知识。

6.1 氧化还原反应基本概念

6.1.1 氧化数

氧化数（Oxidation Number）是指某元素原子在其化合状态的形式电荷数，该电荷数是假定把每个化学键的电子指定给电负性更大的原子而求得的。确定氧化数的规则如下：

英文注解

（1）在单质中，元素原子的氧化数为零。

（2）在单原子离子中，元素的氧化数等于离子所带的电荷数。

（3）在大多数化合物中，氢的氧化数为 +1；只有在金属氢化物（如 NaH、CaH_2）中，氢的氧化数为 –1。

（4）在化合物中氧的氧化数一般为 –2；但是在 H_2O_2、Na_2O_2、BaO_2 等过氧化物中氧的氧化数为 –1；在超氧化物 KO_2 中氧的氧化数为 –1/2；在氧的氟化物中，如 OF_2 和 O_2F_2 中，氧的氧化数分别为 +2 和 +1。

（5）在所有的氟化物中，氟的氧化数为 –1。

（6）碱金属和碱土金属在化合物中的氧化数分别为 +1 和 +2。

（7）在中性分子中，各元素原子氧化数的代数和为零。在多原子离子中，各元素氧化数的代数和等于离子所带总电荷数。

另外，有机化合物中某个碳原子的氧化数可以按照下面的规则计算得到：

（1）碳原子与碳原子相连，无论是单键还是重键，碳原子的氧化数为零；

（2）碳原子与氢原子相连，碳原子氧化数为 –1；

（3）有机化合物中所含的 O、N、S、X 等杂原子，它们的电负性都比碳原子大。碳原子以单键、双键或三键与杂原子键合，碳原子的氧化数分别为 +1、+2 或 +3。例如，CH_3COOH 中甲基碳原子的氧化数为 –3，羧基碳原子的氧化数为 +3。

【例 6-1】（1）确定下列物质中各元素的氧化数：Fe_3O_4、MnO_4^-、$NaNO_3$、$Na_2S_2O_3$。

（2）确定 CH_4、CH_3Cl、CH_2Cl_2、$CHCl_3$、CCl_4 中 C 的氧化数。

解：（1）Na 的氧化数为+1，O 的氧化数为−2，Fe、Mn、N、S 的氧化数分别为 $+\frac{8}{3}$、+7、+5 和+2。

（2）CH_4、CH_3Cl、CH_2Cl_2、$CHCl_3$、CCl_4 中 C 的氧化数分别为−4、−2、0、+2、+4。

中学课本里使用化合价的升高或降低来判断氧化还原反应中的电子转移情况，它表示某种元素原子与一定数目的其他元素的原子相结合的性质，反映了原子之间的成键能力。对于一些离子化合物，氧化数和化合价数值上相同，例如 HCl、NaCl 中各元素的氧化数和化合价相同；但在某些共价化合物中，两者并不相同，尤其是在有机化合物中。例如甲醇、甲醛和甲酸中，碳元素化合价都是 4，但是按照氧化数确定原则，上述三种物质中碳元素的氧化数分别为−2、0、+2。化合价是整数，数值与分子结构有关；氧化数只是原子在物质中的表观荷电数，确定氧化数时无需知道物质的分子结构。当化合物中存在一种元素多个原子时，该元素原子氧化数为平均氧化数。例如，$Na_2S_4O_6$ 的四个 S 原子的平均氧化数为+2.5。而从 $S_4O_6^{2-}$ 结构上看，四个 S 原子的化合价各不相同，其中中间两个 S 原子的化合价为 0，而与 O 原子成键的两个 S 原子的化合价应为+5。所以，氧化数与化合价既有一定联系又是两个完全不同的概念。

$$\left(\begin{array}{ccc} O & & O \\ | & & | \\ O-S-S-S-S-O \\ | & & | \\ O & & O \end{array}\right)^{2-}$$

6.1.2 氧化还原电对

英文注解

氧化还原反应过程伴有电子的转移（或得失）。在氧化还原反应中，氧化数升高的物质是还原剂（Reducing Agent），对应的半反应是氧化反应（Oxidation Reaction）；氧化数降低的物质是氧化剂（Oxidating Agent），对应的半反应是还原反应（Reduction Reaction）。例如刻蚀电路板的反应：

$$2Fe^{3+}(aq) + Cu(s) \Longrightarrow 2Fe^{2+}(aq) + Cu^{2+}(aq)$$

在上述反应中，2 个电子由 Cu 原子转移给 2 个 Fe^{3+}。该反应可以看成由两个半反应组成，一个是 Fe^{3+} 得电子的反应，Fe^{3+} 氧化数降低，作为氧化剂，发生还原反应；另一个是 Cu 原子失电子的反应，Cu 原子氧化数升高，为还原剂，发生氧化反应。

还原反应：　　　$2Fe^{3+}(aq) + 2e \Longrightarrow 2Fe^{2+}(aq)$

氧化反应：　　　　　$Cu(s) \Longrightarrow Cu^{2+}(aq) + 2e$

在氧化还原半反应中，出现同一元素氧化数不同的两个物种，其中氧化数高的物种，称作氧化型；氧化数低的物种称作还原型；同一元素的氧化型和还原型物种构成氧化还原电对，表示为：氧化型/还原型。所对应的半反应为：

$$氧化型 + ne \Longrightarrow 还原型$$

例如，在电路板刻蚀反应中，出现的氧化还原电对为：Fe^{3+}/Fe^{2+} 和 Cu^{2+}/Cu。

不仅金属和它的离子可以构成电对，同一种金属的不同氧化数的离子、非金属单质及其离子、金属及其难溶盐等都可以构成电对，例如 Fe^{3+}/Fe^{2+}、MnO_4^-/Mn^{2+}、H^+/H_2、Cl_2/Cl^-、$AgCl/Ag$ 等。

6.1.3 氧化还原反应方程式的配平

6.1.3.1 氧化数法（Oxidation Number Method）

A 配平原则

（1）得失电子平衡：反应中氧化剂氧化数降低总数等于还原剂氧化数升高总数。

（2）电荷平衡：方程式两边电荷数的代数和相等。

（3）物料平衡：方程式两边相同元素的原子总数相等。

B 配平步骤

以硝酸氧化铜单质反应为例：

（1）找出元素原子氧化数降低值与元素原子氧化数升高值；

$$\overset{0}{Cu}+\overset{+5}{H}NO_3 \longrightarrow \overset{+2}{Cu}(NO_3)_2+\overset{+2}{N}O+H_2O$$

其中 Cu: $0 \to +2$（+2），N: $+5 \to +2$（-3）

（2）找出元素原子氧化数升高值和降低值的最小公倍数，分别乘以相应系数；

$$3\overset{0}{Cu}+8\overset{+5}{H}NO_3 \longrightarrow 3\overset{+2}{Cu}(NO_3)_2+2\overset{+2}{N}O+H_2O$$

其中 $+2\times3$，-3×2

（3）观察法配平氧化数未改变的元素原子数目：

$$3Cu + 8HNO_3 \Longrightarrow 3Cu(NO_3)_2 + 2NO + 4H_2O$$

（4）检验平衡，检查方程式两边各元素原子数是否相等、电荷数是否相等。

氧化数法化学反应式配平的优点是简单、快速，适用于水溶液中以及气固相氧化还原反应。

6.1.3.2 离子-电子法

离子-电子法（Ion-electron Method）也称为半反应法。氧化还原反应可以拆为两个半反应，即氧化剂的还原反应和还原剂的氧化反应。离子-电子法是将两个半反应分别配平，再将两个半反应合为一个完整反应。离子-电子法特别适用于水溶液中离子方程式的配平，离子-电子法的配平原则与氧化数法的配平原则相同。下面以酸性介质中反应 $MnO_4^- + SO_3^{2-} \to Mn^{2+} + SO_4^{2-}$ 为例，介绍离子-电子法的配平步骤。

（1）将反应拆分出两个半反应：$MnO_4^- \to Mn^{2+}$，$SO_3^{2-} \to SO_4^{2-}$。

（2）目视观察法配平两个半反应。在配平半反应时，如果反应物和生成物内所含氧原子数目不等，可根据介质的酸碱性，分别在半反应方程式中加 H^+、OH^- 或

英文注解

英文注解

H_2O，使反应式两边的氧原子数相等，其经验规则见表6-1。

表 6-1 不同介质条件下配平氧原子数的经验规则

介质条件	反 应 物		生成物
	O 原子数	配平时应加入的物质	
酸　性	多	H^+	H_2O
	少	H_2O	H^+
碱　性	多	H_2O	OH^-
	少	OH^-	H_2O
中　性	多	H_2O	OH^-
	少	H_2O	H^+

$MnO_4^- \rightarrow Mn^{2+}$ 中，左边多4个O原子，按照表6-1，酸性介质条件下，左边应该加8个 H^+，则在右边需要加4个 H_2O：

$$MnO_4^- + 8H^+ \longrightarrow Mn^{2+} + 4H_2O$$

反应物 MnO_4^- 和 $8H^+$ 的总电荷数为+7，而产物 Mn^{2+} 的电荷数只有+2，所以在反应物一侧加5个电子，使半反应两边的原子数和电荷数相等：

$$MnO_4^- + 8H^+ + 5e \longrightarrow Mn^{2+} + 4H_2O$$

$SO_3^{2-} \rightarrow SO_4^{2-}$ 中，左边少1个O原子，酸性介质条件下，左边应该加1个 H_2O，相应右边需要加2个 H^+：

$$SO_3^{2-} + H_2O \longrightarrow SO_4^{2-} + 2H^+$$

反应物 SO_3^{2-} 的电荷数为-2，而产物 SO_4^{2-} 和 $2H^+$ 的总电荷数为0，故在产物中加2个电子，使之配平：

$$SO_3^{2-} + H_2O - 2e \longrightarrow SO_4^{2-} + 2H^+$$

（3）找出得失电子数的最小公倍数，将两个半反应分别乘以适当系数相加，整理、合并，得到配平的离子反应方程式。

$$2 \times) MnO_4^- + 5e + 8H^+ \longrightarrow Mn^{2+} + 4H_2O$$
$$+ \quad 5 \times) SO_3^{2-} + H_2O \quad \longrightarrow SO_4^{2-} + 2e + 2H^+$$
$$\overline{2MnO_4^- + 5SO_3^{2-} + 6H^+ \rightleftharpoons 2Mn^{2+} + 5SO_4^{2-} + 3H_2O}$$

用离子-电子法配平时，不需要知道元素的氧化数，得到的是配平的半反应，反映出水溶液中氧化还原反应的实质。但是，不适用于气固相氧化还原反应。

6.1.4 氧化还原反应的应用

氧化还原反应的最广泛用途是制造电池和制备金属单质。对于大多数金属，氧化物比金属单质更稳定。例如，在室温下，Zn 的氧化反应自发进行：$2Zn + O_2 \rightarrow 2ZnO$，此反应是放热、熵减小的反应，即 $\Delta_r H_m^\ominus < 0$，$\Delta_r S_m^\ominus < 0$。随着反应温度升高，$\Delta_r G_m^\ominus$ 逐渐增大，当温度升高到某一定值 T_1 时，$\Delta_r G_m^\ominus = 0$。当温度在 T_2 以上时，$\Delta_r G_m^\ominus > 0$，氧化物的分解反应自发进行。$\Delta_r G_m^\ominus$-T 图给出了单质氧化反应的 $\Delta_r G_m^\ominus$ 随温度的变化情况，如图 6-1 所示。为了便于比较，图 6-1 的每个反应中 O_2 的化学计量数均为1。

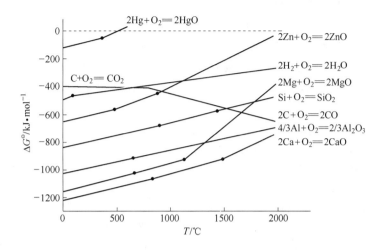

图 6-1　部分单质氧化反应的 $\Delta G^{\ominus}$-T 图

由 $\Delta_r G_m^{\ominus} = \Delta_r H_m^{\ominus} - T\Delta_r S_m^{\ominus}$ 知，$\Delta_r G_m^{\ominus}$-T 图的斜率为 $\Delta_r S_m^{\ominus}$。由于氧化物多为固体，因而 $\Delta_r S_m^{\ominus}$ 一般小于 0。对于大多数单质，随着反应温度升高，单质的状态由固态变为液态或气态，$|\Delta_r G_m^{\ominus}|$ 增大，即曲线的斜率增大，曲线变陡。但反应：$2C + O_2 \longrightarrow 2CO_2$ 为熵增加反应，因而斜率为负值。

理论上，只要达到足够高的温度，大多数氧化物可以还原为单质和氧气。如在 2230℃ 以上时，ZnO 还原为金属锌和氧气。但这并不意味着升高温度就可以由 ZnO 制备金属锌，这是因为如果在冷却前不能使 Zn 和 O_2 分离，又会生成 ZnO。在冶金工业中，常加入合适的还原剂来制备金属单质，常用的还原剂是焦炭（主要成分是 C）。在 710℃ 以下时，C 与 O_2 的反应产物是 CO_2；在 710℃ 以上时，C 与 O_2 的反应产物是 CO，而且温度越高，越有利于 CO 的生成。

$\Delta_r G^{\ominus}$-T 图的意义在于，图中下方曲线的还原态物质可将上方曲线的氧化态物质还原。例如，在 800℃ 以上时，C 可将 H_2O 还原：$C + H_2O \rightarrow CO + H_2$，工业上利用此反应制取煤气。又如，在 1700℃ 时，C 可将 SiO_2 还原为单质 Si，而 H_2 不能。在实际应用中，还有氯化物、硫化物的 $\Delta_r G^{\ominus}$-T 图等。

6.2　原　电　池

6.2.1　原电池组成

氧化还原反应和其他化学反应一样，在反应中不仅有物质的改变，而且有能量的变化。依据利用途径的不同，化学反应释放的能量可以转变为不同的能量形式。研究化学能与电能之间转化规律的科学称为电化学（Electrochemistry），使化学能直接转变为电能的装置称为原电池（Galvanic Cell）。

英文注解

任何自发的氧化还原反应均为电子从还原剂转移到氧化剂的过程。例如，把锌放在硫酸铜溶液中，锌溶解而铜析出，反应方程式为：

$$Zn(s) + CuSO_4(aq) \Longleftrightarrow Cu(s) + ZnSO_4(aq)$$

反应的实质是 Zn 原子失去电子，被氧化成 Zn^{2+}；Cu^{2+} 得到电子，被还原成 Cu 原子。由于锌和硫酸铜溶液直接接触，电子就从 Zn 原子直接转移给 Cu^{2+}，因而得不到有序的电子流。随着氧化还原反应的进行，溶液温度将升高，即反应中放出的化学能转变为热能。

如果将上述氧化还原反应放在图 6-2 装置中进行，在一个烧杯中放入 $ZnSO_4$ 溶液和锌片，在另一个烧杯中放入 $CuSO_4$ 溶液和铜片，用盐桥（Salt Bridge）（饱和 KCl 溶液的琼脂胶冻）将两个烧杯中的溶液联系起来。当接通外电路时，就有电流通过。英国科学家丹尼尔（Daniel）利用这一反应，制备了第一个原电池，该电池称为丹尼尔电池。

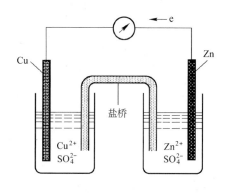

图 6-2　铜锌原电池示意图

理论上，任何一个自发进行的氧化还原反应都可以组成原电池。但由于反应速率、安全性和技术条件等因素的限制，原电池可以利用的氧化还原反应仅是极少数。安全、高效的原电池一直是世界各国化学电源研究开发的热点。

原电池由电极（反应物）和盐桥组成。反应物决定原电池的主要性质，如电势高低、反应快慢等。当反应物中没有可以导电的固体时，需要外加惰性电极。惰性电极不参加电极上的反应，其作用仅是导通电子，常用的惰性电极有石墨和铂。连通溶液的方法有多种，可以使用多孔陶瓷、离子交换膜、盐桥等。盐桥通常是由强电解质（KCl、K_2SO_4 或 Na_2SO_4 等）与琼胶调制成胶冻状，连接正、负极溶液，维持电路畅通，作为正、负离子通道，保持正、负极溶液的电荷平衡。

6.2.2　电池符号

为简便起见，原电池可用电池符号表示。书写电池符号时，习惯上把电池的负极写在左边，正极写在右边，分别用符号（-）和（+）表示，以"‖"表示盐桥，以"|"表示相界面，同相内不同物质以","隔开，一般需要标明反应物质的浓度或压力。例如，铜锌原电池的符号为：

$$(-)Zn|Zn^{2+}(c_1)\,\|\,Cu^{2+}(c_2)|Cu(+)$$

反应 $2Fe^{3+} + Sn^{2+} \rightleftharpoons 2Fe^{2+} + Sn^{4+}$ 组成的原电池的电池符号为：

$$(-)Pt|Sn^{4+}(c_1),\,Sn^{2+}(c_2)\,\|\,Fe^{3+}(c_3),\,Fe^{2+}(c_4)|Pt(+)$$

Pt 为惰性电极，仅起导电作用，不参加电极反应。

【例 6-2】 写出下述氧化还原反应对应原电池符号：

$$2AgCl + Fe \Longleftrightarrow 2Ag + FeCl_2$$

解：电对 Fe^{2+}/Fe 为负极，电对 AgCl/Ag 为正极。两个电对均有导体，无需外加电极导体。正极中的 Cl^- 没有氧化数变化，但参加了电极反应。凡是参加了电极反应的物质，不论是否发生氧化数的变化，都必须写进电池符号：

$$(-)Fe|Fe^{2+}(c_1)||Cl^-|AgCl|Ag(+)$$

6.2.3 电极

6.2.3.1 电极和电极反应

在原电池中，电子流出的一极称为负极，电子流入的一极称为正极，负极发生氧化反应，正极发生还原反应。因此，在上述铜锌原电池中，锌片为负极，铜片为正极。两极上的反应称为电极反应。又因每个电极是原电池的一半，故又称为半电池反应。铜锌原电池中的电极反应和电池反应为：

英文注解

负极反应：$\qquad Zn(S) \Longrightarrow Zn^{2+}(aq) + 2e$

正极反应：$\qquad Cu^{2+}(aq) + 2e \Longrightarrow Cu(s)$

电池反应：$Zn(s) + Cu^{2+}(aq) \Longrightarrow Zn^{2+}(aq) + Cu(s)$

6.2.3.2 电极种类

任何一个氧化还原电对都可以构成一个电极（Electrode）。有的电对本身有电流导体，如电对 Cu^{2+}/Cu 中的 Cu，电对 Zn^{2+}/Zn 中的 Zn，电对 $AgCl/Ag$ 中的 Ag，既是电对的还原型物质，又是传导电子的导体，这类电对可单独构成电极。而 Fe^{3+}/Fe^{2+}、MnO_4^-/Mn^{2+}、H^+/H_2 等电对中就没有电流导体，当这些电对构成电极时，需要外加一个能导电而又不参加电极反应的惰性电极导体，常用的惰性电极导体是铂（Pt）和石墨（C）。例如，电对 Fe^{3+}/Fe^{2+} 构成电极时可用 Pt 作电极导体，电极符号为：$Pt|Fe^{3+}(c_1)，Fe^{2+}(c_2)$。

根据电极组成的不同，通常把电极分为四类。一些常见电极种类、电极反应和电极符号见表 6-2。表 6-2 中的电极符号都是按电极为原电池的负极书写的，如果作为原电池正极，电极符号书写顺序正好相反。

表 6-2 常见电极的分类

电极种类	电对	电极反应	电极符号
金属与金属离子	Zn^{2+}/Zn	$Zn^{2+} + 2e \rightleftharpoons Zn$	$Zn|Zn^{2+}$
非金属与非金属离子	H^+/H_2	$2H^+ + 2e \rightleftharpoons H_2$	$Pt|H_2|H^+$
	I_2/I^-	$I_2 + 2e \rightleftharpoons 2I^-$	$Pt|I_2|I^-$
同一元素的不同氧化数离子	Cr^{3+}/Cr^{2+}	$Cr^{3+} + e \rightleftharpoons Cr^{2+}$	$Pt|Cr^{3+}，Cr^{2+}$
	MnO_4^-/MnO_4^{2-}	$MnO_4^- + e \rightleftharpoons MnO_4^{2-}$	$Pt|MnO_4^-，MnO_4^{2-}$
金属和金属难溶盐	$AgCl/Ag$	$AgCl + e \rightleftharpoons Ag + Cl^-$	$Ag|AgCl|Cl^-$
	Hg_2Cl_2/Hg	$Hg_2Cl_2 + 2e \rightleftharpoons 2Hg + 2Cl^-$	$Hg|Hg_2Cl_2|Cl^-$

【例 6-3】 根据电池符号写出电极反应和电池反应：

(1) $(-)Pt|H_2(p^\ominus)|H^+(c_1)||Cl^-(c_1)|AgCl|Ag(+)$

(2) $(-)Cu|Cu^{2+}(c_1)||Fe^{3+}(c_2)，Fe^{2+}(c_3)|Pt(+)$

解：(1) 负极反应：$\qquad H_2 \Longrightarrow 2H^+ + 2e$

正极反应： $AgCl + e \Longrightarrow Ag + Cl^-$

电池反应： $H_2 + 2AgCl \Longrightarrow 2Ag + 2HCl$

（2）负极反应： $Cu \Longrightarrow Cu^{2+} + 2e$

正极反应： $Fe^{3+} + e \Longrightarrow Fe^{2+}$

电池反应： $Cu + 2Fe^{3+} \Longrightarrow Cu^{2+} + 2Fe^{2+}$

6.3 电动势与电极电势

6.3.1 原电池的电动势

英文注解

    原电池能够产生电流，是由于组成电池的两个电极的电势不同，存在电势差，即电动势（Electromotance）。原电池的电动势（E）是在外电路没有电流通过的状态下，两个电极之间的电势差：

$$E = E_+ - E_- \qquad (6-1)$$

式中，E_+ 和 E_- 分别为正、负电极的电极电势。在热力学标准态下有：

$$E^{\ominus} = E_+^{\ominus} - E_-^{\ominus}$$

6.3.2 电极电势

    电极电势（Electrode Potentials）的产生可用双电层理论解释。当把金属单质（M）放入它的盐溶液（含金属离子 M^{n+}）中时，金属表面的金属原子受到极性水分子的作用，以正离子形式进入溶液而把电子留在金属的表面。金属越活泼或溶液中的金属离子浓度越小，这种倾向越大，如图 6-3（a）所示。另外，溶液中的金属离子从金属表面获得电子而沉积在金属的表面，金属活泼性越小或溶液中的金属离子浓度越大，这种倾向越大，如图 6-3（b）所示。当这两种相反过程的速率相等时就建立了平衡：

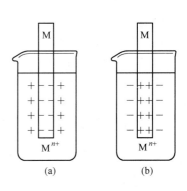

图 6-3 双电层示意图
（a）活泼金属；（b）不活泼金属

$$M^{n+} + ne \Longrightarrow M \qquad (6-2)$$

    当达到平衡时，如果金属失去电子变为金属离子进入溶液的倾向较大时，金属表面带负电荷，靠近金属表面的溶液带正电荷，形成双电层，产生电极电势，如图 6-3（a）所示；相反，如果溶液中的金属离子获得电子沉积在金属表面的倾向较大时，金属表面带正电荷，靠近金属表面的溶液带负电荷，也形成双电层，产生电极电势，如图 6-3（b）所示。

    产生于金属和它的盐溶液界面之间的电势差称为该金属的平衡电极电势，简称电极电势，以符号 $E(M^{n+}/M)$ 表示。如果组成电极的所有物质都在各自标准态下，所测得的电极电势称作该电极的标准电极电势，以 $E^{\ominus}(M^{n+}/M)$ 表示。

6.3.3 标准电极电势的确定

不同金属由于活泼性不同而具有不同的电极电势。迄今为止，人们还无法测出电极电势的绝对值。通常是选择某一电极的电势为标准，将其他电极与之比较测得相对值。在水溶液电化学中，统一采用标准氢电极作为参比标准电极。标准氢电极（Standard Hydrogen Electrode）如图 6-4 所示，把镀有一层铂黑的铂片浸入 H^+ 活度为 1mol/L 的溶液中，通入压强为 100kPa 的纯氢气，这样的电极作为标准氢电极，其电极符号为 $Pt|H_2(100kPa)|H^+(1mol/L)$，规定其标准电极电势为零：

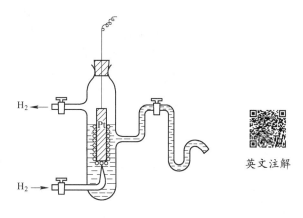

图 6-4　标准氢电极

英文注解

$$E^{\ominus}(H^+/H_2) = 0.0V$$

欲测定某电极的电极电势，可将待测电极的半电池与标准氢电极半电池组成原电池，测出原电池的电动势 E，计算待测电极相对于标准氢电极的电极电势，即为该电极的电极电势。例如，测定锌电极的标准电极电势，用标准氢电极与标准锌电极组成原电池。电流从氢电极流向锌电极，故氢电极为正极，锌电极为负极，用电位差计测得标准电动势（$E^{\ominus}$）为 0.7618V。根据式（6-1）$E^{\ominus} = E^{\ominus}_+ - E^{\ominus}_-$，可计算出标准锌电极的电极电势 $E^{\ominus}(Zn^{2+}/Zn) = -0.7618V$。

又如，测定铜电极的标准电极电势，则组成下列原电池：

$$(-)Pt|H_2(100kPa)|H^+(1.0mol/L)\parallel Cu^{2+}(1.0mol/L)|Cu(+)$$

同样根据电位计指针偏转方向，可知铜电极为正极，氢电极为负极。298.15K 时，测得此原电池的标准电动势为 0.3419V，即：

$$E^{\ominus} = E^{\ominus}_+ - E^{\ominus}_- = E^{\ominus}(Cu^{2+}/Cu) - E^{\ominus}(H^+/H_2) = 0.3419V$$

因为 $E^{\ominus}(H^+/H_2) = 0V$，所以 $E^{\ominus}(Cu^{2+}/Cu) = +0.3419V$，"+"号表示与标准氢电极组成原电池时，该电极为正极。

使用标准电极电势数值时应注意以下问题：

（1）电极反应中所有离子的浓度为 $c^{\ominus}$，气体为标准压强 $p^{\ominus}$。当物质处于非标准态时，电极电势发生改变。

（2）电极电势是强度性质，不具有加和性。也就是说，电极反应的计量系数不会改变电极电势的数值。例如，O_2/H_2O 在酸性条件下的电极反应无论用下面哪个电极反应表示：

$$O_2 + 4H^+ + 4e \longrightarrow 2H_2O$$

$$2O_2 + 8H^+ + 8e \longrightarrow 4H_2O$$

它的标准电极电势均为 1.229V。

（3）$E^{\ominus}$ 表示物质的氧化还原能力，与反应速率无关。例如，虽然钙的电极电势比钠小，但钠与水的反应比钙的反应剧烈，受动力学控制，与电极电势无关。

（4） $E^{\ominus}$ 数据只限于水溶液中使用，不适用于非水溶液。

在实际使用中，由于标准氢电极操作条件难以控制，常以饱和甘汞电极（Saturated Calomel Electrode）代替标准氢电极，称作参比电极。甘汞电极稳定性好，使用方便。饱和甘汞电极的电极符号为：$Pt|Hg|Hg_2Cl_2|KCl$（饱和），电极反应为：$Hg_2Cl_2(s) + 2e \rightleftharpoons 2Hg(l) + 2Cl^-(aq)$，25℃ 时饱和甘汞电极的标准电极电势为 0.2681V。

6.4 Nernst 方程

6.4.1 原电池电动势与 Gibbs 函数

英文注解

若电池在恒温、恒压下可逆放电，则所做的电功是最大非膨胀功，即 W'_{max}。设电池的电动势为 E，电池反应的 Gibbs 自由能变化为 $\Delta_r G_m$，电池中有 n mol 电子发生了转移，那么通过全电路的电量就为 nF 库仑，F 为法拉第常数。根据物理学可知，所做电功为 $-nFE$，因此有：

$$\Delta_r G_m = -W'_{max} = -nFE \qquad (6\text{-}3)$$

式（6-3）是联系热力学与电化学的重要桥梁，如果测出电池的电动势，就可以计算电池反应的自由能变化（Free Energy Change）。如果反应处于标准态，有：

$$\Delta_r G_m^{\ominus} = -nFE^{\ominus} \qquad (6\text{-}4)$$

$$E^{\ominus} = -\frac{\Delta_r G_m^{\ominus}}{nF} \qquad (6\text{-}5)$$

利用式（6-5）和式（6-4）可由氧化还原反应的 $\Delta_r G_m^{\ominus}$ 计算所组成电池的标准电动势。

【例 6-4】 查表计算下列电池反应在 25℃、100kPa 时的标准电动势：

$$Cu^{2+}(aq) + Fe(s) \Longrightarrow Fe^{2+}(aq) + Cu(s)$$

解：反应 $Cu^{2+}(aq) + Fe(s) \rightleftharpoons Fe^{2+}(aq) + Cu(s)$ 的得失电子数为 2。

查表计算得 $\Delta_r G_m^{\ominus} = -149.92$ kJ/mol

$$E^{\ominus} = -\frac{\Delta_r G_m^{\ominus}}{nF} = \frac{149.92 \times 10^3}{2 \times 96500} = 0.78V$$

6.4.2 电动势的 Nernst 方程

英文注解

原电池的电动势与电池反应的 $\Delta_r G_m$ 有直接的关系，所以一切影响 $\Delta_r G_m$ 的因素都会影响电池的电动势，这些因素包括温度、压强、反应物和生成物的性质以及它们的浓度。在任意状态下，表征系统的 $\Delta_r G_m$ 与 $\Delta_r G_m^{\ominus}$ 关系热力学等温方程式为：

$$\Delta_r G_m = \Delta_r G_m^{\ominus} + RT\ln Q$$

式中，Q 为反应熵。将式（6-3）和式（6-4）代入上式，可得：

$$E = E^{\ominus} - \frac{RT}{nF}\ln Q \qquad (6\text{-}6)$$

已知 $F = 96500$ C/mol，$R = 8.314$ J/(mol·K)，在 298.15K 时，式（6-6）变为：

$$E = E^{\ominus} - \frac{0.0592}{n}\lg Q \tag{6-7}$$

式（6-7）是在常温下，电池电动势与反应物浓度（或压强）关系的 Nernst 方程式（Nernst Equation）。

【例 6-5】 25℃ 时，金属锌插入 0.10mol/L $ZnSO_4$ 溶液，金属银插入 0.0010mol/L $AgNO_3$ 溶液，组成原电池。计算电池电动势。

解：查表得：$E^{\ominus}(Zn^{2+}/Zn) = -0.7618V$，$E^{\ominus}(Ag^+/Ag) = 0.7996V$。

电对 Ag^+/Ag 为正极，Zn^{2+}/Zn 为负极：

$$E^{\ominus} = E^{\ominus}_+ - E^{\ominus}_- = E^{\ominus}(Ag^+/Ag) - E^{\ominus}(Zn^{2+}/Zn) = 1.56V$$

电池反应为：$2Ag^+(aq) + Zn(s) \rightleftharpoons Zn^{2+}(aq) + 2Ag(s)$

$$Q = \frac{c(Zn^{2+})}{c^2(Ag^+)} = \frac{0.10}{0.0010^2} = 1.0 \times 10^5$$

将有关数值代入式（6-7），可得：

$$E = E^{\ominus} - \frac{0.0592}{2} \times \lg(1.0 \times 10^5) = 1.41V$$

6.4.3 电极电势的 Nernst 方程

Nernst 方程式不仅适用于电池反应，也适用于电极反应。对于任意一个电极，电极反应通式为：氧化型 $+ne \rightleftharpoons$ 还原型，在 298.15K 时，电极电势与浓度（或分压）的关系的 Nernst 方程，可由热力学导出：

$$E = E^{\ominus} + \frac{0.0592}{z}\lg \frac{[氧化型]}{[还原型]} \tag{6-8}$$

式（6-8）称为电极电势的 Nernst 方程，其中，$E^{\ominus}$ 为标准电极电势；z 为电极反应中得失电子数。

使用 Nernst 方程时应注意，Nernst 方程中的浓度为相对浓度（$c/c^{\ominus}$），若有气体参加电极反应，则用相对分压（$p/p^{\ominus}$）表示，电极反应中的固体、液体不列入方程式；在电极反应中，若除了氧化型、还原型物质外，还有其他物质参加电极反应，则其浓度也要列入 Nernst 方程式。

【例 6-6】 已知高锰酸钾在酸性介质中的电极反应为：$MnO_4^- + 8H^+ + 5e \rightleftharpoons Mn^{2+} + 4H_2O$，若溶液中 $c(MnO_4^-) = c(Mn^{2+}) = 1mol/L$，试计算 H^+ 浓度为 $10^{-4}mol/L$ 时的电极电势。

解：电极反应：$MnO_4^- + 8H^+ + 5e \rightleftharpoons Mn^{2+} + 4H_2O$

查表得：$E^{\ominus}(MnO_4^-/Mn^{2+}) = 1.507V$

$$E(MnO_4^-/Mn^{2+}) = E^{\ominus}(MnO_4^-/Mn^{2+}) + \frac{0.0592}{n} \times \lg \frac{c(MnO_4^-)c^8(H^+)}{c(Mn^{2+})}$$

$$= 1.507V + \frac{0.0592}{5} \times \lg 10^{-32} = 1.13V$$

【例 6-7】 25℃ 时，电对 O_2/H_2O 的标准电极电势为 1.229V。当空气中 O_2 的分压为 21.0kPa 时，求中性水溶液中该电对的电极电势。

解：电极反应为：$O_2(g) + 4H^+(aq) + 4e \rightleftharpoons 2H_2O(l)$

在中性水溶液中，$c(H^+) = 1.00 \times 10^{-7}$ mol/L

由式（6-8）得：

$$E = E^{\ominus} + \frac{0.0592}{4} \times \lg\left[c^4(H^{2+})\frac{p(O_2)}{p^{\ominus}}\right]$$

$$= 1.229 + \frac{0.0592}{4} \times \lg\left[(1.0 \times 10^{-7})^4 \times \frac{21.0}{100}\right] = 0.80V$$

6.4.4 影响电极电势的因素

6.4.4.1 浓度或压强对电极电势的影响

由电极电势的 Nernst 方程可知，当温度一定时，对于确定的电对，氧化型或还原型物种的浓度（分压）发生改变，将对电极电势产生影响。氧化型物种的浓度（分压）增大，还原型物种的浓度（分压）减小，电极电势代数值增大；反之，电极电势代数值减小。

【例 6-8】 计算 25℃时，在 0.0010mol/L $CuSO_4$ 溶液中，铜电极的电极电势。

解：电极反应为：$Cu^{2+}(aq) + 2e \rightleftharpoons Cu(s)$

查表得：$E^{\ominus}(Cu^{2+}/Cu) = 0.3419V$

由式（6-8）得：

$$E = 0.3419 + \frac{0.0592}{2} \times \lg 0.0010 = 0.25V$$

【例 6-9】 计算 25℃时，电极 $Pt|Cl_2(30kPa)|Cl^-(1.0mol/L)$ 的电极电势。

解：电极反应为：$Cl_2(g) + 2e \rightleftharpoons 2Cl^-(aq)$

查表得：$E^{\ominus}(Cl_2/Cl^-) = 1.3583V$

由式（6-8）得：

$$E = 1.3583 + \frac{0.0592}{2} \times \lg\frac{p(Cl_2)/p^{\ominus}}{c^2(Cl^-)} = 1.34V$$

6.4.4.2 酸度对电极电势的影响

一些含氧酸（盐）或氢氧化物参加的电极反应，H^+ 或 OH^- 参加电极反应，虽然 H^+ 和 OH^- 的氧化数不发生改变，但它们的浓度改变会对电极电势产生影响。例如，电对 MnO_4^-/Mn^{2+} 构成的电极，电极反应为：

$$MnO_4^-(aq) + 5e + 8H^+(aq) \rightleftharpoons Mn^{2+}(aq) + 4H_2O(l)$$

H^+ 参加电极反应，且出现在氧化型一边，该电极的 Nernst 方程为：

$$E = E^{\ominus} + \frac{0.0592}{5} \times \lg\frac{c(MnO_4^-) \cdot c^8(H^+)}{c(Mn^{2+})}$$

可见，电对 MnO_4^-/Mn^{2+} 的电极电势与 H^+ 浓度的 8 次幂有关。H^+ 浓度的微小变化，将显著地改变电极电势的大小。

【例 6-10】 25℃时，电对 MnO_4^-/Mn^{2+} 在 pH = 5.00 的溶液中组成电极，计算该电极的电极电势（假设其他参加反应物质的浓度均为标准浓度）。

解：电极反应为：$MnO_4^-(aq) + 5e + 8H^+(aq) \rightleftharpoons Mn^{2+}(aq) + 4H_2O(l)$

$$E = E^\ominus + \frac{0.0592}{5} \times \lg \frac{c(MnO_4^-) \cdot c^8(H^+)}{c(Mn^{2+})}$$

查表得：$E^\ominus(MnO_4^-/Mn^{2+}) = 1.507V$

pH = 5.00，则 $c(H^+) = 1.0 \times 10^{-5}$ mol/L，其他离子浓度为 1.0mol/L，代入 Nernst 方程：

$$E = 1.507 + \frac{0.0592}{5} \times \lg(1.0 \times 10^{-5})^8 = 1.03V$$

可见，$E(MnO_4^-/Mn^{2+})$ 与溶液的酸性（pH 值）显著相关，随溶液的 pH 增加，$E(MnO_4^-/Mn^{2+})$ 较大幅度降低，氧化性随之也减弱；相反，当溶液的酸性增大时，$E(MnO_4^-/Mn^{2+})$ 增加，氧化性增强。其他含氧酸盐也有类似的性质。所以，在实验室内和生产中常在酸性介质中使用含氧酸盐作氧化剂。

对于有 H^+ 或 OH^- 与的电极反应，溶液的 pH 值变化将会影响电对的电极电势数值，根据 Nernst 方程可以定量计算各电对的电极电势随 pH 值的变化关系，将这种影响关系绘制成图，就是 pH 值电势图，如图 6-5 所示。

图 6-5 中，标注有"O_2""H_2"的两条实线分别代表的是 O_2/H_2O（碱性条件下 O_2/OH^-）和 H^+/H_2（碱性条件下 H_2O/H_2）的电极电势随 pH 值的变化，我们简称为"氧线"和"氢线"。"氧线"和"氢线"把水溶液中各电对的 E - pH 值图分成三个区域：

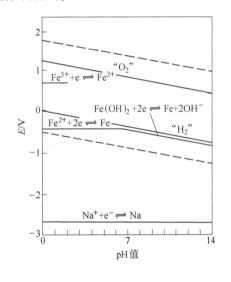

图 6-5　pH 值电势图

（1）一个电对的 E -pH 值曲线如果位于"氧线"之上，该电对的氧化型物质可以自发将 $H_2O(l)$ 氧化为 $O_2(g)$。$O_2(g)$ 在"氧线"之上的区域是热力学稳定的，该区域称为"氧稳定区"，简称"氧区"。

（2）一个电对的 E -pH 值曲线如果位于"氢线"之下，该电对的还原型物质可以自发将 $H_2O(l)$ 还原为 $H_2(g)$。$H_2(g)$ 在"氢线"之下的区域是热力学稳定的，该区域称为"氢稳定区"，简称"氢区"。

（3）一个电对的 E-pH 值曲线如果位于"氧线"和"氢线"之间，则无论是氧化型物质还是还原型物质，都不会自发与 $H_2O(l)$ 反应，该区域内 $H_2O(l)$ 在热力学上是稳定的，称为"水稳定区"，简称"水区"。

实际上，由于"电化学极化"引起的动力学原因，产生"过电势"，"氧线"向上平行移动约 0.5V，"氢线"向下平行移动约 0.5V（图 6-5 中虚线），导致实际"水稳定区"增大。

图 6-5 中，有些电对的电极反应中没有 H^+ 或 OH^- 出现，例如 $Na^+ + e \rightarrow Na$，这种电对的 E-pH 值线是平行于 x 轴的直线。当 E-pH 值曲线出现拐点时，意味着有新物质生成。例如，Fe^{3+}/Fe^{2+} 在酸性溶液中稳定存在（$E^{\ominus} = 0.771V$），但当 pH 值升高时，生成相应的 $Fe(OH)_3/Fe(OH)_2$。

应用 E-pH 值图，可以很方便地了解不同电对的氧化型物质和还原型物质在水溶液中的热力学稳定性随溶液 pH 值的变化；在 E-pH 值图中位于上方电对的氧化型物质，可以自发地将位于下方的另一电对的还原型物质氧化。

6.4.4.3 沉淀生成对电极电势的影响

如果有难溶电解质生成，将使溶液中的离子浓度发生显著变化，电极电势也将发生较大改变。此时，电极电势可通过溶度积和 Nernst 方程来计算。

【例 6-11】 25℃ 时，在银电极中加入 NaCl，使沉淀平衡后的 Cl^- 浓度为 1.0 mol/L。求此时银电极的电极电势。

解： 沉淀平衡反应为：$AgCl(s) \rightleftharpoons Cl^-(aq) + Ag^+(aq)$

$$K_{sp}^{\ominus} = 1.77 \times 10^{-10}$$

$$c(Ag^+) = \frac{K_{sp}^{\ominus}}{c(Cl^-)} = \frac{1.77 \times 10^{-10}}{1.0} = 1.77 \times 10^{-10} \, mol/L$$

电极反应为：

$$Ag^+(aq) + e \rightleftharpoons Ag(s)$$
$$E^{\ominus}(Ag^+/Ag) = 0.7996V$$

根据 Nernst 方程：

$$E = 0.7996 + 0.0592 \times \lg(1.77 \times 10^{-10}) = 0.22V$$

【例 6-12】 中的银电极实际上已构成标准氯化银电极 $Ag|AgCl|Cl^-(1.0 mol/L)$，电极反应为：

$$AgCl(s) + e \rightleftharpoons Ag(s) + Cl^-(aq)$$

其标准电极电势 $E^{\ominus}(AgCl/Ag) = 0.222V$。因此，卤化银电极的标准电极电势 $E^{\ominus}(AgX/Ag)$ 和银电极的标准电极电势 $E^{\ominus}(Ag^+/Ag)$ 的关系：

$$E^{\ominus}(AgX/Ag) = E^{\ominus}(Ag^+/Ag) + 0.0592 \times \lg[K_{sp}^{\ominus}(AgX)] \qquad (6-9)$$

由式（6-9）可知，卤化银的溶度积常数越小，对应电极的标准电极电势越小。

沉淀生成对电极电势的影响，实质是溶液中离子浓度对电极电势的影响。因此，凡是能改变溶液中离子浓度的因素，对电极电势都有影响。如果生成配合物或弱电解质等，对电极电势都有较大的影响。

6.5 电极电势的应用

6.5.1 判断原电池的正、负极，计算原电池的电动势

在原电池中，电极电势代数值大的电极称作正极，电极电势代数值小的电极称作负极。电池的电动势等于正负极的电势差：$E = E_+ - E_-$。

【例 6-13】 用以下两个电极组成原电池：(1)$Zn|Zn^{2+}(1.0mol/L)$，(2) $Zn|Zn^{2+}$ $(0.001mol/L)$，判断正、负极，计算电动势。

解：
$$E_2(Zn^{2+}/Zn) = E^{\ominus} + 0.0296 \times lg0.001 = -0.851V$$
$$E_1(Zn^{2+}/Zn) = E^{\ominus} = -0.7618V$$

可见：(1)为正极，(2)为负极，其电动势为：$E = E_+ - E_- = E_1 - E_2 = 0.089V$。这种电池称为浓差电池，电动势较小。

6.5.2 判断氧化剂、还原剂的相对强弱

不同电对具有不同的电极电势，电极电势的大小与电对的氧化还原性质有着直接的关系。表 6-3 列出了一些电对的标准电极电势。

表 6-3 一些电对的标准电极电势（298.15K）

电 对	Ox+ne═Red	$E_A^{\ominus}/V$
K^+/K	$K^+ + e ═ K$	−2.931
Ca^{2+}/Ca	$Ca^{2+} + 2e ═ Ca$	−2.868
Na^+/Na	$Na^+ + e ═ Na$	−2.710
Mg^{2+}/Mg	$Mg^{2+} + 2e ═ Mg$	−2.372
Al^{3+}/Al	$Al^{3+} + 3e ═ Al$	−1.676
Zn^{2+}/Zn	$Zn^{2+} + 2e ═ Zn$	−0.7618
Fe^{2+}/Fe	$Fe^{2+} + 2e ═ Fe$	−0.447
Sn^{2+}/Sn	$Sn^{2+} + 2e ═ Sn$	−0.1375
Pb^{2+}/Pb	$Pb^{2+} + 2e ═ Pb$	−0.1262
H^+/H	$2H^+ + 2e ═ H_2$	+0.0000
Cu^{2+}/Cu	$Cu^{2+} + 2e ═ Cu$	+0.3419
Hg_2^{2+}/Hg	$Hg_2^{2+} + 2e ═ 2Hg$	+0.7973
Ag^+/Ag	$Ag^+ + e ═ Ag$	+0.7996
Pt^{2+}/Pt	$Pt^{2+} + 2e ═ Pt$	~+1.18
Au^{3+}/Au	$Au^{3+} + 3e ═ Au$	+1.498

（氧化剂的氧化能力增强　还原剂的还原能力减弱　代数值增大）

电极电势代数值越小，电对所对应的还原型物质的还原能力越强，氧化型物质的氧化能力越弱。电极电势代数值越大，电对所对应的氧化型物质的氧化能力越强，还原型物质的还原能力越弱。

6.5.3 判断氧化还原反应进行的方向

在恒温恒压下，判断化学反应自发进行方向的依据是最小自由能原理，即：$\Delta_r G_m < 0$，反应正向自发进行；$\Delta_r G_m > 0$，反应逆向自发进行。对于氧化还原反应，同样可以依据最小自由能原理判断氧化还原反应自发进行的方向。氧化还原反应的 $\Delta_r G_m$ 与所构成原电池的电动势 E 之间存在关系式（6-3），即：$\Delta_r G_m = -W'_{max} = -nFE$。所以，对于任意氧化还原反应方向的判断遵循以下规律：

$\Delta_r G_m < 0$，$E > 0$，反应向正向进行；

$\Delta_r G_m = 0$，$E = 0$，处于平衡状态；

$\Delta_r G_m > 0$，$E < 0$，反应向逆向进行。

对于氧化还原反应，可以直接根据电动势 E 判断氧化还原反应自发进行的方

英文注解

向，这就是化学反应自发进行方向的电动势判据。在氧化还原反应组成的原电池中，氧化剂电对为正极，还原剂电对为负极，电动势 $E = E_+ - E_-$。因此，正极电极电势大于负极电极电势，即 $E_+ > E_-$ 时，反应正向自发进行；反之，当 $E_- > E_+$ 时，反应逆向自发进行。

【例 6-14】 试判断在标准态下，下列反应自发进行的方向：$2Fe^{3+} + 2Br^- \rightleftharpoons 2Fe^{2+} + Br_2$。

解：将此反应分成两个电极反应，查表得：

$$Fe^{3+} + e \rightleftharpoons Fe^{2+} \qquad E^\ominus = 0.771V$$
$$Br_2 + 2e \rightleftharpoons 2Br^- \qquad E^\ominus = 1.066V$$

根据反应方程式组成原电池，Fe^{3+}/Fe^{2+} 为正极，Br_2/Br^- 为负极。

电池的标准电极电势为：$E^\ominus = E_+^\ominus - E_-^\ominus = 0.771 - 1.066 = -0.30V < 0$

所以，此氧化还原反应在标准态下，正向不能自发进行，逆向可以自发进行。

【例 6-15】 在 1.0mol/L HNO_3 溶液中，MnO_4^- 能否将 Br^- 氧化为 Br_2？在 pH = 5 的介质中，MnO_4^- 能否将 Br^- 氧化为 Br_2？（假设其他物质处于标准态）

解：正极反应：$MnO_4^-(s) + 8H^+(aq) + 5e \rightleftharpoons Mn^{2+}(aq) + 4H_2O(l)$

负极反应：$2Br^-(aq) \rightleftharpoons Br_2(l) + 2e$

查表知：$E_+^\ominus = E^\ominus(MnO_4^-/Mn^{2+}) = 1.507V$，$E_-^\ominus = E^\ominus(Br_2/Br^-) = 1.066V$

（1）在 1.0mol/L HNO_3 溶液中，$c(H^+) = 1.0$mol/L，其他反应物浓度看作标准状态，因而可以用标准电动势 $E^\ominus$ 判断。

$E^\ominus = 1.507 - 1.066 = 0.441V > 0$，反应正向进行，即 MnO_4^- 可以氧化 Br^-。

（2）在 pH = 5 的介质中，$c(H^+) = 10^{-5}$mol/L，其他反应物浓度仍看作标准状态。

$$E_+ = E_+^\ominus + \frac{0.0592}{5} \times \lg \frac{[c(H^+)/c^\ominus]^8 \cdot [c(MnO_4^-)/c^\ominus]}{c(Mn^{2+})/c^\ominus}$$
$$= E_+^\ominus + 8 \times \frac{0.0592}{5} \times \lg \frac{c(H^+)}{c^\ominus}$$
$$= 1.507 + 1.6 \times 0.0592 \times \lg(10^{-5}) = 1.03V$$
$$E_- = E_-^\ominus = 1.066V$$

$E_+ < E_-$，反应逆向进行，即 MnO_4^- 不能氧化 Br^-。

由例 6-15 计算结果可知，判断氧化还原反应自发进行的方向，严格来说，应根据 Nernst 方程求出给定条件下各电对的电极电势值，然后再进行判断。但是，由于浓度或分压的变化对电极电势数值的影响通常不太大，在实际生产中，可以用标准电池电动势 $E^\ominus$，根据以下经验规则判断任意状态下氧化还原反应进行方向：

$E^\ominus > 0.2V$，反应向正向进行；

$E^\ominus > -0.2V$，反应向逆向进行；

$-0.2V < E^\ominus < 0.2V$，不能确定，应根据具体浓度（分压）条件而定。

【例 6-16】 将金属铅分别放入 $FeCl_3$ 和盐酸溶液中，能否生成 Pb^{2+}？

解：（1）$FeCl_3$ 溶液中：$2Fe^{3+} + Pb \rightleftharpoons 2Fe^{2+} + Pb^{2+}$

$$E^{\ominus} = 0.771 - (-0.1262) = 0.8972V > 0.2V, \quad \text{能生成 } Pb^{2+}。$$

（2）盐酸溶液中：$2H^+ + Pb \Longrightarrow H_2 + Pb^{2+}$

$$E^{\ominus} = 0 - (-0.1262) = 0.1262V < 0.2V, \quad \text{不能确定是否生成 } Pb^{2+}。$$

6.5.4 判断氧化还原反应进行的程度

英文注解

根据电动势的 Nernst 方程式（25℃）：$E = E^{\ominus} - \dfrac{0.0592}{n} \lg Q$，当反应处于平衡状态时，$E = 0$，$Q = K^{\ominus}$，则氧化还原反应平衡常数与标准电池电动势的关系为：

$$\lg K^{\ominus} = \frac{nE^{\ominus}}{0.0592} \tag{6-10}$$

根据式（6-10）可知，一定温度下，氧化还原反应的标准平衡常数 $K^{\ominus}$ 只与标准电动势 $E^{\ominus}$ 有关，而与物质的浓度无关。$E^{\ominus}$ 越大，$K^{\ominus}$ 值越大，氧化还原反应进行得越完全。

【例6-17】 计算反应 $Cu^{2+}(aq) + Zn(1) \Longrightarrow Zn^{2+}(aq) + Cu(1)$ 在 298.15K 时的平衡常数 $K^{\ominus}$。

解：查表知：$E^{\ominus}_+ = E^{\ominus}(Cu^{2+}/Cu) = 0.3419V$，$E^{\ominus}_- = E(Zn^{2+}/Zn) = -0.7618V$

$$E^{\ominus} = E^{\ominus}(Cu^{2+}/Cu) - E^{\ominus}(Zn^{2+}/Zn) = 1.10V$$

$$\lg K^{\ominus} = \frac{nE^{\ominus}}{0.0592} = \frac{2 \times 1.1}{0.0592} = 37.16$$

$$K^{\ominus} = 1.45 \times 10^{37}$$

【例6-18】 在制碘厂，原料海带用自来水浸泡 30min，90%~95% 的碘以 I^- 进入水中，浓度约 0.4g/L，然后加入氧化剂使碘析出。计算碘离子与不同氧化剂（Fe^{3+}，HNO_2，$HClO$）反应时的平衡常数。（已知 $E^{\ominus}(I_2/I^-) = 0.5355V$，$E^{\ominus}(IO_3^-/I^-) = 1.085V$，$E^{\ominus}(Fe^{3+}/Fe^{2+}) = 0.771V$，$E^{\ominus}(HNO_2/NO) = 0.983V$，$E^{\ominus}(HClO/Cl^-) = 1.482V$）。

（1）$Fe^{3+} + I^- \Longrightarrow Fe^{2+} + \dfrac{1}{2}I_2(s)$

（2）$HNO_2 + I^- + H^+ \Longrightarrow NO + H_2O + \dfrac{1}{2}I_2(s)$

（3）$3HClO + I^- \Longrightarrow 3Cl^- + IO_3^- + 3H^+$

解：（1）$E^{\ominus} = E^{\ominus}(Fe^{3+}/Fe^{2+}) - E^{\ominus}(I_2/I^-) = 0.771 - 0.5355 = 0.24V$

$$\lg K^{\ominus} = 0.24/0.0592 = 4.05, \quad K^{\ominus} = 1.12 \times 10^4$$

（2）$E^{\ominus} = E^{\ominus}(HNO_2/NO) - E^{\ominus}(I_2/I^-) = 0.983 - 0.5355 = 0.45V$

$$\lg K^{\ominus} = 0.45/0.0592 = 7.60, \quad K^{\ominus} = 3.98 \times 10^7$$

（3）$E^{\ominus} = E^{\ominus}(HClO/Cl^-) - E^{\ominus}(IO_3^-/I^-) = 1.482 - 1.085 = 0.40V$

$$\lg K^{\ominus} = 6 \times 0.40/0.0592 = 41.54, \quad K^{\ominus} = 3.47 \times 10^{40}$$

在实际生产中，使用 $Ca(ClO)_2$ 为氧化剂，控制酸度和用量，使一部分 I^- 被氧化为 IO_3^-，IO_3^- 将 I^- 部分氧化为 I_2，尚余一部分 I^-，生成 I_3^-，通过离子交换方法回收。

6.5.5　计算弱酸的解离常数以及难溶电解质的溶度积常数

【例6-19】　已知电极反应 $2H^+ + 2e = H_2(g)$，$E^\ominus = 0.0V$，向体系中加入 NaOAc，使得 $c(HOAc) = c(NaOAc) = 1.0mol/L$，已知 $p(H_2) = p^\ominus$，求 $E(H^+/H_2)$。

解：根据 Nernst 方程：

$$E(H^+/H_2) = E^\ominus(H^+/H_2) + \frac{0.0592}{2} \times \lg \frac{[c(H^+/c^\ominus)]^2}{p(H_2)/P^\ominus} = 0.0592 \times \lg c(H^+)$$

对于 HOAc-NaOAc 缓冲体系，溶液中 H^+ 浓度满足如下关系式：

$$c(H^+) = K_a^\ominus(HOAc) \times \frac{c(HOAc)}{c(NaOAc)} = 1.75 \times 10^{-5}mol/L$$

将 H^+ 浓度代入 Nernst 方程，可得：

$$E(H^+/H_2) = 0.0592 \times \lg K_a^\ominus(HOAc) = -0.28V$$

上面计算得到的 $E(H^+/H_2)$ 是溶液中 $c(HOAc) = c(NaOAc) = 1.0mol/L$ 时的电极电势，可以认为是下面电极反应 $2HOAc + 2e \rightarrow 2OAc^- + H_2(g)$ 的标准电极电势。因此，对于一元弱酸（HA）和 H_2 组成的电对的标准电极电势与弱酸的解离常数之间存在如下关系式（298.15K）：

$$E^\ominus(HA/H_2) = 0.0592 \times \lg K_a^\ominus(HA) \tag{6-11}$$

根据式（6-11），如果已知 $E^\ominus(HA/H_2)$，可以计算弱酸的 $K_a^\ominus$。

【例6-20】　已知 $E^\ominus(Ag_2S/Ag) = -0.691V$，$E^\ominus(Ag^+/Ag) = +0.7996V$，计算 $K_{sp}^\ominus(Ag_2S)$。

解：电对 Ag_2S/Ag 对应的电极反应为：

$$Ag_2S + 2e \longrightarrow 2Ag + S^{2-}$$

根据 Nernst 方程可得：

$$E^\ominus(Ag_2S/Ag) = E^\ominus(Ag^+/Ag) + \frac{0.0592}{2} \times \lg K_{sp}^\ominus(Ag_2S)$$

代入已知数值，可得 $\lg K_{sp}^\ominus(Ag_2S) = -50.36$，$K_{sp}^\ominus(Ag_2S) = 4.36 \times 10^{-51}$

6.5.6　元素电势图及其应用

英文注解

同一元素具有多种氧化态，为了直观了解各氧化态之间的氧化还原能力，把各氧化态之间所构成电对的标准电极电势用图解表示出来，这种图形称作元素电势图。在元素电势图中，从左至右元素的氧化数由高到低排列，两种氧化态之间以直线连接，在直线上标明该电对的标准电极电势。例如，溴元素在酸性介质中的电势图（图中电势的单位为 V）为：

$$BrO_3^- \xrightarrow{1.4535} HBrO \xrightarrow{1.596} Br_2 \xrightarrow{1.066} Br^-$$
$$\underset{1.482}{\underline{\hspace{6cm}}}$$

铜元素在酸性介质中的电势（单位为 V）图为：

$$Cu^{2+} \xrightarrow{\ 0.153\ } Cu^+ \xrightarrow{\ 0.521\ } Cu$$

Cu^+ 处于中间氧化态，因此，它既可以做氧化剂，又可以做还原剂。

元素电势图清楚地表示了同种元素不同氧化数物质的氧化能力、还原能力的相对大小，下面介绍元素电势图的主要用途。

6.5.6.1　判断歧化反应能否发生

歧化反应是一种自身氧化还原反应。例如，某元素的三种氧化态组成两个电对，按氧化态由高到低排列为：

$$A \xrightarrow{\ E^{\ominus}_{左}\ } B \xrightarrow{\ E^{\ominus}_{右}\ } C$$

如果 $E^{\ominus}_{右} > E^{\ominus}_{左}$，可以发生歧化反应，即：$B \rightarrow A + C$；反之，$E^{\ominus}_{右} < E^{\ominus}_{左}$，不可以发生歧化反应，但其逆反应可以发生，即：$A + C \rightarrow B$。

例如，在铜元素的电势图中，$E^{\ominus}(Cu^+/Cu) > E^{\ominus}(Cu^{2+}/Cu^+)$，即 $E^{\ominus}_{右} > E^{\ominus}_{左}$，所以，$Cu^+$ 能发生歧化反应：$Cu^+(aq) \rightleftharpoons Cu^{2+}(aq) + Cu(s)$。

在酸性介质中，铁的元素电势图为：

$$Fe^{3+} \xrightarrow{\ 0.771V\ } Fe^{2+} \xrightarrow{\ -0.447V\ } Fe$$

由于 $E^{\ominus}_{右} < E^{\ominus}_{左}$，$Fe^{2+}$ 不能发生歧化反应，但其逆反应可以自发进行：$2Fe^{3+}(aq) + Fe(1) \rightleftharpoons 3Fe^{2+}(aq)$，该反应常被用来稳定亚铁离子的水溶液，防止亚铁离子被氧化为铁离子。

6.5.6.2　计算某电对的标准电极电势

假定某一元素的电势图为：

$$A \xrightarrow[n_1]{E^{\ominus}_1} B \xrightarrow[n_2]{E^{\ominus}_2} C \xrightarrow[n_3]{E^{\ominus}_3} D$$

图中 n_i 为相邻氧化态的氧化数差值，从热力学可以推导出：

$$E^{\ominus} = \frac{n_1 E^{\ominus}_1 + n_2 E^{\ominus}_2 + n_3 E^{\ominus}_3}{n_1 + n_2 + n_3} \tag{6-12}$$

根据式（6-12），利用一些已知电对的标准电极电势，可以计算某些电对的未知标准电极电势。

【例 6-21】　根据氧元素在酸性介质中的元素电势图计算 $E^{\ominus}(O_2/H_2O)$。

$$O_2 \xrightarrow{\ 0.695V\ } H_2O_2 \xrightarrow{\ 1.776V\ } H_2O$$

解：
$$E^{\ominus}(O_2/H_2O) = \frac{0.695 + 1.776}{2} = 1.236V$$

【例 6-22】　根据氯在酸介质中的元素电势图计算 $E^{\ominus}(ClO_3^-/HClO)$，$E^{\ominus}(HClO_2/Cl^-)$。

$$ClO_4^- \xrightarrow{\ 1.189V\ } ClO_3^- \xrightarrow{\ 1.214V\ } HClO_2 \xrightarrow{\ 1.645V\ } HClO \xrightarrow{\ 1.611V\ } Cl_2 \xrightarrow{\ 1.3583V\ } Cl^-$$

解：
$$E^{\ominus}(ClO_3^-/HClO) = \frac{2 \times 1.214 + 2 \times 1.645}{4} = 1.43V$$

$$E^{\ominus}(HClO_2/Cl^-) = \frac{2 \times 1.645 + 1.611 + 1.3583}{4} = 1.56V$$

6.5.6.3 解释元素的氧化还原特性

例如，金属铁在酸性介质中的元素电势图为：

$$Fe^{3+} \xrightarrow{\ 0.771V\ } Fe^{2+} \xrightarrow{\ -0.447V\ } Fe$$

利用此电势图，可以预测金属铁在酸性介质中的一些氧化还原行为。

（1）金属铁与稀盐酸或稀硫酸等非氧化性酸反应时，由于 $E^{\ominus}(Fe^{2+}/Fe) < 0$，而 $E^{\ominus}(Fe^{3+}/Fe^{2+}) > 0$，所以反应产物主要是 Fe^{2+}，即：$Fe + 2H^+ \rightarrow Fe^{2+}$。

（2）在酸性介质中，Fe^{2+} 不稳定，易被空气中的氧所氧化。因为 $E^{\ominus}(O_2/H_2O) = 1.229V$，远大于 $E^{\ominus}(Fe^{3+}/Fe^{2+})$，所以可发生如下反应：$4Fe^{2+} + O_2 + 4H^+ \rightarrow 4Fe^{3+} + 2H_2O$。

（3）由于 $E^{\ominus}(Fe^{2+}/Fe) < E^{\ominus}(Fe^{3+}/Fe^{2+})$，所以 Fe^{2+} 不会发生歧化反应，但是其逆反应可以发生，即：$Fe + 2Fe^{3+} \rightarrow 3Fe^{2+}$。因此，在 Fe^{2+} 盐溶液中加入金属 Fe，能避免 Fe^{2+} 被空气中的氧氧化。

（4）在酸性介质中，最稳定的是 Fe^{3+}，而非 Fe^{2+}。

6.6 化学电源

英文注解

将化学反应放出来的能量转换成电能的装置称为化学电源，例如干电池、蓄电池、燃料电池。由于化学电源具有能量转换效率高、性能可靠、工作时没有噪声、携带和使用方便、对环境适应性强、工作范围广等独特优点，因而被广泛应用。

6.6.1 干电池

干电池（Dry Battery）只能放电一次，故又称一次电池（Primary Battery）。

6.6.1.1 锌锰干电池

英文注解

用于普通手电筒和小型器械上的干电池，由锌皮（外壳）作电极，插在电池中心的石墨棒和 MnO_2 作正极，两极之间填有 $ZnCl_2$ 和 NH_4Cl 的糊状混合物。

锌锰干电池产生电能的反应可表示为：

负极反应：$Zn \Longrightarrow Zn^{2+} + 2e$

正极反应：$2MnO_2 + 2NH_4^+ + 2e \Longrightarrow 2MnO(OH) + 2NH_3$

总反应式：$Zn + 2MnO_2 + 2NH_4^+ \Longrightarrow Zn^{2+} + 2MnO(OH) + 2NH_3$

它的电池符号为：$(-)Zn|Zn^{2+}, NH_4Cl(糊状)|MnO_2|石墨(+)$

干电池产生的电动势约为 1.5V。它的优点是携带方便，但由于其具有不可逆性，使用时间有限。现在常用的干电池是碱性锌锰干电池，与普通锌锰干电池不同，电池使用氢氧化钾（KOH）或氢氧化钠（NaOH）的水溶液做电解质溶液，负极由锌片改为锌粉，外壳改用钢皮，其电极反应和电池反应为：

负极反应：$Zn + 2OH^- \Longrightarrow ZnO + H_2O + 2e^-$

正极反应：$2MnO_2 + 2H_2O + 2e^- \Longrightarrow 2MnO(OH) + 2OH^-$

总反应为：$Zn + 2MnO_2 + H_2O \rightleftharpoons ZnO + 2MnO(OH)$

这类电池的电解液由原来的中性变为碱性，更多的离子参与导电，负极也由锌片改为锌粉，反应面积成倍增长，使放电电流大幅度提高。据测试，这类电池的容量和放电时间比普通锌锰干电池增加几倍。

6.6.1.2　银锌碱性电池

银锌碱性电池常用于电子表、电子计算器及自动曝光照相机等，其电极反应和电池反应为：

负极反应：$Zn + 2OH^- \rightleftharpoons Zn(OH)_2 + 2e$

正极反应：$Ag_2O + H_2O + 2e \rightleftharpoons 2Ag + 2OH^-$

电池总反应：$Zn + Ag_2O + H_2O \rightleftharpoons 2Ag + Zn(OH)_2$

英文注解

它的电能量大，能大电流放电，加上近年来又制成了可长期以干态储存的一次电池，在运载火箭、导弹系统上已大量采用这种电池。

6.6.1.3　锌汞碱性电池

常用于助听器、心脏起搏器等小型的锌汞电池，形似"纽扣"，所以也叫做"纽扣"电池。它的锌汞齐为负极，HgO 和碳粉为正极，内含饱和 ZnO 的 KOH 糊状物为电解质，组成电池：$(-)Zn(Hg)|KOH(糊状，饱和ZnO)|HgO|Hg(+)$。锌汞电池的工作电压稳定，整个放电过程电压变化不大，保持在 1.34V 左右。

英文注解

6.6.2　蓄电池

蓄电池是常用的化学电源。在使用前，借助外来直流电使蓄电池内部进行氧化还原反应，把电能转变成化学能储蓄起来，这种蓄电过程叫做充电。充电后的蓄电池就可当电池使用，此时把储藏的化学能又转变为电能，这个过程叫做放电。蓄电池可通过多次充电、放电反复使用，故又称为二次电池（Second Battery）。

6.6.2.1　铅酸蓄电池（Lead-acid Storage Battery）

铅酸蓄电池的负极是一组充满海绵状灰铅的铅板，正极是一组充满 PbO_2 的铅板，电解质是相对密度为 $1.25 \sim 1.30 \text{g/cm}^3$ 的硫酸。其电极反应和电池反应为：

负极反应：$Pb + SO_4^{2-} \rightleftharpoons PbSO_4 + 2e$

正极反应：$PbO_2 + 4H^+ + SO_4^{2-} + 2e \rightleftharpoons PbSO_4 + 2H_2O$

电池总反应：$Pb + PbO_2 + 2H_2SO_4 \rightleftharpoons 2PbSO_4 + 2H_2O$

英文注解

铅酸蓄电池的优点是价格便宜，常用作汽车和柴油机车的启动电源，搬运车辆、坑道、矿山车辆和潜艇的动力电源以及变电站的备用电源。它的缺点是笨重、抗震性差，而且浓硫酸有腐蚀性。铅酸蓄电池技术正在不断改进中，已有硅胶蓄电池和少维护蓄电池问世。

6.6.2.2　镉镍电池（Nickel-cadmium Battery）

负极反应：$Cd + 2OH^- \rightleftharpoons Cd(OH)_2 + 2e$

正极反应：$2NiOOH + 2H_2O + 2e \rightleftharpoons 2Ni(OH)_2 + 2OH^-$

电池总反应：$Cd + 2NiOOH + 2H_2O \rightleftharpoons Cd(OH)_2 + 2Ni(OH)_2$

英文注解

镉镍电池比铅酸电池昂贵，但坚固耐用，且质量轻、体积小、抗震性好。除工业应用外，还可以用于电动剃须刀、收录机与小型计算器，这种电池的电压大约为 1.3V。

6.6.3　锂离子电池

英文注解

锂离子电池（Lithium Ion Battery）是一种充电电池，目前手机和笔记本电脑使用的都是锂离子电池，通常人们俗称其为锂电池。和所有化学电池一样，锂离子电池也由三个部分组成：正极、负极和电解质。目前主流产品正极材料多采用锂铁磷酸盐，负极材料多采用石墨，电解质溶液溶质常采用锂盐，如高氯酸锂（$LiClO_4$）、六氟磷酸锂（$LiPF_6$）、四氟硼酸锂（$LiBF_4$），溶剂常采用有机溶剂，如乙醚、乙烯碳酸醋、丙烯碳酸醋、二乙基碳酸酯等。其电极反应和电池总反应为：

正极反应：$LiFePO_4 \Longrightarrow Li_{1-x}FePO_4 + xLi + xe$

负极反应：$xLi + xe + 6C \Longrightarrow Li_xC_6$

电池总反应：$LiFePO_4 + 6C \Longrightarrow Li_xC_6 + Li_{1-x}FePO_4$

锂离子电池能量密度大，平均输出电压高，自放电小，没有记忆效应，工作温度范围宽（$-20 \sim 60℃$），循环性能优越，可快速充放电，充电效率高达 100%，而且输出功率大，使用寿命长，不含有毒有害物质，又被称为绿色电池。

6.6.4　燃料电池

英文注解

燃料电池（Fuel Cell）是一种将氢和氧的化学能通过电极反应直接转换成电能的装置。这种装置的最大特点是由于反应过程中不涉及燃烧，因此其能量转换效率不受"卡诺循环"的限制，能量转换效率高达 60%~80%。另外，它还具有燃料多样化、排气干净、噪声低、对环境污染小、可靠性及维修性好等优点。

氢氧燃料电池装置从本质上说是水电解的一个"逆"装置。电解水过程中，通过外加电源将水电解，产生氢和氧；而在燃料电池中，则是氢和氧通过电化学反应生成水，并释放出电能。燃料电池的基本结构与电解水装置是相类似的，它主要由四部分组成，即阳极、阴极、电解质和外部电路。图 6-6 所示为碱性氢氧燃料电池

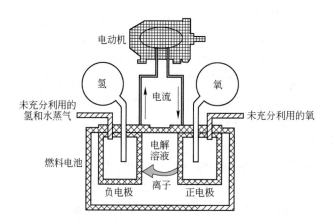

图 6-6　氢氧燃料电池组成示意图

组成基本单元示意图，以多孔镍电极为电池负极，多孔氧化镍覆盖的镍为正极。用多孔隔膜将电池分成三部分：中间部分盛有 70% KOH 溶液，左侧通入燃料 H_2，右侧通入 O_2。气体通过隔膜扩散到 KOH 溶液部分，发生下列电极和电池反应：

负极反应：$H_2(g) + 2OH^- - 2e \Longrightarrow 2H_2O(l)$

正极反应：$\frac{1}{2}O_2(g) + H_2O + 2e \Longrightarrow 2OH^-$

电池总反应：$H_2(g) + \frac{1}{2}O_2(g) \Longrightarrow H_2O(l)$

燃料电池之所以越来越受世人瞩目，是因为它具有其他能量发生装置不可比拟的优越性，主要表现为洁净和高效率。

6.7 电解及其应用

6.7.1 电解

电解（Electrolysis）是使用直流电促使热力学非自发的氧化还原反应发生的过程，相应的装置称为电解池，即把"电能"转化为"化学能"的装置。

电解水使用的电解池的构造如图 6-7 所示。与直流电源正极相连的电解池电极称为阳极（Anode），阳极表面总是发生氧化反应；与直流电源负极相连的电解池电极称为阴极（Cathode），阴极表面总是发生还原反应。在电解池外电路，电子流动产生电流，而在电解池内部，则是正离子和负离子的定向运动。

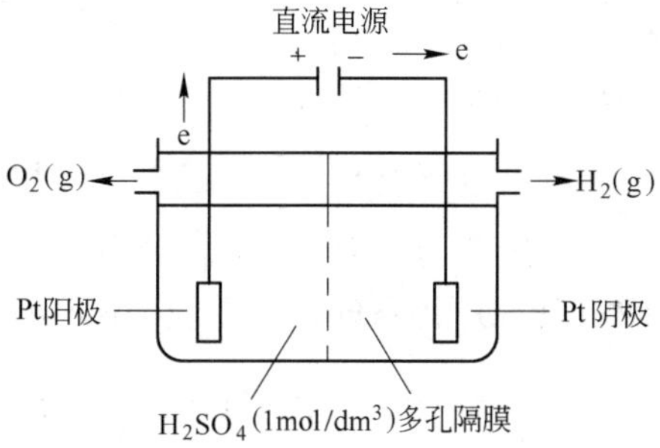

以水的电解为例，说明电解的原理。水的分解反应为：

英文注解

直流电源

$O_2(g)$ ← | → $H_2(g)$

Pt阳极 ——   —— Pt阴极

$H_2SO_4(1mol/dm^3)$ 多孔隔膜

图 6-7 电解水使用的电解池
构造示意图

$$H_2O(l) \Longrightarrow H_2(g) + \frac{1}{2}O_2(g)$$

298.15K 时该反应的标准自由能变化为：

$$\Delta_r G_m^{\ominus} = +237kJ/mol$$

可见，标准态下，该反应是热力学非自发的反应，由 $\Delta_r G_m^{\ominus} = -nFE^{\ominus}$，得：

$$E^{\ominus} = -1.23V$$

理论上说，只要对上述系统施加大于 1.23V 的外加直流电压，这个反应就可以向右进行。这种由 $\Delta_r G^{\ominus}$ 或 $E^{\ominus}$ 理论上计算的、使热力学非自发的氧化还原反应得以进行的最低外加电压，称为理论分解电压。但是，用铂作电极时，实验测得的分解电压约为 1.7V，实验测得的分解电压称为实际分解电压。改变电极材料，实际分解电压也会发生变化。例如，用石墨作电极时，实际分解电压约为 2.02V；而用铅作电极时，实际分解电压约为 2.2V。

对于同一个电解系统，实际分解电压与理论分解电压的差异起因于电池内阻（$R_内$）引起的电压降（$V = IR_内$）以及产生的过电势（Overpotential），属于反应延缓引起的动力学问题。过电势的出现使阳极实际电极电势更大，阴极实际电极电势更小，因而实际分解电压大于理论分解电压。

过电势的大小还与所使用的电极材料有关。对于同一电解液、在同一电流密度下，使用不同的电极材料，产生的过电势的大小不同，见表 6-4。

表 6-4 H_2、O_2 析出的过电势的大小与使用的电极材料的关系

电极材料	过电势 η/V	
	H_2（1mol/dm³ H_2SO_4）	O_2（1mol/dm³ KOH）
Pt（镀铂黑）	0.048	0.77
Pt（光滑）	0.68	1.49
Ag	0.48	1.13
Au	0.24	1.63
Cu	0.48	0.79
Ni	0.56	0.85
石墨	0.60	1.24

注：电流密度 $j = 1.0A/m^2$，$T = 298.15K$。

资料来源：迪安 J A. 兰氏化学手册 [M]. 2 版. 北京：科学出版社，2003。

为了减少电解液的内阻，通常往水里加入低浓度的酸或碱电解质，如 H_2SO_4 或 NaOH 等。不过，电解时，SO_4^{2-} 或 Na^+ 并不放电。

$H_2O\text{-}H_2SO_4$ 体系的电解反应为阳极反应：

$$H_2O(l) = \frac{1}{2}O_2(g) + 2H^+(aq) + 2e$$

阴极反应：

$$2H^+(aq) + 2e = H_2(g)$$

阳极反应式和阴极反应式相加，得电解总反应：

$$H_2O(l) = H_2(g) + \frac{1}{2}O_2(g)$$

如果是 $H_2O\text{-}NaOH$ 体系，则电解反应为：
阳极反应：

$$2OH^-(aq) = \frac{1}{2}O_2(g) + H_2O(l) + 2e$$

阴极反应：

$$2H_2O(l) + 2e = H_2(g) + 2OH^-(aq)$$

阳极反应式和阴极反应式相加，得电解总反应：

$$H_2O(l) = H_2(g) + \frac{1}{2}O_2(g)$$

可见，电解 $H_2O-H_2SO_4$ 体系和电解 $H_2O-NaOH$ 体系的总反应相同，均是 $H_2O(1)$ 分解为 $H_2(g)$ 和 $O_2(g)$。H_2SO_4 和 NaOH 作为电解质，起着降低电解池内阻的作用。

6.7.2 电镀

电镀（Electroplate）是应用电解原理在某些金属表面镀上一薄层其他金属或合金的过程。在电镀时，将需要镀层的金属零件作为阴极，而用作镀层的金属（如 Cu、Zn、Ni 等）作为阳极，两极置于预镀金属的盐溶液中，外接直流电源。

如用金属锌作阳极，阴极为一需要镀锌的零件，对 $ZnCl_2$ 溶液进行电解。在阳极上，由于 Zn 比 OH^- 和 Cl^- 容易氧化，因而 OH^- 和 Cl^- 并不放电，而是 Zn 溶解成为 Zn^{2+}。在阴极，Zn^{2+} 比 H^+ 更容易得到电子，所以析出金属锌而不是氢气，析出的金属锌即镀在零件上。

阳极反应：　　　　$Zn(s) \rightleftharpoons Zn^{2+}(aq) + 2e$

阴极反应：　　　　$Zn^{2+}(aq) + 2e \rightleftharpoons Zn(s)$

6.7.3 电解抛光

电化学抛光（Electrochemical Polishing）是金属表面精加工方法之一，工业上用来增加金属表面的亮度。电解抛光时，将待抛光金属（如钢铁）做阳极，以铅板做阴极，在含有磷酸、硫酸和铬酐（CrO_3）的电解液中进行电解，钢铁表面被氧化而溶解，生成的 Fe^{2+} 被溶液中的 $Cr_2O_7^{2-}$ 进一步氧化为 Fe^{3+}，并与溶液中的 HPO_4^{2-} 和 SO_4^{2-} 生成 $Fe_2(HPO_4)_3$ 和 $Fe_2(SO_4)_3$ 等盐。随着这种盐的浓度在阳极附近不断地增加，在金属表面就会形成有黏性的液膜。

工件的表面本来是粗糙的，凸起的部分由于电流比较集中，溶解得快些形成黏性的液膜以后，液膜在不平的表面上分布是不均匀的，凸起部分液膜较薄。凹陷部分液膜较厚，这使凸起部分的电阻较小，电流更集中，溶解就更快些，终于使表面逐渐得以平整。

电化学抛光主要用于形状不复杂的铝、不锈钢制品的表面装饰，其生产效率高、易操作。与机械抛光相比，电化学抛光有许多优点，如加工过程中不会发生制件变形，且劳动强度低。电化学抛光的缺点是抛光不同金属需不同的溶液，应用范围有限，而且无法除去工件表面的宏观划痕、麻点等，例如，用于低碳钢抛光的溶液就不能用于高碳钢的抛光，造成很大浪费。

6.7.4 阳极氧化

阳极氧化（Anodic Oxidation Process）是用电化学的方法使金属表面形成氧化膜以达到防腐蚀目的的一种工艺。有的金属暴露在空气中就能形成氧化膜，但这种自然形成的氧化膜很薄，耐腐蚀性不强。用化学氧化剂处理金属形成的氧化膜，耐腐蚀性较天然氧化膜大大提高，但也仅限于温和条件下能起保护作用。用电化学氧化处理金属表面得到的氧化膜，不仅膜厚，而且能与金属结合得很牢固，因而可提高金属的耐腐蚀性和耐磨性，并可提高金属表面的电绝缘性。

例如，锌合金的阳极氧化保护使锌合金压铸件可用于更严酷的工作环境。锌的阳极氧化电解，是在磷酸铵、铬酸盐和氟化物溶液中形成铬酸锌和磷酸锌络合物多孔表面复层，封闭了锌的表面，其厚度达到一定值时，其分散力可使深孔和凹部获得均匀的复层，其表面为暗绿色，极易接受有机涂层，如油漆等，可用于压缩空气设备、船舶要件、户外电器要件及其他方面。

6.8　金属腐蚀与防护

6.8.1　金属的腐蚀

英文注解

金属容易受外界环境或介质的化学或电化学作用引起变质或损坏，这种现象称为金属腐蚀。如钢铁在潮湿空气中生锈，加热锻造时产生的氧化皮，金属银失去光泽，地下金属管道遭受腐蚀而穿孔等。金属腐蚀遍及国民经济的各个部门，大量的金属部件和装备因腐蚀而报废。据统计，全世界每年因腐蚀而损失的金属占总产量的10%以上。金属腐蚀按其作用特点可分为化学腐蚀和电化学腐蚀。

6.8.1.1　化学腐蚀

金属与干燥气体或电解质液体发生化学反应而造成腐蚀，称为化学腐蚀（Chemical Corrosion）。化学腐蚀的特点是在反应过程中没有电流产生，全部反应在金属表面上发生，化学腐蚀受温度影响很大。大多数金属与空气接触后，会被氧化。在干燥空气及低温的条件下，金属的氧化过程很快就进展至几乎停止状态；在较高温度下，大多数金属的氧化会加快。例如，金属与接触到的物质（如 O_2、Cl_2、SO_2）发生化学腐蚀时，温度升高会加快化学反应速率，加速其腐蚀。如家用燃气灶，由于经常升温加热，腐蚀很快，而放在南极的食品罐头瓶，即使过 100 年也能保存完好。

又如，钢材在常温和干燥的空气里并不易腐蚀，高温下就容易被氧化，生成一层氧化皮，从内到外依次是 FeO、Fe_3O_4、Fe_2O_3。同时，毗邻未氧化的钢层发生脱碳现象，形成脱碳层。钢铁表面由于脱碳致使钢铁表面硬度和内部强度降低，从而降低了工件的使用性能。

化学腐蚀除氧化外，有的金属也能与空气中的氮作用生成氮化物层，也可与 H_2S 或其他含硫气体发生化学作用。

6.8.1.2　电化学腐蚀

英文注解

当金属在潮湿空气中或与电解质溶液接触时，由于电化学作用而引起的腐蚀称为电化学腐蚀。和化学腐蚀不同，电化学腐蚀是由于形成了原电池而产生的。例如，钢铁在电解质溶液中的腐蚀、在大气及海水中的腐蚀都是电化学腐蚀（Electrochemical Corrosion）。

在电化学腐蚀中，阴极反应主要有析出氢气和吸收氧气两类，因而分别称为析氢腐蚀和吸氧腐蚀。在潮湿的空气中，钢铁表面会吸附一层薄薄的水膜，如果这层水膜酸性较强，H^+ 得电子析出氢气，这种电化学腐蚀称为析氢腐蚀；如果这层水膜呈弱酸性或中性，能溶解较多氧气，则 O_2 的电子析出生成 OH^-，这种电化学腐蚀称为吸氧腐蚀，它是造成钢铁腐蚀的主要原因，其反应如下：

阳极反应（Fe）： $Fe \Longrightarrow Fe^{2+} + 2e$

阴极反应： $O_2 + 2H_2O + 4e \Longrightarrow 4OH^-$

总反应： $2Fe + O_2 + 2H_2O \Longrightarrow 2Fe(OH)_2$

析氢腐蚀与吸氧腐蚀生成的 $Fe(OH)_2$ 被氧所氧化，生成 $Fe(OH)_3$，脱水生成 Fe_2O_3 铁锈。

又如，烧过菜的铁锅如果未及时洗净（残留液中含有 NaCl），第二天便出现红棕色锈斑，反应如下：

阳极反应（Fe）： $Fe \Longrightarrow Fe^{2+} + 2e$

$Fe^{2+} + 2H_2O(l) \Longrightarrow Fe(OH)_2 + 2H^+$

阴极反应（杂质）： $2H^+ + 2e \Longrightarrow H_2$

电池反应： $Fe + 2H_2O \Longrightarrow Fe(OH)_2 + H_2$

$Fe(OH)_2$ 被氧化成 $Fe(OH)_3$，而 $Fe(OH)_3$ 脱水就会形成 $Fe_2O_3 \cdot nH_2O$，产生铁锈。

6.8.2 金属腐蚀的防护

6.8.2.1 制备耐腐蚀合金

工业上选用金属材料时，使用最多的是耐蚀合金，如铁合金、铜合金、钛合金等。合金提高电极电势，减少阳极活性，从而使金属的稳定性大大提高。

不锈钢是一种广泛应用的耐蚀合金材料，在大气中、水中或具有氧化性的酸中完全耐蚀，但在氧化物介质中易腐蚀。

6.8.2.2 采用保护层

在金属表面覆盖某种保护层，把金属和腐蚀介质分开，使金属不被腐蚀介质腐蚀。金属保护层是用耐蚀性较强的金属或合金把容易腐蚀的金属表面完全遮盖起来，覆盖方法有电镀、浸镀、化学镀、喷镀等，例如在铁上镀铬、镀锌和镀锡。

无机保护层主要包括搪瓷保护层、硅酸盐水泥保护层和化学转化膜层，常见的化学转化膜有氧化膜和磷化膜。钢铁的氧化处理也称为氧化发蓝（或发黑），它是将钢铁制件在含有氧化剂的碱液中进行处理，使钢铁表面生成一层蓝黑色的致密的四氧化三铁薄膜，膜厚一般可达 $0.6 \sim 1.5 \mu m$。

金属经含有磷酸锌的溶液处理后，在基底金属表面形成磷化膜 $Zn_3(PO_4)_2 \cdot H_2O$ 和 $Zn_2Fe(PO_4)_2 \cdot 4H_2O$，该磷化膜闪烁有光、灰色多孔，通常厚度为 $0.1 \sim 50 \mu m$。

有机保护层是在金属表面涂敷油漆或塑料。

6.8.2.3 添加缓蚀剂

缓蚀剂是指添加到腐蚀性介质中，能阻止金属腐蚀或降低金属腐蚀速率的物质。缓蚀剂的种类很多，习惯上常根据缓蚀剂的化学组成，把缓蚀剂分为无机缓蚀剂和有机缓蚀剂两类。

无机缓蚀剂的作用主要是在金属表面形成氧化膜或难溶物质。具有氧化性的物

英文注解

质如铬酸钾、重铬酸钾、硝酸钠、亚硝酸钠等作为缓蚀剂时，在溶液中能使钢铁钝化，在表面形成钝化膜 Fe_2O_3，使金属与介质隔开，从而减缓腐蚀。非氧化性物质，如氢氧化钠、碳酸钠、硅酸钠、磷酸钠等，作为缓蚀剂时的缓蚀原理是它们能与金属表面阳极部分溶解下来的金属离子结合成难溶产物，覆盖在金属表面形成保护膜。硅酸盐不是与金属本身，而是由 SiO_2 与 Fe 的腐蚀产物相互作用，以吸附机制来成膜的。

　　无机缓蚀剂通常是在碱性或中性介质中使用。在酸性介质中，通常使用有机缓蚀剂，如萘胺、乌洛托品、琼脂、醛类等。有机缓蚀剂的缓蚀机理较复杂，一般认为缓蚀剂吸附在金属表面，增加了氢的过电位，阻碍了 H^+ 放电，减少了析氢腐蚀。例如，胺类能与 H^+ 作用生成正离子 $[RNH_3]^+$，这种正离子被带负电的金属表面吸附后，金属的析氢腐蚀就受到阻碍。例如，铜缓蚀剂 MBT（水溶性巯基苯骈噻唑）主要依靠和金属铜表面上的活性铜离子产生一种化学吸附作用，或发生螯合作用，从而形成一层致密而牢固的保护膜。

英文注解

6.8.2.4　阴极保护法

　　阴极保护法就是将被保护的金属作为腐蚀电池的阴极保护起来，常用的有牺牲阳极法和外加电流法。

　　在牺牲阳极法中，把较活泼的金属或合金与被保护的金属连接，较活泼的金属或合金成为腐蚀电池的阳极而被腐蚀，从而使被保护金属免遭腐蚀，如图 6-8 所示。常用的牺牲阳极材料有铝、镁、锌及其合金。牺牲阳极的面积通常是被保护金属表面积的 1%~5%，分散分布在被保护金属的表面上。

　　在外加电流法中，被保护金属与另一附加电极作为电解池的两个极。外加直流电源的负极接被保护金属（阴极），另用一废钢铁作正极。在外接电源的作用下阴极受到保护，如图 6-9 所示。这种保护法广泛用于防止土壤、海水及河水中金属设备的腐蚀。

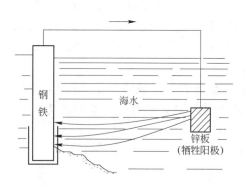

图 6-8　牺牲阳极保护法示意图
（箭头方向为电流方向）

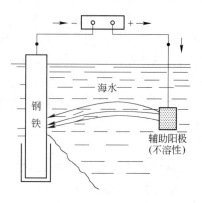

图 6-9　外加电流保护法示意图
（箭头方向为电流方向）

知识博览 固态电池

固态电池（Solid-state Batteries）是一种电池科技。与现今普遍使用的锂离子电池和锂离子聚合物电池不同的是，固态电池是一种使用固体电极和固体电解质的电池。固态电池一般功率密度较低，能量密度较高。由于固态电池的功率比较高，所以它是电动汽车很理想的电池。目前科学界认为锂离子电池已经到达极限，固态电池被视为可以继承锂离子电池的电池。

从1991年索尼公司将含有液态电解质的锂离子电池带入电子设备的应用至今，液态锂电池已经成为目前最为成熟、使用最广泛的技术路线之一。在2010年，丰田公司就曾推出过续航里程可超过1000km/h的固态电池。而包括Quantum Scape以及Sakti3所做的努力也都是在试图用固态电池来取代传统的液态锂电池。加拿大Avestor公司也曾尝试过研发固态锂电池，最终2006年正式申请破产。Avestor公司使用一种高分子聚合物分离器，代替电池中的液体电解质，但一直没有解决安全问题，在北美地区发生过几起电池燃烧或者爆炸事件。2015年3月中旬，真空吸尘器的发明者、英国戴森公司（Dyson）创始人詹姆斯·戴森将其首笔1500万美元的投资投向了固态电池公司Sakti3，后者是一家成立于2007年的电池创业公司。2018年1月，一项突破性的全新电池技术似乎终于接近现实。如果达到预期的话，该新技术能满足手机上瘾者数天的使用需求，并且能使电动汽车的行驶里程增加到500英里（约804km/h）以上。这项新技术被称为固态电池技术，它用陶瓷材料取代了当今电池中的液态电解质。2018年1月，该公司与宝马公司结盟，后者已经承诺在未来10年内为其生产的每款产品提供某种形式的电池组件，无论是传统的混合动力车、插电式电动车还是纯电动汽车（BEV）。

传统的液态锂电池又被科学家形象地称为"摇椅式电池"，摇椅的两端为电池的正负两极，中间为电解质（液态）。而锂离子就像优秀的运动员，在摇椅的两端来回奔跑，在锂离子从正极到负极再到正极的运动过程中，电池的充放电过程便完成了。固态电池的原理与之相同，只不过其电解质为固态，具有的密度与结构可以让更多带电离子聚集在一端，传导更大的电流，进而提升电池容量。因此，同样的电量，固态电池体积将变得更小。不仅如此，固态电池中由于没有电解液，封存将会变得更加容易，在汽车等大型设备上使用时，也不需要再额外增加冷却管、电子控件等，不仅节约了成本，还能有效减轻重量。

■ **固态电池技术优势之一**

轻——能量密度高。使用了全固态电解质后，锂离子电池的适用材料体系也会发生改变，其中核心的一点就是可以不必使用嵌锂的石墨负极，而是直接使用金属锂来做负极，这样可以明显减轻负极材料的用量，使得整个电池的能量密度有明显提高。

■ **固态电池技术优势之二**

薄——体积小。传统锂离子电池中，需要使用隔膜和电解液，它们加起来占据了电池中近40%的体积和25%的质量。而如果把它们用固态电解质取代（主要有有机和无机陶瓷材料两个体系），正负极之间的距离（传统上由隔膜电解液填充，现在由固态电解质填充）可以缩短到甚至只有几到十几微米，这样电池的厚度就能大大地降低，因此全固态电池技术是电池小型化、薄膜化的必经之路。

■ **固态电池技术优势之三**

柔性化的前景。即使是脆性的陶瓷材料，在厚度薄到毫米级以下后经常是可以弯曲的，材料会变得有柔性。相应地，全固态电池在轻薄化后柔性程度也会有明显的提高，通过使用适当的封装材料（不能是刚性的外壳），制成的电池可以经受几百到几千次的弯曲而保证性能基本不衰减。

■ **固态电池技术优势之四**

更安全。传统锂电池可能发生以下危险：（1）在大电流下工作有可能出现锂枝晶，从而刺破隔膜导致短路破坏；（2）电解液为有机液体，在高温下发生副反应、氧化分解、产生气体、发生燃烧的倾向都会加剧。采用全固态电池技术，以上两点问题就可以直接得到解决。

"固态电池可能是未来电池技术的发展方向之一，但也许不是最好的。"新能源生产企业的技术人员称，"包括燃料电池、超级电容器、铝空气电池、镁电池在理念上都有较大的发展空间，而最终，要看哪种路线发展更快、更接地气。"所谓接地气，就是在商业化的规模和成本方面都能达到完美的平衡点。首先，使用的材料必须不能是高成本且稀有的。其次，要在各个行业和领域都有实现大规模应用的可能。

习 题

6-1 解释下列现象：

（1）海上航行的船舶，在船底四周镶嵌锌块；

（2）单质银不能从盐酸溶液中置换出氢气，但可从氢碘酸中置换出氢气；

（3）单质铁能从 $CuCl_2$ 溶液中置换出单质铜，单质铜能溶解在 $FeCl_3$ 溶液中；

（4）向碘的水溶液中滴加 NaOH，颜色消失；

（5）为防止氯化亚铁变黄加入少量铁粉。

6-2 选择正确答案：

（1）在碱性介质中，H_2O_2 的氧化产物是（　　　）。

    A. O^{2-} B. OH^- C. O_2 D. H_2O

（2）在碱性介质中，Cr(Ⅵ) 以离子存在的形式是（　　　）。

    A. CrO_4^{2-} B. Cr^{6+} C. $Cr_2O_7^{2-}$ D. CrO_3

（3）MnO_4^- 在碱性介质中的还原产物是（　　　）。

    A. MnO_4^{2-} B. MnO_2 C. MnO   D. Mn^{2+}

（4）下列物质中，只能做氧化剂的是（　　　）。

    A. MnO_4^{2-} B. Cl^- C. Br_2 D. $Cr_2O_7^{2-}$

（5）下列物质中，既能做氧化剂也能做还原剂的是（　　　）。

　　A. Fe^{2+}　　　　　　B. S^{2-}　　　　　　C. CO_2　　　　　　D. Sn^{4+}

(6) 已知 $E^{\ominus}(Fe^{3+}/Fe^{2+}) = 0.771V$, $E^{\ominus}(I_2/I^-) = 0.5355V$, 在标准状态下, 反应 I_2+2Fe^{2+} $\rightleftharpoons 2Fe^{3+}+2I^-$ 进行的方向是 (　　)。

　　A. 正向　　　　　B. 逆向　　　　　C. 平衡状态　　　D. 无法判断

(7) 电池反应为 $Ag^+(aq) + Cl^-(aq) \rightleftharpoons AgCl(s)$, 其电池符号为 (　　)。

　　A. $(-) Ag \mid AgCl \mid Cl^- \parallel Ag^+ \mid Ag (+)$　　　B. $(-) Pt \mid AgCl \mid Cl^- \parallel Ag^+ \mid Pt (+)$

　　C. $(-) Pt \mid AgCl \mid Cl_2 \parallel AgCl \mid Pt (+)$　　　D. $(-) Ag \mid Ag^+ \parallel Cl^- \mid AgCl \mid Ag (+)$

(8) 在原电池中, 惰性电极的作用是 (　　)。

　　A. 参加电极反应　　　　　　　　　　　B. 参加电池反应

　　C. 导通电子　　　　　　　　　　　　　D. 导通离子

(9) 下列电极电势从大到小顺序正确的是 (　　)。

　　① $E^{\ominus}(Ag^+/Ag)$; ② $E^{\ominus}(AgBr/Ag)$; ③$E^{\ominus}(AgI/Ag)$; ④$E^{\ominus}(AgCl/Ag)$

　　A.①>②>③>④　　　　　　　　　　B.①>④>③>②

　　C.①>③>④>②　　　　　　　　　　D.①>④>②>③

(10) 已知 $E^{\ominus}(MnO_4^-/Mn^{2+}) = 1.507V$, 测得电极 $Pt \mid MnO_4^-(c^{\ominus})$, Mn^{2+} $(c^{\ominus})$, H^+ 的电势为 $0.84V$, 则介质的 pH = (　　)。

　　A.1.00　　　　　B.3.00　　　　　C.5.00　　　　　D.7.00

(11) 要在金属铁表面电镀一层镍, 则阳极和电解液分别是 (　　)。

　　A. Fe, $NiSO_4$　　　B. Ni, $FeSO_4$　　　C. Fe, $FeSO_4$　　　D. Ni, $NiSO_4$

(12) 下列防止金属腐蚀的方法中, (　　) 不属于化学方法。

　　A. 涂覆油漆　　　B. 缓蚀剂法　　　C. 磷化法　　　D. 牺牲阳极法

(13) 用石墨作电极电解 400mL 某不活泼金属的硫酸盐溶液, 一段时间后溶液的 pH 值从 6 降低到 1, 在一电极上析出金属 1.28g, 不考虑电解时溶液体积的变化, 则该金属是(　　)。

　　A. Fe　　　　　　B. Cu　　　　　　C. Ag　　　　　　D. Zn

(14) 锌锰电池是最普通的干电池, 其电池反应为: $Zn(s) + 2MnO_2(s) + 2NH_4^+(aq) \rightleftharpoons Zn^{2+}$ $(aq) + 2MnO(OH)(s) + 2NH_3(aq)$, 其正极反应是 (　　)。

　　A. $Zn(s) \rightleftharpoons Zn^{2+}(aq) + 2e$

　　B. $MnO_2(s) + NH_4^+(aq) + e \rightleftharpoons MnO(OH)(s) + NH_3(aq)$

　　C. $Zn^{2+}(aq) + 2e \rightleftharpoons Zn(s)$

　　D. $MnO(OH)(s) + NH_3(aq) \rightleftharpoons MnO_2(s) + NH_4^+(aq) + e$

(15) 用惰性电极电解下列溶液, 电解一段时间后, 阴极质量增加, 电解质溶液 pH 值下降的是 (　　)。

　　A. $CuCl_2$　　　　　B. $AgNO_3$　　　　　C. $BaCl_2$　　　　　D. H_2SO_4

(16) 柯尔贝反应是: $2RCOOK+2H_2O \xrightarrow{电解} R-R+H_2\uparrow+2CO_2\uparrow+2KOH$, 则下列说法正确的是 (　　)。

　　A. 含碳元素的产物均在阳极区生成　　　B. 含碳元素的产物均在阴极区生成

　　C. 含氢元素的产物均在阳极区生成　　　D. 含氢元素的产物均在阴极区生成

(17) 为防止 $SnCl_2$ 溶液变质, 通常向其中加入 (　　)。

　　A. Fe　　　　　　B. Sn　　　　　　C. Zn　　　　　　D. Fe^{2+}

(18) 加碘食盐中加入的是 KIO_3, 因而可用 (　　) 检验食盐中是否含有碘。

　　A. 淀粉+磷酸　　　　　　　　　　　B. 淀粉+Na_2SO_3

　　　　C. 磷酸+ Na_2SO_3　　　　　　　　　　　　　D 淀粉+磷酸+Na_2SO_3

　　(19) 银锌碱性电池常用于微型电子器材，其电池反应为：$Zn + Ag_2O + H_2O = 2Ag + Zn(OH)_2$，其负极反应是（　　　）。

　　　　A. $Zn(s) + 2OH^-(aq) \Longrightarrow Zn(OH)_2(s) + 2e$

　　　　B. $Ag_2O(s) + H_2O(l) + 2e \Longrightarrow 2Ag(s) + 2OH^-(aq)$

　　　　C. $Zn(OH)_2(s) + 2e \Longrightarrow Zn(s) + 2OH^-(aq)$

　　　　D. $2Ag(s) + 2OH^-(aq) \Longrightarrow Ag_2O(s) + H_2O(l) + 2e$

　　(20) 铅酸蓄电池的放电反应为：$Pb(s) + PbO_2(s) + 2H_2SO_4(aq) \Longrightarrow 2PbSO_4(s) + 2H_2O(l)$，其负极的放电反应为（　　　）。

　　　　A. $Pb(s) + SO_4^{2-}(aq) \Longrightarrow PbSO_4(s) + 2e$

　　　　B. $PbO_2(s) + 4H^+(aq) + SO_4^{2-}(aq) + 2e \Longrightarrow PbSO_4(s) + 2H_2O$

　　　　C. $PbSO_4(s) + 2e \Longrightarrow Pb(s) + SO_4^{2-}(aq)$

　　　　D. $PbSO_4(s) + 2H_2O(l) \Longrightarrow PbO_2(s) + 4H^+(aq) + SO_4^{2-}(aq) + 2e$

6-3 指出下列各化学式中划线元素的氧化数：

　　$Ba\underline{O}_2$，$K\underline{O}_2$，$\underline{O}F_2$，$K_2\underline{Mn}O_4$，$\underline{Mn}F_3$，$H_2\underline{S}_2O_8$，$Na\underline{Bi}O_3$，$Na\underline{Cl}O_3$，$K\underline{Cl}O_4$

6-4 用离子-电子法配平下列反应方程式：

　　(1) $PbO_2 + Cl^- \longrightarrow Pb^{2+} + Cl_2$（酸性介质）

　　(2) $Cl_2 \longrightarrow Cl^- + ClO^-$（碱性介质）

　　(3) $Cr_2O_7^{2-} + H_2S \longrightarrow Cr^{3+} + S$（酸性介质）

　　(4) $CuS + CN^- + OH^- \longrightarrow Cu(CN)_4^{3-} + NCO^- + S^{2-}$（碱性介质）

　　(5) $CrO_4^{2-} + HSnO_2^- \longrightarrow HSnO_3^- + CrO_2^-$（碱性介质）

6-5 下列物质在一定条件下可作为氧化剂，根据 $E^\ominus$ 值，按其氧化能力的大小排成顺序，并写出它们的还原产物（设在酸性溶液中）。

　　I_2；Br_2；Cl_2；F_2；$KMnO_4$；$CuCl_2$；$FeCl_3$；$K_2Cr_2O_7$

6-6 下列物质在一定条件下可作为还原剂，根据 $E^\ominus$ 值，按其还原能力的大小排成顺序，并写出它们的氧化产物（设在酸性溶液中）：

　　Cu；KCl；KI；$FeCl_2$

6-7 写出下列氧化剂氧化能力由大到小的次序，有哪几种氧化剂的氧化能力受酸度影响？

　　(1) Cl_2；(2) $Cr_2O_7^{2-}$；(3) Fe^{3+}；(4) MnO_4^-；(5) Cu^{2+}。

6-8 判断下列氧化还原反应进行的方向（在标准状态下）：

　　(1) $2H^+(aq) + MnO_2(s) + 2Cl^-(aq) \longrightarrow Mn^{2+}(aq) + Cl_2(g) + H_2O(l)$

　　(2) $2Cu^+(aq) \longrightarrow Cu^{2+}(aq) + Cu(s)$

　　(3) $MnO_4^-(aq) + Fe^{2+}(aq) + H^+(aq) \longrightarrow Mn^{2+}(aq) + Fe^{3+}(aq) + H_2O$

6-9 在标准状态下，如果把下列氧化还原反应分别设计成原电池，写出电极反应、电池符号并确定其标准电池电动势：

　　(1) $Cd + I_2 \Longrightarrow Cd^{2+} + 2I^-$

　　(2) $2AgCl + Fe \Longrightarrow 2Ag + FeCl_2$

　　(3) $2Ag + Cl_2 \Longrightarrow 2AgCl$

　　(4) $Cr_2O_7^{2-} + 3H_2SO_3 + 2H^+ \Longrightarrow 2Cr^{3+} + 3SO_4^{2-} + 4H_2O$

6-10 求下列电池的电动势：

　　(1) $(-)$ Fe $|$ $Fe^{2+}(0.1mol/L)$ $\|$ $Cd^{2+}(0.1mol/L)$ $|$ $Cd(+)$

　　(2) $(-)Cu$ $|$ $Cu^{2+}(0.01mol/L)$ $\|$ $Cr^{3+}(1.0mol/L)$，$Cr_2O_7^{2-}(1.0mol/L)$，$H^+(0.01mol/L)$ $|$

Pt（+）

（3）（−）Pt｜Fe^{3+}(0.1mol/L)，Fe^{2+}(0.01mol/L)‖Cl$^-$(0.1mol/L)｜Cl$_2$(100kPa)，Pt(+)

6-11 高锰酸钾在酸性介质中的电极反应为：$MnO_4^-(aq) + 8H^+(aq) + 5e \rightleftharpoons Mn^{2+}(aq) + 4H_2O(l)$，$E^\ominus(MnO_4^-/Mn^{2+}) = 1.507V$，若 $c(MnO_4^-) = c(Mn^{2+}) = 1mol/L$，试计算 H^+ 浓度分别为 1.0mol/L 和 10^{-4}mol/L 时的电极电势。

6-12 反应为：$2MnO_4^-(aq) + 10Br^-(aq) + 16H(aq)^+ \rightleftharpoons 2Mn^{2+}(aq) + 5Br_2(l) + 8H_2O(l)$，若 $c(MnO_4^-) = c(Mn^{2+}) = c(Br^-) = 1.0mol/L$，问 pH 值等于多少时该反应可以从左向右进行？

6-13 下列电极中，介质的酸度增加，其电极电势如何变化，物质的氧化还原能力如何变化？

（1）$Cr_2O_7^{2-}(aq) + 14H^+(aq) + 6e \rightleftharpoons 2Cr^{3+}(aq) + 7H_2O(l)$

（2）$H_2O_2 + 2H^+(aq) + 2e \rightleftharpoons 2H_2O(l)$

（3）$IO^-(aq) + H_2O(l) + 2e \rightleftharpoons I^-(aq) + 2OH^-(aq)$

6-14 已知：$NO_3^-(aq) + 4H^+(aq) + 3e \rightleftharpoons NO(g) + 2H_2O(aq)$，$E^\ominus = 0.957V$；$Ag^+ + e \rightleftharpoons Ag$，$E^\ominus = 0.7996V$，通过计算说明下列两个反应能否进行？

（1）$3Ag + NO_3^-(1mol/L) + 4H^+(1mol/L) \rightleftharpoons 3Ag^+(1mol/L) + NO(p^\ominus) + 2H_2O$

（2）$3Ag + NO_3^-(1mol/L) + 4H^+(10^{-7}mol/L) \rightleftharpoons 3Ag^+(1mol/L) + NO(p^\ominus) + 2H_2O$

6-15 298K 时，在 Zn-Ag 电池中 Zn^{2+} 和 Ag^+ 的浓度均为 0.1mol/L，试计算 Zn-Ag 电池的电动势及反应的平衡常数。

6-16 已知电对 $Ag^+(aq) + e \rightleftharpoons Ag(s)$，$E^\ominus = 0.7996V$，$Ag_2C_2O_4$ 的溶度积为 $5.40×10^{-12}$，求电对 $Ag_2C_2O_4(s) + 2e \rightleftharpoons 2Ag(s) + C_2O_4^{2-}(aq)$ 的标准电极电势。

6-17 已知 $E^\ominus(MnO_4^-/MnO_4^{2-}) = 0.558V$，$E^\ominus(MnO_4^{2-}/MnO_2) = 0.60V$，判断 MnO_4^{2-} 的歧化反应能否发生，写出电池符号。

6-18 在下列四种条件下电解 $CuSO_4$ 溶液，写出阴极和阳极上发生的电极反应，并指出溶液组成如何变化。

（1）阴极、阳极均为铜电极；

（2）阴极为铜电极，阳极为铂电极；

（3）阴极为铂电极，阳极为铜电极；

（4）阴极、阳极均为铂电极。

6-19 利用标准电极电势数值，判断下列反应能否发生？

（1）$Hg_2^{2+}(aq) \rightleftharpoons Hg(l) + Hg^{2+}(aq)$

（2）$H_2O(l) + I_2 \rightleftharpoons HIO(aq) + I^-(aq) + H^+(aq)$

6-20 含有 Cu 和 Ni 的酸性水溶液，其浓度分别为 $c(Cu^{2+}) = 0.015mol/L$，$c(Ni^{2+}) = 0.23mol/L$，$c(H^+) = 0.72mol/L$，最先放电的是哪种物质，最难析出的是哪种物质？

6-21 工业上为了处理含有 $Cr_2O_7^{2-}$ 的酸性废水，采用如下处理方法：往工业废水中加入适量的食盐（NaCl），然后以铁为电极通直流电进行电解，经过一段时间有 $Cr(OH)_3$ 和 $Fe(OH)_3$ 生成，废水可达排放标准。简要回答下列问题：

（1）阳极和阴极发生的电极反应是什么？

（2）写出 $Cr_2O_7^{2-}$ 变为 Cr^{3+} 的离子方程式，并说明生成 $Cr(OH)_3$ 和 $Fe(OH)_3$ 等难溶化合物的原因。

（3）能否用石墨电极代替铁电极达到电解铬的目的？为什么？

6-22 填空题：

（1）在电解池中，和直流电源的负极相连的一极称为_____，和直流电源的正极相连的一极称为_____。

（2）电对的标准电极电势越负，其还原态的还原能力_____。

（3）原电池中，发生还原反应的电极称为_____，发生氧化反应的电极称为_____。

（4）电解液中的正离子移向_____。

（5）电镀是应用_____在某些金属表面镀上一薄层其他金属或合金的过程。

（6）电化学抛光在工业上用于增加金属表面的_____。

（7）在不锈钢厨房洗物台上长时间放置碟子就会在该处发生_____腐蚀。

6-23 金属腐蚀有哪些类型，其特点分别是什么？

6-24 举例说明如何用保护层来防止金属的腐蚀。

6-25 缓蚀剂有哪些类，它们的作用原理是什么？

6-26 金属的化学腐蚀主要受什么因素影响？

6-27 简述电极电势的应用。

6-28 试说明氯碱工业电解饱和食盐水的原理。

7 原子结构与元素周期律

本章数字
资源

物质的性质无论是物理性质还是化学性质都取决于物质的微观结构。学习和了解物质的微观结构知识，将为理解物质的宏观性质提供基本的理论基础。通过本章的学习，了解人类揭示"原子结构"秘密的历史，了解电子等微观粒子运动的特点，掌握量子力学对原子结构的简要描述及薛定谔方程，掌握原子核外电子的排布规律及元素周期律。通过这些知识的学习，有助于我们深入了解微观世界的基本规律，从而解释物质性质的多样性以及化学变化规律。

7.1 原子结构理论发展历史

7.1.1 原子的提出及原子基本结构的发现

英文注解

"原子"（Atom）这一概念是由古希腊哲学家德谟克利特（Democritus）在公元前5世纪提出，意思是"不可再被分割的质点"。他认为，宇宙是由原子和虚空共同组成的。原子是不可再分的物质微粒，虚空是原子运动的场所。同时期，我国春秋战国时代，一些著名的思想家如惠施、墨子等也都从不同角度提出了物质有不能再分的最小单位的观点。墨子云："非半弗，则不动，说在端"，其中"端"与原子的概念相同，均为不可分割的意思。

从公元前5世纪至18世纪末，原子的概念仍然停留在哲学层面上。公元18世纪末和19世纪初，随着质量守恒定律、当量定律、倍比定律等理论的发现，人们开始对原子的概念有了新的认识。1803年，英国化学家道尔顿（J. Dalton）提出原子学说。他认为，原子是组成物质的最小微粒，它不能创造、不能毁灭、不可再分割；同一元素的原子，其形状、质量和性质都完全相同，不同种类元素的原子则不同；原子以简单数目的比例组成化合物；化学反应只是改变了原子之间的结合方式。道尔顿的"原子论"首次赋予"原子"以科学含义，解释了化学反应中各物质之间的定量关系，是科学发展上最重要的里程碑之一。但是这一理论不能解释同位素的发现，没有说明原子与分子的区别，不能阐明原子的结构与组成。

1858年，德国物理学家J. 普里克（J. Plucker）在对低压真空放电现象的研究中发现了阴极射线（Cathode Ray）。随后，在1897年，英国物理学家汤姆逊（J. J. Thomson）改进了阴极射线管装置，利用电场及磁场影响带电质点运动，测定阴极射线中带电粒子的荷质比，通过阴极射线实验发现了电子（Electron）。汤姆逊实验证明，在电中性的原子中，存在着带负电荷的电子，这说明原子中一定还存在着带正电荷的物质。因此，汤姆逊提出了原子的"葡萄干布丁"（Plum Pudding）模型。在这个模型里面，电子散布在带有正电荷组成的均匀介质中。其中，带正电的介质就像果冻一样，均匀分布于原子内部。1886年，德国科学家戈尔德赫因（E. Goldstein）通过阳极射线实验发现了带正电荷的氢离子（H⁺），命名为质子（Proton）。1909年，汤姆逊的学生卢瑟福（E. Rutherford）和他的合作者进行了著名的α粒子散射实验，如图7-1所示，该实验结果否定了汤姆逊的原子模型。卢瑟福让一束带正电荷的高速α粒子轰击400nm（约2410个原子）厚的金箔，发现有大偏转的α粒子出现的概率为1/8000（粒子散射的角度分布可以通过作用在ZnS屏上产生的闪光测量）。通过散射实验，卢瑟福得出了重要结论：（1）原子中大部分空间是空的；（2）原子核正电荷的质量集中在一个很小的小球上。根据实验结果，卢瑟福在1911年提出了原子的行星式模型。他认为在原子的中心有一个很小的核，叫做原子核（Nucleus），原子的全部正电荷和几乎全部质量都集中在原子核里，带负电的电子在核外空间绕核高速运动。卢瑟福的原子模型奠定了近代原子结构理论的基础，他本人由于对元素蜕变以及放射化学的研究，获得了1908年诺贝尔化学奖。

英文注解

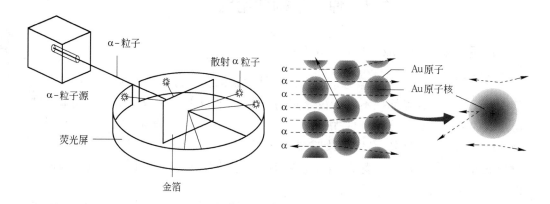

图7-1　α粒子散射实验

　　由于原子核的质量远大于质子和电子的质量，质量数并不守恒。1920年，卢瑟福在皇家学会贝克里安演讲中，首次预言了中子的存在。1932年，卢瑟福的学生——英国物理学家查得威克（J. Chadwick）发现，当用α粒子辐照金属铍时，产生一种有强穿透性、不带电的粒子流，它可以从石蜡中撞出质子而加以检测。实验结果表明，它是原子核的组成微粒之一，命名为中子（Neutron）。由此，他本人获得了1935年的诺贝尔物理学奖。

　　至此，人类对原子的组成才有了比较完整的认识：原子由原子核与核外电子组成，原子核又由质子与中子组成。质子、中子和电子等是不能直接观察到的微小粒子，称为"微观粒子"。三种粒子之间在电荷、质量和体积等方面存在着表7-1的关系：每个质子带有1个正电荷，每个电子带有1个负电荷，而中子不带电。整个原子呈电中性，所以核外电子数恰好等于核内质子数，并等于原子序数；中子的质量与质子的质量相当，而电的质量仅为质子或中子质量的1/1840，所以99.9%以上的原子质量都集中在原子核上。同时原子核的体积仅占原子总体积的1/10¹³，这就使其密度高达$1 \times 10^{13}\,\text{g/cm}^3$，说明原子核内蕴藏着巨大的潜能。原子的种类和性质主要取决于原子核。由于在化学反应中，原子核并不发生变化，而只涉及核外电子的变化，所以人们更关心核外电子的分布情况及其能量状态。由于核外电子具有质量极微（9.1×10^{-31} kg）、运动范围极小（原子的半径约为 10^{-10} m）及运动速度极高（约为 10^8 m/s）的特点，因此核外电子具有完全不同于宏观物体的两大基本特征，即量子化特征和波粒二象性。电子、质子、中子、阴极射线、X 射线的发现以及卢瑟福的有核原子模型的建立，正确地回答了原子的组成问题。然而，对于原子核外电子的分布规律和运动状态等问题的解决以及近代原子结构理论的建立，则是从氢原子光谱实验开始的。

表 7-1　粒子性质比较

项　目	电子（Electron）	质子（Proton）	中子（Neutron）
符号	e	p	n
质量/kg	9.109×10^{-31}	1.673×10^{-27}	1.675×10^{-27}
电荷量/C	-1.602×10^{-19}	$+1.602 \times 10^{-19}$	0

7.1.2　氢原子光谱与玻尔氢原子模型

英文注解

不同频率的光通过棱镜时有不同的折射率。当复色光通过棱镜时，由于各种单色光折射率不同而引起偏折程度的不同，通过棱镜后，便会各自分散形成光谱。例如，太阳光或白炽灯发出的白光，经过棱镜分光后，得到按红、橙、黄、绿、青、蓝、紫依次连续分布的谱带，谱带之间没有明显的界限，称为连续光谱。化学元素原子在高温火焰、电场等激发下可发光，经分光后得到不同波长的谱带。实验表明，任何单原子气体激发后所发出的光谱是不连续的线状光谱。例如，将装有高纯度、低压氢气的放电管所发出的光进行分光后，在可见光区是 4 条不连续的谱线 H_α、H_β、H_γ、H_δ，其波长分别为 656.5nm、486.1nm、434.1nm 和 410.2nm。这 4 条谱线与近紫外区的若干条谱线在氢原子光谱中组成一个光谱系，称为巴尔麦（Balmer）线系，如图 7-2 所示。随后，氢原子光谱在紫外区（赖曼系，Lyman）和红外区的线系也相继被发现。瑞典的物理学家里德伯（J. R. Rydberg）将氢原子光谱各线系归纳成如下的经验公式：

$$E = R_{\mathrm{H}}\left(\frac{1}{n_1^2} - \frac{1}{n_2^2}\right) \tag{7-1}$$

式中，E 为谱线的能量单位，J；n_1、n_2 为正整数，且 $n_2 > n_1$，n_1 相同的谱线属于同一线系；R_{H} 为里德伯常数，其值为 2.18×10^{-18} J。式（7-1）的物理意义在玻尔（N. Bohr）原子模型提出后，才得到正确的解释。

7.1.3　玻尔氢原子模型

英文注解

19 世纪末，当人们尝试从理论上解释原子光谱现象时，发现经典电磁理论与原子光谱实验的结果发生尖锐的矛盾。根据经典电磁理论，绕核高速旋转的电子将不断以电磁波的形式发射出能量。这将导致：

（1）电子在绕核做加速运动的过程中，轨道半径越来越小，最后湮没在原子核

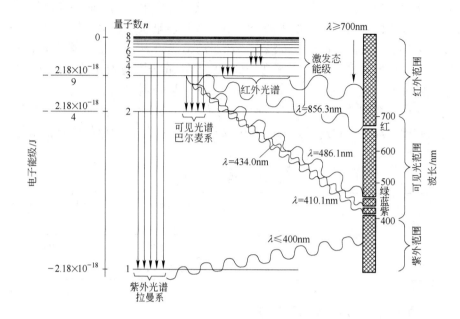

图 7-2　氢原子能级和氢原子光谱产生的示意图

中，并导致原子坍缩。

（2）电子自身能量逐渐减少，电子绕核旋转的频率也要逐渐地改变。根据经典电磁理论，辐射电磁波的频率将随着旋转频率的改变而逐渐变化，因而原子发射的光谱应是连续光谱。

事实上，原子是稳定存在的且原子光谱不是连续光谱而是线状光谱，这些矛盾是经典理论所不能解释的。1900 年，普朗克（Max Planck）首先提出了著名的量子化理论。普朗克认为，能量像物质微粒一样是不连续的，它具有微小的分立的能量单位——量子。物质吸收或发射的能量总是量子能量的整数倍。受普朗克的启发，爱因斯坦（Albert Einstein）通过光电效应实验，于 1905 年提出，在空间传播的光也不是连续的，而是一份一份的，每份叫做一个光量子，简称光子（Photon），光子的能量 E 跟光的频率 ν 成正比，即：

$$E = h\nu \tag{7-2}$$

式中，E 为光子的能量；ν 为光的频率；h 为普朗克常数，其值为 6.626×10^{-34} J·s。物质以光的形式吸收或发射的能量只能是光量子能量的整数倍，即能量是量子化的。

1913 年，丹麦物理学家玻尔（Niels Henrik David Bohr）在普朗克量子论、爱因斯坦光子学说和卢瑟福有核原子模型的基础上，提出了玻尔原子结构理论和电子在核外的量子化轨道，解决了原子结构的稳定性问题，初步解释了氢原子线状光谱产生的原因。玻尔原子结构理论的两点假设：

（1）定态规则。原子有一系列定态，每一定态对应一能量 E，电子在这些定态上绕核做圆周运动，既不放出能量，也不吸收能量。原子可能存在的定态满足量子化条件，即电子做圆周运动的角动量 M 必须等于 $h/2\pi$ 的整数倍：

$$M = n \frac{h}{2\pi} \quad (n = 1, \ 2, \ 3, \ \cdots) \tag{7-3}$$

（2）频率规则。当电子由一个定态跃迁到另一个定态时，会放出或吸收能量，放出的能量以光子的形式释放出来，产生原子线状光谱。

玻尔运用牛顿力学定律推导出氢原子的轨道半径 $r(nm)$ 和能量 $E_n(J)$ 以及电子从高能态跃迁至低能态时辐射光的频率 $\nu(s^{-1})$，分别表示如下：

$$r = a_0(n^2) \tag{7-4}$$

$$E_n = - R_H \left(\frac{1}{n^2} \right) \tag{7-5}$$

$$\nu = 3.29 \times 10^{15} \left(\frac{1}{n_1^2} - \frac{1}{n_2^2} \right) \tag{7-6}$$

式中，$n = 1, 2, 3, \cdots$；$a_0 = 0.053nm$，通常称为玻尔半径。玻尔推导所得的 R_H 的计算值与里德伯（Johannes Rober Rydberg）的实验值符合得很好，也解释了里德伯方程中 n_1，n_2 指的是电子运动的两个不同定态。根据玻尔的原子模型，氢原子能级及氢光谱产生的示意图如图 7-2 所示。由图 7-2 可见，氢原子光谱可见光区巴尔麦线系的 4 条谱线是电子从 $n_2 = 3，4，5，6$ 高能级跃迁到 $n_1 = 2$ 能级时的发射光谱。

【例 7-1】 计算氢原子中电子从 $n = 3$ 轨道跃迁到 $n = 2$ 轨道时，发射光的频率和波长是多少？

解： $n = 2$ 时，

$$E_2 = \frac{-2.179 \times 10^{-18}}{2^2} = -5.45 \times 10^{-19} J$$

$n = 3$ 时，

$$E_3 = \frac{-2.179 \times 10^{-18}}{3^2} = -2.42 \times 10^{-19} J$$

$$\nu = \frac{E_3 - E_2}{h} = \frac{-2.42 \times 10^{-18} - (-5.45 \times 10^{-19})}{6.626 \times 10^{-34}} = 4.57 \times 10^{14} s^{-1}$$

$$\lambda = \frac{c}{\nu} = \frac{3 \times 10^8}{4.57 \times 10^{14}} = 6.56 \times 10^{-7} m = 656nm$$

玻尔理论也可以用来计算氢原子的电离能。欲使一基态氢原子电离，必须供给原子足够的能量，才能使电子由 $n = 1$ 的轨道变为自由电子，相当于 $n = \infty$，即电子脱离原子核的引力。能量差 ΔE 可用式（7-5）中 E_n 的值求得：

$$\Delta E = E_\infty - E_1 = 0 - (-R_H) = 2.18 \times 10^{-18} J$$

氢原子电离能（Ionization Energy, IE）：

$$IE = 2.18 \times 10^{-18} \times 6.02 \times 10^{23} J/mol = 1312.3kJ/mol$$

该数值同氢的电离能的实验值（1312kJ/mol）非常接近。

玻尔理论对于其他发光现象，如 X 光，也能给予较为满意的解释。例如 X 光的形成，按照玻尔理论看来，是由于原子获得高能量后，内层的电子被激发跃迁到外层轨道，从外层轨道退激发至内层轨道时，以光子的形式放出能量。X 光能量很大，波长很短，所以不可见。由于各种元素核电荷不同，各轨道能量不同，所以元素都具有各自特征的 X 射线谱。X 射线谱常用于元素的定性和定量分析。

玻尔理论冲破了物理量连续变化这一传统观念的束缚，第一次将量子论引入原子体系，建立了原子的近代模型，成功地解释了氢原子和类氢离子（即原子核核外只有一个电子的，如 He^+、Li^{2+} 等）的光谱等现象，并为化学键的电子理论奠定了基础。但是把玻尔理论应用到多电子原子时，即使是只有 2 个电子的氦原子，计算结果也和光谱实验相差很远，也不能说明氢原子光谱的精细结构，这说明此原子模型有很大的缺点。从理论上看，玻尔假设本身存在矛盾：一方面，它认为电子运动服从牛顿力学，像行星围绕太阳那样运动；另一方面，它加进角动量量子化、能量量子化这两个条件和牛顿力学是相矛盾的。从经典电磁理论来看，玻尔模型也是不合理的：电子做圆周运动，就会辐射能量，发出电磁波，原子不能稳定存在。所以玻尔模型存在很大的局限性，究其根源是由于原子、电子等微观粒子不仅具有微粒性，而且具有波动性，波粒二象性是微观粒子运动的最基本特征，而玻尔模型并没有涉及波动性，所以难以正确表达原子的内部结构。

7.2　量子力学原子模型

7.2.1　微观粒子运动的特殊性——波粒二象性

1905 年，爱因斯坦为解释光电效应提出了光子学说，即光不仅具有波动性，而且具有粒子性，呈波粒二象性（Wave-Particle Duality）。1924 年，25 岁的法国物理学家德布罗意（Louis de Broglie）受到光子波粒二象性理论的启发，提出大胆假设，认为波粒二象性不仅为光子所特有，其他微观粒子，如电子、质子、原子、分子等也具有波粒二象性，且一个质量为 m，运动速度为 v 的电子，其物质波的波长 λ 与其动量 p 之间存在如下关系式：

$$p = mv = \frac{h}{\lambda} \qquad (7\text{-}7)$$

$$\lambda = \frac{h}{mv} \qquad (7\text{-}8)$$

符合上述关系式的微观粒子的波称为德布罗意波。

电子的粒子性可通过下面实验证实：在阴极射线管内的两极之间装一个可旋转的小飞轮，当阴极射线即电子流打在飞轮叶片上，飞轮即旋转，这说明电子是具有质量和动量的粒子，即具有粒子性。电子的波动性也在德布罗意提出大胆假设后，于 1927 年，由美国物理学家戴维逊（C. J. Davisson）-英国物理学家汤姆森（G. P. Thomson）的电子衍射实验所证实。电子的单缝衍射实验如图 7-3 所示，当高速运动的电子束穿过晶体光栅投射到感光底片时，得到的不是一个感光点，而是明暗相间的衍射环纹，与光的衍射图相似。

微观粒子运动的特殊性决定了不能用经典力学去描述其运动的规律性。对于一个运动速度不太高、质量不太轻的宏观物体，我们可以同时确定任意时刻它所在的

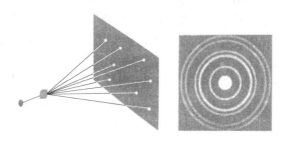

图 7-3　电子的单缝衍射实验

位置和动量，然而对于像电子这样的微观粒子来说，却无法同时确定它的准确位置和动量。1927 年，德国物理学家海森堡（Werner Heisenberg）提出了量子力学中的一个重要关系式——测不准关系（Uncertainly Principle），并于 1932 年获得诺贝尔物理学奖，其数学表达式为：

英文注解

$$\Delta x \cdot \Delta p \geqslant \frac{h}{4\pi} \tag{7-9}$$

$$\Delta x \cdot \Delta v \geqslant \frac{h}{4\pi m} \tag{7-10}$$

式中，Δx 为粒子位置的测不准量；Δp 为粒子动量的测不准量；Δv 为粒子运动速度的测不准量。测不准关系式的含义是：用位置和动量两个物理量来描述微观粒子的运动时，只能达到一定的近似程度，即粒子在某一方向上位置的不准量和在此方向上动量的不准量的乘积一定大于或等于常数 $\frac{h}{4\pi}$。这说明粒子位置的测定准确度越大（Δx 越小），则其相应的动量的准确度就越小（Δp 越大），反之亦然。从式 (7-10) 还可以看出，当粒子的质量 m 越大时，$\Delta x \cdot \Delta v$ 之积越小，所以对于质量大的宏观物体来说，是可能同时准确地测量位置和速度的。

【例 7-2】　质量 $m = 10\text{g}$ 的宏观物体子弹，它的位置能准确地测到 $\Delta = 0.01\text{cm}$，其速度测不准情况为：

$$\Delta v \gg \frac{h}{4\pi m \cdot \Delta x} = \frac{6.62 \times 10^{-34}}{4 \times 3.14 \times 10 \times 10^{-3} \times 0.01 \times 10^{-2}} = 5.27 \times 10^{-29}\text{m/s}$$

子弹的速度一般为 $v = 1500\text{m/s}$。由此可以看出，对于宏观物体来说，测不准情况 Δx 和 Δv 的值均小到可以被忽略的程度，所以宏观物体的位置和速度是能同时准确地测定的。

【例 7-3】　微观粒子如电子，$m = 9.11 \times 10^{-31}\text{kg}$，半径 $r = 10^{-18}\text{m}$，Δx 至少要达到 10^{-19}m 才相对准确，则其速度的测不准情况为：

$$\Delta v \geqslant \frac{h}{2\pi m \Delta x} = \frac{6.626 \times 10^{-34}}{2\pi \times (9.11 \times 10^{-31}) \times 10^{-19}} = 5.29 \times 10^{14}\text{m/s}$$

氢原子基态电子的运动速度为 $v = 2.1 \times 10^6\text{m/s}$。所以，对于微观粒子来说，速度的不准确程度过大。测不准关系很好地反映了微观粒子的运动特征。海森堡的测不准原理，否定了玻尔提出的原子结构模型。因为根据测不准原理，不可能同时准确地测定电子的运动速度和空间位置，这说明玻尔理论中核外电子的运动具有固定轨道的观点不符合微观粒子运动的客观规律。那么，怎样来描述电子等微粒的运动状态呢？量子力学是描述微观体系运动规律的科学，它充分体现了微观粒子波动性和粒子性的统一及相互制约。量子力学的原理是由许多科学家，如 E. Schrödinger、W. Heisenberg 等，经过大量工作总结出来的，是自然界的基本规律之一。

7.2.2　薛定谔方程

英文注解

1926 年，奥地利科学家薛定谔（Erwin Schrödinger）根据德布罗意的微观粒子具有波粒二象性的假说，建立了描述微观粒子运动规律的量子力学基本方程——薛定谔方程式：

$$\frac{\partial^2 \psi}{\partial x^2} + \frac{\partial^2 \psi}{\partial y^2} + \frac{\partial^2 \psi}{\partial z^2} + \frac{8\pi^2 m (E-V)\psi}{h^2} = 0 \tag{7-11}$$

式中，h 为普朗克常量；m 为电子质量；E 为体系总能量；V 为系统势能；ψ 为方程的解，表示电子绕核运动状态的数学关系式，称为波函数。薛定谔方程的数学形式属于二阶偏微分方程，波函数 ψ 为空间坐标 (x, y, z) 的函数 $\psi = f(x, y, z)$。一个波函数 ψ 对应微观粒子一定能量下的一种运动状态，即原子轨道（Atomic Orbital, AO）。而 $|\psi^2|$ 为电子在核外空间某处单位体积内出现的概率大小，即概率密度（Probability Density）。

薛定谔方程同时将微观粒子运动的波动性和粒子性结合到一起，真实地反映出微观粒子的运动状态。薛定谔方程是可以精确求解的，但求解过程需要较深的数学知识，本书不作介绍。为了正确理解化学键理论以及化学键的物理图像，我们只对它的一些特殊解进行分析。

7.2.3　薛定谔方程的解

对于绕核运动的电子，其坐标用球坐标 (r, θ, φ) 表示更为方便，它与角坐标的关系如下：

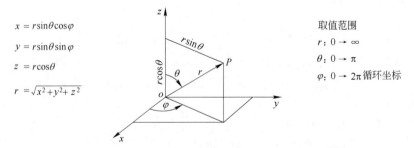

这样，用直角坐标描述的波函数 $\psi(x, y, z)$ 可转换成用球坐标 $\psi(r, \theta, \varphi)$ 表示。

氢原子的薛定谔方程的精确解是一系列波函数及其相应的能量，可统一用 ψ_{nlm} 及 E_n 来表示。$\psi_{nlm} = f(r, \theta, \varphi)$ 函数式经过数学上的变数分离法处理后可变为：

$$\psi_{nlm}(r, \theta, \varphi) = R_{nl}(r) \cdot Y_{lm}(\theta, \varphi)$$

$$E_n = -\frac{me^4}{2h^2} \times \left(\frac{Z}{n}\right)^2 = -13.6 \times \frac{Z^2}{n^2} \text{eV} = -2.18 \times 10^{-18} \times \frac{Z^2}{n^2} \text{J}$$

式中，$R_{nl}(r)$ 为径向分布函数，它是电子离核距离 r 的函数；$Y_{lm}(\theta, \varphi)$ 是随 θ，φ 不同而变化的角度分布函数。

解薛定谔方程在数学上可以得到一系列波函数 ψ_{nlm} 和 E_n，这些解依赖一套量子化的参数 n、l、m_l，统称为量子数。$R_{nl}(r)$ 方程受 n、l 值限定，表示原子轨道离核平均距离，决定原子轨道能量；$Y_{lm}(\theta, \varphi)$ 受 l、m_l 值限定，表示原子轨道方向，决定原子轨道空间取向。只有 n、l、m_l 值的允许组合得到的 $\psi_{nlm}(n, l, m_l)$ 才是合理的，才能代表体系中电子运动的一个稳定状态。

表 7-2 为单电子体系的部分原子轨道的波函数的数学表达式。其中 $a_0 = 52.92\text{pm}$ 为玻尔半径，Z 为核电荷数。由表 7-2 可知，径向波函数 $R(r)$ 由 (n, l) 的取值决定，(n, l) 相同如 $2p_x$，$2p_y$，$2p_z$，$R(r)$ 的数学表达式都相同。同理，角度波函数 $Y(\theta, \varphi)$ 由 (l, m_l) 的取值决定，(l, m_l) 相同如 1s，2s，3s，$Y(\theta, \varphi)$ 的数学表达式也相同。

表 7-2 氢原子及类氢离子的波函数的具体形式

轨　道	$\psi(r, \theta, \varphi)$	$R(r)$	$Y(\theta, \varphi)$
1s	$\sqrt{\dfrac{1}{\pi a_0^3}}\,e^{-r/a_0}$	$2\sqrt{\dfrac{1}{a_0^3}}\,e^{-r/a_0}$	$\sqrt{\dfrac{1}{4\pi}}$
2s	$\dfrac{1}{4}\sqrt{\dfrac{1}{2\pi a_0^3}}\left(2-\dfrac{r}{a_0}\right)e^{-r/2a_0}$	$\sqrt{\dfrac{1}{8\pi a_0^3}}\left(2-\dfrac{r}{a_0}\right)e^{-r/2a_0}$	$\sqrt{\dfrac{1}{4\pi}}$
$2p_z$	$\dfrac{1}{4}\sqrt{\dfrac{1}{2\pi a_0^3}}\left(\dfrac{r}{a_0}\right)e^{-r/2a_0}\cos\theta$		$\sqrt{\dfrac{3}{4\pi}}\cos\theta$
$2p_x$	$\dfrac{1}{4}\sqrt{\dfrac{1}{2\pi a_0^3}}\left(\dfrac{r}{a_0}\right)e^{-r/2a_0}\sin\theta\cos\varphi$	$\sqrt{\dfrac{1}{24a_0^3}}\left(\dfrac{r}{a_0}\right)e^{-r/2a_0}$	$\sqrt{\dfrac{3}{4\pi}}\sin\theta\cos\varphi$
$2p_y$	$\dfrac{1}{4}\sqrt{\dfrac{1}{2\pi a_0^3}}\left(\dfrac{r}{a_0}\right)e^{-r/2a_0}\sin\theta\sin\varphi$		$\sqrt{\dfrac{3}{4\pi}}\sin\theta\sin\varphi$

7.2.4 四个量子数

由于核外电子能量的量子化，薛定谔方程的解只有在特定条件下才合理，表示这些特定条件的物理量即为量子数。在薛定谔方程的合理解中的量子数都具有明确的物理意义。

7.2.4.1 主量子数 n

主量子 n 的取值为 1，2，3，4，…，∞，取正整数。

主量子数（Principal Quantum Number）n 决定着电子运动的能量 E_n（E_n 为负值），也决定了电子运动的离核远近。n 值越大，表示电子离核越远，能量越高；n 值越小，表示电子离核越近，能量越低。n 取值的量子化决定了 E_n 是分立的，不是连续的。在氢原子和类氢离子体系中，原子轨道的能量只由主量子数决定，n 相同

英文注解

的电子具有相同的能量，显然，$E_1 < E_2 < E_3 < \cdots < E_\infty = 0$。

n 与能层或电子层相对应，$n = 1$，2，3，…分别称电子处于第一、第二、第三、……能层，常用光谱符号 K、L、M、N、…分别表示：

n	1	2	3	4	5	6	…
能层（电子层）	1	2	3	4	5	6	…
光谱符号	K	L	M	N	O	P	…

7.2.4.2 角量子数 l

英文注解

角量子数（Angular Momentum Quantum Number）l 的取值受 n 的限制：$l = 0$，1，2，3，…，$(n-1)$，有 n 个取值。角量子数 l 决定了电子在空间的角度分布（电子云的形状），并决定角动量的大小，角动量 M 的表达式为：

$$M = \sqrt{l(l+1)}\ \frac{h}{2\pi} \tag{7-12}$$

由此可见，角动量也是量子化的。在多电子体系中，l 还影响电子的能量，决定着同一能层中能级的大小。对于多电子原子，能量由主量子数 n 和角量子数 l 共同决定。

l 的取值变化时，可用下面的光谱符号来标记：

l	0	1	2	3	4	…
光谱符号	s	p	d	f	g	…

对于多电子体系，当 n 相同时，l 越大的电子，其能量越高：$E_{ns} < E_{np} < E_{nd} < E_{nf}$。$n$，$l$ 相同的电子，处于同一能量状态即简并态，称为亚层（Subshell）或原子轨道。

l 的取值与 n 有关，二者有如下的对应关系：

n 能层	1	2		3			4				…
l 能级	0	0	1	0	1	2	0	1	2	3	…
nl 亚层	1s	2s	2p	3s	3p	3d	4s	4p	4d	4f	…

7.2.4.3 磁量子数 m_l

英文注解

角量子数为 l 的电子在外磁场中有不同的取向，它在磁场方向上的分量由磁量子数决定，m_l 的取值：$m_l = 0$；± 1；± 2，…，± 1，共 $(2l + 1)$ 个值。

磁量子数（Magnetic Quantum Number）m_l 与能量无关，只决定了原子轨道在空间的伸展方向。m_l 的取值与轨道符号的对应关系：

l	0	1		2		
m	0	0	± 1	0	± 1	± 2
轨道符号	s	p_z	p_x，p_y	d_{z^2}	d_{xz}，d_{yz}	$d_{x^2-y^2}$，d_{xy}

在没有外加磁场情况下，同一亚层的轨道能量是相等的，称作等价轨道或简并轨道（Degenerate State）。原子轨道在三维空间的可能状态由上述 3 个量子数（n、l、m_l，又称轨道量子数）决定，也就是说，n、l、m_l 一定，电子所处的原子轨道一定。

7.2.4.4 自旋量子数 m_s

电子除绕核运动外，还要绕自身的轴旋转，类似于地球的自转。1922 年，施特恩-格拉赫实验（Stern-Gerlach Experiment）首次成功测量到了电中性银原子束在非均匀磁场中的双重分裂现象。1925 年乌伦贝克（George Uhlenbeck）和古兹密特（Samuel Goudsmit）受到泡利不相容原理（Pauli Exclusion Principle）的启发，分析原子光谱的一些实验结果，提出电子具有内禀运动——自旋（Spin），并且有与电子自旋相联系的自旋磁矩。为了描述核外电子的自旋状态，需引入第四个量子数。电子的自旋方向有两种：顺时针方向和逆时针方向，所以 m_s 的取值有两个：+1/2 和 -1/2。通常用向上和向下的箭头"↑↓"表示电子不同的自旋状态。电子自旋的引入，成功解释了原子光谱的精细结构及反常塞曼效应。

英文注解

综上所述，电子在核外的运动状态可以由以上四个量子数确定。在同一原子中，不可能有运动状态完全相同的两个电子存在，也就是说，在同一原子中，各个电子的 4 个量子数不可能完全相同。由此推论，每个原子轨道最多只能容纳两个自旋方向相反的电子，每个电子层中最多可容纳电子总数为 $2n^2$，见表 7-3。

表 7-3　量子数与轨道数和容纳电子数的关系

n	l	亚层符号	m_l	轨道数	m_s	容纳电子数
1	0	1s	0	1	±1/2	2
2	0	2s	0	1	±1/2	8
	1	2p	-1, 0, 1	3	±1/2	
3	0	3s	0	1	±1/2	18
	1	3p	-1, 0, 1	3	±1/2	
	2	3d	-2, -1, 0, 1, 2	5	±1/2	
4	0	4s	0	1	±1/2	32
	1	4p	-1, 0, 1	3	±1/2	
	2	4d	-2, -1, 0, 1, 2	5	±1/2	
	3	4f	-3, -2, -1, 0, 1, 2, 3	7	±1/2	

7.2.5　波函数图形

波函数 ψ_{nlm} 数学形式很复杂，借助变量分离法，转换成角度部分函数和径向部分函数。下面分别讨论角度部分函数和径向部分函数的图形。

英文注解

7.2.5.1　角度分布函数

若将波函数的角度部分 $Y(\theta, \varphi)$ 随 θ，φ 角而变化的规律以球坐标作图，可以获得波函数或原子轨道的角度分布图，如图 7-4 所示。角度分布图是将径向分布函数 R 视为常量而考虑不同方位上 ψ 的相对大小。角度分布图着重说明了原子轨道的极大值出现在空间哪个方向，利用它便于直观地讨论共价键成键方向。对于单电子体系（表 7-2），如 1s、2s、3s、…的角度波函数表达式均为 $\sqrt{\dfrac{1}{4\pi}}$，是一常数，与

(θ, φ) 无关，说明任意 (θ, φ) 方向 Y 恒定，连接这些点成一半径为 $\sqrt{\dfrac{1}{4\pi}}$ 的球面，这就是 s 轨道的波函数角度分布图。角度波函数（Angular Function） $Y_{1,1}(\theta, \varphi)$、$Y_{1,-1}(\theta, \varphi)$、$Y_{1,0}(\theta, \varphi)$ 图为哑铃形，因为其波函数最大值及最小值分别出现在 x、y、z 轴上，所以相应的原子轨道符号以 p_x、p_y、p_z 表示；角度波函数 $Y_{2,m}$ (θ, φ)（$m = 0$，± 1，± 2）图为花瓣形曲面，共有 5 个空间指向，原子轨道符号分别标记为 d_{xy}、d_{xz}、d_{yz}、$d_{x^2-y^2}$、d_{z^2}。角度分布图中 "+、−" 号，不是表示正、负电荷，而是表示 Y 值是正值还是负值，还代表了原子轨道角度分布图形的对称关系：符号相同，对称性相同；符号相反，对称性不同或反对称。

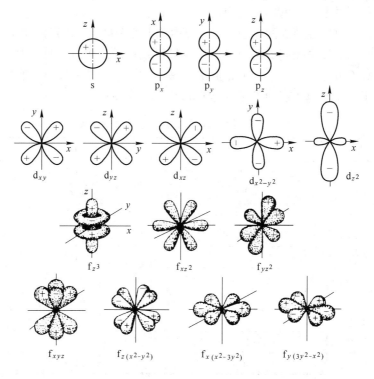

图 7-4　原子轨道角度分布图
（s、p、d 为剖面图，f 为立体视图）

7.2.5.2　径向分布函数

将角度分布函数 Y 视为常量，可得到其径向分布函数（Radial Function）图，如图 7-5 所示。由图 7-5 可见，1s 电子在核附近出现的概率最大，随 r 的增加而逐渐稳定地下降。对于 2s 电子，在 $r < 2a_0$ 时，电子分布情况与 1s 能态相似，在核附近 ψ 数值较大，随 r 的增加而逐渐下降；在 $r = 2a_0$ 时，出现一个 ψ 数值为零的球面，称为节面（node）；在 $r > 2a_0$ 时，ψ 为负值，ψ 的绝对值增大，至 $r = 4a_0$ 时达到最低点；此后，随着 r 的增加，ψ 逐渐趋近于 0。对于 s 能态，有 $n-l$ 个节面。例如，2s 能级有一个节面，在球形节面内电子出现的概率为 5.4%，节面外的概率为 94.6%。对于 p、d、f 能态，有 $n-l-1$ 个节面。

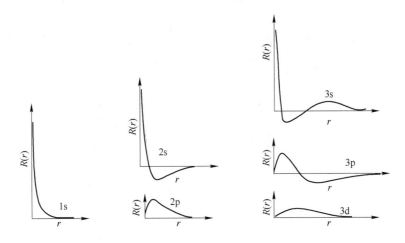

图 7-5　氢原子径向函数 R_{nl}–r 图

7.2.6　电子云

　　由于电子的波粒二象性，原子中的电子总是在核外某一空间区域内随机出现，因此电子波实质是"概率波"，波的强度反映了电子出现概率密度的大小。从统计学的概念出发，人们把电子在核外空间出现的概率分布形象化地描述称为电子云（Electron Cloud）。因此电子云在数值上为：

英文注解

$$|\Psi_{n,l,m}(r,\theta,\varphi)|^2 = |R_{n,l}(r)|^2 \cdot |Y_{l,m}(\theta,\varphi)|^2 \qquad (7\text{-}13)$$

式中，$|R_{n,l}(r)|^2$ 和 $|Y_{l,m}(\theta,\varphi)|^2$ 分别为电子云的径向分布和角度分布函数。

　　图 7-6 为 s、p、d 电子云的角度分布图。

　　对比图 7-4，电子云的角度分布图与原子轨道的角度分布图形状相似，但也存在以下两点区别：

　　（1）由于 $Y_{l,m}(\theta,\varphi)$ 值有正负之分，所以相应的原子轨道角度分布图上分别标注了正、负号。而 $|Y_{l,m}(\theta,\varphi)|^2$ 都是正值，故电子云的角度分布图形无正负号之分。

　　（2）由于归一化后的角度波函数 $Y_{l,m}(\theta,\varphi)<1$，$|Y_{l,m}(\theta,\varphi)|^2$ 的值小于 $Y_{l,m}(\theta,\varphi)$，所以电子云的角度分布图比原子轨道的角度分布图"瘦"一些。

　　图 7-7 为氢原子轨道电子云径向波函

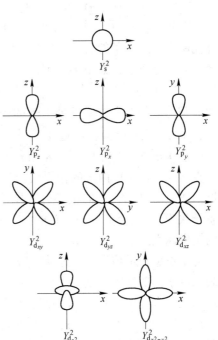

图 7-6　s、p、d 电子云的角度分布图

数 $|R_{n,l}(r)|^2$ 的示意图。它是在径向波函数图形（图 7-5）的基础上绘制的，表示电子云沿半径 r 方向上的概率的变化。1s、2s、3s 状态都是在原子核附近出现概率最大，随半径 r 增大，概率逐渐减小，但 2s、3s 轨道在离核较远处分别还有一处、两处概率较大的区域；p、d 电子云离核最近处电子密度接近于零。

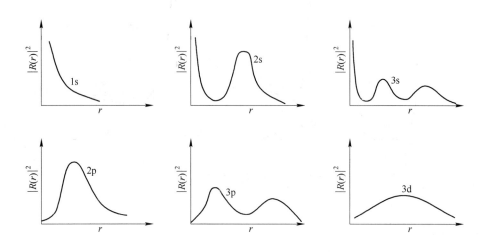

图 7-7　氢原子轨道电子云的径向分布函数

如果考虑一个离核距离为 r，厚度为 dr 的薄层球壳，则在此球壳内电子出现的概率为：

$$D = |\psi|^2 4\pi r^2 dr = |R_{n,l}(r)|^2 \cdot |Y_{l,m}(\theta, \varphi)|^2 \cdot 4\pi r^2 dr \qquad (7-14)$$

令 $D(r) = |R_{n,l}(r)|^2 \cdot 4\pi r^2 dr$，$D(r)$ 是 r 的函数，表示离核距离为 r 的单位厚度球壳层中找到电子的概率，称为径向概率分布函数。将 $D(r)$ 对 r 作图即为电子云的径向概率分布图，如图 7-8 所示。由图 7-7 和图 7-8 可知，电子云的径向概率分布函数 $D(r)$ 随半径的变化与 $|R_{n,l}(r)|^2$ 随半径的变化不同。例如，对于原子轨道 1s 上的电子，电子在离核最近处出现的概率 $|R_{n,l}(r)|^2$ 有极大值，但在相应的 $D(r)$ 图中，由于 r 很小，离核最近处 $4\pi r^2$ 趋近于 0，所以 $D(r)$ 值趋近于零；当离核较远时，虽然 $4\pi r^2$ 很大，但概率 $|R_{n,l}(r)|^2$ 迅速减小，故 $D(r)$ 的值也不会随 r 的增加而一直增大，这两种因素的作用就产生了 $D(r)$ 曲线的峰值。从图 7-8 可看出，所有原子轨道的电子云径向概率分布图均会出现峰值，如果原子轨道主量子数为 n，角量子数为 l，则会出现 $n-l$ 个峰。当 n 值相同时，l 值越小，峰越多，在核附近出现的概率越大。

为了形象表示核外电子运动的概率分布情况，化学上习惯用小黑点分布的疏密来表示电子出现概率的相对大小。小黑点密的地方，代表概率大，单位体积内电子出现的机会多。用这种方法来描述电子在核外出现的概率分布所得的空间图像称为电子云。综合图 7-7 和图 7-8，得到用小黑点分布的疏密表示的 $|\psi_{n,l,m}(r, \theta, \varphi)|^2$ 图形，如图 7-9 所示。

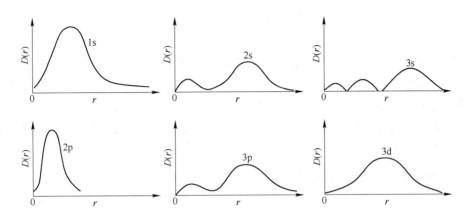

图 7-8 氢原子电子云径向概率分布图

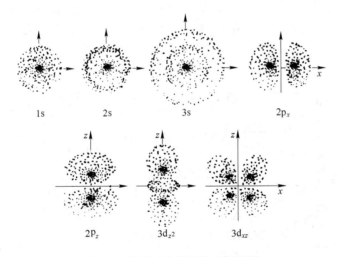

图 7-9 电子云小黑点图（剖面图）

电子出现的概率可以用等密度线来表示，以最密处定为 1，其他各面注以相对密度值，如图 7-10 所示；它也可以用界面图表示，在界面内电子出现的概率达到 90%，如图 7-11 所示。

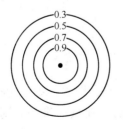

图 7-10 电子云的等密度线

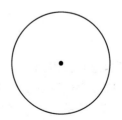

图 7-11 电子云的界面图

7.3　多电子原子结构

除了氢原子和类氢离子，所有原子（离子）都属于多电子原子（离子）。理论上，对于描述多电子原子体系的薛定谔方程只需增加其他电子对核的作用能及所有电子与电子之间相互作用的势能项。但是，很难获得精确的解，只能近似解出各轨道及其能量。其解具有类似于上述氢原子解的形式，但是各轨道的能量和能级次序将不同于氢原子的轨道，并且多个电子将处于不同的轨道。

7.3.1　多电子原子轨道的能级图

7.3.1.1　鲍林近似能级图

1939 年，美国化学家鲍林（Linus Carl Pauling）根据光谱实验结果，对元素周期表中各元素原子的原子轨道能级进行分析、归纳，总结出多电子原子中各原子轨道能级高低的近似顺序，如图 7-12 所示。图中每个小圆圈代表一个原子轨道，小圆圈所在位置的高低代表这个轨道能量的高低，能量相近的轨道组成一个能级组，框在一个方格内，共 7 个能级组，对应元素周期表的 7 个周期。

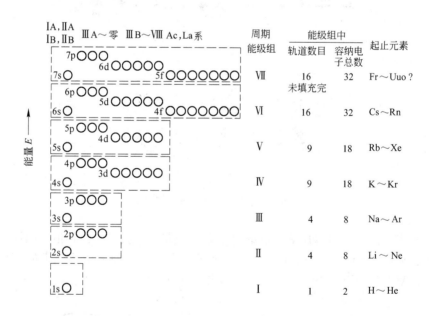

图 7-12　鲍林近似能级图

从图 7-12 可以看出：

（1）随着主量子数 n 的增大，各电子层能级逐渐升高，即 $E_{\mathrm{I}} < E_{\mathrm{II}} < E_{\mathrm{III}} \cdots$。

（2）同一原子同一电子层内，即 n 相同、l 不同的各亚层能级的相对高低为：$E_{ns} < E_{np} < E_{nd} < E_{nf} < \cdots$。

（3）在没有外加磁场作用下，同一电子亚层内 n 和 l 相同、m_l 不同的各原子轨道能级相同，例如：$E_{np_x} = E_{np_y} = E_{np_z}$，这样的轨道称为等价轨道或简并轨道。对应于相同能量的不同原子轨道的数目为简并度。

（4）同一原子内，不同类型亚层之间，出现能级交错，例如：$E_{4s} < E_{3d} < E_{4p}$，$E_{5s} < E_{4d} < E_{5p}$，$E_{6s} < E_{4f} < E_{5d} < E_{6p}$，遵循 $E_{ns} < E_{(n-2)f} < E_{(n-1)d} < E_{np}$。

鲍林的近似能级图是从元素周期表中各元素原子轨道能级图中归纳出来的近似规律，反映了同一原子外电子层中原子轨道能级的相对高低，不能用鲍林近似能级图比较不同元素原子轨道能级的相对高低。实际上，原子核外任一轨道上电子的能量与原子序数，更确切的是与有效核电荷数有关。核电荷数越多，对电子的引力越大，电子离核越近，导致其所在轨道的能量降低越多。不同原子核外轨道能级的相对高低将随着原子序数的变化而有所不同。

7.3.1.2　科顿能级图

1962 年，美国化学家科顿（F. A. Cotton）根据理论计算出多电子原子中各轨道的能量后，再以原子轨道能量对原子序数作图得到科顿原子轨道能级图，如图 7-13 所示。

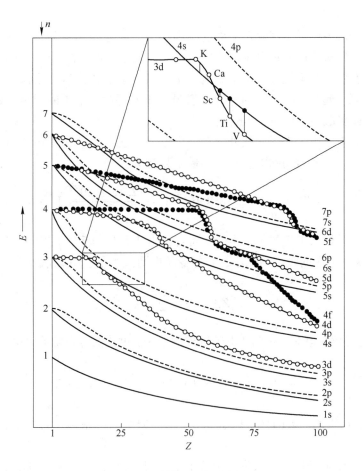

图 7-13　科顿原子轨道能级图

图 7-13 的右上角方框内是 $Z = 20$ 附近的原子轨道能级次序放大图。从图 7-13 可以看出：

（1）对于氢原子，每个电子层内不同亚层，即 n 相同、l 不同的各原子轨道的能量是相同的：$E_{ns} = E_{np} = E_{nd} = E_{nf}$。

（2）随着原子序数的增加，原子轨道的能级下降，但由于不同轨道下降幅度不同，会出现能级交错。例如，图 7-13 中对比 3d 和 4s 轨道的能量变化曲线可知，原子序数 15~20 元素，$E_{4s} < E_{3d}$，原子序数大于 21 的元素，$E_{4s} > E_{3d}$。第五能级组和第六能级组中能级交错现象更为复杂。

科顿原子轨道能级图反映了原子轨道的能量和原子序数的关系，也反映了氢原子轨道的简并性和过渡元素原子失电子的先后顺序，但不能解释电子的填充顺序。所以，在讨论多电子原子核外电子结构时，仍采用鲍林能级图。

7.3.1.3　屏蔽效应和钻穿效应

多电子原子中原子轨道能级分裂和能级交错现象可通过以下两个效应得到合理解释。

英文注解

A　屏蔽效应

不同原子轨道电子云密集于核外的距离不同，1s 电子离核最近，因此，它将有效地屏蔽原子核对其他轨道电子的作用；反之，处于其他轨道上的电子对 1s 电子的屏蔽则不大有效，甚至无效。由于其他电子对某一电子的排斥作用而抵消了一部分核电荷，从而引起有效核电荷的降低，削弱了核电荷对该电子的吸引，这种作用称为屏蔽作用或屏蔽效应（Shielding）。

例如，对于氢原子来说，核外只有一个电子，这个电子只受核的作用，不受其他电子的作用，电子运动的能量只与主量子数有关：

$$E = -\frac{Z^2}{n^2} \times 2.18 \times 10^{-18} \mathrm{J} = -\frac{2.18 \times 10^{-18}}{n^2} \mathrm{J}$$

对于多电子体系指定的某个电子 j 而言，由于其他轨道上的电子对核的屏蔽作用，使得核对 j 电子的吸引力减小，就好像核电荷减小了，由原来的 Z 减小为 Z_j^*：

$$Z_j^* = Z - \sum_{i \neq j}^{n-1} \sigma \tag{7-15}$$

式中，Z_j^* 为有效核电荷；σ 为 J 电子以外的 i 电子对核的屏蔽常数。电子的能量为：

$$E = -\frac{Z_j^{*2}}{n^2} \times 2.18 \times 10^{-18} \mathrm{J} = -\frac{Z_j^{*2}}{n^2} \times 13.6 \mathrm{eV} \tag{7-16}$$

20 世纪 30 年代，美国科学家 J. C. Slater 根据实验结果提出计算屏蔽常数 σ 的法则：

（1）原子中电子按以下次序分成若干组：（1s），（2s，2p），（3s，3p），（3d），（4s，4p），（4d），（4f），（5s，5p），（5d），（5f）等。

（2）位于被屏蔽电子右边的各组对被屏蔽电子的 $\sigma = 0$，即近似地认为外层电子对内层电子没有屏蔽作用。

（3）1s 轨道上的两个电子之间的 $\sigma=0.3$，其他主量子数相同的各分层电子之间的 $\sigma=0.35$。

（4）被屏蔽的电子为 ns 或 np 时，则主量子数 $(n-1)$ 的各电子对它们的 $\sigma=0.85$，而小于 $(n-1)$ 的各电子对它们的 $\sigma=1$。

（5）当被屏蔽电子是 (nd) 组或 (nf) 组电子时，则位于它们左边各组电子对它们的屏蔽常数 $\sigma=1$。

（6）在计算原子中某个电子的 σ 值时，可将有关屏蔽电子对该电子的 σ 值相加而得。

由上述经验法则可以看出，内层电子对外层电子的屏蔽作用较大，外层电子对内层电子可以近似看作不产生屏蔽。对于同一原子来说，离核越近的主层上的电子被其他电子屏蔽程度越小，它对外层电子的屏蔽作用越大，因此各电子层屏蔽作用大小的顺序为：

$$K > L > M > N > O > \cdots$$

对不同的被屏蔽电子而言，当主量子数 n 相同、角量子数 l 不同时，随着 l 值的增大，其余电子对它的屏蔽作用也增大。

电子被屏蔽的程度越大，受核场的引力被减弱得越多，势能越高，因而出现：

$$E_{\text{I}} < E_{\text{II}} < E_{\text{III}} < E_{\text{IV}} < \cdots$$
$$E_{ns} < E_{np} < E_{nd} < E_{nf} < \cdots$$

Slater 规则提供了计算屏蔽常数 σ 的方法，屏蔽常数归结见表 7-4，进一步根据式（7-16）求出多电子原子中某电子的能量。

表 7-4　原子轨道中电子对于屏蔽常数的贡献

被屏蔽电子	屏蔽电子							
	1s	2s, 2p	3s, 3p	3d	4s, 4p	4d	4f	5s, 5p
1s	0.3							
2s, 2p	0.85	0.35						
3s, 3p	1.00	0.85	0.35					
3d	1.00	1.00	1.00	0.35				
4s, 4p	1.00	1.00	0.85	0.85	0.35			
4d	1.00	1.00	1.00	1.00	1.00	0.35		
4f	1.00	1.00	1.00	1.00	1.00	1.00	0.35	
5s, 5p	1.00	1.00	1.00	1.00	0.85	0.85	0.85	0.35

【例 7-4】　分别计算 Ti 原子中其他电子对一个 3p 电子和一个 3d 电子的屏蔽常数 σ，并分别计算 E_{3p} 和 E_{3d}。

解：屏蔽常数 σ 的值可由所有屏蔽电子对 σ 的贡献值相加而得。

Ti 原子的电子结构式为 $1s^2 2s^2 2p^6 3s^2 3p^6 3d^2 4s^2$，按 Slater 规则分组情况为 $(1s)^2$ $(2s,2p)^8 (3s,3p)^8 (3d)^2 (4s,4p)^2$，因此，3p 电子和 3d 电子的屏蔽常数的计算如下：

$$\sigma_{3p} = (0.35 \times 7) + (0.85 \times 8) + (1.00 \times 2) = 11.25$$

$$\sigma_{3d} = (0.35 \times 1) + (1.00 \times 18) = 18.35$$

将 σ_{3p} 和 σ_{3d} 分别代入式（7-16）中，计算得：

$$E_{3p} = -13.6 \times \frac{(22 - 11.25)^2}{3^2} eV = -174.63 eV$$

$$E_{3d} = -13.6 \times \frac{(22 - 18.35)^2}{3^2} eV = -20.13 eV$$

从表 7-4 和例 7-4 可以看出，不同轨道电子受到相同电子的屏蔽作用的大小是不同的。例如，作为屏蔽电子的 3d 层电子，它们对于 4s 的屏蔽贡献为 0.85，而对于自身所在电子层 3d 上的其他电子的屏蔽贡献为 1.00。

    B   钻穿效应

英文注解

多电子原子中 n 较大的原子轨道，如 4s 轨道的电子有相当的概率出现在核附近，似钻入内部，部分地回避了 $(n-1)$ 层的原子轨道，如 3d 轨道电子对它的屏蔽作用，受到的有效核电荷的作用增强，轨道能量降低。同时 3d 轨道电子部分受到 4s 电子的屏蔽效应，而能量升高。因此，出现 n 较小的 3d 电子的能量高于 n 较大的 4s 电子的能量的现象，称为钻穿效应（Penetration）。钻穿效应不仅能解释 n 相同 l 不同时，轨道能量的高低顺序，而且可以解释 n 和 l 不同时轨道之间发生的能级交错现象。下面通过氢原子或类氢离子电子云的径向分布加以说明。

当 $n=3$ 时，不同 l 值电子云的径向分布如图 7-8 所示。在同一主层中，ns 电子云比 np 电子云多一个近核峰，np 电子云又比 nd 电子云多一个近核峰。峰离核越近，表明该电子在越靠近核的区域有出现的概率。或者说，ns 电子云比 np 电子云钻穿能力强，np 电子云比 nd 电子云的钻穿能力强，即 l 值越小的电子钻穿能力越强，离核越近，平均受核场力的吸引力越强，能量降低越多。因此，同一主层不同亚层电子能量高低顺序为：

$$E_{ns} < E_{np} < E_{nd} < E_{nf} < \cdots$$

4s 和 3d 电子云的径向分布如图 7-14 所示。4s 电子云的最大峰虽然比 3d 离核远，但它有 3 个小峰钻到 3d 峰内，更靠近核，使得 4s 电子能量低于 3d 电子。4s 轨道与 3d 相比，4s 轨道的主量子数虽然大于 3d 轨道，但其角量子数比 3d 小 2，角量子数越小，钻穿能力越强，对轨道能量降低的作用超过了主量子数增加对轨道能量的升高作用，使得 $E_{4s} < E_{3d}$。

【例 7-5】 通过计算说明钾原子的最后一个电子是填入 4s 轨道的能量低，还是填入 3d 轨道的能量低？

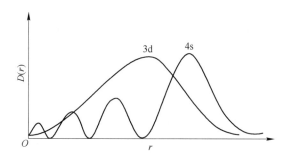

图 7-14　4s 和 3d 电子云的径向分布图

解： 若钾原子的最后一个电子填入 4s 轨道，则 $_{19}$K 的核外电子排布：$1s^2 2s^2 2p^6 3s^2 3p^6 4s^1$。

4s 电子的屏蔽常数 $\sigma_{4s} = 0.85 \times 8 + 1.0 \times 10 = 16.8$

$$E_{4s} = -13.6 \times \frac{(19 - 16.8)^2}{4^2} = -4.11\,\text{eV}$$

若最后一个电子填入 3d 轨道，则 $_{19}$K 的核外电子排布：$1s^2 2s^2 2p^6 3s^2 3p^6 3d^1$。
3d 电子的屏蔽常数 $\sigma_{3d} = 1.0 \times 18 = 18$

$$E_{3d} = -13.6 \times \frac{(19 - 18)^2}{3^2} = -1.51\,\text{eV}$$

计算结果表明：$E_{4s} < E_{3d}$，所以钾原子最后一个电子填入 4s 轨道的能量较低。

7.3.2　多电子原子基态核外电子排布

7.3.2.1　多电子原子基态核外电子排布规则

原子在基态（Ground State）时，其核外电子排布遵循以下三条重要原则：

（1）泡利（W. E. Pauli）不相容原理（Pauli Exclusion Principle）。在一个原子中，不可能存在 4 个量子数完全相同的两个电子，或者说一个原子轨道最多只能容纳两个自旋相反的电子。

（2）能量最低原理。在不违背泡利不相容原理的前提下，电子优先占据能量较低的原子轨道，即电子按照原子轨道的能量由低到高的顺序依次填充，使整个原子体系处于最低能量状态。

（3）洪特（F. Hund）规则。对于简并轨道，如 3 个 p 轨道、5 个 d 轨道、7 个 f 轨道上分布的电子，将尽可能分占 m_l 不同的轨道，且自旋平行；而且，对于同一电子亚层，当电子分布为全充满（p^6 或 d^{10} 或 f^{14}）、半充满（p^3 或 d^5 或 f^7）和全空（p^0 或 d^0 或 f^0）时，原子结构稳定。例如，碳原子核外有 6 个电子，从泡利不相容原理和能量最低原理出发，电子排布为 $1s^2 2s^2 2p^2$。2p 轨道的两个电子可能的排布方式如图 7-15 所示。

英文注解

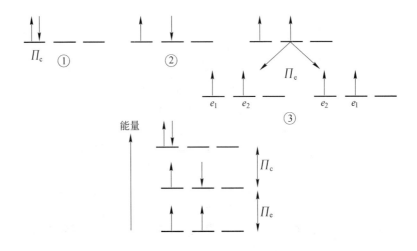

图 7-15　电子相互作用对体系能量影响示意图

当一个轨道中已分布一个电子，另一个电子要继续填入，并同前一个电子成对时，需要克服电子之间库仑排斥作用，消耗的能量称为电子成对能（Π_c，Electron Pairing Energy）。当电子以自旋平行的方式占据两个简并轨道时，由于电子的不可区分性和可互换性，产生了使体系更加稳定的能量即电子交换能（Π_e，Exchange Energy）。电子交换能与处于简并轨道，并且自旋平行的电子数有关，电子数越多则交换能越大，体系越稳定。因此，碳原子 2p 轨道上的两个电子以自旋平行，分布在两个等价 2p 轨道中。

7.3.2.2　基态原子核外电子排布

英文注解

根据鲍林近似能级图和核外电子排布的三条规则，多电子原子中电子进入轨道的能级顺序为：

$$1s<2s<2p<3s<3p<4s<3d<4p<5s<4d<5p<6s<4f<5d<6p<7s<5f<6d<7p<\cdots$$

按此能级顺序，我们可以写出各元素基态原子的电子结构。例如铁原子，原子序数 $Z=26$，原子核外 26 个电子的排布为：$1s^2 2s^2 2p^6 3s^2 3p^6 3d^6 4s^2$。注意，在书写电子排布式时，要将 3d 轨道放在 4s 前面，与同层 3s、3p 轨道写在一起。又如 $_{24}$Cr 的电子排布：$1s^2 2s^2 2p^6 3s^2 3p^6 3d^5 4s^1$；$_{29}$Cu 的电子排布：$1s^2 2s^2 2p^6 3s^2 3p^6 3d^{10} 4s^1$；根据洪特规则，半充满 d^5 和全充满 d^{10} 电子排布比较稳定，所以铬原子和铜原子的 4s 轨道只占有一个电子，这也被光谱实验的数据所确证。

在化学反应中，参与反应的只是原子的外层电子，其内层电子结构通常是不变的。不参与反应的内层电子称为原子实，可以用相应的稀有气体元素符号加方括号代表原子实。如［He］表示 $1s^2$ 的两个电子在最内层轨道上的排布，［Kr］表示 $1s^2 2s^2 2p^6 3s^2 3p^6 3d^{10} 4s^2 4p^6$ 的 36 个内层电子的结构。参与化学反应的原子的外层电子，即填充在最高能级组有关轨道上的电子，称为价电子。所以，任何元素原子的电子排布均可表示为：［稀有气体］价电子。例如 $_{26}$Fe 的电子排布可以表示为：

$[Ar]3d^64s^2$；$_{47}Ag$ 的电子排布为 $[Kr]4d^{10}5s^1$。

根据电子排布规律和光谱实验数据得到元素周期表中 109 种元素基态原子的核外电子排布结果，见表 7-5。总的说来，电子排布有如下规律：

（1）原子的最外电子层最多只能容纳 8 个电子（第一电子层为最外层只能容纳 2 个电子）。

（2）次外电子层最多只能容纳 18 个电子（若次外层 $n=1$ 或 2，最多只能有 2 个或 8 个电子）。

（3）原子的外数第三层最多只有 32 个电子（若该层 $n=1$，2，3，则最多只能有 2 个，8 个，18 个电子）。

英文注解

表 7-5　元素周期系基态原子核外电子排布

周期	原子序数	元素符号	电子结构	周期	原子序数	元素符号	电子结构	周期	原子序数	元素符号	电子结构
1	1	H	$1s^1$	5	37	Rb	$[Kr]5s^1$	6	74	W	$[Xe]4f^{14}5d^46s^2$
	2	He	$1s^2$		38	Sr	$[Kr]5s^2$		75	Re	$[Xe]4f^{14}5d^56s^2$
2	3	Li	$[He]2s^1$		39	Y	$[Kr]4d^15s^2$		76	Os	$[Xe]4f^{14}5d^66s^2$
	4	Be	$[He]2s^2$		40	Zr	$[Kr]4d^25s^2$		77	Ir	$[Xe]4f^{14}5d^76s^2$
	5	B	$[He]2s^22p^1$		41	Nb	$[Kr]4d^45s^1$		78	Pt	$[Xe]4f^{14}5d^96s^1$
	6	C	$[He]2s^22p^2$		42	Mo	$[Kr]4d^55s^1$		79	Au	$[Xe]4f^{14}5d^{10}6s^1$
	7	N	$[He]2s^22p^3$		43	Tc	$[Kr]4d^65s^2$		80	Hg	$[Xe]4f^{14}5d^{10}6s^2$
	8	O	$[He]2s^22p^4$		44	Ru	$[Kr]4d^75s^1$		81	Tl	$[Xe]4f^{14}5d^{10}6s^26p^1$
	9	F	$[He]2s^22p^5$		45	Rh	$[Kr]4d^85s^1$		82	Pb	$[Xe]4f^{14}5d^{10}6s^26p^2$
	10	Ne	$[He]2s^22p^6$		46	Pd	$[Kr]4d^{10}$		83	Bi	$[Xe]4f^{14}5d^{10}6s^26p^3$
3	11	Na	$[Ne]3s^1$		47	Ag	$[Kr]4d^{10}5s^1$		84	Po	$[Xe]4f^{14}5d^{10}6s^26p^4$
	12	Mg	$[Ne]3s^2$		48	Cd	$[Kr]4d^{10}5s^2$		85	At	$[Xe]4f^{14}5d^{10}6s^26p^5$
	13	Al	$[Ne]3s^23p^1$		49	In	$[Kr]4d^{10}5s^25p^1$		86	Rn	$[Xe]4f^{14}5d^{10}6s^26p^6$
	14	Si	$[Ne]3s^23p^2$		50	Sn	$[Kr]4d^{10}5s^25p^2$	7	87	Fr	$[Rn]7s^1$
	15	P	$[Ne]3s^23p^3$		51	Sb	$[Kr]4d^{10}5s^25p^3$		88	Ra	$[Rn]7s^2$
	16	S	$[Ne]3s^23p^4$		52	Te	$[Kr]4d^{10}5s^25p^4$		89	Ac	$[Rn]6d^17s^2$
	17	Cl	$[Ne]3s^23p^5$		53	I	$[Kr]4d^{10}5s^25p^5$		90	Th	$[Rn]6d^27s^2$
	18	Ar	$[Ne]3s^23p^6$		54	Xe	$[Kr]4d^{10}5s^25p^6$		91	Pa	$[Rn]5f^26d^17s^2$
4	19	K	$[Ar]4s^1$	6	55	Cs	$[Xe]6s^1$		92	U	$[Rn]5f^36d^17s^2$
	20	Ca	$[Ar]4s^2$		56	Ba	$[Xe]6s^2$		93	Np	$[Rn]5f^46d^17s^2$
	21	Sc	$[Ar]3d^14s^2$		57	La	$[Xe]5d^16s^2$		94	Pu	$[Rn]5f^67s^2$
	22	Ti	$[Ar]3d^24s^2$		58	Ce	$[Xe]4f^15d^16s^2$		95	Am	$[Rn]5f^77s^2$
	23	V	$[Ar]3d^34s^2$		59	Pr	$[Xe]4f^36s^2$		96	Cm	$[Rn]5f^76d^17s^2$
	24	Cr	$[Ar]3d^54s^1$		60	Nd	$[Xe]4f^46s^2$		97	Bk	$[Rn]5f^97s^2$
	25	Mn	$[Ar]3d^54s^2$		61	Pm	$[Xe]4f^56s^2$		98	Cf	$[Rn]5f^{10}7s^2$
	26	Fe	$[Ar]3d^64s^2$		62	Sm	$[Xe]4f^66s^2$		99	Es	$[Rn]5f^{11}7s^2$
	27	Co	$[Ar]3d^74s^2$		63	Eu	$[Xe]4f^76s^2$		100	Fm	$[Rn]5f^{12}7s^2$
	28	Ni	$[Ar]3d^84s^2$		64	Gd	$[Xe]4f^75d^16s^2$		101	Md	$[Rn]5f^{13}7s^2$
	29	Cu	$[Ar]3d^{10}4s^1$		65	Tb	$[Xe]4f^96s^2$		102	No	$[Rn]5f^{14}7s^2$
	30	Zn	$[Ar]3d^{10}4s^2$		66	Dy	$[Xe]4f^{10}6s^2$		103	Lr	$[Rn]5f^{14}6d^17s^2$
	31	Ga	$[Ar]3d^{10}4s^24p^1$		67	Ho	$[Xe]4f^{11}6s^2$		104	Rf	$[Rn]5f^{14}6d^27s^2$
	32	Ge	$[Ar]3d^{10}4s^24p^2$		68	Er	$[Xe]4f^{12}6s^2$		105	Db	$[Rn]5f^{14}6d^37s^2$
	33	As	$[Ar]3d^{10}4s^24p^3$		69	Tm	$[Xe]4f^{13}6s^2$		106	Sg	$[Rn]5f^{14}6d^47s^2$
	34	Se	$[Ar]3d^{10}4s^24p^4$		70	Yb	$[Xe]4f^{14}6s^2$		107	Bh	$[Rn]5f^{14}6d^57s^2$
	35	Br	$[Ar]3d^{10}4s^24p^5$		71	Lu	$[Xe]4f^{14}5d^16s^2$		108	Hs	$[Rn]5f^{14}6d^67s^2$
	36	Kr	$[Ar]3d^{10}4s^24p^6$		72	Hf	$[Xe]4f^{14}5d^26s^2$		109	Mt	$[Rn]5f^{14}6d^77s^2$
					73	Ta	$[Xe]4f^{14}5d^36s^2$		110	Ds	$[Rn]5f^{14}6d^87s^2$

注：单框中的元素是过渡元素，双框中的元素是镧系或锕系元素。

需要说明的是，根据光谱实验得到的元素周期表中元素原子的核外电子结构大多数符合鲍林近似能级图和核外电子排布的三条规律，但有少数例外。

7.3.2.3　徐光宪的近似能级公式

拓展阅读

我国著名化学家徐光宪院士在总结前人工作的基础上，提出了描述多电子体系的原子轨道近似能级次序的 $(n+0.7l)$ 规则：以该轨道的 $(n+0.7l)$ 数值大小决定轨道能量之高低，n，l 分别为原子轨道主量子数和角量子数；并将 $(n+0.7l)$ 值的第一位数字相同的各能级编成一组，各能级组内原子轨道能级差较小，能级组间能级差较大；外层电子所在能级组的编号恰好是该化学元素所在的周期数。这样，多电子原子轨道的能量由低到高依次为：

(1s)，(2s，2p)，(3s，3p)，(4s，3d，4p)，(5s，4d，5p)，(6s，4f，5d，6p)，(7s，5f，6d，7p)，…

当考虑原子电离即基态阳离子的核外电子排布时，由于电子数目减少而核电荷不变，导致有效核电荷数增大，钻穿效应的影响相对减弱，角量子数 l 对轨道能量的影响也相对减弱。徐光宪院士总结，离子中外层电子的能级取决于 $(n+0.4l)$ 值的大小，此值越大的电子能级越高越先失去，因此价电子的电离顺序为：

$$\rightarrow n\mathrm{p} \rightarrow n\mathrm{s} \rightarrow (n-1)\mathrm{d} \rightarrow (n-2)\mathrm{f}$$

例如，$_{29}\mathrm{Cu}$ 的电子排布：$[\mathrm{Ar}]3d^{10}4s^1$，电离时首先丢失的是 4s 电子，然后丢失 3d 电子，所以 Cu^{2+} 的电子结构为：$[\mathrm{Ar}]3d^9$。

根据核外电子排布，简单阳离子可分为 5 种电子构型，见表 7-6。

表 7-6　阳离子的电子构型

类　型		最外层电子构型	例　子	元素所在区域
稀有气体电子构型——8（或2）电子构型		ns^2、ns^2np^6	Be^{2+}、F^-、K^+、Sr^{2+}、I^-、Fr^+	s 区、p 区
非稀有气体电子构型	9~17 电子构型	$ns^2np^6nd^{1\sim9}$	Cr^{3+}、Mn^{2+}、Cu^{2+}、Fe^{2+}、Fe^{3+}、Ti^{3+}、V^{3+}、Hg^{2+}	d 区、ds 区
	18 电子构型	$ns^2np^6nd^{10}$	Zn^{2+}、Ag^+、Hg^{2+}、Cu^+、Cd^{2+}	ds 区
	18+2 电子构型	$(n-1)s^2(n-1)p^6$ $(n-1)d^{10}ns^2$	Ga^{2+}、Sn^{2+}、Sb^{3+}、Pb^{2+}、Bi^{3+}	p 区

7.4　元素周期律

7.4.1　元素周期系与原子的电子层结构

7.4.1.1　元素周期表

英文注解

1869 年，德国化学家迈耶尔（Julius Lothar Meyer）与俄国化学家门捷列夫（Dmitri Mendeleev）各自独立且几乎同时发现了化学元素周期律，并因此共同获得了英国皇家学会的戴维奖章。门捷列夫将当时已知的 63 种元素依相对原子量大小并以表的形式排列，把有相似化学性质的元素放在同一列，制成元素周期表的雏形。在化学的系统化过程中，元素周期表的发现是一个重要的里程碑，它将许多似乎不相干的事实用一个共同的原则联系起来，发现了元素性质变化的一些周期性规律，并且指出了研究方向。之后，新的元素被不断发现，不断有人提出各种类型周期表，不下 170 余种，主要有以下几种类型：短式表（门捷列夫式为代表），长式表（维尔纳式为代表），特长表（玻尔塔式为代表），平面螺线表（达姆开夫式为代表），立体周期表（莱西的圆锥体立体表为代表）。我们采用的是长式周期表。

7.4.1.2 元素周期表与原子的电子层结构

元素在周期表中的位置取决于元素原子的原子序数和核外电子结构，随着原子序数的增加，原子的外电子层结构呈现周期性变化。

A 周期

在元素周期表中，把元素分为七个横行，每一横行称为一个周期（Period）。每个元素所属的周期是由其基态原子能量最高的电子所在的能级组的序号所决定的，见表 7-7。各周期中元素的数目是相应能级组中原子轨道可容纳的电子总数，因此各周期所含元素的数目分别为：2、8、8、18、18、32、32。每一周期都以 ns^1 开始，以稀有气体（价电子排布为 ns^2np^6，He 为 $1s^2$）结束。

表 7-7 各周期元素数目与能级组原子轨道对应关系

周期	元素数目	相应能级组中的原子轨道	电子最大容量
1	2	1s	2
2	8	2s 2p	8
3	8	3s 3p	8
4	18	4s 3d 4p	18
5	18	5s 4d 5p	18
6	32	6s 4f 5d 6p	32
7	32	7s 5f 6d 7p	32

B 族

元素周期表共有 18 个纵行，包括：7 个主族（ⅠA～ⅦA），7 个副族（ⅠB～ⅦB），1 个第Ⅷ族和 1 个零族，共 16 个族（Group）。同族元素具有相同的价电子层（Valence Shell）构型。

主（A）族元素原子，最后填入电子的亚层为 s 或 p 亚层，因此价电子层构型特征为：$ns^{1~2}$（ⅠA、ⅡA）和 $ns^2np^{1~5}$（ⅢA～ⅦA）。主族元素失去全部价电子后，表现出该元素的最高氧化态。

英文注解

副（B）族元素原子（镧、锕系除外），又称为过渡元素，电子最后填入的亚层为 d 亚层，价电子层构型特征为：$(n-1)d^{1\sim10}ns^{1\sim2}$。Ⅰ B 元素原子可失去 ns^1 电子和部分 $(n-1)$d 电子；ⅡB 只失去 ns^2 电子，最高氧化数为+2；ⅢB～ⅦB 可失去 ns^2 和 $(n-1)$d 轨道上的全部电子，所以最高氧化数=族数；Ⅷ族可失去最外层 s 电子和次外层部分 d 电子，最高氧化数一般低于 8，只有 Ru 和 Os 的最高氧化数达到+8。

镧系和锕系是内过渡元素，它们的最外层和次外层电子数基本相同，差别在倒数第三层的 f 亚层，价层电子构型特征为 $(n-2)f^{0\sim14}(n-1)d^{0\sim2}ns^2$。由于 $(n-2)$f 层深藏在原子内部，对元素化学性质影响不显著，所以镧系的 15 种元素和锕系的 15 种元素都具有极相似的化学性质。

零族元素（稀有气体元素）的价电子层构型为：ns^2np^6（其中 He 为 ns^2）。

综上所述，元素在周期表中所处的族数等于其价电子层构型中电子的总数（第Ⅰ B 族、第Ⅱ B 族、第Ⅷ族和零族元素除外）。

C　区

根据元素原子价电子层构型的不同，将价电子层结构相似的族分为一个区（Block），可把全部元素分为 5 个区：s 区、p 区、d 区、ds 区和 f 区，见表 7-8。

表 7-8　原子价电子层构型与周期系分区

周期	ⅠA		ⅢB～ⅦB　　Ⅷ	ⅠB　ⅡB	ⅢA～ⅦA	0
1	H	ⅡA				
2						
3			d 区	ds 区	p 区	
4	s 区		$(n-1)d^{1\sim8}ns^{0\sim2}$	$(n-1)d^{10}ns^{1\sim2}$	$ns^2np^{1\sim6}$	
5						
6	$ns^{1\sim2}$	La				
7		Ac				

镧系元素	f 区
锕系元素	$(n-2)f^{0\sim14}(n-1)d^{0\sim2}ns^2$

s 区：价电子层构型 $ns^{1\sim2}$，最外层只有 1～2 个电子，包括Ⅰ A（碱金属）族和Ⅱ A（碱土金属）族的所有元素。

p 区：价电子层构型 $ns^2np^{1\sim6}$，最外层除有 2 个 s 电子外，还有 1～6 个 p 电子，包括ⅢA～ⅦA 族及零族元素。

d 区：价电子层构型 $(n-1)d^{1\sim8}ns^2$，最外层有 1～2 个 s 电子，次外层有 1～8 个 d 电子，包括ⅢB～ⅦB 族和Ⅷ族元素。

ds 区：价电子层构型为 $(n-1)d^{10}ns^{1\sim2}$，最外层有 1～2 个 s 电子，次外层 d 电子全满，包括Ⅰ B 族和Ⅱ B 族元素。

f 区：价电子层构型为 $(n-2)f^{0\sim14}(n-1)d^{0\sim2}ns^2$，最外层有 1～2 个 s 电子，次外层 s 和 p 电子已全满、d 电子 0～2 个，倒数第三层有 0～14 个 f 电子，包括镧在内的镧系元素和铜在内的锕系元素。

根据上述原子的外层电子结构和周期表的关系，已知一个元素的原子序数，我们可以推知它的电子层结构及其在周期表中的位置；反之，若已知某元素所处的周期与族，也可推知其电子层结构、原子序数以及元素名称。例如，已知镉元素的原子序数 $Z=48$，其电子排布为 $[Kr]4d^{10}5s^2$，镉元素所在周期为第五周期，族号数为第ⅡB族，属于 ds 区过渡元素。

7.4.2 元素周期律

在元素周期表中，随着元素原子序数的增加，原子的外电子层结构发生周期性改变，有效核电荷数也呈现周期性变化。原子的结构决定了元素的性质，原子结构的周期性变化导致元素的一些性质，如原子半径、电离势、电负性、金属性和非金属性等性质，也呈现周期性变化。

英文注解

7.4.2.1 原子半径

按照量子力学的原子模型，核外电子运动呈概率分布，因而原子本身无明显的界面，原子核到最外层电子的距离很难确定。在理论上可以利用最外层原子轨道的有效半径近似地代表孤立原子的半径，称为原子的理论半径（r_0）：

$$r_0 = \frac{n^2}{Z^*} \cdot a_0 \tag{7-17}$$

式中，n 为原子最大主量子数；Z^* 为有效核电荷数；a_0 为玻尔半径。

一般来说，原子不可能独立存在，通常所说的原子半径（Atomic Size）是根据原子存在的不同形式按照以下三种方法来确定的。

（1）共价半径（Covanlence Radius）。当两个相同原子以共价单键相连时，其核间距离的一半称为该原子的共价单键半径，简称共价半径。例如，氢气分子中，两个氢原子之间共价单键的键长为 74pm，所以确定氢原子的半径为 37pm。

（2）金属半径（Metallic Radius）。金属单质晶体中，两个相邻的金属原子核间距离的一半，称为该金属原子的金属半径。例如，金属钠中两个相邻钠原子的距离为 372pm，确定钠原子的半径为 186pm。

（3）范德华半径（Van der Waals Radius）。在分子晶体，例如稀有气体晶体中，相邻分子核间距的一半，称为该原子的范德华半径。例如，He 的范德华半径为 122pm。

总之，金属原子取金属半径，非金属原子取共价半径，稀有气体原子取范德华半径。元素周期表中各元素原子的原子半径见表 7-9。

从表 7-9 可以看出，元素周期表中原子半径有如下的变化规律：

（1）主族元素原子半径的递变规律。同一周期主族元素自左往右，随着原子序数递增，各元素的最后一个电子都填入了原子的最外层，由于外层电子屏蔽较弱，使得有效核电荷数依次增加，核对外层电子的引力增强，使得电子向核靠近；同时，核外电子数增加，电子与电子之间的排斥力增加，使得电子远离核。两者相比之下，核对外层电子的引力增强起主导作用，所以原子半径变化的总趋势是逐渐减小的。

表 7-9　原子半径　　　　　　　　　　（pm）

周期	IA	IIA	IIIB	IVB	VB	VIB	VIIB	VIII			IB	IIB	IIIA	IVA	VA	VIA	VIIA	0
1	H 37																	He 122
2	Li 152	Be 112											B 79	C 77	N 73	O 74	F 71	Ne 132
3	Na 186	Mg 160											Al 134	Si 128	P 110	S 102	Cl 99	Ar 191
4	K 227	Ca 197	Sc 161	Ti 145	V 131	Cr 125	Mn 137	Fe 124	Co 125	Ni 125	Cu 128	Zn 133	Ga 122	Ge 123	As 125	Se 116	Br 114	Kr 198
5	Rb 248	Sr 215	Y 178	Zr 159	Nb 143	Mo 136	Tc 135	Ru 133	Rh 134	Pd 138	Ag 144	Cd 149	In 163	Sn 151	Sb 145	Te 143	I 133	Xe 217
6	Cs 265	Ba 217	La 187	Hf 156	Ta 143	W 137	Re 137	Os 134	Ir 136	Pt 139	Au 144	Hg 150	Tl 170	Pb 175	Bi 155	Po 167		

La	Ce	Pr	Nd	Pm	Sm	Eu	Gd	Tb	Dy	Ho	Er	Tm	Yb	Lu
187	183	182	181	181	179	199	179	176	175	174	173	170	194	172

主族元素从上往下，原子外层电子构型基本不变，因内层电子对外层电子的屏蔽作用较大，因而有效核电荷增加并不显著，但是电子层数增加，所以原子半径显著增加。

（2）副族元素原子半径的递变规律。对于副族元素原子，同一周期自左往右，随着原子序数增加，各元素的最后一个电子填充在（$n-1$）层上，由于次外层电子对外层电子屏蔽较强，有效核电荷数增加不明显，因而各元素原子半径随核电荷的增加缓慢减小。当次外层 d 轨道全充满时，由于（$n-1$）d^{10}，较大的屏蔽作用，而导致 I B 和 II B 的原子半径突然明显增大。同一族中，自上而下，副族元素的原子半径缓慢增大。

英文注解

（3）镧系收缩现象。镧系元素，从 ^{57}La 至 ^{71}Lu，新增加的电子填入（$n-2$）f 轨道上，由于内层电子对外层电子的屏蔽较有效，因而有效核电荷数增加很少，使原子半径收缩得较为缓慢，相邻原子半径之差仅为 1pm 左右，这种现象称为镧系收缩。

镧系收缩使得镧系元素的原子半径接近，电子构型相似，化学性质相近。镧系收缩也导致其后的第六周期与同族第五周期元素原子半径非常接近。例如：

第五周期元素	Zr	Nb	Mo
半径/pm	145	134	129
第六周期元素	Hf	Ta	W
半径/pm	144	134	130

镧系收缩使得这些元素的化学性质也非常相近，在地球上常共生于同一矿石中，并且难以分离。

7.4.2.2 电离能

电离能（Ionization Energy，IE）是指基态气态原子失去一个电子形成带一个正电荷的气态阳离子所需的能量，称为该原子的第一电离能；氧化数为+1 的气态阳离子失去电子形成氧化数为+2 的气态阳离子所需的能量称为第二电离能。电离能用符号 I 表示，单位为 kJ/mol。例如：

$$Mg(g) - e \longrightarrow Mg^+(g) \qquad 第一电离能：I_1 = \Delta H_1 = 737.7 \text{kJ/mol}$$

$$Mg^+(g) - e \longrightarrow Mg^{2+}(g) \qquad 第二电离能：I_2 = \Delta H_2 = 1450.7 \text{kJ/mol}$$

电离能均为正值，且 $I_1 < I_2 < I_3 < \cdots$。元素原子的电离能反映了原子失去电子的难易程度，电离能越小，原子越容易失去电子，金属性越强；反之，电离能越大，原子越难失去电子。元素原子的电离能可通过实验测出，元素第一电离能的数据见表 7-10。

表 7-10　元素第一电离能的数据　　　　　　　　　　（kJ/mol）

H 1312																	He 2372
Li 520	Be 900											B 801	C 1086	N 1402	O 1314	F 1681	Ne 2081
Na 496	Mg 738											Al 578	Si 786	P 1012	S 1000	Cl 1251	Ar 1520
K 419	Ca 590	Sc 631	Ti 658	V 650	Cr 653	Mn 717	Fe 759	Co 758	Ni 737	Cu 745	Zn 906	Ga 579	Ge 762	As 947	Se 941	Br 1140	Kr 1351
Rb 403	Sr 550	Y 616	Zr 660	Nb 664	Mo 685	Tc 702	Ru 711	Rh 720	Pd 805	Ag 731	Cd 868	In 558	Sn 709	Sb 834	Te 870	I 1008	Xe 1170
Cs 376	Ba 503	La 524	Hf 654	Ta 761	W 770	Re 760	Os 840	Ir 889	Pt 868	Au 890	Hg 1007	Tl 589	Pb 716	Bi 703	Po 812	At 930	Rn 1037

镧系	La 538	Ce 528	Pr 523	Nd 530	Pm 536	Sm 543	Eu 547	Gd 592	Tb 564	Dy 572	Ho 581	Er 589	Tm 597	Yb 603

注：引自 W. Oxtoby, etc. Principle of Modern Chemistry. 5th Ed.（2002）。

通过元素电离能数据，可以预测元素形成化合物时的可能氧化态。例如，Mg 的 $I_1 = 737.7 \text{kJ/mol}$，$I_2 = 1450.7 \text{kJ/mol}$，$I_3 = 7733 \text{kJ/mol}$，$2I_1 \approx I_2$，$I_3 \approx 10I_1$，因而可以预测 Mg 的常见氧化数为+2。

元素原子的电离能随原子序数的增加呈现周期性变化，如图 7-16 所示。

从图 7-16 可以看出，同一周期中自左往右，元素的 I_1 总体上由小变大，到稀有气体达到最大值。但也出现一些"锯齿"状变化规律，这与电子处于全充满（s^2，p^6，d^{10}，f^{14}，…）和半充满时（s^1，p^3，d^5，f^7，…）构型较为稳定有关。如 $I_1(B) < I_1(Be)$，$I_1(O) < I_1(N)$ 等。同一主族中自上往下，由于电子层数的增加，外层电子半径越大，能量越高，原子越容易失去电子，元素的 I_1 递减。副族元素的电离能变化幅度小，且不规则。例如，镧以后的第六周期元素的原子半径与同族第五周期元素的原子半径非常接近，而核电荷增加很多，因而第六周期镧以后各元素

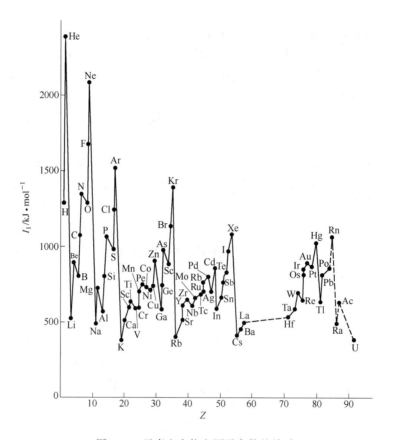

图 7-16　元素电离能和原子序数的关系

的电离能反比第五周期同族的大。

7.4.2.3　电子亲和能

基态气态原子得到一个电子成为带一个负电荷的气态阴离子时，所放出的能量称为该原子的第一电子亲和能。带一个负电荷的气态阴离子再结合一个电子形成带两个负电荷的气态负离子时吸收的能量，称为第二电子亲和能。电子亲和能（Electron Affinity）用符号 A 表示，单位为 kJ/mol。例如：

$$O(g) + e \longrightarrow O^-(g)，\text{第一电子亲和能 } A_1 = -141\text{kJ/mol}$$

$$O^-(g) + e \longrightarrow O^{2-}(g)，\text{第二电子亲和能 } A_2 = 780\text{kJ/mol}$$

元素原子的第一电子亲和能一般都为负值，因为电子进入中性原子的势场，势能降低，系统能量减少。但稀有气体（ns^2np^6）和 ⅡA 族原子（ns^2）最外层电子亚层已全充满，如果再加一个电子，系统必须从环境吸收能量才能实现，所以其第一电子亲和能为正值。所有元素的第二电子亲和能均为正值，因为阴离子本身是负电场，对电子具有排斥作用，所以如果要加合电子，必须吸收能量。

元素原子的第一电子亲和能的代数值越小，越容易得到电子；反之，元素原子的第一电子亲和能代数值越大，原子越难得到电子。一些元素的电子亲和能数据见表 7-11。

表 7-11　元素的电子亲和能数据　　　　　　　　　　　　（kJ/mol）

IA	IIA											IIIA	IVA	VA	VIA	VIIA	0
H −72.8																	He +48.2
Li −59.6	Be +248.2											B −26.7	C −122	N +6.75	O −141.1	F −328	Ne +115.8
Na −52.9	Mg +38.6											Al −42.5	Si −133.6	P −72.1	S −200.4	Cl −349.0	Ar +96.5
K −48.4	Ca +28.9	Sc −18	Ti −38	V −50.7	Cr −65	Mn ≥0	Fe −15.7	Co −63.8	Ni −111	Cu −118	Zn >0	Ga −28.9	Ge −120	As −80	Se −195.0	Br −324.7	Kr +96.5
Rb −46.9	Sr +28.9	Y −30	Zr −41	Nb −86	Mo −72	Tc −53	Ru −100	Rh −110	Pd −52	Ag −126	Cd >0	In −29	Sn −120	Sb −103.2	Te −190.2	I −295.2	Xe +77.2
Cs −45.5	Ba >0	La −50	Hf ≥0	Ta −31.1	W −79	Re −14	Os −106	Ir −151	Pt −214	Au −233	Hg >0	Tl −20	Pb −35.1	Bi −91.3	Po −180	At −270	

注：引自 W. Oxtoby. etc. Principle of Modem Chemistry. 5th Ed.（2002）。

由于电子亲和能的数据测定较为困难，所以各元素的电子亲和能数据不全，准确性较差，有些数据还是计算值，因而规律不太明显。但一般说来，主族元素的电子亲和能代数值一般随着原子半径的减小而减小。但是存在 $A(O) > A(S)$、$A(F) > A(Cl)$、$A(B) > A(Al)$ 等反常现象，这是因为第二周期原子半径比第三周期小得多，电子云密度大，电子间斥力强，反而不利于接受电子。

7.4.2.4　电负性

元素的电离能和电子亲和能从两个不同的方面反映了原子失去和得到电子的能力，在化学反应中，我们经常需要综合考虑原子这两方面的能力，一个原子难以失去电子，却不一定容易得到电子。为了综合体现原子得失电子的能力，1932 年，鲍林（L. Pauling）提出了元素电负性的概念来衡量原子吸引电子的能力。电负性（Electronegativity）是指分子中元素原子吸引成键电子的能力，用符号 χ 表示。鲍林指定最活泼的非金属元素原子氟的电负性值 $\chi(F) = 4.0$，通过计算得到其他元素原子的电负性值，见表 7-12。

英文注解

表 7-12　元素的电负性

IA	IIA											IIIA	IVA	VA	VIA	VIIA
H 2.1																
Li 1.0	Be 1.5	B 2.0											C 2.5	N 3.0	O 3.5	F 4.0
Na 0.9	Mg 1.2	Al 1.5											Si 1.8	P 2.1	S 2.5	Cl 3.0
K 0.8	Ca 1.0	Sc 1.3	Ti 1.5	V 1.6	Cr 1.6	Mn 1.5	Fe 1.8	Co 1.9	Ni 1.9	Cu 1.9	Zn 1.6	Ga 1.6	Ge 1.8	As 2.0	Se 2.4	Br 2.8
Rb 0.8	Sr 1.0	Y 1.2	Zr 1.4	Nb 1.6	Mo 1.8	Tc 1.9	Ru 2.2	Rh 2.2	Pd 2.2	Ag 1.9	Cd 1.7	In 1.7	Sn 1.8	Sb 1.9	Te 2.1	I 2.5
Cs 0.7	Ba 0.9	La~Lu 1.0~1.2	Hf 1.3	Ta 1.5	W 1.7	Re 1.9	Os 2.2	Ir 2.2	Pt 2.2	Au 2.4	Hg 1.9	Tl 1.8	Pb 1.9	Bi 1.9	Po 2.0	At 2.2
Fr 0.7	Ra 0.9	Ac 1.1	Th 1.3	Pa 1.4	U 1.4	Np~No 1.4~1.3										

从表 7-12 中可以看出，主族元素原子的电负性值呈现周期性变化。同一周期中从左往右，元素的电负性值逐渐增大；同一主族中自上往下，电负性值逐渐减小。副族元素的电负性没有明显的变化规律。元素的电负性值越大，表明元素原子吸引电子的能力越强；反之，电负性值越小，原子吸引电子的能力越弱。一般金属元素的电负性小于 2，非金属元素的电负性大于 2。

需要说明的是，同一元素处于不同氧化态时的电负性数值略有差别。例如，Fe^{2+} 和 Fe^{3+} 的电负性分别为 1.83 和 1.96，Cu^+ 和 Cu^{2+} 的电负性分别为 1.9 和 2.0。此外，电负性还与该原子成键时采用的杂化轨道类型有关，杂化轨道中 s 轨道成分越多，电子云越靠近原子核，电负性越大，例如，碳原子采用 sp^3、sp^2 和 sp 杂化轨道成键时的电负性分别为 2.48、2.75 和 3.29。还应指出，电负性是一个相对值，没有单位，除了上面提到的鲍林数据以外，还有其他的电负性数据，由于计算方法不同，具体数据值也略有差别。因此使用数据时应注意出处，尽量采用同一套电负性数据。

7.4.2.5　氧化数

元素的氧化数（Oxidation State）与原子的价电子数直接相关。

主族元素的氧化数：由于主族元素的原子只有最外层的电子为价电子参与成键，因此主族元素（除 F、O 外）的最高氧化数等于该原子的价电子总数，即族数，见表 7-13。随着原子核电荷数的递增，主族元素的氧化数呈现周期性变化。

表 7-13　主族元素的氧化数与价电子数的对应关系

族　数	ⅠA	ⅡA	ⅢA	ⅣA	ⅤA	ⅥA	ⅦA
价层电子构型	ns^1	ns^2	ns^2np^1	ns^2np^2	ns^2np^3	ns^2np^4	ns^2np^5
价电子总数	1	2	3	4	5	6	7
主要氧化数	+1	+2	+3	+4	+5	+6	+7
				+2	+3	+4	+5
					（N、P 有−3）	−2	+3
							+1
							−1
			（Tl 有+1）	（C 有−4）	（N 还有+1、+2、+4）	（O 一般呈−2、−1）	（F 一般只呈−1）
最高氧化数	+1	+2	+3	+4	+5	+6	+7

副族元素的氧化数：ⅢB～ⅦB 族元素原子最外层的 s 亚层和次外层 d 亚层的电子均为价电子，元素的最高氧化数也等于价电子总数，见表 7-14；ⅠB 和Ⅷ族元素的氧化数变化不规律；ⅡB 族的最高氧化数为+2。

表 7-14　ⅢB～ⅦB 族元素最高氧化数与价电子数的对应关系

族　数	ⅢB	ⅣB	ⅤB	ⅥB	ⅦB
第四周期元素	Sc	Ti	V	Cr	Mn
价层电子构型	$3d^14s^2$	$3d^24s^2$	$3d^34s^2$	$3d^54s^1$	$3d^54s^2$

续表 7-14

族　　数	ⅢB	ⅣB	ⅤB	ⅥB	ⅦB
价电子数	3	4	5	6	7
最高氧化数	+3	+4	+5	+6	+7

7.4.2.6　金属性和非金属性

元素的金属性和非金属性是指元素原子在化学反应中失去电子和得到电子的能力。在化学反应中，某元素原子若容易失去电子而转变为阳离子，则其金属性就强；反之，若容易得到电子而转变为阴离子，则其非金属性强。

通过电离能和电负性的数据，我们就可以比较元素金属性或非金属性的强弱。元素原子的电离能越小或电负性越小，元素的金属性越强；元素原子的电子亲和能的代数值越小或电负性越大，元素的非金属性越强。因此，同一周期中自左往右，元素的金属性逐渐减弱，非金属性逐渐增强；同一主族中从上往下，元素的金属性逐渐增强，非金属性逐渐减弱。$\chi = 2.0$ 是金属与非金属的近似分界点。

元素周期表中左下角与右上角元素分别是最活泼的金属与非金属元素，其分界线在 B、Si、As、Te、At 与 Al、Ge、Sb、Po 两条对角线元素上，此区域及附近的元素常称为准金属（Metalloid），又称为半金属（Semimetal），是半导体材料，在不同条件下或呈金属性或呈非金属性。

英文注解

知识博览　镓：第一个预言成真的元素

在化学元素发现史上，镓是第一个先根据元素周期律预言，然后在实验中被发现证实的化学元素。镓是自然界中少数在室温下呈液态的金属之一，具有高沸点、低熔点等特性。镓被称为"半导体工业的新粮食"，广泛应用于新一代信息技术、生物、高端装备制造、新能源、新材料等方向，被多个国家列为战略储备金属。

■ **预言并发现**

1875 年，法国化学家布瓦博德朗（Paul Emile Lecoq de Boisbaudran）在闪锌矿（ZnS）中提取锌的原子光谱上观察到了一个新的紫色线，于是断定这是一种新元素，并于同年通过电解镓的氢氧化物得到了这种新的金属，他以 Gallia（高卢，拉丁语中对法国的称呼）一词将该元素命名为 Gallium，元素符号为 Ga，中文名为"镓"。镓的发现证实了门捷列夫的预言：在锌元素后面、铝元素下面应该还有一个未被发现的元素，其性质与铝元素相近，称之为"类铝元素"。因此，镓是化学史上第一个先从理论预言，然后在自然界中被发现验证的化学元素。

■ **基本特性**

元素符号 Ga，原子序数 31，相对原子质量为 69.72，电子排布 [Ar]3d^{10}4s^{2}4p^1，是第四周期ⅢA族金属；密度为 5.904g/cm^3，熔点为 29.76℃（302.91K），沸点为 2204℃（2477K）。固体镓为淡蓝色，液体镓为银白色。镓在干燥的空气中比较稳定，表面会生成氧化物薄膜阻止继续氧化，在潮湿空气中便失去光泽。镓能渗入玻璃，同时溶于钛、硒、锌、铟、汞、铊、锡、铝、锗、镉、铋等金属，生成半导体性质的化合物。金属镓腐蚀很强，但是对人体无害，宜存放于塑料容器中。镓在化学反应中存在+1、+2和+3化合价，其中+3为其主要化合价。镓的活泼性与锌相似，却比铝低。镓是两性金属，既能溶于酸也能溶于碱。

▣ 优质的半导体材料

砷化镓是继硅半导体材料之后的又一个应用最为广泛的半导体材料，属闪锌矿型晶格结构，禁带宽度1.4eV，电子迁移率为8500cm²/（V·s）（300K），比硅大5~6倍。砷化镓的最大特点是具有很好的光电性能，即在光照或外加电场的条件下，电子激发可以释放出光能来，并且其光发射效率也要比其他半导体材料高一些。20世纪80年代，砷化镓被广泛应用到微波器件、激光器和发光二极管等产品中，被人们认为是最有发展前途的半导体材料。

磷化镓是闪锌矿结构，为间接带隙半导体，其带隙为2.26eV，是化合物半导体中生产量仅次于砷化镓的单晶材料。20世纪70年代，科学家先后用磷化镓作为基板开发出了可以发黄色、橙色和绿色光的发光二极管。到了80年代，磷化铝镓的应用导致了第一代高亮度发光二极管的诞生。到了90年代初，四元素半导体材料磷化铝镓铟的采用，使得发光二极管的发光效率有了很大的提高。用磷化铝镓铟制成的超高亮度红色、橙色、黄色和绿色发光二极管，可以应用于户外显示领域。

氮化镓是第Ⅲ~Ⅴ族半导体材料中最具有希望的宽禁带光学材料，它具有宽的直接带隙、强的原子键、高的热导率、化学稳定性好等特点，曾于20世纪90年代初成就了蓝色LED的辉煌。2014年，日本名古屋大学和名城大学教授赤崎勇、名古屋大学教授天野浩和美国加州大学圣塔芭芭拉分校教授中村修二因发明蓝光LED而获得当年的诺贝尔物理学奖。而蓝色LED的推出，又带来了白光LED照明的新纪元。由南昌大学江风益教授团队完成"硅衬底高光效氮化镓基蓝色发光二极管"获得2015年国家技术发明一等奖，这一发明在国际上率先实现了硅衬底LED产业化，开辟了国际LED照明技术新路线。

▣ 太阳能电池中的"明星"

基于镓半导体材料的太阳能电池，可以把太阳能直接转变成电能，并且具有比较高的效率。铜铟镓硒（$CuInGaSe_2$，一般简称CIGS）薄膜太阳能电池因效率高、稳定性好、带隙可调、吸收系数高达$105cm^{-1}$、耐辐射能力强、可在柔性衬底上制备等特点，已成为第二代薄膜太阳能电池的代表。现在，CIGS薄膜太阳能电池作为多元化合物薄膜电池的重要一员，其光电转换效率已达到23.4%，与单晶硅的转化效率相近。

在铜铟镓硒薄膜太阳能电池中，通过掺入适量镓替代部分同族的铟，可以调节CIGS的禁带宽度，这是CIGS材料优于硅系光伏材料的根本所在。除此之外，铜铟镓硒薄膜太阳能电池具有材料来源广、生产成本低、污染小等显著特点，有望成为新一代有竞争力的商业化薄膜太阳能电池。

> **▣ 其他应用**
>
> 　　利用镓的室温流动性和高电导率，可以制备出多种不同维度和用途的柔弹性导电器件，实现电子元器件的柔性、弹性和高导电性能的统一，为其在智能可穿戴方面的应用奠定了基础。
>
> 　　氮化镓器件通过性能优化、产能提升、成本控制，逐渐应用于电子消费领域，其中快速充电技术尤其成为氮化镓在消费市场的引爆点。相比传统硅器件，氮化镓快充能够显著提升充电速度，并降低系统处于待机状态时的电量消耗。

习　题

7-1　简述波尔原子模型的要点，并指出它的贡献和局限性。

7-2　微观粒子的运动有什么特征？

7-3　一个高速运动的质子，质量为 $1.67 \times 10^{-27}\text{kg}$，运动速度为 $1.38 \times 10^5\text{m/s}$，其物质波波长应为多少？

7-4　下列各组量子数哪些是不合理的，为什么？

  （1）$n=3$，$l=2$，$m=0$，$m_s=+1/2$；

  （2）$n=2$，$l=2$，$m=-1$，$m_s=-1/2$；

  （3）$n=4$，$l=1$，$m=0$，$m_s=-1/2$；

  （4）$n=3$，$l=1$，$m=-1$，$m_s=+1/2$。

7-5　在下列各组量子数中填入尚缺的量子数：

  （1）$n=?$，$l=2$，$m=0$，$m_s=+1/2$；

  （2）$n=2$，$l=?$，$m=-1$，$m_s=-1/2$；

  （3）$n=4$，$l=2$，$m=0$，$m_s=?$；

  （4）$n=2$，$l=0$，$m=?$，$m_s=+1/2$。

7-6　用合理的量子数表示下列各项：

  （1）$3d_z^2$ 轨道；

  （2）$2p_x$ 轨道；

  （3）$4s^1$ 电子。

7-7　下列轨道中哪些是等价轨道？

  $2s$；$3s$；$3p_x$；$4p_x$；$2p_x$；$2p_y$；$2p_z$；$3d_{xy}$；$3d_z{}^2$；$4d_{xy}$

7-8　画出 s、p、d 原子轨道角度分布图，角度分布图中的 “+”“−” 号代表了什么？

7-9　在下列各组电子分布中，哪种属于原子的基态，哪种属于原子的激发态，哪种是不可能存在的？

  （1）$1s^2 2s^1 2p^1$；

  （2）$1s^2 2s^2 2p^6 3s^1 4s^1$；

  （3）$1s^2 2s^2 2p^6 3s^2 3p^6 4s^1$；

  （4）$1s^2 2s^2 2d^1$；

  （5）$1s^2 2s^2 2p^6 3s^2 3p^3$；

  （6）$1s^2 2s^2 2p^6 3s^2 3p^6 3d^5 4s^1$。

7-10　量子数 $n=4$ 的电子层最多能容纳多少个电子？如果没有能级交错，该层各轨道能级由低到高的顺序是什么？实际上 4f 电子是在第几周期的哪种元素中才开始出现？

7-11 写出下列元素原子的核外电子分布式，并指出其在元素周期表中的位置（包括周期、族、区）：

$_9F$；$_{24}Cr$；$_{29}Cu$；$_{30}Zn$；$_{55}Cs$；$_{82}Pb$；$_{26}Fe$；$_{47}Ag$

7-12 （1）写出 s 区、p 区、d 区、ds 区及 f 区元素的价电子层构型。

　　　（2）具有下列价电子层构型的元素位于元素周期表中的哪一区、哪一族，是金属还是非金属？

ns^2；ns^2np^5；$(n-1)d^5ns^2$；$(n-1)d^{10}ns^2$

7-13 第四周期 A、B、C 三种元素，其价电子数依次为 1、2、7，其原子序数按 A、B、C 顺序增大。已知 A、B 次外层电子数为 8，而 C 的次外层电子数为 18，请判断：

　　　（1）哪些是金属元素？

　　　（2）C 和 A 的简单离子是什么？

　　　（3）哪一元素的氢氧化物碱性最强？

　　　（4）B 与 C 之间能形成何种化合物？写出化学式。

7-14 填写下表的空白处：

原子序数	电子排布式	各层电子数	周期	族	区	是金属还是非金属
11						
21						
53						
60						
80						

7-15 试填下表：

元素符号	电子层数	金属或非金属	最高化合价	电子结构
	4	金属	+5	
	4	非金属	+5	
Ag	5			
Se				

7-16 写出符合下列条件的元素符号：

　　　（1）属零族，但无 p 电子；

　　　（2）在 3p 能级上只有一个电子。

7-17 根据元素周期表的位置，比较下列两组元素的原子半径、电离势、电负性和金属性：

　　　（1）P 与 Ge；

　　　（2）S、As 与 Se。

7-18 元素周期表中最活泼的金属与非金属是哪一个，为什么？哪些数据可以支持你的结论？

7-19 已知某副族元素的 A 原子，电子最后填入 3d 轨道，元素的最高氧化数为+4；元素 B 的原子，电子最后填入 4p 轨道，元素的最高氧化数为+5，回答下列问题：

　　　（1）写出 A、B 元素原子的电子排布式；

　　　（2）指出 A、B 元素在元素周期表中的位置（周期、区、族）。

7-20 不参看元素周期表，试推测下列每对原子中哪一个原子具有较高的第一电离能和较大的电负性值：

　　　（1）19 号和 29 号元素原子；

　　　（2）37 号和 55 号元素原子；

　　　（3）37 号和 38 号元素原子。

8 分 子 结 构

本章数字
资源

英文注解

在自然界中，除了稀有气体，其他元素原子是不能独立存在的。原子得到或者失去电子后形成离子，原子间相互作用构成晶体或原子与原子之间相互作用形成分子构成物质。分子（Molecular；源自拉丁语，意为"小的质量"）一词最初是指组成物质的基本的、不可分割的单位。从某种意义上来说，分子的确是一种基本微粒，因为如不丧失其特性就不能将其再分割。诚然，糖或水的分子可以分成单个的原子或原子团，但这样一来它们就不再是糖和水了。正如原子结构的发展使 20 世纪的物理学获得了许多令人振奋的发现一样，分子也使化学科学领域获得了许多振奋人心的发现。现在，化学家们已经能够描绘出极其复杂的分子的详细结构图、辨别特定分子在活的机体中的作用、创造出复杂的新分子，并且能够以令人惊异的精确度预测某种已知结构的分子的性状。

研究分子的结构，通常包含两方面的研究内容：

（1）分子的空间构型。在分子中原子的排列不是杂乱无章的，而是按照一定的规律结合在一起，赋予了分子一定的空间形状。

（2）化学键。分子（晶体）内原子（离子）之间存在某种强烈的相互作用，把分子或晶体中相邻的两个原子（或离子）之间强烈的相互作用力，称为化学键。化学键通常分为三大类型：离子键、共价键和金属键。化学键的作用能（键能）一般在 100~600kJ/mol 范围内。虽然三种化学键的成因有本质区别，但是由于离子极化和分子极化，实际上三种化学键之间没有严格的界限，在化合物的分子内存在着大量的离子键与共价键的过渡键型。

此外，分子和分子之间存在微弱的相互作用力，称为范德华力或分子间力。

8.1　表征化学键的参数

化学键的性质可以用某些物理量来描述，如键能、键长、键角等，这些能表征化学键性质的物理量，称为键参数。

8.1.1　键离解能与键能

在化学反应中，旧键的断裂和新键的形成都会引起系统内能的变化。在计算键能时，严格说应计算系统的内能变化，但一般化学反应体积功 $p\Delta V$ 很小，$\Delta U = \Delta H - p\Delta V$，因此常用反应过程的焓变 ΔH 来近似表示内能的变化。

对于双原子分子来说，一定温度、标准态下，将 1mol 的气体分子 AB 断裂成 1mol 的气态原子 A 和 1mol 气态原子 B 所需要的能量，称为 AB 键离解能（Dissociation Energy），用符号 D 表示，单位为 kJ/mol，即：

英文注解

$$A—B(g) \longrightarrow A(g) + B(g) \qquad \Delta_r H_m^{\ominus} = D_{A—B}$$

例如，在 298K 时，$D_{H—Cl} = 244kJ/mol$。

对于多原子分子，断裂气态分子中的某一化学键，形成两个气态"碎片"时所需的能量称为分子中这个键的离解能。例如：H_2O 分子中含有两个相同的 O—H 键，由于断裂顺序不同，键离解能也不同：

$$H_2O(g) \longrightarrow H(g) + OH(g) \qquad D_{H—OH} = 499kJ/mol$$
$$OH(g) \longrightarrow H(g) + O(g) \qquad D_{H—OH} = 429kJ/mol$$

键能（Bond Energy）是指一定温度标准态下，1mol 气态分子断裂成气态原子，每个键所需能量的平均值。键能用 E 表示，单位为 kJ/mol。例如 298.15K、标准态下，H_2O 分子中，O—H 键的键能为两个 O—H 键离解能的平均值：

$$E_{O—H} = \frac{D_{H—OH} + D_{H—O}}{2} = \frac{499 + 429}{2} = 464kJ/mol$$

由此可见，对于多原子分子若某键不止一个，则该键键能为同种键键离解能的平均值。对于双原子分子来说，键能在数值上等于键离解能。例如：

$$E_{H—H} = D_{H—H} = 436kJ/mol$$

键能可通过光谱实验来测定或利用标准生成焓的数据进行计算。键能越大，断裂该化学键所需的能量越多，键越牢固。一些常见化学键的键能和键长见表 8-1。

表 8-1　一些常见化学键的键能和键长

键	键长/pm	键能/kJ·mol⁻¹	键	键长/pm	键能/kJ·mol⁻¹
H—H	74	436	I—I	267	150
C—C	154	347	S—S	205	264
C=C	134	611	C—H	109	414
C≡C	120	837	C—N	147	305
N—N	145	159	C—O	143	360
N=N	125	418	C=O	121	736
N≡N	110	946	C—Cl	177	326
O—O	148	142	N—H	102	389
Cl—Cl	199	244	O—H	96	464
Br—Br	228	192	S—H	136	368

8.1.2　键长

英文注解

分子内成键的两个原子核间的平衡距离，称为键长（Bond Length），用 L_b 表示，单位为 pm。键长的数据可通过分子光谱实验或 X 射线衍射方法得到，部分常见化学键的键长见表 8-1。由表 8-1 可以看出，两个确定的原子之间所形成的不同化学键，其键长越短，键能越大，键越牢固。两个原子之间所形成的共价单键的键长等于两个原子的共价半径之和。

英文注解

8.1.3　键角

在多原子分子中，中心原子若同时与两个以上的原子成键，从中心原子的核到与它键合的原子的核连线称为键轴，相邻两个键轴的夹角称为键角（Bond Angles）。与键长一样，键角也可通过分子光谱实验或 X 衍射方法测定。键角和键长都是反映分子空间构型的重要因素，根据键长和键角的数据，可以推断分子的空间构型。例如 S_8 分子，实验测得 $L_b S—S = 207pm$，键角 $\angle SSS = 105°$，且 8 个 S 原子两两间距都是 207pm。由此推断 S_8 应是环状分子，若环在同一平面内，键角应为 135°，所以环不在同一平面内，呈"冠状"。

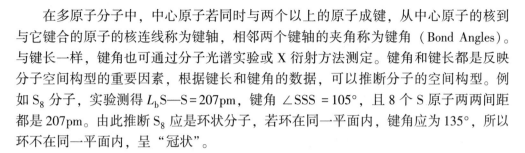

8.1.4　键矩

英文注解

当分子中成键的两个原子的电负性不同时，共用电子对将偏向电负性较大的一方，键具有了极性。例如，HCl 分子中，共用电子对偏向氯原子，相对的 Cl 带负电。H 带正电，可以用 $\overset{+\delta}{H}—\overset{-\delta}{Cl}$ 表示。

键的极性大小可以用键矩（Bond Moment）来衡量，用 μ 表示，单位为库仑·米（C·m）。定义：

$$\mu = q \cdot l$$

式中，q 为电量；l 为两个原子的核间距，即键长。键矩是矢量，方向是从正电荷指向负电荷。

键矩可由实验测得。例如，HCl 的键矩 $\mu = 3.57×10^{-30}$ C·m，已知 HCl 的键长为 127pm，由此可计算出 q：

$$q = \frac{3.57 × 10^{-30}}{127 × 10^{-12}} = 28.1 × 10^{-21} C$$

相当于 0.18 单位电荷（单位电荷的电量为 $0.1602×10^{-18}$ C），即 $\delta = 0.18$ 单位电荷，也可以说，H—Cl 键具有 18%的离子性。

8.2　离　子　键

英文注解

1916 年，德国化学家科塞尔（W. Kossel）提出离子键理论。该理论认为，当活泼的金属原子与活泼的非金属原子在一定条件下相遇时，由于原子电负性差别较大，电子从一个原子转移到另一个原子，分别形成具有稀有气体单原子稳定电子结构的正、负离子，正、负离子间通过静电引力形成分子。这种由异号离子依靠相互吸引而产生的化学作用力称为离子键（Ionic Bond），所形成的化合物称为离子化合物。

8.2.1 离子键的形成

下面以 NaCl 为例讲述离子键的形成。NaCl 的势能曲线如图 8-1 所示。Na 失去一个电子、Cl 得到一个电子，分别形成具有稀有气体 Ne 和 Ar 稳定电子结构的 Na^+ 与 Cl^-。Na^+ 与 Cl^- 依靠库仑引力吸引而充分接近的同时，离子的外层电子云间及核和核间将存在排斥作用而使离子保持一定的距离。当距离较大时，电子云间及核间的排斥力

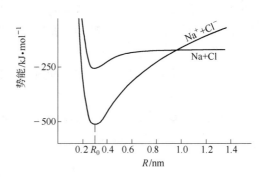

图 8-1 NaCl 的势能曲线

较小，离子间以吸引作用为主，势能随 R 减小而降低；当 R 小于离子间平衡距离 R_0 时，离子间以排斥作用为主，势能随距离的减小而升高。当离子间的距离达到平衡距离 R_0 时，吸引力和排斥力达到平衡，势能最低，正、负离子在平衡位置振动，形成离子键。

8.2.2 离子键的特征

离子键的本质是静电引力。离子可以近似地看作一个弥散着电子云的圆球，离子的电荷分布是球形对称的，任何一个离子均能从任何方向吸引带相反电荷的离子而形成离子键，所以离子键没有方向性。只要空间条件允许，每种离子会尽可能结合更多的异号离子，所以离子键没有饱和性。离子键的本质是静电引力，根据库仑定律：

$$f = k \frac{q_+ q_-}{(r_+ + r_-)^2}$$

可知，正、负离子所带的电荷 q_+ 与 q_- 越高，正、负离子的核间距 $(r_+ + r_-)$ 越小，引力 f 越大，离子键的强度越大。

离子键大量存在于离子晶体中，也存在于气体分子中。例如，NaCl 蒸气分子是由一个 Na^+ 和一个 Cl^- 组成的典型离子型分子。

8.2.3 键的离子性与电负性

离子键是极性键，键的离子性与成键的两种元素的电负性有关。成键的两种元素的电负性差值越大，元素原子间越容易发生电子转移，键的离子性越大。但实验表明，由电负性最小的铯和电负性最大的氟之间形成的典型离子化合物中，Cs—F 键的离子性只有 92%，含有 8% 的共价性。表 8-2 列出了 AB 型化合物间单键离子性分数与 A、B 两种元素电负性差值之间的关系。

表 8-2　单键的离子性分数与电负性差值之间的关系

ΔX	离子性分数/%	ΔX	离子性分数/%	ΔX	离子性分数/%
0.2	1	1.2	30	2.2	70
0.4	4	1.4	39	2.4	76
0.6	9	1.6	47	2.6	82
0.8	15	1.8	55	2.8	86
1.0	22	2.0	63	3.0	89

通常认为，电负性差 $\Delta X > 1.7$ 的两种元素间形成的单键的离子性超过 50%。所以，如果两种元素的电负性差超过 1.7，一般认为形成的是离子键。但是电负性差 $\Delta X > 1.7$ 的两原子间形成的键是否一定是离子键，还要依据成键的特征是否符合离子键的特征。例如，HF 中氢与氟元素的电负性差 $\Delta X = 1.78 > 1.7$，但是 H—F 键具有方向性和饱和性，所以 H—F 键是共价键而不是离子键。

8.3　共价键理论 I ——现代价键理论

英文注解

对于两个相同原子或电负性差值 $\Delta X < 1.7$ 的原子之间的成键问题，早在 1916 年美国化学家路易斯（G. N. Lewis）就提出了"共价键"的设想，他认为同种原子之间以及电负性相近的原子之间可以通过共用电子对形成分子，通过共用电子对形成的化学键称为共价键，形成的分子称为共价分子。在分子中，每个原子均具有稳定的稀有气体原子的 8 电子外层电子构型（He 为 2 个电子），习惯上称为"八隅体规则"（Octet Rule）。分子中原子间不是通过电子的转移，而是通过共用一对或几对电子来实现 8 电子稳定构型的。每个共价分子都有一种稳定的结构形式，称为 Lewis 结构式。

在 Lewis 结构式中，用小黑点表示电子，如：

$$H:H \qquad :\ddot{O}::\ddot{O}: \qquad :N::N: \qquad \left[:\ddot{O}:H\right]^{-}$$

$$\begin{array}{ccc} & H & H \\ H:\ddot{O}: & H:\ddot{N}:H & H:\overset{\cdot}{C}:H \\ & H & H \end{array}$$

为了表示方便，通常用一短线代表一对共用电子，即表示形成一个单键；用两道短线代表共用两对电子，形成一个双键；用三道短线代表共用三对电子，形成一个三键，如：

$$H{-}H \qquad :\ddot{O}{=}\ddot{O}: \qquad :N{\equiv}N: \qquad \left[:\ddot{O}{-}H\right]^{-}$$

$$\begin{array}{ccc} H & H & \\ | & | & H{-}\overset{\cdot}{C}{-}H \\ H{-}\ddot{O}: & H{-}N{-}H & | \\ & H & H \end{array}$$

Lewis 的共价键概念初步解释了一些简单非金属原子之间形成共价分子（或离

子)的过程,以及共价键与离子键的区别,但并不能揭示共价键的本质和特征。另外,"八隅体规则"的例外情况很多,如在 BeF_2 和 BF_3 子中,Be 和 B 原子周围的电子数分别为 4 和 6;又如在 PCl_5 和 SF_6 子中,P 和 S 原子周围的电子数分别为 10 和 12,都不满足 8 电子结构。即使某些分子可以表示成 8 电子构型,但整个分子表现出来的性质也与该 Lewis 电子结构式不符,例如 O_2 分子的顺磁性等。

　　尽管 Lewis 理论尚有许多不足之处,但 Lewis 的电子对成键概念为现代共价键理论奠定了基础。1927 年,海特勒(W. Heitler)和伦敦(F. London)首次应用量子力学处理氢分子结构,初步揭示了共价键的本质,在此基础上建立了现代价键理论(Valence-Bond Theory)。因分子的薛定谔方程比较复杂,对它进行严格求解至今较为困难,只能采用近似的假定以简化。不同的假定产生了不同的物理模型:一种模型认为成键电子只能在以化学键相连的两原子间的区域内运动,其逐步发展为价键理论(又称为电子配对理论);另一种模型认为成键电子可以在整个分子区域内运动,逐步发展为分子轨道理论。

8.3.1　共价键的形成

　　下面以最简单的 H_2 分子为例,简要描述 H_2 分子的形成过程。图 8-2 所示为两个自由的 H 原子从距离 $R = \infty$ 远处逐渐靠近时,系统势能 E 的变化。当两个具有电子自旋平行的氢原子相互靠近时(虚线),系统的势能不断上升,两个氢原子之间的排斥力越来越大,难以形成稳定的 H_2 分子;当两个具有电子自旋相反的氢原子相互靠近时(实线),由于两个氢原子之间的吸引作用占主导地位,系统的势能不断降低,到达 R_0(74pm)处,系统的势能降低到最低点 E_0,此时,引力与斥

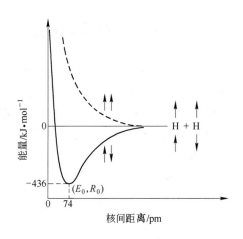

图 8-2　氢原子的能量随核间距的
变化关系曲线

力达到平衡,两个氢原子的 1s 轨道发生重叠,在两核间形成一个电子出现的概率密度较大的区域。核间电子云的密集,一方面削弱了两核间的排斥力,另一方面增强了电子与两氢核之间的吸引力,使系统的能量降低。核间电子云为两氢原子核所共享,从而形成共价键,两个氢原子形成稳定的氢分子。将上述氢分子的形成过程推广到多原子分子,便是价键理论。

8.3.2　现代价键理论要点

8.3.2.1　电子配对成键原理

　　两个原子接近时,只有自旋方向相反的未成对价电子之间可以配对,才能形成稳定的共价键。共价键可以是共价单键,如 H—H;可以是双键,如 C=C;还可以是三键,如 N≡N。正由于共价键是由未成对电子两两配对而成,所以一个原子

英文注解

所含有的未成对电子数决定了它所能形成共价键的数目，这就是共价键的特征之一——饱和性。

8.3.2.2 原子轨道最大重叠原理

成键的两个原子的原子轨道重叠越多，所形成的共价键就越牢固。最大重叠原理决定了两个原子要沿着电子云密度重叠最大的方向去成键。如图8-3所示，形成HCl分子时，H的1s轨道与Cl的3p轨道只有"头碰头"重叠时，才发生最大有效重叠而成键，其他方向重叠时，均不能成键，这是共价键的另一特征——方向性。

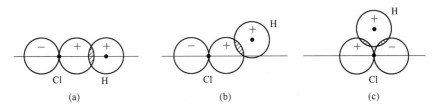

图8-3 成键轨道的有效重叠方向

（a）最大有效重叠；（b）不太有效的重叠；（c）无效重叠

8.3.2.3 原子轨道对称性匹配

原子轨道相互重叠时，只有对称性相同的部分（即"+"与"+"之间、"–"与"–"之间）重叠，才能使两核间电子云密集，形成共价键。若两个原子轨道以对称性不同的部分（即"+"与"–"）重叠时，在两核间形成一个垂直于x轴、电子的概率密度几乎等于零的截面，如图8-4所示，使系统的能量升高，难以成键。

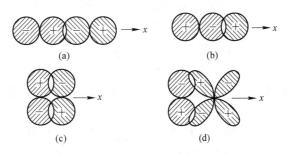

图8-4 原子轨道几种非有效重叠

（a）p_x-p_x；（b）p_x-s；（c）p_y-p_y；（d）p_z-d_{xz}

8.3.3 共价键的特点

共价键的形成条件决定了共价键的特点是具有饱和性和方向性。

8.3.3.1 饱和性

形成共价键的条件之一是配对成键，要求成键的两个原子必须具有自旋方向相反的未成对电子，一个原子中的单电子数目是一定的，决定了所能形成共价键的数目是一定的，这就是共价键的饱和性。例如，氧原子有2个未成对的2p电子，只能与 2 个氢原子的 2 个未成对 1s 电子相互作用，形成 2 个共价键，构成 H_2O 分子。但也有特殊情况，在其他原子作用下，原子价电子层中原本成对的价电子可能激发到能量更高的空轨道而成为单电子。例如，在 SF_6 分子中，在氟原子作用下，硫原子成对的 3s 电子和 3p 电子激发到 3d 轨道，使得单电子数增加到 6 个，与 6 个氟原子形成 6 个共价键。

8.3.3.2　方向性

原子轨道（除 s 轨道）在空间上有一定的取向，在形成共价键时为满足最大重叠原理，决定了原子轨道之间的重叠只能按一定的方向进行，这就是共价键的方向性。因此，在形成共价键时，除 s-s 轨道之间可在任何方向都达到最大重叠外，p、d 轨道都只有沿着一定方向才能达到最大重叠。例如，在 H_2S 分子中，两个氢原子的 1s 轨道只能分别沿 x 轴和 y 轴方向与 S 的 p_x、p_y 轨道重叠才能达到最大重叠，如图 8-5 所示。重叠结果，两个 S—H 键的夹角为 90°，实验值为 92°，导致这一差别的原因可能是由于两个氢原子核间及成键电子云之间的排斥力造成的。

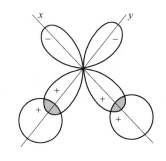

图 8-5　H_2S 分子形成示意图

8.3.4　共价键的类型

英文注解

根据最大重叠原理，两个原子成键时，将尽可能沿着轨道最大重叠方向成键。在 N_2 分子中，两个氮原子的 3 个相互垂直的 p 轨道同时成键，3 个 p 轨道不可能按照同一方式满足最大重叠。所以根据原子轨道重叠方式的不同，可以把共价键分为四大类：

（1）σ 键。原子轨道沿着核间连线的方向以"头碰头"的方式进行重叠而形成的键称为 σ 键。σ 键的特点是重叠部分绕键轴无论旋转任何角度，形状和符号都不会改变，即相对于键轴（核间连线）具有圆柱形对称性。σ 键的特点是重叠程度大，键强且较稳定。

如图 8-6（a）所示，两个氢原子的 1s 轨道重叠形成 H_2 分子；1 个氢原子的 1s 轨道与 1 个氯原子 3p 轨道重叠形成 HCl 分子；2 个氯原子的 3p 轨道重叠形成 Cl_2 分子。

（2）π 键。原子轨道在核间连线的两侧以"肩并肩"的方式同号进行重叠，称为 π 重叠，形成的键称为 π 键。在 π 键中，原子轨道重叠部分相对于键轴所在的某一特定平面具有反对称性（形状相同，符号相反）。例如：乙烯 $CH_2\!=\!CH_2$ 分子中 2 个 C 的 2p 轨道重叠形成 π 键，如图 8-6(b) 所示。π 键的特点是轨道重叠程度较小，成键电子能量较高，容易发生化学反应。

通常共价单键由 σ 键组成，双键由一个 σ 键和一个 π 键构成，三重键由一个 σ 键和两个 π 键构成。例如，氮气分子中 2 个 N 原子各有 3 个单电子可以形成 3 个共价单键，当 p_x-p_x 轨道发生 σ 重叠的同时，p_z-p_z 和 p_y-p_y 轨道之间只能沿键轴方向靠拢，以肩并肩的方式同号重叠，形成 2 个 π 键，如图 8-7 所示。

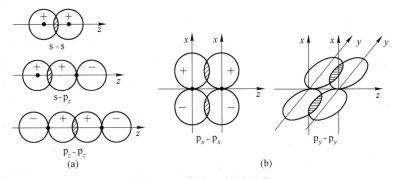

图 8-6 σ键和 π键的形成

(a) σ键的形成；(b) π键的形成

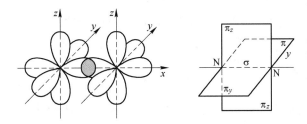

图 8-7 N_2 分子中轨道重叠示意图

（3）δ键。两个对称性相匹配的原子轨道以"面对面"的方式重叠形成的键称为 δ键，δ键沿两个通过键轴的节面对称分布。例如，$Re_2Cl_8^{2-}$ 中，两个金属 Re 的 $d_{x^2-y^2}$ 沿 z 轴（Re—Re 键轴）方向的重叠，如图 8-8 所示。与 σ键相比，δ键电子云流动性较大，能量较高，在化学反应中活泼性较高。

（4）配位共价键。除了上述三种常见共价键类型外，还有一类特殊的共价键。它的共用电子对由一个原子单方面提供，另一个原子提

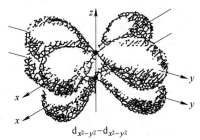

$d_{x^2-y^2}$-$d_{x^2-y^2}$

图 8-8 由两个 $d_{x^2-y^2}$ 轨道
形成的 δ键示意图

供空轨道，这一类共价键称为配位共价键，简称配位键。常用"→"表示配位键，箭头的方向是由提供电子对的原子指向接受电子对的原子。例如：在 CO 分子中，碳原子价电子层内有一对 2s 电子、2 个未成对 2p 电子和 1 个空 2p 轨道；氧原子价电子层内有一对 2s 电子、2 个未成对 2p 电子和一对 2p 电子；C 与 O 化合时，除碳原子 2 个未成对 2p 电子和氧原子 2 个未成对 2p 电子形成 1 个 σ键和 1 个 π键外，氧原子的一对 2p 电子和碳原子空的 2p 轨道形成 1 个配位共价键。CO 价键结构式可表示为：$C \leftarrow O$。

形成配位键必须具备两个条件：一个原子的价电子层有未共用的电子对；另一个原子具有空的价层轨道。只要具备以上条件，分子内、分子间、离子间以及分子

与离子间均有可能形成配位共价键。在配合物中，形成体与配体之间的键均为配位键。

    价键理论可以很好地解释了一些双原子分子中共价键的形成，阐明了共价键的本质，成功地解释了共价键的方向性和饱和性的特点。但对于多原子分子的价键形成及分子构型，价键理论遇到了困难。例如，甲烷(CH_4) 分子的空间构型为正四面体，碳原子位于正四面体的中心，4 个氢原子分别位于正四面体的 4 个顶点上，4 个 C—H 键等同，键长和键能相等，夹角为 $109°28'$。按照价键理论，碳原子的 1 个 2s 电子激发到 2p 轨道形成 4 个单电子，碳原子的 1 个 2s 轨道与 3 个 2p 轨道分别与 4 个氢原子形成 4 个共价单键。从能量的角度来说，2s 电子被激发到 2p 所需要的能量，可以被形成 4 个 C—H 键后放出的能量所补偿。但是，这样形成的 4 个 C—H 键是不完全等同的，由 2p 电子构成的 C—H 键键能应大于由 2s 电子构成的 C—H 键。上述按照价键理论得出的推论明显与事实不符，说明价键理论有局限性。为了从理论上说明这些分子的构型问题，鲍林于 1913 年在价键理论的基础上，提出了杂化轨道理论，并于 1954 年获得诺贝尔化学奖。

英文注解

8.3.5 杂化轨道理论

8.3.5.1 杂化轨道理论（Hybridization of Atomic Orbitals）要点

    原子轨道的杂化是基于电子具有波动性，波可以相互叠加，原子在成键时所用的轨道是若干能量相近的原子轨道经重叠后，重新分配能量所形成的成键能力更强的新的原子轨道，称为杂化轨道（Hybrid Orbitals）。原子轨道的杂化遵循下列原则：

    （1）能量相近原则。参与形成杂化轨道的原子轨道在能量上必须相近。原子内层电子和外层电子能量相差较大，难以形成杂化轨道，通常参与杂化的是价层原子轨道。

    （2）轨道数目守恒原则。杂化轨道的数目与参与杂化的原子轨道的数目相等。例如，同一原子的一个 ns 轨道和 np 轨道，杂化形成 2 个 sp 杂化轨道，杂化轨道的形成过程如图 8-9 所示。

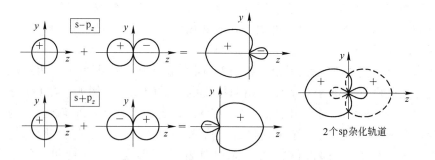

图 8-9   sp 杂化轨道的形成过程

    （3）能量分配原则。虽然参与杂化的原子轨道的能量不尽相同，但是杂化后的杂化轨道的能量相等。

（4）杂化轨道对称性分布原则。杂化后的原子轨道在球形空间内尽量呈对称分布，因此，等性杂化轨道间的键角相等。

（5）最大重叠原则。外层价电子轨道参与杂化时，都有 s 轨道参加，由于 s 轨道的波函数 ψ 为正，导致杂化后的轨道是一头大（波函数 ψ 为正值的部分大）、一头小。为了形成最为稳定的化学键，杂化轨道都是用大头部分和成键原子轨道进行重叠的。

原子轨道的杂化过程需要吸收能量，杂化后系统总能量略高于线性组合的平均值，但杂化提高了原子轨道的成键能力。若 f 表示成键能力，f 越大，原子轨道与其他原子电子成键时电子云相互重叠部分越大，所形成的键越牢固。通常认为，s、p、d、f 电子的成键能力分别为 $f_s = 1$、$f_p = 3^{1/2}$、$f_d = 5^{1/2}$、$f_f = 7^{1/2}$，我国化学家唐敖庆院士提出把杂化后新轨道的成键能力表示为：$f = \alpha^{1/2} + (3\beta)^{1/2} + (5\gamma)^{1/2} + (7\delta)^{1/2}$，式中 α、β、γ、δ 是杂化轨道中 s、p、d、f 轨道分别所占的份额，因此 $\alpha + \beta + \gamma + \delta = 1$。例如，我们计算 sp 杂化轨道的成键能力 $f_{sp} = (0.5)^{1/2} + (3 \times 0.5)^{1/2} = 1.93(> f_p(1.73) > f_s(1.0))$。从计算结果可以看出，杂化后轨道成键能力增强，更利于形成稳定的价键。

8.3.5.2　杂化轨道类型

不同类型的原子轨道杂化组成不同类型的杂化轨道，不同的杂化轨道类型，分子的空间构型也不同。常见的轨道杂化类型有：sp、sp^2、sp^3、sp^3d、sp^3d^2 等，下面以一些典型分子为例加以说明。

（1）sp 杂化。同一原子内由 1 个 ns 轨道和 1 个 np 轨道线性组合成两个互成 $180°$ 等价的 sp 杂化轨道，如图 8-9 所示。sp 杂化轨道的特点是每个轨道含 $\frac{1}{2}$ s 轨道

英文注解

成分和 $\frac{1}{2}$ p 轨道成分。以 $BeCl_2$ 为例，中心铍原子的价电子构型为 $1s^2 2s^2$，当与氯原子相互作用时，铍原子 2s 的 1 个电子被激发到 2p 空轨道上，且 1 个 2s 轨道与 1 个 2p 轨道线性组合形成 2 个 sp 杂化轨道，成键过程如图 8-10 所示。

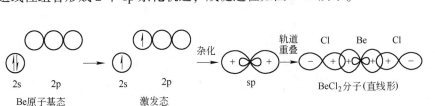

2s　2p　　　　　　　　2s　2p　　杂化　　sp　　轨道重叠　Cl　Be　Cl
Be原子基态　　　　　　激发态　　　　　　　　　　　BeCl₂分子（直线形）

图 8-10　$BeCl_2$ 分子的成键过程

Be 的 2 个 sp 杂化轨道分别与 2 个氯原子的 3p 轨道"头碰头"重叠，形成 2 个 σ 键，所以 $BeCl_2$ 分子的几何构型为直线形，键角为 $180°$。元素周期表 II B 族 Zn、Cd、Hg 元素的某些共价化合物，其中心原子多采用 sp 杂化。

（2）sp^2 杂化。由 1 个 ns 轨道和 2 个 np 轨道组成 3 个 sp^2 杂化轨道，每个 sp^2 轨道含有 $\frac{1}{3}$ s 轨道成分和 $\frac{2}{3}$ p 轨道成分，杂化轨道间夹角为 $120°$，如图 8-11（a）所

英文注解

示。sp² 杂化轨道的形状和 sp 杂化轨道的形状类似，但是由于所含的 s 轨道和 p 轨道成分不同，在形状上有所差异。成键时，以 sp² 杂化轨道大的一头参与成键。以 BF_3 为例，中心硼原子的价层电子构型为 $2s^2 2p^1$，在形成 BF_3 分子的过程中，硼原子的一个 2s 电子被激发到 2p 轨道上，然后硼原子的 1 个 2s 轨道与 2 个 2p 轨道杂化，形成 3 个 sp² 杂化轨道，硼原子以 3 个 sp² 杂化轨道与氟原子的 2p 轨道重叠，形成 3 个 σ 键。因而，BF_3 分子的空间构型为平面三角形，硼原子处于三角形的中心，键角为 120°。如图 8-11(b) 所示。除 BF_3 气态分子外，其他气态卤化硼分子内，硼原子也采取 sp² 杂化方式成键。

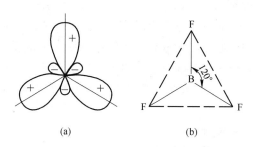

(a)　　　　　　　　(b)

图 8-11　sp² 杂化轨道角度分布示意图和 BF_3 分子的空间构型

(a) sp² 杂化轨道角度分布示意图；(b) BF_3 分子的空间构型

英文注解

（3）sp³ 杂化。由 1 个 ns 轨道和 3 个 np 轨道组成 4 个等价的 sp³ 杂化轨道，每个 sp³ 轨道含有 $\frac{1}{4}$ s 轨道成分和 $\frac{3}{4}$ p 轨道成分，杂化轨道间夹角为 109°28′，如图 8-12(a) 所示。sp³ 杂化轨道的形状也是和 sp 杂化轨道的形状类似，成键时，以 sp³ 杂化轨道大的一头参与成键。

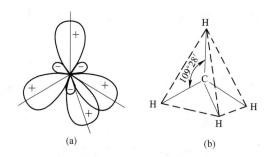

(a)　　　　　　　　(b)

图 8-12　sp³ 杂化轨道角度分布示意图和 CH_4 分子的空间构型

(a) 4 个 sp³ 杂化轨道角度分布；(b) 正四面体结构的 CH_4 分子

以 CH_4 为例，实验测定，CH_4 分子的几何构型为正四面体，碳原子位于正四面体的中心，4 个 C—H 键等同，键角为 109°28′。中心碳原子的价电子排布为 $2s^2 2p^2$，要形成 4 个 C—H 键，碳原子的 1 个 2s 电子激发到空的 2p 轨道，这 4 个原子轨道重新线性组合，形成 4 个 sp^3 杂化轨道。然后，这 4 个 sp^3 杂化轨道分别与 4 个氢原子形成 4 个 σ 键。由于 sp^3 杂化轨道的空间构型为正四面体，所以 CH_4 呈正四面体构型，如图 8-12（b）所示。

英文注解

除 CH_4 外，其他烷烃、SiH_4、$SiCl_4$、$GeCl_4$ 等分子及 NH_4^+ 的中心原子均采用 sp^3 杂化方式成键。

（4）不等性 sp^3 杂化。有些分子中的化学键，表面看来与 CH_4 分子的成键似乎无共同之处。例如，NH_3 分子为三角锥形结构，键角为 $107°18'$；H_2O 分子结构为"V"形，键角为 $104°45'$，如图 8-13 所示。人们经过深入研究认为，在 NH_3 分子和 H_2O 分子的形成过程中，中心原子也像 CH_4 中的碳原子一样，采取 sp^3 杂化方式成键。具体成键情况：NH_3 分子中，氮原子的价层电子构型为 $2s^2 2p^3$，杂化后形成 4 个 sp^3 杂化轨道，氮原子用其中 3 个 sp^3 杂化轨道与 3 个氢原子形成 3 个 σ 键。另一个 sp^3 杂化轨道被一对孤对电子所占据，在这个 sp^3 杂化轨道中，所含 s 轨道成分大于 1/4，其余 3 个 sp^3 杂化轨道中含 s 轨道成分小于 1/4，所以 4 个杂化轨道是不等性的，这种杂化称为不等性 sp^3 杂化。由于 N 是 sp^3 不等性杂化，4 个杂化轨道虽指向四面体的 4 个顶点，但有一个顶点因轨道内是孤对电子而无氢原子靠近成键，所以在 NH_3 的四面体中有一个顶点为氮原子所占据，形成底面为正三角形的三角锥体。又由于孤对电子靠近氮原子，孤对电子的电子云较松散，压迫其他 3 个成键电子对的电子云，使得 N—H 键角为 $107°18'$。

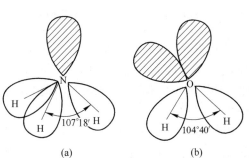

（a）　　　　　　　　　（b）

图 8-13　NH_3 分子（a）和 H_2O 分子（b）的空间构型示意图

对于 H_2O 分子，O 原子的价层电子构型为 $2s^2 2p^4$，成键时这 6 个价电子轨道也是发生 sp^3 不等性杂化，形成 4 个不完全等同的 sp^3 杂化轨道，其中 2 个 sp^3 杂化轨道各有 1 个未成对电子，分别与 2 个 H 原子的 1s 电子形成 2 个 O—H 键，其余两个 sp^3 杂化轨道各被一对孤对电子所占据（见图 8-13）。这两对孤对电子对两个 O—H 键的电子云有更大的静电排斥力，使键角从 $109°28'$ 压缩到 $104°45'$。

以上介绍了 s 轨道和 p 轨道的三种杂化方式，归纳于表 8-3 中。

（5）sp^3d 和 sp^3d^2 杂化。对于第三周期及其后的元素，价电子层中有 d 轨道，若 nd 或 $(n-1)d$ 与 ns、np 轨道能级比较接近，成键时可能发生 s-p-d 或 d-s-p 型杂化。例如，PCl_5 分子中磷原子采取 sp^3d 杂化方式与 5 个氯原子形成 5 个 σ 键，分子空间构型为三角双锥体；SF_6 分子中硫原子采取 sp^3d^2 杂化方式与 6 个氟原子形成 6 个 σ 键，分子空间构型为正八面体，分子构型如图 8-14 所示。

表 8-3　s 轨道和 p 轨道的杂化方式

杂化类型	sp	sp^2	sp^3	不等性 sp^3	
杂化轨道几何构型	直线形	正三角形	四面体		
杂化轨道中孤对电子对数	0	0	0	1	2
分子几何构型	直线形	正三角形	正四面体	三角锥	V 形
实　例	$HgCl_2$	BF_3	CH_4	NH_3	H_2O
键　角	180°	120°	109°28′	107°18′	104°45′

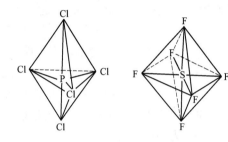

图 8-14　PCl_5 分子和 SF_6 分子的空间构型示意图

　　中国现代理论化学的开拓者和奠基人，被誉为"中国量子化学之父"的量子化学家唐敖庆院士对此做出了卓有成效的研究工作。他提出第六周期及其后的元素，价层中含有 f 轨道，此时还可能发生 f-d-s-p 型杂化；提出 δ 键也可以参与轨道杂化，使杂化轨道理论更加完善。

　　杂化轨道理论可以很好地解释多原子分子的几何构型，但是难以应用杂化轨道理论预测分子的几何构型。继杂化轨道理论之后，又出现了各种理论来解释实验事实、预测分子几何构型，如价层电子对互斥理论等。

8.3.6　价层电子对互斥理论

　　1940 年，美国的西奇威克（N. V. Sidgwick）和珀维尔（H. M. Powell）提出理论的雏形，1957 年，吉勒斯匹（R. J. Gilespie）和尼霍母（R. S. Nyholm）发展了判断分子或原子团空间构型的简单规则，称为价层电子对互斥理论，简称 VSEPR 理论（Valence Shell Electron Pair Repulsion Theory）。

8.3.6.1　价层电子对互斥理论基本要点

　　（1）多原子共价型分子或原子团的几何构型取决于中心原子的价层电子对数。中心原子的价层电子对数 N 为中心原子形成的 σ 键数 N_B 与孤对电子对数 N_L 之和：$N=N_B+N_L$。其中 σ 键数是与中心原子成键的原子数目，凡多重键只计 σ 键。孤对电子对数 N_L 等于中心原子价电子数减去周围各成键原子的未成对电子数之和后的一半。

英文注解

（2）价层电子对尽可能彼此远离以减小排斥力，满足排斥力最小原则。电子对间的夹角越小，排斥力越大，不同夹角斥力的大小顺序为：30°>60°>90°>120°。价层电子对的排斥力大小还与价层电子对的类型有关，斥力大小的一般规律如下：孤对电子-孤对电子>孤对电子-成键电子对>成键电子对-成键电子对。

价层电子对的排斥力大小还与成键类型有关，多重键的电子云密度大，斥力大，其斥力大小的一般规律如下：三键>双键>单键。

根据电子对相互排斥最小的原则，分子的构型与电子对数目和类型有关，具体关系见表8-4。

表 8-4　中心原子价层电子对的排列方式与分子的几何构型

中心原子A 的电子对数	成键电子对数	孤对电子对数	价层电子对的理想几何构型	A 价层电子对的排列方式	分子的几何构型实例
2	2	0	直线形	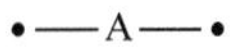 ●——A——●	BeH_2、$HgCl_2$（直线形）、CO_2
3	3	0	平面正三角形	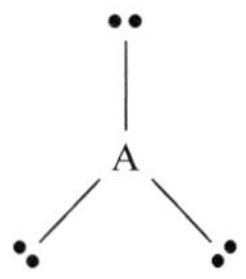	BF_3（平面三角形）、BCl_3
	2	1	三角形	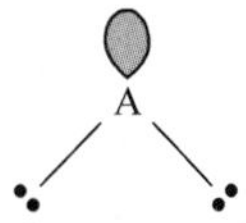	$SnBr_2$（V形）、$PbCl_2$
4	4	0	四面体	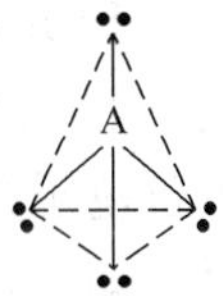	CH_4（四面体）、CCl_4
	3	1	四面体	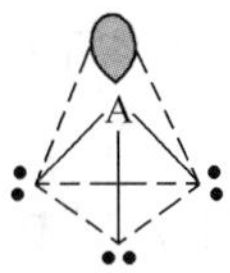	NH_3（三角锥）
	2	2	四面体	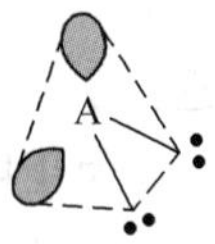	H_2O（V形）

续表 8-4

中心原子 A 的电子对数	成键电子对数	孤对电子对数	价层电子对的理想几何构型	A 价层电子对的排列方式	分子的几何构型实例
5	5	0	三角双锥体	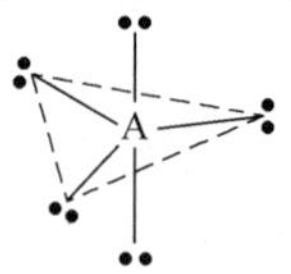	PCl_5（三角双锥）
	3	2	三角双锥体	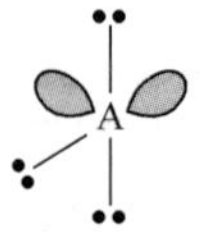	ClF_3（T 形）
6	6	0	八面体		SF_6（八面体）
	5	1	八面体	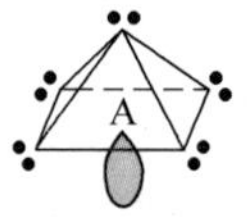	IF_5（四角锥）
	4	2	八面体	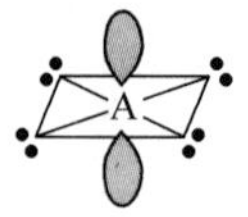	ICl_4^-（平面正方形）、XeF_4

英文注解

8.3.6.2　基于 VSEPR 理论确定分子的几何构型的原则

（1）确定中心原子的价层电子对数。根据 VSEPR 理论，中心原子的价层电子对数等于中心原子的价电子数与配位原子提供的价电子数之和的一半。若计算中出现小数，则作整数计，如 9/2＝4.5，取整数 5。

值得注意的是，氧族原子作配位原子时不提供电子，但氧族原子作中心原子时价电子数为 6。正、负离子的价电子数等于中心原子的价电子数相应地减去或加上所带的电荷数。例如：NO_3^- 的价层电子对数＝(5+1)/2＝3，NO_2^+ 的价层电子对数＝(5−1)/2＝2，NH_4^+ 的价层电子对数＝(5+4−1)/2＝4。

（2）根据成键电子对和孤对电子的数目，确定中心原子价电子构型和分子的空间构型。例如，NH_4^+ 中 N 的价层电子对数为 4，NH_4^+ 中有 4 个配位原子 H 通过 4 对电子与中心 N 原子连接，所以 NH_4^+ 中没有孤对电子，即 NH_4^+ 中心原子的价电子构型为正四面体，分子也为正四面体。

又如 NH_3 分子中 N 的价层电子对数＝(5+3)/2＝4，而 NH_3 分子中有 3 个配位氢原子，所以成键电子对数＝3，孤对电子对数＝1，电子对的空间构型为四面体。但由于四面体的一个顶点被孤对电子占据，孤对电子–成键电子之间的斥力大于成键电子对间的排斥力，所以∠HNH<109°28′，实测值为107°18′。NH_3 分子的空间构型是底边为等边三角形的三角锥体。

【例 8-1】 应用 VSEPR 法推测 ClF_3 分子的几何构型。

解：Cl 的价层电子对数=（7+3）/2=5，价层电子对构型为三角双锥体。孤对电子对数=5–3=2，分子可能的构型有三种，如图 8-15 所示。在这三种结构中，90°是最小的角。三种结构所含夹角为 90°的价层电子对数总结在表 8-5 中。根据斥力最小原则，首先是最稳定的结构应该是尽量避免孤对电子之间成 90°，其次是孤对电子与成键电子之间夹角为 90°。据此判断，结构（c）最为稳定，ClF_3 分子的实际构型为"T"形，如图 8-15 所示。

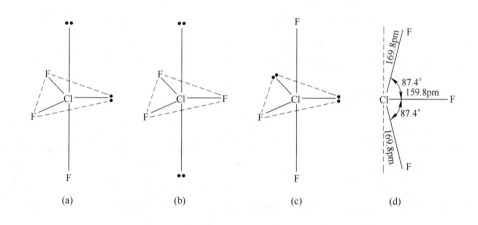

图 8-15　ClF_3 分子可能的几何构型

表 8-5　ClF_3 分子的几何构型分析

ClF_3 可能的空间构型	处于 90°夹角的价层电子对数		
	孤对电子-孤对电子	孤对电子-成键电子	成键电子-成键电子
图 8-15（a）	1	3	2
图 8-15（b）	0	6	0
图 8-15（c）	0	4	2

另外，中心原子和配位原子的电负性也会影响分子的空间构型。如 NF_3 分子中∠FNF=102°，而 NH_3 分子中∠HNH=107°18′。虽然中心子都是氮原子，但由于配位原子 F 的电负性比 H 的电负性大，吸引共用电子对的能力强，使 NF_3 中的共用电子对偏向配位原子远离中心原子，因此成键电子对的斥力减小，键角随之变小；反之，当配位原子相同而中心原子不同时，随中心原子电负性的增大，键角增大。例如，NH_3 键角为 107°18′，PH_3 键角为 93°18′，AsH_3 键角为 91°24′。

总之，VSEPR 理论简明直观，适用于解释中心原子为主族元素的一些分子的空间构型问题，但 VSEPR 理论也存在一定的局限性。例如，它只能对分子的构型作定性的描述，而不能得出定量的结果；它只强调电子对的斥力，未考虑键的本性，像

在极性较强的 CaF_2、SrF_2、BaF_2 等高温气态分子中，它们的键角都小于 $180°$，即使用配位原子的电负性来解释，也不能得到满意的结果；说明这一理论在解释过渡元素的分子构型方面尚需进一步完善。

8.4　共价键理论Ⅱ——分子轨道理论

英文注解

价键理论沿用了早期经典化学键理论中的价键概念，强调分子中相邻两原子间因共享配对电子而成键，很好地说明了共价键的本质和特性，预测了分子的结构。但它过分强调了两原子间的配对成键，因而具有一定的局限性。例如，它不能解释 B_2、O_2 等分子的顺磁性，不能解释 H^+、He^{2+}、O^{2+} 等的形成。1931 年，美国化学家穆利肯（R. S. Mulliken）及德国物理学家洪特（F. Hund）提出分子轨道（MO）理论。分子轨道理论（Molecular Orbital Theory）从分子的整体出发，认为分子中电子不再只属于单一的原子，而是处于分子轨道中。近年来，由于电子计算机的应用，分子轨道理论发展较快，已成为当代研究分子结构最普遍和最基本的理论方法。

8.4.1　分子轨道的基本概念

英文注解

分子轨道理论是把原子电子层结构的主要概念，推广到分子体系形成的一种分子结构的理论。描述电子在原子中的状态时，原子结构理论把原子核作为原子的核心，电子按照一定的原理和规则分布在原子核外若干原子轨道内。分子轨道理论在描述电子在分子中的状态时与此十分相似。分子轨道理论把组成分子的各原子核作为分子的骨架，所有电子按照相同的原理和规则分布在骨架附近的若干分子轨道内。电子在分子轨道中的排布规则可概括为：每个分子轨道内最多只能容纳两个自旋方向相反的电子；每个分子轨道都有各自相应的能量，电子优先占据能量较低的分子轨道；电子填入等价分子轨道（指能量相同的分子轨道时），将优先分别占据不同的等价分子轨道，且自旋平行。电子进入分子轨道后，若体系总能量有所降低，即能成键。

8.4.2　分子轨道理论的要点

英文注解

（1）分子中的电子在整个分子的势场中运动。每个电子的运动状态都可以用一个状态函数 ψ 来描述，ψ 称作分子轨道波函数。$|\psi|^2$ 表示分子中电子在空间各处出现的概率密度或电子云。原子轨道用光谱符号 s、p、d、f、…表示，根据原子轨道的重叠方式和形成的分子轨道的对称性不同，可将分子轨道分为 σ 成键、π 成键和 σ^* 反键、π^* 反键轨道并编以序号 1、2、3、4 加以区分。

（2）分子轨道理论是在玻恩–奥本海默近似（Born-Oppenheimer Approximation）下建立起来的。忽略原子核的运动，将原子核间距离视为不变，然后考虑组成分子的原子轨道之间相互作用。通过对原子轨道的线性组合（LCAO，Linear Combination of Atomic Orbitals）来确定其组合而成的分子轨道的形状以及能量高低，其组合系数由量子力学变分法等确定。分子轨道的数目等于组成分子的各原子的原子轨道数目之和。例如，两个原子轨道（ψ_1，ψ_2）可组合成两个分子轨道（Ψ_{I}，Ψ_{II}）：

$$\Psi_{\mathrm{I}} = C_1\psi_1 + C_2\psi_2$$
$$\Psi_{\mathrm{II}} = C_1\psi_1 - C_2\psi_2$$

式中，C_1、C_2 是线性组合系数，为纯数。在组成的分子轨道中，两个原子轨道相加重叠而构成的分子轨道 Ψ_{I}，称为成键分子轨道（Bonding Molecular Orbital）；两个原子轨道相减重叠而构成的分子轨道 Ψ_{II}，称为反键分子轨道（Antibonding Orbital）；有时还存在未参与成键的分子轨道，称为非键轨道（Nonbonding Orbitals）。图 8-16 表示两个原子的 s 轨道组成的分子轨道以及分子轨道的能级变化图。

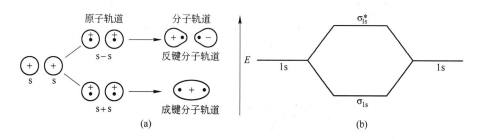

图 8-16 两个原子的 s 轨道组成的分子轨道以及分子轨道的能级变化图
（a）s-s 轨道重叠形成 σ_s 分子轨道；（b）σ_s 分子轨道能级变化示意图

（3）由原子轨道组合成分子轨道时，必须满足能量相近、轨道最大重叠和对称性匹配三项原则。

1）能量相近原则。只有能量相近的两个原子轨道才能有效组成两个分子轨道，两个原子轨道能量越相近，则所构成的成键分子轨道的能量越低于其中能量较低的原子轨道，而反键分子轨道的能量越高于能量较高的原子轨道，如图 8-17 所示。若两个原子轨道的能量相差悬殊，则不能有效组成分子轨道。

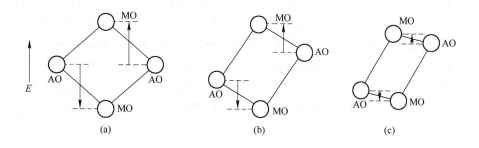

图 8-17 两个能量不同的原子轨道组合成分子轨道的能量关系
（a）原子轨道能量相近；（b）原子轨道能量差较小；（c）原子轨道能量差较大

2）原子轨道最大重叠原则。参与成键的原子轨道的波函数 ψ 符号相同的部分重叠越多，成键的分子轨道能量越低，越稳定。

3）对称性匹配原则。只有对称性匹配的原子轨道相互重叠才能满足原子轨道的最大重叠。图 8-18 所示为几种满足对称原则，能有效组成分子轨道的情况。

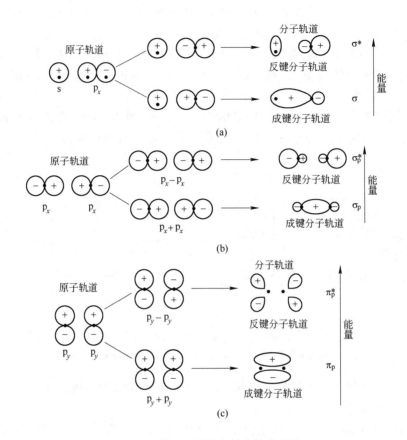

图 8-18　满足对称性条件的轨道重叠

（a）s-p_x 轨道重叠形成 σ_{sp} 分子轨道；（b）p-p 轨道重叠形成 σ_p 分子轨道；

（c）p-p 轨道重叠形成分子轨道

（4）电子在分子轨道上的排布遵循能量最低原理、泡利不相容原理和洪特规则。

（5）键级（Bond Order）。键级是衡量化学键强弱的参数，在价键理论中用键的数目表示，在分子轨道理论中用成键轨道电子数与反键轨道电子数之差的一半表示。键级为零，意味着原子间不能形成稳定分子；键级越大，键越强，键长越短。

英文注解

应用键级的概念可以解释 H_2^+、He^{2+} 等离子的形成。对 H_2^+ 来说，键级 = (1−0)/2 = 1/2；对 He^+ 来说，键级 = (2−1)/2 = 1/2，均不为 0，所以可以生成，但都不太稳定。

8.4.3　分子轨道能级

每种分子的每个分子轨道的能量是一定的，不同种分子的分子轨道能量是不同的。由于分子轨道能量理论计算很复杂，目前主要借助光谱实验来确定。

8.4.3.1　同核双原子分子

同核双原子分子（O_2 和 F_2）轨道能级示意图如图 8-19（a）所示，其中分子轨道 σ_{2p} 的能量比 π_{2p} 的能量稍低些。第一、第二周期元素组成的多数同核双原子分子

（除 O_2 和 F_2 外）的分子轨道的能级次序如图 8-19(b) 所示，其能级顺序为：

$$\sigma_{1s} < \sigma_{1s}^* < \sigma_{2s} < \sigma_{2s}^* < \pi_{2p_y} = \pi_{2p_z} < \sigma_{2p_x} < \pi_{2p_y}^* = \pi_{2p_z}^* < \sigma_{2p_x}^*$$

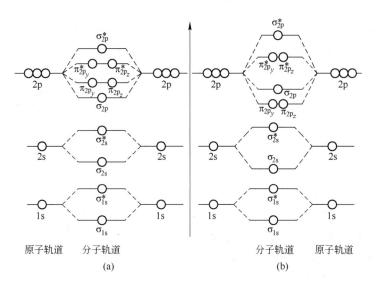

图 8-19　同核双原子分子轨道相对能级示意图

（a）2s 和 2p 能级相差较大；（b）2s 和 2p 能级相差较小

　　为什么 O_2 和 F_2 分子轨道能级顺序与第二周期其他同核双原子分子不一致呢？
这是由于分子轨道的能量受组成该分子轨道的原子轨道的影响，原子轨道的能量受
到原子核电荷数的影响。在量子力学中，当轨道能量相近时，杂化形成分子轨道最
稳定；当原子轨道相差较大时，杂化成分显著减少。对于 Li_2 到 N_2 分子，2s 和 2p
轨道能量相差较小，可以形成有效的化学键，但是 O_2 和 F_2 分子 2s 和 2p 轨道能量
相差较大，出现能级交错现象。如图 8-20 所示，从 Li 到 F 随着核电荷数的增加，
各相应的分子轨道能量降低，在 N_2 过渡到 O_2 分子时，σ_{2p} 和 π_{2p} 能级出现交叉，导
致分子轨道的能级次序发生变化。第二周期同核双原子分子的分子轨道式及键级等
计算结果见表 8-6。

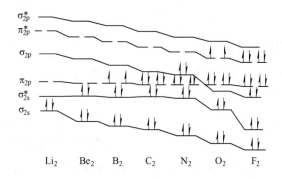

图 8-20　第二周期同核双原子分子轨道的能量变化

表 8-6　第二周期元素同核双原子分子的分子轨道式、键级、键长和键角数据

分子	分子轨道式	键级	键长/pm	键能/kJ·mol^{-1}
Li$_2$	KK$(\sigma_{2s})^2$	1	267	106
B$_2$	KK$(\sigma_{2s})^2(\sigma_{2s}^*)^2(\sigma_{2p})^2$	1	159	297
N$_2$	KK$(\sigma_{2s})^2(\sigma_{2s}^*)^2(\sigma_{2p_y})^2(\pi_{2p_z})^2(\pi_{2p_x})^2$	3	110	945
O$_2$	KK$(\sigma_{2s})^2(\sigma_{2s}^*)^2(\sigma_{2p_x})^2(\pi_{2p_y})^2(\pi_{2p_z})^2(\pi_{2p_y}^*)^1(\pi_{2p_z}^*)^1$	2	121	498
F$_2$	KK$(\sigma_{2s})^2(\sigma_{2s}^*)^2(\sigma_{2p_x})^2(\pi_{2p_y})^2(\pi_{2p_z})^2(\pi_{2p_y}^*)^2(\pi_{2p_z}^*)^2$	1	141	157

英文注解

8.4.3.2　异核双原子分子

以 HF 为例，当氢原子与氟原子沿 z 轴接近时，氟原子的 2p 轨道与氢原子的 1s 轨道能量比较接近且对称性匹配，可能形成化学键。根据分子轨道理论计算出 HF 分子的分子轨道能级及电子结构图，如图 8-21 所示。H 的 1s 轨道与 F 的 $2p_z$ 轨道形成两个分子轨道 $\sigma(1s, 2p_z)$ 与 $\sigma^*(1s, 2p_z)$。成键 σ 轨道能量低于 F 的 2p 轨道，反键的 σ^* 轨道能量高于 H 的 1s 轨道。氟原子的 2s 轨道因能量过低，$2p_x$、$2p_y$ 因对称性不匹配不能与 H 的 1s 轨道有

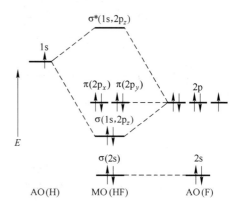

图 8-21　HF 的分子轨道示意图

效组合，在 HF 中基本保持其原子轨道的性质，这些轨道都是非键轨道（包括 F 的 1s 轨道），这些轨道上的电子称作非键电子。将 HF 分子的 10 个电子填充在相应的分子轨道上，计算 HF 分子的键级为 2/2＝1。

CO 分子有 14 个电子，它的分子轨道式为 KK$(\sigma_{2s})^2(\sigma_{2s}^*)^2(\sigma_{2p_y})^2(\pi_{2p_z})^2(\pi_{2p_x})^2$。价电子层有 8 个成键电子和 2 个反键电子，键级为 3，所以分子的稳定性很高。在 CO 分子中存在着 2 个 π 键和 1 个 σ 键。尽管 C 原子和 O 原子是异核原子，但形成的 CO 分子的分子轨道图与 N$_2$ 分子的分子轨道能级图相似，仅能量略有不同。它们的分子中都含有 14 个电子，都占据同样的分子轨道，这样的两种分子叫做等电子体。

8.4.4　分子轨道理论的应用

8.4.4.1　推测分子的存在和阐明分子的结构

【例 8-2】　说明 H$_2^+$ 离子与 Li$_2$ 分子的结构。

解：H$_2^+$ 离子只有 1 个电子，根据同核双原子分子轨道能级图可写出其分子轨道：H$_2^+[(\sigma_{1s})^1]$。由于有 1 个电子进入了 σ_{1s} 成键轨道，体系能量降低了，因此从理论上推测 H$_2^+$ 离子是可能存在的，H$_2^+$ 离子中的键称为单电子 σ 键。

Li$_2$ 分子有 6 个电子，可写出其分子轨道式：Li$_2[(\sigma_{1s})^2(\sigma_{1s}^*)^2(\sigma_{2s})^2]$。由于有 2 个价电子进入 σ_{2s} 轨道，体系能量也降低，因此，从理论上推测 Li$_2$ 可以稳定存

在，Li_2 分子中的键称为单键。

【例 8-3】 说明是否存在 Be_2 与 Ne_2 分子。

解：Be_2 分子有 8 个电子，Ne_2 分子有 20 个电子，假设这两种分子都能存在，根据同核双原子分子轨道能级图可分别写出这两种分子的分子轨道式：

$$Be_2[(\sigma_{1s})^2(\sigma_{1s}^*)^2(\sigma_{2s})^2(\sigma_{2s}^*)^2]$$

$$Ne_2[(\sigma_{1s})^2(\sigma_{1s}^*)^2(\sigma_{2s})^2(\sigma_{2s}^*)^2(\sigma_{2p_x})^2(\pi_{2p_y})^2(\pi_{2p_z})^2(\pi_{2p_y}^*)^2(\pi_{2p_z}^*)^2(\sigma_{2p_x}^*)^2]$$

由于进入成键轨道和反键轨道的电子数目一样多，能量变化上相互抵消，因此从理论上推测 Be_2 分子和 Ne_2 分子不是高度不稳定就是根本不存在。事实上，Be_2 分子和 Ne_2 分子至今尚未被发现。

【例 8-4】 说明是否存在 He_2 分子与 He_2^+ 离子。

解：He_2 分子有 4 个电子，假如 He_2 分子存在，同理可写出其分子轨道式：$He_2[(\sigma_{1s})^2(\sigma_{1s}^*)^2]$，由于进入 (σ_{1s}) 和 (σ_{1s}^*) 轨道的电子均为 2 个，对体系能量的影响相互抵消，因此，可以从理论上预言 He_2 分子是不存在的，这正是稀有气体为单原子分子的原因。

虽然 He_2 分子是不存在的，但 He_2^+ 离子已经被光谱实验证明是存在的。由于 He_2^+ 离子比 He_2 分子少 1 个电子，所以 He_2^+ 离子的分子轨道式为：$He_2^+[(\sigma_{1s})^2(\sigma_{1s}^*)^1]$，由于进入 (σ_{1s}) 成键轨道的电子有 2 个，而进入 (σ_{1s}^*) 反键轨道的电子只有 1 个，体系总的能量降低了，理论上说明 He_2^+ 离子是可以存在的。为了区别单电子 σ 键，He_2^+ 离子中的化学键称为三电子 σ 键。

8.4.4.2　判断分子结构的稳定性

分子轨道理论引入了键级来描述分子结构的稳定性。键级的多少与键能的大小有关，例如：

分　子	He_2	H_2^+	H_2	N_2
键　级	0	0.5	1	3
键能/$kJ \cdot mol^{-1}$	0	256	436	946

一般说来，键级越多，键能越大，分子结构越稳定。键级为零，分子不可能存在。

但是，需要指出的是键级只能定性判断键能的大小，粗略估计分子结构的相对稳定性。事实上，键级相同的不同分子的稳定性也可能有很大差别。

8.4.4.3　预言分子的磁性

物质的磁性实验发现，含有未成对电子的分子，在外磁场中会顺着磁场方向排列，分子的这一性质称为顺磁性，具有这种性质的分子称为顺磁性分子。反之，电子完全配对的分子具有反磁性。

例如，磁性实验表明 O_2 分子具有顺磁性，且分子中含有两个自旋平行的未成对电子。

如果按照价键理论，O_2 分子中两个氧原子是以双键结合的，分子中无未成对电子，应具有反磁性，与实验事实不符。

英文注解

若按照分子轨道理论，O_2 的分子轨道式为：

$$O_2\left[KK(\sigma_{2s})^2(\sigma_{2s}^*)^2(\sigma_{2p_x})^2(\pi_{2p_y})^2(\pi_{2p_z})^2(\pi_{2p_y}^*)^1(\pi_{2p_z}^*)^1\right]$$

在 $\pi_{2p_y}^*$ 和 $\pi_{2p_z}^*$ 轨道上各有 1 个未成对电子，按照 Hund 规则，这 2 个电子以自旋平行的方式填入 $\pi_{2p_y}^*$ 和 $\pi_{2p_z}^*$ 轨道。也就是说，O_2 分子中含有 2 个自旋平行的未成对电子，所以 O_2 分子具有顺磁性。

由此可见，分子轨道理论可以较好地预言分子的顺磁性与反磁性，这是价键理论所无法办到的。价键理论和分子轨道理论是处理分子结构的两种近似方法，价键理论简明直观，在描述分子的几何构型方面有独到之处。但是价键理论把成键局限于两个相邻原子之间，只限于定域键，而且该理论限定只有自旋方向相反的两个电子配对才能成键，这使得它的应用范围较狭窄，从而对许多分子的结构和性质不能给出确切的解释。

分子轨道理论克服了价键理论的缺点，提出了分子轨道的概念，把分子作为一个整体，电子在分子中重新分布，这样形成的键不再局限于两个相邻原子之间；而且分子轨道理论认为，单电子进入分子轨道后，只要分子体系的总能量降低就可以成键，从而可以解释一些价键理论不能解释的问题。但是，分子轨道理论价键概念不明显，计算起来比较复杂，而且在描述分子的几何构型方面不够直观。近年来，由于计算科学的发展，分子轨道理论的发展也很快，应用范围也越来越广泛。

8.5　金属键理论

金属键作为化学键的一种，主要存在于金属中。金属键决定了金属的许多物理特性，如强度、可塑性、延展性、导热导电性以及光泽。一般金属的熔点、沸点随金属键强度的增大而升高。有关金属键的理论主要有两种：自由电子理论和能带理论。

8.5.1　自由电子理论

英文注解

20 世纪初，P. Drude 和 H. A. Lorentz 就金属及合金中电子的运动状态，提出了自由电子理论。他们认为，在固体金属中，金属原子容易释放出价电子而成为正离子，释放出的价电子可脱离原子，在整个晶格中自由运动，正是这些自由流动的价电子把许多金属原子和离子"黏合"在一起，形成金属键。金属键属于离域键，金属键既无方向性，也无饱和性。对于金属键，有一个形象的说法是：金属离子浸没在自由电子的海洋中，如图 8-22 所示。

根据自由电子理论可以定性地解释金属的以下某些物理性质：

（1）自由电子的存在使金属具有良好的

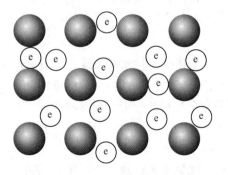

图 8-22　金属的自由电子理论模型

导电性和导热性。在无外在电场作用的时候，金属中的自由电子沿各方向运动的概率相同，不产生电流。自由电子在外电场的作用下定向流动形成电流。做热振动的金属阳离子对自由电子的流动产生阻碍作用，构成金属的电阻，且随着温度的升高，金属阳离子的热振动加剧，对电子运动的阻力加大，导致金属的电阻一般随着温度的升高而加大。自由电子的运动可以把热能传递给邻近的原子或离子，从而很快使金属整体的温度均一化。

（2）自由电子可以吸收可见光，然后又把大部分光反射出来，因而一般金属具有银白色光泽。

（3）因为金属具有紧密堆积结构，所以金属的密度一般较大。同时，由于自由电子与金属正离子的静电作用在整个晶体范围内是均匀的，所以金属在外力作用下发生相对位移时，只要原子核间的平均距离不发生显著改变，金属键就不会被破坏，金属一般具有良好的延展性。

金属键的自由电子理论（Free Electron Theory）能够较好地解释金属的一些共性，但它对于导体、半导体和绝缘体在导电性方面的差异，无法给出合理解释。近代，在分子轨道理论基础上形成了能带理论（Band Theory）。

8.5.2　能带理论

英文注解

应用分子轨道理论研究金属晶体中金属原子之间的作用力，形成了能带理论，基本要点如下：

（1）在金属晶格中原子十分靠近，多个原子的价层轨道可以组成许多分子轨道，n 个原子轨道可组成 n 个分子轨道，其中包括成键轨道、非键轨道和反键轨道。以金属 Li 为例。锂原子的核外电子排布为 $1s^2 2s^1$，按照分子轨道理论，2 个锂原子的 2s 原子轨道相互作用，形成 Li_2 分子轨道 $(\sigma_{2s})^2$，2 个电子进入 σ_{2s} 成键轨道。当 3 个锂原子结合形成 Li_3 时，3 个 2s 原子轨道组合成 3 个分子轨道：1 个成键轨道、1 个非键轨道、1 个反键轨道，3 个价电子将进入成键分子轨道（2 个电子）和非键轨道（1 个电子）。4 个锂原子相互作用时，生成 4 个分子轨道：2 个成键轨道、2 个反键轨道，4 个电子将进入 2 个成键轨道，如图 8-23(a)~(c) 所示。

（2）随着金属中原子数增多，许多轨道的能级间隔缩小，形成一个几乎连成一片且有一定上、下的能级，这就是能带，如图 8-23（d）所示。此能带中有 n 个能级和 n 个电子，所以 Li_n 能带是半充满的。

（3）按照组成能带的原子轨道以及电子在能带中的分布，可分为价带（Valence Band）、导带（Conduction Band）和禁带（Forbidden Band）等多种能带。

1）满带：充满电子的低能量能带称为满带（或价带）。由于能带内所含分子轨道数与参与组合的原子轨道数相同，且每个分子轨道最多容纳 2 个电子，所以若参与组合的原子轨道完全为电子所充满，则组合成的分子轨道群也必然为电子所充满，成为满带。例如，金属 Li 的 1s 能带是满带。

2）导带：在金属 Li 中，由 n 个 2s 轨道构成的能带，电子仅为半充满，其中 $n/2$ 个 σ_{2s} 轨道均占满电子，另外 $n/2$ 个 σ_{2s}^* 轨道全空，电子很容易从 σ_{2s} 轨道跃迁到 σ_{2s}^* 轨道，使 Li 具有良好的导电性能，这种由未充满电子的原子轨道所形成的较高能量的能带称为导带。

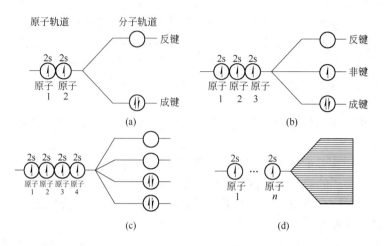

图 8-23　Li 金属晶格的分子轨道图

（a）Li_2；（b）Li_3；（c）Li_4；（d）Li_n（金属）

3）禁带：在满带和导带之间，是电子的禁止区，称为禁带。禁带是从满带顶到导带底之间的能量差，如图 8-24 所示。如果禁带不太宽，电子获得能量后，可以从满带越过禁带而跃迁到导带；如果禁带太宽，电子跃迁很困难，甚至无法实现。

（4）金属中相邻的能带有时可以重叠。例如，金属 $Mg(1s^2 2s^2 2p^6 3s^2)$ 晶体内 3p 能带中理应没有电子为空带，3s 能带为满带，这样 Mg 几乎不具有导电性，这显然与事实

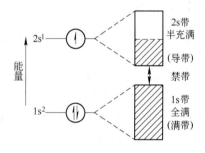

图 8-24　金属导体的能带模型

相违背。实验表明，金属 Mg 晶体中，由于 3s 与 3p 原子轨道能量差较小，3s 能带和 3p 能带间可发生重叠，如图 8-25 所示，即 3s 与 3p 能带间没有带隙，3s 能带上的电子很容易激发到 3p 能带，使得 Mg 同样具有金属的一般物理性质。

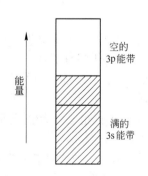

图 8-25　金属 Mg 能带重叠示意图

金属晶体内原子的外层轨道所形成的能带重叠现象十分普遍。除 Mg 外，Be、Na、Al 等金属的 3s 和 3p 能带都有重叠现象。过渡金属，如 Cu 的 3d 与 4s、4s 与 4p 能带也都是重叠的。

（5）根据能带结构中禁带宽度（Band Gap）和能带中电子填充情况，可把物质分为导体（Conductor）、绝缘体（Insulator）和半导体（Semiconductor），如图 8-26 所示。固体材料中全空的导带称为空带。一般金属导体的导带是未充满的。绝缘体的满带与空带之间的禁带很宽，其能量间隔 ΔE 超过 5eV（0.8×

10^{-18}J），电子难以借热运动跃过禁带进入空带。例如金刚石为绝缘体，其禁带宽达5.3eV。当禁带宽度在 0.3~3eV 时，便属于半导体，例如 Si 和 Ge 均为半导体，它们的禁带宽度分别为 1.12eV 和 0.67eV；禁带宽度小于 0.3eV 的物质称为导体。一般情况下，半导体是不导电的，因为价带上的电子不能进入导带。但在光照或外电场作用下，由于 ΔE 相对较小，价带上的电子跃迁到导带，使原来空的导带填充了部分电子，同时在价带上留下空穴，因此使导带与价带有未充满电子，故能导电。

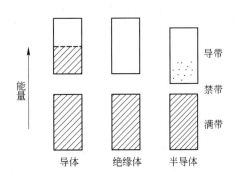

图 8-26 导体、绝缘体和半导体的能带

8.6 分子间作用力

英文注解

前面讨论了分子内相邻原子之间的强相互作用力——化学键，化学键是决定分子性质的主要因素，但是单从化学键的角度，还不能说明物质的全部性质。如水的三态变化（从 g→l→s），表明除了化学键，分子和分子之间也存在作用力——分子间力。分子间力是一种弱的相互作用力，其结合能一般为几到几十"kJ/mol"，决定了物质的熔点、沸点、熔化热、汽化热、溶解度、表面张力、黏度等物理性质。1873 年，荷兰物理学家范德华（van der Waals）开始对分子间力进行研究，因此分子间力又称为范德华力。分子间力的本质是电性引力，在介绍分子间力之前，先熟悉分子的两种电学性质：分子的极性和变形性。

8.6.1 分子的极性和变形性

8.6.1.1 分子的极性

每个分子都有带正电荷的原子核和带负电荷的电子，由于正、负电荷的电量相等，所以整个分子是电中性的。我们设想，分子中的电荷分布像质量一样存在一个"中心"，电荷的分布都集中在这一点上，把这一点称为正电荷中心或负电荷中心，如图 8-27 所示。

分子的极性大小可以用分子的偶极矩

英文注解

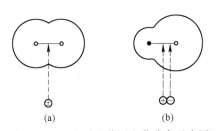

图 8-27 H_2 和 HCl 分子电荷分布示意图

（a）H_2 分子电荷分布；（b）HCl 分子电荷分布

来衡量。偶极矩（μ）定义为分子中电荷中心（正电荷中心或负电荷中心）上的电荷量（q）与正、负电荷中心间距离（d）的乘积：

$$\mu = q \cdot d$$

μ 的单位是库仑·米（c·m），其数值可由实验测出。表 8-7 列出了一些物质的偶极矩（在气相中）。偶极矩的数值越大，表示分子的极性越大，偶极矩为零的分子为非极性分子。

表 8-7　一些物质的偶极矩（在气相中）

物　质	偶极矩 μ/C·m	分子空间构型	物　质	偶极矩 μ/C·m	分子空间构型
H_2	0	直线形	H_2S	3.07×10^{-30}	V 字形
CO	0.33×10^{-30}	直线形	H_2O	6.24×10^{-30}	V 字形
HF	6.40×10^{-30}	直线形	SO_2	5.34×10^{-30}	V 字形
HCl	3.62×10^{-30}	直线形	NH_3	4.34×10^{-30}	三角锥形
HBr	2.60×10^{-30}	直线形	BCl_3	0	平面三角形
HI	1.27×10^{-30}	直线形	CH_4	0	正四面体
CO_2	0	直线形	CCl_4	0	正四面体
CS_2	0	直线形	$CHCl_3$	3.37×10^{-30}	四面体
HCN	9.64×10^{-30}	直线形	BF_3	0	平面三角形

由表 8-7 可以看出，由同种元素组成的双原子分子，如 H_2 等分子的偶极矩为零，为非极性分子。像卤化氢(HF) 这样由不同元素组成的双原子分子的极性强弱与分子中共价键的极性一致。对于多原子分子，分子的极性除取决于键的极性外，还与分子的空间构型是否对称有关。例如 CO_2、CS_2 分子中的共价键都有极性，但分子的空间结构对称，偶极矩为零，为非极性分子；H_2O、NH_3 分子中 H—O、H—N 键为极性键，分子的空间构型不对称，所以偶极矩不为零，为极性分子。根据极性强弱，可将分子分为三种类型，如图 8-28 所示。

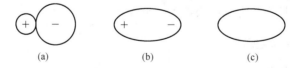

(a)　　　　　　(b)　　　　　　(c)

图 8-28　分子的类型
（a）离子型分子；（b）极性分子；（c）非极性分子

8.6.1.2　分子的变形性

分子的极性考虑的是孤立分子中电荷的分布情况，如果把分子置于外电场中，则其电荷分布将发生变化。将一非极性分子置于电容器的两个极板之间，分子中带正电荷的原子核被吸引向负电极，而电子云被吸引向正电极，其结果是：电子云与核发生相对位移，分子发生形变，这一过程称为分子的变形极化，如图 8-29 所示。分子中原本重复的正、负电荷中心分离，分子出现偶极，这种偶极称为诱导偶极

英文注解

（$\mu_{诱导}$）。诱导偶极的大小与电场强度成正比：$\mu_{诱导} = \alpha \cdot E$。电场越强，分子的变形越显著，诱导偶极越大。比例系数 α 称为分子的诱导极化率，简称极化率，可由实验测定，它反映了分子在外电场作用下变形性的大小。一些物质分子的极化率见表 8-8，可以看出，分子越大，包含的电子越多，分子的极化率越大，分子的变形性越大。

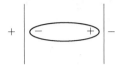

图 8-29 非极性分子在电场中的变形极化

表 8-8　一些物质分子的极化率

分　子	极化率/$C \cdot m^2 \cdot V^{-1}$	分　子	极化率/$C \cdot m^2 \cdot V^{-1}$
He	0.227×10^{-40}	HCl	2.85×10^{-40}
Ne	0.437×10^{-40}	HBr	3.86×10^{-40}
Ar	1.81×10^{-40}	HI	5.78×10^{-40}
Kr	2.73×10^{-40}	H_2O	1.61×10^{-40}
Xe	4.45×10^{-40}	H_2S	4.05×10^{-40}
H_2	0.892×10^{-40}	CO	2.14×10^{-40}
O_2	1.74×10^{-40}	CO_2	2.87×10^{-40}
Cl_2	5.01×10^{-40}	CH_4	3.00×10^{-40}
Br_2	7.15×10^{-40}	C_2H_6	4.81×10^{-40}

对于极性分子来说，本身就存在着偶极，这种偶极称为固有偶极或永久偶极。在外电场的作用下，极性分子正极一端将转向负电极，负极一端转向正电极，如图 8-30 所示，这一过程称为分子的定向极化。在外电场的进一步作用下，产生诱导偶极，分子的偶极为固有偶极和诱导偶极之和，分子的极性增强。

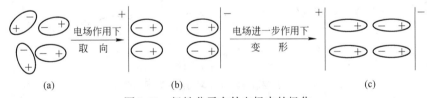

图 8-30　极性分子在外电场中的极化
（a）无电场；（b）接触电场初始时；（c）接触电场后

极化作用不仅仅在外电场的作用下发生，分子与分子之间也可以发生。一个极性分子相当于一个微电场，可以使其他分子极化变形。因此，极性分子与极性分子之间，极性分子与非极性分子之间都存在着极化作用。

8.6.2　分子间力

分子间力有三种类型：色散力（London Force），诱导力（Induced Force），取向力（Orientation Force）。

（1）色散力。当非极性分子相互靠近时，由于分子中的电子和原子核都在不断运动，使得电子云与原子核之间发生瞬时的相对位移，产生瞬时偶极，分子发生变形，分子越大越容易变形。这样的两个非极性分子靠得很近时，瞬时偶极就处于异

英文注解

极相邻的状态，在两个分子之间产生吸引作用，这种瞬时偶极与瞬时偶极之间的作用力，称为色散力，如图 8-31 所示。色散力与分子的变形性有关，分子的变形性越大，色散力越大。由于色散力是由分子的热运动引起的，所以色散力存在于所有分子中，并且为分子间三种作用力中最主要的作用力。

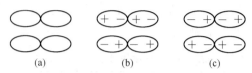

图 8-31　非极性分子相互作用

（a）非极性分子；（b）瞬时偶极状态Ⅰ；（c）瞬时偶极状态Ⅱ

（2）诱导力。极性分子与非极性分子相遇时，极性分子的固有偶极产生的电场作用力使非极性分子的电子云发生变形，产生诱导偶极，固有偶极与诱导偶极进一步相互作用，这种作用力称为诱导力，如图 8-32 所示。诱导力同样存在于极性分子之间，使固有偶极矩加大。

图 8-32　极性分子与非极性分子的相互作用

英文注解

（3）取向力。极性分子相互靠近时，由于分子固有偶极之间同极相斥、异极相吸，使得分子在空间取向排列，这种固有偶极与固有偶极之间的作用力称为取向力。取向力使极性分子更加靠近，在两个相邻分子的固有偶极作用下，极性分子进一步变形极化，产生诱导偶极，如图 8-33 所示。

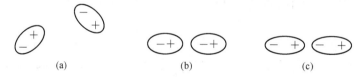

图 8-33　极性分子间的相互作用

（a）分子离得较远；（b）取向；（c）诱导偶极

总之，在非极性分子之间存在着色散力；在非极性分子和极性分子之间存在色散力和诱导力；在极性分子之间存在色散力、诱导力和取向力。根据表 8-9 可看出，色散力存在于各种分子之间，为主要的分子间作用力。

表 8-9　分子间作用能的分配

分　子	取向能/kJ·mol^{-1}	诱导能/kJ·mol^{-1}	色散能/kJ·mol^{-1}	总作用能/kJ·mol^{-1}
H_2	0	0	0.17	0.17
Ar	0	0	8.49	8.49
Xe	0	0	17.41	17.41
CO	0.003	0.008	8.74	8.75
HCl	3.30	1.10	16.82	21.22

续表 8-9

分 子	取向能/kJ · mol⁻¹	诱导能/kJ · mol⁻¹	色散能/kJ · mol⁻¹	总作用能/kJ · mol⁻¹
HBr	1.09	0.71	28.45	30.25
HI	0.59	0.31	60.54	61.44

　　分子间力的本质是一种电性引力，所以它既无方向性又无饱和性。该作用力的大小与分子间距离的 6 次方成反比，它的作用距离在 30～500pm，随着分子间距离的增大而减小。分子间力的作用能一般为 2～20kJ/mol，远小于化学键的作用能（100～600kJ/mol）。

　　分子间力对物质物理性质的影响是多方面的。气体分子能够凝结为液体和固体是分子间作用力的结果；液态物质，分子间力越大，汽化热越大，沸点越高；固态物质，分子间力越大，熔化热越大，熔点越高。一般说来，结构相似的同系列物质，相对分子质量越大，分子变形性越大，分子间力越强，熔、沸点越高。所以不难解释，稀有气体、卤素等物质的熔、沸点随着相对分子质量的增大而升高。此外，分子间力对液体的互溶度以及固态、气态非电解质在液体中的溶解度也有一定影响，见表 8-10。溶质或溶剂（指同系物）的极化率越大，分子变形性和分子间力越大，溶解度也越大。另外，分子间力对分子型物质的硬度也有一定的影响。分子极性小的聚乙烯，由于分子间力较小，因而硬度不大；对于含有极性基团的有机玻璃，由于分子间力较大，因而具有一定的硬度。

表 8-10　稀有气体的熔点、沸点、溶解度与极化率的关系

稀有气体	α/C · m² · V⁻¹	熔点/℃	沸点/℃	溶解度（溶质的摩尔分数）		
				H_2O	乙醇（0℃）	丙醇（0℃）
He	$0.225×10^{-40}$	−272.2	−268.9	0.137	0.599	0.684
Ne	$0.436×10^{-40}$	−248.67	−245.9	0.174	0.857	1.15
Ar	$1.183×10^{-40}$	−189.2	−185.7	0.414	6.54	8.09
Kr	$2.737×10^{-40}$	−156.0	−152.3	0.888	—	—
Xe	$4.451×10^{-40}$	−111.9	−107	1.94	—	—
Rn	$6.029×10^{-40}$	−71	−61.8	4.14	211.2	254.9

8.6.3　氢键

　　ⅣA～ⅦA 氢化物熔、沸点递变情况如图 8-34 所示，可以发现 NH_3、H_2O、HF 的熔、沸点偏高，原因是这些分子之间除有分子间力外，还含有氢键（Hydrogen Bonding）。氢键是指分子中与电负性很大的原子（X）以共价键相连的氢原子，由于 X 原子强烈吸引价电子，致使氢原子带上部分正电荷，与另一分子中电负性很大的原子 Y 之间形成一种弱键作用力，表示为：X—H⋯Y。氢键的键长通常指 X、Y 原子之间的距离。形成氢键要求 X、Y 电负性大，原子半径小，且有孤对电子，能够满足此条件的原子主要有 F、N、O 三种原子。氢键的键能在 10～40kJ/mol 范围

英文注解

内，远比化学键弱，比分子间力稍强，所以氢键常被看作一种特殊的分子间力。氢键具有方向性和饱和性，形成氢键的 X、Y 原子尽可能远离，键角常在 120°~180°，见表 8-11。

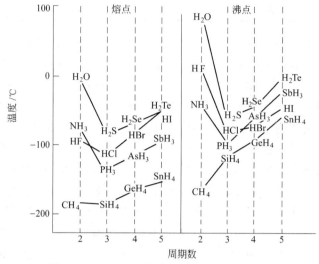

图 8-34　ⅣA~ⅦA 氢化物熔、沸点递变情况

表 8-11　一些常见氢键的键长和键能数据

常见氢键	键长[①]/pm	键能/kJ·mol^{-1}
F—H⋯F	255	28.0
O—H⋯O	276	18.8
N—H⋯N	358	5.4
N—H⋯F	266	20.9
N—H⋯O	286	—

① 其中氢键的键长是指 X 原子中心到 Y 原子中心的距离。

由表 8-11 可知，氢键的强弱次序一般为 F—H⋯F>O—H⋯O>N—H⋯N。

氢键通常是物质在液态时形成，形成后有时仍可以继续存在于某些晶态甚至气态物质之中。例如，在气态、液态和固态的 HF 中都有氢键存在。氢键的存在，会影响物质的很多物理性质。

分子间氢键的存在，使得物质的熔、沸点升高。如果溶质分子与溶剂分子之间形成氢键，则溶质的溶解度会增大。分子间有氢键的液体，一般黏度较大。例如，甘油、磷酸、浓硫酸等多羟基化合物，由于分子间可以形成很多氢键，这些物质通常为黏稠状液体。液体分子间若形成氢键，还有可能发生分子缔合现象。例如，液态 HF 在通常情况下，以简单的 HF 分子形式存在，但氢键作用会使 HF 分子缔合在一起形成复杂的 $(HF)_n$ 分子，n 为正整数，这种现象称为分子缔合。分子缔合会影响液体的密度。水分子也有缔合现象，并且降低温度，有利于水分子的缔合。温度降至 0℃时，全部水分子凝结成巨大的缔合物——冰。

氢键不仅存在于分子间，也可以存在于分子内，如图 8-35 所示。值得注意的是，能够形成分子内氢键的物质，其分子间氢键的形成将受到影响。因此，它们的熔点、沸点不如只能形成分子间氢键的物质高。例如，有分子内氢键的邻硝基苯酚的熔点（45℃）比它的同分异构体间硝基苯酚的熔点（96℃）和对硝基苯酚的熔点（114℃）低，且在水中的溶解度很小。

图 8-35 邻-硝基苯酚分子内氢键

中科院国家纳米科学中心 2013 年 11 月 22 日宣布，该中心科研人员在国际上首次"拍"到氢键的"照片"，实现了氢键的实空间成像，为"氢键的本质"这一化学界争论了 80 多年的问题提供了直观证据。这不仅将人类对微观世界的认识向前推进了一大步，也为在分子、原子尺度上的研究提供了更精确的方法。

知识博览 水分子结构的特异性

地球是一颗独特的星球，其独特的地方在于有水。水让地球上出现了生命奇迹，产生了生命的律动。水是氧的氢化物，是具有 V 形结构的极性分子。为什么水分子的结构式是 H_2O，氧原子受到 4 个电子对包围，其中包括 2 个与氢原子共享所形成的共价键的成键电子对，以及由氧原子提供的两个孤对电子对。根据价层电子对互斥理论，孤对电子对之间的斥力>孤对电子对与成键电子对的斥力>成键电子对之间的斥力。因此，由于电子对之间的斥力不同，H—O—H 之间的角度为 104°31′，而不是真正的四面体所应有的 109°30′，构成了水分子的 V 形结构。

这种 V 形结构使水分子正、负电荷向两端集中，一端为两个 H 离子带正电荷，一端为 O 带负电荷，所以水是极性分子。极性使水分子之间存在氢键，并有多个水分子缔合 $nH_2O=(H_2O)_n$，常称为"水分子团"。正是氢键的存在使水分子和同族分子相比具有特异性。

■ 水的特异性

水的分子结构决定水与一般物质相比，其物理化学性质在很多方面不符合常有规律而显示出特异性。正是这些特异性，才使水在自然界发挥了巨大的生态作用。

（1）具有较高的熔点和沸点。

如图 8-36 和图 8-37 所示，如果按照氧元素在主族中的位置推测，水呈现液态的温度应是 -100~-80℃，换句话说，在目前的地球温度下水应该呈现气态。而事实上水为液态，在自然生态环境中具有不可估量的作用，保证了饮用、水生生物

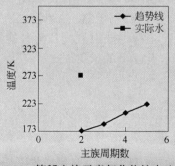

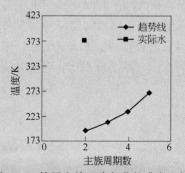

图 8-36 第Ⅵ主族元素氢化物熔点比较   图 8-37 第Ⅵ主族元素氢化物沸点比较

的生存、生命的进化等。

（2）体积随温度变化情况异常。水的体积改变不遵循"热胀冷缩"的普遍规律，主要是由于水结冰时，由于氢键的缔合作用，使得每个水分子与另外3个水分子结合形成正四面体结构，造成体积膨胀而变轻。"冰轻于水"具有重要的生态学意义，可以保护水下的生物，保证水底部生物需要的溶解氧以及其他营养物的补充等。

（3）热容量最大。在所有液体和固体中，水具有最大的热容量。水的生成热为 $-285.83kJ/mol$，汽化热为 $40.67kJ/mol$，熔化热为 $6.02kJ/mol$，摩尔热容量为 $75.2kJ/mol$，沸点高，这保证了富水的地球能够有效地调节温度的剧烈变化。如果没有植物水的蒸腾作用，在炎热的夏季，植物叶面吸收的太阳热量，1min 能使叶面温度升高30℃。此外，除水银之外，水的导热系数在一切液体中也是最大的。

（4）溶解和反应能力强。生命依赖于水的一个关键性质，即水几乎是一种万能溶剂，各种物质都多少会溶解于水，这样水就给生命带来了其所必需的各种物质，尤其是那些微量的物质。水具有极强的溶解能力，能够不同程度地溶解大量物质，当然包括污染物。一般自然界没有完全纯净的水，水总是能够溶解一些物质，这主要是由于水分子的极性所致，因此水是生物体内营养物质的输送载体。

（5）具有很大的表面张力。在室温和标准大气压下水的表面张力为 $72.74mN/m$，仅次于水银。土壤靠水的表面张力，能够将水分保持在土壤中，保持土壤的湿润。水的表面张力保证土壤下部的水分通过毛细作用能够源源不断地供给到土壤耕作层，植物靠水的表面张力可以通过植物根细胞壁输送大量的水分和营养物。

水提供了有机物和生命物质中 H 的来源。一些有机化合物是以碳、氢、氧、氮等元素为基础形成的，这些元素的主要来源就是 CO_2 和 H_2O。

■ 水的同位素组成

（1）水分子的结构式是 H_2O，实际上 H 有三种同位素[1]H（氕，H）、[2]H（氘，D）、[3]H（氚，T），氧有三种同位素[16]O、[17]O、[18]O，所以水实际上是 18 种水分子的混合物。

（2）当然 H_2O 是最普通的水分子，包括 $H_2^{16}O$（99.73%）、$H_2^{17}O$（0.18%）、$H_2^{18}O$（0.037%），总量占 99.937%；其余的水是重水（包括 $D_2^{16}O$、$D_2^{17}O$、$D_2^{18}O$）和超重水（包括 $T_2^{16}O$、$T_2^{17}O$、$T_2^{18}O$）。

（3）重水（Deuterium Oxide）在自然界中含量非常少，它是核反应堆的中子慢化剂，在大功率的原子反应堆中需要使用；同时它又是生产氢弹的原料，但是从普通水中提取重水需要耗费非常多的能量，约为 $1.3×10^5 kW \cdot h/kg$。

（4）超重水（Tritium Oxide）中的氚（T）是一种放射性同位素，能够放射出 β 射线，一般超重水用作医学、生物、物理、化学上的示踪剂。

习 题

8-1 C—C、N—N 和 N—Cl 键的键长分别为 154pm、145pm 和 175pm，试粗略估计 C—Cl 键的

键长。

8-2 已知 H—F、H—Cl、H—Bi 及 H—I 键的键能分别为 569kJ/mol、431kJ/mol、366kJ/mol 及 299kJ/mol，试比较 HF、HCl、HBr 及 HI 气体分子的热稳定性。

8-3 写出下列分子的分子结构式并指明 σ 键和 π 键：

　　HClO；BBr_3；C_2H_2；C_2H_4；CS_2

8-4 指出下列分子或离子中的共价键哪些是由成键原子的未成对电子直接配对成键，哪些是由电子激发后配对成键，哪些是配位共价键？

　　PH_3；NH_4^+；$[Cu(NH_3)_4]^{2+}$；AsF_5；PCl_5

8-5 根据电负性数据，在下列各对化合物中，判断哪一种化合物内键的极性相对较强？

　　（1）ZnO 与 ZnS；（2）NH_3 与 NF_3；（3）AsH_3 与 NH_3；（4）H_2O 与 OF_2；（5）IBr 与 ICl。

8-6 预测 CO、CO_2 和 CO_3^{2-} 中 C—O 键的长度顺序。

8-7 实验测定 BF_3 分子中，B—F 键的键长为 130pm，比理论 B—F 单键键长 152pm 短，试加以解释。

8-8 按照键的极性由强到弱的顺序排列下列物质：

　　O_2；H_2S；H_2O；H_2Se；Na_2S

8-9 用杂化轨道理论解释为什么 BF_3 是平面三角形分子，而 NF_3 是三角锥形分子？

8-10 试用杂化轨道理论，说明下列分子的中心原子可能采取的杂化类型，并预测其分子或离子的几何构型：

　　BBr_3；PH_3；H_2S；$SiCl_4$；CO_2

8-11 用价层电子对互斥理论，判断下列分子或离子的空间模型：

　　BCl_3；NH_4^+；PCl_5；H_2O；I_3^-；ICl_4^-；ClO_2^-；PO_4^{3-}；NOCl；$POCl_3$；CO_2；SO_2

8-12 SiF_4、SF_4、XeF_4 都是 AF_4 的分子组成，但它们的分子几何构型都不同，试用杂化轨道理论和价层电子对互斥理论说明每种分子的构型并解释其原因。

8-13 画出下列同核双原子分子的分子轨道图，并计算键级，判断分子的稳定性次序及分子的磁性：

　　H_2；He_2；Li_2；Be_2；B_2；C_2；N_2；O_2；F_2

8-14 根据分子轨道理论说明：

　　（1）He_2 分子不存在；

　　（2）N_2 分子很稳定且具有反磁性；

　　（3）O_2^- 具有顺磁性。

8-15 画出 NO 的分子轨道图，计算键级，并比较 NO^+、NO 和 NO^- 的稳定性。

8-16 写出 O_2^{2-}、O_2^-、O_2、O_2^+ 分子或离子的分子轨道式，并判断它们的稳定性次序。

8-17 根据键的极性和分子的几何构型，判断下列分子哪些是极性分子，哪些是非极性分子？

　　Ne；Br_2；HF；NO；H_2S（V 形）；CS_2（直线形）；$CHCl_3$（四面体）；CCl_4（正四面体）；BF_3（正三角形）；NF_3（三角锥形）

8-18 判断下列各组分子之间存在何种形式的分子间作用力：

　　（1）苯和 CCl_4；（2）氨和水；（3）CO_2 气体；（4）HBr 气体；（5）甲醇和水。

8-19 解释稀有气体的熔、沸点变化规律：

稀有气体	He	Ne	Ar	Kr	Xe	Rn
熔点/K	1	24	84	116	161	202
沸点/K	4	27	87	120	165	211

8-20 下列化合物中哪些存在氢键？如果存在氢键，是分子内氢键还是分子间氢键？

　　C_6H_6；NH_3；C_2H_6；邻羟基苯甲醛；间硝基苯甲醛；对硝基苯甲醛；固体硼酸

9 晶　体

物质通常有三种聚集状态：气态、液态和固态。根据内部原子排列是否规则、有序，固态物质可分为晶体和非晶体两大类。根据 X 射线衍射研究，晶体是由粒子（原子、分子或离子）在空间按照一定规律，周期性有序排列而成。自然界中大多数固体物质都是晶体。非晶体是指内部粒子排列无序或者近程有序而长程无序的物质。玻璃体是典型的非晶体，所以非晶态又常称为玻璃态。重要的非晶体物质有：氧化物玻璃（简称玻璃）、金属玻璃、非晶半导体和高分子化合物等。

晶体和非晶体之间并不存在不可逾越的鸿沟，在一定条件下，晶体与非晶体可以相互转化。例如，把石英晶体熔化并迅速冷却，可以得到石英玻璃。将非晶半导体物质在一定温度下热处理，可以得到相应的晶体。可以说，晶态和非晶态是物质在不同条件下存在的两种不同的固体状态，晶态是热力学稳定态。本章主要介绍晶体的结构特征。

9.1　晶体学基础

9.1.1　点阵和结构基元

理想晶体内部的原子、分子或离子在三维空间按照一定规则周期性地重复排列，每个重复单元的化学组成相同、空间结构相同。重复单元可以是单个原子或分子，也可以是离子团或多个分子。将每个重复单元抽象成一个几何点，称为结点。周期性无限重复排列的结点构成点阵（Lattice），也称为晶格。判断空间一组无限结点是否构成点阵的方法是连接其中任意两个结点可得到一个矢量，将该矢量的一端放在一个结点上，矢量的另一端必落在另一个结点上，那么这组无限的点可以构成点阵。

每个结点所代表的具体内容是在点阵结构中被周期性重复的最小单元，这样的最小单元称为结构基元。如果在晶体点阵中各个结点的位置上按相同方式放置结构基元，就得到整个晶体的结构，所以晶体结构可表示为点阵+结构基元。点阵、结构基元和晶体结构的关系如图 9-1 所示。

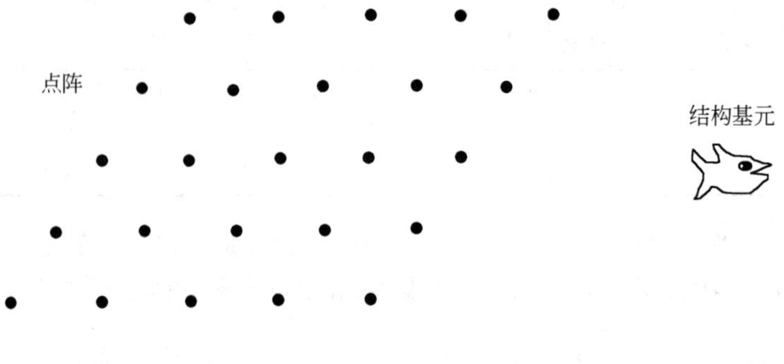

点阵

结构基元

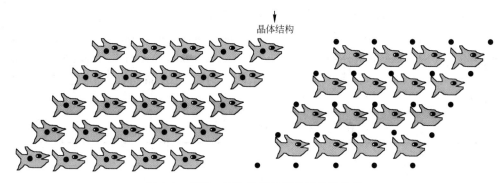

图 9-1 点阵、结构基元和晶体结构的关系

【例 9-1】 试根据点阵定义判断下图在平面上伸展的两组点是否为点阵。

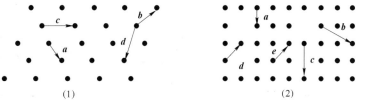

(1)　　　　　　　　　　　(2)

解：（1）中是点阵，任意矢量都能使该组点重复；

（2）中不是点阵，并非任意矢量可以使该组点重复，如矢量 **e**。

9.1.2 晶胞

英文注解

在三维点阵中以如图 9-2 的方式选取三个方向的矢量 **a**、**b**、**c**，它们的夹角定义为 α、β、γ，则由这三个矢量可以确定一个平行六面体，我们将其定义为晶胞（Unit Cell），矢量的长度 a、b、c 以及夹角 α、β、γ 称为晶胞参数。晶胞体现了点阵的一切特征，可以用来完全描述一个点阵。通过研究晶胞可获知整个晶体的结构特征。图 9-3 为 NaCl 晶体的点阵和晶胞的示意图。

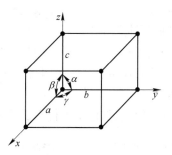

图 9-2 晶胞和晶胞参数示意图

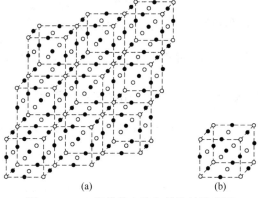

(a)　　　　　　　(b)

图 9-3 NaCl 晶体的点阵和晶胞的示意图

（a）氯化钠晶体点阵；（b）氯化钠晶胞

根据 a、b、c 和 α、β、γ 之间的关系可以分为 7 种晶系：立方晶系（Cubic System）、四方晶系（Tetragonal System）、正交晶系（Rhombic System）、三方（或菱方）晶系（Rhombohedral System）、六方晶系（Hexagonal System）、单斜晶系（Monoclinic System）和三斜晶系（Triclinic System），它们的晶胞参数的特点列于表 9-1 中。

表 9-1　七种晶系的晶胞参数之间的关系

矢量长度	夹　　角	晶　　系
$a = b = c$	$\alpha = \beta = \gamma = 90°$	立方晶系
	$\alpha = \beta = \gamma \neq 90°$	三方晶系（菱方晶系）
$a = b \neq c$	$\alpha = \beta = \gamma = 90°$	四方晶系
	$\alpha = \beta = 90°,\ \gamma = 120°$	六方晶系
$a \neq b \neq c$	$\alpha = \beta = \gamma = 90°$	正交晶系
	$\alpha = \beta = 90°,\ \gamma \neq 90°$	单斜晶系
	$\alpha \neq \beta \neq \gamma \neq 90°$	三斜晶系

立方晶系有简单立方、体心立方和面心立方三种点阵类型，四方晶系有简单四方和体心四方两种点阵类型，正交晶系有简单正交、体心正交、面心正交和底心正交四种点阵类型，三方晶系只有简单三方一种点阵类型，单斜晶系有简单单斜和底心单斜两种点阵类型，三斜晶系只有简单三斜一种点阵类型，六方晶系只有简单六方一种点阵类型。这样 7 种晶系共有 14 种点阵类型，它们的晶胞示意图列于图 9-4。这 14 种点阵类型是由法国科学家布拉维（Bravais）首先论证的，因此也称为布拉维点阵。

如果结点都位于平行六面体的顶点，每个结点被 8 个平行六面体所共用，则每个平行六面体只拥有一个结点（$\frac{1}{8} \times 8$），称为素格子，用 P 表示。如果在平行六面体的体心处还有结点，则称为体心格子，用 I 表示。与处于顶点时不同，体心处结点为平行六面体所独享，因此每个平行六面体总共拥有 2 个结点 $\left(1 + \frac{1}{8} \times 8\right)$。如果结点位于平行六面体相对的两个面的面心上，则称为底心格子，用 A 或 B 或 C 格子表示，面心处结点为 2 个平行六面体所共享，则每个有 2 个结点 $\left(\frac{1}{2} \times 2 + \frac{1}{8} \times 8\right)$。如果所有面心上都有结点，则称为面心格子，用 F 表示，每个有 4 个结点 $\left(\frac{1}{2} \times 6 + \frac{1}{8} \times 8\right)$。可见，体心格子、底心格子和面心格子所取的每个平行六面体中结点数大于 1，称为复格子。

9.1.3　晶面指数

为研究原子位置和解析晶体晶面，可将任意结点作为原点，以从该结点出发的

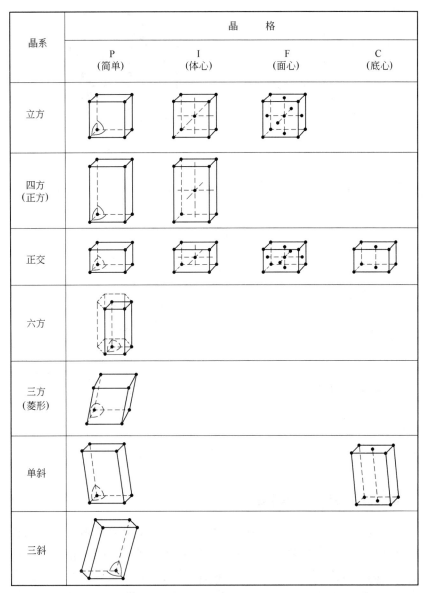

晶系	晶 格			
	P (简单)	I (体心)	F (面心)	C (底心)
立方				
四方 (正方)				
正交				
六方				
三方 (菱形)				
单斜				
三斜				

图9-4 14种布拉维点阵示意图

a、**b**、**c** 为轴矢，在点阵中建立坐标系。晶格空间内任意一点的位置可用相对于轴矢长度的分数坐标来表示，例如，处于体心的结点坐标为（1/2，1/2，1/2），处于面心的结点坐标为（1/2，1/2，0）、（0，1/2，1/2）、（1/2，0，1/2）。

晶面不是指晶体的表面，也不是晶体或晶胞中任意划分出的一个平面，晶面必须是平面点阵所处的平面。如图9-5所示，A、C、D、E平面都是晶面，而B平面不能称为晶面。

晶体学中用"晶面指数"描述不同方向的晶面。晶面指数的定义为：晶面在三个晶轴上截距的倒数的互质整数比，记作（*hkl*）。它是由英国晶体学家米勒（Miller）在1939年首次提出并使用的，因此，又称为米勒指数（Miller Indices）。

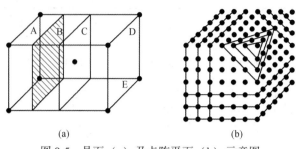

图 9-5　晶面（a）及点阵平面（b）示意图

图 9-6 中的阴影分别表示立方晶系中的（100）、（110）和（111）面。利用晶面指数可以计算相邻平面点阵的面间距 $d_{(hkl)}$，即面间垂直距离。以立方晶系为例，立方晶系中的面间距 $d_{(hkl)}$ 与晶胞参数（a）之间的关系为：

$$d_{(hkl)} = \frac{a}{\sqrt{h^2 + k^2 + l^2}}$$

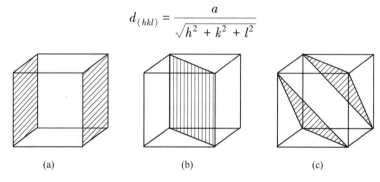

图 9-6　立方晶系中的晶面示意图

（a）（100）晶面；（b）（110）晶面；（c）（111）晶面

英文注解

9.1.4　X 射线衍射法与布拉格定律

　　由于晶体具有周期性结构，X 射线、中子束、电子束等波长与原子间距离相当的射线穿过晶体时会发生衍射现象，利用衍射原理发展了 X 射线衍射法、中子衍射法和电子衍射法。这些衍射法能获得有关晶体结构可靠而精确的数据，其中最重要的是 X 射线衍射法，X 射线是一种波长很短（为 6~2000pm）的电磁波。在 X 射线管中，被 30~55kV 高电压加速的电子束冲击阳极金属靶面产生 X 射线，其中包含波长近于连续的 X 射线（也称"白色"X 射线）和具有特定波长的特征 X 射线。晶体 X 射线衍射的实验中一般使用特征 X 射线，作为晶体结构分析使用的 X 射线管的阳极靶材料有 Cu、Mo、Cr、Fe、Co、Ni、Ag 等，金属不同或能级不同，特征 X 射线波长就不同。用于晶体衍射的 X 射线波长为 50~250pm。

　　当 X 射线与晶体作用时，绝大部分 X 射线透过，极少部分被散射，其余部分被晶体吸收。散射是指 X 射线与原子碰撞导致其前进方向发生改变，如果 X 射线与被照射电子发生弹性碰撞，没有能量损失，则称之为相干散射；如果发生非弹性碰撞，有能量损失，则称之为非相干散射。晶体结构分析主要是利用晶体对 X 射线的相干散射效应。X 射线平面波入射到晶体时，每个被照射原子都能散射 X 射线，成为发射球面波的波源，球面波的频率和位相与入射线相同。晶体中所有原子的散射相干，即通过球面波的相互叠加而加强或减弱。相邻原子散射的球面波在不同的方向上有不同的波程差 Δ，只有在 Δ 为整数倍波长的方向上，球面波才会相互加强，表现为衍射线，这些方向就是衍射方向。

布拉格方程是联系衍射方向和晶面间距的方程。X 射线入射到晶体上，如图 9-7 所示，若相邻两个晶面的间距为 $d_{(hkl)}$，则 X 射线光程差为 $2d_{(hkl)}\sin\theta$。

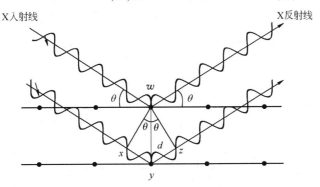

图 9-7　X 射线在简单立方晶体的两组连续晶面间的原子散射及光程差示意图

根据衍射条件，只有当光程差为波长 λ 的整数倍时，它们才能互相加强而产生衍射，由此可得布拉格方程：

$$2d_{(hkl)}\sin\theta = n\lambda$$

式中，n（正整数）为衍射级数；θ 为衍射角；λ 为入射 X 射线的波长。此即为布拉格定律（Bragg's Law）。

X 射线衍射线在空间分布的方位和强度，与晶体结构密切相关，每种晶体所产生的衍射花样都反映出该晶体内部的原子分布规律，每种晶体都有各自特征的 X 射线衍射谱图。因此，多晶衍射可用于定性分析。在物相的定性分析中，通常将样品的实验谱图与国际衍射数据中心（International Centre for Diffraction Data，ICDD）出版的《粉末衍射卡片集》（Powder Diffraction File，PDF）中的数据进行比对。

9.1.5　晶体的特征

晶体内部结构的特殊性使得晶体在宏观性质上存在如下特征：

（1）具有一定的几何外形。自然界中很多晶体都有规则的几何外形，如图 9-8 所示。例如，食盐晶体是立方体（图 9-8（a）），石英（SiO_2）晶体是六角柱体（图 9-8（b）），方解石（$CaCO_3$）晶体是棱面体（图 9-8（c））。

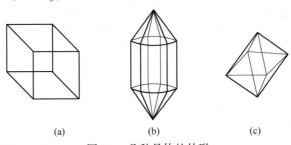

(a)　　　　　　　(b)　　　　　　　(c)

图 9-8　几种晶体的外形

（a）立方体；（b）六角柱体；（c）棱面体

非晶体如玻璃、松香、石蜡、琥珀等，没有一定的几何外形，所以也称为无定形体（Amorphous）。有一些微小的晶体，如一些化学反应中刚析出的沉淀，虽然肉眼看不出具有规则的外形，但是在电子显微镜下仍然可以观察到规则的几何外形。

（2）固定的熔点。在一定压强下，将晶体加热到某一温度（熔点）时，晶体开始熔化。在全部熔化之前，继续加热，温度保持恒定不变，直到晶体全部熔化后温度才能继续上升，这一事实表明晶体具有固定的熔点。而非晶体不同，加热时先软化成黏度很大的物质，随着温度的升高黏度不断变小，最后成为流动性的熔体。从开始软化到完全熔化的过程中，温度是不断上升的，没有固定的熔点，只有一段软化的温度范围。例如，松香在 50~70℃软化，70℃以上才基本成为熔体。

（3）各向异性（Anisotropy）。晶体的某些性质，如光学性质、力学性质、导热导电性、机械强度等，从晶体的不同方向测定时是不同的，这种性质称为晶体的各向异性。例如，石墨晶体，平行于石墨片层方向的热导率比垂直于石墨层方向的大 4~6 倍，电导率大 5000 倍左右。

我们通常所见的晶体材料往往是由很多单晶颗粒杂乱地聚集形成的，尽管每个小单晶的结构是相同的，具有各向异性，但由于这些单晶的排列杂乱，晶体取向在各个方向上概率相同，导致各向异性的特征消失，使整个晶体材料一般不表现出各向异性，这种晶体称为多晶体。多数金属和合金都是多晶体，多晶体是各向同性的。

（4）晶体的对称性。晶体内部粒子的周期性排列，使得晶体的内部微观结构及晶体的理想外形都具有对称特征，这些对称元素包括对称中心、对称轴和对称面等。

9.1.6 晶体的类型

英文注解

根据晶格结点上的微粒及微粒间作用力的不同，可把晶体分为四类：离子晶体、原子晶体、分子晶体和金属晶体。这四种晶体的内部结构及性质特征见表 9-2。

表 9-2　四种晶体的内部结构及性质特征

晶体类型	离子晶体	原子晶体	分子晶体		金属晶体
晶格结点上的微粒	阴、阳离子	原子	极性分子	非极性分子	金属原子、金属阳离子
微粒间作用力	离子键	共价键	分子间力、氢键	分子间力	金属键
晶体性质特征	熔点较高、略硬脆、固态不导电、熔融态或溶于水导电、易溶于极性溶剂	熔点高、硬度大、非导电	熔点低、硬度小、易挥发、水溶液导电、易溶于极性溶剂	熔点低、硬度小、易挥发、非导体、易溶于非极性溶剂	导电性、导热性、延展性
实例	活泼金属氧化物及盐	金刚石、单质 Si、SiC、BN、SiO_2	HCl、NH_3	CO_2、H_2、稀有气体	金属或合金

除了四种基本晶体类型，晶体内部可能同时存在两种及两种以上不同的相互作

用力，从而具有不同种晶体的混合结构和性质，这类晶体称为混合型晶体。例如，石墨晶体就是一种典型的混合型晶体。

9.2　离　子　晶　体

在离子晶体中，处于晶格结点处的粒子是阴离子或阳离子，它们之间形成离子键。由于阴、阳离子间的静电引力较大，因而离子晶体一般熔点较高、硬度较大、难以挥发。离子晶体质脆，一般易溶于水，其水溶液或熔融态都能导电。通常把晶体内某一粒子周围最接近的其他粒子的数目，称为该粒子的配位数。例如，NaCl 晶体中，每个 Na^+ 周围有 6 个 Cl^-，每个 Cl^- 周围有 6 个 Na^+，所以 Na^+ 和 Cl^- 的配位数都是 6。

英文注解

9.2.1　离子晶体的三种典型构型

离子晶体中阴、阳离子在空间的排列状况是多种多样的，下面主要介绍 AB 型（只含有一种阳离子和阴离子，且电荷数相同）离子晶体中三种典型的结构类型：CsCl 型、NaCl 型和立方 ZnS 型。

（1）CsCl 型。如图 9-9(a) 所示，阴离子（Cl^-）占据立方体的 8 个顶点，阳离子（Cs^+）处于立方体的体心位置。但应注意，阴、阳离子分属两套点阵，因为它们无论化学性质上还是对称性上都是不等价的。我们在判断晶格类型的时候只看其中的一套点阵，所以 CsCl 晶体的格子类型为简单立方，不是体心立方。与 Cs^+ 距离最近的 Cl^- 有 8 个，我们将其定义为 Cs^+ 的配位数，不难想象 Cl^- 的配位数也是 8，阳、阴离子的配位数比为 1∶1，因此化学式写为 CsCl。许多晶体如 TlCl、CsBr、CsI 都属于此类型。

（2）NaCl 型。如图 9-9(b) 所示，阴离子（Cl^-）位于晶胞的顶点和面心处，阳离子（Na^+）处于晶胞平行六面体的体心和棱的中心，Na^+ 的配位数为 6，Cl^- 的配位数也是 6，因此阳、阴离子的配位数比为 1∶1。碱金属（Cs 除外）卤化物，Ag 的卤化物（AgI 除外）及碱土金属（Be 除外）的氧化物和硫化物等均属于 NaCl 型。

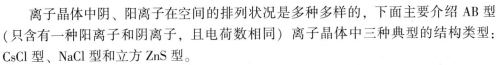
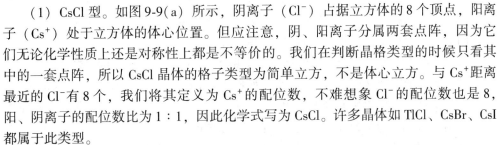

（a）　　　　　（b）　　　　　（c）

图 9-9　三种典型离子晶体构型

（a）CsCl 型；（b）NaCl 型；（c）立方 ZnS 型

（3）立方 ZnS 型。如图 9-9(c) 所示，阴离子（S^{2-}）处于晶胞顶点和面心处，阳离子（Zn^{2+}）处于相互垂直的三个面的面心与三个面共用顶点所构成的四面体的中心，这样的位置在每个晶胞中有 8 个，但 Zn^{2+} 只占据其中的一半的位置。与 Zn^{2+} 距离最近的 S^{2-} 显然有 4 个，如果将 2 个晶胞叠放，不难观察到处于 2 个晶胞共用面

心处 S^{2-} 的配位数也是 4，因此阴、阳离子的配位数比为 1：1。属于立方 ZnS 型的晶体有：AgI、BeO 以及 Zn、Cd、Hg 与 S、Se、Te 间形成的晶体等。

9.2.2　离子的特征

英文注解

离子的电荷、电子构型和半径是单原子离子的三个重要特征，决定了离子化合物的性质。

9.2.2.1　离子的电荷

离子的电荷是指在形成离子化合物的过程中失去或得到的电子数。如在 NaCl 晶体中，Na 原子和 Cl 原子分别失去和得到 1 个电子，形成具有稳定的稀有气体电子结构的 Na^+ 和 Cl^-。离子所带电荷的多少对离子间的相互作用力影响很大，离子的电荷越高，与带相反电荷的离子之间的吸引力越大，所形成的离子化合物的晶格能越大，离子键越强，其熔、沸点越高。离子的电荷不仅对离子化合物的物理性质如熔点、沸点、颜色、溶解度等产生重要影响，同时也影响离子化合物的化学性质，如 Fe^{3+} 和 Fe^{2+} 的相应化合物的化学性质就不同。

9.2.2.2　离子的电子构型

对于简单阴离子来说，如 F^-、Cl^-、O^{2-} 等都具有稳定的稀有气体电子构型，即 8 电子构型。但阳离子的电子构型通常比较复杂，主要有以下几种类型：

（1）0 电子构型：最外层没有电子的离子，如 H^+；

（2）2 电子构型（$1s^2$）：最外层有 2 个电子的离子，如 Li^+、Be^{2+} 等；

（3）8 电子构型（ns^2np^6）：最外层有 8 个电子的离子，如 Na^+、K^+、Ca^{2+} 等；

（4）9~17 电子构型（$ns^2np^6nd^{1\sim9}$）：最外层有 9~17 个电子的离子，具有不饱和电子结构，也称为不饱和电子构型，如 Fe^{2+}、Cr^{3+} 等；

（5）18 电子构型（$ns^2np^6nd^{10}$）：最外层有 18 个电子的离子，如 Ag^+、Cd^{2+} 等；

（6）（18+2）电子构型（$(n-1)s^2(n-1)p^6(n-1)d^{10}ns^2$）：次外层有 18 个电子，最外层有 2 个电子的离子，如 Pd^{2+}、Sn^{2+}、Bi^{3+} 等。

离子的电子构型与离子键的强度有关，也会影响离子化合物的性质。例如，第 IA 族的碱金属与第 IB 族的铜分族元素，都能形成 +1 价离子，电子构型分别为 8 电子构型和 18 电子构型，它们形成的离子化合物的性质有较大的差别。例如 Na^+ 和 Cu^+ 的半径接近，分别为 97pm 和 96pm，但 NaCl 溶于水，而 CuCl 不溶于水。

9.2.2.3　离子半径

离子与原子类似，核外电子都是以概率的形式出现，很难确定离子的边界。离子晶体中阴、阳离子的平衡核间距可以看作是阴、阳离子半径之和，而核间距可以使用 X 射线衍射实验测定，如果能够确定其中一种离子的半径，即可算出另外一种离子的半径。常见简单离子的半径见表 9-3。

由表 9-3 可见，阴离子半径一般大于阳离子半径。同一元素形成的不同离子，阴离子半径大于原子半径，阳离子半径小于其原子半径，且阳离子的电荷越多，其半径越小，例如：

元 素	S^{6+}	S^{4+}	S	S^{2-}
离子半径/pm	29	37	106	184

元素周期表中的同一周期，主族元素的离子半径随着族数的递增依次减小，如：

元 素	Na^+	Mg^{2+}	Al^{3+}
离子半径/pm	102	72	53.5

表 9-3　常见简单离子的半径（6 配位）

（1）阳离子半径

Li^+ 76	Be^{2+} 45														
Na^+ 102	Mg^{2+} 72	Al^{3+} 53.5													
K^+ 138	Ca^{2+} 100	Sc^{3+} 74.5	Ti^{4+} 60.5	Cr^{3+} 61.5	Mn^{2+} 67	Fe^{2+} 61	Fe^{3+} 55	Co^{2+} 65	Ni^{2+} 69	Cu^{2+} 73	Zn^{2+} 74	Ga^{3+} 62	Ge^{2+} 73	As^{3+} 58
Rb^+ 152	Sr^{2+} 118	外层（9～17）个电子									Ag^+ 115	Cd^{2+} 95	In^{3+} 80	Sn^{2+} 118	Sb^{3+} 76
Cs^+ 167	Ba^{2+} 136										Hg^{2+} 102	Tl^{3+} 88.5	Tl^+ 150	Pb^{2+} 119	Bi^{3+} 103
外层8（或2）个电子											外层18个电子		外层18+2个电子		

（2）阴离子半径

O^{2-} 140	S^{2-} 184	Se^{2-} 198	Te^{2-} 221	F^- 133	Cl^- 181	Br^- 196	I^- 220
外层8个电子							

具有相同电荷数的同族离子，自上而下，半径逐渐增大。在元素周期表中位于相邻族左上方和右下方斜对角线上的元素离子半径相近，如：Li^+（76pm）和 Mg^{2+}（72pm）、Na^+（102pm）和 Ca^{2+}（100pm）。

离子半径的大小是决定离子化合物中阴、阳离子之间引力大小的因素之一，也是决定离子化合物中离子键强弱的因素之一。离子半径越小，离子间引力越大，离子化合物的熔点、沸点就越高。离子化合物的其他性质，如溶解度等都与离子半径的大小密切相关。

9.2.3　离子的配位数和半径比规则

在形成离子晶体时，只有当阴、阳离子紧靠在一起，离子晶体才能稳定。阴、阳离子的靠近程度受到阴、阳离子的半径大小、电荷多少及电子层构型的限制。一般阴离子半径大于阳离子半径，因此离子晶体往往被看成是阴离子呈密堆积排列，阳离子填充到阴离子堆积的孔隙中心。当正离子配位数为 6 时，最理想的排列如图 9-10（a）所示，阴、阳离子相接触，阴离子也两两接触。根据图 9-10（a）的几何关系，可以得到：

$$2 \times \left[2(r_+ + r_-) \right]^2 = (4r_-)^2 \qquad r_+/r_- = 0.414$$

由图 9-10（a）可知，当 $r_+/r_- = 0.414$ 时，可以得到最稳定的排列。当 $r_+/r_- > 0.414$ 时，阳离子的周围便有足够的空间容纳更多的阴离子，如图 9-10（b）所示，晶体将向配位数为 8 的 CsCl 型转变。如果 $r_+/r_- < 0.414$，则阴、阳离子间没有接触，

英文注解

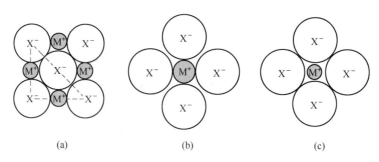

图 9-10 离子晶体半径比与配位数的关系

而阴离子相互接触，如图 9-10(c) 所示，由于阴离子之间的排斥力较大，阴、阳离子间的吸引力小，晶体不可能稳定存在，这时晶体可能向配位数为 4 的立方 ZnS 型转变。但如果 $r_+/r_- < 0.225$ 时，立方 ZnS 型晶体不可能稳定存在，这时晶体可能向着配位数为 3 的晶型转变。AB 型离子晶体中离子半径比、配位数及晶体构型的关系见表 9-4。

表 9-4 离子半径比、配位数及晶体构型的关系

r_+/r_-	配位数	晶体构型	举 例
0.225~0.414	4	ZnS 型	BeS、ZnS、CuF、CuCl、AgI、BeSe、BeTe、BN、AlP
0.414~0.732	6	NaCl 型	NaH、KH、RbH、CsH、NaCl、KCl、LiF、AgF、NaBr、MgO、CaS
0.732~1.000	8	CsCl 型	CsCl、CsBr、CsI、TlCl、TlBr、NH$_4$Cl、NH$_4$Br、NH$_4$I

应当指出，按半径比来确定 AB 型离子晶体的构型，一般来说是明确而清楚的。但是，由于离子半径的数据是由相互接触的两个离子的核间距推算来的，数值会有出入，所以有些晶体的配位数与表 9-4 中的关系不一致。例如，RbCl，$r_+/r_- = 0.81$，配位数应为 8，但实际上配位数为 6，为 NaCl 型。有些离子晶体因生成条件不同可能形成不同晶型，如 CsCl 在常温下是 CsCl 型，在高温下转变为 NaCl 型。RbCl、RbBr 也存在同质异构现象，它们在通常情况下属于 NaCl 型，但在高压下可转变为 CsCl 型。

9.2.4 离子晶体的稳定性

离子晶体的稳定性与离子键的强度有关，离子键的强度有离子键的键能和晶格能两种直观的表示方法。用晶格能描述离子键的强度通常来说比离子键的键能来得更好。这是因为在离子晶体中，既有相反电荷之间的库仑吸引力，又有相同电荷之间的排斥力，所以离子化合物中离子键力是晶体中吸引力和排斥力综合平衡的结果。离子型化合物在通常情况下是以阴、阳离子聚集态形式存在，所以离子化合物的化学结合力不单是两个阴、阳离子之间的结合，而是整个晶体之内的结合力。

晶格能（Lattice Energy）的定义：在标准态下将 1mol 离子晶体解离为 1mol 气态阳离子和 1mol 气态阴离子所需要的能量，符号为 U，单位为 kJ/mol。晶格能是表达离子晶体内部强度的重要指标，是影响离子化合物物理性质，包括熔点、硬度和

英文注解

溶解度等的主要因素。例如，已知 298.15K 时标准态下：

$$NaCl(s) \longrightarrow Na^+(g) + Cl^-(g) \qquad \Delta_r H_m^\ominus = 786kJ/mol$$

则 $U(NaCl) = 786kJ/mol$。

晶格能的大小可通过热化学循环法间接测定或由理论公式计算而得。

1919 年，玻恩（Born）和哈伯（Haber）设计了一种利用热化学循环方法计算离子晶体晶格能的方法，称为玻恩–哈伯循环法。以 NaCl 晶体为例：

$$\begin{array}{c}
NaCl(s) \xrightarrow{\;U\;} Na^+(g) \;+\; Cl^-(g) \\
\hspace{2cm} {\scriptstyle -e}\uparrow \Delta H_3^\ominus \quad {\scriptstyle +e}\uparrow \Delta H_5^\ominus \\
\Delta H_1^\ominus \hspace{1.5cm} Na(g) \hspace{1cm} Cl(g) \\
\hspace{2cm} \uparrow \Delta H_2^\ominus \hspace{1cm} \uparrow \Delta H_4^\ominus \\
\longrightarrow Na(s) \;+\; \frac{1}{2}Cl_2(g)
\end{array}$$

根据盖斯定律：$U = \Delta H_1^\ominus + \Delta H_2^\ominus + \Delta H_3^\ominus + \Delta H_4^\ominus + \Delta H_5^\ominus$

$$= -\Delta_f H_m^\ominus + \Delta H_{升华}^\ominus + I_1 + \frac{1}{2} \times D(Cl{-}Cl) + E_{Al}$$

$$= -(-411) + 106 + 495.8 + 121.3 - 348.7 = 785.4kJ/mol$$

由于电子亲和能的测定比较困难，而且误差也比较大，所以用玻恩-哈伯循环法计算晶格能受到一定的限制。玻恩（Born）和兰德（Landé）以离子晶体内部离子间的静电作用力为基础，从理论上推导出计算晶格能的玻恩-兰德（Born-Landé）公式：

$$U = \frac{138490A \cdot Z_+ \cdot Z_-}{R_0}\left(1 - \frac{1}{n}\right)$$

式中，A 为马德隆（Madelung）常数，由晶体构型决定，例如，NaCl 型（$A = 1.74756$），CsCl 型（$A = 1.76767$）；Z_+、Z_- 为晶体中阴、阳离子电荷的绝对值；R_0 为阴、阳离子的半径之和，pm；n 为玻恩指数，由离子的电子构型决定，例如，2e 构型的 $n=5$，8e 构型的 $n=7$ 等；U 为晶格能，kJ/mol。

由玻恩–兰德公式可以看出，$U \propto \dfrac{Z_+ \cdot Z_-}{R_0}$，即离子所带电荷数越高、离子半径越小，晶格能越大，晶体越稳定。根据晶格能的大小可以预测和解释晶体的熔点、硬度及稳定性等性质。通常晶格能绝对值越大，该离子晶体越稳定，熔化或压碎离子晶体所需能量越多，熔点越高，硬度越大。一些离子晶体的晶格能与晶体的物理性质见表9-5。

表 9-5　一些离子晶体的晶格能与晶体的物理性质

晶　　体	晶格能/kJ · mol⁻¹	熔点/℃	硬　　度
BeO	5443	2578	9
MgO	3889	2800	6.5

续表 9-5

晶　　体	晶格能/kJ·mol^{-1}	熔点/℃	硬　　度
CaO	3513	2590	4.5
SrO	3310	2460	3.8
BaO	2152	1920	3.3

但是，研究离子晶体时发现，有些离子晶体虽然离子电荷相同、半径相近，但是它们在性质上差别很大。例如，NaCl 和 CuCl 晶体的阴、阳离子的电荷相同，Na$^+$ 的半径（97pm）和 Cu$^+$ 的半径（96pm）接近，但两种晶体在性质上却有很大差别，如 NaCl 在水中溶解度很大，而 CuCl 却很小，这说明除了晶格能外，还有其他因素会影响晶体的性质，例如离子极化。

9.2.5　离子极化

9.2.5.1　离子的极化力和变形性

在离子晶体中，相互接近的阴、阳离子必将通过各自的电场对彼此电子云和原子核产生作用。例如，阳离子吸引阴离子的电子、排斥阴离子的原子核，结果使阴离子的电子云变形而与原子核发生相对位移（图 9-11），导致离子的正负电荷中心分离，产生诱导偶极，这种现象称为离子极化（Ionic Polarization）。

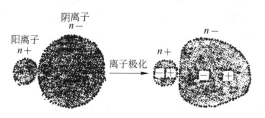

图 9-11　离子的极化

在离子晶体中，每个离子作为带电粒子，都会在其周围产生电场，使其他离子发生极化变形，所以离子极化普遍存在于离子晶体中。离子极化作用的强弱取决于两个因素：离子的极化力（Polarization Power）和离子的变形性（Distortion）。

（1）离子的极化力。一般说来，离子的半径越小、电荷越多，产生的电场强度越大，离子的极化力越强；当离子的半径相近、电荷相同时，离子的电子构型对离子的极化力产生决定性影响。18 电子、（18+2）电子以及 2 电子构型的离子的极化力强于（9~17）电子构型的离子，8 电子构型离子的极化能力最弱。

（2）离子的变形性。离子极化可以使离子的电子云变形，这种发生电子云变形的性质称为离子的变形性，或可极化性。阴离子半径一般较大，外层有较多的电子，容易变形，在被极化过程中能产生临时的诱导偶极，因此离子的变形性主要是指阴离子。离子的变形性与离子结构的关系如下：

1）电子层结构相同的离子，随着负电荷的减小和正电荷的增加，变形性减小，例如：O^{2-}>F$^-$> Ne >Na$^+$>Mg^{2+}>Al^{3+}>Si^{4+}。

2）电子层结构相同的离子，电子层越多，离子半径越大，变形性越大，例如：$I^->Br^->Cl^->F^-$。

3）18 电子构型和 9~17 电子构型的离子，其变形性比半径相近、电荷相同的 8 电子构型的离子大得多，例如：$Ag^+>Na^+$、$Hg^{2+}>Ca^{2+}$、$Zn^{2+}>Mg^{2+}$、$Cd^{2+}>Ca^{2+}$。

4）复杂阴离子的变形性不大，而且复杂阴离子中心离子氧化数越高，变形性越小。这是因为 SO_4^{2-}、ClO_4^- 和 NO_3^- 体积虽大，但离子对称性高，中心氧化数又高，吸引电子能力强，因此不易变形。

综上所述，下列离子的变形性大小顺序为：$I^->Br^->Cl^->CN^->OH^->NO_3^->F^->ClO_4^-$。

离子的变形性可以用极化率（Polarizability）来衡量。类似分子极化作用，离子的极化率（α）定义为：离子在单位电场中被极化所产生的诱导偶极矩（μ）。表 9-6 是由实验测得的一些常见离子的极化率。

表 9-6　一些常见离子的极化率　　　　　　　　　　$(C \cdot m^2/V)$

离子	α	离子	α	离子	α
Li^+	0.034×10^{-40}	Ca^{2+}	0.52×10^{-40}	OH^-	1.95×10^{-40}
Na^+	0.199×10^{-40}	Sr^{2+}	0.96×10^{-40}	F^-	1.16×10^{-40}
K^+	0.923×10^{-40}	B^{3+}	0.0033×10^{-40}	Cl^-	4.07×10^{-40}
Pb^{2-}	1.56×10^{-40}	Al^{3+}	0.058×10^{-40}	Br^-	5.31×10^{-40}
Cs^+	2.69×10^{-40}	Hg^{2+}	1.39×10^{-40}	I^-	7.9×10^{-40}
Be^{2+}	0.009×10^{-40}	Ag^+	1.91×10^{-40}	O^{2-}	4.32×10^{-40}
Mg^{2+}	0.105×10^{-40}	Zn^{2+}	0.317×10^{-40}	S^{2-}	11.3×10^{-40}

9.2.5.2　离子极化的规律

通常阳离子的半径较小，阴离子的半径较大，所以在考虑阴、阳离子的极化作用时，主要考虑阳离子的极化力，阴离子的变形性，即阳离子对阴离子的极化作用。但当阳离子为非稀有气体构型离子时，其变形性也很大，这时阴离子被极化所产生的诱导偶极又使阳离子变形，阳离子变形产生的诱导偶极反过来又会加强阳离子对阴离子的极化力，使阴离子进一步变形，这种现象称为相互极化效应。相互极化作用导致极化效应有所增强，增加的这部分极化作用称为附加极化作用，如图 9-12 所示。

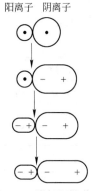

阳离子　阴离子

图 9-12　附加极化作用

一般来说阳离子所含的 d 电子数越多，电子层数越多，附加极化作用越大，规律如下：

18 电子与（18+2）电子构型的阳离子容易变形，容易引起附加极化作用，在含有 18 电子与（18+2）电子构型的阳离子化合物中，阴离子的变形性越大，附加极化作用越强；元素周期表中，同族元素的离子，自上而下，18 电子构型的离子附加极化作用增强。

222

9.2.5.3 离子极化对物质结构和性质的影响

A 离子极化对化学键型的影响

阴、阳离子间如果没有极化作用，则它们之间的化学键属于纯粹的离子键。但是，离子的极化作用或多或少地存在于阴、阳离子之间，如图 9-13 所示，阴离子的电子云向阳离子偏移，同时阳离子的电子云也会发生变形，结果两核间电子云密度增大，外层轨道发生一定程度的重叠，导致离子键上附加一些共价键的成分。

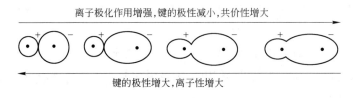

图 9-13 键型过渡示意图

离子键与共价键间没有严格的分界线，而是存在一些过渡状态的键型，即可以看作既含有一部分的离子键又存在一些共价键成分，离子相互极化程度越大，离子键成分越少，共价键成分越多。例如 AgX 系列中，Ag^+ 是 18 电子构型离子，其极化力和变形性都较强，卤素离子的变形性由 F^- 到 I^- 逐渐增大，Ag^+ 与 X^- 之间的相互极化作用依次增强，致使 AgX 系列中因电子云重叠程度增加，键型由典型的离子键（AgF），经过渡键型（AgCl、AgBr）变成共价键（AgI），见表 9-7。

表 9-7 离子极化对卤化银的结构和性质的影响

晶 体	AgF	AgCl	AgBr	AgI
离子半径之和/pm	259	307	322	342
实测键长/pm	246	277	288	281
键型	离子键	过渡型	过渡型	共价键
晶体构型	NaCl	NaCl	NaCl	ZnS
配位数	6	6	6	4
溶解度/mol·L^{-1}	易溶	1.34×10^{-5}	7.07×10^{-7}	9.11×10^{-9}
颜色	白色	白色	淡黄	黄

B 离子极化对晶体构型的影响

由于离子极化作用，离子电子云相互重叠，实测键长较阴、阳离子半径之和小，晶体向配位数较小的构型转变。例如，表 9-7 中 AgX 系列，实测键长均小于阳、阴离子半径之和，且随着 AgF→AgI 极化作用的增强，实测键长与阳、阴离子半径之和差值逐渐增大。晶体构型由配位数为 6 的 NaCl 型（AgF、AgCl、AgBr）过渡到配位数为 4 的 ZnS 型。

C 离子极化对化合物性质的影响

离子极化使得化学键由离子键向共价键过渡，导致晶格能降低，使晶体的熔、沸点降低。极化作用越强，晶体的熔点越低。例如，碱土金属的氯化物的熔点见表 9-8，从 $BeCl_2 \rightarrow BaCl_2$，由于极化作用降低，晶体熔点逐渐升高。

表 9-8　碱土金属氯化物的熔点

碱土金属氯化物	$BeCl_2$	$MgCl_2$	$CaCl_2$	$SrCl_2$	$BaCl_2$
熔点/℃	405	714	772	873	963

极化作用对物质的溶解度产生影响。离子间的极化作用越强，化学键的共价成分越多，物质在水中的溶解度越小。例如，AgX 系列，从 $AgF \rightarrow AgI$ 溶解度逐渐降低。

由于离子极化作用的影响，不难解释 CuCl 和 NaCl 性质上的差异。Cu^+ 和 Na^+ 虽然电荷相同、半径相近，但 Cu^+ 是 18 电子构型，而 Na^+ 是 8 电子构型，受电子构型影响，Cu^+ 的极化力和变形性均较大，所以 CuCl 的极化作用远强于 NaCl，导致 CuCl 是共价型化合物、NaCl 是离子型化合物，二者在性质上有很大差异。

离子极化作用也是影响化合物颜色的重要因素之一。一般情况下，如果组成化合物的离子都是无色的，这种化合物也是无色的，如 NaCl、KNO_3 等。如果其中一种离子是无色的，另一种离子有颜色，则这种离子的颜色就是化合物的颜色，如 K_2CrO_4 呈黄色。相比而言，Ag_2CrO_4 呈红色而不是黄色。比较 AgI 与 KI，AgI 是黄色而不是无色。显然，这种颜色上的差异与 Ag^+ 具有较强的极化作用有关。因为极化作用使得电子从阴离子到阳离子的跃迁变得容易了，吸收可见光部分的能量即可完成跃迁，进而呈现可见光颜色。总之，极化作用越强，对化合物颜色的影响越大，所以 AgCl、AgBr 和 AgI 随着相互极化作用的增强，颜色由白到淡黄，再到黄色。

离子极化在无机化学的许多方面都有应用，它是离子键理论的重要补充。但它也存在很大的局限性，如离子的极化力和变形性没有明确的标度，没有考虑 d、f 电子数和介质的影响等，因此在应用中也有矛盾和例外的地方。离子极化的概念一般情况下仅适用于对同系列化合物作定性的比较。

9.3　金 属 晶 体

英文注解

金属晶体中晶格结点位置上的粒子是金属原子或金属阳离子，晶格结点间的作用力是金属键。对于金属单质而言，晶体内原子的排布，可以近似地看作等径圆球的堆积。为了形成稳定的金属结构，金属原子将尽可能采取最紧密的堆积方式，最有效地利用空间，原子间的空隙尽可能地小。所以金属一般密度较大，每个金属原子都被较多的相同原子包围，配位数较大。

金属晶体中，金属原子的密堆积有以下三种基本类型。

英文注解

（1）体心立方密堆积（Body-Centered Cubic，BCC）。如图 9-14(a) 所示，金属原子占据立方体的顶点和体心位置，金属原子的配位数为 8，空间利用率为 68.02%，属于体心立方晶格的金属有 K、Rb、Cs、Li、Na、Co、Mo、W、Fe 等。

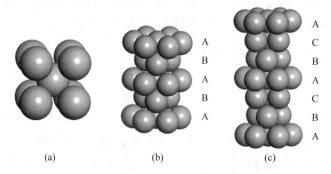

图 9-14　金属晶体的三种密堆积

（a）体心立方密堆积；（b）六方晶最密堆积；（c）面心立方晶最密堆积

（2）六方最密堆积（Hexagonal Closest Packed，HCP）。每个圆球 A 与同层内的 6 个圆球相切，同时每 3 个圆球 A 间的空隙上堆积第二层圆球 B，第三层圆球正对着第一层圆球 A，第四层圆球正对第二层圆球 B，形成所谓的 ABABAB…结构，如图 9-14（b）所示。晶格的配位数为 12，空间利用率为 74.02%，属于六方最密堆积的金属有 La、Y、Mg、Zr、Hf、Cd、Ti 等。

（3）面心立方最密堆积（Face-Centered Cubic，FCC）。堆积方式如图 9-14（c）所示，这种密堆积的第一、二层的堆积方式与面心立方密堆积相同，第三层圆球 C 落在第二层圆球 B 的空隙上，且不与第一层圆球 A 重合。第四层圆球位置与第一层 A 球位置对应，第五层圆球与第二层圆球 B 相对应，这种堆积方式称为 ABCABC…结构。这种晶格的配位数为 12，空间利用率为 74.02%，属于面心立方最密堆积的金属有 Cr、Ca、Pb、Ag、Au、Cu、Ni 等。

有些金属可以有几种不同的构型，例如 α-Fe 是体心立方密堆积，γ-Fe 是面心立方最密堆积。

9.4　原子晶体和分子晶体

9.4.1　原子晶体

原子晶体晶格上占据结点位置的是原子，原子之间通过共价键结合，凡靠共价键结合而成的晶体统称为原子晶体。原子晶体的特点是：原子间通过共价键结合，晶体中不存在独立的小分子，整个晶体看成一个大分子，所以没有确定的相对分子质量。由于共价键比较牢固，键强度较高，所以化学稳定性好，熔、沸点高，硬度大，热胀系数小。

例如，金刚石是一种典型的原子晶体，其晶体结构如图 9-15 所示。在金刚石晶体中，每个碳原子都以 sp^3 杂化轨道与相邻的 4 个碳原子形成 4 个 σ 键，呈正四面体构型，每个碳原子的配位数为 4。

由以上分析可以看出，属于原子晶体的物质主要有金刚

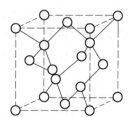

图 9-15　金刚石晶体

石、单质硅（Si）、单质硼（B）、碳化硅（SiC）、石英（SiO_2）、碳化硼（B_4C）、氮化硼（BN）和氮化铝（AlN）等。

9.4.2 分子晶体

分子晶体中，极性分子或非极性分子占据晶格结点位置，结点粒子间的作用力为分子间力。固体二氧化碳（干冰）就是一种典型的分子晶体，其晶体结构如图9-16所示，在 CO_2 分子内部碳原子与氧原子间以共价键结合成分子，然后以整个分子为单位，占据晶格结点的位置。

不同的分子晶体，分子的排列方式可能不同，但分子之间都是以分子间力结合的。由于分子间力比离子键、共价键要弱得多，所以分子晶体一般熔点低、硬度小、易挥发、不导电。

大多数共价型的非金属单质和化合物，如稀有气体、卤素、氧气、氮气、卤化氢、氨等，在固态时均为分子晶体。稀有气体呈固态时，晶格结点上是稀有气体原子，但它们不是原子晶体而是分子晶体，因为稀有气体为单原子分子晶格结点上原子间的作用力为分子间力。有机化合物的晶体一般都是分子晶体，如固体烷、烃、尿素等。

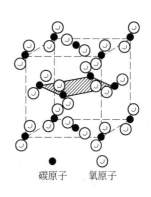

碳原子 氧原子

图9-16 固体 CO_2 的晶体结构

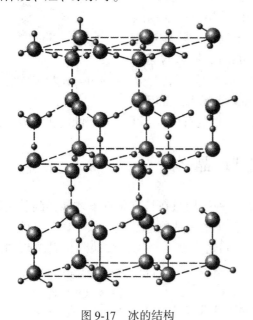

图9-17 冰的结构

某些分子晶体中还存在氢键，又称为氢键型固体，如固态 HF、NH_3 和 H_2O。冰的结构如图9-17所示，每个水分子都与相邻的4个水分子形成四面体，既是一个四面体的中心，又是另一个四面体的顶点。处于四面体中心的水分子通过4个氢键与4个水分子作用，其中2个氢键是由中心水分子的氧原子与2个相邻水分子的氢原子所形成的，另外2个氢键是由中心水分子的2个氢原子与2个相邻水分子的氧原子所形成的。这样的四面体在空间延伸开来，就形成了冰的晶体，有机化合物间苯二酚也是氢键型晶体。

9.5 混合型晶体

有些晶体内同时存在多种不同的作用力，这类晶体称为混合型晶体，主要有链状结构晶体和层状结构晶体。

9.5.1 链状结构晶体

在天然硅酸盐结构中，基本结构单元是［SiO_4］四面体，［SiO_4］四面体通过共用顶角氧原子连接成链状（图9-18）、网状、层状等多种不同结构的硅酸盐。在链状结构中，链与链之间填充着金属阳离子。由于带负电荷的长链与金属正离子之间的静电作用要小于链内共价键，因此，若沿平行于链的方向施加外力，晶体容易裂开成柱状或纤维状。分析认为，石棉具有类似结构。

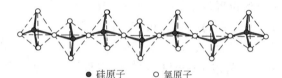

● 硅原子　　○ 氧原子

图9-18　硅酸盐阴离子单链结构示意图

9.5.2 层状结构晶体

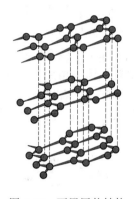

石墨是典型层状结构晶体，如图9-19所示。每个碳原子采用 sp^2 杂化轨道与相邻的3个碳原子形成3个σ键，键角为120°，构成一个正六边形平面网络结构。同一层的每个碳原子还剩一个垂直于 sp^2 杂化轨道的2p电子，共同形成大π键。由于大π键是离域的，电子沿着层面的活动能力很强，使得石墨具有良好的导电性、导热性，并具有光泽。石墨层内相邻碳原子之间的距离为142pm，相邻两层间距离为335pm，相对较远，因而层与层之间引力较弱，与分子间力相仿，所以石墨各层易滑动，裂成鳞状薄片，常用作

图9-19　石墨层状结构

润滑剂。云母、黑磷、氮化硼（BN，又称为白色石墨）都具有类似的层状结构。

9.6　实　际　晶　体

前面讲述的晶体结构都是理想结构，这种结构只在特殊条件下才能得到。实际晶体大都存在结构上的缺陷，这些缺陷对晶体的一些物理性质，如电性、磁性、光学性及机械性能等产生重要影响。晶体缺陷通常有点缺陷、线缺陷、面缺陷和体缺陷。

热缺陷是较普遍的一种点缺陷，是由于晶体中原子或离子的热运动所造成的。热缺陷的数量与温度有关，温度越高，造成缺陷的机会越多。晶体中热缺陷有两种形态：一种是肖特基缺陷（Schottky Defect），另一种是弗仑克尔缺陷（Frenkel Defect）。

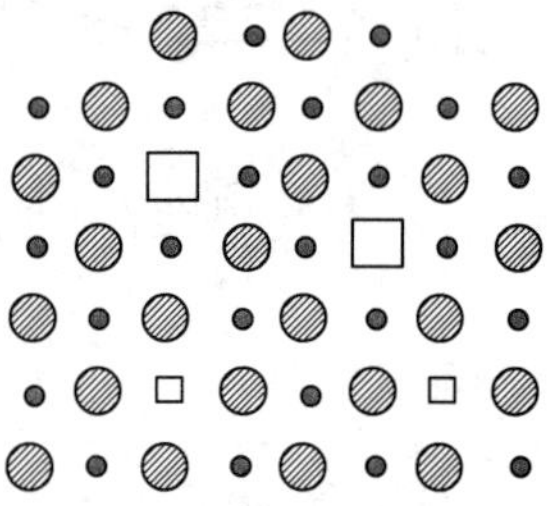

（1）肖特基缺陷。如图9-20所示，靠近表面层的阴、阳离子由于热运动跑到晶体表面或晶界位置上，形

图9-20　肖特基缺陷

成一层新的界面，产生空位。然后，内部邻近的离子进入这个空位，这样逐步进行而造成缺陷。

（2）弗仑克尔缺陷。如图 9-21 所示，一种离子脱离平衡位置挤入晶体间隙位置，形成间隙离子，原来位置形成空位，这种缺陷的特点是间隙离子与空位成对出现。

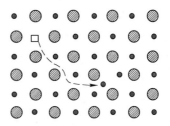

图 9-21　弗仑克尔缺陷

由于晶体缺陷引起格点发生畸变，使正常晶体结构受到一定程度的破坏，从而导致晶体的某些性质发生变化。例如，对于金属晶体来说，由于缺陷引起晶格畸变而使电阻率增大，导电性能下降；而对于半导体材料而言，晶体的某些缺陷却会增加半导体的电导率。

实践中，我们经常利用缺陷，使晶体具有某些特殊性质。例如，掺杂常引起缺陷。我们向 ZnS 晶体中掺进少量 AgCl 后，在电子射线激发下，可发射波长为 450nm 的荧光，也就是彩色电视屏幕上的蓝色荧光粉。

此外，实际应用的固体多是多晶体，它是由许多微小的单晶体组成的。这些单晶体在堆砌时晶面常出现相互倾斜，不能实现格点严格的周期性排列，使得多晶体的结构常偏离理想晶体。

知识博览　准晶体（Quasicrystals）

　　1982 年以色列科学家舍特曼（Dan Shechtman）在研究一种熔体急冷法获得的 Al 合金（Al-14at.%Mn）时发现一种不同寻常的现象：这种合金的电子衍射谱图显示出具有 10 重旋转对称性，如图 9-22 所示。当时舍特曼难以置信地在实验记录本上写下了"10 fold（10 重轴）"。令舍特曼困惑的原因是在当时的晶体学理论中 10 重轴是不可能出现的，因为晶体具有平移对称性，限制了晶体中只能存在 1、2、3、4、6 重旋转轴，而 5 重轴和 6 重轴以上的旋转轴都是不可能的。这很容易从数学上证明，也很容易以更直观、更形象化的方式去理解：铺瓷砖的时候，使用矩形（4 重轴）或六边形（6 重轴）的瓷砖都可以严丝合缝地铺满平面，然而使用五边形（5 重轴）的瓷砖时则无法不留缝隙地铺满整个墙面。也就是说平移对称性（周期性）和 5 重轴、10 重轴是不能共存的。经过仔细研究，舍特曼发现合金样品与二十面体点群的对称性完全一致，结构不具有晶体的周期性特点。虽然样品不存在晶体中像晶胞那样重复单元，但结构上仍然是有序的，因为样品可以产生只有晶体才有的明锐、离散的衍射图样。舍特曼认为，这是一种新的物质结构种类。不久，斯坦哈特（Steinhardt）等基于二十面体结构的衍射计算证实了 5 重对称衍射花样的合理性，并将这种具有长程有序而无平移周期性的特殊结构命名为准周期性晶体——"Quasicrystal"准晶。实际上，准晶体具有更复杂的长程有序，如图 9-23（a）所示，晶体中每个方向的位置在无理数的单位数量上重复。准晶体往往也展现出与晶体类似的多面体外形。图 9-23（b）是准晶体 $Zn_{56.8}Mg_{34.6}Ho_{8.7}$ 的正十二面体外形。然而，舍特曼的发现在当时并不为科学界主流所接受，受到包括鲍林在内的很多人的质疑，后来在数学家和晶体学家的努力下准晶的概念才逐渐被学术界接受，其实数学家们早已为准晶做好了理论铺垫。1974 年，英国人彭罗斯（Roger Penrose）便在前人工作基础上提出了一种以两种四边形的拼图（图 9-24（a））铺满平面的解决方案，甚至在中世纪的时候类似的数学规则已经应用于伊斯兰建筑的装饰镶嵌图案中了（图 9-24（b））。后来，人们发现矿石里的蛋白石，有机化学中的硼环化合物，生物学中的病毒，都显示出五次对称特征。

准晶在结构上的特殊性决定了其具有一些特殊的性质，例如准晶体材料往往硬度很高，是热和电的不良导体。利用这些特性可以将准晶体应用于生产、生活等方面，例如可以制成剃须刀刀片、眼科手术使用的超细针头、绝缘材料、不粘锅涂层等。

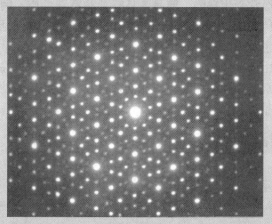

图 9-22　舍特曼拍摄的 $Al_{86}Mn_{14}$ 准晶体的电子衍射图样

（图中衍射点关于中心点呈 10 重旋转轴对称）

(a)   (b)

图 9-23　准晶的多面体堆积模型（a）和 $Zn_{56.8}Mg_{34.6}Ho_{8.7}$（b）

在过去的 20 多年里，已经发现的准晶体有 100 多种，几乎都是实验室合成的，

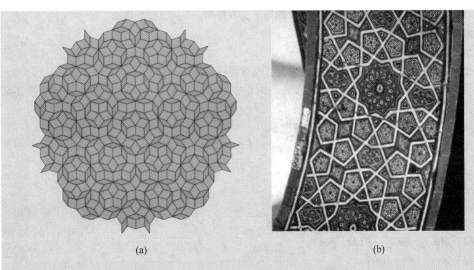

(a)　　　　　　　　　　(b)

图 9-24　具有 5 重轴的 Penrose 拼图（a）与中世纪（1424AD）伊斯兰建筑上的装饰图案（b）

主要是合金和金属间化合物。2009 年 *Science* 杂志报道在自然界中也发现了具有准晶结构的矿石。准晶的发现引发了晶体学与凝聚态物质结构理论的一次革命，使人类对物质结构有了更深入的认识。准晶的发现也促使国际晶体学会在 1994 年重新定义了晶体：晶体是内部原子、离子或分子长程有序排列而形成的固体；也可以表述为，具有明锐、离散的衍射点的物质是晶体。舍特曼也因发现了准晶体在 2011 年获得诺贝尔化学奖。我国在准晶研究领域处于世界先进水平，特别是准晶领域发展的早期，郭可信院士领导的团队为该领域的发展做出了重要贡献，他们在 1985 年到 1988 年间发现了大量的三维、二维和一维新准晶，占当时世界上新发现准晶合金中的近半数。国内其他科研机构如中国科学院北京电镜室、沈阳金属所、武汉大学等也做出了一批具有重要国际影响力的研究成果，使得我国在准晶研究领域一直处于领先地位。

习　题

9-1　写出下列离子的电子分布式，并指出各属于何种离子电子构型：

　　Fe^{3+}；Ag^+；Ca^{2+}；Li^+；Br^-；S^{2-}；Pb^{2+}；Pb^{4+}；Bi^{3+}

9-2　指出下列物质哪些是金属晶体，哪些是离子晶体，哪些是原子晶体，哪些是分子晶体？

　　$Au(s)$；$AlF_3(s)$；$Ag(s)$；$B_2O_3(s)$；$CaCl_2$；$AlCl_3$；$BN(s)$；$H_2O(s)$；$C($石墨$)$；$SiC(s)$；$KNO_3(s)$；$Si(s)$；$H_2C_2O_4(s)$；$Al(s)$；$BCl_3(s)$

9-3　判断下列说法是否正确：

　　（1）稀有气体是由原子组成的，属原子晶体。（　　）

　　（2）熔化或压碎离子晶体所需要的能量，数值上等于晶格能。（　　）

　　（3）溶于水能导电的晶体必为离子晶体。（　　）

　　（4）共价化合物呈固态时，均为分子晶体，因此，熔点沸点都低。（　　）

（5）离子晶体具有脆性，是由于阴、阳离子交替排列，不能错位的缘故。（　　）

9-4 解释下列事实：

（1）MgO 可以作为耐火材料；

（2）金属 Al 和 Fe 都能压成片、抽成丝，而石灰石不能；

（3）在卤化银中，AgF 可溶于水，其余卤化银则难溶于水，且从 AgCl 到 AgI 溶解度逐渐减小；

（4）NaCl 易溶于水，而 CuCl 难溶于水。

9-5 计算下列 AB 型二元化合物中正、负离子的半径比，推断其晶体结构类型。

（1）NaF，RbF，CsF，KCl，RbCl；

（2）CsBr，CsI，KF；

（3）CuBr，BeS，MgTe，BeSe，AgI。

9-6 比较下列各组化合物离子极化作用的强弱：

（1）$MgCl_2$，$SiCl_4$，$AlCl_3$，NaCl；

（2）ZnS，CdS，HgS；

（3）CaS，FeS，ZnS；

（4）PbF_2，$PbCl_2$，PbI_2。

9-7 已知 AlF_3 为离子型，$AlCl_3$、$AlBr_3$ 为过渡型，AlI_3 为共价型，试说明它们键型差别的原因。

9-8 已知下列各晶体：NaF、ScN、TiC、MgO 的核间距相差不大，推测这些晶体的熔点高低、硬度大小的次序。

9-9 已知下列两类晶体的熔点：

(1)	物质	NaF	NaCl	NaBr	NaI
	熔点/℃	993	807	747	661
(2)	物质	SiF_4	$SiCl_4$	$SiBr_4$	SiI_4
	熔点/℃	−90.2	−70	5.4	120.5

为什么钠的卤化物的熔点比相应硅的卤化物的熔点高，为什么钠的卤化物的熔点递变规律和硅的卤化物的熔点递变规律不同？

9-10 当气态离子 Ca^{2+}、Sr^{2+} 与 F^- 分别形成 CaF_2、SrF_2 晶体时，哪个放出的能量多，为什么？

9-11 根据石墨的结构，试解释石墨做电极和做润滑剂与其晶体的哪部分结构有关？

9-12 解释下列问题：

（1）NaF 的熔点高于 NaCl；

（2）BeO 的熔点高于 LiF；

（3）SiO_2 的熔点高于 CO_2；

（4）冰的熔点高于干冰；

（5）石墨软而导电，金刚石坚硬而不导电。

9-13 下列分子的键型有何不同？

Cl_2；HCl；AgI；LiF

9-14 离子半径 $r(Cu^+) < r(Ag^+)$，所以 Cu^+ 的极化力大于 Ag^+，但 Cu_2S 的溶解度却大于 Ag_2S，如何解释？

9-15 根据离子极化理论，解释下列两组化合物的溶解度变化顺序：

（1）CuCl > CuBr > CuI；

（2）AgF > AgCl > AgBr > AgI。

9-16 试计算金属晶体体心立方密堆积和面心立方最密堆积的空间利用率。

9-17 将下列两组离子分别按离子极化力及变形性由小到大的顺序排列：

(1) Al^{3+}, Na^+, Si^{4+}；

(2) Sn^{2+}, Ge^{2+}, I^-。

9-18 用下列给出的数据计算 $AlF_3(s)$ 的晶格能：

$$Al(s) \longrightarrow Al(g) \qquad \Delta H_{升华}^{\ominus} = 326.4kJ/mol$$

$$Al(g) - 3e \longrightarrow Al^{3+}(g) \qquad I = I_1 + I_2 + I_3 = 5139.1kJ/mol$$

$$Al(s) + \frac{3}{2}F_2(g) \longrightarrow AlF_3(s) \qquad \Delta_f H_m^{\ominus} = -1510kJ/mol$$

$$F_2(g) \longrightarrow 2F(g) \qquad D(F—F) = 156.9kJ/mol$$

$$F(g) + e \longrightarrow F^-(g) \qquad D(A_1) = -328kJ/mol$$

9-19 根据所学晶体结构知识，填写下表：

物质	晶格结点上的粒子	晶格结点上粒子间的作用力	晶体类型	预测熔点（高或低）
N_2				
SiC				
Cu				
冰				
$BaCl_2$				

9-20 (1) 今有元素 X、Y、Z，其原子序数分别为 6、38、80，试写出它们的电子分布式，并说明它们在元素周期表中的位置；

(2) X、Y 两元素分别与氯形成的化合物的熔点哪一个高，为什么？

(3) Y、Z 两元素分别与硫形成的化合物的溶解度哪一个小，为什么？

(4) X 元素与氯形成化合物的分子偶极矩等于零，试用杂化轨道理论解释。

10 配位化学基础

在无机化合物中有一类化合物具有特殊的稳定性，并具有特殊的分子结构，而且在日常生活、工业生产、人类健康和科学研究中起着重要作用，这类化合物就是本章所要讨论的内容——配位化合物（Coordination Compounds），简称配合物。配合物是数量上和应用范围上都很大的一类化合物，研究配合物的化学分支称为配位化学，近年来发展迅速，它不仅与无机化合物、有机金属化合物相关联，并且与现今化学前沿的原子簇化学、配位催化及分子生物学密不可分。

对于配合物我们并不陌生，铝在碱性水溶液中会溶解，其原因是生成了 $[Al(OH)_4]^-$ 配离子，这个离子就是简单的配合离子。再通过一个实验来认识配合物，并说明它的特殊稳定性。将适当浓度的 $NaCl$ 溶液与 $AgNO_3$ 溶液混合，溶液中将会生成白色 $AgCl$ 沉淀，如果向这种溶液中加入适量氨水，并混合均匀，就会发现白色沉淀被溶解。$AgCl$ 是典型的难溶性化合物，即使是在碱性溶液中也是难溶的，加入适量氨水后，生成了更加稳定的化合物，促使难溶性化合物溶解，在这里生成的是银和氨的配合物—— $[Ag(NH_3)_2]^+$。

10.1 配合物的基础知识

配位化学的诞生和发展是人类在长期生产实践活动和科学研究中逐步了解、总结和发展的结果。较早的记载是普鲁士蓝（Prussian Blue，$KFe[Fe(CN)_6]$），它是1704 年柏林的颜料技师迪斯巴赫（Dissbach）用动物的血、皮和草木灰在铁锅中强烈煮沸得到的（因氨基酸水解产生 CN^-，与 Fe^{3+} 生成普鲁士蓝），这一成果被老板占有 20 年后才公布于世。最早进行深入研究的配合物是 1798 年发现的 $[Co(NH_3)_6]$ Cl_3，它使得人们认识到配合物的特殊性。1893 年，瑞士化学家维尔纳（Werner，1866—1919）总结了前人的理论，首次提出了配位键、配位数和配位化合物结构等一系列基本概念，成功解释了很多配合物的电导性质、异构现象及磁性，被称为"配位化学之父"，并因此获得了 1913 年的诺贝尔化学奖。

配位化学是一门不断发展和丰富的学科，配位化合物至今也很难有一致的确切的定义。国际纯粹和应用化学协会（IUPAC）在 2005 年公布的《无机化学命名法》中推荐配位化合物的定义是："配位化合物是含有配位实体的化合物，配位实体可以是离子或中性分子，它是由中心原子（通常是金属）和排布在其周围的其他原子或基团（配体）组成的。"此类定义只说明配合物组分的特征是由若干配体和中心原子组成的，未指明它们之间的结合方式。罗勤慧教授等编著的《配位化学》总结了配合物的特征，给出配合物定义："配位化合物是含有配位实体的化合物。配位实体可以是离子或中性分子，它是以无机、有机的阳离子、阴离子或中性分子作为中心，和有序排列在其周围的原子、分子或基团（配体），通过多种相互作用（配位作用、氢键、离子-偶极、偶极-偶极、疏水作用、π-π 相互作用等），结合成具有明确结构的化合物"。

10.1.1 配合物的组成

配离子是由中心离子（或原子）与一定数目的配位体（分子或离子），通过配位键结合而形成的复杂离子，如 $[Ag(NH_3)_2]^+$、$[Cu(NH_3)_4]^{2+}$、$[Fe(CN)_6]^{3-}$ 等。含有配离子的化合物称为配位化合物，简称配合物，如 $[Ag(NH_3)_2]Cl$、$[Cu(NH_3)_4]SO_4$、$K_3[Fe(CN)_6]$ 等都是配合物。有些配离子是不带电荷的中性分子，如 $[CoCl_3(NH_3)_3]$、$[Ni(CO)_4]$、$[PtCl_2(NH_3)_2]$ 等。习惯上也将配离子称为配合物。方括号内为配合物的内界，是表现配合物特性的核心部分，方括号外为外界。实验表明，有些配合物不存在外界，如 $[PtCl_2(NH_3)_2]$ 和 $[CoCl_3(NH_3)_3]$ 等。

英文注解

10.1.1.1 中心离子（配合物形成体）

在配合物的内界，有一个带正电荷的离子或中性原子，位于配合物的中心位置，称为配合物的中心金属离子或原子（Central Metal Ion or Atom），也称为配合物的形成体。配合物的中心离子（原子）通常是金属离子和原子，也有少数是非金属元素，如 $[Cu(NH_3)_4]^{2+}$ 中的 Cu^{2+}、$[HgI_4]^{2-}$ 中的 Hg^{2+}、$Ni(CO)_4$ 中的 Ni 原子、$Fe(CO)_5$ 中的 Fe 原子、$[SiF_6]^{2-}$ 中的 Si^{4+} 和 $[BF_4]^-$ 中的 B^{3+}。

10.1.1.2 配位体和配位原子

在配合物中，与中心离子（原子）结合的离子或分子称为配位体，简称配体（Ligands）。在配体中提供孤对电子的原子叫做配位原子（Donor Atom），如配体 NH_3 中的 N 原子、配体 H_2O 和 OH^- 中的 O 原子、CN^- 中的 C 原子等。配位原子主要是非金属 N、O、S、C 和卤素等原子。

英文注解

配位体中只有一个配位原子的为单齿配体（Monodentate Ligands），如 NH_3、Cl^-、OH^- 等；有两个或两个以上配位原子的，称为多齿配体（Polydentate Ligands）。例如乙二胺（en）的结构式为 $H_2N—CH_2—CH_2—NH_2$，有 2 个配位原子 N。乙二胺四乙酸根离子（简称 EDTA）有 6 个配位原子。由多齿配体与同一中心离子（原子）形成的环状配合物又称为螯合物。

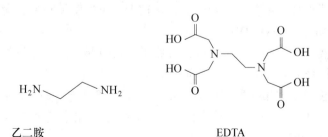

乙二胺   EDTA

英文注解

10.1.1.3　配位数和配体个数

在配合物中，直接与中心离子（原子）成键的配位原子的数目称为中心离子（原子）的配位数（Coordination Number），配位体的个数称为配体个数。由单齿配体形成的配合物，配位数等于配位体的数目，如 $[Cu(NH_3)_4]^{2+}$ 中 Cu^{2+} 的配位数为4。由多齿配体形成的配合物，配位数等于配位原子的个数，如 $[Cu(en)_2]^{2+}$ 中 Cu^{2+} 的配位数为4、$[Ca(EDTA)]^{2-}$ 中 Ca^{2+} 的配位数为6。

10.1.1.4　配离子的电荷

中心离子（原子）和配体电荷的代数和即为配离子的电荷，常根据配合物的外界离子电荷数来确定。例如，在 $[PtCl(NH_3)_3]Cl$ 中，外界只有一个 Cl^-，据此可知 $[PtCl(NH_3)_3]^+$ 的电荷数为+1。

综上所述，配合物的组成可以表示如下：

$$\underbrace{[Cu(NH_3)_4]}_{内界}\,\underbrace{SO_4}_{外界} \qquad \overset{中心离子(原子)\quad 配体}{[Cu(NH_3)_4]^{2+}}_{配位原子\quad 配位数}$$

10.1.2　配合物的命名

英文注解

10.1.2.1　配位化合物的命名原则

（1）配位化合物的内外界命名顺序遵循无机化合物的命名（Nomenclature）原则。若为阳离子配合物，则叫做"某化某"或"某酸某"，如 $[Co(NH_3)_4Cl_2]Cl$ 为一氯化某、$[Cu(NH_3)_4]SO_4$ 为硫酸某；若为阴离子配合物，外界和内界之间用"酸"字连接。若外界为"H"，则在配阴离子后加"酸"字，如 $K_3[Fe(CN)_6]$ 为某酸钾、$H_2[PtCl_4]$ 为某酸。

（2）配合物的内界命名。配合物内界的命名次序是：配位体数→配位体名称→合→中心离子（中心离子氧化数，以罗马数字表示）。不同配体名称之间以圆点分开，相同的配体个数用倍数词头二、三等数字表示。

配体的命名次序：

（1）先无机、后有机，如先 NH_3、后乙二胺（en）。

（2）先阴离子、后中性分子，如先 Cl^-、后 NH_3 分子。

（3）同类配体按照配位原子元素符号的英文字母顺序，如先 NH_3、后 H_2O。

（4）同类配体、配位原子相同的，含较少原子的配体在前，含较多原子的配体在后，如先 NH_3、后 NH_2OH。

（5）同类配体、配位原子相同，且原子数目也相同的，比较与配位原子相连的原子的元素符号的英文字母顺序，如 NH_2^- 前、NO_2^- 后。

（6）配位化学式相同但配位原子不同（键合异构），按配位原子元素符号的字母顺序排列。如 NCS^- 前（异硫氰酸根）、SCN^- 后（硫氰酸根），NO_2^- 前（硝基）、ONO^- 后（亚硝酸根）。

综上所述，配合物命名的总原则是：配位体名称列在形成体名称之前，顺序同书写顺序，相互之间用"·"连接，配位体与形成体之间以"合"字连接；同类配体按配位原子的元素符号的英文字母顺序排列；配位个数用一、二、三等表示；形成体的氧化数用带括号的罗马数字（Ⅰ、Ⅱ、Ⅲ、Ⅳ、Ⅴ、Ⅵ、Ⅶ）表示。

10.1.2.2 配位化合物的命名举例

根据配合物的命名原则，一些配合物的命名举例如下：

$[Ag(NH_3)_2]Cl$	一氯化二氨合银（Ⅰ）
$K_3[Fe(CN)_6]$	六氰合铁（Ⅲ）酸钾
$Na_3[Ag(S_2O_3)_2]$	二硫代硫酸根合银（Ⅰ）酸钠
$Na_2[Zn(OH)_4]$	四羟基合锌（Ⅱ）酸钠（注：—OH 称为羟基）
$[Cu(en)_2]SO_4$	硫酸二乙二胺合铜（Ⅱ）
$[CoCl(NH_3)_3(H_2O)_2]Cl_2$	氯化一氯·三氨·二水合钴（Ⅲ）
$[PtCl_2(NH_3)_2]$	二氯·二氨合铂（Ⅱ）
$Ni(CO)_4$	四羰基合镍（注：CO 称为羰基）

10.1.3 配合物的分类

配合物范围很广，类型多样。按中心离子分类，有单核配合物和多核配合物；按配体分类，每种配体均可以分为一类配合物；按成键类型，有经典配合物（σ 配键）、簇状配合物（金属-金属键）和笼状配合物（离域共轭配键）等；按学科分类，有无机配合物、生物无机配合物和有机金属配合物等。这里简单介绍三类配合物：简单配合物、螯合物和非经典配合物，前两类是常见的经典配合物。

由中心离子（或者中心原子）与单齿配体形成的配合物称为简单配合物，如：$[Cu(NH_3)_4]SO_4$、$[Ag(NH_3)_2]Cl$、$K_3[Fe(CN)_6]$、$Ni(CO)_4$ 等。这类配合物数量大、应用广、研究深入，在化工、冶金、材料和环境等行业常见，并起重要作用。中心离子和多齿配体（如乙二胺、EDTA 等）结合而成的具有环状结构的配合物，称为螯合物。与简单配合物相比，螯合物有特殊的稳定性，而且螯合物具有特殊的颜色，在无机化学和分析化学中可以用来鉴别某些离子，在冶金工程和环境工程中常用于金属分离，在医疗方面可以作为药物。

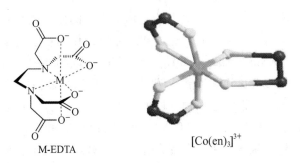

M-EDTA　　　　　　$[Co(en)_3]^{3+}$

非经典配合物中心离子与配体间的化学键比较复杂，常形成多种配键，如后面将要介绍的羰基配合物（简称羰合物）和冠醚配合物等。非经典配合物广泛用于冶金中金属的提纯，化工和石油化工中催化剂等领域。

10.1.4　配合物在国民经济中的应用

　　配合物丰富的成键模式、多样的空间结构以及独特的理化性质，在光、电、磁、生物等方面展现出独特的功能，在科学研究和日常生产生活方面已有非常广泛的应用。在我国古代就有用配合物作为染料的记载。《诗经》中有"缟衣茹藘"，这里"茹藘"就是茜草，当时用茜草的根和黏土（或白矾）制成牢固度很高的红色染料，即茜素染料。在长沙马王堆1号墓出土的"长寿绣"，经鉴定就是用茜素红媒染料染色的。唐初的《新修本草》中记载将苏木（产于云南的小乔木）和绿矾一同处理，可得到深青红色的配合物，可供染色。此外，偶氮染料、酞菁染料、金属络合染料等配合物也大量用于印染领域。

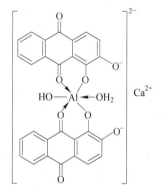

茜素染料

马王堆汉墓出土的"长寿绣"

　　配位反应在金属离子分离、化学分析中有着重要应用。金属离子形成配合物后，其颜色、溶解度、稳定性、发光特性等都发生了很大的变化，这为金属离子的分离、分析创造了良好的条件。例如，分析化学中的配位滴定法，利用金属离子与配位剂生成配合物的反应来定量测定某一金属离子的含量；应用荧光分析法时，利用无机离子或元素与有机试剂形成配合物，在紫外-可见光照射下产生荧光来测定该无机离子或元素的含量。在湿法冶金中，用羟肟萃取剂在 pH = 3.5~9.5 时可定量萃取铜，在 pH = 8.3~10 时可定量萃取镍。生命体内存在着金属离子，这些金属离子多以配合物的形式存在，参与促进或抑制体内的生物反应。例如，血红蛋白和肌红蛋白是天然的载氧体，在高等动物体内起着运输和存储氧的作用；铁硫蛋白具有调控和传递电子的功能，广泛分布在细菌、真菌、植物和哺乳动物体内。近年来，配合物作为药物得到了越来越多的关注和发展。例如，柠檬酸铁配合物可以治疗缺铁性贫血；顺式-二氯·二氨合铂（Ⅱ）是一种常用的抗癌药；钒（Ⅳ）配合物，如双（2-甲基-3-羟基-4-吡喃酮）氧钒（Ⅳ）和双（吡啶甲酸根）氧钒（Ⅳ）能模拟胰岛素的某些功能，有治疗糖尿病的作用；金配合物，如金硫苹果酸钠、金硫丙醇酸钠可用于治疗风湿关节炎。

10.2　配合物的空间异构现象

化学式相同但结构和性质不同的几种化合物，互为异构体。配合物中，异构现象较为普遍，配合物的异构体可分为结构异构、空间异构以及旋光异构三大类。

10.2.1　结构异构

结构异构（Structural Isomerism）或称为组分异构，是指由于配合物的内部原子连接顺序不同而产生的同分异构现象。结构异构主要包括：

（1）键合异构。由于配体本身结构发生变化而引起配体与中心原子成键的配位原子发生变化，如：NO_2^- 以 N 配位：$[Co(NH_3)_5(NO_2)]^+$（黄褐色），NO_2^- 以 O 配位：$[Co(NH_3)_5(ONO)]^+$（红褐色）。

（2）电离异构。两个配合物的组成相同，但外界离子和配位实体不同，如：$[Co(NH_3)_5Br]SO_4$（红紫色）、$[Co(NH_3)_5SO_4]Br$（红色）。当电离异构的其中一个配体换成水时，可称为水合异构，如 $[Cr(H_2O)_6]Cl_3$ 和 $[CrCl(H_2O)_5]Cl_2 \cdot H_2O$。

（3）配位异构。两个含配阳离子和配阴离子的配合物，整个配合物的组成相同，但配离子不同，如 $[Co(NH_3)_6][Cr(CN)_6]$ 和 $[Cr(NH_3)_6][Co(CN)_6]$。

（4）配体异构。配体互为异构体，例如 $[Co(1,2\text{-pn})_2Cl_2]Cl$ 和 $[Co(1,3\text{-pn})_2Cl_2]Cl$，其中 1,2-pn 为 1,2-丙二胺、1,3-pn 为 1,3-丙二胺。

（5）聚合异构。实验式相同，但相对分子质量成倍数关系，如 $[Co(NO_2)_3(NH_3)_3]$ 和 $[Co(NH_3)_6][Co(NO_2)_6]$。

10.2.2　空间异构

空间异构（Geometric Isomerism）或称为几何异构，是指配体在中心离子周围空间的排列不同的异构现象。空间异构与配合物的构型有关，常见的空间异构包括顺式、反式异构和面式、经式异构两大类。

（1）顺式、反式异构。通式为 MA_2B_2 的平面正方形的配合物，有顺式和反式两种异构体。例如 $[PtCl_2(NH_3)_2]$，同种配体的配原子处于相邻位置的配合物称为顺式异构体，同种配体的配位原子处于对角线位置的配合物称为反式异构体，如图10-1 所示。

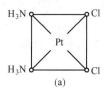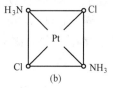

图 10-1　$[PtCl_2(NH_3)_2]$ 的顺式、反式异构体

（a）顺式-$[PtCl_2(NH_3)_2]$；（b）反式-$[PtCl_2(NH_3)_2]$

（2）面式、经式异构。通式为 MA_3B_3 的正八面体配离子 $[PtCl_3(NH_3)_3]^+$，存在面式和经式两种异构体，可以根据三个相同配体的配原子所构成的三角形平面进

行判断：如果所构成的两个三角形互不相交，称为面式异构体（图10-2（a））；如果所构成的两个三角形相交，称为经式异构体（图10-2（b））。

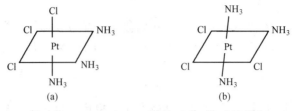

图 10-2　$[PtCl_3(NH_3)_3]^+$的面式、经式异构体

（a）面式-$[PtCl_3(NH_3)_3]^+$；（b）经式-$[PtCl_3(NH_3)_3]^+$

英文注解

10.2.3　旋光异构

八面体构型的配合物 $[Co(en)_2(NO_2)_2]^+$ 具有顺反几何异构体，其中的顺-$[Co(en)_2(NO_2)_2]^+$具有两种不同的配位个体，它们之间找不到几何对称关系，只有与它的镜像才能相互重叠，就好像是左、右手关系，我们将这种异构现象称为旋光异构（Optical Isomerism）或手性异构现象。旋光异构体分为左旋异构体和右旋异构体，左旋用符号（+）或 D 表示，右旋用符号（-）或 L 表示，如图10-3所示。

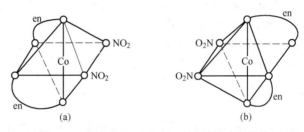

图 10-3　顺-$[Co(en)_2(NO_2)_2]^+$的旋光异构体

（a）（+）-顺-$[Co(en)_2(NO_2)_2]^+$；（b）（-）-顺-$[Co(en)_2(NO_2)_2]^+$

10.3　配离子的解离平衡

配合物是一类在水溶液中很稳定的化合物，利用配合物的生成可以溶解难溶性物质，如氯化银。同样，在配合物的水溶液中加入沉淀剂可能生成难溶物沉淀，说明配合物的水溶液中存在一定的化学平衡，与难溶电解质的沉淀-溶解平衡之间可以相互影响。

英文注解

10.3.1　配离子解离平衡的表示方法

配离子在水溶液中像弱电解质一样只能部分解离，存在着解离平衡。例如，$[Ag(NH_3)_2]^+$配离子溶液中存在如下的解离平衡：

$$[Ag(NH_3)_2]^+(aq) \rightleftharpoons Ag^+(aq) + 2NH_3(aq)$$

$$K_d^{\ominus} = \frac{\dfrac{c(Ag^+)}{c^{\ominus}} \times \left[\dfrac{c(NH_3)}{c^{\ominus}}\right]^2}{\dfrac{c([Ag(NH_3)_2]^+)}{c^{\ominus}}} \qquad (10\text{-}1)$$

$K_d^{\ominus}$ 是配离子的解离平衡常数，$K_d^{\ominus}$ 越大配离子越不稳定，所以 $K_d^{\ominus}$ 常称为不稳定常数。

配离子解离反应的逆反应就是配离子的生成反应：

$$Ag^+(aq) + 2NH_3(aq) \rightleftharpoons [Ag(NH_3)_2]^+(aq)$$

$$K_f^{\ominus} = \frac{\dfrac{c([Ag(NH_3)_2]^+)}{c^{\ominus}}}{\dfrac{c(Ag^+)}{c^{\ominus}} \times \left[\dfrac{c(NH_3)}{c^{\ominus}}\right]^2} = 1.1 \times 10^7 \qquad (10\text{-}2)$$

$K_f^{\ominus}$ 是配离子的生成反应平衡常数，$K_f^{\ominus}$ 常称为稳定常数。对同一类型的配离子来说，$K_f^{\ominus}$ 与 $K_d^{\ominus}$ 互为倒数关系。$K_f^{\ominus}$ 越大，配离子越稳定，反之则越不稳定。

配合平衡与酸碱平衡、沉淀-溶解平衡、氧化还原平衡共同构成了无机化学中水溶液体系的四个最重要的化学平衡，应用 $K_f^{\ominus}$ 可以判断配合反应进行程度、配合物稳定性，计算溶液中相关离子浓度等重要参数。$K_f^{\ominus}$ 可以实验测定，也可以通过相关热力学数据进行计算。

10.3.2　配离子解离平衡的移动

与所有平衡体系一样，改变配离子解离平衡时的条件，平衡将发生移动。

10.3.2.1　改变溶液的 pH 值对配位平衡的影响

当 NH_3 或弱酸根离子（如 F^-、OAc^-、$C_2O_4^{2-}$、CN^- 等）作配体时，因它们均能与 H^+ 结合成弱电解质，因此改变溶液的 pH 值，配合物的稳定性将会受到不同程度的影响。例如向深蓝色的 $[Cu(NH_3)_4]^{2+}$ 溶液中加入一定量的酸，溶液会由深蓝色转变为浅蓝色。这是由于加入的 H^+ 与 NH_3 结合，生成了 NH_4^+，促使 $[Cu(NH_3)_4]^{2+}$ 的解离：

$$[Cu(NH_3)_4]^{2+}(aq) + 4H^+(aq) \rightleftharpoons Cu^{2+}(aq) + 4NH_4^+(aq)$$

配合物的中心离子大多是过渡金属离子，在水溶液中大多能与 OH^- 作用，生成金属氢氧化物沉淀，导致中心离子浓度降低，促使配合物的解离：

$$[FeF_6]^{3-} + 3OH^- \rightleftharpoons Fe(OH)_3 + 6F^-$$

溶液的碱性越强，这种趋势越大。

因此，改变溶液的酸度对于配合物解离平衡的影响既要考虑配体的碱性，又要考虑中心离子的水解反应。一般来说，在不产生氢氧化物沉淀的前提下，提高溶液的 pH 值，可以提高配离子的稳定性。

10.3.2.2　配位平衡与沉淀平衡的相互影响

金属难溶盐的溶液中加入配合剂，由于金属离子与配体生成配合物而使金属难溶盐溶解度增加。

【例 10-1】 计算 AgBr(s) 在 2.0mol/L 氨水和 2.0mol/L Na$_2$S$_2$O$_3$ 溶液中的溶解度各为多少? (已知:$K_f^\ominus([Ag(NH_3)_2]^+) = 1.1\times10^7$, $K_f^\ominus([Ag(S_2O_3)_2]^{3-}) = 2.9\times10^{13}$, $K_{sp}^\ominus(AgBr) = 5.35\times10^{-13}$)

解:(1) 设在 1.0L 2.0mol/L 氨水中可溶解 x mol AgBr,则平衡时:

$$AgBr + 2NH_3 \longrightarrow [Ag(NH_3)_2]^+ + Br^-$$

平衡浓度 (mol/L):　　　　2.0−2x　　　　x　　　　x

$$K^\ominus = K_f^\ominus[Ag(NH_3)_2]^+ \times K_{sp}^\ominus(AgBr) = 1.1\times10^7\times5.35\times10^{-13} = 5.885\times10^{-6}$$

$$K^\ominus = \frac{x^2}{(2.0-2x)^2} = 5.885\times10^{-6}$$

解得:$x = 4.83\times10^{-3}$mol/L

AgBr 在 2.0mol/L 氨水中的溶解度为 4.83×10^{-3}mol/L。

(2) 设在 1.0L 2.0mol/L Na$_2$S$_2$O$_3$ 溶液中可溶解 $y$mol AgBr,则平衡时:

$$AgBr + 2S_2O_3^{2-} \longrightarrow [Ag(S_2O_3)_2]^{3-} + Br^-$$

平衡浓度 (mol/L):　　　　2.0−2y　　　　y　　　　y

$$K^\ominus = K_f^\ominus[Ag(S_2O_3)_2]^{3-} \times K_{sp}^\ominus(AgBr) = 2.9\times10^{13}\times5.35\times10^{-13} = 15.52$$

$$K^\ominus = \frac{y^2}{(2.0-2y)^2} = 15.52$$

解得:$y = 0.89$mol/L

AgBr 在 2.0mol/L 氨水中的溶解度为 0.89mol/L。

与 AgBr 在水中的溶解度 (7.31×10^{-7} mol/L) 相比,在 2.0mol/L 氨水和 Na$_2$S$_2$O$_3$ 溶液中由于配离子的生成,AgBr 的溶解度大大增加,在 Na$_2$S$_2$O$_3$ 溶液中已经成为可溶性物质。

【例 10-2】 计算 CuCl(s)+Cl$^-$(aq) → CuCl$_2^-$(aq) 反应的平衡常数 $K^\ominus$,试问用 0.10L、1.0mol/L HCl 溶液最多可以溶解 CuCl 固体多少摩尔? (已知 $K_{sp}^\ominus$(CuCl, s)= 1.72×10^{-7}, $K_f^\ominus([CuCl_2]^-) = 3.2\times10^5$)

解:(1) CuCl(s) +Cl$^-$(aq) $\longrightarrow$ CuCl$_2^-$(aq)

$K^\ominus = K_f^\ominus([CuCl_2]^-) \cdot K_{sp}^\ominus(CuCl, s)= 3.2\times10^5\times1.72\times10^{-7} = 5.50\times10^{-2}$

(2)　　　　　　CuCl(s) +Cl$^-$(aq) $\longrightarrow$ [CuCl$_2$]$^-$(aq)

初始浓度 (mol/L):　　　　　　1.0　　　　　　0

平衡浓度 (mol/L):　　　　　　1.0−x　　　　x

$$K^\ominus = \frac{x}{1.0-x} = 5.50\times10^{-2}$$

解得:$x = 5.21\times10^{-2}$mol/L

在 0.10L 的 1.0mol/L HCl 溶液中最多可溶解 CuCl 固体量为:

$$5.21\times10^{-2}\times0.10 = 5.21\times10^{-3}\text{mol}$$

在配位平衡体系中,加入能与中心离子形成难溶盐的沉淀剂时,随着金属难溶盐沉淀的产生,导致中心离子浓度的降低,从而引起配位平衡向着配离子解离的方向移动。当配离子的稳定性较差（$K_f^\ominus$ 较小），而难溶盐的溶解度较小（$K_{sp}^\ominus$ 较小）时，将利于配合物向着沉淀的方向转化。

【例 10-3】 已知：$[Cu(NH_3)_2]^+$ 的 $K_f^\ominus = 7.2 \times 10^{10}$，$K_{sp}(CuI) = 1.27 \times 10^{-12}$，1L 0.10mol $[Cu(NH_3)_2]^+$ 和 1.0mol $NH_3 \cdot H_2O$ 的混合溶液中，求：

（1）溶液中 Cu^+ 的浓度；

（2）若在溶液中加入 0.10mol KI 固体有无 CuI 沉淀生成？

解：（1）假设溶液中 Cu^+ 的浓度为 x mol/L

$$Cu^+ \quad + \quad 2NH_3 \quad \longrightarrow \quad [Cu(NH_3)_2]^+$$

平衡浓度（mol/L）：$x \qquad\qquad 1.0 \qquad\qquad\qquad 0.1$

$$K_f^\ominus = \frac{0.1}{x \times 1.0^2} = 7.2 \times 10^{10} \qquad x = 1.39 \times 10^{-12}$$

则 $c(Cu^+) = 1.39 \times 10^{-12}$ mol/L

（2）若在溶液中加入 0.10mol KI 固体，即 $c(I^-) = 0.10$ mol/L

则 $Q = c(Cu^+) \cdot c(I^-) = 1.39 \times 10^{-12} \times 0.10 = 1.39 \times 10^{-13} < K_{sp}^\ominus(CuI) = 1.27 \times 10^{-12}$

所以无 CuI 沉淀生成。

10.3.2.3 配位平衡与氧化还原平衡的相互影响

由于配合物的生成会大大降低溶液中金属离子的浓度，从而改变电对的电极电势，甚至有可能改变氧化还原反应的方向。

【例 10-4】 已知 $Zn^{2+} + 2e \rightarrow Zn$，$E^\ominus = -0.7618V$，$K_f^\ominus[Zn(NH_3)_4]^{2+} = 2.9 \times 10^9$，求 $[Zn(NH_3)_4]^{2+} + 2e \rightarrow Zn + 4NH_3$ 的 $E^\ominus = ?$

解：$$Zn^{2+} + 4NH_3 \rightarrow [Zn(NH_3)_4]^{2+}$$

$$K_f^\ominus([Zn(NH_3)_4]^{2+}) = \frac{c([Zn(NH_3)_4]^{2+})}{c(Zn^{2+}) \cdot c^4(NH_3)} = 2.9 \times 10^9$$

因为 $c([Zn(NH_3)_4]^{2+}) = c(NH_3) = 1.0$ mol/L

所以 $c(Zn^{2+}) = \dfrac{1}{K_f^\ominus([Zn(NH_3)_4]^{2+})} = 3.45 \times 10^{-10}$ mol/L

$$E^\ominus([Zn(NH_3)_4]^{2+}/Zn) = E(Zn^{2+}/Zn) = E^\ominus(Zn^{2+}/Zn) + \frac{0.0592}{2} \times \lg c(Zn^{2+})$$

$$= -0.7618 + \frac{0.0592}{2} \times \lg(3.45 \times 10^{-10}) = -1.0419V$$

由上述计算结果可知，氧化型生成配离子后，大大降低了氧化型自由离子的浓度，使得电对的电极电势大大降低，还原型物质的还原能力增强。例如，湿法冶金中，在 NaCN 存在的条件下，由于 Au^+ 生成了稳定的 $[Au(CN)_2]^-$，使得 $E(Au^+/Au)$ 由 $E^\ominus(1.692V)$ 下降到 $-0.59V$（$E^\ominus[Au(CN)_2]^-/Au$），低于 $E^\ominus(O_2/OH^-)$（0.401V），可以被 O_2 氧化。

10.3.2.4 不同配离子之间的转化反应

一种配离子溶液中，加入另外一种形成体或配位体，若能形成更稳定的配离子，则会使原配位平衡破坏，发生配离子间的转化。如：

$$[HgCl_4]^{2-}(aq) + 4I^-(aq) \longrightarrow [HgI_4]^{2-}(aq) + 4Cl^-(aq)$$

由于 $K_f^\ominus([HgI_4]^{2-}) \gg K_f^\ominus([HgCl_4]^{2-})$，即 $[HgI_4]^{2-}$ 更稳定，因此向含有 $[HgCl_4]^{2-}$ 的溶液中加入足够的 I^-，则 $[HgCl_4]^{2-}$ 可转化为 $[HgI_4]^{2-}$。

【例 10-5】 计算下列反应的平衡常数 $K^\ominus$：

(1) $[Ag(NH_3)_2]^+ + 2S_2O_3^{2-} \rightleftharpoons [Ag(S_2O_3)_2]^{3-} + 2NH_3$

(2) $[Co(SCN)_4]^{2-} + 6NH_3 \rightleftharpoons [Co(NH_3)_6]^{2+} + 4SCN^-$

解： (1) $[Ag(NH_3)_2]^+ + 2S_2O_3^{2-} \rightleftharpoons [Ag(S_2O_3)_2]^{3-} + 2NH_3$

$$
\begin{aligned}
K^\ominus &= \frac{c([Ag(S_2O_3)_2]^{3-}) \cdot c^2(NH_3)}{c([Ag(NH_3)_2]^+) \cdot c^2(S_2O_3^{2-})} \\
&= \frac{c([Ag(S_2O_3)_2]^{3-}) \cdot c^2(NH_3) \cdot c(Ag^+)}{c([Ag(NH_3)_2]^+) \cdot c(Ag^+) \cdot c^2(S_2O_3^{2-})} \\
&= \frac{K_f^\ominus([Ag(S_2O_3)_2]^{3-})}{K_f^\ominus([Ag(NH_3)_2]^+)} = 2.62 \times 10^6
\end{aligned}
$$

(2) $[Co(SCN)_4]^{2-} + 6NH_3 \rightleftharpoons [Co(NH_3)_6]^{2+} + 4SCN^-$

$$K^\ominus = \frac{K_f^\ominus([Co(NH_3)_6]^{2+})}{K_f^\ominus([Co(SCN)_4]^{2-})} = 1.3 \times 10^2$$

10.4 配离子的稳定性

配离子的稳定性是指在水溶液中配离子解离为金属离子和配体并达到平衡时解离程度的大小。配合物的稳定常数是配合物在水溶液中稳定性的量度，对于配位数相同的配离子，可直接根据其稳定常数值的大小判断稳定性。配离子的稳定性主要取决于中心离子、配体以及中心离子与配体的相互作用。

10.4.1 中心离子对配合物稳定性的影响

具有惰性气体电子结构的金属离子，如：碱金属离子（Li^+、Na^+、K^+、Rb^+、Cs^+），碱土金属离子（Be^{2+}、Mg^{2+}、Ca^{2+}、Sr^{2+}、Ba^{2+}）及 Al^{3+}、Sc^{3+}、Y^{3+}、La^{3+} 等，与配体间的作用主要是静电作用，金属离子电荷与半径的比值（z/r）越大，配合物越稳定。例如，碱土金属离子与二苯甲酰甲烷（$phC(O)CH_2C(O)ph$）形成的配合物的 $lgK_f^\ominus$ 值（30℃，75%二氧六环）如下：

M^{2+}	$lgK_f^\ominus$
Be^{2+}	13.62
Mg^{2+}	8.54
Ca^{2+}	7.17
Sr^{2+}	6.40
Ba^{2+}	6.10

研究发现，元素周期表中第四周期过渡金属离子与含有 O、N 配位原子的配体形成的配合物，其稳定性顺序如下（Irving-Williams 顺序）：

$$Mn^{2+} < Fe^{2+} < Co^{2+} < Ni^{2+} < Cu^{2+} > Zn^{2+}$$

稳定常数随中心原子的 d 电子数逐渐增加，到铜达到最大值。

10.4.2 配体性质对配合物稳定性的影响

配位原子相同、结构类似的配体与同种金属离子形成配合物时，配体碱性越强，配合物越稳定。

当多齿配体与金属离子形成螯合环时，配合物稳定性与组成和结构相似的非螯合配合物相比大大提高，称为螯合效应。例如：$[Ni(NH_3)_6]^{2+}$，$lgK_f^{\ominus} = 8.74$；$[Ni(en)_3]^{2+}$，$lgK_f^{\ominus} = 18.32$；稳定常数增加近 10^{10} 倍。

在螯合物结构中，以五元及六元环稳定性较好，且螯合环数目越多，螯合物越稳定。例如：

$lgK_f^{\ominus} = 10.72$　　　　　　$lgK_f^{\ominus} = 15.9$　　　　　　$lgK_f^{\ominus} = 20.5$

10.4.3 中心离子与配体的相互作用对配离子稳定性的影响

根据 Lewis 酸碱理论，中心离子属于 Lewis 酸，配体属于 Lewis 碱，配合物属于 Lewis 酸碱加合物。按照硬软酸碱规则"硬亲硬，软亲软，软硬交界都不管"，可以解释一些配离子的稳定性。例如，Ag^+ 属于软酸，I^- 为软碱，F^- 为硬碱，根据硬软酸碱规则可以推测，$[AgI_2]^-$ 较稳定，而 $[AgF_2]^-$ 不能稳定存在。

10.5　配合物的化学键理论

配合物特殊的稳定性和结构表明，中心离子和配体存在着某种特殊的化学作用。为什么中心离子只能同一定数目的配位体结合，并具有一定的空间结构？为什么有的配离子稳定，有的配离子不稳定？它们的颜色和磁性如何？这些内容是本节要说明的问题。

10.5.1 配合物的价键理论

对配合物化学键的阐述主要有价键理论、晶体场理论和分子轨道理论等，本节主要介绍价键理论和晶体场理论。

10.5.1.1 价键理论的主要内容

配合物是一类特殊的分子。配合物的分子属性表明，分子中描述原子之间相互

英文注解

作用的化学键理论，如价键理论，同样适用于配合物。配合物的特殊性则表现为在配合物中，配体（确切的说是配位原子）与中心离子之间的化学键是配位键，即由配体提供一对（或多对）电子、中心离子提供空轨道而形成的共价键。配合物价键理论的主要假设有两点：

（1）中心离子（或原子）必须具有空的价电子轨道，以接受配体的孤电子对，形成 σ 配键。

（2）为了增强成键能力，中心离子（或原子）在成键过程中其能量相近的空的价电子轨道进行杂化，组成具有一定空间构型的杂化轨道。以杂化轨道来接受配位体的孤电子对形成配合物。杂化轨道的类型决定了配离子的空间构型。表 10-1 列出了杂化轨道类型与配位单元空间结构的关系。

表 10-1   杂化轨道类型与配位单元空间结构的关系

配位数	轨道杂化类型	空间构型	结构示意图	实　例
2	sp	直线形	B——A——B	$[Ag(NH_3)_2]^+$、$[Cu(NH_3)_2]^+$、$[Cu(CN)_2]^-$
3	sp^2	平面三角形	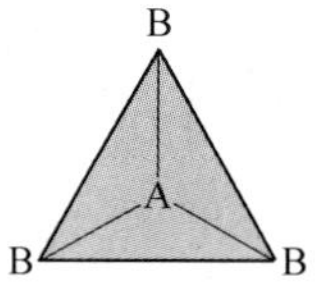	$[CO_3]^{2-}$、$[NO_3]^-$、$[Pd(pph)_3]$、$[CuCl_3]^{2-}$、$[HgI_3]^-$
4	sp^3	四面体	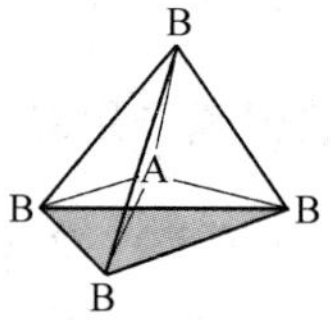	$[ZnCl_4]^{2-}$、$[FeCl_4]^-$、$[CrO_4]^{2-}$、$[BF_4]^-$、$Ni(CO)_4$、$[Zn(CN)_4]^{2-}$
4	dsp^2（sp^2d）	平面正方形	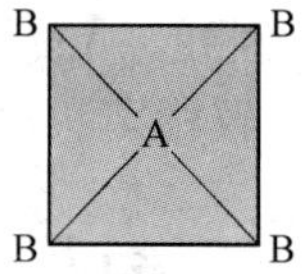	$[Pt(NH_3)_2Cl_2]$、$[Cu(NH_3)_4]^{2+}$、$[PtCl_4]^{2-}$、$[Ni(CN)_4]^{2-}$、$[PdCl_4]^{2-}$（为 sp^2d 型）
5	dsp^3（d^3sp）	三角双锥体	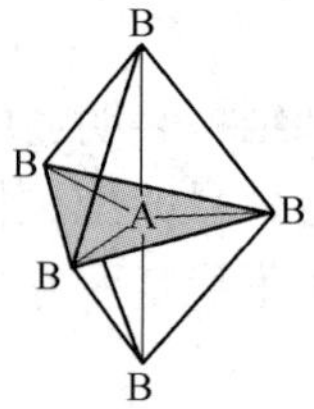	$Fe(CO)_5$、PF_5、$[CuCl_5]^{2-}$、$[Cu(bipy)_2I]^+$
5	d^2sp^2（d^4s）	正方锥形	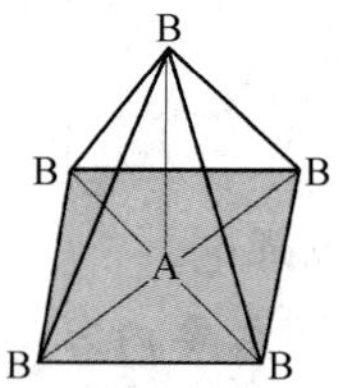	$VO(acac)_2$、$[TiF_5]^{2-}$（d^4s）、$[SbF_5]^{2-}$、$[InCl_5]^{2-}$

配位数	轨道杂化类型	空间构型	结构示意图	实　例
6	d^2sp^3 (sp^3d^2)	正八面体		$[Fe(CN)_6]^{4-}$、$W(CO)_6$、$[PtCl_6]^{2-}$、$[Co(NH_3)_6]^{3+}$、$[CeCl_6]^{2-}$、$[Ti(H_2O)_6]^{3+}$

例如，Fe^{3+} 与 F^- 和 CN^- 形成的配离子 $[FeF_6]^{3-}$ 和 $[Fe(CN)_6]^{3-}$ 的杂化类型如图 10-4 所示。

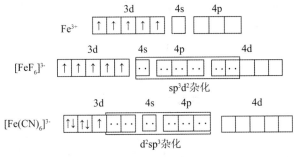

图 10-4　$[FeF_6]^{3-}$ 和 $[Fe(CN)_6]^{3-}$ 的杂化轨道示意图

10.5.1.2　高自旋和低自旋配合物

某些配合物常因具有未成对电子而显顺磁性，且未成对电子数目越多，顺磁磁矩越大。根据磁学理论，物质磁性大小以磁矩 μ（Magnetic Moment）表示。μ 与未成对电子数（n）之间的近似关系是：

$$\mu = \sqrt{n(n+2)}\,\mu_B$$

式中，μ_B 为玻尔磁子，是磁矩单位，可用上式来估算 n 值。

中心原子和配体形成配合物有两种情况：当中心原子的电子结构不受配体的影响时，电子排列服从洪特规则，即以自旋最大的状态稳定排列，这种形成配合物以后仍有较多单电子的配合物称为高自旋配合物；此时，中心离子（原子）的 d 电子没有发生重排，配体提供的电子对占据最外层的 ns，np，nd 轨道，因此，这种中心离子（原子）采用外层的 ns，np，nd 轨道杂化形成的配合物又称为外轨型配合物。卤素、氧等配位原子电负性较高，不易给出孤对电子，它们倾向于占据中心体的最外层轨道，而对其内层 d 电子排布几乎没有影响，故内层 d 电子尽可能分占每个 $(n-1)d$ 轨道且自旋平行，因而未成对的电子数较多，常形成外轨型配合物，如 $[FeF_6]^{3-}$ 就是外轨型配合物。

另一类配合物是中心离子（原子）的 d 电子发生了重排，使得 d 电子成对并集中到较少的轨道中去，让出空轨道来接受配体的电子对，未成对的电子数目很少，磁性很低，有些甚至为反磁性物质，把这种没有或很少成单电子的配合物称为低自旋配合物。由于配体的电子对进入了中心原子的内层 d 轨道，致使中心离子（原子）使用内层 $(n-1)d$ 轨道参加杂化，所形成的配合物又称为内轨型配合物。如前所述的 $[Fe(CN)_6]^{3-}$ 即为内轨型配合物。配位原子 $C(CN^-)$、$N(NO_2^-)$ 等电负性较低而容易给出孤对电子，它们在靠近中心离子（原子）时对其内层 $(n-1)d$ 电子影响较大，使 $(n-1)d$ 电子发生重排，电子挤入少数 $(n-1)d$ 轨道，而空出部分 $(n-1)d$ 轨道参与杂化，形成内轨型配合物。由于电子配对时需克服电子成对能，所以形成内轨型配合物的条件是中心离子（原子）与配体之间成键放出的总能量在克服电子成对能后仍比形成外轨型配合物的总能量大时方能形成内轨型配合物。

例如，如图 10-5 所示，Ni^{2+} 在 $[NiCl_4]^{2-}$ 中以 sp^3 杂化形成四面体配合物，有 2 个未成对的电子，呈顺磁性，为外轨型高自旋配合物；而在 $[Ni(CN)_4]^{2-}$ 中以 dsp^2 杂化形成平面正方形配合物，没有成单电子，呈抗磁性，为内轨型低自旋配合物。由于 $(n-1)d$ 轨道的能量比 nd 轨道低，因此，对同一个形成体而言，一般所形成的内轨型配合物比外轨型稳定。

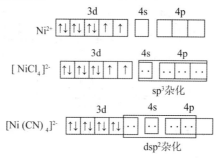

图 10-5　$[NiCl_4]^{2-}$ 和 $[Ni(CN)_4]^{2-}$ 杂化轨道示意图

10.5.1.3　价键理论的局限

价键理论能说明配离子的空间结构、中心离子的配位数以及一些配合物的稳定性。但由于它没有考虑到配体对中心离子的作用，因而在解释配合物的某些性质时遇到了困难，表现出一定的局限性。

（1）价键理论在目前的阶段还是一个定性的理论，不能定量或半定量地说明配合物的性质。如元素周期表中第四周期过渡金属八面体型配离子的稳定性，当配位体相同时常与金属离子所含 d 电子数有关，其稳定性次序大约为：$d^0 < d^1 < d^2 < d^3 > d^4 > d^5 < d^6 < d^7 < d^8 < d^9 > d^{10}$，价键理论不能说明这一次序。

（2）不能解释配合物的紫外光谱和可见吸收光谱，不能说明每个配合物为何都具有自己的特征光谱，也无法解释过渡金属配离子为何有不同的颜色。

（3）很难满意地解释夹心型配合物，如二茂铁、二苯铬等的结构。

10.5.2　晶体场理论

早在 1929 年培特（H. Bethe）和范弗里克（J. H. van Vlack）就提出了晶体场理论，但由于人们当时未了解其重要意义而被忽视，直到 20 世纪 50 年代才开始将晶体场理论应用于配合物的研究，后来又进一步发展成为比较完整的配位场理论。

10.5.2.1　晶体场理论的基本要点

（1）在配合物中，金属离子与配位体之间的作用类似于离子晶体中正负离子间的静电作用，这种作用是纯粹的静电排斥和吸引，不形成共价键。

（2）金属离子在周围配位体的电场作用下，原来能量相同的五个简并 d 轨道发生了分裂，分裂成能级不同的几组轨道。不同的配体排列方式，d 轨道的分裂方式不同。

（3）由于 d 轨道的分裂，d 轨道上的电子将重新排布，优先占据能量较低的轨道，使体系的总能量有所降低。

10.5.2.2 d 轨道能级的分裂

英文注解

现在主要以八面体构型的配合物为例来说明 d 轨道能级分裂的情况。5 条 d 轨道在空间的分布如图 10-6 所示。d_{xy}、d_{yz} 和 d_{xz} 分别分布在 x、y 和 z 轴夹角的平分线上，$d_{x^2-y^2}$ 轨道沿 x 和 y 轴分布，d_{z^2} 沿 z 轴分布。这五个轨道虽然空间分布不同，但能量相同。

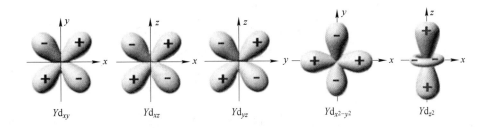

图 10-6　d 轨道的角度分布图

如果中心离子处于由配体产生的球形对称的负静电场中，d 轨道的能量虽然有所增高，但由于所受到的静电排斥的程度相同，因而轨道不会发生能级分裂。如果配体产生的负静电场不是球形对称的，由于 d 轨道空间分布的不同，原来能量相等的 5 条 d 轨道会发生能级分裂，形成两组能级。现以配离子 $[Ti(H_2O)_6]^{3+}$ 为例来说明配体形成的静电场对 Ti^{3+} d 轨道能级的影响。

在气态 Ti^{3+} 中，有 1 个成单电子占据着 5 重简并的 d 轨道，此时电子排布在任何一个轨道体系的能量是相同的。但当有 6 个 H_2O 分子（配体）分别沿 $\pm x$，$\pm y$ 和 $\pm z$ 的方向向中心离子接近时（图 10-7），d_{z^2} 和 $d_{x^2-y^2}$ 轨道就与配体处于迎头相碰的状态，如果轨道中有电子，则会因受到配体负电荷的强烈排斥作用而使能量升高。正好插入到配位体的空隙中间的 d_{xy}、d_{yz} 和 d_{xz} 轨道上的电子受到的静电排斥作用相对地较小而使能量降低。

在配体形成的八面体场作用下，能量相等的 5 个简并 d 轨道分裂为两组，如图 10-8 所示。一组是能量较高的 d_{z^2} 和 $d_{x^2-y^2}$ 称为 d_γ 或 e_g 轨道；另一组是能量较低的 d_{xy}、d_{xz}、d_{yz} 轨道，称为 d_ε 或 t_{2g} 轨道（d_γ 和 d_ε 是晶体场理论所用的符号，e_g 和 t_{2g} 是分子轨道理论用的符号）。此时，电子分布在不同的轨道能量不同。为降低系统总能量，电子则尽量排布在能量较低的轨道。在 $[Ti(H_2O)_6]^{3+}$ 配离子中，Ti^{3+} 的一个成单的 3d 电子将进入能量最低的一个 d_ε 轨道中。

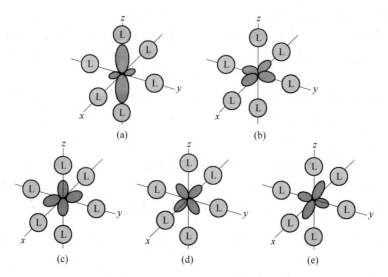

图 10-7　八面体配合物中的 d 轨道与配体 L 的相互作用

（a）d_{z^2}；（b）$d_{x^2-y^2}$；（c）d_{xy}；（d）d_{yz}；（e）d_{xz}

图 10-8　中心离子的 d 轨道在正八面体场中的分裂情况

英文注解

10.5.2.3　分裂能（Δ）

A　分裂能的定义

d 轨道在不同构型的配合物中，分裂的方式和大小都不相同。分裂后最高能量 d 轨道和最低能量 d 轨道的能量之差叫做分裂能，可用 Δ 表示。此能量的大小可由配合物的光谱来测定，在不同构型的配合物中 Δ 值是不同的。即使相同构型的配合物，也因配位体和中心离子的不同而有不同的 Δ 值。

英文注解

B　分裂能的大小

根据晶体场理论可以计算分裂后 d_γ 和 d_ε 轨道的相对能量。设自由状态时中心离子 d 轨道的平均能量为 E_0，在球形场时 d 轨道的能量升高至 E（平均能量），令 $E=0$ 作为计算相对能量的比较标准。在正八面体中，通常规定它的 d 轨道分裂成 d_γ 和 d_ε 轨道的能量差 $\Delta=10Dq$。又因 d 轨道在分裂前后的总能量应保持不变，所以 d_γ 和 d_ε 的能量总和应为 0Dq。d_γ 的两个轨道中可容纳 4 个电子，d_ε 的三个轨道中可容纳 6 个电子，所以可得下列方程组：

$$\begin{cases} Ed_\gamma - Ed_\varepsilon = 10Dq \\ 4Ed_\gamma + 6Ed_\varepsilon = 0Dq \end{cases}$$

解联立方程，得：$Ed_\gamma = +6Dq$，$Ed_\varepsilon = -4Dq$。图 10-9 为 d 轨道在不同配位场中分裂

的情况和相应的分裂能的大小。

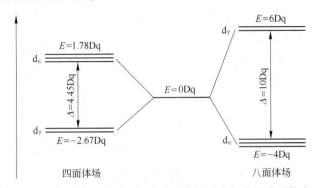

图 10-9　d 轨道在不同配位场中分裂的情况和相应的分裂能大小

英文注解

C　分裂能的影响因素

分裂能 Δ 值的大小，既与中心离子有关，也与配位体有关。总结大量光谱实验数据和理论研究的结果，可得下列经验规律。

（1）对同一金属离子，Δ 值随配位体不同而变化，大致按下列顺序增加：

$I^- < Br^- < S^{2-} < SCN^- < Cl^- < NO_3^- < F^- < OH^- < C_2O_4^{2-} < H_2O < NCS^- < NH_3 < 乙二胺 < 联吡啶 < NO_2^- < CN^-$

如果以配位原子进行分类，Δ 值大致按下列顺序递增：

卤素 < 氧 < 氮 < 碳

（2）对相同配位体，同一金属元素高氧化数离子比低氧化数离子的 Δ 值要大。

（3）当配位体相同时，同族同氧化数的第二过渡系金属离子比第一过渡系金属离子的 Δ 值增大 40%～50%，第三过渡系比第二过渡系又增大 20%～25%。例如，Co^{3+}、Rh^{3+}、Ir^{3+} 的乙二胺配合物 $[M(NH_2CH_2CH_2NH_2)_2]^{3+}$ 的 Δ 值分别为 $4.63 \times 10^{-19}J$、$6.83 \times 10^{-19}J$ 和 $8.18 \times 10^{-19}J$。

10.5.2.4　晶体场稳定化能（CFSE）

A　稳定化能的定义

由于晶体场的作用，d 轨道发生分裂，有的轨道能量升高，有的轨道能量降低。d 电子进入分裂轨道后的总能量往往低于未分裂时的总能量，这个总能量的降低值称为晶体场稳定化能（CFSE）。

B　稳定化能的计算

（1）当 d 轨道为全空或全满时，d 轨道分裂前后总能量保持不变。

英文注解

（2）在大多数情况下，d 轨道不是处在全满或全空状态，所以分裂后 d 轨道的总能量往往比分裂前低。例如，Fe^{2+} 在分裂前后 d 电子的排布情况见表 10-2。

表 10-2　Fe^{2+} 在分裂前后 d 电子的排布情况

离子	未分裂前	在八面体场中分裂			
		弱场		强场	
		d_ε	d_γ	d_ε	d_γ
Fe^{2+}（d^6）	↑↓ ↑ ↑ ↑ ↑	↑↓ ↑ ↑	↑ ↑	↑↓ ↑↓ ↑↓	——

Fe^{2+} 在八面体弱场中的晶体场稳定化能为：

$$E = 4E_{d\epsilon} + 2E_{d\gamma} = 4 \times (-4) + 2 \times 6 = -4Dq$$

Fe^{2+} 在八面体强场中的稳定化能为：

$$E = 6 \times (-4) + 2P = -24Dq + 2P(P \text{为电子成对能})$$

C　晶体场稳定化能的影响因素

晶体场稳定化能与中心离子的 d 电子数目有关，也与晶体场的强弱有关，此外还与配合物的空间构型有关。在相同条件下，晶体场稳定化能越大，配合物越稳定。表 10-3 列出了含有 d^n 电子的离子在不同的情况下的晶体场稳定化能。

表 10-3　离子的晶体场稳定化能　　　　　　　　　　（Dq）

d^n	弱　　场			强　　场		
	正八面体	正四面体	正方形	正八面体	正四面体	正方形
d^0	0	0	0	0	0	0
d^1	−4	−2.67	−5.14	−4	−2.67	−5.14
d^2	−8	−5.34	−10.28	−8	−5.34	−10.28
d^3	−12	−3.56	−14.56	−12	−8.01	−14.56
d^4	−6	−1.78	−12.28	−16	−10.68	−19.70
d^5	0	0	0	−20	−8.90	−24.84
d^6	−4	−2.67	−5.14	−24	−6.12	−29.12
d^7	−8	−5.34	−10.28	−18	−5.34	−26.84
d^8	−12	−3.56	−14.56	−12	−3.56	−24.56
d^9	−6	−1.78	−12.28	−6	−1.78	−12.28
d^{10}	0	0	0	0	0	0

注：表中的晶体场稳定化能均未扣除电子的成对能（P），而且是以八面体的分裂能（Δ_0）为基准比较所得的相对值。

由表 10-3 可知：

（1）在弱场中，d^0、d^5、d^{10} 构型离子的晶体场稳定化能均为零，而在强场中 d^0 和 d^{10} 的稳定化能为 0。

（2）无论在弱场或强场中，稳定化能的顺序为：正方形场>八面体场>四面体场。

（3）在弱场中，正方形场与八面体场稳定化能的差值以 d^4、d^9 型离子为最大；在强场中，以 d^8 型离子的差值为最大。

（4）在弱场中，d^1 与 d^6、d^2 与 d^7、d^3 与 d^8、d^4 与 d^9 等相差 5 个 d 电子的稳定化能分别相等。

10.5.2.5　晶体场理论的应用

晶体场理论对过渡元素配合物的许多性质都能给予较好的说明，以下仅就配合物的磁性、水合热、颜色等几方面加以讨论。

A　配合物的磁性

电子成对能（P）是指当一个轨道中已有一个电子时，另一个电子要继续填入

英文注解

其中与之成对，就必须克服它们之间的相互排斥作用，所需要的能量叫做成对能。显然，成对能越大，电子就越不易成对。

对金属离子 Fe^{3+} 而言，在未分裂前 5 个电子分别占据 5 条 d 轨道，且自旋平行。但当它处在八面体配位场中时，5 条 d 轨道就分裂成 d_ε 和 d_γ 两组，这时 Fe^{3+} 的 5 个 d 电子就有两种填充方式，如图 10-10 所示。究竟采取哪种方式，主要取决于分裂能 (Δ)、成对能 (P) 两者的相对大小。

图 10-10　Fe^{3+} 的 d 电子在分裂后 d 轨道的填充

（1）在弱的配位场中，Δ 值比较小，而电子成对需要较高的能量，即 $P>\Delta$，结果是 d 电子尽可能占有较多的自旋平行轨道，形成高自旋配合物，显很强的磁性，如 $[FeF_6]^{3-}$，此时配体为弱场配体。

（2）在强的配位场中，Δ 值相当大，即 $\Delta>P$，结果是 d 电子尽可能占据能量较低的轨道，形成低自旋配合物，显很弱的磁性，如 $[Fe(CN)_6]^{3-}$，此时配体为强场配体。

一般而言，$P>\Delta$，配合物为高自旋；$P<\Delta$，配合物为低自旋。所有 F^- 的配合物的 $\Delta<P$，所以 F^- 的配合物都是高自旋的。除 $[Co(H_2O)_6]^{3+}$ 及 $4d^6$、$5d^6$ 外，多数金属水合配合离子皆为 $\Delta<P$，是高自旋的。所有 CN^- 的配合物的 $\Delta>P$，因此 CN^- 的配合物都是低自旋的。

【例 10-6】　根据晶体场理论和下面所列数据，写出中心离子的 d 电子排布式，计算配合物的磁矩及晶体场稳定化能。

配离子	成对能 P/cm^{-1}	分裂能 Δ/cm^{-1}
$[Co(NH_3)_6]^{3+}$	22000	23000

解：对于 $[Co(NH_3)_6]^{3+}$ 来说，Co^{3+} 八面体强场中为 d^6 电子组态。由晶体场理论，$[Co(NH_3)_6]^{3+}$ 的 $\Delta > P$，故中心 d 轨道电子采取低自旋排布，即：

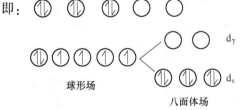

$$CFSE = -0.4\Delta \times 6 + 2P$$
$$= -2.4\Delta + 2P$$
$$= -2.4 \times 23000 + 2 \times 22000$$
$$= -11200 cm^{-1}$$

单电子数 $n=0$，所以磁矩 $\mu = \sqrt{n(n+2)}\,\mu_B = 0\mathrm{B.M.}$

B 第一过渡系 M^{2+} 的水合热

图 10-11 中实线为第一过渡系元素 M^{2+} 的六水合离子（$[M(H_2O)_6]^{2+}$）的水合热。如果不考虑晶体场的影响，从 Ca^{2+} 到 Zn^{2+}，离子的有效核电荷随 d 电子数的增多而逐渐增大，水合离子中的 M^{2+} 和 H_2O 间吸引也应逐渐增强，因而其水合热应该像图 10-11 中虚线那样逐渐增加，实际变化却如实线部分为一种"双峰曲线"。

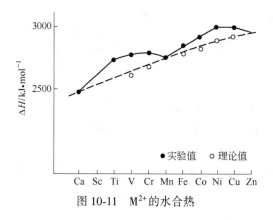

图 10-11 M^{2+} 的水合热

这些 $[M(H_2O)_6]^{2+}$ 在水分子形成的弱场中的电子排布情况以及稳定化能数据见表 10-4。

表 10-4   水合离子的电子排布以及稳定化能

配离子	d^n	弱场（H_2O）		弱场稳定化能
		d_ε	d_γ	正八面体
$[Ca(H_2O)_6]^{2+}$	d^0			0
$[Sc(H_2O)_6]^{2+}$	d^1	↑		−4
$[Ti(H_2O)_6]^{2+}$	d^2	↑ ↑		−8
$[V(H_2O)_6]^{2+}$	d^3	↑ ↑ ↑		−12
$[Cr(H_2O)_6]^{2+}$	d^4	↑ ↑ ↑	↑	−6
$[Mn(H_2O)_6]^{2+}$	d^5	↑ ↑ ↑	↑ ↑	0
$[Fe(H_2O)_6]^{2+}$	d^6	↑↓↑↑	↑ ↑	−4
$[Co(H_2O)_6]^{2+}$	d^7	↑↓↑↓↑	↑ ↑	−8
$[Ni(H_2O)_6]^{2+}$	d^8	↑↓↑↓↑↓	↑ ↑	−12
$[Cu(H_2O)_6]^{2+}$	d^9	↑↓↑↓↑↓	↑↓ ↑	−6
$[Zn(H_2O)_6]^{2+}$	d^{10}	↑↓↑↓↑↓	↑↓↑↓	0

由表 10-4 中的数据可知，$[V(H_2O)_6]^{2+}$ 和 $[Ni(H_2O)_6]^{2+}$ 的稳定化能最大，所以对应图 10-11 水合能处于两个峰的峰顶；$[Ca(H_2O)_6]^{2+}$、$[Mn(H_2O)_6]^{2+}$ 和 $[Zn(H_2O)_6]^{2+}$ 稳定化能为 0，所以水合能处于两个峰的峰底。图 10-11 中其他元素

的水合热值与表 10-4 中的数值也有较好的一致性，说明是由于 CFSE 导致了水合热值的"双峰"波动。

C 配合物的颜色

过渡元素的配合物大多是有颜色的。这是因为在晶体场的影响下，过渡金属离子的 d 轨道发生分裂。由于这些金属离子的 d 轨道没有充满，在吸收了一部分光能后，就可产生从低能量的 d 轨道向高能量 d 轨道的电子跃迁，这种跃迁称为 d-d 跃迁。其能量差一般在 $1.99 \times 10^{-19} \sim 5.96 \times 10^{-19}$ J 范围，相当于可见光的波长。

分裂能 Δ 值越大，表示电子跃迁所需要的能量越大，则配离子吸收光的波长越短，配离子颜色就越浅；反之，Δ 值越小，吸收光的波长越长，配离子颜色就越深。图 10-12 给出了一些配离子的颜色和吸收光谱。

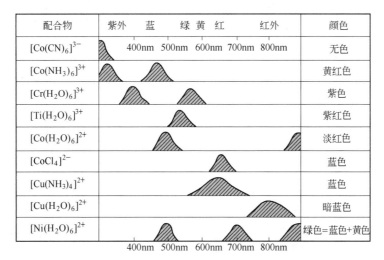

图 10-12 一些配离子的颜色和吸收光谱

10.5.2.6 晶体场理论的不足

晶体场理论定量地阐述了配合物的电子排布、配合物的稳定性等性质，比较满意地解释了配合物的吸收光谱、磁性等实验事实。但它将金属离子与配位体之间的相互作用完全作为静电问题来处理，而不考虑中心离子与配位体之间的共价作用，因而在解释光谱化学序和羟基配合物的稳定性等方面，显得无能为力。后续发展起来的配位场理论考虑了配位体与金属离子间的共价作用，采用了分子轨道理论的方法，弥补了晶体场理论的不足，较好地解释了配合物的许多性质。

10.6 非经典配合物简介

10.6.1 冠醚配合物

自从 1967 年佩德森（Pedersen）首先合成了一系列冠醚化合物以来，各国化学家对于冠醚的合成、性质和应用做了许多工作。这类配位体广泛地应用于碱金属、碱土金属和镧系元素金属的配位化学基础研究。

10.6.1.1　冠醚的种类

目前已合成的冠醚有几百种，下面是最常见的几种冠醚和穴醚。

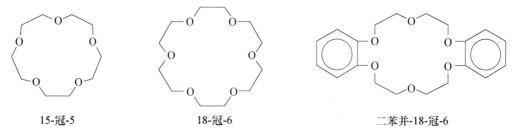

15-冠-5　　　　　　　　18-冠-6　　　　　　　　二苯并-18-冠-6

除了含有氧原子的冠醚外，还有含 S、N、P、Se 等杂原子的，如图 10-13（a）所示。除了不含或只含芳环的以外，还有含其他杂环的冠醚，如图 10-13（b）所示。除了只含醚键的以外，还有含酯基、酰胺基等多种官能团的冠醚，如图 10-13（c）所示。

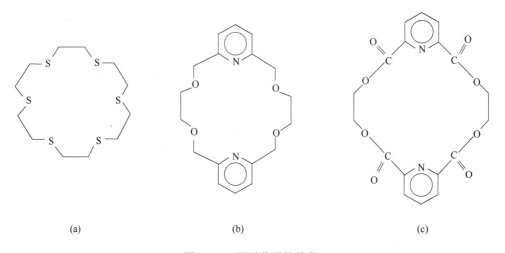

(a)　　　　　　　　　　(b)　　　　　　　　　　(c)

图 10-13　冠醚分子的种类

冠醚具有疏水的外部骨架，又具有亲水的可以和金属离子成键的内腔。冠醚化合物具有确定的大环结构，可以和许多金属离子形成较稳定的配合物。

10.6.1.2　影响冠醚配合物稳定性的因素

（1）配体的构型。一般来讲，配体中环的数目越多，形成的配合物越稳定。例如：Ba^{2+} 与穴醚 [2,2,2] 的配合物稳定常数要比单环冠醚高 10^5 倍，甚至比 Ba^{2+} 与 EDTA 形成的配合物更稳定。穴醚 [2,2,2] 可使 $BaSO_4$ 溶于水中（约 50g/L），其溶解度增加 10^4 倍以上。

（2）金属离子和大环配体腔径的相对大小。金属离子与大环配体腔径相比太大或太小都不能形成稳定的配合物，只有二者相近时，才能形成稳定配合物。例如：

二环己基-18-冠-6　　　　K^+　　　　　　Cs^+　　　　　　Na^+

大小：　　0.26～0.32nm　　　0.266nm　　　0.334nm　　　0.190nm

稳定性：　　　　　　　　　$K^+ > Cs^+ > Na^+$

（3）配位原子的种类。冠醚中的配位原子为 O、S、N。根据硬软酸碱规则，氧原子对碱金属、碱土金属、稀土离子等硬酸亲和力较强，而 S 对 Ag^+ 等软酸亲和力较强。

10.6.2 簇状配合物

10.6.2.1 簇状配合物的定义

簇状配合物是指含有金属—金属键（M—M）的多面体分子，它们的电子结构是以离域的多中心键为特征的。这类配合物不是经典的配合物，也不是一般的多核配合物。例如：

$$[CO(NH_3)_6]Cl_3$$

经典配合物

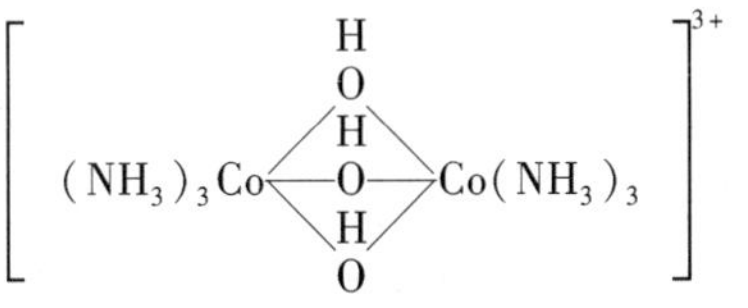

$$\left[(NH_3)_3Co \underset{\displaystyle \overset{\displaystyle H}{O}}{\overset{\displaystyle \overset{\displaystyle H}{O}}{\diamond}} Co(NH_3)_3\right]^{3+}$$

多核配合物

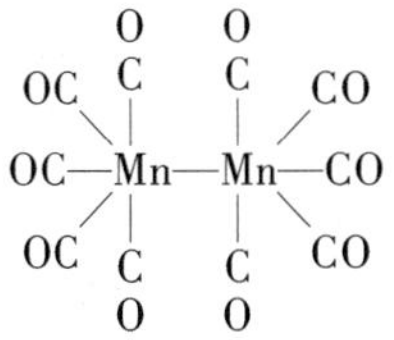

原子簇配合物

10.6.2.2 M—M 键的形成条件

能形成 M—M 键化合物的金属元素可分为两类：一类是某些主族金属元素，它们生成无配体结合的"裸露"金属原子簇离子，如 Ge_9^{2-}、Sn_9^{4-}、Pb_9^{4-} 等，它们不属于配合物。另一类是某些金属元素在形成 M—M 键的同时，还与卤素、CO、RNC、膦等发生配位，即为簇状配合物。

（1）金属对 M—M 键形成的影响。高熔点、高沸点金属趋向于生成 M—M 键（第二、第三过渡系）；金属氧化态越低，越易形成 M—M 键。这是由于高氧化态的价轨道收缩，电子密度减小，不利于形成 M—M 键。

（2）配体对 M—M 键形成的影响。经典饱和配体（X^-、O、S）与元素周期表左下过渡金属易形成簇合物，如 Nb、Ta、Mo、W 等。

π 电子接受配体（CO、CN^-、PR_3）与很多过渡金属可以生成簇合物。CO 最为重要，除 Hf 外，其他过渡金属元素羰基簇合物均有报道。

（3）轨道对称性的影响。金属价轨道的对称性对 M—M 键的形成也有影响。例如 $[Re_2Cl_8]^{2-}$ 中，尽管 Re 价态较高（+3），仍存在极强的 $Re \equiv Re$ 四重键，这是由于它的电子构型对形成四重键最为适宜。

10.6.2.3 M—M 键形成的判据

M—M 多重键的概念由美国学者 F. A. Cotton 首先提出，研究最充分的是：$[Re_2Cl_8]^{2-}$ 和 $[Mo_2Cl_8]^{4-}$。它们的结构特点：M—M 键极短，Re—Re 为 0.224nm，Mo—Mo 为 0.214nm（相应金属晶体中 Re—Re 为 0.2741nm 和 Mo—Mo 为 0.2725nm）。同时，由于 M—M 键形成时电子会自旋配对，因此簇状配合物与同种孤立状态的离子相比磁矩较低。

10.6.2.4 簇状配合物的结构特点

与经典配合物相比，簇状配合物有如下结构特点：

（1）簇状配合物的结构是以成簇的原子所构成的金属骨架为特征的，骨架中的金属原子以一种多角形或多面体排列。例如：

三角形　　　四面体　　　三角双锥　　　四方锥

（2）簇的结构中心多数是"空"的，无中心金属原子存在，只有少数例外。例如 $Au_{11}I_3[P(p\text{-}ClC_6H_4)_3]_7$ 结构中，11 个 Au 中，有一个在中心。

（3）簇的金属骨架结构中的边并不代表经典价键理论中的双中心电子对键，骨架中的成键作用以离域的多中心键为主要特征。

（4）占据骨架结构顶点的可以是同种或异种过渡金属原子，也可以是主族金属原子，甚至可以是非金属原子 C、B、P 等。

（5）簇状配合物的结构绝大多数是三角形或以三角形为基本结构单元的三角形多面体。

10.6.2.5　双核原子簇配合物

双核原子簇配合物研究得较多，尤以卤合物及羰合物较为普遍，如 $[Re_2Cl_8]^{2-}$。

$$\begin{array}{c}
Cl \quad\quad Cl \\
\backslash \;\; / \\
Re \\
/ \;\;\; \backslash \\
Cl \quad\quad Cl \\
| \\
Cl \quad\quad Cl \\
\backslash \;\; / \\
Re \\
/ \;\;\; \backslash \\
Cl \quad\quad Cl
\end{array}$$

$[Re_2Cl_8]^{2-}$ 由两个 $ReCl_4$ 结合而成，上下氯原子对齐成四方柱型，Cl—Cl 键长为 0.332nm，小于其范德华半径之和（0.34~0.36nm），为什么上下两组氯原子完全重叠，而不是反交叉型，且 Re—Re 很短。1964 年，Cotton 提出了四重键理论加以解释：

（1）Re 用 dsp^2 杂化轨道（$d_{x^2-y^2}$、s、p_x、p_y）与四个 Cl 原子成键，近似于平面正方形（Re 位于氯原子组成的平面外 0.05nm）；

（2）剩下的 d_{z^2}、d_{xy}、d_{xz}、d_{yz} 轨道与另一个 Re 原子的相同轨道成键。

设 z 轴为两个原子的连线轴，则两个 Re 原子的 d_{z^2} 轨道的成单电子配对，形成 σ键；两个 Re 原子的 d_{xz} 和 d_{yz} 轨道分别重叠，形成两个 d-d π 键，一个在 xz 平面，另一个在 yz 平面。

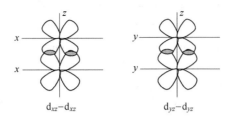

$$d_{xz}-d_{xz} \qquad d_{yz}-d_{yz}$$

两个 Re 原子剩下的 d_{xy} 轨道重叠形成一个 δ 键，δ 键的重叠取决于转动角，重叠构型 δ 重叠最大，交叉构型则 δ 重叠趋向于 0。由于四重键的形成，使 Re—Re 键具有极短的键长。

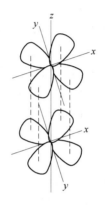

10.6.2.6 多原子簇配合物

成簇原子多于 2 个的簇状配合物称为多原子簇，如四面体的 $Co_4(CO)_{12}$、$Rh_4(CO)_{12}$、$Ir_4(CO)_{12}$，单冠八面体结构的 $[Rh_7(CO)_{16}]^{3-}$ 等。

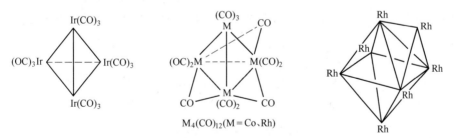

$$M_4(CO)_{12}(M = Co、Rh)$$

10.6.3 金属-有机骨架材料

10.6.3.1 金属-有机骨架材料的定义和组成

配位物因多样化的组成和结构以及发展历史等原因，引伸出多种术语用于描述相关的化合物，例如，金属-有机杂化材料（Metal-Organic Hybrid Materials）、金属-有机材料（Metal-Organic Materials）、配位网络（Coordination Network）和金属-有机骨架（Metal-Organic Frameworks，MOFs）等。其中，金属-有机骨架材料是指由金属离子或离子簇与有机配体配位连接而成的一类具有周期性多维网络结构的多孔晶态材料，又被称为多孔配位聚合物（Porous Coordination Polymers，PCPs）。金属-有机骨架材料的出现可以追溯到 1989 年以澳大利亚 Richard Robson 教授为主要代表的研究工作，他们制备出一种具有类似金刚石结构的三维网状配位聚合物，但由于骨架结构不稳定，其应用探索受到了很大限制。1995 年，美国的 Omar M. Yaghi 教授首次在 Nature 杂志上提出金属-有机骨架材料概念，该材料由刚性的有机配体均苯三甲酸与过渡金属 Co 合成，该材料的骨架结构稳定，热稳定性可达到 350℃，开启了金属-有机骨架材料合成和应用探索研究的新方向。Yaghi 教授关于金属-有机骨架材料的设计合成、理论研究以及实际应用的先驱性科研成果使他成为国际著名的化学家，是金属-有机骨架材料的开拓者和奠基人。近年来，金属-有机骨架材料越来越受到人们的重视，诸多新颖的金属-有机骨架结构被设计出来，并广泛应用于光、电、磁、催化、分子识别、吸附、离子交换、气体储存和生物活性等领域。

　　与前文介绍的配合物的组成类似，金属-有机骨架材料的组成也包含中心离子和配位体。金属离子/簇作为中心离子，是电子的受体，可提供两个或两个以上的空轨道，在金属-有机骨架材料的网络结构中称为节点（Node）；含有两个或两个以上配位原子的多齿配体为有机配体，配位原子提供孤电子对，是电子的给体。在金属-有机骨架材料的网络结构中，连接网络节点的化学键或包含多个化学键在内的有机官能团，称为链接（Linker）。

　　元素周期表中大多数金属元素（除了锕系等）可用于构筑金属-有机骨架材料，其中最常用的金属离子为二价离子，特别是第一过渡系的 Mn、Fe、Co、Ni、Cu、Zn。近几年，稀土金属离子，尤其是镧系金属离子作为中心离子合成金属-有机骨架材料的研究工作越来越多，它们的配位数较高，为七、八或九配位。

　　对于金属-有机骨架材料而言，有机配体至少含有两个或两个以上的配位官能团，具有多端的配位能力。按照配位原子区分，有机配体可以分为含氧配体和含氮配体；按照化合物区分，通常可分为羧酸类配体（图 10-14）和氮杂环类配体（图 10-15）。

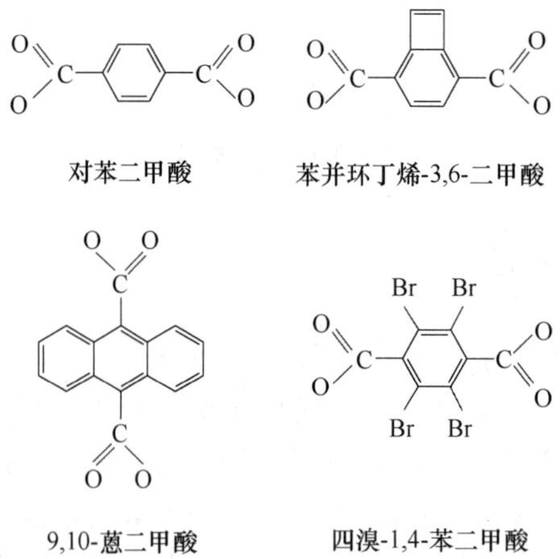

对苯二甲酸　　　　　　　　苯并环丁烯-3,6-二甲酸

9,10-蒽二甲酸　　　　　　四溴-1,4-苯二甲酸

图 10-14　几种典型的羧酸类配体

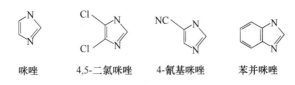

咪唑　　　　4,5-二氯咪唑　　　4-氰基咪唑　　　苯并咪唑

图 10-15　几种典型的氮杂环类配体

10.6.3.2　金属-有机骨架材料的种类

目前，根据金属-有机骨架材料的组成和结构特点，可将金属-有机骨架材料分成几种典型的系列：

（1）IRMOFs 系列。网状金属-有机骨架材料（Isoreticular Metal-Organic Frameworks，IRMOFs）是由 Yaghi 教授研究组合成的最具有代表性的金属-有机骨架材料之一。1995 年，Yaghi 教授研究组以对苯二甲酸为有机配体，以 Zn^{2+} 为中心离子合成了具有微孔结构的 IRMOF-1（也称为 MOF-5）。这类材料通常是由 $[M_4O]$ 无机离子簇作为次级结构单元，芳香羧酸为有机配体，连接形成具有立方网状结构的微孔或介孔晶体材料。

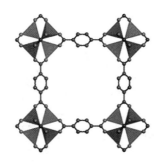

IRMOF-1(MOF-5)

（2）HKUST 系列。HKUST 系列是由硝酸铜溶液与均苯三甲酸（BTC）配位反应生成的典型金属-有机骨架材料，最早由香港科技大学（HongKong University of Science and Technology，HKUST）的研究人员合成，也称为 CuBTC 系列。典型的 HKUST-1 材料具有孔笼-孔道结构。

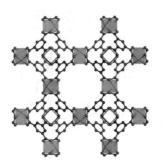

HKUST-1

（3）ZIFs 系列。类沸石咪唑骨架（Zeolitic Imidazolate Frameworks，ZIFs）材料是由金属离子和咪唑类配体配位连接而成，因与硅铝沸石分子筛具有相同的键角和类似的拓扑结构而得名。

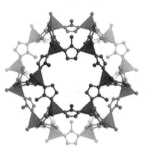

ZIF-8

（4）MILs 系列。拉瓦锡骨架（Metarials of Istitute Lavoisier Frameworks，MILs）材料主要是由 V、Cr、Al、Fe 等三价金属离子与对苯二甲酸、均苯三甲酸等有机配体配位形成，最早是由法国拉瓦锡研究所（Institute Lavoisier）研究合成的。MILs 材料的最大特点是在外界因素的刺激下，材料结构会在大孔和窄孔两种形态之间转变，即呼吸现象。

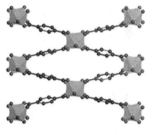

MIL-53

（5）UiO 系列。UiO（University of Oslo）系列是由 Lillerud 研究组 2008 年首次报道合成的一类新型的金属-有机骨架材料，其典型结构包含 Zr^{4+} 与二羧酸配体构建的三维多孔材料。根据硬软酸碱理论，Zr^{4+} 与二羧酸配体之间以硬酸–硬碱方式结合，具有优异的化学稳定性和热稳定性。

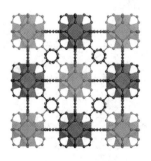

UiO-66

此外，还有诸如 PCN（Porous Coordination Network）系列、CPL（Coordination

Pillared-Layer）系列等金属-有机骨架材料，展现出丰富的结构和功能，并在多领域应用。

10.6.3.3 金属-有机骨架材料的特点

与纯无机的分子筛与多孔碳材料相比，多孔的金属-有机骨架材料常常具有如下突出特点：

（1）化学组成和拓扑结构多样化。金属-有机骨架的结构基元可以为不同的金属离子/簇和有机配体，种类丰富的金属离子/簇和有机配体可以形成不同结构的次级结构单元，组装成多样化的拓扑结构。

（2）比表面积大。由于有机配体较长，导致金属-有机骨架可以具有高的孔隙率和比表面积。例如，Koh 等以 Zn^{2+} 为中心离子，$4,4',4''$-苯基-$1,3,5$-三苯甲酸为有机配体，合成的 UMCM-2 比表面积高达 $5000m^2/g$。Yaghi 等合成的 MOF-399 的孔隙率高达 94%，Farha 等合成的 NU-100E 比表面积可以高达 $7140m^2/g$。

（3）孔道性质丰富可调。与纯无机多孔材料不同，多孔金属-有机骨架材料可以具有有机或有机-无机杂化的孔表面，因此可以体现出更丰富多彩的孔道物理化学性质。通过化学修饰有机配体，可以进一步调节金属-有机骨架材料的孔道结构和功能。

10.6.3.4 金属-有机骨架材料的应用

金属-有机骨架材料具有金属中心多样性、有机配体可设计和剪裁性、孔道类型和大小可调节性、结构可修饰性等诸多特点，其结构和功能丰富多彩，在催化、气体存储、吸附分离、传感、荧光、药物输送与缓释等领域具有非常广阔的应用前景。

在催化领域，金属-有机骨架材料既可以作为催化剂主体，也可以作为催化剂的载体，可以应用于选择性加氢、选择性氧化、缩合反应、偶联反应等。

在气体存储领域，金属-有机骨架材料一直被认为是用于氢气、二氧化碳、甲烷等气体存储的理想材料。MOF-5 在 77K、1.7MPa 下的 H_2 绝对吸附量可达 $130mg/g$，HKUST-1 在 25℃、6.5MPa 下的甲烷吸附量为 $267cm^3/cm^3$。

在吸附分离领域，金属-有机骨架材料对某些气体或液体具有良好的亲和性，可以作为选择性吸附、捕获和分离的功能材料。例如，吉林大学裘式纶研究团队以镍网为载体制备的金属-有机骨架膜，可实现 H_2 与其他小分子气体（如 N_2、CH_4、CO_2）的高效分离。

在传感领域，某些金属-有机骨架材料的光、电、机械性能等会随着外界的刺激而发生变化，通过监测金属-有机骨架的性质改变，可以用来分析被检测物的信息。此外，金属-有机骨架材料可以作为载体，与其他传感功能粒子复合，得到复合传感材料，用于化学传感方面。

在荧光领域，某些有机配体、金属离子或离子簇、电荷转移或其他客体分子等，可以使金属-有机骨架材料具有荧光特性，进而在发光材料、显示屏、发光化学传感、分子识别、生物检测和成像等方面应用。

在药物运输与缓释领域，某些金属-有机骨架材料具有高的药物负载量、良好的生物相容性以及功能多样性，使其成为一类新型的药物载体。例如，MIL-101 对药物布洛芬具有较好的装载和缓释效果，每克 MIL-101 材料可以负载 1400mg 布洛芬，完全缓释的时间达到 6 天。

知识博览   核磁共振影像增强剂

过渡金属配合物已经在生物标记、免疫分析、蛋白质染色、医学成像等生物医学领域获得广泛应用并成功实现商业化。

磁共振成像（Magnetic Resonance Imaging，MRI）自 1973 年首次应用于人体诊断以来，在生物、医学等领域已得到迅速的发展和广泛的应用，成为临床医学中一种重要的无损成像诊断技术。为提高组织成像对比度以利于获得更准确的诊断结果，目前约超过 1/3 的 MRI 检查需要使用磁共振成像造影剂。MRI 造影剂与传统 X 射线和 CT 诊断所用造影剂的增强原理不同，核磁共振的信号来自氢原子核（质子）而非来自造影剂本身。通过改变质子的弛豫时间，MRI 造影剂影响质子产生的磁共振信号（增强或减弱），从而改变来自生物体不同器官部位的影像反差。

MRI 造影剂目前可以分为三类：顺磁性，如过渡金属铁、锰、钆的螯合物；铁磁性，如 Fe_3O_4 微粒；超顺磁性，如 Fe_3O_4 纳米粒子。Gd^{3+} 因具有 7 个不成对电子，磁矩最大，电子自旋弛豫时间相对较长，是设计 MRI 造影剂最理想的选择。第一个 MRI 造影剂商品是由德国 Schering 公司于 1982 年开发出的 Magnevist™，即二乙三胺五乙酸合钆（Gd-DTPA，图（a））。Gd-DTPA 能够提高正常组织与病变组织的 MRI 成像对比度和 MRI 诊断的敏感性和特异性，而且它水溶性好、毒性小、在人体内结构稳定，可以原形由肾脏排出。在经过大量临床试验研究后，Gd-DTPA 于 1987 年获得美国 FDA 的批准。但由于其离子型性质，注入体内后产生较高渗透压，浓度过大时会因血清渗透压改变而引起高渗性休克；而且它在体内存留时间较短，也不具有组织器官的选择性。通过对 DTPA 配体进行化学修饰可获得一系列衍生物。例如，英国 Nycomed-Amersham 公司（现为 GE Health Care 的一部分）推出的非离子型 Omniscan™（Gd-DTPA-BMA，图（b））呈电中性，摩尔渗透压低，在临床上对人的心脑灌注有诊断增强作用。由意大利 Bracco 公司生产的 MultiHance™（Gd-BOTPA，图（c））通过用亲脂性基团苄氧甲基对 DTPA 乙酸基侧链碳原子进行修饰，而使其易被肝细胞选择性摄取，成为较好的肝成像造影剂。

配体除去 DTPA 及其衍生物之外，1,4,7,10 四氮杂环十二烷 1,4,7,10 四乙酸（DOTA）是一种含有十二元环具有特殊刚性的大环类配体，因而 Gd-DOTA（Dotarem™，法国 Guerbet，图（d））表现出最高的热力学稳定性和动力学惰性，使得 Gd-DOTA 成为最有效和最安全的 MRI 造影剂之一。但如同 Gd-DTPA 一样，Gd-DOTA 也是离子型配合物，大剂量使用时易使血清和体液的渗透压变化过大而可能产生毒副作用。由比 DOTA 少一个羧基的大环类配体 DO3A 制得的 Gd-DO3A

衍生物是低渗性非离子型 Gd 配合物，使用更安全。Bracco 公司的 Pro-Hance^{TM}（Gd-HP-DO3A，图（e））和 Schering 公司后来推出的 Gadovist^{TM}（Gd-DO3A-butrol，图（f））都是表现出良好成像效率的电中性肝特异性大环钆螯合物造影剂。

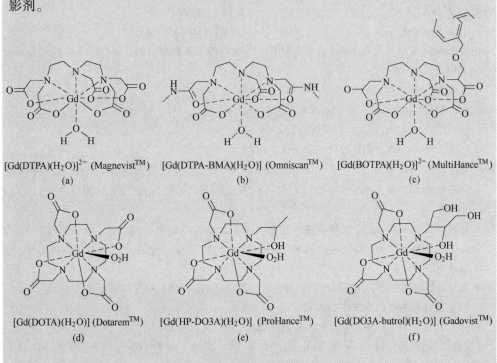

$[Gd(DTPA)(H_2O)]^{2-}$ (Magnevist^{TM})
(a)

$[Gd(DTPA-BMA)(H_2O)]$ (Omniscan^{TM})
(b)

$[Gd(BOTPA)(H_2O)]^{2-}$ (MultiHance^{TM})
(c)

$[Gd(DOTA)(H_2O)]$ (Dotarem^{TM})
(d)

$[Gd(HP-DO3A)(H_2O)]$ (ProHance^{TM})
(e)

$[Gd(DO3A-butrol)(H_2O)]$ (Gadovist^{TM})
(f)

习　题

10-1 根据化学式命名下列配合物：

$[Co(NH_3)_6]Br_3$；$[Co(NH_3)_2(en)_2](NO_3)_3$；cis-$[PtCl_2(Ph_3P)_2]$；$K[PtCl_3NH_3]$；$[Co(NH_3)_5H_2O]Cl_3$；$[Pt(NH_2)(NO_2)(NH_3)_2]$；$[Pt(NO_2)(NH_3)(NH_2OH)(Py)]Cl$；$K_2[SiF_6]$。

10-2 已知某配合物的组成为 $CoCl_3 \cdot 5NH_3 \cdot H_2O$，其水溶液显弱酸性，加入强碱并加热至沸腾有 NH_3 放出，同时产生 $CoCl_3$ 沉淀；加 $AgNO_3$ 于该化合物溶液中，有 AgCl 沉淀生成，过滤后再加 $AgNO_3$ 溶液于滤液中无变化，但加热至沸腾有 AgCl 沉淀生成，且其质量为第一次沉淀量的 1/2，则该配合物的化学式最可能为（　　）。

A. $[CoCl_2(NH_3)_4]Cl \cdot NH_3 \cdot H_2O$

B. $[Co(NH_3)_5(H_2O)]Cl_3$

C. $[CoCl_2(NH_3)_3(H_2O)]Cl \cdot 2NH_3$

D. $[CoCl(NH_3)_5]Cl_2 \cdot H_2O$

10-3 已知 $K_f^{\ominus}([HgBr_4]^{2-}) = 1.0 \times 10^{21}$，$K_f^{\ominus}([PtBr_4]^{2-}) = 3.1 \times 10^{20}$。在 $[HgBr_4]^{2-}$ 溶液和 $[PtBr_4]^{2-}$ 溶液中，$c(Hg^{2+})$ 和 $c(Pt^{2+})$ 的大小关系是（　　）。

A. 只能 $c(Hg^{2+}) > c(Pt^{2+})$

B. 只能 $c(Hg^{2+}) < c(Pt^{2+})$

C. 只能 $c(Hg^{2+}) = c(Pt^{2+})$

D. 难以确定

10-4 已知 $K_{sp}^{\ominus}(PbI_2)$ 和 $K_f^{\ominus}([PbI_4]^{2-})$，则反应 $PbI_2 + 2I^- \rightleftharpoons [PbI_4]^{2-}$ 的标准平衡常数 $K^{\ominus}$ 为（　　）。

A. $K_f^{\ominus}([PbI_4]^{2-})/K_{sp}^{\ominus}(PbI_2)$ 　　　　　　B. $K_{sp}^{\ominus}(PbI_2)/K_f^{\ominus}([PbI_4]^{2-})$

C. $K_{sp}^{\ominus}(PbI_2)\cdot K_f^{\ominus}([PbI_4]^{2-})$ 　　　　D. $1/[K_{sp}^{\ominus}(PbI_2)\cdot K_f^{\ominus}([PbI_4]^{2-})]$

10-5 已知 $[Ag(NH_3)_2]^+$ 的稳定常数为 $K_f^{\ominus}$，反应 $[Ag(NH_3)_2]^+ + 2SCN^- \rightleftharpoons [Ag(SCN)_2]^- + 2NH_3$ 的标准平衡常数为 $K^{\ominus}$，则 $[Ag(SCN)_2]^-$ 的不稳定常数 $K_d^{\ominus}$ 应为（　　　）。

A. $K_d^{\ominus} = K_f^{\ominus}\cdot K^{\ominus}$ 　　　　　　B. $K_d^{\ominus} = K_f^{\ominus}/K^{\ominus}$

C. $K_d^{\ominus} = K^{\ominus}/K_f^{\ominus}$ 　　　　　　　D. $K_d^{\ominus} = 1/(K_f^{\ominus}\cdot K^{\ominus})$

10-6 将 2.0mol/L 氨水与 0.10mol/L $[Ag(NH_3)_2]Cl$ 溶液等体积混合后，混合溶液中各组分浓度大小的关系应是（　　　）。

A. $c(NH_3) > c(Cl^-) = c([Ag(NH_3)_2]^+) > c(Ag^+)$

B. $c(NH_3) > c(Cl^-) > c([Ag(NH_3)_2]^+) > c(Ag^+)$

C. $c(Cl^-) > c(NH_3) > c([Ag(NH_3)_2]^+) > c(Ag^+)$

D. $c(Cl^-) > c([Ag(NH_3)_2]^+) > c(NH_3) > c(Ag^+)$

10-7 某溶液的 pOH = 10，其中含有 0.010mol/L 的 Al^{3+}，为防止生成 $Al(OH)_3$ 沉淀，应控制初始溶液中的 F^- 浓度不小于多少？（已知：$K_f^{\ominus}([AlF_6]^{3-}) = 6.9\times10^{19}$，$K_{sp}^{\ominus}(Al(OH)_3) = 1.3\times10^{-33}$）

10-8 通过计算判断在 $FeCl_3$ 溶液中加入足量 NaF 后，是否还能氧化 $SnCl_2$？（已知：$E^{\ominus}(Fe^{3+}/Fe^{2+}) = 0.771V$，$E^{\ominus}(Sn^{4+}/Sn^{2+}) = 0.151V$，$K_f^{\ominus}([FeF_6]^{3-}) = 1.0\times10^{16}$，各有关物种均处于标准状态下）

10-9 通过计算说明下列氧化还原反应能否发生？若能发生，写出化学反应方程式。

(1) 在含有 Fe^{3+} 的溶液中加入 KI；

(2) 在含有 Fe^{3+} 的溶液中先加入足量的 NaCN 后，再加入 KI。

（已知：$E^{\ominus}(Fe^{3+}/Fe^{2+}) = 0.771V$，$E^{\ominus}(I_2/I^-) = 0.536V$，$[Fe(CN)_6]^{3-}$ 的 $K_f^{\ominus} = 1.0\times10^{42}$，$[Fe(CN)_6]^{4-}$ 的 $K_f^{\ominus} = 1.0\times10^{35}$）

10-10 向含有 0.010mol/L Zn^{2+} 的溶液中通入 H_2S 至饱和，当 pH $\geqslant$ 1 时即可析出 ZnS 沉淀。但若往含有 1.0mol/L CN^- 的 0.010mol/L Zn^{2+} 的溶液中通入 H_2S 至饱和，则需要在 pH $\geqslant$ 9 时，才能析出 ZnS 沉淀。根据上述条件，计算 $[Zn(CN)_4]^{2-}$ 的 $K_f^{\ominus} = ?$（计算中忽略 CN^- 的水解，已知 $K_{a1}^{\ominus}(H_2S) = 8.91\times10^{-8}$，$K_{a2}^{\ominus}(H_2S) = 1.20\times10^{-13}$，$K_{sp}^{\ominus}(ZnS) = 1.6\times10^{-24}$）

10-11 在 Zn^{2+} 溶液中加碱会产生 $Zn(OH)_2$ 沉淀，若加入过量的碱则 $Zn(OH)_2$ 沉淀又会溶解生成 $[Zn(OH)_4]^{2-}$ 配离子。为使溶液中 $c(Zn^{2+}) \leqslant 1.0\times10^{-5}$mol/L，溶液的 pH 值应控制在什么范围？（已知：$Zn(OH)_2$ 的 $K_{sp}^{\ominus} = 3\times10^{-17}$，$[Zn(OH)_4]^{2-}$ 的 $K_f^{\ominus} = 2.8\times10^{15}$）

10-12 已知：　　　　$AgBr+e \longrightarrow Ag+Br^-$ 　　　　$E^{\ominus} = 0.07133V$

$[Ag(S_2O_3)_2]^{3-}+e \longrightarrow Ag+2S_2O_3^{2-}$ 　　　　$E^{\ominus} = 0.010V$

$Ag^++e \longrightarrow Ag$ 　　　　$E^{\ominus} = 0.7996V$

(1) 将 50mL 0.15mol/L 的 $AgNO_3$ 与 100mL 0.30mol/L 的 $Na_2S_2O_3$ 混合，试计算混合液中 Ag^+ 的浓度；

(2) 通过计算确定 0.0010mol AgBr 能否溶于 100mL 0.025mol/L 的 $Na_2S_2O_3$ 溶液中？（假设溶解后溶液体积不变）

10-13 计算溶液中与 5.0×10^{-3}mol/L $[Cu(NH_3)_4]^{2+}$ 和 1.0mol/L NH_3 处于平衡状态时游离 Cu^{2+} 的浓度。（已知：$K_f^{\ominus}([Cu(NH_3)_4]^{2+}) = 2.1\times10^{13}$）

10-14 向 1mL 0.04mol/L $AgNO_3$ 溶液中加 1mL 0.2mol/L $NH_3\cdot H_2O$，求平衡时 $c(Ag^+)$？（已知：$K_f^{\ominus}([Ag(NH_3)_2]^+) = 1.1\times10^7$）

10-15 已知 $E^{\ominus}(Au^+/Au)= 1.692V$，$[Au(CN)_2]^-$ 的 $K_f^{\ominus}= 2\times10^{38}$，计算 $E^{\ominus}([Au(CN)_2]^-/Au)$ 的值。

10-16 含有 Fe^{2+} 和 Fe^{3+} 的溶液中，加入 KCN，有 $[Fe(CN)_6]^{3-}$、$[Fe(CN)_6]^{4-}$ 配离子生成。求 $E^{\ominus}([Fe(CN)_6]^{3-}/[Fe(CN)_6]^{4-}) = ?$（已知：$E^{\ominus}(Fe^{3+}/Fe^{2+}) = 0.771V$，$K_f^{\ominus}([Fe(CN)_6]^{3-})= 10^{42}$，$K_f^{\ominus}([Fe(CN)_6]^{4-})= 10^{35}$）

10-17 向 $[Ag(NH_3)_2]^+$ 溶液中加入 KCN，可能发生下列反应：$[Ag(NH_3)_2]^+ + 2CN^- \rightarrow [Ag(CN)_2]^- + 2NH_3$，通过计算判断反应的可能性。（已知：$K_f^{\ominus}([Ag(NH_3)_2]^+)= 1.1\times10^7$，$K_f^{\ominus}([Ag(CN)_2]^-)= 1.3\times10^{21}$）

10-18 已知下列配合物的磁矩：$[Cd(CN)_4]^{2-}$ 的 $\mu=0$ B. M.，$[Co(en)_2Cl_2]Cl$ 的 $\mu=0$ B. M.。
(1) 分别给它们命名；
(2) 根据价键理论，画出中心原子价层电子排布图；
(3) 指出中心原子杂化轨道类型；
(4) 指出配离子的空间构型；
(5) 指出该配合物是内轨型还是外轨型。

10-19 根据晶体场理论和下面所列数据，分别写出两个中心离子的 d 电子排布式，计算配合物的磁矩及晶体场稳定化能。

配离子	成对能 P/cm^{-1}	分裂能 Δ/cm^{-1}
$[Co(NH_3)_6]^{3+}$	22000	23000
$[Fe(H_2O)_6]^{3+}$	30000	13700

10-20 根据晶体场理论，填写下表空格：

中心离子	d 轨道电子数	在八面体弱场中		在八面体强场中	
		成单电子数	CFSE/Dq	成单电子数	CFSE/Dq
V^{2+}					
Co^{2+}					
Fe^{2+}					
Mn^{3+}					

10-21 若 Co^{3+} 的电子成对能 P 为 $21000cm^{-1}$，由 F^- 形成的配位场分裂能 $\Delta=13000cm^{-1}$，由 NH_3 形成的配位场分裂能 $\Delta=23000cm^{-1}$。根据晶体场理论推断 $[CoF_6]^{3-}$ 和 $[Co(NH_3)_6]^{3+}$ 配离子的 d 电子排布式，它们是高自旋还是低自旋？计算其磁矩大小和晶体场稳定化能（CFSE，cm^{-1}）。

10-22 根据实验测得的有效磁矩数据，判断下列各配离子中哪些是高自旋型的，哪些是低自旋型的，哪些是外轨型，哪些是内轨型？
(1) $[Fe(en)_3]^{3+}$　　　5.5 B. M.；
(2) $[Fe(dipy)_3]^{2+}$　　0.0 B. M.；
(3) $[Mn(CN)_6]^{4-}$　　1.8 B. M.；
(4) $[Mn(CN)_6]^{3-}$　　3.2 B. M.；
(5) $[Mn(NCS)_6]^{4-}$　　6.1 B. M.；
(6) $[CoF_6]^{3-}$　　　　4.5 B. M.；
(7) $[Co(NO_2)_6]^{4-}$　　1.8 B. M.；
(8) $[Co(SCN)_4]^{2-}$　　4.3 B. M.；
(9) $[Pt(CN)_4]^{2-}$　　　0.0 B. M.。

11 氢和稀有气体

11.1 氢

11.1.1 氢的发现和分布

　　早在 16 世纪，瑞士医生帕拉塞斯（Paracelsus）曾描述铁屑与乙酸作用会产生一种可燃性气体。1766 年，英国物理学家和化学家卡文迪什（Cavendish）利用排水集气法收集铁屑与稀硫酸反应产生的气体，这种气体与空气混合点燃会发生爆炸，他称之为"可燃空气"。由于受到燃素学说的局限，卡文迪什误认为这种"可燃空气"来源于金属，可能就是燃素或者燃素与水的化合物。1782 年，法国化学家拉瓦锡（Lavoisier）在重复卡文迪什等人实验基础上，首次明确地指出，水是氢和氧的化合物，氢是一种元素。1787 年，拉瓦锡将这种"可燃空气"命名为"氢"，即"水之源"的意思。

　　氢（Hydrogen）是宇宙中最丰富的一种元素，太阳和许多恒星的大气中都含有氢元素。在太阳的大气中，按原子百分数计算，氢约占 81.75%。地壳中氢的含量也很丰富，约占地壳质量的 1%，如果按原子百分数计算，则达到 17%。氢在自然界中主要以化合物（水、烃、碳水化合物等）形式存在，自由态的氢气则存在较少。

　　氢有三种同位素（Isotope）：普通氢或氕（Protium，^1_1H，符号 H）、重氢或氘（Deuterium，^2_1H，符号 D）和氚（Tritium，^3_1H，符号 T），它们的原子核中分别含有 0、1、2 个中子（Neutron）。氕同位素在自然界中丰度最大，原子百分数占 99.9844%；氘同位素原子百分数约占 0.0156%；氚的存在量极少，是一种不稳定的放射性（Radioactivity）同位素（β 放射的半衰期约为 12.4 年）。氢的同位素之间由于具有相同质子数，它们的化学性质极为相似。氚原子可以在任何一种含氢的化合物中取代氕原子形成化合物。不过由于它们的质量相差较大，导致它们的单质和化合物在物理性质上存在差异。例如，H_2 的沸点为 20.39K，熔点为 13.96K；D_2 的沸点为 23.67K，熔点为 18.73K；T_2 的沸点为 25.04K，熔点为 20.62K。H_2 和 D_2 的蒸气压（Vapor Pressure）也相差很大。表 11-1 列举了氢同位素水的一些物理性质。

表 11-1　氢同位素水的物理性质

物理性质	H_2O	D_2O	T_2O
相对分子质量	18.01	20.03	22.03
熔点/K	273.15	276.96	—
沸点/K	373.15	374.57	374.66
最大密度/g·cm^{-3}	1.00	1.11	1.22

11.1.2 氢的成键特征

氢原子结构最简单,其原子核外只有 1 个带负电荷的电子。氢是元素周期表的第一种元素,位置比较特殊,其性质与卤素和碱金属既有相似又有区别。氢既可以像卤素一样得到 1 个电子形成氢负离子,也可以像碱金属一样失去 1 个电子形成氢正离子,所以它既不能完全归属于第 IA 族,也不能完全归属于第 ⅦA 族。氢原子的价电子层结构为 $1s^1$,电负性为 2.2。当氢原子同其他元素原子化合时,其主要成键类型如下:

(1) 形成离子键(Ionic Bond)。当氢原子与电负性较低的活泼金属(如 Na、K、Ca 等)形成氢化物时,氢原子可以结合 1 个电子形成具有 $1s^2$ 结构的氢负离子 H^-,H^- 以离子键与金属正离子结合。H^- 的半径较大,为 $126\sim154pm$,容易变形,只存在于离子型氢化物晶体中。

氢原子还可以失去 1 个电子形成氢正离子 H^+(质子),H^+ 半径很小,远小于氢原子半径(32pm),具有很强的正电场。除气态质子流外,不存在自由的质子(Proton),质子总是同其他的原子或分子结合在一起,例如 H_3O^+、NH_4^+ 等。

(2) 形成共价键(Covalent Bond)。当氢原子与稀有气体之外的非金属元素形成化合物时,原子和原子之间的结合力为共价键。这时共价键可以是非极性共价键(H_2),更多的是极性共价键(如 HCl、H_2O、NH_3),键的极性(Bond Polarity)随非金属元素原子电负性的增大而增强。

(3) 形成氢键(Hydrogen Bond)。当氢原子与原子半径小、电负性高的非金属元素原子如 F、O、N 等结合时,氢原子会带有部分正电荷,可以定向吸引邻近电负性高的原子 Y(如 F、O、N 等)上的孤电子对而形成分子间或分子内氢键。例如,在 HF 分子间存在着很强的氢键。

(4) 氢桥键。在缺电子化合物或过渡金属配合物中存在着氢桥键,例如乙硼烷 B_2H_6 中存在三中心二电子的氢桥键(将在硼族元素中详细讨论)。

实际上,氢原子除以上几种成键方式外,在某些化合物,例如某些过渡金属氢负离子配合物、H_3^+ 等中还存在一些特殊的键型。

11.1.3 H_2 的性质和用途

H_2 无色、无味、无臭,是自然界中存在的最轻的气体,密度约为空气的 1/13。H_2 的一些物理性质列于表 11-2 中。H_2 常用作气球的填充物。氢气球可以携带仪器作为高空探测气球,可以携带干冰、碘化银等药剂升上天空,在云层中喷撒,进行人工降雨;氢气球还可以用来增加节日气氛。

表 11-2 H_2 的物理性质

性质	数据	性质	数据
熔点/K	13.96	H—H 键长/pm	74
沸点/K	20.39	H 键离解能/kJ·mol^{-1}	436
气态密度/g·dm^{-3}	0.08988	水溶解度(273K)	19.9cm^3(氢气)/1 dm^3(水)

英文注解

英文注解

H_2 中两个氢原子以共价单键结合，由于氢原子半径小，共用电子对直接受到原子核的影响，使得 H_2 的键离解能比一般的单键高很多，因此 H_2 具有一定的惰性。常温下 H_2 只与极少数的化合物（如单质氟）直接反应，许多有 H_2 参加的反应都需要高温或者催化剂的存在。

H_2 能够在氧气或空气中燃烧生成水，其火焰温度可以达到3273K左右，工业上可以利用氢氧焰切割和焊接金属。

$$H_2 + \frac{1}{2} O_2 \longrightarrow H_2O \qquad \Delta_r H_m^{\ominus} = -285.830 kJ/mol$$

高温下，H_2 是非常好的还原剂，可以还原许多金属氧化物或金属卤化物生成金属单质。

$$H_2 + CuO \longrightarrow Cu + H_2O$$
$$3H_2 + WO_3 \longrightarrow W + 3H_2O$$
$$H_2 + SiHCl_3 \longrightarrow Si + 3HCl$$

H_2 在室温下可以将 $PdCl_2$ 还原成为金属钯，这个反应常用来检查 H_2 的存在。

$$H_2 + PdCl_2 \longrightarrow Pd + 2HCl$$

H_2 可以加成在有机化合物的双键或三键上，使不饱和的碳氢化合物达到饱和，这类反应称为加氢反应。加氢反应广泛应用于化学产品生产，例如以植物油为原料通过加氢反应生产黄油，硝基苯还原生成苯胺(印染工业)，苯还原成环己烷(生产尼龙-66 的原料)，氢和 CO 反应生成甲醇等。

11.1.4　H_2 的制备

英文注解

制备 H_2 的方法很多，这里只介绍一些实验室和工业中常用的方法。

（1）电解法制备 H_2。在电解法中，常采用质量分数为 25% 的 NaOH 或 KOH 溶液作为电解液，阴极上放出 H_2，阳极上放出 O_2，其电极反应为：

阴极（Anode）：$\qquad 2H_2O + 2e \longrightarrow H_2(g) + 2OH^-$

阳极（Cathode）：$\qquad 4OH^- \longrightarrow O_2(g) + 2H_2O + 4e$

另外，H_2 是电解食盐水制备氢氧化钠的重要副产物，电极反应为：

阴极（Anode）：$\qquad 2H_2O + 2e \longrightarrow H_2(g) + 2OH^-$

阳极（Cathode）：$\qquad 2Cl^- \longrightarrow Cl_2(g) + 2e$

电解（Electrolysis）法制备 H_2 时，阴极上放出的氢气纯度很高，可达到 99% 以上，但是电解法耗电量很大。由于电解质均为碱性物质，对电解槽的腐蚀性较强，对电解槽的维护十分重要。

（2）金属与水、酸或碱反应制备 H_2。碱金属和碱土金属与水反应，生成金属氢氧化物和 H_2。例如：

$$2Na + 2H_2O \longrightarrow 2NaOH + H_2(g)$$

在实验室中，常利用稀盐酸（稀硫酸）与锌、铁等活泼金属作用制备 H_2。但是常因为原料金属中含有杂质导致得到的 H_2 不纯（纯度越高的金属，反应速度越慢）。

$$Zn + 2H^+ \longrightarrow Zn^{2+} + H_2(g)$$

铝、锌和硅等两性金属与强碱溶液反应可以生成 H_2。

$$2Al + 2NaOH + 2H_2O \longrightarrow 2NaAlO_2 + 3H_2(g)$$

$$Si + 2NaOH + H_2O \longrightarrow Na_2SiO_3 + 2H_2(g)$$

（3）水煤气法制备 H_2。在工业生产中，常利用水煤气法生产 H_2，这是一种比较廉价的方法。水蒸气与炽热的焦炭或者天然气反应可以产生水煤气，即 H_2 和 CO 的混合气体，水煤气可以直接用作工业燃料。

$$C(s) + H_2O(g) \xrightarrow{1273K} CO(g) + H_2(g)$$

$$CH_4(g) + H_2O(g) \xrightarrow{1073 \sim 1273K} CO(g) + 3H_2(g)$$

将水煤气与水蒸气一起通过红热的氧化铁催化剂，使 CO 转变成 CO_2，然后通过高压水洗的办法除去 CO_2，从而得到比较纯的 H_2。

$$CO(g) + H_2O(g) \xrightarrow{催化剂} CO_2(g) + H_2(g)$$

（4）金属氢化物与水反应制备 H_2。离子型氢化物 CaH_2 与水反应可以用来制备 H_2。由于 CaH_2 便于携带，适于野外操作，军事上或者气象上供探测用的氢气球所充氢气常用这种方法制备。

$$CaH_2 + 2H_2O(g) \longrightarrow Ca(OH)_2 + H_2(g)$$

（5）烃类裂解法制备 H_2。在石油化学工业中，利用烷烃裂解制备烯烃的副产物即为 H_2。

$$C_2H_6(g) \xrightarrow{催化剂,\triangle} CH_2 = CH_2(g) + H_2(g)$$

除了以上几种方法，近年来还发展出其他一些制备 H_2 的方法。例如，利用太阳能在催化剂存在的条件下分解水制备 H_2 得到了很大的发展。此外，还发现某些微生物具有产生 H_2 的功能。

11.1.5　氢化物

氢几乎可以与除了稀有气体之外的所有元素结合，形成不同类型的二元化合物，这些化合物一般称为氢化物（Hydrides）。根据结合元素的电负性，氢化物大约可以分为三种类型：离子型（Ionic Hydrides）、金属型（Metallic Hydrides）和共价型氢化物（Covalent Hydrides），其在元素周期表中的分布见表 11-3。

英文注解

11.1.5.1　离子型氢化物

氢原子在高温下与碱金属和碱土金属（铍、镁除外）可直接化合生成离子型氢化物（Ionic Hydrides）。氢的这种性质与卤素较为相似，但是氢原子形成氢负离子的过程是吸热的，而卤素得到电子形成负离子的过程是放热的，因此离子型氢化物的形成需要高温条件。

英文注解

$$2M + H_2 \longrightarrow 2MH(M 代表碱金属)$$

$$M + H_2 \longrightarrow MH_2(M 代表 Ca、Sr、Ba)$$

离子型氢化物都是白色晶体，通常由于含有少量金属而显灰色。碱金属离子型氢化物具有 NaCl 型结构，碱土金属离子型氢化物具有金红石（rutile）型或者歪曲

$PbCl_2$ 型结构。离子型氢化物中除 LiH 和 BaH_2 具有较高的熔点（LiH 为 965K，BaH_2 为 1473K）外，其余氢化物在熔化前就分解成单质。熔融状态的离子型氢化物能够导电，并在阳极上放出氢气，这证明了离子型氢化物中氢负离子的存在。

表 11-3　氢化物在元素周期表中的分布

IA	IIA	IIIB	IVB	VB	VIB	VIIB	VIII			IB	IIB	IIIA	IVA	VA	VIA	VIIA
Li	Be											B	C	N	O	F
Na	Mg											Al	Si	P	S	Cl
K	Ca	Sc	Ti	V	Cr	Mn	Fe	Co	Ni	Cu	Zn	Ga	Ge	As	Se	Br
Rb	Sr	Y	Zr	Nb	Mo	Tc	Ru	Rh	Pd	Ag	Cd	In	Sn	Sb	Te	Br
Cs	Ba	La	Hf	Ta	W	Re	Os	Ir	Pt	Au	Hg	Tl	Pb	Bi	Po	I
离子型 氢化物				金属型氢化物									共价型氢化物			

离子型氢化物加热会分解为 H_2 和金属。

$$2NaH \xrightarrow{\triangle} 2Na + H_2(g)$$

$$CaH_2 \xrightarrow{\triangle} Ca + H_2(g)$$

离子型氢化物可以与水发生反应，生成金属氢氧化物和 H_2。

$$NaH + H_2O \longrightarrow NaOH + H_2(g)$$

$$CaH_2 + 2H_2O \longrightarrow Ca(OH)_2 + 2H_2(g)$$

由于这个特性 CaH_2 可以用作微量水的干燥剂和脱水剂，水量较多时不能使用此法，因为这是一个放热反应，能使产生的 H_2 燃烧。

离子型氢化物还原性较强，$E^{\ominus}(H_2/H^-) = -2.23V$，在高温下可以还原金属氯化物、氧化物和含氧酸盐。

$$TiCl_4 + 4NaH \longrightarrow Ti + 4NaCl + 2H_2(g)$$

$$TiO_2 + 2LiH \longrightarrow Ti + 2LiOH$$

$$2CO_2 + BaH_2(热) \longrightarrow 2CO + Ba(OH)_2$$

离子型氢化物在非水极性溶剂中能与一些缺电子离子（如 B^{3+}、Al^{3+}）结合成复合氢化物，例如：

$$2LiH + B_2H_6 \xrightarrow{乙醚} 2Li[BH_4]$$

$$4LiH + AlCl_3 \xrightarrow{乙醚} Li[AlH_4] + 3LiCl$$

$Li[AlH_4]$ 是有机合成中常用的一种还原剂，可以将酸还原成醇、醛还原成烷烃、硝基还原成氨基。$Li[AlH_4]$ 干燥时比较稳定，遇水则会发生猛烈的反应生成氢气，这也是一种制备氢气的方法，但是价格十分昂贵。

$$Li[AlH_4] + 4H_2O \longrightarrow LiOH + Al(OH)_3 + 4H_2(g)$$

11.1.5.2　共价型氢化物

氢与元素周期表中 p 区元素的单质（稀有气体、铟、铊除外）结合生成的氢化物属于共价型氢化物（Covalent Hydrides），由于这类氢化物在固态时大多属于分子

英文注解

晶体，所以又称为分子型氢化物。共价型氢化物多为气体，熔、沸点较低，没有导电性。

共价型氢化物有三种类型：缺电子氢化物（中心原子未满 8e 构型，如 B_2H_6）、满电子氢化物（中心原子价电子全部参与成键，如 CH_4）和富电子氢化物（中心原子成键后有未成对的孤对电子，如 NH_3）。

共价型氢化物的化学性质比较复杂，其稳定性各不相同。各种共价型氢化物的性质将在以后的内容中陆续讨论。

11.1.5.3 金属型氢化物

英文注解

氢与元素周期表中 d 区、ds 区、f 区的大部分元素，s 区的 Be 和 Mg 结合生成的氢化物属于金属型氢化物（Metallic Hydrides）。金属型氢化物具有与金属相似的外观，密度比相应的金属小，有金属光泽、导电性，其导电性与含氢量有关。金属型氢化物有的是整比化合物，如 CrH_2、NiH；但更多的是非整比化合物，如 $LaH_{2.76}$、$TiH_{1.72}$、$TaH_{0.76}$、$ZrH_{1.75}$ 等。

某些过渡金属能够可逆地吸收和释放氢气，可以作为储氢材料。例如，金属钯 Pd 和 $LaNi_5$ 是较好的储氢材料。

11.2 稀 有 气 体

英文注解

元素周期表中的第零族包括氦（Helium，He）、氖（Neon，Ne）、氩（Argon，Ar）、氪（Krypton，Kr）、氙（Xenon，Xe）和氡（Radon，Rn）六种元素，它们被称为稀有气体（The Rare Gases）元素，也被称为惰性气体元素。

11.2.1 稀有气体的发现

英文注解

六种稀有气体元素在 1894~1900 年相继被发现。1785 年，英国科学家卡文迪什发现除去 N_2、O_2、CO_2 等物质后的空气还残留约为原体积 1/120 的小气泡。1892 年，英国物理学家瑞利（Rayleigh，1842~1919）在研究 N_2 时发现从氮的化合物中分离出来的 N_2 每升重 1.2508g，而从空气中分离出来的 N_2 在相同情况下每升重 1.2572g，这千分之五的微小差别引起了瑞利的注意，他怀疑其中存在某种不知名物质。为此，瑞利重复了卡文迪什的小气泡实验，得到极少量不活泼气体。与此同时，英国化学家莱姆赛（Ramsay，1852~1916）将瑞利的"重氮"通过赤热的镁屑除去 N_2 后，也得到了同样的气体。光谱分析证明，这种气体有自己特征的发射光谱，是一种新元素。1894 年，莱姆塞和瑞利宣布发现了新元素"氩"（拉丁文原意为"不活泼"）。

1895 年，莱姆赛和他的助手英国化学家特拉弗斯（Travers，1872~1961）用热硫酸处理沥青铀矿时，产生了一种不活泼的气体，用光谱分析鉴定为元素"氦"。在此之前，氦被认为是只在太阳上面存在的元素，氦的原意即为"太阳元素"。

莱姆赛在发现氦和氩后，根据元素周期律，认为一定存在一个性质和氦、氩相近的新的家族。1898 年 5 月 30 日，莱姆赛和特拉弗斯在大量液态空气蒸发后的残余物中，用光谱分析的方法首先发现了比氩重的"氪"。1898 年 6 月 12 日，莱姆赛和特拉弗斯在分馏液态氩时收集最先跑出来的气体，用光谱分析方法发现了比氩轻的"氪"。1898 年 7 月 12 日，莱姆赛和特拉弗斯在分馏液态氪时，收集最后跑出来的一点点气体，同样利用光谱分析证明是一种新的元素，命名为"氙"。1900 年，德国人道恩(Dorn) 从某些放射性矿物中发现了一种放射性气体"氡"。

由于稀有气体元素的化学惰性，它们最初被称为"惰性气体"（Noble or Inert Gas）。直到 1962 年，稀有气体的某些化合物被陆续合成出来，"惰性气体"的名称才被"稀有气体"所代替。

英文注解

11.2.2 稀有气体的分布和分离

稀有气体在自然界中以单质状态存在，除氡以外，主要存在于空气中，接近地表的空气中稀有气体的体积分数约为 1%。每 1000L 空气中，氩约有 9.3L，氖约有 18mL，氦约有 5mL，氪约有 1mL，氙约有 0.8mL。

氡是放射性物质的衰变产物，α 衰变产生的氦原子核在空气中可以获得 2 个电子变成氦原子，所以在含有放射性物质的矿物中会有氦的存在。氡是镭、钍的放射性产物，所以在放射性矿物中也有存在。

利用稀有气体物理性质的差异可以将稀有气体从空气中分离出来。首先使空气液化，之后分级蒸馏，先蒸馏出来的是氮气，剩下的就是含有稀有气体的液态氧（少量氮仍然存在），继续蒸馏则可以得到稀有气体和少量氮、氧的混合气体。将这种气体通过氢氧化钠除去二氧化碳，通过赤热的铜丝除去氧气，最后通过灼热的镁屑除去氮气（形成氮化镁），余下的就是稀有气体的混合气体。

低温下活性炭可以吸附稀有气体，相同温度下相对分子质量越大的气体越容易液化，越容易被活性炭吸附，而不同温度下活性炭对稀有气体的吸附也不相同。在 173K 时，氩、氪和氙被吸附而氦和氖不会被吸附。在 83K 时，氖会被吸附而氦不会被吸附。由此可以将稀有气体分成两组。据此，在不同温度下，利用活性炭对各种稀有气体的吸附和解吸，就可以将稀有气体分离。

英文注解

11.2.3 稀有气体的通性

稀有气体以单原子分子的形式存在，原子之间仅存在范德华力。稀有气体原子的最外电子层都具有稳定的 8e 构型（氦是 2e 构型）。稀有气体的电子亲和能都接近于零，而电离能又相对很大，所以稀有气体原子通常既不容易得到也不容易失去电子。稀有气体的化学性质很不活泼，很难与其他元素化合。

稀有气体无色无味，它们的一些物理性质（熔点、沸点、溶解度、密度等）随着原子序数的增加而增大，稀有气体的基本物理性质列于表 11-4。

表 11-4 稀有气体的基本物理性质

性 质	氦	氖	氩	氪	氙	氡
元素符号	He	Ne	Ar	Kr	Xe	Rn
原子序数	2	10	18	36	54	86
相对原子质量	4.0026	20.1797	39.948	83.80	131.293	222

续表 11-4

性　　质	氦	氖	氩	氪	氙	氡
价电子层构型	$1s^2$	$2s^22p^6$	$3s^23p^6$	$4s^24p^6$	$5s^25p^6$	$6s^26p^6$
共价半径/pm		131	174	189	209	214
第一电离能/kJ·mol^{-1}	2372	2081	1521	1351	1170	1037
熔点/K	0.95	24.48	83.95	116.55	161.15	202.15
沸点/K	4.25	27.25	87.45	120.25	166.05	208.15

氦的沸点是所有已知物质中最低的。温度在 2.2K 以下的液氦是一种超流体，表面张力（Surface Tension）很小，黏度（Viscosity）也很小（只有氢气的 1%），导热性很好，导电性也会增强。液氦电阻接近于零，是一种超导体（Superconductor）。液氦可以流过普通液体无法流过的毛细孔，可以沿着容器的内壁向上流动，再沿着容器的外壁慢慢流下来。

11.2.4 稀有气体的用途

英文注解

稀有气体的用途（The Applications of Rare Gases）很多，广泛应用于光学、冶金和医学等领域。由于稀有气体性质不活泼，可用作金属焊接、冶炼时的保护气氛。

氦由于其低沸点常常被应用于超低温技术中。利用液氦可以获得 0.001K 的低温，它已经成功地用作大型原子能反应堆的冷却剂（Coolant）。氦在血液中的溶解度（Solubility）比氮小得多，因此氦可以与氧气混合（氦占 79%，氧气占 21%）用作潜水时的呼吸气，避免潜水员出水时由于压力突然减小引起氮气从血液中溢出导致的"气塞病"。氦的密度仅大于氢，可以代替氢气填充气球，而且由于氦不燃烧，比氢气安全得多。

氖在放电管内发射出红光，加入一些汞蒸气后又发射出蓝光，所以氖常用于霓虹灯、航标灯等照明设备。氖管还可以应用于避雷塔，雷击时氖通过高电压产生电离作用，使电流顺利流过地线。

氩最广泛的用途是作为氩弧焊的保护气体。受氧和水蒸气妨碍的化学反应，在氩气中可以正常进行，所以氩气也可以用作实验室中的保护气体。氩可以填充钨丝电灯泡，减弱钨丝的蒸发和热的散失。另外，氩离子激光器在国防和科研上有着广泛的用途。

氪比氩更适于作为放电管的填充气体。

氙在电场的激发下能放出强烈的白光，高压长弧氙灯俗有"人造小太阳"之称，可用于电影摄影、舞台照明等。

11.2.5 稀有气体的化合物

英文注解

稀有气体具有稳定的电子层结构（Electron Shell Structure），在相当长的一段时期内认为其化学性质是"惰性的"，因此最初被称为"惰性气体"。

1962 年，英国化学家巴特列特（N. Bartlett, 1932~）合成出了第一个稀有气体化合物 $Xe[PtF_6]$。他发现 O_2 可以与 PtF_6 反应生成 $O_2[PtF_6]$，而氙的第一电离能（1171.5kJ/mol）与氧分子的第一电离能（1175.7kJ/mol）非常接近，并且通过计算

发现 $O_2[PtF_6]$ 和 $Xe[PtF_6]$ 的晶格能（Lattice Energy）相差不多。据此，他将 Xe 与 PtF_6 蒸气在室温下混合，果然得到了一种红色晶体，即为 $Xe[PtF_6]$，这是第一种稀有气体的化合物（Compounds of Rare Gases）。

1962 年以后，稀有气体化合物陆续被合成出来，"惰性气体"的名称也随之变成"稀有气体"。由于氙是稀有气体中最活泼的元素（除氡以外），因此稀有气体化合物的研究主要集中在氙的化合物上，目前已先后合成出了氙的氟化物、氙的氧化物和氙的含氧酸盐等。

11.2.5.1 氙的氟化物

氙的氟化物（Fluorides of Xenon）在一定条件下，可以由 Xe 和 F_2 直接反应得到，反应通常是在密闭的镍反应器中进行。使用前，镍反应器暴露于 F_2 中，除去镍表面的氧化层，同时使其钝化形成 NiF_2 保护膜。Xe 与 F_2 的反应产物决定于氟和氙的比例、反应温度和反应压强等。XeF_2、XeF_4、XeF_6 均为无色晶体，室温下能够升华，在镍或铜容器中可以无限期贮存。

$$Xe + F_2 \xrightarrow{673K,\ 0.1MPa} XeF_2(Xe : F_2 = 2 : 1)$$

$$Xe + 2F_2 \xrightarrow{873K,\ 0.6MPa} XeF_4(Xe : F_2 = 1 : 5)$$

$$Xe + 3F_2 \xrightarrow{873K,\ 0.6MPa} XeF_6(Xe : F_2 = 1 : 20)$$

氙的氟化物都是强氧化剂（$E^{\ominus}(XeF_2/Xe) = 2.6V$），能够氧化许多物质，其氧化能力按 XeF_2、XeF_4、XeF_6 的顺序递增。

$$XeF_2 + 2HCl \longrightarrow Xe + Cl_2 + 2HF$$

$$XeF_2 + H_2O_2 \longrightarrow Xe + 2HF + O_2$$

$$XeF_4 + 2H_2 \longrightarrow Xe + 4HF$$

氙的氟化物还是优良而且温和的氟化剂，其氟化性按 XeF_2、XeF_4、XeF_6 的顺序递增。

$$XeF_4 + 2SF_4 \longrightarrow 2SF_6 + Xe$$

$$2XeF_6 + SiO_2 \longrightarrow 2XeOF_4 + SiF_4$$

由于氙的氟化物可以与 SiO_2 反应，因此不能用玻璃或者石英制品容器盛放氟化氙，要用镍制容器。

氙的氟化物都能与水反应，但反应活性是不同的。XeF_2 溶于水，在稀酸溶液中缓慢地水解，在碱性溶液中会迅速分解。

$$2XeF_2 + 2H_2O \longrightarrow 2Xe + 4HF + O_2$$

XeF_4 在水中会发生歧化反应。

$$6XeF_4 + 12H_2O \longrightarrow 2XeO_3 + 4Xe + 24HF + 3O_2$$

XeF_6 水解猛烈，完全水解时生成 XeO_3。

$$XeF_6 + 3H_2O \longrightarrow XeO_3 + 6HF$$

XeF_6 不完全水解时生成一种无色的液体氟氧化氙（$XeOF_4$）。

$$XeF_6 + H_2O \longrightarrow XeOF_4 + 2HF$$

11.2.5.2 氙的氧化物

氙的氧化合物（Oxides of Xenon）包括 XeO_3、XeO_4、氙酸盐和高氙酸盐等。

XeO_3 是一种易潮解、易爆炸的白色固体化合物。它在酸性溶液中氧化能力较强，可以将 Cl^- 氧化成 Cl_2，I^- 氧化成单质 I_2，Fe^{2+} 氧化成 Fe^{3+}，还可以把有机物（如醇、羧酸）氧化成为 CO_2。XeO_3 在水中是以分子形式存在的，在碱性溶液中是以 $HXeO_4^-$ 形式存在的，$HXeO_4^-$ 会慢慢水解为 XeO_6^- 和 Xe。

$$XeO_3 + OH^- \longrightarrow HXeO_4^-$$

$$2HXeO_4^- + 2OH^- \longrightarrow XeO_6^- + Xe + O_2 + 2H_2O$$

XeO_4 固体极为不稳定，其氧化性高于 XeO_3。

氙酸盐可以由 XeO_3 与碱金属氢氧化物反应得到，其化学通式为 $MHXeO_4$（M 为 Na、K、Rb、Cs），其中 Xe 的氧化数为 +6。氙酸盐比 XeO_3 稳定。

XeO_3 的浓 NaOH 溶液中通入 O_3 可以得到高氙酸钠，其组成通常为 $Na_4XeO_6 \cdot 6H_2O$ 或者 $Na_4XeO_6 \cdot 8H_2O$，室温下干燥可得 $Na_4XeO_6 \cdot 2H_2O$。高氙酸盐固体相对稳定，是一种强氧化剂（Oxidazing Agent）。高氙酸盐的化学通式为 M_4XeO_6（M 为 Na、K、Rb、Cs），碱金属、碱土金属和许多重金属、稀土金属均可以生成高氙酸盐。高氙酸盐与浓硫酸反应可生成气态 XeO_4。

知识博览　储氢材料的储氢原理及研究现状

氢能具有环境友好、资源丰富、热值高、燃烧性能好、潜在经济效益高等特点。目前，能源危机和环境危机日益严重，许多国家都在加紧部署、实施氢能战略。但是，氢能的利用至今未能商业化，主要的制约因素就是存储问题难以解决，寻找性能优越、安全性高、价格低廉、环保的储氢材料成为氢能研究的关键。

目前，氢可以高压气态、液态、金属氢化物、有机氢化物和物理化学吸附等形式储存。高压气态、液态储氢发展的历史较早，是比较传统而成熟的方法，无需任何材料做载体，只需耐压或绝热的容器。但是储氢效率很低，加压到 15MPa 时质量储氢密度不超过 3%，而且存在很大的安全隐患，成本也很高。

金属氢化物储氢开始于 1967 年，Reilly 等人报道 Mg_2Cu 能大量储存氢气，接着 1970 年菲利浦公司报道 $LaNi_5$ 在室温下能可逆吸储与释放氢气，到 1984 年 Willims 制备出镍氢化物电池（Nickel-Hydrogen Battery），掀起稀土基储氢材料的开发热潮。金属氢化物储氢的原理是氢原子进入金属价键结构形成氢化物。储氢材料有稀土镧镍、钛铁合金、镁系合金或者钒、铌、锆等多元素系合金，具体有 $NaH-Al-Ti$、$Li_3N-LiNH_2$、MgB_2-LiH、$MgH_2-Cr_2O_3$ 及 Ni(Cu, Rh)-Cr-FeO 等物质，质量储氢密度为 2%~5%。金属氢化物储氢具有高体积储氢密度和高安全性等优点。在较低的压力（1×10^6 Pa）下具有较高的储氢能力，可达到 100kg/m³ 以上。但是，金属氢化物储氢最大的缺点是金属密度很大，导致氢的质量分数很低，一般只有 2%~5%，而且释放氢时需要吸热，储氢成本偏高。

目前大量的储氢研究是基于物理化学吸附的储氢方法。物理吸附基于吸附剂的表面力场作用，根源于气体分子和固体表面原子电荷分布的共振波动，维系吸附的作用力是范德华力。吸附储氢的材料有碳质材料、金属有机骨架（Metal-Organic Framework）材料和微孔/介孔沸石分子筛等矿物储氢材料。

　　碳质储氢材料主要是高比表面积的活性炭、石墨纳米纤维和碳纳米管，它们是最好的吸附剂，它们对少数的气体杂质不敏感，且可反复使用。超级活性炭在 94K、6MPa 下储氢量达 9.8%，纳米碳纤维（Carbine）储氢量可达 10%~12%，单壁碳纳米管最高储氢容量在 80K、12MPa 条件下达到了 8%，在室温、10MPa 条件下的储氢容量达到了 4.2%，已接近国际能源协会（IEA）规定的未来新型储氢材料的储氢量标准 5%。

　　沸石（Zeolites）分子筛是一种水合结晶硅铝酸盐（Aluminosilicates），因其规整的孔道结构、分子大小的孔径尺寸、可观的内表面积和微孔体积而显示出许多特殊性能。众多研究者报道的沸石氢吸附量均在 3% 以下，而且数据不尽一致，这主要取决于沸石的微孔结构。该微孔结构通常由独特的孔笼或孔道组成二维或三维的复杂孔道体系，其与沸石的化学成分、骨架特征及其所含的阳离子有着密切的关系。

　　最近，美国特拉华大学的科学家们制备了一种新的储氢材料——碳化鸡毛纤维。该材料直径为 6mm，比表面积可达到 100~450m^2/g，孔体积为 0.06~0.2cm^3/g，孔径小于 1nm；成本是目前所有储氢材料中最廉价的，可接近能源部的氢气系统成本标准，即 4 美元/(kW·h)，安装成本低于 700 美元，但是其储氢量仅为 1.5%。

　　目前，各种储氢材料各有千秋，若兼顾安全、成本、容量考虑，还没有一种能达到国际能源协会的目标，尤其是在成本方面。然而，利用矿物储氢可以降低成本，且改性后能有效提高储氢容量，具有很好的开发前景。

习　题

11-1 选择题：

（1）19 世纪末英国科学家 Rayleigh 和 Ramsay 发现的第一个稀有气体是（　　　）

A. He　　　　　　　B. Ne　　　　　　　C. Ar　　　　　　　D. Kr

（2）由英国化学家 N. Bartlett 发现的第一种稀有气体化合物是（　　　）。

A. XeF$_2$　　　　　　B. XeF$_4$　　　　　　C. XeF$_6$　　　　　　D. Xe[PtF$_6$]

（3）下列合金材料中可用作储氢材料的是（　　　）。

A. LaNi$_5$　　　　　　B. Cu-Zn-Al　　　　　C. TiC　　　　　　　D. Fe$_3$C

（4）在空气中含量最高（以体积百分数计）的稀有气体是（　　　）。

A. He　　　　　　　B. Ne　　　　　　　C. Ar　　　　　　　D. Xe

（5）氢气与下列物质反应，氢气不作为还原剂的是（　　　）。

A. 单质硫　　　　　　B. 金属锂　　　　　　C. 四氯化钛　　　　D. 乙烯

（6）下列氙的氟化物水解反应中，属于歧化反应的是（　　　）。

A. XeF$_2$ 的水解　　　　　　　　　　B. XeF$_6$ 的不完全水解

C. XeF$_4$ 的水解　　　　　　　　　　D. XeF$_6$ 的完全水解

（7）用于配制潜水用的人造空气的稀有气体是（　　　）。

A. Ar　　　　　　　B. Xe　　　　　　　C. Ne　　　　　　　D. He

（8）稀有气体氙能与（　　　）元素形成化合物。

  A. 钠　　　　　　　B. 氦　　　　　　　C. 溴　　　　　　　D. 氟

 (9) 在下面所列元素中，与氢能生成离子型氢化物的一类是（　　　）。

  A. 绝大多数活泼金属　　　　　　　B. 碱金属和钙、锶、钡

  C. 镧系金属元素　　　　　　　　　D. 过渡金属元素

 (10) 下列氢化物中，在室温下与水反应不产生氢气的是（　　　）。

  A. $LiAlH_4$　　　　B. CaH_2　　　　C. SiH_4　　　　D. NH_3

 (11) 下列物质中熔、沸点最低的是（　　　）。

  A. He　　　　　　B. Ne　　　　　　C. Xe　　　　　　D. Ar

 (12) 当氢原子核俘获中子时，它们形成（　　　）。

  A. α 粒子　　　　B. 氚　　　　　　C. β 射线　　　　D. 正电子

 (13) 下列氢化物中，稳定性最大的是（　　　）。

  A. RbH　　　　　B. KH　　　　　　C. NaH　　　　　D. LiH

 (14) GeH_4 属于（　　　）类型的氢化物。

  A. 离子型　　　　B. 共价型　　　　C. 金属型　　　　D. 都不是

 (15) CrH_2 属于（　　　）类型的氢化物。

  A. 离子型　　　　B. 共价型　　　　C. 金属型　　　　D. 都不是

11-2 填空题：

 (1) 稀有气体有许多重要用途，如_____可用于配制供潜水员呼吸的人造空气，_____可以用于填充霓虹灯，_____由于热传导系数小和惰性，用于填充电灯泡。

 (2) 依次写出下列氢化物的名称，指出它属于哪一类氢化物，室温下呈何状态？

  BaH_2 _____，_____，_____；

  AsH_3 _____，_____，_____；

  $PdH_{0.9}$_____，_____，_____。

 (3) 野外制氢使用的材料主要是_____和_____，它的化学反应方程式为_____。

 (4) 由于离解能很大，所以氢在常温下化学性质不活泼。但在高温下，氢显示出很大的化学活性，可以形成三种类型的氢化物，它们是_____、_____、_____。

 (5) 写出符合下列要求的稀有气体：

  温度最低的液体冷冻剂_____；电离能最低，安全的放电光源_____；可作焊接的保护性气体的是_____。具有放射性的是_____。

 (6) XeF_4 水解反应式为_____。

11-3 简答题：

 (1) 为什么说氢能是一种二级能源，氢能的优点是什么？目前开发氢能的困难有哪些？

 (2) 氢气和氧气化合为水的反应是一个强放热反应，但室温下混合氢气和氧气却看不到反应现象，当加热至 600℃ 以上时，却发生爆炸式反应，试解释之。

 (3) 试写出由 XeF_4 分别制备 XeO_3 和 Na_4XeO_6 的反应方程式，并注明必要的条件。

 (4) 下列反应都可以产生氢气，试各举一例并写出反应方程式：

  1）金属与水；

  2）金属与酸；

  3）金属与碱；

  4）非金属单质与水蒸气；

  5）非金属单质与碱。

 (5) 稀有气体为什么不形成双原子分子？

 (6) 为什么稀有气体原子（如 Xe、Kr）与 F 或 O 形成稀有气体化合物的可能性最大？

 (7) 为什么制备氙的氟化物一般使用镍制容器而不能使用石英容器？

12 碱金属和碱土金属

元素周期表中 S 区元素包括碱金属（Alkali Metals）和碱土金属（Alkali-Earth Metals）。碱金属（ⅠA 族）包括锂（Lithium，Li）、钠（Sodium，Na）、钾（Potassium，K）、铷（Rubidium，Rb）、铯（Cesium，Cs）、钫（Francium，Fr）。ⅠA 族元素的氢氧化物（MOH）都是易溶于水（LiOH 除外）的强碱，所以称为碱金属。碱土金属（ⅡA族）包括铍（Beryllium，Be）、镁（Magnesium，Mg）、钙（Calcium，Ca）、锶（Strontium，Sr）、钡（Barium，Ba）、镭（Radium，Ra）。ⅡA 族元素的氧化物难熔，被称为"土"，又因为它们与水作用显碱性，所以称为碱土金属。第二周期的 Li 和 Be元素的性质在各自族中较为特殊。本章主要介绍常见的 Na、K、Mg、Ca、Sr、Ba 等元素。

12.1　s 区元素概述

碱金属的基态原子最外层电子构型为 ns^1，碱土金属的基态原子最外层电子构型为 ns^2。表 12-1 列出了碱金属和碱土金属元素的基本性质。s 区元素中，同一族元素自上而下性质的变化是有规律的。同一族内，从上到下元素的原子半径、离子半径（Ionic Radium）依次增大，电离能、电负性依次减小，金属性、还原性依次增强。

表 12-1　碱金属和碱土金属元素的基本性质

性　质	锂	钠	钾	铷	铯	铍	镁	钙	锶	钡
元素符号	Li	Na	K	Rb	Cs	Be	Mg	Ca	Sr	Ba
原子序数	3	11	19	37	55	4	12	20	38	56
相对原子质量	6.941	22.99	39.098	85.47	132.9	9.012	24.305	40.08	87.62	137.3
介电子层结构	$2s^1$	$3s^1$	$4s^1$	$5s^1$	$6s^1$	$2s^2$	$3s^2$	$4s^2$	$5s^2$	$6s^2$
原子半径/pm	123	154	203	216	235	89	136	174	191	198
离子半径/pm	60	95	133	148	169	31	65	99	113	135
$I_1/\text{kJ} \cdot \text{mol}^{-1}$	520	496	419	403	376	900	738	590	550	503
$I_2/\text{kJ} \cdot \text{mol}^{-1}$	7298	4562	3051	2633	2230	1757	1451	1145	1064	965
$I_3/\text{kJ} \cdot \text{mol}^{-1}$	11815	6912	4111	3900	—	14849	7733	4912	4210	—
电负性	0.98	0.93	0.82	0.82	0.79	1.57	1.31	1.00	0.95	0.89
$E^{\ominus}/\text{V}$	-3.045	-2.714	-2.925	-2.925	-2.923	-1.85	-2.36	-2.87	-2.89	-2.91
密度/g·cm^{-3}	0.543	0.971	0.86	1.532	1.873	1.35	1.74	1.55	2.54	3.5
熔点/K	453.69	370.96	336.8	312.04	301.55	1551	922	1112	1042	998

性 质	锂	钠	钾	铷	铯	铍	镁	钙	锶	钡
沸点/K	1620	1156	1047	961	951.5	3243	1363	1757	1657	1913
硬度	0.6	0.4	0.5	0.3	0.3		2.0	1.5	1.8	
升华热（298K）/$kJ \cdot mol^{-1}$	159	109	90	86	79	320	150	192	164	175
$M^+(g)$ 的水合热 /$kJ \cdot mol^{-1}$	−530	−420	−340	−315	−280	−2520	−1960	−1615	−1475	−1340

碱金属和碱土金属有较大的原子半径。在同周期元素中，碱金属元素的原子半径最大，第一电离能最小。从表 12-1 可看出，碱土金属较之相邻的碱金属，第一电离能比碱金属大得多，但是第二电离能比碱金属小得多，碱土金属增加了 1 个核电荷和 1 个电子，作用于最外层电子上的有效核电荷增加，原子半径减小。

从次外层上失去电子的电离能突然增大来看，碱金属容易形成 +1 价的离子，生成 M^+；碱土金属只能表现 +2 价，生成 M^{2+}。无论 M^+ 或 M^{2+}，除 Li^+、Be^{2+} 为 2e 型外，其余均为具有稀有气体原子式稳定的 8e 型，这些惰气型的水合离子均不显色，这种 8e 型的电子层结构对核电荷的屏蔽作用较大。

碱金属和碱土金属在化合时，常常生成离子型化合物。但是，锂和铍的原子半径和离子半径很小，离子的电子结构为 2e 型的，极化作用（Polarization Power）强，形成的化合物大多是共价型的，因而锂和铍及其化合物常常表现出特殊的化学性质。例如，碱金属中锂是最稳定的，但是有很高的标准电极电势（−3.045V），这是由于 Li^+ 有较小的半径，在水溶液中同水分子结合形成水合离子而释放出较高的水合能的缘故。少数镁的化合物也是共价型的。

碱金属和碱土金属都是活泼金属。它们的化学活泼性很强，决定了它们不可能以单质的形式存在于自然界中。钾、钠、钙、镁的丰度较大，居前十位。钾、钠、镁的可溶性矿较多，钙、锶、钡主要为难溶性矿，主要的矿物有氯化物矿：NaCl，$MgCl_2$，KCl；硅酸盐矿：钠长石（$Na[AlSi_3O_8]$），钾长石（$K[AlSi_3O_8]$），锂辉石（Spodumene，$Li_2O \cdot Al_2O_3 \cdot 4SiO_2$）；硫酸盐矿：明矾（Alum，$K_2SO_4 \cdot Al_2(SO_4)_3 \cdot 24H_2O$），石膏（Gypsam，$CaSO_4 \cdot 2H_2O$），重晶石（$BaSO_4$），天青石（Celertine，$SrSO_4$）；碳酸盐矿：大理石（Marble，$CaCO_3$），石灰石（$CaCO_3$），菱镁矿（Magnesite，$MgCO_3$）等。

12.2 碱金属和碱土金属单质

12.2.1 物理性质

碱金属和碱土金属的单质都具有金属光泽，碱金属和碱土金属的新切面都是银白色的。在碱金属的晶体中有活动性较强的自由电子，因而它们具有良好的导电性和导热性等物理性质（Physical Properties）。例如铯表面受到光照时，电子便可获得

英文注解

能量从表面逸出，它可用来制造光电管中的阴极。

　　碱金属原子只有 1 个价电子，原子半径较大，原子间的结合力较小，金属键（Metallic Bond）较弱。因此，碱金属具有密度小、硬度小、熔沸点低、导电性强的特点，是典型的轻金属。例如，锂可浮于煤油上，钠、钾可浮于水面上，块状的钠、钾也容易用小刀切开。锂的熔沸点、硬度、升华热等都比其余碱金属高。

　　碱土金属有 2 个价电子，原子半径比同周期的碱金属小，原子间的结合力较强，所形成的金属键比碱金属强。所以，碱土金属的密度、熔点、沸点、硬度、升华热等都比碱金属高，但碱土金属仍是轻金属。铍的上述物性在本族中最高（除密度外）。

　　常温下，两种碱金属能形成液态合金，如含有 77.2% 钾和 22.8% 钠的合金熔点只有 260.7K，该合金的比热容大，液态温度范围宽，可用作核反应堆的冷却剂。钠、钾可溶于其他金属生成合金，如钠–汞齐等。钠–汞齐在氧化还原中比纯金属钠反应速率低，可用作有机合成中的还原剂。

　　碱金属和碱土金属及其挥发性化合物能使火焰呈现特殊的焰色（见表 12-2），因此可利用焰色来检验这些元素。产生特征焰色的原因是碱金属和碱土金属的原子或离子受热时，外层价电子易被激发至高能级，处于高能级的电子不稳定。当电子从较高能级跃迁回到较低能级时，相应的能量以光子（Photon）的形式释放出来，产生光谱。光子的波长处于可见光范围内，因而使火焰呈现特征的颜色。

表 12-2　碱金属和碱土金属及其挥发性化合物的焰色

离子	Li^+	Na^+	K^+	Rb^+	Cs^+	Ca^{2+}	Sr^{2+}	Ba^{2+}
焰色	洋红色	黄色	紫色	紫红色	蓝色	橙红色	洋红色	黄绿色
波长/nm	670.8	589.6	404.7	629.8	459.3	616.2	707.0	553.6

　　s 区元素在实际中的应用与它们的物理性质密切相关。例如，锂因为液态温度范围宽、比热容大而在核反应堆中作为传热介质。锂是重要的核能材料，1kg 锂通过热核反应可释放出相当于 $2×10^4$t 优质煤的能量，我国第一颗氢弹的核燃料就是氘化锂。锂铝合金具有高强度、低密度的性能，在飞机和宇宙飞船上得到应用。锂的铌酸盐和钽酸盐常用作激光材料，锂制成的长效电池广泛用于通信、计算机、航天、医疗等领域。$LiAlH_4$ 是一种良好的储氢材料和还原剂，大量用于有机合成反应。

　　铍及其合金具有密度小、比热容大、导热性好、刚度大等优点，广泛用于航空航天、军事、医疗等领域中。铍是核反应堆中最好的减速剂和中子反射剂之一，铍还可用作 X 射线管的窗口材料。

　　镁合金广泛用于航空工业、运输工具、军事器材等方面。

　　钠和钾是生物体必需的元素，缺钠会引起脱水，缺钾会引起低血钾症。钾对植物的生长、糖类和蛋白质的合成也起着重要的作用。碳酸锂是治疗精神疾病的药物。镁对所有的有机体都是必需的。钙是构成植物细胞和动物骨骼的重要成分。

12.2.2　化学性质

　　碱金属和碱土金属都是很活泼的金属，具有较强的还原性。同一族中，金属的

英文注解

活泼性由上而下逐渐增强；同一周期中从左到右金属活泼性逐渐减弱。除 Li、Be 外，它们的二元化合物主要以离子键存在。碱金属和碱土金属的主要反应见表 12-3。

表 12-3 碱金属和碱土金属的主要反应

金　属	直接与金属反应的物质	反　应　式
碱金属	H_2	$2M+H_2 \longrightarrow 2MH$
碱土金属		$M+H_2 \longrightarrow MH_2$
碱金属	H_2O	$2M+H_2O \longrightarrow 2MOH+H_2$
Ca、Sr、Ba		$M+H_2O \longrightarrow M(OH)_2+H_2$
Mg		$M+H_2O(g) \longrightarrow MO+H_2$
碱金属	卤素	$2M+X_2 \longrightarrow 2MX$
碱土金属		$M+X_2 \longrightarrow MX_2$
Li	N_2	$6M+N_2 \longrightarrow 2M_3N$
Mg、Ca、Sr、Ba		$3M+N_2 \longrightarrow M_3N_2$
碱金属	S	$2M+S \longrightarrow M_2S$
Mg、Ca、Sr、Ba		$M+S \longrightarrow NS$
Li	O_2	$4M+O_2 \longrightarrow 2M_2O$
Na		$2M+O_2 \longrightarrow M_2O_2$
K、Rb、Cs		$M+O_2 \longrightarrow MO_2$
碱土金属		$2M+O_2 \longrightarrow 2MO$
Ca、Sr、Ba		$M+O_2 \longrightarrow MO_2$

12.2.2.1 与非金属反应

碱金属与空气接触时，会与 O_2 和 CO_2 作用，在表面上覆盖一层氧化物或碳酸盐，因此碱金属应存放在煤油中。因锂的密度最小，可以浮在煤油上，所以将其浸在液体石蜡或封存在固体石蜡中。钠、钾在空气中加热容易燃烧，铷、铯在室温下就会自燃。

碱土金属活泼性略差，室温下这些金属表面会缓慢生成氧化膜。它们在空气中加热才显著发生反应，除生成氧化物外，还有氮化物生成：

$$3Ca+N_2 \longrightarrow Ca_3N_2$$

铍和镁对氧的亲和力很大，所以 BeO 和 MgO 的晶格能（Lattice Energy）很大，铍和镁甚至能还原 BaO。镁在空气中剧烈燃烧，并放出含有紫外线的炫目白光，用于制造照相的闪光灯。锶和钡在高压下与氧化合生成过氧化物。

碱金属和碱土金属还能直接或者间接地与电负性较高的非金属元素，如卤素、硫、磷、氮和氢气等形成相应的化合物。

稀盐酸和稀硫酸可溶解碱土金属，只有铍不溶于冷浓 HNO_3 而溶于强碱。在加热时，碱金属以及钙、锶、钡均能与氢形成离子型氢化物。MH 的热稳定性从 LiH 到 CsH 依次降低。MH_2 中以 CaH_2 的热稳定性为最大，CaH_2 可用于在野外制氢气。

英文注解

英文注解

12.2.2.2　与水反应

金属钠与水反应剧烈，并放出 H_2，反应放出的热使钠熔化成小球。钾与水的反应更激烈，并发生燃烧。铷和铯与水剧烈反应并发生爆炸。

锂虽然标准电极电势最小，但与水反应不如其他碱金属剧烈的原因是：

（1）锂的熔点高，反应热不足以使其熔化，与水的接触面积小；

（2）生成的 LiOH 难溶于水，覆盖在金属表面阻碍反应进行，导致反应速度缓慢。

铍能与水蒸气反应。镁能将热水分解，生成相应的氧化物。铍、镁与冷水作用很慢，而钙、锶、钡与冷水就能比较剧烈地进行反应。

12.2.2.3　与液氨作用

英文注解

碱金属的液氨稀溶液呈蓝色，随着碱金属溶解量的增加，溶液的颜色加深。当溶液中钠的浓度超过 1mol/L 时，就在原来深蓝色溶液之上出现一种青铜色的新相。继续添加碱金属，溶液就由蓝色变为青铜色。将此溶液蒸发，可以重新得到碱金属。研究认为，在碱金属的稀氨溶液中碱金属离解生成碱金属正离子和溶剂合电子：

$$M(s) + (x + y)NH_3(l) \longrightarrow M(NH_3)_x^+ + e\,(NH_3)_y^-$$

溶液中存在氨合阳离子和氨合电子，因而溶液有导电性。溶液中因含有大量溶剂合电子，因此溶液呈顺磁性。碱金属的液氨溶液中的溶剂合电子是一种很强的还原剂，它被广泛应用在无机和有机合成反应中。

溶液含有微量杂质（如过渡金属的盐类、氧化物和氢氧化物等）以及光化学作用，都能促进溶液中的碱金属和液氨之间发生反应而生成氨基化物并放出氢气：

$$Na + NH_3(l) \longrightarrow NaNH_2 + \frac{1}{2}H_2(g)$$

钙、锶、钡也能溶于液氨生成蓝色溶液，但与钠相比，它们溶得要慢些，量也少些。

12.2.2.4　与其他物质的反应

英文注解

在高温时，碱金属和碱土金属还能夺取某些氧化物中的氧，如镁可使 SiO_2 还原成单质硅，金属钠可以从 $TiCl_4$ 中置换出金属钛。这类反应常常应用在单质的制备中。

$$SiO_2 + 2Mg \longrightarrow Si + 2MgO$$

$$TiCl_4 + 4Na \longrightarrow Ti + 4NaCl$$

12.2.3　制备方法

英文注解

制备碱金属单质的方法主要有熔融电解法、热还原法和热分解法。

12.2.3.1　熔融电解法

由于碱金属和碱土金属的性质很活泼，所以一般采用电解其熔融化合物的方法制取金属单质。钠和锂主要通过电解熔融的氯化物制取。例如，电解熔融 NaCl 制取单质钠的电解槽如图 12-1 所示。电解槽外层为钢壳，内衬为耐火材料。以石墨为阳极，铁环为阴极，两极用隔墙分开。Cl_2 从阳极区上部管道排出，钠从阴极区出口流出。

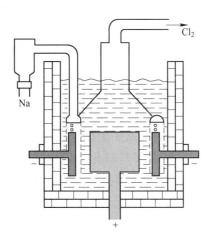

图 12-1 制取单质钠的电解槽

电解用原料是氯化钠和氯化钙的混合盐。若只用氯化钠进行电解，不仅需要高温，而且电解析出的钠易挥发（NaCl 的熔点为 1073K，钠的沸点为 1156K），容易分散在熔融盐中，难以分离出来。通过加入氯化钙，降低电解质的熔点（混合盐的熔点约为 873K），防止钠的挥发，而且可减小金属钠的分散性。因熔融混合物的密度比金属钠大，钠易浮在上面。电解得到的钠中约含有 1% 的钙。电解时的各电极反应如下：

阳极反应：$\qquad 2Cl^- \longrightarrow Cl_2(g) + 2e$

阴极反应：$\qquad 2Na^+ + 2e \longrightarrow 2Na$

总反应：$\qquad 2NaCl \longrightarrow 2Na + Cl_2(g)$

12.2.3.2 热还原法

热还原法通常用焦炭（Coke）、碳化物（Carbide）或活泼金属作为还原剂，用来制取沸点低、易挥发的钾、铷、铯、钙、锶和钡。

例如：

$$KCl + Na \longrightarrow NaCl + K(g)$$
$$2RbCl + Ca \longrightarrow CaCl_2 + 2Rb(g)$$
$$3CaO + 2Al \longrightarrow 3Ca(g) + Al_2O_3 \ (T = 1473K，真空条件下)$$
$$2KF(s) + CaC_2(s) \longrightarrow CaF_2(s) + 2K(g) + 2C(s) \ (T = 1273 \sim 1423K)$$
$$MgO(s) + C(s) \longrightarrow CO(g) + Mg(g) \ (T = 2270K)$$

12.2.3.3 热分解法

碱金属的某些不稳定的盐，如亚铁氰化物、氰化物和叠氮化物，加热能被分解成碱金属单质：

$$2KCN \longrightarrow 2K + 2C + N_2(g)$$
$$2MN_3 \longrightarrow 2M + 3N_2(g) \ (M = Na、K、Rb、Cs)$$

铷、铯常用下列方法制备：

$$2RbN_3 \longrightarrow 2Rb + 3N_2(g) \ (T = 668K)$$

$$2CsN_3 \longrightarrow 2Cs + 3N_2(g)\,(T = 663K,\ 高真空)$$

碱金属的叠氮化物较易纯化，且不发生爆炸，这种方法是定量制备碱金属的理想方法。锂因形成很稳定的 LiN_3，故不能用这种方法制备。

12.3　碱金属和碱土金属的化合物

除锂、铍、镁与一些易变形的阴离子生成的化合物有一定的共价性外，其余元素的化合物均以离子键为主。碱金属与氧化合可以形成多种氧化物：普通氧化物 M_2O，过氧化物 M_2O_2，超氧化物 MO_2 和臭氧化物 MO_3。如，在过量的空气中燃烧时，锂生成氧化锂 Li_2O，钠生成 Na_2O_2，钾、铷、铯生成超氧化物，碱土金属一般生成普通氧化物，钙、锶、钡可以形成过氧化物和超氧化物。

12.3.1　氧化物

12.3.1.1　普通氧化物

碱金属在空气中燃烧时，只有锂生成白色氧化锂（Li_2O）固体，而钠、钾、铷和铯的主要产物分别是 Na_2O_2、KO_2、RbO_2 和 CsO_2。虽然在缺氧的空气中可以制得除锂以外的其他碱金属的正常氧化物，但氧化条件不易控制，所以碱金属的普通氧化物 M_2O 必须采用间接方法来制备。例如用金属钠还原过氧化钠，用金属钾还原硝酸钾，分别可以制得氧化钠 Na_2O（白色固体）和氧化钾 K_2O（淡黄色固体）。

$$Na_2O_2 + 2Na \longrightarrow 2Na_2O$$
$$2KNO_3 + 10K \longrightarrow 6K_2O + N_2(g)$$

Rb_2O 为亮黄色固体，Cs_2O 为橙红色固体。从 Li 到 Cs，氧化物的颜色依次加深。

碱金属氧化物都是典型的碱性氧化物，与水化合生成氢氧化物 MOH。碱金属氧化物与水反应的激烈程度，从 Li_2O 到 Cs_2O 依次加强。Li_2O 与水反应很慢，但 Rb_2O 和 Cs_2O 与水反应时会发生燃烧甚至爆炸。

碱土金属在室温或加热下与氧化合，一般形成氧化物 MO。在实际生产中，这些氧化物常通过碳酸盐、氢氧化物、硝酸盐或硫酸盐的分解（Decomposition）制得。

$$CaCO_3 \longrightarrow CaO + CO_2 \uparrow$$
$$2Sr(NO_3)_2 \longrightarrow 2SrO + 4NO_2 \uparrow + O_2 \uparrow$$

碱土金属氧化物都是难溶于水的白色固体。BeO 是六方 ZnS 型晶体，其他的氧化物是 NaCl 型晶体。BeO 为两性氧化物，其他的都是典型的碱性氧化物。BeO 氧化物的碱性比同周期的碱金属氧化物弱。碱土金属氧化物的水合热从 Be 到 Ba 依次增加，BeO 几乎不与水反应。氧化钙与水反应生成熟石灰并放出大量的热，氧化钙的水合能力常用来吸收酒精中的水分。

$$CaO + H_2O \longrightarrow Ca(OH)_2$$

在高温下氧化钙能同酸性氧化物 SiO_2 作用，生成 $CaSiO_3$。

$$CaO + SiO_2 \longrightarrow CaSiO_3$$

CaO 与 P_2O_5 也有类似反应，可用来在高温炼钢中除去杂质磷。

$$3CaO + P_2O_5 \longrightarrow Ca_3(PO_4)_2$$

碱土金属氧化物晶体由于正、负离子都带有 2 个电荷，而 M—O 的距离又较小，所以具有较大的晶格能(Lattice Energy)，因此它们的熔点和硬度都相当高。从 Mg 到 Ba，碱土金属氧化物晶体的熔点依次下降。BeO 和 MgO 常用来制造耐火材料和金属陶瓷。密度为 $2.94g/cm^3$ 的 MgO 为白色细末，称为轻质氧化镁。碱土金属氧化物均难溶于水，易溶于酸和铵盐溶液。氧化镁浸于水中慢慢会转变为氢氧化镁。

12.3.1.2 过氧化物

除铍外所有碱金属和碱土金属都能形成离子型过氧化物。过氧化物(Peroxide)是含有过氧基(O_2^{2-}) 的化合物，可看作是 H_2O_2 的衍生物。

碱金属中最常见的过氧化物是过氧化钠，其用途最大。工业上制备 Na_2O_2 的方法是将钠加热至熔化，通入一定量的干燥空气除去 CO_2，维持温度在453~473K，钠即被氧化为 Na_2O；然后增加空气流量并迅速提高温度至 573 ~ 673K，即可制得 Na_2O_2(淡黄色粉末)。

$$4Na + O_2 \longrightarrow 2Na_2O(T = 453 ~ 473K)$$
$$2Na_2O + O_2 \longrightarrow 2Na_2O_2(T = 573 ~ 673K)$$

Na_2O_2 易吸潮，加热至 773K 时仍很稳定。Na_2O_2 与水或稀酸反应产生 H_2O_2，H_2O_2 立即分解放出 O_2。

$$Na_2O_2 + 2H_2O \longrightarrow H_2O_2 + 2NaOH$$
$$Na_2O_2 + H_2SO_4 \longrightarrow H_2O_2 + Na_2SO_4$$
$$2H_2O_2 \longrightarrow 2H_2O + O_2(g)$$

Na_2O_2 被广泛用作氧化剂、漂白剂和氧气发生剂。Na_2O_2 与 CO_2 反应，放出 O_2。Na_2O_2 在防毒面具、高空飞行和潜水中用作 CO_2 的吸收剂和供氧剂。

$$2Na_2O_2 + 2CO_2 \longrightarrow 2Na_2CO_3 + O_2$$

Na_2O_2 是一种强氧化剂，在碱性溶液中，它可把 Cr(Ⅲ) 氧化成 Cr(Ⅵ) 的化合物等，常用它来氧化分解某些不溶于酸的矿物。Na_2O_2 能将矿石中硫、锰、铬、钒、锡等成分氧化成可溶的含氧酸盐：

$$Cr_2O_3 + 3Na_2O_2 \longrightarrow 2Na_2CrO_4 + Na_2O$$
$$MnO_2 + Na_2O_2 \longrightarrow Na_2MnO_4$$

由于 Na_2O_2 有强碱性，熔融时不能采用瓷制器皿或石英器皿，宜用铁、镍器皿。由于它们具有强氧化性，熔融时遇到棉花、炭粉或铅粉会发生爆炸，操作时应十分小心。

其他的过氧化物都是用间接方法制得的。碱土金属过氧化物最为重要的是 BaO_2。在室温下以氨水为介质，$Ba(NO_3)_2$ 和 H_2O_2 作用制得 $BaO_2 \cdot H_2O_2$，然后加热到383~388K，脱去 H_2O_2，即可制得 BaO_2。BaO_2 与稀硫酸反应生成 H_2O_2，这是 H_2O_2 的实验室制法。

$$Ba(NO_3)_2 + 2H_2O_2 + 2NH_3 \cdot H_2O \longrightarrow BaO_2 \cdot H_2O_2 + 2NH_4NO_3 + 2H_2O$$
$$BaO_2 + H_2SO_4 \longrightarrow BaSO_4 + H_2O_2$$

12.3.1.3 超氧化物

除锂外，所有碱金属元素都有相应的超氧化物（Superoxide）。钾、铷、铯在过量的 O_2 中燃烧可制得超氧化物 MO_2。KO_2 是橙黄色固体，RbO_2 是深棕色固体，C_sO_2 是深黄色固体。按照分子轨道理论（Molecular Orbital Theory），超氧负离子 O_2^- 的分子轨道电子排布式为：$[KK(\sigma_{2s})^2(\sigma_{2s}^*)^2(\sigma_{2p})^2(\pi_{2p_y})^2(\pi_{2p_z})^2(\pi_{2p_y}^*)^2(\pi_{2p_z}^*)^1]$。

超氧负离子 O_2^- 有一个未成对的电子，故它具有顺磁性，并呈现颜色。O_2^- 的键级为 1.5，它形成 1 个 σ 键和 1 个三电子的 π 键，其结构式如下：

$$[:\overset{..}{O} \overset{\cdots}{\text{———}} \overset{..}{O}:]^-$$

O_2^- 的键能比 O_2 小，所以稳定性比 O_2 差。超氧化物是强氧化剂，可与水剧烈地反应，生成 O_2 和 H_2O_2。

$$2MO_2 + 2H_2O \longrightarrow O_2(g) + H_2O_2 + 2MOH$$

超氧化物也能和 CO_2 反应放出 O_2：

$$4MO_2 + 2CO_2 \longrightarrow 2M_2CO_3 + 3O_2(g)$$

利用超氧化物除去 CO_2 和再生 O_2，可用于急救器和潜水、登山等供氧设施。

碱土金属的超氧化物的制备是在高压下，将氧气通过加热的过氧化物 MO_2 来制备，产品为不纯的超氧化物 MO_4。

12.3.1.4 臭氧化物

臭氧同钾、铷、铯的氢氧化物固体反应，可以得到它们的臭氧化物（Ozonide）。例如：

$$3KOH(s) + 2O_3(g) \longrightarrow 2KO_3(s) + KOH \cdot H_2O(s) + \frac{1}{2}O_2(g)$$

将 KO_3 用液氨重结晶，可得到橘红色的 KO_3 晶体，KO_3 不稳定，它缓慢地分解成 KO_2 和 O_2：

$$2KO_3 \longrightarrow 2KO_2 + O_2(g)$$

臭氧化物与 H_2O 发生剧烈反应直接生成氢氧化物和 O_2，并没有形成过氧化物。

$$4MO_3(s) + 2H_2O \longrightarrow 4MOH + 5O_2(g)$$

12.3.2 氢氧化物

碱金属的氢氧化物又称为苛性碱。碱金属和碱土金属的氢氧化物中除 $Be(OH)_2$ 为两性外，其余都为碱性，它们都是白色固体。除 $LiOH$ 外，其余碱金属的氢氧化物都易溶于水，并放出大量的热。在空气中容易吸湿潮解，$NaOH$ 和 $Ca(OH)_2$ 固体常用做干燥剂。碱金属的氢氧化物容易与空气中的 CO_2 反应而生成碳酸盐，需要密封保存。

碱金属氢氧化物具有强碱性，其水溶液和熔融物既能溶（熔）解某些金属及其氧化物，也能溶（熔）解某些非金属及其氧化物。$NaOH$ 和 KOH 的熔点低（591K、633K），易于熔化，在工业生产和分析工作中常用于分解矿石。

$$Si + 2NaOH + H_2O \longrightarrow Na_2SiO_3 + 2H_2 \uparrow$$

$$SiO_2 + 2NaOH \longrightarrow Na_2SiO_3 + H_2O$$

$$2Al + 2NaOH + 6H_2O \longrightarrow 2Na[Al(OH)_4] + 3H_2 \uparrow$$

$$Al_2O_3 + 2NaOH \longrightarrow 2NaAlO_2 + H_2O(熔融条件下)$$

熔融的 NaOH 和 KOH 腐蚀性更强，能腐蚀衣服、玻璃、陶瓷、金属铂，能严重烧伤皮肤。因此，工业上熔化或蒸浓 NaOH 时，一般用铸铁、银或镍容器，其中银对 NaOH 具有较强的耐腐蚀性能。NaOH 能腐蚀玻璃，因此实验室盛 NaOH 溶液的试剂瓶，应使用橡胶塞，而不能用玻璃塞，否则若存放时间久，NaOH 可与瓶口玻璃的主要成分 SiO_2 反应生成黏性的 Na_2SiO_3，从而把玻璃塞和瓶口黏结在一起。

碱金属和碱土金属氢氧化物的碱性呈现一定的规律性（见表 12-4 和表 12-5）。一般氢氧化物的酸碱性强弱可用 M^{n+} 的离子势 ϕ（$\phi = Z/r$，Z 为电荷数；r 为离子半径，pm）的大小来判断，简称 ROH 规则。以 MOH 为例，ϕ 值越大，M^+ 的静电场越强，对氧原子上电子云的吸引力越强，M—O 之间呈现显著的共价性。O—H 键受 M^+ 的强烈影响，其共用电子对强烈偏向 M^+，导致 O—H 键的极性增强，M—O—H 倾向于发生酸式离解：

$$M—O-\vdots-H \longrightarrow MO^- + H^+$$

反之，ϕ 值越小，M^+ 的极化能力越弱，M—O 键的极性增强，M—O—H 倾向于发生碱式离解：

$$M-\vdots-O—H \longrightarrow M^+ + OH^-$$

有人提出，用 $\sqrt{\phi}$ 值的大小来判断 $M(OH)_n$ 的酸碱性（仅适用于 8e 构型的 M^{n+}）：

$\sqrt{\phi} < 0.22$，氢氧化物呈碱性；

$0.22 < \sqrt{\phi} < 0.32$，氢氧化物呈两性；

$\sqrt{\phi} > 0.32$，氢氧化物呈酸性。

表 12-4 碱金属氢氧化物的溶解度和碱性

性　　质	LiOH	NaOH	KOH	RbOH	CsOH
熔点/K	723	591	633	574	545
溶解度（288K）/mol·L^{-1}	5.3	26.4	19.1	17.9	25.8
碱性	中碱性	强碱	强碱	强碱	强碱
熔解热/kJ·mol^{-1}	23.4	44.4	57.7	62.3	74.5

表 12-5 碱土金属氢氧化物的溶解度和碱性

性　　质	Be(OH)$_2$	Mg(OH)$_2$	Ca(OH)$_2$	Sr(OH)$_2$	Ba(OH)$_2$
溶解度（293K）/mol·L^{-1}	8×10^{-6}	5×10^{-4}	1.8×10^{-2}	6.7×10^{-2}	2×10^{-1}
碱性	两性	中强碱	强碱	强碱	强碱
熔点/K	脱水分解	脱水分解	脱水分解	脱水分解	脱水分解

例如，Be^{2+} 的 $\sqrt{\phi}=0.25$，$Be(OH)_2$ 呈两性；Ba^{2+} 的 $\sqrt{\phi}=0.12$，$Ba(OH)_2$ 呈强碱性。

同一主族元素的氢氧化物，由于离子的电子层构型和电荷数均相同，其 $\sqrt{\phi}$ 值主要取决于离子半径（Ionic Radium）的大小。所以碱金属、碱土金属氢氧化物的碱性，均随离子半径的增大而增强。应当指出以 ϕ 值判断碱性的强弱比较粗略，这是因为碱金属和碱土金属的氢氧化物在水中的碱性强弱除了与离子的电子层结构、电荷和半径有关以外，还受其他因素的影响。

碱金属和碱土金属的氢氧化物的溶解性有一定的变化规律。同族元素随着原子序数的增加，其氢氧化物的溶解度从上到下是逐渐增大的。大多数情况下，离子化合物的溶解度与离子势成反比。碱金属氢氧化物从 LiOH 到 CsOH 随着阳离子半径的增大，阳离子和阴离子之间的吸引力逐渐减小，ROH 晶格越来越容易被水分子拆开。与碱金属相比，同一周期中，碱土金属离子半径小，而且带 2 个正电荷，离子势大，因此水分子就不容易将它们拆开，溶解度就小得多。

碱金属氢氧化物在水中的溶解度很大，并全部电离。其中溶解度最小的 LiOH，在 288K 时溶解度也可达到 5.3mol/L。碱土金属氢氧化物的溶解度比碱金属氢氧化物的溶解度小得多，其中 $Ba(OH)_2$ 可溶、$Ca(OH)_2$ 和 $Sr(OH)_2$ 微溶、$Be(OH)_2$ 和 $Mg(OH)_2$ 难溶。

碱金属氢氧化物中，最重要的是 NaOH。NaOH 俗称烧碱，又称苛性钠，是重要的化工原料，应用广泛。工业上采用电解食盐水溶液的方法来制备 NaOH。少量的 NaOH，可用 Na_2CO_3 和 $Ca(OH)_2$ 反应（苛化法）制备：

$$Na_2CO_3 + Ca(OH)_2 \longrightarrow CaCO_3 \downarrow + 2NaOH$$

碱土金属氢氧化物中最重要的是 $Ca(OH)_2$。$Ca(OH)_2$ 俗称熟石灰或消石灰，可由 CaO 与水反应制得，广泛用于化工和建筑工业中。

12.3.3　氢化物

碱金属和碱土金属中较活泼的钙、锶、钡的电负性与氢相差较大，氢从金属原子的外层电子中夺得 1 个电子形成阴离子 H^-，而形成氢化物。这些氢化物都是离子晶体，故称为离子型氢化物，又称为盐型氢化物。电解熔融的盐型氢化物，在阳极上放出 H_2，证明在这类氢化物中的氢是带负电荷的。

$$2M + H_2 \longrightarrow 2MH（M 为碱金属）$$
$$M + H_2 \longrightarrow MH_2（M 为 Ca、Sr、Ba）$$

LiH 约在 998K 时形成，NaH 和 KH 在 573~673K 时生成，其余氢化物在 723K 时生成。这些氢化物均为白色晶体，它们的熔、沸点较高，熔融时能够导电。碱金属氢化物中的 H^- 的离子半径介于碱金属氟化物中的 F^- 和氯化物中的 Cl^- 之间。因此，碱金属氢化物的某些性质类似于碱金属卤化物。碱金属氢化物热稳定性差异较大，其中以 LiH 最稳定，温度为 1123K 时也不分解。其他碱金属氢化物稳定性较差，加热不到熔点，就分解成金属和 H_2。

离子型氢化物都具有强还原性，固态 NaH 在 673K 时能将 $TiCl_4$ 还原为金属钛：

$$TiCl_4 + 4NaH \longrightarrow Ti + 4NaCl + 2H_2(g)$$

LiH 和 CaH$_2$ 等在有机合成中是重要的还原剂。

在水溶液中，H$_2$/H$^-$ 电对的 $E^\ominus = -2.23V$，可见 H$^-$ 是最强的还原剂之一。离子型氢化物遇水会发生剧烈的水解反应，放出 H$_2$：

$$LiH + H_2O \longrightarrow LiOH + H_2(g)$$

$$CaH_2 + 2H_2O \longrightarrow Ca(OH)_2 + 2H_2(g)$$

由于 CaH$_2$ 与水反应放出大量的 H$_2$，所以常用作野外作业的生氢剂。

12.3.4　盐类

碱金属和碱土金属的常见盐类有卤化物(Halides)、碳酸盐、硝酸盐、硫酸盐和硫化物(Sulfide) 等，大多数的碱金属盐类是离子型晶体，其中锂盐(如卤化物) 具有不同程度的共价性。下面讨论这些常见盐的一些重要特性。

12.3.4.1　晶体类型

大多数碱金属盐是离子型晶体，它们的熔、沸点均较高。碱金属和碱土金属的氯化物的熔点见表 12-6 和表 12-7。由于 Li$^+$、Be^{2+} 的离子半径小，极化作用较强，因此它们的卤化物具有较明显的共价性。LiCl 的熔点要比其他碱金属卤化物的熔点低。BeCl$_2$ 易于升华，气态时形成双分子(BeCl$_2$)$_2$，固态时形成多聚物(BeCl$_2$)$_n$，能溶于有机溶剂，这些性质都表明了 BeCl$_2$ 的共价性。MgCl$_2$ 也有一定程度的共价性。

表 12-6　碱金属氯化物的熔点

氯化物	LiCl	NaCl	KCl	RbCl	CsCl
熔点/℃	613	800.8	771	715	646

表 12-7　碱土金属氯化物的熔点

氯化物	BeCl$_2$	MgCl$_2$	CaCl$_2$	SrCl$_2$	BaCl$_2$
熔点/℃	415	714	775	874	962

12.3.4.2　溶解性(Solubility)

碱金属盐类最显著的特征之一是易溶于水，并且在水中完全电离，与水形成水合离子。只有少数碱金属盐是难溶的，它们的难溶盐一般都是由大的阴离子组成，而且碱金属离子越大，难溶盐的数目也越多。

难溶钠盐有白色粒状的六羟基锑酸钠 Na[Sb(OH)$_6$]，乙酸双氧铀酰锌酸钠 NaAc·Zn(Ac)$_2$·3UO$_2$(Ac)$_2$·9H$_2$O(黄绿色结晶)。钾、铷、铯的难溶盐稍多，如高氯酸盐 MClO$_4$(白色)、四苯硼酸盐 MB(C$_6$H$_5$)$_4$(白色)、酒石酸氢盐 MHC$_4$H$_4$O$_6$ (白色)、六氯铂酸盐 M$_2$[PtCl$_6$] (淡黄色)、钴亚硝酸钠盐 M$_2$Na[Co(NO$_2$)$_6$] (亮黄色)。钠、钾的一些难溶盐常用于鉴定钠、钾离子。

碱土金属盐类的重要特征是它们的微溶性。可溶性的盐有氯化物、硝酸盐、高氯酸盐、硫酸镁、铬酸镁等。另外，它们的酸式碳酸盐和磷酸二氢盐也可溶于水。难溶盐有碳酸盐、硫酸盐、草酸盐、铬酸盐等。硫酸盐和铬酸盐的溶解度按照 Ca、

Sr、Ba 的顺序依次降低。$Ca(C_2O_4)$ 的溶解度是所有钙盐中最小的，因此在重量分析中可用它来测定钙。$BaSO_4$ 既难溶于水又难溶于酸，常用于 SO_4^{2-} 和 Ba^{2+} 的鉴定。

大多数碱土金属盐是无色的离子型水合晶体。铍和镁的某些盐有一定的共价性。铍盐和可溶性的钡盐都是有毒的。

12.3.4.3　热稳定性

碱金属盐具有较高的热稳定性（Thermal Stability），其卤化物在高温时挥发但不易分解。碳酸盐除 Li_2CO_3 在 1543K 以上分解为 Li_2O 和 CO_2 外，其余都不分解。硫酸盐在高温下既难挥发，又难分解。只有硝酸盐热稳定性较差，加热到一定温度就可分解。

$$4LiNO_3 \longrightarrow 2Li_2O + 4NO_2(g) + O_2(g) \quad (T = 976K)$$
$$2NaNO_3 \longrightarrow 2NaNO_2 + O_2(g) \quad (T = 1003K)$$
$$2KNO_3 \longrightarrow 2KNO_2 + O_2(g) \quad (T = 943K)$$

碱土金属的热稳定性比碱金属要差。除铍盐外，碱土金属的卤化物、硫酸盐、碳酸盐热稳定性较高，其中碳酸盐和硫酸盐的热稳定性随着金属离子半径的增大而增大，表现为分解温度依次升高。但它们的碳酸盐热稳定性较碱金属碳酸盐要低。

碳酸盐	$BeCO_3$	$MgCO_3$	$CaCO_3$	$SrCO_3$	$BaCO_3$
分解温度	< 373K	813K	1173K	1563K	1633K

碱土金属碳酸盐热稳定性的规律也可用离子极化的观点来说明。碳酸盐中，阴离子（CO_3^{2-}）较大，阳离子半径越小，极化力越大，受热越容易分解。

12.3.4.4　形成结晶水合物的能力

一般来说，电荷越高、半径越小，或者说离子势越大的金属阳离子，作用于水分子的电场越强，越容易形成结晶水合物，它的水合热越大。碱金属离子是半径最大的阳离子，离子电荷最少，所以它的水合热常小于其他离子。碱金属离子的水合能力按照 Li、Na、K、Rb、Cs 的顺序逐渐降低。几乎所有的锂盐都是水合的，钠盐约有 75% 是水合的，钾盐有 25% 是水合的，铷盐和铯盐仅有少数是水合的。碱金属的强酸盐水合能力弱，弱酸盐水合能力强。在常见的碱金属盐中，卤化物大多是无水的，硝酸盐中只有锂盐形成水合物 $LiNO_3 \cdot H_2O$ 和 $LiNO_3 \cdot 3H_2O$，硫酸盐只有 $Li_2SO_4 \cdot H_2O$ 和 $Na_2SO_4 \cdot 10H_2O$，碳酸盐中除 Li_2CO_3 无水合物外，其余皆有不同形式的水合物。

碱土金属离子的电荷高、半径小、离子势大，碱土金属比碱金属的盐更易形成结晶水合物。碱土金属都能形成带有结晶水的盐，其无水盐容易吸收空气中的水分而潮解。例如，无水 $CaCl_2$ 因易吸水形成结晶水合物，所以常用作干燥剂。

12.3.4.5　形成复盐的能力

除锂以外，碱金属还能形成一系列复盐（Complex Salts）。其主要类型有：光卤石（Carnallite）类，通式为 $M^I Cl \cdot MgCl_2 \cdot H_2O$，其中，$M^I = K^+$、$Rb^+$、$Cs^+$，如光卤石 $KCl \cdot MgCl_2 \cdot 6H_2O$；矾类，矾类有两种，一类是钾、铷、铯的硫酸盐与硫酸镁之间形成的矾，通式为 $M_2^I SO_4 \cdot MgSO_4 \cdot 6H_2O$，其中 $M^I = K^+$、Rb^+、Cs^+，如软钾镁矾 $K_2SO_4 \cdot MgSO_4 \cdot 6H_2O$，另一类是碱金属硫酸盐与三价金属的硫酸盐之间形

成的矾，通式为 $M^I M^{III}(SO_4)_2 \cdot 12H_2O$，其中 $M^I = Na^+$、K^+、Rb^+、Cs^+，$M^{III} =$ Al^{3+}、Cr^{3+}、Fe^{3+}、Co^{3+}、Ga^{3+}、V^{3+} 等，如明矾 $KAl(SO_4)_2 \cdot 12H_2O$。

与单纯的碱金属盐相比，其复盐的溶解度一般小很多。

12.3.5　几种重要的盐

卤化铍是共价型聚合物 $(BeX_2)_n$，不导电，能升华。Be 的氯化物蒸气中有 $BeCl_2$ 和 $(BeCl_2)_2$ 分子。

NaCl 是用途最广的卤化物，是钠最主要的矿物资源，其主要来源于海盐、岩盐（Rock Salt）和井盐等。NaCl 除供食用外，还是制取金属钠、NaOH、Na_2CO_3、Cl_2 和 HCl 等多种化工产品的基本原料。

KCl 是制取金属钾和其他钾化合物的基本原料，电解 KCl 水溶液可制得 KOH。由于 NaCl 在热水中的溶解度低，因此可用 KCl 和 $NaNO_3$ 在热水介质中反应得到 KNO_3。钾的化合物价格要高于相应钠的化合物，这限制了钾化合物的应用。

$$NaNO_3(aq) + KCl(aq) \longrightarrow KNO_3(aq) + NaCl(s)$$

$MgCl_2$ 通常以光卤石（$KCl \cdot MgCl_2 \cdot 6H_2O$）形式存在，光卤石和海水是获取 $MgCl_2$ 的主要资源。加热 $MgCl_2 \cdot 6H_2O$ 时，不会得到无水 $MgCl_2$，而是发生水解：

$$MgCl_2 \cdot 6H_2O \longrightarrow Mg(OH)Cl + HCl + 5H_2O(T > 408K)$$

$$Mg(OH)Cl \longrightarrow MgO + HCl \quad (T = 770K)$$

要得到无水的 $MgCl_2$，需将 $MgCl_2 \cdot 6H_2O$ 在干燥的 HCl 气流中加热脱水，工业上通常是在高温下通 Cl_2 于焦炭和 $MgCl_2$ 的混合物中来生产 $MgCl_2$。无水 $MgCl_2$ 是制取金属镁的原料，它吸水能力极强，易潮解。普通食盐的潮解就是因为含有 $MgCl_2$。

加热 $CaCl_2 \cdot 6H_2O$ 至 473K 时生成 $CaCl_2 \cdot 2H_2O$，继续加热至 533K 时完全脱水形成白色多孔的 $CaCl_2$，这个过程有少许水解反应发生，故无水 $CaCl_2$ 中常含有微量 CaO。无水 $CaCl_2$ 有很强的吸水性，是一种重要的干燥剂。由于它能与气态氨和乙醇形成加成物，所以不能用于干燥氨气和乙醇。$CaCl_2$ 和冰（1.44∶1）的混合物是实验室常用的制冷剂，可获得 218K 的低温。

$BaCl_2$ 一般为二水合物 $BaCl_2 \cdot 2H_2O$（无色单斜晶体），加热至 400K 时会变为无水盐，$BaCl_2$ 可溶于水。可溶性钡盐对人、畜都有害，对人的致死量为 0.8g，切忌入口。$BaCl_2$ 用于医药、灭鼠剂和鉴定 SO_4^{2-}。

CaF_2 难溶于水，微溶于无机酸，与热的浓硫酸作用可生成氢氟酸。自然界中的氟化钙矿物为萤石（Fluorite）或氟石，它作为助熔剂被广泛应用于钢铁冶炼、铁合金生产和有色金属冶炼领域。萤石另一重要用途是生产氢氟酸，也广泛应用于玻璃、陶瓷、水泥等建材工业。

碱金属碳酸盐有两类：正盐和酸式盐。Na_2CO_3 为正盐，俗称苏打（Soda）或纯碱，其溶于水发生水解而呈碱性。Na_2CO_3 易溶于水，是一种强碱盐，溶于水后发生水解反应，使溶液显碱性。它有一定的腐蚀性，能与酸进行中和反应（Neutralization

Reaction），生成相应的盐并放出 CO_2。它是重要的化工原料之一，可用于制造化学品、清洗剂、洗涤剂，也用于照相术和制备医药品。

$NaHCO_3$ 为酸式盐，俗称小苏打，在水中的溶解度小于 Na_2CO_3，其水溶液呈弱碱性。$NaHCO_3$ 固体在 50℃ 以上开始逐渐分解生成 Na_2CO_3、CO_2 和水，270℃ 时完全分解。$NaHCO_3$ 是强碱与弱酸中和后生成的酸式盐，煅烧 $NaHCO_3$ 可得到 Na_2CO_3。

$$2NaHCO_3 \xrightarrow{\text{煅烧}} Na_2CO_3 + H_2O + CO_2(g)$$

$NaHCO_3$ 主要用作食品工业的发酵剂、汽水和冷饮中的 CO_2 发生剂、黄油的保存剂，可直接作为制药工业的原料。

$CaCO_3$ 是无色单斜（Monoclinic）晶体，难溶于水，易溶于酸和 NH_4Cl 溶液，加热至 1000K 可转变为方解石（Calcite）。它用作橡胶、塑料、造纸、涂料和油墨等行业的填料，也广泛用于有机合成、冶金、玻璃和石棉等生产中。

KNO_3 俗称火硝或土硝。KNO_3 在空气中不吸潮，在加热时有强氧化性，与有机物接触能燃烧爆炸。它用来制备黑火药，是含氮肥、钾的优质化肥，在冶金工业、食品工业等领域常将 KNO_3 用作辅料。

$Na_2SO_4 \cdot 10H_2O$ 俗称芒硝（Mirabilite），有吸湿性。无水 Na_2SO_4 俗称元明粉，大量用于玻璃、造纸、水玻璃、陶瓷等工业，也用于制备 Na_2S 和 $Na_2S_2O_3$。由于它有很大的熔化热，是一种较好的相变（Phase Change）储热材料，可用于低温储存太阳能。白天它吸收太阳能而熔融，夜间冷却结晶释放出热能。

$CaSO_4 \cdot 2H_2O$ 俗称生石膏（Gypsam），是天然矿物，加热至 393K 左右部分脱水形成熟石膏 $CaSO_4 \cdot \dfrac{1}{2}H_2O$，这个反应是可逆的：

$$2CaSO_4 \cdot 2H_2O \longrightarrow 2CaSO_4 \cdot \dfrac{1}{2}H_2O + 3H_2O \quad (T = 393K)$$

熟石膏与水混合成糊状后放置一段时间会变成二水合盐，这时会逐渐硬化并膨胀，故可用来制模型、塑像、粉笔和石膏绷带等。石膏是生产水泥的原料之一，也可作轻质建筑材料。

$BaSO_4$ 俗称重晶石，性质稳定，难溶于水、酸、碱或有机溶剂。$BaSO_4$ 是制备其他钡类化合物的原料。将重晶石粉与煤粉混合，在高温下（1173～1473K）煅烧还原成可溶性 BaS。盐酸（Hydrochloric Acid）与 BaS 反应，制得 $BaCl_2$。往 BaS 溶液中通入 CO_2，则得到 $BaCO_3$。

重晶石属于不可再生资源，是我国的出口优势矿产品之一，广泛用于石油、天然气钻探泥浆的加重剂，在钡化工、填料等领域的消费量也在逐年增长。重晶石可作白色涂料（钡白），在橡胶、造纸工业中用作白色填料。硫酸钡是唯一无毒钡盐，可用于肠胃系统 X 射线造影。

$MgSO_4 \cdot 7H_2O$ 为无色斜方晶体，在干燥空气中易风化为粉状，加热时可逐渐脱去结晶水变为无水 $MgSO_4$。无水 $MgSO_4$ 是一种常用的化学试剂及干燥试剂。$MgSO_4$ 微溶于醇，不溶于乙酸和丙酮，可用作媒染剂、泻盐，也用于造纸、纺织、肥皂、陶瓷和油漆工业。

英文注解

12.4 对角线规则

在元素周期表中，有数对处于相邻两个族的对角线位置上的元素，它们性质十分相似，如 Li 与 Mg、Be 与 Al、B 与 Si 等。这种相似性，我们称之为斜线关系或者对角线关系（Diagonal Relationship）。在这里讨论前两对元素的相似性。

12.4.1 锂与镁的相似性

碱金属中，锂的原子半径最小，极化能力最强，表现出与同族钠、钾、铷、铯等元素不同的性质，却与 IIA 族镁的很多性质相似。例如，锂和镁在过量的 O_2 中燃烧均生成正常氧化物，而不是过氧化物。锂、镁都能与 N_2 直接化合生成氮化物。锂、镁与水反应均较缓慢。锂、镁的氢氧化物都是中强碱，溶解度都不大，加热时分解为 Li_2O 和 MgO。

锂、镁的氟化物、碳酸盐、磷酸盐均难溶于水。锂、镁的碳酸盐在加热时均能分解为相应的氧化物和 CO_2。锂、镁的氯化物均能溶于有机溶剂中，表现出共价特性。

12.4.2 铍与铝的相似性

铍、铝都是两性金属，既能溶于酸，也能溶于强碱。铍和铝都能被冷的浓硝酸钝化。铍和铝的氧化物均是熔点高、硬度大的物质。铍和铝的氢氧化物 $Be(OH)_2$、$Al(OH)_3$ 都是两性氢氧化物，而且都难溶于水。铍和铝的氟化物都能与碱金属的氟化物形成配合物，如 $Na[AlF_4]$、$Na_3[AlF_6]$。它们的氯化物、溴化物、碘化物都易溶于水。氯化物都是共价型化合物，易升华，易聚合，易溶于有机溶剂，标准电极电势相近：$E^{\ominus}(Be^{2+}/Be) = -1.847V$；$E^{\ominus}(Al^{3+}/Al) = -1.662V$。它们的盐都水解且高价阴离子的盐难溶。$BeCl_2$ 和 $AlCl_3$ 都是缺电子的共价型化合物，在蒸气中以缔合分子的状态存在。

对角线规则是从有关元素及其化合物的许多性质中总结出来的经验规律，这种处于对角线位置的元素在性质上的相似性可以用离子极化的观点粗略地加以说明：同一周期最外层电子构型相同的金属离子，从左至右随离子电荷数的增加而引起极化作用的增强。同一族电荷数相同的金属离子，自上而下随离子半径的增大而使得极化作用减弱。因此，处于元素周期表中左上右下对角线位置上的邻近两种元素，由于电荷数和半径的影响恰好相反，它们的离子极化作用比较相近，从而使它们的化学性质有许多相似之处。

知识博览　车用锂电池

锂是最轻的碱金属元素，锂化合物在玻璃陶瓷、石油化工、冶金、纺织、合成橡胶、润滑材料、医疗等传统领域得到了广泛应用。近年来，金属锂在航空航天、核能发电、电池能源领域的用量越来越大，已成为工业生产中十分重要的金属。

面临传统能源逐渐枯竭，各国政府发展新能源汽车已势在必行。目前，混合动力汽车主要采用镍氢电池技术，但镍氢电池的一些技术性能如能量密度、充放电速度等已经接近理论极限值。锂离子电池（Lithium Ion Battery）因其具有比能量大、自放电小、质量轻和环境友好等优点而成为便携式电子产品的理想电源，也是未来电动汽车和混合电动汽车的首选电源。

锂离子电池正极材料由于其价格偏高、比容量偏低，成为制约锂离子电池大规模推广应用的瓶颈。此外，和负极材料相比，正极材料能量密度和功率密度低，并且也是引发动力锂离子电池安全隐患的主要原因。目前，在锂离子电池中使用量最多的正极材料有以下几种：层状的钴酸锂（$LiCOO_2$）、镍钴锰酸锂（$LiCO_xNi_yMn_zO_2$）、尖晶石锰酸锂（$LiMn_2O_4$）以及不同聚阴离子型的正极材料（$LiMPO_4$）。

磷酸铁锂属于聚阴离子型的正极材料，是目前最理想的动力汽车用锂电正极材料。这是一种环境友好材料，具有优异性能、成本低和好的热稳定性，我国磷酸铁锂电池研究工作已经取得了突破。影响磷酸铁锂电化学性质的主要因素有颗粒大小、化学缺陷、表面化学性质、表面涂层（尤其是碳涂层）和化学掺杂等，磷酸铁锂的低电导率仍然是目前的研究热点。

法国国家科学研究院（CNRS）和法国原子能委员会"新能源技术及纳米材料创新实验室"（CEA-Liten）的科学家们通过实验修正的"多米诺—阶次模型"表明，磷酸铁锂内部的局部应力促成了区域间的电子和离子的传导，使电池的充电-放电周期成为可能。一旦放电材料和已经放电后的材料的界面存在压力，这种现象就会发生。随着界面移动，界面区的电子和离子传导就会像多米诺骨牌一样异常迅速。这一新的反应过程，解释了磷酸铁锂如何能够使锂离子电池运行，使人们在低成本、安全的未来锂电池电极材料研究领域迈出重要的一步，该研究成果还有助于人们了解未来用于混合动力汽车和电动汽车的磷酸铁锂电池内部的纳米级过程。

习　题

12-1 选择题：

（1）下列金属中熔点最低的是（　　）。

A. 锂　　　　　B. 钠　　　　　C. 钾　　　　　D. 铷

（2）在下列碱金属电对 M^+/M 中，$E^\ominus$ 最小的是（　　）。

　　A. Li^+/Li　　　　B. Na^+/Na　　　C. K^+/K　　　　D. Rb^+/Rb

（3）元素 Li 、Na 、K 的共同点是（　　）。

　　A. 在煤气灯火焰中加热时，其碳酸盐都不分解

　　B. 都能与氮反应生成氮化物

　　C. 在空气中燃烧时生成的主要产物都是过氧化物

　　D. 都能与氢反应生成氢化物

（4）关于 ⅠA 族与 ⅡA 族相应元素的下列说法中不正确的是（　　）。

　　A. ⅠA 族金属的第一电离能较小　　B. ⅡA 族金属离子的极化能力较强

　　C. ⅡA 族金属的氮化物比较稳定　　D. ⅠA 族金属的碳酸盐热稳定性较差

（5）下列分子中，最可能存在的氮化物是（　　）。

　　A. Na_3N　　　　B. K_3N　　　　C. Li_3N　　　　D. Ca_2N_3

（6）碱土金属氢氧化物在水中的溶解度规律是（　　）。

　　A. 从 Be 到 Ba 依次递增　　　　B. 从 Be 到 Ba 依次递减

　　C. 从 Be 到 Ba 基本不变　　　　D. 从 Be 到 Ba 变化无规律

（7）下列叙述中正确的是（　　）。

　　A. 碱金属和碱土金属的氢氧化物都是强碱

　　B. 所有碱金属的盐都是无色的

　　C. 小苏打的溶解度比苏打的溶解度小

　　D. 碱土金属酸式碳酸盐的溶解度比其碳酸盐的溶解度大

（8）下列离子中，水合热最大的是（　　）。

　　A. Li^+　　　　　B. Na^+　　　　C. K^+　　　　D. Rb^+

（9）下列说法中正确的是（　　）。

　　A. 过氧化钡是顺磁性的，超氧化铷是抗磁性的

　　B. 过氧化钡是抗磁性的，超氧化铷是顺磁性的

　　C. 二者均是抗磁性的

　　D. 二者均是顺磁性的

（10）下列叙述中不正确的是（　　）。

　　A. 碱金属单质都能溶于液氨中

　　B. 钙、锶、钡单质都能溶于液氨中

　　C. 碱土金属单质都不能溶于液氨中

　　D. 碱金属单质的液氨溶液导电性良好

（11）超氧化钠 NaO_2 与水反应的产物是（　　）。

　　A. $NaOH$，H_2，O_2　　　　　　B. $NaOH$，O_2

　　C. $NaOH$，H_2O_2，O_2　　　　D. $NaOH$，H_2

（12）加热 $NaHCO_3$ 时，其分解产物是（　　）。

　　A. $NaOH$，CO_2　　　　　　　B. Na_2CO_3，H_2，CO_2

　　C. Na_2CO_3，H_2O，CO_2　　D. Na_2O，H_2O，CO_2

（13）下列氢氧化物在水中溶解度最小的是（　　）。

　　A. $Ba(OH)_2$　　B. $Be(OH)_2$　　C. $Sr(OH)_2$　　D. $Mg(OH)_2$

（14）重晶石的化学组成是（　　）。

　　A. $SrSO_4$　　　B. $SrCO_3$　　　C. $BaSO_4$　　　D. $BaCO_3$

（15）金属钙在空气中燃烧时生成的是（　　）。

A. CaO   B. CaO_2 C. CaO 和 CaO_2 D. CaO 和少量 Ca_3N_2

(16) 碱土金属的第一电离能比相应的碱金属要大，其原因是（ ）。

  A. 碱土金属的外层电子数较多

  B. 碱土金属的外层电子所受有效核电荷的作用较大

  C. 碱金属的原子半径较小

  D. 碱金属的相对原子质量较小

(17) 下列化合物中，具有顺磁性的是（ ）。

  A. Na_2O_2 B. SrO   C. KO_2 D. BaO_2

(18) 下列氮化物中，最稳定的是（ ）。

  A. Li_3N B. Na_3N C. K_3N D. Ba_3N_2

(19) 铍和铝具有对角线相似性，但下述相似性提法不正确的是（ ）。

  A. 氧化物都具有高熔点   B. 氯化物都是共价型化合物

  C. 都能生成六配位的配合物   D. 既溶于酸又溶于碱

(20) 下列碳酸盐中溶解度最小的是（ ）。

  A. Cs_2CO_3 B. Na_2CO_3 C. Rb_2CO_3 D. Li_2CO_3

12-2 填空题：

(1) 由 $MgCl_2 \cdot 6H_2O$ 制备无水 $MgCl_2$ 的方法是 _____
_____ ；化学方程式是 _____。

(2) 锂、钠、钾、钙、锶、钡的氯化物在无色火焰中燃烧时，火焰的颜色分别为：_____ 、
_____、_____、_____、_____、_____。

(3) 在钙的四种化合物 $CaSO_4$、$Ca(OH)_2$、CaC_2O_4、$CaCl_2$ 中，溶解度最小的是
_____。

(4) 由钾和钠形成的液态合金，由于有_____和_____，因而可用于核反应堆
中作_____。

(5) 碱金属与氧化合能形成四种氧化物，它们的名称及通式分别为：_____、
_____、_____、_____。

(6) 第ⅠA族和第ⅡA族的元素中，在空气中燃烧时，主要生成正常氧化物的是_____
_____ ；主要生成过氧化物的是_____；主要生成超氧化物的是_____
_____ ；能够生成臭氧化物的是_____。

(7) 分别比较下列性质的大小（用 ">" "<" 表示）：

  1）与水反应的速率：MgO _____ BaO；

  2）溶解度：CsI _____ LiI，CsF _____ LiF，$LiClO_4$ _____ $KClO_4$；

  3）碱性的强弱：$Be(OH)_2$ _____ $Mg(OH)_2$，$Mg(OH)_2$ _____ $Ca(OH)_2$；

  4）分解温度：Na_2CO_3 _____ $MgCO_3$，$CaCO_3$ _____ $BaCO_3$；

  5）水合能：Be^{2+} _____ Mg^{2+}，Ca^{2+} _____ Ba^{2+}，Na^+ _____ K^+。

(8) 在第ⅡA族元素中，性质与锂最相似的元素是_____。它们在过量的氧气中燃烧都生
成_____；它们都能与氮气直接化合生成_____；它们的_____、
_____和_____这三种盐都难溶于水。

(9) 在 s 区金属中，熔点最高的是_____，熔点最低的是_____；密度最小的是
_____；硬度最小的是_____。

(10) $LiNO_3$ 加热到 773K 以上时，分解的产物有 _____。

(11) 熔盐电解法生产的金属钠中一般含有少量的_____，其原因是_____。

12-3 问答题：

(1) 物质 A，B，C 均为一种碱金属的化合物。A 的水溶液和 B 作用生成 C，加热 B 时得到气体 D 和物质 C，D 和 C 的水溶液作用又生成化合物 B。根据不同条件，D 和 A 反应生成 B 或 C。又知 A，B，C 的火焰颜色都是紫色。问化合物 A，B，C 和 D 各是什么物质？写出各有关化学反应方程式。

(2) 有一白色固体混合物，其中含有 KCl、$MgSO_4$、$BaCl_2$、$CaCO_3$ 中的几种，根据下列实验现象判断其中含有哪些化合物？

　　1）混合物溶于水，得到透明澄清溶液；

　　2）对溶液作焰色反应，通过钴玻璃观察到紫色；

　　3）向溶液中加碱，产生白色胶状沉淀。

(3) 金属钠溶解在液氨中有什么现象？写出该过程的反应方程式。所得溶液具有什么性质？

(4) 现有一固体混合物，其中可能含有 $MgCO_3$、Na_2SO_4、$Ba(NO_3)_2$、$AgNO_3$ 和 $CuSO_4$。它溶于水后得一无色溶液和白色沉淀，此白色沉淀可溶于稀盐酸并冒气泡，而无色溶液遇盐酸无反应，其火焰反应呈黄色。试判断在此混合物中，哪些物质一定存在，哪些物质一定不存在？试说明理由。

(5) 某金属 A 在空气中燃烧时火焰为橙红色，反应产物为 B 和 C 的固体混合物。该混合物与水反应生成 D 并放出气体 E。E 可使红色石蕊试纸变蓝，D 的水溶液能使酚酞变红。试确定上述各字母所代表的物质，写出有关反应方程式。

(6) 为什么 Na_2O_2 常被用作制氧剂？

(7) 锂的标准电极电势比钠低，为什么金属锂与水作用时没有金属钠剧烈？

(8) 铍与铝有哪些相似性？举例说明。

(9) 为什么锂盐一般都是水合的，而其他碱金属的盐类除部分钠盐有水合外，基本上都是无水的？

(10) 碱金属的盐绝大多数都是易溶于水的，但也有少数盐难溶于水。试列出难溶于水的碱金属盐。

13 硼族、碳族和氮族元素

13.1 硼 族 元 素

元素周期表中的第ⅢA族包括硼（Boron，B）、铝（Aluminium，Al）、镓（Gallium，Ga）、铟（Indium，In）和铊（Thallium，Tl）5种元素，总称为硼族元素。其中硼是非金属，其他都是金属。

13.1.1 硼族元素的发现和存在

1808年，英国化学家戴维（Davy）电解熔融B_2O_3制得棕色的硼。同年，法国化学家盖-吕萨克（Gay-Lussac）和泰纳（Thenard）用金属钾还原无水硼酸也得到了单质硼。

1824年，丹麦物理化学家厄尔斯泰德（Oersted）利用钾汞齐还原无水$AlCl_3$第一个制备出不纯的金属铝。1827年，德国化学家维勒（Wohler）将钾和无水$AlCl_3$共热得到了比较纯的铝。铝曾经被认为非常贵重的金属，在拿破仑三世的晚宴上，只有贵宾才能使用比银制餐具还要贵重的铝制餐具。

镓即为门捷列夫预言的"类铝"。1875年，法国化学家布瓦博德朗（Boisbaudran）利用光谱分析法分析闪锌矿的过程中发现了一种新元素，他将其命名为镓（Gallium，拉丁文原意为"古代的法国"）。

1863年，德国化学家赖希（Reich）和李希特（Richter）在研究闪锌矿寻找金属铊的过程中得到了一种新元素的硫化物，该硫化物在分光镜下出现一条靛青色的新谱线，他们将这种新元素命名为铟（Indium，拉丁文原意为"靛青"）。

1861年，英国化学家克鲁克斯（Crookes）在分析硫酸厂的废渣时，利用光谱分析法发现了一种新元素——铊。

硼主要以各种硼酸盐（Borates）的形式存在于自然界中，常见的硼酸盐有硼砂（Borax，$Na_2B_4O_7 \cdot 10H_2O$）、方硼石（Boracite，$2Mg_3B_8O_{15} \cdot MgCl_2$）、硼镁矿（$Mg_2B_2O_5 \cdot H_2O$）等。铝在地壳中的含量仅次于氧和硅，是含量最多的金属，铝在自然界中主要以铝土矿（$Al_2O_3 \cdot nH_2O$）的形式存在。镓、铟、铊属于分散元素，没有单独矿藏，共生于其他矿物中。铝土矿中含有镓，闪锌矿中含有铟和铊。

13.1.2 硼族元素的性质

硼族元素的价层电子结构为ns^2np^1。硼和铝一般只形成氧化数为+3的化合物。从镓到铊，氧化数为+3的化合物的稳定性下降，氧化数为+1的化合物的稳定性升高，Tl（Ⅰ）化合物比Tl（Ⅲ）稳定，具有离子键特征。

硼族元素最重要的特征是"缺电子性"。其价电子数为 3，价层轨道数目为 4，价电子数目小于轨道数目，所以称为缺电子原子。缺电子化合物具有空的价层电子轨道，可以接受电子对，容易形成聚合分子（如 Al_2Cl_6）和配合物（如 $H[BF_4]$）。硼族元素的基本性质见表 13-1。

<table>
<thead>
<tr><th>性　质</th><th>硼</th><th>铝</th><th>镓</th><th>铟</th><th>铊</th></tr>
</thead>
<tbody>
<tr><td>元素符号</td><td>B</td><td>Al</td><td>Ga</td><td>In</td><td>Tl</td></tr>
<tr><td>原子序数</td><td>5</td><td>13</td><td>31</td><td>49</td><td>81</td></tr>
<tr><td>相对原子质量</td><td>10.81</td><td>26.98</td><td>69.72</td><td>114.8</td><td>204.3</td></tr>
<tr><td>价电子层构型</td><td>$2s^2 2p^1$</td><td>$3s^2 3p^1$</td><td>$4s^2 4p^1$</td><td>$5s^2 5p^1$</td><td>$6s^2 6p^1$</td></tr>
<tr><td>常见氧化数</td><td>+3</td><td>+3</td><td>+1、+3</td><td>+1、+3</td><td>+1、+3</td></tr>
<tr><td>原子共价半径/pm</td><td>88</td><td>118</td><td>126</td><td>144</td><td>148</td></tr>
<tr><td>X^{3+} 的半径/pm</td><td>27</td><td>50</td><td>62</td><td>81</td><td>95</td></tr>
<tr><td>第一电离能/$kJ \cdot mol^{-1}$</td><td>800.7</td><td>577.6</td><td>578.8</td><td>558.3</td><td>589.3</td></tr>
<tr><td>电子亲和能/$kJ \cdot mol^{-1}$</td><td>−26.7</td><td>−48</td><td>−48</td><td>−69</td><td>−117</td></tr>
<tr><td>电负性</td><td>2.04</td><td>1.61</td><td>1.81</td><td>1.78</td><td>2.04</td></tr>
</tbody>
</table>

表 13-1　硼族元素的基本性质

13.1.3　硼及其化合物

硼的价层电子构型（Valence Electronic Configuration）为 $2s^2 2p^1$，属于缺电子原子。硼的原子半径小、电负性较大，其化合物以共价型为主，在水溶液中不存在简单 B^{3+}。硼原子的成键特征见表 13-2。

英文注解

表 13-2　硼原子的成键特征

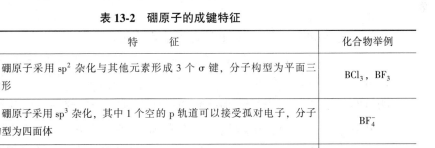

成键类型	特　征	化合物举例
共价键	硼原子采用 sp^2 杂化与其他元素形成 3 个 σ 键，分子构型为平面三角形	BCl_3，BF_3
配位键	硼原子采用 sp^3 杂化，其中 1 个空的 p 轨道可以接受孤对电子，分子构型为四面体	BF_4^-
氢桥键	硼与氢形成三中心二电子氢桥键	B_2H_6
离子键	硼与活泼金属形成氧化数为 -3 的化合物	Mg_3B_2

13.1.3.1　单质硼

单质硼有无定形硼和晶态硼等多种同素异形体。无定形硼为棕色粉末，晶态硼呈灰黑色。硼硬度很大，仅次于金刚石，电阻较高，其电导率随温度的升高而增大。

工业上制备单质硼是在加压条件下用浓碱溶液分解硼镁矿得到偏硼酸钠晶体，再将其溶于水、通入 CO_2 可以得到硼砂，硼砂经硫酸酸化可以析出硼酸（Boric Acid），硼酸加热得到 B_2O_3，再利用镁等还原剂还原即可得到单质硼。

$$Mg_2B_2O_5 \cdot H_2O + 2NaOH \longrightarrow 2NaBO_2 + 2Mg(OH)_2$$

$$4NaBO_2 + CO_2 + 10H_2O \longrightarrow Na_2B_4O_7 \cdot 10H_2O + Na_2CO_3$$

$$Na_2B_4O_7 + H_2SO_4 + 5H_2O \longrightarrow 4H_3BO_3 + Na_2SO_4$$

$$2H_3BO_3 \longrightarrow B_2O_3 + 3H_2O$$

$$B_2O_3 + 3Mg \longrightarrow 2B + 3MgO$$

如果以硼的三卤化物为原料，选择适当的还原剂也可以得到单质硼。例如，BBr_3 或者 BI_3 热分解可以得到高纯硼。

$$2BBr_3 + 3H_2 \longrightarrow 2B + 6HBr$$

$$2BBr_3 \longrightarrow 2B + 3Br_2$$

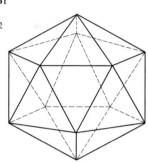

晶态硼有多种变体，其中 α-菱形硼的结构如图 13-1 所示，其基本结构单元为 12 个硼原子组成的二十面体，有 20 个等边三角形的面和 12 个顶角，每个顶角是 1 个硼原子，每个硼原子与邻近的 5 个硼原子相连，B—B 键长 177pm。

无定形硼比较活泼，晶态硼比较惰性。单质硼室温下即能与 F_2 发生反应，但它不与 H_2 作用。高温下硼能与 N_2、O_2 等单质反应。

图 13-1   α-菱形硼的结构示意图

$$4B + 3O_2 \longrightarrow 2B_2O_3$$

$$2B + N_2 \longrightarrow 2BN$$

加热下，硼与水蒸气作用生成硼酸和 H_2。

$$2B + 6H_2O(g) \longrightarrow 2B(OH)_3 + 3H_2(g)$$

硼不与盐酸作用，但与热浓硫酸或热浓硝酸作用生成硼酸。

$$2B + 3H_2SO_4 \longrightarrow 2B(OH)_3 + 3SO_2(g)$$

$$B + 3HNO_3 \longrightarrow H_3BO_3 + 3NO_2(g)$$

在氧化剂存在时，硼和强碱共熔得到偏硼酸盐。

$$2B + 2NaOH + 3KNO_3 \longrightarrow 2NaBO_2 + 3KNO_2 + H_2O$$

13.1.3.2 硼的氢化物

英文注解

硼虽然不与 H_2 直接化合，但是可以通过其他方法生成一系列共价氢化物，如 B_2H_6、B_4H_{10}、B_6H_{10} 等。这类化合物的性质与烷烃（Paraffin）相似，称为硼烷（Borane），其通式可表示为 B_nH_{n+4} 和 B_nH_{n+6}。最简单的硼烷是乙硼烷 B_2H_6。

卤化硼(Boron Halide) 与 LiH、NaH、$LiAlH_4$ 或者 $NaBH_4$ 作用可以制备 B_2H_6。

$$6LiH + 8BF_3 \longrightarrow 6LiBF_4 + B_2H_6$$

$$3LiAlH_4 + 4BCl_3 \longrightarrow 3LiCl + 3AlCl_3 + 2B_2H_6$$

$$3NaBH_4 + 4BF_3 \longrightarrow 3NaBF_4 + 2B_2H_6$$

在常温下，B_2H_6 及 B_4H_{10} 为气体，五到八的硼烷为液体，十硼烷以上都是固体。硼烷毒性很大，可与 HCN 和 $COCl_2$ 相比。

B_2H_6 非常活泼，在空气中易燃烧，反应很快并且会放出大量的热。

$$B_2H_6 + 3O_2 \longrightarrow B_2O_3 + 3H_2O$$

硼烷在水中会发生水解，生成硼酸。

$$B_2H_6 + 6H_2O \longrightarrow 2H_3BO_3 + 6H_2$$

硼烷可以与具有孤对电子的分子（如 NH_3、CO 等）发生加合反应。

$$B_2H_6 + 2CO \longrightarrow 2[H_3B \leftarrow CO]$$

B_2H_6 与 LiH 在乙醚中反应，能生成一种优良的还原剂硼氢化锂 $LiBH_4$。$LiBH_4$ 化学性质稳定，广泛用于有机合成中。

在乙硼烷 B_2H_6 中，B 原子采用不等性的 sp^3 杂化，其中 2 个杂化轨道（Hybrid Obital）与 2 个氢原子形成 2 个 σ 键，这 6 个原子在同一个平面上。硼原子利用另外 2 个杂化轨道（1 个没有电子，1 个有 1 个电子）与 2 个氢原子形成 2 个垂直于上述平面的三中心两电子键，由于该化学键好像是 2 个硼原子通过氢原子作为桥梁连接，所以又称为氢桥键，如图 13-2 所示。氢桥键是一种离域共价键（Delocalized Covalent Bond）。

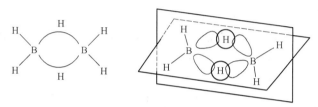

图 13-2　B_2H_6 分子的结构

13.1.3.3　硼的含氧化合物（Oxo-Compounds of Boron）

英文注解

单质硼在空气中燃烧或者硼酸脱水都可以形成 B_2O_3。B_2O_3 为白色固体，在潮湿的空气中遇水生成硼酸（Boric Acid），因此 B_2O_3 可以用作干燥剂。

$$H_3BO_3 \longrightarrow HBO_2 + H_2O$$

$$2HBO_2 \longrightarrow B_2O_3 + H_2O$$

硼酸是白色片状晶体，微溶于冷水，热水中溶解度较大。硼酸是一元弱酸，水溶液显弱酸性。

$$H_3BO_3 + H_2O \longrightarrow B(OH)_4^- + H^+$$

硼酸与甲醇或乙醇在浓硫酸存在的条件下，会生成挥发性硼酸酯。硼酸酯燃烧时火焰呈绿色，利用这一特性可以鉴定硼酸、硼酸盐等含硼化合物。

$$H_3BO_3 + 3CH_3OH \longrightarrow B(OCH_3)_3 + 3H_2O$$

硼酸分子构型为平面三角形（图 13-3），硼原子采用 sp^2 杂化，3 个 sp^2 杂化与 3 个氧原子形成 3 个 σ 键。分子之间通过氢键形成接近六角形的层状结构，层间以范德华力结合，层间距为 318pm，B—O 键长 136pm，O—H 键长 88pm，O—H…O 键长 272pm。

四硼酸钠是最重要的硼酸盐（Borates），俗称硼砂，其化学式为 $Na_2B_4O_5(OH)_4 \cdot 8H_2O$，习惯上常写作 $Na_2B_4O_7 \cdot 10H_2O$。硼砂在水溶液中水解显碱性。纯硼砂水解会生成等量 H_3BO_3 和 $B(OH)_4^-$，因此可以作为标准缓冲溶液使用（298K 时 pH = 9.24）。

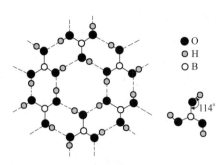

图 13-3　硼酸晶体的结构

$$B_4O_5(OH)_4^{2-} + 5H_2O \longrightarrow 2H_3BO_3 + 2B(OH)_4^-$$

硼砂溶于含有盐酸的沸水中可以析出硼酸。

$$Na_2B_4O_7 + 2HCl + 5H_2O \longrightarrow 4H_3BO_3 + 2NaCl$$

硼砂是无色半透明的晶体或白色结晶粉末，在空气中容易失水风化，加热到650K 左右，阴离子脱水形成无水盐，在 1150K 熔成玻璃态。硼砂在熔融状态能溶解一些金属氧化物，并根据金属的不同而显出特征的颜色。

$$Na_2B_4O_7 + CoO \longrightarrow 2NaBO_2 \cdot Co(BO_2)_2 (蓝色)$$
$$Na_2B_4O_7 + NiO \longrightarrow 2NaBO_2 \cdot Ni(BO_2)_2 (棕色)$$
$$Na_2B_4O_7 + MnO \longrightarrow 2NaBO_2 \cdot Mn(BO_2)_2 (绿色)$$

上述反应在分析化学中称为"硼砂珠实验"，可以用来鉴定金属离子。这类反应可以看作是酸性氧化物 B_2O_3 和碱性金属氧化物反应生成盐的过程。

硼砂是工业上应用广泛的化工原料，可以用于焊接金属时去除金属表面的氧化物，还可以用于制造特种玻璃，有时还可作为肥皂和洗衣粉的填料。

13.1.4　铝及其化合物

英文注解

13.1.4.1　单质铝

单质铝（Elemental Aluminum）是银白色的轻金属，较软，熔点为 933.4K，沸点为 2740K；铝的密度小，仅为水的 2.7 倍，具有良好的延展性、导电性和导热性。

铝对氧的亲和力大，可以从金属氧化物中夺取氧，可用作一些高熔点金属氧化物（如 MnO_2、Cr_2O_3）的还原剂。另外，铝粉还可以用作发射航天飞机的推进剂中的燃料。

铝元素与非金属在高温下发生反应生成氧化物、氮化物、硫化物、卤化物，如 Al_2O_3、AlN、Al_2S_3、$AlCl_3$、Al_4C_3 等，这些化合物（除 AlN 外）和铝在真空中加热到 1000℃以上时，会生成相应的低价铝化合物，这些低价铝化合物在低温下发生歧化反应（Disproportionation Reaction），可分解为金属铝及其化合物（Aluminum and its Compounds）。

铝是两性金属，它与大多数稀酸可缓慢地反应，能迅速溶解于浓盐酸中。铝与苛性碱溶液发生强烈反应，迅速溶解生成铝酸根离子。高纯度的铝（99.950%）不与一般酸作用，只溶于王水（Aqua Regia）。铝在冷浓 HNO_3、H_2SO_4 中钝化，所以常用铝桶装运浓硫酸、浓硝酸或某些化学试剂。但是，铝能同热的浓硫酸反应。

铝一旦接触空气或氧气，其表面就会立即生成一层致密的氧化膜，这层膜可阻止内层的铝继续被氧化，它也不溶于水，所以铝在空气和水中都很稳定。

铝和本族的其他元素一样，在形成固态化合物时，大部分是共价型的，只有少数是离子型的，这些共价化合物是缺电子化合物（Electron Deficient Compound）。例如，卤化物中除氟化物为离子型外，其他的都是共价型的。在水溶液中，Al（Ⅲ）离子由于电荷高、半径小，水合焓（Enthalpy of Hydration）较大，很容易形成水合离子，极易发生水解作用。铝、Al_2O_3 和 $Al(OH)_3$ 都能与酸、碱反应，相应的反应方程式如下：

$$2Al + 6H^+ \longrightarrow 2Al^{3+} + 3H_2 \uparrow$$

$$2Al + 2OH^- + 6H_2O \longrightarrow 2Al(OH)_4^- + 3H_2 \uparrow$$

$$Al_2O_3 + 6H^+ \longrightarrow 2Al^{3+} + 3H_2O$$

$$Al_2O_3 + 2OH^- + 3H_2O \longrightarrow 2Al(OH)_4^-$$

$$Al(OH)_3 + 3H^+ \longrightarrow Al^{3+} + 3H_2O$$

$$Al(OH)_3 + OH^- \longrightarrow Al(OH)_4^-$$

铝作为轻型结构材料，重量轻、强度大，可以作为陆、海、空各种运载工具，特别是飞机、导弹、火箭、人造卫星等均使用大量的铝。用铝和铝合金制造的各种车辆，由于重量轻而降低能耗。建筑工业中，用铝合金作房屋的门窗及结构材料，用铝制作太阳能收集器，可以节省能源。电力输送方面，90%的高压电导线是用铝制作的。食品工业上，从仓库储槽到罐头盒，以至饮料容器大多用铝制成。此外，铝粉可用作难熔金属（如钼等）的还原剂和炼钢过程中的脱氧剂，还可用来制作日常生活中的器皿等。

13.1.4.2 氧化铝和氢氧化铝（Aluminium Oxide and Hydroxide）

A Al_2O_3

Al_2O_3 是一种难熔的白色无定形粉末，俗称矾土，熔点为 2323K，沸点为 3253K，不溶于水。Al_2O_3 主要有 α 型和 γ 型两种变体，它们都是白色晶体粉末，工业上可从铝土矿中提取。

α-Al_2O_3 晶体属六方紧密堆积构型，氧原子按六方紧密堆积方式排列，6 个氧原子围成一个八面体，晶体中 2/3 的八面体空穴为铝原子所占据。由于这种紧密堆积结构，加上 Al^{3+} 与 O^{2-} 之间的强吸引力，所以 α-Al_2O_3 晶格能(Lattice Energy) 较大，熔点高（2288±15）K，硬度大。α-Al_2O_3 不溶于水，也不溶于酸和碱，耐腐蚀且电绝缘性好，可用作高硬度材料、研磨材料和耐火材料。高纯的 α-Al_2O_3 是生产人造刚玉、人造红宝石和蓝宝石的原料，还用于生产现代大规模集成电路。

$Al(OH)_3$ 在 140~150℃下脱水制得 γ-Al_2O_3，工业上也称为活性氧化铝、铝胶。其结构中 O^{2-} 为近似面心立方紧密堆积，Al^{3+} 不规则地分布在由 O^{2-} 围成的八面体和四面体的空隙之中。γ-Al_2O_3 的密度（3.4g/cm³）比 α-Al_2O_3(4.0g/cm³) 的密度小。γ-Al_2O_3 不溶于水，能溶于强酸或强碱溶液，将它加热至 1473K 就会全部转化为 α-Al_2O_3。

γ-Al_2O_3 是一种多孔性物质，表面活性高，吸附能力强，在石油炼制和石油化工中是常用的吸附剂、催化剂（Catalyst）和催化剂载体。

B　Al(OH)₃

$Al(OH)_3$ 可以由多种方法得到。铝盐溶液中，加入氨水或适量的碱可得到一种白色凝胶状沉淀，它的含水量不定，组成为 $Al_2O_3 \cdot xH_2O$，称为水合氧化铝。习惯上把水合氧化铝称为氢氧化铝。这种无定形水合氧化铝在溶液内静置一段时间后会逐渐转变为晶态的偏氢氧化铝 $AlO(OH)$，温度越高，这种转变越快。

铝酸盐溶液中通入 CO_2，可得到 $Al(OH)_3$ 白色晶体，称为正氢氧化铝。结晶的正氢氧化铝与无定形水合氢氧化铝不同，它难溶于酸，而且加热到 373K 也不脱水，在 573K 下加热 2h，变为 $AlO(OH)$。

$Al(OH)_3$ 不溶于水，是两性化合物，其碱性略强于酸性，新鲜配制的 $Al(OH)_3$ 易溶于酸也易溶于碱。

$$Al(OH)_3 + 3HNO_3 \longrightarrow Al(NO_3)_3 + 3H_2O$$
$$Al(OH)_3 + KOH \longrightarrow K[Al(OH)_4]$$

13.1.4.3　铝盐和铝酸盐

金属铝、Al_2O_3 或 $Al(OH)_3$ 与酸反应得到铝盐，铝表现出金属性。金属铝、Al_2O_3 或 $Al(OH)_3$ 与碱反应得到的产物是铝酸盐，铝表现出非金属性。

A　铝盐

在水溶液中 Al^{3+} 以八面体结构的水合配离子 $[Al(H_2O)_6]^{3+}$ 存在，$[Al(H_2O)_6]^{3+}$ 水解使溶液显酸性。

$$[Al(H_2O)_6]^{3+} + H_2O \longrightarrow [Al(H_2O)_5OH]^{2+} + H_3O^+$$

$[Al(H_2O)_5OH]^{2+}$ 还将逐级解离，直至产生 $Al(OH)_3$ 沉淀。因为 $Al(OH)_3$ 是难溶的弱碱，一些弱酸（如碳酸、氢硫酸、氢氰酸等）的铝盐在水中几乎全部或大部分水解，所以弱酸的铝盐，如 Al_2S_3、$Al_2(CO_3)_2$ 等不能用湿法制取。

铝盐溶液加热时会促进 Al^{3+} 的水解而产生 $Al(OH)_3$ 沉淀。

$$[Al(H_2O)_6]^{3+} \longrightarrow Al(OH)_3 \downarrow + 3H_2O + 3H^+$$

铝盐溶液中加入碳酸盐或硫化物会促使铝盐完全水解。

$$2Al^{3+} + 3CO_3^{2-} + 3H_2O \longrightarrow 2Al(OH)_3 \downarrow + 3CO_2 \uparrow$$
$$2Al^{3+} + 3S^{2-} + 6H_2O \longrightarrow 2Al(OH)_3 \downarrow + 3H_2S \uparrow$$

B　铝酸盐

铝酸盐含有 $Al(OH)_4^-$、$Al(OH)_4(H_2O)^-$ 及 $Al(OH)_6^{3-}$ 等配离子，拉曼光谱已证实 $Al(OH)_4^-$ 的存在。

Al_2O_3 与碱熔融可以制得铝酸盐。

$$Al_2O_3 + 2NaOH \longrightarrow 2NaAlO_2 + H_2O$$

铝酸盐水解溶液显碱性，水解反应式如下：

$$[Al(OH)_4]^- \longrightarrow Al(OH)_3 \downarrow + OH^-$$

向该溶液中通入 CO_2 气体, 将促使水解的进行而得到 $Al(OH)_3$ 沉淀。

$$2NaAlO_2 + CO_2 + 3H_2O \longrightarrow 2Al(OH)_3 \downarrow + Na_2CO_3$$

工业上利用该反应从铝土矿制取纯 $Al(OH)_3$, 从而制备出 Al_2O_3。方法是: 先将铝土矿与烧碱共热, 使矿石中的 Al_2O_3 转变为可溶性的偏铝酸钠而溶于水, 然后通入 CO_2, 即得到 $Al(OH)_3$ 沉淀, 滤出沉淀, 经过燃烧即得 Al_2O_3。这样制得的 Al_2O_3 可用于冶炼金属铝。将上述方法得到的 $Al(OH)_3$ 和 Na_2CO_3 一同溶于氢氟酸, 便得到了电解法制铝所需要的助熔剂冰晶石 (Cryolite, Na_3AlF_6)。

13.1.4.4 铝的卤化物和硫酸盐

A 卤化物

铝形成的卤化物 (Aluminum Halide) AlX_3, 均为共价型化合物 (AlF_3 为离子型化合物), 铝的卤化物中以 $AlCl_3$ 最为重要。

$AlCl_3$ 溶于有机溶剂或处于熔融状态时都以共价的二聚分子 Al_2Cl_6 形式存在。因为 $AlCl_3$ 为缺电子分子, 铝倾向于形成 sp^3 杂化轨道, 接受氯原子的一对孤对电子形成四面体构型。2 个 $AlCl_3$ 分子通过氯桥键 (三中心两电子键) 结合起来形成 Al_2Cl_6 分子, 这种氯桥键与 B_2H_6 的氢桥键结构相似, 但本质上不同。当 Al_2Cl_6 溶于水时, 它立即解离为水合铝离子和氯离子。

无水 $AlCl_3$ 在常温下是一种白色固体, 遇水发生强烈水解并放热, 甚至在潮湿的空气中也强烈地冒烟。$AlCl_3$ 逐级水解直至产生 $Al(OH)_3$ 沉淀。工业上用熔融的铝与 Cl_2 反应制取无水 $AlCl_3$, 还可以用 Cl_2 与 Al_2O_3 和碳的混合物作用制取 $AlCl_3$。

$$Al_2O_3 + 3C + 3Cl_2 \longrightarrow 2AlCl_3 + 3CO$$

以铝灰和盐酸为主要原料, 制取的聚碱式氯化铝是一种高效净水剂。它是一种多羟基多核配合物。因其相对分子质量比一般絮凝剂 $Al_2(SO_4)_3$、明矾或 $FeCl_3$ 大得多, 而且有羟基桥式结构, 所以它有很强的吸附能力, 能去除水中的放射性污染物、重金属、泥沙、油脂、木质素以及印染废水中的疏水性染料等。

B 硫酸铝和明矾

工业上最重要的铝盐是 $Al_2(SO_4)_3$ 和明矾。无水 $Al_2(SO_4)_3$ 为白色粉末, 用浓硫酸溶解纯的 $Al(OH)_3$ 或用硫酸直接处理铝矾土都可制得 $Al_2(SO_4)_3$。

$$2Al(OH)_3 + 3H_2SO_4 \longrightarrow Al_2(SO_4)_3 + 6H_2O$$
$$Al_2O_3 + 3H_2SO_4 \longrightarrow Al_2(SO_4)_3 + 3H_2O$$

常温下从水溶液中得到的为 $Al(SO_4)_3 \cdot 18H_2O$ 晶体, 它是无色针状结晶。$Al_2(SO_4)_3$ 常易与碱金属 (锂除外) 的硫酸盐结合形成一类复盐, 称为矾, 其组成通式为 $MAl(SO_4)_2 \cdot 12H_2O$。复盐晶体中, 有 6 个水分子与 Al^{3+} 配位, 形成水合铝离子, 余下的为晶格中的水分子, 它们在水合铝离子与硫酸根阴离子之间形成氢键。硫酸铝钾 $KAl(SO_4)_2 \cdot 12H_2O$, 俗称明矾, 为无色晶体。

$Al_2(SO_4)_3$ 或明矾都易溶于水并且水解, 它们的水解过程与 $AlCl_3$ 相同, 产物也是碱式盐或 $Al(OH)_3$ 胶状沉淀。由于这些水解产物胶粒的净吸附作用和铝离子的凝聚作用, $Al_2(SO_4)_3$ 和明矾可用作净水剂。

英文注解

13.1.4.5 铝和铍的相似性

铝和铍在元素周期表中处于对角线位置，两者的离子势相近，它们有许多相似的化学性质。

（1）两者都是两性金属，氢氧化物显两性，既能溶于酸也能溶于碱。

（2）两者的电极电势值很相近，$E^{\ominus}(Be^{2+}/Be) = -1.847V$，$E^{\ominus}(Al^{3+}/Al) = -1.662V$。在空气中，均形成致密的氧化物保护层而不易被腐蚀，与酸的作用也比较缓慢，都为冷的浓硝酸所钝化。

（3）两者氧化物的熔点和硬度都很高。

（4）两者卤化物都是共价型的，易升华、易聚合、易溶于有机溶剂。

（5）铍盐和铝盐都易水解。

英文注解

13.1.5 镓、铟、铊及其化合物

13.1.5.1 单质镓、铟、铊

镓、铟、铊都是银白色金属，质地较软。镓的熔点约为 303K，在人的手掌上就能熔化，但是其沸点却很高，为 2343K，熔点到沸点的差距是所有金属中最大的，可用作测高温的温度计。镓、铟、铊的化合物在高温火焰中呈现特殊的焰色：镓为紫色，铟为蓝色，铊为绿色。

镓的化学性质与铝相似，但不如铝活泼。加热时，镓、铟、铊与氧气、硫、卤素等作用生成相应的化合物。镓、铟、铊都能溶于热硝酸生成相应的硝酸盐。镓能够与碱反应放出氢气。

镓和铟可以形成一系列半导体（Semi-Conductor）材料，例如 GaAs、InP、GaP、InSb 等。GaAs 是最重要的半导体材料之一，可用于发光二极管。InP 制成的太阳能电池有更高的光电转换效率并能耐高温。

13.1.5.2 镓、铟、铊的化合物

镓和铟的氢氧化物 Ga(OH)$_3$ 和 In(OH)$_3$ 都具有两性，能溶于酸或碱。Ga(OH)$_3$ 的酸性比 Al(OH)$_3$ 强，Ga(OH)$_3$ 易溶于浓氨水而 Al(OH)$_3$ 不溶。Tl(OH)$_3$ 不存在。Tl$_2$SO$_4$ 溶液与 Ba(OH)$_2$ 作用可以得到 TlOH 溶液。TlOH 的碱性几乎与 KOH 一样强，能吸收 CO$_2$ 生成 Tl$_2$CO$_3$，TlOH 溶液在空气中能被氧化生成 Tl$_2$O$_3$。

镓、铟、铊的氧化物，包括 Ga$_2$O$_3$（白色）、In$_2$O$_3$（黄色）和 Tl$_2$O$_3$（棕黑色），可由单质与 O$_2$ 加热反应得到。Tl$_2$O$_3$ 不稳定，于 373K 左右即分解生成黑色的 Tl$_2$O。

镓、铟、铊可以与卤素形成三卤化物和一卤化物（其中 TlI$_3$ 和 TlBr$_3$ 不存在）。镓和铟的三卤化物 GaX$_3$ 和 InX$_3$ 在气态时是二聚体（Dimer）。TlCl$_3$ 加热到 313K 即分解成 TlCl。镓、铟、铊可以与卤素负离子形成配离子，例如 [GaF$_6$]$^{3-}$、[InCl$_6$]$^{3-}$、[TlCl$_4$]$^{-}$、[TlCl$_5$]$^{2-}$、[TlCl$_6$]$^{3-}$ 等。

铊的一卤化物 TlX 与 Ag(I) 的卤化物性质相似。TlF 溶于水，而 TlCl（白）、TlBr（黄）、TlI（黄或红）均难溶且溶解度逐渐减小。其区别为：AgCl 可溶于氨水生成 [Ag(NH$_3$)$_2$]$^{+}$，而 TlCl 不溶于氨水。

13.2 碳族元素

元素周期表中的第 ⅣA 族包括碳（Carbon，C）、硅（Silicon，Si）、锗（Germanium，Ge）、锡（Stannum，Sn）和铅（Plumbum，Pb）五种元素，总称为碳族元素。碳和硅是非金属元素，锗、锡和铅是金属元素。

13.2.1 碳族元素的发现和存在

碳是古代就已经知道的元素。早在远古时期，人们钻木取火后，就得到木炭。到了商周，人们广泛应用木炭来冶炼金属。古人对碳的认识和应用导致了火药的发明。碳在自然界中分布很广，虽然含量并不多，但是化合物种类繁多。碳以化合物形式存在于煤、石油、天然气、动植物体、石灰石（$CaCO_3$）、白云石（Dolomite，$CaCO_3 \cdot MgCO_3$）、CO_2 等化合物中。碳是组成生物体的重要元素之一，生物大分子如蛋白质、核酸等的基本骨架都由碳元素组成。

硅的化合物很早就以石英、水晶的形式被人类所认识。1823 年，瑞典化学家贝齐里乌斯（Berzelius，1779~1848）将 SiF_4 与金属钾共热首次制得粉状单质硅。硅在地壳中的含量仅次于氧。自然界中没有游离态的硅存在，硅主要以硅酸盐（Silicate）矿和石英矿（Silica）的形式存在于自然界中。

锗即为门捷列夫预言的"类硅"元素。1885 年，德国化学家温克勒（Winkler）在分析硫化银矿过程中分离出一种新元素，他将其命名为"锗"。锗常以硫化物的形式存在于其他金属硫化物的矿藏中。

锡主要以锡石（Tinstone，SnO_2）的形式存在。铅主要以方铅矿（Galena，PbS）和白铅矿（Cerusite，$PbCO_3$）的形式存在。锡和铅的矿产比较丰富，容易提炼。锡和铅都是人类很早就发现和使用的元素，早在 4000 年前，古代人就已经开始利用锡和铅制做一些器皿。

13.2.2 碳族元素的性质

碳族元素的价电子层结构是 ns^2np^2，能够形成氧化数为 +2 和 +4 的化合物。随着原子序数的增大，氧化数为 +4 的化合物稳定性下降。碳族元素的一些基本性质见表 13-3。碳与同族其他元素相比，半径较小，电负性较大，表现出很多特殊性。碳的成键形式丰富，存在稳定的双键和三键。除碳以外，其他元素还有空的 d 轨道可用于成键，因此可形成配位数（Coordination Number）为 6 的化合物，而碳原子的配位数不能超过 4。

表 13-3 碳族元素的基本性质

性 质	碳	硅	锗	锡	铅
元素符号	C	Si	Ge	Sn	Pb
原子序数	6	14	32	50	82

续表 13-3

性　质	碳	硅	锗	锡	铅
相对原子质量	12.01	28.09	72.59	118.7	207.2
价电子层构型	$2s^2 2p^2$	$3s^2 3p^2$	$4s^2 4p^2$	$5s^2 5p^2$	$6s^2 6p^2$
常见氧化数	0、+2、+4	0、+2、+4	0、+2、+4	0、+2、+4	0、+2、+4
原子共价半径/pm	77	117	122	141	154
X^{4+} 的半径/pm	16	40	53	71	84
第一电离能/$kJ \cdot mol^{-1}$	1086.5	786.6	762	709	716
电子亲和能/$kJ \cdot mol^{-1}$	−121.9	−133.6	−115.8	−120.6	−101.3
电负性	2.5	1.8	1.8	1.8	1.9

13.2.3　碳及其化合物

碳的价电子层结构为 $2s^2 2p^2$，在化学反应中它既不容易失去电子，也不容易得到电子，难以形成离子键，形成化合物的键型以共价键为主，最高氧化数为 +4。C—C 键、C—H 键和 C—O 键的键能都很高，键很稳定。碳原子的成键情况见表13-4。

表 13-4　碳原子的成键情况

杂化形式	成　键　形　式	分子构型	价键结构	化合物举例
sp^3 杂化	4 个 σ 键	正四面体		金刚石、CH_4、CCl_4、C_2H_6
sp^2 杂化	3 个 σ 键，1 个 π 键	平面三角形		石墨、$COCl_2$、C_2H_4、C_6H_6
sp 杂化	2 个 σ 键，2 个 π 键	直线形		CO_2、HCN、C_2H_2
sp 杂化	1 个 σ 键，1 个 π 键，1 个配位 π 键，1 对孤对电子对	直线形		CO

13.2.3.1　单质碳

碳同素异形体有金刚石（Diamond）、石墨（Graphite）、石墨烯（Graphene）、碳纳米管（Carbon Nanotube）和富勒烯（Fullerene）等。金刚石和石墨早已被人们所知，法国化学家拉瓦锡利用燃烧实验确定这两种物质含有相同的成分——碳。

金刚石是原子晶体，熔点高（3823K），硬度最大（通常以金刚石的硬度为 10 来衡量其他物质的硬度），不导电。金刚石晶体结构如图 13-4(a) 所示，每个碳原子均以 sp^3 杂化轨道与另外 4 个碳原子形成共价键，构成正四面体。金刚石俗称钻石，是昂贵的首饰，工业上用于制造钻探用的钻头、刀具和精密轴承等。金刚石薄膜由于力学和光学等性质优良，可用于制造集成电路和各种敏感器件。

石墨晶体质软，有金属光泽，可以导电。石墨晶体为层状结构（图 13-4(b)），

英文注解

每个碳原子以 sp^2 杂化轨道与邻近的 3 个碳原子形成共价单键，构成平面网状结构。每个碳原子剩余的含有 1 个电子的 p 轨道互相重叠，形成离域大 π 键。层与层之间以分子间作用力（Inter-Molecular Forces）相结合，因此石墨容易沿着与层平行的方向滑动、裂开，具有润滑性。无定形碳（Amorphous Carbon）具有石墨结构。石墨可以用来制造电极、高温热电偶、坩埚、电刷、润滑剂和铅笔芯等。活性炭比表面积大，是一种良好的吸附剂。

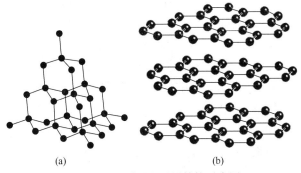

(a) (b)

图 13-4 金刚石和石墨结构示意图

（a）金刚石晶体结构；（b）石墨晶体结构

石墨烯是由一层 sp^2 杂化碳原子组成的具有蜂窝状结构的二维晶体。狭义上讲，石墨烯即单片层石墨；广义上讲，石墨烯是由碳原子构成的具有几个原子层厚度的晶体。2004 年，英国曼彻斯特大学的安德烈·海姆（Andre Geim，1958 ~ ）和康斯坦丁·诺沃肖洛夫（Konstantin Novoselov，1947 ~ ）首次在实验室得到了这种碳的同素异形体，引起了材料和凝聚态物理领域的广泛关注，并因此获得了 2010 年的诺贝尔物理学奖。石墨烯被誉为当今材料和凝聚态物理领域升起的一颗"新星"。石墨烯具有神奇的二维结构，在电、光和磁等方面都具有许多奇特的性质，如室温量子霍尔效应、超导性、铁磁性和巨磁阻效应等。石墨烯具有完美的杂化结构，大的共轭结构使其具有很强的电子传输能力，这优于其他碳材料。另外，石墨烯本身是良好的热导体，可以很快的散发热量，电子穿过几乎没有阻力，产生的热量非常少，这远远优于硅材料。因此，石墨烯制备的电子器件的运行速度得到大幅提高，引起了科技工作者们极大的研究热情。

碳纳米管是在 1991 年由日本筑波 NEC 实验室的物理学家饭岛澄男（Sumio Iijima，1939~）使用高分辨透射电子显微镜从电弧法生产碳纤维的产物中发现的。它是一种管状的碳分子，管上每个碳原子采取 sp^2 杂化，相互之间以碳-碳 σ 键结合起来，形成由六边形组成的蜂窝状结构。每个碳原子上未参与杂化的一对 p 电子相互之间形成跨越整个碳纳米管的共轭 π 电子云。按照管子的层数不同，分为单壁碳纳米管和多壁碳纳米管。碳纳米管的直径一般为 2~20nm，层与层之间保持固定的距离，约 0.34nm。几万根碳纳米管合并起来也只有一根头发丝宽，碳纳米管的名称也因此而来。而在轴向则可长达数十到数百微米。碳纳米管作为一维纳米材料，重量轻，六边形结构连接完美，具有许多异常的力学、电学和化学性能。

1985 年，克罗托（Kroto，1939 ~ ）、斯莫利（R. E. Smalley，1943 ~ ）和柯尔

（H. W. Curl, 1933 ~）在进行碳原子簇实验时，用激光蒸发石墨，在质谱图上发现了一系列偶数碳原子形成的簇合物（Cluster）分子，并成功地检测到了比 C_{58} 强 30 倍的 C_{60}。克罗托受到加拿大蒙特利尔世界博览会美国馆的精美圆顶拱形建筑的启发，猜想 C_{60} 具有球形结构，提出 C_{60} 具有封闭笼形结构的假设，并用现代化学理论构建了球笼分子模型。由于美国馆是著名建筑家 Buckmmster Fuller 设计的，因此将 C_{60} 命名为 Buckminsterfullerene，后来直接将 C_{60} 等笼形分子统称为 Fulleren（中文译名为富勒烯）。为此，克罗托、斯莫利和柯尔分享了 1996 年诺贝尔化学奖。C_{60} 分子由 60 个碳原子构成近似球形的 32 面体，包括 12 个正五边形和 20 个正六边形，球心的空腔可以容纳其他原子。每个碳原子以 sp^2 杂化轨道与相邻的 3 个碳原子相连，没有参与杂化的 p 轨道相互重叠形成球面大 π 键。C_{60} 发现之后，陆续发现了 C_{44}、C_{50}、C_{70} 等分子，称为碳原子簇。C_{60} 及其衍生物具有很多特殊的性质，在新型催化剂研发等领域有着广阔的应用前景。

13.2.3.2 碳的氧化物

碳的氧化物主要包括 CO 和 CO_2。

A CO

CO 是一种无色、无臭、有毒的气体。碳在氧气不充足的条件下燃烧生成 CO。实验室中，可以利用甲酸滴加到热的浓硫酸中脱水或者将草酸晶体与浓硫酸共热得到 CO。

$$HCOOH \xrightarrow{\text{浓}H_2SO_4} CO + H_2O$$

$$H_2C_2O_4 \xrightarrow{\text{浓}H_2SO_4} CO_2 + CO + H_2O$$

工业上制备 CO 气体，是将水蒸气通过赤热的碳层，得到 CO 和 H_2 的混合气体称为水煤气。

$$C(s) + H_2O(g) \xrightarrow{1273K} CO(g) + H_2(g)$$

CO 分子中，碳原子采用 sp 杂化，碳原子的 2 个 p 电子与氧原子的 2 个成单的 p 电子形成 1 个 σ 键和 1 个 π 键，氧原子上成对的 p 电子还可以与碳原子上的 1 个空的 2p 轨道形成 1 个配位键。其结构式为：

$$:C\!\!-\!\!O:$$

CO 化学性质很活泼，可以与其他非金属反应，CO 具有还原性，还原产物为 CO_2。

$$CO + 2H_2 \xrightarrow{Cr_2O_3 \cdot ZnO} CH_3OH$$

$$CO + 3H_2 \xrightarrow{Fe、Co \text{ 或 } Ni} CH_4 + H_2O$$

$$CO + Cl_2 \xrightarrow{\text{活性炭}} COCl_2$$

$$FeO + CO \longrightarrow Fe + CO_2$$

常温下，CO 能还原 $PdCl_2$ 溶液使其变黑，这个反应常用于检验 CO 是否存在。

$$CO + PdCl_2 + H_2O \longrightarrow CO_2 + 2HCl + Pd$$

CO 可以作为配体与有空轨道的过渡金属配位形成羰基配合物，例如 $Fe(CO)_5$、$Ni(CO)_4$ 和 $Cr(CO)_6$ 等，配位原子为碳。

CO 能引起中毒，导致缺氧，甚至死亡。CO 能与血红蛋白血红素辅基中的 Fe^{2+} 结合生成羰基化合物，其结合能力是氧的 230~270 倍，从而使血液失去输送氧的功能。

B CO₂

CO_2 是无色、无臭的气体。碳在氧气充足的条件下燃烧生成 CO_2。CO_2 在大气中约占 0.03%，是主要的温室气体。在实验室中，可以利用盐酸与碳酸盐反应，或者加热碳酸盐的方法制备 CO_2 气体。在工业上煅烧石灰石生产石灰的反应会产生大量 CO_2。

CO_2 分子为直线形。在 CO_2 分子中，碳氧之间的键长 116pm，介于 C═O 双键（乙醛中键长 124pm）和 C≡O 三键（CO 中键长 112.8pm）之间，具有一定程度的三键特征。碳原子采用 sp 杂化方式，2 个 sp 杂化轨道分别与氧原子的 2p 轨道生成 σ 键，除此之外还存在 2 个三中心四电子的离域大 π 键。

$$\ddot{O}\!\!-\!\!C\!\!-\!\!\ddot{O} \qquad \Pi_3^4$$
$$\qquad\qquad\qquad \Pi_3^4$$

CO_2 是非极性分子，分子间作用力小，熔、沸点低，很容易液化。CO_2 高度冷却下结成雪花状固体，俗称"干冰"。干冰是分子晶体，在常压 194.5K 下直接升华，常用作制冷剂。

CO_2 能够使澄清的石灰水变浑浊，这一反应常用来检验 CO_2 是否存在。

$$CO_2 + Ca(OH)_2 \longrightarrow CaCO_3\downarrow + H_2O$$

CO_2 不助燃，化学性质不活泼，但在高温下 CO_2 可与金属镁、铅等反应。

$$2Mg + CO_2 \longrightarrow 2MgO + C$$

CO_2 在工业上用于生产纯碱（Na_2CO_3）、小苏打（$NaHCO_3$）、碳酸氢铵（NH_4HCO_3）等。CO_2 还能够用于低温冷冻剂、灭火剂、啤酒和饮料的生产等领域。

13.2.3.3 碳酸及其盐

CO_2 溶于水称为碳酸（H_2CO_3），但是实际上水中 CO_2 是以水合物（$CO_2 \cdot H_2O$）的形式存在的。碳酸是一种二元弱酸，仅存在于水溶液中，其分步电离如下：

$$H_2CO_3 \longrightarrow H^+ + HCO_3^-$$
$$HCO_3^- \longrightarrow H^+ + CO_3^{2-}$$

CO_3^{2-} 和 HCO_3^- 为平面三角形，中心碳原子均采用 sp^2 杂化，3 个杂化轨道分别与 3 个氧原子成键。碳酸根中，还存在四中心六电子的离域大 π 键。

碳酸盐有两类：碳酸盐和碳酸氢盐。碳酸氢盐都溶于水。碳酸盐中只有铵和碱金属（Li 除外）的碳酸盐（如 $(NH_4)_2CO_3$、Na_2CO_3、K_2CO_3）易溶于水，其他金属的碳酸盐（$CaCO_3$、$MgCO_3$ 等）难溶于水。对于难溶的碳酸盐来说，其相应的碳酸氢盐的溶解度大于碳酸盐。例如，通入 CO_2 可以使难溶的 $CaCO_3$ 转化为 $Ca(HCO_3)_2$ 而溶解。

对于易溶的碳酸盐来说，其相应的碳酸氢盐的溶解度则较小，例如通入 CO_2 到浓 Na_2CO_3 的溶液中会析出 $NaHCO_3$。

$$Na_2CO_3 + CO_2 + H_2O \longrightarrow 2NaHCO_3$$

这是由于 CO_3^{2-} 通过氢键形成双聚或多聚链状离子：

$$\left[\begin{array}{c} O\cdots HO \\ O-C \quad\quad C-O \\ OH\cdots O \end{array} \right]^{2-}$$

碱金属和铵的碳酸盐水解而显强碱性，碳酸氢盐水解显弱碱性。

$$CO_3^{2-} + H_2O \longrightarrow HCO_3^- + OH^-$$

$$HCO_3^- + H_2O \longrightarrow H_2CO_3 + OH^-$$

金属离子与 CO_3^{2-} 反应时，产物可能是碳酸盐、碱式碳酸盐或氢氧化物。若氢氧化物的溶解度小于相应碳酸盐（如 Al、Cr、Fe 等），则沉淀为氢氧化物；若氢氧化物的溶解度与碳酸盐的溶解度相差不多（如 Cu、Zn、Pb、Mg 等），则沉淀为碱式碳酸盐；若氢氧化物的溶解度比碳酸盐的溶解度大（如 Ca、Ba、Mn 等），则沉淀为碳酸盐。

$$Ba^{2+} + CO_3^{2-} \longrightarrow BaCO_3 \downarrow$$

$$2Fe^{3+} + 3CO_3^{2-} + 3H_2O \longrightarrow 2Fe(OH)_3 \downarrow + 3CO_2$$

$$2Cu^{2+} + 2CO_3^{2-} + H_2O \longrightarrow Cu_2(OH)_2CO_3 \downarrow + CO_2$$

碳酸盐的热稳定性较差，受热会发生分解。例如：

$$2NaHCO_3 \longrightarrow Na_2CO_3 + CO_2 \uparrow + H_2O$$

$$Ca_2CO_3 \longrightarrow CaO + CO_2 \uparrow$$

一般来说，碳酸盐的热稳定性顺序为：碳酸 < 酸式盐 < 正盐；铵盐 < 过渡金属盐 < 碱土金属盐 < 碱金属盐。

13.2.4　硅及其化合物

英文注解

硅的价电子层结构为 $3s^2 3p^2$，通常以 sp^3 杂化轨道成键。与碳相比，硅有可以利用的空的 3d 轨道，可以 $sp^3 d^2$ 杂化轨道形成配位数为 6 的化合物，如 $[SiF_6]^{2-}$。

13.2.4.1　单质硅

单质硅有两种同素异形体：晶态和无定形。晶态硅又分为单晶硅和多晶硅。晶态硅呈灰黑色，晶体硬而脆，具有金属光泽，晶体结构类似于金刚石，属于立方晶系，熔、沸点都极高。高纯硅是良好的半导体材料，在电子工业中应用较广。

工业上用焦炭在电炉中还原石英砂得到纯度为 96%～97% 的粗硅。粗硅与 Cl_2 作用转化为 $SiCl_4$，$SiCl_4$ 蒸馏提纯后用 H_2 还原可以得到高纯硅。

$$2C + SiO_2 \longrightarrow Si + 2CO \uparrow$$

$$Si + 2Cl_2 \longrightarrow SiCl_4$$

$$SiCl_4 + 2H_2 \longrightarrow Si + 4HCl$$

硅在常温下不活泼，只能与 F_2 反应，生成 SiF_4。高温下，硅能与卤素、氧、碳、氮、硫等非金属单质化合生成 SiX_4、SiO_2、SiC、Si_3N_4 和 SiS_2 等，也能与镁、钙、铁等生成硅化物。硅与强碱猛烈反应生成可溶性硅酸盐，同时放出 H_2。

$$Si + 2NaOH + H_2O \longrightarrow Na_2SiO_3 + 2H_2 \uparrow$$

硅不溶于盐酸、硝酸、硫酸和王水，但是与氢氟酸缓慢作用，在有氧化剂存在的条件下反应加快。

$$Si + 4HNO_3 + 6HF \longrightarrow H_2[SiF_6] + 4NO_2 + 4H_2O$$

13.2.4.2 硅烷

硅的氢化物称为硅烷（Silane），结构通式可写作 Si_nH_{2n+2}。最简单、最典型的硅烷为甲硅烷(SiH_4)。甲硅烷是无色、无臭的气体，分子结构类似于甲烷。以 SiO_2 为原料可以制备甲硅烷，但是产物中通常含有乙硅烷、丙硅烷等杂质。

$$SiO_2 + 4Mg \xrightarrow{\text{灼烧}} Mg_2Si + 2MgO$$

$$Mg_2Si + 4HCl \longrightarrow SiH_4 + 2MgCl_2$$

纯度高的甲硅烷可以利用强还原剂 $LiAlH_4$ 还原硅的卤化物得到。

$$SiCl_4 + LiAlH_4 \longrightarrow SiH_4 + LiCl + AlCl_3$$

甲硅烷的还原性比甲烷强。甲硅烷在空气中可以自燃，而甲烷不能。

甲硅烷可以使 $KMnO_4$ 褪色，而甲烷不能。

$$SiH_4 + 2KMnO_4 \longrightarrow 2MnO_2 + K_2SiO_3 + H_2O + H_2$$

甲硅烷的热稳定性不如甲烷，甲烷的分解温度为 1773K，而甲硅烷的分解温度为 773K。甲硅烷在碱存在条件下易发生水解，而甲烷不发生水解。

$$SiH_4 + (n+2)H_2O \longrightarrow SiO_2 \cdot nH_2O + 4H_2$$

13.2.4.3 硅的卤化物

硅的卤化物主要有 SiF_4 和 $SiCl_4$。常温下，SiF_4 为无色带刺激性臭味的气体，$SiCl_4$ 为无色液体。SiF_4 和 $SiCl_4$ 都是非极性分子，分子呈四面体构型，熔、沸点都比较低，可以通过蒸馏（Distillation）的方法加以提纯。

硅有空的 3d 轨道，可以与水分子中氧原子的孤电子对形成配位键，同时使原有的键削弱、断裂，因此 SiF_4 和 $SiCl_4$ 遇水发生强烈水解。

$$SiCl_4 + 4H_2O \longrightarrow H_4SiO_4 + 4HCl$$

$$3SiF_4 + 4H_2O \longrightarrow H_4SiO_4 + 4H^+ + 2SiF_6^{2-}$$

SiF_4 与氢氟酸能反应生成酸性较强的氟硅酸。

$$SiF_4 + 2HF \longrightarrow H_2[SiF_6]$$

在硫酸存在的条件下，加热萤石（CaF_2）和石英砂(SiO_2)的混合物可以制备得到 SiF_4。

$$CaF_2 + H_2SO_4 \longrightarrow CaSO_4 + 2HF$$

$$SiO_2 + 4HF \longrightarrow SiF_4 + 2H_2O$$

$SiCl_4$ 可由直接加热氯化或将 SiO_2 与焦炭、Cl_2 一起加热来制备。

$$Si + 2Cl_2 \longrightarrow SiCl_4$$
$$SiO_2 + 2C + 2Cl_2 \longrightarrow SiCl_4 + 2CO$$

英文注解

13.2.4.4　二氧化硅

二氧化硅又称为硅石，分为晶态和无定形两类。晶态二氧化硅称为石英，纯净的石英即为水晶。常温下，二氧化硅为原子晶体，熔点高、硬度大。二氧化硅晶体中，每个硅原子采用 sp^3 杂化以 4 个共价键与 4 个氧原子结合，构成 $[SiO_4]$ 四面体结构单元，$[SiO_4]$ 四面体通过共用顶点的氧原子彼此连接，形成空间网状结构，硅和氧的原子数目比为 1:2，所以二氧化硅的最简式为 SiO_2。

石英在 1900K 左右熔化成黏稠液体，内部结构单元变得杂乱无章，冷却时形成石英玻璃。石英玻璃具有许多特殊性质，例如高度透光（紫外光和可见光）、热膨胀系数小、耐高温等。因此石英玻璃可以用来制造耐高温的仪器，还可用来制造紫外灯等光学仪器。

SiO_2 的化学性质不活泼，在高温下不能被 H_2 还原，只能被碳、镁或铝还原，生成单质硅。

$$SiO_2 + 2Mg \xrightarrow{\text{高温}} 2MgO + Si$$

SiO_2 可以与氢氟酸反应，所以不能用玻璃瓶存放氢氟酸。

$$SiO_2 + 4HF \longrightarrow SiF_4 + 2H_2O$$

SiO_2 是酸性氧化物，可以与热碱反应生成硅酸盐，但速度较慢，若与熔融的碱或碳酸盐反应，速度较快。

$$SiO_2 + 2NaOH \longrightarrow Na_2SiO_3 + H_2O$$
$$SiO_2 + Na_2CO_3 \longrightarrow Na_2SiO_3 + CO_2$$

13.2.4.5　硅酸及其盐(Silicic Acid and Silicate)

硅酸的组成与生成条件有关，常用通式 $x\mathrm{SiO_2} \cdot y\mathrm{H_2O}$ 来表示。表 13-5 列出了硅酸的种类。由于偏硅酸 H_2SiO_3 的组成最简单，所以常用 H_2SiO_3 代表硅酸。

表 13-5　硅酸的种类

名　称	分子式	x	y
正硅酸	H_4SiO_4	1	2
偏硅酸	H_2SiO_3	1	1
二偏硅酸	$H_2Si_2O_5$	2	1
焦硅酸	$H_6Si_2O_7$	2	3
三硅酸	$H_8Si_3O_{10}$	3	4
三聚偏硅酸（环状）	$H_6Si_3O_9$	3	3

H_2SiO_3 是二元弱酸，酸性比碳酸弱。硅酸的酸酐（Anhydride）是 SiO_2，但是 SiO_2 不溶于水。硅酸钠与酸作用可以得到硅酸。

$$Na_2SiO_3 + 2HCl \longrightarrow H_2SiO_3 + 2NaCl$$

硅酸刚开始生成时以单分子形式存在于溶液中，并不立即沉淀。放置后，硅酸逐渐发生缩合形成多硅酸的胶体溶液，即硅酸溶胶。向硅酸溶胶中加入电解质或者再加入酸，会生成硅酸凝胶。硅酸凝胶经烘干并且活化，可以得到硅胶。

硅胶是白色的胶状或絮状的固体，属于多孔性物质，比表面积大，具有很强的吸附能力，可以用作干燥剂、吸附剂和催化剂载体。变色硅胶（含有 $CoCl_2$ 的硅胶）是实验室常用的干燥剂，无水 $CoCl_2$ 为蓝色，水合 $CoCl_2 \cdot 6H_2O$ 为粉红色，根据硅胶的颜色可以判断硅胶的吸水程度，已经失去吸湿功能的粉红色硅胶经过烘干脱水又可以变成蓝色硅胶，恢复吸湿能力。

Na_2SiO_3 是最常见的可溶性硅酸盐。Na_2SiO_3 可由石英砂（SiO_2）与烧碱（$NaOH$）或纯碱（Na_2CO_3）反应来制备。Na_2SiO_3 水溶液俗称"水玻璃"，又名"泡花碱"，其化学组成为 $Na_2O \cdot nSiO_2$。水玻璃用途极广，可以作为建筑上的黏合剂、洗涤剂的添加物等。

重金属硅酸盐难溶于水并且具有特征的颜色。

$CuSiO_3$ 蓝绿色	$CoSiO_3$ 紫色	$MnSiO_3$ 浅红色
$Al_2(SiO_3)_3$ 无色透明	$NiSiO_3$ 翠绿色	$Fe_2(SiO_3)_3$ 棕红色

天然硅酸盐都是不溶于水的，结构较复杂。常见天然硅酸盐的结构式如下：

正长石　$K_2O \cdot Al_2O_3 \cdot 6SiO_2$	白云母　$K_2O \cdot 3Al_2O_3 \cdot 6SiO_2 \cdot 2H_2O$
高岭土　$Al_2O_3 \cdot 2SiO_2 \cdot 2H_2O$	石　棉　$CaO \cdot 3MgO \cdot 4SiO_2$
滑　石　$3MgO \cdot 4SiO_2 \cdot 2H_2O$	泡沸石　$Na_2O \cdot Al_2O_3 \cdot 2SiO_2 \cdot nH_2O$

天然硅酸盐的晶体基本结构单元是［SiO_4］四面体，［SiO_4］四面体之间通过顶角氧原子连接，连接方式不同，会形成不同结构的硅酸盐。由于 Al^{3+} 的半径（50pm）与 Si^{4+} 的半径（41pm）相近，Al^{3+} 常常取代硅酸盐中的 $Si(IV)$ 从而形成硅铝酸盐。

13.2.5　锗、锡、铅及其化合物

英文注解

13.2.5.1　锗、锡、铅的单质

锗为银白色金属，晶体结构与金刚石相似。高纯锗是良好的半导体材料。锗化学性质不活泼，常温下不与氧气反应，高温下与氧气反应生成氧化物。锗不与非氧化性酸反应。

锡有三种同素异性体：灰锡、白锡和脆锡。低于 286K 白锡会转化为粉末状灰锡，因此锡制品长期处于低温会毁坏，这种现象称为"锡疫"。利用焦炭还原锡石可以制得单质锡。

$$SnO_2 + 2C \longrightarrow Sn + 2CO$$

常温下锡很稳定，既不被空气氧化，又不与水反应。锡与浓盐酸反应生成 $SnCl_2$。锡与稀硝酸反应生成 $Sn(NO_3)_2$，与浓硝酸反应生成 H_2SnO_3。

铅为暗灰色金属，质地软，密度大。铅和铅的化合物都有毒。铅在空气中，表面会迅速生成一层暗灰色氧化铅或碱式碳酸铅保护膜，使铅失去金属光泽且不致进一步被氧化。铅缓慢与盐酸作用，易溶于硫酸和硝酸。冶炼铅时通常先将矿石氧化成氧化物，再用碳还原。

$$2PbS + 3O_2 \longrightarrow 2PbO + 2SO_2$$

$$PbO + C \longrightarrow Pb + CO$$

$$PbO + CO \longrightarrow Pb + CO_2$$

锡和铅的熔点都比较低，是低熔点合金的主要成分。例如，焊锡为含 67%Sn 和 33%Pb 的低熔点合金，熔点为 450K。锡还可以用于制造锡箔。铅则可用于制造铅蓄电池、电缆、化工方面的耐酸设备以及汽油抗震剂等。

13.2.5.2　锗、锡、铅的氧化物和氢氧化物

锡、铅有两类氧化物 MO 和 MO_2，相应的氢氧化物为 $M(OH)_2$ 和 $M(OH)_4$。MO_2 是两性偏酸氧化物，MO 是两性偏碱氧化物。

氧化亚锡 SnO 呈黑色，热的 Sn（Ⅱ）溶液与 Na_2CO_3 反应可以得到 SnO。氧化锡 SnO_2 冷时白色，加热变黄色。锡在空气中燃烧可以得到 SnO_2。SnO_2 不溶于水，也难溶于酸或者碱，但能溶于熔融的碱生成锡酸盐。

铅的氧化物除了氧化铅（PbO，黄色）和二氧化铅（PbO_2，棕色）以外，还有常见的混合氧化物四氧化三铅（Pb_3O_4，红色）和三氧化二铅（Pb_2O_3，橙色）。Pb_3O_4 俗称"铅丹"或"红丹"，可用于油漆船舶和桥梁钢架。

PbO_2 是常见的氧化剂。

$$2Mn^{2+} + 5PbO_2 + 4H^+ \longrightarrow 2MnO_4^- + 5Pb^{2+} + 2H_2O$$

$$PbO_2 + 4HCl \longrightarrow PbCl_2 + Cl_2 + 2H_2O$$

在含有 Sn^{2+} 和 Pb^{2+} 的溶液中加入强碱，会析出 $Sn(OH)_2$ 和 $Pb(OH)_2$ 沉淀。这两种氢氧化物都是两性的，既溶于酸又溶于碱。

$$Sn(OH)_2 + 2H^+ \longrightarrow Sn^{2+} + 2H_2O$$

$$Sn(OH)_2 + 2OH^- \longrightarrow [Sn(OH)_4]^{2-}$$

$$Pb(OH)_2 + 2H^+ \longrightarrow Pb^{2+} + 2H_2O$$

$$Pb(OH)_2 + OH^- \longrightarrow [Pb(OH)_3]^-$$

其酸碱性递变规律如下：

酸性增强 ↓	碱性增强 →			碱性增强 ↓
	$Ge(OH)_4$(棕色)	$Sn(OH)_4$(白色)	$Pb(OH)_4$(棕色)	
	$Ge(OH)_2$(白色)	$Sn(OH)_2$(白色)	$Pb(OH)_2$(白色)	
	← 酸性增强			

在含有 Sn^{4+} 的溶液中加入强碱可得到难溶于水的 α-锡酸，α-锡酸既溶于酸又溶于碱，α-锡酸长时间放置会转变为 β-锡酸，它既不溶于酸也不溶于碱。

13.2.5.3　锗、锡、铅的盐

A　四卤化物

常见的四卤化物有 $GeCl_4$ 和 $SnCl_4$。它们均为无色液体，在空气中因水解而发烟。将金属锗、锡直接与 Cl_2 反应，或者用 MO_2（M=Ge、Sn）与 HCl 反应，或者用 MCl_2 与 Cl_2 反应都可得到 MCl_4。$GeCl_4$ 是制取单质锗或其他锗化合物的中间化合物。$SnCl_4$ 用作媒染剂、有机合成上的氯化催化剂及镀锡的试剂。

在用盐酸酸化，且含有 $PbCl_2$ 的溶液中通入 Cl_2，得到黄色油状液体 $PbCl_4$，该化合物极不稳定，容易分解为 $PbCl_2$ 和 Cl_2。$PbBr_4$ 和 PbI_4 不容易制得，因为不稳

定，极易分解。

B　二卤化物

二氯化锡 $SnCl_2$ 是较重要的二卤化物，由锡与盐酸反应可得到 $SnCl_2 \cdot 2H_2O$ 的无色晶体。由于 $E^{\ominus}(Sn^{4+}/Sn^{2+}) = 0.151V$，故 $SnCl_2$ 是生产和化学实验中广泛使用的还原剂。例如：

$$2HgCl_2(过量) + SnCl_2 \longrightarrow SnCl_4 + Hg_2Cl_2 \downarrow (白色)$$
$$Hg_2Cl_2 + SnCl_2 \longrightarrow SnCl_4 + 2Hg \downarrow (黑色)$$

上述反应很灵敏，常用来检验 Hg^{2+} 或 Sn^{2+} 的存在。

$SnCl_2$ 易于水解，水解反应如下：

$$SnCl_2 + H_2O \longrightarrow Sn(OH)Cl \downarrow (白色) + HCl$$

由于产生的碱式盐 $Sn(OH)Cl$ 难溶于水，故水解反应是不完全的，停留在生成碱式盐这一步。因此在配制 $SnCl_2$ 溶液时，要先将 $SnCl_2$ 固体溶解在少量浓 HCl 中，再加水稀释。

Sn^{2+} 在酸性条件下可被空气中的氧气氧化，常在新配制的 $SnCl_2$ 溶液中加入少量锡粒。$PbCl_2$ 是一种难溶于冷水、易溶于热水的白色固体，也能溶于盐酸中，形成配离子：

$$PbCl_2 + 2HCl \longrightarrow H_2[PbCl_4]$$

将铅溶于稀盐酸，或者在可溶性的 Pb(Ⅱ) 盐溶液中加适量盐酸或可溶性氯化物都可析出白色 $PbCl_2$ 沉淀。

PbI_2 为黄色丝状有亮光的沉淀，难溶于冷水、易溶于沸水，也能溶于 KI 溶液中生成配离子：

$$PbI_2 + 2KI \longrightarrow K_2[PbI_4]$$

总结锗分族元素两种氧化态化合物稳定性的变化规律如下：

$$\xrightarrow{\text{稳定性减弱，氧化性增强}}$$

Ge(Ⅳ)	Sn(Ⅳ)	Pb(Ⅳ)
Ge(Ⅱ)	Sn(Ⅱ)	Pb(Ⅱ)

$$\xleftarrow{\text{稳定性减弱，氧化性增强}}$$

13.2.5.4　铅（Ⅱ）的一些含氧酸盐

铅的许多化合物难溶于水、有颜色、有毒。铅化合物的毒性是由于铅离子与蛋白质分子中半胱酸的巯基（—SH）反应，生成难溶物。$PbSO_4$、$PbCO_3$ 和 $PbCrO_4$ 常用于制油漆，因此油漆、油灰是铅中毒的一个来源，含铅化合物的涂料不要用于油漆儿童玩具和家具。长期以来，汽车排出的废气中因含有铅化合物，造成大气污染。目前，人们已经研制出了无铅汽油。

13.2.5.5　锡、铅的硫化物

锡可以形成 SnS(棕色) 和 SnS_2（黄色）两种硫化物，铅只能形成 PbS(黑色)。SnS 不溶于水、稀酸、Na_2S 和 $(NH_4)_2S$，但可溶于浓盐酸和碱金属的多硫化物中。

$$SnS + 4Cl^- + 2H^+ \longrightarrow [SnCl_4]^{2-} + H_2S$$
$$SnS + S_2^{2-} \longrightarrow SnS_3^{2-}$$

实际上 SnS 在实验中也能溶于 Na_2S，这是由于 Na_2S 中含有多硫离子的缘故。SnS_2 能溶于 Na_2S 或 $(NH_4)_2S$。

$$SnS_2 + S^{2-} \longrightarrow SnS_3^{2-}$$

PbS 不溶于水、Na_2S 和稀酸，但是可溶于浓盐酸或硝酸。

$$PbS + 4HCl \longrightarrow [PbCl_4]^{2-} + H_2S + 2H^+$$

$$3PbS + 8H^+ + 2NO_3^- \longrightarrow 3Pb^{2+} + 3S + 2NO + 4H_2O$$

13.3　氮族元素

元素周期表中第 Ⅴ A 族包括氮（Nitrogen，N）、磷（Phosphorus，P）、砷（Arsenic，As）、锑（Antimony，Sb）和铋（Bismuth，Bi）五种元素，总称为氮族元素。其中，氮、磷是非金属，砷是准金属，锑和铋是金属。

13.3.1　氮族元素的发现和存在

英文注解

N_2 的发现是在研究空气的组成过程中完成的。1772 年，英国医生、植物学家卢瑟福（Rutherford，1749~1819）在论文中描述了一种气体，它不能维持动物的生命，不能被石灰水吸收，不能被碱吸收，不能支持燃烧，卢瑟福称这种气体为"浊气"或"毒气"。几乎同时，瑞典化学家舍勒（Scheele，1742~1786）、英国科学家卡文迪什（Cavendish，1731~1810）和英国科学家普利斯特里（Priestley，1733~1804）分别采用不同的方法都得到了 N_2。拉瓦锡称这种气体为"Azote"（即"不支持生存"的意思）。1790 年，法国化学家沙普塔尔（Chaptal，1756~1832）提出将这种气体命名为"氮"，即"硝石的产生者"的意思。氮在地壳中的质量分数是 0.0046%。绝大部分氮是以 N_2 单质的形式存在于空气中，少量的氮以铵盐、硝酸盐的形式存在于土壤中。氮普遍存在于有机体中，是组成动植物体蛋白质和核酸的重要元素。自然界中最大的硝酸盐矿是南美洲智利的硝石矿（$NaNO_3$）。

17 世纪，德国商人布兰德（Brand）将砂、木炭、石灰等和尿混合加热蒸馏，意外地分离出能在黑暗中发光的物质，布兰德将其命名为"磷"，即"冷光"的意思。磷很容易被氧化，自然界不存在单质磷，总是以磷酸盐的形式出现。磷在地壳中的质量分数为 0.118%。磷的矿物有磷酸钙（Phosphorite，$Ca_3(PO_4)_2 \cdot H_2O$）和磷灰石（fluorapatite，$Ca_5F(PO_4)_3$），这两种矿物是制造磷肥和一切磷化合物的原料。磷是生命体内遗传物质核酸的重要组成元素之一。磷在脑细胞里含量丰富，脑磷脂供给大脑活动所需的巨大能量。

砷很早就有记载，它既可以作为一种贵重药物，又具有毒性。中国晋朝炼丹家葛洪（283~363）在他的名著《抱朴子·仙药篇》中记载了制备单质砷的方法。1250 年，德国马格努斯（Magnus，1193~1280）利用肥皂与雄黄共热制得单质砷。砷在地壳中的质量分数是 $5 \times 10^{-4}\%$，在自然界中主要以硫化物和氧化物的形式存在，主要矿物有雄黄（Realgar，As_2S_2）、雌黄（Orpiment，As_2S_3）、砒石（亦称砒黄，As_2O_3）、毒砂（即砷黄铁矿，Arsenopyrite，FeAsS）。

锑是古代已知的元素，曾被误认为是铅或锡。17世纪德国科学家索尔德（Tholde）利用铁与辉锑矿共熔制得金属锑。铋也是古代已知的元素，用木炭还原辉铋矿即可得到金属铋，但是当时混同于锑、铅和锡。1753年，英国科学家杰弗拉明（Geoffroy）明确了铋是一种元素。锑和铋在地壳中的含量不大，主要以硫化物矿的形式存在，例如辉锑矿（Sb_2S_3）、辉铋矿（Bi_2S_3）。铋矿的下层常常会找到银，因此中世纪矿工将铋称为"银子的屋顶"。

13.3.2 氮族元素的性质

氮族元素的价电子层结构是 ns^2np^3，它们的 p 轨道都是半充满状态，因而与同周期表中邻近元素相比，有相对较高的电离能。由于惰性电子对效应，氮族元素从上而下氧化数为+3 的化合物稳定性增强，氧化数为+5 的化合物稳定性减弱。氮族元素的一些基本性质见表 13-6。

表 13-6　氮族元素的基本性质

性　质	氮	磷	砷	锑	铋
元素符号	N	P	As	Sb	Bi
原子序数	7	15	33	51	83
相对原子质量	14.01	30.97	74.92	121.8	220.90
价电子层构型	$2s^22p^3$	$3s^23p^3$	$4s^24p^3$	$5s^25p^3$	$6s^26p^3$
常见氧化态	-3、-2、-1、+1、+2、+3、+4、+5	-3、+1、+3、+5	-3、+3、+5	+3、+5	+3、+5
原子共价半径/pm	75	110	122	143	152
X^{3-}的半径/pm	171	212	222	245	—
X^{3+}的半径/pm	—	—	69	92	108
X^{5+}的半径/pm	11	34	47	62	74
第一电离能/kJ·mol^{-1}	1402.3	1011.8	944	831.6	703.3
电负性	3.04	2.19	2.18	2.05	2.02

氮族元素与其他元素成键时都有较强的共价性。电负性较大的氮和磷可以形成极少数的氧化数为-3 的离子型固态化合物，例如 Li_3N、Mg_3N_2、Na_3P、Ca_3P_2 等，这些离子化合物遇到水会强烈水解。氮族元素的金属性比相邻的ⅥA 显著，因此形成正价的趋势较强。它们的最高氧化数都可以达到+5，这与它们的族数相一致。除氮以外，其他氮族元素都有空的 d 轨道可以参与成键，所以氮的最高配位数为 4，其他元素最高配位数为 6。

13.3.3 氮及其化合物

氮原子的价电子层构型为 $2s^22p^3$，p 轨道为半充满状态。虽然氮在常温下很稳定，但是在高温高压下氮具有很高的化学活性。氮的电负性(3.04) 仅次于氟和氧，它能和其他元素形成较强的化学键。表 13-7 总结了氮原子的成键特征和价键结构。

英文注解

表 13-7　氮原子的成键特征和价键结构

类型	结构基础	杂化态	σ键数	π键数	孤电子对	分子形状	化合物举例
共价键	—N—	sp^3	4	0	0	正四面体	NH_4^+
			3	0	1	三角锥	NH_3、NF_3、NCl_3
	—N：	sp^2	3	1	0	三角形	$Cl-N(=O)O$ ， $HO-N(=O)O$
			2	1	1	角形	$Cl-N=O$
	N≡	sp	2	2	0	直线形	$[O=N=O]^+$
			1	2	1	直线形	$:N≡N:$ ， $[:C≡N:]^-$
离子键	N^{3-}					离子型氮化物：Li_3N、Ca_3N_2、Mg_3N_2 等	
配位键	—N：→ / ≡N：→					配位化合物：$Cu(NH_3)_4^{2+}$ 等	

13.3.3.1　N_2

N_2 是一种无色、无臭的气体。N_2 在水中的溶解度很小，在 273K 时，1 体积水约可溶解 0.023 体积的 N_2。N_2 难于液化，只有在温度极低、压力极大的情况下才能得到液氮。N_2 是双原子分子（Diatomic Molecule），2 个氮原子之间存在三键 N≡N，其键能很大（946kJ/mol），所以 N_2 分子是已知的双原子分子中最稳定的。N_2 分子的分子轨道式为：

$$(\sigma_{1s})^2(\sigma_{1s}^*)^2(\sigma_{2s})^2(\sigma_{2s}^*)^2(\pi_{2p_y})^2(\pi_{2p_z})^2(\sigma_{2p_x})^2$$

对成键有贡献的是三对电子，即形成 2 个 π 键和 1 个 σ 键。

常温下 N_2 几乎不与任何物质发生反应。ⅠA 族中只有 Li 可以与 N_2 在常温下直接反应，其他元素不直接与 N_2 作用。

$$6Li + N_2 \longrightarrow 2Li_3N$$

在高温高压并有催化剂存在的条件下，N_2 可以和 H_2 反应生成 NH_3。

$$N_2 + 3H_2 \xrightarrow{\text{高温，高压，催化剂}} 2NH_3$$

N_2 与ⅡA 族的 Mg、Ca、Sr、Ba 在赤热的温度下才能反应，生成相应的氮化物。

$$3Ca + N_2 \longrightarrow Ca_3N_2$$

N_2 与ⅢA 族的 B 和 Al 在白热的温度下可以反应。

$$2B + N_2 \longrightarrow 2BN$$

放电条件下，N_2 可以和 O_2 化合生成 NO。N_2 与硅和其他族元素的单质一般要在高于 1473K 的温度下才能反应。

工业上一般是由分馏液态空气制得 N_2。实验室中可以利用加热饱和 $NaNO_2$ 和 NH_4Cl 混合溶液的方法制备 N_2，但是其中混有少量氮的氧化物和 O_2 等杂质。

$$NH_4Cl + NaNO_2 \longrightarrow NH_4NO_2 + NaCl$$
$$NH_4NO_2 \longrightarrow N_2 + 2H_2O$$

N_2 主要用于氨的合成。由于氮的化学惰性,还常用作保护气体,例如保护粮食。用 N_2 填充粮仓,可使粮食不霉烂、不发芽。N_2 经常用作实验的保护性气氛,液氮还可用作深度冷冻剂。

13.3.3.2 氮的氢化物

A NH₃

NH_3 分子中氮原子采取不等性 sp^3 杂化,其中 3 个 sp^3 杂化轨道分别与氢原子 1s 轨道重叠形成 3 个 σ 键,还有一个 sp^3 杂化轨道中有一对孤对电子,NH_3 分子构型为三角锥。由于孤电子对对成键电子对的排斥作用,使 N—H 之间的键角 ∠HNH 不是正四面体的 109°28′,而是 107°18′。NH_3 分子极性较大,易形成氢键。

工业上利用 N_2 和 H_2 在高温高压和催化剂存在下直接应合成 NH_3。

$$N_2 + 3H_2 \xrightarrow{\text{高温,高压,催化剂}} 2NH_3$$

实验室中可以利用铵盐和强碱的反应来制备少量 NH_3。

$$(NH_4)_2SO_4(s) + CaO(s) \longrightarrow CaSO_4(s) + 2NH_3 + H_2O$$

氮化物同水作用也可以得到 NH_3。

$$Mg_3N_2 + 6H_2O \longrightarrow 3Mg(OH)_2 + 2NH_3$$

NH_3 是一种有刺激性气味的无色气体。NH_3 极易溶于水,在 273K 时 1 体积水能溶解 1200 体积的 NH_3,在 293K 时可溶解 700 体积 NH_3。通常把 NH_3 的水溶液称为氨水,NH_3 在水中主要形成水合分子 $NH_3 \cdot H_2O$ 和 $2NH_3 \cdot H_2O$,氨水溶液显弱碱性。

$$NH_3 + H_2O \longrightarrow NH_4^+ + OH^-$$

NH_3 化学性质活泼,能和许多物质发生反应,反应类型主要有加合反应、取代反应(Substitution Reaction)和氧化反应(Oxidation Reaction)。加合反应是指 NH_3 以分子中的孤电子对与其他物质反应,NH_3 能够生成各种形式的氨合物,如 $[Ag(NH_3)_2]^+$、$[Cu(NH_3)_4]^{2+}$、$BF_3 \cdot NH_3$ 等。

取代反应又称为氨解反应(Ammonolysis),与水解反应相类似。

$$HgCl_2 + 2NH_3 \longrightarrow Hg(NH_2)Cl + NH_4Cl$$
$$COCl_2 + 4NH_3 \longrightarrow CO(NH_2)_2 + 2NH_4Cl$$

NH_3 和 NH_4^+ 中氮的氧化数为 -3,因此在一定条件下它们能失去电子而显还原性,能被许多强氧化剂(如 Cl_2、H_2O_2、$KMnO_4$ 等)氧化。NH_3 在空气中不能燃烧,却能在纯 O_2 中燃烧。

$$4NH_3 + 3O_2 \longrightarrow 6H_2O + 2N_2$$

在催化剂(铂网)的作用下,NH_3 可被氧化成 NO,这个反应是工业上合成硝酸的重要步骤。

$$4NH_3 + 5O_2 \longrightarrow 4NO + 6H_2O$$

氨在常温下加压容易液化成为液氨。液氨与水类似,是一种良好的溶剂。碱金属等活泼金属可以溶解在液氨中生成一种蓝色溶液,这类溶液具有强还原性和导电性。液氨的汽化热较大，因此常用作冷冻机的循环制冷剂。

B　铵盐

氨与酸作用得到相应的铵盐（Ammonium Salts）。NH_4^+ 的半径（148pm）与 K^+ 的半径（133pm）接近，因此铵盐的性质与钾盐非常相似。铵盐一般是无色的晶体，易溶于水。但是酒石酸铵和高氯酸铵等少数铵盐的溶解度较小。由于氨的弱碱性，铵盐都有一定程度的水解，由强酸组成的铵盐，其水溶液显酸性。

在任何铵盐的溶液中加入强碱并加热，就会释放出 NH_3，这是检验 NH_4^+ 的反应，常用的检测试剂是 Nessler 试剂（$K_2[HgI_4]$ 的 KOH 溶液）。

$$NH_4^+ + 2[HgI_4]^{2-} + 4OH^- \longrightarrow [O(Hg)_2NH_2]I(s) + 7I^- + 3H_2O$$

热稳定性是铵盐的重要性质。铵盐加热极易分解，分解产物与阴离子对应的酸的性质有关。如果是易挥发无氧化性的酸，固态铵盐加热易分解为 NH_3 和相应的酸。

$$NH_4HCO_3 \xrightarrow{\text{常温}} NH_3 + CO_2 + H_2O$$
$$NH_4Cl \longrightarrow NH_3 + HCl$$

如果是非挥发性无氧化性的酸，则只有 NH_3 逸出。

$$(NH_4)_2SO_4 \longrightarrow NH_3 + NH_4HSO_4$$
$$(NH_4)_3PO_4 \longrightarrow 3NH_3 + H_3PO_4$$

如果相应的酸有氧化性，则分解出来的 NH_3 会立即被氧化成为 N_2 或者 N_2O。

$$NH_4NO_3 \longrightarrow N_2O + 2H_2O$$

如果加热温度高于 573K，N_2O 将会分解为 N_2 和 O_2。

$$NH_4NO_3 \longrightarrow N_2 + \frac{1}{2}O_2 + 2H_2O$$

由于铵盐分解产生气体同时放出大量的热，如果在密闭的容器中进行就会发生爆炸，因此 NH_4NO_3 可用于制造炸药。

铵盐（$(NH_4)_2SO_4$、NH_4NO_3、$(NH_4)_2CO_3$）都可用作化学肥料，NH_4Cl 可以用于焊接金属时除去金属表面的氧化物。

C　联氨

联氨（Diamide，NH_2-NH_2）又称为"肼"（Hydrazine），可以看成是 NH_3 分子内的 1 个氢原子被氨基—NH_2 取代的衍生物。NaClO 溶液氧化过量的 NH_3 可以得到联氨。

$$NaClO + 2NH_3 \longrightarrow NH_2 - NH_2 + NaCl + H_2O$$

NH_2-NH_2 是一种无色发烟液体，水溶液显弱碱性，碱性弱于氨。NH_2-NH_2 和 NH_3 一样能生成配位化合物（Coordination Compound），例如 $[Pt(NH_3)_2(N_2H_4)_2]Cl_2$、$[(NO_2)_2Pt(N_2H_4)_2Pt(NO_2)_2]$ 等。NH_2-NH_2 在碱性溶液中是强还原剂，它能将 $AgNO_3$ 还原成单质银，也可以被卤素氧化。

$$NH_2 - NH_2 + 2X_2 \longrightarrow 4HX + N_2$$

NH_2-NH_2 在空气中燃烧能放出大量的热，因此可用作火箭燃料、火箭的推进剂。

$$NH_2 - NH_2(l) + O_2(g) \longrightarrow N_2(g) + 2H_2O(l) \qquad \Delta_r H_m^\ominus = -629kJ/mol$$

D　羟胺

羟胺（Hydroxylamine，NH_2OH）可以看作 NH_3 分子内的 1 个氢原子被羟基—OH 取代的衍生物。纯 NH_2OH 是一种不稳定的白色固体，易溶于水，水溶液呈弱碱性，碱性比联氨弱。NH_2OH 分子中存在孤对电子，因此也可以作为配体形成配位化合物，如 $Zn(NH_2OH)_2Cl_2$。

NH_2OH 中氮的氧化数为 −1，处于中间氧化态，因此它既可以作为氧化剂又可以作为还原剂，但是以还原性为主。在碱性溶液中 NH_2OH 是较强的还原剂，其氧化产物是没有污染的 N_2 和 H_2O，不会为反应体系带来干扰。

$$2NH_2OH + 2AgBr \longrightarrow 2Ag + N_2 + 2HBr + 2H_2O$$

E　叠氮化物

联氨被亚硝酸氧化生成叠氮酸 HN_3。

$$N_2H_4 + HNO_2 \longrightarrow 2H_2O + HN_3$$

在 HN_3 分子中，3 个氮原子在一条直线上，H—N 键与 N—N—N 键间的夹角为 110°。靠近氢原子的第 1 个氮原子采用 sp^2 杂化，第 2 和第 3 个氮原子采用 sp 杂化，3 个氮原子间存在着离域的大 π 键。

纯 HN_3 是无色有刺激性气味的液体。叠氮酸很不稳定，受热或受撞击就会爆炸，常用于引爆剂。HN_3 在水溶液中是稳定的，在水中略有电离，它的酸性类似于乙酸，是弱酸。

金属叠氮化物 NaN_3 比较稳定，是制备其他叠氮化物的原料。NaN_3 的制备方法如下：

$$2Na_2O + N_2O + NH_3 \longrightarrow NaN_3 + 3NaOH$$

N_3^- 反应性能类似于卤负离子，例如 AgN_3 也是难溶于水的。

13.3.3.3　氮的氧化物

氮的氧化物（Oxides of Nitrogen）有多种，包括 N_2O（Dinitrogen Oxide）、NO（Nitrogen Monoxide）、N_2O_3（Dinitrogen Trioxide）、NO_2（Nitrogen Dioxide）、N_2O_4（Dinitrogen Tetroxide）、N_2O_5（Dinitrogen Pentoxide）。氮的氧化数从 +1 到 +5，这些氧化物的主要性质见表 13-8。

表 13-8　氮的氧化物的主要性质

化学式	熔点/K	沸点/K	性　质	结构式
N_2O	170.6	184.5	无色气体	直线形，N＝N＝O
NO	109.4	121.2	无色气体	N≡O
N_2O_3	170.8	276.6（分解）	蓝色液体	

续表 13-8

化学式	熔点/K	沸点/K	性　质	结　构　式
NO_2	181	294.3（分解）	红棕色气体	
N_2O_4	181	294.3（分解）	无色气体	
N_2O_5	303（分解）	320（分解）	无色固体	

A　NO

NO 是一种无色气体，微溶于水但不与水反应，不助燃，常温下与 O_2 立即反应生成红棕色的 NO_2。NO 分子的分子轨道式为：$(\sigma_{1s})^2 (\sigma_{1s}^*)^2 (\sigma_{2s})^2 (\sigma_{2s}^*)^2 (\sigma_{2p})^2 (\pi_{2p_y})^2 (\pi_{2p_z})^2 (\pi_{2p_y}^*)^1$。在 NO 分子中，存在 1 个 σ 键、1 个 π 键和 1 个三电子 π 键。NO 是一个奇电子分子，具有顺磁性。

NO 可以作为配体与过渡金属离子生成配位化合物，它与 Fe^{2+} 生成深棕色的亚硝酰合物，此反应即为检验硝酸根是否存在的"棕色环实验"的显色原因。

$$NO + FeSO_4 \longrightarrow [Fe(NO)]SO_4$$

实验室制备 NO 的方法是用铜与稀硝酸的反应。

$$3Cu + 8HNO_3 \longrightarrow 3Cu(NO_3)_2 + 2NO + 4H_2O$$

B　NO_2

NO_2 是一种红棕色有毒的气体，低温时易聚合成无色的 N_2O_4。NO_2 分子中，氮原子采用 sp^2 杂化，形成 2 个 σ 键、1 个三中心四电子的大 π 键 Π_3^4（也有人认为应是 Π_3^3，两种说法存在争论）。NO_2 分子构型为三角形，具有顺磁性。

NO_2 易溶于水或碱，生成硝酸和亚硝酸或硝酸盐和亚硝酸盐的混合物，是一种混合酸酐。

$$2NO_2 + H_2O \longrightarrow HNO_3 + HNO_2$$
$$2NO_2 + 2NaOH \longrightarrow NaNO_3 + NaNO_2 + H_2O$$

将 NO 氧化或用铜与浓 HNO_3 反应均可制备 NO_2。

$$2NO + O_2 \longrightarrow 2NO_2$$
$$Cu + 4HNO_3 \longrightarrow Cu(NO_3)_2 + 2NO_2 + 2H_2O$$

13.3.3.4　氮的含氧酸及其盐

A　亚硝酸及其盐（Nitrite）

把等物质的量 NO 和 NO_2 的混合物溶解在冰冻的水中或者向亚硝酸盐的冷溶液中加入强酸时，都可以在溶液中生成亚硝酸（Nitrous Acid）。

$$NO_2 + NO + H_2O \longrightarrow 2HNO_2$$

英文注解

$$NaNO_2 + H_2SO_4 \longrightarrow NaHSO_4 + HNO_2$$

亚硝酸很不稳定，仅存在于冷的稀溶液中，浓缩或者微热时便会分解成 NO、NO$_2$ 和 H$_2$O。亚硝酸是弱酸，酸性比乙酸略强。

HNO$_2$ 分子中，氮原子采用 sp^2 杂化，形成 2 个 σ 键、1 个 π 键，还有一对孤对电子。HNO$_2$ 有顺式和反式两种结构，通常反式结构比顺式稳定，如图 13-5 所示。NO$_2^-$ 为平面三角形结构，氮原子采用 sp^2 杂化，与氧原子生成 σ 键，还有一个三中心四电子的大 π 键 Π_3^4。

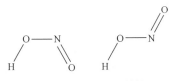

图 13-5　亚硝酸的结构

亚硝酸和亚硝酸盐中氮原子具有中间氧化态 +3，因此既具有氧化性又具有还原性，但以氧化性为主，而且其氧化能力在酸性溶液中比 NO$_3^-$ 离子还强。NO$_2^-$ 可以氧化 I$^-$ 而 NO$_3^-$ 不能氧化 I$^-$。

$$NO_2^- + Fe^{2+} + 2H^+ \longrightarrow NO + Fe^{3+} + H_2O$$

$$2NO_2^- + 2I^- + 4H^+ \longrightarrow 2NO + I_2 + 2H_2O$$

当亚硝酸和亚硝酸盐遇到比它氧化性更强的 KMnO$_4$、Cl$_2$ 等强氧化剂时，也可以表现出还原性，被氧化为硝酸盐。

$$5NO_2^- + 2MnO_4^- + 6H^+ \longrightarrow 5NO_3^- + 2Mn^{2+} + 3H_2O$$

NO$_2^-$ 离子中，氮原子和氧原子上都有孤对电子，它们可以作为配体与许多过渡金属离子形成配位化合物，如 $[Co(NO_2)_6]^{3-}$。

亚硝酸盐大多数无色，除黄色的 AgNO$_2$ 不溶于水外，一般都易溶于水。碱金属和碱土金属的亚硝酸盐比较稳定。

金属在高温下还原硝酸盐可以制备亚硝酸盐。

$$Pb + NaNO_3 \longrightarrow PbO + NaNO_2$$

亚硝酸和亚硝酸盐均有剧毒，易转变为致癌物质亚硝胺。蔬菜长期储存会产生亚硝酸盐，生成亚硝胺。肉类中经常使用亚硝酸盐作为防腐剂。工业用盐中含有大量亚硝酸盐。有研究表明，下列食物可以抑制或者阻碍体内亚硝胺的合成：豆芽、白菜、大蒜、胡萝卜、南瓜、茶叶等。

B　硝酸及其盐（Nitrate）

硝酸（Nitric Acid）是工业上重要的三大无机酸之一，在国防工业和化学工业中用途极广，它是制造炸药、染料、硝酸盐和许多其他化学药品的重要原料。工业上主要采用氨催化氧化法制备硝酸。在 1273K，以铂网（90%Pt 和 10%Rh 合金网）作为催化剂，NH$_3$ 可以被空气中的 O$_2$ 氧化成 NO，NO 进一步与 O$_2$ 作用生成 NO$_2$，NO$_2$ 被水吸收成为硝酸。因此，可以得到含量为 47%~50% 的硝酸，若要得到更高浓度的硝酸，可与浓硫酸混合，再经过加热、蒸馏就可以得到浓硝酸。

$$4NH_3 + 5O_2 \longrightarrow 4NO + 6H_2O$$
$$2NO + O_2 \longrightarrow 2NO_2$$
$$3NO_2 + H_2O \longrightarrow 2HNO_3 + NO$$

实验室中可以用硝酸盐与浓硫酸反应来制备少量硝酸。

$$NaNO_3 + H_2SO_4 \longrightarrow NaHSO_4 + HNO_3$$

HNO_3 分子中，氮原子采用 sp^2 杂化，与 3 个氧原子形成 3 个 σ 键。氮原子未参与杂化的 p 轨道上的孤对电子与 2 个氧原子的单电子形成三中心四电子的大 π 键 Π_3^4。

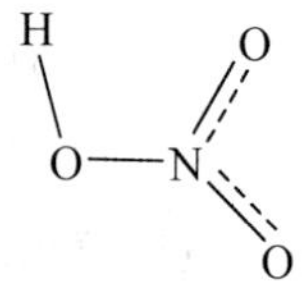

纯硝酸是无色液体。通常硝酸中会带有一些黄色或者红棕色，这是由于硝酸受热分解产生 NO_2。

$$4HNO_3 \longrightarrow 4NO_2 + O_2 + 2H_2O$$

硝酸是强酸，具有强氧化性。硝酸可以将除了 Cl_2、O_2、稀有气体之外的几乎所有非金属单质氧化成氧化物或含氧酸。有机物可以被硝酸氧化成 CO_2。浓硝酸与非金属作用时的还原产物通常是 NO。

$$3C + 4HNO_3 \longrightarrow 3CO_2 + 4NO + 2H_2O$$
$$3P + 5HNO_3 + 2H_2O \longrightarrow 3H_3PO_4 + 5NO$$
$$S + 2HNO_3 \longrightarrow H_2SO_4 + 2NO$$
$$3I_2 + 10HNO_3 \longrightarrow 6HIO_3 + 10NO + 2H_2O$$

硝酸与金属的反应情况比较复杂。表 13-9 列出了金属与硝酸的反应情况，表 13-10 列出了硝酸被金属还原的产物情况。

表 13-9　金属与硝酸的反应

金　属	反应情况	金　属	反应情况
Ca、Cu、Zn 等大多数金属	生成可溶性硝酸盐	Sn、W、Mo 等	生成不溶于酸的氧化物
Fe、Al、Cr 等	可溶于稀硝酸而在冷浓硫酸中钝化	不活泼金属（Au、Pt、Rh、Ir 等）	不反应

表 13-10　硝酸被金属还原的产物

名称	浓度/mol·L^{-1}	活泼金属	不活泼金属
浓硝酸	12~16	NO_2	NO_2
稀硝酸	6~8	N_2O	NO
极稀硝酸	<2	NH_4NO_3	

$$Cu + 4HNO_3(浓) \longrightarrow Cu(NO_3)_2 + 2NO_2 + 2H_2O$$

$$3Cu + 8HNO_3(稀) \longrightarrow 3Cu(NO_3)_2 + 2NO + 4H_2O$$

$$4Zn + 10HNO_3(稀) \longrightarrow 4Zn(NO_3)_2 + N_2O + 5H_2O$$

$$4Zn + 10HNO_3(极稀) \longrightarrow 4Zn(NO_3)_2 + NH_4NO_3 + 3H_2O$$

浓硝酸和浓盐酸的体积比为 1 : 3 的混合物称为王水。王水的氧化性比硝酸更强，因为王水中同时存在硝酸、氯、氯化亚硝酸酰（NOCl）等几种氧化剂。Au、Pt 等金属可以溶于王水中，这是由于金属离子在王水中形成稳定的配离子 [AuCl$_4$]$^-$、[PtCl$_6$]$^{2-}$，使 Au 或者 Pt 的电极电势（Electrode Potential）减小。

$$Au + HNO_3 + 4HCl \longrightarrow H[AuCl_4] + NO + 2H_2O$$

$$3Pt + 4HNO_3 + 18HCl \longrightarrow 3H_2[PtCl_6] + 4NO + 8H_2O$$

硝酸与金属或者金属氧化物作用可以得到硝酸盐。大多数硝酸盐易溶于水，硝酸盐水溶液没有氧化性，只有在酸性介质中才有氧化性。

硝酸盐的热稳定性不如亚硝酸盐。硝酸盐受热易分解，产物比较复杂，主要分为以下几类情况（电位顺序：K、Na、Mg、Zn、Fe、Ni、Sn、Pb、H、Cu、Hg、Ag、Au）：

（1）电位顺序在 Mg 以前的碱金属和碱土金属的无水硝酸盐受热分解生成亚硝酸盐和 O$_2$。

$$2NaNO_3 \longrightarrow 2NaNO_2 + O_2$$

（2）电位顺序在 Mg 与 Cu 之间的金属元素的无水硝酸盐受热分解生成相应金属的氧化物。

$$2Pb(NO_3)_2 \longrightarrow 2PbO + 4NO_2 + O_2$$

（3）电位顺序在 Cu 以后的金属硝酸盐受热分解生成金属单质，并且放出 NO$_2$ 和 O$_2$。

$$2AgNO_3 \longrightarrow 2Ag + 2NO_2 + O_2$$

含有结晶水的硝酸盐受热分解时会发生水解反应，生成碱式盐。

$$Mg(NO_3)_2 \cdot 6H_2O \longrightarrow Mg(OH)NO_3 + HNO_3 + 5H_2O$$

NO$_3^-$ 构型为平面三角形，氮原子采取 sp^2 杂化，每个 ∠ONO 键角都是 120°，除与氧原子形成 3 个 σ 键外，还形成 1 个四中心六电子的大 π 键 Π$_4^6$。

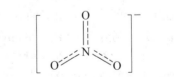

硝酸盐应用广泛，最常见的硝酸盐包括 KNO$_3$、NaNO$_3$ 和 Ca(NO$_3$)$_2$ 等。KNO$_3$ 可以用来制造黑火药，NH$_4$NO$_3$ 可以用作化学肥料。

13.3.4　磷及其化合物

磷（Phosphorus）原子的价电子层结构是 3s^{2}3p^3，有空的 3d 轨道。表 13-11 列出了磷原子的主要成键特征和价键结构。

表 13-11　磷原子的成键特征和价键结构

价键类型	氧化数	杂化轨道	σ键数	π键数	孤电子对	分子构型	结构示意图	化合物举例
共价键	+3（或-3）	sp^3	4	0	0	正四面体		PH_4^+
			3	0	1	三角锥体		PH_3、PCl_3
	+5	sp^3d^2	6	0	0	正八面体		PCl_6^-
		sp^3d	5	0	0	三角双锥体		PCl_5
		sp^3	4	1		四面体		H_3PO_4、$POCl_3$
离子键	P^{3-}	离子型磷化物：Na_3P、Mg_3P_2 等						
配位键	—P:→	配位化合物：$CuCl\cdot PH_3$、$Ni(PCl_3)_4$、$PtCl_2\cdot 2PR_3$ 等						

13.3.4.1　单质磷

单质磷常见的同素异形体有白磷、红磷和黑磷（White，Red and Black Phosphorus）。纯白磷是无色透明的晶体，遇光逐渐变为黄色，所以又称为黄磷。黄磷有剧毒，误食 0.1g 就能致死。

将 $Ca_3(PO_4)_2$、石英砂（SiO_2）和炭粉的混合物在电弧炉中焙烧还原就可以制备白磷。

$$2Ca_3(PO_4)_2 + 6SiO_2 + 10C \xrightarrow{1373 \sim 1713K} 6CaSiO_3 + P_4 + 10CO$$

把生成的磷蒸气通入水下冷却，得到白磷。

白磷不溶于水，易溶于 CS_2 等非极性溶剂。白磷在空气中会发生缓慢氧化，部分反应能量以光能的形式放出，这便是白磷在暗处发光的原因，称为磷光现象。白磷在空气中会发生自燃，一般需要保存在水中以隔绝空气。白磷是剧毒物质，误服 0.1g 白磷足以致命，$CuSO_4$ 可以作为白磷的解毒剂。

白磷晶体是由 P_4 分子通过分子间作用力组成的分子晶体。P_4 分子呈四面体构型，每个磷原子通过其 3 个 p 轨道与另外 3 个磷原子的 p 轨道间形成 3 个 σ 键。P—P键长为 221pm，∠PPP 键角为 60°，比纯 p 轨道 σ 键的键角 90°小很多，使得 P_4 分子具有较大的张力，P—P 键键能很低(仅为 201kJ/mol)，易于断裂，这种结构使白磷的化学性质活泼。

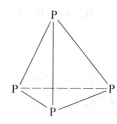

白磷能够与 O_2、卤素、硫等直接化合，生成相应的化合物。白磷在热浓碱中会发生歧化反应。

$$P_4 + 3NaOH + 3H_2O \longrightarrow PH_3 + 3NaH_2PO_2$$

白磷可以将金、银、铜和铅等从盐中取代出来。

$$11P + 15CuSO_4 + 24H_2O \longrightarrow 5Cu_3P + 6H_3PO_4 + 15H_2SO_4$$

$$P_4 + 10CuSO_4 + 16H_2O \longrightarrow 10Cu + 4H_3PO_4 + 10H_2SO_4$$

将白磷在 673K 隔绝空气加热数小时就可以得到红磷。红磷呈暗红色，结构比较复杂，不溶于水和有机溶剂。红磷比白磷稳定，加热到 673K 以上才燃烧。红磷在空气中会逐渐潮解。

白磷在高压（1215.9MPa）和较高温度（497K）下可以转变为黑磷。黑磷中磷原子之间以共价键连接成类似石墨的网状结构。黑磷能导电，不溶于有机溶剂，一般不会发生化学反应。

13.3.4.2 膦

磷化氢 PH_3 又称为膦（Phosphine），膦是无色剧毒的气体，有类似大蒜的臭味。Ca_3P_2 水解或 PH_4I 与碱反应，或者白磷在 KOH 溶液中加热都能得到膦。

$$Ca_3P_2 + 6H_2O \longrightarrow 3Ca(OH)_2 + 2PH_3$$

$$PH_4I + NaOH \longrightarrow NaI + H_2O + PH_3$$

$$P_4 + 3KOH + 3H_2O \longrightarrow 3KH_2PO_2 + PH_3$$

PH_3 分子具有三角锥形的结构。P—H 键长（Bond Length）为 142pm，键角（Bond Angle）$\angle HPH$ 为 93°，PH_3 分子的极性比 NH_3 分子弱得多。PH_4^+ 的结构与 NH_4^+ 类似，为正四面体结构，P—H 键长为 142pm，键角 $\angle HPH$ 为 109°28′。

PH_3 是强还原剂，能从某些金属的盐溶液中还原出金属。将 PH_3 通入 $CuSO_4$ 溶液时，即有 Cu_3P 和 Cu 沉淀析出。

$$8CuSO_4 + PH_3 + 4H_2O \longrightarrow H_3PO_4 + 4H_2SO_4 + 4Cu_2SO_4$$

$$3Cu_2SO_4 + 2PH_3 \longrightarrow 3H_2SO_4 + 2Cu_3P$$

$$4Cu_2SO_4 + PH_3 + 4H_2O \longrightarrow H_3PO_4 + 4H_2SO_4 + 8Cu$$

PH_3 在空气中能够自燃，其着火点是 423K，在空气中燃烧生成磷酸。

$$PH_3 + 2O_2 \longrightarrow H_3PO_4$$

13.3.4.3 卤化磷

磷与卤素单质反应生成 PX_3 和 PX_5（X＝Cl、Br、I）。下面以 PCl_3 和 PCl_5 为例说明卤化磷（Phosphorus Halides）的性质。PCl_3 在室温下是无色易挥发液体，易水解生成亚磷酸 H_3PO_3 和 HCl。

$$PCl_3 + 3H_2O \longrightarrow H_3PO_3 + 3HCl$$

PCl_5 是白色晶体，利用 PCl_3 与 Cl_2 反应可得到 PCl_5。

$$PCl_3 + Cl_2 \longrightarrow PCl_5$$

PCl_5 与 PCl_3 相同，也容易水解，根据水的多少可以发生两种类型的水解（Hydrolysis）。

$$PCl_5 + H_2O \longrightarrow POCl_3 + 2HCl$$

英文注解

$$PCl_5 + 4H_2O \longrightarrow H_3PO_4 + 5HCl$$

PCl_3 分子为三角锥形，中心磷原子采用 sp^3 杂化，其中 3 个杂化轨道分别与 3 个氯原子形成 σ 键，还有一个杂化轨道上面有一对孤对电子。气态 PCl_5 分子为三角双锥形，中心磷原子采用 sp^3d 杂化，5 个杂化轨道分别与氯原子形成 σ 键。

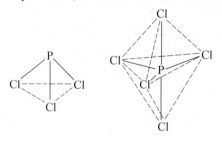

英文注解

13.3.4.4　磷的氧化物

磷的氧化物常见的有 P_2O_3 和 P_2O_5 两种。

A　P_2O_3

磷在常温下慢慢氧化或 O_2 不充足燃烧时均可生成 P_2O_3。P_2O_3 分子形成二聚分子 P_4O_6。P_4O_6 的分子结构可以看成在 P_4 分子中两个磷原子之间嵌入一个氧原子而形成的环状分子。

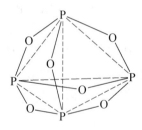

P_2O_3 是白色吸潮性蜡状固体，熔点为 296.8K，沸点（在氮气氛中）为 446.8K，易溶于有机溶剂，毒性很强。P_2O_3 在冷水中缓慢地生成亚磷酸，P_2O_3 是亚磷酸酐。P_2O_3 在热水中歧化生成磷酸和 PH_3。

$$P_4O_6 + 6H_2O(冷) \longrightarrow 4H_3PO_3$$
$$P_4O_6 + 6H_2O(热) \longrightarrow 3H_3PO_4 + PH_3$$

B　P_2O_5

磷在 O_2 充足的时候燃烧产物是 P_2O_5。P_2O_5 也是二聚分子 P_4O_{10}。P_4O_{10} 的结构可以看作在 P_4O_6 的基础上，每个磷原子上面再结合一个氧原子。

P_2O_5 是白色粉末状固体，在 573K 时升华。P_2O_5 有很强的吸水性，在空气中很快潮解，是一种强力干燥剂。P_2O_5 可以使硫酸、硝酸等脱水成为相应的氧化物。

$$P_4O_{10} + 6H_2SO_4 \longrightarrow 6SO_3 + 4H_3PO_4$$
$$P_4O_{10} + 12HNO_3 \longrightarrow 6N_2O_5 + 4H_3PO_4$$

P_2O_5 与水反应剧烈，能够生成磷的各种含氧酸，水量不足生成偏磷酸，水量略多生成焦磷酸，水量充足并且存在 HNO_3 时生成磷酸，P_2O_5 是磷酸的酸酐。

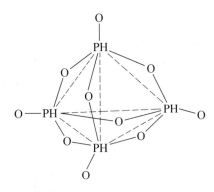

13.3.4.5 磷含氧酸及其盐

磷可以形成多种含氧酸，其主要的含氧酸见表 13-12。

英文注解

表 13-12 磷的含氧酸

名　称	氧化数	化学式	结　构
正磷酸		H_3PO_4	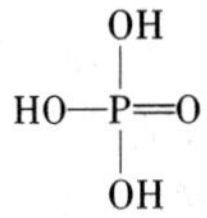 HO—P=O，上为OH，下为OH
焦磷酸	+5	$H_4P_2O_7$	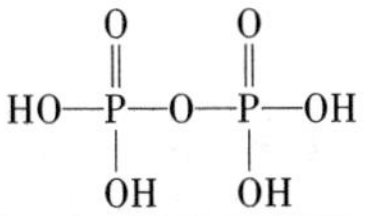 HO—P—O—P—OH，上为O、O，下为OH、OH
偏磷酸		HPO_3	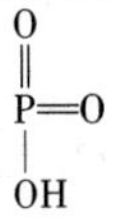 P=O，上为O，下为OH
亚磷酸	+3	H_3PO_3	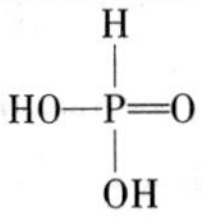 HO—P=O，上为H，下为OH
次磷酸	+1	H_3PO_2	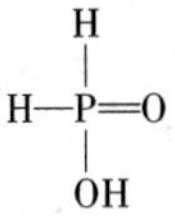 H—P=O，上为H，下为OH

正磷酸(Orthophosphoric Acid) H_3PO_4 是磷酸中最稳定、最重要的一种，工业上利用 76% 左右的硫酸（Sulfuric Acid）分解磷酸钙矿制备磷酸。

$$Ca_3(PO_4)_2 + 3H_2SO_4 \longrightarrow 3CaSO_4 + 2H_3PO_4$$

磷酸(Phosphoric Acid) 分子结构呈四面体构型。中心磷原子采用 sp^3 杂化，3 个杂化轨道与氧原子之间形成 3 个 σ 键，另一个 P—O 键由一个从磷到氧的 σ 配键（Coordination Bond）和两个由氧到磷的 d-pπ 配键组成。

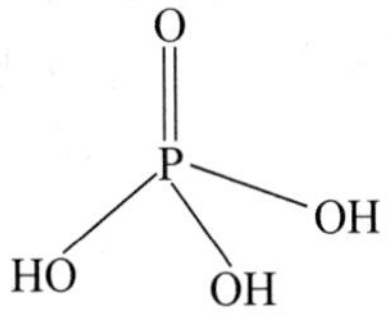

纯磷酸为无色晶体，市售磷酸含量通常为 85%。磷酸是三元中强酸，不论在酸性溶液还是碱性溶液中，都没有氧化性。

磷酸不形成水合物，能与水以任何比例混溶。磷酸受强热时脱水，依次生成焦磷酸（Dipolyphosphoric Acid）、三磷酸和多聚的偏磷酸（Metaphosphoric Acid）。

三聚磷酸　　　　　　　四聚偏磷酸

正磷酸可以形成正盐（如 Na_3PO_4）、磷酸一氢盐（如 Na_2HPO_4）、磷酸二氢盐（如 NaH_2PO_4）三种类型的盐。磷酸正盐比较稳定，一般不易分解，但磷酸一氢盐和二氢盐受热容易脱水形成焦磷酸盐和偏磷酸盐。

磷酸二氢盐（Dihydrophosphorate）均易溶于水，而磷酸一氢盐（Hydrophosphorate）和正盐（Phosphorate）除钾、钠、铵盐外，一般都难溶于水。磷酸的钙盐在水中的溶解度按照磷酸二氢盐、磷酸一氢盐、正盐的顺序依次减小。可溶性磷酸盐在水中会发生水解，水解程度不同。

PO_4^{3-} 离子配位能力较强，能与许多金属离子生成可溶性的配合物。例如 PO_4^{3-} 与 Fe^{3+} 能够生成无色的可溶性的配合物 $H_3[Fe(PO_4)_2]$ 和 $H[Fe(HPO_4)_2]$，利用这一性质可以在分析测试中用磷酸掩蔽 Fe^{3+}。

磷酸盐与过量的 $(NH_4)MoO_4$ 在浓硝酸存在的条件下混合加热，会慢慢生成黄色的磷钼酸铵沉淀，利用这一反应可以鉴定 PO_4^{3-} 是否存在。

$$PO_4^{3-} + 12MoO_4^{2-} + 24H^+ + 3NH_4^+ \longrightarrow (NH_4)_3PO_4 \cdot 12MoO_3 \cdot 6H_2O + 6H_2O$$

磷酸盐可以作为农业上的肥料，磷酸钙是生产磷肥的主要原料。

13.3.5　砷、锑、铋及其化合物

13.3.5.1　砷、锑、铋单质

砷有三种同素异形体：黄砷（Yellow Arsenic）、黑砷（Black Arsenic）和灰砷（Grey Arsenic），其中灰砷在室温下稳定存在。砷以 As_4 分子形式存在。砷为两性元素，能与碱作用生成亚砷酸盐。

$$2As + 6NaOH \longrightarrow 2Na_3AsO_3 + 3H_2$$

锑和铋熔点较低，易挥发，其导电性不同于一般金属，液态的导电性反而大于固体的导电性。在铅中加入锑可以使铅的硬度增大，用于制造子弹和轴承。铋与锡、铅、镉组成的合金熔点低，可以作为安全装置上的保险丝。

砷、锑、铋单质常通过还原氧化物或者硫化物的方法制备。

$$Bi_2O_3 + 3C \longrightarrow 2Bi + 3CO$$
$$Sb_2S_3 + 3Fe \longrightarrow 2Sb + 3FeS$$

13.3.5.2　砷、锑、铋的氢化物

砷、锑、铋的氢化物皆为无色剧毒的不稳定物质。金属砷化物水解或者用活泼

金属在酸性溶液中还原 As_2O_3 都可以得到 AsH_3。

$$Na_3As + 3H_2O \longrightarrow AsH_3 + 3NaOH$$
$$As_2O_3 + 6Zn + 6H_2SO_4 \longrightarrow 2AsH_3 + 6ZnSO_4 + 3H_2O$$

AsH_3 是强还原剂，室温下在空气中自燃。

$$2AsH_3 + 3O_2 \longrightarrow As_2O_3 + 3H_2O$$

砷、锑、铋的氢化物稳定性逐渐减弱，缺氧条件下受热分解为单质，根据这一反应可以鉴定单质砷、锑、铋。"马氏试砷法"是医学上常用的检验手段。将锌、盐酸和试样混在一起，把生成的气体导入热玻璃管，若试样中有砷的化合物存在，就会生成 AsH_3，而生成的 AsH_3 在加热部位会分解产生砷，砷聚集而成亮黑色的"砷镜"。如果其溶于 $NaClO$ 溶液，则证明是砷（"锑镜"和"铋镜"不溶于 $NaClO$ 溶液）。

$$As_2O_3 + 6Zn + 6H_2SO_4 \longrightarrow 2AsH_3 + 6ZnSO_4 + 3H_2O$$
$$5NaClO + 2As + 3H_2O \longrightarrow 2H_3AsO_4 + 5NaCl$$

13.3.5.3 砷、锑、铋的卤化物和硫化物

砷、锑、铋可以形成三卤化物 MX_3 和某些五卤化物 MX_5。三卤化物都能发生水解反应，在配制砷、锑、铋的卤化物时必须添加相应的酸抑制水解。

$$2AsCl_3 + 6H_2O \longrightarrow 2H_3AsO_3 + 6HCl$$
$$SbCl_3 + H_2O \longrightarrow SbOCl + 2HCl$$
$$BiCl_3 + H_2O \longrightarrow BiOCl + 2HCl$$

砷、锑、铋可以形成三硫化物 M_2S_3 和五硫化物 M_2S_5（ Bi 只形成低价的 Bi_2S_3），硫化物都不溶于水。表 13-13 列出了砷、锑、铋硫化物的基本性质。

表 13-13 砷、锑、铋硫化物的基本性质

性 质	As_2S_3	As_2S_5	Sb_2S_3	Sb_2S_5	Bi_2S_3
颜色	黄色	黄色	橙红色	橙红色	棕黑色
酸碱性	两性	两性偏酸	两性	两性	碱性
在浓 HCl 中	不溶	不溶	$SbCl_4^-$	$SbCl_6^{3-}$（热 HCl）	溶，$BiCl_3$
在 Na_2S 中	AsS_3^{3-}	AsS_4^{3-}	SbS_3^{3-}	SbS_4^{3-}	不溶
在 NaOH 中	$AsO_3^{3-}+AsS_3^{3-}$	$AsO_4^{3-}+AsS_4^{3-}$	$SbO_3^{3-}+SbS_3^{3-}$	$SbO_4^{3-}+SbS_4^{3-}$	不溶

$$Sb_2S_3 + 6OH^- \longrightarrow SbO_3^{3-} + SbS_3^{3-} + 3H_2O$$
$$4Sb_2S_5 + 24OH^- \longrightarrow 3SbO_3^{3-} + 5SbS_4^{3-} + 12H_2O$$
$$Sb_2S_3 + 6H^+ + 12Cl^- \longrightarrow 2[SbCl_6]^{3-} + 3H_2S$$
$$Sb_2S_3 + 3S^{2-} \longrightarrow 2SbS_3^{3-}$$
$$Sb_2S_5 + 3S^{2-} \longrightarrow 2SbS_4^{3-}$$

As_2S_3 和 Sb_2S_3 具有还原性，能被多硫化物氧化。

$$Sb_2S_3 + 3S_2^{2-} \longrightarrow 2SbS_4^{3-} + S$$

硫代酸盐仅能在碱性及中性介质中存在，遇酸则分解生成不稳定的三硫化物和五硫化物。

$$2SbS_4^{3-} + 6H^+ \longrightarrow Sb_2S_5 + 3H_2S$$
$$2SbS_3^{3-} + 6H^+ \longrightarrow Sb_2S_3 + 3H_2S$$

13.3.5.4 砷、锑、铋的氧化物及其水合物

砷、锑、铋可以形成氧化数为+3 和+5 的氧化物。砷、锑、铋的单质在空气中燃烧或者灼烧其硫化物可以得到相应的氧化物 M_2O_3。As_2O_3 即 "砒霜"，是剧毒物质，可以用来制造杀虫剂、除草剂等。

$$4Sb + 3O_2 \longrightarrow Sb_4O_6$$
$$2Sb_2S_3 + 6O_2 \longrightarrow 2Sb_2O_3 + 3SO_2$$

要得到+5 氧化态的氧化物，可先将 Sb 单质或 Sb_2O_3 用 HNO_3 氧化，使生成锑酸，再加热脱水便得 Sb_2O_5：

$$3Sb + 5HNO_3 + 8H_2O \longrightarrow 3H[Sb(OH)_6] + 5NO \uparrow$$
$$4H[Sb(OH)_6] \longrightarrow Sb_4O_{10} + 14H_2O$$

HNO_3 只能将 Bi 氧化为+3 氧化态的 $Bi(NO_3)$：

$$Bi + 4HNO_3 \longrightarrow Bi(NO_3)_3 + NO \uparrow + 2H_2O$$

在碱性介质中用较强的氧化剂 Cl_2，能把 Bi(Ⅲ) 氧化为 Bi(Ⅴ)，生成 $NaBiO_3$：

$$Bi(OH)_3 + Cl_2 + 3NaOH \longrightarrow NaBiO_3 + 2NaCl + 3H_2O$$

以酸处理 $NaBiO_3$，则得红棕色的 Bi_2O_5，它极不稳定，很快分解为 Bi_2O_3 和 O_2。

Sb_4O_{10} 是一种淡黄色粉末，显酸性，其酸性比 Sb_4O_6 强，易溶于碱：

$$Sb_4O_{10} + 4KOH \longrightarrow 4KSbO_3 + 2H_2O$$

Sb_4O_6 为两性氧化物，能溶于酸和碱。在酸中由于水解有 SbO^+ 存在，在碱中 Sb(Ⅲ) 以 SbO_2^- 存在。Bi_2O_3 为弱碱性，只溶于酸。生成的盐中，Bi(Ⅲ) 以 BiO^+ 及 Bi^{3+} 离子形式存在：

$$Sb_4O_6 + 2H_2SO_4 \longrightarrow 2(SbO)_2SO_4 + 2H_2O$$
$$Sb_4O_6 + 4NaOH \longrightarrow 4NaSbO_2 + 2H_2O$$
$$Bi_2O_3 + H_2SO_4 \longrightarrow (BiO)_2SO_4 + H_2O$$
$$Bi_2O_3 + 6HNO_3 \longrightarrow 2Bi(NO_3)_3 + 3H_2O$$

Sb_4O_6 又称为锑白，是优良的白色颜料，其遮盖力仅次于钛白，而与锌钡白相近，它广泛用于搪瓷、颜料、油漆、防火织物等制造业。

表 13-14 列出了砷、锑、铋氧化物的酸碱性。砷、锑、铋氧化物的水合物分别为 H_3AsO_3、$Sb(OH)_3$、$Bi(OH)_3$，酸性逐渐减弱。H_3AsO_3 和 $Sb(OH)_3$ 是两性氢氧化物，$Bi(OH)_3$ 呈碱性。

表 13-14　砷、锑、铋氧化物的酸碱性

氧化物	As_2O_3	As_2O_5	Sb_2O_3	Sb_2O_5	Bi_2O_3	Bi_2O_5
颜色	白色	白色	白色	淡红色	黑色	红棕色
酸碱性	两性，以酸性为主	酸性	两性，以酸性为主	酸性	碱性	酸性

亚砷酸 H_3AsO_3 仅存在于溶液中，在碱性溶液中是还原剂，能被 I_2 氧化成砷酸盐 Na_3AsO_4。

$$AsO_3^{3-} + I_2 + 2OH^- \longrightarrow AsO_4^{3-} + 2I^- + H_2O$$

$Sb(OH)_3$ 和 $Bi(OH)_3$ 的还原性较差，$Bi(OH)_3$ 只能在碱性溶液中被强氧化剂氧化。砷酸 H_3AsO_4 易溶于水，酸性与磷酸相似。砷酸盐在酸性溶液中表现出氧化性。

$$H_3AsO_4 + 2I^- + 2H^+ \longrightarrow H_3AsO_3 + I_2 + H_2O$$

这个反应与溶液的酸性有关，酸性较强时 H_3AsO_4 氧化 I^-，酸性较弱时 H_3AsO_3 还原 I_2。锑酸 $H[Sb(OH)_6]$ 微溶于水，可溶于 KOH 溶液生成锑酸钾。锑酸钾是鉴定 Na^+ 的试剂。锑酸是一元弱酸，其 $K_a^\ominus = 4.0 \times 10^{-5}$。它与同周期的 H_6TeO_6、H_5IO_6 具有相同的结构，都是六配位的八面体结构，而且它们互为等电子体。

锑、铋的+3 氧化态的化合物是较稳定的，而+5 氧化态的化合物具有氧化性，这可从它们的电极电势看出。

酸性溶液中：

$$H_3AsO_4 + 2H^+ + 2e \longrightarrow H_3AsO_3 + H_2O \qquad E_a^\ominus = 0.56V$$

$$Sb_2O_5 + 6H^+ + 4e \longrightarrow 2SbO^+ + 3H_2O \qquad E_a^\ominus = 0.58V$$

$$Bi_2O_4 + 4H^+ + 2e \longrightarrow 2BiO^+ + 2H_2O \qquad E_a^\ominus = 1.59V$$

碱性溶液中：

$$AsO_4^{3-} + 3H_2O + 2e \longrightarrow H_2AsO_3^- + 4OH^- \qquad E_b^\ominus = 0.68V$$

$$SbO_3^- + H_2O + 2e \longrightarrow SbO_2^- + 2OH^- \qquad E_b^\ominus = -0.59V$$

$$Bi_2O_4 + H_2O + 2e \longrightarrow Bi_2O_3 + 2OH^- \qquad E_b^\ominus = 0.56V$$

铋酸盐在酸性溶液中是很强的氧化剂，可以将 Mn^{2+} 氧化成 MnO_4^-。

$$2Mn^{2+} + 5NaBiO_3 + 14H^+ \longrightarrow 2MnO_4^- + 5Bi^{3+} + 5Na^+ + 7H_2O$$

知识博览　铊的毒性

铊是英国物理学家 William Crookes 于 1861 年在德国的一个硫酸厂用光谱分析含硒矿床中的碲时发现的奇异绿色谱线，希腊文称"Thallo"，原意为绿色嫩枝，现称"Thallium"。铊金属呈银灰色，像铅一样软，并具有延展性，不溶于水和碱溶液，易溶于酸。铊及其化合物都是剧毒品，1979 年联合国规划署的潜在有毒化学品国际登记中心将铊列为有毒化学品。随着铊在农业、工业和高新技术领域的广泛应用，大量铊及其化合物进入环境，导致环境污染和人畜中毒时有发生。我国于 1987 年将职业性铊中毒列为法定的职业病之一。近年来，铊对环境的污染以及铊对人体健康危害日益受到人们关注。

铊对人体的毒性超过了铅和汞，与砷相当。一般认为铊的最小致死剂量是 12mg/kg，5~7.5mg/kg 的剂量即可引起儿童死亡。铊是人体非必需微量元素，可以通过饮水、食物、呼吸进入人体并富集起来。铊的化合物具有诱变性、致癌性和致畸性，能导致食道癌、肝癌、大肠癌等多种疾病的发生，使人类健康受到极大的威胁。铊化合物可以经皮肤吸收或通过遍布体表的毛囊、呼吸道黏膜等部位吸收。有病例显示，暴露于含铊粉尘中 2h，便可能导致急性铊中毒，因此日常接触摄入是导致铊中毒的重要因素。

铊是用途广泛的工业原料。含铊合金多具有特殊性质，是生产耐蚀容器、低温温度计、超导材料的原料。一些铊化合物对红外线敏感，在超导、电子、合金、光学、化工、玻璃、医药和照明材料诸多方面得到广泛应用。美国 80%的铊用于超导材料，20%铊则用于合金、玻璃及医药等。铊化合物还可以用来制备杀虫剂、脱发剂（乙酸铊）等，另外在生产鞭炮（花炮）的原料中往往也含有高量的铊。

铊中毒大多由于内服铊盐或外用含铊软膏治疗发癣（我国现已不用）所引起，少数病例是由于误服含铊的毒鼠、杀虫、灭蚊药所致。此外，由于矿山开采等原因造成的土壤和饮用水污染，也可能导致居民通过饮食摄入含铊化合物，产生急性或慢性铊中毒。大多数铊盐无色无味，溶解性良好，因此误食与投毒也是铊中毒患者接触铊化合物的途径之一。根据接触史和病程发展，铊中毒可以分为急性铊中毒和慢性铊中毒，急性铊中毒是短时间内大量摄入铊所引起的中毒反应，接触途径多为口服，主要表现为神经系统和消化系统症状；慢性铊中毒一般由长期职业性接触导致，症状与急性铊中毒类似，但病程较长，临床表现较为缓和。

铊的毒性反应机理是多方面的，但是很多细节仍然不为人知。目前已经了解到的铊致毒机理包括：

（1）Tl^+代替K^+使生物体内由K^+驱动的生理过程受到影响，造成代谢紊乱。

（2）Tl^+与含硫基团（巯基等）螯合，改变含硫化合物（主要是蛋白质和酶）的结构和功能。目前已知铊会与线粒体中相关蛋白结合，干扰机体的能量代谢；铊还会与角蛋白中的巯基结合，影响角蛋白的合成，导致脱发和米氏纹的产生。

（3）铊与核黄素结合，干扰生物氧化的过程，引起外周神经炎。

（4）铊会干扰 DNA 的合成并抑制分裂。

（5）铊可以穿过胎盘对胎儿造成损害，还能够穿过血脑屏障。

铊中毒自救措施大致包括催吐、洗胃、导泻，但是一定要防患于未然。在平时需要注意的是：

（1）接触控制。皮肤接触也会造成轻度铊中毒，所以要尽量避免皮肤接触。

（2）饮食注意。铊并不是每个人都可以接触到的，但铊化合物广泛应用于工业生产中。另外在生产鞭炮（花炮）的原料中往往也有高含量的铊，其副产品氯化钠（非食用盐）中同样被污染，当人食用了这种非食用盐（常有不法分子将此种盐贩卖）后，而引起中毒。生产鞭炮的副产品氯化钠（非食用盐）往往带有红色，注意一定不买、不食带有红色的盐。

（3）作业防护。要禁止在工作中进食、吸烟，并戴防护口罩或防毒面具、手套，穿防护服，工作后进行淋浴。

（4）加强安全生产教育，积极做好生产设备的密闭和生产车间的通风。注意个人防护，避免吸入及与皮肤接触，严禁误服铊盐和误用铊盐。

习　题

13-1 选择题：

(1) 碳最多能与四个氟原子形成 CF_4，而硅却能与六个氟原子形成 SiF_6^{2-}，对于这点不合理的解释是（　　）。

　　A. 硅的电离能比碳小　　　　　　　　B. 硅的化学活泼性比碳强

　　C. 硅原子具有空的外层 d 轨道，而碳原子没有

D. 化合前碳原子的 d 轨道是充满的，而硅原子的 d 轨道是空的

(2) 将 SnS 和 PbS 分离，可加入（ ）试剂。

    A. 氨水   B. 硝酸   C. 硫酸钠   D. 硫化钠

(3) 下列说法不正确的是（ ）。

    A. $Sn(OH)_2$，$Sn(OH)_4$ 酸性依次增强

    B. $Sn(OH)_2$，$Pb(OH)_2$ 碱性依次增强

    C. $Sn(OH)_2$，$Sn(OH)_4$，$Pb(OH)_2$ 均难溶于水

    D. $Pb(OH)_2$ 只显碱性，$Sn(OH)_4$ 只显酸性

(4) 下列气体中能用氯化钯（$PdCl_2$）稀溶液检验的是（ ）。

    A. O_3 B. CO_2 C. CO D. N_2

(5) PCl_3 和水反应的产物是（ ）。

    A. $POCl_3$ 和 HCl   B. H_3PO_3 和 HCl

    C. H_3PO_4 和 HCl   D. PH_3 和 HClO

(6) 加热下列各物质，不产生 NH_3 的是（ ）。

    A. NH_4Cl B. $(NH_4)_2SO_4$ C. NH_4NO_3 D. NH_4HCO_3

(7) 在硝酸 HNO_3 和硝酸根 NO_3^- 结构中具有的大 π 键分别是（ ）。

    A. Π_3^3 键和 Π_4^4 键   B. Π_4^5 键和 Π_3^3 键

    C. Π_4^6 键和 Π_3^4 键   D. Π_3^4 键和 Π_4^6 键

(8) 下列物质中，不溶于氢氧化钠溶液的是（ ）。

    A. $Sb(OH)_3$ B. $Sb(OH)_5$ C. H_3AsO_4 D. $Bi(OH)_3$

(9) 下列物质中，常可用来掩蔽 Fe^{3+} 的是（ ）。

    A. Cl^- B. SCN^- C. I^- D. PO_4^{3-}

(10) 下列反应的最终产物没有硫化物沉淀的是（ ）。

    A. Na_3AsO_3 的酸性溶液与 H_2S 反应

    B. $SbCl_3$ 溶液与过量的 Na_2S 溶液反应后再与稀盐酸作用

    C. $Bi(NO_3)_3$ 溶液与过量的 Na_2S 溶液反应

    D. Na_3AsO_3 溶液与过量的 Na_2S 溶液反应

(11) 在铝盐溶液中逐滴加入足量的碱，产生的现象是（ ）。

    A. 生成白色沉淀   B. 有气体放出

    C. 先生成白色沉淀，继而沉淀消失   D. 生成白色沉淀，并放出气体

(12) 关于硼砂的描述中不正确的是（ ）。

    A. 它是最常用的硼酸盐

    B. 它在熔融状态下能溶解一些金属氧化物并显示出特征颜色

    C. 它的分子式应写成 $Na_2B_4O_5(OH)_4 \cdot 8H_2O$

    D. 它不能与酸反应

(13) 下列物质从左至右碱性递减顺序正确的是（ ）。

    A. NH_3，NH_2OH，NH_2NH_2，NF_3 B. NH_3，NH_2NH_2，NH_2OH，NF_3

    C. NH_3，NF_3，NH_2OH，NH_2NH_2 D. NH_3，NF_3，NH_2NH_2，NH_2OH

(14) 二氧化氮溶解在 NaOH 溶液中可得到（ ）。

    A. $NaNO_2$ 和 H_2O B. $NaNO_2$，O_2 和 H_2O

    C. $NaNO_3$，N_2O_5 和 H_2O D. $NaNO_3$，$NaNO_2$ 和 H_2O

(15) 下列硫化物中，只能溶于酸不能溶于 Na_2S 的是（ ）。

A. Bi_2S_3 B. As_2S_3 C. Sb_2S_3 D. Sb_2S_5

(16) 关于 PH_3 的叙述中，错误的是（　　　）。

　　A. 它是一个平面分子　　　　　　　　B. 它能通过 Ca_3P_2 水解制得

　　C. 在室温下它是气体　　　　　　　　D. 它是极性分子

(17) 表示白磷分子组成的式子是（　　　）。

　　A. P　　　　　　　B. P_2　　　　　　　C. P_4　　　　　　　D. P_6

(18) 下列物质中，酸性最强的是（　　　）。

　　A. H_3AsO_4　　　　B. H_3SbO_4　　　　C. H_3AsO_3　　　　D. H_3SbO_3

(19) 叠氮酸的结构式是 $N^1\!=\!N^2\!\equiv\!N^3$，1、2、3 号氮原子采取的杂化类型分别为（　　　）。
$$\underset{\ \ |}{\ \ }\ H$$

　　A. sp^3，sp，sp　　　　　　　　　　　B. sp^2，sp，sp

　　C. sp^3，sp，sp^2　　　　　　　　　　D. sp^2，sp，sp^2

(20) 某白色固体易溶于水，加入 $BaCl_2$ 有白色沉淀产生，用 HCl 酸化沉淀完全溶解，再加入过量 NaOH 并加热，有刺激性气体逸出。该白色固体物是（　　　）。

　　A. $(NH_4)_2CO_3$　　　B. $(NH_4)_2SO_4$　　　C. NH_4Cl　　　D. K_2CO_3

13-2 填空题：

(1) 在马氏试砷法中，把含有砷的试样与锌和盐酸作用，产生分子式为_____气体，该气体受热，在玻璃管中出现_____，若试样中含有锑将干扰检定，区分的方法是_____。

(2) 从极化理论来分析，因为 Ca^{2+} 的极化作用_____ Mg^{2+}（填"大于"或"小于"），所以 $CaCO_3$ 的分解温度_____ $MgCO_3$（填高于或低于）。

(3) 碳原子簇（也称为球形碳、足球烯）是 20 世纪 80 年代中期化学界的重大发现。其中 C_{60} 也称为富勒烯或布基球，它的每个碳原子以_____杂化轨道和相邻的_____个碳原子相连，剩余的_____轨道在 C_{60} 的外围和腔内形成_____键。

(4) 某ⅣA族单质的灰黑色固体甲与浓 NaOH 溶液共热时，可产生无色、无味、无嗅的可燃性气体乙。灰黑色固体甲在空气中燃烧可得白色、难溶于水的固体丙，丙不溶于一般的酸，但可与氢氟酸作用生成一无色气体丁。根据上述实验现象，可推断：甲是_____，乙是_____，丙是_____，丁是_____。

(5) 乙硼烷的分子式是_____，它的结构式为_____，其中硼-硼原子间的化学键是_____。

(6) 硼砂受热时能分解出熔融的_____，它能溶解许多_____，产生具有特征颜色的_____，这个反应在定性分析中称为_____。

(7) 硼酸在浓硫酸帮助脱水下与_____作用，生成_____，该化合物经点火燃烧，火焰呈_____色，可作为硼酸存在的定性鉴别。

(8) TlI 和 KI 具有相同的晶型，但在水中的溶解度 TlI 要比 KI _____，原因是_____。

(9) 乙硼烷分子中含有两个_____中心_____电子键，这种键在硼烷系列中非常普遍，这是由于硼原子的_____性质所决定的。

(10) 在 HNO_3 分子中，三个氧原子围绕氮原子在同一平面上呈三角形，其中氮原子采取_____杂化轨道成键，分子中氧原子和氮原子之间除生成_____，还有_____键。

(11) 鉴定磷酸根时，通常选用的试剂是用_____酸酸化的_____，反应生成_____色的_____沉淀。

（12）白磷与氢氧化钠溶液共热所发生化学反应的方程式为：_____。

13-3 问答题：

（1）写出 H_3BO_3 的电离方程式及其与 NaOH 反应的方程式。

（2）如何制备无水氯化铝（$AlCl_3$），能否用加热方法脱去 $AlCl_3 \cdot 6H_2O$ 中水而制得无水氯化铝？写出有关反应方程式。

（3）什么 Be 和 Al 的化合物在许多化学性质上相似，为什么 $BeCl_2$ 和 $AlCl_3$ 都是以多聚或双聚的形式存在？

（4）什么叫做硼砂珠试验？写出硼砂与 NiO、CoO 共熔时的现象及反应方程式。

（5）某白色固体 A 难溶于冷水，可溶于热水，得无色溶液。在该溶液中加入 $AgNO_3$ 溶液有白色沉淀 B 生成，B 可溶于稀氨水中，得无色溶液 C，在 C 中加入 KI 溶液有黄色沉淀 D 析出。A 的热溶液通入 H_2S 气体则生成黑色沉淀 E，E 可溶于硝酸生成无色溶液 F、白色沉淀 G 和无色气体 H。在溶液 F 中滴加氢氧化钠溶液，先生成白色沉淀 I，当氢氧化钠过量时，I 溶解得到溶液 J，在 J 中通入氯气有棕黑色沉淀 K 生成。K 可与浓盐酸反应生成 A 和黄绿色气体 L，L 能使 KI-淀粉试纸变蓝。试确定从 A→L 所代表的物质化学式。

（6）为什么 $SnCl_2$ 溶液经长久放置后容易出现浑浊？写出相关化学反应式。

（7）举例说明 C 原子能够形成哪些类型的化学键。

（8）通常含氧酸盐均是酸式盐溶解度比正盐溶解度大，但 $NaHCO_3$、$KHCO_3$ 的溶解度却小于相应的 Na_2CO_3、K_2CO_3，为什么？

（9）如何分离下列两对离子：Sb^{3+} 和 Bi^{3+}；PO_4^{3-} 和 SO_4^{2-}。

（10）比较 NH_3、N_2H_4、NH_2OH 的碱性强弱，并说明原因。

（11）试举例说明硝酸与非金属、金属作用时还原产物的规律性。

（12）马氏试砷法在法医、防疫检验中有重要应用，试述其基本原理及注意点。

14 氧族元素和卤素

14.1 氧族元素

元素周期表中的第ⅥA族包括氧（Oxygen，O）、硫（Sulfur，S）、硒（Selenium，Se）、碲（Tellurium，Te）、钋（Polonium，Po）5种元素，它们称为氧族元素。钋是一种稀有的放射性金属元素，本章不对钋进行讨论。

14.1.1 氧族元素的发现和存在

1772年，瑞典化学家舍勒（Scheele）利用软锰矿与浓硫酸混合共热方法制备出一种支持燃烧的气体，称为"火空气"。1774年，英国化学家普利斯特里（Priestley）利用加热HgO的方法也得到这种能够助燃的气体，他称之为"脱燃素空气"。但是他们都受到燃素学说的限制，没有正确地解释燃烧现象。1774年，法国化学家拉瓦锡（Lavoisier）在研究磷、硫以及一些金属的燃烧现象时，发现燃烧后金属的质量增加，而同时空气的质量减少。1777年，拉瓦锡在大量实验事实的基础上发表《燃烧概论》，推翻了"燃素学说"，建立了燃烧的氧化学说。拉瓦锡将"脱燃素空气"命名为"氧"，即"成酸的元素"。氧是地球上含量最多和分布最广的元素，在岩层、水层和大气层中都存在，约占地壳总质量的48%。在岩石层中，氧主要以SiO_2、硅酸盐等氧化物和含氧酸盐的形式存在，约占岩石层质量的47%。在海水中，氧占海水质量的89%。在大气层中，氧以单质状态存在，约占大气质量的23%。在动植物体内，氧主要以水的形式存在。自然界中的氧有三种同位素：^{16}O、^{17}O 和 ^{18}O，其中含量最多的是 ^{16}O。

硫古代就有记载，但是直到1776年，法国化学家拉瓦锡才首先确定了硫的不可分割性，证实它是一种元素。硫即为"鲜黄色"的意思。硫在地壳中的含量（质量分数）约为0.048%，是一种分布较广的元素，它在自然界中以单质硫和化合态硫两种形式存在。天然单质硫矿床主要分布于火山地区。天然的硫化合物主要有金属硫化物、硫酸盐和有机硫化合物三大类。硫化物矿包括黄铁矿（FeS_2）、黄铜矿（$CuFeS_2$）、方铅矿（PbS）、闪锌矿（ZnS）等。黄铁矿是制造硫酸的重要原料。硫酸盐矿包括石膏（$CaSO_4 \cdot 2H_2O$）、芒硝（$Na_2SO_4 \cdot 10H_2O$）、重晶（$BaSO_4$）等。硫是生物必需元素，以有机硫化合物的形式存在于生物体中。有机硫化合物还存在于煤和石油等沉积物中。

1817年，瑞典化学家贝采利乌斯（Berzelius）在对硫酸厂铅室中的红色物质进行研究时发现了"硒"，硒即"月亮"的意思。1782年，奥地利人缪勒（Müller）从含金的白色矿石中提取了一小粒银灰色的金属，外貌似锑，但其化学性质与锑不同。1798 年，德国矿物学家克拉普罗特（Klaproth）把这一新元素命名为"碲"，即"地球"的意思。硒和碲属于分散稀有元素，游离状态的硒和碲很少，通常与天然硫共生。在火山成因的某些天然硫中，有的硒含量高达5%以上。

14.1.2 氧族元素的性质

氧族元素单质的一些基本性质见表 14-1。

表 14-1 氧族元素单质的性质

性 质	氧	硫	硒	碲
元素符号	O	S	Se	Te
原子序数	8	16	34	52
相对原子质量	16.00	32.06	78.96	127.60
价电子层构型	$2s^2 2p^4$	$3s^2 3p^4$	$4s^2 4p^4$	$5s^2 5p^4$
常见氧化数	-2、-1、0	-2、0、$+2$、$+4$、$+6$	-2、0、$+2$、$+4$、$+6$	-2、0、$+2$、$+4$、$+6$
原子共价半径/pm	66	104	117	137
X^{2-} 的半径/pm		29	42	56
X^{6+} 的半径/pm	140	184	198	221
第一电离能/$kJ \cdot mol^{-1}$	1314	1000	941	869
第一电子亲和能/$kJ \cdot mol^{-1}$	-141	-200.4	-195	-190.2
第二电子亲和能/$kJ \cdot mol^{-1}$	780	590	420	
单键的解离能/$kJ \cdot mol^{-1}$	142	268	172	126
电负性	3.5	2.5	2.4	2.1

氧族元素原子的价电子层构型为 $ns^2 np^4$，与具有 8e 稳定结构的稀有气体相比，缺少2个电子，因此氧族元素原子可以获得2个电子成为氧化数为-2的阴离子。

氧族元素从上到下，原子半径、离子半径逐渐增大，电负性和第一电离能逐渐减小。随着电负性的降低，氧族元素的金属性逐渐增强。氧和硫是典型的非金属元素，硒和碲属于准金属元素，非金属性较弱，钋是金属元素。根据电负性的数值，氧族元素的非金属性弱于卤素。

氧族元素的第一电子亲和能都是负值，第二电子亲和能是正值，说明与第二个电子结合的时候需要吸收能量。但是，离子型的氧化物和硫化物都是普遍存在的，这是由于形成晶体时较大的晶格能补偿了第二电子亲和能吸收的能量。

硫、硒、碲的价电子层中都存在空的 d 轨道，当它们与电负性大的元素结合时，d 轨道也可参与成键，所以硫、硒、碲可以表现出+6、+4、+2 的氧化态。

14.1.3 氧及其化合物

14.1.3.1 氧的成键特征
单质氧有 O_2 和 O_3 两种同素异形体。氧原子、O_2 分子和 O_3 分子都可以形成化合物。氧有以下的成键特征。

A　以氧原子为基础形成化合物时的成键特征

氧常见的氧化数为-2，但是当氧与氟形成化合物（如 OF_2）时，氧的氧化数为+2。

氧原子可以得到 2 个电子形成 O^{2-}，与碱金属或碱土金属构成离子型化合物，如 Na_2O、MgO。

氧原子可以同电负性与其相近的原子形成共价键，构成共价型化合物，如 ClO_2、H_2O。氧原子可以与其他原子形成共价双键（如 HCHO）或者共价三键（如 CO、NO）。

氧原子中存在孤对电子，可以与存在空轨道的原子形成配位键，如 H_3O^+。氧原子可以把 2 个单电子归到 1 个 p 轨道中，空出 1 个 p 轨道接受配体电子而成键，例如 SO_4^{2-}。另外氧原子的孤对电子又反馈给配体的空轨道形成反馈键，如 PO_4^{3-} 中的 d-pπ 配键。

氧原子的半径小，电负性大，可以与其他化合物的氢原子形成氢键。

B　以 O_2 分子为基础形成化合物时的成键特征

O_2 分子可以结合 1 个电子，形成超氧阴离子 O_2^-，组成超氧化物，例如 KO_2。O_2 分子可以结合 2 个电子，形成过氧阴离子 O_2^{2-}，组成离子型过氧化物，例如 Na_2O_2、BaO_2。O_2 分子可以结合 2 个电子，形成过氧链—O—O—，组成共价型过氧化物，例如 H_2O_2、$H_2S_2O_4$。

O_2 分子可以失去 1 个电子，形成二氧基阳离子 O_2^+，组成离子型二氧基化合物，例如 $O_2^+[PtF_6]^-$、$O_2^+[AsF_6]^-$。这种化合物难于形成，寿命很短。

O_2 分子中存在孤电子对，可以与具有空轨道的金属离子配位，例如 O_2 可以与血红蛋白中的血红素辅基成配合物。

C　以 O_3 为基础形成化合物时的成键特征

O_3 分子可以结合 1 个电子形成臭氧离子 O_3^-，形成的化合物为离子型臭氧化物，例如 KO_3。

臭氧分子还可以结合 2 个电子形成共价的臭氧链—O—O—O—，形成的化合物为共价型臭氧化物，例如 O_3F_2。

14.1.3.2　O_2

O_2 是无色、无臭的气体，在 90K 时凝聚成淡蓝色液体，在 54K 时凝结成淡蓝色固体。O_2 是非极性分子，在水中的溶解度很小，在 293K 时 1L 水中只能溶解 30mL O_2。尽管如此，O_2 却是水生动物和植物赖以生存的基础。

根据 O_2 的分子轨道能级图（图 14-1），在 O_2 分子中有 2 个三电子 π 键，每个三电子 π 键中有 2 个电子在成键轨道，1 个电子在反键轨道。由于反键轨道上有 2 个成单电子存在，因此 O_2 分子是顺磁性的。

可以利用空气或者含氧化合物来制备 O_2，大约 97% 的氧是从空气中提取出来的。利用加压、降温等物理方法使空气液化，再进行分馏即可得到 O_2。实验室常利

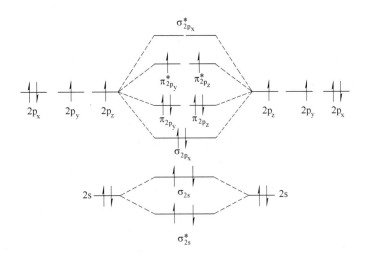

图 14-1 O_2 的分子轨道能级图

用加热氧化物或含氧酸盐的方法制备 O_2。

$$2KClO_3 \xrightarrow{\text{473K, } MnO_2} 2KCl + 3O_2$$

常温下 O_2 只能与某些强还原性物质反应。高温下，O_2 几乎可以与所有元素（除卤素、稀有气体、某些贵金属以外）反应生成氧化物。

O_2 有着广泛的用途。例如，工业中常用氧炔焰、氢氧焰切割焊接，航天器中使用液氧作为燃料，医疗急救常用到纯氧，研究反应机理会利用 ^{18}O 作为示踪原子。

14.1.3.3 O_3

O_3 是 O_2 的同素异形体。O_3 在地面附近的大气层中含量极少，仅有 $0.001 cm^3/m^3$。而在大气层的上层，离地面 $20\sim40km$ 的高度，存在着环绕地球的臭氧层。在臭氧层中发生如下反应：

$$O_2 \xrightarrow{h\nu} O + O$$

$$O + O_2 \xrightarrow{h\nu} O_3$$

$$O_3 \xrightarrow{h\nu} O_2 + O$$

O_2 和 O_3 之间的动态平衡能够消耗大量的太阳光紫外辐射，从而保护地球上的生物免遭紫外线的伤害。

O_3 分子中的 3 个氧原子呈 V 形排列，键角为 $116.8°$，键长为 $127.8pm$。O_3 分子中，中心氧原子采用 sp^2 杂化，以 2 个 sp^2 杂化轨道与另外 2 个氧原子形成 2 个 σ 键，第三个 sp^2 杂化轨道中有一对孤电子对。中心氧原子的未参与杂化的 p 轨道上存在一对电子，另外 2 个氧原子的 p 轨道上分别存在 1 个电子，在 3 个氧原子之间存在着一个垂直于分子平面的三中心四电子的离域大 π 键，表示为 Π_3^4。O_3 分子具有反磁性。

英文注解

$$\ddot{\underset{\ddot{O}\cdots\cdots\cdots\ddot{O}}{O}}$$

O_3 是淡蓝色的气体，在 161K 时凝聚成暗蓝色液体，在 80K 时凝结成黑色晶体。O_3 有一种特殊的腥臭味，可是微量的臭氧并不臭，相反闻起来使人有清新的感觉。当 O_3 含量超过 $1cm^3/m^3$，对人体和庄稼等都是有害的。

O_3 分子不稳定，常温下缓慢分解放出热量，如果存在催化剂（例如 MnO_2）或者紫外线照射，分解速度会加快。水蒸气的存在会减缓 O_3 的分解。

O_3 是一种极强的氧化剂，能够氧化所有的金属和大部分非金属。

$$PbS + 2O_3 \longrightarrow PbSO_4 + O_2$$

$$2Ag + 2O_3 \longrightarrow Ag_2O_2 + 2O_2$$

O_3 的氧化性比 O_2 强，可以氧化 I^- 成为 I_2，这个反应通常用来测定 O_3 的含量。

$$O_3 + 2I^- + H_2O \longrightarrow I_2 + 2OH^- + O_2$$

O_3 可用于处理工业废水，分解不易降解的有机物。O_3 还可以作为脱色剂。O_3 的氧化性使其对橡胶和某些塑料具有特殊的破坏作用。O_3 还能氧化 CN^-，这个反应可用来治理电镀工业中的含氰废水。近年来，由于工业生产、生活等活动排放到大气中的 VOCs、NO_x 日益增多，这些一次污染物在太阳光紫外线的作用下，产生二次污染气体之一——臭氧，导致近地面臭氧浓度逐年升高。由于臭氧具有强氧化性，因此对流层臭氧污染对人体健康的危害较大。

$$O_3 + CN^- \longrightarrow OCN^- + O_2$$

$$2OCN^- + 3O_3 + H_2O \longrightarrow 2HCO_3^- + N_2 + 3O_2$$

随着近代工业的发展，排放了大量的氟利昂和哈龙类卤素化合物，这些物质与臭氧层中 O_3 发生反应，导致 O_3 浓度的降低，臭氧层已经开始变薄，甚至出现空洞。这就意味着更多的紫外线辐射到达地面，将会对地球上的生物产生严重影响，臭氧层保护是全球性的问题。

$$CF_2Cl_2 \xrightarrow{h\nu} CF_2Cl \cdot + Cl \cdot$$

$$Cl \cdot + O_3 \longrightarrow ClO \cdot + O_2$$

$$ClO \cdot + O \longrightarrow Cl \cdot + O_2$$

14.1.3.4　氧化物

英文注解

除了稀有气体之外，所有元素都可以形成二元氧化物。根据氧化物的键型，氧化物可以分为离子型氧化物和共价型氧化物两类。其中氧与碱金属和碱土金属等电负性小的大多数金属元素形成的是典型的离子型氧化物，氧与电负性较大的金属和非金属形成的是共价型氧化物。表 14-2 列出了两种类型的氧化物。

表 14-2　离子型和共价型的氧化物

类型	氧化物举例
离子型氧化物	Li_2O、Na_2O、K_2O、Rb_2O、Cs_2O BeO、MgO、CaO、SrO、BaO、CoO、NiO、MnO、CdO、ZnO Al_2O_3、Sc_2O_3、Y_2O_3、La_2O_3（镧系氧化物） SnO_2、TiO_2、MnO_2、PbO_2 Fe_3O_4、Pb_3O_4

续表 14-2

类型	氧化物举例
共价型氧化物	H_2O、SO_2、CO_2 B、Si 的氧化物 Ag_2O、Cu_2O PbO、SnO Mn_2O_7

离子型氧化物的熔点通常比较高（如 BeO 2803K，MgO 3073K，CaO 2853K，ZrO_2 2988K），巨型分子共价型氧化物的熔点也比较高（如 SiO_2 1986K）。其他大部分共价型氧化物的熔点较低（Cl_2O_7 182K，SO_3 290K，N_2O_5 303K，CO_2 195K），某些离子型氧化物的熔点也较低（如 RuO_4 298K，OsO_4 322K）。

按照氧化物的酸碱性分类，氧化物可以分为酸性氧化物、碱性氧化物、两性氧化物和中性氧化物 4 类，它们的基本特征见表 14-3。

表 14-3 氧化物的基本特征

类型	基本特征	氧化物举例
酸性氧化物	与碱作用生成盐和水	CO_2、SO_3、P_2O_5
碱性氧化物	与酸作用生成盐和水	Li_2O、Na_2O、K_2O、Rb_2O、Cs_2O、MgO、CaO、SrO、BaO
两性氧化物	既与酸作用，又与碱作用	BeO、Al_2O_3、ZnO、Cr_2O_3、Ga_2O_3、As_4O_6、Sb_4O_6、TeO_2
中性氧化物	既不与酸作用，又不与碱作用	N_2O、CO

通常，同周期元素最高氧化态的氧化物，从左到右依次是碱性—两性—酸性。

Na_2O MgO Al_2O_3 SiO_2 P_4O_{10} SO_3 Cl_2O_7

碱性   两性   酸性

同族元素，相同氧化态的氧化物从上到下碱性逐渐增强。

N_2O_3 P_4O_6 As_4O_6 Sb_4O_6 Bi_2O_3

酸性   两性   碱性

同一元素能形成几种不同氧化态的氧化物时，其酸性随氧化数的升高而增强。

PbO PbO_2 CrO Cr_2O_3 CrO_3

碱性   两性   碱性   两性   酸性

14.1.3.5 H_2O

H_2O 是地球上最常见、分布最广的物质，它几乎占据了地球表面的 3/4。H_2O 是生物体维持正常生理功能的重要因素之一。在无机溶液体系中，H_2O 是最常用的溶剂。

A H_2O 的结构

在 H_2O 分子中，中心氧原子采用 sp^3 杂化，形成 4 个 sp^3 杂化轨道，其中 2 个杂

英文注解

化轨道各有一个单电子，与氢原子的 1s 轨道重叠，形成 2 个 σ 键；另外 2 个杂化轨道各有一对孤对电子。由于孤对电子对成键电子的排斥力，H_2O 分子的键角为 104.5°。

$$\underset{H}{\overset{O\,\diagup\,H}{\diagdown}}\,104.5°$$

H_2O 分子之间会有氢键形成。液态 H_2O 分子通过氢键的作用形成缔合分子 $(H_2O)_x$，图 14-2 为 H_2O 分子间的氢键，键长（O—H···O 中 O 和 O 之间的距离）为 276pm。

温度降低，H_2O 分子的缔合程度增加。273K 时水凝结成冰，全部水分子缔合在一起，形成一个巨大的分子。冰的结构中每个 H_2O 分子周围有 4 个 H_2O 分子，水分子和水分子之间通过氢键连成一个庞大的分子晶体。图 14-3 和图 14-4 为冰的结构和冰中水分子四面体构型。

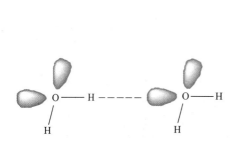

图 14-2 H_2O 分子间的氢键

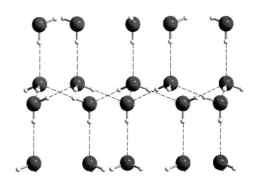

图 14-3 冰的结构

图 14-4 冰中水分子四面体构型

H_2O 有一些比较奇特的物理性质。大多数的物质温度越低，体积越小，密度越大。但是水的密度在 277K 时最大，继续降温密度反而变小，冰的密度小于水的密度，这种现象就是由于水分子的缔合造成的。降温过程中水分子的热运动会减慢，分子间距离缩短；同时由于缔合度的增大，逐渐形成结构疏松的缔合物。两种因素的共同作用使得水在 277K 时密度最大，水的这种特性对于生命具有特殊的意义。冬季江河结冰后，由于冰的密度小于水的密度，使得冰浮在水面，水底的温度保持 277K，水生动植物才能在冬季生存。

B 水的污染、净化、应用

由于水是一种良好的溶剂，天然水中不可避免地存在无机盐（如磷酸盐和硫酸盐等）、有机物、可溶性气体、重金属化合物等，还存在细菌、泥沙、悬浮物等物质。若使天然水转变为可饮用水必须进行水处理，水中的细菌可以利用空气（氧化有机物）、日光或者紫外线辐照、煮沸、氯化（加入漂白粉或液氯）、臭氧化和加入硫酸铜（杀灭海藻一类微生植物）等方法除去，泥沙可以利用沉降的方法除去，悬浮物可以利用 $Al(OH)_3$ 胶状沉淀吸附除去。

　　含有钙盐、镁盐等的水称为硬水。硬水不利于工业生产和家庭应用。工业上使用硬水会生成锅垢，阻碍传热，甚至会堵塞管道引起爆炸。家庭使用硬水洗衣服，硬水中的钙、镁离子与肥皂中的硬脂酸钠形成不溶性物质，这种不溶性物质没有去污能力，因此会多消耗肥皂。常用的硬水软化方法包括化学沉淀法和离子交换法两种。化学沉淀法是加入石灰乳和碳酸钠使钙、镁离子形成沉淀析出，或者利用 Na_3PO_4、Na_2HPO_4 作沉淀剂使其生成 $Ca_3(PO_4)_2$ 和 $Mg_3(PO_4)_2$。离子交换法常利用离子交换树脂（例如，钠型强酸阳离子交换树脂 R—$SO_3^-Na^+$）交换出钙、镁离子，使硬水变成软水。

　　超临界流体（SCFs）技术是近年来出现的具有可持续发展的技术之一。超临界流体是指物质的温度和压力分别处在其临界温度和临界压力之上时的一种特殊的流体状态。水的临界状态是指温度在 374℃ 以上、压力超过 21.76MPa，当水处在临界状态时会表现出许多独特的性质。例如，超临界水能溶解高聚物，并且有催化作用，可将高聚物降解成小分子和低分子量化合物，甚至降解为聚合物单体，是一种有工业化学应用前景的绿色化学技术。

14.1.3.6　H_2O_2

A　H_2O_2 分子的结构

英文注解

　　H_2O_2 分子不是直线形的，其结构如图 14-5 所示。H_2O_2 分子中有 1 个过氧链—O—O—存在，每个氧原子连接 1 个氢原子。2 个氧原子采取不等性的 sp^3 杂化形成 4 个杂化轨道，其中 2 个轨道各有 1 个单电子，分别与氢原子和另一个氧原子形成 σ 键。2 个 H—O—O 平面的二面角为 94°，∠HOO 为 97°。

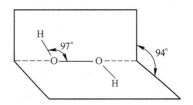

图 14-5　H_2O_2 的分子结构示意图

B　H_2O_2 的性质和用途

　　H_2O_2 的水溶液俗称双氧水。纯的 H_2O_2 是一种淡蓝色的黏稠液体，比较稳定，但是当含有微量杂质或者重金属离子（Fe^{3+}、Mn^{2+}、Cr^{3+}、Cu^{2+} 等）时，H_2O_2 的分解速度就会加快。紫外光也能促进 H_2O_2 的分解。为防止 H_2O_2 分解，通常将其装在棕色瓶中并置于阴凉处保存，有时还加入一些稳定剂，如锡酸钠、焦磷酸钠、8-羟基喹啉等抑制所含杂质的催化分解作用。H_2O_2 的分解反应就是它的歧化反应。

$$2H_2O_2 \longrightarrow 2H_2O + O_2$$

　　H_2O_2 酸性极弱，298K 时其一级解离常数的数量级为 10^{-12}，二级解离常数的数量级为 10^{-25}。可与某些金属氢氧化物反应，例如：

$$H_2O_2 + Ba(OH)_2 \longrightarrow BaO_2 + 2H_2O$$

　　H_2O_2 中氧的氧化数为 -1，处于 O_2 和 H_2O 之间，其特征化学性质是既有氧化性，又有还原性以及不稳定性。H_2O_2 无论在酸性介质还是碱性介质中都具有氧化性，碱性介质中氧化性会弱一些。例如：

$$H_2O_2 + 2I^- + 2H^+ \longrightarrow I_2 + 2H_2O$$

$$3H_2O_2 + 2NaCrO_2 + 2NaOH \longrightarrow 2Na_2CrO_4 + 4H_2O$$

H_2O_2 还能将黑色的 PbS 氧化成白色的 $PbSO_4$，这一反应可用于油画的漂白。

$$4H_2O_2 + PbS \longrightarrow PbSO_4 + 4H_2O$$

酸性介质中，H_2O_2 可以氧化重铬酸盐生成蓝色过氧化铬 CrO_5，CrO_5 在乙醚中比较稳定，水溶液中 CrO_5 会与 H_2O_2 发生氧化还原反应。

$$4H_2O_2 + Cr_2O_7^{2-} + 2H^+ \longrightarrow 2CrO_5 + 5H_2O$$

$$2CrO_5 + 7H_2O_2 + 6H^+ \longrightarrow 2Cr^{3+} + 7O_2 + 10H_2O$$

H_2O_2 的还原性虽然较弱，但是遇到强氧化剂时也能表现出还原性。

$$5H_2O_2 + 2MnO_4^- + 6H^+ \longrightarrow 2Mn^{2+} + 5O_2 + 8H_2O$$

由于 H_2O_2 具有氧化性，因此常用于杀菌消毒和漂白。3% H_2O_2 水溶液在医药上常用作消毒剂。纯的 H_2O_2 还可用作火箭燃料的氧化剂，由于其还原产物是水，所以是一种环境友好的氧化剂。

C　H_2O_2 的制备

实验室中可以利用稀硫酸与过氧化物反应制备 H_2O_2。

$$Na_2O_2 + H_2SO_4 + 10H_2O \longrightarrow Na_2SO_4 \cdot 10H_2O + H_2O_2$$

$$BaO_2 + H_2SO_4 \longrightarrow BaSO_4 + H_2O_2$$

将 CO_2 通入 BaO_2 溶液也可以得到 H_2O_2。

$$BaO_2 + CO_2 + H_2O \longrightarrow BaCO_3 + H_2O_2$$

工业上制备 H_2O_2 的方法有电解法和蒽醌法两种。电解 NH_4HSO_4 的饱和溶液，可得到 $(NH_4)_2S_2O_8$，$(NH_4)_2S_2O_8$ 水解得到 H_2O_2。

$$2NH_4HSO_4 \xrightarrow{\text{电解}} (NH_4)_2S_2O_8 + H_2$$

$$(NH_4)_2S_2O_8 + 2H_2O \longrightarrow 2NH_4HSO_4 + H_2O_2$$

蒽醌法中 H_2 和 O_2 在 2-乙基蒽醌和催化剂钯（或镍）存在的条件下，化合生成 H_2O_2，2-乙基蒽醌可循环使用。

14.1.4　硫及其化合物

硫原子的价电子层构型为 $3s^2 3p^4$，与氧原子相比，有可以利用的空 3d 轨道。硫原子在形成化合物时的成键特征见表 14-4。

表 14-4　硫原子在形成化合物时的成键特征

类　型	特　征					物质举例
离子键	得到 2 个电子，形成 S^{2-}					Na_2S、CaS
	杂化形式	结构式	σ 键数	π 键数	孤对电子	分子构型	
共价键	sp^2	S＝	1	1	2	直线形	CS_2
		 :S	2	2	1	V 形	SO_2
		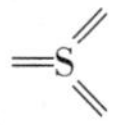 ＝S	3	3	0	平面三角形	气态 SO_3
	sp^3	：S：	2	0	2	V 形	H_2S、SCl_2
		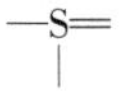 —S—	3	1	1	三角锥形	$SOCl_2$
		 —S—	4	2	0	四面体形	SO_2Cl_2
	sp^3d	 :S	4	0	1	变形四面体	SF_4、SCl_4
	sp^3d^2	 S	6	0	0	正八面体	SF_6
多硫键	—S_n—		$n=2$（离子键）				FeS_2、Na_2S_2
			$n=2$（共价键）				H—S—S—H
			$n\geqslant2\sim6$				多硫化物

14.1.4.1　单质硫

单质硫俗称硫黄，为黄色晶状固体。单质硫有许多同素异形体，最常见的是斜方硫和单斜硫。斜方硫也称为菱形硫或 α-硫，单斜硫又称为 β-硫。斜方硫在 369K 以下稳定，单斜硫在 369K 以上稳定，369K 是斜方硫和单斜硫两种同素异形体的转变温度。

斜方硫和单斜硫的分子都是由 S_8 环状分子组成，如图 14-6 所示。每个硫原子采用不等性的 sp^3 杂化，其中 2 个轨道各有 1 个单电子与周围硫原子成键。

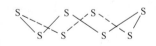

单质硫分子之间的作用力较弱，熔点较低（斜方硫为 385.8K，单斜硫为 392K），沸点为 717.6K。

图 14-6　S_8 的分子结构

单质硫的导热性和导电性都很差，很松脆，不溶于水，能溶于 CS_2、CCl_4 等非极性溶剂和 CH_3Cl 等弱极性溶剂中。

单质硫加热熔化得到黄色流动性液体。继续加热到 433K 以上，S_8 环状分子开链成线状分子，并进一步聚合形成长链分子，此时液态硫黏度增加，473K 时黏度最大。进一步加热液体变黑，长链硫断裂成较短的链状分子，黏度又逐渐下降。当温度达到 717.6K 时，硫开始沸腾变成蒸气，蒸气中有 S_8、S_6、S_4、S_2 等分子存在。温度越高，分子中硫原子的数目越少。将熔融状态的硫迅速倾入冷水中，可以得到能拉伸的弹性硫。这是由于迅速冷却使得长链硫分子来不及被破坏而以长链的形式存在于固体中，因而具有弹性。弹性硫放置后会逐渐转变成晶状硫。晶状硫能溶解在 CS_2 等有机溶剂中，而弹性硫只能部分溶解。

14.1.4.2　硫化物

A　H_2S

H_2S 是一种无色有毒的气体，臭鸡蛋气味，空气中 H_2S 的含量不得超过 0.01mg/L。H_2S 能与人体血红素中的 Fe^{2+} 反应生成 FeS，使其失去生理活性。人若经常与 H_2S 接触会引起嗅觉迟钝、消瘦、头痛等慢性中毒。

硫蒸气与 H_2 直接化合可以生成 H_2S。实验室中，利用金属硫化物与酸作用制备 H_2S。

$$FeS + H_2SO_4 \longrightarrow H_2S + FeSO_4$$

H_2S 饱和水溶液的浓度约为 0.1mg/L。H_2S 的水溶液称为氢硫酸，是二元弱酸。无论在酸性介质还是碱性介质中，H_2S 都具有较强的还原性。

$$2H_2S + O_2 \longrightarrow 2S + 2H_2O$$
$$2H_2S + 3O_2 \longrightarrow 2SO_2 + 2H_2O$$
$$H_2S + 4Cl_2 + 4H_2O \longrightarrow H_2SO_4 + 8HCl$$
$$H_2S + I_2 \longrightarrow 2HI + S$$
$$2H_2S + SO_2 \longrightarrow 3S + 2H_2O$$

B　金属硫化物

金属硫化物大多数是有颜色的，其溶解性差别较大。根据金属硫化物在水和稀酸中的溶解性，可将其分为三类，表 14-5 列出了部分硫化物的颜色和溶解性。

表 14-5　部分硫化物的颜色和溶解性

溶解性	物质	颜色	$K_{sp}^{\ominus}$
溶于水或微溶于水	Na_2S	白色	—
	K_2S	黄棕色	—
	$(NH_4)_2S$	溶液无色	—
	CaS	无色	—
	BaS	无色	—
难溶于水而溶于稀酸	MnS	肉红色	2.5×10^{-13}
	FeS	黑色	6.3×10^{-18}
	β-CoS	黑色	2.0×10^{-25}
	β-NiS	黑色	1.0×10^{-24}
	β-ZnS	白色	2.5×10^{-22}

溶解性	物质	颜色	$K_{sp}^{\ominus}$
难溶于水和稀酸	PbS	黑色	8.0×10^{-28}
	CdS	黄色	8.0×10^{-27}
	Bi_2S_3	黑色	1.0×10^{-97}
	SnS	褐色	1.0×10^{-25}
	HgS	黑色	4.0×10^{-53}
	Ag_2S	黑色	6.3×10^{-50}
	CuS	黑色	6.3×10^{-36}

所有的硫化物无论是易溶的还是难溶的，都会产生一定程度的水解，使溶液显碱性。有些硫化物（例如 Al_2S_3）因在水中完全水解而无法存在于水溶液中。

$$Na_2S + H_2O \longrightarrow NaHS + NaOH$$

$$Al_2S_3 + 6H_2O \longrightarrow 2Al(OH)_3 + 3H_2S$$

C 多硫化物

Na_2S 和（NH_4）$_2S$ 的浓溶液能够溶解单质硫，生成相应的多硫化物。

$$Na_2S + (x-1)S \longrightarrow Na_2S_x$$

$$(NH_4)_2S + (x-1)S \longrightarrow (NH_4)_2S_x$$

多硫化物溶液的颜色与硫原子的数目有关，随着 x 值的增大，多硫化物的颜色由黄色、橙色过渡到红色。

多硫离子由硫原子之间通过共用电子对连接而成，具有链式结构。

$$\left[\cdots \begin{matrix} & S & & S & \\ S & & S & & S \end{matrix} \cdots \right]_x^{2-}$$

多硫化物在酸性溶液中很不稳定，易分解为 H_2S 和 S。

$$S_x^{2-} + 2H^+ \longrightarrow H_2S + (x-1)S$$

多硫化物中存在过硫键，反应中可以表现出氧化性并且发生歧化。

$$Na_2S_2 \longrightarrow Na_2S + S$$

$$SnS + (NH_4)_2S_2 \longrightarrow (NH_4)_2SnS_3$$

14.1.4.3 硫的氧化物、含氧酸及其盐

硫可以呈现多种氧化态，形成种类繁多的氧化物和含氧酸。氧化物中最重要的是 SO_2 和 SO_3。硫的含氧酸见表 14-6。

表 14-6 硫的含氧酸

名称	化学式	硫的氧化数	结构式	存在形式
次硫酸	H_2SO_2	+2	H—O—S—O—H	盐
亚硫酸	H_2SO_3	+4	$\overset{\displaystyle O}{\underset{\displaystyle H—O—S—O—H}{\uparrow}}$	盐

英文注解

名　称	化学式	硫的氧化数	结　构　式	存在形式
连二亚硫酸	$H_2S_2O_4$	+3	O O ↑ ↑ H—O—S—S—O—H	盐
硫　酸	H_2SO_4	+6	O ↑ H—O—S—O—H ↓ O	酸、盐
焦硫酸	$H_2S_2O_7$	+6	O O ↑ ↑ H—O—S—O—S—O—H ↓ ↓ O O	酸、盐
硫代硫酸	$H_2S_2O_3$	+2	O ↑ H—O—S—O—H ↓ S	盐
过一硫酸	H_2SO_5	+8	O ↑ H—O—S—O—O—H ↓ O	酸、盐
过二硫酸	$H_2S_2O_8$	+7	O O ↑ ↑ H—O—S—O—O—S—O—H ↓ ↓ O O	酸、盐
连多硫酸	$H_2S_xO_6$ $x = 2 \sim 6$	—	O O ↑ ↑ H—O—S—S—S—O—H ↓ ↓ O O $x = 3$	盐

A　SO_2、亚硫酸及亚硫酸盐

SO_2 是一种无色、有刺激性气味的有毒气体，分子极性较强，易溶于水。常压下，263K 时 SO_2 就能液化。

单质硫或者金属硫化物在空气中燃烧都可以得到 SO_2。

$$3FeS_2 + 8O_2 \longrightarrow Fe_3O_4 + 6SO_2$$
$$2ZnS + 3O_2 \longrightarrow 2ZnO + 2SO_2$$

SO_2 分子呈"V"形结构。中心硫原子采用 sp^2 杂化，其中 2 个杂化轨道与氧形成 σ 键，还有 1 个杂化轨道中有一对孤对电子。硫原子未参与杂化的轨道有一对孤对电子，每一个氧原子的 p 轨道还有 1 个单电子，这 4 个电子组成了三中心四电子的大 π 键 Π_3^4，键角为 119.5°，键长为 143pm。

SO_2 中硫的氧化数为+4，属于中间氧化态，因此 SO_2 既有氧化性又有还原性，但是以还原性为主。

$$SO_2 + Br_2 + 2H_2O \longrightarrow H_2SO_4 + 2HBr$$
$$2SO_2 + O_2 \longrightarrow 2SO_3$$
$$SO_2 + 2H_2S \longrightarrow 3S + 2H_2O$$

SO_2 能和一些有机色素结合成为无色化合物，因此可用于漂白纸张、草制品等。SO_2 主要用于制造硫酸和亚硫酸盐，还用于制造合成洗涤剂、食物和果品的防腐剂、消毒剂等。空气中的 SO_2 属于污染气体，是酸雨形成的主要因素之一，我国酸雨主要是硫酸型，酸雨对生物有害，还会腐蚀建筑物和工业设备，酸雨能使土壤酸化等。

SO_2 的水溶液称为亚硫酸，亚硫酸无法从水溶液中分离出来，一般认为亚硫酸实际上是一种水合物 $SO_2 \cdot xH_2O$。亚硫酸是弱二元酸，可形成正盐（如 Na_2SO_3）和酸式盐（如 $NaHSO_3$）。碱金属或铵的亚硫酸盐易溶于水，溶液显碱性。其他金属的正盐均微溶于水，酸式盐的溶解度大于正盐。

亚硫酸和亚硫酸盐既有氧化性又有还原性，但以还原性为主，当遇到强还原剂时才表现出氧化性。亚硫酸盐的还原性比亚硫酸强。

$$2MnO_4^- + 5SO_3^{2-} + 6H^+ \longrightarrow 2Mn^{2+} + 5SO_4^{2-} + 3H_2O$$
$$H_2SO_3 + 2H_2S \longrightarrow 3S\downarrow + 3H_2O$$

亚硫酸盐受热容易发生歧化而分解。

$$4Na_2SO_3 \longrightarrow 3Na_2SO_4 + Na_2S$$

亚硫酸和亚硫酸盐有许多实际用途。$NaHSO_3$ 可以用作漂白织物的去氯剂。农业上使用 $NaHSO_3$ 促使小麦、水稻等农作物增产，这是因为 $NaHSO_3$ 能抑制植物的光呼吸，提高净光合作用。

$$SO_3^{2-} + Cl_2 + H_2O \longrightarrow SO_4^{2-} + 2Cl^- + 2H^+$$

利用锌粉还原 $NaHSO_3$ 或者用钠汞齐与干燥的 SO_2 作用，可以得到连二亚硫酸钠 $Na_2S_2O_4$。

$$2NaHSO_3 + Zn \longrightarrow Na_2S_2O_4 + Zn(OH)_2$$
$$2Na[Hg] + 2SO_2 \longrightarrow Na_2S_2O_4 + 2Hg$$

$Na_2S_2O_4$ 俗称保险粉，可以吸收空气中的 O_2，保护其他物质不被氧化。$Na_2S_2O_4$ 的水溶液在空气中放置，能被空气中的 O_2 氧化，生成亚硫酸盐或硫酸盐。

$$2Na_2S_2O_4 + O_2 + 2H_2O \longrightarrow 4NaHSO_3$$
$$Na_2S_2O_4 + O_2 + H_2O \longrightarrow NaHSO_3 + NaHSO_4$$

$Na_2S_2O_4$ 加热到 402K 时会发生歧化反应。

$$2Na_2S_2O_4 \longrightarrow Na_2S_2O_3 + Na_2SO_3 + SO_2$$

B　SO_3、硫酸及硫酸盐

SO_3 可以由 SO_2 催化氧化得到，常用的催化剂为铂或者 V_2O_5。

$$2SO_2 + O_2 \xrightarrow{V_2O_5} 2SO_3$$

气态 SO_3 分子主要以单分子形式存在，其分子构型为平面三角形。中心硫原子采用 sp^2 杂化，与 3 个氧原子形成 3 个 σ 键；硫原子上其余 3 个电子与 3 个氧原子的单电子一起形成 1 个四中心六电子的大 π 键 Π_4^6。在 SO_3 分子中键角为 120°，S—O 键长为 143pm，具有双键特征（S—O 单键键长约为 155pm）。

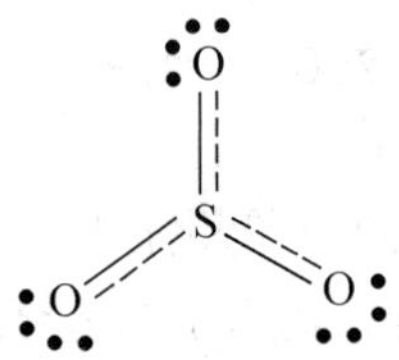

纯 SO_3 是无色易挥发的固体。固态 SO_3 有三种同素异形体，$\alpha\text{-}SO_3$、$\beta\text{-}SO_3$ 和 $\gamma\text{-}SO_3$，稳定性依次降低，S 原子均采用 sp^3 杂化。$\gamma\text{-}SO_3$ 为三聚体 $(SO_3)_3$ 结构，如图 14-7 所示。$\beta\text{-}SO_3$ 结构与石棉相似，许多 SO_3 四面体单元彼此连接成螺旋链状结构 $(SO_3)_n$，如图 14-8 所示。$\alpha\text{-}SO_3$ 也具有类似石棉的结构，但是链相互交联，形成层状结构。

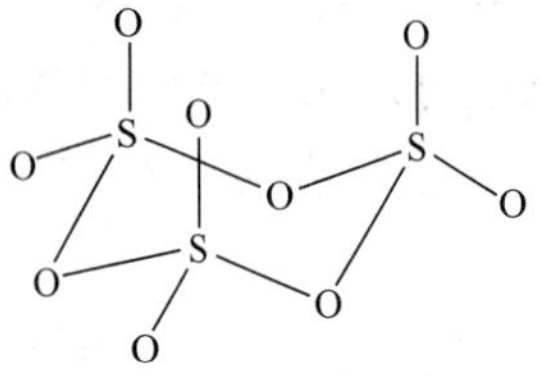

图 14-7 $\gamma\text{-}SO_3$ 的结构

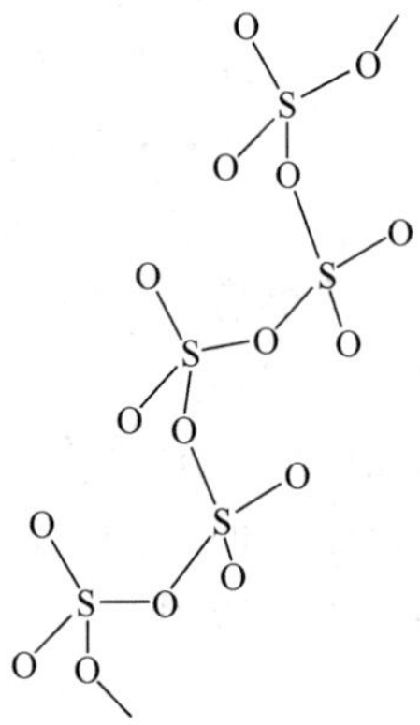

图 14-8 $\beta\text{-}SO_3$ 的结构

SO_3 是一种强氧化剂，高温时氧化性更强，能氧化磷、碘化物和铁、锌等金属。

$$5SO_3 + 2P \longrightarrow 5SO_2 + P_2O_5$$
$$SO_3 + 2KI \longrightarrow K_2SO_3 + I_2$$

SO_3 溶于水即生成硫酸，同时放出大量热。在稀释硫酸时必须注意安全，一定要在搅拌下将浓硫酸缓慢地倾入水中，绝不能把水倾入浓硫酸中。

硫酸的分子结构如图 14-9 所示，为四面体结构，4 个键长和键角都不相同。硫酸分子之间能够形成氢键。

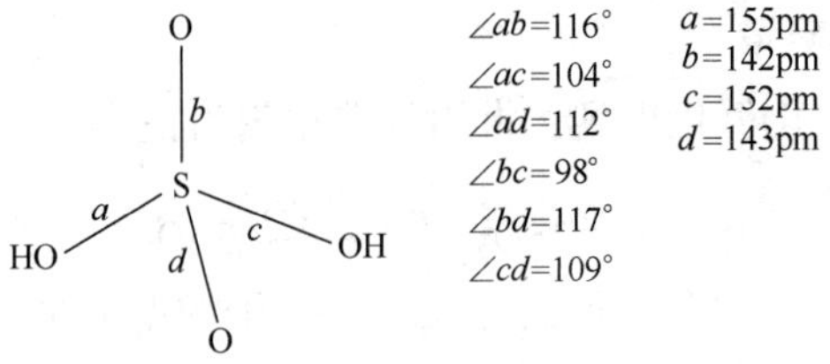

$\angle ab = 116°$ $a = 155\text{pm}$
$\angle ac = 104°$ $b = 142\text{pm}$
$\angle ad = 112°$ $c = 152\text{pm}$
$\angle bc = 98°$ $d = 143\text{pm}$
$\angle bd = 117°$
$\angle cd = 109°$

图 14-9   硫酸的分子结构

纯硫酸是无色油状液体，凝固点为 283.36K，沸点为 611K（质量分数为 98.3%，物质的量浓度 18mol/L），密度为 1.854g/cm³。将 SO_3 溶解在浓硫酸中形成的溶液称为发烟硫酸。硫酸是二元强酸，第一步完全电离，第二步电离程度则较低。浓硫酸具有很强的吸水性，可以形成一系列稳定的水合物（如 $SO_3 \cdot H_2O$，$2SO_3 \cdot H_2O$）。浓硫酸常用作脱水剂和干燥剂，可以干燥 Cl_2、H_2 和 CO_2 等不与硫酸反应的气体。硫酸还能夺取有机化合物（例如糖、纤维）中的氢和氧使之碳化。浓硫酸对人的皮肤组织有很大的损害，使用时必须注意安全。

浓硫酸氧化性很强，加热时氧化性更显著。浓硫酸可以氧化许多金属和非金属，其还原产物通常为 SO_2。当遇到较强的还原剂时，浓硫酸也可以被还原成 S 或者 H_2S。

$$Cu + 2H_2SO_4(浓) \longrightarrow CuSO_4 + SO_2 + 2H_2O$$
$$C + 2H_2SO_4(浓) \longrightarrow CO_2 + 2SO_2 + 2H_2O$$
$$3Zn + 4H_2SO_4(浓) \longrightarrow 3ZnSO_4 + S + 4H_2O$$
$$4Zn + 5H_2SO_4(浓) \longrightarrow 4ZnSO_4 + H_2S + 4H_2O$$

金和铂即使在加热的条件下也不与浓硫酸发生反应。冷的浓硫酸不与铁、铝等金属作用，这是因为铁、铝在冷浓硫酸中被钝化，所以可以用铁、铝制的器皿盛放浓硫酸。

稀硫酸同样具有氧化性，但是它的氧化反应是由硫酸中的氢离子引起的。稀硫酸能够与金属活动顺序表中排在氢以前的金属（如 Zn、Mg、Fe 等）反应放出 H_2。

$$Fe + H_2SO_4(稀) \longrightarrow FeSO_4 + H_2$$

硫酸能够形成正盐和酸式盐两种类型的盐。硫酸根为正四面体结构（图 14-10），键长和键角都相等。

硫酸盐一般都易溶于水，但是 Ag_2SO_4、$PbSO_4$、$CaSO_4$、$SrSO_4$ 微溶于水，$BaSO_4$ 难溶于水。可溶性硫酸盐结晶时常带有结晶水，如胆矾（$CuSO_4 \cdot 5H_2O$，又称为蓝矾），绿矾（$FeSO_4 \cdot 7H_2O$），皓矾（$ZnSO_4 \cdot 7H_2O$），芒硝（$Na_2SO_4 \cdot 10H_2O$）等。这类化合物中水分子通过氢键与硫酸根离子相连，例如，$CuSO_4 \cdot 5H_2O$ 可以写成 $[Cu(H_2O)_4][SO_4(H_2O)]$，其结构如下：

图 14-10 硫酸根离子的结构

$$\begin{bmatrix} O & O\cdots H \\ & S & \\ O & O\cdots H \end{bmatrix}^{2-}$$

多数硫酸盐可以形成复盐，常见的复盐有明矾（$K_2SO_4 \cdot Al_2(SO_4)_3 \cdot 24H_2O$）、摩尔盐（$(NH_4)_2SO_4 \cdot FeSO_4 \cdot 6H_2O$）等。

硫酸盐的热稳定性与阳离子的性质有关。活泼金属的硫酸盐（如 K_2SO_4、Na_2SO_4、$BaSO_4$）较稳定，而不活泼金属的硫酸盐（如 $CuSO_4$、Ag_2SO_4、$Al_2(SO_4)_3$、$PbSO_4$ 等）在高温下会发生分解生成氧化物和 SO_3，有时可进一步分解为金属和 O_2。

$$CuSO_4 \longrightarrow CuO + SO_3$$
$$Ag_2SO_4 \longrightarrow Ag_2O + SO_3$$
$$2Ag_2O \longrightarrow 4Ag + O_2$$

硫酸和硫酸盐都是重要的工业原料，广泛应用在造纸、印染、肥料、石油、冶金、农药等领域。

C　焦硫酸及其盐

焦硫酸（$H_2S_2O_7$）是无色晶体，其熔点为 308K。组成为 $H_2SO_4 \cdot SO_3$ 的发烟硫酸即为焦硫酸。焦硫酸可以看作两分子硫酸脱去 1 分子水的产物，焦硫酸与水作用又生成硫酸。

$$
\begin{array}{c}
\text{H—O—S—O—H} \quad + \quad \text{H—O—S—O—H} \quad \xrightarrow{-H_2O} \quad \text{H—O—S—O—S—O—H}
\end{array}
$$

焦硫酸具有比浓硫酸更强的氧化性、吸水性和腐蚀性，是良好的磺化剂，可用于制造某些燃料、炸药和有机磺酸化合物。

碱金属的酸式硫酸盐加热可得到焦硫酸盐，焦硫酸盐进一步加热则分解为硫酸盐和 SO_3。

$$2KHSO_4 \longrightarrow K_2S_2O_7 + H_2O$$
$$K_2S_2O_7 \longrightarrow K_2SO_4 + SO_3$$

焦硫酸盐能够与难溶的金属氧化物反应生成可溶的金属硫酸盐。

$$Fe_2O_3 + 3K_2S_2O_7 \longrightarrow Fe_2(SO_4)_3 + 3K_2SO_4$$
$$Al_2O_3 + 3K_2S_2O_7 \longrightarrow Al_2(SO_4)_3 + 3K_2SO_4$$

D　硫代硫酸及其盐

硫酸分子中的一个氧原子被硫原子取代的产物即为硫代硫酸（$H_2S_2O_3$）。

$$\text{H—O—S—O—H} \longrightarrow \text{H—O—S—O—H}$$

硫代硫酸极不稳定，遇水迅速分解。乙醇作为溶剂、无水条件下，H_2S 与 SO_3 反应可以制备硫代硫酸。

$$H_2S + SO_3 \xrightarrow{\text{乙醇，195K}} H_2S_2O_3$$

最常见的硫代硫酸盐为 $Na_2S_2O_3 \cdot 5H_2O$。将硫粉与 Na_2SO_3 溶液一起煮沸，或者将 Na_2S 和 Na_2CO_3 配成 2：1 的溶液，再通入 SO_2 气体都可以制备 $Na_2S_2O_3$。

$$Na_2SO_3 + S \longrightarrow Na_2S_2O_3$$
$$2Na_2S + Na_2CO_3 + 4SO_2 \longrightarrow 3Na_2S_2O_3 + CO_2$$

$Na_2S_2O_3$ 俗名海波或大苏打，是一种无色透明的晶体，易溶于水，其水溶液显弱碱性。$Na_2S_2O_3$ 在中性和碱性溶液中很稳定，在酸性溶液中迅速分解。

$$Na_2S_2O_3 + 2HCl \longrightarrow 2NaCl + S + H_2O + SO_2$$

$Na_2S_2O_3$ 具有还原性。I_2 可以将 $Na_2S_2O_3$ 氧化成连四硫酸钠 $Na_2S_4O_6$，分析化学中常用的碘量法即为此反应。

$$2Na_2S_2O_3 + I_2 \longrightarrow Na_2S_4O_6 + 2NaI$$

$S_2O_3^{2-}$ 具有配位能力。不溶于水的卤化银 AgX（X = Cl、Br）能溶解在 $Na_2S_2O_3$ 溶液中生成稳定的 $[Ag(S_2O_3)_2]^{3-}$，因此 $Na_2S_2O_3$ 可以用作定影液，溶去胶片上未感光的 AgBr。

$$2Na_2S_2O_3 + AgBr \longrightarrow Na_3[Ag(S_2O_3)_2] + NaBr$$

E 过硫酸及其盐

过硫酸可以看成是过氧化氢 H—O—O—H 中氢原子被亚硫酸氢根—SO_3H 取代的产物，如图 14-11 所示。一个氢被取代后得 H—O—O—SO_3H，称为过一硫酸（H_2SO_5）；另一个氢也被取代后得 HSO_3—O—O—SO_3H，称为过二硫酸（$H_2S_2O_8$）。

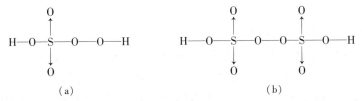

(a)   (b)

图 14-11 过一硫酸（a）和过二硫酸（b）的结构

过二硫酸是无色晶体，338K 时熔化并分解。由于含有过氧键，过二硫酸和过二硫酸盐都是强氧化剂。

$$K_2S_2O_8 + Cu \longrightarrow CuSO_4 + K_2SO_4$$
$$5S_2O_8^{2-} + 2Mn^{2+} + 8H_2O \longrightarrow 2MnO_4^- + 10SO_4^{2-} + 16H^+$$

过二硫酸和过二硫酸盐均不稳定，加热时容易分解。

$$2K_2S_2O_8 \longrightarrow 2K_2SO_4 + 2SO_3 + O_2$$

F 连多硫酸及其盐

连多硫酸的通式为 $H_2S_xO_6$，$x = 2\sim6$。连多硫酸的结构中存在着长链硫的结构，根据分子中硫原子的数目分别命名为连二硫酸、连三硫酸、连四硫酸等。游离连多硫酸不稳定，会发生分解。

$$H_2S_3O_6 \longrightarrow H_2SO_4 + SO_2 + S$$
$$H_2S_4O_6 \longrightarrow H_2SO_4 + SO_2 + 2S$$
$$H_2S_5O_6 \longrightarrow H_2SO_4 + SO_2 + 3S$$

连二硫酸可以用亚硫酸和 MnO_2 反应得到。将 SO_2 通入 $K_2S_2O_3$ 溶液得到 $K_2S_3O_6$。I_2 氧化 $Na_2S_2O_3$ 溶液得到 $Na_2S_4O_6$。在 As_2O_3 存在下，用稀盐酸处理 $Na_2S_2O_3$ 浓溶液得到 $Na_2S_5O_6$。

$$MnO_2 + 2SO_3^{2-} + 4H^+ \longrightarrow Mn^{2+} + S_2O_6^{2-} + 2H_2O$$
$$3SO_2 + 2S_2O_3^{2-} \longrightarrow 2S_3O_6^{2-} + S$$
$$I_2 + 2S_2O_3^{2-} \longrightarrow S_4O_6^{2-} + 2I^-$$
$$5S_2O_3^{2-} + 6H^+ \longrightarrow 2S_5O_6^{2-} + 3H_2O$$

连二硫酸与其他连多硫酸在性质上存在着不同。连二硫酸不易被氧化，其他连多硫酸则容易被氧化。室温时，Cl_2 与连二硫酸不反应，但是可以氧化其他连多硫酸。

$$H_2S_3O_6 + 4Cl_2 + 6H_2O \longrightarrow 3H_2SO_4 + 8HCl$$

连二硫酸不与硫结合生成硫原子数较多的连多硫酸，其他连多硫酸可以与硫反应。

$$H_2S_4O_6 + S \longrightarrow H_2S_5O_6$$

连二硫酸与其他连多硫酸性质上的差别在于结构的区别（图 14-12），除了连二硫酸外，其他的连多硫酸中至少含有一个仅与其他硫原子相连的硫原子。

图 14-12　连二硫酸（a）、连三硫酸（b）和连四硫酸（c）的结构

英文注解

14.1.5　硒和碲及其化合物

14.1.5.1　硒和碲的单质

硒存在灰硒、红硒和无定形硒等几种同素异形体，其中最稳定的是晶态灰硒。灰硒是具有金属光泽的固体，能导电、导热。硒是典型的半导体材料，在光照射下导电性能可增至 1000 倍以上，可用于制造光电管。玻璃中添加少量的硒可以消除 Fe^{2+} 产生的绿色（少量硒的红色与绿色互补为无色）。硒的缺乏会引起克山病，口服亚硒酸钠能够预防和治疗克山病。

碲同样存在几种同素异形体，其中最稳定的是灰碲。碲也是半导体材料，但是光照时导电性增加不多。碲与锌、铝、铅能生成合金，使其机械性能和抗腐蚀性能都得到改进。

硒、碲基纳米材料是一类非常重要的功能材料，在热电、光伏器件、催化等很多领域有着广泛的应用前景。硒、碲基纳米材料主要包括硒、碲、硒化物、碲化物以及各种合金、杂化或复合纳米材料。例如，CdTe 薄膜用作太阳能电池，已实现商业化。$Cd_xHg_{1-x}Te$ 与 PbSe 都是优异的红外检测器材料。BiSbSeTe 与 PbSeTe 合金是重要的热电材料，可被用来发电或者制冷。

硒和碲都有毒性，硒的毒性较大。少量的硒对动物和人都是有益的，对于肿瘤的发生和发展有一定的抑制作用。人体正常情况下不含碲，碲进入人体是偶然的。

14.1.5.2　硒和碲的含氧化合物

硒和碲在空气中燃烧得到 SeO_2 和 TeO_2。硒和碲的三氧化物制备比较困难。SeO_2 是由无限长的链状分子组成。

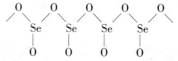

SeO_2 是白色固体，易挥发，在 588K 升华。SeO_2 易溶于水，水溶液显弱酸性，蒸发其水溶液可以得到结晶的亚硒酸。SeO_2 和亚硒酸以氧化性为主，如果遇到强氧

化剂也会表现出还原性。

$$3SeO_2 + 4NH_3 \longrightarrow 3Se + 2N_2 + 6H_2O$$

$$H_2SeO_3 + 2SO_2 + H_2O \longrightarrow Se + 2H_2SO_4$$

$$H_2SeO_3 + Cl_2 + H_2O \longrightarrow H_2SeO_4 + 2HCl$$

硒酸为无色晶体，熔点为330K。硒酸与硫酸相似，吸水性很强，可以使有机物碳化。硒酸的氧化性比硫酸强，热的浓硒酸可以溶解铜、银和金生成相应的硒酸盐。热的硒酸与浓盐酸的混合物具有王水一样的性质，能够溶解金和铂。

TeO_2有两种晶型，金红石结构和钙铁矿结构。TeO_2是白色固体，挥发性小于SeO_2，难溶于水。TeO_2是两性氧化物。TeO_2和亚碲酸以氧化性为主，同时具有弱还原性，能被强氧化剂氧化为碲酸。

$$H_2TeO_3 + 2SO_2 + H_2O \longrightarrow Te + 2H_2SO_4$$

$$TeO_2 + H_2O_2 + 2H_2O \longrightarrow H_6TeO_6$$

$$3TeO_2 + Cr_2O_7^{2-} + 8H^+ + 5H_2O \longrightarrow 3H_6TeO_6 + 2Cr^{3+}$$

$$5TeO_3^{2-} + 2ClO_3^- + 12H^+ + 9H_2O \longrightarrow 5H_6TeO_6 + Cl_2$$

碲酸是白色固体，其化学式为H_6TeO_6或者$Te(OH)_6$，6个OH^-排列在$Te(IV)$的周围形成八面体结构。碲酸是很弱的酸，具有较强的氧化性，在酸性介质中能够氧化HBr和HI成为单质Br_2和I_2。碲酸与浓盐酸的混合溶液也可以溶解金和铂。

$$2H_6TeO_6 + 8HI \longrightarrow TeO_2 + Te + 4I_2 + 10H_2O$$

14.2 卤族元素

英文注解

元素周期表中的第ⅦA族包括氟（Fluorine，F）、氯（Chlorine，Cl）、溴（Bromine，Br）、碘（Iodine，I）和砹（Astatine，At）五种元素，总称为卤族元素，又称为卤素。卤素的希腊文原意为"成盐元素"，卤素作为典型的非金属，可以与典型的金属（碱金属）发生反应而生成盐。

14.2.1 卤素的发现和存在

氟的发现是化学元素史上最困难的工作之一，很多科学家为之付出了生命。从1771年瑞典化学家舍勒（Scheele，1742~1786）制备得到氢氟酸，到1886年法国化学家莫瓦桑（Moissan，1852~1907）在低温下电解氟氢化钾与无水氟化氢混合物分离出单质氟，因此他荣获了1906年的Nobel化学奖，其间共经历了100多年时间。

1774年，舍勒将MnO_2与浓盐酸加热得到一种黄绿色气体，称之为"脱燃素盐酸"。1810年，英国化学家戴维（Davy，1778~1829）证实这种"脱燃素盐酸"是一种单质，将之命名为"氯"。

1824年，法国化学家巴拉尔（Balard，1802~1876）用Cl_2处理提取食盐后的盐水母液发现了一种有刺鼻臭味的液体，将之命名为"溴"，即"臭水"的意思。

1811年，法国化学家库瓦特（Courtois，1777~1838）用过量浓硫酸处理海藻灰的母液得到一种黑色粉末，将这种粉末加热会形成紫色蒸气，这就是元素"碘"。

砹是1940年人工合成的一种放射性元素。

卤素在地壳中含量甚少。氟、氯、溴和碘的质量分数分别为 0.015%、0.031%、$1.6×10^{-4}\%$ 和 $3×10^{-5}\%$。卤素单质的化学活泼性都很高，所以在自然界不可能以单质的形式出现，通常卤素是以各种卤化物的形式存在。氟多以难溶化合物的形式存在，如萤石（CaF_2，氟的天然化合物，因为在黑暗中摩擦时发出绿色荧光而得名）、冰晶石（Na_3AlF_6）与氟磷灰石（$Ca_5(PO_4)_3F$）。氟是人体必需的微量元素，是形成强硬骨骼和预防龋齿必需的元素。正常人体骨骼中含氟 0.01%～0.03%，牙釉中含氟 0.01%～0.02%，它们均以 $Ca_5(PO_4)_3F$ 的形式存在。氯和溴在自然界中分布很广，主要以碱金属或碱土金属卤化物的形式存在于海水中。海水中盐的主要成分是 $NaCl$，氯与溴在海水中总质量的比约为 300：1。氯和溴还存在于某些盐湖和盐井中。碘在海水中的浓度不高，但是某些植物可以将碘富集在自己体内，例如海藻和海带等。此外，碘还可以碘酸盐的形式存在，例如天然存在的 $Ca(IO_3)_2$，智利硝石矿中也含有少量 $NaIO_3$。在人体内，碘化合物存在于甲状腺中。

14.2.2　卤素的通性

卤素是非金属元素，卤素的一些性质见表 14-7。

表 14-7　卤素的性质

性　　质	氟	氯	溴	碘
元素符号	F	Cl	Br	I
原子序数	9	17	35	53
相对原子质量	18.998	35.453	79.904	126.904
价电子层构型	$2s^2 2p^5$	$3s^2 3p^5$	$4s^2 4p^5$	$5s^2 5p^5$
常见氧化态	−1、0	−1、0、+1、+3、+5、+7	−1、0、+1、+3、+5、+7	−1、0、+1、+3、+5、+7
共价半径/pm	64	99	114	133
X^- 的半径/pm	133	181	196	220
第一电离能/$kJ·mol^{-1}$	1681	1251	1140	1008
电子亲和能/$kJ·mol^{-1}$	−327.9	−348.8	−324.6	−295.3
X^- 的水合能/$kJ·mol^{-1}$	−507	−368	−335	−293
电负性	4.0	3.0	2.8	2.5

卤素原子的价电子层构型为 $ns^2 np^5$，与具有 8e 稳定结构的稀有气体相比，仅缺少 1 个电子，因此，卤素原子都极易获得 1 个电子成为卤素负离子。除氟以外，氯、溴和碘原子因为有空的 d 轨道存在，这些轨道可以参与成键，所以它们可以表现出更高的氧化态，它们的最高氧化数为+7。与同周期其他元素相比较，卤素的原子半径最小，电负性最大，电子亲和能最大，第一电离能最大，因此卤素是最活泼的非金属元素。

卤素的原子半径随原子序数的增加而依次增大，本族内随着半径的增大，电负性逐渐减小，金属性逐渐增强。氟的电负性最大，因此氟具有最强的氧化性。

卤素中电子亲和能最小的是氯而不是氟，这是因为氟原子的半径特别小，其电子云密度特别大，当它接受 1 个电子形成负离子时，由于电子间的互相排斥而使放出的能量减少。而氯原子半径较大，接受电子时，相互之间的排斥力较小，所以电子亲和能反而比氟小。

由于氟的半径小、空间位阻不大，在中心原子的周围可以容纳较多的氟原子，所以当氟与一些元素化合时可以使它们呈现最高的氧化态，例如 AsF_5、SF_6 和 IF_7 等。而相应的氯化物是不存在的。

14.2.3　卤素单质

14.2.3.1　卤素单质的物理性质

卤素单质的一些基本性质见表 14-8。

表 14-8　卤素单质的一些基本性质

性　质	氟	氯	溴	碘
聚集状态（298K，100kPa）	气体	气体	液体	固体
颜色	淡黄色	黄绿色	红棕色	紫黑色
密度/$g \cdot cm^{-3}$	1.11（l）	1.57（l）	3.12（l）	4.93（s）
熔点/K	53.38	172.02	265.92	386.5
沸点/K	84.86	238.95	331.76	457.35
汽化热/$kJ \cdot mol^{-1}$	6.32	20.41	30.71	46.61
临界温度/K	144	417	588	785
临界压力/MPa	5.57	7.7	10.33	11.75
溶解度（293K）/$g \cdot (100g 水)^{-1}$	分解水	0.732	3.58	0.029

卤素单质均为非极性双原子分子，原子间以共价键相结合。卤素单质随着相对分子质量的增大原子半径增大，分子间的色散力逐渐增加，熔点、沸点、密度等物理性质均逐渐增加；同时，卤素单质的热稳定性随原子半径的增大而减小。

卤素单质在常温下的聚集状态不同，F_2 和 Cl_2 是气态，Br_2 是液态，I_2 是固态。Cl_2 容易液化，在常温下增加压强即可转变为液态。固态 I_2 的蒸气压相当高，加热即可直接升华成气态 I_2，因此可以利用这一性质对 I_2 进行提纯。

卤素单质的颜色由浅黄→黄绿→红棕→紫黑，这种颜色逐渐加深的现象可以用分子轨道理论来进行解释。物质所呈现的颜色是当可见光照射时未被吸收的那部分光的复合颜色。卤素单质被可见光照射时，一个电子由反键轨道 π_{np}^* 跃迁到反键轨道 σ_{np}^* 需要的能量不同。

单质 F_2 被可见光照射时吸收能量大的光，即吸收短波长的光（为 450~480nm 的蓝光），透过波长较长的黄光（为 580~600nm），所以 F_2 呈现淡黄色。I_2 蒸气的电子跃迁时吸收能量较低的光，即吸收波长较长的光（为 560~580nm 的黄绿光），透过波长较短的紫光（为 400~450nm），因此 I_2 呈现紫色。

卤素中除 F_2 以外在水中的溶解度都很小。Cl_2、Br_2 和 I_2 的水溶液分别称为氯水、溴水和碘水。Br_2 和 I_2 易溶于许多有机溶剂中，例如乙醇、乙醚、氯仿、四氯化碳和二硫化碳。Br_2 与不同的溶剂生成的溶液随着 Br_2 浓度的不同而呈现从黄色到棕红色的颜色变化。I_2 在乙醇和乙醚中生成的溶液显棕色，在介电常数较小的溶剂如二硫化碳、四氯化碳中生成紫色溶液。I_2 在非极性溶剂，如四氯化碳、二硫化碳中，以双聚体 I_4 存在，溶液的颜色与碘蒸气相同。利用卤素在有机溶剂中的易溶性，可以把它们从水溶液中分离出来。

I_2 在水中的溶解度很小，但是易溶于 KI 或其他碘化物溶液中。碘盐的浓度越大，溶解的 I_2 越多，生成溶液的颜色越深。这是因为当 I^- 接近 I_2 分子时，使 I_2 分子极化产生诱导偶极，进一步形成 I_3^- 配离子。由于单质 I_2 存在于这个平衡中，因此多碘化钾溶液的性质与碘溶液相同。Cl_2 和 Br_2 也能形成 Cl_3^- 和 Br_3^-，但是都很不稳定。

卤素单质气态时均有刺激性气味，强烈刺激眼睛、鼻子、气管等黏膜，吸入较多蒸气会发生严重中毒（毒性从氟到碘逐渐减小），甚至死亡，因此使用时必须特别注意防护。

14.2.3.2　卤素单质的化学性质

卤素单质的化学性质通常表现为氧化性，随着原子半径的增大，卤素的氧化能力逐渐减弱。卤素的化学性质主要表现在以下几个方面。

A　卤素与金属反应

F_2 是最活泼的非金属，可以与所有的金属直接作用生成氟化物，并且可以将这些金属氧化到最高氧化值。在室温或温度不太高时，F_2 与 Cu、Ni、Mg 作用，可以在金属表面生成金属氟化物薄层从而阻止了反应的进行，因此 F_2 可以储存在 Cu、Ni、Mg 或它们的合金制成的器皿中。F_2 与 Au、Pt 发生反应生成氟化物需要在加热的条件下进行。

Cl_2 也能与各种金属作用，反应也比较剧烈。例如 Na、Fe、Sn、Sb、Cu 等能在 Cl_2 中燃烧，甚至连不与 O_2 反应的 Ag、Pt、Au 也能与 Cl_2 直接化合。但是，由于 Cl_2 单质的活泼性小于 F_2，因此有些反应要求在较高的温度下进行。干燥的 Cl_2 不与 Fe 作用，因此可以把干燥的 Cl_2 储于铁罐或钢瓶中。

一般情况下，除了贵金属以外，能与单质 Cl_2 反应的金属同样也能与 Br_2 和 I_2 反应，只是 Br_2 和 I_2 的反应活性不如 Cl_2，需要在较高的温度下才能发生。

B　卤素与非金属反应

F_2 几乎能与氧、氮以外所有的非金属单质直接化合，甚至极不活泼的稀有气体 Xe 也能在高温下与 F_2 反应生成氟化物。F_2 在低温下即可与硫、磷、硅、碳等剧烈反应产生火焰。

Cl_2 同样可以与大多数的非金属单质直接化合，由于 Cl_2 不如 F_2 活泼，因此反应程度不如 F_2 剧烈。Br_2 和 I_2 同样也能与非金属单质发生反应，只是由于它们的氧化性不如 Cl_2，反应需要在较高的温度下才能发生。

在 Cl_2 与单质磷的反应中，过量 Cl_2 可以将磷氧化为 PCl_5，磷过量时则只生成 PCl_3。Br_2 和 I_2 与磷作用时，由于氧化能力较弱，只生成 PBr_3 和 PI_3。

$$2P(过量) + 3Cl_2 \longrightarrow 2PCl_3$$
$$2P + 5Cl_2(过量) \longrightarrow 2PCl_5$$
$$2P + 3Br_2 \longrightarrow 2PBr_3$$
$$2P + 3I_2 \longrightarrow 2PI_3$$

卤素单质都可以与 H_2 发生反应。F_2 与 H_2 的反应非常剧烈，在低温（20K）和黑暗的条件下就可以直接化合放出大量的热，甚至引起爆炸。Cl_2 与 H_2 在常温的条件下反应缓慢，但是遇到强光的照射或者加热会立即反应并发生爆炸。Br_2 与 H_2 需要在加热和催化剂存在下才能相互作用。I_2 与 H_2 需要在高温下才能反应，并且由于高温下 HI 会发生分解使反应不能完全进行。

C　卤素与水反应

卤素与水可以发生以下两类反应：

$$2X_2 + 2H_2O \longrightarrow 4HX + O_2$$
$$X_2 + H_2O \longrightarrow H^+ + X^- + HXO$$

第一类反应是卤素对水的氧化作用，第二类反应是卤素的歧化反应。卤素单质与水发生反应的趋势：$F_2 > Cl_2 > Br_2 > I_2$。

F_2 与水只发生第一类反应。Cl_2 与水发生第一类反应在热力学上是可能的，但是由于该反应活化能较高，只有在光照的条件下才可以缓慢发生反应放出 O_2。Br_2 与水发生这类反应的速度更加缓慢。I_2 不能与水发生这类反应。Cl_2、Br_2 和 I_2 与水发生的主要是第二类反应，从 Cl_2 到 I_2，在 298K 下，反应的平衡常数分别为 4.2×10^{-4}，7.2×10^{-9} 和 2.0×10^{-13}，反应进行的程度依次减小。从第二类反应的方程式可以看出，歧化反应进行的程度与溶液的 pH 值有很大关系，碱性条件有利于歧化反应的进行。卤素在碱性条件下发生如下的歧化反应：

$$X_2 + 2OH^- \longrightarrow X^- + OX^- + H_2O \quad (X = Cl、Br、I)$$
$$3OX^- \longrightarrow 2X^- + XO_3^- \quad (X = Cl、Br、I)$$

Cl_2 在室温条件下与碱反应主要生成次氯酸盐，当温度升高到 70℃ 以上时，可以进一步反应生成氯酸盐。Br_2 在室温条件下可以与碱反应生成溴酸盐，但是当温度降到 0℃ 时，只能得到次溴酸盐。I_2 与碱反应只能得到碘酸盐。

在碱性条件下，F_2 与碱的反应和其他卤素不同。

$$2F_2 + 2NaOH \longrightarrow 2NaF + OF_2 + H_2O$$

当碱液较浓时，OF_2 被分解放出 O_2。

$$2F_2 + 4NaOH \longrightarrow 4NaF + O_2 + 2H_2O$$

14.2.3.3　卤素的制备和用途

由于卤素的化学性质活泼，在自然界多以化合物的形式存在，其中最稳定的存在形式是卤化物，因此制备时多采用氧化卤化物的方法。

A　F_2 的制备和用途

F_2 的氧化性很强，很少有氧化剂可以氧化 F^-，所以通常采用电解氧化法来制备 F_2。电解质为 3 份 KHF_2 和 2 份无水 HF（含水量低于 0.02%）的混合物（熔点 345K），目的为降低电解质的熔点。电解槽材料为铜制容器，槽身为阴极，压实的

英文注解

石墨为阳极，在 373K 左右进行电解，电极反应如下：

阳极反应：
$$2F^- \longrightarrow F_2 + 2e$$

阴极反应：
$$2HF_2^- + 2e \longrightarrow H_2 + 4F^-$$

电解槽中必须有一合金隔板将电解产生的 H_2 和 F_2 分开，以免两者混合发生爆炸。在反应过程中 HF 会不断被消耗，使电解质熔点上升，因此必须不断补充 HF，使反应连续进行。利用 NaF 可以吸收电解产物中混有的 HF。除去杂质的 F_2 在高压下装入含镍合金制成的特种钢瓶中。

化学法制备单质 F_2 直到 1986 年才出现，较强的路易斯酸 SbF_5 从 K_2MnF_6 中置换出较弱的路易斯酸 MnF_4，而 MnF_4 不稳定，分解释放出 F_2 和 MnF_3。反应方程式如下：

$$4KMnO_4 + 4KF + 20HF \longrightarrow 4K_2MnF_6 + 10H_2O + 3O_2$$

$$SbCl_5 + 5HF \longrightarrow SbF_5 + 5HCl$$

$$2K_2MnF_6 + 4SbF_5 \xrightarrow{423K} 4KSbF_6 + 2MnF_3 + F_2$$

F_2 在原子能工业上有着重要的用途。F_2 可以用于同位素 ^{235}U 和 ^{238}U 的分离，可以把 ^{235}U 富集到 97.6%，F_2 可以氧化 UF_4 形成具有挥发性的 UF_6，然后利用气体扩散法将生成的 $^{235}UF_6$ 和 $^{238}UF_6$ 分离，再分别还原即可得到 ^{235}U 和 ^{238}U。

氟的有机化合物应用广泛，如氟利昂（Freon）- 12（CCl_2F_2）和氟利昂 - 13（$CClF_3$）用作制冷剂，CCl_3F 用作杀虫剂，CBr_2F_2 用作高效灭火剂等。但是这类化合物进入大气层后，受到紫外线照射会发生分解并且与臭氧反应，破坏地球的臭氧层，因此从环保角度这类产品的使用受到限制。生活领域也可以用到氟的化合物，如烹饪用具和铲上面的特氟隆（聚四氟乙烯）防锈涂层。

液态的氟是火箭、导弹和发射人造卫星等所用的高能燃料氧化剂。含有 ZrF_4、BaF_2 和 NaF 的氟化物玻璃透明度比传统的氧化物玻璃大，即使在强辐射下也不变暗。氟化物玻璃纤维可用作光导纤维材料，其效果比 SiO_2 高导纤维好得多。液态氟的有机化合物 CF_4 能溶解很多 O_2，可以用作人工血液。

B Cl_2 的制备和用途

在实验室中，采用强氧化剂与浓盐酸反应制备 Cl_2。

$$MnO_2 + 4HCl \longrightarrow MnCl_2 + 2H_2O + Cl_2$$

$$2KMnO_4 + 16HCl \longrightarrow 2KCl + 2MnCl_2 + 8H_2O + 5Cl_2$$

工业上制备 Cl_2 采用电解饱和食盐水溶液的方法，目前主要有隔膜法和离子交换膜法。隔膜法中，石墨作阳极，铁网作阴极，阴极和阳极之间用石棉隔膜分开，其电极反应如下：

阴极反应：
$$2H_2O + 2e \longrightarrow H_2 + 2OH^-$$

阳极反应：
$$2Cl^- \longrightarrow Cl_2 + 2e$$

总反应：
$$2NaCl + 2H_2O \longrightarrow H_2 + Cl_2 + 2NaOH$$

电解熔融 NaCl 制取金属钠的反应中，Cl_2 作为副产物得到。

$$2NaCl(熔融) \longrightarrow 2Na(l) + Cl_2(g)$$

Cl_2 是一种廉价的强氧化剂，是重要的工业原料和产品。Cl_2 可用于饮用水的消毒、纸浆和棉布的漂白。大量的 Cl_2 用于制备盐酸、农药、染料以及对碳氢化合物的氯化，如制取氯仿、聚氯乙烯等聚合物。

C Br_2 的制备和用途

实验室中利用与制备 Cl_2 相似的方法制备 Br_2。将溴化物（如 KBr 或 NaBr）和浓硫酸混合，然后与 MnO_2 反应可得到 Br_2。

$$2KBr + MnO_2 + 3H_2SO_4 \longrightarrow 2KHSO_4 + MnSO_4 + Br_2 + 2H_2O$$

工业上从海水中提取 Br_2。先把盐卤加热到 363K，控制 pH 值为 3.5，通入 Cl_2 把溴置换出来，再用空气将溴吹出。此时溴的浓度较低，可以利用 Na_2CO_3 吸收浓缩，溴歧化生成 Br^- 和 BrO_3^-，最后采用硫酸酸化，单质 Br_2 即可从溶液中析出。用此方法，从 1t 海水中可制得约 0.14kg 的 Br_2。

$$Cl_2 + 2Br^- \longrightarrow Br_2 + 2Cl^-$$

$$3Br_2 + 3Na_2CO_3 \longrightarrow 5NaBr + NaBrO_3 + 3CO_2$$

$$5NaBr + NaBrO_3 + 3H_2SO_4 \longrightarrow 3Na_2SO_4 + 3Br_2 + 3H_2O$$

Br_2 广泛用于医药、农药、感光试剂等各领域。AgBr 可用作相机行业的光敏材料。二溴乙烷可用作抗震汽油添加剂。NaBr、KBr 和无机溴酸盐可用作镇静剂和安眠药。

D I_2 的制备和用途

实验室中，可以利用氧化剂 Cl_2、Br_2 和 MnO_2 等将 I^- 氧化成 I_2。

$$Cl_2 + 2NaI \longrightarrow 2NaCl + I_2$$

$$2KI + MnO_2 + 3H_2SO_4 \longrightarrow 2KHSO_4 + MnSO_4 + I_2 + 2H_2O$$

析出的 I_2 可用有机溶剂如 CS_2 和 CCl_4 萃取分离。在选用 Cl_2 作为氧化剂时，要避免使用过量的氧化剂，否则会使 I_2 进一步被氧化为高价碘的化合物。

$$I_2 + 5Cl_2 + 6H_2O \longrightarrow 2IO_3^- + 10Cl^- + 12H^+$$

利用智利硝石（$NaIO_3$）作为原料制备 I_2 时，通常采用还原剂 $NaHSO_3$ 使 IO_3^- 还原为单质 I_2。

$$2IO_3^- + 5HSO_3^- \longrightarrow 3HSO_4^- + 2SO_4^{2-} + H_2O + I_2$$

碘是人体必需的微量元素之一，人体缺碘会导致甲状腺肿大。I_2 和 KI 的酒精溶液即碘酒，是医药上常用的消毒剂。碘仿（CHI_3）常用作防腐剂。AgI 除用作照相底片的感光剂外，还可作为人工降雨时造云的"晶种"。

14.2.4　卤化氢和氢卤酸

14.2.4.1　卤化氢和氢卤酸的性质

卤化氢都是具有强烈刺激性臭味的无色气体，在空气中会"冒烟"，这是因为它们与空气中的水蒸气结合形成了酸雾。表 14-9 列出了卤化氢的一些重要性质。

表 14-9　卤化氢的性质

性　质	HF	HCl	HBr	HI
熔点/K	189.61	158.94	186.28	222.36

性　质	HF	HCl	HBr	HI
沸点/K	292.67	188.11	206.43	237.80
键能/$kJ \cdot mol^{-1}$	569.0	431	369	297.1
生成焓/$kJ \cdot mol^{-1}$	−271	−92	−36	26
气态分子偶极矩/D	1.91	1.07	0.828	0.448
气态分子核间距/pm	92	127.6	141.0	162
溶解度（293K)/$g \cdot (100g 水)^{-1}$	35.3	42	49	57
恒沸溶液（沸点)/K	393	383	399	400
密度/$g \cdot cm^{-3}$	1.138	1.096	1.482	1.708
含量（质量分数)/%	35.35	20.24	47	57

　　卤化氢都是极性分子，自上而下，分子的极性随卤族元素电负性的减弱而减弱。HCl、HBr、HI 的熔点和沸点随着相对分子质量的增加而升高。HF 的熔点和沸点特别高，这是由于 HF 分子之间存在氢键，而其他卤化氢分子中没有氢键作用。

　　HF 在不同聚集状态的缔合程度不同。在 359K 以上，HF 气体以单分子状态存在。在常温下，HF 气体的主要存在形式为 $(HF)_2$ 和 $(HF)_3$，在固态时，HF 晶体的存在形式是锯齿状的长链。

　　卤化氢的稳定性与键能有关。键能越大，标准摩尔生成焓的数值越负，卤化氢越稳定。卤化氢的稳定性顺序是 HF>HCl>HBr>HI。HF 的分解温度高于 1273K，HI 在 573K 即明显分解。

　　卤化氢溶于水就是氢卤酸。在常压下蒸馏氢卤酸（不管是稀溶液还是浓溶液），可以得到溶液的组成和沸点恒定不变的恒沸溶液。氢卤酸在水中会解离出氢离子和卤离子，因此氢卤酸的主要化学性质即为酸性和卤负离子的还原性。

　　氢卤酸的还原能力按 HF<HCl<HBr<HI 的顺序依次增强。氢碘酸在常温时即可被空气中的 O_2 所氧化，光照下反应速率加快。氢溴酸与 O_2 的反应进行得很慢。氢氯酸即盐酸通常条件下不能被 O_2 所氧化，但在强氧化剂或者催化剂作用下可以被氧化。氢氟酸没有还原性。因此，氢溴酸和氢碘酸试剂需用棕色瓶来储存。

　　氢卤酸的酸性 HF<HCl<HBr<HI 顺序依次增强。除氢氟酸是弱酸外，其余均为强酸，尤其是氢碘酸为极强的酸。氢氟酸解离度与溶液的浓度有关。稀溶液中，氢氟酸的解离度随浓度减小而增大。0.1mol/L 的氢氟酸溶液中，解离度约为 8%；无限稀的氢氟酸溶液中，解离度约为 15%。但是在氢氟酸的浓溶液中（浓度大于 5mol/L），氢氟酸的解离度随浓度增大而增大，这种现象与 HF 的缔合有关，F^- 通过氢键与未解离的 HF 分子形成缔合离子，使 F^- 浓度降低，从而促进 HF 的解离。

盐酸是重要的工业原料和化学试剂，广泛应用于皮革、电镀、搪瓷、医药、食品等领域。工业盐酸由于含有 $FeCl_3$ 杂质而呈黄色。

氢氟酸的一个重要性质是它可以与 SiO_2 和硅酸盐反应，因此氢氟酸广泛用于分析样品中 SiO_2 的含量，还常用于玻璃的刻蚀。

$$SiO_2 + 4HF \longrightarrow 2H_2O + SiF_4$$
$$CaSiO_3 + 6HF \longrightarrow CaF_2 + 3H_2O + SiF_4$$

14.2.4.2 卤化氢和氢卤酸的制备

A　直接合成

H_2 和卤素单质直接化合可以生成卤化氢。

$$H_2 + X_2 \longrightarrow 2HX$$

实际上该方法只适用于 HCl 的合成。F_2 与 H_2 的化合反应太剧烈，不易控制，而且 F_2 成本高，没有实用价值。Br_2、I_2 与 H_2 化合反应速率慢，需要使用催化剂并且加热到较高的温度，因此也没有实用价值。Cl_2 与 H_2 化合，生成 HCl，用水吸收即可得到盐酸。

B　复分解反应

由于卤化氢具有挥发性，利用高沸点的酸（硫酸或磷酸）与卤化物反应可以制备卤化氢。萤石（CaF_2）与浓硫酸反应是制备氟化氢的主要方法，HF 用水吸收就成为氢氟酸。由于氢氟酸与 SiO_2 或硅酸盐反应，因此需保存在铅、石蜡或塑料瓶中。

$$CaF_2 + H_2SO_4(浓) \longrightarrow CaSO_4 + 2HF$$

NaCl 与浓硫酸反应可用来制备 HCl，HCl 用水吸收即可得氢氯酸即盐酸。

$$NaCl + H_2SO_4(浓) \longrightarrow NaHSO_4 + HCl$$
$$NaCl + NaHSO_4 \longrightarrow Na_2SO_4 + HCl$$

HBr 和 HI 的制备不能利用与制备 HCl 类似的方法，因为生成的 HBr 和 HI 会被浓硫酸进一步氧化。

$$NaBr + H_2SO_4(浓) \longrightarrow NaHSO_4 + HBr$$
$$NaI + H_2SO_4(浓) \longrightarrow NaHSO_4 + HI$$
$$2HBr + H_2SO_4(浓) \longrightarrow SO_2 + Br_2 + 2H_2O$$
$$8HI + H_2SO_4(浓) \longrightarrow H_2S + 4I_2 + 4H_2O$$

如果用非氧化性和挥发性的磷酸来代替浓硫酸，则可以制备得到 HBr 和 HI。

$$NaBr + H_3PO_4 \longrightarrow NaH_2PO_4 + HBr$$
$$NaI + H_3PO_4 \longrightarrow NaH_2PO_4 + HI$$

C　非金属卤化物的水解

非金属卤化物的水解可以制备氢溴酸和氢碘酸。这类反应比较剧烈，水滴到非金属卤化物上，卤化氢即可产生。

$$PBr_3 + 3H_2O \longrightarrow H_3PO_3 + 3HBr$$
$$PI_3 + 3H_2O \longrightarrow H_3PO_3 + 3HI$$

实际上无需预先制备卤化物，把溴滴加在磷和少许水的混合物中，或把水逐滴加入磷和碘的混合物中即可连续生成 HBr 或 HI。

$$3Br_2 + 2P + 6H_2O \longrightarrow 2H_3PO_3 + 6HBr$$
$$3I_2 + 2P + 6H_2O \longrightarrow 2H_3PO_3 + 6HI$$

D　碳氢化物的卤化

氟、氯和溴与饱和烃或芳烃的反应产物之一是卤化氢，例如：

$$C_2H_6(g) + Cl_2(g) \longrightarrow C_2H_5Cl(g) + HCl(g)$$

由于 HI 是活泼的还原剂，因此 I_2 与饱和烃作用时，得不到碘的衍生物和 HI。

14.2.5　卤化物

卤素和电负性较小的元素生成的化合物称为卤化物。卤化物可分为金属卤化物和非金属卤化物两大类。

14.2.5.1　非金属卤化物

非金属（如硼、碳、硅、氮、磷等）能够与卤素形成相应的卤化物。这些卤化物以共价键结合，具有挥发性，有较低的熔点和沸点。有的不溶于水（如 CCl_4、SF_6），溶于水的往往发生强烈水解。

英文注解

14.2.5.2　金属卤化物

卤素与金属可以形成卤化物。碱金属、碱土金属以及镧系和锕系的金属电负性小、离子半径大、电荷低，它们形成的卤化物大多属于离子型卤化物。有些高氧化态金属的卤化物（如 $AlCl_3$、$SnCl_4$、$FeCl_3$、$TiCl_4$）属于共价型卤化物，通常熔点和沸点较低，具有挥发性，在水中强烈水解。

同一周期各元素的卤化物，从左向右，阳离子的电荷逐渐升高，离子半径逐渐减小，键型逐渐由离子型过渡到共价型，它们的熔点和沸点也依次降低，导电性依次下降，见表 14-10。

表 14-10　第三周期元素氯化物的性质

卤化物	NaCl	$MgCl_2$	$AlCl_3$	$SiCl_4$	PCl_5
熔点/K	1074	987	465	205	181
沸点/K	1686	1691	453	216	349
键型	离子型	离子型	共价型	共价型	共价型

同一金属的不同卤化物随着卤负离子半径的增大，变形性也增大，按氟、氯、溴、碘的顺序键型逐渐由离子型过渡到共价型，见表 14-11。

表 14-11　卤化钠的性质

卤化物	NaF	NaCl	NaBr	NaI
熔点/K	1206	1074	1020	934
沸点/K	1968	1686	1663	1577

同一金属不同氧化态的卤化物，高氧化态卤化物比其低氧化态卤化物的共价性更多，熔沸点更低，见表 14-12。

表 14-12　同一金属不同卤化物的性质

卤化物	$SnCl_2$	$SnCl_4$	$PbCl_2$	$PbCl_4$	$FeCl_2$	$FeCl_3$
熔点/K	520	239.7	774	258	950	577
沸点/K	896	387	1223	378（分解）	1297	589

　　大多数金属卤化物易溶于水，但是氯、溴、碘的银盐（AgX）、铅盐（PbX_2）、亚汞盐（Hg_2X_2）、亚铜盐（CuX）是难溶的。氟化物的溶解性有些不同，例如 CaF_2 难溶，其他卤素的钙盐则易溶；AgF 易溶，而其他卤素的银盐难溶。这与离子间的吸引力和离子极化有关。CaF_2 中由于 F^- 半径小，离子间的吸引力较大，晶格能较大，所以 CaF_2 难溶。其他卤化钙的晶格能较小，因此易溶。在 AgX 系列中，AgCl、AgBr、AgI 的离子间相互作用逐渐增强，键的共价性增强，所以它们难溶于水，而且溶解度逐渐减小。AgF 中 F^- 难变形，离子间的极化作用不显著，所以 AgF 易溶于水。

14.2.6　卤素的含氧酸及其盐

　　氯、溴和碘均有四种类型的含氧酸，分别是次卤酸、亚卤酸、卤酸和高卤酸，见表 14-13。氟的含氧酸和含氧酸盐还有待研究。

英文注解

表 14-13　卤素的含氧酸

名称	氧化数	氯	溴	碘
次卤酸	+1	HClO	HBrO	HIO
亚卤酸	+3	$HClO_2$	$HBrO_2$	HIO_2
卤酸	+5	$HClO_3$	$HBrO_3$	HIO_3
高卤酸	+7	$HClO_4$	$HBrO_4$	HIO_4

　　在卤素含氧酸根的离子结构中，中心卤原子采取 sp^3 杂化方式（H_5IO_6 中碘原子采用 sp^3d^2 杂化），离子构型为四面体。

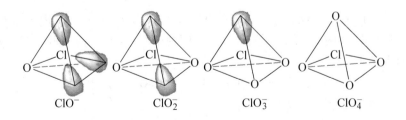

14.2.6.1　次卤酸及其盐

次卤酸的酸性很弱，酸性随着卤素相对原子质量的增加而减小。

次氟酸 HOF 为白色固体，室温下易分解，与水作用放出 O_2。低温下将 F_2 通过冰的表面可以得到次氟酸。

氯、溴和碘的单质与水反应可生成次氯酸、次溴酸和次碘酸。

$$X_2 + H_2O \longrightarrow H^+ + X^- + HXO$$

这时得到的次卤酸的浓度很低，必须除去生成的氢卤酸，如向氯水中加入新制的 HgO、Ag_2O、$CaCO_3$ 除去 HCl，才能使反应正向进行的程度增大。

$$2HgO + H_2O + 2Cl_2 \longrightarrow HgO \cdot HgCl_2 \downarrow + 2HClO$$

$$Ag_2O + H_2O + 2Cl_2 \longrightarrow 2AgCl \downarrow + 2HClO$$

$$CaCO_3 + H_2O + 2Cl_2 \longrightarrow CaCl_2 + CO_2 \uparrow + 2HClO$$

次卤酸都不稳定，仅存在于水溶液中，但即使在稀溶液中也容易分解，在光的作用下分解更快，稳定程度按 $HClO$、$HBrO$、HIO 顺序逐渐减小。

次卤酸的分解方式有以下两种：

$$2HXO \longrightarrow 2HX + O_2$$

$$3HXO \longrightarrow 2HX + HXO_3$$

次卤酸在室温或阳光直接作用下，按照第一种方式发生反应，生成 O_2；加热或者在碱性介质中则进行第二种歧化反应，分解成卤酸和氢卤酸。

次氯酸无论在酸性介质还是碱性介质中都会发生歧化反应。次溴酸和次碘酸的歧化反应发生在碱性介质中。次卤酸根的歧化速率与温度有关，次氯酸根室温下的歧化速率很慢，348K 的热溶液中，歧化速度则相当快；次溴酸根在室温下歧化速率就已经相当快，只有在 273K 的低温下才可能得到次溴酸盐；次碘酸根的歧化速度很快，溶液中不存在次碘酸盐。

次卤酸都具有强氧化性，其氧化性按 $HClO$、$HBrO$、HIO 顺序逐渐减小。

工业上生产 $NaClO$ 采取电解冷稀食盐水的方法，阴极析出 H_2，使 OH^- 浓度增大。搅动溶液，使阳极产生的 Cl_2 与 OH^- 作用生成 $NaClO$。

阴极反应：　　　　　$2H^+ + 2e \longrightarrow H_2$

阳极反应：　　　　　$2Cl^- - 2e \longrightarrow Cl_2$，$Cl_2 + 2OH^- \longrightarrow ClO^- + Cl^- + H_2O$

总反应：　　　　　　$Cl^- + H_2O \longrightarrow ClO^- + H_2$

次氯酸及其盐由于具有氧化性常作为漂白剂。Cl_2 与消石灰作用可以得到常用的漂白粉。漂白粉是由 $Ca(ClO)_2$、$CaCl_2$ 和 $Ca(OH)_2$ 组成的混合物，它的有效成分是 $Ca(ClO)_2$。

$$2Cl_2 + 3Ca(OH)_2 \longrightarrow Ca(ClO)_2 \cdot CaCl_2 \cdot Ca(OH)_2 \cdot 2H_2O$$

漂白粉在空气中放置会逐渐失效，这是因为空气中的 CO_2 会使漂白粉释放出次氯酸，而次氯酸不稳定，立即分解。

$$Ca(ClO)_2 + H_2O + CO_2 \longrightarrow CaCO_3 + 2HClO$$

14.2.6.2　亚卤酸及其盐

亚氯酸是唯一已知的亚卤酸，其酸性强于次氯酸。亚氯酸不稳定会迅速分解。

$$8HClO_2 \longrightarrow 6ClO_2 + Cl_2 + 4H_2O$$

亚氯酸是 ClO_2 与水反应的产物。

$$2ClO_2 + H_2O \longrightarrow HClO_2 + HClO_3$$

纯的亚氯酸可由硫酸和亚氯酸盐制备得到。

$$H_2SO_4 + Ba(ClO_2)_2 \longrightarrow 2HClO_2 + BaSO_4$$

亚氯酸盐可以用 ClO_2 与过氧化物或者碱溶液反应得到。

$$Na_2O_2 + 2ClO_2 \longrightarrow 2NaClO_2 + O_2$$

$$2NaOH + 2ClO_2 \longrightarrow NaClO_2 + NaClO_3 + H_2O$$

亚氯酸盐比亚氯酸稳定，但加热或敲击亚氯酸盐固体，会迅速分解，并发生爆炸，生成氯酸盐和氯化物。

$$3NaClO_2 \longrightarrow 2NaClO_3 + NaCl$$

亚氯酸及其盐都具有氧化性，可以用作漂白剂。

14.2.6.3　卤酸及其盐

氯酸和溴酸只存在于水溶液中。氯酸可以存在的最大质量分数为 40%，溴酸可以存在的最大质量分数为 50%，超过此浓度氯酸和溴酸会迅速分解。

$$8HClO_3 \longrightarrow 4HClO_4 + 2Cl_2 + 3O_2 + 2H_2O$$

$$4HBrO_3 \longrightarrow 2Br_2 + 5O_2 + 2H_2O$$

碘酸比较稳定，是一种白色晶体，加热时分解为 I_2 和 O_2。

$$4HIO_3 \longrightarrow 2I_2 + 5O_2 + 2H_2O$$

氯酸和溴酸的制备可以用 $Ba(ClO_3)_2$ 和 $Ba(BrO_3)_2$ 与硫酸反应。

$$Ba(ClO_3)_2 + H_2SO_4 \longrightarrow 2HClO_3 + BaSO_4$$

$$Ba(BrO_3)_2 + H_2SO_4 \longrightarrow 2HBrO_3 + BaSO_4$$

将 Cl_2 通入溴酸盐的酸性溶液中可得到氯酸，将 Cl_2 通入溴水中可以得到溴酸。

$$Cl_2 + 2BrO_3^- + 2H^+ \longrightarrow 2HClO_3 + Br_2$$

$$5Cl_2 + Br_2 + 6H_2O \longrightarrow 2HBrO_3 + 10HCl$$

碘酸可以用氧化剂氧化 I_2 的方法制备。例如，浓硝酸与 I_2 反应或者将 Cl_2 通入碘水溶液。

$$10HNO_3 + I_2 \longrightarrow 2HIO_3 + 10NO_2 + 4H_2O$$

$$5Cl_2 + I_2 + 6H_2O \longrightarrow 2HIO_3 + 10HCl$$

氯酸、溴酸是强酸，碘酸是中强酸，按 $HClO_3$、$HBrO_3$、HIO_3 的顺序酸性逐渐减弱，稳定性逐渐增强。氯酸、溴酸、碘酸及其盐都是强氧化剂，其中氧化性最强的是溴酸及其盐，氧化性最弱的是碘酸及其盐。溴酸盐在酸性介质中能将单质 Cl_2 和 I_2 分别氧化成氯酸和碘酸，氯酸盐能够在酸性介质中将单质 I_2 氧化成碘酸。

$$I_2 + 2BrO_3^- + 2H^+ \longrightarrow 2HIO_3 + Br_2$$

$$Cl_2 + 2BrO_3^- + 2H^+ \longrightarrow 2HClO_3 + Br_2$$

$$I_2 + 2ClO_3^- + 2H^+ \longrightarrow 2HIO_3 + Cl_2$$

卤酸盐的制备可以采用卤素单质在碱性溶液中歧化或者氧化卤离子的方法。将 Cl_2 通入浓碱液中发生歧化反应制取氯酸盐。单质 I_2 在浓碱液中歧化可制得碘酸盐。Cl_2 在碱性介质中氧化碘化物可得到碘酸盐。

$$3Cl_2 + 6NaOH \longrightarrow NaClO_3 + 5NaCl + 3H_2O$$

$$3I_2 + 6NaOH \longrightarrow NaIO_3 + 5NaI + 3H_2O$$

$$3Cl_2 + KI + 6KOH \longrightarrow KIO_3 + 6KCl + 3H_2O$$

$KClO_3$ 是氯酸盐中一种常见的、有实用价值的盐。$KClO_3$ 不易潮解，可制得干燥产品。固体 $KClO_3$ 是强氧化剂，它与易燃物质如碳、硫、磷及有机物质混合时，一受到撞击即猛烈爆炸，因此 $KClO_3$ 大量用于制造火柴、焰火等。在 MnO_2 作催化剂时，$KClO_3$ 热分解为 KCl 和 O_2。

$$2KClO_3 \longrightarrow 2KCl + 3O_2$$

若没有催化剂存在，$KClO_3$ 则分解为 $KClO_4$ 和 KCl。

$$4KClO_3 \longrightarrow 3KClO_4 + KCl$$

$NaClO_3$ 比 $KClO_3$ 易潮解，可用作除草剂。$KBrO_3$ 和 KIO_3 可用作分析化学中测定各种金属的基准物质。

14.2.6.4　高卤酸及其盐

高氯酸是所有无机含氧酸中最强的，它在水中完全电离为 H^+ 和 ClO_4^-。冷和稀的高氯酸水溶液的氧化能力较低，比较稳定。浓和热的高氯酸溶液是强氧化剂，受热分解，与有机物接触即可发生爆炸。

$$4HClO_4 \longrightarrow 2Cl_2 + 7O_2 + 2H_2O$$

利用浓硫酸与 $KClO_4$ 作用是制备高氯酸的常用方法。

$$KClO_4 + H_2SO_4 \longrightarrow KHSO_4 + HClO_4$$

在工业上制备高氯酸采用电解氧化法，铂作阳极，银或铜作阴极。

$$4H_2O + Cl^- \longrightarrow ClO_4^- + 8H^+ + 8e$$

高氯酸盐、高溴酸盐的溶解性与大多数盐类不同，其碱金属盐中的 Cs^+、Rb^+、K^+、NH_4^+ 盐溶解度较小，而其他盐都易溶于水。高氯酸盐大多数是稳定的，其氧化性比氯酸盐弱。$KClO_4$ 在 883K 分解放出 O_2。

$$KClO_4 \longrightarrow KCl + 2O_2$$

高溴酸是强酸，其氧化能力高于高氯酸和高碘酸。高溴酸在溶液中很稳定，浓度 55% 的高溴酸溶液即使在 373K 也不分解。利用强氧化剂 F_2 或 XeF_2 氧化溴酸盐可以制备高溴酸。

$$BrO_3^- + F_2 + 2OH^- \longrightarrow BrO_4^- + 2F^- + H_2O$$

$$BrO_3^- + XeF_2 + H_2O \longrightarrow BrO_4^- + 2HF + Xe$$

高碘酸分子式为 H_5IO_6。IO_6^{5-} 是八面体结构，I—O 键长为 193pm，其中碘原子采用 sp^3d^2 杂化，碘原子半径较大，周围可以容纳 6 个氧原子。在 298K 水溶液中高碘酸主要以偏高碘酸根离子 IO_4^- 形式存在，其中碘原子采用 sp^3 杂化，离子结构为四面体，I—O 键长为 179pm。正高碘酸在真空下加热可逐步失水转化为焦高碘酸、偏高碘酸和碘酸。

$$2H_5IO_6 \xrightarrow[-3H_2O]{353K} H_4I_2O_9 \xrightarrow[-H_2O]{373K} 2HIO_4 \xrightarrow{473K} 2HIO_3 + O_2$$

正高碘酸　　　　焦高碘酸　　　偏高碘酸　　　碘酸

高碘酸可以用硫酸与高碘酸钡反应得到。

$$Ba_5(IO_6)_2 + 5H_2SO_4 \longrightarrow 5BaSO_4 + 2H_5IO_6$$

高碘酸的酸性比高氯酸弱得多，但是其氧化能力大于高氯酸。高碘酸在酸性介质中可以将 Mn^{2+} 氧化成 MnO_4^-。

$$2H_5IO_6 + Mn^{2+} \longrightarrow MnO_4^{2-} + 2IO_3^- + 6H^+ + 2H_2O$$

高碘酸盐一般难溶于水，碱性条件下将 Cl_2 通入碘酸盐溶液可以制备得到高碘酸盐。

$$IO_3^- + Cl_2 + 6OH^- \longrightarrow IO_6^{5-} + 2Cl^- + 3H_2O$$

卤素含氧酸及其盐的许多重要性质，如酸性、氧化性和热稳定性，随分子中氧原子的数目呈规律性变化。氯的含氧酸及其盐的性质变化规律如下：

14.2.7 拟卤素和拟卤化物

14.2.7.1 通性

由两个或两个以上电负性较大的元素的原子组成的原子团，这些原子团在自由状态时与卤素单质性质相似，称作拟卤素。它们的阴离子与卤素阴离子性质也相似，称作拟卤离子。

目前已经分离出的拟卤素和拟卤离子有：氰（$(CN)_2$）、硫氰（$(SCN)_2$）、氧氰（$(OCN)_2$）、硒氰（$(SeCN)_2$）、叠氮酸二硫化碳（$(SCSN_3)_2$）；氰根离子（CN^-）、硫氰酸根（SCN^-）、氰酸根离子（OCN^-）、异氰酸根离子（ONC^-）、硒氰根离子（$SeCN^-$）、碲氰根离子（$TeCN^-$）和叠氮酸根离子（N_3^-）。

拟卤素、拟卤化物与卤素、卤化物的相似性主要表现在：

（1）游离状态是双聚的易挥发分子；

（2）它们与一些金属反应生成盐，其 Ag^+，Hg^+，Pb^{2+} 盐难溶于水；

（3）氢化物的水溶液除了 HCN 为弱酸，其余都是强酸；

（4）拟卤离子与各种金属可形成和卤素形式类似的配离子：

卤配离子：$[HgI_4]^{2-}$、$CoCl_6^{3-}$、FeF_6^{3-}，

拟卤配离子：$[Hg(SCN)_4]^{2-}$、$[Co(CN)_6]^{3-}$、$[Fe(SCN)_6]^{3-}$；

（5）它们在碱或水中发生歧化：

$$(CN)_2(g) + 2OH^-(aq) \longrightarrow CN^-(aq) + OCN^-(aq) + H_2O(l)$$

（6）拟卤离子可以被氧化成双聚分子：

$$Cl_2(g) + 2Br^-(aq) \longrightarrow Br_2(l) + 2Cl^-(aq)$$

$$Cl_2(g) + 2SCN^-(aq) \longrightarrow (SCN)_2(g) + 2Cl^-(aq)$$

$$2Cl^-(aq) + MnO_2(s) + 4H^+(aq) \longrightarrow Mn^{2+}(aq) + Cl_2(g) + 2H_2O(l)$$

$$2SCN^-(aq) + MnO_2(s) + 4H^+(aq) \longrightarrow Mn^{2+}(aq) + (SCN)_2(g) + 2H_2O(l)$$

14.2.7.2 氰和氰化物

氰（$(CN)_2$）是无色气体，苦杏仁味，熔点245K，沸点253K，剧毒。273K时，

1体积水可溶4体积的氰。$(CN)_2$ 的 Lewis 结构式如下：

$$:N\equiv C—C\equiv N:$$

其中，所有原子都采用 sp 杂化，原子之间除 σ 键外，还有 2 个 Π_4^4，这两个 Π_4^4 相互垂直。$d_{C—N}=113pm$，$d_{C—C}=137pm$。

$(CN)_2$ 可由加热 AgCN 或 $Hg(CN)_2$ 与 $HgCl_2$ 共热制得。

$$2AgCN(s) \Longrightarrow 2Ag(s) + (CN)_2(g)$$

$$Hg(CN)_2 + HgCl_2(s) \Longrightarrow Hg_2Cl_2(s) + (CN)_2(g)$$

氰化氢常温时为无色液体，苦杏仁味，剧毒；凝固点为 260K，沸点为 299K。因液态氰化氢分子间有强烈的缔合作用，所以它有很高的介电常数（298K 时，介电常数为 107）。氰化氢的水溶液称为氢氰酸，是弱酸。

氢氰酸的盐称为氰化物。碱金属和碱土金属的氰化物易溶于水，水溶液因水解显碱性，重金属氰化物难溶于水。氰化物及其衍生物均属剧毒物品，致死量为 0.05g。氰根离子的结构为：$C\equiv N^-:$，可见，氰根离子含有孤对电子，很容易和过渡金属，特别是 Zn^{2+}、Cd^{2+}、Ag^+ 等离子，形成稳定配离子。

$$AgCN(s) + CN^-(aq) \longrightarrow Ag(CN)_2^-(aq)$$

$$Zn(CN)_2(s) + 2CN^-(aq) \longrightarrow Zn(CN)_4^{2-}(aq)$$

利用氰化物的强配合性和还原性，可以对含氰离子的废水进行处理使剧毒物质转为无毒。

$$NaClO + CN^- \longrightarrow Na^+ + Cl^- + OCN^-$$

$$FeSO_4 + 6CN^- \longrightarrow [Fe(CN)_6]^{4-} + SO_4^{2-}$$

14.2.7.3　硫氰和硫氰酸盐

常温下硫氰 $(SCN)_2$ 是黄色油状液体，凝固点为 271～276K，不稳定，可逐渐聚合为难溶的棕红色固体。它在四氯化碳和醋酸中稳定存在。$(SCN)_2$ 的 Lewis 结构式如下：

$$:N\equiv C:—S—S—:C\equiv N:$$

分子中有两个 σ 键和两个 Π_3^4。

$(SCN)_2$ 具有氧化性，能把 H_2S、I^-、$S_2O_3^{2-}$ 氧化。

$$(SCN)_2(l) + 2S_2O_3^{2-}(aq) \Longrightarrow 2SCN^-(aq) + S_4O_6^{2-}(aq)$$

大多数硫氰酸盐易溶于水，而重金属盐，如 AgSCN、$Hg(SCN)_2$ 难溶于水。SCN^- 既可以用 S 原子配位，又可以用 N 原子配位，究竟采用哪一种配位，不仅与阳离子的硬软度有关，也与空间位阻效应有关。

硫氰酸盐很容易制备，如氰化钾和硫黄共熔即得硫氰酸钾：

$$KCN + S \xrightarrow{\text{共熔}} KSCN$$

知识博览　**消耗臭氧层物质（ODS）替代品**

　　臭氧层的破坏和全球气候变化是当今全球所面临的主要环境问题，大气臭氧层的保护是当今世界环境保护的重大课题之一。臭氧层是地球的天然屏障，它为我们人类地球上的生命体过滤掉有害的紫外线，否则生命体将受到生存威胁。损耗臭氧层必须具备两个条件：其一是含有氯、溴或另一种相似的原子参与臭氧变为氧的化学反应；其二是具有足够的大气寿命。许多人工合成的含氯物质，可以与臭氧反应，使之变成氧分子。在制冷空调中常用的制冷剂，如氯氟烃（CFCs）在大气中寿命超过 100 年，含氢氯氟烃（HCFCs）类中的 R22 和 R123 在大气中的寿命分别为 15 年和 2 年。尽管 CFCs 与 HCFCs 在大气中的寿命不同，但都对臭氧层有破坏作用，仅是程度上的差异。因而氟利昂类物质中首先被禁用的是氯氟烃，限期被禁用的是含氢氯氟烃。

1987 年联合国环境规划署制定了《关于消耗臭氧层物质的蒙特利尔议定书》，协议书中首要目的是淘汰 ODS 产品，包括氯氟烃（CFCs）、哈龙和四氯化碳等高臭氧损耗潜值（ODP）的 ODS 产品。我国于 1989 年和 1991 年分别签署了《保护臭氧层维也纳公约》和《关于消耗臭氧层物质的蒙特利尔议定书（伦敦修正案）》，并于 1991 年成立国家保护臭氧层领导小组，1993 年编制了《中国逐步淘汰消耗臭氧层物质国家方案》，并经国务院批准实施。为了实现 2060 年的"碳中和"目标，为全球生态安全作出贡献，不仅加入或批准了《联合国气候变化框架公约》《蒙特利尔议定书》和《巴黎协定》等多项国际联盟平台约定，而且实行最严格的生态环境保护制度，颁布了《国家应对气候变化规划（2014—2020年）》《大气污染防治行动计划》等多项政策与规划。截止到 2018 年，我国累计淘汰消耗臭氧层物质约 28 万吨，占发展中国家淘汰量一半以上，成为对全球臭氧层保护贡献最大的国家；同时，2018 年中国单位 GDP 二氧化碳排放比 2005 年下降45.8%，相当于减少二氧化碳排放约 52.6 亿吨，我国用实际行动体现了绿色发展的中国担当。

制冷剂通过温室效应对全球变暖起作用。对生命体来说温室效应很重要，如果没有温室效应，地球表面的平均温度就只有-18℃左右。但是，随着大气中温室气体浓度的增加，地球的平均温度将会上升。一些数据表明，在过去的 100 年里，温度已经上升了 0.3~0.6°C。氯氟烃（CFCs）、氢氯氟烃（HCFCs）和氢氟烃（HFCs）制冷剂都被认为是温室气体，如果将这些制冷剂释放到大气中，会增强地球的温室效应，并对全球变暖起作用。此外，空调和制冷系统还会以另一种方式对全球变暖起作用。因为所有这些过程需要能量来运行，能量来自电力或化工燃料的直接消耗。煤、石油和天然气产生电力时都产生 CO_2，而 CO_2 是最为常见的，被认为是引起温室变暖的人为产生的气体。

对于制冷空调行业而言，在选择制冷剂的替代物时，应考虑以下几点因素：（1）环境相容性、安全性；（2）能量效率；（3）对现有设备的要求，即成本因素；（4）再循环应用的可能性；（5）短期及长期市场需要；（6）对臭氧层和大气层有无破坏作用。其中，对环境的影响应该是最重要和最基本的问题。

目前，对于空调器中的制冷剂，国际上替代技术路线一条是以美日为代表，支持开发非 ODS 混合制冷剂替代物；另一条则以德国及北欧一些国家为代表，主张采用天然制冷工质作为替代物。对于非 ODS 混合制冷剂替代物，美日有关研究组织均对各种替代物进行多年的试验与评估。目前，比较成熟的已用于商业领域的非 ODS 混合制冷剂替代物主要有 R407C、R410A 或 THR03 等。采用天然制冷剂（如烃类、氨等）的替代方案，其在环境因素方面的优越性远远超过 HFC 类物质，由于这类制冷剂的可燃性、刺激性及毒性等安全性方面的缺陷和氨与润滑油的不相溶性等原因，使得在实际生产和使用上受到限制。但有些制冷剂仍具有一定的替代潜力，如 R1270、R290、R1270/R600a、R290/R600a 等制冷剂，进行替换充灌的试验表明，其性能指标全面优于 R22。

CO_2 是天然制冷剂，ODP 为 0、GWP（全球变暖潜能值）为 1，对臭氧层没有破坏作用，具有环境友好性和优良的热物理特性。早在 1886 年就已在制冷中使用，在汽车空调系统中有着其他制冷剂无可比拟的优势，它对环境和人体健康无危害作用、无毒、无味、不可燃、与润滑油和金属及非金属材料不起作用、高温下也不会分解成有害气体，是环境性表现优良的天然制冷剂。另外 CO_2 黏度低、表面张力小、单位容积制冷量相当大的特性正好满足汽车空调系统紧凑、负荷大、易泄漏等特点。二氧化碳费用低、易获取，有利于减小装置体积。中国正积极进行 CO_2 汽车空调系统的研究工作，我国已研制出首台 CO_2 汽车空调系统。国内对于压缩机部分的结构不断研究优化，同时优化二氧化碳制冷剂关键的加注工艺，以减少制冷剂的泄漏或避免泄漏。CO_2 制冷系统可能会成为下一代汽车空调的主要选择。当前 CO_2 跨临界制冷循环系统正在快速发展阶段以减少制冷剂的泄漏，在国际及国内大力提倡"绿色、环保"的前提下，未来 CO_2 跨临界制冷循环系统会有很大的发展空间。

2022 年北京冬奥会国家速滑馆、首都体育馆、首体短道速滑训练馆以及五棵松冰上运行中心使用的二氧化碳制冷剂，是从工业副产品收集提纯获取的。2021 年底初次填充过程，合计减少 900t 二氧化碳排放。二氧化碳制冰技术不会造成温室气体效应，也不会造成臭氧层的破坏。二氧化碳制冰技术能够很好地回收热能，在运行中的节能达到 20% 左右，这是世界上首个使用天然工质二氧化碳制冷技术替代传统制冷剂氟利昂制造冰面的工程。

总之，制冷系统替代制冷剂的选择应结合制冷系统的特点和制冷剂替代形势的发展而进行。选择热工性能好，具有节能效果且充注量少的环保型制冷剂将是制冷系统替代制冷剂的发展目标和方向。增强人们的环保意识，努力做好制冷剂替代的研究和应用工作，减少制冷剂对大气臭氧层破坏的影响和温室效应的影响，保护全球环境，将是人们一项长期而又艰巨的任务。

习　题

14-1　选择题：

（1）将 H_2O_2 加入 H_2SO_4 酸化的 $KMnO_4$ 溶液时，H_2O_2 起的作用是（　　）。

A. 氧化剂　　　　B. 还原剂　　　　C. 催化剂　　　　D. 还原硫酸

（2）四个学生对一无色酸性未知溶液分别进行定性分析，报告检出如下离子，其中正确的是（　　）。

A. PO_4^{3-}，SO_3^{2-}，Cl^-，NO_2^-，Na^+　　　　B. PO_4^{3-}，SO_4^{2-}，Cl^-，NO_3^-，Na^+

C. PO_4^{3-}，S^{2-}，Cl^-，NO_2^-，Na^+　　　　D. PO_4^{3-}，SO_3^{2-}，Cl^-，NO_3^-，Na^+

（3）将两种固体混合而成的白色粉末进行实验，得到如下结果：

1）加入过量的水也不全溶，留有残渣；

2）加入稀盐酸，产生气泡，全部溶解；

3）在试管中放入粉末，慢慢地进行加热，在试管上有液滴凝结；

4）加入过量的稀 H_2SO_4 产生气泡，还有沉淀。

这种混合物是下列各组中的（　　）。

A. $NaHCO_3$，$Al(OH)_3$　　　　B. $AgCl$，$NaCl$

C. $KAl(SO_4)_2 \cdot 12H_2O$，$ZnSO_4 \cdot 7H_2O$　　D. $Na_2SO_3 \cdot 7H_2O$，$BaCO_3$

（4）下列方法中不能制得 H_2O_2 的是（　　）。

A. 电解 NH_4HSO_4 水溶液　　　　B. 用 H_2 和 O_2 在高温下直接合成

C. 乙基蒽醌法　　　　D. 金属过氧化物与水作用

（5）下列反应中不产生 S 的是（　　）。

A. $SO_2 + H_2S \rightarrow$　　　　B. $KMnO_4 + H_2S + H_2SO_4 \rightarrow$

C. $Na_2S_2O_3 + HCl \rightarrow$　　　　D. $H_2S + HNO_3 \rightarrow$

（6）在照相业中，$Na_2S_2O_3$ 常用作定影液，其作用是（　　）。

A. 氧化剂　　　　B. 还原剂　　　　C. 配位剂　　　　D. 漂白剂

（7）与 Zn 粉反应可生成 $Na_2S_2O_4$ 的试剂是（　　）。

A. $NaHSO_3$　　　　B. $Na_2S_2O_3$　　　　C. Na_2SO_4　　　　D. $Na_2S_2O_7$

（8）在硫的下列含氧酸中，不与氢氧化钡反应产生沉淀的是（　　）。

A. $H_2S_2O_3$　　　　B. $H_2S_2O_8$　　　　C. $H_2S_2O_6$　　　　D. H_2SO_5

（9）有 7 种未知溶液：Na_2S、$Na_2S_2O_3$、Na_2SO_4、Na_2SO_3、Na_3AsS_3、Na_3SbS_3、Na_2SiO_3，分别加入同一种试剂就可使它们初步鉴别，这种试剂是（　　）。

A. $AgNO_3$ 溶液　　　　B. $BaCl_2$ 溶液

C. 稀 HCl 溶液　　　　D. 稀 HNO_3 溶液

（10）大苏打与盐酸反应（　　）。

A. 有 S 生成　　　　B. 有 S、SO_2 生成

C. 有 SO_2 生成　　　　D. S、SO_2 都不生成

（11）在臭氧分子结构中，正确的说法是（　　）。

A. 仅有 σ 键　　　　B. 仅有 Π 键

C. 有 σ 键和 Π_3^4 键　　　　D. 有 σ 键和 Π_4^6 键

（12）下列硫的含氧酸盐中氧化性最强的是（　　）。

A. 焦硫酸盐　　　B. 硫代硫酸盐　　　C. 过硫酸盐　　　D. 连多硫酸盐

（13）下列离子的碱强度最大的是（　　）。

A. ClO^-　　　　B. ClO_2^-　　　　C. ClO_3^-　　　　D. ClO_4^-

（14）在氯的含氧酸中，酸性强弱次序正确的是（　　）。

A. $HClO > HClO_2 > HClO_3 > HClO_4$　　　　B. $HClO_3 > HClO_4 > HClO > HClO_2$

C. $HClO_4 > HClO_3 > HClO_2 > HClO$　　　　D. $HClO_2 > HClO_3 > HClO_4 > HClO$

（15）下列氯化物中，不发生水解反应的是（　　）

A. CCl_4　　　　B. $SiCl_4$　　　　C. $SnCl_4$　　　　D. $GeCl_4$

（16）下列反应不可能按所列式子进行的是（　　）。

A. $2NaNO_3 + H_2SO_4$（浓）$\longrightarrow Na_2SO_4 + 2HNO_3$

B.　$2NaI+H_2SO_4（浓）\longrightarrow Na_2SO_4+2HI$

C.　$CaF_2+H_2SO_4（浓）\longrightarrow CaSO_4+2HF$

D.　$2NH_3+H_2SO_4\longrightarrow（NH_4）_2SO_4$

（17）至今尚未发现能发生下列反应的卤素是（　　　）。

$$X_2 + 2OH^- \Longrightarrow X^- + XO^- + H_2O$$
$$3X_2 + 6OH^- \Longrightarrow 5X^- + XO_3^- + 3H_2O$$

A.　氟　　　　　　B.　氯　　　　　　C.　溴　　　　　　D.　碘

（18）在酸性介质中，不能将 Mn^{2+} 氧化为 MnO_4^- 的是（　　　）。

A.　$NaBiO_3$　　　B.　KIO_3　　　C.　$K_2S_2O_8$　　　D.　PbO_2

（19）单质碘在水中的溶解度很小，但在 KI 溶液中溶解度显著增大，原因是发生了（　　　）。

A.　离解反应　　　B.　盐效应　　　C.　配位效应　　　D.　氧化还原反应

（20）下列含氧酸的氧化性递变不正确的是（　　　）。

A.　$HClO_4>H_2SO_4>H_3PO_4$　　　　　B.　$HBrO_4>HClO_4>H_5IO_6$

C.　$HClO>HClO_3>HClO_4$　　　　　　D.　$HBrO_3>HClO_3>HIO_3$

（21）实验室用浓盐酸与二氧化锰反应制备氯气，使氯气纯化应依次通过（　　　）。

A.　饱和氯化钠和浓硫酸　　　　　　B.　浓硫酸和饱和氯化钠

C.　氢氧化钙固体和浓硫酸　　　　　D.　饱和氯化钠和氢氧化钙固体

（22）下列相同浓度含氧酸盐水溶液的 pH 值大小排列次序正确的是（　　　）。

A.　KClO>KBrO>KIO　　　　　　B.　KIO>KBrO>KClO

C.　KBrO>KClO>KIO　　　　　　D.　KIO>KClO>KBrO

14-2 填空题：

（1）臭氧分子中，中心氧原子采取＿＿＿＿＿＿＿＿＿杂化，分子中除生成＿＿＿＿＿＿＿＿＿键外，还有一个＿＿＿＿＿＿＿＿＿＿键。

（2）长时间放置的 Na_2S 溶液出现浑浊，原因是＿＿＿＿＿＿＿＿＿＿＿＿＿＿＿。

（3）SO_2 分子中，中心原子 S 以＿＿＿＿＿＿杂化轨道与氧形成两个 σ 键外，还有一个符号为＿＿＿＿＿＿＿＿＿＿大 π 键。

（4）染料工业上大量使用的保险粉的分子式是＿＿＿＿＿＿＿，它有强＿＿＿＿＿＿＿。

（5）硫的两种主要同素异形体是＿＿＿＿＿＿和＿＿＿＿＿＿。其中稳定态的单质是＿＿＿＿＿＿，它受热至 95.5℃时转变为＿＿＿＿＿＿。两者的分子都是＿＿＿＿＿＿，具有＿＿＿＿＿＿状结构，其中硫原子以＿＿＿＿＿＿杂化轨道成键。

（6）漂白粉的有效成分是＿＿＿＿＿＿，漂白粉在空气中放置时会逐渐失效，其反应方程式为＿＿＿＿＿＿＿＿＿＿＿＿＿＿＿＿＿＿＿。

（7）AgF 易溶于水，而 $AgCl$、$AgBr$、AgI 皆难溶于水，且溶解度从 AgCl 到 AgI 依次减小，可解释为＿＿＿＿＿＿＿＿＿＿＿＿＿＿＿＿＿＿＿。

（8）碘在碱溶液中歧化的离子方程式是＿＿＿＿＿＿＿＿＿＿＿＿＿＿＿。

（9）就酸性强弱而言，氢氟酸 HF 是＿＿＿＿＿＿＿酸，但随其浓度加大，则变成＿＿＿＿＿＿＿酸；造成这种现象的原因，主要是＿＿＿＿＿＿＿＿＿＿＿＿＿＿＿＿＿＿＿＿＿。

（10）酸性条件下，向碘水中通入氯气，可以得到 HIO_3，而向溴水中通入氯气却得不到 $HBrO_3$，其原因是＿＿＿＿＿＿＿＿＿＿＿＿＿＿＿＿＿＿＿＿。

14-3 问答题：

（1）1986 年化学方法制取 F_2 获得成功。其步骤是：

1）在 HF、KF 存在下，用 $KMnO_4$ 氧化 H_2O_2 制取 K_2MnF_6；

2）$SbCl_5$ 和 HF 反应制取 SbF_5；

3）K_2MnF_6 和 SbF_5 反应制得 MnF_4；

4）不稳定的 MnF_4 分解成 MnF_3 和 F_2。

试写出各步反应方程式。

（2）海水中含有约万分之一的溴（质量比），试写出从海水中提溴的基本步骤和相关反应方程式。

（3）为什么不能用浓硫酸与卤化物作用来制备 HBr 和 HI？作出解释并写出有关反应式。在实验室可用怎样的实际操作分别制备 HBr 和 HI？写出有关反应式。

（4）为什么 AlF_3 的熔点达 1563K，而 $AlCl_3$ 在 453K 即升华？

（5）一无色晶体 A 与浓硫酸共热，生成一无色刺激性气体 B，将 B 通入酸性 $KMnO_4$ 溶液中，紫红色的溶液褪色，产生另一种有刺激性气味的气体 C，C 可使湿润的淀粉碘化钾试纸变蓝。晶体 A 易溶于水，水溶液呈中性，向其水溶液中加入酒石酸氢钠，有白色沉淀 D 析出。试推断 A、B、C、D 各是什么物质，写出各步化学反应式。

（6）一种钠盐 A 溶于水，在水溶液中加入 HCl 有刺激性气体 B 产生，同时有白色（或淡黄色）沉淀 C 析出，气体 B 能使酸性 $KMnO_4$ 溶液褪色；若通入足量 Cl_2（g）于 A 溶液中，则得溶液 D，D 与 $BaCl_2$ 作用得白色沉淀 E，E 不溶于强酸。问：A、B、C、D、E 各为何物？写出有关化学反应方程式。

（7）现有四瓶失落标签的无色溶液，可能是 Na_2S、Na_2SO_3、$Na_2S_2O_3$ 和 Na_2SO_4，试加以鉴别并确证，写出有关化学反应方程式。

（8）现有一能溶于水的白色固体，将其水溶液进行下列试验而产生相应的实验现象：

1）焰色反应呈黄色；

2）它能使 KI_3 溶液或酸化的 $KMnO_4$ 溶液褪色而产生无色溶液，然后这无色溶液与 $BaCl_2$ 溶液作用生成不溶于稀 HNO_3 的白色沉淀；

3）加入硫黄粉，加热后硫逐渐溶解并生成无色溶液，此溶液酸化时产生乳白色或浅黄色沉淀。它能使 KI_3 溶液褪色，还能溶解 AgCl 或 AgBr。

写出该白色固体的分子式和有关的化学反应方程式。

（9）以碳酸钠和硫黄为原料制备硫代硫酸钠，写出有关化学反应式。

（10）将 SO_2 气体通入纯碱溶液中，有无色气体 A 逸出，所得溶液经加入氢氧化钠中和，再加入硫化钠溶液除去杂质，过滤后得溶液 B。将某非金属单质 C 加入溶液 B 中并加热，反应后再经过滤、除杂等过程，得溶液 D。取少量溶液 D，与盐酸反应，其反应产物之一为沉淀 C。另取少量溶液 D，加入少许 AgBr 固体，则其溶解，并生成配离子 E。再取少量溶液 D，在其中滴加溴水，溴水颜色消失，再加入 $BaCl_2$ 溶液，产生不溶于稀盐酸的白色沉淀 F。试确定从 A～F 的化学式，写出各步反应方程式。

15 过 渡 元 素

过渡元素（Transition Elements）包括元素周期表中第ⅠB～ⅦB族和第Ⅷ族元素。这些元素按周期分为三个系列：第四周期中从Sc到Zn为第一过渡系元素，第五周期中从Y到Cd为第二过渡系元素，第六周期中从La到Hg为第三过渡系元素。第Ⅷ族元素根据元素性质的相似性又可分为两组：铁系元素（Fe、Co、Ni）和铂系元素（Ru、Rh、Pd、Os、Ir、Pt）。第六周期从^{57}La到^{71}Lu的15种元素，新增加的电子依次填充在f轨道上，统称为镧系元素，用Ln表示；第七周期中从^{89}Ac到^{103}Lr共15种元素，称为锕系元素，用An表示。它们都是放射性元素。

过渡元素的原子结构特点是它们的原子最外层大多有1～2个s电子（Pd无5s电子），次外层分别有1～10个d电子。过渡元素的价层电子构型可概括为$(n-1)d^{1\sim10}ns^{0\sim2}$。

过渡元素在自然界中的储量以第一过渡系元素较多，它们的单质和化合物在工业上的用途较广。第二、三过渡系的元素，除Ag和Hg外，相对来说丰度较小。本章重点介绍第一过渡系的Sc、Ti、V、Cr、Mn、Fe、Co、Ni 8种元素和第ⅠB、ⅡB副族元素。

15.1 过渡元素通性

15.1.1 原子半径

与同周期的第ⅠA、ⅡA族元素相比，过渡元素的原子半径一般比较小。过渡元素的原子半径随原子序数的增加呈现的变化趋势如图15-1所示。

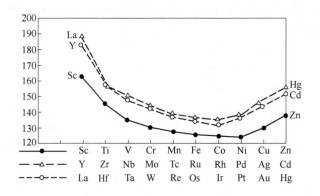

图 15-1 过渡元素的原子半径

从图 15-1 可见，同周期过渡元素的原子半径随着原子序数的增加而缓慢减小，到第Ⅷ族后元素原子半径又缓慢增大。这是由于 $(n-1)d$ 电子对 ns 电子的屏蔽作用较小，有效核电荷数增加，对外层电子的引力增大，导致同一过渡系元素自左往右原子半径缓慢减小。到第ⅠB 副族，d 轨道全充满，电子之间排斥作用增强，使得原子半径略有增加。

同族过渡元素的原子半径，除个别元素外，自上而下，随着原子序数的增加而增大。但是，第二过渡系的原子半径比第一过渡系的原子半径增大得不多，第二、三过渡系的同族上下两种元素的原子半径极为接近，这主要是由于镧系收缩导致的结果。

15.1.2　物理性质

除第ⅡB 族外，过渡元素的单质都是高熔点、高沸点、导电和导热性良好的金属。它们的一些物理性质见表 15-1。同周期元素自左往右，熔点先逐渐升高，又缓慢下降，各周期中熔点最高的金属在第ⅥB 族中出现，W 是熔点最高的金属（3410℃）。一般认为，参与成键的未成对 d 电子数越多，熔点越高。同一族中，自上而下，熔点逐渐升高（第ⅡB 族除外）。过渡元素单质的硬度也出现类似的变化规律，Cr 是硬度最大的金属。另外，过渡元素中密度最大的金属是 Os（22.48g/cm³），其次是 Ir、Pt、Re，它们都比室温下同体积的水重 20 倍以上，是典型的重金属。

英文注解

英文注解

表 15-1　过渡金属的物理性质

第一过渡系金属										
金　属	Sc	Ti	V	Cr	Mn	Fe	Co	Ni	Cu	Zn
价层电子构型	$3d^1 4s^2$	$3d^2 4s^2$	$3d^3 4s^2$	$3d^5 4s^1$	$3d^5 4s^2$	$3d^6 4s^2$	$3d^7 4s^2$	$3d^8 4s^2$	$3d^{10} 4s^1$	$3d^{10} 4s^2$
熔点/℃	1539	1675	1890	1857	1204	1535	1495	1453	1083	419
沸点/℃	2727	3260	3380	2672	2077	3000	2900	2732	2595	907
金属半径/pm（CN=12）	164	145	135	129	127	126	125	125	128	134
M^{2+} 的半径/pm（CN=6）	—	86	79	80	83	78	75	69	73	74
第一电离能/kJ·mol⁻¹	631	658	650	652.8	717.4	759.4	758	736.7	745.5	906.4
第二电离能/kJ·mol⁻¹	1866	1968	2064	2149	2227	2320	2404	2490	2703	2640
M^{2+} 水合能/kJ·mol⁻¹	—	—	—	-1850	-1845	-1920	-2054	-2106	-2100	-2045
汽化热/kJ·mol⁻¹	304.8	428.9	456.6	348.8	219.7	351.0	382.4	371.8	341.1	131
室温密度/g·cm⁻³	2.99	4.5	5.96	7.20	7.20	7.86	8.9	8.90	8.92	7.14
氧化态	3	-1,0,2,3,4	-1,0,2,3,4,5	-2,-1,0,2,3,4,5,6	-3,-2,-1,0,1,2,3,4,5,6,7	-1,-2,0,2,3,4,5,6,8	-1,0,2,3,4	-1,0,2,3,(4)①	1,2,3	(1)①,2
$E^{\ominus}(M^{2+}/M)/V$	—	-1.63	-1.18	-0.91	-1.18	-0.44	-0.28	-0.25	-0.34	-0.76

续表 15-1

第一过渡系金属

$E^{\ominus}(M^{3+}/M)/V$	−2.08	−1.18	−0.88	−0.74	0.28	0.037	0.42	—	—	—
电负性 (χ_P)	1.36	1.54	1.63	1.66	1.55	1.83	1.88	1.91	1.90	1.65

第二过渡系金属

金　属	Y	Zr	Nb	Mo	Tc	Ru	Rh	Pd	Ag	Cd
价层电子构型	$4d^15s^2$	$4d^25s^2$	$4d^45s^1$	$4d^55s^1$	$4d^65s^1$	$4d^75s^1$	$4d^85s^1$	$4d^{10}5s^0$	$4d^{10}5s^1$	$4d^{10}5s^2$
熔点/℃	1495	1952	2468	2610		2250	1966	1552	960.8	326.9
沸点/℃	2977	3578	4927	5560	—	3900	3727	2927	2212	765
金属半径/pm(CN=12)	180	160	147	140	135	134	134	137	144	152
第一电离能/kJ·mol^{-1}	616	674	664	685	702	711	720	805	731	876
汽化热/kJ·mol^{-1}	393.3	581.6	772	651	577.4	669	577	376.6	289	99.8
室温密度/g·cm^{-3}	4.34	6.49	8.57	10.2	—	12.30	12.4	11.97	10.5	8.64
氧化态	3	2,3,4	2,3,4,5	0,2,3,4,5,6	−1,0,4,5,6,7	−2,0,3,4,5,6,7,8	−1,0,1,2,3,4,6	0,1,2,3,4	1,2,(3)[①]	(1)[①],2
电负性 (χ_P)	1.22	1.33	1.60	2.16	1.90	2.20	2.28	2.20	1.93	1.69

第三过渡系金属

金　属	La	Hf	Ta	W	Re	Os	Ir	Pt	Au	Hg
价层电子构型	$5d^16s^2$	$5d^26s^2$	$5d^36s^2$	$5d^46s^2$	$5d^56s^2$	$5d^66s^2$	$5d^76s^2$	$5d^96s^1$	$5d^{10}6s^1$	$5d^{10}6s^2$
熔点/℃	920	2150	2996	3410	3180	3000	2410	1769	1063	−38.87
沸点/℃	3469	5440	5425	5927	5627	约5000	4527	3827	2966	356.58
金属半径/pm(CN=12)	188	159	147	139	137	135	136	139	144	151
第一电离能/kJ·mol^{-1}	538.1	654	761	770	764	840	880	870	890.1	1007
汽化热/kJ·mol^{-1}	399.6	611.1	774	844	791	728	690	510.4	344.3	56.9
室温密度/g·cm^{-3}	6.194	13.31	16.6	19.35	20.53	22.48	22.42	21.45	19.3	13.59
氧化态	3	2,3,4	2,3,4,5	0,2,3,4,5,6	−1,0,2,3,4,5,6,7	−2,0,2,3,4,5,6,7,8	−1,−2,0,(2)[①],3,4,5,6	0,1,2,3,4,5,6	1,3	1,2
电负性 (χ_P)	1.10	1.30	1.50	2.36	1.90	2.20	2.20	2.28	2.40	2.00

①括号内为不稳定氧化态。

15.1.3　化学性质

在化学性质方面，第一过渡系金属较活泼，第二、三过渡系金属较稳定。例如，第一过渡系金属除 Cu 外，都能从非氧化性酸中置换出 H_2（有些金属如 Ti、V、Cr由于表面形成氧化膜，而观察不到 H_2 的放出）。第二、三过渡系金属单质仅能溶于王水或者氢氟酸中，如 Zr、Hf 等，有些甚至不溶于王水，如 Ru、Rh、Os、Ir 等。

这些金属化学性质的差别，与第二、三过渡系原子具有较大的电离能和升华能有关。过渡元素的单质能与活泼的非金属如卤素和 O_2 等直接形成化合物。有些元素的单质，如第ⅣB～ⅧB族的元素，能与原子半径较小的非金属，例如 B、C、N 形成间充式化合物。由于硼、碳、氮原子钻到金属晶格的空隙中，所以此类化合物的组成往往是可变的、非化学计量的。间充式化合物比相应金属的熔点高、硬度大、化学性质不活泼，工业上常用来制造某些特殊设备。

过渡元素中 V、Nb、Ta、Cr、Mo、W 等元素的含氧酸容易发生缩合反应，形成结构较为复杂的多酸，包括同多酸和杂多酸。某些多酸化合物具有较高的催化活性。过渡元素的离子或原子具有能量相近的 $(n-1)d$、ns 和 np 等价轨道，利于形成成键能力较强的杂化轨道，以接受配体提供的孤电子。所以相对于 s 区和 p 区元素，过渡元素的离子或中性原子常作为配合物的形成体，形成多种多样的配合物。

15.1.4 氧化态

过渡元素由于 ns 和 $(n-1)d$ 电子能量相近，都可以参与成键而表现出多种氧化态，见表 15-2。

英文注解

表 15-2 过渡元素的氧化态

元 素	Sc	Ti	V	Cr	Mn	Fe	Co	Ni
			0	0	0	0	0	
		+2	+2	+2	+2	+2	+2	+2
		+3	+3	+3	+3	+3	+3	+3
氧化数	+3	+4	+4	(+4)	+4	(+4)	(+4)	(+4)
			<u>+5</u>	(+5)	(+5)	(+5)		
				<u>+6</u>	<u>+6</u>	+6		
					+7			

注：表中稳定氧化态下面加一横线，少见的氧化态置于括号中。

从表 15-2 可看出：

（1）过渡元素的最高氧化态随原子序数的增加，先是逐渐升高，然后又逐渐降低，这与 d 电子数有关。因为具有 d^1 到 d^5 电子构型的过渡元素，ns 电子和所有$(n-1)$ d 电子都未成对，都可以参与成键；但是超过 d^5 构型，电子配对，继续失去电子需要克服电子成对能而消耗能量。同时，从左至右，随着原子半径逐渐减小，失去电子越来越不容易，所以 d^5 以后低氧化态趋于稳定，高氧化态呈强氧化性。第Ⅷ族元素大多数都不呈现最高氧化态+8（Ru、Os 除外），而是低氧化态趋于稳定。

（2）绝大多数过渡元素的价态变化是连续的。例如，Ti 的价态为+2、+3、+4，V 的价态为+2、+3、+4、+5。由于过渡元素的 ns 和 $(n-1)$ d 轨道能量相差不多，当逐个失去 ns 电子及 $(n-1)d$ 电子时，价态变化是连续的。对于 p 区典型元素来说，价态变化是不连续的。

（3）第一过渡系后半部的元素出现零氧化态，它们能与不带电荷的中性分子，如 CO、PF_3 等形成配位化合物。例如 $Ni(CO)_4$、$Mn(CO)_5$、$Co_2(CO)_8$ 等羰合物中过渡金属原子的氧化数为 0。

15.1.5　离子的颜色

过渡元素的离子和化合物一般都呈现颜色，产生颜色的原因很复杂，目前主要用 d-d 跃迁光谱和电荷转移光谱来解释。表 15-3 列出了第一过渡系金属水合离子的颜色，从中可以看出一个大致规律：过渡金属水合离子呈现的颜色与它们的 d 电子数目有关。

表 15-3　第一过渡系金属水合离子的颜色

电子构型	阳离子	未成对电子数	水合离子颜色
$3d^0$	Sc^{3+}	0	无　色
	Ti^{4+}	0	无　色
$3d^1$	Ti^{3+}	1	紫　色
$3d^2$	V^{3+}	2	绿　色
$3d^3$	V^{2+}	3	紫　色
	Cr^{3+}	3	紫　色
$3d^4$	Mn^{3+}	4	紫　色
	Cr^{2+}	4	蓝　色
$3d^5$	Mn^{2+}	5	粉　色
	Fe^{3+}	5	浅紫色
$3d^6$	Fe^{2+}	4	绿　色
$3d^7$	Co^{2+}	3	粉红色
$3d^8$	Ni^{2+}	2	绿　色
$3d^9$	Cu^{2+}	1	蓝　色
$3d^{10}$	Zn^{2+}	0	无　色

英文注解

15.2　钪及其化合物

钪 Sc（Scandium）位于元素周期表中第 ⅢB 族，价电子结构为 $3d^1 4s^2$。钪为银白色金属，质地较软，熔点为 1541℃，沸点为 2831℃，密度为 $2.989 g/cm^3$，晶体结构为六方最密堆积（温度低于 1335℃）和体心立方密堆积。钪的电负性值为 1.28，原子半径为 162pm。

1817 年，门捷列夫（Mendeleyev）根据他的元素周期律，预言了"类硼"元素的存在和性质。1879 年，瑞典的尼尔森（Lars Fredrik Nilson）从硅铍钇矿和黑稀金矿中分离出钪的氧化物，因此，用尼尔森的故乡斯堪的纳维亚半岛给钪命名为"Scandium"。尼尔森的好友、瑞典的克莱夫（P. T. Cleve）在研究钪的性质后，确认它就是门捷列夫预言的"类硼"元素。钪在地壳中的含量约为 0.0005%，主要矿物为钪钇石，钪也存在于核裂变产物中，自然界存在的钪全部为稳定的同位素 ^{45}Sc。

钪的化学性质与铝、钇、镧系元素相似，氧化态为+3。裸露的金属钪非常活泼，易与空气中的 O_2、CO_2、H_2O 等化合；钪可与卤素反应，只有在稍高温度下才与氮、磷、砷等气体或蒸气反应。粉末状金属钪与 N_2 在 600℃ 以上开始反应。钪与碳、硅、H_2 的反应则需要在高温下进行。

钪在空气中比较稳定。Sc_2O_3 为白色粉末，易溶于酸生成相应的盐。钪的离子半径较小，Sc 是第ⅢB族元素中配位能力最强的元素，能与多种含有氨基和羧基的多齿配体生成稳定的螯合物。钪与茜素和苯胂酸等有机试剂生成有色配合物，用于钪的比色分析和光谱分析。

钪具有两性。Sc_2O_3 与 Al_2O_3 相似，Sc_2O_3 为弱碱性氧化物。在 Sc^{3+} 溶液中加碱得到水合氧化物 $Sc_2O_3 \cdot H_2O$，也有类似于 $AlO(OH)$ 结构的氢氧化物 $ScO(OH)$。水合氧化物也是两性的，溶于过量的浓 NaOH 得到 $Na_3[Sc(OH)_6]$，溶于酸得到 Sc^{3+} 盐，Sc^{3+} 盐很容易水解，形成羟基聚合物。

ScF_3 不溶于水，$ScCl_3$ 易溶于水也易潮解。ScF_3 可溶于过量的 F^- 形成配离子 $[ScF_6]^{3-}$。在 $NaF-ScF_3$ 体系中存在与冰晶石 Na_3AlF_6 类似的 Na_3ScF_6 相，证明了 Al 与 Sc 的相似性。

Sc 的无水卤化物最好是由单质直接与卤素反应制得，用湿法只能制得含结晶水的化合物，而加热其水合物会引起水解。

钪的含氧酸盐像 $Al_2(SO_4)_3$ 一样可与 K^+、NH_4^+ 等的硫酸盐形成一些复盐，如 $K_2SO_4 \cdot Sc_2(SO_4)_3 \cdot nH_2O$。

由于钪本身所具有的优异性能，使钪及其化合物在冶金、电光源、电子信息、化工石油、航空航天、超导技术及核技术许多重要领域获得应用。金属钪（纯度大于 99.99%）可用于大功率金属卤素灯、太阳能电池、高能辐射用核能屏蔽。单质钪是铝镁基合金最有效的改进剂，是生产导弹和制造航天器、汽车船舶等的特种合金。钪的复合氧化物可制备膨胀材料，用于航天、发动机部件、集成电路板、光学器件等。但是，由于钪的矿物很少，钪及其化合物的价格较贵，某种程度上限制了它的应用。

15.3 钛副族元素

英文注解

15.3.1 钛副族元素概述

第ⅣB族元素包括钛 Ti（Titanium）、锆 Zr（Zirconium）、铪 Hf（Hafnium）和𬬻 Rf（Rutherfordium），价电子构型为 $(n-1)d^2ns^2$。由于在 d 轨道全空的情况下，原子的结构比较稳定，因此钛、锆、铪都以失去 4 个电子为特征，生成低氧化态化合物的趋势更小，这一点和锗分族相反。由于钛副族元素原子失去 4 个电子需要较高的能量，所以它们的 M(Ⅳ) 化合物主要以共价键结合，在水溶液中主要以 $[MO]^{2+}$ 形式存在，并且容易水解。由于镧系收缩的影响，锆和铪的原子半径非常接近，它们的化学性质也很相似，因而二者的分离工作也较困难。钾和铵的氟锆酸盐和氟铪酸盐在溶解度上有显著的差别，因此可利用此差异性将锆、铪分离。

1790 年，英国化学家格列高尔（Reverend William Gregor）从钛铁矿砂中发现钛，但是由于钛的提取较为困难，直到 1910 年才得到金属钛。钛在地壳中的质量分数为 0.45%，大部分的钛处于分散状态，主要的矿物有金红石（TiO_2）和钛铁矿（$FeTiO_3$），其次是组成复杂的钒钛铁矿，我国四川攀枝花地区有极为丰富的钒钛矿，储量约为 15 亿吨。

锆是 1789 年由德国的克拉普罗特（Klaproth，Martin Heinrich）从锆英石矿中发现的。1914 年用钠还原氯化锆得到了纯净、有延展性的锆。锆在地壳中含量为 0.017%，它比铜、锌和铅的总量还多。但它的存在很分散，主要有锆英石（$ZrSiO_4$），在独居石矿中也可以选出锆矿砂。

1923 年，瑞典化学家赫维西（George Charles de Hevesy）和荷兰物理学家 D. 科斯特在挪威和格陵兰所产的锆石中发现铪元素，1925 年他们用含氟络盐分级结晶的方法得到纯的铪盐，并用金属钠还原，得到纯的金属铪。铪的化学性质与锆极其相似，它没有独立的矿物，常与锆共生。

15.3.2 单质的性质和用途

钛族金属的外观似钢，纯金属具有良好的可塑性，但当有杂质存在时变得脆而硬。在通常温度下，这些金属具有很好的抗腐蚀性，因为它们的表面容易形成致密的氧化物薄膜。但在加热时，它们能与 O_2、N_2、H_2、S 和卤素等非金属作用。室温下，它们与水、稀盐酸、稀硫酸和硝酸都不作用，但能被氢氟酸、磷酸、熔融碱侵蚀。

钛能溶于热浓盐酸中，得到 $TiCl_3$。

$$2Ti + 6HCl \longrightarrow 2TiCl_3 + 3H_2$$

金属钛更易溶于 HF、HCl 或 H_2SO_4 混酸中，这时除浓酸与金属反应外，F^- 与 Ti（Ⅳ）发生配位反应，促进钛的溶解。

$$Ti + 6HF \longrightarrow [TiF_6]^{2-} + 2H^+ + 2H_2$$

钛的密度（$4.54g/cm^3$）比钢轻（$7.9g/cm^3$），但钛的机械强度与钢相似。它还具有耐高温、抗腐蚀性强等优点，常被称为第三金属。钛在现代科学技术上有着广泛的用途，在飞机发动机制造、坦克、军舰等国防工业上十分重要。在化学工业上，钛可代替不锈钢制造耐腐蚀设备。钛还能以钛铁的形式，在炼钢工业中用作除氧、脱硫剂，以改善钢铁的性能。钛在医学上有着独特的用途，可用它代替损坏的骨头，被称为"亲生物金属"。

工业上常用硫酸分解钛铁矿（$FeTiO_3$）的方法来制取 TiO_2，再由 TiO_2 制备金属钛。首先是用浓硫酸处理磨碎的钛铁矿精砂，使钛和铁都变成硫酸盐。

$$FeTiO_3 + 3H_2SO_4 \longrightarrow Ti(SO_4)_2 + FeSO_4 + 3H_2O$$
$$FeTiO_3 + 2H_2SO_4 \longrightarrow TiOSO_4 + FeSO_4 + 2H_2O$$

同时，钛铁矿中铁的氧化物与硫酸发生反应。

$$FeO + H_2SO_4 \longrightarrow FeSO_4 + H_2O$$
$$Fe_2O_3 + 3H_2SO_4 \longrightarrow Fe_2(SO_4)_3 + 3H_2O$$

产物用酸性水浸取，加入铁屑，使溶液中 Fe^{3+} 还原为 Fe^{2+}，然后将溶液冷却至

273K 以下，使 $FeSO_4 \cdot 7H_2O$ 结晶析出。这样既除去钛液中的杂质，又获得副产品绿矾（$FeSO_4 \cdot 7H_2O$）。$Ti(SO_4)_2$ 和 $TiOSO_4$ 容易水解而析出白色的偏钛酸沉淀。

$$Ti(SO_4)_2 + H_2O \longrightarrow TiOSO_4 + H_2SO_4$$
$$TiOSO_4 + 2H_2O \longrightarrow H_2TiO_3 + H_2SO_4$$

燃烧所得的偏钛酸，则可制得 TiO_2。

$$H_2TiO_3 \longrightarrow TiO_2 + H_2O$$

将 TiO_2（或天然的金红石）和炭粉混合加热至 $1000 \sim 1100K$，进行氯化处理，得到 $TiCl_4$ 蒸气、冷凝，在 1070K 用熔融的 Mg 在氩气氛中还原 $TiCl_4$ 蒸气可制得海绵钛，再通过电弧熔融或感应熔融，制得钛锭。反应方程式如下：

$$TiO_2 + 2C + 2Cl_2 \longrightarrow TiCl_4 + 2CO$$
$$TiCl_4 + 2Mg \longrightarrow 2MgCl_2 + Ti$$

锆和铪都是有银色光泽的高熔点金属，都具有典型的金属六方密堆积结构。加热到 $673 \sim 873K$ 时，表面生成一层致密的、有附着力的、能自行修补裂缝的氧化物保护膜，因而表现突出的抗腐蚀能力。在更高温度下，锆的氧化速度增大，并发现有氧溶解在锆中，使金属变脆、难以加工。溶解的氧即使在真空中加热也不能除去。粉末状的锆在空气中加热到 $453 \sim 558K$ 开始着火燃烧。锆在高温空气中燃烧时与氮的反应比氧快，生成氮化物、氧化物和氮氧化物（$ZrON_2$）的混合物。锆与 B、C 分别生成硼化物（ZrB_2）和碳化物（ZrC_2）。锆与氧的亲和力很强，高温时能夺取氧化镁、氧化铍和氧化钍等坩埚材料中的氧，所以锆只能在金属坩埚中熔融。锆能吸收氢生成一系列氢化物：Zr_2H、ZrH、ZiH_2，在真空中加热到 $1273 \sim 1473K$ 时吸收的氢几乎可以全部排出。

锆的抗化学腐蚀性优于钛和不锈钢，接近于钽。在 373K 以下，锆与各种浓度的盐酸、硝酸及浓度低于 50% 的硫酸均不发生作用，也不与碱溶液作用，但溶于氢氟酸、浓硫酸和王水，也被熔融碱所侵蚀。

锆主要用于原子能反应堆中二氧化铀燃烧棒的包层。这是因为含有约 1.5% 锡的锆合金在辐射下具有稳定的抗腐蚀性和机械性能，而且对热中子的吸收率特别低。含有少量锆的各种合金钢有很高的强度和耐冲击韧性，用于制造坦克、军舰等。铪吸收热中子能力特别强，用作原子反应堆的控制棒，主要用于军舰和潜艇的反应堆。

15.3.3 钛的化合物

在钛的化合物中，以氧化态Ⅳ最稳定，在强还原剂作用下，也可呈现氧化态Ⅲ和Ⅱ，但都不稳定。纯净的 TiO_2 为白色粉末，不溶于水，也不溶于酸，但能溶于氢氟酸和热的浓硫酸中。

$$TiO_2 + 2H_2SO_4 \longrightarrow Ti(SO_4)_2 + 2H_2O$$
$$TiO_2 + H_2SO_4 \longrightarrow TiOSO_4 + H_2O$$

实际上并不能从溶液中析出 $Ti(SO_4)_2$，而是析出 $TiOSO_4 \cdot H_2O$ 的白色粉末。这是因为 Ti^{4+} 的电荷半径比值大，容易与水反应，经水解而得到钛酰离子（$[TiO]^{2+}$）。钛酰离子常以链状聚合，形成聚合离子 $(TiO)_n^{2n+}$，如固态 $TiOSO_4 \cdot H_2O$ 中的钛酰离子就是以聚合离子形式存在。

TiO_2 是一种优良的白色颜料，可以制造高级白色油漆，在工业上称为钛白。在造纸工业中 TiO_2 可用作填充剂、人造纤维中的消光剂，它还可用于生产硬质钛合金、耐热玻璃和可以透过紫外线的玻璃。在陶瓷和搪瓷中，加入 TiO_2 可增强耐酸性。此外，TiO_2 在许多化学反应中，如乙醇的脱水和脱氢等反应中可用作催化剂。TiO_2 的水合物（$TiO_2 \cdot xH_2O$）称为钛酸，这种水合物既溶于酸也溶于碱而具有两性。TiO_2 与强碱作用得到碱金属偏钛酸盐的水合物。无水偏钛酸盐如偏钛酸钡可由 TiO_2 与 $BaCO_3$ 一起熔融，加入 $BaCl_2$ 或 Na_2CO_3 作助熔剂而制得。人工制得的 $BaTiO_3$ 具有高的介电常数，由它制成的电容器具有较大的容量。

$$TiO_2 + BaCO_3 \xrightarrow{\triangle} BaTiO_3 + CO_2$$

钛的卤化物中最重要的是 $TiCl_4$，无色液体，熔点为 250K，沸点为 409K；有刺激性气味，在水中或潮湿的空气中都极易水解。$TiCl_4$ 暴露在空气中会发烟。

$$TiCl_4 + 3H_2O \longrightarrow H_2TiO_3 + 4HCl$$

如果溶液中有一定量的盐酸，$TiCl_4$ 会发生部分水解，生成氯化氧钛（$TiOCl_2$）。钛（Ⅳ）的卤化物和硫酸盐都易形成配合物，如钛的卤化物与相应的卤化氢或它们的盐生成 $M_2[TiX_6]$ 配合物。

$$TiCl_4 + 2HCl(浓) \longrightarrow H_2[TiCl_6]$$

这种配酸只存在于溶液中，若往此溶液中加入 NH_4^+，则可析出黄色的 $(NH_4)_2[TiCl_6]$ 晶体。钛的硫酸盐与碱金属硫酸盐也可生成 $M_2[Ti(SO_4)_3]$ 配合物，如 $K_2[Ti(SO_4)_3]$。

钛（Ⅳ）的卤化物与氧给体或氮给体形成六配位的加合物，如 $TiCl_4$ 与醚、酮、胺、亚胺、腈、硫醇和硫醚之类的配体形成黄色到红色的 $[MX_4L_2]$ 和 $[MX_4(L-L)]$ 类型的加合物。在高氯酸溶液中，与钛（Ⅳ）的配位可以有水分子，但溶液中并没有 $[Ti(H_2O)_6]^{4+}$，而是 $[Ti(OH)_2(H_2O)_4]^{2+}$，因为

$$[Ti(H_2O)_6]^{4+} \longrightarrow [Ti(OH)_2(H_2O)_4]^{2+} + 2H^+$$

$TiCl_4$ 在醇中发生溶剂分解作用生成二醇盐。

$$TiCl_4 + 2ROH \longrightarrow TiCl_2(OR)_2 + 2HCl$$

如果加入干燥的氨气以除掉 HCl，就会产生四醇盐。

$$TiCl_4 + 4ROH + 4NH_3 \longrightarrow Ti(OR)_4 + 4NH_4Cl$$

钛的醇盐是液体或易升华的固体，较低级的醇盐极易水解生成 TiO_2，这一性质具有重要的商业价值。将这些醇盐（常称为有机钛酸盐）涂在各种材料的表面，暴露在大气中时就能产生一层薄的、透明的 TiO_2 附着层，因而用作防水织物和隔热涂料；也可涂在玻璃和搪瓷上，烘烧后保留 TiO_2 层，增强了抗刮擦的能力。

在中等酸度的钛（Ⅳ）盐溶液中，加入 H_2O_2，可生成较稳定橘黄色的 $[TiO(H_2O_2)]^{2+}$，利用此反应可进行钛的定性检验和比色分析。

$$TiO^{2+} + H_2O_2 \longrightarrow [TiO(H_2O_2)]^{2+}$$

煤气炉都装有点火装置，当旋转其把手时，会感到阻力并很快发出"咯咯"的声音，可看到有火花溅出而点燃气体。点火装置的主要原件是压电体，它把所加的机械力变为电能而放出。最常用的压电体为含铅、钛和锆的具有尖晶石型晶体结构

的氧化物 PZT（PbZr$_{1-x}$Ti$_x$O$_3$），轻撞击一下只有数厘米长的圆柱体 PZT，就能得到数万伏的高压电，放出电火花起到点火作用。

用锌处理钛（Ⅳ）盐的盐酸溶液，或将钛溶于浓盐酸中得到三氯化钛的水溶液，浓缩后可以析出紫色的 TiCl$_3$·6H$_2$O 晶体。Ti^{3+}是比 Sn^{2+}更强的还原剂，极易被空气中的氧或水氧化。TiCl$_3$遇水与空气立即分解，在空气中流动能够自燃、冒火星，因而 TiCl$_3$必须储存在惰性气体中。保存 Ti^{3+}的溶液时，通常在酸性溶液中用乙醚（密度 0.7135g/cm^3）或苯（密度 0.879g/cm^3）覆盖，储存于棕色瓶内，以延缓空气中的氧对其氧化。

Ti^{3+}的还原性常用于钛含量的定量测定。一般将含钛试样溶解于强酸性溶液（如 H$_2$SO$_4$–HCl 混合酸），加入铝片将 TiO^{2+}还原为 Ti^{3+}，以 FeCl$_3$标准溶液滴定，指示剂为 NH$_4$SCN 溶液。

$$3TiO^{2+} + Al + 6H^+ \longrightarrow 3Ti^{3+} + Al^{3+} + 3H_2O$$
$$Ti^{3+} + Fe^{3+} + H_2O \longrightarrow TiO^{2+} + Fe^{2+} + 2H^+$$

15.3.4　锆和铪的化合物

15.3.4.1　氧化物

ZrO$_2$和 HfO$_2$可以由加热分解它们的水合氧化物或某些盐制得。它们均为白色固体，高熔点，以惰性著称。ZrO$_2$是高质量的耐火材料，优良的高温陶瓷，用来制作坩埚和炉膛，利用 ZrO$_2$生成热和燃烧热很大的性质制造照相闪光灯泡、导火剂。斜锆石 ZrO$_2$和 HfO$_2$为同晶型结构，金属原子的配位数是 7，而不是六配位的金红石结构，如图 15-2 所示。这可能是由于 Zr 的半径大于 Ti 的缘故。然而掺杂了 Y$_2$O$_3$等低价氧化物的 ZrO$_2$却

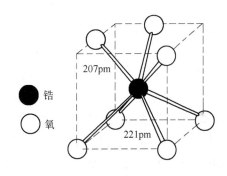

图 15-2　ZrO$_2$晶胞结构示意图

呈现稳定的萤石结构，在高温下能传导氧离子，是最重要的氧离子固体电解质，用于制造燃料电池、氧气含量测定仪等。ZrO$_2$因具有高硬度而用作高级磨料。

ZrO$_2$具有两性，溶于酸生成相应的盐，在高温与碱共熔生成锆酸盐。与钛一样，在水溶液中不存在 Zr^{4+}，而以聚合态的 [ZrO]$^{2+}$存在。例如，ZrO$_2$与浓硫酸加热反应式如下：

$$ZrO_2 + 2H_2SO_4(浓) \longrightarrow Zr(SO_4)_2 + 2H_2O$$
$$Zr(SO_4)_2 + H_2O \longrightarrow ZrOSO_4 + H_2SO_4$$

蒸发硫酸锆的硫酸溶液，可析出 H$_2$[ZrO(SO$_4$)$_2$]·3H$_2$O 晶体。

当 Zr（Ⅳ）盐溶液与酸作用，或氯化氧锆（ZrOCl$_2$）水解时，得到二氧化锆的水合物 ZrO$_2$·xH$_2$O。

$$ZrOCl_2 + (x+1)H_2O \longrightarrow ZrO_2 \cdot xH_2O + 2HCl$$

$ZrO_2 \cdot xH_2O$ 是一种白色凝胶，也称 α 型锆酸（H_4ZrO_4），它溶于热的浓硫酸或者氢氟酸中，当加热时转变为 β 型偏锆酸（H_2ZrO_3）。碱金属的锆酸盐在水溶液中溶解度很小，也发生水解：

$$Na_2ZrO_3 + 3H_2O \longrightarrow Zr(OH)_4 + 2NaOH$$

铪盐在水中也发生水解，不过水解倾向较锆盐小。

15.3.4.2 卤化物

$ZrCl_4$ 是白色固体，在 640K 升华，是制备金属锆的重要原料。在潮湿空气中冒烟，遇水强烈水解：

$$ZrCl_4 + 9H_2O \longrightarrow ZrOCl_2 \cdot 8H_2O + 2HCl$$

$ZrCl_4$ 在浓盐酸中结晶生成水合氯化酰锆 $ZrOCl_2 \cdot 8H_2O$ 晶体。它含有聚合的氧离子 $[(Zr_4(OH)_8(H_2O)_{16})]^{8+}$，其中 4 个锆原子被 4 对桥 OH 基连接成环，每个锆原子被 8 个氧原子以十二面体配位。当盐酸浓度小于 8～9mol/L 时，$HfOCl_2 \cdot 8H_2O$ 的溶解度与 $ZrOCl_2 \cdot 8H_2O$ 相同；但盐酸的浓度大于 8～9mol/L 时，则锆盐的溶解度比铪盐大。因此，利用两种盐在浓盐酸中溶解度差别来分离锆和铪。

在 673～723K 时，金属锆可以将 $ZrCl_4$ 还原为难挥发的 $ZrCl_3$，而 $HfCl_4$ 不会被锆还原，此性质也可以用作锆和铪的分离。

$$3ZrCl_4 + Zr \longrightarrow 4ZrCl_3$$

15.3.4.3 配合物

Zr（Ⅳ）和 Hf（Ⅳ）的配位数可以是 6、7 和 8，锆和铪的配合物主要以配阴离子 $[MX_6]^{2-}$ 形式存在。由适当的氟化物共熔可制得 $[MF_7]^{3-}$、$[M_2F_{14}]^{6-}$、$[MF_8]^{4-}$ 等类型的配合物，如 Na_3ZrF_7 为七配位的五角双锥结构、$Li_6[BeF_6][ZrF_8]$ 是八配位的变形十二面体结构、$Cu_3[Zr_2F_{14}] \cdot 18H_2O$ 为八配位的 2 个四方反棱柱共一个棱边的二聚体配合物。在 $[M_2^IZrF_6]$ 型配合物中，K_2ZrF_6 的溶解度随温度的升高而增大，利用这个性质可以进行重结晶提纯。$(NH_4)_2[ZrF_6]$ 稍加热即可分解：

$$[(NH_4)_2ZrF_6] \longrightarrow ZrF_4 + 2NH_3 + 2HF$$

ZrF_4 在 873K 时升华，利用这个性质可将锆与铁或者其他杂质分离。铪的卤配合物如 $K_2[HfF_6]$、$(NH_4)_2[HfF_6]$ 的溶解度比锆的配合物大。铪的烷氧基配合物如 $Hf(OC_4H_7)_4$ 的沸点（360.6K）与 $Zr(OC_4H_7)_4$ 的沸点（362.2K）不同，因而也可利用锆和铪的这些配合物的溶解度或沸点的差异来分离锆和铪。

15.4 钒副族元素

英文注解

15.4.1 钒副族元素概述

第 ⅤB 族元素包括钒 V（Vanadium）、铌 Nb（Niobium）、钽 Ta（Tantalum）和𬭊 Db（Dubnium），它们的最高氧化物 M_2O_5 主要呈酸性，所以也称"酸土金属"元素。它们和钛副族一样，都是稳定而难熔的稀有金属。钒副族的价电子层结构除铌（$4d^45s^1$）外，其他元素为 $(n-1)d^3ns^2$，5 个电子都可参与成键，稳定氧化态为+5，此外还能形成+4，+3，+2 氧化态化合物。钒+4 氧化态化合物较为稳定，铌、钽的低氧化态化合物比较少，按照钒、铌、钽顺序高氧化态逐渐稳定，这一情况和钛副族相似。

1801 年，墨西哥矿物学家德里奥（Del Rio）从铅矿中发现了一种新的物质，但他怀疑这是不纯的铬酸铅而没有肯定下来。直到 1830 年，瑞典化学家塞夫斯特姆（Sefstrom）在研究一种铁矿时才肯定了这种新元素。由于钒盐具有美丽的颜色，为了纪念神话中斯堪的那维亚美丽的女神凡纳第斯，而将该元素命名为"钒"。钒在地壳中的含量为 0.009%，大大超过铜、锌、钙普通元素的含量。钒主要以钒（Ⅲ）及钒（Ⅴ）氧化态化合物存在于矿石中。V^{3+} 的半径（74pm）与 Fe^{3+} 半径（64pm）相近，因此钒（Ⅲ）几乎不生成自己的矿物而分散在铁矿或铅矿中，四川攀枝花地区蕴藏着极为丰富的钒钛磁铁矿。钒的主要矿物有绿硫钒矿（VS_2 或 V_2S_6）、铅钒矿或褐铅矿（$Pb_5[VO_4]Cl$）、 钒 云 母（$KV_2[AlSi_3S_{10}](OH)_2$）、 钒酸钾铀矿（$K_2[UO_2]_2[VO_4]\cdot 3H_2O$）等。

铌和钽由于离子半径极为近似，因此在自然界中总是共生的。1801 年，英国化学家哈切特（Hatchett）由铌铁矿中发现铌，1802 年瑞典化学家艾克贝格（Ekeberg）发现钽。它们的主要矿物为共生的铌铁矿和钽铁矿 $Fe[(Nb,Ta)O_3]_2$，铌和钽在地壳中的含量分别为 0.002% 和 2.5×10^{-4}%。

15.4.2 单质的性质和用途

钒是一种银灰色金属，纯钒具有延展性，不纯时硬而脆。铌、钽的外形似铂，也有延展性，具有较高的熔点。钽是最难熔的金属之一。由于钒族各金属比同周期的钛族金属有较强的金属键，因此它们的熔点和熔化热较相应的钛族金属高。

钒副族金属容易呈钝态，在常温下活泼性较低。块状钒在常温下不与空气、水、苛性碱作用，也不和非氧化性酸作用，但溶于氢氟酸和强的氧化性酸，如硝酸和王水。在高温下钒与大多数非金属元素反应，并可与熔融的苛性碱发生反应。铌和钽的化学稳定性特别高，尤其是钽。它们不仅与空气和水不作用，甚至不溶于王水，但能缓慢地溶于氢氟酸中。熔融的碱也可和铌、钽作用。在高温下，铌、钽也可和大多数非金属元素作用。

钒的主要用途在于冶炼特种钢，钒钢具有很大的强度、弹性以及优良的抗磨损和抗冲击性能，广泛用于结构钢、弹簧钢、工具钢、装甲钢和钢轨，特别对汽车和飞机制造业有重要意义。铌主要用于制造特种合金钢。钽最突出的优点是耐腐蚀性，用于化学工业的耐酸设备，还可以制成化学器皿以代替实验室中昂贵铂制品，也可用于制造外科手术器械以及用来连接折断骨骼的特种合金等。

工业上多由含钒的铁矿石作为提取钒的主要来源。如在高炉熔炼铁矿石时，80%~90% 的钒进入生铁中，随后在含钒生铁炼成钢的过程中，可以获得富钒炉渣，由炉渣进一步提取钒的化合物。例如，用食盐和钒炉渣在空气中焙烧，发生如下反应：

$$2V_2O_5 + 4NaCl + O_2 \longrightarrow 4NaVO_3 + 2Cl_2$$

然后，用水从烧结块浸出 $NaVO_3$，再用酸中和此溶液，可以从中析出 V_2O_5 的水合物。经过脱水干燥的 V_2O_5，用金属热还原法（如用钙）而得到金属钒。

$$V_2O_5 + 5Ca \longrightarrow 5CaO + 2V$$

此外，也可以用镁还原 VCl_3 等方法制备金属钒。

15.4.3 钒的化合物

钒在化合物中主要为+5 氧化态，但也可以形成+4，+3，+2 低氧化态化合物。由于氧化态为+5 的钒具有较大的电荷半径比，所以在水溶液中不存在简单的 V^{5+}，而是以钒氧基或含氧酸根形式存在。氧化态为+4 的钒在水溶液中是以 VO^{2+} 形式存在。钒的化合物中以钒（V）最稳定，其次是钒（IV）化合物，其他的都不稳定。

15.4.3.1 V_2O_5

V_2O_5 是钒的重要化合物之一，它可由加热分解偏钒酸铵制得。

$$2NH_4VO_3 \longrightarrow V_2O_5 + 2NH_3 + H_2O$$

V_2O_5 呈橙黄色至深红色，无臭，无味，有毒。它约在 923K 熔融，冷却时结成橙色针状晶体，它在迅速结晶时会因放出大量热而发光。V_2O_5 微溶于水，每 $100g$ 水能溶解 $0.07g$ V_2O_5，溶液呈黄色。V_2O_5 为两性偏酸的氧化物，因此易溶于碱溶液生成钒酸盐，在强碱性溶液中生成正钒酸盐（M_3VO_4）。另外，V_2O_5 也具有微弱的碱性，它能溶解在强酸中。在 pH<1 的酸性溶液中能生成 VO_2^+。从电极电势可以看出，在酸性介质中，VO_2^+ 是一种较强的氧化剂。

$$VO_2^+ + 2H^+ + e \longrightarrow VO^{2+} + H_2O \qquad E_a^\ominus = 0.99V$$

当 V_2O_5 溶解在盐酸中时，钒（V）能被还原成钒（IV），并放出 Cl_2。

$$V_2O_5 + 6HCl \longrightarrow 2VOCl_2 + Cl_2 + 3H_2O$$

VO_2^+ 也可以被 Fe^{2+}、草酸、酒石酸和乙醇等还原剂还原为 VO^{2+}。

$$VO_2^+ + Fe^{2+} + 2H^+ \longrightarrow VO^{2+} + Fe^{3+} + H_2O$$

$$2VO_2^+ + H_2C_2O_4 + 2H^+ \longrightarrow 2VO^{2+} + 2CO_2 + 2H_2O$$

上述反应可用于氧化还原容量法测定钒。

V_2O_5 用 H_2 还原时，可制得一系列低氧化态氧化物，如深蓝色的 VO_2、黑色的 V_2O_3 和黑色粉末状的 VO 等。

V_2O_5 是一种重要的催化剂，可用于接触法合成 SO_3、芳香碳氢化合物的磺化反应和氢还原芳香碳氢化合物等有机反应。

15.4.3.2   钒酸盐和多钒酸盐

钒酸盐可分为偏钒酸盐（MVO_3）、正钒酸盐（M_3VO_4）、焦钒酸盐（$M_4V_2O_7$）、多钒酸盐（$M_3V_3O_9$）等。向钒酸盐溶液中加入酸，使 pH 值逐渐下降，则生成不同缩合度的多钒酸盐。图 15-3 为各种钒酸根离子存在的 pH 值范围。随着 pH 值的下降，多钒酸根中含钒原子越多，缩合度增大。其缩合平衡为：

$$2VO_4^{3-} + 2H^+ \rightleftharpoons 2HVO_4^{2-} \rightleftharpoons V_2O_7^{4-} + H_2O \qquad pH \geqslant 13$$

$$3V_2O_7^{4-} + 6H^+ \rightleftharpoons 2V_3O_9^{3-} + 3H_2O \qquad pH \geqslant 8.4$$

$$10V_3O_9^{3-} + 12H^+ \rightleftharpoons 3V_{10}O_{28}^{6-} + 6H_2O \qquad 8 > pH > 3$$

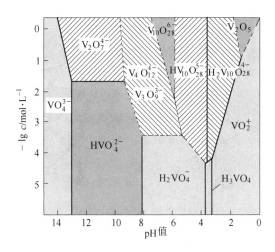

图 15-3 不同 pH 值条件下存在的各种钒酸盐和多钒酸盐

随着缩合度增大，溶液的颜色逐渐加深，由淡黄色变到深红色。当溶液变为酸性后，缩合度就不再增大，只是作为路易斯碱获得质子。

$$[V_{10}O_{28}]^{6-} + H^+ \longrightarrow [HV_{10}O_{28}]^{5-}$$

$$[HV_{10}O_{28}]^{5-} + H^+ \longrightarrow [H_2V_{10}O_{28}]^{4-}$$

在 pH=2 时，如浓度大于 0.1mol/L，则脱水析出 V_2O_5 水合物的红棕色沉淀。当 pH≤1 时，溶液以稳定的黄色 VO_2^+ 形式存在。

$$[H_2V_{10}O_{28}]^{4-} + 14H^+ \longrightarrow 10VO_2^+ + 8H_2O$$

钒酸盐的溶液中加入 H_2O_2，若溶液是弱碱性、中性或弱酸性时，得到黄色的过氧化钒酸离子（$[VO_2(O_2)_2]^{3-}$）；若溶液是强酸性，得到红棕色的过氧钒离子（$[V(O_2)]^{3+}$）；两者之间存在下列平衡：

$$[VO_2(O_2)_2]^{3-} + 6H^+ \longrightarrow [V(O_2)]^{3+} + H_2O_2 + 2H_2O$$

正钒酸盐像正磷酸盐一样，含有分立的四面体构型 VO_4^{3-}；焦钒酸盐像焦磷酸盐一样，含有共用一个顶点的两个 $[VO_4]$ 四面体组成的双核 $[V_2O_7]^{4-}$；偏钒酸盐的结构与水合状态有关。无水的偏钒酸盐由共用顶角的 $[VO_4]$ 四面体的无穷链组成（图 15-4（a）），水合的偏钒酸盐由共用棱边的 $[VO_5]$ 三角双锥的无穷链组成（图 15-4（b）），十钒酸盐的阴离子 $[V_{10}O_{28}]^{6-}$ 是由 10 个 $[VO_6]$ 八面体构成的（图 15-4（c）和（d））。

钒酸盐与 H_2O_2 的反应，在化学分析上可用于钒的鉴定和比色测定。在钒酸盐的酸性溶液中，加入还原剂，可以观察到溶液的颜色由黄色逐渐变成蓝色、绿色、最后成紫色，这些颜色分别对应于 V(Ⅳ)、V(Ⅲ) 和 V(Ⅱ) 的化合物。

15.4.4 铌和钽的化合物

Nb_2O_5 和 Ta_2O_5 均为白色固体，熔点高，是两性氧化物，不活泼，很难与酸反

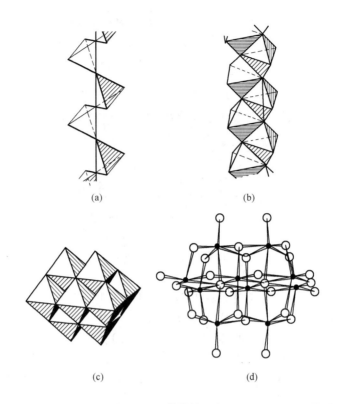

图 15-4　晶体结构示意图

(a) 无水的偏钒酸盐，由共用顶角的 [VO₄] 四面体的无穷链组成；

(b) 水合的偏钒酸盐，由共用棱边的 [VO₅] 三角双锥的无穷链组成；

(c) 十钒酸盐的 $[V_{10}O_{28}]^{6-}$，由 10 个 $[VO_6]$ 八面体构成（2 个被遮掩）；

(d) $[V_{10}O_{28}]^{6-}$ 的另一种清晰的表示，使 V—O 键显得突出

应，和氢氟酸反应可以生成氟配位的化合物。

$$Nb_2O_5 + 12HF \longrightarrow 2HNbF_6 + 5H_2O$$

Nb_2O_5 和 Ta_2O_5 酸性很弱，仅同熔融状态的 NaOH 作用，溶液中含有聚合酸根离子 $[M_6O_{19}]^{8-}$，以硫酸酸化后析出白色胶状的 $M_2O_5 \cdot xH_2O$ 沉淀，称为铌酸或钽酸。

$$Nb_2O_5 + 10NaOH \longrightarrow 2Na_5NbO_5 + 5H_2O$$

Nb_2O_5 应用广泛，可以添加到光学玻璃、电子元件以及耐高温超合金等材料中。

$LiNbO_3$ 由 Nb_2O_5 与锂的氧化物、氢氧化物或碳酸盐共熔制备，基本结构单元为 $[NbO_6]$ 八面体，是具有高居里温度和高自发极化的铁电体，具有良好的压电、电光和声光特性，其单晶是性能较好的二阶非线性光学晶体。

铌和钽的五卤化物都是易升华和易水解的固体，其氟化物是白色的，$NbCl_5$、NbI_5、$TaCl_5$、$TaBr_5$ 为深浅不同的黄色，$NbBr_5$ 为橙色，TaI_5 为黑色。气态时为三角双锥结构的单体，常温下聚合。

15.5 铬副族元素

15.5.1 铬副族元素的通性

第ⅥB 族元素包括铬 Cr（Chromium）、钼 Mo（Molybdenum）、钨 W（Tungsten）和𬭶 Sg（Seaborgium）。在铬副族的价电子层结构中，铬、钼和𬭶为 $(n-1)d^5ns^1$，钨为 $5d^46s^2$。铬、钼、钨三者价电子构型虽略有不同，但元素中 6 个价电子都可以参加成键，其最高氧化态为+6，并都具有 d 区元素多种氧化态的特征。它们的最高氧化态按 Cr、Mo、W 的顺序稳定性依次增强，而低氧化态则相反。Cr 易出现低氧化态（如 Cr（Ⅲ））的化合物，而 Mo 和 W 以高氧化态（如 Mo（Ⅵ）和W（Ⅵ））的化合物最稳定。

1797 年，法国化学家沃克兰（Vauquelin, Louis Nicolas）在分析铬铅矿时首先发现铬，铬的原意是"颜色"，是因为它的化合物都有美丽的颜色。辉钼矿由于外形上与石墨相似，因而在很长时间内被认为是同一物质，直到 1778 年瑞典化学家舍勒（Carl Wilhelm Scheele）用硝酸分解辉钼矿时发现有白色的 MoO_3 生成，这种错误才得到纠正。舍勒于 1781 年又从白钨矿中提取新的元素酸钨酸。

铬、钼、钨在地壳中的丰度分别是 0.0083%、$1.1×10^{-4}$% 和 $1.3×10^{-4}$%。铬在自然界的主要矿物是铬铁矿，其组成为 $FeO·Cr_2O_3$ 或 $FeCr_2O_4$，另外还有铬铅矿 $PbCrO_4$、铬赭石矿 Cr_2O_3。红宝石、绿宝石的颜色也是由于硅铝酸盐内部含有微量的铬。钼常以硫化物的形式存在，片状的辉钼矿（MoS_2）是含钼的重要矿物。重要的钨矿有黑色的钨锰矿（$(Fe, Mn)WO_4$），又称为黑钨矿；黄灰色的钨酸钙（$CaWO_4$），又称为白钨矿。我国的钨矿储量居世界第一位。

15.5.2 单质的性质和用途

铬具有银白色光泽，含有杂质的铬硬而且脆，高纯度的铬软一些且有延展性。粉末状的钼和钨是深灰色，致密的块状钼和钨是银白色的，且有金属光泽。由于铬副族元素在形成金属键时可提供 6 个电子，形成较强的金属键，因此它们的熔点和沸点都非常高。钨的熔点和沸点是一切金属中最高的。

铬能慢慢地溶于稀盐酸和稀硫酸，生成蓝色溶液，与空气接触则很快变成绿色，这是因为首先生成蓝色的 Cr^{2+}，Cr^{2+} 被空气中的氧进一步氧化成绿色的 Cr^{3+}。

$$Cr + 2HCl \longrightarrow CrCl_2 + H_2$$
$$4CrCl_2 + 4HCl + O_2 \longrightarrow 4CrCl_3 + 2H_2O$$

铬与浓硫酸反应，则生成 SO_2 和 $Cr_2(SO_4)_3$。

$$2Cr + 6H_2SO_4 \longrightarrow Cr_2(SO_4)_3 + 3SO_2 + 6H_2O$$

铬不溶于浓硝酸，因为表面生成紧密的氧化物薄膜而呈钝态。在高温下，铬能与卤素、硫、氮、碳等直接化合。

钼与稀酸不反应，与浓盐酸也无反应，只有浓硝酸与王水可以与钼发生反应。钨不溶于盐酸、硫酸和硝酸，只有王水或氢氟酸和硝酸的混合酸才能与钨发生反应。

由此可见，铬副族元素的金属活泼性从铬到钨逐渐降低，这也可以从它们与卤素的反应情况看出来。F_2 可与这些金属剧烈反应，铬在加热时能与 Cl_2、Br_2 和 I_2 反应，钼在同样条件下只与 Cl_2 和 Br_2 化合，钨则不能与 Br_2 和 I_2 化合。

铬具有良好的光泽，抗腐蚀性又强，常镀在其他金属的表面，如自行车、汽车、精密仪器零件中的镀铬制件。大量的铬用于制造合金，如铬钢含 Cr 0.5% ~ 1%、Si 0.75%、Mn 0.5% ~ 1.25%，此种钢很硬且有韧性，是机器制造业的重要原料。含铬 12% 的钢称为不锈钢，具有极强的耐腐蚀性能。

钼和钨也被大量用于制造合金钢，它们可提高钢的耐高温强度、耐磨性、耐腐蚀性等。在机械工业中，钼钢和钨钢可制作刀具、钻头等各种机器零件。钼和钨的合金在武器制造以及导弹火箭等尖端领域里也占有重要的地位。此外，钨丝可用于制作灯泡的灯丝、高温电炉的发热元件等。

15.5.3 铬的化合物

因为铬的 6 个价层电子都能参加成键，所以铬能生成多种氧化态的化合物，其中最常见的是氧化态为 +2、+3 和 +6 的化合物。

15.5.3.1 铬（Ⅲ）化合物

A Cr_2O_3 和 $Cr(OH)_3$

重铬酸铵加热分解或金属铬在 O_2 中燃烧都可以得到绿色的 Cr_2O_3。Cr_2O_3 微溶于水，熔点 2708K，具有 α-Al_2O_3 结构。

$$(NH_4)_2Cr_2O_7 \longrightarrow Cr_2O_3 + N_2 + 4H_2O$$

$$4Cr + 3O_2 \longrightarrow 2Cr_2O_3$$

Cr_2O_3 呈现两性，不但溶于酸而且溶于强碱形成亚铬酸盐。

$$Cr_2O_3 + 3H_2SO_4 \longrightarrow Cr_2(SO_4)_3(紫色) + 3H_2O$$

$$Cr_2O_3 + 2NaOH \longrightarrow 2NaCrO_2(深绿色) + H_2O$$

但经过灼烧的 Cr_2O_3 不溶于酸，可用熔融法使它变为可溶性的盐。例如，Cr_2O_3 与焦硫酸钾在高温下反应：

$$Cr_2O_3 + 3K_2S_2O_7 \longrightarrow 3K_2SO_4 + Cr_2(SO_4)_3$$

Cr_2O_3 不但是铝热法制备金属铬的原料，而且可用作油漆的颜料——"铬绿"，近年来也用作有机合成的催化剂，天然或人工合成的红宝石 α-Al_2O_3 的颜色是 Cr^{3+} 所致。

Cr（Ⅲ）盐溶液与氨水或氢氧化钠溶液反应生成灰蓝色的 $Cr(OH)_3$ 胶状沉淀。

$$Cr_2(SO_4)_3 + 6NaOH \longrightarrow 2Cr(OH)_3 + 3Na_2SO_4$$

$Cr(OH)_3$ 具有两性，与 $Al(OH)_3$ 相似。$Cr(OH)_3$ 浓溶液存在如下的平衡：

$$Cr^{3+} + 3OH^- \rightleftharpoons Cr(OH)_3 \rightleftharpoons H^+ + CrO_2^- + H_2O$$

$$\text{紫色} \qquad\qquad \text{灰蓝色} \qquad\qquad \text{绿色}$$

加酸时，平衡向生成 Cr^{3+} 的方向移动，加碱时平衡向生成 CrO_2^- 的方向移动。

B 铬（Ⅲ）盐和亚铬酸盐

最重要的铬（Ⅲ）盐是硫酸铬和铬矾。将 Cr_2O_3 溶于冷浓硫酸中，得到紫色的

$Cr_2(SO_4)_3 \cdot 18H_2O$，此外还有绿色的 $Cr_2(SO_4)_3 \cdot 6H_2O$ 和桃红色的无水 $Cr_2(SO_4)_3$。硫酸铬（Ⅲ）与碱金属的硫酸盐可以形成铬矾，如铬钾矾 $K_2SO_4 \cdot Cr_2(SO_4)_3 \cdot 18H_2O$，它可用 SO_2 还原 $K_2Cr_2O_7$ 的酸性溶液而制得。铬钾矾广泛用于皮革鞣制和染色过程。

$$K_2Cr_2O_7 + H_2SO_4 + 3SO_2 \longrightarrow K_2SO_4 \cdot Cr_2(SO_4)_3 + H_2O$$

亚铬酸盐在碱性溶液中有较强的还原性。因此，在碱性溶液中，亚铬酸盐可被 H_2O_2 或 Na_2O_2 氧化，生成铬（Ⅵ）酸盐。

$$2CrO_2^- + 3H_2O_2 + 2OH^- \longrightarrow 2CrO_4^{2-} + 4H_2O$$

$$2CrO_2^- + 3Na_2O_2 + 2H_2O \longrightarrow 2CrO_4^{2-} + 6Na^+ + 4OH^-$$

相反，在酸性溶液中 Cr^{3+} 的还原性就弱得多，因而只有像过硫酸铵、高锰酸钾等很强的氧化剂才能将 Cr(Ⅲ) 氧化成 Cr(Ⅵ)。

$$2Cr^{3+} + 3S_2O_8^{2-} + 7H_2O \longrightarrow Cr_2O_7^{2-} + 6SO_4^{2-} + 14H^+$$

$$10Cr^{3+} + 6MnO_4^- + 11H_2O \longrightarrow 5Cr_2O_7^{2-} + 6Mn^{2+} + 22H^+$$

亚铬酸盐在碱性介质中转化成 Cr(Ⅵ) 盐的性质很重要，工业上利用此反应由铬铁矿生产铬酸盐。

C 铬（Ⅲ）的配合物

Cr(Ⅲ) 形成配合物的能力很强，Cr(Ⅲ) 离子的外层电子结构为 $3d^3 4s^0 4p^0$，它具有 6 个空轨道，同时 Cr^{3+} 的半径（63pm）也较小，有较强的正电场，因此它容易形成 d^2sp^3 型配合物。Cr(Ⅲ) 极易与 X^-、H_2O、NH_3、$C_2O_4^{2-}$、CN^- 等配体形成配位数为 6 的八面体配合物 $[CrX_6]$。溶液中并不存在简单的 Cr^{3+}，而是以 $[Cr(H_2O)_6]^{3+}$ 存在。当 $[Cr(H_2O)_6]^{3+}$ 中的水分子被其他配体，如 NH_3、Cl^- 等取代时，就生成一系列混合配体配合物。例如，$CrCl_3 \cdot 6H_2O$ 就有三种水合异构体：紫色的 $[Cr(H_2O)_6]Cl_3$、蓝绿色的 $[Cr(H_2O)_5Cl]Cl_2 \cdot H_2O$ 和绿色的 $[Cr(H_2O)_4Cl_2]Cl \cdot 2H_2O$。在 $[Cr(H_2O)_6]^{3+}$ 溶液中加入不同浓度的氨水之后，NH_3 会取代 H_2O 分子生成一系列氨配合物：

$$[Cr(NH_3)_3(H_2O)_3]^{3+} \xleftarrow{-3NH_3} [Cr(H_2O)_6]^{3+} \xrightarrow{+6NH_3} [Cr(NH_3)_6]^{3+}$$
$$\text{浅红色} \qquad\qquad \text{紫色} \qquad\qquad \text{黄色}$$

Cr(Ⅲ) 的另一特性是水解形成含有羟桥的多核配合物。$[Cr(H_2O)_6]^{3+}$ 中的配位水失去一个质子形成的 OH^- 随后与羟基离子缩合而形成二聚羟桥配合物：

$$[Cr(H_2O)_6]^{3+} + H_2O \longrightarrow [Cr(H_2O)_5OH]^{2+} + H_3O^+$$

$$2[Cr(H_2O)_5OH]^{2+} \longrightarrow \left((H_2O)_4Cr \begin{matrix} H \\ O \\ \diagup \diagdown \\ \diagdown \diagup \\ O \\ H \end{matrix} Cr(H_2O)_4 \right)^{4+} + 2H_2O$$

当 pH 值增大时，会进一步失去质子，发生缩合反应，最后得到的水解产物是 $Cr(OH)_3$ 沉淀。

水解的多核铬（Ⅲ）配合物在印染和制革工业中有相当重要的商业价值。在印染行业中，将织物在铬矾或草酸盐水溶液中浸透以后，用蒸汽加热沉淀出胶状的水解产物，将染料牢固地固定在织物上，起着染料的媒染剂作用。在皮革工业中，需要对兽皮做防腐和皮革柔软处理，这一工艺是通过使用一种能与兽皮胶质纤维中的蛋白质结合的物质来实现的。这一物质现已用硫酸铬溶液代替了传统的丹宁酸，即先将兽皮用硫酸浸透后，再用硫酸铬溶液浸渍。因为铬（Ⅲ）水解后形成了多核配合物，它将兽皮胶质纤维中相邻的蛋白质链桥连起来，起到使兽皮防腐和皮革干后柔软的作用。

15.5.3.2 铬（Ⅵ）的化合物

$Cr(Ⅵ)$ 的化合物主要有三氧化铬（CrO_3）、氯化铬酰（CrO_2Cl_2）、铬酸盐和重铬酸盐。$Cr(Ⅵ)$ 的化合物因电荷转移跃迁常具有颜色，$Cr(Ⅵ)$ 的毒性较大。重铬酸钠（$Na_2Cr_2O_7$），俗称红矾钠；重铬酸钾（$K_2Cr_2O_7$），俗称红矾钾。

工业上生产 $Cr(Ⅵ)$ 化合物，主要是通过铬铁矿与 Na_2CO_3 混合在空气中煅烧，使 $Cr(Ⅲ)$ 氧化成可溶性的 Na_2CrO_4。用水浸取熔体，过滤以除去 Fe_2O_3 等杂质。

$$4Fe(CrO_2)_2 + 7O_2 + 8Na_2CO_3 \longrightarrow 2Fe_2O_3 + 8Na_2CrO_4 + 8CO_2$$

Na_2CrO_4 的水溶液用适量的酸化，可转化成 $Na_2Cr_2O_7$。

$$2Na_2CrO_4 + H_2SO_4 \longrightarrow Na_2SO_4 + Na_2Cr_2O_7 + H_2O$$

在 $Na_2Cr_2O_7$ 溶液中，加入固体 KCl 进行复分解反应即可制取 $K_2Cr_2O_7$。

$$Na_2Cr_2O_7 + 2KCl \longrightarrow K_2Cr_2O_7 + 2NaCl$$

利用 $K_2Cr_2O_7$ 在低温时溶解度较小（273K 时为 4.6g/100g 水），在高温时溶解度较大（373K 时为 94.1g/100g 水），而温度对食盐的溶解度影响不大的性质，可将 $K_2Cr_2O_7$ 与 NaCl 分离。

上述 CrO_4^{2-} 与 $Cr_2O_7^{2-}$ 之间转变是因为铬酸盐和重铬酸盐在水溶液中存在着下列平衡：

$$2CrO_4^{2-} + 2H^+ \Longleftrightarrow Cr_2O_7^{2-} + H_2O$$

加酸可使平衡向右移动，$Cr_2O_7^{2-}$ 浓度升高；加碱可以使平衡左移，CrO_4^{2-} 浓度升高。因此溶液中 CrO_4^{2-} 与 $Cr_2O_7^{2-}$ 浓度的比值决定于溶液的 pH 值。在酸性溶液中，主要以 $Cr_2O_7^{2-}$ 形式存在；在碱性溶液中，则以 CrO_4^{2-} 形式为主。除了加酸、加碱使这个平衡发生移动外，向 $Cr_2O_7^{2-}$ 溶液中加入 Ba^{2+}、Pb^{2+} 或 Ag^+，由于这些离子与 CrO_4^{2-} 反应而生成溶度积常数较小的铬酸盐，也能使平衡向右移动。

$$Cr_2O_7^{2-} + 2Ba^{2+} + H_2O \longrightarrow 2H^+ + 2BaCrO_4(黄色)$$
$$Cr_2O_7^{2-} + 2Pb^{2+} + H_2O \longrightarrow 2H^+ + 2PbCrO_4(黄色)$$
$$Cr_2O_7^{2-} + 4Ag^+ + H_2O \longrightarrow 2H^+ + 2Ag_2CrO_4(砖红色)$$

实验室常用 Ba^{2+}、Pb^{2+} 或 Ag^+ 来检验 CrO_4^{2-} 的存在。

重铬酸盐在酸性溶液中是强氧化剂。例如，在冷溶液中 $K_2Cr_2O_7$ 可以氧化 H_2S、H_2SO_3 和 HI；在加热时，可以氧化 HBr 和 HCl。这些反应中，$Cr_2O_7^{2-}$ 的还原产物都是 Cr^{3+}。

$$Cr_2O_7^{2-} + 6I^- + 14H^+ \longrightarrow 2Cr^{3+} + 3I_2 + 7H_2O$$

$$Cr_2O_7^{2-} + 3SO_3^{2-} + 8H^+ \longrightarrow 2Cr^{3+} + 3SO_4^{2-} + 4H_2O$$

在分析化学中常用 $K_2Cr_2O_7$ 来测定铁。

$$K_2Cr_2O_7 + 6FeSO_4 + 7H_2SO_4 \longrightarrow 3Fe_2(SO_4)_3 + Cr_2(SO_4)_3 + K_2SO_4 + 7H_2O$$

实验室所用的洗液是 $K_2Cr_2O_7$ 饱和溶液和浓硫酸的混合物（5g $K_2Cr_2O_7$ 的热饱和溶液中加入 100mL 浓 H_2SO_4），有强氧化性，用来洗涤化学玻璃器皿，除去器壁上黏附的油脂层。洗液经使用后，棕红色逐渐转变成暗绿色。若全部变成暗绿色，说明 Cr（VI）已转化成为 Cr（III），洗液已失效。

红橙色的 $K_2Cr_2O_7$ 还可氧化乙醇分子，生成绿色的铬（III）离子，颜色变化的程度与呼出气体中的酒精含量直接相关。利用该反应可监测司机是否酒后开车。

$$3CH_3CH_2OH + 2K_2Cr_2O_7 + 8H_2SO_4 \longrightarrow 3CH_3COOH + 2Cr_2(SO_4)_3 + 2K_2SO_4 + 11H_2O$$

$Na_2Cr_2O_7$ 和 $K_2Cr_2O_7$ 均为橙红色晶体，在所有的重铬酸盐中，以钾盐在低温下的溶解度最低，而且钾盐不含结晶水，可以通过重结晶法制得极纯的盐，用作基准的氧化试剂。在工业上 $K_2Cr_2O_7$ 大量用于鞣革、印染、颜料、电镀等领域。

$K_2Cr_2O_7$ 的溶液中加入浓 H_2SO_4，可以析出橙红色的 CrO_3 晶体。

$$K_2Cr_2O_7 + H_2SO_4 \longrightarrow K_2SO_4 + 2CrO_3 + H_2O$$

CrO_3 的熔点为 440K，遇热不稳定，超过熔点便会分解放出 O_2，最后产物是 Cr_2O_3，因此 CrO_3 是一种强氧化剂。

$$4CrO_3 \longrightarrow 2Cr_2O_3 + 3O_2$$

一些有机物质如酒精等与 CrO_3 接触即着火，CrO_3 还原为 Cr_2O_3。CrO_3 大量用于电镀工业。CrO_3 溶于水生成铬酸 H_2CrO_4，铬酸是强酸，酸度接近于硫酸。但铬酸只存在于水溶液中而未分离出纯态的 H_2CrO_4。

可用 CrO_3 制备磁性颜料 CrO_2。CrO_2 为棕黑色固体，结构为金红石型，具有金属的电导率和铁磁性，用于制造记录磁带，比用铁氧化物制造的磁带分辨率和高频响应性能更好。

15.5.4 钼和钨的化合物

15.5.4.1 三氧化钼和三氧化钨

三氧化钼 MoO_3 和三氧化钨 WO_3 是金属钼和钨在空气中燃烧时的最终产物，它们还可以通过加热焙烧钼酸和钨酸制得。MoO_3 还可由 MoS_2 在空气中灼烧得到。

MoO_3 在室温下是一种白色固体，加热时变黄，熔点 1068K。白色的 MoO_3 是由畸变的 ［MoO_6］八面体组成层状结构。WO_3 是一种淡黄色固体，熔点 1746K，它是由顶角连接的 ［WO_6］八面体的三维阵列构成。WO_3 至少有七种同质多晶体，而且是唯一在室温时就容易发生多晶转变的氧化物。

将 MoO_3 或 WO_3 在真空中加热，或与金属粉末一起加热还原成 MoO_2 和 WO_2。在 MoO_3 和 MoO_2 或 WO_3 和 WO_2 之间有许多结构复杂的蓝色或紫色物相。紫色 MoO_2 和棕色 WO_2 具有变形金红石结构，能形成金属—金属键而具有类似金属的电导性和抗磁性。MoO_3 和 WO_3 都是酸性氧化物，难溶于水，没有明显的氧化性，溶于氨水和碱的水溶液生成含 MoO_4^{2-} 或 WO_4^{2-} 的盐。

$$MoO_3 + 2NH_3 \cdot H_2O \longrightarrow (NH_4)_2MoO_4 + H_2O$$

$$WO_3 + 2NaOH \longrightarrow Na_2WO_4 + H_2O$$

WO_3 主要用于制备金属钨和钨酸盐，也可用于处理防火织物品，它与 MoS_2 结合形成高硬度、抗磨损的润滑涂料。

15.5.4.2　钼酸、钨酸及其盐

钼酸和钨酸实际上都是水合氧化物。$H_2MO_4 \cdot H_2O$ 实际上是 $MO_3 \cdot 2H_2O$（M = Mo，W）。在钼和钨的 MO_4^{2-} 的盐中，只有碱金属、铵、铍、镁、铊的盐是可溶的，其他金属的盐都难溶于水，难溶盐 $PbMoO_4$ 可用作 Mo 的质量分析测定。

钼酸盐和钨酸盐的氧化性比铬酸盐弱得多。在酸性溶液中，只有用强还原剂才能将 H_2MO_4 还原到 Mo^{3+}。例如，$(NH_4)_2MoO_4$ 在浓盐酸溶液中，锌作还原剂，溶液最初显蓝色（钼蓝为 Mo(Ⅵ)、Mo(Ⅴ) 混合氧化态化合物），然后还原为红棕色的 MoO^{2+}，再到绿色的 $[MoOCl_5]^{2-}$，最后生成棕色的 $MoCl_3$。

$$MoO_4^{2-} + Zn + 6H^+ \longrightarrow MoO^{2+} + Zn^{2+} + 3H_2O$$

$$2MoO_4^{2-} + Zn + 12H^+ + 10Cl^- \longrightarrow 2[MoOCl_5]^{2-} + Zn^{2+} + 6H_2O$$

$$2MoO_4^{2-} + 3Zn + 16H^+ + 6Cl^- \longrightarrow 2MoCl_3\downarrow + 3Zn^{2+} + 8H_2O$$

在酸性溶液中，钼酸铵与 H_2S 作用生成棕色的 MoS_3 沉淀。

$$(NH_4)_2MoO_4 + 3H_2S + 2HCl \longrightarrow MoS_3\downarrow + 2NH_4Cl + 4H_2O$$

钨酸盐中的氧被硫置换，生成一系列硫代钨酸盐：

$$WO_4^{2-} \longrightarrow WO_3S^{2-} \longrightarrow WO_2S_2^{2-} \longrightarrow WOS_3^{2-} \longrightarrow WS_4^{2-}$$

酸化硫代钨酸盐生成棕色 WS_3 沉淀。

15.5.4.3　钼和钨的同多酸、杂多酸及其盐

两个或两个以上相同的酸酐和若干水分子组成的酸称为同多酸，它们的盐称为同多酸盐。由不同的酸酐和若干水分子组成的酸称为杂多酸，其盐称为杂多酸盐。将钼酸盐或钨酸盐溶液酸化，并不断降低 pH 值时，MoO_4^{2-} 或 WO_4^{2-} 就会发生缩聚作用生成同多酸根离子。pH 值越小，缩合度越大。但在很强的酸性溶液中，则发生解聚作用。例如，将 MoO_3 的氨水溶液酸化到 pH = 6 时，缩聚成仲钼酸铵 $(NH_4)_6Mo_{70}O_{24} \cdot 4H_2O$，它是一种含钼的微量元素肥料，也是实验室常用的试剂。

钼的同多酸根离子与溶液 pH 值的关系如下：

$$MoO_4^{2-} \xrightarrow{pH = 6} Mo_7O_{24}^{6-} \xrightarrow{pH = 1.5 \sim 2.9} Mo_8O_{26}^{4-} \xrightarrow{pH < 1} MoO_3 \cdot 2H_2O$$

　　正钼酸根离子　　　七钼酸根离子　　　　　八钼酸根离子　　　　水合三氧化钼

这些同多酸阴离子的基本单元是 $[MoO_6]$ 八面体。$Mo_7O_{24}^{6-}$ 就是由 7 个 $[MoO_6]$ 八面体（Mo 位于八面体中心）通过共用棱边构成的（图 15-5 (a)），而 $Mo_8O_{26}^{4-}$ 是由 8 个 $[MoO_6]$ 八面体通过共用棱边构成的（图 15-5 (b)）。将钼酸铵和磷酸盐的溶液进行酸化时，得到一种黄色沉淀 12-磷钼酸铵，它是制得的第一个杂多酸盐，可用于磷酸盐的定量测定。

$$3NH_4^+ + 12MoO_4^{2-} + PO_4^{3-} + 24H^+ \longrightarrow (NH_4)_3[PMo_{12}O_{40}] \cdot 6H_2O\downarrow + 6H_2O$$

第ⅥB 族元素中，MoO_4^{2-} 和 WO_4^{2-} 的一个重要特征是比 CrO_4^{2-} 更容易形成杂多

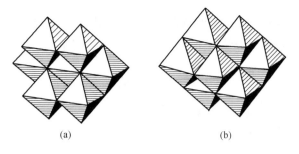

图 15-5　七钼酸根 $[Mo_7O_{24}]^{6-}$（a）和八钼酸根 $[Mo_8O_{26}]^{4-}$（b）结构

酸。一些典型的杂多酸有 12-钼硅酸 $H_4[SiMo_{12}O_{40}]$、12-钼砷酸 $H_3[AsMo_{12}O_{40}]$、12-钨硼酸 $H_5[BW_{12}O_{40}]$ 等。在多酸中第ⅥB族 Cr、Mo、W 元素形成 $[MO_6]$ 八面体，一些小的杂原子如 P(V)、As(V)、Si(Ⅳ) 生成四面体含氧阴离子，原子处于母体金属 M 原子的 $[MO_6]$ 八面体所构成的内部空腔中，并与相邻的 $[MO_6]$ 八面体中的氧原子键合，其结构是一个四面体配位杂原子被 12 个 $[MO_6]$ 八面体所包围，如图 15-6 所示。

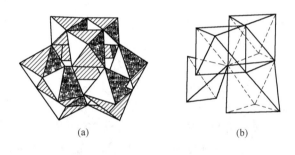

图 15-6　$[MO_6]$ 八面体结构

（a）$[PW_{12}O_{40}]^{3-}$；（b）$[PW_{12}O_{40}]^{3-}$ 中共用角与 PO_4 四面体共用一个顶角氧原子

　　杂多酸化合物具有优异的性能，在石油化学工业中广泛用作催化剂，用作许多染料的沉淀剂，用作新颖树脂交换剂。钼的杂多酸化合物还用作阻燃剂。杂多酸化合物还具有很好的生物活性，具有抗病毒、杀菌、抗肿瘤的功效。

15.5.4.4　钼的生物活性和固氮作用

　　钼是生命体必需的过渡元素，它对高等动物和人类有重要的生物作用，人和大多数生物体都需要钼做多种酶的辅助因子。在生物氧化还原反应中，钼主要以 Mo(V) 和 Mo(Ⅵ) 之间的转化起电子传递作用，它是哺乳动物体内黄嘌呤氧化酶、醛氧化酶和硫化物酶三种金属硫蛋白的成分。一个正常成年人体内含钼总量约 9mg，人从食物中摄入可溶性钼化合物后，迅速为肌体吸收，在肾、肝和骨骼中含量最高。钼对心肌有保护作用，缺钼会使体内某些含钼的黄素酶和细胞色素 C 还原酶活性降低或失活，引起三羧酸循环障碍，氧激活率下降而使心肌缺氧。"克山病"与缺钼也有一定关系。钼过量又造成心腔扩张、心肌肥大、甲状腺肿大、钙磷代谢失调等。

钼也是很多植物必需的微量元素，植物的蛋白质、核酸、叶绿素等都是含钼的化合物。将空气中的氮、土壤中的 NO_2^-、NO_3^- 和 NH_3 转化为植物能吸收和利用的氮化合物是固氮酶，如硝酸还原酶、氧化酶等，而这些酶是钼酶。

15.6 锰副族元素

英文注解

15.6.1 锰副族元素概述

第ⅦB 族元素包括锰 Mn（Manganesium）、锝 Tc（Tecinium）、铼 Re（Rhenium）和𨨏 Bh（Bohrium）。锰副族元素的价电子构型为 $(n-1)d^5ns^2$。锰是丰度较高的元素，在地壳中的含量为 0.1%。锰是瑞典的甘恩（J. G. Gahn）于 1774 年从软锰矿中发现的。地壳中锰的主要矿石有软锰矿（MnO_2）、黑锰矿（$Mn(Ⅱ)Mn(Ⅲ)_2O_4$）和水锰矿（$MnO(OH)$）。近年来在深海海底发现了大量的锰矿——锰结核，它是层状的铁锰氧化物及层间夹有黏土层构成的同心圆状的团块，其中还含有铜、钴、镍等重要金属元素。有人估计，整个海底锰结核储量约有 15000 亿吨，仅太平洋中的锰结核内所含的铜、钴、镍等储量就相当于陆地总储量的几十到几百倍。

金属锰可由软锰矿还原而制得。因铝与软锰矿反应剧烈，故先将软锰矿强热使之转变为 Mn_3O_4，然后与铝粉混合燃烧，用此法制得的锰纯度为 95%～98%。纯的金属锰则是由电解法制得。

$$3MnO_2 \longrightarrow Mn_3O_4 + O_2$$
$$3Mn_3O_4 + 8Al \longrightarrow 9Mn + 4Al_2O_3$$

金属锰的外形似铁，致密的块状锰为银白色，粉末状锰为灰色。纯锰的用途不多，但它的合金非常重要。含锰 12%～15%、含碳 2%的锰钢很坚硬，抗冲击、耐磨损，可用于制造钢轨、钢甲、破碎机等。锰可制造不锈钢（6%～20% Cr、8%～10% Mn、0.1%C）。在镁铝合金中加入锰可以使其抗腐蚀性和机械性能得到改进。

锝是 1937 年佩里埃（C. Perrier）和塞格雷（E. G. Segrt）用回旋加速器以氘核轰击钼发现锝，它是第一个用人工方法制得的元素，所以按希腊文 Technetos（人造）命名为 Technetium。铼是丰度很小的元素之一，在地壳中的含量为 $7×10^{-3}$%。铼没有单独的矿物，主要和辉钼矿伴生，含量一般不超过 0.001%，它还存在于稀土矿、铌钽矿等矿物中。

当焙烧辉钼矿时，钼转化为 MoO_3，而铼转化为 Re_2O_7。后者挥发性很大，含于烟道灰中。用水浸取烟道灰，Re_2O_7 即形成高铼酸（$HReO_4$）。过滤后，加入 KCl 使 $KReO_4$ 析出。经几次重结晶，可得纯的 $KReO_4$。1073K 左右时用 H_2 还原，可得金属铼。

$$Re_2O_7 + H_2O \longrightarrow 2HReO_4$$
$$KCl + ReO_4^- \longrightarrow KReO_4 + Cl^-$$
$$2KReO_4 + 7H_2 \longrightarrow 2Re + 6H_2O + 2KOH$$

铼的外观与铂相同，纯铼相当软，有良好的延展性。铼的熔点仅次于钨。高温真空中，钨丝的机械强度和可塑性显著降低，若加入少量铼，便可使钨丝的坚固度和耐磨程度大大增强。铼还可用于制造人造卫星和火箭的外壳。铼和铂的合金能用于制造可测 2273K 的高温热电偶。铼也是石油氢化、醇类脱氢及其他有机合成工业的良好催化剂。

锰副族的高氧化态依 Mn、Tc、Re 顺序趋向稳定，低氧化态则相反，以 Mn^{2+} 最稳定。锰在高温下，可直接与氯、硫、碳、磷等非金属作用。Re 在高温时也能和卤素、硫等作用。

15.6.2 锰的化合物

15.6.2.1 Mn(Ⅱ) 的化合物

Mn^{2+} 在酸性介质中比较稳定，将其氧化成高锰酸根是很困难的，只有在高酸度的热溶液中，强氧化剂（例如 $(NH_4)_2S_2O_8$ 或 PbO_2 等）才能使其氧化。

$$2Mn^{2+} + 5S_2O_8^{2-} + 8H_2O \longrightarrow 16H^+ + 10SO_4^{2-} + 2MnO_4^-$$
$$2Mn^{2+} + 5PbO_2 + 2H^+ \longrightarrow 2MnO_4^- + 5Pb^{2+} + 2H_2O$$

在碱性介质中，Mn^{2+} 的氧化变得容易。向 Mn(Ⅱ) 盐溶液中加强碱，可得到白色的 $Mn(OH)_2$ 沉淀，它在碱性介质中不稳定，与空气接触即被氧化生成棕色的 $MnO(OH)_2$ 或 $MnO_2 \cdot H_2O$。

$$MnSO_4 + 2NaOH \longrightarrow Mn(OH)_2 + Na_2SO_4$$
$$2Mn(OH)_2 + O_2 \longrightarrow 2MnO(OH)_2$$

多数 Mn(Ⅱ) 盐，如 MnX_2、$Mn(NO_3)_2$、$MnSO_4$ 等强酸盐都易溶于水。在水溶液中，Mn^{2+} 常以淡红色的 $[Mn(H_2O)_6]^{2+}$ 水合离子存在。从溶液中结晶出来的 Mn(Ⅱ) 盐是带有结晶水的粉红色晶体，例如 $MnCl_2 \cdot 4H_2O$、$Mn(NO_3)_2 \cdot 6H_2O$、$Mn(ClO_4)_2 \cdot 4H_2O$ 等。

MnO_2 与浓 H_2SO_4 反应可制得硫酸锰 $MnSO_4 \cdot xH_2O$（$x=1$、4、5、7）。

$$2MnO_2 + 2H_2SO_4 \longrightarrow 2MnSO_4 + 2H_2O + O_2$$

室温下 $MnSO_4 \cdot 5H_2O$ 较稳定，加热脱水生成白色无水 $MnSO_4$。$MnSO_4$ 是最稳定的 Mn(Ⅱ) 盐，红热时也不分解。不溶性的锰盐有 $MnCO_3$、$Mn_3(PO_4)_2$、MnS 等。

15.6.2.2 Mn(Ⅳ) 的化合物

重要的 Mn(Ⅳ) 化合物是 MnO_2，它是一种很稳定的黑色粉末状物质，不溶于水。许多锰的化合物都是用 MnO_2 作原料制得。MnO_2 在酸性介质中是一种强氧化剂，本身被还原成 Mn^{2+}。例如，MnO_2 与浓盐酸反应可得到 Cl_2，实验室中常用此反应制备 Cl_2。

$$MnO_2 + 4HCl \longrightarrow MnCl_2 + Cl_2 + 2H_2O$$

MnO_2 在碱性介质中，有氧化剂存在时，被氧化成 Mn(Ⅵ) 的化合物。例如，在 MnO_2 和 KOH 的混合物于空气中，或者与 $KClO_3$、KNO_3 等氧化剂一起加热熔融，可以得到绿色的 K_2MnO_4。

$$2MnO_2 + 4KOH + O_2 \longrightarrow 2K_2MnO_4 + 2H_2O$$
$$3MnO_2 + 6KOH + KClO_3 \longrightarrow 3K_2MnO_4 + KCl + 3H_2O$$

由于 MnO_2 具有氧化还原性质，因此在工业上有着重要的用途。例如，在玻璃工业中，将 MnO_2 加入熔态玻璃中，可以除去带色杂质（硫化物和亚铁盐）。在油漆工业中，将 MnO_2 加入熬制的半干性油中，可以促进这些油在空气中的氧化作用。MnO_2 还大量用于干电池中，以氧化在电极上产生的 H_2，它也是一种重要的催化剂和制造其他锰盐的原料。

15.6.2.3　Mn(Ⅵ) 和 Mn(Ⅶ) 的化合物

Mn(Ⅵ) 的化合物中，比较稳定的是锰酸盐，如 Na_2MnO_4 和 K_2MnO_4。K_2MnO_4 是制备高锰酸盐的中间产品。锰酸盐只有在强碱性溶液（pH 值大于 14.4）中才是稳定的。在酸性及近中性条件下，锰酸根易发生歧化反应。

$$3MnO_4^{2-} + 4H^+ \longrightarrow 2MnO_4^- + MnO_2\downarrow + 2H_2O$$

Mn(Ⅶ) 的化合物中最重要的是 $KMnO_4$。往 K_2MnO_4 溶液中加入酸，虽可制得 $KMnO_4$，但最高产率只有 66.7%，因为有 1/3 的 Mn(Ⅵ) 被还原成 MnO_2。所以最好的制备方法是用电解法或用 Cl_2、次氯酸盐等氧化剂，把 MnO_4^{2-} 氧化为 MnO_4^-。

$$2MnO_4^{2-} + 2H_2O \longrightarrow 2MnO_4^- + 2OH^- + H_2$$

$$2MnO_4^{2-} + Cl_2 \longrightarrow 2MnO_4^- + 2Cl^-$$

$KMnO_4$ 是深紫色的晶体，其水溶液呈紫红色。将 $KMnO_4$ 固体加热到 473K 以上，就分解放出 O_2，这是实验室制备 O_2 的一种简便方法。

$$2KMnO_4 \longrightarrow K_2MnO_4 + MnO_2 + O_2$$

$KMnO_4$ 的溶液并不十分稳定，在酸性溶液中会缓慢地分解。

$$4MnO_4^- + 4H^+ \longrightarrow 4MnO_2 + 3O_2 + 2H_2O$$

在中性或微碱性溶液中，这种分解的速度变慢。但是光对高锰酸盐的分解起催化作用，因此 $KMnO_4$ 溶液必须保存于棕色瓶中。

$KMnO_4$ 是最重要和常用的氧化剂之一，它的还原产物因介质的酸碱性不同而有所不同。在酸性溶液中，MnO_4^- 是很强的氧化剂，它可以氧化 Fe^{2+}、I^-、Cl^- 等离子，其还原产物为 Mn^{2+}。

$$2MnO_4^- + 5C_2O_4^{2-} + 16H^+ \longrightarrow 2Mn^{2+} + 10CO_2 + 8H_2O$$

$$2MnO_4^- + 5H_2O_2 + 6H^+ \longrightarrow 2Mn^{2+} + 5O_2 + 8H_2O$$

$$MnO_4^- + 5Fe^{2+} + 8H^+ \longrightarrow Mn^{2+} + 5Fe^{3+} + 4H_2O$$

分析化学中，利用 $KMnO_4$ 的酸性溶液测定铁的含量。如果 MnO_4^- 过量，它可能和 Mn^{2+} 发生氧化还原反应而析出 MnO_2。

$$2MnO_4^- + 3Mn^{2+} + 2H_2O \longrightarrow 5MnO_2\downarrow + 4H^+$$

MnO_4^- 的还原反应起初较慢，但 Mn^{2+} 的存在可以催化该反应，因此随着 Mn^{2+} 的生成，反应速率迅速加快。

在微酸性、中性及微碱性溶液中，MnO_4^- 与还原剂反应生成 MnO_2。例如，在中性或弱碱性介质中 $KMnO_4$ 与 K_2SO_3 反应。

$$2KMnO_4 + 3K_2SO_3 + H_2O \longrightarrow 2MnO_2\downarrow + 3K_2SO_4 + 2KOH$$

在强碱性溶液中，MnO_4^- 被还原为锰酸盐。

$$2KMnO_4 + 3K_2SO_3 + 2KOH \longrightarrow 2K_2MnO_4 + K_2SO_4 + H_2O$$

KMnO_4 广泛用于容量分析中测定一些过渡金属离子，如 Ti^{3+}、VO^{2+}、Fe^{2+} 以及 H_2O_2、草酸盐、甲酸盐和亚硝酸盐等。它的稀溶液（0.1%）可以用于浸洗水果及碗、杯等用具，起消毒杀菌作用，5% 的 KMnO_4 溶液可治疗烫伤。

粉末状的 KMnO_4 与 90% H_2SO_4 反应，生成绿色油状的高锰酸酐（Mn_2O_7）。它在 273K 以下稳定，在常温下会爆炸分解成 MnO_2、O_2 和 O_3。将 Mn_2O_7 溶于水生成高锰酸（$HMnO_4$）。Mn_2O_7 有强氧化性，遇到有机物就会发生燃烧。

15.7 铁 系 元 素

英文注解

15.7.1 铁系元素的基本性质

铁系元素包括铁 Fe（Iron）、钴 Co（Cobalt）、镍 Ni（Nickel）三种元素，它们同属元素周期表第Ⅷ族。铁、钴、镍的价电子构型分别为 $3d^6 4s^2$、$3d^7 4s^2$、$3d^8 4s^2$，最外层都有 2 个电子，次外层 d 电子不同。它们的原子半径相近，性质相似。一般条件下，铁只表现+2 和+3 氧化态，在极强的氧化剂存在条件下，铁还可以表现出不稳定的+6 氧化态（高铁酸盐）。钴在通常条件下表现为+2 氧化态，在强氧化剂存在时显+3 氧化态。镍通常表现为+2 氧化态。这反映出第一过渡系元素发展到第Ⅷ族时，由于 3d 轨道已超过半充满状态，全部价电子参加成键的趋势大大降低。因此，除 d 电子最少的铁出现不稳定的较高氧化态外，钴和镍都不显高氧化态。

铁系元素的基本性质见表 15-4。它们的原子半径、离子半径、电离势等性质基本上随原子序数增加而有规律的变化。

表 15-4 铁系元素的基本性质

性　质		铁（Fe）	钴（Co）	镍（Ni）
原子序数		26	27	28
相对原子质量		55.85	58.93	58.69
价电子构型		$3d^6 4s^2$	$3d^7 4s^2$	$3d^8 4s^2$
主要氧化态		+2、+3、+4	+2、+3、+4	+2、+3、+4
原子半径（金属半径）/pm		124.1	125.3	124.6
离子半径/pm	M^{2+}	74	72	69
	M^{3+}	64	63	—
电离势/kJ·mol^{-1}		764.0	763	741.1
电负性		1.83	1.88	1.91
密度/g·cm^{-3}		7.847	8.90	8.902
熔点/K		1808	1768	1726
沸点/K		3023	3143	3005

铁、钴、镍单质都是具有银白色光泽的金属。铁、钴略带灰色，镍为银白色。

它们的密度都较大，熔点也较高。钴比较硬而脆，铁和镍有很好的延展性。它们都有铁磁性，所以铁、钴、镍合金是很好的磁性材料。就化学性质来说，铁、钴、镍都是中等活泼的金属，这可由它们的电极电势看出。在没有水蒸气存在时，常温下它们与氧、硫、氯等非金属单质不起显著作用。但在高温下，它们与上述非金属单质和水蒸气发生剧烈反应。

$$3Fe + 2O_2 \longrightarrow Fe_3O_4$$
$$Fe + S \longrightarrow FeS$$
$$2Fe + 3Cl_2 \longrightarrow 2FeCl_3$$
$$3Fe + C \longrightarrow Fe_3C$$
$$3Fe + 4H_2O \longrightarrow Fe_3O_4 + 4H_2$$

常温时，铁和铝、铬一样，与浓硝酸不起作用，这是因为在铁的表面生成一层保护膜使铁钝化，因此储运浓硝酸的容器和管道也可用铁制品。浓硫酸在常温下也能使铁钝化，故可用铁桶盛浓硫酸，但稀的硝酸能溶解铁，铁也能被浓碱溶液所侵蚀。钴和镍在常温下对水和空气都较稳定，它们都溶于稀酸中，但不与强碱发生作用，故实验室中可以用镍坩埚熔融碱性物质。和铁不同，钴和镍与浓硝酸激烈反应，与稀硝酸的反应较慢。铁、钴和镍都是生物体必需的元素。

15.7.2 铁、钴、镍的氧化物和氢氧化物

铁、钴、镍都能形成+2 和+3 氧化态的氧化物。低价氧化物有黑色的 FeO，灰绿色的 CoO 和暗绿色的 NiO，它们可由 Fe(Ⅱ)、Co(Ⅱ)、Ni(Ⅱ) 的草酸盐在隔绝空气的条件下加热制得。它们都属于碱性氧化物，溶于酸性溶液中，不溶于水或碱性溶液。

$$FeC_2O_4 \longrightarrow FeO + CO + CO_2$$
$$CoC_2O_4 \longrightarrow CoO + CO + CO_2$$

高价氧化物 M_2O_3（M＝Fe、Co、Ni）可用氧化性含氧酸盐（如硝酸盐）热分解制备。例如：

$$4Fe(NO_3)_3 \longrightarrow 2Fe_2O_3(红棕色) + 12NO_2 + 3O_2$$

砖红色的 Fe_2O_3 具有 α 和 γ 两种不同构型，α 型是顺磁性，γ 型是铁磁性。自然界存在的赤铁矿是 α 型。将 $Fe(NO_3)_3$ 或 $Fe_2(C_2O_4)_3$ 加热，可得 α-Fe_2O_3，将 Fe_3O_4 氧化得到 γ-Fe_2O_3，γ-Fe_2O_3 在 673K 以上转变成 α-Fe_2O_3。Fe_2O_3 可以用作颜料、磨光粉以及某些反应的催化剂。

铁除了上述的 FeO 和 Fe_2O_3 外，还能形成 Fe_3O_4，又称为磁性氧化铁。在 Fe_3O_4 中 Fe 具有不同的氧化态，过去曾认为它是 FeO 和 Fe_2O_3 的混合物，但经 X 射线研究证明，Fe_3O_4 是一种反式尖晶石结构，可写成 $Fe^{Ⅲ}[Fe^{Ⅱ}Fe^{Ⅲ}]O_4$。

在实验室中常用磁铁矿（Fe_3O_4）作为制取铁盐的原料。为处理这样的不溶性氧化物，往往采用酸性熔融法，即以 $K_2S_2O_7$ 或 $KHSO_4$ 作为熔剂，熔融时分解放出 SO_3，SO_3 与不溶性氧化物化合，生成可溶性的硫酸盐。冷却后的熔块溶于热水中，必要时加些酸，以抑制铁盐水解。该法也应用于 Al_2O_3、Cr_2O_3、ZrO_2、TiO_2、中性耐火材料及碱性耐火材料的分解。

在空气中加热 Co(Ⅱ) 的硝酸盐、草酸盐或碳酸盐，可得黑色的 Co_3O_4。因为在 673~773K 时，空气中的 O_2 能使 Co(Ⅱ) 氧化为 Co(Ⅲ)。Co_3O_4 是 CoO 和 Co_2O_3 的混合物。纯的 Co_2O_3 还未得到，只有 $Co_2O_3 \cdot H_2O$。纯的 Ni_2O_3 也未得到证实，但黑色 β-NiO(OH) 是存在的，它是在低于 298K 时，用 KBrO 的碱性溶液与 $Ni(NO_3)_2$ 溶液反应得到的，它易溶于酸。

Fe(Ⅱ)、Co(Ⅱ)、Ni(Ⅱ) 的盐溶液中加入碱，均能得到相应的氢氧化物。Fe(OH)$_2$ 易被空气中的 O_2 氧化，所以向 Fe(Ⅱ) 盐溶液中加入碱，往往观察不到白色的 Fe(OH)$_2$，而是迅速变成灰绿色，最后成为红棕色的 Fe(OH)$_3$ 沉淀。Co(OH)$_2$ 在空气中慢慢地被氧化成棕色的 Co(OH)$_3$，若用氧化剂可使反应迅速进行。至于 Ni(OH)$_2$，它不能与空气中的 O_2 作用，只能被强氧化剂如次氯酸、溴水等氧化。

$$2Co(OH)_2 + NaOCl + H_2O \longrightarrow 2Co(OH)_3 \downarrow + NaCl$$
$$2Ni(OH)_2 + NaOCl + H_2O \longrightarrow 2Ni(OH)_3 \downarrow + NaCl$$
$$2Co(OH)_2 + Br_2 + 2NaOH \longrightarrow 2Co(OH)_3 \downarrow + 2NaBr$$
$$2Ni(OH)_2 + Br_2 + 2NaOH \longrightarrow 2Ni(OH)_3 \downarrow + 2NaBr$$

在这些氢氧化物中，Fe(OH)$_3$ 略有两性，但碱性强于酸性，只有新沉淀出来的 Fe(OH)$_3$ 能溶于强的浓碱溶液，如热的浓 KOH 溶液可溶解 Fe(OH)$_3$ 而生成铁(Ⅲ)酸钾。

$$Fe(OH)_3 + KOH \longrightarrow KFeO_2 + 2H_2O$$

Fe(OH)$_3$ 溶于盐酸的情况和 Co(OH)$_3$、Ni(OH)$_3$ 不同。Fe(OH)$_3$ 和 HCl 作用仅发生中和反应，而 Co(OH)$_3$、Ni(OH)$_3$ 都是强氧化剂，它们与盐酸反应时，能将 Cl^- 氧化成 Cl_2。

$$Fe(OH)_3 + 3HCl \longrightarrow FeCl_3 + 3H_2O$$
$$2Co(OH)_3 + 6HCl \longrightarrow 2CoCl_2 + Cl_2 + 6H_2O$$

铁系元素氢氧化物的性质可归纳如下：

还原性增强 →

Fe(OH)$_2$(白色)	Co(OH)$_2$(粉红色)	Ni(OH)$_2$(绿色)
Fe(OH)$_3$(红棕色)	Co(OH)$_3$(棕色)	Ni(OH)$_3$(黑色)

氧化性增强 →

15.7.3 铁、钴、镍的盐

15.7.3.1 氧化态为+2的盐

氧化态为+2的铁、钴、镍的盐，在性质上有许多相似之处。它们与强酸形成的盐，如硝酸盐、硫酸盐、氯化物和高氯酸盐等都易溶于水，在水中有微弱的水解使溶液显酸性，它们的碳酸盐、磷酸盐、硫化物等弱酸盐都难溶于水。它们的可溶性盐类从溶液中析出时，常带有相同数目的结晶水。例如，它们的硫酸盐 $M^{II}SO_4 \cdot 7H_2O$（M=Fe、Co、Ni）都含 7 个结晶水，硝酸盐 $M^{II}(NO_3)_2 \cdot 6H_2O$ 常含 6 个结晶水。这些元素的+2 氧化态水合离子都显一定的颜色，这和它们的 M^{2+} 具有不成对的 d 电子有关。如 $[Fe(H_2O)_6]^{2+}$ 配离子为浅绿色，$[Co(H_2O)_6]^{2+}$ 配离子为粉红色，$[Ni(H_2O)_6]^{2+}$ 配离子为亮绿色。当从溶液中析出时，这些水合分子成结晶水共同析出，所以它们的盐也有颜色。但无水盐有不同的颜色，如 Fe^{2+} 为白色、Co^{2+} 为蓝色、Ni^{2+} 为黄色。铁、钴、镍的硫酸盐都能与碱金属或铵的硫酸盐形成复盐，如硫酸亚铁铵 $(NH_4)_2SO_4 \cdot FeSO_4 \cdot 6H_2O$，俗称摩尔盐。

常见的氧化态为 +2 的盐有 $FeSO_4$、$CoCl_2$ 和 $NiSO_4$ 等，下面分别作简单介绍。

A　$FeSO_4$

$FeSO_4$ 是比较重要的亚铁盐，将铁与稀硫酸反应，然后将溶液浓缩，冷却后析出绿色的 $FeSO_4 \cdot 7H_2O$ 晶体，俗称绿矾。工业上用氧化黄铁矿的方法来制取 $FeSO_4$。

$$Fe + H_2SO_4 \longrightarrow FeSO_4 + H_2$$
$$2FeS_2 + 7O_2 + 2H_2O \longrightarrow 2FeSO_4 + 2H_2SO_4$$

$FeSO_4 \cdot 7H_2O$ 加热失水可得白色的无水 $FeSO_4$，强热则分解成 Fe_2O_3 和硫的氧化物。$FeSO_4 \cdot 7H_2O$ 在空气中易风化失去一部分水，也易被氧化成黄褐色的碱式硫酸铁 $(Fe(OH)SO_4)$。因此，亚铁盐在空气中不稳定，易被氧化成 Fe(Ⅲ) 盐。在溶液中，亚铁盐的稳定性随介质的不同而异。酸性介质中，Fe^{2+} 较稳定，而在碱性介质中立即被氧化。因此，保存 Fe^{2+} 溶液应加入足够浓度的酸，必要时加入几颗铁钉来防止氧化。但是，即使在酸性溶液中，当有强氧化剂如 $KMnO_4$、$K_2Cr_2O_7$、Cl_2 等存在时，Fe^{2+} 也会被氧化成 Fe^{3+}。

亚铁盐在分析化学中是常用的还原剂，但通常使用的是它的复盐硫酸亚铁铵（摩尔盐），它比绿矾稳定得多。NO 与 Fe^{2+} 可生成棕色配离子 $[Fe(H_2O)_5NO]^{2+}$，分析化学上棕色环实验就是利用此反应。

$FeSO_4$ 与鞣酸反应可生成易溶的鞣酸亚铁，由于它在空气中易被氧化成黑色的鞣酸铁，可以用来制黑墨水。此外，绿矾可用于染色和木材防腐方面，在农业上可用作杀虫剂，用 $FeSO_4$ 浸种子，对防治大麦的黑穗病和条纹病效果较好。

B　$NiSO_4$ 和 $CoSO_4$

金属镍与硫酸和硝酸的混酸反应可生成 $NiSO_4$，也可将 NiO 或 $NiCO_3$ 溶于稀硫酸中制取 $NiSO_4$。$NiSO_4 \cdot 7H_2O$ 是绿色结晶，它大量用于电镀和催化剂领域。

$$2Ni + 2HNO_3 + 2H_2SO_4 \longrightarrow 2NiSO_4 + NO_2 + NO + 3H_2O$$

同样，钴的氧化物或碳酸盐溶于稀硫酸，也可得到 $CoSO_4 \cdot 7H_2O$ 红色结晶。$CoSO_4$ 和 $NiSO_4$ 都可以和碱金属或铁的硫酸盐形成复盐，如 $(NH_4)_2SO_4 \cdot NiSO_4 \cdot 6H_2O$。

C　$CoCl_2$ 和 $NiCl_2$

Fe(Ⅱ)、Co(Ⅱ)、Ni(Ⅱ) 的卤化物中比较重要的是钴和镍的二氯化物。钴或镍与 Cl_2 直接反应可得 $CoCl_2$ 和 $NiCl_2$。$CoCl_2$ 由于含结晶水数目不同而呈现不同颜色，它们的相互转变温度及特征颜色如下：

$$CoCl_2 \cdot 6H_2O \xrightarrow{325K} CoCl_2 \cdot 2H_2O \xrightarrow{363K} CoCl_2 \cdot H_2O \xrightarrow{393K} CoCl_2$$

　　　　粉红色　　　　　　　紫红色　　　　　　　紫蓝色　　　　　蓝色

做干燥剂用的硅胶常含有 $CoCl_2$，利用它吸水和脱水而发生的颜色变化来表示硅胶的吸湿情况。当干燥硅胶吸水后，逐渐由蓝色变为粉红色。升高温度时，又失水由粉红色变为蓝色。

$NiCl_2$ 与 $CoCl_2$ 同晶，在 1266K 时升华，它的水合物转变温度为：

$$NiCl_2 \cdot 7H_2O \xrightarrow{239K} NiCl_2 \cdot 6H_2O \xrightarrow{301K} NiCl_2 \cdot 4H_2O \xrightarrow{337K} NiCl_2 \cdot 2H_2O$$

无水 $NiCl_2$ 是黄褐色，水合 $NiCl_2$ 都是绿色晶体。无水 $NiCl_2$ 在乙醚或丙酮中的溶解度比无水 $CoCl_2$ 小得多，利用这一性质可分离钴和镍。

15.7.3.2　氧化态为+3的盐

氧化态为+3的可溶盐中，由于 Co(Ⅲ) 和 Ni(Ⅲ) 的强氧化性，只有铁能形成稳定的 Fe(Ⅲ) 盐。Co(Ⅲ) 盐只能存在于固态中，溶于水后会迅速分解为 Co(Ⅱ) 盐。Ni(Ⅲ) 盐尚未发现。

$$2CoCl_3 \longrightarrow 2CoCl_2 + Cl_2$$

Fe(Ⅲ) 盐的氧化性相对较弱，但在一定条件下，它仍具有较强的氧化性。在酸性溶液中，Fe^{3+} 可将 H_2S、KI、$SnCl_2$ 等氧化。

$$Fe^{3+} + \begin{cases} 2I^- \\ Sn^{2+} \\ H_2S \\ Cu \\ SO_2 \end{cases} \longrightarrow \begin{cases} I_2 \\ Sn^{4+} \\ S \\ Cu^{2+} \\ SO_4^{2-} \end{cases} + Fe^{2+}$$

Fe(Ⅲ) 盐中，$FeCl_3$ 比较重要，铁屑与 Cl_2 直接作用而得棕黑色的无水 $FeCl_3$。将铁溶于盐酸中，再往溶液中通入 Cl_2，经浓缩可得到 $FeCl_3 \cdot 6H_2O$ 晶体。无水 $FeCl_3$ 的熔点为 555K，沸点为 588K，易溶于有机溶剂（如乙醚或丙酮），它基本上属于共价型化合物。在 673K $FeCl_3$ 的蒸气中有双聚分子存在，其结构和 Al_2Cl_6 相似，1023K 以上分解为单分子。无水 $FeCl_3$ 在空气中易潮解。$FeCl_3$ 主要用于有机染料的生产。在印刷制版中，它可用作铜版的腐蚀剂，即把铜版上需要去掉的部分 Cu 和 $FeCl_3$ 反应变成 $CuCl_2$ 而溶解。此外，$FeCl_3$ 能引起蛋白质的迅速凝聚，所以在医疗上可用作伤口的止血剂。

$$Cu + 2FeCl_3 \longrightarrow CuCl_2 + 2FeCl_2$$

$FeCl_3$ 以及其他 Fe(Ⅲ) 盐溶于水后容易水解，而使溶液显酸性。Fe^{3+} 的水解过程很复杂，发生逐级水解：

$$[Fe(H_2O)_6]^{3+} + H_2O \Longrightarrow [Fe(OH)(H_2O)_5]^{2+} + H_3O^+ \quad K^{\ominus} \approx 2 \times 10^{-3}$$
淡紫色　　　　　　　　　　　黄色

$$[Fe(OH)(H_2O)_5]^{2+} + H_2O \Longrightarrow [Fe(OH)_2(H_2O)_4]^{2+} + H_3O^+ \quad K^{\ominus} \approx 5.5 \times 10^{-4}$$

随着 pH 值增大，羟基离子缩合成二聚的羟桥配合物 $[Fe(H_2O)_4(OH)_2Fe(H_2O)]^{4+}$，进一步缩聚形成多聚体，溶液颜色由黄色变为深棕色，最终析出红棕色胶状沉淀 $Fe_2O_3 \cdot xH_2O$，通常写作 $Fe(OH)_3$。加热和增大 pH 值，都可以促进水解，使溶液颜色加深；反之，加酸可抑制水解，使颜色变浅。在生产中，常使用 Fe^{3+} 水解析出 $Fe(OH)_3$ 沉淀的方法以除去杂质铁。例如铁试剂生产过程中，常用 H_2O_2 氧化 Fe^{2+} 为 Fe^{3+}，然后加碱，提高溶液的 pH 值，使 Fe^{3+} 成为

$Fe(OH)_3$ 沉淀析出。但这种方法的主要缺点是 $Fe(OH)_3$ 具有胶体的性质，不仅沉淀速度慢、过滤困难，而且使一些其他的物质被吸附而损失，通常应用凝聚剂使 $Fe(OH)_3$ 凝聚沉降或长时间加热煮沸以破坏胶体。当 Fe^{3+} 浓度较大时，从溶液中分离 $Fe(OH)_3$ 仍然是很困难的。现代工业生产中改用加入氧化剂（如 $NaClO_3$）至含 Fe^{2+} 的硫酸盐溶液中，使 Fe^{2+} 全部转化为 Fe^{3+}，控制 pH 值为 $1.6 \sim 1.8$、温度为 $358 \sim 368K$ 时，Fe^{3+} 发生水解，水解产物为浅黄色晶体 $M_2Fe_6(SO_4)_4(OH)_{12}$（$M = K^+$、Na^+、NH_4^+），俗称黄铁矾。黄铁矾颗粒大，沉淀速度快，容易过滤。

从上述 Fe^{3+} 的性质可以看出，它和前面学过的 Cr^{3+} 和 Al^{3+} 有许多类似之处。主要表现在：水溶液中都是以含有 6 个水分子的水合离子存在，都容易形成矾，遇适量的碱都生成难溶的胶状沉淀，这和它们的电荷相同、半径相近有关。但是，由于离子的电子层结构不同，它们之间又有差异。如：水合离子的颜色不同；$Al(OH)_3$ 和 $Cr(OH)_3$ 显两性，而 $Fe(OH)_3$ 的酸性很弱，主要显碱性；Cr^{3+} 和 NH_3 易形成配合物，而 Al^{3+} 和 Fe^{3+} 的水溶液中不易形成氨配合物等。这三种离子的相似性使它们在矿物中常常共存，它们的差异性常被利用于这些元素的分离。

15.7.4 铁、钴、镍的配合物

铁系元素能形成多种配合物，如铁不仅可以和 CN^-、F^-、$C_2O_4^{2-}$、SCN^-、Cl^- 等离子形成配合物，还可以与 CO、NO 等分子以及许多有机配合剂形成配合物。下面主要介绍氨配合物、氰配合物、硫氰配合物以及羰基配合物。

15.7.4.1 氨配合物

Fe^{2+} 难以形成稳定的氨配合物。在无水状态下，$FeCl_2$ 虽可以与 NH_3 形成 $[Fe(NH_3)_6]Cl_2$，但它遇水即按下式分解：

$$[Fe(NH_3)_6]Cl_2 + 6H_2O \longrightarrow Fe(OH)_2 + 4NH_3 \cdot H_2O + 2NH_4Cl$$

对 Fe^{3+} 而言，由于其水合离子发生强烈水解，所以在水溶液中加入氨时，不是形成氨配合物，而是形成 $Fe(OH)_3$ 沉淀。

将过量的氨水加入 Co^{2+} 的水溶液中，即可生成可溶性的 $[Co(NH_3)_6]^{2+}$ 配离子。但是 $[Co(NH_3)_6]^{2+}$ 不稳定，空气中的 O_2 能把 $[Co(NH_3)_6]^{2+}$ 氧化成 $[Co(NH_3)_6]^{3+}$。

$$4[Co(NH_3)_6]^{2+} + O_2 + 2H_2O \longrightarrow 4[Co(NH_3)_6]^{3+} + 4OH^-$$

当 Co(Ⅱ) 形成氨合物后，其电极电势发生了很大变化：

$$[Co(H_2O)_6]^{3+} + e \longrightarrow [Co(H_2O)_6]^{2+} \quad E_a^{\ominus} = 1.84V$$

$$[Co(NH_3)_6]^{3+} + e \longrightarrow [Co(NH_3)_6]^{2+} \quad E_a^{\ominus} = 0.1V$$

可见，氨配位前的 $E_a^{\ominus} = 1.84V$ 降至氨配位后的 $E_a^{\ominus} = 0.1V$，这说明氧化态为 +3 的钴由于形成氨配合物而变得相当稳定，以致空气中的氧能把 $[Co(NH_3)_6]^{2+}$ 氧化成稳定的 $[Co(NH_3)_6]^{3+}$。磁矩的测定证明，$[Co(NH_3)_6]^{2+}$ 配离子中仍保持着 2 个未成对的电子，而 $[Co(NH_3)_6]^{3+}$ 配离子已没有未成对电子，这也说明了为什么 $[Co(NH_3)_6]^{3+}$ 比 $[Co(NH_3)_6]^{2+}$ 稳定。

镍与钴不同，镍与氨能形成稳定的蓝色 $[Ni(NH_3)_6]^{2+}$ 配离子，磁矩测量表明，$[Ni(NH_3)_6]^{2+}$ 配离子中有 2 个未成对的电子。

15.7.4.2 硫氰配合物

Fe^{3+} 的溶液中加入 KSCN 或 NH_4SCN，溶液即出现血红色。

$$Fe^{3+} + nSCN^- \longrightarrow [Fe(SCN)_n]^{3-n}$$

$n=1\sim6$，随 SCN^- 的浓度而异。这一反应非常灵敏，常用以检测 Fe^{3+} 和比色测定 Fe^{3+}。反应需在酸性环境中进行，因为溶液酸度小时，Fe^{3+} 发生水解生成 $Fe(OH)_3$，破坏了异硫氰配合物而得不到血红色溶液。$[Fe(SCN)_n]^{3-n}$ 配离子能溶于乙醚或异戊醇，当 Fe^{3+} 浓度很低时，能够用乙醚或异戊醇进行萃取，可得到较好的效果。

Co^{2+} 与 KSCN 反应生成蓝色的 $[Co(SCN)_4]^{2-}$ 配离子，它在水溶液中易离解成简单离子。但是 $[Co(SCN)_4]^{2-}$ 易溶于丙酮或戊醇，在有机溶剂中比较稳定，可用于比色分析。

镍的硫氰配合物很不稳定。

15.7.4.3 氰配合物

Fe^{3+}、Co^{3+}、Fe^{2+}、Co^{2+}、Ni^{2+} 都能与 CN^- 形成配合物。Fe^{2+} 与 KCN 溶液作用，首先得到白色的 $Fe(CN)_2$ 沉淀，KCN 过量时沉淀溶解，生成 $[Fe(CN)_6]^{4-}$。从溶液中析出来的黄色晶体 $K_4[Fe(CN)_6] \cdot 3H_2O$，称为六氰合铁（Ⅱ）酸钾或亚铁氰化钾，俗称黄血盐。$[Fe(CN)_6]^{4-}$ 在水溶液中相当稳定，几乎检验不出有 Fe^{2+} 的存在。

$$FeSO_4 + 2KCN \longrightarrow Fe(CN)_2 + K_2SO_4$$
$$Fe(CN)_2 + 4KCN \longrightarrow K_4[Fe(CN)_6]$$

向黄血盐溶液中通入 Cl_2 或加入其他氧化剂，把 Fe（Ⅱ）氧化成 Fe（Ⅲ），得到六氰合铁（Ⅲ）酸钾或铁氰化钾（$K_3[Fe(CN)_6]$）。它的晶体为深红色，俗称赤血盐。

$$2K_4[Fe(CN)_6] + Cl_2 \longrightarrow 2K_3[Fe(CN)_6] + 2KCl$$

Fe^{3+} 与 $[Fe(CN)_6]^{4-}$ 反应可以得到普鲁士蓝，$[Fe(CN)_6]^{3-}$ 与 Fe^{2+} 反应得到滕氏蓝沉淀。

$$Fe^{2+} + [Fe(CN)_6]^{3-} \longrightarrow Fe_3[Fe(CN)_6]_2 \downarrow$$
滕氏蓝

$$Fe^{3+} + [Fe(CN)_6]^{4-} \longrightarrow Fe_4[Fe(CN)_6]_3 \downarrow$$
普鲁士蓝

这两个反应常用来分别鉴定 Fe^{2+} 和 Fe^{3+}。上述蓝色配合物广泛用于油漆和油墨工业，也用于蜡笔、图画颜料的制造。

钴和镍也可以形成氰配合物。用 KCN 处理 Co(Ⅱ) 盐溶液，有红色的氰化钴析出，将它溶于过量的 KCN 溶液，可析出紫色的六氰合钴（Ⅱ）酸钾晶体。该配合物很不稳定，将溶液稍稍加热，就会发生下列反应：

$$2[Co(CN)_6]^{4-} + 2H_2O \longrightarrow 2[Co(CN)_6]^{3-} + 2OH^- + H_2$$

所以，$[Co(CN)_6]^{4-}$ 是一个相当强的还原剂，相应的 $[Co(CN)_6]^{3-}$ 稳定得多。

Ni^{2+} 与 CN^- 反应先生成灰蓝色水合氰化物沉淀，此沉淀溶于过量的 CN^- 溶液中，

形成橙黄色的 $[Ni(CN)_4]^{2-}$。此配合物是 Ni^{2+} 最稳定的配合物之一，具有平面正方形结构；在较浓的 CN^- 溶液中，可形成深红色的 $[Ni(CN)_5]^{3-}$。

15.7.4.4　羰基配合物

第一过渡系从钒到镍，第二过渡系从钼到铑，第三过渡系从钨到铱等元素都能与 CO 形成羰基配合物。在这些配合物中，金属的氧化态为零，甚至为负值，如 $Ni(CO)_4$、$Fe(CO)_4^{2-}$、$Co(CO)_4^-$。简单的羰基配合物的结构有一个普遍的特点：每个金属原子的价电子数与 CO 分子提供的孤对电子数加在一起满足 18 电子结构规则，例如 $Fe(CO)_5$、$Ni(CO)_4$、$Cr(CO)_6$、$Mo(CO)_6$ 等。

在金属羰基配合物中，CO 的碳原子提供孤电子对，与金属原子形成 σ 配键。但是，如果只生成通常的 σ 配键，由配体给予电子到金属的空轨道，则金属原子上的负电荷会积累过多而使羰基配合物稳定性降低，这与羰基配合物的稳定性不符。现代化学键理论认为，CO 一方面提供孤电子对给予中心金属原子的空轨道形成 σ 键；另一方面 CO 空的反键 π^* 轨道可以和金属原子的 d 轨道重叠生成 π 键，这种 π 键是由金属原子单方面提供电子到配体的空轨道，称为反馈 π 配键，如图 15-7 所示。这种反馈键的形成减少了由于生成 σ 配键而引起的中心金属原子上过多的负电荷积累，从而促进 σ 配键的形成。这两种成键作用相互配合、相互促进，增强了羰基配合物的稳定性。

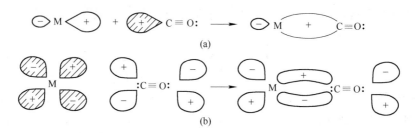

图 15-7　羰基配合物中的化学键

(a) σ 配键；(b) 反馈键

很多羰基配合物可用过渡金属与 CO 直接反应合成。例如，常温常压下，活性镍粉在 CO 气流中轻微地加热得到无色 $Ni(CO)_4$。在 473K、$2\sim20MPa$ 下，活性铁粉和 CO 作用产生黄色 $Fe(CO)_5$。此外，也可通过其他方法制备羰基化合物。例如，橙黄色的 $[Co_2(CO)_8]$ 可在 $393\sim473K$ 和 $25\sim30MPa$ 下，用 H_2 还原 $CoCO_3$ 制得。

$$2CoCO_3 + 2H_2 + 8CO \longrightarrow Co_2(CO)_8 + 2CO_2 + 2H_2O$$

羰基配合物的熔、沸点一般都比相应的金属化合物低，容易挥发，受热易分解，易溶于非极性溶剂。利用金属羰基配合物的生成和分解，可以制备纯度很高的金属。例如，Ni 和 CO 很容易反应生成 $Ni(CO)_4$，它在 423K 就分解为 Ni 和 CO，从而制得高纯度的镍粉。某些金属羰基配合物及其衍生物在一些有机合成中用作催化剂。

值得特别注意的是，羰基配合物都有毒。例如，吸入 $Ni(CO)_4$ 能使红血球和 CO 分子相结合，血液把胶态镍带到全身的各器官，这种中毒很难治疗。所以制备羰基配合物必须在与外界隔绝的容器中进行。

除上述单核羰基配合物外，过渡金属还可形成双核以及多核的羰基配合物，如 $Mn_2(CO)_{10}$、$Co_2(CO)_8$、$Fe_2(CO)_9$、$Fe_2(CO)_{12}$ 等。$Mn_2(CO)_{10}$ 是典型的双核羰基配合物，其中 Mn—Mn 直接成键，每个锰原子与 5 个 CO 分子形成八面体配位中的五个配位，第六个配位位置通过 Mn—Mn 键互相提供。$Co_2(CO)_8$ 的结构与 $Mn_2(CO)_{10}$ 相似。

15.8　铜副族元素

英文注解

铜副族（ⅠB）和锌副族（ⅡB）同属元素周期表的 ds 区，它们的价电子构型分别为：$(n-1)d^{10}ns^1$ 和 $(n-1)d^{10}ns^2$。这两族元素的最外层电子数分别与碱金属和碱土金属相同，因而在某些化合物的性质方面，第ⅠB 与第ⅠA 族，第ⅡB 与第ⅡA 族元素有一些相似之处。但从次外层电子构型来说，第ⅠB 族与第ⅡB 族为 18 个电子，屏蔽较小，故第ⅠB 与第ⅡB 族元素的某些性质又存在很大的差异。

15.8.1　铜副族元素的通性

铜副族元素包括铜 Cu（Copper）、银 Ag（Silver）、金 Au（Gold）和𬬭 Rg（Roentgenium）。Rg 是一种人工合成的放射性化学元素，表 15-5 列出了铜副族元素的基本性质。铜族元素最常见的氧化态分别为：铜是+2，银是+1，金是+3。铜族元素之所以有多种氧化态，是由于铜族元素最外层的 ns 电子和次外层的 $(n-1)d$ 电子的能量相差不大。铜的第一电离势为 745.3kJ/mol，第二电离势为 1957.3kJ/mol。当铜与其他元素反应时，最外层的 s 电子和次外层的 $(n-1)$ d 电子都可能参加反应。而碱金属的第一电离势和第二电离势能量差很大，在一般条件下很难失去第二个电子，氧化数只能为+1。碱金属离子一般是无色的，铜族水合离子大多数显颜色。与同周期的碱金属相比，铜族元素的原子半径较小，第一电离势较大，在物理性质上表现出较高的熔点和沸点，良好的延展性、导热性和导电性。

表 15-5　铜副族元素的基本性质

性　质		铜（Cu）	银（Ag）	金（Au）
原子序数		29	47	70
相对原子质量		63.546	107.868	196.9665
价电子结构		$3d^{10}4s^1$	$4d^{10}5s^1$	$5d^{10}6s^1$
常见氧化态		+1、+2	+1	+1、+3
金属半径/pm		128	144	144
离子半径/pm	M^+	77	115	137
	M^{2+}	73	94	
	M^{3+}	54	75	85
第一电离势/kJ·mol^{-1}		745.3	730.8	889.9
第二电离势/kJ·mol^{-1}		1957.3	2072.6	1973.3
第三电离势/kJ·mol^{-1}		3577.6	3359.4	2895

性　　质	铜（Cu）	银（Ag）	金（Au）
$M^+(g)$水化能/$kJ \cdot mol^{-1}$	−582	−485	−644
$M^{2+}(g)$水化能/$kJ \cdot mol^{-1}$	−2121		
升华热/$kJ \cdot mol^{-1}$	331	284	385
密度(293K)/$g \cdot cm^{-3}$	8.93	10.49	19.32
电阻率(293K)/$\mu\Omega \cdot cm^{-1}$	1.673	1.59	2.35
电负性	1.90	1.93	2.54
$E^\ominus(M^+/M)/V$	0.521	0.799	1.692
$E^\ominus(M^{2+}/M)/V$	0.337		
$E^\ominus(M^{3+}/M)/V$			1.498
熔点/℃	1083	962	1064
沸点/℃	2570	2155	2808
硬度（金刚石=10）	3	2.7	2.5
导电性（Hg=1）	57	59	10

铜族元素从 Cu 到 Au，原子半径增加不大，而核电荷数明显增加，次外层 18e 构型的屏蔽效应又较小，亦即有效核电荷对价电子的吸引力增大。第ⅠB族元素都是不活泼的重金属，在空气中比较稳定，与水几乎不起反应。从上到下按照 Cu、Ag、Au 的顺序金属活泼性递减。由于 18e 结构的离子具有很强的极化力和明显的变形性，所以第ⅠB族的化合物有相当程度的共价性。第ⅠB族的氢氧化物碱性较弱，且不稳定，易脱水形成氧化物。另外，铜族元素离子的 d、s、p 轨道能量相差不大，能级较低的空轨道较多，所以第ⅠB族的离子有很强的配合能力，形成配合物的倾向也很显著。

15.8.2 铜族元素的单质

15.8.2.1 铜的存在和冶炼

铜、银和金是人类最早发现和使用的金属，因其化学性质不活泼，所以它们都以单质状态存在于自然界中。铜在自然界中分布非常广泛，我国的铜矿储量居世界第三位。在自然界中，铜以三种形式存在，第一种是游离铜，但是其矿床很少；第二种是硫化物，主要铜矿有辉铜矿（Cu_2S）、黄铜矿（$CuFeS_2$）；第三种是氧化矿，如赤铜矿（Cu_2O）、孔雀石（$CuCO_3 \cdot Cu(OH)_2$）、胆矾（$CuSO_4 \cdot 5H_2O$）等。我国的铜矿共伴生矿多，所占比例为 72.9%，单一矿仅占 27%。铜矿储量的平均品位为 0.87%，在大型矿床中，品位大于 1% 的铜储量仅占 13.2%。因此冶炼前需经选矿，使矿石得到富集。一般先经过粗磨、粗选、扫选，再将精矿再磨、再精选得到高品位铜精矿和硫精矿，最后进行火法冶炼和电解精炼。

铜的冶炼随矿石性质的不同而不同。铜的氧化物矿可直接用焦炭在高温下还原，还可用稀硫酸或配位化合物的水溶液浸出，经这样的湿法处理后再进行电解，获得金属铜。从黄铜矿中提炼铜的基本过程为：

（1）富集。将黄铜矿进行浮选。

（2）氧化焙烧。在 650~800°C 温度下，对铜精矿进行氧化焙烧，使部分硫化物变成氧化物。

$$2CuFeS_2 + O_2 \longrightarrow Cu_2S + 2FeS + SO_2$$
$$2FeS + 3O_2 \longrightarrow 2FeO + 2SO_2$$

（3）反射炉熔炼制粗铜。把焙烧过的矿石与砂子混合，在反射炉中经 1500~1550°C 的高温熔炼，FeO 和 SiO_2 形成熔渣（$FeSiO_3$）。它因密度小而浮在上层，Cu_2S 和剩余的 FeS 结成熔体，此熔体称为"冰铜"，冰铜较重，沉于下层。

（4）冰铜吹炼制泡铜。所得到的熔融冰铜立即进入转炉，鼓风熔炼，将压缩空气吹入熔融的冰铜中，得到含铜98%左右的粗铜。

$$2Cu_2S + 3O_2 \longrightarrow 2Cu_2O + 2SO_2$$
$$2Cu_2O + Cu_2S \longrightarrow 6Cu + SO_2$$

在此过程中，所得粗铜中含有 1%~2% 的杂质，在浇铸时有气体逸出，使铜块表面粗糙、有气泡，所以称之为泡铜。除去 FeO 与加入 SiO_2 形成的炉渣，生成的 SO_2 气体可用来制作硫酸。

（5）氧化精炼。将泡铜在阳极炉中熔化，吹入少量空气进行精炼。经火法精炼后的铜含 99.5%~99.7% 的精铜和 0.3%~0.5% 的杂质。但是，这种铜的导电性还不够高，为了满足电气工业的要求，还需要电解精炼，以便获得高导电性、更纯的铜。

（6）电解精炼。将阳极铜板在以 $CuSO_4$ 酸性溶液作电解液的电解池中进行电解，在纯铜阴极上析出 99.95% 的高纯铜，在阳极铜板中含有不溶性的杂质，沉淀在电解池的底部，称为阳极泥。可回收其中的金属有 Au、Ag、Pt、Pd、Se 和 Te 等，电解液中的 Ni 和 Co 也可回收。

15.8.2.2 银、金的存在和冶炼

银主要以游离态或硫化物形式存在。除较少的闪银矿（Ag_2S）外，硫化银常与方铅矿共生。金矿主要是以游离态自然金存在，自然金有岩脉金（散布在岩石中）和冲积金（存在于沙砾中）两种。

银矿和金矿中银、金的含量较低，都可采用氰化法提炼。氰化法是用稀的 KCN 或 NaCN 溶液处理粉碎的矿石。

$$Ag_2S + 4NaCN \longrightarrow 2Na[Ag(CN)_2] + Na_2S$$
$$4Ag + 8NaCN + 2H_2O + O_2 \longrightarrow 4Na[Ag(CN)_2] + 4NaOH$$
$$4Au + 8NaCN + 2H_2O + O_2 \longrightarrow 4Na[Au(CN)_2] + 4NaOH$$

浸液经富集增浓，然后用金属锌进行置换，可得到银粉、金粉。

$$2Na[Ag(CN)_2] + Zn \longrightarrow 2Ag + Na_2[Zn(CN)_4]$$
$$2Na[Au(CN)_2] + Zn \longrightarrow 2Au + Na_2[Zn(CN)_4]$$

15.8.2.3 单质的性质和用途

铜、银、金的颜色分别是紫红色、银白色和黄色。铜族单质的密度大、熔沸点高、硬度高，具有优良的导电性、导热性。在所有金属中，银的导电性最好，其次是铜。银的导电性和导热性在金属中占第一位。铜族金属之间以及和其他金属之间，

都易形成合金。其中铜合金种类很多，如黄铜（60%Cu 和 40%Zn），青铜（80% Cu，15%Sn 和 5%Zn），白铜（0~50%Cu，18%~20%Ni，13%~15%Zn）等。铜在电气工业中常作为导电材料，但是极微量的杂质，特别是砷和锑的存在会大大降低铜的导电性，因此制造电线必须用高纯度的电解铜。由于铜族金属均是面心立方晶体，有较多的滑移面，所以它们的延展性很好。1g 金能抽成长达 3km 的金丝或压成厚约 0.0001mm 的金箔。

铜族元素的化学性质不很活泼，并按 Cu、Ag、Au 的顺序递减。银和金在空气中很稳定，可长时间保持明亮的金属光泽。铜在常温下也很稳定，不与干燥空气中的 O_2 化合，在水中也不发生反应；加热时与空气中的 O_2 反应，产生黑色的 CuO 或 Cu_2O。在潮湿的空气中，铜会与 CO_2 反应，在其表面形成一层铜绿。

$$2Cu + O_2 + H_2O + CO_2 \longrightarrow Cu(OH)_2 \cdot CuCO_3$$

铜族元素都没有氢活泼，不能与稀酸发生置换反应。但是铜可缓慢溶解于含有氧化剂的稀酸中。

$$2Cu + 4HCl + O_2 \longrightarrow 2CuCl_2 + 2H_2O$$
$$Cu + 2H^+ + ClO^- \longrightarrow Cu^{2+} + Cl^- + H_2O$$

浓盐酸在加热时也能与铜反应，这是因为 Cl^- 和 Cu^+ 形成配离子 $[CuCl_4]^{3-}$。

$$2Cu + 8HCl(浓) \longrightarrow 2H_3[CuCl_4] + H_2$$

铜易被硝酸、热浓硫酸等氧化性酸氧化而溶解。

$$Cu + 4HNO_3(浓) \longrightarrow Cu(NO_3)_2 + 2NO_2 + 2H_2O$$
$$3Cu + 8HNO_3(稀) \longrightarrow 3Cu(NO_3)_2 + 2NO + 4H_2O$$
$$Cu + 2H_2SO_4(浓) \longrightarrow CuSO_4 + SO_2 + 2H_2O$$

银与酸的反应与铜相似，但更困难一些。

$$2Ag + 2H_2SO_4(浓) \longrightarrow Ag_2SO_4 + SO_2 + 2H_2O$$

而金只能溶解在王水中。

$$Au + 4HCl + HNO_3 \longrightarrow HAuCl_4 + NO + 2H_2O$$

铜、银、金在强碱中均很稳定；空气中如含有 H_2S 气体跟银接触后，银的表面很快会生成一层 Ag_2S 黑色薄膜而使银失去白色光泽。

铜族元素都能和卤素反应，但反应程度按 Cu→Ag→Au 的顺序逐渐下降。铜在常温下就能与卤素作用，银作用很慢，金则需在加热时才能同干燥的卤素起作用。

15.8.3　铜族元素的主要化合物

15.8.3.1　铜的化合物

铜的特征氧化数为+2，也有氧化数为+1、+3 的化合物。氧化数为+3 的化合物有 Cu_2O_3、$KCuO_2$、$K_3[CuF_6]$。

A　氧化数为+1 的化合物

a　Cu_2O

选用温和的还原剂，如葡萄糖、羟氨、酒石酸钾钠或 Na_2SO_3 在碱性溶液中还原 Cu（Ⅱ），可以得 Cu_2O。分析化学上利用 Cu（Ⅱ）和葡萄糖的反应测定醛，医学上利用这个反应来检查糖尿病。

$$2[Cu(OH)_4]^{2-} + CH_2OH(CHOH)_4CHO \longrightarrow$$
$$Cu_2O + 4OH^- + CH_2OH(CHOH)_4COOH + 2H_2O$$

由于制备方法和条件的不同，Cu_2O 晶粒大小各异，而呈现多种颜色，如黄、橘黄、鲜红或深棕色。Cu_2O 溶于稀硫酸，立即发生歧化反应。

$$Cu_2O + H_2SO_4 \longrightarrow Cu_2SO_4 + H_2O$$
$$Cu_2SO_4 \longrightarrow CuSO_4 + Cu$$

Cu_2O 对热十分稳定，在 1508K 时熔化而不分解。Cu_2O 不溶于水，可溶于氨水和氢卤酸，分别形成稳定的无色配合物 $[Cu(NH_3)_2]^+$ 和 $[CuX_2]^-$。$[Cu(NH_3)_2]^+$ 很快被空气中的 O_2 氧化成蓝色的 $[Cu(NH_3)_4]^{2+}$，利用这个反应可以除去气体中的 O_2。

$$Cu_2O + 4NH_3 \cdot H_2O \longrightarrow 2[Cu(NH_3)_2]^+ + 2OH^- + 3H_2O$$
$$2[Cu(NH_3)_2]^+ + 4NH_3 \cdot H_2O + \frac{1}{2}O_2 \longrightarrow 2[Cu(NH_3)_4]^{2+} + 2OH^- + 3H_2O$$

Cu_2O 可用于制造船舶底防污漆，可杀死低级海生动物，能用作农业上的杀菌剂、陶瓷和搪瓷的着色剂、红色玻璃染色剂及电器工业中的整流器材料。

b　CuX

$CuSO_4$ 溶液中逐滴加入 KI 溶液，可以看到生成白色的 CuI 沉淀和棕色的 I_2。

$$2Cu^{2+} + 4I^- \longrightarrow 2CuI + I_2$$

已知 $E^\ominus(Cu^{2+}/Cu^+) = 0.153V$，在碘离子存在时，由于生成 CuI 沉淀，使得 $E^\ominus(Cu^{2+}/Cu^+)$ 变大。通过计算得到 $E^\ominus(Cu^{2+}/CuI) = 0.86V$，大于 $E^\ominus(I_2/I^-)$（0.5355V），所以 Cu^{2+} 能氧化 I^-。由于这个反应能迅速定量进行，反应析出的 I_2 可用标准 $Na_2S_2O_3$ 溶液滴定，所以分析化学常用此方法定量测定铜。在含有 $CuSO_4$ 及 KI 的热溶液中，通入 SO_2，由于溶液中棕色的 I_2 与 SO_2 反应而褪色，因此白色 CuI 沉淀就看得更清楚，其反应式为：

$$2Cu^{2+} + 4I^- \longrightarrow 2CuI + I_2$$
$$I_2 + SO_2 + 2H_2O \longrightarrow H_2SO_4 + 2HI$$

$CuCl_2$ 或 $CuBr_2$ 的热溶液与各种还原剂，如 SO_2、$SnCl_2$ 等反应可以得到白色 CuCl 或 CuBr 沉淀。

$$2CuCl_2 + SO_2 + 2H_2O \longrightarrow 2CuCl + H_2SO_4 + 2HCl$$

在热浓盐酸中，用 Cu 将 $CuCl_2$ 还原，也可以制得 CuCl。

$$Cu + CuCl_2 \longrightarrow 2CuCl$$

CuCl 在不同浓度的 KCl 溶液中，可以形成 $[CuCl_2]^-$、$[CuCl_3]^{2-}$ 及 $[CuCl_4]^{3-}$ 等配离子。

c　Cu_2S

Cu_2S 是难溶的黑色物质，它可由过量的铜和硫加热制得。

$$2Cu + S \longrightarrow Cu_2S$$

d　Cu(Ⅰ) 的配合物

Cu^+ 也能形成许多配合物，其配位数可以为 2、3、4。配位数为 2 的配离子，采取 sp 杂化轨道成键，几何构型为直线形，如 [CuCl$_2$]$^-$。配位数为 4 的配离子，采取 sp^3 杂化轨道成键，几何构型为四面体，如 [Cu(CN)$_4$]$^{3-}$。

Cu^{2+} 与 CN$^-$ 形成的配合物在常温下是不稳定的。室温时，向 Cu^{2+} 溶液中加入 CN$^-$，得到氰化铜的棕黄色沉淀，随即分解生成白色 CuCN 并放出氰气。继续加入过量的 CN$^-$，CuCN 溶解，生成稳定的 [Cu(CN)$_4$]$^{3-}$ 配离子。

$$2Cu^{2+} + 4CN^- \longrightarrow 2CuCN\downarrow + (CN)_2\uparrow$$

$$CuCN + 3CN^- \longrightarrow [Cu(CN)_4]^{3-}$$

Cu(Ⅰ) 氰配离子可用作镀铜的电镀液，但因氰化物有毒，随着生产工艺的迅速发展，已经以焦磷酸铜配离子 [Cu(P$_2$O$_7$)$_2$]$^{6-}$ 取代氰化法镀铜。

B 氧化数为 +2 的化合物

a CuO 和 Cu(OH)$_2$

CuSO$_4$ 溶液中加入强碱，生成淡蓝色的 Cu(OH)$_2$ 沉淀。Cu(OH)$_2$ 的热稳定性比碱金属氢氧化物差得多，受热易分解，加热至 353K 时，Cu(OH)$_2$ 脱水变为黑褐色的 CuO。

CuO 是碱性氧化物，加热时易被 H$_2$、C、CO、NH$_3$ 等还原为铜。

$$3CuO + 2NH_3 \longrightarrow 3Cu + 3H_2O + N_2$$

CuO 对热比较稳定，只有超过 1273K 时，才会发生明显的分解作用。

$$2CuO \longrightarrow Cu_2O + \frac{1}{2}O_2$$

Cu(OH)$_2$ 微显两性，既溶于酸，又溶于过量的浓碱溶液中。

$$Cu(OH)_2 + H_2SO_4 \longrightarrow CuSO_4 + 2H_2O$$

$$Cu(OH)_2 + 2NaOH \longrightarrow Na_2[Cu(OH)_4]$$

向 CuSO$_4$ 溶液中加入少量氨水，得到的不是 Cu(OH)$_2$，而是浅蓝色的碱式硫酸铜 Cu$_2$(OH)$_2$SO$_4$ 沉淀。

$$2CuSO_4 + 2NH_3 \cdot H_2O \longrightarrow (NH_4)_2SO_4 + Cu_2(OH)_2SO_4\downarrow$$

若继续加入氨水，Cu$_2$(OH)$_2$SO$_4$ 沉淀溶解，得到深蓝色的 [Cu(NH$_3$)$_4$]$^{2+}$ 配离子。

$$Cu_2(OH)_2SO_4 + 8NH_3 \longrightarrow 2[Cu(NH_3)_4]^{2+} + SO_4^{2-} + 2OH^-$$

[Cu(NH$_3$)$_4$]$^{2+}$ 溶液具有溶解纤维的性能，在所得的纤维溶液中再加酸时，纤维又可沉淀析出。工业上利用这种性质来制造人造丝，先将棉纤维溶于铜氨溶液中，然后从很细的喷丝嘴中将溶解了棉纤维的铜氨溶液喷注于稀酸中，纤维素以细长而具有蚕丝光泽的细丝从稀酸中沉淀出来。

b CuX$_2$

除 CuI$_2$ 不存在外，其他 CuX$_2$ 都可借助 CuO 和氢卤酸反应来制备。

$$CuO + 2HCl \longrightarrow CuCl_2 + H_2O$$

CuX$_2$ 随 X$^-$ 变形性的增大，颜色加深。CuCl$_2$ 在很浓的溶液中显黄绿色，在浓溶液中显绿色，在稀溶液中显蓝色。黄色是由于 [CuCl$_4$]$^{2-}$ 配离子的存在，蓝色是由于 [Cu(H$_2$O)$_6$]$^{2+}$ 配离子的存在，两者并存时显绿色。CuCl$_2$ 在空气中潮解，它不但易溶于水，而且易溶于乙醇和丙酮。CuCl$_2$ 与碱金属氯化物反应，生成

$M^I[CuCl_3]$ 或 $M_2^I[CuCl_4]$ 型配盐，与盐酸反应生成 $H_2[CuCl_4]$ 配酸。

$CuCl_2 \cdot 2H_2O$ 受热时，按下式分解：

$$2CuCl_2 \cdot 2H_2O \longrightarrow Cu(OH)_2 \cdot CuCl_2 + 2HCl$$

制备无水 $CuCl_2$ 时，需要在 HCl 气流中加热 $CuCl_2 \cdot 2H_2O$ 到 $413 \sim 423K$。无水 $CuCl_2$ 进一步受热，分解生成 CuCl。

$$2CuCl_2 \longrightarrow CuCl + Cl_2$$

c $CuSO_4$

$CuSO_4 \cdot 5H_2O$ 俗名胆矾或蓝矾，是蓝色斜方晶体，它可用热浓硫酸溶解铜屑或在 O_2 存在时用热稀硫酸与铜屑反应而制得。

$$Cu + 2H_2SO_4(浓) \longrightarrow CuSO_4 + SO_2 + 2H_2O$$

$$2Cu + 2H_2SO_4(稀) + O_2 \longrightarrow 2CuSO_4 + 2H_2O$$

CuO 与稀硫酸反应，经蒸发浓缩也可得到 $CuSO_4 \cdot 5H_2O$。$CuSO_4 \cdot 5H_2O$ 在不同温度下，发生下列变化：

$$CuSO_4 \cdot 5H_2O \xrightarrow{375K} CuSO_4 \cdot 3H_2O \xrightarrow{386K} CuSO_4 \cdot H_2O \xrightarrow{531K} CuSO_4 \xrightarrow{923K} CuO$$

实验证明，$CuSO_4 \cdot 5H_2O$ 中各个水分子的结合力不完全相同，其中 4 个水分子以配位键与 Cu^{2+} 结合（配位水），第五个水分子以氢键与 2 个配位水分子和 SO_4^{2-} 相连（阴离子水）。加热失水时，先失去 Cu^{2+} 周围的 2 个非氢键配位水，再失去 2 个氢键配位水，最后失去阴离子水。

无水 $CuSO_4$ 为白色粉末，不溶于乙醇和乙醚。其吸水性很强，吸水后显出特征的蓝色。利用这一性质可以检验乙醇、乙醚等有机溶剂中的微量水分，也可以用无水 $CuSO_4$ 从这些有机物中除去水分。$CuSO_4$ 是制备其他含铜化合物的重要原料，在工业上用于镀铜颜料。在农业上同石灰乳混合得到波尔多液，通常的配方是：$CuSO_4 \cdot 5H_2O : CaO : H_2O = 1 : 1 : 100$，波尔多液在农业上，尤其在果园中是最常用的杀菌剂。

d $Cu(NO_3)_2$

硝酸铜的水合物有 $Cu(NO_3)_2 \cdot 3H_2O$、$Cu(NO_3)_2 \cdot 6H_2O$ 和 $Cu(NO_3)_2 \cdot 9H_2O$。将 $Cu(NO_3)_2 \cdot 3H_2O$ 加热到 443K 时，得到碱式盐 $Cu(NO_3)_2 \cdot Cu(OH)_2$，进一步加热到 473K 时则分解为 CuO。

制备 $Cu(NO_3)_2$ 是将铜溶于乙酸乙酯的 N_2O_4 溶液中，从溶液中结晶析出 $Cu(NO_3)_2N_2O_4$。将它加热到 363K，得到蓝色的 $Cu(NO_3)_2$。$Cu(NO_3)_2$ 在真空中加热到 473K，升华但不分解。

e   CuS

$CuSO_4$ 溶液中，通入 H_2S，析出黑色 CuS 沉淀。CuS 不溶于水，也不溶于稀酸，但溶于热的稀 HNO_3 中。

$$3CuS + 8HNO_3 \longrightarrow 3Cu(NO_3)_2 + 2NO + 3S + 4H_2O$$

CuS 也溶于 KCN 溶液中，生成 $[Cu(CN)_4]^{3-}$。

$$2CuS + 10CN^- \longrightarrow 2[Cu(CN)_4]^{3-} + (CN)_2\uparrow + 2S^{2-}$$

f　Cu（Ⅱ）的配合物

Cu^{2+} 的外层电子构型为 $3s^2 3p^6 3d^9$。Cu^{2+} 带有 2 个正电荷，比 Cu^+ 更容易形成配合物。Cu^{2+} 的配位数为 2、4、6，其中配位数为 2 的配合物较少。

Cu^{2+} 溶解在过量的水中，会形成蓝色的水合离子 $[Cu(H_2O)_6]^{2+}$。向 $[Cu(H_2O)_6]^{2+}$ 溶液中加入氨水，生成深蓝色的 $[Cu(NH_3)_4(H_2O)]^{2+}$，第五、六个水分子的取代比较困难，$[Cu(NH_3)_6]^{2+}$ 仅能在液氨中制得。Cu^{2+} 还能与卤素、羟基、焦磷酸根离子形成配离子。Cu^{2+} 与卤素离子形成 $[MX_4]^{2-}$ 型配合物，但它们在水溶液中稳定性较差。Cu（Ⅱ）配离子有变形八面体或平面正方形结构。在不规则的八面体中，有 4 个等长的短键和 2 个长键，2 个长键在八面体相对的两个端点。对于 $[Cu(NH_3)_4(H_2O)]^{2+}$ 配离子，经常用 $[Cu(NH_3)_4]^{2+}$ 来表示 4 个 NH_3 分子是以短键与 Cu^{2+} 结合的，所以这个配离子也可以用平面正方形结构描述。

C　Cu^{2+} 和 Cu^+ 的相互转化

铜有氧化数为 +1 和 +2 的化合物。从离子结构来说，Cu^+ 的结构是 $3d^{10}$，应比 Cu^{2+}（$3d^9$）稳定。铜的第二电离势（1970kJ/mol）较高，故在气态时，Cu^+ 的化合物是稳定的。但在水溶液中，Cu^{2+} 由于电荷高、半径小，其水合热（2121kJ/mol）比 Cu^+（582kJ/mol）大得多，Cu^+ 在水溶液中是不稳定的，Cu^+ 在水溶液中易歧化分解为 Cu^{2+} 和 Cu。例如，Cu_2O 溶于稀硫酸中得到的不是 Cu_2SO_4，而是 Cu 和 $CuSO_4$。

当 Cu^+ 形成沉淀或配合物时，由于溶液中 Cu^+ 浓度降低，$E(Cu^+/Cu)$ 降低，$E(Cu^{2+}/Cu^+)$ 升高，Cu^+ 难以发生歧化反应，Cu（Ⅰ）的沉淀和配合物才能稳定存在。根据奈斯特方程可以求出有关电极电势值：

$$Cu^{2+} \xrightarrow{0.860} CuI \xrightarrow{-0.183} Cu$$

$$Cu^{2+} \xrightarrow{0.554} CuCl \xrightarrow{0.125} Cu$$

$$Cu^{2+} \xrightarrow{1.57} Cu(CN)_2^- \xrightarrow{-0.894} Cu$$

由元素电势图可知，CuI、$CuCl$、$Cu(CN)_2^-$ 都能稳定存在于水溶液中，不发生歧化。例如，将 $CuCl_2$ 溶液、浓盐酸和铜屑共煮，可得到 $[CuCl_2]^-$，用大量水稀释 $[CuCl_2]^-$，则得到白色 $CuCl$ 沉淀，溶液呈深棕色（可能是由于多聚配离子的形成），这是实验室制取 $CuCl$ 的反应。

$$Cu^{2+} + Cu + 4Cl^- \longrightarrow 2[CuCl_2]^-$$

$$[CuCl_2]^- \longrightarrow CuCl\downarrow + Cl^-$$

由于 Cu^{2+} 的极化作用比 Cu^+ 强，高温下，Cu（Ⅱ）化合物变得不稳定，受热易转变成稳定的 Cu（Ⅰ）化合物。例如，CuO 加热到 1273K 以上就分解为 O_2 和 Cu_2O。可见，两种氧化数的铜化合物各以一定条件而存在，当条件变化时，又相互转化。

15.8.3.2　银的化合物

银的化合物主要是氧化数为 +1 的化合物。氧化数为 +2 的化合物很少，如 AgO、AgF_2 一般不稳定，是极强的氧化剂。氧化数为 +3 的化合物极少，如 Ag_2O_3。银盐的一个特点是多数难溶于水，能溶的只有 $AgNO_3$、Ag_2SO_4、AgF、$AgClO_4$ 等。与 Cu^{2+} 相似，Ag^+ 形成配合物的倾向很大，把难溶盐转化成配合物是溶解难溶银盐最重要的方法。例如，向 $AgNO_3$ 溶液中加入 NaOH，首先析出白色 AgOH。常温下 AgOH 极不稳定，立即脱水生成暗棕色 Ag_2O 沉淀。Ag_2O 微溶于水，293K 时，1L 水能溶 13mg Ag_2O，溶液呈微碱性。

A Ag_2O

Ag_2O 的标准摩尔生成焓很小（31kJ/mol），因此不稳定，加热到 573K 完全分解。Ag_2O 容易被 CO 或 H_2O_2 还原，生成单质银。Ag_2O 是一种强氧化剂，Ag_2O 和 MnO_2、Co_2O_3 或 CuO 的混合物能在室温下将 CO 迅速氧化成 CO_2，可用在防毒面具中。

$$Ag_2O + CO \longrightarrow 2Ag + CO_2$$
$$Ag_2O + H_2O_2 \longrightarrow 2Ag + H_2O + O_2$$

B $AgNO_3$

$AgNO_3$ 是重要的可溶性银盐。其制备方法是将银溶于硝酸，然后蒸发并结晶即得 $AgNO_3$。工业上的原料银常从精炼铜的阳极泥得到，其中含有杂质铜，因此产品中常含有 $Cu(NO_3)_2$。根据硝酸盐热分解温度的不同，将粗产品加热至 $473 \sim 573K$，$Cu(NO_3)_2$ 分解为黑色不溶于水的 CuO，$AgNO_3$ 不分解。将混合物中的 $AgNO_3$ 溶解后滤去 CuO，然后将滤液重结晶得到纯的 $AgNO_3$。

$$2AgNO_3 \xrightarrow{713K} 2Ag + 2NO_2 + O_2$$
$$2Cu(NO_3)_2 \xrightarrow{473K} 2CuO + 4NO_2 + O_2$$

$AgNO_3$ 熔点为 481.5K，加热到 713K 时分解。如有微量的有机物存在或日光直接照射即逐渐分解，因此 $AgNO_3$ 晶体或它的溶液应当储存在棕色玻璃瓶中。

$AgNO_3$ 遇到蛋白质即生成黑色蛋白银，因此它对有机组织有破坏作用，使用时应避免皮肤接触。10% 的 $AgNO_3$ 溶液在医药上用作消毒剂和腐蚀剂。大量的 $AgNO_3$ 用于制造照相底片上的 AgX（X=Cl、Br、I）。

C AgX

$AgNO_3$ 溶液中加入卤化物，可以生成 AgCl、AgBr、AgI 沉淀。AgX 的颜色依 Cl—Br—I 的顺序加深。它们都难溶于水，溶解度依 Cl—Br—I 顺序而降低。AgF 为离子型化合物，在水中溶解度较大（88.5K 时，AgF 的溶解度为 182g/（100g 水））。AgI 难溶于水。

AgF 可由 HF 酸与 Ag_2O 或 Ag_2CO_3 反应制得。

$$Ag_2O + 2HF \longrightarrow 2AgF + H_2O$$

AgI 有 α、β、γ 等多种晶型。在 419K 时，β-AgI 转变为 α-AgI，晶体由六方密堆积变为体心立方密堆积，导电性迅速增大近万倍。在室温下，Ag^+ 表现出较强的离子导电性，其中以 α-AgI 为主要成分的常温型固体电解质电池的电解质已广泛应用。由于 Ag^+ 导体比电阻小，而且离子迁移几乎近于 1，所以放电少。此种电池适于长时间保存，理论上寿命可达 10 年之久。

AgCl、AgBr、AgI 都具有感光性，常用于照相术。照相底片、印相纸上涂一薄层含有细小 AgBr 的明胶。摄影时强弱不同的光线射到底片上时，引起底片上 AgBr 不同程度的分解。分解产物溴与明胶化合，银成为极细小的银核析出。底片上哪部分感光强，AgBr 分解就越多，那部分就越黑。底片在摄影机瞬时光照下外观没有发生变化，但是底片上实际已有了被摄物体的"隐像"，为了使这种隐像显现出来，需经过显影的手续。即将感光后的底片于暗室中用有机还原剂如对苯二酚、米吐尔（硫酸对甲基苯酚）等将含有银核的 AgBr 进一步还原为银。感光后的底片，随感光程度不同，AgBr 被还原的速度不同，直接邻近细微银晶核的地方，AgBr 被还原得快。这种作用认为是由于银晶粒起了结晶核心的作用，即极细的银晶粒有吸附还原剂的作用。经过一定时间的显影，底片上的像达到足够清晰后，就可进行定影。即将它浸入 $Na_2S_2O_3$ 溶液（俗称海波液），未感光的 AgBr 形成 $[Ag(S_2O_3)_2]^{3-}$ 配离子而溶解，剩下的银不再变化即得底片。这样处理后，底片就不能再感光了，上面的影像就固定下来，这时影像与实物在明暗度上是相反的。为了得到真实的像，需将制好的底片放在印像纸上，再经一次感光、显影和定影等过程，印像纸上的像此时同所摄物体的明暗一致，就成了相片。

D　Ag（Ⅰ）的配合物

Ag^+ 的重要特征是容易形成配离子，如与 NH_3、$S_2O_3^{2-}$、CN^- 等形成稳定程度不同的配离子。将 $[AgCl_2]^-$ 配离子的配位平衡式与 AgCl 的沉淀溶解平衡关系式相加，可以得到下列平衡，其平衡常数 $K^\ominus = K_{sp}^\ominus \cdot K_{稳}^\ominus$。

$$AgCl + Cl^- \longrightarrow [AgCl_2]^-$$

AgCl 能较好地溶于浓氨水，而 AgBr 和 AgI 却难溶于氨水中。AgBr 易溶于 $Na_2S_2O_3$ 溶液中，而 AgI 易溶于 KCN 溶液中。

Ag（Ⅰ）配离子有很大的实际意义，它广泛用于电镀工业等领域。前面介绍的照相术就应用了生成 $[Ag(S_2O_3)_2]^{3-}$ 配离子的反应。在制造热水瓶的过程中，瓶胆上镀银就是利用银氨配离子与甲醛或葡萄糖的反应：

$$2[Ag(NH_3)_2]^+ + RCHO + 2OH^- \longrightarrow RCOONH_4 + 2Ag\downarrow + 3NH_3 + H_2O$$

这个反应称为银镜反应。此反应可用于化学镀银及鉴定醛。镀银后的银氨溶液不能储存，因放置时会析出强爆炸性的氮化银（Ag_3N）沉淀。为了破坏溶液中的银氨配离子，可加入盐酸使它转化为 AgCl 回收。

15.8.3.3　金的化合物

Au（Ⅲ）是金的常见氧化态，如 AuF_3、$AuCl_3$、$AuCl_4^-$、$AuBr_3$、$Au_2O_3 \cdot H_2O$ 等。$AuCl_3$ 是一种褐红色的晶体，金与 Cl_2 在 473K 下反应可制得 $AuCl_3$。$AuCl_3$ 无论在气态或固态，都是以二聚体 Au_2Cl_6 的形式存在，具有氯桥基结构：

$$
\begin{array}{ccccc}
Cl & & Cl & & Cl \\
& \diagdown & & \diagup\diagdown & \\
& & Au & & Au \\
& \diagup & & \diagdown\diagup & \\
Cl & & Cl & & Cl
\end{array}
$$

$AuCl_3$ 加热到 523K 开始分解为 AuCl 和 Cl_2，538K 时开始升华但并不熔化。将 $AuCl_3$ 溶于盐酸中，生成配阴离子 $AuCl_4^-$。氯金酸铯 $CsAuCl_4$ 的溶解度很小，可以用来鉴定金元素。

将金溶于王水或将 Au_2Cl_6 溶解在浓盐酸中，然后蒸发得到黄色的氯代金酸 $HAuCl_4 \cdot 4H_2O$。由此可以制得许多含有平面正方形离子 $[AuX_4]^-$ 的盐（$X = F^-$，Cl^-，Br^-，CN^-，SCN^-，NO_3^-）。这些化合物不仅丰富了配位化学的化学键理论，而且具有重要的应用的价值。例如，$[Au(NO_3)_4]^-$ 是少数以硝酸根做单齿配体构成配离子。氯金（Ⅲ）酸的很多盐不仅能溶于水，而且还能溶于乙醚或乙酸乙酯等有机溶剂中，因而可用这些溶剂来萃取金。

Au^+ 在水溶液中易歧化为 Au^{3+} 和 Au，298K 时歧化反应的平衡常数为 10^{10}，因而 Au^+ 在水溶液中不能存在，即使溶解度很小的 AuCl 也会发生歧化。只有当 Au^+ 形成配合物（如 $[Au(CN)_2]^-$）才能在水溶液中稳定存在。

$[AuCl_4]^-$ 与 Br^- 作用得到 $AuBr_3$，同 I^- 反应得到不稳定的 AuI。$[AuCl_4]^-$ 中加碱得到水合物 $Au_2O_3 \cdot H_2O$，与过量碱反应形成 $[Au(OH)_4]^-$。

15.8.4　第 ⅠB 族与第 ⅠA 族元素性质的对比

第 ⅠA 族元素与第 ⅠB 族元素最外层都仅有一个电子，但由于次外层的电子构型不同，因此性质相差很多。特别是第 ⅠB 族离子为 18e 构型，具有很强的极化能力和明显的变形性，易形成共价化合物，它们的化合物大多有颜色。第 ⅠB 族元素离子的 d、s、p 轨道能量相差不大，能级较低的空轨道多，易形成配合物。第 ⅠA 族和第 ⅠB 族元素的主要性质对比如下：

（1）物理性质。碱金属的原子半径比相应的铜族元素要小。在金属晶体中，碱金属每个原子仅有一个 s 电子参与形成金属键，金属键作用不强，所以碱金属的熔点、沸点都较低，硬度、密度也较小。铜族元素除 s 电子外，还有一些 $(n-1)d$ 电子也参与形成金属键，质点间的作用力较强，因此具有较高的熔、沸点和升华热及良好的延展性。它们的导电性和导热性最好，密度也较大。

（2）化学活泼性。碱金属是极活泼的轻金属，在空气中易被氧化，能与水起剧烈反应。同族内金属活泼性随原子序数增大而增加。铜族元素是不活泼的重金属。碱金属的氢氧化物是最强的碱，而且对热非常稳定。铜族元素的氢氧化物碱性较弱，且容易脱水形成氧化物。

（3）氧化数和化合物的键型。碱金属在化合物中总是呈 +1 氧化态，它们所形成的化合物大多是离子型的。碱金属离子一般是无色的，极难被还原。铜族元素最外层的 s 电子和次外层 $(n-1)d$ 电子能量相差不大，与其他元素化合时，不仅失去一个 s 电子形成氧化数为 +1 的化合物，还可以再失去 1 个或 2 个 d 电子，表现为 +2 或 +3，所以铜族元素形成化合物时呈现多种氧化态。铜族元素的化合物有较明显的共价性，其水合物一般显颜色。

（4）离子的配位能力。碱金属离子具有 8e 结构，电荷少、半径大，很难形成稳定的配合物，只能与螯合剂（如 EDTA）形成较为稳定的螯合物。Cu^{2+}、Ag^+、Au^+ 由于是 18e 结构或 9~17e 结构，它们不但具有较强的极化力，而且有显著的变形性，因此铜族元素离子是配合倾向很强的形成体。

15.9 锌 族 元 素

英文注解

15.9.1 锌族元素概述

锌族元素包括锌 Zn（Zinc）、镉 Cd（Cadmium）、汞 Hg（Mercury）三种自然金属元素和鿔 Cn（Copernicium）一种人造金属元素，是元素周期表中第ⅡB族元素。锌族元素原子的最外层和碱土金属一样，有 2 个 s 电子，次外层为 18 个 d 电子，由于 18e 结构对核的屏蔽效应比 8e 结构小得多，所以锌族元素原子的有效核电荷数较多。锌族元素原子最外层的 2 个 s 电子受核的吸引比碱土金属要强得多，因而相应的电离势高、原子和离子半径较小、电负性较大，金属活泼性降低。

锌族单质的熔点、沸点、熔化热和汽化热等不仅比碱土金属低，而且比铜族金属低，这可能是由于最外层 s 电子成对后较稳定的缘故，而且这种稳定性随原子序数的增加而增强。汞原子的 $6s^2$ 电子最稳定，金属键最弱，在室温下仍为液体。锌、镉的 ns^2 电子对也有一定的稳定性，所以金属间的结合力较弱，熔点和熔化热、沸点和气化热较低。锌、镉、汞的 ns 轨道已填满，能脱离的自由电子数量不多，因此它们具有较高的比电阻，即电导性较差。锌族元素的基本性质见表 15-6。

表 15-6　锌族元素的基本性质

性　　质	锌（Zn）	镉（Cd）	汞（Hg）
原子序数	30	48	80
相对原子质量	65.39	112.41	200.59
价电子层结构	$3d^{10}4s^2$	$4d^{10}5s^2$	$5d^{10}6s^2$
原子半径（金属半径）/pm	133.2	148.9	160
M^{2+}的半径/pm	74	97	110
第一电离势/kJ·mol^{-1}	915	873	1013
第二电离势/kJ·mol^{-1}	1743	1641	1820
第三电离势/kJ·mol^{-1}	3837	3616	3299
M^{2+}(g)水合能/kJ·mol^{-1}	−2054	−1816	−1833
升华能/kJ·mol^{-1}	131	112	62
气化能/kJ·mol^{-1}	115	100	59
电负性	1.6	1.7	1.9
晶体结构	六方密堆	六方密堆	菱方晶胞

与同周期铜族元素比较，锌族元素的标准电极电势更负，所以锌族元素比铜族元素活泼。铜族与锌族元素的金属活泼性次序是：Zn>Cd>H>Cu>Hg>Ag>Au。锌、镉、汞的化学活泼性随原子序数的增大而递减，与碱土金属恰恰相反。这种变化规律和它们标准电极电势数值的变化是一致的，也和金属原子变成水合离子所需总能量的大小变化是一致的。锌族元素中，锌和镉在化学性质上相近，汞和它们相差较大，在性质上汞类似于铜、银、金。

15.9.2　锌族元素的金属单质

15.9.2.1　存在和冶炼

锌族元素在自然界中以硫化物形式存在。锌和汞的最主要矿石是闪锌矿（ZnS）、菱锌矿（$ZnCO_3$）和辰砂（HgS，又名朱砂）。HgS 常微量存在于闪锌矿中。锌矿常与铅、铜、镉等共存，成为多金属矿。我国铅锌矿蕴藏量极为丰富，湖南省常宁水口山和临湘桃林是全国著名的铅锌矿产地。

闪锌矿通过浮选法得到含有 40%～60% ZnS 的精矿石，焙烧转化为 ZnO，再把 ZnO 和焦炭混合，在鼓风炉中加热至 1373～1573K，使锌蒸馏出来。主要反应如下：

$$2ZnS + 3O_2 \longrightarrow 2ZnO + 2SO_2$$
$$2C + O_2 \longrightarrow 2CO$$
$$ZnO + CO \longrightarrow Zn(g) + CO_2$$

这样所得的粗锌约含锌98%，主要杂质为铅、镉、铜、铁等，通过精馏可以将锌和铅、铜、铁、镉分离，得到纯度为 99.9% 的锌。

大部分镉常在炼锌时以副产品得到。如在熔炼含镉的锌矿石时，这两种金属一起被还原。由于镉（沸点为 1038K）比锌（沸点为 1180K）较易挥发，因而可以用分馏的方法得到镉。

辰砂在空气中焙烧或与石灰共热，能使汞蒸馏出来。

$$HgS + O_2 \longrightarrow Hg + SO_2$$
$$4HgS + 4CaO \longrightarrow 4Hg + 3CaS + CaSO_4$$

粗制的汞常含有铅、镉、铜等杂质，与 5% 的硝酸作用可以除去杂质。要得到纯汞，需要用减压蒸馏法。

15.9.2.2　性质和用途

游离状态的锌、镉、汞都是银白色金属，其中锌略带蓝色，锌族金属的物理性质见表 15-7。

表 15-7　锌族金属的物理性质

性　　质	锌	镉	汞
颜　　色	白	白	白
密度/g·cm⁻³	7.14	8.64	13.546
导电性	16	12.6	1
熔点/K	692.58	593.9	234.16
沸点/K	1180	1038	629.58
硬度（金刚石=10）	2.5	2.0	液

从表 15-7 可看出，锌族金属的主要特点表现为低熔点和低沸点。它们的熔、沸点不仅低于铜族金属，而且低于碱土金属，并依 Zn—Cd—Hg 的顺序下降。汞是常温下唯一的液态金属，有流动性，在 273～473K 体积膨胀系数很均匀又不湿润玻璃，可用来制造温度计。汞的密度很大，蒸气压又低，可用于制造压力计。汞蒸气在电

弧中能导电，并辐射高强度的可见光和紫外光线，可作太阳灯。汞和它的化合物有毒，使用时必须非常小心，不能将汞滴洒在实验桌或地面上。因汞散开后，表面积增大，汞蒸气散布于空气中，人体吸入会产生慢性中毒。如果不小心把汞洒在地上或桌上，必须尽可能收集起来。对遗留在缝隙处的汞，可盖以硫黄粉使生成难溶的 HgS，也可倒入饱和的铁盐溶液使其氧化除去。储藏汞必须密封，若不密封，可在汞的上层盖一层水以保证汞不挥发出来。

　　汞可以溶解许多金属，如钠、钾、银、金、锌、镉、锡、铅等而形成汞齐。因组成不同，汞齐可以显液态或固态。汞齐在化学、化工和冶金中有重要用途。钠汞齐与水缓慢反应放出 H_2，在有机化学中常用作还原剂。利用汞能溶解金、银的性质，在冶金中用汞来提炼这些贵金属。锌、镉、汞之间以及与其他金属容易形成合金。锌的最重要合金是黄铜。大量的锌用于制造白铁皮（将干净的铁片浸在熔化的锌里即可制得），用以防止铁的腐蚀。

　　锌也是制造干电池的重要材料。近年来银锌电池有了相当大的发展，这种电池以 Ag_2O_2 为正极，锌为负极，用 KOH 做电解质，电极反应为：

负极反应：　　　　$Zn + 2OH^- - 2e \longrightarrow Zn(OH)_2$

正极反应：　　$Ag_2O_2 + 2H_2O + 4e \longrightarrow 2Ag + 4OH^-$

总反应：　　$2Zn + Ag_2O_2 + 2H_2O \longrightarrow 2Ag + 2Zn(OH)_2$

铅蓄电池的蓄电量为 $0.29A/(min \cdot kg)$，而银锌电池的蓄电量为 $1.57A/(min \cdot kg)$，所以银锌干电池常被称为高能电池。

　　锌在含有 CO_2 的潮湿空气中会在表面生成一层碱式碳酸锌薄膜，这层薄膜较紧密，可作保护膜，阻止锌进一步被氧化。

$$4Zn + 2O_2 + 3H_2O + CO_2 \longrightarrow ZnCO_3 \cdot 3Zn(OH)_2$$

从标准电极电势来看，锌和镉位于氢前，汞位于铜与银之间。锌在水中能长期存在，因为表面有一层 $Zn(OH)_2$ 保护。镉与稀酸反应较慢，而汞则完全不反应。但它们都易溶于硝酸，过量的硝酸溶解汞产生 $Hg(NO_3)_2$。

$$3Hg + 8HNO_3 \longrightarrow 3Hg(NO_3)_2 + 2NO + 4H_2O$$

过量的汞与冷的稀硝酸反应，得到硝酸亚汞（$Hg_2(NO_3)_2$）。

$$6Hg + 8HNO_3 \longrightarrow 3Hg_2(NO_3)_2 + 2NO + 4H_2O$$

和镉、汞不同，锌与铍、铝相似，是两性金属，能溶于强碱溶液中。

$$Zn + 2NaOH + 2H_2O \longrightarrow Na_2[Zn(OH)_4] + H_2$$

锌也溶于氨水，生成 $[Zn(NH_3)_4]^{2+}$ 配离子。

$$Zn + 4NH_3 + 2H_2O \longrightarrow [Zn(NH_3)_4]^{2+} + H_2 + 2OH^-$$

　　锌在加热的条件下可以与绝大多数的非金属发生化学反应，锌粉与硫黄共热可形成 ZnS。

　　汞与硫黄粉研磨即能形成 HgS，这种反常的活泼性是由于汞是液态，研磨时汞与硫接触面增大，反应就较容易进行。

　　锌在生物体中是一种有益的微量元素，有许多锌蛋白质配合物，人体中约含有 2g 锌。

15.9.3 锌族元素的主要化合物

锌和镉在常见化合物中氧化数表现为+2，汞存在+1和+2两种氧化数的化合物。与Hg_2^{2+}相应的Cd_2^{2+}、Zn_2^{2+}极不稳定，仅在熔融的氯化物中溶解金属时生成。Cd_2^{2+}、Zn_2^{2+}在水中立即歧化，它们的稳定性顺序为：$Cd_2^{2+} < Zn_2^{2+} < Hg_2^{2+}$。

15.9.3.1 氧化物和氢氧化物

加热时锌、镉、汞与O_2反应，或锌、镉的碳酸盐加热都可以得到ZnO和CdO。

$$ZnCO_3 \longrightarrow ZnO + CO_2$$
$$CdCO_3 \longrightarrow CdO + CO_2$$

锌、镉、汞的氧化物几乎不溶于水，它们常被用作颜料。ZnO俗名锌白，用作白色颜料，它的优点是遇到H_2S气体不变黑，因为ZnS也是白色的。ZnO有一定的杀菌力，在医药上常调制成软膏使用。ZnO和CdO的生成热较大，较稳定，加热升华而不分解。

HgO有红、黄两种变体，都不溶于水，有毒。HgO加热到573K时分解为汞与氧气。所以辰砂（HgS）在空气中焙烧时，可以不经过HgO而直接得到Hg和SO_2。

$$2HgO \longrightarrow 2Hg + O_2$$

汞盐溶液与碱反应，析出的不是$Hg(OH)_2$，而是黄色的HgO。

$$Hg^{2+} + 2OH^- \longrightarrow HgO + H_2O$$

锌盐和镉盐溶液中加入适量强碱，可以得到它们的氢氧化物。

$$ZnCl_2 + 2NaOH \longrightarrow Zn(OH)_2 + 2NaCl$$
$$CdCl_2 + 2NaOH \longrightarrow Cd(OH)_2 + 2NaCl$$

$Zn(OH)_2$是两性氢氧化物，溶于强酸成锌盐，溶于强碱而成为四羟基合物，或成为锌酸盐。

$$Zn(OH)_2 + 2H^+ \longrightarrow Zn^{2+} + 2H_2O$$
$$Zn(OH)_2 + 2OH^- \longrightarrow Zn(OH)_4^{2-}$$

与$Zn(OH)_2$不同，$Cd(OH)_2$的酸性特别弱，不易溶于强碱中。$Zn(OH)_2$和$Cd(OH)_2$可溶于氨水中，生成氨基配离子。

$$Zn(OH)_2 + 4NH_3 \longrightarrow [Zn(NH_3)_4]^{2+} + 2OH^-$$
$$Cd(OH)_2 + 4NH_3 \longrightarrow [Cd(NH_3)_4]^{2+} + 2OH^-$$

$Zn(OH)_2$和$Cd(OH)_2$加热时都容易脱水变为ZnO和CdO。锌、镉、汞的氧化物和氢氧化物都是共价型化合物，共价性依锌、镉、汞的顺序逐渐增强。

15.9.3.2 硫化物

Zn^{2+}、Cd^{2+}、Hg^{2+}溶液中分别通入H_2S，便会产生相应的硫化物沉淀。ZnS能溶于0.1mol/L盐酸，所以向中性锌盐溶液中通入H_2S气体，ZnS沉淀不完全。因在沉淀过程中，随着H^+浓度的增加，阻碍了ZnS进一步沉淀。CdS的溶度积常数更小，不溶于稀酸，但能溶于浓盐酸。控制溶液的酸度，可以使ZnS和CdS分离。

黑色HgS变体加热到659K转变为比较稳定的红色变体。HgS是溶解度最小的金属硫化物，在浓硝酸中也不溶解，但可溶于Na_2S和王水中。

$$HgS + Na_2S \longrightarrow Na_2[HgS_2]$$

$$3HgS + 12HCl + 2HNO_3 \longrightarrow 3H_2[HgCl_4] + 3S + 2NO + 4H_2O$$

ZnS 可用作白色颜料，它同 $BaSO_4$ 共沉淀所形成的混合晶体 $ZnS \cdot BaSO_4$，称为锌钡白，俗名立德粉，是一种优良的白色颜料。制造锌钡白的反应如下：

$$ZnSO_4(溶液) + BaS(溶液) \longrightarrow ZnS \cdot BaSO_4$$

无定形的 ZnS 在 H_2S 气氛中灼烧，即转变为 ZnS 晶体。若在 ZnS 晶体中加入微量的铜、锰、银作为活化剂，经光照后在黑暗中能发出不同颜色的荧光，这种材料称为荧光粉，可用于制作荧光屏、夜光表、发光油漆等。

CdS 俗名镉黄，可用作黄色颜料。CdS 主要用于半导体材料，陶瓷、玻璃等的着色，涂料、塑料及电子材料等。

15.9.3.3　氯化物

A　$ZnCl_2$

Zn、ZnO 或 $Zn(CO_3)_2$ 与盐酸反应，经过浓缩冷却，析出 $ZnCl_2 \cdot H_2O$ 晶体。如果将 $ZnCl_2$ 溶液蒸干，只能得到碱式氯化锌（$Zn(OH)Cl$）而得不到无水 $ZnCl_2$，这是由于 $ZnCl_2$ 极易水解。

$$ZnCl_2 + H_2O \longrightarrow Zn(OH)Cl + HCl$$

制备无水 $ZnCl_2$ 一般要在干燥 HCl 气氛中加热脱水。无水 $ZnCl_2$ 是白色易潮解的固体，它在水中的溶解度很大，吸水性很强，有机化学中常用它作脱水剂或催化剂。$ZnCl_2$ 的浓溶液由于生成配合酸——羟基二氯合锌酸（$H[ZnCl_2(OH)]$）而具有显著的酸性，它能溶解金属氧化物，焊接金属时用 $ZnCl_2$ 溶液消除金属表面的氧化物就是利用这一性质。焊接金属的"熟镪水"就是 $ZnCl_2$ 的浓溶液。焊接时它不损害金属表面，而且水分蒸发后，熔化的盐覆盖在金属表面，使之不再氧化，能保证焊接金属的直接接触。

$$ZnCl_2 + H_2O \longrightarrow H[ZnCl_2(OH)]$$

$$FeO + 2H[ZnCl_2(OH)] \longrightarrow Fe[ZnCl_2(OH)]_2 + H_2O$$

B　$HgCl_2$

汞有两种氯化物，即升汞（$HgCl_2$）和甘汞（Hg_2Cl_2）。将 $HgSO_4$ 和 NaCl 的混合物加热而制得 $HgCl_2$。

$$HgSO_4 + 2NaCl \longrightarrow HgCl_2 + Na_2SO_4$$

$HgCl_2$ 为白色针状晶体，微溶于水，有剧毒，内服 0.2~0.4g 可致死。医院里用 $HgCl_2$ 的稀溶液作手术刀剪等的消毒剂。$HgCl_2$ 熔融时不导电，是共价型分子。$HgCl_2$ 熔点较低（549K），易升华，故称升汞。它在水溶液中很少解离，主要以 $HgCl_2$ 分子存在，解离常数很小。$HgCl_2$ 遇到氨水即析出白色氯化氨基汞（$Hg(NH_2)Cl$）沉淀。

$$HgCl_2 + 2NH_3 \longrightarrow Hg(NH_2)Cl(白色) + NH_4Cl$$

$HgCl_2$ 在水中稍有水解，水解反应与上面的氨解反应相似。

$$HgCl_2 + H_2O \longrightarrow Hg(OH)Cl + HCl$$

在酸性溶液中 $HgCl_2$ 是一个较强的氧化剂，同一些还原剂（如 $SnCl_2$）反应可

被还原成白色 Hg_2Cl_2 或黑色单质 Hg，可用以检验 Hg^{2+} 或 Sn^{2+}。

$$2HgCl_2 + SnCl_2 \longrightarrow Hg_2Cl_2(白色) + SnCl_4$$
$$Hg_2Cl_2 + SnCl_2 \longrightarrow 2Hg(黑色) + SnCl_4$$

C Hg_2Cl_2

汞的氧化数为+1 的化合物称为亚汞化合物。亚汞化合物中，汞总是以二聚体的形式出现。亚汞盐多数是无色的，大多微溶于水，只有极少数盐（如 $Hg_2(NO_3)_2$）是易溶的。在 $Hg_2(NO_3)_2$ 溶液中加入盐酸，就生成 Hg_2Cl_2 沉淀。

$$Hg_2(NO_3)_2 + 2HCl \longrightarrow Hg_2Cl_2 + 2HNO_3$$

Hg_2Cl_2 无毒，因味略甜，俗称甘汞。它是一种不溶于水的白色粉末，医药上作轻泻剂，化学上用以制造甘汞电极。在光的照射下，Hg_2Cl_2 容易分解成 Hg 和 $HgCl_2$，所以 Hg_2Cl_2 应储存在棕色瓶中。

$$Hg_2Cl_2 \longrightarrow HgCl_2 + Hg$$

D Hg_2^{2+} 与 Hg^{2+} 的互相转化

汞的元素电势图：

$$Hg^{2+} \xrightarrow{\ 0.920\ } Hg_2^{2+} \xrightarrow{\ 0.7973\ } Hg$$

Hg_2^{2+} 和 Hg^{2+} 溶液中存在下列平衡：

$$Hg^{2+} + Hg \rightleftharpoons Hg_2^{2+}$$

上述反应的平衡常数 $K^{\ominus} = 118.20$，表明在达到平衡时 Hg 与 Hg^{2+} 基本上转变成 Hg_2^{2+}，此反应常用来制备亚汞盐。如把 $Hg(NO_3)_2$ 溶液同 Hg 共同振荡，则生成 $Hg_2(NO_3)_2$。

$$Hg(NO_3)_2 + Hg \longrightarrow Hg_2(NO_3)_2$$

Hg_2Cl_2 的制备可利用 $HgCl_2$ 与 Hg 混合在一起研磨而成。

$$HgCl_2 + Hg \longrightarrow Hg_2Cl_2$$

但是，如果加入一种试剂与 Hg^{2+} 形成沉淀或配合物，大大降低 Hg^{2+} 的浓度，就会显著加速 Hg_2^{2+} 歧化反应的进行。例如，Hg_2^{2+} 溶液中加入强碱或 H_2S 时，发生下列反应：

$$Hg_2^{2+} + 2OH^- \longrightarrow Hg_2(OH)_2 \longrightarrow Hg + HgO + H_2O$$
$$Hg_2^{2+} + H_2S \longrightarrow Hg_2S + 2H^+$$
$$Hg_2S \longrightarrow HgS + Hg$$

氨水与 Hg_2Cl_2 反应，由于 Hg^{2+} 同 NH_3 生成了比 Hg_2Cl_2 溶解度更小的氨基化合物 $HgNH_2Cl$，因此使 Hg_2Cl_2 发生歧化反应。

$$Hg_2Cl_2 + 2NH_3 \longrightarrow HgNH_2Cl + Hg + NH_4Cl$$

$HgNH_2Cl$ 是白色沉淀，金属汞为黑色分散的细珠，因此沉淀是灰色的。这个反应可以用来区分 Hg_2^{2+} 和 Hg^{2+}。

E   配合物

由于第ⅡB族离子为18e 结构，具有很强的极化力与明显的变形性，因此比相应主族元素离子有较强的形成配合物的倾向。Zn^{2+}、Cd^{2+} 与氨水反应，生成稳定的氨配合物。

$$Zn^{2+} + 4NH_3 \longrightarrow [Zn(NH_3)_4]^{2+}$$

$$Cd^{2+} + 6NH_3 \longrightarrow [Cd(NH_3)_6]^{2+}$$

Zn^{2+}、Cd^{2+}、Hg^{2+} 与 KCN 反应均能生成配位数为 4 的稳定配合物。

Hg^{2+} 可以与 X^-、SCN^- 形成一系列配位数为 4 的配离子。Hg^{2+} 与 X^- 形成配合物的倾向依 Cl—Br—I 顺序增强。Hg^{2+} 与过量 KI 反应，首先产生红色的 HgI_2 沉淀，然后沉淀溶于过量的 KI 中，生成无色的 $[HgI_4]^{2-}$ 配离子。

$$Hg^{2+} + 2I^- \longrightarrow HgI_2(红色)$$

$$HgI_2 + 2I^- \longrightarrow [HgI_4]^{2-}(无色)$$

$K_2[HgI_4]$ 和 KOH 的混合溶液，称为奈斯勒试剂，如溶液中有微量 NH_4^+ 存在时，立刻生成特殊的红棕色的碘化氨基·氧合二汞（Ⅱ）沉淀，这个反应可用于鉴定 NH_4^+。

$$2[HgI_4]^{2-} + NH_4^+ + 4OH^- \longrightarrow 7I^- + 3H_2O + \left(\begin{array}{c} Hg \\ O \quad\quad NH_2 \\ Hg \end{array} \right) I$$

（红棕色沉淀）

Hg_2^{2+} 形成配离子的倾向较小。

15.9.4 锌族元素与碱土金属的对比

锌族元素的次外层为 18e 结构，对核电荷的屏蔽效应较小，因此锌族元素原子最外层的 ns 电子所受核的引力较强，原子半径和离子半径比相应钙、锶、钡小，电离势比碱土金属高。由于是 18e 结构，所以锌族元素的离子具有很强的极化力和明显的变形性，其性质与碱土金属有许多不同。对比如下：

（1）熔、沸点。锌族金属的熔、沸点比碱土金属低，汞在常温下是液体。

（2）化学活泼性。锌族元素活泼性较碱土金属差，它们在常温下和在干燥的空气中不发生变化，都不能从水中置换出 H_2。在稀盐酸中，锌易溶解，镉溶解较慢，汞完全不溶解。

（3）键型和成键能力。锌族元素在形成共价化合物和配离子的倾向上比碱土金属强得多。

（4）氢氧化物的酸碱性及其变化规律。锌的氢氧化物显两性，镉、汞的氢氧化物是弱碱性。锌族元素从上到下，其氢氧化物的碱性增强，金属活泼性减弱。碱土金属的金属活泼性以及它们氢氧化物的碱性从上到下都是增强的。钙、锶、钡的氢氧化物呈强碱性。

（5）盐的水解。锌族元素的盐在溶液中都有一定程度的水解，而钙、锶、钡的强酸盐一般不水解。

一般说来，在第ⅡB 和第ⅡA 族元素之间存在着与第ⅠB 和第ⅠA 族元素之间相同的差别，不过第ⅡB 族元素的性质比第ⅠB 族更有规律性。第ⅡB 族元素的性质比第ⅠB 族元素活泼些。锌、镉与镁相似，这三种元素均可以从酸中置换出 H_2。第ⅡB 族元素的氢氧化物的碱性比第ⅠB 族元素的稍弱些。

15.10 铂 系 元 素

铂系元素包括钌 Ru（Ruthenium）、铑 Rh（Rhodium）、钯 Pd（Palladium）和锇 Os（Osmium）、铱 Ir（Iridium）、铂 Pt（Platium）6 种元素。根据密度的差别，钌、铑、钯约为 $12g/cm^3$，称为轻铂系元素；锇、铱、铂的密度约为 $22g/cm^3$，称为重铂系元素。铂系元素的价电子层结构不如铁系元素有规律，锇和铱的 ns 电子为 2，钌、铑、铂的最外层只有 1 个 ns 电子，钯的最外层没有 ns 电子。它们的氧化数变化和铁系元素相似，即每个周期的铂系元素形成高氧化态的倾向都是从左到右逐渐降低。

15.10.1 单质的性质和用途

自然界中，铂系金属在矿物中以单质状态存在，但高度分散在各矿石中，最重要的矿石是天然铂矿（铂系金属共生，以铂为主要成分）和锇铱矿（同时含钌和铑）。从天然铂矿中提取铂所采用的方法就是利用铂容易形成配位化合物的性质。首先用王水溶解铂矿，将其转化成氯铂酸，再向氯铂酸溶液中加入铵盐，则形成氯铂酸铵沉淀而同其他铂系元素的配位化合物分离。将干燥后的氯铂酸铵在 800℃加热分解，得到海绵状金属铂，将海绵状的铂熔炼，可以得到金属铂块。

铂系元素除锇为蓝灰色外，其余都是银白色。它们都是难熔的金属，其中锇的熔点最高（3318K），钯的熔点最低（1825K）。钌和锇的硬度大且脆。纯净的铂具有很强的可塑性，可被冷轧成薄片。大多数铂系金属能吸收气体，其中钯的吸氢能力最大（钯溶解氢的体积比为 1∶700）。所有铂系金属都有催化性能，例如氨氧化法制取硝酸用 Pt-Rh（90∶10）合金或 Pt-Ru-Pd（90∶5∶5）合金作催化剂。

铂系元素有很高的化学稳定性。常温下，与氧、硫、氯等非金属元素都不反应，在高温下才可反应。钯和铂都能溶于王水：

$$3Pt + 4HNO_3 + 18HCl \longrightarrow 3H_2[PtCl_6] + 4NO\uparrow + 8H_2O$$

钯还能溶于硝酸和热硫酸中。而钌和铑、锇和铱不但不溶于普通强酸，甚至也不溶于王水。

铂系金属主要用于化学工业及电气工业方面。例如铂（俗称白金），由于其化学稳定性很高，又耐高温，故常用来制造各种反应器皿、蒸发皿、坩埚以及电极、铂网等（注意：它不能用作苛性钠或过氧化钠的反应器皿）。铂和铂铑合金常用作热电偶，锇、铱合金常用来制造一些仪器（如指南针）的主要零件以及自来水笔的笔尖头。

15.10.2 铂系金属化合物

铂系金属可以生成多种类型的氧化物，铂系金属氧化物的氧化态可以从 +2 到 +8，但是各元素的主要氧化物只有一种或两种，仅锇和钌有四氧化物。RuO_4 和 OsO_4 是低熔点固体，熔点分别是 25℃和 40℃。RuO_4 和 OsO_4 都是强氧化剂，它们都可以与强碱作用。

$$2RuO_4 + 4OH^- \longrightarrow 2[RuO_4]^{2-} + 2H_2O + O_2$$

$$OsO_4 + 2OH^- \longrightarrow [OsO_4(OH)_2]^{2-}$$

RuO_4 和 OsO_4 的蒸气都有特殊的臭味，并且有毒。如 OsO_4 的蒸气对眼睛和呼吸道有剧毒，甚至会造成暂时失明。

铂系金属的卤化物除钯外，其余铂系金属的六氟化物都是已知的，其中研究较多的是 PtF_6。PtF_6 是暗红色晶体，具有挥发性，在 342.1K 时沸腾，是已知的最强的氧化剂之一。它既能将 O_2 氧化，生成深红色的 $[O_2]^+[PtF_6]^-$ 化合物，又能将 Xe 氧化到 $XePtF_6$。$XePtF_6$ 的诞生结束了将稀有气体看作惰性气体的历史，从而揭开了稀有气体化学的新篇章。

Pt、Ru、Os、Rh、Ir 的五氟化物具有四聚体的结构。PtF_5 很活泼，易水解，易歧化成六氟化铂和四氟化铂。

$$2PtF_5 \longrightarrow PtF_6 + PtF_4$$

铂系金属均能形成四氟化物，只有铂能形成四种四卤化物。铂系金属的四氟化物的制备反应如下：

$$10RuF_5 + I_2 \longrightarrow 10RuF_4 + 2IF_5$$

$$Pd_2F_6(Pd^{II}Pd^{IV}F_6) + F_2 \longrightarrow 2PdF_4$$

$$H_2PtCl_6 \xrightarrow[-2HCl]{570K} PtCl_4 \xrightarrow{F_2} PtF_4$$

$$4IrF_5 + Ir \xrightarrow{673K} 5IrF_4$$

$$RhCl_3 \xrightarrow{BrF_3(l)} RhF_4 \cdot 2BrF_3 \xrightarrow{\triangle} RhF_4$$

$$OsF_6 \xrightarrow{W(CO)_6} OsF_4$$

铂系金属中除 Pt、Pd 不存在三卤化物外，其余的三卤化物均可由铂系元素和卤素直接合成，或者是从溶液中析出沉淀。例如：

$$2Rh + 3X_2 \longrightarrow 2RhX_3(X = F、Cl、Br)$$

$$RhCl_3 + 3KI \longrightarrow RhI_3 \downarrow + 3KCl$$

Rh 和 Ir 的三卤化物最常见且最稳定。RhF_3 具有类似于 ReO_3 的结构。无水 $RhCl_3$ 为聚合分子，与氯化铝类质同晶型，红色固体，1073K 挥发，在水中的溶解度随制备方法的不同而有差异。三水合三氯化铑（$RhCl_3 \cdot 3H_2O$）是三氯化铑的水合物，也是三氯化铑常用的形式，可溶于水，通常用于制备其他铑化合物。

铂系金属中以 Pt 和 Pd 的二卤化物较多。由于氟的氧化性太强，以致 PtF_2 不存在，Pt 的其他二卤化物都是已知的。Pd 的四种二卤化物都是已知的，从淡紫色的 PdF_2 颜色逐渐加深到黑色 PdI_2。

Pt 和 Pd 的二氯化物是由单质在红热条件下直接氧化氯化物制得的。由于实验条件不同，所得产物存在两种同分异构体：红热至 823K 以上时得到的是红色、不稳定的、具有链状结构的 α-$PdCl_2$，在这种结构中每个 Pd 都具有平面正方形的几何形状；控温在 832K 以下时制得 β-$PdCl_2$，它以 Pd_6Cl_{12} 为结构单元。在这两种结构中，Pd(II) 都具有正方形配位的特征，它们都是抗磁性物质，溶解在盐酸中生成配合酸 H_2MCl_6（M = Pt、Pd）。

15.10.3 铂系金属配合物

铂系元素的重要特征性质是能形成多种类型的配合物。如卤配合物、含氮和含氧的配合物、含磷的配合物，与 CO 形成羰基配合物，与不饱和的烯、炔形成有机金属配合物等。多数情况下，这些配合物是配位数为 6 的八面体结构。氧化态为 +2 的钯和铂离子都是 d^8 构型，可形成平面正方形配合物。

铂系元素氯配合物最为常见。将这些金属与碱金属的氯化物在氯气流中加热即可生成氯配合物，其中尤为重要的是氯铂酸（H_2PtCl_6）及其盐。棕红色的 H_2PtCl_6 是 Pt(IV) 配位化学中最常用的铂源，K_2PtCl_6 是商业上最普通的铂化合物。将海绵状金属铂溶于王水，或氯化铂溶于盐酸都可生成氯铂酸。

$$3Pt + 4HNO_3 + 18HCl \longrightarrow 3H_2PtCl_6 + 4NO + 8H_2O$$

$$PtCl_4 + 2HCl \longrightarrow H_2PtCl_6$$

在铂（IV）化合物中加碱可以制氢氧化铂，它具有两性，溶于盐酸得氯铂酸，溶于碱得铂酸盐。

$$PtCl_4 + 4NaOH \longrightarrow Pt(OH)_4 + 4NaCl$$

$$Pt(OH)_4 + 6HCl \longrightarrow H_2PtCl_6 + 4H_2O$$

$$Pt(OH)_4 + 2NaOH \longrightarrow Na_2[Pt(OH)_6]$$

将固体氯铂酸与硝酸钾灼烧，可得 PtO_2。

$$H_2PtCl_6 + 6KNO_3 \longrightarrow PtO_2 + 6KCl + 4NO_2 + O_2 + 2HNO_3$$

将氯铂酸沉淀转变成微溶的 K_2PtCl_6，然后用肼还原，或在铂黑催化下，用草酸钾、二氧化硫等还原剂还原可制得 K_2PtCl_4，由此提供了一条制备铂（II）化合物的路线。

$$K_2PtCl_6 + K_2C_2O_4 \longrightarrow K_2PtCl_4 + 2KCl + 2CO_2 \uparrow$$

将 NH_4^+、K^+、Rb^+、Cs^+ 等氯化物加到氯铂酸中生成难溶于水的黄色氯铂酸盐。分析化学中常用 H_2PtCl_6 检验 NH_4^+、K^+、Rb^+、Cs^+ 等离子，工业上还常用加热分解氯铂酸铵来分离提纯金属铂。

$$(NH_4)_2[PtCl_6] \xrightarrow{\triangle} Pt + 2Cl_2 \uparrow + 2NH_4Cl$$

将 K_2PtCl_4 与醋酸铵作用或用 NH_3 处理 $[PtCl_4]^{2-}$ 可制得顺式二氯二氨合铂（II），常称为"顺铂"，符号表示为 cis-$[Pt(NH_3)_2Cl_2]$。

$$K_2PtCl_4 + 2NH_4OAc \longrightarrow [Pt(NH_3)_2Cl_2] + 2KOAc + 2HCl$$

1969 年罗森博格（B. Rosenberg）及其合作者发现了顺铂具有抗癌活性，从而引起了人们对铂配合物的极大兴趣。现在，顺铂与 $[PtCl_2(en)]$ 已成为现代最好的抗癌药物之一，曾给美国的抗癌药业带来极大的经济效益。实验表明，顺铂具有抑制细胞分裂，特别是抑制癌细胞增生的作用。现已证实，顺铂的抗癌活性是由于它与癌细胞 DNA（脱氧核糖核酸）分子结合，破坏了 DNA 的复制，从而抑制了癌细胞增长过程中所固有的细胞分裂。但是，顺铂作为一种药物的主要问题是水溶性较小，毒性较大，铂化合物对肾脏有毒害作用。目前，人们正在致力于提高其抗癌活性，降低其毒性的研究工作。

知识博览 TiO₂光触媒空气净化技术

空气中所含的致病物质对人体产生严重的危害，有报道称人类疾病的60%来自于空气的污染，特别是来自于空气中的致病微生物如细菌、病毒以及一些有害有机物气体如甲醛等。室内甲醛的主要来源是多种装饰材料的大量使用，如含醛的树脂、泡沫塑料、油漆和纺织品等。随着人民生活水平的提高，房屋的内部装修以及越来越多的办公设备和家用电器进入室内，使得室内空气成分变得复杂，室内甲醛以及苯系物、氨气等污染物浓度水平远远高于室外，由此引起的"病态综合症"患者越来越多。

由于室内空气污染的危害性及普遍性，人们对室内空气质量的重要性有了更为深刻的认识，室内空气净化材料就是近年来适应室内环境污染市场的需要而发展起来的。光触媒也称为光催化剂，是一类以TiO₂为代表的，在光的照射下自身不起变化，却可以促进化学反应的发生，具有催化功能的半导体材料的总称。

自从1972年Fujishima和Hond发现在受辐照的TiO₂表面可持续发生水的氧化还原反应以来，光催化材料引起了人们的广泛关注。1985年，日本的Tadashi Mat-sunaga等人首先发现了TiO₂在紫外光照射下有杀菌作用。之后科学家们对TiO₂的应用进行了大量的研究，尤其在日本及欧美等一批发达国家进行了深入的研究，并取得了较成功的应用。

纳米TiO₂具有催化活性高、稳定性好、氧化能力强、廉价无毒、易制备成透明薄膜等特点。此外，TiO₂光催化剂在紫外光的激发下产生活性自由基，可以分解环境中的污染物质，因此具有较好的净化空气、抗菌、污水处理、自清洁等光催化性能。

按照能带理论，半导体的能带结构通常是由一个充满电子的低能价带和空的高能导带构成。价带和导带之间存在禁带。锐钛矿TiO₂禁带宽度为3.2eV，当在波长小于400nm的光波照射下，处于价带的电子（e^-）就会被激发到导带上，价带生成空穴（h^+），从而在TiO₂内部产生具有高度活性的空穴（h^+）—电子（e^-）对。迁移到TiO₂粒子表面的空穴（h^+）与吸附在TiO₂表面的水和OH^-反应生成·OH自由基，而TiO₂表面的高活性电子（e^-）则可以使空气中的O_2或水体中的金属离子还原。·OH自由基具有高的氧化电势，可以将大多数有机物彻底氧化分解为CO_2和H_2O。TiO₂光催化机理如图15-8所示。

但是，以TiO₂为代表的光触媒技术距离实际应用仍存在一些问题，例如：

（1）作用的被动性。目前制造的光触媒产品所产生的活性因子均不能主动捕捉空气中颗粒，必须与微生物颗粒和有害气体直接接触才可发挥作用。喷镀在物体表面的光触媒只能对吸附在表面的微生物和有机物进行氧化分解作用。

（2）必须有紫外光源。光触媒没有光存在不可能发挥出自洁净作用，最好是紫外光源。对太阳能的利用率低，在不含紫外光成分的光源照射下，光触媒不能

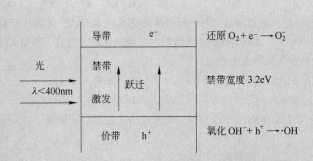

图 15-8　TiO_2 光催化机理

发挥消毒杀菌和自洁净作用。

（3）光触媒要求颗粒越小越好。光触媒 TiO_2 颗粒粒径最好在 10nm 以下，颗粒大容易被包裹在涂料里面吸收不到光线，只有颗粒达到一定的细度，其比表面积大，对光的效应才能发挥到最大。

（4）杀灭微生物效果的局限性。与化学消毒剂相比光触媒对微生物的作用力很弱。因此，在污染程度高时，目前使用光触媒尚难以达到规定要求的消毒效果。

以 TiO_2 为首的空气净化光触媒技术是目前较具市场优势的新技术，以后必将成为家居必备的产品。有理由相信不久的将来，随着新技术新方法的进一步成熟，居住者们将不再为室内污染物而发愁，健康清爽的室内环境将成为可能。

习　题

15-1　选择题：

（1）组成黄铜合金的两种金属是（　　）。

    A. 铜和锡　　　　　　B. 铜和锌　　　　　　C. 铅和锡　　　　　　D. 铜和铝

（2）Cu_2O 和稀 H_2SO_4 反应，最后能生成（　　）。

    A. $Cu_2SO_4 + H_2O$　　　　　　　　　　B. $CuSO_4 + H_2O$

    C. $CuSO_4 + Cu + H_2O$　　　　　　　　D. $Cu_2S + H_2O$

（3）加 $NH_3 \cdot H_2O$ 于 Hg_2Cl_2 上，容易生成的是（　　）。

    A. $Hg(OH)_2$　　　　　　　　　　　　B. $[Hg(NH_3)_4]^{2+}$

    C. $[Hg(NH_3)_4]^+$　　　　　　　　　　D. $HgNH_2Cl + Hg$

（4）下列化合物中，既能溶于浓碱，又能溶于酸的是（　　）。

    A. Ag_2O　　　　　B. $Cu(OH)_2$　　　　　C. HgO　　　　　D. $Cd(OH)_2$

（5）在 $CuSO_4$ 溶液中加入过量的碳酸钠溶液，形成的主要产物是（　　）。

    A. $Cu(HCO_3)_2$　　　B. $CuCO_3$　　　C. $Cu_2(OH)_2CO_3$　　　D. $Cu(OH)_2$

（6）下列阳离子中，能与 Cl^- 在溶液中生成白色沉淀，加氨水时又将转成黑色的是（　　）。

    A. 铅（Ⅱ）　　　B. 银（Ⅰ）　　　C. 汞（Ⅰ）　　　D. 锡（Ⅱ）

（7）能共存于酸性溶液中的一组离子是（　　）。

    A. K^+，I^-，SO_4^{2-}，MnO_4^-　　　　　　B. Na^+，Zn^{2+}，SO_4^{2-}，NO_3^-

C. Ag^+，AsO_4^{3-}，S^{2-}，SO_3^{2-}　　　　　　　　D. K^+，S^{2-}，SO_4^{2-}，$Cr_2O_7^{2-}$

(8) 现有 ds 区某元素的硫酸盐和另一元素氯化物 B 的水溶液，各加入适量 KI 溶液，则生成某元素的碘化物沉淀和 I_2。B 则生成碘化物沉淀，这种碘化物沉淀进一步与 KI 溶液作用，生成配合物溶解，则硫酸盐和氯化物 B 分别是（　　　）。

A. $ZnSO_4$，Hg_2Cl_2　　　　　　　　　　B. $CuSO_4$，$HgCl_2$

C. $CdSO_4$，$HgCl_2$　　　　　　　　　　D. Ag_2SO_4，Hg_2Cl_2

(9) 下列离子与过量的 KI 溶液反应只得到澄清的无色溶液的是（　　　）。

A. Cu^{2+}　　　　　　B. Fe^{3+}　　　　　　C. Hg^{2+}　　　　　　D. Hg_2^{2+}

(10) 下列物质中既溶于稀酸又溶于氨水的是（　　　）。

A. $Pb(OH)_2$　　　B. $Al(OH)_3$　　　C. $Cu(OH)_2$　　　D. $AgCl$

(11) 向含有 Ag^+、Pb^{2+}、Al^{3+}、Cu^{2+}、Sr^{2+}、Cd^{2+} 的混合溶液中，加入稀 HCl，两种离子都发生沉淀的一组离子是（　　　）。

A. Ag^+ 和 Cd^{2+}　　　　　　　　　　B. Cd^{2+} 和 Pb^{2+}

C. Ag^+ 和 Pb^{2+}　　　　　　　　　　D. Pb^{2+} 和 Sr^{2+}

(12) 用奈斯勒试剂检验 NH_4^+，所得红棕色沉淀的化学式是（　　　）。

A. $HgNH_2I$　　　B. $Hg(NH_3)_4^{2+}$　　　C. $(NH_4)_2HgI_2$　　　D. $HgO \cdot HgNH_2I$

(13) 在含有 Al^{3+}、Ba^{2+}、Hg_2^{2+}、Cu^{2+}、Ag^+、Hg^{2+} 等离子的溶液中加入稀 HCl，发生反应的离子是（　　　）。

A. Ag^+ 和 Cu^{2+}　　　B. Hg^{2+} 和 Al^{3+}　　　C. Ag^+ 和 Hg_2^{2+}　　　D. Al^{3+} 和 Ba^{2+}

(14) 下列说法中不正确的是（　　　）。

A. 高温、干态时 $Cu(I)$ 比 $Cu(II)$ 稳定

B. Cu^{2+} 的水合能大，水溶液中 Cu^{2+} 稳定

C. 要使反歧化反应 $Cu^{2+}+Cu \xrightarrow{\quad\quad} 2Cu^+$ 顺利进行，须加入沉淀剂或配合剂

D. 任何情况下 $Cu(I)$ 在水溶液中都不能稳定存在

(15) 向 $Hg_2(NO_3)_2$ 溶液中加入 NaOH 溶液，生成的沉淀是（　　　）。

A. Hg_2O　　　B. $HgOH$　　　C. $HgO+Hg$　　　D. $Hg(OH)_2+Hg$

(16) 将过量的 KCN 加入 $CuSO_4$ 溶液中，其生成物是（　　　）。

A. $CuCN$　　　B. $[Cu(CN)_4]^{3-}$　　　C. $Cu(CN)_2$　　　D. $[Cu(CN)_4]^2$

(17) 下列配制溶液的方法中，不正确的是（　　　）。

A. $SnCl_2$ 溶液：将 $SnCl_2$ 溶于稀盐酸后加入锡粒

B. $FeSO_4$ 溶液：将 $FeSO_4$ 溶于稀硫酸后放入铁钉

C. $Hg(NO_3)_2$ 溶液：将 $Hg(NO_3)_2$ 溶于稀硝酸后加入少量 Hg

D. $FeCl_3$ 溶液：将 $FeCl_3$ 溶于稀盐酸

(18) $CuSO_4 \cdot 5H_2O$ 可以溶于浓盐酸中，对所得溶液的下列说法中正确的是（　　　）。

A. 所得溶液呈蓝色

B. 将溶液煮沸时能释放出氯气，留下一种 $Cu(I)$ 的配合物溶液

C. 该溶液与过量的氢氧化钠溶液反应，不生成沉淀

D. 该溶液与金属铜共热，可被还原为一种 $Cu(I)$ 的氯配合物

(19) 在 $Cr_2(SO_4)_3$ 溶液中，加入 Na_2S 溶液，其主要产物是（　　　）。

A. $Cr+S$　　　　　　　　　　　　B. $Cr_2S_3+Na_2SO_4$

C. $Cr(OH)_3+H_2S$　　　　　　　　　　D. $CrO_2^-+S^{2-}$

(20) 欲使软锰矿（MnO_2）转变为 K_2MnO_4，应选择的试剂是（　　　）。

A. $KClO_3(s)+KOH(s)$　　　　　　　　B. 浓 HNO_3

C. Cl_2　　　　　　　　　　　　　　　　D. O_2

(21) 下列四种绿色溶液，加酸后溶液变为紫红色并有棕色沉淀产生的是（　　）。

A. $NiSO_4$　　　　B. $CuCl_2$（浓）　　　C. $Na[Cr(OH)_4]$　　D. K_2MnO_4

(22) 同一族过渡元素从上到下，氧化态的变化规律是（　　）。

A. 趋向形成稳定的高氧化态　　　　　B. 先升高后降低

C. 趋向形成稳定的低氧化态　　　　　D. 没有一定规律

(23) 在某种酸化的黄色溶液中加入锌粒，溶液颜色从黄经过蓝、绿直到变为紫色，则该溶液中含有（　　）。

A. Fe^{3+}　　　　B. VO_2^+　　　　C. CrO_4^{2-}　　　D. $[Fe(CN)_6]^{4-}$

(24) 在强碱性介质中，钒（V）存在的形式是（　　）。

A. VO_2^+　　　　B. VO^{3+}　　　　C. $V_2O_5 \cdot nH_2O$　　　D. VO_4^{3-}

(25) 将 K_2MnO_4 溶液调节到酸性时，可以观察到的现象是（　　）。

A. 紫红色褪去　　　　　　　　　　　B. 绿色加深

C. 有棕色沉淀生成　　　　　　　　　D. 溶液变成紫红色且有棕色沉淀生成

(26) $(NH_4)_2Cr_2O_7$ 受热分解时主要产物是（　　）。

A. NH_3 和 Cr_2O_3　　B. N_2 和 Cr_2O_3　　C. N_2H_4 和 CrO　　D. N_2 和 CrO

(27) 下列物质热分解时不产生单质的是（　　）。

A. CrO_5　　　　B. CrO_3　　　　C. $Cr(OH)_3$　　　D. $(NH_4)_2Cr_2O_7$

(28) 向重铬酸钾的溶液中，加入过量的浓硫酸则有橙红色的晶体析出，这是（　　）。

A. Cr_2O_3　　　　　　　　　　　　B. $KCr(SO_4)_2 \cdot 12H_2O$

C. CrO_3　　　　　　　　　　　　　D. $Cr_2(SO_4)_3 \cdot 18H_2O$

(29) 将 Mn^{2+} 转化为 MnO_4^-，可选用的试剂为（　　）。

A. $NaBiO_3$　　　B. Na_2O_2　　　C. $K_2Cr_2O_7$　　　D. $KClO_3$

(30) Zn 与 NH_4VO_3 的盐酸溶液作用，溶液的最终颜色是（　　）。

A. 紫色　　　　　B. 蓝色　　　　　C. 绿色　　　　　D. 黄色

(31) 关于过渡元素氧化数的叙述中不正确的是（　　）。

A. 过渡元素的最高氧化数在数值上不一定都等于该元素所在的族数

B. 所有过渡元素在化合物中都是正氧化态

C. 不是所有过渡元素都有两种或两种以上的氧化态

D. 某些过渡元素的最高氧化数可以超过元素所处的族数

(32) 下列方法在工业生产中被用于制取金属钛的是（　　）。

A. 在氢气流中加热 TiO_2，使钛被还原

B. 电解 $TiCl_4$ 液体

C. $TiCl_4$ 与镁一起在氩气保护下加热使钛还原

D. 将 TiO_2 与焦炭一起加热，使钛还原

(33) 可溶性铁（Ⅲ）盐溶液中加入氨水后主要生成的物质是（　　）。

A. $Fe(OH)_3$　　　　　　　　　　　B. $[Fe(NH_3)_3(H_2O)_3]^{3+}$

C. $[Fe(OH)_6]^{3-}$　　　　　　　　　D. $[Fe(NH_3)_6]^{3+}$

(34) 下列气体中能用氯化钯（$PdCl_2$）稀溶液检验的是（　　）。

A. O_3　　　　　B. CO_2　　　　　C. CO　　　　　D. Cl_2

(35) 在 $FeCl_3$ 与 KSCN 的混合溶液中加入过量 NaF，其现象是（　　）。

A. 产生沉淀　　　B. 变为无色　　　C. 颜色加深　　　D. 无变化

(36) 用于治疗癌症的含铂药物是（　　）。

　　A. 顺-$[Pt(NH_3)_2Cl_2]$（橙黄）　　　　　B. 反-$[Pt(NH_3)_2Cl_2]$（鲜黄）

　　C. H_2PtCl_6　　　　　　　　　　　　　D. $PtCl_4$

(37) 下列氢氧化物溶于浓 HCl 的反应不仅仅是酸碱反应的是（　　）。

　　A. $Fe(OH)_3$　　　B. $Co(OH)_3$　　　C. $Cr(OH)_3$　　　D. $Ni(OH)_2$

(38) 下列试剂中可用于检验 Fe^{2+} 存在的是（　　）。

　　A. $SnCl_2$　　　B. KSCN　　　C. $K_4[Fe(CN)_6]$　　　D. $K_3[Fe(CN)_6]$

(39) 下列试剂中可用于检验 Fe^{3+} 存在的是（　　）。

　　A. $SnCl_2$　　　B. $NaBiO_3$　　　C. $K_3[Fe(CN)_6]$　　　D. $K_4[Fe(CN)_6]$

(40) 下列物质中不易被空气中的 O_2 氧化的是（　　）。

　　A. $Mn(OH)_2$　　　B. $Ni(OH)_2$　　　C. $Fe(OH)_2$　　　D. $[Co(NH_3)_6]^{2+}$

(41) 下列氢氧化物中，不能溶于过量氢氧化钠却可溶于过量氨水的是（　　）。

　　A. $Ni(OH)_2$　　　B. $Zn(OH)_2$　　　C. $Al(OH)_3$　　　D. $Fe(OH)_3$

(42) 可用于检验 Fe^{2+} 的试剂是（　　）。

　　A. 奈氏试剂　　　B. 硫氰化钾　　　C. 黄血盐　　　D. 赤血盐

(43) 某黑色固体溶于浓盐酸时有黄绿色气体放出，反应后溶液呈蓝色，加水稀释后变成粉红色，该化合物是（　　）。

　　A. Ni_2O_3　　　B. Fe_2O_3　　　C. MnO_2　　　D. Co_2O_3

(44) 下列化学反应方程式中，不正确的是（　　）。

　　A. $4Fe(OH)_2+O_2+2H_2O =\!=\!= 4Fe(OH)_3$

　　B. $2Ni(OH)_2+Cl_2+2NaOH =\!=\!= 2NiO(OH)+2H_2O+2NaCl$

　　C. $4Ni(OH)_2+O_2 \xrightarrow{\triangle} 4NiO(OH)+2H_2O$

　　D. $4Co(OH)_2+O_2 \xrightarrow{\triangle} 4CoO(OH)+2H_2O$

(45) 为了防止亚铁盐溶液的变质，通常采取的措施是（　　）。

　　A. 加入 Fe^{3+}，酸化溶液　　　　　　B. 加入 Fe^{3+}，加入铁屑

　　C. 加入铁屑，酸化溶液　　　　　　　D. 加入铁屑，加热溶液

15-2 填空题：

(1) Cu^{2+} 和有限量 CN^- 的反应方程式为 _____；Cu^{2+} 和过量 CN^- 的反应方程式为_____。

(2) 将少量的 $SnCl_2$ 溶液加入 $HgCl_2$ 溶液中，有_____产生，其反应方程式为_____；而将过量的 $SnCl_2$ 溶液加入 $HgCl_2$ 溶液中，有_____产生，其反应方程式为_____。

(3) 在 $CuSO_4$ 和 $HgCl_2$ 溶液中各加入适量 KI 溶液，将分别产生_____和_____；使后者进一步与 KI 溶液作用，最后会因生成_____而溶解。

(4) 含有 Cu^{2+} 的溶液加入过量的浓碱及葡萄糖后再加热，生成_____色的_____，该产物的热稳定性比 CuO _____；该反应现象在医学上可用于检验_____病。

(5) 若 Hg^{2+}、Cd^{2+}、Mn^{2+}、Cu^{2+}、Zn^{2+} 的浓度均为 0.1mol/L 的溶液中，盐酸的浓度均为 0.3mol/L。通入 H_2S 时不生成沉淀的离子是_____。

(6) 在硝酸汞溶液中加入过量的碘化钾溶液，再用氢氧化钾将溶液调到强碱性，然后加少量铵盐溶液，得到一红褐色沉淀，有关化学反应方程式为：_____。

(7) 在 $AgNO_3$ 溶液中，加入 K_2CrO_4 溶液，生成_____沉淀；离心分离后，在该沉淀中加入氨水，则生成_____而溶解，然后再加入 KBr 溶液，将生成_____色的_____

沉淀；若在该沉淀中加入 $Na_2S_2O_3$ 溶液，将生成无色的_____而溶解。

(8) 五氧化二钒溶解在浓盐酸中，发生反应的化学方程式是：_____。

(9) $K_2Cr_2O_7$ 具有_____性，实验室中可将 $K_2Cr_2O_7$ 的饱和溶液与浓硫酸配成铬酸洗液，若使用后的洗液颜色从_____色变为，则表明_____。

(10) 下列离子在水溶液中各呈现的颜色是：Ti^{3+} _____，Cr^{3+} _____，MnO_4^- _____，$Cr_2O_7^{2-}$ _____。

(11) 下列物质：$(NH_4)_2S_2O_8$、H_2O_2、Cl_2、$K_2Cr_2O_7$、H_5IO_6、$KClO_3$、$NaBiO_3$、PbO_2、H_3AsO_4 在硝酸介质中能将 Mn^{2+} 氧化为 MnO_4^- 的有：_____。

(12) 向 $CrCl_3$ 溶液中滴加 Na_2CO_3 溶液，产生的沉淀组成为_____，沉淀的颜色为_____。

(13) 钒（V）的存在形态与溶液的酸碱性有关。溶液为强酸性时，以_____离子为主，溶液为强碱性时，以_____离子为主。

(14) 在酸化的钼酸铵溶液中，趁热加入磷酸二氢钠溶液，生成_____黄色晶状沉淀，其化学式为_____。该反应可用于鉴定_____离子。

(15) 用酸化法从锰酸钾制备高锰酸钾，产率最高只能达到_____，其原因是_____。

(16) 重铬酸钾的饱和溶液与浓 H_2SO_4 混合后，制得实验室常用的_____，它的_____很强，可用于洗涤_____上附着的_____。

(17) Fe(Ⅲ)、Co(Ⅲ)、Ni(Ⅲ) 的三价氢氧化物与盐酸反应分别得到_____、_____、_____，这说明_____较稳定。

(18) 在 $CoCl_2$ 溶液中加入适量氨水，生成_____，再加入过量氨水则生成_____，在空气中放置后变为_____。

(19) $FeCl_3$ 的蒸气中含有_____分子，其结构类似于_____，结构中都含有_____键。FeCl 易溶于_____溶剂。

(20) 滕氏（Turnbulls）蓝是_____与_____反应的产物，其分子式可写作_____；结构分析证明，它与普鲁士蓝（Prussion）为_____。

(21) 对癌有疗效的铂的配合物化学式是_____。

15-3 问答题：

(1) 为鉴别和分离含有 Ag^+、Cu^{2+}、Fe^{3+}、Pb^{2+} 和 Al^{3+} 的稀酸性溶液，进行了如下的实验，请回答：

1) 向试液中加盐酸（适量），生成_____色沉淀，其中含有_____和_____，分离出沉淀（设沉淀反应是完全的）；

2) 向沉淀中加入热水时，部分沉淀溶解，未溶解的沉淀是_____，过滤后向热的滤液中加入_____使之生成黄色沉淀；

3) 向实验 1) 所得的滤液中通入 H_2S，生成_____沉淀，Fe^{3+} 则被 H_2S 还原为 Fe^{2+}。过滤后用热浓 HNO_3 溶解沉淀，加入 NaOH 溶液时生成蓝色的_____沉淀，此沉淀溶于氨水，生成深蓝色的_____溶液；

4) 将实验 3) 所得的滤液煮沸赶去 H_2S 之后，加入少量浓 HNO_3 煮沸以氧化_____。然后加入过量 NaOH 溶液，生成_____沉淀，_____留在滤液中。

(2) NaCl 和 AgCl 的正离子氧化数都是 +1，为什么 NaCl 易溶于水而 AgCl 却不溶于水？为什么 NaCl 的熔、沸点比 AgCl 高？

(3) 白色化合物 A 不溶于水和氢氧化钠溶液。A 溶于盐酸得无色溶液 B 和无色气体 C。向 B 中加入适量氢氧化钠溶液得白色沉淀 D，D 溶于过量的氢氧化钠溶液得无色溶液 E。将气体 C 通入 $CuSO_4$ 溶液有黑色沉淀 F 生成，F 不溶于浓盐酸。白色沉淀 D 溶于氨水得无色的溶液 G。将气体 C 通入 G 中又有 A 析出。试给出 A~G 所代表的化合物或离子，写出有关化学方程式。

(4) 某同学欲进行如下实验：向无色（NH_4）$_2S_2O_8$ 酸性溶液中加入少许 Ag^+，再加入 $MnSO_4$ 溶液，经加热后溶液变为紫红色。然而，实验结果却产生了棕色沉淀。试解释出现上述现象的原因，写出有关反应方程式（原来计划的反应式和实际发生的反应式）。要想实现原来计划的反应，应当注意哪些问题？（已知：$E^{\ominus}$（MnO_4^-/Mn^{2+}）= +1.51V，$E^{\ominus}$（MnO_2/Mn^{2+}）= +1.23V）

(5) 某绿色固体 A 可溶于水，水溶液中通入 CO_2 即得棕褐色固体 B 和紫红色溶液 C。B 与浓 HCl 溶液共热时得黄绿色气体 D 和近于无色溶液 E。将此溶液和溶液 C 混合即得沉淀 B。将气体 D 通入 A 的溶液可得 C。试判断 A~E 各为何物？写出各步反应方程式。

(6) 有一橙红色固体 A 受热后得绿色的固体 B 和无色气体 C，加热时 C 能与镁反应生成灰色的固体 D。固体 B 溶于过量的 NaOH 溶液生成绿色的溶液 E，在 E 中加适量 H_2O_2 则生成黄色溶液 F。将 F 酸化变为橙色的溶液 G，在 G 中加 $BaCl_2$ 溶液，得黄色沉淀 H。在 G 中加 KCl 固体，反应完后则有橙红色晶体 I 析出，滤出 I 烘干并强热则得到的固体产物中有 B，同时得到能支持燃烧的气体 J。试判断 A~J 各为何物？写出有关反应方程式。

(7) 某橙红色钾盐晶体 A 用浓 HCl 处理产生黄绿色刺激性气体 B 和生成暗绿色溶液 C。在 C 中加入适量 KOH 溶液生成灰绿色沉淀 D，加入过量 KOH 溶液则沉淀溶解，生成亮绿色溶液 E。在 E 中加入 H_2O_2，加热则生成黄色溶液 F，F 用稀硫酸酸化，又变为原来的化合物 A 的溶液。问 A~F 各为何物？写出各步变化的反应方程式。

(8) 实验室过去常用洗液来洗涤玻璃仪器，怎样配制洗液，原理是什么？为什么现在不再使用洗液来清洗玻璃仪器？根据洗液的应用原理，可以选用什么试剂来代替洗液清洗玻璃仪器？

(9) 在 $MnCl_2$ 溶液中加入适量的 HNO_3，再加入 $NaBiO_3$，溶液中出现紫色后又消失，说明其原因，写出有关反应方程式。

(10) 在饱和 $K_2Cr_2O_7$ 溶液中加入浓硫酸，然后加热至 200℃，写出可能看到的反应现象和有关反应式。

(11) 举出鉴别 Fe^{2+} 和 Fe^{3+} 的三种方法，写出实验现象和反应方程式。

(12) 某同学在实验中发现：$CoCl_2$ 与 NaOH 作用所得的沉淀久置后用 HCl 酸化时，有刺激性气体产生。请给予解释，并写出有关化学方程式。

(13) 写出下列化学变化的反应方程式：

1) 氢氧化钴（Ⅲ）与浓盐酸作用；

2) 在碱性介质中，过氧化氢与硫酸铬的反应；

3) 在酸性溶液中，五氧化二钒与亚铁盐的反应。

(14) 为什么碳酸钠溶液作用于 $FeCl_3$ 溶液时，得到的是 $Fe(OH)_3$ 的沉淀而不是 $Fe_2(CO_3)_3$ 的沉淀？

(15) 变色硅胶含有什么成分？为什么干燥时呈蓝色，吸水后变成粉红色？

16 镧系与锕系金属

本章数字
资源

英文注解

英文注解

元素周期表中原子序数为 57~71 的 15 种元素称为镧系元素（用 Ln 表示），原子序数为 89~103 的 15 种元素称为锕系元素（用 An 表示），镧系元素和锕系元素都属于 f 区元素。f 区元素的价层电子构型为 $(n-2)f^{0~14}(n-1)d^{0~2}ns^2$，其特征是随着核电荷数的增加，电子依次填入外数第三层 $(n-2)f$ 轨道，因而又称为内过渡元素。镧系元素中只有钷是人工合成的，具有放射性。锕系元素均是放射性元素。

16.1 镧系元素

镧系元素位于元素周期表第六周期第ⅢB族，包括镧（Lanthanum，La）、铈（Cerium，Ce）、镨（Praseodymium，Pr）、钕（Neodymium，Nd）、钷（Promethium，Pm）、钐（Samarium，Sm）、铕（Europium，Eu）、钆（Gadolinium，Gd）、铽（Terbium，Th）、镝（Dysprosium，Dy）、钬（Holmium，Ho）、铒（Erbium，Er）、铥（Thulium，Tm）、镱（Ytterbium，Yb）、镥（Lutetium，Lu）。

镧系元素与钇（Yttrium，Y）化学性质非常相似，在矿物中共生在一起。通常把钇和镧系元素总称为稀土元素，用 RE（Rare Earth）表示。稀土元素实际上并不"稀"，只是限于当时的技术条件，发现并提取这些物质很稀少而得名。如铈、钇、钕和镧在地壳中含量与常见元素锌、锡、钴和铅差不多；铥、铽、铕、钬和镥的含量虽然比较少，但比铋、银和汞的含量多。稀土元素在自然界比较分散，加之化学性质相似，难以分离，性质又活泼，不易还原为金属，因此稀土元素发现得比较晚。稀土元素分为两组：轻稀土组（铈组）包括镧、铈、镨、钕、钷、钐、铕；重稀土组（钇组）包括钆、铽、镝、钬、铒、铥、镱、镥、钇。

16.1.1 镧系元素通性

英文注解

镧系元素通常是银白色有光泽的金属，比较软，有延展性并具有顺磁性。镧系元素的电子层结构和一些性质见表 16-1。

表 16-1　镧系元素的电子层结构和一些性质

原子序数	名称	符号	价层电子构型	主要氧化数	原子半径/pm	Ln^{3+} 的半径/pm	Ln^{3+} 的 4f 亚层电子数	$\Sigma I\,(I_1+I_2+I_3)$ /kJ·mol^{-1}	熔点/℃	$E^\ominus\,(Ln^{3+}/Ln)$ /V
57	镧	La	$5d^16s^2$	+3	183	103.2	$4f^0$	3455.4	921	−2.379
58	铈	Ce	$4f^15d^16s^2$	+3, +4	181.8	102	$4f^1$	3524	799	−2.336

续表 16-1

原子序数	名称	符号	价层电子构型	主要氧化数	原子半径/pm	Ln^{3+}的半径/pm	Ln^{3+}的4f亚层电子数	ΣI $(I_1+I_2+I_3)$ /kJ·mol^{-1}	熔点/℃	$E^{\ominus}$ (Ln^{3+}/Ln) /V
59	镨	Pr	$4f^36s^2$	+3, +4	182.4	99	$4f^2$	3627	931	−2.35
60	钕	Nd	$4f^46s^2$	+3	181.4	98.3	$4f^3$	3694	1021	−2.323
61	钷	Pm	$4f^56s^2$	+3	183.4	97	$4f^4$	3738	1168	−2.30
62	钐	Sm	$4f^66s^2$	+2, +3	180.4	95.8	$4f^5$	3871	1077	−2.301
63	铕	Eu	$4f^76s^2$	+2, +3	208.4	94.7	$4f^6$	4032	822	−1.991
64	钆	Gd	$4f^75d^16s^2$	+3	180.4	93.8	$4f^7$	3752	1313	−2.279
65	铽	Tb	$4f^96s^2$	+3, +4	178	92.3	$4f^8$	3786	1356	−2.28
66	镝	Dy	$4f^{10}6s^2$	+3, +4	178.1	91.2	$4f^9$	3898	1412	−2.295
67	钬	Ho	$4f^{11}6s^2$	+3	176.2	90.1	$4f^{10}$	3920	1474	−2.33
68	铒	Er	$4f^{12}6s^2$	+3	176.1	89.0	$4f^{11}$	3930	1529	−2.331
69	铥	Tm	$4f^{13}6s^2$	+2, +3	177.3	88	$4f^{12}$	4043.7	1545	−2.319
70	镱	Yb	$4f^{14}6s^2$	+2, +3	193.3	86.8	$4f^{13}$	4193.4	819	−2.19
71	镥	Lu	$4f^{14}5d^16s^2$	+3	173.8	86.1	$4f^{14}$	3885.5	1663	−2.28

16.1.1.1　电子构型

镧系元素原子的电子构型通式为 $[Xe]4f^{0\sim14}5d^{0\sim1}6s^2$。第一个 f 电子在铈原子出现，随原子序数的增加，新增加的电子主要排布在 4f 轨道上。由于镧系元素原子最外层和次外层电子构型相似，差别主要在 4f 内层，因此它们的化学性质非常相似。

16.1.1.2　原子半径和离子半径

镧系元素的原子（或离子）半径随原子序数增加而减小，其变化趋势分别如图 16-1 和图 16-2 所示。由图 16-1 可见，除铕和镱原子半径反常外，从镧到镥原子半径略有缩小的趋势，这种镧系元素的原子半径（或离子半径）随着原子序数的增加而逐渐减小的现象称为镧系收缩（Lathaides Contraction）。产生镧系收缩的主要原因是从镧到镥，原子核每增加一个质子，相应的有一个电子进入 4f 层，而 4f 电子对核的屏蔽不如内层电子，因而随着原子序数增加，有效核电荷数增加，核对外层电子的吸引增强，使得原子半径渐渐减少。铕和镱原子半径出现反常现象，它们的原子半径比相邻元素的大得多，这是因为铕和镱的电子构型分别为半充满的 $4f^7$ 和全充满的 $4f^{14}$ 的结构，这种半充满和全充满的 4f 电子层结构比较稳定，对原子核有较大的屏蔽作用，导致原子半径增大。铕和镱在形成金属键时，仅给出两个电子，使得原子间的结合力不如其他镧系元素，所以金属铕和镱的密度较低，熔点也较低。

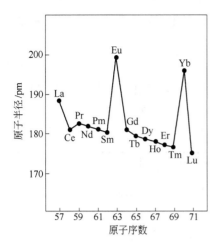

图 16-1　镧系元素原子半径与
原子序数的关系

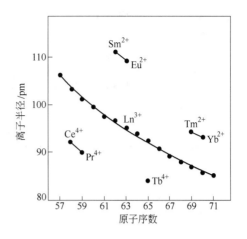

图 16-2　Ln^{2+}、Ln^{3+}、Ln^{4+} 的离子半径与
原子序数的关系

镧系元素的离子半径随原子序数的变化关系如图 16-2 所示。从 La^{3+} 到 Lu^{3+}，离子半径从 103.2pm 均匀地降为 86.1pm，这是由于 Ln^{3+} 的价电子构型随着核电荷数的增加从 $4f^0$ 均匀递增到 $4f^{14}$。Ln^{2+}、Ln^{4+} 的离子半径也是随原子序数增大而减小。离子半径的收缩比原子半径大，这是因为镧系元素金属原子的电子层比离子多一层，当失去最外层 6s 电子以后，4f 轨道处于倒数第二层，这种状态的 4f 轨道比原子中作为倒数第三层的 4f 轨道对原子核的屏蔽作用小，因此镧系元素离子半径收缩的比原子半径更加明显。

镧系收缩现象影响镥以后元素的性质，使第六周期与第五周期同族元素的原子半径和离子半径接近，化学性质相似。在自然界中锆与铪、铌与钽、钼与钨、铂系金属共生，分离相当困难。

镧系收缩使钪副族中钇离子（Y^{3+}）的离子半径与铒离子（Er^{3+}）相近，因此钇在矿物中与镧系元素共生，成为稀土元素的成员。在自然界中镧系元素往往是全部或部分共生，镧系元素相互间分离要比镧系元素和非镧系元素分离要困难得多。

镧系收缩在无机化学中是一个重要现象。镧系收缩使镧系元素的性质从镧到镥呈现有规律的变化：如金属标准电极电势值 $E^{\ominus}$ 增大，Ln^{3+} 水解倾向增强，$Ln(OH)_3$ 的碱性减弱、溶解度减小，对于给定配体其稳定常数 $K^{\ominus}$ 增大。

16.1.1.3　氧化态

由于镧系金属在气态时失去 2 个 s 电子和 1 个 d 电子，或 2 个 s 电子和 1 个 f 电子所需的电离势比较低，一般都能形成稳定的 +3 氧化态，所以 +3 氧化态是镧系元素在固态化合物和水溶液中的特征氧化态。有些镧系元素表现出 +2 或 +4 氧化态，如铈、镨、铽等可以形成氧化态为 +4 的化合物，钐、铕、镱等可以形成氧化态为 +2 的化合物，但这些化合物一般都没有 +3 氧化态稳定。+4 氧化态的铈能存在于溶液中，是很强的氧化剂。Sm^{2+}、Eu^{2+} 和 Yb^{2+} 能存在于固态化合物中，是强还原剂。影响镧系元素氧化态的原因除与电子层结构（f^0、f^7、f^{14}是稳定电子结构）有关外，还与其他热力学和动力学因素（电离势、升华能、水合能等）有关，后者甚至是更重要的影响因素。

16.1.1.4　离子的颜色

Ln^{3+}水合离子的颜色见表16-2，离子的颜色呈现周期性变化。如果以Gd^{3+}为中心，从Gd^{3+}到La^{3+}的颜色变化规律又在从Gd^{3+}到Lu^{3+}的过程中重复出现。

表 16-2　Ln^{3+}水合离子的颜色

Ln^{3+}	$4f^n$	未成对电子数	颜　色
La^{3+}	$4f^0$	0	无色
Ce^{3+}	$4f^1$	1	无色
Pr^{3+}	$4f^2$	2	绿色
Nd^{3+}	$4f^3$	3	淡紫色
Pm^{3+}	$4f^4$	4	桃红色
Sm^{3+}	$4f^5$	5	淡黄色
Eu^{3+}	$4f^6$	6	很浅桃红色
Gd^{3+}	$4f^7$	7	无色
Tb^{3+}	$4f^8$	6	很浅桃红色
Dy^{3+}	$4f^9$	5	黄色
Ho^{3+}	$4f^{10}$	4	黄色
Er^{3+}	$4f^{11}$	3	玫瑰红色
Tm^{3+}	$4f^{12}$	2	浅绿色
Yb^{3+}	$4f^{13}$	1	无色
Lu^{3+}	$4f^{14}$	0	无色

离子的颜色通常与未成对电子数有关。当Ln^{3+}离子具有f^n和f^{14-n}（$n=0,1,2,\cdots,7$）电子构型时，它们的颜色是相同或相近的，具有f^0、f^7、f^{14}（全空、半满、全满）结构的离子是无色的。La^{3+}、Lu^{3+}和Y^{3+}在波长范围$200\sim1000nm$没有吸收峰，所以它们的离子是无色；Ce^{3+}和Gd^{3+}的吸收峰波长全部或大部分在紫外区，所以这些离子是无色的；Yb^{3+}吸收峰的波长在近红外区域，所以Yb^{3+}也是无色的。剩下的Ln^{3+}在可见光区内有明显的吸收，所以它们的离子常呈现特征颜色。

从$E^\ominus(Ln^{3+}/Ln)$值可以看出（表16-1），镧系金属是一种较强的还原剂，其还原能力仅次于碱金属（Li、Na、K）和碱土金属（Mg、Ca、Sr、Ba），随着原子序数的增加，总的趋势是还原能力减小。铕和镱的还原性低于相邻的两种金属，这是因为在形成Eu^{3+}和Yb^{3+}时，所需的能量比相邻的两种金属高，而且铕需要的能量又比镱高。所以铕和镱的还原性低于相邻的两种金属，而且铕的还原性又比镱低。

Ln^{2+}是强还原剂。Ce^{4+}是强氧化剂，能被水缓慢地还原。Pr^{4+}是很强的氧化剂，Pr^{4+}/Pr^{3+}电对的电极势值为$+2.68V$，说明Pr^{4+}将会氧化水，所以Pr^{4+}在水溶液中不能存在。

镧系元素的化学性质比较活泼，一般保存在煤油中。新切开的有光泽的金属在空气中迅速变暗，表面形成一层氧化膜，它并不紧密，会被进一步氧化。镧系金属加热至 473~673K 转变成氧化物。金属与冷水缓慢作用，与热水反应剧烈，产生氢气。镧系金属溶于酸，不溶于碱。镧系金属在 473K 以上的卤素中剧烈燃烧；在 1273K 以上与氮气生成氮化物；在室温时缓慢吸收氢，573K 时迅速生成氢化物。

镧系元素的氧化物和氢氧化物在水中溶解度较小，碱性较强；氯化物、硝酸盐、硫酸盐易溶于水；草酸盐、氟化物、碳酸盐、磷酸盐难溶于水。

镧系金属能与大多数主族和过渡金属形成化合物。有些化合物具有特殊性能，如 Nd-Fe-B 是优良的磁性材料，$LaNi_5$ 是优良的储氢材料。

16.1.1.5 磁性

镧系元素 Ln^{3+} 的磁矩见表 16-3。

表 16-3 镧系元素 Ln^{3+} 的磁矩

Ln^{3+}	Ln^{3+}的 4f 亚层电子数	磁矩/μ_b
La^{3+}	$4f^0$	0
Ce^{3+}	$4f^1$	2.3~2.5
Pr^{3+}	$4f^2$	3.4~3.6
Nd^{3+}	$4f^3$	3.5~3.6
Pm^{3+}	$4f^4$	2.7
Sm^{3+}	$4f^5$	1.4~1.7
Eu^{3+}	$4f^6$	3.3~3.5
Gd^{3+}	$4f^7$	7.9~8.0
Tb^{3+}	$4f^8$	9.5~9.8
Dy^{3+}	$4f^9$	10.4~10.6
Ho^{3+}	$4f^{10}$	10.4~10.7
Er^{3+}	$4f^{11}$	9.4~9.6
Tm^{3+}	$4f^{12}$	7.1~7.5
Yb^{3+}	$4f^{13}$	4.3~4.9
Lu^{3+}	$4f^{14}$	0

镧系元素中，La^{3+} 和 Lu^{3+} 中未成对的电子数为 0，是反磁性的，其余 Ln^{3+} 都有未成对电子，都是顺磁性的。由于 Ln^{3+} 中未成对的 4f 电子数从 La^{3+} 到 Gd^{3+}，由 0 增加到 7 个，处于半充满构型，又从 7 个逐渐降到 0，处于全空状态，所以磁矩随原子序数的增加呈现双峰。镧系元素具有很好的磁性，可以作为良好的磁性材料，稀土合金还可做永磁材料。

446

16.1.2 镧系元素的重要化合物

16.1.2.1 Ln(Ⅲ)化合物

英文注解

A 氧化物和氢氧化物

镧系元素的特征氧化态是+3，形成的氧化物通式为 Ln_2O_3。镧系金属与氧气反应（除铈、镨、铽外）或将其氢氧化物、草酸盐、硝酸盐加热分解，都可得到 Ln_2O_3。铈、镨、铽与氧气反应，分别得到浅黄色的 CeO_2、墨绿色的 Pr_6O_{11}（$Pr_2O_3 \cdot 4PrO_2$）和棕色的 Tb_4O_7（$Tb_2O_3 \cdot 2TbO_2$）。

Ln_2O_3 不溶于水和碱性介质，溶于强酸，熔点高。Ln_2O_3 与碱土金属氧化物性质相似，可以从空气中吸收二氧化碳和水形成相应的碳酸盐和氢氧化物。

向 Ln(Ⅲ)盐溶液中加入 NaOH 溶液，可以得到 $Ln(OH)_3$ 沉淀。从总的趋势来看，$Ln(OH)_3$ 的溶解度逐渐减小，且溶解度随着温度的升高而降低。$Ln(OH)_3$ 的溶度积常数很小，即使 NH_4Cl 存在的情况下，向 Lu(Ⅲ)盐溶液中加入氨水仍可沉淀出 $Ln(OH)_3$。

$Ln(OH)_3$ 能溶于酸，碱性接近于碱土金属氢氧化物，碱性也是从 La 到 Lu 逐渐减弱的。大多数 $Ln(OH)_3$ 不溶于过量的碱，但 $Yb(OH)_3$ 和 $Lu(OH)_3$ 除外，它们与浓氢氧化钠溶液在高压釜中加热可转变为 $Na_3Ln(OH)_6$。

B 盐

镧系元素盐类大多数都含有结晶水，轻稀土元素和重稀土元素的盐类在溶解度上存在很大差别。重要的可溶盐有卤化物、硫酸盐和硝酸盐等，重要的难溶盐有草酸盐、碳酸盐、氟化物和正磷酸盐等。

a 卤化物

镧系元素的氟化物（LnF_3）难溶于水，即使在 3mol/L HNO_3 溶液中，向 Ln^{3+} 盐溶液中加氢氟酸或 F^-，仍可得到 LnF_3 沉淀，这是镧系元素金属离子的特征检验方法。

镧系元素氧化物、氢氧化物、碳酸盐与盐酸反应均可得到氯化物。将酸性水溶液蒸发浓缩可得到氯化物晶体：$LnCl_3 \cdot nH_2O$（La→Nd：$n=7$；Nd→Lu：$n=6$）。氯化物易溶于水。直接加热 $LnCl_3 \cdot nH_2O$ 会发生部分水解，反应如下：

$$LnCl_3 \cdot nH_2O \longrightarrow LnOCl + 2HCl + (n-1)H_2O$$

因此，无水氯化物不易从加热水合物得到。制备无水氯化物通常是将氧化物在 $COCl_2$ 或 CCl_4 蒸气中加热，也可加热氧化物与 NH_4Cl 制得。

$$Ln_2O_3 + 3COCl_2 \longrightarrow 2LnCl_3 + 3CO_2$$
$$Ln_2O_3 + 3CCl_4 \longrightarrow 2LnCl_3 + 3COCl_2$$
$$Ln_2O_3 + 6NH_4Cl \longrightarrow 2LnCl_3 + 3H_2O + 6NH_3$$

无水氯化物均为高熔点固体，易潮解，易溶于水，溶于醇，熔融状态的电导率高。

b 硫酸盐

将镧系元素的氧化物或氢氧化物溶于硫酸中生成硫酸盐。除硫酸铈为九水合物外，其余由溶液中结晶出的都是八水合物 $Ln_2(SO_4)_3 \cdot 8H_2O$。无水硫酸盐可由水合物加热脱水制得。无水硫酸盐的溶解度比水合硫酸盐小，而且它们的溶解度随着温度升高而减小。

与 $Al_2(SO_4)_3$ 相似，$Ln_2(SO_4)_3$ 能生成很多硫酸复盐，如 $xLn_2(SO_4)_3 \cdot yM_2SO_4 \cdot zH_2O$。

$$xLn_2(SO_4)_3 + yM_2SO_4 + zH_2O \longrightarrow xLn_2(SO_4)_3 \cdot yM_2SO_4 \cdot zH_2O$$

其中，$M = Na^+$、K^+、NH_4^+；x、y、z 分别为 1、1、2 或 1、1、4。硫酸复盐的溶解度从 La 到 Lu 逐渐增大，并按 NH_4^+、Na^+、K^+ 的顺序降低。根据硫酸复盐溶解度的大小，可将镧系元素分成三组，从而达到分离的目的。具体如下：

(1) 铈组（难溶），包括镧、铈、镨、钕、钐；

(2) 铽组（微溶），包括铕、钆、铽、镝；

(3) 铒组（易溶），包括钬、铒、铥、镱、镥。

从冷溶液中首先析出铈组，将滤液加热浓缩析出铽组，在母液中留下铒组。

c 草酸盐

草酸盐（$Ln_2(C_2O_4)_3$）是最重要的镧系盐类之一。因为它们在酸性溶液中的难溶性，使镧系元素离子能以草酸盐形式析出而与其他许多金属离子分离。所以在质量法测定镧系元素和镧系元素分离时，总是使之转化为草酸盐，经过灼烧而得到相应的氧化物。

草酸盐沉淀的性质决定于生成时的条件。在硝酸溶液中，当主要离子是 $HC_2O_4^-$、NH_4^+ 时，则得到复盐 $NH_4Ln(C_2O_4)_2 \cdot nH_2O$（$n = 1$ 或 3）。在中性溶液中，用草酸铵作沉淀剂，则轻稀土元素得到正草酸盐，重稀土元素得到草酸盐的混合物。用 $0.1mol/L(NH_4)_2C_2O_4$ 洗复盐可得到正草酸盐。

草酸盐加热灼烧，经过脱水，生成碱式碳酸盐，最后生成氧化物。一般说，将草酸盐分解为氧化物，需在 1073K 加热 30~40min。

16.1.2.2 Ln(Ⅱ)化合物

钐、铕、镱等能够形成+2氧化态的化合物，其中以 Eu^{2+} 较为稳定。可用锌还原 Eu^{3+} 得到 Eu^{2+}，但是 Sm^{2+} 和 Yb^{2+} 则需用钠汞齐作还原剂。另外，用电解的方法同样可将 Eu^{3+} 还原为 Eu^{2+}。

Eu^{2+} 表现出与碱土金属特别是 Sr^{2+}、Ba^{2+} 相似的性质，如 $EuSO_4$ 溶解度很小。Eu^{2+} 的溶液中加入 $BaCl_2$ 和 Na_2SO_4，可以使 $EuSO_4$ 和 $BaSO_4$ 共沉淀，再用稀 HNO_3 洗涤时，沉淀中的 Eu^{2+} 被氧化为 Eu^{3+} 而进入溶液，该反应用于氧化还原滴定溶液中的 Eu^{2+}。以 NH_4SCN 为指示剂，在系统出现红色时，则表明到达终点。反应方程式为：

$$Eu^{2+}(aq) + Fe^{3+}(aq) \longrightarrow Eu^{3+}(aq) + Fe^{2+}(aq)$$

由于 Eu^{2+} 不稳定，上述分离分析操作需要在惰性气氛保护下进行。

与 Eu^{3+} 相比，Eu^{2+} 与 Ln^{3+} 的分离要容易得多。$Eu(OH)_2$ 开始沉淀的 pH 值比 $Ln(OH)_3$ 高得多，可通过控制溶液 pH 值进行分离。

16.1.2.3　Ln(Ⅳ)化合物

铈、镨、钕、铽、镝都能够形成+4氧化态的化合物，只有Ce(Ⅳ)在水溶液或固体中都是稳定的，其余的Ln(Ⅳ)只存在于固体。Ce(Ⅳ)的化合物有CeO_2、$CeO_2 \cdot nH_2O$、CeF_4等。纯CeO_2为白色，具有化学惰性，不与强酸或强碱作用，具有氧化性。当有还原剂，如H_2O_2、Sn(Ⅱ)存在时，可溶于酸，并得到Ce(Ⅲ)溶液。

在空气中加热金属铈、$Ce(OH)_3$、Ce(Ⅲ)的含氧酸盐（草酸盐、碳酸盐、硝酸盐）都可得到CeO_2。在Ce(Ⅳ)盐溶液中加入氢氧化钠，便可析出胶状黄色沉淀$CeO_2 \cdot nH_2O$，它可重新溶于酸中。

一般Ce(Ⅳ)盐不如Ce(Ⅲ)盐稳定，在水溶液中易水解，所以Ce(Ⅳ)盐稀释往往析出碱式盐。常见的Ce(Ⅳ)盐有硫酸铈（$Ce(SO_4)_2 \cdot 2H_2O$）和硝酸铈（$Ce(NO_3)_4 \cdot 3H_2O$），其中以硫酸铈最稳定。硫酸铈在酸性溶液中是一个强氧化剂，标准电极电势为1.44V，在氧化还原过程中Ce^{4+}直接变为Ce^{3+}而没有中间产物，反应快速，可用于定量分析，称为铈量法。例如，铈量法测定铁的反应为：

$$Ce^{4+} + Fe^{2+} \longrightarrow Ce^{3+} + Fe^{3+}$$

$Ce(OH)_4$开始沉淀的pH值为0.7~1.0，比$Ln(OH)_3$低得多。工业上分离铈常利用$Ce(OH)_4$与$Ln(OH)_3$溶度积常数的差别，控制pH值，用稀硝酸溶解$Ln(OH)_3$而将$Ce(OH)_4$留在沉淀中。

16.1.2.4　镧系元素的配合物

除水合离子外，镧系元素离子Ln^{3+}的配合物为数不多，只有与强螯合剂形成的螯合物比较稳定。镧系元素在配合物化学方面与钙、钡相似，而与d区过渡元素差别较大。引起镧系元素离子配合能力降低的主要原因有以下几点：

(1) Ln^{3+}的4f电子处于内层，受到$5s^25p^6$电子的屏蔽，成为一种类似稀有气体构型的离子。4f电子受周围配体电场的影响较小，它们之间相互作用较弱。4f轨道参与成键的成分不多，配位场稳定化能很小，约4kJ/mol。Ln^{3+}与配体之间相互作用主要以静电作用为主，其键型为离子型，所以配合物在溶液中较容易发生配位取代反应。

(2) 与过渡金属离子相比，Ln^{3+}的离子半径较大，允许键合较多的配位体。镧系元素常见的配位数为8或9，最高达到12，配合物的几何构型变得更为复杂。例如，[La(acac)$_3 \cdot$2H$_2$O]中La(Ⅲ)配位数为8，8个氧原子分别排在四方锥体的角上。[Y(acac)$_3 \cdot$H$_2$O]中Y(Ⅲ)配位数为7，7个氧原子包围Y^{3+}，分布在三角柱体和一个面心。

(3) Ln^{3+}属于硬酸，倾向与硬碱的配位原子（电负性大的O、N、F等）进行配位。Ln^{3+}与软碱的配位原子（如S、P、C等）的配位能力较弱，Ln^{3+}与CO、CN^-等难以生成稳定的配合物。

镧系元素的配合物在碱性溶液中很稳定，它们的稳定性随着溶液酸度的增大而降低，随着镧系元素原子序数的增加而增大。这种稳定性的变化规律，已广泛应用于稀土元素的分离（离子交换法和溶剂萃取法）和分析（配位滴定、分光光度滴定等）中。

16.1.3 镧系元素的提取和分离

含有稀土元素的矿物有 150 多种，其中比较重要的矿有碳铈矿（$Ce(CO_3)F$）、独居石（磷酸铈镧矿，$RE(PO_4)$），它们是轻稀土的主要来源；磷钇矿（YPO_4）和褐钇矿（$YNbO_4$）则是重稀土元素的主要来源。我国是富有稀土的国家，稀土的储量占世界首位。现已探明我国稀土工业储量超过世界各国工业储量的总和，特别是我国内蒙古白云鄂博的稀土储量更是十分可观。除了内蒙古外，我国十几个省（自治区）发现了各种类型的稀土矿床。国外稀土矿资源主要分布在美国、印度、巴西、澳大利亚和南非。

由稀土精矿分解后所得到的混合稀土化合物，分离提取单一纯稀土元素的化学工艺是比较复杂和困难的。其主要原因有二：一是镧系元素之间的物理性质和化学性质十分相似，多数稀土离子半径居于相邻两元素之间，非常相近；在水溶液中都是稳定的三价态存在，与水的亲和力大，易形成水合物，其化学性质非常相似，分离提纯极为困难。二是稀土精矿分解后所得到的混合稀土化合物中伴生的杂质元素较多，如铀、钍、铌、钽、钛、锆、铁、钙、硅、氟、磷等。因此，在分离稀土元素的工艺流程中，不但要考虑这十几种化学性质极其相近的稀土元素之间的分离，而且还必须考虑稀土元素同伴生的杂质元素之间的分离。现在稀土生产中采用的分离方法主要要有以下几种方法。

16.1.3.1 分步法

从 1794 年发现的钇到 1905 年发现的镥，所有天然存在的稀土元素的单一分离，都是用这种方法分离的。

分步法是利用化合物在溶剂中溶解度的差别来进行分离和提纯的。方法的操作程序是：将含有两种稀土元素的化合物先以适宜的溶剂溶解后，加热浓缩，溶液中一部分元素化合物以结晶或沉淀析出。析出物中，溶解度较小的稀土元素得到富集，溶解度较大的稀土元素在溶液中也得到富集。由于稀土元素之间的溶解度差别很小，必须重复操作多次才能将两种稀土元素分离开来，因而这是一件非常困难的工作。全部稀土元素的单一分离耗费了 100 多年，一次分离重复操作竟达 2 万次，对于化学工作者而言，其艰辛的程度可想而知。因此用这样的方法不能大量生产单一稀土元素。

16.1.3.2 离子交换法

由于分步法不能大量生产单一稀土元素，因而稀土元素的研究工作也受到了阻碍。第二次世界大战后，美国原子弹研制计划（即所谓曼哈顿计划）推动了稀土分离技术的发展。因为稀土元素和铀、钍等放射性元素性质相似，为尽快推进原子能的研究，就将稀土作为其代用品加以利用。同时，为了分析原子核裂变产物中含有的稀土元素，并除去铀、钍中的稀土元素，研究人员发明了离子交换法用于稀土元素的分离。

离子交换法是利用离子交换树脂在交换柱内分离溶液中混合离子的方法。用于分离稀土离子的树脂多为强酸性阳离子交换树脂。离子交换法分离稀土离子的过程：首先将阳离子交换树脂填充于交换柱内，再将待分离的混合稀土离子溶液吸附在交换柱的入口一端，然后让淋洗液（含有阴离子配体的溶液）从上到下流经交换柱，稀土离子形成了配合物从而脱离离子交换树脂而随淋洗液一起向下流动。由于稀土离子形成的配合物的稳定性不同，因此各种稀土离子向下移动的速度不一样，亲和力大的稀土向下流动快，先到达出口端 Ln^{3+} 离子与淋洗液中的配体形成配合物的稳定常数一般随原子序数的增加或者离子半径的减小而增大。半径最小的 Lu^{3+} 与阴离子配体的结合力最强，首先被淋洗下来，而 La^{3+} 最后被淋洗下来。经过反复多次的交换和淋洗操作，就能达到完全分离的目的。

　　离子交换法的优点是一次操作可以将多种元素加以分离，而且还能得到纯度较高的产品。这种方法的缺点是不能连续处理，一次操作周期花费时间长，还有树脂的再生、交换等成本较高。因此，离子交换法正逐渐被溶剂萃取法取代。但是，由于离子交换法具有可以获得高纯度单一稀土产品的优势，目前制取超高纯单品以及一些重稀土元素的分离，还需用离子交换法。

16.1.3.3　溶剂萃取法

　　利用有机溶剂从水溶液中把被萃取物提取分离出来的方法称为有机溶剂萃取法，简称溶剂萃取法，它是一种把物质从一种液相转移到另一种液相的传质过程。与分级沉淀、分级结晶、离子交换法等分离方法相比较，溶剂萃取法具有分离效果好、生产能力大、便于快速连续生产、易于实现自动控制等一系列优点，因而逐渐成为分离大量稀土的主要方法。

　　提纯稀土金属常用的萃取剂有三种：以酸性膦酸酯为代表的阳离子萃取剂，如 P204 稀土萃取剂、P507 稀土萃取剂；以胺为代表的阴离子萃取剂，如 N1923；以 TBP、P350 等中性膦酸酯为代表的溶剂萃取剂。

16.1.4　稀土元素的应用

　　（1）在冶金工业的应用。在冶金工业，稀土元素由于具有对氧、硫和其他非金属元素的强亲和力，可用于净化钢液、细化晶粒，减少有害元素的影响，改善钢的性能。我国已应用稀土生产了很多新钢种。此外，我国还利用稀土生产稀土球墨铸铁，使铸铁的机械性能、耐磨性和耐腐蚀性能得到提高。在有色金属中，稀土可以改善合金的高温抗氧化性，提高材料的强度，改善材料的工艺性能。

　　（2）在石油工业的应用。在石油工业，稀土金属可用来制备分子筛型石油裂化催化剂，合成异戊橡胶、顺丁橡胶及合成氨的催化剂。在重油催化裂化反应中，加入少量混合稀土，可以使分子筛催化剂的效率提高 3 倍，寿命也可延长，并使汽油产率大幅度提高。

　　（3）在玻璃和陶瓷工业的应用。稀土氧化物是玻璃抛光粉的原料，稀土氧化物抛光粉已用于镜面、平板玻璃、电视显像管等的抛光。此外，在制造玻璃时添加稀土元素可使玻璃具有特种性能和颜色，如含氧化钕的玻璃具有鲜红色，可用于航行的仪器仪表；含氧化镨的玻璃为绿色，并能随光源不同而显现不同的颜色；含氧化镧的光学玻璃具有低散射和高折射率，用于制造医疗仪器中的内窥镜；Y_2O_3 和 Dy_2O_3 可制得耐高温透明陶瓷，用于火箭、激光、电真空等工程领域。

（4）其他应用。轻稀土金属的燃点很低（铈 438K、镨 563K、钕 543K），燃烧时放出大量热。当以铈为主的混合轻稀土金属在不平的表面摩擦时，其细末就会自燃，因此可用来制造民用打火石和军用引火合金。引火合金用于子弹的引信或点火装置。

以 $LaNi_5$ 为代表的稀土储氢材料具有储氢量大、易活化、吸附和脱附都极快、反应可逆、抗杂质气体中毒等特性，可以应用于氢气的储运、氢气的分离和回收、氢能汽车、金属氢化物电池等领域。

稀土与过渡金属的合金可作为磁性材料，其中钐钴合金是优良的磁性材料。稀土元素具有优异的发光特性，可用于制备各种发光材料、电光源材料和激光材料。彩色电视显像管红色荧光粉就采用了钇铕的硫氧化物。稀土金属在核工业中可用于反应堆的结构材料和控制材料。稀土元素作为微量元素用于农业可以促进植物生长，农业上用稀土元素可使粮食增产 10%～20%、白菜增产 29%、大豆增产 50%，还可提高西瓜的产量和甜度，因此用作高效微量肥料。

16.2 锕 系 元 素

英文注解

镧系元素位于元素周期表第七周期第ⅢB族，包括锕（Actinium，Ac）、钍（Thorium，Th）、镤（Protactinium，Pa）、铀（Uranium，U）、镎（Neptunium，Np）、钚（Plutonium，Pu）、镅（Americium，Am）、锔（Curium，Cm）、锫（Berkelium，Bk）、锎（Californium，Cf）、锿（Einsteinium，Es）、镄（Fermium，Fm）、钔（Mendelevium，Md）、锘（Nobelium，No）、铹（Lawrencium，Lr）共 15 种元素。

锕系元素都有放射性。1789 年，德国克拉普罗特（M. H. Klaproth）从沥青矿中发现铀，它是被人们认识的第一种锕系元素。比铀原子序数小的锕、钍和镤也相继被发现。铀以后的元素称为超铀元素，它们都是在 1940 年以后由人工核反应合成的。极微量的镎和钚也存在于铀矿中。锕系元素中，用途比较多的是铀和钍，钚在某些情况下用作核燃料。

16.2.1 锕系元素的通性

16.2.1.1 锕系元素的电子构型

英文注解

锕系元素的价电子构型与镧系元素相似（表16-4），通式为 $[Rn]5f^{0\sim14}6d^{0\sim2}7s^2$。5f 轨道的能量以及在空间的伸展范围都比 4f 轨道大，因而使得 5f 与 6d 轨道能量更接近，而 4f 与 5d 轨道能量相差较大。这就有利于 f 电子从 5f 轨道向 6d 轨道的跃迁，有利于 f 电子参与成键。所以锕系元素中，前面的元素具有保持 d 电子的倾向，而后面的与镧系元素类似。

表 16-4　锕系元素的价电子构型

原子序数	符号	元素	价电子构型	原子序数	符号	元素	价电子构型
89	Ac	锕	$6d^17s^2$	97	Bk	锫	$5f^97s^2$
90	Th	钍	$6d^27s^2$	98	Cf	锎	$5f^{10}7s^2$
91	Pa	镤	$5f^26d^17s^2$	99	Es	锿	$5f^{11}7s^2$
92	U	铀	$5f^36d^17s^2$	100	Fm	镄	$5f^{12}7s^2$
93	Np	镎	$5f^46d^17s^2$	101	Md	钔	$5f^{13}7s^2$
94	Pu	钚	$5f^67s^2$	102	No	锘	$5f^{14}7s^2$
95	Am	镅	$5f^77s^2$	103	Lr	铹	$5f^{14}6d^17s^2$
96	Cm	锔	$5f^76d^17s^2$				

16.2.1.2　氧化态

锕系元素的已知氧化态见表 16-5。锕系元素中前一部分元素（Th→Am）存在多种氧化态，Am 以后的元素在水溶液中氧化态多为+3。锕系元素前面一半的 5f 电子与核的作用比镧系元素的 4f 电子弱，因而容易失去，存在较高的价态。随着原子序数的增加，核电荷随之升高，5f 电子与核的作用增强，使 5f 和 6d 能量差变大，5f 能级趋于稳定，电子就不容易失去了。

表 16-5　锕系元素的氧化态

锕系元素	Ac	Th	Pa	U	Np	Pu	Am	Cm	Bk	Cf	Es	Fm	Md	No	Lr
氧化态							+2			+2	+2	+2	+2	+2	
	<u>+3</u>	+3	+3	+3	+3	+3	<u>+3</u>	<u>+3</u>	<u>+3</u>	<u>+3</u>	<u>+3</u>	<u>+3</u>	<u>+3</u>	<u>+3</u>	+3
		+4	+4	+4	+4	<u>+4</u>	+4	+4	+4						
			+5	<u>+5</u>	<u>+5</u>	+5	+5								
				<u>+6</u>	+6	+6	+6								
					+7	+7									

注：有下划线的数字表示最稳定的氧化态。

16.2.1.3　离子半径

锕系元素的原子半径和离子半径见表 16-6。这些元素+3 氧化态离子的最外层电子是已填满的 6p 层，随着原子序数增加，电子进入 5f 层，而 5f 电子不能完全屏蔽增加的核电荷，使有效核电荷增加，因而产生类似镧系收缩的锕系收缩。

表 16-6　锕系元素的原子半径和离子半径　（pm）

元素	$r(M^0)$	$r(M^{2+})$	$r(M^{3+})$	$r(M^{4+})$	$r(M^{5+})$	$r(M^{6+})$
Ac	189.8		111			
Th	179.8		108	94		
Pa	164.2		104	90	78	
U	154.2		102.5	89	76	73

元素	$r(M^0)$	$r(M^{2+})$	$r(M^{3+})$	$r(M^{4+})$	$r(M^{5+})$	$r(M^{6+})$
Np	150.3		101	87	75	72
Pu	152.3		100	86	74	71
Am	173.0		97.5	89	86	80
Cm	174.3		97	88		
Bk	170.4		98	87		
Cf	169.4		95			
Es	169		98			
Fm	194		97			
Md	194		96			
No	194	110	95			
Lr	171	112	94			

16.2.1.4 离子的颜色

锕系元素不同类型的离子在水溶液中的颜色见表16-7。镧系和锕系水合离子颜色的变化规律类似，$Ce^{3+}(4f^1)$ 和 $Pa^{4+}(5f^1)$，$Gd^{3+}(4f^7)$ 和 $Cm^{3+}(5f^7)$，$La^{3+}(4f^0)$ 和 $Ac^{3+}(5f^0)$ 都是无色的。

表16-7　M^{n+}离子在水溶液中的颜色

元素	M^{3+}	M^{4+}	M^{5+}	M^{6+}
Ac	无色	—	—	—
Th	—	无色	—	—
Pa	—	无色	无色	—
U	粉红色	绿色	—	黄色
Np	紫色	黄绿色	绿色	粉红色
Pu	深蓝色	黄褐色	红紫色	橙色
Am	粉红色	粉红色	黄色	棕色
Cm	无色			

16.2.2 钍及其化合物

在锕系元素中，最常见的是钍和铀及其化合物。这两种元素可用作核燃料，安全操作比较容易。钍和铀的年使用量以吨计，镤、镎、钚、镅的使用量是以克计，价格昂贵。从锔以后使用量逐渐减少，锔是以毫克计，到镄则以微克计，以后的元素以原子数计。随着原子序数的增加，单位质量元素的放射性强度也增加。

16.2.2.1 钍的制备、性质和用途

钍在自然界主要存在于独居石中。从独居石提取稀土元素时，可分离出 $Th(OH)_4$，这是钍的重要来源之一。经分离提纯后，还可用磷酸三丁酯萃取进行进

一步提纯。

金属钍最常用的制备方法是将 ThO_2 与金属钙在 1200K 的氩气中发生还原反应。

$$ThO_2 + 2Ca \longrightarrow Th + 2CaO$$

金属钍在新切开或磨亮时显银白色，但在大气中逐渐变暗。像锕系金属一样，钍是活泼金属，粉末状钍在空气中能着火。钍能与沸水反应，500K 时与氧气反应，1050K 时与氮气反应。稀氢氟酸、稀硝酸、稀硫酸、浓磷酸或浓高氯酸与钍作用缓慢，浓硫酸能将钍溶解，浓硝酸能使钍钝化。

钍主要用于原子能工业，Th-232 被中子照射后可蜕变为裂变原料 U-233。此外，金属钍可用于制造合金。由于钍有良好的发射性能，故用于放电管和光电管中。

16.2.2.2　钍的化合物

钍的特征氧化态是+4，在水溶液中 Th^{4+} 为无色，能稳定存在，可以形成各种无水和水合的盐。

A　二氧化钍

粉末状钍在氧气中加热燃烧或将氢氧化钍、硝酸钍、草酸钍灼烧，都会生成二氧化钍（ThO_2）。ThO_2 是所有氧化物中熔点最高的，为白色粉末，和硼砂共熔可得晶体状态的 ThO_2。强灼热生成的 ThO_2 几乎不溶于酸，但在 800K 灼热草酸钍所得的 ThO_2 粒度松散，在稀盐酸中似能溶解，实际上是形成溶胶。

ThO_2 有广泛的应用。在水煤气合成汽油过程中，常使用含 8% ThO_2 的氧化钴作催化剂。它又是制造钨丝的添加剂，约 1% ThO_2 就能使钨成为稳定的小晶粒，并增加抗震强度。

B　氢氧化钍

在钍盐溶液中加入碱或氨，生成二氧化钍水合物，为白色凝胶状沉淀，它在空气气氛中吸收二氧化碳。它易溶于酸，不溶于碱，但溶于碱金属的碳酸盐生成配合物。加热时，在 530~620K 温度范围内 $Th(OH)_4$ 稳定存在，在 743K 转化为 ThO_2。

C　硝酸钍

硝酸钍是制备其他钍盐的原料。将 ThO_2 的水合物溶于硝酸，得到硝酸钍晶体。由于条件不同，所含的结晶水也不同。重要的硝酸钍盐为 $Th(NO_3)_4 \cdot 5H_2O$，它易溶于水、醇、酮和酯。在钍盐溶液中，加入不同试剂，可析出不同沉淀，最重要的沉淀有氢氧化物、过氧化物、氟化物、碘酸盐、草酸盐和磷酸盐。后四种盐，即使在 6mol/L 的强酸性溶液中也不溶解，因此可以用于分离钍和其他金属阳离子。

Th^{4+} 在 pH 值大于 3 时剧烈水解，产物是配离子，其组成随着溶液 pH 值、浓度和阴离子性质的变化而有所不同。在高氯酸溶液中，主要离子为 $[Th(OH)]^{3+}$、$[Th(OH)_2]^{2+}$、$[Th_2(OH)_2]^{6+}$、$[Th_4(OH)_8]^{8+}$，最后产物为六聚物 $[Th_6(OH)_{15}]^{9+}$。

16.2.3　铀及其化合物

1789 年发现铀，直到 1939 年发现铀的裂变之前，铀的重要性并不突出，当时它的矿石主要作为镭的来源。当铀成为核燃料后，铀就成为特别重要的核原料。

铀在自然界主要存在于沥青铀矿，其主要成分为 U_3O_8。提炼方法很多而且复杂，但最后步骤通常用萃取法将硝酸铀酰从水溶液中萃取到有机相，而得到较纯的铀化合物。

金属铀的制备方法是将 UF_4 还原。$UO_2(NO_3)_2$ 加热成为 UO_2，在 HF 中加热成为 UF_4，再在加压下与 Mg 共热得金属铀。作为反应堆的核燃料，能发生裂变的同位素 U-235 在天然铀中只占 0.72%，U-235 与 U-238（在天然铀中占 99.2%）的分离方法通常采用 UF_6 气体扩散法。

新切开的铀具有银白色光泽，是密度最大的金属之一（$19.07g/cm^3$）。铀是一种很活泼的金属，与很多元素可以直接化合。在空气中表面很快变黄，接着变成黑色氧化膜。粉末状铀在空气中可以自燃。铀易溶于盐酸和硝酸，在硫酸、磷酸和氢氟酸中溶解较慢，不与碱作用。

铀的主要氧化物有 UO_2（暗棕色）、U_3O_8（暗绿）和 UO_3（橙黄色）。UO_3 具有两性，溶于酸生成重铀酸根（$U_2O_7^{2-}$）。U_3O_8 不溶于水，溶于酸生成相应的 UO_2^{2+} 的盐。UO_2 缓慢溶于盐酸和硫酸中，生成 U（Ⅳ）盐，硝酸容易把它氧化为硝酸铀酰（$UO_2(NO_3)_2$）。

在硝酸铀酰溶液中加入碱，析出黄色的重铀酸盐，如黄色的重铀酸钠（$Na_2U_2O_7 \cdot 6H_2O$）。将该盐加热脱水，得到无水盐，称为"铀黄"，它可以应用于玻璃及陶瓷釉中。

将硝酸铀酰加热，在 600K 分解得到 UO_3。

$$2UO_2(NO_3)_2 \longrightarrow 2UO_3 + 4NO_2 + O_2$$

由 UO_3 可以制得 U_3O_8 和 UO_2。

$$3UO_3 \longrightarrow U_3O_8 + \frac{1}{2}O_2 (T = 1000K)$$

$$UO_3 + CO \longrightarrow UO_2 + CO_2 (T = 623K)$$

铀的氟化物很多，有 UF_3、UF_4、UF_5、UF_6 等，其中以 UF_6 最重要。UF_6 可以从低价氟化物氟化制得，为无色晶体，在干燥空气中稳定，遇水蒸气水解。

$$UF_6 + 2H_2O \longrightarrow UO_2F_2 + 4HF$$

UF_6 是具有挥发性的铀化合物，利用 $^{238}UF_6$ 和 $^{235}UF_6$ 蒸汽扩散速率的差别，使 U-235 与 U-238 分离，得到纯 U-235 核燃料。

知识博览 放射化学及放射性核素在医学中的应用

▣ 放射化学

放射化学是研究放射性物质及其辐射效应的化学分支学科。放射化学与原子核物理对应地关联和交织在一起，成为核科学技术的两个兄弟学科。放射化学的主要研究内容包括：

（1）放射性元素化学，主要研究天然放射性元素和人工放射性元素的化学性质和核性质，提取及制备、纯化的化学过程和工艺；

（2）核化学，主要研究核性质、核结构、核反应和核衰变的规律以及热原子化学，奇特原子化学等；

（3）放射分析化学，主要研究放射性物质的分离、分析以及核技术在分析化学中的应用；

（4）核能放射化学，主要研究核裂变能可持续发展面临的关键问题；

（5）核药物化学，主要研究医用放射性标记化合物；

（6）环境放射化学，主要研究核工业排出物及环境中的放射性污染物质。

■ **放射性核素在医学中的应用**

放射性核素（Radio Nuclide）能够自发地从原子核内部放出粒子或射线，同时释放出能量，这种现象称为放射性（Radioactivity），这一过程称为放射性衰变（Radioactive Decay）。放射性核素的射线具有高能量，当射线与物质相互作用时，物质受到激发，可以引发本来不发生的化学或生物过程，促进或抑制某些化学或生物变化过程。放射性核素在医学上的应用包括临床诊断、治疗与医学研究方面。

放射性核素所射出的射线可用仪器发现，并可作定量测定。因此，射线成为某种元素原子的特征标记，称为标记原子或示踪原子。放射性核素示踪可以对脑、甲状腺、心肌、血液、肝、肾上腺、肺、骨骼及某些肿瘤等进行显像和动态观察。肿瘤显像药物最常用的放射性核素是氟（^{18}F），目前应用最为普遍的显像剂为^{18}F标记的氟代脱氧葡萄糖（^{18}F-FDG）。

已有放射性核素成功应用于临床治疗，特别是放射性核素靶向治疗得到了市场的认可。目前，具有在临床上治疗各类疾病潜力的放射性核素按照作用方式不同通常分为两类：一类为植入法治疗放射性核素，将放射性核素包被植入或局部注射到肿瘤组织内，从而达到治疗或缓解的目的；另一类是通过载体分子（或核素自身特性）使放射性核素在体内组织器官中选择性浓集，利用放射性核素的辐射效应来抑制和破坏病变组织（如肿瘤），从而达到治疗目的。从全球范围来看，一款放射性治疗药物的开发成本平均在 3000 万～9000 万欧元，开发周期为 7～12 年。尽管如此，放射性核素仍有很好的临床治疗应用前景。在治疗核素的选取方面，客观上不存在各种性能完全理想的放射性核素，根据不同治疗目的、肿瘤类型、不同器官与组织，甚至不同分期的肿瘤选择合适的治疗核素。^{131}I 是目前临床上广泛使用的治疗放射性核素之一，临床上主要用于甲状腺功能亢进和分化型甲状腺癌术后的治疗。Lu 最常用的放射性同位素是^{177}Lu，是近年来十分受关注的一种可用于治疗的核素，其能够发射 γ 射线和 β 射线，能够同时用于诊断和治疗，实现"一药两用"。

习　题

16-1 选择题

（1）由于镧系收缩使性质极其相似的一组元素是（　　）。

　　A. Sc 和 La　　　　B. Co 和 Ni　　　　C. Nb 和 Ta　　　　D. Cr 和 Mo

（2）下列氢氧化物溶解度最小的是（　　）。

A. $Ba(OH)_2$　　　B. $La(OH)_3$　　　C. $Lu(OH)_3$　　　D. $Ce(OH)_4$

(3) 和镧系元素 Eu、Yb 的化学性质相近的一组元素是（　　　）。

　　A. Ca、Sr、Ba　　　　　　　　　B. Li、Na、K

　　C. Ti、Zr、Hf　　　　　　　　　D. Cr、Mo、W

(4) 下列稀土元素中，能形成氧化数为+2 的是（　　　）。

　　A. Ce　　　　　　B. Pr　　　　　　C. Tb　　　　　　D. Yb

(5) 下列元素属于锕系元素的是（　　　）。

　　A. Pr　　　　　　B. Po　　　　　　C. Pu　　　　　　D. Nd

(6) 镧系元素的原子半径从左到右递变过程中出现极大值（双峰效应）的两种元素是(　　　)。

　　A. La 和 Eu　　　B. Eu 和 Yb　　　C. Yb 和 Lu　　　D. La 和 Lu

(7) 镧系收缩的后果之一是使下列各组元素中性质很相似的一组是（　　　）。

　　A. Mn 与 Tc　　　　　　　　　　B. Ru、Rh、Pd

　　C. Sc 与 La　　　　　　　　　　D. Zr 与 Hf

(8) 57 号元素镧的价电子构型是（　　　）。

　　A. $4f^16s^2$　　　B. $5d^16s^2$　　　C. $4f^15d^16s^1$　　　D. $5d^26s^1$

(9) $CeCl_3 \cdot n H_2O$ 在 823K 时加热，水解的最后产物是（　　　）。

　　A. CeO_2　　　B. Ce_2O_3　　　C. $CeCl_3$　　　D. $CeOCl$

(10) 下列各元素的正三价离子的半径由大到小的正确排列顺序为（　　　）。

　　A. Pm、Pr、Tb、Er　　　　　　　B. Tb、Pm、Er、Pr

　　C. Pr、Pm、Tb、Er　　　　　　　D. Tb、Pr、Pm、Er

(11) 被称为镧系元素的下列说法中，正确的是（　　　）。

　　A. 从 51 号到 65 号元素　　　　　B. 从 56 号到 70 号元素

　　C. 从 57 号到 71 号元素　　　　　D. 从 58 号到 72 号元素

(12) 向含有下列离子的混合溶液中逐滴加入氨水，首先从溶液中析出沉淀的是（　　　）。

　　A. La^{3+}　　　B. Lu^{3+}　　　C. Gd^{3+}　　　D. Ce^{3+}

(13) Pr 的磷酸盐为 $Pr_3(PO_4)_4$，其最高氧化态氧化物的化学式是（　　　）。

　　A. Pr_2O_3　　　B. Pr_2O　　　C. PrO_2　　　D. Pr_3O_4

(14) 下列元素属于锕系元素的是（　　　）。

　　A. Am　　　　　　B. Cm　　　　　　C. Sm　　　　　　D. Fm

(15) Nd^{3+} 的颜色是（　　　）。

　　A. 无色　　　　　B. 浅绿色　　　　　C. 黄色　　　　　D. 淡紫色

16-2 填空题：

（1）$La(OH)_3$，$Lu(OH)_3$，$Sm(OH)_3$，$Nd(OH)_3$ 的 $K_{sp}^{\ominus}$ 值递减的顺序是：_____。

（2）迄今已知镧系元素中能生成 LnO_2 型氧化物的元素是_____，它们在酸性介质中都是_____剂。

（3）在镧系元素原子半径总的收缩趋势中，某些元素具有较大的偏离，其中原子半径特别大的元素有_____和_____。

（4）镧系元素原子的价电子层构型除 La 是 _____、Ce 是 _____、Gd 是 _____ 和 Lu 是 _____ 外，其他元素的构型通式是_____。

（5）镧系元素的原子半径随原子序数的增大而_____，这种现象称为_____。

16-3 问答题：

（1）指出镧系元素的主要氧化态。根据 4f 轨道有保持或接近全空、半充满或全充满的倾向，写出哪些元素呈现+4 或+2 氧化态？

（2）镧系元素为什么要保存在煤油中？

（3）在熔炼玻璃的过程中，加入 Ce（Ⅳ）的化合物为什么能使玻璃脱色？

（4）什么是锕系收缩？试与镧系收缩相比较并作简要解释。

17 生物无机化学

生物无机化学（Bio-inorganic Chemistry）是生物化学和无机化学相互渗透形成的交叉学科，早期的研究工作始于 20 世纪四五十年代，20 世纪 60 年代逐渐发展成为一门独立的学科。长期以来，生命被认为是"碳化学"，只与有机化学和生物化学有关，无机元素对于生命活动的重要性在较长时间内一直被忽视。随着近代分析技术的发展，很多金属元素和非金属元素在生命过程中的重要作用被发现，因此逐步形成了生物无机化学学科。

生物无机化学的研究对象是在生命过程中发挥作用的金属（和少数非金属）离子及其化合物，研究生物体内金属离子与生物配体形成的配合物的结构和功能的关系，以及研究金属离子与生物大分子相互作用的规律。

17.1 生物体中的元素

17.1.1 生命元素

目前，元素周期表中共有 118 种元素，其中存在于自然界的有 90 多种。生命在长期进化过程中，选择了其中一些化学元素构成生物体。生命元素是指在生物体中维持正常的生理功能不可缺少的元素。生物体内至少有 25 种元素对于生命来说是必需的（由于目前对某些微量元素的生理功能了解肤浅，认识不一，不同文献与教材列举必需元素数目不尽相同），根据它们的含量，把这些元素分为宏量元素和微量元素。宏量元素是指含量占生物体总质量 0.01% 以上的元素，包括碳、氢、氧、氮、磷、硫、氯、钾、钠、钙和镁 11 种元素，其中非金属元素 7 种、金属元素 4 种。宏量元素均位于元素周期表前 20 种主族元素之内，在地壳中的丰度都比较大。宏量元素共占生物体总质量的 99.95%。微量元素是指含量占生物体总质量 0.01% 以下的元素，如铁、硅、锌、铜、溴等。微量元素共占生物体总质量的 0.05% 左右。虽然这些微量元素的含量很小，但是在生命活动中的作用是非常重要的。它们在元素周期表中的分布见表 17-1。绝大多数的生命必需元素分布于元素周期表的第 1~4 周期，其中元素周期表右上角的非金属元素区几乎被占满，而金属元素主要分布于第 ⅠA、ⅡA 和第一过渡系元素。硼元素是某些绿色植物和藻类生长的必需元素。

表 17-1　生命元素在元素周期表中的分布

	IA	IIA	IIIB	IVB	VB	VIB	VIIB	VIII	IB	IIB	IIIA	IVA	VA	VIA	VIIA	零族
1	H*															
2											B	C*	N*	O*	F	
3	Na*	Mg*										Si	P*	S*	Cl*	
4	K*	Ca*			V	Cr	Mn	Fe　Co　Ni	Cu	Zn				Se		
5						Mo									I	

注：＊为宏量元素，其余为微量元素。

17.1.2　生命元素的选择

人类经过了漫长的进化过程，选择哪些元素作为生命元素，生命元素的选择与哪些外界因素有关？可从以下两个方面进行探讨。

第一，生命元素的选择与元素在自然界（地壳和海洋）中的分布状况和丰度有关。当生物体选择元素完成自身的生理功能时，总是先选择那些在周围环境中含量比较多的元素。例如，锶和钙的化学性质相近，但是钙的丰度比锶大得多，所以生物体选择钙作为生命元素，而不选择锶。

第二，生命元素的选择决定于元素及其相关化合物的性质。水是生命存在的必要物质条件，水之所以对生命起重要作用和水的独特性质有关。例如水的比热大，可以作为热的调节剂，从而减少环境温度变化对细胞的影响；水还是一种良好的溶剂，能溶解许多生命必需的物质供生物体吸收利用。因此，选择氢与氧作为生命必需的元素绝不是偶然的。

硅和碳的化学性质相近，硅在地壳中的丰度比碳大得多，但是硅的化合物大多难溶于水，而碳原子能形成各种稳定的长链或环状结构，为合成重要的生物大分子提供基本的结构单元。另外，二氧化碳是易溶于水的酸，生成的碳酸可以维持细胞外部体液 pH 值的稳定。

人体中氮和磷的含量较多，而这两种元素在海水中含量相对很少，硫在人体内也有明显的富集现象。这是因为氮、硫、磷与前面提到的碳、氢、氧六种元素，都倾向于形成稳定的共价化合物，它们是人体中蛋白质、糖和核酸等生物大分子形成的必要元素。

17.1.3　生命元素的存在形式

生命元素在生物体内的存在形式大致分为以下几种：

（1）无机固体。钙、氟、磷、硅和镁元素以难溶的无机化合物的形态存在于骨骼、牙齿等硬组织中，骨骼大多由 $[Ca_5(PO_4)_3(OH)]$ 组成，软体动物的外壳大多是 $CaCO_3$，SiO_2 被许多单细胞海洋生物用作保护性固体。

（2）溶液离子。钠、镁、钾、钙和氯等元素以游离的水合阳离子或阴离子的形态存在于细胞内外液及血液中，少量的硫、碳和磷元素以含氧酸根的形式（SO_4^{2-}、

CO_3^{2-}、HCO_3^-、HPO_4^{2-} 等）存在于血液和其他体液中。

（3）小分子。作为大分子的单体、离子载体和电子传递化合物等物质，如钴、铜、铁、镁、钒和镍等元素存在于卟啉配合物中。

（4）生物大分子。碳、氢、氧、氮、硫和磷元素主要以生物大分子的形式（蛋白质、核酸、脂肪和糖）存在于生物体中。钼、锰、铁、铜、钴、镍和锌等元素与生物大分子形成配合物，形成具有催化性能、储存和转化功能的各种酶。

17.1.4 污染元素

目前在生物体中发现的元素除了生命必需元素以外，还有其余几十种元素是通过大气、水源和食物等途径侵入生物体内，成为污染元素。大部分污染元素为金属离子，这些金属离子可以与蛋白质、核酸等生物大分子形成稳定配合物，在生物体内有效富集，干扰正常的代谢活动，甚至引起病变。

实际上生命必需元素与污染元素之间并无绝对的界限。生命必需元素在体内严重过量或者以不正常的化学形态存在时也会转化为污染元素，对生物体产生不良影响。

主要污染元素对人体的危害见表 17-2。

表 17-2 主要污染元素对人体的危害

元素	危　害	最小致死量/$mg \cdot kg^{-1}$
Be	致癌	4
Cr	损害肺，可能致癌	400
Ni	肺癌，鼻窦癌	180
Zn	胃癌	57
As	损害肝、肾及神经，致癌	40
Se	慢性关节炎，浮肿等	3.5
Y	致癌	—
Cd	肺气肿，肾炎，骨痛病，高血压，致癌	0.3~6
Hg	脑炎，损害中枢神经及肾脏	16
Pb	贫血，损害肾脏及神经	50

通常利用螯合疗法排出生物体内的污染金属离子，也就是选择合适的螯合剂作为解毒剂，与金属离子形成配合物从而排出体外，常见的螯合剂包括二巯基丙醇（BAL）、青霉胺、［$Na_2CaEDTA$］等。值得注意的是，螯合剂在结合污染金属离子的同时，也会结合其他生命必需元素一起排出体外。例如，利用 EDTA 钠盐排出体内铅的同时也会引起钙浓度的降低，如果采用 $Na_2CaEDTA$ 作为螯合剂就可以在顺利排铅的同时不会影响钙的浓度。

人在进化过程中与环境有着密切的联系，人体中的化学物质与环境保持着一定的动态平衡。研究表明，人对体内微量元素的调节能力并不强。当某一地区的某种元素缺乏或者过多时，就会打破这种平衡，严重时会使人体发生病变，这就是地方病。常见地方病与生命元素的关系见表 17-3。

表 17-3　常见地方病与生命元素的关系

地方病	生命元素状况	主要症状	治疗方案
克山病	硒缺乏	心肌坏死	投硒（例如口服亚硒酸钠或硒盐）
大骨节病	硒缺乏	透明软骨的变性坏死	投硒（例如口服亚硒酸钠或硒盐）
地方性氟中毒	氟过量	氟斑牙、氟骨症	降低饮用水中的氟含量
缺碘性地方性甲状腺肿	碘缺乏	甲状腺肿大、碘中毒	补碘（例如供应碘盐）
高碘性地方性甲状腺肿	碘过量	甲状腺肿大	停用高碘饮食

　　人体中的元素都是直接或者间接来自环境。体内元素的不平衡的原因除了饮食之外，还有就是人类的自身改变或环境污染。农业中大量使用化肥、农药，使农田中微量元素得不到补充；大棚技术的推广，缩短了植物的生长期，光合作用不充分，没有足够的时间从土壤中吸收微量元素；人工喂养的猪、鸡等也缺少微量元素。与原始人相比，现代人体内铬和锰的含量已经差异很大，而现代人体内的污染元素是原始人的数倍甚至数百倍。世界范围内的环境污染已经威胁着人类的生存，必须好好保护地球环境，建立绿色家园。

17.2　生物配体

　　金属元素在生物体内大多数情况下不以自由离子形式存在，而是与配体形成具有生物功能的金属配位化合物。在生物体内能与金属元素反应的配体称为生物配体。生物配体主要包括蛋白质、核酸、多糖、磷脂，以及它们的降解产物，如氨基酸、肽、碱基、核苷酸和低聚糖等。

17.2.1　氨基酸

　　氨基酸是指含有氨基的羧酸，是蛋白质的基本组成单位。从各种生物体中发现的氨基酸已有 300 多种，但是常见的参与蛋白质合成的氨基酸只有 20 种，称为标准氨基酸。除脯氨酸外，这些氨基酸由于在 α-碳上存在一个氨基，称为 α-氨基酸。α-氨基酸结构式如下：

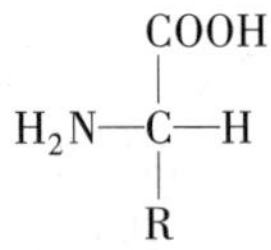

$$H_2N—\overset{\displaystyle COOH}{\underset{\displaystyle R}{C}}—H$$

　　α-氨基酸中间的碳原子是一个不对称碳原子，称为手性碳原子。因此，α-氨基酸在空间上存在着两种构型：D-型和 L-型。从蛋白质中分离出来的氨基酸几乎都是 L-型氨基酸，D-型氨基酸一般不能被人和动物所利用。

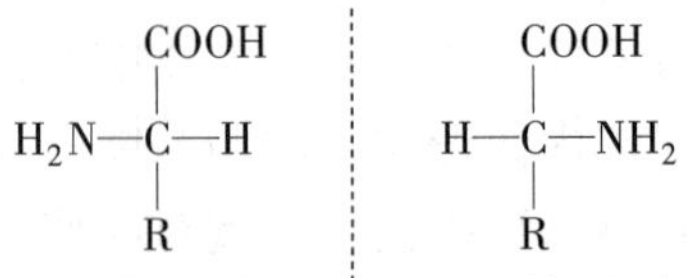

$$H_2N—\overset{\displaystyle COOH}{\underset{\displaystyle R}{C}}—H \qquad H—\overset{\displaystyle COOH}{\underset{\displaystyle R}{C}}—NH_2$$

L-型氨基酸　　　　　　D-型氨基酸

各种氨基酸的区别在于侧链 R 基团的不同。氨基酸的名称常用三字母符号表示，有时也用单字母符号表示。表 17-4 中列出了 20 种标准氨基酸的名称和结构。

表 17-4　20 种标准氨基酸的名称和结构

名　称	英文名称	三字符	单字符	R 基团的结构
甘氨酸	Glycine	Gly	G	—H
丙氨酸	Alanine	Ala	A	—CH$_3$
缬氨酸	Valine	Val	V	—CH(CH$_3$)$_2$
亮氨酸	Leucine	Leu	L	—CH$_2$CH(CH$_3$)$_2$
异亮氨酸	Isoleucine	Ile	I	—CH(CH$_3$)CH$_2$CH$_3$
苯丙氨酸	Phenylalanine	Phe	F	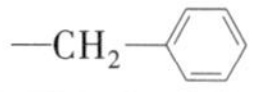 —CH$_2$—⬡
色氨酸	Tryptophan	Trp	W	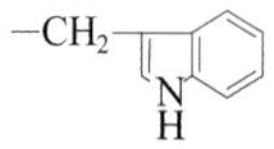 —CH$_2$（吲哚环）
脯氨酸	Proline	Pro	P	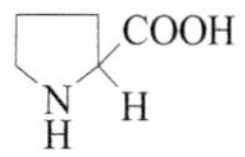 （吡咯烷环）COOH
天冬氨酸	Aspartic Acid	Asp	D	—CH$_2$COOH
谷氨酸	Glutamic Acid	Glu	E	—CH$_2$CH$_2$COOH
丝氨酸	Serine	Ser	S	—CH$_2$OH
苏氨酸	Threonine	Thr	T	—CH$_2$(OH)CH$_3$
酪氨酸	Tyrosine	Tyr	Y	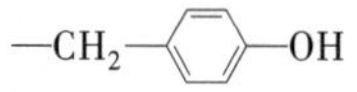 —CH$_2$—⬡—OH
天冬酰胺	Asparagines	Asn	N	—CH$_2$CONH$_2$
谷氨酰胺	Glutamine	Gln	Q	—CH$_2$CH$_2$CONH$_2$
赖氨酸	Lysine	Lys	K	—CH$_2$CH$_2$CH$_2$CH$_2$NH$_2$
精氨酸	Arginine	Arg	R	—CH$_2$CH$_2$CH$_2$NHCNH$_2$ ‖ NH
组氨酸	Histidine	His	H	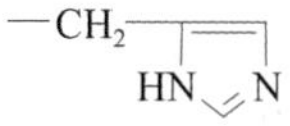 —CH$_2$（咪唑环）
半胱氨酸	Cysteine	Cys	C	—CH$_2$SH
甲硫氨酸	Methionine	Met	M	—CH$_2$CH$_2$SCH$_3$

α-氨基酸是白色晶体，熔点一般在 473K 以上。每种氨基酸有其特殊的结晶形状，根据结晶形状可以鉴别各种氨基酸。不同氨基酸的味道不同，有的比较苦，有的比较甜，例如谷氨酸的单钠盐有鲜味，是味精的主要成分。氨基酸一般都能溶于水，但是不能溶于有机溶剂，通常酒精能把氨基酸从其溶液中沉淀出来。

氨基酸可以与金属离子形成配位化合物，如图 17-1 所示，配位原子包括—COOH 中的氧原子，—NH$_2$ 中的氮原子、酪氨酸中的苯酚基、组氨酸的咪唑和半胱氨酸的硫醇基等。

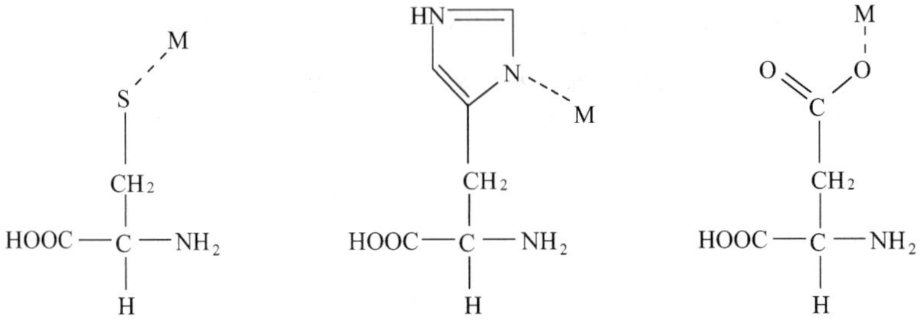

图 17-1　氨基酸与金属离子结合模型

17.2.2　蛋白质

蛋白质是生物体内最重要的一类生物大分子，不论是高等动物、植物还是细菌都含有蛋白质。蛋白质都含有碳、氢、氧、氮四种元素，有些蛋白质还含有硫、磷、铁、铜、碘、锌和钼等元素。蛋白质平均含碳 50%、氢 7%、氧 23%、氮 16%。其中氮的含量较为恒定，而且在糖和脂类中不含氮，所以常通过测量样品中氮的含量来测定蛋白质含量。

蛋白质是由氨基酸以肽键相互连接组成的。肽键是指一个氨基酸的羧基与另一个氨基酸的氨基缩水形成的酰胺键。肽链中的氨基酸由于形成肽键时脱水，已不是完整的氨基酸，所以称为氨基酸残基。最简单的肽由两个氨基酸组成，称为二肽。含有三、四、五个氨基酸的肽分别称为三肽、四肽、五肽。肽与金属离子配位时，一般以肽分子中的氧原子或氮原子作为配位原子。肽键的形成如下：

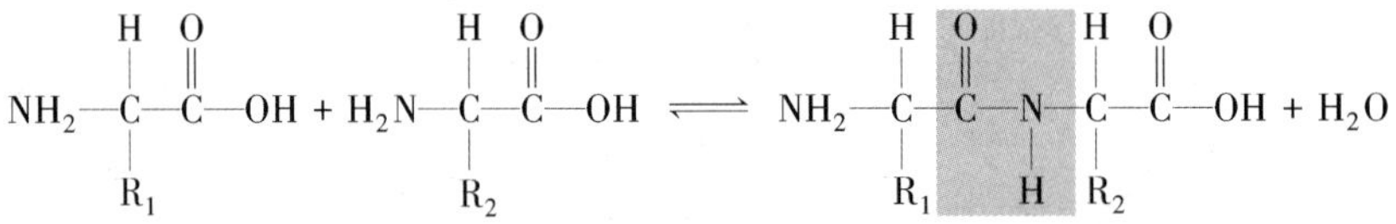

每种蛋白质都有特定的空间结构，通常称为蛋白质的构象。蛋白质有四种结构层次：一级结构、二级结构、三级结构和四级结构。稳定蛋白质空间结构的作用力包括肽键、二硫键、氢键、离子键、范德华力和疏水作用力等。

蛋白质的一级结构是指肽链的氨基酸排列顺序。氨基酸序列是蛋白质分子结构的基础，它决定蛋白质的高级结构。

蛋白质的二级结构是指蛋白质分子多肽链本身的折叠和盘绕方式，蛋白质二级结构中最常见的类型是 α-螺旋和 β-折叠。α-螺旋中，多肽键的主链围绕中心轴有规律地螺旋式上升，每圈螺旋有 3.6 个氨基酸残基，螺距为 0.54nm，通常是右手螺旋。β-折叠是折纸形的结构，两条或多条几乎完全伸展的肽链平行排列，通过链间的氢键而形成。

蛋白质的三级结构是指在二级结构的基础上进一步盘曲折叠形成的不规则空间结构，包括所有主链和侧链的结构。三级结构是蛋白质发挥生物活性所必需的。具有各自三级结构的多条肽链，通过非共价键相互连接而成的蛋白质聚合体结构就称为四级结构。并不是所有蛋白质都具有四级结构。

蛋白质与金属离子配位时，两个配位原子往往隔着数目很多的氨基酸残基，起配位作用的氨基酸残基有半胱氨酸、甲硫氨酸、酪氨酸、谷氨酸、天冬氨酸、赖氨酸、精氨酸和组氨酸等。

17.2.3 核酸

蛋白质是生命活动的物质基础，核酸是遗传的物质基础，这两者在体内相互联系。

核酸分为脱氧核糖核酸（DNA）和核糖核酸（RNA）两大类。核酸的基本单位是核苷酸，核苷酸可分解成核苷和磷酸，核苷又可分解为碱基和戊糖，因此核苷酸由磷酸、碱基和戊糖三类分子片断组成，如图 17-2 所示。戊糖有两种，D-核糖和 D-2-脱氧核糖，分别对应于 DNA 和 RNA。核酸中的碱基分为两类：嘌呤和嘧啶。嘧啶有三种：胞嘧啶、尿嘧啶和胸腺嘧啶，其中尿嘧啶只存在于 RNA 中，胸腺嘧啶只存在于 DNA 中，胞嘧啶为两类核酸所共有。嘌呤有两种：腺嘌呤和鸟嘌呤。

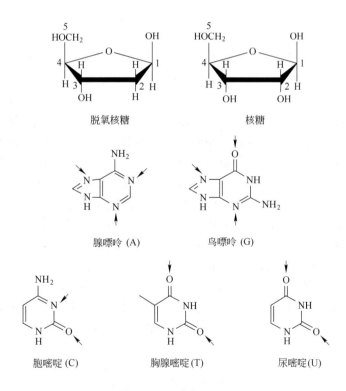

图 17-2   核酸结构的基本组成单元

戊糖与碱基缩合形成核苷，核苷中的戊糖羟基被磷酸酯化，形成核苷酸。例如，腺嘌呤脱氧核苷酸的结构如下：

核苷酸进一步结合就形成核酸，主要是通过核苷酸戊糖中 3-羟基与相邻核苷酸戊糖 5-磷酸之间形成的磷酸二酯键相连接。核苷酸的排列顺序称为核酸的一级结构。DNA 与 RNA 的二级结构不同。DNA 的二级结构是著名的双螺旋结构，即两条多核苷酸链以相反方向环绕同一主轴盘旋扭曲成的螺旋结构。

核苷酸作为与金属离子结合的生物配体时，碱基、戊糖和磷酸根都可能与金属离子配位，一般情况下碱基与金属离子的配合能力最强。另外，核苷酸中的碱基还可以通过大 π 键与金属离子配位。

17.2.4   酶

酶是一类特殊的具有催化活性和高度专一性的特殊蛋白质。酶的化学本质是蛋白质，主要由氨基酸构成。酶可以被蛋白酶催化水解，也会受某些物理化学因素作用而变性和失活。

酶分为两类，即单纯蛋白酶和结合蛋白酶。单纯蛋白酶只含蛋白质，水解产物全是氨基酸。结合蛋白酶由酶蛋白和辅基（或辅酶）两部分组成。辅基或辅酶是酶分子中的非蛋白质部分，辅基与蛋白结合牢固，不易用透析法分离；辅酶则容易用透析法分离。二者只是与酶蛋白结合牢固程度不同，并无严格界限。

酶作为生物催化剂，与一般的催化剂相比，催化效率高得多，一般都在 10^{12} 倍以上。酶具有高度专一性，一种酶通常只作用于一种或一类特定物质。酶的催化活性可被调节和控制。酶的催化反应条件温和，但是酶比一般催化剂更易失活。在已经发现的 3000 多种酶中，有 1/4～1/3 的酶需要金属离子参与才能充分发挥催化功能。按照酶对金属的亲和力的大小，分为金属酶和金属激活酶。金属酶中金属离子作为酶的辅助因子与酶蛋白结合较牢固，稳定常数一般大于 10^8。金属激活酶中金属离子作为酶的激活剂与酶结合较松弛，可以从酶中解离出来，稳定常数一般小于 10^8。

17.3   生命元素的生理功能

生命必需元素有着不同的生理功能。例如，有的金属元素可以作为酶的活性因子，有的可以传递某种生命信息，还有一些可以维持生物体内的酸碱平衡。下面分别介绍这些生命元素的生理功能。

17.3.1　宏量元素的生理功能

17.3.1.1　碳、氢、氧、氮、硫、磷

碳、氢、氧、氮、硫、磷六种元素组成体内水、蛋白质、脂肪、糖和核酸等分子，生理功能列于表 17-5。其中，碳、氢、氧、氮四种元素占人体重的 96% 以上。

表 17-5　碳、氢、氧、氮、硫、磷的含量和生理功能

元素	含量/%	功　能
碳（C）	23	生物大分子及其单体的组成成分
氢（H）	10	生物大分子及其单体的组成成分，标志体内酸碱度
氧（O）	61	生物大分子及其单体的组成成分，参与人体多种氧化过程
氮（N）	2.6	生物大分子及其单体的组成成分
硫（S）	0.2	蛋白质的成分，组成 Fe-S 蛋白
磷（P）	1.0	骨骼、牙齿等的成分，ATP 组成元素，是生物合成与能量代谢所必需的

17.3.1.2　钠、钾、氯

钠、钾、氯在体内多以 Na^+、K^+、Cl^- 的形式存在，分别占人体重的 0.14%、0.20% 和 0.12%。Na^+、K^+、Cl^- 是维持体内渗透压的重要离子，对于保持血液的酸碱平衡也有重要作用。细胞内 K^+ 含量多，细胞外 Na^+ 含量多。K^+ 是细胞内数量最多的离子，K^+ 的高浓度是维持核糖体最大活性从而有效合成蛋白质所必需的。此外，K^+ 对于神经信息的传递也非常重要。Na^+ 和 K^+ 的化学性质相似，在许多代谢过程中生理活性不同，不能相互替代。例如，可以通过注射食盐水帮助人体补充水分，但是误注射氯化钾会危及生命。

钠缺乏可造成生长缓慢、食欲减退、肌肉痉挛、恶心、腹泻和头痛等症状；钠过多将导致高血压。钾缺乏会引起心跳不规律、心肌衰弱，甚至导致心搏停止；钾过多能引起四肢苍白发凉、嗜睡、心跳减慢等症状。氯是消化食物的促进剂。

17.3.1.3　镁

镁在体内主要以 Mg^{2+} 形式存在，约占人体重的 0.03%。70% 的镁与钙一起以磷酸盐和碳酸盐的形式存在于骨骼和牙齿中，其余存在于软组织和体液中。镁是许多种酶的辅助因子或激活剂，广泛参与体内各种物质代谢。镁参与体内蛋白质合成，是维持心肌正常功能和结构所必需的。

植物的光合作用依赖于叶绿素，而叶绿素的中心金属离子是 Mg^{2+}，叶绿素 a 分子结构如图 17-3 所示。

叶绿素卟啉环中的 Mg^{2+} 可以被 H^+、Cu^{2+}、Zn^{2+} 置换。用酸处理植物叶片，H^+ 会置换 Mg^{2+}，使叶片呈褐色。脱镁的叶绿素容易与 Cu^{2+} 结合，形成铜代叶绿素，颜色又会转成绿色。pH 值是决定脱镁速度的一个重要因素，在 pH 值为 9.0 时叶绿素很耐热，而 pH 值为 3.0 时则很不稳定。因此加工绿色蔬菜时，加入食用碱可以防止脱镁。

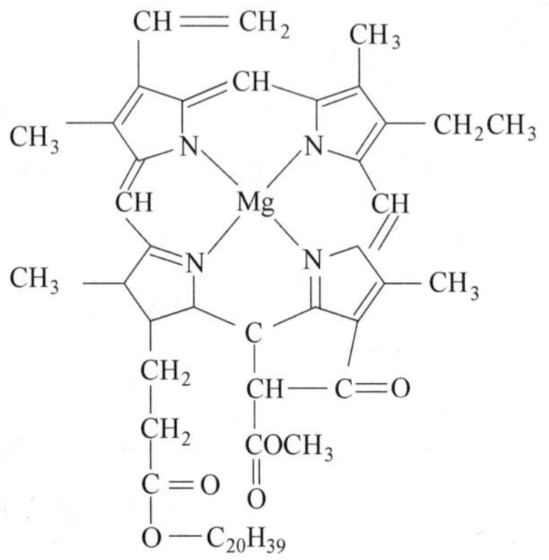

图 17-3　叶绿素 a 分子结构图

镁缺乏会导致心肌坏死、周身酸痛乏力、胃肠蠕动减弱、食欲减退和腹胀等症状；镁过量会引起神经系统作用抑制，降低动脉压力、麻木。

17.3.1.4　钙

钙约占人体重的 1.4%。钙是人体内含量最多的金属元素，90%以上分布在骨骼和牙齿中。人的骨骼是在不断更新的，按钙计算，成年人每天约有 700mg 的钙要更新，相当于每天有 3%~5% 的骨骼溶解了，又有 3%~5% 的新骨骼形成了。如果在相同时间里，钙溶解得多，而沉积得少，就会产生骨质疏松现象。

钙对于细胞膜中的各种营养物质的渗透、血液的凝固、神经的兴奋、肌肉的收缩都起到重要的作用。对健康人来说，在循环系统中，钙总是维持在一个极为恒定的水平。

人体中的钙主要来自食物，但是食物中的钙大部分都不能被吸收。成年人只能吸收 20% 左右，而 80% 左右的钙仅仅是到人体内作了一次旅行，都被排泄出去了。人体需要的钙以牛奶及奶制品最好，不仅含量多而且吸收好。豆类制品、虾皮、蔬菜等含钙也比较丰富。

钙缺乏会引起骨骼畸形、手足抽搐、佝偻病、成年人骨软化症和骨质疏松症；钙过多会引起动脉粥状硬化、胆结石、肾结石和缺血性心脏病等。

17.3.2　微量元素的生理功能

17.3.2.1　铁

铁是人体内含量最多的微量金属元素，约占人体重的 0.006%，其中大部分以卟啉铁的形式存在于血红蛋白和肌红蛋白中（图 17-4），还有一部分储存在肝、脾和骨髓中。铁在人体内参与氧的携带、转运和储存，铁还是体内许多重要酶的活性中心。

肌红蛋白和血红蛋白是氧结合蛋白。血红蛋白存在于血液的红细胞中，主要通过动脉和静脉循环的血液在肺部和组织之间转运氧气和二氧化碳。肌红蛋白中包含一个血红素辅基，血红蛋白中包含四个血红素辅基。

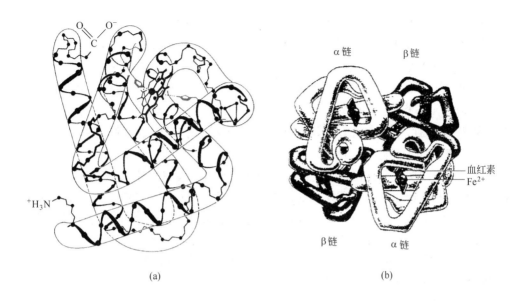

图 17-4　肌红蛋白(a)和血红蛋白(b)的结构

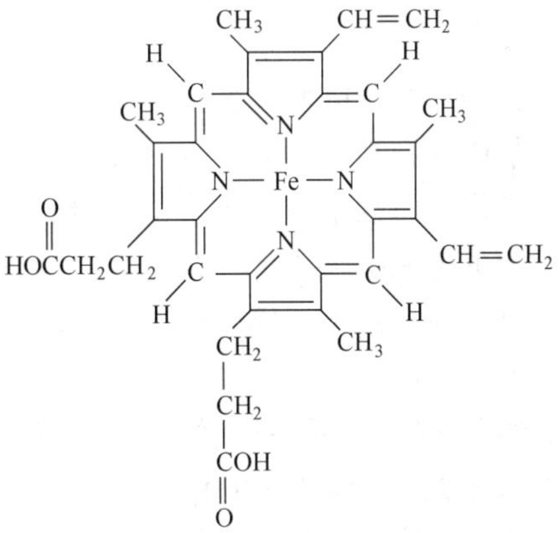

血红素的每个亚基由一条肽链和一个血红素分子构成。肽链在生理条件下会盘绕折叠成球形，把血红素分子包在里面，这条肽链盘绕成的球形结构又被称为珠蛋白。血红素分子结构如图 17-5 所示，它是一个具有卟啉结构的小分子，在卟啉分子中心，由卟啉中四个吡咯环上的氮原子与一个亚铁离子配位结合，珠蛋白肽链中第 8 位的一个组氨酸残基中的吲哚侧链上的氮原子，从卟啉分子平面的上方与亚铁离子配位结合。当血红素不与氧结合的时候，有一个水分子从卟啉环下方与亚铁离子配位结合，而当血红素载氧的时候，就由氧分子顶替水的位置。

图 17-5　血红素分子结构图

铁的缺乏可引起缺铁性贫血，使人的体质虚弱、皮肤苍白、易疲劳、头晕、对寒冷过敏、气促、甲状腺功能减退等，摄入过量的铁会引起心衰、血红蛋白沉积症、肝硬化等。

铁在体内的吸收需要先把三价铁还原成二价铁，形成可溶性配合物才能被吸收。如果体内缺少还原剂（如维生素 C），铁的吸收率就会降低。人体每日铁需要量为 10~15mg，尤其是儿童和育龄妇女。含铁丰富的食物包括动物肝脏和动物全血，还有肉类、淡菜、虾米、蛋黄、菠菜、樱桃等。

17.3.2.2　锌

锌的含量在人体内仅次于铁而居第二位，分布遍及全身，以视网膜的含锌量最高。锌是人体内多种酶的组成成分或者作为酶的激活剂。目前，已经发现的含锌酶数目已超过200种。

从动物红细胞中分离纯化得到的碳酐酶是第一个发现的含锌酶，第二个被人们认识的含锌酶是羧肽酶。碳酐酶可以催化 CO_2 的水合及 HCO_3^- 的脱水过程，将人体组织中细胞代谢产生的大量 CO_2 迅速变为溶于血液中的 HCO_3^-，在肺部的微血管内，它又能迅速将 HCO_3^- 变为 CO_2 而由呼吸道排出。

锌在加速创伤愈合、视网膜定位和骨骼的正常生长等方面都是必需的，特别是对促进儿童的生长和智力发育具有重要作用。锌缺乏可引起味觉减退、食欲不振或异食癖、免疫功能下降，伤口不易愈合。儿童身材矮小、发育不全、智力低下均和缺锌有关。锌摄入过量有可能引起胃肠炎、高血压和冠心病等。

动物性食物是锌的主要来源，如肝脏、肌肉和骨骼。海产品，如牡蛎、鱼等含锌量也较高。植物性食物的含锌量相对较低。

17.3.2.3　铜

铜在人体中含量不高，主要分布于肌肉、骨骼、肝、脾、脑和血液中，铜最主要的生理功能是帮助合成血红蛋白和胶原。

铜可与蛋白质结合在一起形成铜蛋白或含铜酶。血蓝蛋白是一类铜蛋白，它是软体动物（蜗牛、乌贼和章鱼等）、节足动物（螃蟹、虾等）血淋巴中的氧载体，类似于脊椎动物中的血红蛋白。

血浆中的铜大多以血浆铜蓝蛋白形式存在，铜蓝蛋白对铁的代谢有重要作用。由肠黏膜进入血浆中的 Fe^{2+} 不能直接与血浆中的运铁蛋白结合，需要在铜蓝蛋白的氧化作用下由 Fe^{2+} 变为 Fe^{3+} 后，再与运铁蛋白结合，并随运铁蛋白运送到骨骼、肝脏及全身组织，用于合成血红蛋白、肌红蛋白和含铁酶类，或者在骨髓和肝脏内形成铁储备。

铜参与人体内的抗氧化作用，铜与锌一起组成的铜锌超氧化物歧化酶（Cu/Zn-SOD）具有清除过氧化氢的作用。

铜缺乏可能导致贫血、骨质疏松、白癜风和精神运动性障碍等，铜摄入过多可导致肝细胞和红细胞的损伤、精神分裂症、高血压、忧郁症、失眠等。

人体每日铜需要量为2mg左右，正常饮食完全可以满足。动物肝脏的铜含量最高，其次是猪肉、蛋黄、鱼类、蛤、蚌、牡蛎和贝壳类等。

17.3.2.4　锰、钼、铬、钒、镍

锰在人体内的含量极其微少，主要存在于骨骼和肌肉中。锰是多种酶的激活剂或者辅助因子，对蛋白质的合成和脂质代谢具有重要作用，锰还与骨骼的形成和维生素 C 的合成有关。锰的缺乏可造成软骨、营养不良、神经紊乱、肝癌和生殖系统功能受抑，锰过量时可能导致心肌梗塞。

钼在人体内的含量约为10mg，在体内主要以金属酶的形式存在，是核黄素蛋白、黄嘌呤氧化酶和醛氧化酶等酶的组成成分，参与氮分子的活化和黄嘌呤、硝酸

盐以及亚硫酸盐的代谢。固氮酶主要由钼铁蛋白和铁蛋白组成，钼铁蛋白或铁蛋白单独存在时皆无活性，两者以摩尔比1：1重组时，固氮活性最佳。钼铁蛋白的功能是结合底物氮气分子，而铁蛋白则起储存和活化电子的作用。钼的缺乏可引起食道癌、肾结石和龋齿等，钼摄入过量会引起软骨、贫血和腹泻等。

铬在人体内的含量小于6mg。三价铬是对人体有益的元素，而六价铬是有毒的。铬是胰岛激素的辅因子，可增加胰岛素的活性，减少血红素与糖结合，降低血糖浓度。铬对维持核酸分子结构及代谢具有重要作用，铬还与脂类、胆固醇的合成及氨基酸的利用有关。铬缺乏会引起糖尿病、心血管病和高血脂等疾病，铬摄入过量会损伤肝肾。

钒在人体内的含量约为25mg，主要储存于人体脂肪及血清脂类中。钒可以刺激造血机能，促进脂质代谢，抑制胆固醇的合成，对心血管疾病及动物肾功能有重要的影响。钒的缺乏会引起胆固醇高、生殖功能低下和心肌无力等疾病，钒摄入过量会引起呼吸道严重炎症、结膜炎、鼻咽炎和心肾受损等。钒的每日需要量很小，正常饮食补充即可，过量摄入会中毒甚至死亡。

镍在人体内的含量约为10mg，广泛分布于骨骼、肺、肾、皮肤等部位，镍能促进体内铁的吸收、红细胞的增长、氨基酸的合成和鸟类羽毛的生长。镍缺乏会影响铁的吸收。镍是致癌性很强的元素，摄入过量会引起鼻咽癌、骨癌、肺癌和白血病等。

17.3.2.5　钴

钴在人体内的主要存在形式是维生素 B_{12} 和 B_{12} 辅酶。维生素 B_{12} 参与造血过程，对氨基酸代谢、氢和甲基的体内转移、红细胞的发育成熟、铁的代谢及 DNA 和血红蛋白的合成都有重要的生理功能。

维生素 B_{12} 分子中含有金属元素钴，所以又称为钴胺素。在已知的维生素中，维生素 B_{12} 是唯一含有金属原子的，并且具有 Co—C 键，是生命系统中非常罕见的有机金属化合物。维生素 B_{12} 分子中除了含有钴原子以外，还含有 5，6-二甲基苯并咪唑、3′-磷酸核糖、氨基丙醇和类似卟啉环的咕啉环成分。在钴原子上可以结合不同的基团，形成不同的维生素 B_{12}。其中，5′-脱氧腺苷钴胺素是维生素 B_{12} 在体内的主要存在形式，称为维生素 B_{12} 辅酶。

人体不能直接利用钴合成维生素 B_{12}，必须从食物中摄取。钴的缺乏会导致心血管疾病、贫血、脊髓炎和气喘等，钴摄入过量会引起心肌病变、心力衰竭、高血压和红细胞增多症等。

17.3.2.6　氟、碘

氟在人体内的主要存在形式为 F^-，主要存在于骨骼和牙齿中，其含量仅次于硅和铁。氟是骨骼和牙齿正常生长所必需的元素，它能预防龋齿和骨质软化。氟的缺乏会引起龋齿、骨质疏松和贫血等，氟的过量摄入会引起氟斑牙和氟骨症等。

碘在人体内主要以甲状腺素和三碘甲腺原氨酸的形式存在于甲状腺激素中。碘的生理功能通过甲状腺激素完成，它参与能量代谢、增加耗氧量，促进营养物质分解，支持和促进神经系统的发育，维持生命活动。碘缺乏的典型特征是甲状腺肿大

（大脖子病）、头发变脆、肥胖和血胆固醇增高、甲状腺功能减退。食用碘盐是补充人体内碘的有效方法，含碘高的食物主要为海产品，如紫菜、海蜇和海蟹等。

17.3.2.7 硅、硒、硼

硅在生物体内起着重要的结构作用，它影响着胶原蛋白和骨组织的生物合成。硅是维持上皮组织和结缔组织的正常功能所必需的元素，它通过交联将蛋白质分子连接起来，使其具有必要的强度和弹性。硅对心血管有保护作用。

硒在人体内的含量为 14~21mg，肾和肝脏中硒的含量较多。硒是谷胱甘肽过氧化物酶的组成成分，可以清除体内过氧化物，保护细胞和组织免受过氧化物的损害；非酶硒化物具有很好的清除体内自由基的功能，可提高肌体的免疫力，抗衰老；硒还可维持心血管系统的正常结构和功能，预防心血管病；硒是部分有毒的重金属元素如镉、铅的天然解毒剂；硒能够有效提高肌体免疫力，具有抗化学致癌功能。硒的缺乏是引起克山病的一个重要病因。

硼对植物生长是必需的，但尚未确证为人体必需的营养元素。

知识博览　离子泵

生物细胞能主动地从环境中摄取需要的营养物质，并且排出代谢产物，因此必然存在着某种运输系统。离子泵是驱使离子通过细胞膜定向转运的酶。

1957 年，丹麦生物化学家 Jens C. Skou 发现了第一个离子泵——Na^+-K^+泵。他在神经细胞上寻找分解三磷酸腺苷（ATP）酶的过程中，发现了这种酶与 Na^+、K^+进出细胞的功能有密切的关系。细胞内 K^+浓度高而 Na^+浓度低，细胞外体液中 Na^+浓度高而 K^+浓度低。例如，红细胞中 K^+的含量比 Na^+高 20 倍左右，轮藻细胞中的 Na^+浓度比其生存的水环境中高 63 倍左右。Na^+和 K^+这种明显的浓度梯度就是由 Na^+-K^+泵所实现的。

Na^+-K^+泵实际上就是分布在细胞膜上的 Na^+-K^+-ATP 酶，如图 17-6 所示。这种酶是由两个 α 亚基（相对分子质量约为 120000）和两个 β 亚基（相对分子质量约为 35000）构成的四聚体蛋白，α 亚基上有位于细胞膜内侧表面的 Na^+和 ATP 的结合位点，在它的外侧有 K^+的结合位点。Na^+和 K^+均可以与 ATP 结合，并以两种构象存在。在未受到酶的作用时，也就是未磷酸化时，ATP 与 Na^+的结合力较强；在酶的作用下，发生磷酸化过程转变为另外一种构象，ATP 与 Na^+的结合力变弱，而与 K^+的结合力增强，故释放出 Na^+，而与 K^+结合。驱动离子泵需要大量的能量，有证据表明，ATP 为 Na^+-K^+泵提供了能量来源。每水解 1 个 ATP 分子送进细胞 2 个 K^+，送出细胞 3 个 Na^+，这种向膜外泵出 Na^+、向膜内泵入 K^+的过程造成细胞内外离子浓度的差异。由 Na^+-K^+-ATP 酶维持的离子浓度梯度不仅维持细胞的膜电位，是可兴奋细胞，如神经、肌细胞等的活动基础，同时还可以调节细胞的体积和驱动某些细胞中糖和氨基酸的运送。Na^+-K^+泵在体内必须不断地工作，如果它停止工作，细胞将会膨胀，甚至破裂，影响人的正常生理功能。

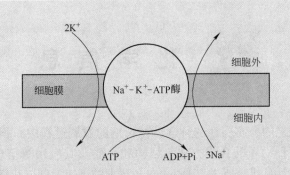

图 17-6　Na^+-K^+泵功能示意图

　　细胞内外的 Ca^{2+} 浓度也存在明显梯度。细胞质的 Ca^{2+} 浓度很低，为 10^{-6} ~ 10^{-7} mol/L，细胞外 Ca^{2+} 的浓度为 10^{-3} mol/L。这种浓度梯度就是通过 Ca^{2+} 泵，即 Ca^{2+}-ATP 酶的调节实现的。Ca^{2+}-ATP 酶的相对分子质量约为 110000，有 1015 个氨基酸残基。ATP 的水解为 Ca^{2+} 泵提供能量驱动，每水解一分子 ATP 运送 2 个 Ca^{2+}。Ca^{2+}-ATP 酶的作用机制与 Na^+-K^+-ATP 酶类似，也是经历了磷酸化和去磷酸化的过程。有两种构象，其中一种构象对 Ca^{2+} 有较高的亲和力，通过两种构象的相互转变，实现了 Ca^{2+} 的运送。当肌细胞受到外界刺激时，Ca^{2+} 可以释放到细胞质中，引起肌肉收缩；当肌肉松弛时，Ca^{2+} 重新进入肌质网膜。肌肉的收缩和松弛过程，就是 Ca^{2+} 从肌质网释放和再摄入的运送过程。

　　由于 Skou 教授对离子泵研究的贡献，因此他获得了 1997 年诺贝尔化学奖。

习　题

17-1　宏量元素与微量元素的划分标准是什么？

17-2　污染元素如何危害人体，发生重金属中毒时如何解毒？

17-3　蛋白质和核酸的基本结构单元分别是什么，它们最终如何形成蛋白质和核酸？

17-4　叙述铁的生理功能，血红蛋白如何执行氧气的运输？

17-5　地方性甲状腺肿的病因是什么，如何防治？

17-6　污染元素与农药残留对人体的危害哪个更大，为什么？

18 化 学 信 息

化学是一门古老的、实验性的科学，在长期的发展过程中，积累了大量的文献资料，包括几千万种物质的合成方法、结构和性质及其应用等信息。近几十年来，随着科技的进步和计算机技术尤其是 Internet 技术的迅速发展，化学信息的数量急剧膨胀，样式也逐渐繁多。面对如此浩繁的信息资源，如何保存、管理和利用这些信息，如何准确、快速地寻找到自己需要的信息就显得尤为重要。

18.1　国际化学学术组织

科学工作者为了更好地交流信息，往往会成立自己的学术组织，化学领域也是如此。各个国家均成立有自己的化学会，除此之外还有一些国际化学学术组织，目前多数化学学术组织都建立了属于自己的 Web 站点，一般包括本机构的介绍、出版物等信息。

（1）中国化学会。中国化学会（Chinese Chemical Society，CCS）于 1932 年在南京成立，是发展中国化学学科的重要力量。中国化学会的宗旨是团结组织全国化学工作者，促进化学学科和技术的普及、推广、繁荣和发展，提高社会成员的科学素养，促进人才的成长，发挥化学在促进国民经济可持续发展和高新技术创新中的作用，力争使我国化学科学跻身国际先进行列而不懈努力。

中国化学会下设无机化学、物理化学、分析化学、有机化学、高分子、应用化学、化学教育 7 个学科委员会，能源化学、催化、晶体化学等专业委员会，以及国际交流、化学名词、科学普及等工作委员会。中国化学会出版的期刊有《化学学报》《无机化学学报》《大学化学》和《化学通报》等。

（2）国际纯粹与应用化学联合会。国际纯粹与应用化学联合会（International Union of Pure and Applied Chemistry，IUPAC）是国际科学联合会理事会 ICSU（International Council of Scientific Unions，国际科联）下属权威性的国际化学组织，成立于 1919 年。其前身为成立于 1911 年的国际化学会联盟（International Association of Chemistry Societies），IUPAC 的成立将全世界的化学工作者联系在一起。

IUPAC 在化学命名、化学符号、测量标准、相对原子质量和一些精密数据方面是世界公认的权威。2008 年 12 月 31 日第 63 届联合国大会通过决议，将 2011 年定为"国际化学年"（International Year of Chemistry），以纪念化学学科所取得的成就以及对人类文明的贡献，联合国教科文组织及 IUPAC 负责主导这一年的纪念活动。

（3）美国化学会。美国化学会（American Chemical Society，ACS）成立于 1876 年，是化学领域的专业组织，是目前世界上最大的科学团体之一。它拥有化学领域众多的权威出版物，其中 *Journal of the American Chemical Society*（简称 JACS）已有一百多年的历史。美国化学会不仅在美国国内学术组织中首屈一指，在国际化学界同样享有很高的声誉，是世界上最大和最有影响的学会之一。

（4）英国皇家化学会。英国皇家化学会（Royal Society of Chemistry，RSC）是世界上历史最悠久的化学学术组织，成立于 1841 年，目前是欧洲最大的化学学术组织。RSC 出版的期刊及文摘数据库一向是化学领域的核心期刊和权威性的数据库，RSC 拥有的期刊包括 *Chemical Society Reviews*、*Chemical Communications*、*Dalton Transactions* 等。

18.2　化学文献检索

化学文献是用文字、图形和声像等表达的人类从事化学科研实验的记录，它是不同时代化学科技水平的客观体现。现代化学文献种类繁多，数量迅猛增加，文献信息密度加大，且学科交叉，发表分散。在文献数量剧增的同时，文献的失效率也在加快，新的文献不断取代旧的文献。因此文献检索贯穿在科学研究过程中，是不断更新的过程。化学文献种类繁多，包括图书、期刊杂志、专利文献、技术标准和学位论文等。

科学的进步总是建立在前人工作的基础上，进行科学研究需要广泛吸收前人的工作经验，文献调研正是起到这样一种作用。文献检索是科学研究过程中最基础和最关键的部分之一，是一个需要缜密思考和耐心操作的过程。学习如何检索文献，是每个科技工作者必须具备的技能之一，只有充分吸收前人和同行的科研成果，科研工作才能有的放矢、事半功倍。

文献检索主要有两种途径，包括手工方式和联机检索，目前后者发展非常迅速，已基本取代手工方式，在文献检索中占据统治地位。通过联机方式，提供必要的信息（关键词、作者、题目等），就可以给出相关的文献信息，如论文题目、摘要、全文以及期刊名称等。联机检索的范围非常广，而且所收录的信息更新及时，时效性很强。

18.2.1　文摘索引数据库

文摘索引（Abstract Index）数据库是一种二次文献数据库，描述文献的关键信息（如书名、刊名、作者、关键词、主题词、序词、报告号、摘要等），并提供尽可能多的检索途径，它是系统报道、累计和检索文献的主要工具。不看原文，往往便可决定文献资料的取舍，从而节约查阅原始文献资料的时间。

18.2.1.1　科学引文索引

美国科学情报研究所（Institute for Scientific Information，ISI）创立于 1958 年，是全世界收集科学论文和编辑引用情况信息的专门机构。《科学引文索引》（Science Citation Index，SCI）是 ISI 的重要产品，为研究人员提供了有效地检索分散的文献资料的方法。所谓引文是指学术论文中所引用的参考文献，引文索引既可以揭示作者何时在何刊物上发表了何论文，又能揭示某篇论文曾经被哪些研究人员在何文献中引用过。科技工作者在获得文献信息的同时还可以分析该研究的学术影响力。

通过对期刊之间的引用和被引用数据进行统计，可以计算出每种期刊的影响因子（Impact Factor，IF）。ISI 还刊出一种年刊 SCI Journal Citation Reports（SCI JCR），发表期刊的 IF 值。IF 值越高表示该种期刊的文献的被引用率越高，影响力越大，因此一定程度上可以利用 IF 值衡量期刊的学术水平。

1997 年，ISI 将传统的引文索引和先进的 Web 技术相结合，推出了科学引文的网络数据库：Web of Science。通过引文检索功能可查找相关研究课题早期、当时和最近的学术文献，获取论文摘要；可以看到所引用参考文献的记录、被引用情况及相关文献的记录。Web of Science 提供主题、标题、作者、出版物、出版年等检索途径，还可以对文献类型、语种和时间范围等进行限定。

18.2.1.2　工程索引

美国《工程索引》（*The Engineering Index*，EI）创刊于 1884 年，是由美国工程信息公司（Engineering Information Inc.）编辑出版的工程技术领域的文献检索系统，是全世界最早的工程文献来源，服务对象以工程师和工科学生为主。

EI 收录的文献涵盖了所有的工程领域，内容包括生物工程、土木、地质、环境、矿业、石油、冶金、机械、燃料工程、核能、汽车、宇航工程、电气、电子、控制工程、化工、食品、农业、工业管理、数学、物理、仪表等。EI 来源于世界不同国家、不同文字的多种出版物，主要为应用科学和工程技术领域的文献，对纯理论性的文献和专利一般不予报道。

18.2.1.3　化学文摘

美国《化学文摘》（*Chemical Abstracts*，CA）是由美国化学会（American Chemical Society）化学文摘社（Chemical Abstracts Service，CAS）编辑并出版发行。它创刊于 1907 年，其前身是美国在 1895～1901 年出版的《美国化学研究评论》（*Review of American Chemical Research*）和 1897～1906 年间出版的《美国化学会杂志》（*Journal of the American Chemical Society*）中的文摘部分。CA 分别于 1953 年和 1970 年兼并了英国文摘和德国化学文摘，成为最权威的化学化工检索刊物。CA 自称是"打开世界化学化工文献的钥匙"，在每期 CA 的封面上都印有"KEY TO THE WORLD'S CHEMICAL LITERATURE"。

CA 的报道内容几乎涉及了化学家感兴趣的所有领域，其中除包括无机化学、有机化学、分析化学、物理化学、高分子化学外，还包括冶金学、地球化学、药物学、毒物学、环境化学、生物学以及物理学等很多学科领域。

CA 以报道文摘为主，通过查看文摘可以了解原始文献的主要内容，从而决定是否需要进一步阅读原文，如果需要还能得到索取原始文献的线索。CA 提供了多种检索途径，包括分类检索、主题检索、作者检索和分子式检索等。

随着文献量的增加，计算机和数据库技术的成熟，1977 年起美国化学会开始将 CA 制成光盘发行，其内容对应于印刷版 CA，被称为 CA on CD，光盘数据库的出现使化学文献的检索变得更加方便。但是 CA on CD 只能以年为单位实现检索，存在一定的局限。

1997 年，为了使文献检索更加方便高效，CA 推出了网络版在线数据库

Scifinder，每天更新数千条记录。利用 Scifinder 可以直接查看 CA 收录的 1907 年以来的所有文摘资料。Scifinder 有不同的版本，其中 SciFinder Scholor 主要是面对大学或研究机构。

Scifinder 中包括多种数据库。CAplus（化学文摘数据库），其内容基本与印刷版 CA 和光盘版 CA on CD 相同，除此还收录了 1907 年以前的上万条信息；CAS registry（化合物信息数据库），包括几千万种化合物的信息；Chemlist（管控化学品信息的数据库），是查询全球重要市场被管控化学品信息（化学名称、别名、库存状态等）的工具；CASReact（化学反应数据库）记录内容包括反应物和产物的结构图，反应物、产物、试剂、溶剂、催化剂的化学物质登记号，反应产率，反应说明；Chemcats（化学品商业信息数据库）用于查询化学品提供商的联系信息、价格情况、运送方式，或了解物质的安全和操作注意事项等信息，记录内容还包括目录名称、定购号、化学名称和商品名、化学物质登记号、结构式、质量等级等；MEDLINE 是美国国家健康研究的国家医药图书馆建立的生物化学、生物学和医学领域的专业文献检索系统。

18.2.2　全文文献数据库

全文数据库集文献检索与全文于一体，内容十分丰富。由于涉及全文文档的版权问题，全文文献数据库一般归各大出版集团所有。

（1）中国知网。中国知识基础设施工程（China National Knowledge Infrastructure，CNKI）是由清华大学、清华同方发起，始建于 1999 年 6 月。CNKI 工程是以实现全社会知识信息资源共享为目标的国家信息化重点工程，被国家科技部等五部委确定为"国家级重点新产品重中之重"项目。其中数据库包括：中国期刊全文数据库、中国博士学位论文全文数据库、中国优秀硕士学位论文全文数据库、中国重要报纸全文数据库、中国重要会议论文全文数据库和中国引文数据库等。

《中国期刊全文数据库》是目前世界上最大的连续动态更新的中国期刊全文数据库，每日更新，覆盖范围：基础科学、工程科技、医药卫生科技、哲学与人文科学、经济与管理科学、农业科技和信息科技等。《中国博士学位论文全文数据库》和《中国优秀硕士学位论文全文数据库》是国内内容最全、质量最高、出版周期最短、数据最规范、最实用的学位论文全文数据库。《中国重要会议论文全文数据库》收录了国内重要会议主办单位或论文汇编单位书面授权，投稿到"中国知网"进行数字出版的会议论文。

（2）ACS Publications。ACS 是享誉全球的科技出版机构，目前出版期刊 60 余种，涵盖了有机化学、分析化学、应用化学、材料学、分子生物化学、环境科学、药物化学、农业学、材料学、食品科学等 24 个学科领域，其中 *Journal of the American Chemical Society* 是 ACS 旗舰期刊。

（3）RSC Publishing。RSC 出版的期刊及数据库一向是化学领域的核心期刊和权威性的数据库，RSC 出版 45 种同行评议的期刊，如 Analytical Methods、Chemical Communications、Chemical Society Reviews 等。这些期刊大部分被 SCI 收录，是被引用次数最多的化学期刊库之一。

（4）Elsevier Science Direct On Site。荷兰 Elsevier 公司是全球最大的科技与医学文献出版商之一，已有接近 200 年的历史，每年出版 2000 多种期刊和 1900 种新书。Elsevier 公司出版的期刊是世界上公认的高水平学术期刊，Science Direct Onsite（SDOS）是它的网络全文期刊数据库，提供 Elsevier 公司 1995 年至今电子期刊全文检索服务。

（5）Springer Link。德国 Springer-Verlag 是世界上著名的科技出版集团，通过 Springer Link 系统提供学术期刊及电子图书的在线服务，可检索阅读 Springer-Verlag 出版集团出版的全文电子期刊。Springer Link 的期刊及图书涉及的学科包括建筑学、设计和艺术、行为科学、生物医学和生命科学、商业和经济、化学和材料科学、计算机科学、地球和环境科学、工程学、人文、社科、法律、数学、统计学、医学、物理和天文学等，并包含了很多跨学科内容。Springer Link 已经成为面向全球科研服务的最大的在线全文期刊数据库和丛书数据库之一。

（6）Wiley Inter Science。John Wiley & Sons 公司创始于 1807 年，是全球历史最悠久、最知名的学术出版商之一，公司出版的学术期刊质量很高，尤其在化学化工、生命科学、高分子及材料学、工程学、医学等领域颇具权威性。Wiley Inter Science 是 John Wiley & Sons 公司的学术出版物的在线服务平台。

（7）维普《中文科技期刊数据库》。重庆维普资讯有限公司前身为中国科技情报所重庆分所数据库研究中心，是中国数据库产业的开拓者之一。维普《中文科技期刊数据库》，源于重庆维普资讯有限公司 1989 年创建的《中文科技期刊篇名数据库》，是国内大型综合性数据库，收录我国自然科学、工程技术、农业科学、医药卫生、经济管理、教育科学和图书情报等学科中文期刊。

（8）万方数据知识服务平台。万方数据成立于 1993 年，2000 年在原万方数据（集团）公司的基础上，由中国科学技术信息研究所联合中国文化产业投资基金、中国科技出版传媒有限公司、北京知金科技投资有限公司、四川省科技信息研究所和科技文献出版社等五家单位共同发起成立"北京万方数据股份有限公司"，是国内第一家以信息服务为核心的股份制高新技术企业。万方数据知识服务平台是由万方数据公司开发的，涵盖期刊、会议纪要、论文、学术成果、学术会议论文等的大型网络数据库。

18.2.3　专利数据库

专利是知识产权的重要组成部分，是政府授予个人或法人的一种权利。专利持有人自其发明被授予专利起，在法律规定的有效期内，可以独占其发明的制造、使用和销售权。专利一旦过期就可以被任何人使用。专利一般分为三类：发明专利、实用新型专利和外观设计专利。在专利文献中包括化学反应过程、物质用途等方面的信息。充分利用专利文献，可以最大限度地避免重复劳动，提高科研水平和效率，避免法律纠纷。

（1）国家知识产权局——公共服务网。国家知识产权公共服务网是由中国国家知识产权局面向公众提供的检索数据库，服务网提供在线服务包括专利检索及分析系统、国家重点产业、中国/欧盟商标查询、地理标志检索等。专利检索及分析系统共收集了 100 多个国家、地区和组织的专利数据，同时还收录了引文、同族、法律状态等数据信息。

（2）美国专利数据库。美国专利商标局（The United States Patent and Trademark Office）成立于 200 多年前，主要负责为发明家和他们的相关发明提供专利保护、商品商标注册和知识产权证明。美国专利商标局的网站提供了专利检索，包括授权专利数据库和专利申请数据库。

（3）日本专利数据库。日本专利数据库是由日本特许厅工业产权数字图书馆在互联网上免费提供的日本专利全文检索系统，该系统收集了各种公报的日本专利（特许和实用新案），有英语和日语两种工作语言。

（4）欧洲专利数据库。欧洲专利数据库由欧洲专利局及其成员国提供，包括欧洲专利、英国专利、德国专利、法国专利、奥地利专利、比利时专利、意大利专利及芬兰、丹麦、西班牙、瑞典、瑞士等欧洲国家的专利，该数据库收录时间跨度大、涉及的国家多。

（5）德温特世界专利索引。德温特专利索引（Derwent Innovation Index，DII）是德温特公司与 ISI 公司合作开发的基于 ISI 统一检索平台的网络版专利数据库。DII 将"世界专利索引"和"专利引文索引"的内容有机整合在一起，为研究人员提供了世界范围内的、综合全面的专利信息。

18.2.4 化学事实数据库

事实数据库是一种存放某种具体事实、知识数据的信息集合，它包括各种化合物物理化学性质（如有机和无机化合物的热化学性质）、化合物粒子能量、各种谱图（如化合物红外光谱、质谱、核磁共振谱）、化学物质毒性等。事实数据库特色鲜明、内容广泛、数量庞大、参考价值高，是非常重要的信息源。

（1）剑桥晶体数据中心，网址：http：//www. ccdc. cam. ac. uk/。

剑桥晶体数据中心 CCDC（Cambridge Crystallographic Data Centre）是由剑桥大学化学系建立的非盈利性质的组织，它的核心产品是晶体结构数据库 CSD（Cambridge Structural Database），主要内容是有机和金属有机化合物结构的相关信息。CSD 提供多种查询数据库的方法，如分子结构检索、作者检索、分子式检索、晶体参数检索等。CSD 不但包含化合物的晶体结构，还包含分子的 2D、3D 结构图，是研究晶体结构、有机合成以及化学分析很重要的工具。

（2）NIST Chemistry WebBook，网址：http：//webbook. nist. gov/chemistry/。

NIST ChemistryWebBook 是美国标准与技术研究院 NIST（National Institute of Standards and Technology）的网络化学手册。它提供化合物的热化学数据、红外光谱数据、质谱数据、紫外–可见光谱数据、电子和振动光谱数据和离子能量数据等信息，可以通过多种方法进行检索。

18.3 软 件

化学工作者们需要借助计算机来对大量的数据进行管理与分析。化学软件通常可分为化学计算软件（例如 MATLAB、Origin），绘图软件（例如 ChemDraw、Chem-Sketch），仪器分析软件（例如 MestReNova、Origin），文献管理软件（例如 Endnote、NoteExpress），分子模拟软件（例如 Gaussian），谱库图库软件等。

（1）Origin。Origin 软件是 Origin Lab 公司出品的专业函数绘图软件，自 1991 年问世以来，由于其操作简单且功能开放，很快就成为国际流行的分析软件之一，是公认的快速、灵活、易学的工程制图软件。Origin 软件具有数据分析和绘图两大功能，利用 Origin 软件可以进行数据的排列、调整、计算、统计、信号处理、图像处理、峰值分析和曲线拟合等各种完善的数学分析功能，基于模板的 Origin 本身提供了几十种二维和三维绘图模板而且允许用户自己定制模板。绘图时，只要选择所需要的模版就行。

（2）ChemDraw。ChemDraw 软件是美国 Cambridge Soft 公司开发的 ChemOffice 系列软件中最重要的一员，该软件是目前国内外最流行、最受欢迎的化学绘图软件。ChemOffice 的组成主要有 ChemDraw（化学结构绘图）、Chem3D（分子模型及仿真）、ChemFinder（化学信息搜寻整合系统）等。2011 年，ChemDraw 被 Perkin Elmer 公司收购后，增加了部分生物学的功能，改名为 ChemBioDraw，ChemOffice 亦更名为 ChemBioOffice。很多人还是习惯称 ChemDraw。

利用 ChemDraw 软件可以绘制化学分子结构、反应方程式、实验仪器、生物结构，还可以进行结构和名称互查，估算分子性质，预测波谱性质。

（3）Endnote。Endnote 软件由 Thomson Corporation 下属的 Thomson Research Soft 开发，是一款著名的参考文献管理软件。科研工作中需要搜索、阅读大量相关文献，在论文撰写中也需要输入格式规范的引文，Endnote 软件就是针对以上问题开发的软件。Endnote 软件能直接连接很多数据库检索文献并导入；能直接从网络数据库将文献信息导入到 Endnote；能在 Word 中插入参考文献，不用担心插入的参考文献会发生格式错误。

本章介绍的只是化学信息中很小的一部分，了解相关的化学信息知识，充分有效地利用这些知识，可以在科研工作中取得事半功倍的效果。

知识博览　分子设计

　　分子设计（Molecular Design）是应用理论方法和实验数据构建出具有特定性质或功能的分子或材料，它建立在对物质结构与性质关系的深刻理解基础上。分子设计既有学术意义又有经济价值，既可以深化对分子结构与性质关系的认识，还能够在寻找具有特定性质的分子时，提高命中率、节省时间、节省人力和财力。伴随着量子化学和计算机图形学的进展，分子设计成为一种必然的趋势。

　　分子设计主要应用于药物、蛋白质、高分子等方面的合成和设计。以药物分子设计为例说明分子设计的过程：首先利用晶体学相关知识测定已有功能分子结构，收集数据，建立数据库，根据量子化学的理论对已有的功能分子进行研究，确定分子中的药效基团；其次运用一定的理论方法，利用计算机建立数学模型，进行定量计算和随机检验，确保模型的可靠性；接下来设计新分子，使新分子具有某种特定的性能；最后合成新分子。

药物分子设计是分子设计中最活跃的领域，是当今开发新药的重要方法。传统的新药开发方法是一个反复实践的过程，通常先合成出物质，确定结构，然后进行生理活性实验，8000~10000 种物质中才有一种可能的新药，开发周期一般在 8~12 年。药物分子设计为新药开发提供了一种新的思维模式，并且可行性很强。药物设计中一个重要的策略是药效基团（产生药物分子生物活性的基团）的确定，下面以吗啡和杜冷丁为例来说明药物分子设计。麻醉药吗啡是一个复杂的分子，合成比较困难，但是其中起到麻醉作用的基团已经被确认，将这一特定基团引入较简单的分子中，就成为了同样具有麻醉效果的杜冷丁，杜冷丁的成瘾性比吗啡要弱，但是麻醉效果同样也弱一些。

吗啡　　　　　　　活性区域　　　　　　杜冷丁

蛋白质分子设计是蛋白质工程的重要组成部分。在广泛利用自然界存在的各种蛋白质的过程中发现天然蛋白质只有在自然条件下才能发挥最佳功能，而在人造条件如工业生产中的高温高压条件下无法发挥其最佳功能，对其产业化开发往往并不满意，因而需要对蛋白质进行改性设计，提高蛋白质的热稳定性、酸稳定性，增加活性，降低副作用等。例如，水蛭素在临床上可作为抗栓药物，它具有多种变异体，通过对其氨基酸残基的改造，可以提高其抗凝血效率，在动物模型上检验抗血栓形成的效果。

高分子设计可以指导合成具有特异功能和特殊用途的高分子材料。例如，具有自然降解功能的高分子材料的分子设计，在非降解物聚甲基丙烯酸甲酯的主链中引入特定官能团 N-苄基-4-氯化乙烯基吡啶后就能被生物降解。又如，在塑料光纤研制中，在聚甲基丙烯酸甲酯（PMMA）芯材中加入增塑剂邻苯二甲酸二丁酯，可以明显提高塑料光纤的柔韧性。

分子设计是化学、物理学、生命科学、计算机和信息科学几大学科交叉、综合的产物，是充满新的挑战、激动人心的科学前沿。

习　题

18-1　什么是化学信息，在 Internet 上可以查到哪些化学信息？

18-2　针对题目"分子机器"，如何检索相关的化学文献并获得全文？

18-3　在 Internet 上有哪些方法可以获得专利信息？

18-4　如何访问 SCI 检索系统。

附 录

附表 I　一些单质和化合物在 298.15K，100kPa 下的热力学数据

英文名称	化学式	状态	$\Delta_f H_m^{\ominus}$ /kJ·mol^{-1}	$\Delta_f G_m^{\ominus}$ /kJ·mol^{-1}	$S_m^{\ominus}$ /J·(mol·K)$^{-1}$
Hydrogen	H_2	g	0		130.7
Group I A					
Lithium	Li	g	159.3	126.6	138.8
Lithium	Li	s	0		29.1
Lithium aluminum hydride	$LiAlH_4$	s	−116.3	−44.7	78.7
Lithium borohydride	$LiBH_4$	s	−190.8	−125	75.9
Lithium bromide	LiBr	s	−351.2	−342	74.3
Lithium carbonate	Li_2CO_3	s	−1215.9	−1132.1	90.4
Lithium chloride	LiCl	s	−408.6	−384.4	59.3
Lithium fluoride	LiF	s	−616	−587.7	35.7
Lithium hydride	LiH	s	−90.5	−68.3	20
Lithium hydroxide	LiOH	g	−229	−234.2	214.4
Lithium hydroxide	LiOH	s	−487.5	−441.5	42.8
Lithium iodide	LiI	s	−270.4	−270.3	86.8
Lithium nitrate	$LiNO_3$	s	−483.1	−381.1	90
Lithium nitrite	$LiNO_2$	s	−372.4	−302	96
Lithium oxide	Li_2O	s	−597.9	−561.2	37.6
Lithium peroxide	Li_2O_2	s	−634.3		
Lithium phosphate	Li_3PO_4	s	−2095.8		
Lithium sulfate	Li_2SO_4	s	−1436.5	−1321.7	115.1
Lithium sulfide	Li_2S	s	−441.4		
Sodium	Na	g	107.5	77	153.7
Sodium	Na	s	0		51.3
Sodium acetate	CH_3COONa	s	−708.8	−607.2	123
Sodium aluminum hydride	$NaAlH_4$	s	−115.5		
Sodium amide	$NaNH_2$	s	−123.8	−64	76.9
Sodium azide	NaN_3	s	21.7	93.8	96.9

续附表 I

英文名称	化学式	状态	$\Delta_f H_m^{\ominus}$ /kJ·mol^{-1}	$\Delta_f G_m^{\ominus}$ /kJ·mol^{-1}	$S_m^{\ominus}$ /J·(mol·K)$^{-1}$
Sodium borohydride	$NaBH_4$	s	−188.6	−123.9	101.3
Sodium bromate	$NaBrO_3$	s	−334.1	−242.6	128.9
Sodium bromide	$NaBr$	s	−361.1	−349	86.8
Sodium carbonate	Na_2CO_3	s	−1130.7	−1044.4	135
Sodium chlorate	$NaClO_3$	s	−365.8	−262.3	123.4
Sodium chloride	$NaCl$	s	−411.2	−384.1	72.1
Sodium chlorite	$NaClO_2$	s	−307		
Sodium cyanate	$NaOCN$	s	−405.4	−358.1	96.7
Sodium cyanide	$NaCN$	s	−87.5	−76.4	115.6
Sodium fluoride	NaF	s	−576.6	−546.3	51.1
Sodium hexafluorosilicate	Na_2SiF_6	s	−2909.6	−2754.2	207.1
Sodium hydride	NaH	s	−56.3	−33.5	40
Sodium hydrogen carbonate	$NaHCO_3$	s	−950.8	−851	101.7
Sodium hydrogen phosphate	Na_2HPO_4	s	−1748.1	−1608.2	150.5
Sodium hydrogen sulfate	$NaHSO_4$	s	−1125.5	−992.8	113
Sodium hydroxide	$NaOH$	s	−425.8	−379.7	64.4
Sodium iodate	$NaIO_3$	s	−481.8		
Sodium iodide	NaI	s	−287.8	−286.1	98.5
Sodium metaborate	$NaBO_2$	s	−977	−920.7	73.5
Sodium metasilicate	Na_2SiO_3	s	−1554.9	−1462.8	113.9
Sodium nitrate	$NaNO_3$	s	−467.9	−367	116.5
Sodium nitrite	$NaNO_2$	s	−358.7	−284.6	103.8
Sodium oxalate	$Na_2C_2O_4$	s	−1318		
Sodium oxide	Na_2O	s	−414.2	−375.5	75.1
Sodium perchlorate	$NaClO_4$	s	−383.3	−254.9	142.3
Sodium periodate	$NaIO_4$	s	−429.3	−323	163
Sodium permanganate	$NaMnO_4$	s	−1156		
Sodium peroxide	Na_2O_2	s	−510.9	−447.7	95
Sodium sulfate	Na_2SO_4	s	−1387.1	−1270.2	149.6
Sodium sulfide	Na_2S	s	−364.8	−349.8	83.7
Sodium sulfite	Na_2SO_3	s	−1100.8	−1012.5	145.9
Sodium superoxide	NaO_2	s	−260.2	−218.4	115.9

英文名称	化学式	状态	$\Delta_f H_m^{\ominus}$ /kJ·mol^{-1}	$\Delta_f G_m^{\ominus}$ /kJ·mol^{-1}	$S_m^{\ominus}$ /J·(mol·K)$^{-1}$
Sodium tetraborate	$Na_2B_4O_7$	s	-3291.1	-3096	189.5
Sodium tetrafluoroaluminate	$NaAlF_4$	g	-1869	-1827.5	345.7
Sodium tetrafluoroborate	$NaBF_4$	s	-1844.7	-1750.1	145.3
Potassium	K	g	89	60.5	160.3
Potassium	K	s	0		64.7
Potassium acetate	CH_3COOK	s	-723		
Potassium borohydride	KBH_4	s	-227.4	-160.3	106.3
Potassium bromate	$KBrO_3$	s	-360.2	-271.2	149.2
Potassium bromide	KBr	s	-393.8	-380.7	95.9
Potassium carbonate	K_2CO_3	s	-1151	-1063.5	155.5
Potassium chlorate	$KClO_3$	s	-397.7	-296.3	143.1
Potassium chloride	KCl	s	-436.5	-408.5	82.6
Potassium cyanide	KCN	s	-113	-101.9	128.5
Potassium dihydrogen phosphate	KH_2PO_4	s	-1568.3	-1415.9	134.9
Potassium fluoride	KF	s	-567.3	-537.8	66.6
Potassium hydride	KH	s	-57.7		
Potassium hydrogen carbonate	$KHCO_3$	s	-963.2	-863.5	115.5
Potassium hydrogen fluoride	KHF_2	s	-927.7	-859.7	104.3
Potassium hydrogen sulfate	$KHSO_4$	s	-1160.6	-1031.3	138.1
Potassium hydroxide	KOH	s	-424.6	-379.4	81.2
Potassium iodate	KIO_3	s	-501.4	-418.4	151.5
Potassium iodide	KI	s	-327.9	-324.9	106.3
Potassium nitrate	KNO_3	s	-494.6	-394.9	133.1
Potassium nitrite	KNO_2	s	-369.8	-306.6	152.1
Potassium oxalate	$K_2C_2O_4$	s	-1346		
Potassium oxide	K_2O	s	-361.5		
Potassium perbromate	$KBrO_4$	s	-287.9	-174.4	170.1
Potassium perchlorate	$KClO_4$	s	-432.8	-303.1	151
Potassium periodate	KIO_4	s	-467.2	-361.4	175.7
Potassium permanganate	$KMnO_4$	s	-837.2	-737.6	171.7
Potassium peroxide	K_2O_2	s	-494.1	-425.1	102.1
Potassium phosphate	K_3PO_4	s	-1950.2		
Potassium sulfate	K_2SO_4	s	-1437.8	-1321.4	175.6

续附表 I

英文名称	化学式	状态	$\Delta_f H_m^{\ominus}$ /kJ·mol^{-1}	$\Delta_f G_m^{\ominus}$ /kJ·mol^{-1}	$S_m^{\ominus}$ /J·(mol·K)$^{-1}$
Potassium sulfide	K_2S	s	−380.7	−364	105
Potassium superoxide	KO_2	s	−284.9	−239.4	116.7
Potassium thiocyanate	KSCN	s	−200.2	−178.3	124.3
Rubidium	Rb	s	0		76.8
Rubidium carbonate	Rb_2CO_3	s	−1136	−1051	181.3
Rubidium chloride	RbCl	s	−435.4	−407.8	95.9
Rubidium fluoride	RbF	s	−557.7		
Rubidium hydroxide	RbOH	s	−418.8	−373.9	94
Rubidium nitrate	$RbNO_3$	s	−495.1	−395.8	147.3
Rubidium nitrite	$RbNO_2$	s	−367.4	−306.2	172
Rubidium oxide	Rb_2O	s	−339		
Rubidium perchlorate	$RbClO_4$	s	−437.2	−306.9	161.1
Rubidium peroxide	Rb_2O_2	s	−472		
Rubidium sulfate	Rb_2SO_4	s	−1435.6	−1316.9	197.4
Rubidium superoxide	RbO_2	s	−278.7		
Cesium	Cs	g	76.5	49.6	175.6
Cesium	Cs	s	0		85.2
Cesium bromide	CsBr	s	−405.8	−391.4	113.1
Cesium carbonate	Cs_2CO_3	s	−1139.7	−1054.3	204.5
Cesium chloride	CsCl	s	−443	−414.5	101.2
Cesium fluoride	CsF	s	−553.5	−525.5	92.8
Cesium hydride	CsH	s	−54.2		
Cesium hydroxide	CsOH	g	−256	−256.5	254.8
Cesium hydroxide	CsOH	s	−416.2	−371.8	104.2
Cesium iodide	CsI	s	−346.6	−340.6	123.1
Cesium nitrate	$CsNO_3$	s	−506	−406.5	155.2
Cesium oxide	Cs_2O	s	−345.8	−308.1	146.9
Cesium perchlorate	$CsClO_4$	s	−443.1	−314.3	175.1
Cesium sulfate	Cs_2SO_4	s	−1443	−1323.6	211.9
Cesium sulfide	Cs_2S	s	−359.8		
Cesium sulfite	Cs_2SO_3	s	−1134.7		
Cesium superoxide	CsO_2	s	−286.2		

续附表 I

英文名称	化学式	状态	$\Delta_f H_m^\ominus$ /kJ·mol^{-1}	$\Delta_f G_m^\ominus$ /kJ·mol^{-1}	$S_m^\ominus$ /J·(mol·K)$^{-1}$
Group ⅡA					
Beryllium	Be	g	324	286.6	136.3
Beryllium	Be	s	0		9.5
Beryllium bromide	BeBr$_2$	s	−353.5		108
Beryllium carbonate	BeCO$_3$	s	−1025		52
Beryllium chloride	BeCl$_2$	s	−490.4	−445.6	75.8
Beryllium fluoride	BeF$_2$	s	−1026.8	−979.4	53.4
Beryllium hydroxide(α)	Be(OH)$_2$	s	−902.5	−815	45.5
Beryllium oxide	BeO	s	−609.4	−580.1	13.8
Beryllium sulfate	BeSO$_4$	s	−1205.2	−1093.8	77.9
Beryllium sulfide	BeS	s	−234.3		34
Magnesium	Mg	g	147.1	112.5	148.6
Magnesium	Mg	s	0		32.7
Magnesium bromide	MgBr$_2$	s	−524.3	−503.8	117.2
Magnesium carbonate	MgCO$_3$	s	−1095.8	−1012.1	65.7
Magnesium chloride	MgCl$_2$	s	−641.3	−591.8	89.6
Magnesium fluoride	MgF$_2$	s	−1124.2	−1071.1	57.2
Magnesium hydride	MgH$_2$	s	−75.3	−35.9	31.1
Magnesium hydroxide	Mg(OH)$_2$	s	−924.5	−833.5	63.2
Magnesium iodide	MgI$_2$	s	−364	−358.2	129.7
Magnesium nitrate	Mg(NO$_3$)$_2$	s	−790.7	−589.4	164
Magnesium oxalate	MgC$_2$O$_4$	s	−1269		
Magnesium oxide	MgO	s	−601.6	−569.3	27
Magnesium sulfate	MgSO$_4$	s	−1284.9	−1170.6	91.6
Magnesium sulfide	MgSO$_3$	s	−346	−341.8	50.3
Calcium	Ca	g	177.8	144	154.9
Calcium	Ca	s	0		41.6
Calcium bromide	CaBr$_2$	s	−682.8	−663.6	130
Calcium carbide	CaC$_2$	s	−59.8	−64.9	70
Calcium carbonate(calcite)	CaCO$_3$	s	−1207.6	−1129.1	91.7
Calcium carbonate(aragonite)	CaCO$_3$	s	−1207.8	−1128.2	88
Calcium chloride	CaCl$_2$	s	−795.4	−748.8	108.4

续附表 I

英文名称	化学式	状态	$\Delta_f H_m^{\ominus}$ /kJ·mol^{-1}	$\Delta_f G_m^{\ominus}$ /kJ·mol^{-1}	$S_m^{\ominus}$ /J·(mol·K)$^{-1}$
Calcium fluoride	CaF_2	s	−1228	−1175.6	68.5
Calcium hydride	CaH_2	s	−181.5	−142.5	41.4
Calcium hydroxide	$Ca(OH)_2$	s	−985.2	−897.5	83.4
Calcium nitrate	$Ca(NO_3)_2$	s	−938.2	−742.8	193.2
Calcium oxalate	CaC_2O_4	s	−1360.6		
Calcium oxide	CaO	s	−634.9	−603.3	38.1
Calcium phosphate	$Ca_3(PO_4)_2$	s	−4120.8	−3884.7	236
Calcium sulfate	$CaSO_4$	s	−1434.5	−1322	106.5
Strontium	Sr	g	164.4	130.9	164.6
Strontium	Sr	s	0		55
Strontium carbonate	$SrCO_3$	s	−1220.1	−1140.1	97.1
Strontium chloride	$SrCl_2$	s	−828.9	−781.1	114.9
Strontium hydroxide	$Sr(OH)_2$	s	−959		
Strontium oxide	SrO	s	−592	−561.9	54.4
Strontium sulfate	$SrSO_4$	s	−1453.1	−1340.9	117
Strontium sulfide	SrS	s	−472.4	−467.8	68.2
Barium	Ba	g	180	146	170.2
Barium	Ba	s	0		62.5
Barium bromide	$BaBr_2$	s	−757.3	−736.8	146
Barium carbonate	$BaCO_3$	s	−1213	−1134.4	112.1
Barium chloride	$BaCl_2$	s	−855	−806.7	123.7
Barium fluoride	BaF_2	s	−1207.1	−1156.8	96.4
Barium hydroxide	$Ba(OH)_2$	s	−944.7		
Barium nitrate	$Ba(NO_3)_2$	s	−988	−792.6	214
Barium nitrite	$Ba(NO_2)_2$	s	−768.2		
Barium oxide	BaO	s	−548	−520.3	72.1
Barium sulfate	$BaSO_4$	s	−1473.2	−1362.2	132.2
Barium sulfide	BaS	s	−460	−456	78.2
Group ⅢA					
Boron	B	s	0		5.9
Boron nitride	BN	s	−254.4	−228.4	14.8
Boron tribromide	BBr_3	g	−205.6	−232.5	324.2

续附表 I

英文名称	化学式	状态	$\Delta_f H_m^{\ominus}$ /kJ·mol^{-1}	$\Delta_f G_m^{\ominus}$ /kJ·mol^{-1}	$S_m^{\ominus}$ /J·(mol·K)$^{-1}$
Boron tribromide	BBr_3	l	−239.7	−238.5	229.7
Boron trichloride	BCl_3	g	−403.8	−388.7	290.1
Boron trichloride	BCl_3	l	−427.2	−387.4	206.3
Boron trifluoride	BF_3	g	−1136	−1119.4	254.4
Borane	BH_3	g	89.2	93.3	188.2
Diborane	B_2H_6	g	36.4	87.6	232.1
Boric acid	H_3BO_3	s	−1094.3	−968.9	90
Aluminum	Al	g	330	289.4	164.6
Aluminum	Al	s	0		28.3
Aluminum chloride	$AlCl_3$	s	−704.2	−628.8	109.3
Aluminum fluoride	AlF_3	s	−1510.4	−1431.1	66.5
Aluminum hydride	AlH_3	s	−46		30
Aluminum iodide	AlI_3	s	−302.9		195.9
Aluminum nitride	AlN	s	−318	−287	20.2
Aluminum oxide(α)	Al_2O_3	s	−1675.7	−1582.3	50.9
Aluminum phosphate	$AlPO_4$	s	−1733.8	−1617.9	90.8
Aluminum sulfide	Al_2S_3	s	−724		116.9
Gallium	Ga	g	272	233.7	169
Gallium	Ga	s	0	0	40.8
Gallium antimonide	$GaSb$	s	−41.8	−38.9	76.1
Gallium arsenide	$GaAs$	s	−71	−67.8	64.2
Gallium(Ⅲ) chloride	$GaCl_3$	s	−524.7	−454.8	142
Gallium(Ⅲ) fluoride	GaF_3	s	−1163	−1085.3	84
Gallium(Ⅲ) hydroxide	$Ga(OH)_3$	s	−964.4	−831.3	100
Gallium nitride	GaN	s	−110.5		
Gallium(Ⅲ) oxide	Ga_2O_3	s	−1089.1	−998.3	85
Indium	Ln	s	0		57.8
Indium antimonide	$InSb$	s	−30.5	−25.5	86.2
Indium arsenide	$InAs$	s	−58.6	−53.6	75.7
Indium(Ⅲ) bromide	$InBr_3$	s	−428.9		
Indium(Ⅲ) chloride	$InCl_3$	s	−537.2		
Indium(Ⅲ) iodide	InI_3	s	−238		

续附表 I

英文名称	化学式	状态	$\Delta_f H_m^{\ominus}$ /kJ·mol^{-1}	$\Delta_f G_m^{\ominus}$ /kJ·mol^{-1}	$S_m^{\ominus}$ /J·(mol·K)$^{-1}$
Indium(Ⅲ) oxide	In_2O_3	s	−925.8	−830.7	104.2
Indium phosphide	InP	s	−88.7	−77	59.8
Indium(Ⅲ) sulfide	In_2S_3	s	−427	−412.5	163.6
Thallium	Tl	s	0		64.2
Thallium(Ⅰ) bromide	TlBr	s	−173.2	−167.4	120.5
Thallium(Ⅰ) carbonate	Tl_2CO_3	s	−700	−614.6	155.2
Thallium(Ⅰ) chloride	TlCl	s	−204.1	−184.9	111.3
Thallium(Ⅲ) chloride	$TlCl_3$	s	−315.1		
Thallium(Ⅰ) fluoride	TlF	s	−324.7		
Thallium(Ⅰ) hydroxide	TlOH	s	−238.9	−195.8	88
Thallium(Ⅰ) iodide	TlI	s	−123.8	−125.4	127.6
Thallium(Ⅰ) nitrate	$TlNO_3$	s	−243.9	−152.4	160.7
Thallium(Ⅰ) oxide	Tl_2O	s	−178.7	−147.3	126
Thallium(Ⅰ) sulfate	Tl_2SO_4	s	−931.8	−830.4	230.5
Thallium(Ⅰ) sulfide	Tl_2S	s	−97.1	−93.7	151
Group ⅣA					
Carbon(diamond)	C	s	1.9	2.9	2.4
Carbon(graphite)	C	s	0		5.7
Carbon[fullerene-C_{60}]	C_{60}	s	2327	2302	426
Carbon[fullerene-C_{70}]	C_{70}	s	2555	2537	464
Carbon monoxide	CO	g	−110.5	−137.2	197.7
Carbon dioxide	CO_2	g	−393.5	−394.4	213.8
Carbon disulfide	CS_2	g	116.7	67.1	237.8
Carbon disulfide	CS_2	l	89	64.6	151.3
Silicon	Si	s	0		18.8
Silicon carbide(hexagonal)	SiC	s	−62.8	−60.2	16.5
Silicon carbide(cubic)	SiC	s	−65.3	−62.8	16.6
Silicon dioxide(α−quartz)	SiO_2	s	−910.7	−856.3	41.5
Metasilicic acid	H_2SiO_3	s	−1188.7	−1092.4	134
Orthosilicic acid	H_4SiO_4	s	−1481.1	−1332.9	192
Silane	SiH_4	g	34.3	56.9	204.6
Tetrafluorosilane	SiF_4	g	−1615	−1572.8	282.8

续附表 I

英文名称	化学式	状态	$\Delta_f H_m^{\ominus}$ /kJ·mol^{-1}	$\Delta_f G_m^{\ominus}$ /kJ·mol^{-1}	$S_m^{\ominus}$ /J·(mol·K)$^{-1}$
Germane	GeH$_4$	g	90.8	113.4	217.1
Germanium	Ge	s	0		31.1
Germanium(Ⅳ) bromide	GeBr$_4$	l	−347.7	−331.4	280.7
Germanium(Ⅳ) chloride	GeCl$_4$	l	−531.8	−462.7	245.6
Germanium(Ⅳ) fluoride	GeF$_4$	g	−1190.2	−1150	301.9
Germanium(Ⅳ) iodide	GeI$_4$	s	−141.8	−144.3	271.1
Germanium(Ⅳ) oxide	GeO$_2$	s	−580	−521.4	39.7
Tin(gray)	Sn	s	−2.1	0.1	44.1
Tin(white)	Sn	s	0		51.2
Tin(Ⅱ) chloride	SnCl$_2$	s	−325.1		
Tin(Ⅳ) chloride	SnCl$_4$	g	−471.5	−432.2	365.8
Tin(Ⅳ) chloride	SnCl$_4$	l	−511.3	−440.1	258.6
Tin(Ⅱ) hydroxide	Sn(OH)$_2$	s	−561.1	−491.6	155
Tin(Ⅱ) oxide	SnO	s	−280.7	−251.9	57.2
Tin(Ⅳ) oxide	SnO$_2$	s	−577.6	−515.8	49
Tin(Ⅱ) sulfide	SnS	s	−100	−98.3	77
Lead	Pb	s	0		64.8
Lead(Ⅱ) bromide	PbBr$_2$	s	−278.7	−261.9	161.5
Lead(Ⅱ) carbonate	PbCO$_3$	s	−699.1	−625.5	131
Lead(Ⅱ) chloride	PbCl$_2$	s	−359.4	−314.1	136
Lead(Ⅳ) chloride	PbCl$_4$	l	−329.3		
Lead(Ⅱ) chromate	PbCrO$_4$	s	−930.9		
Lead(Ⅱ) iodide	PbI$_2$	s	−175.5	−173.6	174.9
Lead(Ⅱ) nitrate	Pb(NO$_3$)$_2$	s	−451.9		
Lead(Ⅱ) oxalate	PbC$_2$O$_4$	s	−851.4	−750.1	146
Lead(Ⅱ, Ⅳ) oxide	Pb$_3$O$_4$	s	−718.4	−601.2	211.3
Lead(Ⅳ) oxide	PbO$_2$	s	−277.4	−217.3	68.6
Lead(Ⅱ) oxide(litharge)	PbO	s	−219	−188.9	66.5
Lead(Ⅱ) oxide(massicot)	PbO	s	−217.3	−187.9	68.7
Lead(Ⅱ) selenide	PbSe	s	−102.9	−101.7	102.5
Lead(Ⅱ) sulfate	PbSO$_4$	s	−920	−813	148.5
Lead(Ⅱ) sulfide	PbS	s	−100.4	−98.7	91.2

续附表 I

英文名称	化学式	状态	$\Delta_f H_m^{\ominus}$ /kJ·mol^{-1}	$\Delta_f G_m^{\ominus}$ /kJ·mol^{-1}	$S_m^{\ominus}$ /J·(mol·K)$^{-1}$
Lead(Ⅱ) sulfite	$PbSO_3$	s	−669.9		
Lead(Ⅱ) telluride	PbTe	s	−70.7	−69.5	110
Group ⅤA					
Nitric acid	HNO_3	g	−133.9	−73.5	266.9
Nitric acid	HNO_3	l	−174.1	−80.7	155.6
Nitric oxide	NO	g	91.3	87.6	210.8
Nitrogen	N_2	g	0		191.6
Nitrogen dioxide	NO_2	g	33.2	51.3	240.1
Nitrogen pentoxide	N_2O_5	s	−43.1	113.9	178.2
Nitrogen tetroxide	N_2O_4	g	11.1	99.8	304.4
Nitrogen tetroxide	N_2O_4	l	−19.5	97.5	209.2
Nitrogen trioxide	N_2O_3	g	86.6	142.4	314.7
Nitrous acid	HNO_2	g	−79.5	−46	254.1
Ammonia	NH_3	g	−45.9	−16.4	192.8
Ammonium azide	H_4N_4	s	115.5	274.2	112.5
Ammonium bromide	NH_4Br	s	−270.8	−175.2	113
Ammonium chloride	NH_4Cl	s	−314.4	−202.9	94.6
Ammonium cyanide	NH_4CN	s	0.4		
Ammonium fluoride	NH_4F	s	−464	−348.7	72
Ammonium hydrogen carbonate	NH_4HCO_3	s	−849.4	−665.9	120.9
Ammonium hydrogen phosphate	$(NH_4)_2HPO_4$	s	−1566.9		
Ammonium hydrogen sulfate	NH_4HSO_4	s	−1027		
Ammonium hydrogen sulfite	NH_4HSO_3	s	−768.6		
Ammonium hydroxide	NH_4OH	l	−361.2	−254	165.6
Ammonium iodide	NH_4I	s	−201.4	−112.5	117
Ammonium nitrate	NH_4NO_3	s	−365.6	−183.9	151.1
Ammonium nitrite	NH_4NO_2	s	−256.5		
Ammonium phosphate	$(NH_4)_3PO_4$	s	−1671.9		
Ammonium sulfate	$(NH_4)_2SO_4$	s	−1180.9	−901.7	220.1
Phosphine	PH_3	g	5.4	13.5	210.2
Phosphinic acid	H_3PO_2	s	−604.6		
Phosphonic acid	H_3PO_3	s	−964.4		

续附表 I

英文名称	化学式	状态	$\Delta_f H_m^{\ominus}$ /kJ·mol^{-1}	$\Delta_f G_m^{\ominus}$ /kJ·mol^{-1}	$S_m^{\ominus}$ /J·(mol·K)$^{-1}$
Phosphoric acid	H_3PO_4	l	−1271.7	−1123.6	150.8
Phosphorus(white)	P	g	316.5	280.1	163.2
Phosphorus(white)	P	s	0		41.1
Phosphorus(red)	P	s	−17.6		22.8
Phosphorus (black)	P	s	−39.3		
Tetraphosphorus	P_4	g	58.9	24.4	280
Phosphorus(Ⅲ) chloride	PCl_3	g	−287	−267.8	311.8
Phosphorus(Ⅲ) chloride	PCl_3	l	−319.7	−272.3	217.1
Phosphorus(Ⅴ) chloride	PCl_5	g	−374.9	−305	364.6
Phosphorus(Ⅴ) chloride	PCl_5	s	−443.5		
Arsenic (gray)	As	s	0		35.1
Arsenic(yellow)	As	s	14.6		
Arsenic acid	H_3AsO_4	s	−906.3		
Arsenic(Ⅴ) oxide	As_2O_5	s	−924.9	−782.3	105.4
Arsenic(Ⅲ) sulfide	As_2S_3	s	−169	−168.6	163.6
Arsine	AsH_3	g	66.4	68.9	222.8
Antimony	Sb	s	0		45.7
Antimony(Ⅴ) oxide	Sb_2O_5	s	−971.9	−829.2	125.1
propane Bismuth	Bi	g	207.1	168.2	187
propane Bismuth	Bi	s	0		56.7
Bismuth hydroxide	$Bi(OH)_3$	s	−711.3		
Bismuth oxide	Bi_2O_3	s	−573.9	−493.7	151.5
Bismuth sulfate	$Bi_2(SO_4)_3$	s	−2544.3		
Bismuth sulfide	Bi_2S_3	s	−143.1	−140.6	200.4
Bismuth trichloride	$BiCl_3$	s	−379.1	−315	177
Group ⅥA					
Oxygen	O_2	g	0		205.2
Ozone	O_3	g	142.7	163.2	238.9
Water	H_2O	g	−241.8	−228.6	188.8
Water	H_2O	l	−285.8	−237.1	70
Hydrogen peroxide	H_2O_2	l	−187.8	−120.4	109.6
Sulfur(rhombic)	S	s	0		32.1

续附表 I

英文名称	化学式	状态	$\Delta_f H_m^{\ominus}$ /kJ·mol^{-1}	$\Delta_f G_m^{\ominus}$ /kJ·mol^{-1}	$S_m^{\ominus}$ /J·(mol·K)$^{-1}$
Sulfur(monoclinic)	S	s	0.3		
Sulfur dioxide	SO_2	g	−296.8	−300.1	248.2
Sulfur hexafluoride	SF_6	g	−1220.5	−1116.5	291.5
Hydrogen sulfide	H_2S	g	−20.6	−33.4	205.8
Sulfuric acid	H_2SO_4	l	−814	−690	156.9
Sulfur trioxide(α−form)	SO_3	g	−395.7	−371.1	256.8
Sulfur trioxide(α−form)	SO_3	l	−441	−373.8	113.8
Sulfur trioxide(α−form)	SO_3	s	−454.5	−374.2	70.7
Sulfuryl chloride	SO_2Cl_2	g	−364	−320	311.9
Sulfuryl chloride	SO_2Cl_2	l	−394.1		
Selenium(gray)	Se	s	0		42.4
Selenium(α-form)	Se	s	6.7		
Selenium(vitreous)	Se	s	5		
Selenium dioxide	SeO_2	s	−225.4		
Selenium hexafluoride	SeF_6	g	−1117	−1017	313.9
Hydrogen selenide	HSe	g	29.7	15.9	219
Selenic acid	H_2SeO_4	s	−530.1		
Tellurium	Te	s	0		49.7
Tellurium dioxide	TeO_2	s	−322.6	−270.3	79.5
Hydrogen telluride	HTe	g	99.6		
Group ⅦA					
Fluorine	F_2	g	0		202.8
Hydrogen fluoride	HF	g	−273.3	−275.4	173.8
Chlorine	Cl_2	g	0		223.1
Chlorine dioxide	ClO_2	g	102.5	120.5	256.8
Chlorine monoxide	Cl_2O	g	80.3	97.9	266.2
Chlorine oxide(ClO)	ClO	g	101.8	98.1	226.6
Chlorine superoxide(ClOO)	ClO_2	g	89.1	105	263.7
Hydrogen chloride	HCl	g	−92.3	−95.3	186.9
Perchloric acid	$HClO_4$	l	−40.6		
Bromine	Br_2	g	30.9	3.1	245.5
Bromine	Br_2	l	0		152.2

英文名称	化学式	状态	$\Delta_f H_m^{\ominus}$ /kJ·mol^{-1}	$\Delta_f G_m^{\ominus}$ /kJ·mol^{-1}	$S_m^{\ominus}$ /J·(mol·K)$^{-1}$
Hydrogen bromide	HBr	g	−36.3	−53.4	198.7
Iodic acid	HIO$_3$	s	−230.1		
Iodine	I$_2$	g	62.4	19.3	260.7
Iodine	I$_2$	s	0		116.1
Iodine fluoride	IF	g	−95.7	−118.5	236.2
Iodine pentafluoride	IF$_5$	g	−822.5	−751.7	327.7
Iodine pentafluoride	IF$_5$	l	−864.8		
Hydrogen iodide	HI	g	26.5	1.7	206.6
Group 0					
Helium	He	g	0		126.2
Argon	Ar	g	0		154.8
Neon	Ne	g	0		146.3
Krypton	Kr	g	0		164.1
Xenon	Xe	g	0		169.7
Xenon tetrafluoride	XeF$_4$	s	−261.5		
Group ⅢB					
Scandium	Sc	s	0		34.6
Scandium chloride	ScCl$_3$	s	−925.1		
Scandium oxide	Sc$_2$O$_3$	s	−1908.8	−1819.4	77
Yttrium	Y	s	0		44.4
Yttrium chloride	YCl$_3$	s	−1000		
Yttrium fluoride	YF$_3$	s	−1718.8	−1644.7	100
Yttrium oxide	Y$_2$O$_3$	s	−1905.3	−1816.6	99.1
Group ⅣB					
Titanium	Ti	s	0		30.7
Titanium(Ⅳ) bromide	TiBr$_4$	s	−616.7	−589.5	243.5
Titanium(Ⅲ) chloride	TiCl$_3$	s	−720.9	−653.5	139.7
Titanium(Ⅳ) chloride	TiCl$_4$	g	−763.2	−726.3	353.2
Titanium(Ⅳ) chloride	TiCl$_4$	l	−804.2	−737.2	252.3
Titanium(Ⅳ) oxide(rutile)	TiO$_2$	s	−944	−888.8	50.6
Zirconium	Zr	s	0		39
Zirconium(Ⅳ) bromide	ZrBr$_4$	s	−760.7		

英文名称	化学式	状态	$\Delta_f H_m^\ominus$ /kJ·mol^{-1}	$\Delta_f G_m^\ominus$ /kJ·mol^{-1}	$S_m^\ominus$ /J·(mol·K)$^{-1}$
Zirconium（Ⅱ）chloride	$ZrCl_2$	s	−502		
Zirconium（Ⅳ）chloride	$ZrCl_4$	s	−980.5	−889.9	181.6
Zirconium（Ⅳ）fluoride	ZrF_4	s	−1911.3	−1809.9	104.6
Zirconium（Ⅳ）orthosilicate	$ZrSiO_4$	s	−2033.4	−1919.1	84.1
Zirconium（Ⅳ）oxide	ZrO_2	s	−1100.6	−1042.8	50.4
Zirconium（Ⅳ）sulfate	$Zr(SO_4)_2$	s	−2217.1		
Hafnium	Hf	s	0		43.6
Hafnium（Ⅳ）oxide	HfO_2	s	−1144.7	−1088.2	59.3
Group ⅤB					
Vanadium	V	s	0		28.9
Vanadium（Ⅴ）oxide	V_2O_5	s	−1550.6	−1419.5	131
Niobium	Nb	s	0		36.4
Niobium（Ⅴ）chloride	$NbCl_5$	s	−797.5	−683.2	210.5
Niobium（Ⅴ）oxide	Nb_2O_5	s	−1899.5	−1766	137.2
Tantalum	Ta	s	0		41.5
Tantalum（Ⅴ）oxide	Ta_2O_5	s	−2046	−1911.2	143.1
Group ⅥB					
Chromium	Cr	g	396.6	351.8	174.5
Chromium	Cr	s	0		23.8
Chromium（Ⅱ）chloride	$CrCl_2$	s	−395.4	−356	115.3
Chromium（Ⅲ）chloride	$CrCl_3$	s	−556.5	−486.1	123
Chromium（Ⅱ，Ⅲ）oxide	Cr_3O_4	s	−1531		
Chromium（Ⅲ）oxide	Cr_2O_3	s	−1139.7	−1058.1	81.2
Chromium（Ⅳ）oxide	CrO_2	s	−598		
Chromium（Ⅵ）oxide	CrO_3	g	−292.9		266.2
Molybdenum	Mo	s	0		28.7
Molybdenum carbonyl	$Mo(CO)_6$	g	−912.1	−856	490
Molybdenum carbonyl	$Mo(CO)_6$	s	−982.8	−877.7	325.9
Molybdenum（Ⅵ）oxide	MoO_3	s	−745.1	−668	77.7
Molybdenum（Ⅳ）sulfide	MoS_2	s	−235.1	−225.9	62.6
Tungsten	W	s	0		32.6
Tungsten（Ⅵ）oxide	WO_3	s	−842.9	−764	75.9

续附表 I

英文名称	化学式	状态	$\Delta_f H_m^\ominus$ /kJ·mol^{-1}	$\Delta_f G_m^\ominus$ /kJ·mol^{-1}	$S_m^\ominus$ /J·(mol·K)$^{-1}$
Group ⅦB					
Manganese	Mn	s	0		32
Manganese(Ⅱ) bromide	MnBr$_2$	s	−384.9		
Manganese(Ⅱ) carbonate	MnCO$_3$	s	−894.1	−816.7	85.8
Manganese(Ⅱ) chloride	MnCl$_2$	s	−481.3	−440.5	118.2
Manganese(Ⅱ) nitrate	Mn(NO$_3$)$_2$	s	−576.3		
Manganese(Ⅱ) orthosilicate	Mn$_2$SiO$_4$	s	−1730.5	−1632.1	163.2
Manganese(Ⅱ) oxide	MnO	s	−385.2	−362.9	59.7
Manganese(Ⅱ,Ⅲ) oxide	Mn$_3$O$_4$	s	−1387.8	−1283.2	155.6
Manganese(Ⅲ) oxide	Mn$_2$O$_3$	s	−959	−881.1	110.5
Manganese(Ⅳ) oxide	MnO$_2$	s	−520	−465.1	53.1
Manganese(Ⅱ) sulfide(α form)	MnS	s	−214.2	−218.4	78.2
Technetium	Tc	s	0		
Group Ⅷ					
Iron	Fe	s	0		27.3
Iron carbide	Fe$_3$C	s	25.1	20.1	104.6
Iron(Ⅱ) carbonate	FeCO$_3$	s	−740.6	−666.7	92.9
Iron(Ⅱ) chloride	FeCl$_2$	s	−341.8	−302.3	118
Iron(Ⅲ) chloride	FeCl$_3$	s	−399.5	−334	142.3
Iron disulfide	FeS$_2$	s	−178.2	−166.9	52.9
Iron(Ⅱ) oxide	FeO	s	−272		
Iron(Ⅱ,Ⅲ) oxide	Fe$_3$O$_4$	s	−1118.4	−1015.4	146.4
Iron(Ⅲ) oxide	Fe$_2$O$_3$	s	−824.2	−742.2	87.4
Iron(Ⅱ) sulfate	FeSO$_4$	s	−928.4	−820.8	107.5
Iron(Ⅱ) sulfide	FeS	s	−100	−100.4	60.3
Cobalt	Co	g	424.7	380.3	179.5
Cobalt	Co	s	0		30
Cobalt(Ⅱ) carbonate	CoCO$_3$	s	−713		
Cobalt(Ⅱ) chloride	CoCl$_2$	s	−312.5	−269.8	109.2
Cobalt(Ⅱ) hydroxide	Co(OH)$_2$	s	−539.7	−454.3	79
Cobalt(Ⅱ) nitrate	Co(NO$_3$)$_2$	s	−420.5		
Cobalt(Ⅱ) oxide	CoO	s	−237.9	−214.2	53

英文名称	化学式	状态	$\Delta_f H_m^{\ominus}$ /kJ·mol^{-1}	$\Delta_f G_m^{\ominus}$ /kJ·mol^{-1}	$S_m^{\ominus}$ /J·(mol·K)$^{-1}$
Cobalt(Ⅱ，Ⅲ) oxide	Co_3O_4	s	−891	−774	102.5
Cobalt(Ⅱ) sulfate	$CoSO_4$	s	−888.3	−782.3	118
Cobalt(Ⅱ) sulfide	CoS	s	−82.8		
Cobalt(Ⅲ) sulfide	Co_2S_3	s	−147.3		
Nickel	Ni	g	429.7	384.5	182.2
Nickel	Ni	s	0		29.9
Nickel carbonyl [Ni(CO)$_4$]	$Ni(CO)_4$	g	−602.9	−587.2	410.6
Nickel carbonyl [Ni(CO)$_4$]	$Ni(CO)_4$	l	−633	−588.2	313.4
Nickel(Ⅱ) chloride	$NiCl_2$	s	−305.3	−259	97.7
Nickel(Ⅱ) hydroxide	$Ni(OH)_2$	s	−529.7	−447.2	88
Nickel(Ⅲ) oxide	Ni_2O_3	s	−489.5		
Nickel(Ⅱ) sulfate	$NiSO_4$	s	−872.9	−759.7	92
Nickel(Ⅱ) sulfide	NiS	s	−82	−79.5	53
Ruthenium	Ru	s	0		28.5
Ruthenium(Ⅳ) oxide	RuO_2	s	−305		
Ruthenium(Ⅷ) oxide	RuO_4	s	−239.3	−152.2	146.4
Palladium	Pd	s	0		37.6
Palladium(Ⅱ) oxide	PdO	s	−85.4		
Palladium(Ⅱ) sulfide	PdS	s	−75	−67	46
Osmium	Os	s	0		32.6
Osmium(Ⅲ) chloride	$OsCl_3$	s	−190.4		
Osmium(Ⅵ) fluoride	OsF_6	g			358.1
Osmium(Ⅵ) fluoride	OsF_6	s			246
Osmium(Ⅷ) oxide	OsO_4	s	−394.1	−304.9	143.9
Iridium	Ir	s	0		35.5
Iridium(Ⅵ) fluoride	IrF_6	s	−579.7	−461.6	247.7
Iridium(Ⅳ) oxide	IrO_2	s	−274.1		
Platinum	Pt	s	0		41.6
Platinum(Ⅳ) chloride	$PtCl_4$	s	−231.8		
Platinum(Ⅵ) fluoride	PtF_6	s			235.6
Group ⅠB					
Copper	Cu	g	337.4	297.7	166.4

英文名称	化学式	状态	$\Delta_f H_m^{\ominus}$ /kJ·mol^{-1}	$\Delta_f G_m^{\ominus}$ /kJ·mol^{-1}	$S_m^{\ominus}$ /J·(mol·K)$^{-1}$
Copper	Cu	s	0		33.2
Copper（Ⅰ）bromide	CuBr	s	−104.6	−100.8	96.1
Copper（Ⅱ）bromide	CuBr$_2$	s	−141.8		
Copper（Ⅰ）chloride	CuCl	s	−137.2	−119.9	86.2
Copper（Ⅱ）chloride	CuCl$_2$	s	−220.1	−175.7	108.1
Copper（Ⅰ）cyanide	CuCN	s	96.2	111.3	84.5
Copper（Ⅱ）fluoride	CuF$_2$	s	−542.7		
Copper（Ⅱ）hydroxide	Cu(OH)$_2$	s	−449.8		
Copper（Ⅰ）iodide	CuI	s	−67.8	−69.5	96.7
Copper（Ⅱ）nitrate	Cu(NO$_3$)$_2$	s	−302.9		
Copper（Ⅰ）oxide	Cu$_2$O	s	−168.6	−146	93.1
Copper（Ⅱ）oxide	CuO	s	−157.3	−129.7	42.6
Copper（Ⅱ）sulfate	CuSO$_4$	s	−771.4	−662.2	109.2
Copper（Ⅰ）sulfide	Cu$_2$S	s	−79.5	−86.2	120.9
Copper（Ⅱ）sulfide	CuS	s	−53.1	−53.6	66.5
Copper（Ⅱ）tungstate	CuWO$_4$	s	−1105		
Silver	Ag	s	0		42.6
Silver（Ⅰ）bromate	AgBrO$_3$	s	−10.5	71.3	151.9
Silver（Ⅰ）bromide	AgBr	s	−100.4	−96.9	107.1
Silver（Ⅰ）carbonate	Ag$_2$CO$_3$	s	−505.8	−436.8	167.4
Silver（Ⅰ）chlorate	AgClO$_3$	s	−30.3	64.5	142
Silver（Ⅰ）chloride	AgCl	s	−127	−109.8	96.3
Silver（Ⅰ）chromate	Ag$_2$CrO$_4$	s	−731.7	−641.8	217.6
Silver（Ⅰ）cyanide	AgCN	s	146	156.9	107.2
Silver（Ⅰ）fluoride	AgF	s	−204.6		
Silver（Ⅰ）iodide	AgI	s	−61.8	−66.2	115.5
Silver（Ⅰ）nitrate	AgNO$_3$	s	−124.4	−33.4	140.9
Silver（Ⅰ）oxide	Ag$_2$O	s	−31.1	−11.2	121.3
Silver（Ⅰ）perchlorate	AgClO$_4$	s	−31.1		
Silver（Ⅰ）sulfate	Ag$_2$SO$_4$	s	−715.9	−618.4	200.4
Silver（Ⅰ）sulfide	Ag$_2$S	s	−32.6	−40.7	144
Gold	Au	s	0		47.4

续附表 I

英文名称	化学式	状态	$\Delta_f H_m^\ominus$ /kJ·mol^{-1}	$\Delta_f G_m^\ominus$ /kJ·mol^{-1}	$S_m^\ominus$ /J·(mol·K)$^{-1}$
Gold(Ⅲ) chloride	AuCl$_3$	s	−117.6		
Group ⅡB					
Zinc	Zn	s	0		41.6
Zinc bromide	ZnBr$_2$	s	−328.7	−312.1	138.5
Zinc carbonate	ZnCO$_3$	s	−812.8	−731.5	82.4
Zinc chloride	ZnCl$_2$	s	−415.1	−369.4	111.5
Zinc fluoride	ZnF$_2$	s	−764.4	−713.3	73.7
Zinc hydroxide	Zn(OH)$_2$	s	−641.9	−553.5	81.2
Zinc nitrate	Znr(NO$_3$)$_2$	s	−483.7		
Zinc oxide	ZnO	s	−350.5	−320.5	43.7
Zinc sulfate	ZnSO$_4$	s	−982.8	−871.5	110.5
Zinc sulfide(sphalerite)	ZnS	s	−206	−201.3	57.7
Zinc sulfide(wurtzite)	ZnS	s	−192.6		
Cadmium	Cd	g	111.8		167.7
Cadmium	Cd	s	0		51.8
Cadmium carbonate	CdCO$_3$	s	−750.6	−669.4	92.5
Cadmium chloride	CdCl$_2$	s	−391.5	−343.9	115.3
Cadmium oxide	CdO	s	−258.4	−228.7	54.8
Cadmium sulfate	CdSO$_4$	s	−933.3	−822.7	123
Cadmium sulfide	CdS	s	−161.9	−156.5	64.9
Mercury	Hg	g	61.4	31.8	175
Mercury	Hg	l	0		75.9
Mercury(Ⅰ) bromide	Hg$_2$Br$_2$	s	−206.9	−181.1	218
Mercury(Ⅱ) bromide	HgBr$_2$	s	−170.7	−153.1	172
Mercury(Ⅰ) carbonate	Hg$_2$CO$_3$	s	−553.5	−468.1	180
Mercury(Ⅰ) chloride	Hg$_2$Cl$_2$	s	−265.4	−210.7	191.6
Mercury(Ⅱ) chloride	HgCl$_2$	s	−224.3	−178.6	146
Mercury(Ⅰ) iodide	Hg$_2$I$_2$	s	−121.3	−111	233.5
Mercury(Ⅱ) iodide(red)	HgI$_2$	s	−105.4	−101.7	180
Mercury(Ⅱ) oxalate	HgC$_2$O$_4$	s	−678.2		
Mercury(Ⅱ) oxide	HgO	s	−90.8	−58.5	70.3
Mercury(Ⅰ) sulfate	Hg$_2$SO$_4$	s	−743.1	−625.8	200.7

续附表Ⅰ

英文名称	化学式	状态	$\Delta_f H_m^{\ominus}$ /kJ·mol^{-1}	$\Delta_f G_m^{\ominus}$ /kJ·mol^{-1}	$S_m^{\ominus}$ /J·(mol·K)$^{-1}$
Mercury(Ⅱ) sulfate	$HgSO_4$	s	−707.5		
Mercury(Ⅱ) sulfide(red)	HgS	s	−58.2	−50.6	82.4
Lanthanide					
Lanthanum	La	s	0		56.9
Lanthanum chloride	$LaCl_3$	s	−1072.2		
Lanthanum oxide	La_2O_3	s	−1793.7	−1705.8	127.3
Cerium	Ce	s	0		72
Cerium(Ⅲ) oxide	Ce_2O_3	s	−1796.2	−1706.2	150.6
Cerium(Ⅳ) oxide	CeO_2	s	−1088.7	−1024.6	62.3
Neodymium	Nd	s	0		71.5
Neodymium(Ⅲ) chloride	$NdCl_3$	s	−1041		
Neodymium(Ⅲ) fluoride	NdF_3	s	−1657		
Neodymium(Ⅲ) oxide	Nd_2O_3	s	−1807.9	−1720.8	158.6
Europium	Eu	s	0		77.8
Europium(Ⅲ) chloride	$EuCl_3$	s	−936		
Europium(Ⅱ,Ⅲ) oxide	Eu_3O_4	s	−2272	−2142	205
Europium(Ⅲ) oxide	Eu_2O_3	s	−1651.4	−1556.8	146
Gadolinium	Gd	s	0		68.1
Gadolinium(Ⅲ) chloride	$GdCl_3$	s	−1008		
Gadolinium(Ⅲ) oxide	Gd_2O_3	s	−1819.6		
Terbium	Tb	s	0		73.2
Terbium(Ⅲ) chloride	$TbCl_3$	s	−997		
Terbium(Ⅲ) oxide	Tb_2O_3	s	−1865.2		
Erbium	Er	s	0		73.2
Erbium oxide	Er_2O_3	s	−1897.9	−1808.7	155.6
Ytterbium	Yb	s	0		59.9
Ytterbium(Ⅲ) chloride	$YbCl_3$	s	−959.8		
Ytterbium(Ⅲ) oxide	Yb_2O_3	s	−1814.6	−1726.7	133.1
Actinides					
Uranium	U	s	0		50.2
Uranium(Ⅵ) oxide	UO_3	s	−1223.8	−1145.7	96.1

注：本表数据摘自 W. M. Haynes, David R. Lide, Thomas J. Bruno, CRC Handbook of Chemistry and Physics. 97th ed. Boca Raton：CRC Press Inc, 2016-2017：5-3～5-42。

附表Ⅱ 一些物质的标准摩尔燃烧焓（298.15K，100kPa）

英文名称	中文名称	化学式	状态	$\Delta_c H_m^{\ominus}/kJ \cdot mol^{-1}$
Acetaldehyde	乙醛	CH_3CHO	l	-1167
Acetamide	乙酰胺	C_2H_5NO	s	-1185
Acetic acid	乙酸	$C_2H_4O_2$	l	-874
Acetone	丙酮	C_3H_6O	l	-1790
Acetonitrile	乙腈	CH_3CN	l	-1256
Acetylene	乙炔	C_2H_2	g	-1300
L-Alanine	L-丙氨酸	$C_3H_7NO_2$	s	-1577
Ammonia	氨	NH_3	g	-383
Aniline	苯胺	C_6H_7N	l	-3393
Anthracene	蒽	$C_{14}H_{10}$	s	-7068
Benzene	苯	C_6H_6	l	-3268
Benzoic acid	苯甲酸	$C_7H_6O_2$	s	-3228.2
1,3-Butadiene	1,3-丁二烯	C_4H_6	g	-2542
Butane	丁烷	C_4H_{10}	g	-2878
2-Butanone	2-丁酮	C_4H_8O	l	-2444
1-Butene	1-丁烯	C_4H_8	g	-2718
cis-2-Butene	顺-2-丁烯	C_4H_8	g	-2710
trans-2-Butene	反-2-丁烯	C_4H_8	g	-2706
Carbon（graphite）	石墨	C	s	-394
Carbon monoxide	一氧化碳	CO	g	-283
Cyclobutene	环丁烯	C_4H_6	g	-2588
Cyclohexane	环己烷	C_6H_{12}	l	-3920
Cyclopropane	环丙烷	C_3H_6	g	-2091
Decane	癸烷	$C_{10}H_{22}$	l	-6778
Diethyl ether	二乙醚	$C_4H_{10}O$	l	-2724
Dimethyl ether	二甲醚	C_2H_6O	g	-1460
Ethane	乙烷	C_2H_6	g	-1561
1,2-Ethanediol	乙二醇	$C_2H_6O_2$	l	-1185
Ethanol	乙醇	C_2H_6O	l	-1367
Ethyl acetate	乙酸乙酯	$C_4H_8O_2$	l	-2238
Ethylene	乙烯	C_2H_4	g	-1411
Formaldehyde	甲醛	HCHO	g	-571
Formic acid	甲酸	HCOOH	l	-254
Glycerol	丙三醇	$C_3H_8O_3$	l	-1654

续附表 II

英文名称	中文名称	化学式	状态	$\Delta_c H_m^{\ominus}/\mathrm{kJ \cdot mol^{-1}}$
Heptane	庚烷	C_7H_{16}	l	−4817
Hexane	己烷	C_6H_{14}	l	−4163
Hydrazine	肼	N_2H_4	l	−622
Hydrogen	氢气	H_2	g	−286
Hydrogen cyanide	氰化氢	HCN	g	−672
Ketene	乙烯酮	C_2H_2O	g	−1025
Methane	甲烷	CH_4	g	−891
Methanol	甲醇	CH_3OH	l	−726
Methyl acetate	乙酸甲酯	$C_3H_6O_2$	l	−1592
Methylamine	甲胺	CH_3NH_2	g	−1086
Methyl formate	甲酸甲酯	$C_2H_4O_2$	l	−973
Naphthalene	萘	$C_{10}H_8$	s	−5157
Nitric oxide	一氧化氮	NO	g	−91
Nitrobenzene	硝基苯	$C_6H_5NO_2$	l	−3088
Nitromethane	硝基甲烷	CH_3NO_2	l	−710
Nitrous oxide	氧化二氮	N_2O	g	−82
Nonane	壬烷	C_9H_{20}	l	−6125
Octane	辛烷	C_8H_{18}	l	−5470
Pentane	戊烷	C_5H_{12}	l	−3509
1-Pentanol	1-戊醇	$C_5H_{12}O$	l	−3331
Phenanthrene	菲	$C_{14}H_{10}$	s	−7055
Phenol	苯酚	C_6H_6O	s	−3054
Propanal	丙醛	C_3H_6O	l	−1822
Propane	丙烷	C_3H_8	g	−2220
Propanenitrile	丙腈	C_3H_5N	l	−1911
1-Propanol	丙醇	C_3H_8O	l	−2021
2-Propanol	异丙醇	C_3H_8O	l	−2006
Propene	丙烯	C_3H_6	g	−2058
Pyridine	嘧啶	C_5H_5N	l	−2782
Toluene	甲苯	C_7H_8	l	−3910
Trimethylamine	三乙胺	C_3H_9N	g	−2443
2,4,6-Trinitrotoluene	2,4,6-三硝基甲苯	$C_7H_5N_3O_6$	s	−3406
Urea	尿素	CH_4N_2O	s	−632.7

注：本表数据摘自 W. M Haynes, David R. Lide, Thomas J. Bruno, CRC Handbook of Chemistry and Physics. 97th ed. Boca Raton: CRC Press Inc, 2016-2017: 5-67。

附表Ⅲ 弱酸、弱碱在水中的解离常数

英文名称	中文名称	化学式	级数	温度/℃	$K_a^{\ominus}$	$pK_a^{\ominus}$
弱酸						
Arsenic acid	砷酸	H_3AsO_4	1	25	5.50×10^{-3}	2.26
			2	25	1.74×10^{-7}	6.76
			3	25	5.13×10^{-12}	11.29
Arsenious acid	亚砷酸	H_3AsO_3		25	5.13×10^{-10}	9.29
Boric acid	硼酸	H_3BO_3	1	20	5.37×10^{-10}	9.27
			2	20	1.00×10^{-14}	14
Carbonic acid	碳酸	H_2CO_3	1	25	4.47×10^{-7}	6.35
			2	25	4.68×10^{-11}	10.33
Chlorous acid	亚氯酸	$HClO_2$		25	1.15×10^{-2}	1.94
Chromic acid	铬酸	H_2CrO_4	1	25	1.82×10^{-1}	0.74
			2	25	3.24×10^{-7}	6.49
Cyanic acid	氰酸	$HOCN$		25	3.47×10^{-4}	3.46
Diphosphoric acid	焦磷酸	$H_4P_2O_7$	1	25	1.23×10^{-1}	0.91
			2	25	7.94×10^{-3}	2.10
			3	25	2.00×10^{-7}	6.70
			4	25	4.79×10^{-10}	9.32
Germanic acid	锗酸	H_2GeO_3	1	25	9.77×10^{-10}	9.01
			2	25	5.01×10^{-13}	12.3
Hydrazoic acid	叠氮酸	HN_3		25	2.51×10^{-5}	4.6
Hydrogen cyanide	氢氰酸	HCN		25	6.17×10^{-10}	9.21
Hydrogen fluoride	氢氟酸	HF		25	6.31×10^{-4}	3.20
Hydrogen peroxide	过氧化氢	H_2O_2		25	2.40×10^{-12}	11.62
Hydrogen selenide	硒化氢	HSe	1	25	1.29×10^{-4}	3.89
			2	25	1.00×10^{-11}	11.0
Hydrogen sulfide	硫化氢	H_2S	1	25	8.91×10^{-8}	7.05
			2	25	1.20×10^{-13}	12.92
Hydrogen telluride	碲化氢	H_2Te	1	18	2.51×10^{-3}	2.6
			2	25	1.00×10^{-11}	11
Hypobromous acid	次溴酸	$HOBr$		25	2.82×10^{-9}	8.55
Hypochlorous acid	次氯酸	$HOCl$		25	3.98×10^{-8}	7.40
Hypoiodous acid	次碘酸	HIO		25	3.16×10^{-11}	10.5
Iodic acid	碘酸	HIO_3		25	1.66×10^{-1}	0.78

续附表Ⅲ

英文名称	中文名称	化学式	级数	温度/℃	$K_a^{\ominus}$	$pK_a^{\ominus}$
弱酸						
Nitrous acid	亚硝酸	HNO_2		25	5.62×10^{-4}	3.25
Orthosilicic acid	正硅酸	H_4SiO_4	1	30	1.26×10^{-10}	9.9
			2	30	1.58×10^{-12}	11.8
			3	30	1.00×10^{-12}	12
			4	30	1.00×10^{-12}	12
Periodic acid	偏高碘酸	HIO_4		25	2.29×10^{-2}	1.64
Phosphonic acid	亚磷酸	H_3PO_3	1	20	5.01×10^{-2}	1.3
			2	20	2.00×10^{-7}	6.70
Phosphoric acid	磷酸	H_3PO_4	1	25	6.92×10^{-3}	2.16
			2	25	6.17×10^{-8}	7.21
			3	25	4.79×10^{-13}	12.32
Selenic acid	硒酸	H_2SeO_4	2	25	2.00×10^{-2}	1.7
Selenous acid	亚硒酸	H_2SeO_3	1	25	2.40×10^{-3}	2.62
			2	25	4.79×10^{-9}	8.32
Sulfamic acid		H_2NSO_3H		25	8.91×10^{-2}	1.05
Sulfuric acid	氨基磺酸	H_2SO_4	2	25	1.02×10^{-2}	1.99
Sulfurous acid	亚硫酸	H_2SO_3	1	25	1.41×10^{-2}	1.85
			2	25	6.31×10^{-8}	7.2
Telluric(Ⅵ) acid	碲酸	$KTeO_6$	1	18	2.09×10^{-8}	7.68
			2	18	1.00×10^{-11}	11.0
Tellurous acid	亚碲酸	H_2TeO_3	1	25	5.37×10^{-7}	6.27
			2	25	3.72×10^{-9}	8.43
Tetrafluoroboric acid	四氟硼酸	HBF_4		25	3.16×10^{-1}	0.5
Acetic acid	醋酸	CH_3COOH		25	1.75×10^{-5}	4.756
Citric acid	柠檬酸	$C_6H_8O_7$	1	25	7.45×10^{-4}	3.128
			2	25	1.73×10^{-5}	4.761
			3	25	4.02×10^{-7}	6.396
Ethylenediamine-N,N,N′,N′-tetraacetic acid	乙二胺四乙酸（EDTA）	$C_{10}H_{16}N_2O_8$	1	25	1.02×10^{-2}	1.99
			2	25	2.14×10^{-3}	2.67
			3	25	6.92×10^{-7}	6.16
			4	25	5.50×10^{-11}	10.26
Formic acid	甲酸	$HCOOH$		25	1.77×10^{-4}	3.751

续附表Ⅲ

英文名称	中文名称	化学式	级数	温度/℃	$K_a^{\ominus}$	$pK_a^{\ominus}$
弱酸						
D-Lactic acid	D-乳酸	$C_3H_6O_3$		25	1.38×10^{-4}	3.86
Oxalic acid	草酸	$C_2H_2O_4$	1	25	3.97×10^{-2}	1.401
			2	25	5.45×10^{-5}	4.264
Phenol	苯酚	C_6H_5OH		25	1.02×10^{-10}	9.99
D-Tartaric acid	D-酒石酸	$C_4H_6O_6$	1	25	4.94×10^{-4}	3.306
			2	25	4.31×10^{-5}	4.366
弱碱						
Ammonia	氨	NH_3		25	1.78×10^{-5}	4.75
Hydrazine	肼	N_2H_4		25	8.71×10^{-7}	6.06
Aniline	苯胺	$C_6H_5NH_2$		25	3.98×10^{-10}	9.4
1,4-Butanediamine	1,4-丁二胺	$C_4H_{12}N_2$	1	25	6.61×10^{-4}	3.18
			2	25	2.24×10^{-5}	4.65
Diethylamine	二乙胺	$(C_2H_5)_2NH$		25	6.31×10^{-4}	3.20
Dimethylamine	二甲胺	$(CH_3)_2NH$		25	5.89×10^{-4}	3.23
Ethylamine	乙胺	$C_2H_5NH_2$		25	4.27×10^{-4}	3.37
1,6-Hexanediamine	1,6-己二胺	$C_6H_{16}N_2$	1	25	8.51×10^{-4}	3.070
			2	25	6.76×10^{-5}	4.170
Methylamine	甲胺	CH_3NH_2		25	4.17×10^{-4}	3.38
Pyridine	吡啶	C_5H_5N		25	1.48×10^{-9}	8.83
Hydroxylamine	羟胺	NH_2OH		25	8.71×10^{-9}	8.06
Triethanolamine	三乙醇胺	$(HOCH_2CH_2)_3N$		25	5.75×10^{-7}	6.24

注：本表数据摘自 James G. Speight, Lange's Handbook of Chemistry, 17ed, New York：McGaw-Hill Companies Inc, 2016：Table 1.71, Table 2.60. 和 W. M. Haynes, David R. Lide, Thomas J. Bruno, CRC Handbook of Chemistry and Physics. 97th ed. Boca Raton：CRC Press Inc, 2016-2017：5-87, 5-88。

附表Ⅳ 常见难溶电解质的溶度积常数

英文名称	化学式	$K_{sp}^{\ominus}$
Aluminum hydroxide	$Al(OH)_3$	1.3×10^{-33}
Aluminum phosphate	$AlPO_4$	9.84×10^{-21}
Arsenic(Ⅲ) sulfide	As_2S_3	2.1×10^{-22}
Barium arsenate	$Ba_3(AsO_4)_2$	8.0×10^{-51}
Barium bromate	$Ba(BrO_3)_2$	2.43×10^{-4}
Barium carbonate	$BaCO_3$	2.58×10^{-9}
Barium chromate	$BaCrO_4$	1.17×10^{-10}

英文名称	化学式	$K_{sp}^{\ominus}$
Barium fluoride	BaF_2	1.84×10^{-7}
Barium hexafluorosilicate	$BaSiF_6$	1×10^{-6}
Barium hydrogen phosphate	$BaHPO_4$	3.2×10^{-7}
Barium hydroxide 8-hydrate	$Ba(OH)_2 \cdot 8H_2O$	2.55×10^{-4}
Barium iodate hydrate	$Ba(IO_3)_2 \cdot H_2O$	4.01×10^{-9}
Barium nitrate	$Ba(NO_3)_2$	4.64×10^{-3}
Barium oxalate	BaC_2O_4	1.6×10^{-7}
Barium oxalate hydrate	$BaC_2O_4 \cdot H_2O$	2.3×10^{-8}
Barium permanganate	$Ba(MnO_4)_2$	2.5×10^{-10}
Barium phosphate	$Ba_3(PO_4)_2$	3.4×10^{-23}
Barium pyrophosphate	$Ba_2P_2O_7$	3.2×10^{-11}
Barium sulfate	$BaSO_4$	1.08×10^{-10}
Barium sulfite	$BaSO_3$	5.0×10^{-10}
Barium thiosulfate	BaS_2O_3	1.6×10^{-5}
Beryllium carbonate 4-hydrate	$BeCO_3 \cdot 4H_2O$	1×10^{-3}
Beryllium hydroxide(amorphous)	$Be(OH)_2$	6.92×10^{-22}
Bismuth arsenate	$BiAsO_4$	4.43×10^{-10}
Bismuth hydroxide	$Bi(OH)_3$	6.0×10^{-31}
Bismuth iodide	BiI_3	7.71×10^{-19}
Bismuth oxide bromide	$BiOBr$	3.0×10^{-7}
Bismuth oxide chloride	$BiOCl$	1.8×10^{-31}
Bismuth oxide hydroxide	$BiO(OH)$	4×10^{-10}
Bismuth oxide nitrate	$BiO(NO_3)$	2.82×10^{-3}
Bismuth oxide nitrite	$BiO(NO_2)$	4.9×10^{-7}
Bismuth oxide thiocyanate	$BiO(SCN)$	1.6×10^{-7}
Bismuth phosphate	$BiPO_4$	1.3×10^{-23}
Bismuth sulfide	Bi_2S_3	1×10^{-97}
Cadmium arsenate	$Cd_3(AsO_4)_2$	2.2×10^{-33}
Cadmium carbonate	$CdCO_3$	1.0×10^{-12}
Cadmium cyanide	$Cd(CN)_2$	1.0×10^{-8}
Cadmium fluoride	CdF_2	6.44×10^{-3}
Cadmium hydroxide	$Cd(OH)_2$ fresh	7.2×10^{-15}
Cadmium iodate	$Cd(IO_3)_2$	2.5×10^{-8}
Cadmium oxalate 3-water	$CdC_2O_4 \cdot 3H_2O$	1.42×10^{-8}
Cadmium phosphate	$Cd_3(PO_4)_2$	2.53×10^{-33}
Cadmium sulfide	CdS	8.0×10^{-27}

英文名称	化学式	$K_{sp}^{\ominus}$
Calcium acetate 3-water	$Ca(OAc)_2 \cdot 3H_2O$	4×10^{-3}
Calcium arsenate	$Ca_3(AsO_4)_2$	6.8×10^{-19}
Calcium carbonate	$CaCO_3$	2.8×10^{-9}
Calcium carbonate(calcite)	$CaCO_3$	3.36×10^{-9}
Calcium carbonate(aragonite)	$CaCO_3$	6.0×10^{-9}
Calcium carbonatomagnesium(dolomite)	$Ca[Mg(CO_3)_2]$	1×10^{-11}
Calcium chromate	$CaCrO_4$	7.1×10^{-4}
Calcium fluoride	CaF_2	5.3×10^{-9}
Calcium hexafluorosilicate	$Ca[SiF_6]$	8.1×10^{-4}
Calcium hydrogen phosphate	$CaHPO_4$	1.0×10^{-7}
Calcium hydroxide	$Ca(OH)_2$	5.5×10^{-6}
Calcium iodate 6-water	$Ca(IO_3)_2 \cdot 6H_2O$	7.10×10^{-7}
Calcium oxalate hydrate	$CaC_2O_4 \cdot H_2O$	2.32×10^{-9}
Calcium phosphate	$Ca_3(PO_4)_2$	2.07×10^{-29}
Calcium silicate, meta	$CaSiO_3$	2.5×10^{-8}
Calcium sulfate	$CaSO_4$	4.93×10^{-5}
Calcium sulfate dihydrate	$CaSO_4 \cdot 2H_2O$	3.14×10^{-5}
Calcium sulfite	$CaSO_3$	6.8×10^{-8}
Calcium sulfite 0.5-water	$CaSO_3 \cdot 0.5H_2O$	3.1×10^{-7}
Calcium tungstate	$CaWO_4$	8.7×10^{-9}
Cerium(Ⅲ) fluoride	CeF_3	8×10^{-16}
Cerium(Ⅲ) hydroxide	$Ce(OH)_3$	1.6×10^{-20}
Cerium(Ⅳ) hydroxide	$Ce(OH)_4$	2×10^{-48}
Cerium(Ⅲ) oxalate 9-water	$Ce_2(C_2O_4)_3 \cdot 9H_2O$	3.2×10^{-26}
Cerium(Ⅲ) phosphate	$CePO_4$	1×10^{-23}
Cerium(Ⅲ) sulfide	Ce_2S_3	6.0×10^{-11}
Cesium bromate	$CsBrO_3$	5×10^{-2}
Cesium chlorate	$CsClO_3$	4×10^{-2}
Cesium cobaltihexanitrite	$Cs_3[Co(NO_2)_6]$	5.7×10^{-16}
Cesium hexachloroplatinate(Ⅳ)	$Cs_2[PtCl_6]$	3.2×10^{-8}
Cesium hexafluoroplatinate(Ⅳ)	$Cs_2[PtF_6]$	2.4×10^{-6}
Cesium hexafluorosilicate	$Cs_2[SiF_6]$	1.3×10^{-5}
Cesium perchlorate	$CsClO_4$	3.95×10^{-3}
Cesium periodate	$CsIO_4$	5.16×10^{-6}
Cesium permanganate	$CsMnO_4$	8.2×10^{-5}
Cesium tetrafluoroborate	$CS[BF_4]$	5×10^{-5}

续附表 Ⅳ

英文名称	化学式	$K_{sp}^{\ominus}$
Chromium(Ⅱ) hydroxide	$Cr(OH)_2$	2×10^{-16}
Chromium(Ⅲ) arsenate	$CrAsO_4$	7.7×10^{-21}
Chromium(Ⅲ) fluoride	CrF_3	6.6×10^{-11}
Chromium(Ⅲ) hydroxide	$Cr(OH)_3$	6.3×10^{-31}
Chromium(Ⅲ) phosphate 4-water	$CrPO_4 \cdot 4H_2O$ green	2.4×10^{-23}
	$CrPO_4 \cdot 4H_2O$ violet	1.0×10^{-17}
Cobalt arsenate	$Co_3(AsO_4)_2$	6.80×10^{-29}
Cobalt carbonate	$CoCO_3$	1.4×10^{-13}
Cobalt ferrocyanide	$Co_2[Fe(CN)_6]$	1.8×10^{-15}
Cobalt hydrogen phosphate	$CoHPO_4$	2×10^{-7}
Cobalt(Ⅱ) hydroxide	$Co(OH)_2$ fresh	5.92×10^{15}
Cobalt(Ⅲ) hydroxide	$Co(OH)_3$	1.6×10^{-44}
Cobalt phosphate	$Co_3(PO_4)_2$	2.05×10^{-35}
Cobalt sulfide	$\alpha\text{-}CoS$	4.0×10^{-21}
	$\beta\text{-}CoS$	2.0×10^{-25}
Copper(Ⅰ) azide	CuN_3	4.9×10^{-9}
Copper(Ⅰ) bromide	$CuBr$	6.27×10^{-9}
Copper(Ⅰ) chloride	$CuCl$	1.72×10^{-7}
Copper(Ⅰ) cyanide	$CuCN$	3.47×10^{-20}
Copper(Ⅰ) hydroxide	$CuOH$	1×10^{-14}
Copper(Ⅰ) iodide	CuI	1.27×10^{-12}
Copper(Ⅰ) sulfide	Cu_2S	2.5×10^{-48}
Copper(Ⅰ) thiocyanate	$CuSCN$	1.77×10^{-13}
Copper(Ⅱ) arsenate	$Cu_3(AsO_4)_2$	7.95×10^{-36}
Copper(Ⅱ) azide	$Cu(N_3)_2$	6.3×10^{-10}
Copper(Ⅱ) carbonate	$CuCO_3$	1.4×10^{-10}
Copper(Ⅱ) chromate	$CuCrO_4$	3.6×10^{-6}
Copper(Ⅱ) ferrocyanide	$Cu_2[Fe(CN)_6]$	1.3×10^{-16}
Copper(Ⅱ) hydroxide	$Cu(OH)_2$	2.2×10^{-20}
Copper(Ⅱ) iodate	$Cu(IO_3)_2$	6.94×10^{-8}
Copper(Ⅱ) oxalate	CuC_2O_4	4.43×10^{-10}
Copper(Ⅱ) phosphate	$Cu_3(PO_4)_2$	1.40×10^{-37}
Copper(Ⅱ) pyrophosphate	$Cu_2P_2O_7$	8.3×10^{-16}
Copper(Ⅱ) sulfide	CuS	6.3×10^{-36}
Dysprosium chromate 10-water	$Dy_2(CrO_4)_3 \cdot 10H_2O$	1×10^{-8}
Dysprosium hydroxide	$Dy(OH)_3$	1.4×10^{-22}

英文名称	化学式	$K_{sp}^{\ominus}$
Erbium hydroxide	$Er(OH)_3$	4.1×10^{-24}
Erbium Europium hydroxide	$Eu(OH)_3$	9.38×10^{-24}
Gadolinium hydrogen carbonate	$Gd(HCO_3)_3$	2×10^{-2}
Gadolinium hydroxide	$Gd(OH)_3$	1.8×10^{-23}
Gallium ferrocyanide	$Ga_4[Fe(CN)_6]_3$	1.5×10^{-34}
Gallium hydroxide	$Ga(OH)_3$	7.28×10^{-36}
Germanium oxide	GeO_2	1.0×10^{-57}
Gold(I) chloride	$AuCl$	2.0×10^{-13}
Gold(I) iodide	AuI	1.6×10^{-23}
Gold(III) chloride	$AuCl_3$	3.2×10^{-25}
Gold(III) hydroxide	$Au(OH)_3$	5.5×10^{-46}
Gold(III) iodide	AuI_3	1×10^{-46}
Gold(III) oxalate	$Au_2(C_2O_4)_3$	1×10^{-10}
Hafnium hydroxide	$Hf(OH)_3$	4.0×10^{-26}
Holmium hydroxide	$Ho(OH)_3$	5.0×10^{-23}
Indium ferrocyanide	$In_4[Fe(CN)_6]_3$	1.9×10^{-44}
Indium hydroxide	$In(OH)_3$	6.3×10^{-34}
Indium sulfide	In_2S_3	5.7×10^{-74}
Iron(II) carbonate	$FeCO_3$	3.13×10^{-11}
Iron(II) fluoride	FeF_2	2.36×10^{-6}
Iron(II) hydroxide	$Fe(OH)_2$	4.87×10^{-17}
Iron(II) oxalate dihydrate	$FeC_2O_4 \cdot 2H_2O$	3.2×10^{-7}
Iron(II) sulfide	FeS	6.3×10^{-18}
Iron(III) arsenate	$FeAsO_4$	5.7×10^{-21}
Iron(III) ferrocyanide	$Fe_4[Fe(CN)_6]_3$	3.3×10^{-41}
Iron(III) hydroxide	$Fe(OH)_3$	2.79×10^{-39}
Iron(III) phosphate dihydrate	$FePO_4 \cdot 2H_2O$	9.91×10^{-16}
Lanthanum bromate 9-water	$La(BrO_3)_3 \cdot 9H_2O$	3.2×10^{-3}
Lanthanum fluoride	LaF_3	7×10^{-17}
Lanthanum hydroxide	$La(OH)_3$	2.0×10^{-19}
Lanthanum iodate	$La(IO_3)_3$	7.50×10^{-12}
Lanthanum oxalate 9-water	$La_2(C_2O_4)_3$	2.5×10^{-27}
Lanthanum phosphate	$LaPO_4$	3.7×10^{-23}
Lanthanum sulfide	La_2S_3	2.0×10^{-13}
Lead acetate	$Pb(OAc)_2$	1.8×10^{-3}
Lead arsenate	$Pb_3(AsO_4)_3$	4.0×10^{-36}

英文名称	化学式	$K_{sp}^{\ominus}$
Lead azide	$Pb(N_3)_2$	2.5×10^{-9}
Lead carbonate	$PbCO_3$	7.4×10^{-14}
Lead chloride	$PbCl_2$	1.70×10^{-5}
Lead chromate	$PbCrO_4$	2.8×10^{-13}
Lead ferrocyanide	$Pb_2[Fe(CN)_6]$	3.5×10^{-15}
Lead fluoride	PbF_2	3.3×10^{-8}
Lead hydroxide	$Pb(OH)_2$	1.43×10^{-15}
Lead iodate	$Pb(IO_3)_2$	3.69×10^{-13}
Lead iodide	PbI_2	9.8×10^{-9}
Lead oxalate	PbC_2O_4	4.8×10^{-10}
Lead phosphate	$Pb_3(PO_4)_2$	8.0×10^{-43}
Lead sulfate	$PbSO_4$	2.53×10^{-8}
Lead sulfide	PbS	8.0×10^{-28}
Lead tungstate	$PbWO_4$	4.5×10^{-7}
Lead(Ⅳ) hydroxide	$Pb(OH)_4$	3.2×10^{-66}
Lithium carbonate	Li_2CO_3	2.5×10^{-2}
Lithium fluoride	LiF	1.84×10^{-3}
Lithium phosphate	Li_3PO_4	2.37×10^{-11}
Magnesium ammonium phosphate	$MgNH_4PO_4$	2.5×10^{-13}
Magnesium arsenate	$Mg_3(AsO_4)_2$	2.1×10^{-20}
Magnesium carbonate	$MgCO_3$	6.82×10^{-6}
Magnesium carbonate trihydrate	$MgCO_3 \cdot 3H_2O$	2.38×10^{-6}
Magnesium fluoride	MgF_2	5.16×10^{-11}
Magnesium hydroxide	$Mg(OH)_2$	5.61×10^{-12}
Magnesium oxalate dihydrate	$MgC_2O_4 \cdot 2H_2O$	4.83×10^{-6}
Magnesium phosphate	$Mg_3(PO_4)_2$	1.04×10^{-24}
Magnesium sulfite	$MgSO_3$	3.2×10^{-3}
Manganese carbonate	$MnCO_3$	2.34×10^{-11}
Manganese hydroxide	$Mn(OH)_2$	1.9×10^{-13}
Manganese oxalate dihydrate	$MnC_2O_4 \cdot 2H_2O$	1.70×10^{-7}
Manganese sulfide	MnS amorphous	2.5×10^{-10}
	MnS crystalline	2.5×10^{-13}
Mercury(Ⅰ) bromide	Hg_2Br_2	6.40×10^{-23}
Mercury(Ⅰ) carbonate	Hg_2CO_3	3.6×10^{-17}
Mercury(Ⅰ) chloride	Hg_2Cl_2	1.43×10^{-18}
Mercury(Ⅰ) cyanide	$Hg_2(CN)_2$	5×10^{-40}

续附表Ⅳ

英文名称	化学式	$K_{sp}^{\ominus}$
Mercury（Ⅰ）chromate	Hg_2CrO_4	2.0×10^{-9}
Mercury（Ⅰ）ferricyanide	$(Hg_2)_3[Fe(CN)_6]_2$	8.5×10^{-21}
Mercury（Ⅰ）fluoride	Hg_2F_2	3.10×10^{-6}
Mercury（Ⅰ）hydroxide	$Hg_2(OH)_2$	2.0×10^{-24}
Mercury（Ⅰ）iodate	$Hg_2(IO_3)_2$	2.0×10^{-14}
Mercury（Ⅰ）iodide	Hg_2I_2	5.2×10^{-29}
Mercury（Ⅰ）oxalate	$Hg_2C_2O_4$	1.75×10^{-13}
Mercury（Ⅰ）sulfate	Hg_2SO_4	6.5×10^{-7}
Mercury（Ⅰ）sulfite	Hg_2SO_3	1.0×10^{-27}
Mercury（Ⅰ）sulfide	Hg_2S	1.0×10^{-47}
Mercury（Ⅱ）bromide	$HgBr_2$	6.2×10^{-20}
Mercury（Ⅱ）hydroxide	$Hg(OH)_2$	3.2×10^{-26}
Mercury（Ⅱ）iodate	$Hg(IO_3)_2$	3.2×10^{-13}
Mercury（Ⅱ）iodide	HgI_2	2.9×10^{-29}
Mercury（Ⅱ）sulfide	HgS red	4×10^{-53}
	HgS black	1.6×10^{-52}
Neodymium carbonate	$Nd_2(CO_3)_3$	1.08×10^{-33}
Neodymium hydroxide	$Nd(OH)_3$	3.2×10^{-22}
Nickel arsenate	$Ni_3(AsO_4)_2$	3.1×10^{-26}
Nickel carbonate	$NiCO_3$	1.42×10^{-7}
Nickel ferrocyanide	$Ni_2[Fe(CN)_6]$	1.3×10^{-15}
Nickel hydroxide	$Ni(OH)_2$ fresh	5.48×10^{-16}
Nickel oxalate	NiC_2O_4	4×10^{-10}
Nickel phosphate	$Ni_3(PO_4)_2$	4.74×10^{-32}
Nickel pyrophosphate	$Ni_2P_2O_7$	1.7×10^{-13}
Nickel sulfide（α）	$\alpha\text{-NiS}$	3.2×10^{-19}
Nickel sulfide（β）	$\beta\text{-NiS}$	1.0×10^{-24}
Nickel sulfide（γ）	$\gamma\text{-NiS}$	2.0×10^{-26}
Palladium（Ⅱ）hydroxide	$Pd(OH)_2$	1.0×10^{-31}
Palladium（Ⅳ）hydroxide	$Pd(OH)_4$	6.3×10^{-71}
Platinum（Ⅳ）bromide	$PtBr_4$	3.2×10^{-41}
Platinum（Ⅱ）hydroxide	$Pt(OH)_2$	1×10^{-35}
Potassium hexabromoplatinate	$K_2[PtBr_6]$	6.3×10^{-5}
Potassium hexachloropalladinate	$K_2[PdCl_6]$	6.0×10^{-6}
Potassium hexachloroplatinate	$K_2[PtCl_6]$	7.48×10^{-6}
Potassium hexafluoroplatinate	$K_2[PtF_6]$	2.9×10^{-5}

续附表 Ⅳ

英文名称	化学式	$K_{sp}^{\ominus}$
Potassium hexafluorosilicate	$K_2[SiF_6]$	8.7×10^{-7}
Potassium hexafluorozirconate	$K_2[ZrF_6]$	5×10^{-4}
Potassium iodate	KIO_4	3.74×10^{-4}
Potassium perchlorate	$KClO_4$	1.05×10^{-2}
Potassium sodium cobaltinitrite hydrate	$K_2Na[Co(NO_2)_6]\cdot H_2O$	2.2×10^{-11}
Praseodymium hydroxide	$Pr(OH)_3$	3.39×10^{-24}
Promethium hydroxide	$Pm(OH)_3$	1×10^{-21}
Rhodium hydroxide	$Rh(OH)_3$	1×10^{-23}
Rubidium cobaltinitrite	$Rb_3[Co(NO_2)_6]$	1.5×10^{-15}
Rubidium hexachloroplatmate	$Rb_2[PtCl_6]$	6.3×10^{-8}
Rubidium hexafluoroplatinate	$Rb_2[PtF_6]$	7.7×10^{-7}
Rubidium hexafluorosilicate	$Rb_2[SiF_6]$	5.0×10^{-7}
Rubidium perchlorate	$RbClO_4$	3.0×10^{-3}
Rubidium periodate	$RbIO_4$	5.5×10^{-4}
Ruthenium hydroxide	$Ru(OH)_3$	1×10^{-36}
Samarium hydroxide	$Sm(OH)_3$	8.3×10^{-23}
Scandium fluoride	ScF_3	5.81×10^{-24}
Scandium hydroxide	$Sc(OH)_3$	2.22×10^{-31}
Silver acetate	$AgOAc$	1.94×10^{-3}
Silver arsenate	Ag_3AsO_4	1.03×10^{-22}
Silver azide	AgN_3	2.8×10^{-9}
Silver bromate	$AgBrO_3$	5.38×10^{-5}
Silver bromide	$AgBr$	5.35×10^{-13}
Silver carbonate	Ag_2CO_3	8.46×10^{-12}
Silver chloride	$AgCl$	1.77×10^{-10}
Silver chromate	Ag_2CrO_4	1.12×10^{-12}
Silver cyanide	$AgCN$	5.97×10^{-17}
Silver dichromate	$Ag_2Cr_2O_7$	2.0×10^{-7}
Silver hydroxide	$AgOH$	2.0×10^{-8}
Silver hyponitrite	$Ag_2N_2O_2$	1.3×10^{-19}
Silver iodate	$AgIO_3$	3.17×10^{-8}
Silver iodide	AgI	8.52×10^{-17}
Silver nitrite	$AgNO_2$	6.0×10^{-4}
Silver oxalate	$Ag_2C_2O_4$	5.40×10^{-12}
Silver phosphate	Ag_3PO_4	8.89×10^{-17}
Silver sulfate	Ag_2SO_4	1.20×10^{-5}

英文名称	化学式	$K_{sp}^{\ominus}$
Silver sulfite	Ag_2SO_3	1.50×10^{-14}
Silver sulfide	Ag_2S	6.3×10^{-50}
Sodium ammonium cobaltinitrite	$Na(NH_4)_2[Co(NO_2)_6]$	2.2×10^{-11}
Sodium antimonate	$Na[Sb(OH)_6]$	4×10^{-8}
Sodium hexafluoroaluminate	$Na_2[AlF_6]$	4.0×10^{-10}
Strontium arsenate	$Sr_3(AsO_4)_2$	4.29×10^{-19}
Strontium carbonate	$SrCO_3$	5.60×10^{-10}
Strontium chromate	$SrCrO_4$	2.2×10^{-5}
Strontium fluoride	SrF_2	4.33×10^{-9}
Strontium oxalate hydrate	$SrC_2O_4 \cdot H_2O$	1.6×10^{-7}
Strontium phosphate	$Sr_3(PO_4)_2$	4.0×10^{-28}
Strontium sulfate	$SrSO_4$	3.44×10^{-7}
Strontium sulfite	$SrSO_3$	4×10^{-8}
Terbium hydroxide	$Tb(OH)_3$	2.0×10^{-22}
Tellurium hydroxide	$Te(OH)_4$	3.0×10^{-54}
Thallium(Ⅰ) chloride	$TlCl$	1.86×10^{-4}
Thallium(Ⅰ) chromate	Tl_2CrO_4	8.67×10^{-13}
Thallium(Ⅰ) iodate	$TlIO_3$	3.12×10^{-6}
Thallium(Ⅰ) iodide	TlI	5.54×10^{-8}
Thallium(Ⅰ) sulfide	Tl_2S	5.0×10^{-21}
Thallium(Ⅲ) hydroxide	$Tl(OH)_3$	1.68×10^{-44}
Tin(Ⅱ) hydroxide	$Sn(OH)_2$	5.45×10^{-28}
Tin(Ⅳ) hydroxide	$Sn(OH)_4$	1×10^{-56}
Tin(Ⅱ) sulfide	SnS	1.0×10^{-25}
Titanium(Ⅲ) hydroxide	$Ti(OH)_3$	1×10^{-40}
Titanium(Ⅳ) oxide hydroxide	$TiO(OH)_2$	1×10^{-29}
Vanadium(Ⅳ) hydroxide	$VO(OH)_2$	5.9×10^{-23}
Vanadium(Ⅲ) phosphate	$(VO_2)_3PO_4$	8×10^{-25}
Ytterbium hydroxide	$Yt(OH)_3$	2.5×10^{-24}
Yttrium carbonate	$Y_2(CO_3)_3$	1.03×10^{-3}
Yttrium fluoride	YF_3	8.62×10^{-21}
Yttrium hydroxide	$Y(OH)_3$	1.00×10^{-22}
Yttrium iodate	$Y(IO_3)_3$	1.12×10^{-10}
Yttrium oxalate	$Y_2(C_2O_4)_3$	5.3×10^{-29}
Zinc arsenate	$Zn_3(AsO_4)_2$	2.8×10^{-28}
Zinc carbonate	$ZnCO_3$	1.46×10^{-10}

英文名称	化学式	$K_{sp}^{\ominus}$
Zinc fluoride	ZnF_2	3.04×10^{-2}
Zinc hydroxide	$Zn(OH)_2$	3×10^{-17}
Zinc oxalate dihydrate	$ZnC_2O_4 \cdot 2H_2O$	1.38×10^{-9}
Zinc phosphate	$Zn_3(PO_4)_2$	9.0×10^{-33}
Zinc sulfide	$\alpha\text{-}ZnS$	1.6×10^{-24}
	$\beta\text{-}ZnS$	2.5×10^{-22}
Zirconium oxide hydroxide	$ZrO(OH)_2$	6.3×10^{-49}
Zirconium phosphate	$Zr_3(PO_4)_4$	1×10^{-132}

注：本表数据摘自 James G. Speight, Lange's Handbook of Chemistry, 17ed, New York：McGaw-Hill Companies Inc, 2016：Table 1.73。

附表 Ⅴ　标准电极电势（298.15K，101.325kPa）

电极	电极反应	$E^{\ominus}/V$
	A 在酸性溶液中	
N_2/HN_3	$3N_2 + 2H^+ + 2e \Longrightarrow 2HN_3$	-3.09
Li^+/Li	$Li^+ + e \Longrightarrow Li$	-3.0401
Cs^+/Cs	$Cs^+ + e \Longrightarrow Cs$	-3.026
Rb^+/Rb	$Rb^+ + e \Longrightarrow Rb$	-2.98
K^+/K	$K^+ + e \Longrightarrow K$	-2.931
Ba^{2+}/Ba	$Ba^{2+} + 2e \Longrightarrow Ba$	-2.912
Sr^{2+}/Sr	$Sr^{2+} + 2e \Longrightarrow Sr$	-2.899
Ca^{2+}/Ca	$Ca^{2+} + 2e \Longrightarrow Ca$	-2.868
Ra^{2+}/Ra	$Ra^{2+} + 2e \Longrightarrow Ra$	-2.8
Na^+/Na	$Na^+ + e \Longrightarrow Na$	-2.71
La^{3+}/La	$La^{3+} + 3e \Longrightarrow La$	-2.379
Y^{3+}/Y	$Y^{3+} + 3e \Longrightarrow Y$	-2.372
Mg^{2+}/Mg	$Mg^{2+} + 2e \Longrightarrow Mg$	-2.372
Ce^{3+}/Ce	$Ce^{3+} + 3e \Longrightarrow Ce$	-2.336
Er^{3+}/Er	$Er^{3+} + 3e \Longrightarrow Er$	-2.331
Tb^{3+}/Tb	$Tb^{3+} + 3e \Longrightarrow Tb$	-2.28
Gd^{3+}/Gd	$Gd^{3+} + 3e \Longrightarrow Gd$	-2.279
Yb^{3+}/Yb	$Yb^{3+} + 3e \Longrightarrow Yb$	-2.19
Nd^{2+}/Nd	$Nd^{2+} + 2e \Longrightarrow Nd$	-2.1
Sc^{3+}/Sc	$Sc^{3+} + 3e \Longrightarrow Sc$	-2.077

电极	电极反应	$E^{\ominus}/V$
A 在酸性溶液中		
Eu^{3+}/Eu	$Eu^{3+}+3e \Longrightarrow Eu$	-1.991
Be^{2+}/Be	$Be^{2+}+2e \Longrightarrow Be$	-1.847
Al^{3+}/Al	$Al^{3+}+3e \Longrightarrow Al$	-1.676
Ti^{2+}/Ti	$Ti^{2+}+2e \Longrightarrow Ti$	-1.628
ZrO_2/Zr	$ZrO_2+4H^++4e \Longrightarrow Zr+2H_2O$	-1.553
Zr^{4+}/Zr	$Zr^{4+}+4e \Longrightarrow Zr$	-1.45
Ti^{3+}/Ti	$Ti^{3+}+3e \Longrightarrow Ti$	-1.209
Mn^{2+}/Mn	$Mn^{2+}+2e \Longrightarrow Mn$	-1.185
V^{2+}/V	$V^{2+}+2e \Longrightarrow V$	-1.175
Nb^{3+}/Nb	$Nb^{3+}+3e \Longrightarrow Nb$	-1.099
Cr^{2+}/Cr	$Cr^{2+}+2e \Longrightarrow Cr$	-0.913
H_3BO_3/B	$H_3BO_3+3H^++3e \Longrightarrow B+3H_2O$	-0.8698
Bi/BiH_3	$Bi+3H^++3e \Longrightarrow BiH_3$	-0.8
Te/H_2Te	$Te+2H^++2e \Longrightarrow H_2Te$	-0.793
$Zn^{2+}/Zn(Hg)$	$Zn^{2+}+2e \Longrightarrow Zn(Hg)$	-0.7628
Zn^{2+}/Zn	$Zn^{2+}+2e \Longrightarrow Zn$	-0.7618
TlI/Tl	$TlI+e \Longrightarrow Tl+I^-$	-0.752
Cr^{3+}/Cr	$Cr^{3+}+3e \Longrightarrow Cr$	-0.744
$TlBr/Tl$	$TlBr+e \Longrightarrow Tl+Br^-$	-0.658
Nb_2O_5/Nb	$Nb_2O_5+10H^++10e \Longrightarrow 2Nb+5H_2O$	-0.644
As/AsH_3	$As+3H^++3e \Longrightarrow AsH_3$	-0.608
Ta^{3+}/Ta	$Ta^{3+}+3e \Longrightarrow Ta$	-0.6
$TlCl/Tl$	$TlCl+e \Longrightarrow Tl+Cl^-$	-0.5568
Ga^{3+}/Ga	$Ga^{3+}+3e \Longrightarrow Ga$	-0.549
Sb/SbH_3	$Sb+3H^++3e \Longrightarrow SbH_3$	-0.510
H_3PO_2/P	$H_3PO_2+H^++e \Longrightarrow P+2H_2O$	-0.508
TiO_2/Ti^{2+}	$TiO_2+4H^++2e \Longrightarrow Ti^{2+}+2H_2O$	-0.502
H_3PO_3/H_3PO_2	$H_3PO_3+2H^++2e \Longrightarrow H_3PO_2+H_2O$	-0.499
H_3PO_3/P	$H_3PO_3+3H^++3e \Longrightarrow P+3H_2O$	-0.454
Fe^{2+}/Fe	$Fe^{2+}+2e \Longrightarrow Fe$	-0.447
Cr^{3+}/Cr^{2+}	$Cr^{3+}+e \Longrightarrow Cr^{2+}$	-0.407
Cd^{2+}/Cd	$Cd^{2+}+2e \Longrightarrow Cd$	-0.4030

电极	电极反应	$E^{\ominus}/V$
A 在酸性溶液中		
$Se/H_2Se(aq)$	$Se+2H^++2e \Longrightarrow H_2Se(aq)$	-0.399
Ti^{3+}/Ti^{2+}	$Ti^{3+}+e \Longrightarrow Ti^{2+}$	-0.369
PbI_2/Pb	$PbI_2+2e \Longrightarrow Pb+2I^-$	-0.365
$PbSO_4/Pb$	$PbSO_4+2e \Longrightarrow Pb+SO_4^{2-}$	-0.3588
In^{3+}/In	$In^{3+}+3e \Longrightarrow In$	-0.3382
Tl^+/Tl	$Tl^++e \Longrightarrow Tl$	-0.336
$PbBr_2/Pb$	$PbBr_2+2e \Longrightarrow Pb+2Br^-$	-0.284
Co^{2+}/Co	$Co^{2+}+2e \Longrightarrow Co$	-0.28
H_3PO_4/H_3PO_3	$H_3PO_4+2H^++2e \Longrightarrow H_3PO_3+H_2O$	-0.276
$PbCl_2/Pb$	$PbCl_2+2e \Longrightarrow Pb+2Cl^-$	-0.2675
Ni^{2+}/Ni	$Ni^{2+}+2e \Longrightarrow Ni$	-0.257
V^{3+}/V^{2+}	$V^{3+}+e \Longrightarrow V^{2+}$	-0.255
V_2O_5/V	$V_2O_5+10H^++10e \Longrightarrow 2V+5H_2O$	-0.242
$SO_4^{2-}/S_2O_6^{2-}$	$2SO_4^{2-}+4H^++2e \Longrightarrow S_2O_6^{2-}+H_2O$	-0.22
Ga^+/Ga	$Ga^++e \Longrightarrow Ga$	-0.2
Mo^{3+}/Mo	$Mo^{3+}+3e \Longrightarrow Mo$	-0.200
H_2GeO_3/Ge	$H_2GeO_3+4H^++4e \Longrightarrow Ge+3H_2O$	-0.182
AgI/Ag	$AgI+e \Longrightarrow Ag+I^-$	-0.15224
In^+/In	$In^++e \Longrightarrow In$	-0.14
Sn^{2+}/Sn	$Sn^{2+}+2e \Longrightarrow Sn$	-0.1375
Pb^{2+}/Pb	$Pb^{2+}+2e \Longrightarrow Pb$	-0.1262
$Pb^{2+}/Pb(Hg)$	$Pb^{2+}+2e \Longrightarrow Pb(Hg)$	-0.1205
SnO_2/Sn	$SnO_2+4H^++4e \Longrightarrow Sn+2H_2O$	-0.117
$P(red)/PH_3(g)$	$P(red)+3H^++3e \Longrightarrow PH_3(g)$	-0.111
SnO_2/Sn^{2+}	$SnO_2+4H^++2e \Longrightarrow Sn^{2+}+2H_2O$	-0.094
WO_3/W	$WO_3+6H^++6e \Longrightarrow W+3H_2O$	-0.090
Se/H_2Se	$Se+2H^++2e \Longrightarrow H_2Se$	-0.082
$P(white)/PH_3(g)$	$P(white)+3H^++3e \Longrightarrow PH_3(g)$	-0.063
H_2SO_3/HS_2O_4	$2H_2SO_3+H^++2e \Longrightarrow HS_2O_4+2H_2O$	-0.056
Hg_2I_2/Hg	$Hg_2I_2+2e \Longrightarrow 2Hg+2I^-$	-0.0405
Fe^{3+}/Fe	$Fe^{3+}+3e \Longrightarrow Fe$	-0.037
Ag_2S/Ag	$Ag_2S+2H^++2e \Longrightarrow 2Ag+H_2S$	-0.0366

电极	电极反应	$E^{\ominus}/V$
A 在酸性溶液中		
H^+/H_2	$2H^++2e \Longrightarrow H_2$	0.00000
CuI_2^-/Cu	$CuI_2^-+e \Longrightarrow Cu+2I^-$	0.00
Ge^{4+}/Ge^{2+}	$Ge^{4+}+2e \Longrightarrow Ge^{2+}$	0.00
$AgBr/Ag$	$AgBr+e \Longrightarrow Ag+Br^-$	0.07133
MoO_3/Mo	$MoO_3+6H^++6e \Longrightarrow Mo+3H_2O$	0.075
W^{3+}/W	$W^{3+}+3e \Longrightarrow W$	0.1
Ge^{4+}/Ge	$Ge^{4+}+4e \Longrightarrow Ge$	0.124
Hg_2Br_2/Hg	$Hg_2Br_2+2e \Longrightarrow 2Hg+2Br^-$	0.13923
$S/H_2S(aq)$	$S+2H^++2e \Longrightarrow H_2S(aq)$	0.142
Sn^{4+}/Sn^{2+}	$Sn^{4+}+2e \Longrightarrow Sn^{2+}$	0.151
Sb_2O_3/Sb	$Sb_2O_3+6H^++6e \Longrightarrow 2Sb+3H_2O$	0.152
Cu^{2+}/Cu^+	$Cu^{2+}+e \Longrightarrow Cu^+$	0.153
$BiOCl/Bi$	$BiOCl+2H^++3e \Longrightarrow Bi+Cl^-+H_2O$	0.1583
SO_4^{2-}/H_2SO_3	$SO_4^{2-}+4H^++2e \Longrightarrow H_2SO_3+H_2O$	0.172
Bi^{3+}/Bi^+	$Bi^{3+}+2e \Longrightarrow Bi^+$	0.2
$AgCl/Ag$	$AgCl+e \Longrightarrow Ag+Cl^-$	0.22233
As_2O_3/As	$As_2O_3+6H^++6e \Longrightarrow 2As+3H_2O$	0.234
Ge^{2+}/Ge	$Ge^{2+}+2e \Longrightarrow Ge$	0.24
$HAsO_2/As$	$HAsO_2+3H^++3e \Longrightarrow As+2H_2O$	0.248
Ru^{3+}/Ru^{2+}	$Ru^{3+}+e \Longrightarrow Ru^{2+}$	0.2487
Hg_2Cl_2/Hg	$Hg_2Cl_2+2e \Longrightarrow 2Hg+2Cl^-$	0.26808
Re^{3+}/Re	$Re^{3+}+3e \Longrightarrow Re$	0.300
Bi^{3+}/Bi	$Bi^{3+}+3e \Longrightarrow Bi$	0.308
BiO^+/Bi	$BiO^++2H^++3e \Longrightarrow Bi+H_2O$	0.320
VO^{2+}/V^{3+}	$VO^{2+}+2H^++e \Longrightarrow V^{3+}+H_2O$	0.337
Cu^{2+}/Cu	$Cu^{2+}+2e \Longrightarrow Cu$	0.3419
$AgIO_3/Ag$	$AgIO_3+e \Longrightarrow Ag+IO_3^-$	0.354
Ag_2CrO_4/Ag	$Ag_2CrO_4+2e \Longrightarrow 2Ag+CrO_4^{2-}$	0.4470
H_2SO_3/S	$H_2SO_3+4H^++4e \Longrightarrow S+3H_2O$	0.449
Ru^{2+}/Ru	$Ru^{2+}+2e \Longrightarrow Ru$	0.455
TeO_4^-/Te	$TeO_4^-+8H^++7e \Longrightarrow Te+4H_2O$	0.472
Bi^+/Bi	$Bi^++e \Longrightarrow Bi$	0.5

电极	电极反应	$E^{\ominus}/V$
A 在酸性溶液中		
Cu^+/Cu	$Cu^++e \Longrightarrow Cu$	0.521
I_2/I^-	$I_2+2e \Longrightarrow 2I^-$	0.5355
I_3^-/I^-	$I_3^-+2e \Longrightarrow 3I^-$	0.536
$AgBrO_3/Ag$	$AgBrO_3+e \Longrightarrow Ag+BrO_3^-$	0.546
$H_3AsO_4/HAsO_2$	$H_3AsO_4+2H^++2e \Longrightarrow HAsO_2+2H_2O$	0.560
$S_2O_6^{2-}/H_2SO_3$	$S_2O_6^{2-}+4H^++2e \Longrightarrow 2H_2SO_3$	0.564
Te^{4+}/Te	$Te^{4+}+4e \Longrightarrow Te$	0.568
Sb_2O_5/SbO^+	$Sb_2O_5+6H^++4e \Longrightarrow 2SbO^++3H_2O$	0.581
$[PdCl_4]^{2-}/Pd$	$[PdCl_4]^{2-}+2e \Longrightarrow Pd+4Cl^-$	0.591
TeO_2/Te	$TeO_2+4H^++4e \Longrightarrow Te+2H_2O$	0.593
Rh^{2+}/Rh	$Rh^{2+}+2e \Longrightarrow Rh$	0.600
Hg_2SO_4/Hg	$Hg_2SO_4+2e \Longrightarrow 2Hg+SO_4^{2-}$	0.6125
Ag_2SO_4/Ag	$Ag_2SO_4+2e \Longrightarrow 2Ag+SO_4^{2-}$	0.654
$[PtCl_6]^{2-}/[PtCl_4]^{2-}$	$[PtCl_6]^{2-}+2e \Longrightarrow [PtCl_4]^{2-}+2Cl^-$	0.68
O_2/H_2O_2	$O_2+2H^++2e \Longrightarrow H_2O_2$	0.695
Tl^{3+}/Tl	$Tl^{3+}+3e \Longrightarrow Tl$	0.741
$[PtCl_4]^{2-}/Pt$	$[PtCl_4]^{2-}+2e \Longrightarrow Pt+4Cl^-$	0.755
Rh^{3+}/Rh	$Rh^{3+}+3e \Longrightarrow Rh$	0.758
Fe^{3+}/Fe^{2+}	$Fe^{3+}+e \Longrightarrow Fe^{2+}$	0.771
Hg_2^{2+}/Hg	$Hg_2^{2+}+2e \Longrightarrow 2Hg$	0.7973
Ag^+/Ag	$Ag^++e \Longrightarrow Ag$	0.7996
NO_3^-/N_2O_4	$2NO_3^-+4H^++2e \Longrightarrow N_2O_4(g)+2H_2O$	0.803
Hg^{2+}/Hg	$Hg^{2+}+2e \Longrightarrow Hg$	0.851
$SiO_2(quartz)/Si$	$SiO_2(quartz)+4H^++4e \Longrightarrow Si+2H_2O$	0.857
Hg^{2+}/Hg_2^{2+}	$2Hg^{2+}+2e \Longrightarrow Hg_2^{2+}$	0.920
NO_3^-/HNO_2	$NO_3^-+3H^++2e \Longrightarrow HNO_2+H_2O$	0.934
Pd^{2+}/Pd	$Pd^{2+}+2e \Longrightarrow Pd$	0.951
NO_3^-/NO	$NO_3^-+4H^++3e \Longrightarrow NO+2H_2O$	0.957
$V_2O_5/2VO^{2+}$	$V_2O_5+6H^++2e \Longrightarrow 2VO^{2+}+3H_2O$	0.957
HNO_2/NO	$HNO_2+H^++e \Longrightarrow NO+H_2O$	0.983
HIO/I^-	$HIO+H^++2e \Longrightarrow I^-+H_2O$	0.987

电极	电极反应	$E^{\ominus}/V$
A 在酸性溶液中		
VO_2^+/VO^{2+}	$VO_2^+ + 2H^+ + e \Longrightarrow VO^{2+} + H_2O$	0.991
PtO_2/Pt	$PtO_2 + 4H^+ + 4e \Longrightarrow Pt + 2H_2O$	1.00
$AuCl_4^-/Au$	$AuCl_4^- + 3e \Longrightarrow Au + 4Cl^-$	1.002
H_6TeO_6/TeO_2	$H_6TeO_6 + 2H^+ + 2e \Longrightarrow TeO_2 + 4H_2O$	1.02
OsO_4/OsO_2	$OsO_4 + 4H^+ + 4e \Longrightarrow OsO_2 + 2H_2O$	1.02
$Hg(OH)_2/Hg$	$Hg(OH)_2 + 2H^+ + 2e \Longrightarrow Hg + 2H_2O$	1.034
N_2O_4/NO	$N_2O_4 + 4H^+ + 4e \Longrightarrow 2NO + 2H_2O$	1.035
RuO_4/Ru	$RuO_4 + 8H^+ + 8e \Longrightarrow Ru + 4H_2O$	1.038
N_2O_4/HNO_2	$N_2O_4 + 2H^+ + 2e \Longrightarrow 2HNO_2$	1.065
Br_2/Br^-	$Br_2(l) + 2e \Longrightarrow 2Br^-$	1.066
IO_3^-/I^-	$IO_3^- + 6H^+ + 6e \Longrightarrow I^- + 3H_2O$	1.085
$Br_2(aq)/Br^-$	$Br_2(aq) + 2e \Longrightarrow 2Br^-$	1.0873
SeO_4^{2-}/H_2SeO_3	$SeO_4^{2-} + 4H^+ + 2e \Longrightarrow H_2SeO_3 + H_2O$	1.151
ClO_3^-/ClO_2	$ClO_3^- + 2H^+ + e \Longrightarrow ClO_2 + H_2O$	1.152
Ir^{3+}/Ir	$Ir^{3+} + 3e \Longrightarrow Ir$	1.156
Pt^{2+}/Pt	$Pt^{2+} + 2e \Longrightarrow Pt$	1.18
ClO_4^-/ClO_3^-	$ClO_4^- + 2H^+ + 2e \Longrightarrow ClO_3^- + H_2O$	1.189
IO_3^-/I_2	$2IO_3^- + 12H^+ + 10e \Longrightarrow I_2 + 6H_2O$	1.195
$ClO_3^-/HClO_2$	$ClO_3^- + 3H^+ + 2e \Longrightarrow HClO_2 + H_2O$	1.214
MnO_2/Mn^{2+}	$MnO_2 + 4H^+ + 2e \Longrightarrow Mn^{2+} + 2H_2O$	1.224
O_2/H_2O	$O_2 + 4H^+ + 4e \Longrightarrow 2H_2O$	1.229
Tl^{3+}/Tl^+	$Tl^{3+} + 2e \Longrightarrow Tl^+$	1.252
$N_2H_5^+/NH_4^+$	$N_2H_5^+ + 3H^+ + 2e \Longrightarrow 2NH_4^+$	1.275
$ClO_2/HClO_2$	$ClO_2 + H^+ + e \Longrightarrow HClO_2$	1.277
$[PdCl_6]^{2-}/[PdCl_4]^{2-}$	$[PdCl_6]^{2-} + 2e \Longrightarrow [PdCl_4]^{2-} + 2Cl^-$	1.288
HNO_2/N_2O	$2HNO_2 + 4H^+ + 4e \Longrightarrow N_2O + 3H_2O$	1.297
$HBrO/Br^-$	$HBrO + H^+ + 2e \Longrightarrow Br^- + H_2O$	1.331
Cl_2/Cl^-	$Cl_2 + 2e \Longrightarrow 2Cl^-$	1.35827
$Cr_2O_7^{2-}/Cr^{3+}$	$Cr_2O_7^{2-} + 14H^+ + 6e \Longrightarrow 2Cr^{3+} + 7H_2O$	1.36
ClO_4^-/Cl^-	$ClO_4^- + 8H^+ + 8e \Longrightarrow Cl^- + 4H_2O$	1.389

续附表 V

电极	电极反应	$E^{\ominus}/V$
A 在酸性溶液中		
ClO_4^-/Cl_2	$ClO_4^- + 8H^+ + 7e \rightleftharpoons \frac{1}{2}Cl_2 + 4H_2O$	1.39
Au^{3+}/Au^+	$Au^{3+} + 2e \rightleftharpoons Au^+$	1.401
$NH_3OH^+/N_2H_5^+$	$2NH_3OH^+ + H^+ + 2e \rightleftharpoons N_2H_5^+ + 2H_2O$	1.42
BrO_3^-/Br^-	$BrO_3^- + 6H^+ + 6e \rightleftharpoons Br^- + 3H_2O$	1.423
HIO/I_2	$2HIO + 2H^+ + 2e \rightleftharpoons I_2 + 2H_2O$	1.439
ClO_3^-/Cl^-	$3ClO_3^- + 6H^+ + 6e \rightleftharpoons Cl^- + 3H_2O$	1.451
PbO_2/Pb^{2+}	$PbO_2 + 4H^+ + 2e \rightleftharpoons Pb^{2+} + 2H_2O$	1.455
ClO_3^-/Cl_2	$ClO_3^- + 6H^+ + 5e \rightleftharpoons \frac{1}{2}Cl_2 + 3H_2O$	1.47
CrO_2/Cr^{3+}	$CrO_2 + 4H^+ + e \rightleftharpoons Cr^{3+} + 2H_2O$	1.48
BrO_3^-/Br_2	$BrO_3^- + 6H^+ + 5e \rightleftharpoons \frac{1}{2}Br_2 + 3H_2O$	1.482
$HClO/Cl^-$	$HClO + H^+ + 2e \rightleftharpoons Cl^- + H_2O$	1.482
Mn_2O_3/Mn^{2+}	$Mn_2O_3 + 6H^+ + e \rightleftharpoons 2Mn^{2+} + 3H_2O$	1.485
Au^{3+}/Au	$Au^{3+} + 3e \rightleftharpoons Au$	1.498
MnO_4^-/Mn^{2+}	$MnO_4^- + 8H^+ + 5e \rightleftharpoons Mn^{2+} + 4H_2O$	1.507
$HClO_2/Cl^-$	$HClO_2 + 3H^+ + 4e \rightleftharpoons Cl^- + 2H_2O$	1.570
$HBrO/Br_2(aq)$	$HBrO + H^+ + e \rightleftharpoons \frac{1}{2}Br_2(aq) + H_2O$	1.574
NO/N_2O	$2NO + 2H^+ + 2e \rightleftharpoons N_2O + H_2O$	1.591
$HBrO/Br_2(l)$	$HBrO + H^+ + e \rightleftharpoons \frac{1}{2}Br_2(l) + H_2O$	1.596
H_5IO_6/IO_3^-	$H_5IO_6 + H^+ + 2e \rightleftharpoons IO_3^- + 3H_2O$	1.601
$HClO/Cl_2$	$HClO + H^+ + e \rightleftharpoons \frac{1}{2}Cl_2 + H_2O$	1.611
$HClO_2/Cl_2$	$HClO_2 + 3H^+ + 3e \rightleftharpoons \frac{1}{2}Cl_2 + 2H_2O$	1.628
$HClO_2/HClO$	$HClO_2 + 2H^+ + 2e \rightleftharpoons HClO + H_2O$	1.645
NiO_2/Ni^{2+}	$NiO_2 + 4H^+ + 2e \rightleftharpoons Ni^{2+} + 2H_2O$	1.678
MnO_4^-/MnO_2	$MnO_4^- + 4H^+ + 3e \rightleftharpoons MnO_2 + 2H_2O$	1.679
$PbO_2/PbSO_4$	$PbO_2 + SO_4^{2-} + 4H^+ + 2e \rightleftharpoons PbSO_4 + 2H_2O$	1.6913
Au^+/Au	$Au^+ + e \rightleftharpoons Au$	1.692
Ce^{4+}/Ce^{3+}	$Ce^{4+} + e \rightleftharpoons Ce^{3+}$	1.72

电极	电极反应	$E^{\ominus}/V$
A 在酸性溶液中		
N_2O/N_2	$N_2O+2H^++2e \Longrightarrow N_2+H_2O$	1.766
H_2O_2/H_2O	$H_2O_2+2H^++2e \Longrightarrow 2H_2O$	1.776
Ag^{3+}/Ag^{2+}	$Ag^{3+}+e \Longrightarrow Ag^{2+}$	1.8
Au^{2+}/Au^+	$Au^{2+}+e \Longrightarrow Au^+$	1.8
Ag_2O_2/Ag	$Ag_2O_2+4H^++e \Longrightarrow 2Ag+2H_2O$	1.802
Ag^{3+}/Ag^+	$Ag^{3+}+2e \Longrightarrow Ag^+$	1.9
Co^{3+}/Co^{2+}	$Co^{3+}+e \Longrightarrow Co^{2+}$	1.92
Ag^{2+}/Ag^+	$Ag^{2+}+e \Longrightarrow Ag^+$	1.980
$S_2O_8^{2-}/SO_4^{2-}$	$S_2O_8^{2-}+2e \Longrightarrow 2SO_4^{2-}$	2.010
$HFeO_4^-/Fe^{3+}$	$HFeO_4^-+7H^++3e \Longrightarrow Fe^{3+}+4H_2O$	2.07
O_3/O_2	$O_3+2H^++2e \Longrightarrow O_2+H_2O$	2.076
$HFeO_4^-/FeOOH$	$HFeO_4^-+4H^++3e \Longrightarrow FeOOH+2H_2O$	2.08
$HFeO_4^-/Fe_2O_3$	$2HFeO_4^-+8H^++6e \Longrightarrow Fe_2O_3+5H_2O$	2.09
XeO_3/Xe	$XeO_3+6H^++6e \Longrightarrow Xe+3H_2O$	2.10
$S_2O_8^{2-}/HSO_4^-$	$S_2O_8^{2-}+2H^++2e \Longrightarrow 2HSO_4^-$	2.123
Cu^{3+}/Cu^{2+}	$Cu^{3+}+e \Longrightarrow Cu^{2+}$	2.4
H_4XeO_6/XeO_3	$H_4XeO_6+2H^++2e \Longrightarrow XeO_3+3H_2O$	2.42
$O(g)/H_2O$	$O(g)+2H^++2e \Longrightarrow H_2O$	2.41
$H_2N_2O_2/N_2$	$H_2N_2O_2+2H^++2e \Longrightarrow N_2+2H_2O$	2.65
F_2/HF	$F_2+2H^++2e \Longrightarrow 2HF$	3.053
Tb^{4+}/Tb^{3+}	$Tb^{4+}+e \Longrightarrow Tb^{3+}$	3.1
B 在碱性溶液中		
$Ca(OH)_2/Ca$	$Ca(OH)_2+2e \Longrightarrow Ca+2OH^-$	−3.02
$Ba(OH)_2/Ba$	$Ba(OH)_2+2e \Longrightarrow Ba+2OH^-$	−2.99
$La(OH)_3/La$	$La(OH)_3+3e \Longrightarrow La+3OH^-$	−2.90
$Sr(OH)_2/Sr$	$Sr(OH)_2+2e \Longrightarrow Sr+2OH^-$	−2.88
$Mg(OH)_2/Mg$	$Mg(OH)_2+2e \Longrightarrow Mg+2OH^-$	−2.69
$Be_2O_3^{2-}/Be$	$Be_2O_3^{2-}+3H_2O+4e \Longrightarrow 2Be+6OH^-$	−2.63
$ZrO(OH)_2/Zr$	$ZrO(OH)_2+H_2O+4e \Longrightarrow Zr+4OH^-$	−2.36
$H_2AlO_3^-/Al$	$H_2AlO_3^-+H_2O+3e \Longrightarrow Al+4OH^-$	−2.33
$Al(OH)_3/Al$	$Al(OH)_3+3e \Longrightarrow Al+3OH^-$	−2.30

续附表 V

电极	电极反应	$E^{\ominus}/V$
B 在碱性溶液中		
$H_2BO_3^-/B$	$H_2BO_3^- + H_2O + 3e \Longrightarrow B + 4OH^-$	-1.79
HPO_3^{2-}/P	$HPO_3^{2-} + 2H_2O + 3e \Longrightarrow P + 5OH^-$	-1.71
SiO_3^{2-}/Si	$SiO_3^{2-} + H_2O + 4e \Longrightarrow Si + 6OH^-$	-1.697
$HPO_3^{2-}/H_2PO_2^-$	$HPO_3^{2-} + 2H_2O + 2e \Longrightarrow H_2PO_2^- + 3OH^-$	-1.65
$Mn(OH)_2/Mn$	$Mn(OH)_2 + 2e \Longrightarrow Mn + 2OH^-$	-1.56
$Cr(OH)_3/Cr$	$Cr(OH)_3 + 3e \Longrightarrow Cr + 3OH^-$	-1.48
ZnO/Zn	$ZnO + H_2O + 2e \Longrightarrow Zn + 2OH^-$	-1.26
$Zn(OH)_2/Zn$	$Zn(OH)_2 + 2e \Longrightarrow Zn + 2OH^-$	-1.249
$H_2BO_3^-/BH_4^-$	$H_2BO_3^- + 5H_2O + 8e \Longrightarrow BH_4^- + 8OH^-$	-1.24
SiF_6^{2-}/Si	$SiF_6^{2-} + 4e \Longrightarrow Si + 6F^-$	-1.24
$H_2GaO_3^-/Ga$	$H_2GaO_3^- + H_2O + 3e \Longrightarrow Ga + 4OH^-$	-1.219
ZnO_2^-/Zn	$ZnO_2^- + 2H_2O + 2e \Longrightarrow Zn + 4OH^-$	-1.215
CrO_2/Cr	$CrO_2 + 2H_2O + 3e \Longrightarrow Cr + 4OH^-$	-1.2
$Zn(OH)_4^{2-}/Zn$	$Zn(OH)_4^{2-} + 2e \Longrightarrow Zn + 4OH^-$	-1.199
$SO_3^{2-}/S_2O_4^{2-}$	$2SO_3^{2-} + 2H_2O + 2e \Longrightarrow S_2O_4^{2-} + 4OH^-$	-1.12
PO_4^{3-}/HPO_3^{2-}	$PO_4^{3-} + 2H_2O + 2e \Longrightarrow HPO_3^{2-} + 3OH^-$	-1.05
In_2O_3/In	$In_2O_3 + 3H_2O + 6e \Longrightarrow 2In + 6OH^-$	-1.034
$In(OH)_4^-/In$	$In(OH)_4^- + 3e \Longrightarrow In + 4OH^-$	-1.007
$In(OH)_3/In$	$In(OH)_3 + 3e \Longrightarrow In + 3OH^-$	-0.99
SnO_2/Sn	$SnO_2 + 2H_2O + 4e \Longrightarrow Sn + 4OH^-$	-0.945
SO_4^{2-}/SO_3^{2-}	$SO_4^{2-} + H_2O + 2e \Longrightarrow SO_3^{2-} + 2OH^-$	-0.93
$Sn(OH)_6^{2-}/HSnO_2^-$	$Sn(OH)_6^{2-} + 2e \Longrightarrow HSnO_2^- + 3OH^- + H_2O$	-0.93
$HSnO_2^-/Sn$	$HSnO_2^- + H_2O + 2e \Longrightarrow Sn + 3OH^-$	-0.909
$P/PH_3(g)$	$P + 3H_2O + 3e \Longrightarrow PH_3(g) + 3OH^-$	-0.87
NO_3^-/N_2O_4	$2NO_3^- + 2H_2O + 2e \Longrightarrow N_2O_4 + 4OH^-$	-0.85
H_2O/H_2	$2H_2O + 2e \Longrightarrow H_2 + 2OH^-$	-0.8277
$Cd(OH)_2/Cd(Hg)$	$Cd(OH)_2 + 2e \Longrightarrow Cd(Hg) + 2OH^-$	-0.809
CdO/Cd	$CdO + H_2O + 2e \Longrightarrow Cd + 2OH^-$	-0.783
$Co(OH)_2/Co$	$Co(OH)_2 + 2e \Longrightarrow Co + 2OH^-$	-0.73
$Ni(OH)_2/Ni$	$Ni(OH)_2 + 2e \Longrightarrow Ni + 2OH^-$	-0.72
AsO_4^{3-}/AsO_2^-	$AsO_4^{3-} + 2H_2O + 2e \Longrightarrow AsO_2^- + 4OH^-$	-0.71

电极	电极反应	$E^{\ominus}/V$
B 在碱性溶液中		
Ag_2S/Ag	$Ag_2S+2e \Longleftrightarrow 2Ag+S^{2-}$	-0.691
AsO_2^-/As	$AsO_2^-+2H_2O+3e \Longleftrightarrow As+4OH^-$	-0.68
Se/Se^{2-}	$Se+2e \Longleftrightarrow Se^{2-}$	-0.67
SbO_2^-/Sb	$SbO_2^-+2H_2O+3e \Longleftrightarrow Sb+4OH^-$	-0.66
$Cd(OH)_4^{2-}/Cd$	$Cd(OH)_4^{2-}+2e \Longleftrightarrow Cd+4OH^-$	-0.658
SbO_3^-/SbO_2^-	$SbO_3^-+H_2O+2e \Longleftrightarrow SbO_2^-+2OH^-$	-0.59
PbO/Pb	$PbO+H_2O+2e \Longleftrightarrow Pb+2OH^-$	-0.58
$SO_3^{2-}/S_2O_3^{2-}$	$2SO_3^{2-}+3H_2O+4e \Longleftrightarrow S_2O_3^{2-}+6OH^-$	-0.571
TeO_3^{2-}/Te	$TeO_3^{2-}+3H_2O+4e \Longleftrightarrow Te+6OH^-$	-0.57
$Fe(OH)_3/Fe(OH)_2$	$Fe(OH)_3+e \Longleftrightarrow Fe(OH)_2+OH^-$	-0.56
$HPbO_2^-/Pb$	$HPbO_2^-+H_2O+2e \Longleftrightarrow Pb+3OH^-$	-0.537
S/HS^-	$S+H_2O+2e \Longleftrightarrow HS^-+OH^-$	-0.478
S/S^{2-}	$S+2e \Longleftrightarrow S^{2-}$	-0.47627
Bi_2O_3/Bi	$Bi_2O_3+3H_2O+6e \Longleftrightarrow 2Bi+6OH^-$	-0.46
NO_2^-/NO	$NO_2^-+H_2O+e \Longleftrightarrow NO+2OH^-$	-0.46
S/S_2^{2-}	$2S+2e \Longleftrightarrow S_2^{2-}$	-0.42836
SeO_3^{2-}/Se	$SeO_3^{2-}+3H_2O+4e \Longleftrightarrow Se+6OH^-$	-0.366
Cu_2O/Cu	$Cu_2O+H_2O+2e \Longleftrightarrow 2Cu+2OH^-$	-0.36
PbF_2/Pb	$PbF_2+2e \Longleftrightarrow Pb+2F^-$	-0.3444
$TlOH/Tl$	$TlOH+e \Longleftrightarrow Tl+OH^-$	-0.34
$Cu(OH)_2/Cu$	$Cu(OH)_2+2e \Longleftrightarrow Cu+2OH^-$	-0.222
$NO_2^-/N_2O_2^{2-}$	$2NO_2^-+2H_2O+4e \Longleftrightarrow N_2O_2^{2-}+4OH^-$	-0.18
O_2/H_2O_2	$O_2+2H_2O+2e \Longleftrightarrow H_2O_2+2OH^-$	-0.146
$CrO_4^{2-}/Cr(OH)_3$	$CrO_4^{2-}+4H_2O+3e \Longleftrightarrow Cr(OH)_3+5OH^-$	-0.13
$Cu(OH)_2/Cu_2O$	$2Cu(OH)_2+2e \Longleftrightarrow Cu_2O+2OH^-+H_2O$	-0.080
O_2/HO_2^-	$O_2+H_2O+2e \Longleftrightarrow HO_2^-+OH^-$	-0.076
$Tl(OH)_3/TlOH$	$Tl(OH)_3+2e \Longleftrightarrow TlOH+2OH^-$	-0.05
$AgCN/Ag$	$AgCN+e \Longleftrightarrow Ag+CN^-$	-0.017
Tl_2O_3/Tl^+	$Tl_2O_3+3H_2O+4e \Longleftrightarrow 2Tl^++6OH^-$	0.02
SeO_4^{2-}/SeO_3^{2-}	$SeO_4^{2-}+H_2O+2e \Longleftrightarrow SeO_3^{2-}+2OH^-$	0.05
$Pd(OH)_2/Pd$	$Pd(OH)_2+2e \Longleftrightarrow Pd+2OH^-$	0.07

电极	电极反应	$E^{\ominus}/V$
B 在碱性溶液中		
$S_4O_6^{2-}/S_2O_3^{2-}$	$S_4O_6^{2-}+2e \Longleftrightarrow 2S_2O_3^{2-}$	0.08
HgO/Hg	$HgO+H_2O+2e \Longleftrightarrow Hg+2OH^-$	0.0977
Ir_2O_3/Ir	$Ir_2O_3+3H_2O+6e \Longleftrightarrow 2Ir+6OH^-$	0.098
NO_3^-/NO_2^-	$NO_3^-+H_2O+2e \Longleftrightarrow NO_2^-+2OH^-$	0.01
$[Ru(NH_3)_6]^{3+}/$ $[Ru(NH_3)_6]^{2+}$	$[Ru(NH_3)_6]^{3+}+e \Longleftrightarrow [Ru(NH_3)_6]^{2+}$	0.10
$[Co(NH_3)_6]^{3+}/$ $[Co(NH_3)_6]^{2+}$	$[Co(NH_3)_6]^{3+}+e \Longleftrightarrow [Co(NH_3)_6]^{2+}$	0.108
Hg_2O/Hg	$Hg_2O+H_2O+2e \Longleftrightarrow 2Hg+2OH^-$	0.123
$Pt(OH)_2/Pt$	$Pt(OH)_2+2e \Longleftrightarrow Pt+2OH^-$	0.14
IO_3^-/IO^-	$IO_3^-+2H_2O+4e \Longleftrightarrow IO^-+4OH^-$	0.15
$Mn(OH)_3/Mn(OH)_2$	$Mn(OH)_3+e \Longleftrightarrow Mn(OH)_2+OH^-$	0.15
NO_2^-/N_2O	$2NO_2^-+3H_2O+4e \Longleftrightarrow N_2O+6OH^-$	0.15
$Co(OH)_3/Co(OH)_2$	$Co(OH)_3+e \Longleftrightarrow Co(OH)_2+OH^-$	0.17
$[Ru(en)_3]^{3+}/$ $[Ru(en)_3]^{2+}$	$[Ru(en)_3]^{3+}+e \Longleftrightarrow [Ru(en)_3]^{2+}$	0.210
PbO_2/PbO	$PbO_2+H_2O+2e \Longleftrightarrow PbO+2OH^-$	0.247
IO_3^-/I^-	$IO_3^-+3H_2O+6e \Longleftrightarrow I^-+OH^-$	0.26
ClO_3^-/ClO_2^-	$ClO_3^-+H_2O+2e \Longleftrightarrow ClO_2^-+2OH^-$	0.33
$MnO_4^-/Mn(OH)_2$	$MnO_4^-+4H_2O+5e \Longleftrightarrow Mn(OH)_2+6OH^-$	0.34
Ag_2O/Ag	$Ag_2O+H_2O+2e \Longleftrightarrow 2Ag+2OH^-$	0.342
$[Fe(CN)_6]^{3-}/$ $[Fe(CN)_6]^{4-}$	$[Fe(CN)_6]^{3-}+e \Longleftrightarrow [Fe(CN)_6]^{4-}$	0.358
ClO_4^-/ClO_3^-	$ClO_4^-+H_2O+2e \Longleftrightarrow ClO_3^-+2OH^-$	0.36
O_2/OH^-	$O_2+2H_2O+4e \Longleftrightarrow 4OH^-$	0.401
$Ag_2C_2O_4/Ag$	$Ag_2C_2O_4+2e \Longleftrightarrow 2Ag+C_2O_4^{2-}$	0.4647
Ag_2CO_3/Ag	$Ag_2CO_3+2e \Longleftrightarrow 2Ag+CO_3^{2-}$	0.47
IO^-/I^-	$IO^-+H_2O+2e \Longleftrightarrow I^-+2OH^-$	0.485
$NiO_2/Ni(OH)_2$	$NiO_2+2H_2O+2e \Longleftrightarrow Ni(OH)_2+2OH^-$	0.490
$Hg_2(ac)_2/Hg$	$Hg_2(ac)_2+2e \Longleftrightarrow 2Hg+2(ac)^-$	0.51163
MnO_4^-/MnO_4^{2-}	$MnO_4^-+e \Longleftrightarrow MnO_4^{2-}$	0.558

电极	电极反应	$E^{\ominus}/V$
B 在碱性溶液中		
MnO_4^-/MnO_2	$MnO_4^-+2H_2O+3e \Longrightarrow MnO_2+4OH^-$	0.595
MnO_4^{2-}/MnO_2	$MnO_4^{2-}+2H_2O+2e \Longrightarrow MnO_2+4OH^-$	0.60
AgO/Ag_2O	$2AgO+H_2O+2e \Longrightarrow Ag_2O+2OH^-$	0.607
BrO_3^-/Br^-	$BrO_3^-+3H_2O+6e \Longrightarrow Br^-+6OH^-$	0.61
ClO_3^-/Cl^-	$ClO_3^-+3H_2O+6e \Longrightarrow Cl^-+6OH^-$	0.62
$Ag(ac)/Ag$	$Ag(ac)+e \Longrightarrow Ag+(ac)^-$	0.643
ClO_2^-/ClO^-	$ClO_2^-+H_2O+2e \Longrightarrow ClO^-+2OH^-$	0.66
$H_3IO_6^{2-}/IO_3^-$	$H_3IO_6^{2-}+2e \Longrightarrow IO_3^-+3OH^-$	0.7
Ag_2O_3/AgO	$Ag_2O_3+H_2O+2e \Longrightarrow 2AgO+2OH^-$	0.739
ClO_2^-/Cl^-	$ClO_2^-+2H_2O+4e \Longrightarrow Cl^-+4OH^-$	0.76
NO/N_2O	$2NO+H_2O+2e \Longrightarrow N_2O+2OH^-$	0.76
BrO^-/Br^-	$BrO^-+H_2O+2e \Longrightarrow Br^-+2OH^-$	0.761
$(CNS)_2/CNS^-$	$(CNS)_2+2e \Longrightarrow 2CNS^-$	0.77
AgF/Ag	$AgF+e \Longrightarrow Ag+F^-$	0.779
$[Fe(bipy)_2]^{3+}/$ $[Fe(bipy)_2]^{2+}$	$[Fe(bipy)_2]^{3+}+e \Longrightarrow [Fe(bipy)_2]^{2+}$	0.78
ClO^-/Cl^-	$ClO^-+H_2O+2e \Longrightarrow Cl^-+2OH^-$	0.841
$[Ru(CN)_6]^{3-}/$ $[Ru(CN)_6]^{4-}$	$[Ru(CN)_6]^{3-}+e \Longrightarrow [Ru(CN)_6]^{4-}$	0.86
N_2O_4/NO_2^-	$N_2O_4+2e \Longrightarrow 2NO_2^-$	0.867
HO_2^-/OH^-	$HO_2^-+H_2O+2e \Longrightarrow 3OH^-$	0.878
$ClO_2(aq)/ClO_2^-$	$ClO_2(aq)+e \Longrightarrow ClO_2^-$	0.954
RuO_4/RuO_4^-	$RuO_4+e \Longrightarrow RuO_4^-$	1.00
$[Fe(bipy)_3]^{3+}/$ $[Fe(bipy)_3]^{2+}$	$[Fe(bipy)_3]^{3+}+e \Longrightarrow [Fe(bipy)_3]^{2+}$	1.03
$Cu^{2+}/[Cu(CN)_2]^-$	$Cu^{2+}+2CN^-+e \Longrightarrow [Cu(CN)_2]^-$	1.103
$[Fe(phen)_3]^{3+}/$ $[Fe(phen)_3]^{2+}$	$[Fe(phen)_3]^{3+}+e \Longrightarrow [Fe(phen)_3]^{2+}$	1.147
O_3/O_2	$O_3+H_2O+2e \Longrightarrow O_2+2OH^-$	1.24
$[Ru(bipy)_3]^{3+}/$ $[Ru(bipy)_3]^{2+}$	$[Ru(bipy)_3]^{3+}+e \Longrightarrow [Ru(bipy)_3]^{2+}$	1.24

续附表V

电极	电极反应	$E^{\ominus}/V$
B 在碱性溶液中		
F_2/F^-	$F_2+2e \rightleftharpoons 2F^-$	2.866
XeF/Xe	$XeF+e \rightleftharpoons Xe+F^-$	3.4

注：本表数据摘自 W. M. Haynes, David R. Lide, Thomas J. Bruno, CRC Handbook of Chemistry and Physics. 97th ed. Boca Raton：CRC Press Inc, 2016-2017：5-78, 5-84。

附表VI 一些配离子的标准稳定常数

配离子	$K_f^{\ominus}$	配离子	$K_f^{\ominus}$	配离子	$K_f^{\ominus}$
$[AgCl_2]^-$	1.1×10^5	$[CdI_4]^{2-}$	2.6×10^5	$[Fe(SCN)]^{2+}$	8.9×10^2
$[AgBr_2]^-$	2.1×10^7	$[Cd(en)_3]^{2+}$	1.2×10^{12}	$[FeBr]^{2+}$	0.5
$[AgI_2]^-$	5.5×10^{11}	$[Cd(EDTA)]^{2-}$	2.5×10^{16}	$[FeCl]^{2+}$	30.2
$[Ag(NH_3)]^+$	1.7×10^3	$[Co(NH_3)_4]^{2+}$	3.6×10^5	$[Fe(C_2O_4)_3]^{3-}$	1.6×10^{20}
$[Ag(NH_3)_2]^+$	1.1×10^7	$[Co(NH_3)_6]^{2+}$	1.3×10^5	$[Fe(C_2O_4)_3]^{4-}$	1.7×10^5
$[Ag(CN)_2]^-$	1.3×10^{21}	$[Co(NH_3)_6]^{3+}$	1.6×10^{35}	$[Fe(EDTA)]^{2-}$	2.1×10^{14}
$[Ag(SCN)_2]^-$	3.7×10^7	$[Co(EDTA)]^{2-}$	2.0×10^{16}	$[Fe(EDTA)]^-$	1.7×10^{24}
$[Ag(S_2O_3)_2]^{3-}$	2.9×10^{13}	$[Co(SCN)_4]^{2-}$	1.0×10^3	$[Hg(NH_3)_4]^{2+}$	1.9×10^{19}
$[Ag(en)_2]^+$	5.0×10^7	$[Co(EDTA)]^-$	1×10^{36}	$[HgCl_4]^{2-}$	1.2×10^{15}
$[Ag(EDTA)]^{3-}$	2.1×10^7	$[Cr(OH)_4]^-$	7.9×10^{29}	$[HgI_4]^{2-}$	6.8×10^{29}
$[Al(OH)_4]^-$	1.1×10^{33}	$[Cr(EDTA)]^-$	1.0×10^{23}	$[Hg(SCN)_4]^{2-}$	1.7×10^{21}
$[AlF_6]^{3-}$	6.9×10^{19}	$[CuCl_2]^-$	3.2×10^5	$[Hg(S_2O_3)_4]^{6-}$	1.7×10^{33}
$[Al(EDTA)]^-$	1.3×10^{16}	$[CuCl_3]^{2-}$	5.0×10^5	$[Hg(en)_2]^{2+}$	2.0×10^{23}
$[AuCl_2]^+$	6×10^9	$[CuI_2]^-$	7.1×10^8	$[Hg(EDTA)]^{2-}$	6.3×10^{21}
$[Au(CN)_2]^-$	2×10^{38}	$[Cu(SO_3)_2]^{3-}$	3.2×10^8	$[Mn(en)_3]^{2+}$	4.7×10^5
$[Ba(EDTA)]^{2-}$	6.0×10^7	$[Cu(NH_3)_2]^{2+}$	7.2×10^{10}	$[Mn(EDTA)]^{2-}$	6.3×10^{13}
$[Be(EDTA)]^{2-}$	2×10^9	$[Cu(NH_3)_4]^{2+}$	2.1×10^{13}	$[Ni(NH_3)_4]^{2+}$	9.1×10^7
$[BiCl_4]^-$	4.0×10^5	$[Cu(P_2O_7)_2]^{6-}$	1×10^9	$[Ni(NH_3)_6]^{2+}$	5.5×10^8
$[BiBr_4]^-$	6.6×10^7	$[Cu(C_2O_4)_2]^{2-}$	3.2×10^8	$[Ni(CN)_4]^{2-}$	2.0×10^{31}
$[BiI_4]^-$	8.9×10^{14}	$[Cu(CN)_2]^-$	1×10^{24}	$[Ni(en)_3]^{2+}$	2.1×10^{18}
$[Bi(EDTA)]^-$	6.3×10^{22}	$[Cu(CN)_3]^{2-}$	3.9×10^{28}	$[Ni(EDTA)]^{2-}$	3.6×10^{18}
$[Ca(EDTA)]^{2-}$	1×10^{11}	$[Cu(CN)_4]^{3-}$	2.0×10^{30}	$[PbI_4]^{2-}$	3.0×10^4
$[Cd(NH_3)_4]^{2+}$	1.3×10^7	$[Cu(SCN)_2]^-$	1.5×10^5	$[PdCl_4]^{2-}$	5×10^{15}
$[Cd(NH_3)_6]^{2+}$	1.4×10^5	$[Cu(EDTA)]^{2-}$	5.0×10^{18}	$[Pt(NH_3)_6]^{2+}$	2.0×10^{35}
$[Cd(CN)_4]^{2-}$	6.0×10^{18}	$[FeF]^{2+}$	1.9×10^5	$[PtCl_4]^{2-}$	1.0×10^{16}
$[Cd(OH)_4]^{2-}$	4.2×10^8	$[FeF_2]^+$	2×10^9	$[Zn(NH_3)_4]^{2+}$	2.9×10^9
$[CdBr_4]^{2-}$	5.0×10^3	$[Fe(CN)_6]^{3-}$	1.0×10^{42}	$[Zn(CN)_4]^{2-}$	5.0×10^{16}
$[CdCl_4]^{2-}$	6.3×10^2	$[Fe(CN)_6]^{4-}$	1.0×10^{35}	$[Zn(en)_3]^{2+}$	1.3×10^{14}

注：本表数据摘自 James G Speight, Lange's Handbook of Chemistry, 17ed, New York：McGaw-Hill Companies Inc, 2016：Table 1.77, Table 1.78。

附表Ⅶ　常用物理化学常数

常　数	符号	数　值
真空中的光速	c_0	299792458m/s
普朗克常量	h	$6.626070040(81) \times 10^{-34}$ J·s
电子电荷量	e	$1.6021766208(98) \times 10^{-19}$ C
电子质量	m_e	$9.10938356(11) \times 10^{-31}$ kg
质子质量	m_p	$1.672621898(21) \times 10^{-27}$ kg
里德伯常量	R_∞	$10973731.568508(65)$ m^{-1}
阿伏加德罗常数	N_A	$6.022140857(74) \times 10^{23}$ mol^{-1}
法拉第常数	F	$96\ 485.33289(59)$ C/mol
摩尔气体常数	R	$8.3144598(48)$ J/(mol·K)
玻尔兹曼常量	k	$1.38064852(79) \times 10^{-23}$ J/K
电子伏特	eV	$1.6021766208(98) \times 10^{-19}$ J
原子质量单位	u	$1.660539040(20) \times 10^{-27}$ kg

注：本表数据摘自 W. M. Haynes，David R. Lide，Thomas J. Bruno，CRC Handbook of Chemistry and Physics. 97th ed. Boca Raton：CRC Press Inc，2016-2017：Table Ⅰ。

附表Ⅷ　元素周期表

注：相对原子质量录自2001年国际原子量表，并全部取4位有效数字。

图例说明：

- 原子序号
- 元素名称　注 * 的是人造元素
- 元素符号，粗体指放射性元素
- 外围电子层排布，括号指可能的电子层排布
- 相对原子质量（加括号的数据为该放射性元素半衰期最长同位素的质量数）

92　U　铀　5f³6d¹7s²　238.0

金属　非金属　过渡元素

族周期	0族电子数	电子层

周期	IA	IIA	IIIB	IVB	VB	VIB	VIIB	VIII			IB	IIB	IIIA	IVA	VA	VIA	VIIA	0
1	1 H 氢 1s¹ 1.008																	2 He 氦 1s² 4.003
2	3 Li 锂 2s¹ 6.941	4 Be 铍 2s² 9.012											5 B 硼 2s²2p¹ 10.81	6 C 碳 2s²2p² 12.01	7 N 氮 2s²2p³ 14.01	8 O 氧 2s²2p⁴ 16.00	9 F 氟 2s²2p⁵ 19.00	10 Ne 氖 2s²2p⁶ 20.18
3	11 Na 钠 3s¹ 22.99	12 Mg 镁 3s² 24.31											13 Al 铝 3s²3p¹ 26.98	14 Si 硅 3s²3p² 28.09	15 P 磷 3s²3p³ 30.97	16 S 硫 3s²3p⁴ 32.06	17 Cl 氯 3s²3p⁵ 35.45	18 Ar 氩 3s²3p⁶ 39.95
4	19 K 钾 4s¹ 39.10	20 Ca 钙 4s² 40.08	21 Sc 钪 3d¹4s² 44.96	22 Ti 钛 3d²4s² 47.87	23 V 钒 3d³4s² 50.94	24 Cr 铬 3d⁵4s¹ 52.00	25 Mn 锰 3d⁵4s² 54.94	26 Fe 铁 3d⁶4s² 55.85	27 Co 钴 3d⁷4s² 58.93	28 Ni 镍 3d⁸4s² 58.69	29 Cu 铜 3d¹⁰4s¹ 63.55	30 Zn 锌 3d¹⁰4s² 65.41	31 Ga 镓 4s²4p¹ 69.72	32 Ge 锗 4s²4p² 72.64	33 As 砷 4s²4p³ 74.92	34 Se 硒 4s²4p⁴ 78.96	35 Br 溴 4s²4p⁵ 79.90	36 Kr 氪 4s²4p⁶ 83.80
5	37 Rb 铷 5s¹ 85.47	38 Sr 锶 5s² 87.62	39 Y 钇 4d¹5s² 88.91	40 Zr 锆 4d²5s² 91.22	41 Nb 铌 4d⁴5s¹ 92.91	42 Mo 钼 4d⁵5s¹ 95.94	43 Tc 锝 4d⁵5s² [98]	44 Ru 钌 4d⁷5s¹ 101.1	45 Rh 铑 4d⁸5s¹ 102.9	46 Pd 钯 4d¹⁰ 106.4	47 Ag 银 4d¹⁰5s¹ 107.9	48 Cd 镉 4d¹⁰5s² 112.4	49 In 铟 5s²5p¹ 114.8	50 Sn 锡 5s²5p² 118.7	51 Sb 锑 5s²5p³ 121.8	52 Te 碲 5s²5p⁴ 127.6	53 I 碘 5s²5p⁵ 126.9	54 Xe 氙 5s²5p⁶ 131.3
6	55 Cs 铯 6s¹ 132.9	56 Ba 钡 6s² 137.3	57~71 La~Lu 镧系	72 Hf 铪 5d²6s² 178.5	73 Ta 钽 5d³6s² 180.9	74 W 钨 5d⁴6s² 183.8	75 Re 铼 5d⁵6s² 186.2	76 Os 锇 5d⁶6s² 190.2	77 Ir 铱 5d⁷6s² 192.2	78 Pt 铂 5d⁹6s¹ 195.1	79 Au 金 5d¹⁰6s¹ 197.0	80 Hg 汞 5d¹⁰6s² 200.6	81 Tl 铊 6s²6p¹ 204.4	82 Pb 铅 6s²6p² 207.2	83 Bi 铋 6s²6p³ 209.0	84 Po 钋 6s²6p⁴ [209]	85 At 砹 6s²6p⁵ [210]	86 Rn 氡 6s²6p⁶ [222]
7	87 Fr 钫 7s¹ [223]	88 Ra 镭 7s² [226]	89~103 Ac~Lr 锕系	104 Rf 𬬻 * 5d²7s² [261]	105 Db 𬭊 * 6d³7s² [262]	106 Sg 𬭳 * [266]	107 Bh 𬭛 * [264]	108 Hs 𬭶 * [277]	109 Mt 鿏 * [268]	110 Ds 𫟼 * [281]	111 Rg 𬬭 * [272]	112 Uub * [285]						

镧系

57 La 镧 5d¹6s² 138.9	58 Ce 铈 4f¹5d¹6s² 140.1	59 Pr 镨 4f³6s² 140.9	60 Nd 钕 4f⁴6s² 144.2	61 Pm 钷 4f⁵6s² [145]	62 Sm 钐 4f⁶6s² 150.4	63 Eu 铕 4f⁷6s² 152.0	64 Gd 钆 4f⁷5d¹6s² 157.3	65 Tb 铽 4f⁹6s² 158.9	66 Dy 镝 4f¹⁰6s² 162.5	67 Ho 钬 4f¹¹6s² 164.9	68 Er 铒 4f¹²6s² 167.3	69 Tm 铥 4f¹³6s² 168.9	70 Yb 镱 4f¹⁴6s² 173.0	71 Lu 镥 4f¹⁴5d¹6s² 175.0

锕系

89 Ac 锕 6d¹7s² [227]	90 Th 钍 6d²7s² 232.0	91 Pa 镤 5f²6d¹7s² 231.0	92 U 铀 5f³6d¹7s² 238.0	93 Np 镎 5f⁴6d¹7s² [237]	94 Pu 钚 5f⁶7s² [244]	95 Am 镅 5f⁷7s² [243]	96 Cm 锔 5f⁷6d¹7s² [247]	97 Bk 锫 5f⁹7s² [247]	98 Cf 锎 * 5f¹⁰7s² [251]	99 Es 锿 * 5f¹¹7s² [252]	100 Fm 镄 * 5f¹²7s² [257]	101 Md 钔 * 5f¹³7s² [258]	102 No 锘 * [5f¹⁴7s²] [259]	103 Lr 铹 * [5f¹⁴6d¹7s²] [262]

参 考 文 献

[1] 计亮年，毛宗万，黄锦汪，等．生物无机化学导论［M］．3 版．北京：科学出版社，2010.

[2] 唐宗薰．中级无机化学［M］．2 版．北京：高等教育出版社，2009.

[3] 樱井弘．元素新发现：关于 111 种元素的新知识［M］．修文复，译．北京：科学出版社，2006.

[4] 杨秋华．大学化学［M］．2 版．北京：高等教育出版社，2019.

[5] 王镜岩，朱圣庚，徐长法．生物化学［M］．3 版．北京：高等教育出版社，2002.

[6] 宋其圣．无机化学学习笔记［M］．北京：科学出版社，2009.

[7] 张青莲．无机化学丛书［M］．北京：科学出版社，1990.

[8] 孟长功．无机化学［M］．6 版．北京：高等教育出版社，2018.

[9] 傅献彩，等．大学化学［M］．2 版．北京：高等教育出版社，2019.

[10] 吉林大学，武汉大学，南开大学．无机化学［M］．4 版．北京：高等教育出版社，2019.

[11] 高松．普通化学［M］．北京：北京大学出版社，2013.

[12] 北京师范大学，华中师范大学，南京师范大学无机化学教研室．无机化学［M］．4 版．北京：高等教育出版社，2003.

[13] 张祖德．无机化学［M］．2 版．合肥：中国科学技术大学出版社，2014.

[14] 王建辉，等．无机化学［M］．5 版．北京：高等教育出版社，2018.

[15] 申泮文．近代化学导论［M］．2 版．北京：高等教育出版社，2009.

[16] 朱万森．生命中的化学元素［M］．上海：复旦大学出版社，2014.

[17] 刘新锦，朱亚先，高飞．无机元素化学［M］．北京：科学出版社，2005.

[18] 王志林，黄孟健．无机化学学习指导［M］．北京：科学出版社，2002.

[19] 约翰·埃姆斯利．致命毒药：毒药的历史［M］．毕小青，译．北京：生活·读书·新知三联书店，2012.

[20] 高胜利，杨奇．化学元素新论［M］．北京：科学出版社，2019.

[21] 周公度，叶宪曾，吴念祖．化学元素综论［M］．北京：科学出版社，2012.

[22] 严宣申，王长富．普通无机化学［M］．2 版．北京：北京大学出版社，2016.

[23] 孙丽平，庄永亮．食品与生物无机化学［M］．北京：科学出版社，2020.

[24] 张逢，胡化凯．北平研究院镭学研究所的研究工作（1932～1948 年）［J］．中国科技史杂志，2006，27（4）：318-329.

[25] 林亚维，胡晓松，郑铮．化学信息学［M］．北京：化学工业出版社，2019.

[26] 张艳玲，等．化学信息学［M］．北京：化学工业出版社，2020.

[27] 李梦龙，等．化学信息学［M］．4 版．北京：化学工业出版社，2018.

[28] 陈连清，袁誉洪．化学信息学［M］．北京：化学工业出版社，2019.

[29] 翟红林．化学信息学［M］．北京：化学工业出版社，2019.

[30] 袁中直，肖信，陈学艺．Internet 化学化工信息资源检索和利用［M］．南京：江苏科学技术出版社，2001.

[31] 邵学广，蔡文生．化学信息学［M］．北京：科学出版社，2001.

[32] 李晓霞，郭力．Internet 上的化学化工资源［M］．北京：科学出版社，2000.

[33] 夏玉宇．化验员实用手册［M］．北京：化学工业出版社，2005.

[34] 黑姆斯 B D，胡珀 N M，霍顿 J D．生物化学（现代生物精要速览中文版）［M］．王镜岩等，译．北京：科学出版社，2000.

[35] 考克斯 P A．无机化学（现代生物精要速览中文版）［M］．李亚栋，王成，邓兆祥，译．北

京：科学出版社，2002.

[36] 王夔，等．生物无机化学［M］．北京：清华大学出版社，1988.

[37] Lippard S J, Berg J M. 生物无机化学原理［M］．席振峰，姚光庆，项斯芬，任宏伟，译．北京：北京大学出版，2000.

[38] 聂剑初，吴国利，张翼伸，杨绍钟，等．生物化学简明教程［M］．北京：高等教育出版社，1988.

[39] 石巨恩，廖展如．生物无机化学［M］．武汉：华中师范大学出版社，2004.

[40] 江元汝．化学与健康［M］．北京：科学出版社，2016.

[41] 中国科学院．中国学科发展战略：放射化学［M］．北京：科学出版社，2013.

[42] 沈玉龙，蔡明建．绿色化学［M］．北京：中国环境出版集团，2016.

[43] 张以河．材料制备化学［M］．北京：化学工业出版社，2020.

[44] 罗勤慧．配位化学［M］．北京：科学出版社，2012.

[45] 杨维慎，班宇杰．金属-有机骨架分离膜［M］．北京：科学出版社，2018.

[46] 陈小明，张杰鹏，等．金属-有机框架材料［M］．北京：化学工业出版社，2017.

[47] 仝小兰，辛建华．杂环金属-有机骨架材料［M］．北京：化学工业出版社，2019.

[48] Weller M, Overton T, Rourke J, et al. 无机化学（第6版）［M］．李珺，雷依波，刘斌，等译．北京：高等教育出版社，2018.

[49] Miessler G L, Tarr D A. Inorganic Chemistry（影印版）［M］.3版．北京：高等教育出版社，2007.

[50] Miessler G L, Tarr D A. 无机化学（英文版・原书第4版）［M］．北京：机械工业出版社，2012.

[51] （美）Brown T L, LeMay H E, Bursten B E, et al. 化学：中心科学（英文版 原书第13版）［M］．北京：机械工业出版社，2019.

[52] Greenuood N N, . Chemistry of the Elements［M］. 2nd edition, Oxford：Butterworth-Heinemann, 1997.

[53] Bindi L, Steinhaedt P J, Yao N, et al. Natural Quasicrystals［J］.Science, 2009, 324 (5932)：1306-1309.

[54] 郑豪，鱼涛，屈撑囤，等．超临界水的基本特性及应用进展［J］.化工技术与开发，2020，49：62-66.

[55] 王瑞和，倪红坚，宋维强，等．超临界二氧化碳钻井基础研究进展［J］.石油钻探技术，2018，46（2）：1-9.

[56] 张臻烨，胡山鹰，金涌．2060中国碳中和——化石能源转向化石资源时代［J］.现代化工，2021，41（6）：1-5.

[57] 张甄，王宝冬，赵兴雷，等．光电催化二氧化碳能源化利用研究进展［J］.化工进展，2019，38（9）：3927-3935.

[58] 韩雅静，汪凤林，蒋健晖．化学动力学治疗在癌症治疗中的应用研究进展［J］.分析化学，2021，49（7）：1121-1132.

[59] 王荣福，吴彩霞．放射性核素及其标记物的临床应用价值［J］.同位素，2019，32（3）：195-203.

[60] 黄立群，李曙芳，孙鸽，等．放射性核素的治疗应用及展望［J］.同位素，2021，34（4）：412-420.

[61] 盛洁，王辛宇，杨敏．纳米技术在肿瘤放疗中的应用［J］.东南大学学报（医学版），2018，37（4）：743-747.

［62］ 阳缘. 硒、碲基一维纳米材料的模板法制备及其应用研究［D］. 合肥：中国科学技术大学，2017.

［63］ 孙治国，丁永维，张梅梅，等. 汽车制造企业中新型冷媒二氧化碳加注工艺介绍［J］. 汽车工艺与材料，2020（8）：43-46.

［64］ 马晨晨. 冰雪上的绿野仙踪：北京冬奥以碳减驭"氢"风［N］. 第一财经日报，2022（A01）.

［65］ 董闯，王英敏，羌建兵，等. 准晶：奇特而又平凡的晶体—— 2011 年诺贝尔化学奖简介［J］. 自然杂志，2011，33(6)：322-327.

［66］ Appelman E H，Malm J G. Hydrolysis of Xenon Hexafluoride and the Aqueous Solution Chemistry of Xenon［J］. J. Am. Chem. Soc. 1964，86，2141-2148.

［67］ Yaghi O M，Li G，Li H. Selective binding and removal of guests in a microporous metal-organic framework［J］. Nature，1995，378（6558）：703-706.

［68］ Chui S S Y，Lo S M F，Charmant J P H，et al. A Chemically Functionalizable Nanoporous Material ［$Cu_3(TMA)_2(H_2O)_3$］$_n$［J］. Science，1999，283(5405)，1148-1150.

［69］ Hayashi H，Côté A P，Furukawa H，et al. Zeolite A Imidazolate Frameworks［J］. Nature Materials，2007，6（7）：501-506.

［70］ Serre C，Millange F，Thouvenot C，et al. Very Large Breathing Effect in the First Nanoporous Chromium(Ⅲ)-Based Solids：MIL-53 or CrⅢ(OH)·$\{O_2C-C_6H_4-CO_2\}$·$\{HO_2C-C_6H_4-CO_2H\}$ $x·H_2Oy$［J］. Journal of the American Chemical Society，2002，124（45）：13519-13526.

［71］ Cavka J H，Jakobsen S，Olsbye U，et al. A New Zirconium Inorganic Building Brick Forming Metal Organic Frameworks with Exceptional Stability［J］. Journal of the American Chemical Society，2008，130（42）：13850-13851.

［72］ 百度百科"固态电池"［OL］. https：//baike. baidu. com/item/%E5%9B%BA%E6%80%81% E7%94%B5%E6%B1%A0/16950077？fr=aladdin.

［73］ 固态电池尚未走出实验室［OL］. 人民网，http：//5gcenter. people. cn/n1/2021/0114/c430159-31999227. html.

［74］ 东风-赣锋固态电池 E70 示范运营车在新余首发［OL］. 人民网，http：//jx. people. com. cn/n2/2022/0125/c190181-35110674. htm.